U0276894

国家科学技术学术著作出版基金资助出版

Ultra-High Voltage AC/DC Power Transmission

特高压交直流输电

主　编　周　浩

副主编　丘文千　孙　可　陈稼苗　邓　旭
　　　　钱　锋　王东举　赵斌财　李济沅
　　　　李　莎　邱玉婷

ZHEJIANG UNIVERSITY PRESS
浙江大学出版社

图书在版编目（CIP）数据

特高压交直流输电／周浩主编. —杭州：浙江大学
出版社，2017.8
ISBN 978-7-308-16991-2

Ⅰ. ①特… Ⅱ. ①周… Ⅲ. ①特高压输电－直流输电
②特高压输电－直流输电 Ⅳ. ①TM723

中国版本图书馆 CIP 数据核字（2017）第 130818 号

内容简介

本书系统介绍了特高压交直流输电中的关键技术问题。全书共四篇，第一篇概述特高压输电的发展及其系统特性和经济性。第二篇主要阐述特高压交流系统涉及的关键技术问题，内容包括特高压线路工频过电压、特高压交流系统潜供电流、特高压交流系统操作过电压、特高压交流系统特快速暂态过电压（VFTO）、特高压交流系统防雷、特高压变电站绝缘配合、特高压交流输电线路绝缘配合、特高压交流电气设备、特高压工频电磁感应、特高压交流系统电磁环境、特高压交流保护原理及配置。第三篇主要阐述特高压直流系统的关键技术，内容包括特高压直流系统基础及主参数计算、特高压直流系统操作过电压、特高压直流输电系统雷电过电压、特高压直流换流站绝缘配合、特高压直流输电线路外绝缘配合、特高压直流换流阀过电压特性与绝缘配合、特高压直流电气设备、特高压直流系统电磁环境、±800kV 与 ±1100kV 特高压直流系统过电压与绝缘配合比较、特高压直流保护原理及配置。第四篇主要介绍特高压交流变电站与直流换流站、交直流输电线路的设计。

本书可作为高等院校电气学科本科生、研究生的专业课程教材和参考书，供高等院校师生了解特高压交直流输电技术，亦可作为从事特高压输电理论研究、规划设计、运行维护等工作的技术人员的参考书。

特高压交直流输电

主　编　周　浩
副主编　丘文千　孙　可　陈稼苗　邓　旭
　　　　钱　锋　王东举　赵斌财　李济沅
　　　　李　莎　邱玉婷

责任编辑　杜希武
责任校对　董文兰
封面设计　刘依群
出版发行　浙江大学出版社
　　　　　（杭州市天目山路 148 号　邮政编码 310007）
　　　　　（网址：http://www.zjupress.com）
排　　版　杭州好友排版工作室
印　　刷　浙江印刷集团有限公司
开　　本　889mm×1194mm　1/16
印　　张　50.75
字　　数　1607 千
版 印 次　2017 年 8 月第 1 版　2017 年 8 月第 1 次印刷
书　　号　ISBN 978-7-308-16991-2
定　　价　199.00 元

版权所有　翻印必究　印装差错　负责调换

浙江大学出版社发行中心联系方式：（0571）88925591；http://zjdxcbs.tmall.com

编委会名单

主　编　周　浩

副主编　丘文千　孙　可　陈稼苗　邓　旭　钱　锋

　　　　　王东举　赵斌财　李济沅　李　莎　邱玉婷

编委会成员

　　　　　刘　杰　周志超　丁晓飞　倪腊琴　马国明

　　　　　陈秀娟　朱韬析　沈　扬　陈建华　苏　菲

　　　　　李　杨　陈锡磊　易　强　施纪栋　查鲲鹏

　　　　　魏晓光　丁　剑　陶　佳　于竞哲　苏宜靖

　　　　　韩雨川

本书得到国家重点基础研究发展计划("973"计划)重大项目《交直流特高压输电系统电磁与绝缘特性的基础问题研究》(2011CB209400)资助,并得到国家科学技术学术著作出版基金以及浙江大学—浙江省电力设计院合作中心的资助。

前　言

　　从我国能源资源分布情况来看,虽然蕴藏总量丰富,但资源分布与生产力分布很不均衡,煤炭资源大部分在北部和西北部,水能资源主要在西南部,陆地风能与太阳能资源主要在西北部,而能源需求却主要集中在中部与东部沿海地区,能源基地与负荷中心相隔上千公里。发电能源以煤、水为主,能源资源和生产力发展呈逆向分布,是我国的基本国情。改革开放以来,我国电力需求持续快速增长,新建电源规模容量越来越大,受制于能源输送能力和环境保护要求,决定我国必然要发展远距离、大容量输电技术,以提高资源的开发和利用效率,缓解能源输送压力和满足环境保护要求。特高压输电技术是目前世界上最高电压等级的输电技术,其最大的特点是大容量、远距离、低损耗输送电力。1000kV 特高压交流的输电能力大约是 500kV 超高压交流的 4～5 倍。发展交直流特高压输电可以有效解决大规模电力输送问题,且与超高压输电线路相比,特高压线路在相同输电容量下占用的土地资源更少,经济效益和社会效益十分显著。建设以特高压电网为骨干、各级电网协调发展的国家级电网,符合我国能源资源与经济发展逆向分布的基本国情,符合国家节能减排的总体部署,是实现电网与电源协调发展的有效途径,是建设资源节约型、环境友好型社会的迫切需要。

　　国际上苏联、日本、美国、意大利和加拿大等少数国家对特高压交流输电技术进行过试验研究,苏联在 1981—1994 年间共建成 1150kV 输电线路 2364km,其中埃基巴斯图兹—科克切塔夫线(长 495km)于 1985 年以 1150kV 投入运行,是世界上第一条投入实际运行的特高压输电线路。日本于 20 世纪 90年代建设了 1000kV 特高压交流双回输电线路,但一直处于 500kV 降压运行状态。国外直流输电已建成投运的最高电压等级工程为巴西伊泰普输电工程,包括两回 ±600 千伏电压等级、360 万千瓦额定输送功率的直流线路;苏联曾计划建设一条从埃基巴斯图兹到唐波夫的 ±750kV 特高压直流输电工程,该工程是世界上特高压直流输电技术的第一次工程实践,于 1980 年开始建设,并已建成 1090km 线路,但最终因政治、经济等原因停建。

　　特高压输电研究在中国起步比较晚。从 1986 年起特高压输电研究先后被列入中国“七五”、“八五”和“十五”科技攻关计划,1990—1995 年国务院重大办组织“远距离输电方式和电压等级论证”;1990—1999 年国家科委组织“特高压输电前期论证”和“采用交流百万伏特高压输电的可行性”等专题研究。中国国家电网公司于 2004 年首次提出“建设以特高压为核心的坚强国家电网”的战略构想,重点建设以特高压电网为骨干、各级电网协调发展的网架体系。中国南方电网公司也从 2003 年开始研究建设±800kV 直流输电工程的可行性。2006 年,国家发展改革委员会正式核准晋东南经南阳至荆门1000kV 特高压交流试验示范工程,联接华北、华中电网。中国分别在 2007 年和 2010 年建成并投运1000kV 晋东南—南阳—荆门特高压交流输电试验示范工程和 ±800kV 云南—广东、向家坝—上海特高压直流输电工程。此后,特高压输电在中国得到迅速发展。截至 2017 年 8 月,已经有 6 条 1000kV特高压交流输电线路和 9 条 ±800kV 特高压直流输电线路建成并投入运行。此外,还有 1 条 1000kV特高压交流输电线路和 4 条 ±800kV 特高压直流输电线路正在建设并将在 2017 年年底投入运行;同时,我国第一条 ±1100kV 特高压直流输电线路也正在建设中,将于 2018 年投入运行。

　　特高压输电是处于世界输电技术前沿的工程技术,其在我国的迅速成功发展已经充分证明了我国在电力系统技术方面所取得的巨大成就。与之同时,特高压输电技术的复杂性及其在我国发展的紧迫性,要求电力系统相关专业人员对其具备更深入的了解和掌握。本书基于浙江大学高电压实验室近十年来在特高压交直流输电领域的大量研究成果和浙江省电力设计院多年来在特高压输电工程领域的丰富实践经验,同时也汲取了国内外在特高压交直流输电技术方面的相关研究成果以及实际运行经验,系统地介绍了特高压交直流输电中的关键技术问题。

　　本书分为四篇共 28 章,主要研究内容为特高压电网的过电压、绝缘配合与设计。第一篇共 3 章,主编孙可、李莎、邱玉婷,概述了特高压输电的发展及其系统特性和经济性;第1章特高压输电的发展,由孙可、王东举、李莎、邱海锋负责编写;第2章中国特高压发展,由孙可、袁士超、邱玉婷负责编写;第3章特高压输电的系统特性及经济性分析,由陈光、周浩、李济沅负责编写。第二篇共11章,主编周浩、李济沅、赵斌财,主要讨论特高压交流系统,研究内容包括:第4章特高压线路工频过电压,由周浩、易强、李莎负责编写;第5章特高压交流系统潜供电流,由易强、周浩、李莎负责编写;第6章特高压交流系统操作过电压,由计荣荣、周浩、陈秀娟负责编写;第7章特高压交流系统特快速瞬态过电压(VFTO),由李杨、马国明、周浩负责编写;第8章特高压交流系统防雷,由赵斌财、周浩、韩雨川负责编写;第9章特高压变电站绝缘配合,由苏菲、周浩、李杨负责编写;第10章特高压交流输电线路绝缘配合,由周浩、苏菲、于竞哲负责编写;第11章特高压交流电气设备,由胡贤德、李杨、陈秀娟负责编写;第12章特高压工频电磁感应,由李宝聚、施纪栋、苏宜靖负责编写;第13章特高压交流系统电磁环境,由张晓、陆海清、沈扬、何川负责编写;第14章特高压交流保护原理及配置,由倪腊琴、李济沅、邱智勇负责编写。第三篇共10章,主编周浩、邓旭、王东举,主要讨论特高压直流系统,研究内容包括:第15章特高压直流系统基础及主参数计算,由沈扬、陈锡磊、邱玉婷负责编写;第16章特高压直流系统操作过电压,由王东举、周浩、李济沅负责编写;第17章特高压直流系统雷电过电压,由戴攀、周浩、赵斌财负责编写;第18章特高压直流换流站绝缘配合,由陈锡磊、周浩、邓旭负责编写;第19章特高压直流输电线路绝缘配合,由施纪栋、周浩、邓旭负责编写;第20章特高压直流换流阀过电压特性与绝缘配合,由查鲲鹏、魏晓光、刘杰负责编写;第21章特高压直流电气设备,由邓旭、徐安闻、邱玉婷负责编写;第22章特高压直流系统电磁环境,由万亦如、张晓、李济沅负责编写;第23章±800kV与±1100kV特高压直流系统过电压与绝缘配合比较,由丘文千、周浩、王东举负责编写;第24章特高压直流保护原理及配置,由朱韬析负责编写。第四篇为设计篇,主编丘文千、陈稼苗、钱锋,主要讨论特高压交流变电站与直流换流站、交直流输电线路的设计,研究内容包括:第25章特高压交流变电站设计,由钱锋、丘文千负责编写,丁健、安春秀、刘宏波、陈建华、沈扬等参与;第26章特高压直流换流站设计,由周志超、丁晓飞、丘文千负责编写,陈建华、安春秀、刘盛等参与;第27章特高压交流线路设计,由陈稼苗、丘文千、陶佳负责编写,潘峰、宋刚等参与;第28章特高压直流线路设计,由陈稼苗、丘文千负责编写,郭勇、陈建飞等参与。全书由周浩负责统稿,丘文千、邓旭、李济沅担任总校阅。

本书的研究工作得到了国家重点基础研究发展计划("973"计划)重大项目《交直流特高压输电系统电磁与绝缘特性的基础问题研究》(2011CB209400)资助,并得到国家科学技术学术著作出版基金以及浙江大学—浙江省电力设计院合作中心的资助。

本书可作为高等院校电气学科本科生、研究生的专业课程教材和参考书,供高等院校师生了解特高压交直流输电技术,亦可作为从事特高压输电理论研究、规划设计、运行维护等工作的技术人员的参考书。

衷心希望本书可以更好地帮助读者了解特高压交直流输电技术,为电力系统相关技术人员的研究工作提供参考。本书由浙江大学、浙江省电力设计院、浙江省电力公司、中国电力科学研究院、南方电网公司、国家电网公司华东分部、西南电力设计院、华北电力大学相关研究人员共同编写。在编写过程中得到了多位专家的指导帮助,在此感谢韩祯祥院士、陈维江院士、赵智大教授、周沛洪教授级高工、张翠霞教授级高工、李勇伟教授级高工、谷定燮教授级高工、聂定珍教授级高工、田杰教授级高工、康重庆教授、崔翔教授、李成榕教授、文福拴教授、徐政教授、宿志一教授级高工、邬雄教授级高工、万保权教授级高工、孙昭英教授级高工、陈家宏教授级高工、戴敏教授级高工、李志兵教授级高工、王新宝教授级高工、黄莹高工、沈海斌高工等的支持与帮助。

本书编写过程历时近六年,凝聚了众作者的研究成果,但限于作者的理论水平和实践经验,本书难免存在不妥和错误之处,恳请读者给予批评指正,不胜感激。作者联系方式,电子邮箱:hvlab_zju@163.com。

主编

2017年于浙大求是园

目　录

一　概　述　篇

二 交流篇

三　直　流　篇

四 设 计 篇

一 概 述 篇

    特高压输电系统是指交流 1000kV、直流±750kV 及以上电压等级的输电系统。用电负荷快速增长和大容量、远距离输电的迫切需求直接推动了我国特高压输电工程的快速规划和建设。截至 2017 年 8 月,已经有 6 条 1000kV 特高压交流输电线路和 9 条±800kV 特高压直流输电线路建成并投入运行。此外,还有 1 条 1000kV 特高压交流输电线路和 4 条±800kV 特高压直流输电线路正在建设并将在 2017 年年底投入运行;同时,我国第一条± 1100kV 特高压直流输电线路也正在建设中,将于 2018 年投入运行。特高压输电技术将有力促进我国电力工业和能源工业的可持续发展,也会对世界电力科技创新和能源保障体系建设以及全球能源互联网的建设产生积极而深远的影响。

    本篇首先讨论特高压交流、直流电网电压等级的选择以及世界其他国家特高压输电技术的发展,然后介绍了中国特高压的发展,最后就特高压的系统特性和经济性展开讨论。

第1章 特高压输电的发展

随着我国经济的快速发展,全社会对电力的需求迅猛增加,常规超高压电压等级的输电技术已经无法满足日益增长的电力需求,因此有必要发展更高电压等级的输电技术。采用特高压输电技术,不仅可以有效解决我国日益快速增长的电力需求,同时使远距离、大容量电能输送变得更加经济,我国目前已有的特高压交直流输电工程均是在此背景下发展起来的。本章首先对电网交直流电压从低电压等级发展至高电压等级的过程进行介绍,此外重点讨论了特高压交流、直流输电电压等级的选择以及世界其他国家特高压输电技术的发展。

1.1 特高压输电

1.1.1 输电电压等级的发展

1882 年,法国物理学家德普勒用一个煤矿中的直流发电机,以 2kV 的直流电压、1.5kW 的功率,沿着 57km 的电报线路,把电能送到了在慕尼黑举办的一个国际博览会,完成了人类有史以来的第一次远距离输电,它是以直流输电方式完成的。这种直流输电方式曾经流行一时,但由于直流电机结构复杂,可靠性差,且大容量和高电压的直流电机在设计制造技术方面存在较大困难,故在当时条件下只能用多台发电机串联以提高输送电压、输送容量和输送距离。1889 年,在法国用直流发电机串联而得到高电压,从毛梯埃斯(Moutiers)到里昂(Lyon)建立了 230km 直流输电线路,其输送电压和输送功率分别为 125kV 和 20MW。在当时技术条件下,要想采用直流输电方式进一步实现更远距离、更大容量的输电已经是很难实现了,故人们开始转而研究采用交流输电方式,它可以比较方便地使输电电压得到迅速的提高,从而实现更远距离、更大容量的输电。

1888 年,在伦敦泰晤士河畔,由费朗蒂设计的大型交流电站开始输电。它采用铜心电缆将 10kV 单相交流电送往相距 10 公里外的市区变电站,在市区变电站内首先将 10kV 降为 2500V,并分送到各街区的二级变压器,在此再降为 100V 供用户照明用。1889 年,俄国的多利沃·多布罗沃斯基又率先研制出功率为 100W 的三相交流发电机,并在德国、美国得到推广应用。这样,三相高压交流输电方式在全世界范围内得到迅速推广。由于交流输电方式可以采用变压器比较方便地提高输电电压,实现更远距离、更大容量的输电,这样交流输电就越来越显现出其明显的经济技术优势,并得到持续迅猛的发展,它逐渐变得普遍起来并替代了最初的直流输电,最终成为在电能传输领域占据绝对主导地位的输电方式。科学家自 1888 年开始采用 10kV 的交流输电方式,至 1898 年就借助交流变压器将输电电压提升至 33kV,到 1907、1923 年则将输电电压分别提升至高压 110kV 和 230kV,而到了 1952、1959 年和 1965 年则又将输电电压分别提升至超高压 380kV、500kV 和 735kV,到 1985 年苏联更是将输电电压提升至特高压 1150kV[1-3]。中国自 1981 年第一条平顶山—武汉 500kV 超高压交流输电线路投运,500kV 超高压电网逐步成为各大区主网架;西北电网于 2005 年在青海官亭—甘肃兰州建成国内第一条 750kV 超高压输电线路,目前 750kV 电网正逐渐成为西北电网的主网架;2009 年中国第一条特高压交流试验示范工程 1000kV 晋东南—南阳—荆门输电线路投运,在 2013 年建成淮南—上海 1000kV 特高压双回交流输电线路工程,其后,又在 2014 年 12 月投运浙北—福州 1000kV 特高压双回交流输电线路工程。此外,还有一批其他的 1000kV 特高压交流输电工程正在规划和建设中。

自 1890 年交流输电方式开始应用后,直流输电在超过半个多世纪的时间内几乎停止了发展,直到 1954 年采取汞弧阀换流方式的直流海缆输电系统——瑞典哥特兰岛(Gotland)直流输电工程投运。但由于汞弧阀换流方式的可靠性较差,它并没能有效地推动直流输电方式向前发展。20世纪70年代以后,随着电力电子和微电子技术的迅速发展,出现了高压大功率晶闸管新器件,由于晶闸管换流阀没有逆弧故障,而且制造、试验、运行、维护和检修都比汞弧阀简单、方便,它有效地改善了直流输电的运行性能和可靠性,迅速在直流输电工程中得到良好应用,大大促进了直流输电技术的发展[4]。1970年,瑞典首先在原有哥特兰岛直流输电工程基础上,扩建了直流电压为50kV、输送功率为10MW的晶闸管换流阀试验工程。1972年,世界上第一个全部采用晶闸管换流的伊尔河(Eel River)直流背靠背工程(2×80kV,2×160MW)在加拿大投入运行。由于直流输电在架空线远距离大功率传输、海底电缆功率传输和交流系统背靠背联络等领域具有其突出的优势,借助于新型器件晶闸管换流阀的东风,直流输电此后在全世界再一次得到迅速发展,采用晶闸管换流阀的新建直流输电工程不断涌现,直流输电电压也不断提高。到2003年,全世界共建设和投运晶闸管换流阀工程65个,其中有相当一部分是输电电压±500~±600kV的重要长距离、超高压直流输电项目,还有少量的多端直流输电项目。中国自1990年葛洲坝—上海±500kV直流输电工程投运后,又相继建设和投运了多条±500kV超高压直流输电工程。2010年,中国建成云南(楚雄)—广州(穗东)±800kV直流输电工程和向家坝(复龙)—上海(奉贤)±800kV直流输电工程;2011年,建成宁夏(宁东)—山东(青岛)±660kV直流输电工程;2012年,建成四川锦屏(裕隆)—江苏苏南(同里)±800kV直流输电工程;2013年,建成云南(普洱)—广东(江门)±800kV直流输电工程(或称糯扎渡直流输电工程);2014年,建成哈密南(哈密南)—郑州(郑州)、溪洛渡(双龙)—浙西(金华)±800kV直流输电工程。目前,中国还有多个±800kV特高压直流输电工程在建设和筹建,并且采用±1100kV电压等级的双极单回直流输电项目已完成科研论证,依托准东—华东工程开展前期工程设计准备。

1.1.2 电网电压等级序列

输电技术的发展,基本目的是提高输送容量和减少线路损耗。提高输电电压是提高输送容量的有效方法,同时也是降低线损的有效方法。因此,输电技术的全部发展史几乎就是不断地提高输电电压等级,从而使输送功率不断加大、输送距离不断加长的过程。对于输电电压等级的划分,有多种不同的规定方法。对于交流输电来说,结合实际科研和应用,目前通常这样来划分电压等级:10kV、20kV和35kV的电压等级称为配电电压或中压(其中还包括66kV电压等级,但其仅在少数国家和地区应用);110~220kV的电压等级称为高压;220kV以上、1000kV以下称为超高压,主要包括330kV、500kV和750kV;而1000kV及以上的称为特高压。对于直流输电则情况有所不同,按美国国家标准,±100kV以上的称为高压,±500kV和±600kV称为超高压,而超过±600kV的则称为特高压;苏联研究认为±750kV及以上电压等级称为特高压;我国一般认为±800kV及以上电压等级称为特高压。

表1-1为交流输电电压等级的发展概况,表1-2为直流输电电压等级的发展概况。

表1-1 交流输电电压等级的发展

1890年	10kV	英国	中压
1898年	33kV	美国	
1906年	110kV	美国	高压
1923年	220kV	美国	
1937年	287kV	美国	超高压
1952年	380kV	瑞典	
1959年	500kV	苏联	
1965年	735kV	加拿大	
1985年	1150kV	苏联	特高压

新的输电电压等级的出现取决于诸多因素,首先是长距离、大容量输送方式的需求,其次是输电技术水平、经济效益和环境影响等方面的考虑。发展一个新的电压等级需要完成选择电压值、确定绝缘水平、研制设备和建设试验线路等多项工作,使其能与原有电压等级相配合,并适应未来20年或更长时间

内电力发展的需求。由于各个国家经济条件、资源分布和地理条件不同,故所采用的电压等级序列也不同,这样就形成了不同的交、直流输电电压等级序列。

表 1-2　直流输电及其电压等级的发展

1882 年	DC 2kV	德国,米期巴赫煤矿(Miesbach)到慕尼黑(Munich)国际展览会	单台 DC 发电机方式
1890 年	DC 125kV	法国,毛梯埃斯(Moutiers)到里昂(Lyon)	多台 DC 发电机串联方式
1954 年	±100kV (Gotland 直流工程,瑞典) (第一个汞弧阀换流工程)	从 1954 年到 1977 年,世界上共有 12 项汞弧阀换流的直流工程投入运行,其中:最大的输送容量为 1440MW(美国太平洋联络线 1 期工程);最高输电电压为 ±450kV(Nelson River 1 期工程);最长输电距离为 1362km(太平洋联络线)。	大功率汞弧阀换流器
1977 年	±450kV (Nelson River 1 期工程) (最后一个汞弧阀换流工程)		
1970 年	±50kV,10MW (第一个晶闸管换流阀试验工程)	瑞典,Gotland 直流工程扩建工程。	大功率晶闸管阀换流方式
1972 年	2 × ±80kV,2 ×160MW (Eel River 直流背靠背工程,加拿大) (第一个晶闸管换流阀正式工程)	自该工程之后,世界上再新建的直流输电工程基本都采用晶闸管换流阀。	
1978 年	±533kV(超高压) (Cahora Bassa 工程,莫桑比克—南非)	截至 2003 年,全世界共建设和投运晶闸管换流阀工程 65 个,其中有相当一部分是输电电压 ±500～±600kV 的重要长距离、超高压直流输电项目,还有少量的多端直流输电项目。	
1981 年	±500kV(超高压) (Inga-Sabah 工程,刚果(金))		
1986—1987 年	±600kV(超高压) (Itaipu 一期、二期工程,巴西)		
1990 年	±500kV(超高压) (葛洲坝—上海工程,中国)		
1986/1990/1992 年	±500kV(超高压) (Quebec 多端直流工程,加拿大—美国)		
2002 年	±500kV(超高压) (东南联络工程,印度)		
2010 年	±800kV(特高压) (云南—广州工程,中国)	向家坝—上海 ±800kV 特高压直流输电示范工程于 2010 年投运。锦屏—苏南 ±800kV 特高压直流输电工程于 2012 年投运,工程线路全长 2059km,额定输送功率 7200MW,最大连续输送容量达到 7600MW。它是迄今为止,世界上电压等级最高、输送容量最大、送电距离最远、技术最先进的特高压直流输电工程。	
2010 年	±800kV(特高压) (向家坝—上海工程,中国)		
2012 年	±800kV(特高压) (锦屏—苏南工程,中国)		
2013 年	±800kV(特高压) (云南普洱—广东江门工程,中国)		
2014 年	±800kV(特高压) (哈密南—郑州工程,中国)		
2014 年	±800kV(特高压) (溪洛渡—浙西工程,中国)		
1997 年	±10kV,3MW Hellsjon 试验工程,瑞典	轻型直流输电即 HVDC Light,是由 ABB 公司在 20 世纪八九十年代研制开发的一种新型输电技术。HVDC Light 轻型直流输电技术,以电压源型换流器(VSC)为核心,硬件上采用 IGBT 等可关断器件,控制上采用脉宽调制技术(PWM)以达到具有高可控性直流输电的目的。	由 IGBT 组成的电压源型换流器换流方式(VSC-HVDC)
1999 年	±80kV,50MW Gotland Light 工程,瑞典		
2002 年	±250kV,200MW Hellsjon 试验工程,瑞典		
2010 年	±350kV,300MW Caprivi link 工程,纳米比亚	截至 2010 年,世界上已经有 10 多条 HVDC Light 工程投入运行。	

世界上主要国家所采用的不同交流输电电压等级序列如表 1-3 所示。

表 1-3　世界主要国家交流输电电压等级序列

国家		序列
美国		765/345/138kV、500/220/115kV
苏联		750/330/110(150)kV、500/220/110kV
英国、法国、德国、瑞典		400(380)/220/110(150)kV
中国	大部分地区	1000/500/220/110kV
	西北地区	750/330/220/110kV

自 1954 年瑞典哥特兰岛直流输电工程投运以来,世界各国共建成投运上百个直流工程。目前,直流输电工程的额定电压还没有像交流输电一样形成标准的电压等级序列,每一个特定直流输电工程的额定电压是根据实际情况确定的,这就导致设备设计、生产、选型无法通用化、规模化,增加了工程造价,降低了设备的可维护性,给生产运行带来困难。直流输电工程有架空线路、电缆线路和背靠背工程等多种类型,在可控硅产品工业化应用以前的汞弧阀换流期间,直流输电工程的额定电压还受汞弧阀可耐受电压等因素的限制,出现可控硅换流器后,普遍采用元件串联式结构,理论上选用任何额定电压都是可以容许的,并不会增加换流器本身的设计、制造难度,从而导致了目前直流输电工程额定电压繁多的状况。目前,国内外已运行的直流输电工程的直流额定电压(kV)有:±17,±25,±50,±70,±80,±82,±85,±100,±120,±125,±140,±150,±160,±180,±200,±250,±266,±270,±350,±400,±500,±600,±660 和 ±800 等。

根据中国能源布局和电网发展特点,未来中国直流输电的规模将远远超过其他国家。如果仍然按照每个工程确定一个特定的额定电压,必然造成研发和工程建设投资的巨大浪费,为了提高效率,节约成本,实现设备的通用化,就需要形成直流输电系统电压等级序列。

中国直流输电电压等级序列的形成主要考虑的因素有:已形成的生产制造规模及运行经验;设备研发、制造能力及运输条件;电源开发规模及系统送、受电需求;直流输电距离;直流系统对自然环境及电力系统安全稳定运行的影响;工程投资及输电经济性等。

对于采用晶闸管阀的传统直流输电方式,国家电网公司提出了一个直流输电电压等级序列:±500kV、±660kV、±800kV、±1000kV(±1100kV)。其中 ±800kV 以上等级的早期技术论证是按照 ±1000kV 进行的,新疆(准东)—四川(成都)直流输电工程是规划中的第一条 ±800kV 以上等级的特高压直流输电工程,其输送距离超过了 2500km,输送容量达到 10000MW 以上,为满足电能输送要求,该工程的电压等级有可能被确定为 ±1000kV 或 ±1100kV,故此处暂将 ±1000kV 或 ±1100kV 列入直流输电电压等级序列。对于 ±800kV 以上更高一级的特高压直流输电电压等级是采用 ±1000kV 还是采用 ±1100kV,这个问题值得进一步探讨。以上 4 个电压等级直流输电系统的输电容量和经济输电距离基本涵盖了中国电力中长期规划对远距离、大容量直流输电的需求。

1.1.3　特高压输电电压等级选择

1.1.3.1　特高压交流电压等级

电压等级(标称电压)是电网的基础参数。确定交流特高压(UHVAC)电网的标称电压,既要考虑到最大送电容量和输送距离,也要考虑标称电压对系统调度运行的影响和对特高压输变电设备造价、制造难度的影响。特高压电网标称电压确定以后,还要确定相应的最高运行电压。交流特高压最高运行电压的确定,与电网结构、电网标称电压、无功补偿和调压手段、线路走廊的海拔高度以及输变电设备的过电压水平等诸多因素有关。从技术和经济两方面综合考虑,中国特高压标称电压确定为 1000kV,最高电压为 1100kV。表 1-4 为世界各国特高压的电压选择和设计输送功率[5-6]。

1)交流特高压线路的标称电压选择

(1)空气绝缘间隙饱和特性

对于特高压输电电压等级的选择,空气间隙绝缘的饱和特性是一个需要重点考虑的因素。因为随着电压的升高,气体介质的绝缘强度将随着距离的增加而呈现明显的非线性饱和趋势。图 1-1 给出了棒—棒和棒—板间隙下不同间隙距离的放电电压特性曲线,从图中可以看出气体介质的绝缘强度与绝缘间隙距离之间的饱和关系[7-8]。其中,图 1-1(b)是在大量试验研究的基础上,根据不同学者提出的棒—板间隙距离与临界放电电压关系的回归公式画出的,与曲线对应分别称为 EDF 公式、CRIEPI 公式和 Rizk 公式。从图 1-1(b)可以看到,这 3 条曲线在间隙距离<17m 时比较接近,但在 17m 以上差别逐渐增大,其中 EDF 曲线的饱和趋势较显著,CRIEPI 曲线的饱和趋势介于 EDF 和 Rizk 曲线之间。在这 3 条曲线中,CRIEPI 公式已被 IEC 接受并用于求取间隙系数的计算中,该公式如式(1-1)所示。

表 1-5 为 800kV、1000kV、1150kV 三种不同电压等级已经实施的输电线路工程所采用的相间绝缘气隙间距。

表 1-4   各国特高压电压等级

国家		电压/kV		设计输送功率/MW	距离/km
		标称	最高		
美国	BPA	1100	1200	6000~8000	300~400
	AEP	1500	1600	>5000	400~500
日本		1000	1100	5000~13000	约 200
意大利		1000	1050	5000~6000	300~400
苏联		1150	1200	5000	2500
中国		1000	1100	4000~6000	—*

注:* 已建成的晋东南—南阳—荆门特高压交流输电示范工程全长 640km(2009 年 1 月投入运行);淮南—沪西特高压交流双回输电工程全长 642.7km(2013 年 9 月投入运行)。

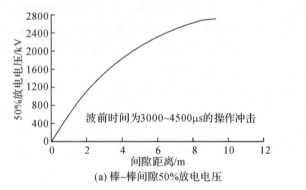

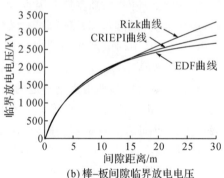

(a) 棒—棒间隙50%放电电压   (b) 棒—板间隙临界放电电压

图 1-1   棒—棒和棒—板间隙下不同间隙距离的放电电压特性曲线

$$U_{50.\,crit} = 1080 \times \ln(0.66d+1), 1 \leqslant d \leqslant 25 \tag{1-1}$$

表 1-5   各已用电压等级相间绝缘间距

电压等级	相间绝缘间距
800kV	8~10m
1000kV	9~12m
1150kV	24~29m*

注:* 1150kV 电压等级为苏联特高压线路所选择,其绝缘间距很大不只因为绝缘要求,还因其土地资源丰富、较少考虑线路走廊限制,中国若发展 1150kV 电压等级,设计的绝缘间距可能小于该值。

由表 1-5 可见,1000kV 特高压输电线路的相间距离与 800kV 超高压输电线路相差不多,基本随电压增加而线性增加,而 1150kV 特高压输电线路相间绝缘距离比 1000kV 大得多,在 1000~1150kV 电压范围内绝缘间距随着电压的增加可能已出现较明显的非线性饱和趋势。一旦进入显著非线性饱和阶段,线路额定电压的小幅增加都需要明显增大气隙绝缘距离,这不仅导致特高压线路走廊宽度、设备体积和变电站占地面积的大幅增加,同时也增加了技术难度和总投资,而输电能力却增加不多。综上所述,从经济和技术上看,选择1000kV作为特高压输电线路电压等级是较为合理的。

(2)按送电容量考虑

特高压交流输电电压等级的选择往往与大电源的外送功率有关。电压越高,输送功率越大。特高压电网的最大送电容量,主要由送端电源的容量来决定,输送距离取决于电源与负荷中心的地理分布。日本1000kV线路的单回送电容量约为5000~6000MW,美国BPA规划建设的线路选择额定电压为1100kV,送电容量为6000~8000MW;苏联因国土辽阔、能源丰富,而使得输电距离和输电容量均很大,它曾经规划建设数座容量为4000~6000MW的发电厂,共同向其欧洲部分负荷中心送电,外送容量可达上万兆瓦规模,由于它可以基本不考虑线路走廊限制,相应电压等级选在1150kV。

从中国电网互联的情况分析,交流特高压线路的正常输送功率绝大部分在4000~6000MW,交流特高压线路的输送距离一般在600~1500km。Г.A.依拉利昂诺夫推荐的电网最优电压 $U_优$ 与输送距离 L 及传输功率 P 的关系如下:

$$U_优 = \frac{1000}{\sqrt{\dfrac{500}{L} + \dfrac{2500}{P}}} \qquad (1\text{-}2)$$

利用该式即可估算出我国特高压输电的最优电压,估算时考虑特高压输电线路的传输功率为5000MW,输送距离为1000km,代入式(1-2)可得 $U_优 = 1000$kV。结合我国电网的实际情况,特高压交流线路的输送容量及距离一般在上述计算值左右,因此选取1000kV作为交流特高压电网的标称电压,可以满足送电规模的要求。

(3)电压等级发展规律与中国电网结构

根据世界各国电压等级发展的规律,相邻等级的电压比一般应在2~3。新的电压等级不能选得太低,否则会造成电磁环网多、潮流控制困难、电网损耗大等问题;也不能选得太高,否则传输能力得不到充分利用,造成浪费。目前,154-345-765-1500kV级和110-220-500-1000kV级是两个国际上公认比较合理的电压等级。从中国电网结构的现状来看,除西北为330kV网架外,其余如东北、华北、华中、华东、南方等均为500kV网架。中国建设特高压电网是在华北、华中和华东建成坚强的交流特高压网架,并逐步向周边区域延伸,与西南水电外送的特高压交直流系统一起,共同形成覆盖大电源基地和负荷中心的特高压电网。由于西北地区已形成330kV和750kV超高压电网,采用330kV和750kV交流输电已经能满足要求,因此在目前的规划中,中国的西北地区不需建设特高压交流输电线路,但它可以通过规划建设特高压直流线路与全国联网。所以,中国的特高压输电电压等级选为1000kV,即主网架按照110-220-500-1000kV级电压等级系列发展是合适的。

(4)其他需要考虑的因素

中国一些特高压交流输电线路要经过西部地区,而西部的平均海拔高度约1000~2000m,高海拔地区对设备的外绝缘特性有较高的要求。选择适当的标称电压可以降低输变电设备的外绝缘水平,从而减少设备投资;另外,恶劣天气下的电晕损耗与运行电压成正比,在相同的临界电晕电压下,运行电压越高,线路的电晕损耗越大。在同一地区采用同型铁塔,与1150kV相比,选择1000kV的标称电压能够降低铁塔高度,节省绝缘子片数。特高压变压器的造价主要受外绝缘水平的影响,因此标称电压较高的特高压变压器造价要高于标称电压低的特高压变压器。此外,标称电压低的特高压电网可以减少无功补偿设备的投资费用。

2)交流特高压最高运行电压选择

系统最高运行电压对系统所需调相调压设备的容量,对发电机及输电线路的运行,对系统运行控制标准以及设备制造和成本都有影响。

系统最高运行电压上限受海拔高度、电晕损耗和设备制造规范化、标准化的限制。因此,最高运行电压不宜定得过高。从国内外特高压设备制造水平的实际情况来看,1000kV系统的最高运行电压不宜超过1100kV。

1.1.3.2 特高压直流电压等级

特高压直流(UHVDC)输电电压等级选择主要是由输电距离和输送容量来决定,工程设备从基本原理和结构上而言与±500kV 直流输电类似,但由于承受的直流电压更高,因此对其内、外绝缘的要求更严格。目前,世界上已投入运行的最高直流电压等级是±800kV。

20 世纪 70 年代以来,国外就开始进行特高压直流输电的研究并得出了一系列的研究成果。从经济和环境等角度考虑,输送距离在 1000~3000km 时,高于±600kV 的直流输电是优选的输电方式;±800kV 直流输电系统的设计、建设和运行技术难度相对较小,在中国已经成功建设并投入正常运行。基于目前的技术及可预见的发展,±1000kV 直流输电系统在理论上是可行的,但在实践过程中还必须经过大量的研究、开发工作;但发展±1200kV 及以上电压等级直流输电系统尚需要在技术上有较大的突破性进展。

建设±800kV 级直流特高压工程可以实现大容量远距离的电力输送,减轻电煤运输和环保压力,同时显著降低工程造价、减少占用土地资源和降低网损。因此,确定中国直流特高压输电的额定电压为±800kV,在技术和经济上看是合理的。随着输电需求和输电距离的不断增加、±1000kV(±1100kV)直流输电技术的不断成熟,±1000kV(±1100kV)直流输电系统在将来也会有较大的发展空间。

1.2 特高压输电技术的发展

从 20 世纪 60 年代起,由于输电容量的增大、输电线路走廊的布置日益困难、短路电流接近开关极限等原因,美国、苏联、加拿大、日本、意大利等国先后开始研究特高压输电技术,通过长时间的工作,在这个领域取得了许多重要的研究成果。目前,印度、巴西、南非等国都在积极研究特高压输电技术。

美国、苏联、意大利、日本等国是最早对特高压输电技术展开研究的国家。其中苏联和日本还建成了实际的交流特高压线路,尤其苏联是在中国之前唯一拥有特高压交流输电工程运行经验的国家。

特高压输电技术的研究在中国起步较晚,但发展很快。2009 年 1 月以来,先后建成了晋东南—荆门 1000kV 交流输电工程、淮南—上海 1000kV 交流输电工程、浙北—福州 1000kV 交流输电工程,以及云南—广州±800kV 直流输电工程、向家坝—上海±800kV 直流输电工程、四川锦屏—江苏苏南±800kV 直流输电工程、云南普洱—广东江门±800kV 直流输电工程、哈密南—郑州±800kV 直流输电工程、溪洛渡—浙西±800kV 直流输电工程等特高压交、直流输电工程,一直保持安全运行,全面验证了特高压输电的安全性、经济性和环境友好性。

截至 2017 年 8 月,已经有 6 条 1000kV 特高压交流输电线路和 9 条±800kV 特高压直流输电线路建成并投入运行。此外,还有 1 条 1000kV 特高压交流输电线路和 4 条±800kV 特高压直流输电线路正在建设并将在 2017 年年底投入运行;同时,我国第一条±1100kV 特高压直流输电线路也正在建设中,将于 2018 年投入运行。

下面将简要介绍苏联、日本、美国、加拿大、意大利等国的特高压发展历程及主要研究项目。

1.2.1 苏联

苏联是世界上最早开展特高压交、直流输电技术研究的国家之一,并且拥有较丰富的特高压交流输电工程实际运行经验。

苏联能源资源中心和负荷中心相距甚远,其东部的西伯利亚地区不仅有丰富的水力资源,且蕴藏大量煤炭,哈萨克斯坦地区也有大量煤资源,而大部分的电力负荷却位于西部,为保证电力供应,必须实现由东向西的长距离、大容量电能输送。

苏联 1972 年之前就对特高压基础技术进行了较全面的研究,主要是特高压输电的关键技术,如绝缘、系统、线路和设备以及对环境影响等问题。1972—1978 年,苏联开展设备研制攻关,进行样机试制,并在 1978—1980 年转入正式生产的同时将原型设备投入试运行考核。

1973—1974 年,苏联在别洛亚斯变电站建设了 1.17km 长的三相特高压试验线段,开展特高压试验研究。在 1978 年,建设了长达 270km 的工业性试验线路,进行了各种特高压设备的现场考核试验。1981 年,苏联动工建设了 5 段特高压线路,总长度达 2344km。1985 年 8 月,苏联建设的世界上第一条

1150kV 线路在额定工作电压下带负荷运行。但在苏联解体后,由于输电容量大幅度减少、经费困难及政治因素等多方面原因,哈萨克斯坦境内中央调度部门把 1150kV 线路段电压降至 500kV 运行。

苏联特高压输电线路及两端变电设备在额定工作电压下,于 1985—1991 年期间实际累计运行四年时间,特高压变电设备运行情况良好,线路未发生因倒塔、断线、绝缘子损坏而导致停电等重大事故,不仅证明了其特高压技术具有较高的运行可靠性,同时也充分证明了特高压输电的可行性。

在特高压直流输电方面,1980 年,苏联开始建设用于将哈萨克斯坦境内的埃基巴斯图兹中部产煤区的煤电输送到欧洲部分负荷中心的特高压直流输电工程。该工程采用 ±750kV、6000MW 的输电方案,工程中所采用的直流设备均为苏联自行研制,并通过了型式试验,但由于各种原因,该工程未实际投入运行。

图 1-2 苏联特高压交流输电线路

1.2.2 日本

日本是世界上第二个在特高压交流输电领域进行过工程实践的国家,在东京地区建设特高压交流输电线路主要是为了解决线路走廊用地和短路电流超限等困难。为了获得稳定的电源,东京电力公司(TEPCO)计划在沿海建设一系列核电站,总容量 1700 多万千瓦,由于距离东京不远,经过认证,采用 1000kV 特高压交流输电方案是最经济的。

1980 年,日本中央电力研究所在赤城建立了长 600m,双回路、两档距的 1000kV 试验线段。在该试验线段上,进行了 8 分裂、10 分裂和 12 分裂导线和杆塔在强风中和地震条件下的特性试验,进行了特高压施工和维修技术,可听噪声、无线电干扰,电视干扰,以及电磁场的生态影响等方面的研究。东京电力公司在高山石试验线段上,进行了分裂导线和绝缘子串的机械性能,如舞动和覆冰等性能的研究和技术开发。东京电力公

图 1-3 日本特高压输电线路

司采用 NGK 公司的电晕试验设备和 1000kV 污秽试验设备进行了污秽条件下绝缘子串的无线电干扰和可听噪声试验。另外,还进行了线路的操作、雷电、工频过电压和相对相空气间隙,以及在污秽条件下

的原型套管和绝缘子串闪络特性试验。

日本是世界上第二个建成特高压线路的国家。1993 年,东京电力公司建成了柏崎刈羽—西群马—东山梨的特高压南北输电线路,长度约 190km;1999 年,建成南磐城—东群马特高压东西输电线路,长度约 240km。这些特高压输电线路均采用同塔双回架设。

特高压交流线路建成后,由于日本电力需求增长减缓,核电建设计划推迟,该线路一直以 500kV 降压运行。

1.2.3　美国

美国电力公司(AEP)为减少输电走廊用地,曾规划在 765kV 电网之上再建几条 1500kV 交流输电线路。美国邦纳维尔电力局(BPA)为将东部煤电基地的电力输送到西部负荷中心,满足长距离大容量输电需要,也曾计划建设 1000kV 级输电线路。

美国已建成雷诺特高压试验场(线路长 523m),试验研究始于 1974 年。莱昂斯特高压试验线段(2.1km)和莫洛机械试验线段(1.8km),试验研究始于 1976 年。雷诺试验基地先后建成了多条试验段线路,其中包括 ±600kV 直流双极试验线段,分别进行了交流环境试验、直流环境试验、交直流同走廊试验、特殊排列导线下的磁场试验等。

后来,美国并没有将特高压输电的研究成果付诸工程实践,主要原因在于此后电力需求增长趋缓,并实施了新的能源发展战略,在负荷中心建发电厂,发展分布式电源,从而降低了远距离、大容量输电的需求。

1.2.4　加拿大

加拿大魁北克水电局建造了户外试验场并进行了线路导线电晕的研究。试验场内的试验线路和电晕笼均用于高至 1500kV 的交流系统和 1800kV 的直流系统分裂导线电晕试验。在魁北克高压试验室进行了 1500kV 线路和变电站空气绝缘试验。在魁北克水电局户外试验场对 $8 \times 41.4mm$,$6 \times 46.53mm$,$8 \times 46.53mm$ 和 $6 \times 50.75mm$ 这四种分裂导线进行研究。魁北克水电局还曾对 $\pm 600 \sim \pm 1200kV$ 直流输电线路的电晕、电场和离子流特性进行研究。

1.2.5　意大利

20 世纪 70 年代中期,为将南部规划核电送往北部负荷中心,同时节省线路走廊占地,意大利国家电力公司(ENEL)开始进行特高压输电工程的试验研究。此前,意大利和法国还曾受西欧国际发电联合会的委托进行欧洲大陆选用交流 800kV 和 1000kV 输电方案的论证工作。

在确立了 1000kV 研究计划后,意大利电力公司在不同的试验站和试验室进行了相关研究。意大利电力公司对操作和雷电冲击进行了试验,包括空气间隙的操作冲击特性、特高压系统的污秽大气下表面绝缘特性、SF_6 气体绝缘特性、非常规绝缘子的开发试验。在萨瓦雷托(Sava Reto)试验线段上进行了可听噪声、无线电杂音、电晕损失的测量。在电晕试验笼内,对多达 14 根子导线的对称型分裂结构,6、8 和 10 根子导线的非对称型分裂结构以及 0.2、0.4、0.6m 直径管形导线进行了试验。还对特高压绝缘子和金具的干扰水平以及线路的振动阻尼器、间隔器、悬挂金具和连接件的机械结构方面开展了试验研究。另外,在萨瓦雷托的特高压试验线段下和电晕笼中,进行了电磁场生态效应的研究。

各国的特高压发展为中国发展特高压输电提供了经验借鉴。经过各国特高压技术的研究和发展,技术问题已不是特高压输电发展的限制性因素。现在特高压输电的发展主要由大容量输电的需求所决定。进入 20 世纪 90 年代后,特高压交流输电在国际上渐趋沉寂,工程应用处于停滞状态,甚至已建成的工程也纷纷降压运行。主要原因是相关国家的经济和用电的增长速度都比预期低很多,远距离、大容量输电的必要性下降。不过今后随着电力需求的增长,这种局面将会发生变化,例如俄罗斯的动力资源与负荷中心分布的基本格局并未改变,将来仍有可能会发展特高压交、直流输电系统。日本的特高压交流输电线路原先也计划在输电需求提高后再升压到 1000kV 运行,但 2011 年发生的地震、海啸、核灾难对福岛地区的核电站群今后的建设产生了极大的影响,所以"升压"一事最后是否会实现,尚有待观察。

参考文献

［1］周浩.发展我国交流特高压输电的建议［J］.高电压技术,1996,22(1):25－27.

［2］赵智大.略论超高压与特高压的特征——兼及电压等级的分段问题［J］.高电压技术,1982(2):19－25.

［3］黄晞.电力技术发展史简编［M］.北京:水利电力出版社,1986.

［4］李立涅.特高压直流输电的技术特点与工程应用［J］.电力设备,2006,7(3):1－4.

［5］项立人,王来,李同生.国外特高压输电发展的概况及分析［J］.电网技术,1987(1):59－63.

［6］项立人.应该加快我国特高压输电前期工作的研究［J］.电网技术,1996,20(2):54－58.

［7］周浩,余宇红.我国发展特高压输电中一些重要问题的讨论［J］.电网技术,2005,29(12):1－9.

［8］万启发,霍锋,谢梁,等.长空气间隙放电特性研究综述［J］.高电压技术,2012,38(10):2499－2505.

第2章　中国特高压发展

中国电力需求持续快速增长,能源资源分布不均,电网发展相对滞后,对发展特高压输电提出了客观要求。对于远距离、大容量输电,与使用低电压等级的输电技术相比,特高压输电在提高输送容量、节约土地资源、减少输电损耗和节省投资等方面具有明显优势。此外,发展特高压输电,在提高中国科技自主创新能力、促进装备制造业的产业升级发展等方面都具有重要意义。

本章首先讨论特高压在中国发展的必要性,然后讨论特高压电网在中国的发展规划和发展历程,最后对已建成的和部分在建的 1000kV 和 ±800kV 交直流特高压工程进行简单介绍。

2.1　中国发展特高压输电的必要性

1)电力需求持续快速增长的客观要求

改革开放以来,随着中国国民经济的持续快速发展,电力工业呈现加速发展态势。2006 年底,全国发电装机容量达到 6.2 亿千瓦,全社会用电量将达到 2.8 万亿千瓦时。预计 2020 年装机容量将达到 13 亿千瓦,用电量将达到 6.6 万亿千瓦时。电力需求和电源建设规模巨大。图 2-1 为改革开放以来中国装机容量和用电量的增长情况,其中 2020 年为预计增长情况。

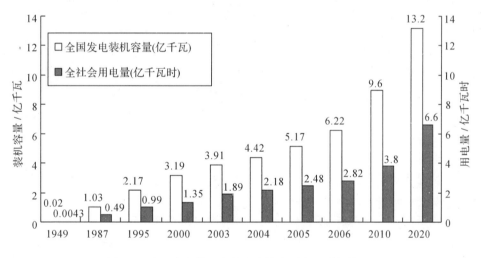

图 2-1　中国发电装机容量和全社会用电量增长情况

2)远距离大容量输电的客观要求

表 2-1　中国电源基地到负荷中心的距离

起点	落点	距离
西北煤电基地	华中、华东负荷中心	800～1700km
西南水电基地	华中、华东负荷中心	1500～2500km
新疆煤电基地	华东负荷中心	>3000km

中国基本国情是:发电能源以煤、水为主,能源资源和生产力发展呈逆向分布。决定中国必然要发展远距离、大容量输电的三个"2/3"。2020 年中国各种发电能源的比例如图 2-2 所示。

(1)中国的可开发水电资源居世界首位(约 3.95 亿 kW),截至 2008 年底,全国水电总装机容量(1.7 亿 kW)稳居世界第一,迄今世界最大的在运行水电站也在中国(三峡水电站)。但可开发水电资

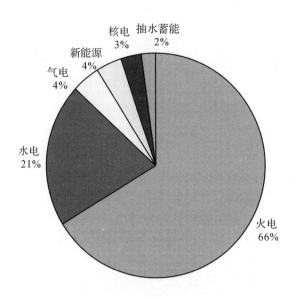

图 2-2 2020 年中国各种发电能源比例

源约有 2/3 左右分布在中国西南部的四川、云南、西藏三省区,远离负荷中心。

(2)中国的煤炭蕴藏量约 10000 亿吨,居世界第三位,但有 2/3 左右分布在西北部的"三西"(山西、陕西、内蒙古西部),远离负荷中心。

(3)中国的用电负荷约有 2/3 左右位于东部沿海和京广铁路以东的经济发达地区。

上述能源资源和负荷中心之间的距离大多处于 800~3000km,这一基本国情决定了中国采用特高压输电的必要性,而且电力流向的基本格局必然是大容量、远距离的"西电东送"。

3)电网发展基本规律的客观要求

电力系统从小规模到大规模、从低电压到高电压、从孤立系统到互联系统的发展历程体现了电力工业发展的基本规律。采用高电压等级,发展大规模电网是当今世界电力发展的总趋势。建设以特高压电网为骨干、各级电网协调发展的国家级电网,符合能源资源与经济发展逆向分布的基本国情,符合国家节能减排的总体部署,可以改变中国电网发展滞后的局面,是实现电网与电源协调发展的有效途径,是建设资源节约型、环境友好型社会的迫切需要。

4)保证能源输送安全可靠的要求

尽管在通常情况下煤炭的运输具有相当高的可靠性,但在某些特定条件下,能源输送也会受到外界因素的影响,其中影响最为明显就是冰雪灾害天气。冬季冰雪天气加上春节客运压力,铁路和公路货物运输都将受到严重影响,距离电煤产区遥远的大量燃煤发电机组没有充足电煤供应,导致中国出现严冬季节大范围缺电现象,对人民的生活带来不便,给生产安全造成巨大的威胁。尽管电力输送的安全性也曾受到冰雪灾害影响,但随着输电技术的提高,电网的抗冰雪能力将得到不断增强,特高压输电线路更是在设计之初就将融冰问题作为关键技术问题予以考虑解决,以确保线路受到灾害的影响尽量小,提高供电安全性和可靠性。因此,将一次能源在其富集地区就地转化为电能,并通过特高压线路高效地输送到负荷密集地区,实现输电与输煤并举,相互协调与互补,从而提高能源供应的可靠性,已成为中国迫切需要解决的重要问题。

2.2 中国特高压发展历程

特高压输电技术的研究在中国起步比较晚。从 1986 年起,特高压输电研究先后被列入中国"七五"、"八五"和"十五"科技攻关计划。1990—1995 年,国务院重大办组织"远距离输电方式和电压等级论证";1990—1999 年,国家科委组织"特高压输电前期论证"和"采用交流百万伏特高压输电的可行性"等专题研究。

各国发展超高压和特高压交、直流输电的实践经验表明,每当需要采用新的高一档输电电压时,一般都必须经历三个阶段:一是建设新的试验研究基地,对新电压等级输电系统及有关设备的各种基本特性进行试验研究;二是建设工业性试验工程;三是建设正式的商业性输电系统。这三个阶段一般需要10—20 年时间。

2.2.1　特高压前期研究

1986 年以来,中国电科院、武汉高压研究所、电力建设研究所和有关高等院校开展了特高压输电的基础研究,对特高压外绝缘放电特性、特高压对环境影响、工频和操作过电压等进行了试验研究。1994年,武高所建设了 1000kV 级,长 200m,导线 8 分裂的试验线段。电力建设研究所于 2004 年建设的杆塔试验站可进行特高压单回 8×800mm 分裂导线,30°~60°转角级杆塔进行原型强度试验,还可进行输电线防震设计方案试验。中国武汉高压研究所早在 1988 年即启动特高压户外试验场的建设,到 1996年正式建成中国第一条真型 1000kV 级特高压试验线段,使中国有了自己第一个颇具规模的特高压试验基地。

2.2.2　特高压试验基地的建设

1）武汉高压研究院特高压交流试验基地

为了更好地满足 UHVAC 和 UHVDC 输电技术的全面研究和特高压输变电设备的带电考核等要求,国家电网公司新建两个更大和更现代化的特高压试验研究基地。特高压交流试验基地 2006 年 9 月开工,2007 年 6 月 15 日双回路试验线段全面带电;特高压直流试验基地 2007 年 3 月开工,6 月 28 日试验线段全线带电。特高压试验基地的基本建成并发挥作用,为特高压工程建设优化设计提供实证依据和技术支撑创造了条件,也从一定程度上检验了中国自主设计、制造和建设特高压工程的能力。

特高压交流试验基地位于武汉市,包括特高压交流单回和同塔双回试验线段、电磁环境测量实验室、环境气候实验室、特高压交流设备带电考核场及其他试验装置。基地线路杆塔如图 2-3 和图 2-4所示。

图 2-3　单回线路

图 2-4　双回试验线路

特高压交流试验基地占地 133400m²，设备由国内 20 多家厂商研制提供，综合试验能力创多项世界第一，其中包括：

(1)特高压试验线段几何尺寸可调和杆塔优化试验的功能；

(2)模拟海拔高达 5500m 处外绝缘特性试验条件的装置；

(3)全天候电磁环境监测系统；

(4)特高压交流绝缘子串全尺寸污闪试验能力；

(5)特高压 GIS/AIS 全电压、全电流带电考核场的功能；

(6)工频谐振试验装置的电压等级和容量；

(7)特高压运行、检修、带电作业综合培训功能与条件。

2) 中国电科院北京特高压直流试验基地

特高压直流试验基地位于北京，由特高压直流试验线段、户外试验场、试验大厅、污秽及环境试验室、线路电磁环境模拟试验场、电晕笼、绝缘子试验室、避雷器试验室组成。可全面开展直至 ±1000kV 特高压直流电磁环境、绝缘特性等试验研究，进行长时间设备带电考核。目前，基地内试验线段成功升压至 ±1100kV 并开始稳定运行，可以为新电压等级的工程设计提供宝贵的设计依据和有力的技术支持。

特高压直流试验基地线路杆塔如图 2-5 所示。

3) 南方电网云南昆明高海拔特高压试验基地

南方电网在云南昆明建设一座特高压试验基地，研究对象亦为 1000kV 交流和 ±800kV 直流，研究内容偏重于高海拔地区的外绝缘。

4) 西安高压电器研究院大电流开关试验基地

该试验基地具备 1100kV/120kA 交流设备容量试验、1100kV 交流设备绝缘试验、±1100kV 直流换流阀绝缘和运行试验能力，达到了世界先进水平，部分项目居国际领先水平。

每采用一个新的电压等级，一定会遇到很多新的问题，由于试验基地对它们进行研究往往仍欠充分，如不经过实际试运行的考核，未免不够慎重和稳妥，容易造成严重损失。因此，先建设一项工业性试验工程以发现问题、积累运行经验、改进和完善对新技术的掌握，是合适、稳妥的做法，对耗资巨大、史无

图 2-5　直流试验线路杆塔

前例的特高压输电工程,更是必不可少的步骤。

2.2.3　中国的特高压输电工程

截至 2017 年 8 月,已经有 6 条 1000kV 特高压交流输电线路和 9 条 ±800kV 特高压直流输电线路建成并投入运行。此外,还有 1 条 1000kV 特高压交流输电线路和 4 条 ±800kV 特高压直流输电线路正在建设并将在 2017 年年底投入运行;同时,我国第一条 ±1100kV 特高压直流输电线路也正在建设中,将于 2018 年投入运行。

1) 晋东南—南阳—荆门 1000kV 特高压交流输电试验示范工程

工程始于山西长治变电站(晋东南站),经河南南阳开关站,止于湖北荆门变电站,线路全长约 640km,额定输送功率 5000MW,工程静态总投资 56.88 亿元。工程于 2006 年 8 月动工兴建,2008 年底建成投运,2009 年 1 月 6 日 22 时完成 168 小时试运行后正式投入商业运行。工程规模为:晋东南站装设 1 组 3000MVA 变压器,1 组 960Mvar 高抗;南阳站为开关站,装设 2 组 720Mvar 高抗;荆门站装设 1 组 3000MVA 变压器,1 组 600Mvar 高抗;三站均采用 3/2 断路器接线,建设初期为不完整串,装设两台断路器,如图 2-6 所示。

2011 年国家电网公司对该工程进行了扩建,在晋东南站、荆门站各扩建一组 3000MVA 特高压变压器,南阳站扩建了两组 3000MVA 特高压变压器,配套扩建开关等其他一二次电气设备。晋东南至南阳段线路装设补偿度 40% 的特高压串补(两侧各 20%),南阳至荆门段线路装设 40% 的特高压串补(集中布置于南阳侧)。该工程成功运用了特高压串补、大容量特高压开关、双柱特高压变压器等特高压交流新设备,综合国产化率超过 90%。

2011 年 12 月 16 日 1000kV 晋东南—南阳—荆门特高压交流试验示范工程扩建工程正式投产。扩建后,晋东南、南阳、荆门三站均装设两组容量 300 万千瓦的特高压主变,最大输电能力达到 500 万千瓦。

2) 淮南—上海 1000kV 特高压交流输电工程(皖电东送工程)

工程于 2011 年 10 月开工,2013 年 8 月竣工。皖电东送工程始于安徽 1000kV 淮南变电站,经过安

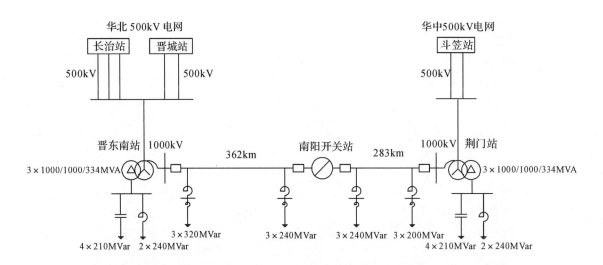

图 2-6　特高压交流工程示意图

徽 1000kV 皖南变电站、浙江 1000kV 浙北变电站，止于上海 1000kV 沪西变电站，变电容量 2.1×10^7 万 kVA，线路全长 2×648.7 千米，总投资约 186 亿元。系统标称电压 1000kV，最高运行电压 1100kV，采用额定容量 300 万 kVA 大容量特高压变压器、额定开断电流 63 千安的六氟化硫气体绝缘金属封闭式组合电器，全线同塔双回路架设，完全由中国自主设计、制造和建设。

皖电东送工程连接安徽"两淮"煤电基地和华东电网负荷中心，承担着安徽省两淮煤炭基地电力外送的任务。该工程建成后，将扩大皖电东送规模和保证两淮煤电基地电力的安全可靠外送，进一步满足浙北和上海的用电需求，具有重要的经济意义和社会意义。

3）云南—广东 ±800kV 特高压直流输电工程

±800kV 云南—广东特高压直流输电工程是中国直流特高压输电自主化示范工程，也是世界上第一个投入商业化运营的特高压直流输电工程。工程西起云南省楚雄州禄丰县楚雄换流站，东至广东省广州增城市穗东换流站，途经云南、广西、广东三省，输电距离 1373km，输送功率 5000MW。工程于 2009 年 12 月 28 日单极投产，2010 年 6 月 18 日双极投产。工程总投资约 132 亿元。

4）向家坝—上海 ±800kV 特高压直流输电示范工程

2010 年 7 月向家坝—上海 ±800kV 特高压直流示范工程正式投运。工程始于四川复龙换流站，途经四川、重庆、湖南、湖北、安徽、浙江、江苏、上海八省市，止于上海奉贤换流站，线路全长约 1907km。

工程额定电流 4000A，额定输送功率 6400MW，最大连续输送功率 7200MW。工程每极采用双 12 脉动换流器串联（400kV＋400kV）的主接线方式。换流变压器容量（24＋4）×297.1（321.1）MVA（其中 4 台备用）；换流变型式为单相双绕组有载调压；±800kV 直流开关场采用双极接线，并按每 12 脉冲阀组装设旁路断路器及隔离开关回路；复龙换流站交流 500kV 出线 9 回，奉贤换流站交流 500kV 出线 3 回。

5）锦屏—苏南 ±800kV 特高压直流输电工程

工程西起四川西昌市裕隆换流站，途经四川、云南、重庆、湖南、湖北、安徽、浙江、江苏八省市，东落江苏省苏州市同里换流站，线路全长 2059km，总投资 220 亿元。2012 年 12 月 12 日，锦屏—苏南 ±800kV 特高压直流输电工程全面完成系统调试和试运行，正式投入商业运行。

工程将特高压直流输送容量从 6400MW 提升到 7200MW，输电距离首次突破 2000km，创造了特高压直流输电的新纪录。工程全面投运后，每年可向华东地区输送电量约 360 亿千瓦时。

6）云南普洱至广东江门 ±800kV 直流输电工程（糯扎渡直流工程）

工程始于云南普洱换流站，止于广东江门换流站，线路全长 1413 公里，额定输送容量 500 万千瓦。2013 年 9 月 3 日，云南普洱至广东江门 ±800kV 直流输电工程开始向广东送电，这是继 ±800kV 云广特高压直流输电工程之后,南方电网公司建设的第二条特高压直流输电线路。云南省水能资源丰富,远期经济可开发容量 9570 万千瓦,至"十二五"后期,除满足自身用电需求外,还将有大量富余水电可外送。该工程建成投产,对于优化东西部资源配置,输送西部清洁电力,满足广东等省份电力需求快速增长需要具有重要意义。

7)浙北—福州 1000kV 特高压交流输电工程

工程于 2013 年 4 月 11 日动工兴建,于 2014 年 12 月正式投运。浙北—福州特高压交流输电工程始于浙江 1000kV 浙北变电站,经 1000kV 浙中变电站、浙南变电站,止于福建 1000kV 福州变电站,线路全长 2×603 千米,变电容量 1800 万千伏安,新建线路 2×603 公里,总投资超过 180 亿元。浙北—福州特高压交流输电工程是华东特高压主网架重要组成部分,对于提高浙江与福建联网输电能力,满足福建电网近期丰期盈余电力送出需要,并获得福建与华东主网间的错峰调峰、跨流域补偿、余缺调节等联网效益,具有重要意义。

浙北—福州特高压工程是继晋东南—南阳—荆门工程、淮南—浙北—上海工程之后,中国建设的第三个特高压交流输电工程。

8)哈密南—郑州±800kV 特高压直流输电工程

工程线路全长 2210km,工程投资 233.9 亿元,是目前世界上电压等级最高、输送容量最大、输送距离最长的特高压直流输电工程,途经新疆、甘肃、宁夏、陕西、山西、河南等六省区,止于郑州中牟县的中州换流站。该工程于 2012 年 5 月核准开工建设,是深入推进"西部大开发"和"西电东输"战略,促进新疆资源优势转化、服务地方经济社会发展、缓解华中地区电力供需矛盾的重大举措。

工程于 2014 年 1 月实现正式投运,该工程每年将向河南提供 400 亿千瓦时以上的电量,相当于每年将 2000 多万吨煤炭产生的能量清洁、高效地输送到河南,能够有效缓解河南省负荷快速增长和资源总量不足、煤炭供应紧张的矛盾。

工程首次采用六分裂 1000 平方毫米大截面导线,并在大规格角钢、大吨位绝缘子应用方面取得了多项创新成果。

9)溪洛渡—浙西±800kV 特高压直流输电工程

溪浙工程于 2012 年 7 月正式得到核准批复,于 2014 年 7 月建成投运。工程始于四川省宜宾市双龙换流站,途经四川、贵州、湖南、江西、浙江等 5 省 48 个县市,止于浙江省金华市浙西换流站,线路全长 1728km,输送容量 800 万千瓦,是我国"十二五"期间的可再生能源重点工程。

该工程是保证四川水电外送、缓解浙江用电压力的重要工程,有利于促进清洁能源资源在更大范围内的优化配置,对于实现区域经济均衡发展具有重要意义,是落实西部大开发战略、将西部资源优势转化成经济优势的具体体现。

中国已建成的特高压交直流输电工程见表 2-2 和表 2-3。

表 2-2　中国的特高压交流输电工程

序号	项目名称	投运时间	电压等级/kV	线路长度/km	输送容量/MW
1	晋东南—南阳—荆门	2009	1000	640	5000
2	淮南—浙北—上海	2013	1000	2×648.7	6500
3	浙北—福州	2014	1000	2×603	4000—6000
4	锡盟—山东	2016	1000	2×730	6500
5	淮南—南京—上海	2016	1000	2×759	6500
6	蒙西—天津南	2016	1000	2×608	6500

表 2-3　中国的特高压直流输电工程

序号	项目名称	投运时间	电压等级/kV	线路长度/km	输送容量/MW
1	云南楚雄—广东增城	2010	±800	1373	5000
2	向家坝—上海	2010	±800	1907	6400
3	锦屏—苏南	2012	±800	2059	7200
4	云南糯扎渡—广东江门	2013	±800	1413	5000
5	哈密南—郑州	2014	±800	2192	8000
6	溪洛渡左岸—浙江金华	2014	±800	1653	7500
7	宁东—浙江	2016	±800	1720	8000
8	酒泉—湖南	2017	±800	2383	8000
9	山西—江苏	2017	±800	1119	8000

参考文献

[1] 袁清云.我国特高压直流输电发展规划与研究成果[J].电力设备,2007,8(3)：1—4.

[2] 赵兴勇,张秀彬.特高压输电技术在我国的应用及发展[C].中国电力系统保护与控制学术研讨会论文集,2006.

[3] 沈阳武,彭晓涛,毛荀,等.特高压落点规划的评价指标体系和方法[J].电网技术,2012,36(12)：44—53.

[4] 印永华.特高压大电网发展规划研究[J].电网与清洁能源,2009,25(10)：1—3.

[5] 张运洲.对我国特高压输电规划中几个问题的探讨[J].电网技术,2005,29(19)：19—22.

[6] 徐博文.大区电网互联的几个重要问题[J].电网技术,1999,23(9)：32—34.

第3章 特高压输电的系统特性及经济性分析

本章将首先讨论交流、直流特高压输电的系统特性,主要包括输电线路和主变的参数特性、电网的输电特性与输电能力、系统的可靠性和稳定性以及并联高抗、串联电容等输变电设备的特性。然后对特高压输电进行经济性分析,主要包括交流特/超高压输电经济性比较,直流特/超高压输电经济性比较,交/直流特高压输电经济性比较等。最后对交直流特高压输电的技术特点以及适用场合展开讨论。

3.1 交流特高压输电的系统特性

3.1.1 可靠性与稳定性

1) 可靠性

特高压输变电工程的可靠性,是表征系统安全运行风险大小的系统特性,对其评价是通过对以下可靠性指标进行分析计算得到的。这些指标主要包括:输变电工程本身因素及其所处的大气环境因素引发的故障概率、故障对输电能力的影响以及造成的经济损失等。无论是交流还是直流输电系统,都应建立相应的可靠性模型,构筑可靠性指标体系,建立完善的安全运行制度,并分析影响系统可靠性的关键元件,采取必要措施提高特高压输电的可靠性。

考虑交流输变电工程各个设备统计的故障概率、维修率和 N-1 准则,特高压交流工程可靠性的主要指标有线路平均断开率/[次·(100km·a)$^{-1}$]和线路平均中断输电率/[次·(100km·a)$^{-1}$]。表 3-1 为苏联在 1985—1992 年期间 3 种电压等级线路运行可靠性的统计数据[1]。

表 3-1 苏联 500、750 和 1150kV 线路统计故障率

电压等级/kV	线路总长/km	线路平均断开率/[次·(100km·a)$^{-1}$]	线路平均中断输电率/[次·(100km·a)$^{-1}$]
500	57314	0.574	0.201
750	15519	0.206	0.097
1150	11112	0.144	0.045

注:线路总长度为每年参加统计的线路长度的总和,平均断开率和平均中断输电率为各年的故障总次数除以总线路长度。

从苏联的运行经验可以看出,1150kV 特高压输电线路的统计故障率明显低于 500kV 和 750kV 超高压线路,具有极高的供电可靠性。另外,统计表明,苏联特高压线路中断输电的故障中有 80% 是由于雷电引起的线路跳闸,并且绝大多数是由于雷电绕击线路所造成。因此,需切实做好特高压输电线路的防绕击措施,以提高特高压输电线路的运行可靠性。

2) 稳定性

由于特高压交流线路输送的功率大,其输送功率占受端系统负荷功率的比重可能很高,线路发生故障跳闸停运就可能危及受端电网的安全运行,特别当电源基地通过多回特高压大容量输电线路送电至同一区域,如果发生多重故障造成同一走廊上多回特高压输电线路同时跳闸,会给整个区域电网的安全运行带来严重影响。因此,对于通过多回特高压输电线路向负荷中心供电的情况,应采取分电源分线路分地点接入的输送方式,不至于出现多回特高压线路同时故障而对整个受端系统造成致命影响,从结构上保证电网安全稳定运行。

在特高压电网建设初期,区域电网通过特高压线路互联相对薄弱,而各区域电网内部超高压系统网络复杂,可能形成规模很大的电磁环网,造成严重的安全隐患,如某些电网事故可能导致严重的功率转移,并引发事故扩大而造成严重后果。随着特高压电网的不断建设,互联电网抵御严重事故的能力也将大大提高,并获得更高的安全稳定性。但由于互联后形成了规模更庞大、结构更复杂、控制管理难度更大的同步电网,会面临更多更复杂的安全稳定问题,必须引起高度重视,并加以认真研究。

3.1.2 输电特性与输电能力

1) 输电线路的基本电气参数

交流输电线路的基本电气参数包括电阻(R_0)、电抗(X_0)、电导(G_0)和电纳(B_0),与超高压线路相比,特高压输电线路单位长度的 R_0 有明显减小,X_0 略有减小,而 B_0 有所增大。为了减少电晕对环境的影响,使电流在导线内尽可能均匀分布并降低线路电阻,特高压输电线通常采用分裂数较超高压线路更多的分裂导线。输电线路阻抗取决于每相子导线数目、分裂导线直径、子导线间距和相间距离,在相导线截面积大致相同时,随着分裂数的增加,线路阻抗逐渐减小,输电能力增强。

2) 输电损耗

与超高压输电线路相比,特高压输电线路损耗大大降低。按采用线路的典型设计方案,在输送相同功率时,1000kV 线路综合损耗约为 500kV 线路的一半。

3) 系统稳定性和线路热稳定性对输电能力的影响

在确定输电线路的输电能力时,需要考虑系统稳定性及线路热稳定性对输电能力的限制。实际上,功角稳定性问题和无功控制问题是限制超高压和特高压交流输电系统输送能力的两个基本因素,而发热和电阻损耗问题一般不会成为限制其输电能力的因素。这是因为,超、特高压输电线路在线路设计和导线选取时需要满足相应的环境影响(工频电场、可听噪声、电磁干扰等)标准,而满足这些标准的导线通常具有很大的热容量,大大超过系统允许的稳定极限。因此,确定线路的输电容量主要根据线路运行时系统稳定性限制,如系统静态稳定裕度、暂态稳定及动态稳定性限制、线路电压降落百分比限制、线路最高运行电压限制等。系统的稳定性,不仅与线路本身的线路参数有关,同时还受到变压器参数、发电机参数、送受端系统强度、线路并联电抗器、串联电容器等的影响。文献[2]则认为,对于长输电距离(300km 及以上)的特高压线路来说,其输电能力主要受功角稳定的限制,包括静态稳定、动态稳定和暂态稳定;对于中距离(80~300km)的线路,主要受电压稳定性的限制;对于短距离(小于 80km)线路,则主要受热稳定极限的限制。因此,系统的稳定性要求是限制特高压线路输送能力的关键因素。

线路热稳定极限是指线路的最大载流能力 I_{max},超过这个载流能力运行,则可能会使线路过热,使线路的弛度增加,导线下垂,从而产生对地放电,导致线路事故。I_{max} 对应一个保证热稳定的最大输送功率。由于特高压采用多分裂、大截面导线,其热稳定极限可达 10000MW。因此,特高压线路的热稳定极限对线路输送能力并没有太大的限制作用,除非是很短的输电线路(例如,小于 80km)。

4) 送、受端系统强度对输电能力的影响

特高压送受端系统强度对交流特高压线路输电能力有很大影响,系统功角方程如式(3-1)所示。

$$P = \frac{E_S E_D \sin(\theta_S - \theta_D)}{Z_L + Z_{TS} + Z_{TD} + Z_S + Z_D} \qquad (3\text{-}1)$$

式中,E_S 和 E_D 分别为送、受端系统电压,θ_S、θ_D 为送、受端系统相角,Z_L、Z_{TS}、Z_{TD} 分别为线路阻抗和送、受端变压器阻抗,Z_S、Z_D 分别为送受端系统等值阻抗。

根据式(3-1),当送受端系统从弱到强时,其系统等值阻抗 Z_S、Z_D 逐渐减小,线路的输电能力将得到提升。特别对于中、短输电距离的特高压输电线路,由于送受端系统阻抗占线路总阻抗的比率很大,送受端的系统强度对线路输电能力的影响更为明显。在特高压输电建设初期,由于送、受端系统不强,特高压实际的输电能力将受到明显制约。

在送、受端系统强度一定的情况下,特高压线路的输电能力将随着输电距离的增加迅速减少,如果不在长线路中间落点(增加电压支持、将长线路分解为短线路),则整条线路的输电能力将受到明显限制。因此,要实现特高压远距离、大容量输电,必须在线路中间每隔 300~500km 处落点并配置电压支持。实际上,当单段线路长度超过 500km 时,线路上的过电压也同样难以得到有效的控制,因此,从这方面考虑,对长线路在中间进行适当分段也是必需的。

5)变压器阻抗对输电能力的影响

变压器阻抗是限制特高压输电能力非常重要的因素。实际上,影响线路输电能力的系统总阻抗主要由送受端等效的变压器阻抗、电源阻抗和线路阻抗几部分组成。随着输电电压的升高,等效的变压器阻抗占系统总阻抗的比率越来越大,对输电能力的影响也越来越大,故特高压系统中的变压器阻抗对输电能力的影响则会更大。特别对于中、短距离特高压输电线路来说,变压器阻抗成为整个输电系统限制输电能力的主要因素。因此,在这种情况下,仅靠单纯增加输电线路回数并不能有效提高线路输送容量,新增线路回数所能增加的线路输电能力将受到变压器阻抗和受端系统强度的限制。显然,对于中、短距离特高压输电线路,当线路从单回增加至多回,总输电能力也不会增加很多。

由式(3-1)可知,系统输送能力与其首末两端阻抗呈反比,而这一阻抗包含了线路阻抗和变压器阻抗。对特高压线路来说,由于其导线分裂数更多、等效直径更大,相同长度的线路阻抗 Z_L 会小于超高压电压等级。但特高压变压器的阻抗 Z_T 却大于超高压电压等级,这是因为一般来说随着额定电压的的升高,通常会加大变压器的阻抗以降低短路电流,例如 500kV 变压器的短路阻抗为 12%,而 1000kV 变压器则达 18%,甚至更高。按照 18% 的短路阻抗,计算得特高压变压器一次和二次侧总电抗约为 75Ω,这相当于 350km 左右线路的电抗。因此,对于首末两端都通过特高压变压器与更低一级 500kV 电压等级相连的点对点线路来说,其两端变压器阻抗 Z_T 即相当于 700km 线路的阻抗,这么大的阻抗会明显限制线路的输送能力。

关于特高压变压器的阻抗选择,有两种不同观点:一种是要求降低变压器阻抗以减小其对线路输送能力的影响;另一种则是基于高电压等级安全性考虑,认为应使变压器阻抗增大,以降低短路电流水平。这两种观点都有其道理,应予综合考虑,不可完全偏向一方,否则要么会使特高压线路输送能力大的优势无法充分发挥,要么会由于短路电流过大而使系统无法运行。

6)并联高抗对输电能力的影响

特高压线路的特点是线路长、输送容量大、充电功率大。远距离的特高压输电线充电功率很大,约为 500kV 线路的 4.4 倍,线路容升效应可能产生非常严重的工频过电压,严重影响输电可靠性,线路加装并联电抗器是限制这一工频过电压的重要措施。为将工频过电压限制在要求范围内,一般会在特高压线路上加装大容量的高压电抗器,其容量可达线路充电功率的 80%~90%。但如此大容量的高抗,会在线路输送大负荷时影响线路的无功平衡。

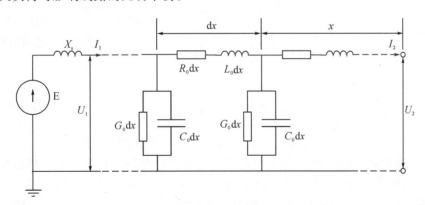

图 3-1 线路分布参数模型示意图

图 3-1 为线路分布参数模型示意图,线路无功主要包括两方面:线路电感 L_0 消耗的无功 Q_L 和线路电容 C_0 提供的无功 Q_C。若线路电压和电流有效值分别为 U_N 和 I,则:$Q_C = j\omega C_0 U_N^2$,$Q_L = j\omega L_0 I^2$。可以看出,线路电容产生的无功 Q_C 仅与线路电压有关,与输送功率基本无关,考虑正常运行的线路上电

压波动一般较小,故可认为 Q_C 不变。而输电线路电抗的无功损耗 Q_L 与线路电流 I 成平方关系,即与输送功率的平方成正比关系。

在特高压长线路空载运行时,高压并联电抗器需要向线路提供大量的感性无功以平衡特高压长线路对地电容所产生的大量容性无功;而在特高压长线路输送大功率时,线路电感 L_0 本身消耗的无功 Q_L 与线路电容 C_0 提供的无功 Q_C 可以基本相平衡。因此,在特高压长线路输送大功率情况下,高压并联电抗器无需再进一步提供的大容量感性无功,否则会造成无功难以平衡,从而压低系统电压,对系统的稳定运行造成严重的影响。这时,可以考虑以下三种方法来解决该问题,要么把高压并联电抗器予以切除;要么在特高压变压器第三线圈绕组(通常额定电压为 110kV)投入一批电容器以补偿高压并联电抗器;要么将高压并联电抗器改为可以控制调节模式(可控电抗器),即高压并联电抗器本身是可以调节的,在线路空载时把电抗值调节到最大,而在最大负荷情况下将电抗值调节到最小(或为零)。实际上,第一种方式通常很难做到,因为对于大电流高压并联电抗器的切除,现有断路器开关技术很难实现。目前,在特高压实践中更多地采用是第二种方式。而第三种方式,应该是最有前途的方式,但一些研究单位都在积极开展研究,并已经在超高压输电工程中得到良好的应用,1000kV、200Mvar 可控电抗器也已经在中国试制成功,并将在未来的特高压工程中得到应用。实际上,考虑在特高压输电中,无功调节的难度非常大,其在轻负荷时线路的无功过剩很多,而重负荷时线路的无功过剩很少甚至缺额,为更好适应特高压线路输送容量的变化,并联电抗器的补偿相比 500kV 则更需要采用可控方式。

7) 线路阻抗对输电能力的影响

特高压输电线路的距离长,其线路阻抗较大,它会在线路两端造成较大的电压降落,而这也成为限制其输电能力的主要因素。因此,与超高压输电相类似,特高压线路输电能力也会随输电距离增加而减少。

综合考虑系统稳定、高抗等因素对特高压线路输电能力的影响后,可以得到输电线路长度对线路输送能力的影响见图 3-2 所示。

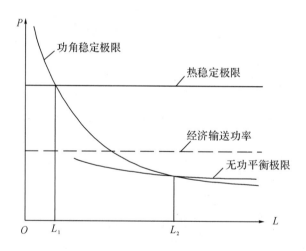

图 3-2　输电线路长度对线路输送能力的影响

图 3-2 中 L_1 和 L_2 分别为 80km 和 300km。由上图可以看出,当线路较短时(L 小于 80km),线路输送能力主要受热稳定极限的限制,即最大输送能力可达 10000MW;对于中等距离线路(80～300km)来说,主要受无功平衡的限制,输送能力一般可达 3000～5000MW;对于长距离线路(300km 以上)来说,主要受功角稳定的限制,其输送能力一般低于 4000MW。

8) 串联电容对输电能力的影响

与并联电抗器措施的作用不同,串联电容补偿的作用相当于减少了输电线路的长度。串联电容器补偿是把电容串联在电网的输电线路上,以改善线路参数,提高线路输电能力。对特高压输电线路进行串联电容补偿能大幅度提高特高压线路的输电能力。但该措施存在可能导致谐振等问题,实践工程中一般不宜采用补偿度大于 80% 的串联电容。

鉴于上述诸多因素的影响,交流特高压输电线路并没有一个十分统一的输电能力标准,而是根据不同的实际情况有不同的输电能力水平,但总体上特高压交流输电具有非常巨大的电能输送潜力,能达到 500kV 超高压线路输电容量的 4～5 倍。同时,特高压输电线路不仅经济输电距离大,能够满足中国能源资源大范围实现优化配置的要求,而且可以实现多落点联网并获得电压支持,在网架设计方面具有很好的灵活性。

9) 特高压线路输电能力提升措施

(1) 采用同塔双回线路

采用同塔双回线路的好处是增大了线路的导流面积,从而提高了载流电流,相应的也提高了线路输送能力,并明显减小了线路走廊。事实上,目前特高压发展方向也是同塔双回线路,已经建成的晋东南—南阳—荆门单回特高压示范线路也为今后升级为双回预留了空间,并且中国在该示范线路之后建设规划中的特高压交流线路均采用双回线路。

(2) 可控高抗的研发应用

由于特高压线路在线路空载情况下会发生幅值很高的严重工频过电压,必须有大容量的高抗进行限制;而在线路重载情况下,线路电感自身会消耗大量的无功,此时由线路电感自身消耗的无功会与线路电容产生的无功基本相平衡。在这种情况下,由并联高抗产生的感性无功会大量多余,严重影响线路的正常电压水平,危害系统安全。因此,特高压线路在线路空载情况下必须要高抗来控制过电压,但在线路重载情况下又必须减小、甚至切除高抗,这是一对矛盾,而可控高抗是最有可能解决这一矛盾的措施。

(3) 串联补偿

线路阻抗在很大程度上会影响输送能力,串补电容可有效解决这一问题。串补电容器的原理是通过在线路上串联电容器容抗补偿线路部分感抗,使电气距离缩短,以达到提高线路输送能力的目的。特高压输电线路串补涉及稳定、高压、电力电子等多方面技术,难度极大,但目前特高压串联补偿装置在中国已经研发成功,并在晋东南—南阳—荆门特高压示范线路上得到良好应用。

3.2　直流特高压输电的系统特性

3.2.1　可靠性与稳定性

1) 可靠性

为了反映直流系统的系统设计、设备制造、工程建设及运行管理等各个环节的水平,特高压直流工程的可靠性指标主要有以下几种:强迫能量不可用率、计划能量不可用率、换流器强迫停运率、单极强迫停运率、双极强迫停运率。其中,强迫能量不可用率和计划能量不可用率统称为能量不可用率,表示在统计时间内,由于计划停运、非计划停运或降压运行造成直流输电系统能量输送能力的降低。表 3-2 为已有三常、三广、三沪 ±500kV 直流工程和 ±800kV 特高压直流工程推荐的可靠性指标[3]。

表 3-2　直流输电系统可靠性指标

工程	$P_1/\%$	$P_2/\%$	$P_3/[次 \cdot (换流器 \cdot a)^{-1}]$	$P_4/(次 \cdot a^{-1})$	$P_5/(次 \cdot a^{-1})$
三常系统	0.5	1	——*	6	0.1
三广系统	0.5	1	——	5	0.1
三沪系统	0.5	1	——	5	0.1
特高压系统	0.5	1	3	2	0.05

注:P_1～P_5 依次代表强迫能量不可用率、计划能量不可用率、换流器强迫停运率、单极强迫停运率、双极强迫停运率。* 500kV 系统一极只有一组换流器,故其换流器强迫停运率与单极强迫停运率等效。

特高压直流系统的换流器在交流和直流侧都会产生谐波电压和谐波电流,不利于电网系统的稳定控制。同时,对国内现有±500kV直流工程故障原因的分析表明,由直流控制和保护导致的系统强迫停运的几率较高,特高压直流系统的二次设备运行控制更加复杂,系统的故障率可能更高。整体上,特高压直流输电系统的可靠性不如特高压交流输电系统。

结合现有的常规高压直流输电运行经验,尽量采用使其各自独立、拆解相互之间耦合的技术措施可以大幅提高特高压直流输电系统的设计以及制造和运行维护水平,避免一些典型故障在特高压直流输电系统中频繁发生。具体为:

(1)在换流器系统方面,对于交流馈电间隔、阀厅、交直流电源系统、冷却空调系统等,要尽量彼此独立,拆解相互间的耦合,设计各自高度独立的控制系统等措施,都能提高输电工程的可靠性。另外,采用换流器旁通开关,使每一换流器单独启动、停运、退出检修时不影响其他换流器的运行,从而降低单极停运的概率。

(2)在系统设计方面,为提高双极系统运行的可靠性,应尽可能使双极独立,避免由控制系统耦合或接地极耦合引起的双极耦合,杜绝一极故障、停运或检修失误导致另一极停运的可能性。

2)稳定性

特高压直流输电方式用于大容量输电时,也可能会出现稳定问题。由于特高压直流输电线路的输电容量很大,当该线路上的输电容量相对于受端系统容量占有一个较大的比率时,若该线路失电,将会对送、受端电网的安全稳定产生严重影响。实际上,一条大容量特高压直流线路对送受端电网交流系统稳定性的影响可以用失去一个大负荷和失去一个大电源来模拟。

对于中国南方电网的±800kV云广直流输电工程,额定送电容量约占2010年南方电网西电东送容量1/4,约占云南电网用电负荷的1/3、外送电力的2/3。当该工程送端电源或者线路发生故障时,将对受端电网的安全稳定运行产生较严重的影响。

特高压直流输电的稳定性能直接与受端电网电气强弱有关。当多条特高压直流输电线路的受端落点电气距离很近,形成多馈入直流输电系统的时候,由于直流逆变站很容易因受端电压波动发生换相失败,一次故障可能引起多个逆变站同时或相继发生换相失败,甚至导致直流功率传输的中断,给整个多馈入直流输电系统带来巨大冲击。研究表明,在特高压直流多馈入的受端电网,多条直流同时与交流系统相互作用,系统暂态、动态的功角和电压稳定问题可能非常严重,应该引起高度重视。目前南方电网有多条超高压±500kV直流线路落点于广东电网,再考虑±800kV特高压直流输电线路的建设,南方电网将成为世界上含有最大“多馈入直流输电系统”的电网之一。对于多馈入直流输电系统,交流系统或直流系统的故障都有可能成为引发系统不稳定的因素,甚至可能导致整个系统的崩溃。因此,考虑到交直流系统之间存在复杂的相互作用,必须采取相应的针对性措施以保证多馈入直流输电系统安全稳定。

3.2.2 输电特性与输电能力

由于直流输电特殊的系统结构,基本不受线路的分布电容和分布电感影响,在计算输送容量和线路损耗时,直流输电线路的等值电路和交流线路差别很大。直流输电线路不存在自然功率的概念,也没有远距离交流输电线路中的容升效应等特殊问题,因而不需要加装提高输送容量的串联电容,也不需要加装限制工频过电压的并联电抗器。

直流输电的损耗包括线路损耗、两端换流站损耗和接地极系统损耗三部分。由于直流接地极系统的损耗非常小,基本上可以忽略不计,故直流输电的损耗主要由线路损耗和两端换流站损耗组成。由于空间电荷的“屏蔽效应”,直流线路上的电晕损耗要比电压等级相同的交流线路小很多,再加上直流线路中基本上不存在集肤效应,导线的利用效率较高,所以它的线路损耗要比交流输电线路小得多。换流站的损耗是整个直流输电工程损耗中的重要部分,但由于两端换流站的设备类型繁多,且损耗机制各不相同,故实际上通常难以准确确定。

直流输电系统中,晶闸管换流阀组成的换流器将吸收大量无功,为了补偿这部分无功,除交流滤波器外,有时还需装设电力电容器、调相机或静止无功补偿器等无功补偿装置。

直流输电系统输送的有功功率和换流器吸收无功功率均可方便快速地控制,因而其输电特性具有灵活多变的特点。

直流输电非常适用于远距离、大容量、点对点输电,其输送容量和距离不受两端的交流系统同步运行的限制。直流输电输送容量由换流阀电流允许值和线路电压等级决定。目前,国内主要的直流电压等级分别为±500kV、±660kV、±800kV 和±1100kV 四个,可用的直流换流阀有通流能力为 3000A 的 5 英寸换流阀和通流能力为 4500A 的 6 英寸换流阀两种,分别应用于±500kV、±660kV 线路和±800kV、±1100kV 线路,其相应的输电容量和经济距离分别如表 3-3 所示[4]。可以预见,随着换流阀技术和通流能力的不断提高,直流输电线路的输电容量也将得到更大的提升。

表 3-3　各电压等级直流输电线路输电容量、线损率与经济距离

电压等级/kV	输电容量/MW	线损率/%	经济距离/km
±500kV	3000(5 英寸换流阀)	4.49~7.48	小于 1100
±660kV	3960(5 英寸换流阀)	5.85~7.58	900~1700
±800kV	7200(6 英寸换流阀)	5.98~9.50	1200~2700
±1100kV	9000(6 英寸换流阀)	6.54~10.58	1800 以上

3.3　特高压输电的经济性分析

3.3.1　交流特高压/超高压输电的经济性比较

1）线路走廊和占地成本

现在线路走廊问题显得越来越重要,走廊土地资源也愈来愈受到限制,所需要的费用也越来越高。线路走廊用地费用约占线路总造价的 5%~10%,因此节省走廊即可节省相当大的投资,更重要的是在某些特殊地形条件下根本不可能有较宽的线路走廊。特高压输电技术比现有电压等级可大大节约线路走廊和变电所的占地面积。

一般而言,1 回 1000kV 输电线路的输电能力可代替 4~5 回普通的 500kV 线路,一条 1000kV 单回特高压输电线路按其环境要求最小走廊宽度约为 90m,4~5 回 500kV 线路的最小走廊宽度约为 140~175m,由此可见 1000kV 特高压线路走廊约仅为同等输送能力的 500kV 线路所需走廊的三分之一。

2）输电成本

大量的国内外的研究分析表明,当输电距离和输电容量达到一定数量时,采用特高压比其他电压等级更经济。

美国对 1100kV 和 500kV 输变电设备成本做过比较[5],除了发电机升压变压器单位容量成本 1100kV 比 500kV 高 40%~50%外,1100kV 的输电线路、断路器及其构架、并联电抗器的单位容量成本均比 500kV 的要低(见表 3-4)。

表 3-4　1100kV 特高压与 500kV 超高压设备的成本比较

设备	容量系数	成本比	单位容量的成本比
输电线路	4.3~6.1	2.9~3.4	0.6~0.7
断路器及其架构	4.3~6.1	2.9~3.1	0.5~0.7
并联电抗器	5.0	4.3~4.6	0.9
发电机升压变压器	1.0	1.4~1.5	1.4~1.5
升压或降压自耦变压器	2.0~3.0	2.1~3.0	1.0

日本在确定特高压输电目标电压时,用数学模型对比了 1100kV 和 800kV 输变电设备的经济成

本[5],假定1100kV线路为双回1500km,线路和变电站占工程比重分别为68%和29.8%,认为前者比后者可节省建设造价3%(见表3-5)。若考虑到线路损耗和未来地价上升,则采用特高压经济效益将更大。

表3-5 日本线路造价的经济性比较(1978年价格,万亿日元)

电压/kV	线路	变电站	输电损失	总费用
800	2.52	0.83	0.07	3.43
1100	2.26	0.99	0.06	3.32

苏联认为当输送距离大于700km和输送容量大于4500MW的情况下,用1150kV最为经济。他们认为:在输送相同容量情况下,采用1150kV比采用500kV可节省钢材1/3,节省导线1/2,节省施工费1/2,节省线路变电站建设费10%～15%。苏联对西伯利亚—乌拉尔输电工程按1150kV、750kV、500kV电压等级进行了经济性比较分析(见表3-6)[5],结论是特高压输送单位容量的投资较小。

表3-6 西伯利亚—乌拉尔输电线路造价经济性比较

电压/kV	线路长度/km	线材/万吨	塔材/万吨	总投资/亿卢布
500	11955	16.5	55.6	5.98
750	5140	13.3	20.5	5.06
1150	2570	7.6	17.7	3.97

上述数据均说明特高压交流输电在建设投资经济性上比其他超高压交流电压等级更有优势。

除了考虑建设投资,在实际运行中,输电成本还应考虑线路损耗,这也是输电成本的重要组成部分。在考虑线路损耗的情况下,美国曾将500kV与1100kV的输电成本进行了比较[6]。以322km长的输电线路为例,若假设1100kV和500kV具有相同线路损耗,此时输电功率的经济转换点为2400MW,如图3-3所示,当输电功率超过这一点,采用特高压输电更为经济;若考虑1100kV通常比500kV的线路损耗要小得多,则1100kV和500kV的经济转换点应该比2400MW更低一些。考虑在中国规划的特高压交流输电线路的输送容量远大于2400MW,一般单回线路的输送容量就可以达到5000～6000MW,线路长度也远超过322km,且1100kV线路的线损比500kV线路小很多(前者通常约为后者50%或更小),因此特高压输电具有明显的经济性优势。

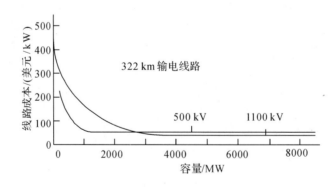

图3-3 特高压1100kV和超高压500kV的输电成本比较

中国在特高压建设前期论证过程中,也对交流特高压与超高压线路的经济性进行了分析比较。分析认为,从经济上考虑,特高压交流输电技术与500kV交流输电技术的对比关系与输电容量、输电距离相关,而非一成不变的。此外在技术上,500kV交流输电受到系统稳定性的限制,输电距离一般不宜超过1000km,而1000kV交流输电距离可以超过2000km。考虑到中国远距离、大容量输电的需求,分析中以远距离输送相同大容量的电能为例建立详细的模型进行计算比较,认为采用特高压交流输电线路成本低、损耗小,具有较大的经济性和技术性优势。

3.3.2 直流特高压/超高压输电的经济性比较

目前直流输电还没有像交流输电系统那样形成标准的电压等级序列,直流项目设计、建设缺乏统一的标准,都是针对各实际工程单独地进行参数选择。此种思路在局部小范围可以实现直流工程设计与运行的优化,但从长远来看不利于大规模直流输电规划和换流站设备的制造。为此国家电网组织下属单位开展研究工作,提出了建立 ± 1000(± 1100)、± 800、± 660、± 500kV 直流电压等级序列的推荐意见。

为获得最大化的直流输电整体效益,针对不同电压等级直流线路进行了经济性比较研究[4]。结果显示:①单位容量投资随电压等级升高而上升,输电距离较长时各电压等级单位投资接近,容量投资随距离的增长率较低。②电压等级越低,线损费用越高,输电距离增加时,较低电压等级直流输电线损费用增长率更高。③近距离输电时较低电压等级直流输电年费用较低,随着输电距离增长,较高电压等级直流输电的经济性逐渐显现。在同时考虑投资变动、上网电价变动、利用小时变动和运营期变动的基础上,得到各个电压等级直流输电的经济输电距离:± 500kV 直流输电的经济输电距离小于 1100km,± 660kV直流输电的经济输电距离为 900~1700km,± 800kV 直流输电的经济输电距离为 1200~2700km,± 1000kV(± 1100kV)直流输电的经济输电距离在 1800km 以上。

3.3.3 交流/直流特高压输电的经济性比较

特高压交、直流输电的适用场合不同,但在技术上采用特高压交、直流输电方式都能实现的情况下,则需要对交、直流输电这两种不同方式进行经济性比较,以选取合理的输电方案。

在远距离、大容量输电的情况下,直流输电线路的造价比交流输电低。直流输电一般采用双极两线一地制构成方式,只需要 2 根极导线,而三相交流线路则需要 3 根相导线。从输送能力上看,在相同导线截面和绝缘水平条件下,2 根极导线的 ± 800kV 直流输电线路的输送功率与 3 根相导线的单回1000kV 交流线路所能输送的有功功率基本相当,都可以达到 5000MW 以上。故在输送相同容量的条件下,直流可以比交流节省一根导线及其相应配套的线路设施,如 ± 800kV 直流线路的绝缘子、金具数量约为 1000kV 交流线路的 2/3。一条 1000kV 单回交流输电线路的最小走廊宽度一般约为 50~60 米左右,一条 ± 800kV单回直流输电线路的最小走廊宽度一般约为 30~40 米左右。在输电走廊日益紧张的今天,直流输电在单位输送功率所占用的线路走廊宽度方面具有一定的优势。但是,直流输电需要在送、受电两侧多增加一个换流站及其相应的换流设备,故直流输电换流站的造价要比交流变电站高很多。所以,对于同样的输送容量,只有当输电距离超过某一长度时,从直流线路节省下来的费用才能抵偿换流站多花费的费用。通常将这个输电距离称为交、直流输电的等价距离。对于一定的输送容量,当输电距离大于等价距离时,采用直流输电方式会更经济。

国内外相关研究表明[7],特高压 1000kV 交流输电与 ± 800kV 直流输电的等价输电距离为 800~1000km,如表 3-7 所示。实际上对于不同的地区、国家,由于各自的情况不同,等价距离并不相同,即使对于同一个国家的不同输电工程,由于工程实施条件不同,等价距离也会有差异。

表 3-7 特高压交、直流的经济适用距离

输电距离/km	<800	800~1000	>1000
经济性占优方案	UHVAC	不定(根据具体工程情况)	UHVDC

3.4 交流/直流特高压输电的适用场合

3.4.1 交流/直流特高压输电的技术特点

特高压直流输电的突出优点是:输电电压高、输送容量大、线路走廊窄,适合大功率、远距离输电场

合;利用特高压直流输电实现大区互联也具有优势,可减少或避免大量穿越功率,可按送、受两端运行方式变化而改变潮流,能方便控制潮流方向和大小。

特高压交流输电的突出优点是:特高压交流输电应用于超大功率、中距离输电场合或大容量、较远距离、多落点输电场合,在经济上有竞争力;建设特高压交流输电骨干网替代超高压交流电网,具有优化资源配置、保护环境、节约线路走廊用地、减少建设费用和有效降低输电损耗等优点。

3.4.2 特高压输电的技术优势

特高压输电是指额定电压 1000kV 及以上的三相交流输电方式和额定电压±750kV 及以上的双极直流输电方式。与超高压输电相比,其主要技术优势有:

1)输送容量大、输送距离远

能进行超远距离大容量送电,使利用远方(1500~3000km)的能源资源(水、煤等)成为可能。远距离、大容量输电还可减轻铁路、公路运输的压力,减小负荷中心地区火电机群的建设规模,减轻火电带来的环境污染等。

2)显著节省线路走廊用地

特高压大容量长距离输电可减少输电线路回数和节省线路走廊,采用特高压输电技术可以节省大量导线和铁塔材料,以相对较少的投入达到同等的输电规模,从而降低了建设成本和投资。

3)限制系统的短路电流

随着电力系统的发展、装机容量的增大,系统的短路故障电流超限问题变得十分突出。国内外的研究结果表明,当特高压电网发展到足够强大时,可以通过 500kV 解环运行来有效降低系统短路电流水平。

4)输电损耗低

与超高压输电相比,特高压输电线路损耗大大降低,1000kV 交流线路损耗是 500kV 线路的 1/4;±800kV 直流线路损耗是±500kV 直流线路的 39%。在远距离、大容量输电的条件下,特高压输电技术可以有效降低电网的运行成本。

5)综合效益高

发展特高压电网可以加强网络结构,起到调峰错峰、水火互补、地区互济、互为备用的效果,从而提高电网抗干扰能力,实现资源优化利用等联网综合效益。

3.4.3 特高压电网互联

中国地域辽阔,能源分布与区域经济发展很不均衡,随着特高压交直流输电技术的应用,输电距离更远,输送功率更大,使未来一段时期内跨区域、远距离电力输送规模将显著扩大。另一方面,随着中国电力工业发展,各大区域电网互联已成必然趋势,中国各大区和独立省网的互联已进入实施阶段。

交、直流输电方式各有所长,互为补充,大规模直流接入受端需要依托坚强的交流电网才能保障安全可靠运行。在电网规划和建设中,应使两种输电方式尽量发挥各自的优势,满足大电网安全经济运行的需要。

两个电网系统如果采用直流方式互联,它们之间就不需要考虑同步运行问题。如果通过多回直流输电线路连接,各条直流输电线路功率可以有效控制,直流输电线路发生故障即可相应减少输送功率,并由两个电网系统各自进行调整保持功率平衡;直流输电系统以输送电力为主,不需要考虑系统两侧的稳定问题,对于两侧系统而言,可认为是电源或是负荷,当系统断开,可认为是失去电源或负荷,只要考虑各自系统的安全稳定问题,措施简单可行有效。如以交流输电线路来联网,除输送电力外,还必须考虑两侧系统的同步运行,如果是电源点对网的连接,潮流比较固定也容易控制,如果故障发生后直接切除该输电线路,情况与直流输电系统联网也差不多,但如果是网对网之间的连接,潮流分布取决于系统状况,通过多回交流输电线路连接,部分联网线路故障可能造成其他联网线路过载,由于联网线路潮流由两个系统的电源、负荷分布及网络参数确定,调整难度较大,如果不能有效调整控制,会造成事故扩大,因此在安排运行方式时,必须考虑部分联网线路故障的后果,为此必须限制联网线路的输送功率,从而影响联网线路的效益,这就是为什么直流联网线路能满载运行而交流联网线路必须要留有足够安全裕度的原因。

利用直流输电作异步联网在技术上、经济上和安全性等方面的优势已在世界范围内得到证明。因此直流输电技术必将以其技术上和经济上的独特优势,在远距离大容量输电和全国联网两个方面对中国电力工业的发展起到十分重要的作用。由于特高压线路输送能力大,电网的互联方式有了更多的选择,将加快国家统一电网的形成。各大区域电网可以通过特高压交流互联,形成同步电网,也可以通过特高压直流互联,形成非同步电网。对于大区域电网的互联,采用特高压交流或是特高压直流存在不同意见。由于交直流输电的不同技术特点,决定了其适用范围。如在长距离海底直流电缆、背靠背和陆上远距离输电等场合都是直流输电系统的传统应用领域。特高压交直流技术各有自己不同的定位,其中,交流具有网络功能,可以灵活的汇集、输送和分配电力,是电网构建和安全运行的基础;直流主要是输电功能,在大容量、超远距离输电方面有经济优势。虽然在很多情况下,使用交流或直流输电方案都是可行的,但在方案的技术经济性方面会有差异,大区域电网的互联对安全运行要求高,应该通过全面的技术经济比较后确定。

随着中国特高压电网建设的逐步推进,将形成多个依托于特高压电网的大型送端与受端电网,特别是"三华"采用交流特高压联网以后,将形成一个非常庞大的同步电网。在这样的超大型特高压交流同步电网中,系统稳定性和短路电流上升等问题要引起高度重视,还需进行深入细致的研究。

3.4.4　交流/直流特高压输电的适用场合

采用特高压交流输电方式是基于大容量输电的需要,但具体又可分为中距离和远距离输电两种情况。俄罗斯因国土辽阔,能源基地与负荷中心距离较远,输电距离达到 2400km 以上,属于典型的特高压远距离、大容量输电方式;而对于其他国家,特高压输电工程的输电距离通常在 200~500km 范围,甚至更短,但其输送容量却非常大(TEPCO,5000~13000MW;BPA,8000~10000MW),称其为特高压中距离、大容量或超大容量输电方式更为合适。可以看到,曾经研究发展特高压交流输电的世界上大多数国家都属于后一种情况,采用的原因主要是为了解决输电走廊布置困难、短路容量受限等关键技术问题。表 3-8 列出了一些国家特高压交流输电发展计划的有关信息。

表 3-8　各国特高压交流输电发展计划的有关信息

国家	单位	电压等级/kV	输送功率/MW	输电距离/km	采用原因
苏联/俄罗斯	动力电气化部	1150	5500	2400	大容量、远距离
日本	TEPCO	1000	5000~13000	200~250	超大容量、短路电流大、走廊布置困难
美国	BPA	1100	6000~8000	300~400	超大容量、走廊布置困难、减少输电损耗
	AEP	1500	>5000	400~500	大容量、走廊布置困难
意大利	ENEL/CESI	1000	5000~6000	300~400	大容量、走廊布置困难

我国的情况比较特殊,是世界上为数不多的最需要发展特高压交、直流输电技术的国家之一。我国可能应用特高压输电的主要场合有:中距离大容量或超大容量输电、远距离大容量输电、大区主干网、大区电网互联等。

1)中距离大容量输电

随着中国经济和电力工业的迅速发展,电网建设和发展面临一系列挑战和问题。用电比较集中的沿海经济发达地区已开始出现输电走廊布置困难、短路电流难以控制等技术难题,其中亟须解决的关键问题是如何提高输电走廊利用率。特高压交流输电方式可以实现中距离大容量或超大容量输电,满足受端电网内大容量电厂输电的需要。

2）远距离大容量输电

随着我国西南部水电基地和西北部煤电基地的形成，电力系统呈现出"西电东送"、"北电南送"的主要格局，其中多数输电距离为 800～3000km，输送容量 4000～20000MW。如金沙江一期工程溪洛渡、向家坝水电站分别装机 12.6GW 和 6GW，一期装机总计18.6GW，二期装机总计 19.4GW。水电站至华中输电距离为 1000km，至华东输电距离为 2000km。新规划和建设的"西电东送"项目，无论是金沙江下游水电和四川水电，还是云南水电，它们都具有输电距离远和容量大的特点。由于其输送容量高达 4000～20000MW，输送距离在 1000～2000km，此时采用特高压直流输电，具有明显的经济优势。而对于"北电南送"项目，将华北大型坑口火电厂群的大量电能远距离地输送至华中和华东，采用特高压直流输电也是合适的。同时，一些大容量远距离的特高压输电线路可能需要在多个地方落点，以促进特高压联网，在这种情况下，只好选用特高压交流输电，因为直流输电中途落点分电的代价是难以接受的。

3）大区主干网

现有 500kV 区域电网除输电能力不足，需发展特高压输电满足中距离大容量输电的要求外，电力负荷密集地区短路电流过大也是其突出的技术问题。为了解决由电网输电容量增大引起短路电流过大的问题，可以考虑构建更高一级电压等级的主网架。可以预见特高压交流主网架的形成会经历 2 个阶段。在特高压线路建设初期，由于尚不能形成主网架，线路的负载能力较低，此时主要用于大电源的集中送出，并可能会因该特高压线路故障跳闸而给系统稳定造成影响。此时，下级 500kV 电网还不能解环运行，尚不能有效地降低短路电流。但随着 1000kV 电压等级电网的不断加强，特高压交流线路最终会形成足够强大的主干环网，此时，可采用分层分区运行方式，从根本上解决电网短路电流过大的问题。

4）大区电网互联

目前，中国已形成 6 个跨省区大电网：华东、华北、东北、华中、西北及南方电网。各电网中 500kV（西北电网为 750kV 和 330kV）主网架逐步形成和壮大。1989 年葛上±500kV 直流线路的投运实现了华中和华东两大区电网非同步联网，标志着中国进入大区电网间互联的时代。利用特高压电网实现大区电网互联（包括交流、直流和交直流并联 3 种输电方式），除了满足远距离大容量输电的要求外，还可以实现跨大区、跨流域水火电互济，优化全国范围内能源资源配置，并满足中国电力市场交易灵活的要求，促进电力市场发展。以特高压直流输电方式实现大区非同步联网运行，两端交流电网分别按各自频率、电压独立运行，可以按需要控制功率，且不传送短路功率，有利于提高系统的稳定性。而利用特高压交流输电方式实现同步联网运行，对两个互联电网的同步能力要求很高，另外还会导致交流短路容量增加，并可能引发大区电网之间的低频振荡等系统安全稳定等问题，这些均需要给予格外关注，必须对此进行极为慎重和仔细的分析论证，使电网系统避免出现安全稳定方面的隐患。

从国内外的实践经验看，在大区联网场合，特高压直流会比特高压交流更具技术优势。但从经济性方面来看，大区之间直接采用特高压直流背靠背联网是不经济的。因此，可以在两个大区相对较远、又相对合适的两点进行较距离的大区联网，最好既能起到远距离输送电力的作用，又能起到相互联网的作用，此时特高压直流的优势会更加明显。

目前，我国骨干网架已经从 220kV 发展为 500kV 电网，而随着 500kV 电网愈发密集，由此引发的三相短路电流超标问题愈发突出，将会威胁电网安全稳定的运行。同时，对于输电走廊紧张的负荷中心地区，满足大容量电力传输的 500kV 输电通道建设规模也会相应受到限制。因此，建设更高电压等级的电网，可从根本上解决 500kV 短路电流超标问题，并且有助于实现更大范围的电力平衡，满足大容量输电的要求。目前，华东地区的西部和北部均已经形成了 1000kV 特高压交流半环网结构，实现华东地区特高压交流环网作为华东电网的主网架结构也已经在规划中，华北地区 1000kV 特高压交流环网也已经开始规划，超、特高压直流输电线路一般作为区域电网之间的输电和联网线路。因此，可以预测，大区内 1000kV 特高压交流电网环网，大区域之间通过±800kV 或±1100kV 特高压直流电网互联，将成为中国未来电网的主网架结构。

另外，随着我国近年来高压及特高压直流输电的快速发展，华东电网已形成多回直流集中馈入系统,按照国家电网公司规划,到 2020 年国家电网将建成 19 回特高压直流工程,届时将有更多区域电网形成多回直流馈入系统,现有电网的"强直弱交"问题将更加突出。考虑到特高压直流输电容量非常大,当特高压直流系统发生双极闭锁故障时对受端交流电网的冲击非常之大,如受端交流电网不是足够强,将会产生严重影响,例如华东电网 2015 年发生的某特高压直流双极闭锁,瞬时损失功率 5400MW,华东电网频率最低跌至 49.56Hz(近 10 年来首次跌破 49.8Hz),频率越限长达数百秒,给电网带来很大的安全运行风险[8];此外考虑到直流输电的稳定运行也与受端电网的电气强弱直接有关,当逆变站附近的交流线路发生单相或三相短路故障时,可能引发多回直流同时换相失败,导致整个受端交流系统将承受直流输入有功功率下降和吸收无功功率瞬时增加的冲击,该种故障情况在我国华东电网已有发生。为此,需要加强特高压骨干电网建设,使之与直流容量、规模相匹配,形成"强交强直"的大电网格局。而特高压交流输电具有大区电网互联的能力,可以为直流多馈入的受端电网提供坚强的电压和无功支撑。基于以上考虑,国家电网曾经考虑过未来可能在目前基础上通过特高压交流输电实现更多区域电网间的互联,如将现有的"三华"电网与东北电网通过特高压交流联网,形成东部特高压同步电网(简称"东部电网"),将现有的西北电网与川渝藏电网通过特高压交流联网,形成西部特高压同步电网(简称"西部电网"),其中,特高压交流输电主要用于主网架建设和同步电网内的联网输电,特高压直流输电用于跨东、西部电网之间以及同步电网内部的远距离输电,从而形成送、受端结构清晰,交流和直流协调发展的 2 个特高压同步电网格局。大型同步电网可能存在的一些关键技术问题还需进一步深入研究。

在特高压输电的应用中,主要定位于功率输送的特高压线路首先考虑的是经济性,而作为系统互联的特高压线路则要充分地考虑系统的稳定性,并综合考虑经济性后合理选择适当的工程方案。特高压交、直流输电的应用是相辅相成、互为补充的。从中国电网的实际情况出发,特高压交流输电主要定位于中距离大容量或超大容量输电和远距离、大容量、多落点输电以及大区电网主网架建设,而将其应用于大区电网同步互联方式,则需要对系统短路电流和系统稳定性进行谨慎、详尽的分析论证,以确保系统不会出现安全稳定方面的问题。特高压直流输电主要定位于送受关系明确的远距离大容量输电以及部分大区、省网之间的互联。综合上述,特高压交、直流输电的适用场合可用表 3-9 来表示[3]。

表 3-9　特高压交、直流输电适用场合

输电方式	适用场合
1000kV 级交流输电	中距离大容量或超大容量输电 远距离、大容量、多落点输电 区域电网主网架 大区电网同步互联(需要谨慎论证)
±800kV 级直流输电和 ±1000kV(或±1100kV)级直流输电	远距离大容量输电 大区电网异步互联

参考文献

[1] 赵智勇,万千云,万英.特高压输电的优越性分析[C],中国电机工程学会年会论文集,2006.

[2] 刘振亚.特高压电网[M].北京:中国经济出版社,2005.

[3] 周浩,钟一俊.特高压交、直流输电的适用场合及其技术比较[J].电力自动化设备,2007,27(15):6—12.

[4] 张运洲等.直流电压等级序列的经济比较[J].电网技术,2008,32(9):37—41.

[5] 谷定燮.我国发展特高压输电的前景[J].高电压技术,2002,28(3):28—30.

[6] 彭玲.特高压输电在我国的应用前景[J].水电能源科学,1998,16(3):68—72.

[7] 朱鸣海.能源·全国联合电网·特高压输电[J].高电压技术,2000,26(2):28—30.

[8] 李明节.大规模特高压交直流混联电网特性分析与运行控制[J].电网技术,2016,40(4):985-991.

二 交流篇

　　相比于超高压交流输电系统,特高压交流输电系统的输电线路更长、输送容量更大,同时线路无功充电功率更大,工频过电压和潜供电流等问题更加显著。另外,操作过电压是决定特高压交流输电系统绝缘水平最重要的依据,同时由于特高压交流系统操作过电压限值下降,但标准更高、更严,使得在超高压交流系统中并不会对系统产生危害的部分类型的操作过电压,却有可能会对特高压交流系统的安全构成威胁。高幅值、陡波前的 VFTO 可能对特高压 GIS 设备、主变等重要设备构成威胁,尤其是特高压主变,陡波前的 VFTO 有可能会危及特高压主变匝间绝缘。还有随着系统电压等级的提高,线路电磁环境问题也更加突出,需要对该领域进行研究。同时考虑到特高压输电系统输送容量大,比超高压地位更加重要,因此其防雷问题需引起足够的重视。另外,超高压继电保护与特高压继电保护也有所不同。上述各方面问题都值得深入研究分析。

　　本篇将着重讨论特高压交流输电中各种重要的过电压机理与限制措施,特高压交流系统变电站、线路的绝缘配合、电磁环境以及特高压交流系统继电保护等问题。

第4章 特高压线路工频过电压

特高压线路具有输送容量大、充电功率大、线路长的特点,其工频过电压通常比超高压输电线路更为严重,严重影响输电可靠性。因此,对特高压输电线路工频过电压特点进行深入研究,分析各种影响因素,并对特高压线路工频过电压限制的可行性进行验证,不仅具有理论研究意义,也能为中国特高压输电线路的建设提供参考价值[1-3]。

本章首先讨论特高压交流输电线路工频过电压的机理、特点、分类和主要影响因素,然后重点讨论了两种工频过电压的主要限制措施——高抗和可控高抗,最后对高抗补偿度上下限的确定进行了详细讨论。

4.1 工频过电压产生机理

工频过电压主要有以下三种基本方式[4]:
(1)空载长线电容效应;
(2)不对称接地故障;
(3)三相甩负荷(或三相分闸)。

下面分别对上述三种情况下工频过电压的产生机理进行分析。

4.1.1 空载长线电容效应

集中参数 LC 电路中,当容抗大于感抗时,电路中流过容性电流。此时,电容上电压等于电源电势电压与电感上电压之和,高于电源电势。分布参数线路可看作由无数个串联的 LC 电路构成,工频下线路的总容抗一般大于感抗,故线路上的电压沿远离首端的方向逐渐升高,这就是空载线路电容效应引起的工频电压升高。

均匀分布参数线路模型如图 4-1 所示,R_0、L_0、G_0、C_0 分别为导线单位长度的电阻、电感、电导、电容。

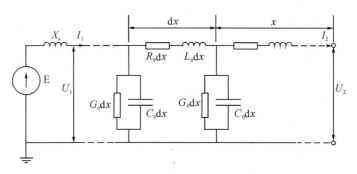

图 4-1 均匀分布参数线路模型

在工频稳态分析中,为简便起见,常采用均匀无损线模型,即 $R_0=0$。

$$\begin{bmatrix} \dot{U}(x) \\ \dot{I}(x) \end{bmatrix} = \begin{bmatrix} \cos(\alpha x) & jZ_c\sin(\alpha x) \\ j\dfrac{1}{Z_c}\sin(\alpha x) & \cos(\alpha x) \end{bmatrix} \begin{bmatrix} \dot{U}_2 \\ \dot{I}_2 \end{bmatrix} \tag{4-1}$$

式中,Z_c 为导线波阻抗,$\alpha=\dfrac{\omega}{\upsilon}$,$\omega$ 为电源角频率,υ 为光速,x 为该点到线路末端的距离。设有长度为 l

的末端空载无损线,得

$$\dot{U}_1 = \dot{U}_2 \cos(\alpha l) \tag{4-2}$$

$$\dot{U}_X = \dot{U}_2 \cos(\alpha l) = \frac{\dot{U}_1}{\cos(\alpha l)} \cos(\alpha x) \tag{4-3}$$

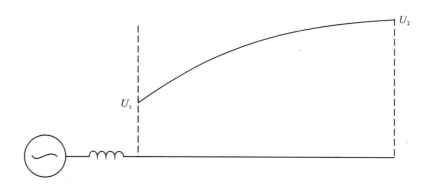

图 4-2 空载长线路上的电压分布

若线路末端开路,即 $\dot{I}_2 = 0$,空载线路首端对末端的电压传输系数为

$$\frac{\dot{U}_2}{\dot{U}_1} = \frac{1}{\cos(\alpha l)} \tag{4-4}$$

考虑系统电源等值电抗时为

$$\frac{U_2}{E} = \frac{\cos\varphi}{\cos(\alpha l + \varphi)} \tag{4-5}$$

式中,E 为系统电源电压,$\varphi = \arctan\dfrac{X_s}{Z}$,$X_s$ 为系统电源等值电抗。

由上式可见,线路上的电压自首端起逐渐上升,线路长度对该种工频过电压影响很大。电源阻抗相当于加长了线路长度,故也对该种过电压幅值影响较大,图 4-3 中为末端电压与线路长度的关系曲线。

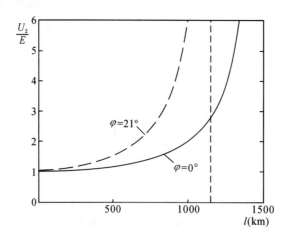

$\varphi = 0°$ 代表忽略电源阻抗;$\varphi = 21°$ 代表计及电源阻抗

图 4-3 末端电压与线路长度的关系曲线

特高压线路长度可接近 500km,远超过超高压线路,同时两端往往通过特高压变压器与超高压系统相连,电源阻抗较大,若不采取限制措施,线路空载时末端电压可达 1.5p.u. 左右,已超出规程限值。

4.1.2　线路不对称短路故障

不对称短路故障主要指单相接地故障和两相接地故障,其中以单相接地故障最为常见,且引起的工频电压升高一般也更严重,所以下面只讨论单相接地的情况。

系统在发生不对称故障时,故障点各相电压和电流是不对称的,可以采用对称分量法和复合序网进行分析。设系统中 A 相发生单相接地故障,其边界条件为:$\dot{U}_A = 0$,$\dot{I}_B = \dot{I}_C = 0$,于是作出复合序网,如图 4-4 所示。

近似认为 $Z_1 = Z_2$,且忽略阻抗的电阻分量,则单相接地故障时健全相电压升高系数为

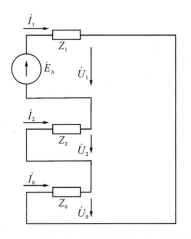

图 4-4　单相接地故障时的复合序网图

$$K^{(1)} = \sqrt{3}\,\frac{\sqrt{\left(\dfrac{X_0}{X_1}\right)^2 + \left(\dfrac{X_0}{X_1}\right) + 1}}{\dfrac{X_0}{X_1} + 2} \tag{4-6}$$

显然,这类工频过电压与单相接地点向电源侧的 X_0/X_1 有很大关系,若 X_0/X_1 增加将使不对称短路故障时健全相的电压有增大的趋势,单相接地故障时的工频电压升高与 X_0/X_1 的关系曲线如图 4-5 所示。

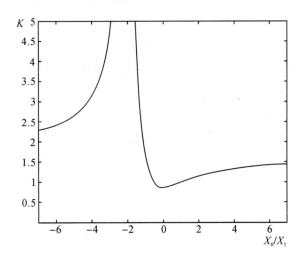

图 4-5　单相接地故障时的工频电压升高与 X_0/X_1 的关系曲线

对于特高压输电线路,一般 $X_0/X_1 \approx 2.6$,由图 4-5 可见,不对称故障引起的工频电压升高系数是大于 1 的,即产生了不对称故障引起的工频过电压。

4.1.3　三相甩负荷工频过电压

4.1.3.1　原理

当输电线路重负荷运行时,由于某种原因线路末端断路器突然跳闸甩掉负荷,也是造成工频电压升高的原因之一,通常称为甩负荷效应。

用图 4-6(a)所示的简单电力系统进行分析,暂不计无功设备的影响。以受端甩负荷为例进行分析,甩负荷前由于电源会向线路输送潮流(包括有功潮流和无功潮流),从而在送端电源等值阻抗上形成电压降,使电源电势 E_m 高于母线电压 U_{bar};由于甩负荷前后发电机的磁链不能突变,甩负荷之后的短时间内电源电势 E_m 基本保持不变,而甩负荷之后电源等值阻抗上电压降消失,从而使母线电压升高,在线路上形成较高过电压。甩负荷前后线路沿线电压变化过程如图 4-6(b)所示。其中,P、Q 是正常运行时线路上输送的有功功率和无功功率,Q_0 是末端开路线路空载时线路电容上所发出的无功功率。

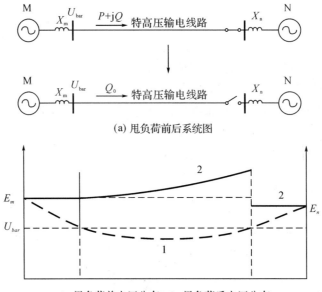

(a) 甩负荷前后系统图

1—甩负荷前电压分布　2—甩负荷后电压分布

(b) 甩负荷前后沿线电压分布

图 4-6　甩负荷过电压沿线电压分布

4.1.3.2　影响因素

正常运行时电源电势与母线电压的关系可表示为

$$\dot{E}_{\mathrm{m}}=\dot{U}_{\mathrm{bar}}+\Delta U+\mathrm{j}\delta U=\dot{U}_{\mathrm{bar}}+\frac{QX}{U_{\mathrm{bar}}}+\mathrm{j}\frac{PR}{U_{\mathrm{bar}}} \qquad (4-7)$$

式中，P 和 Q 分别为电源向线路输送的有功和无功功率，U_{bar} 为母线电压，R 为电源系统等值电阻，X 为电源系统等值电抗。考虑系统等值电阻通常很小，可忽略，本书后面通常用 X 来表示电源正序阻抗。正常运行时电源电势与母线电压的矢量关系如图 4-7 所示。一般情况下，母线电压 U_{bar} 波动幅度较小，所以电源等值阻抗上的电压降决定了母线电压升高的幅度，而电源阻抗上电压降主要依赖于电源阻抗大小和从电源流向母线潮流的大小。故甩负荷后母线电压上升幅度主要取决于电源阻抗和从电源流向母线潮流。

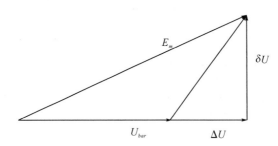

图 4-7　正常运行时电源电势和母线电压矢量图

甩负荷效应引起的过电压幅值主要受五个因素影响：

(1) 甩负荷前线路输送的功率

线路输送功率和高抗直接决定了电源向母线输送的有功和无功功率大小，从而影响甩负荷效应强弱。

(2) 高压电抗器

线路输送功率较大时，线路需要的感性无功较小，若电源附近有高抗，则电源会向母线输送大量的容性无功来抵消高抗产生的多余感性无功，从而在电源阻抗上形成较大电压降，使甩负荷后母线电压出现较大的上升。

（3）电源等值阻抗

电源容量越小，等值阻抗就越大，在母线电压不变情况下，输送相同功率时电源电动势 E 越大，工频过电压也就越高。

（4）线路长度

线路越长，甩负荷之后的空载线路容升效应越严重，工频过电压越高。

（5）发电机调速特性

在实际电力系统中，由于发电机组调速器和制动设备的惰性，甩负荷后其不能立即起到应有的调速效果，导致发电机转速加快，电动势及频率上升，从而使空载线路的工频过电压更为严重。但由于机电暂态反应速度往往远慢于电磁暂态，这一因素一般影响较小，在过电压仿真中一般不予考虑。

4.2　特高压工频过电压特点

特高压系统中，工频过电压直接决定避雷器额定电压选择，并影响操作过电压水平。如工频电压升高过大，为避开工频过电压，则要求避雷器额定电压较高，其冲击放电电压和残压也将提高；与之相应的，被保护设备的绝缘强度亦应随之提高，这将大大增加特高压系统绝缘费用。同时，较高的工频过电压会直接抬升操作过电压水平，增大了操作过电压限制难度，故必须对特高压系统工频过电压进行限制。

与超高压相似，特高压工频过电压仍主要由空载长线电容效应、不对称接地故障和三相甩负荷（或三相分闸）三种因素产生。但特高压线路本身的特点决定了其工频过电压较其他电压等级更为严重[1,5-9]。

（1）特高压线路输电距离长，导致电容效应更明显。根据中国特高压规划网架，表 4-1 统计了 1000kV 输电线路不同长度范围所占的比例。统计结果表明：中国规划中的特高压线路，长度大部分在 100～500km 范围，其中长度在 300～500km 的特高压线路占 49.2%，占近一半。可以看出，特高压线路的单段平均长度远大于 500kV 电压等级线路，电容效应将更为严重。

表 4-1　特高压线路长度分布

长度范围(km)	所占比例
(0,100)	1.5%
[100,200)	16.9%
[200,300)	32.3%
[300,400)	20.0%
[400,500]	29.2%

（2）输送潮流大，甩负荷过电压大。单回 1000kV 特高压输电线路的自然功率约为 5000MW，对于电网结构较坚强的特高压核心环网，交流特高压输电线路的送电能力较强，每回线路可以输送接近或超过 4000MW 的功率；即使对于输电距离较远而送端电网又薄弱的电源直接送出线路，如从蒙西和陕北这两个独立火电基地送出的线路，每回线的输送功率也有 2000MW 左右。其输送功率远大于 500kV 超高压输电线路，甩负荷过电压比超高压线路更为严重。

（3）特高压工频过电压往往由空载长线电容效应、不对称接地故障和三相甩负荷（或三相分闸）三种因素相互作用共同产生，幅值更高，危害更严重。以特高压系统中的单相接地甩负荷过电压为例进行分析，首先，线路单相接地，不对称接地效应使线路健全相电压升高；之后，继电保护设备检测到接地故障，并发出指令使线路一端三相断开，甩负荷效应使特高压系统母线电压进一步升高，同时由于此时线路一端断开悬空，空载电容效应还会使过电压再进一步提高，实际上，此时是空载长线电容效应、不对称接地故障和三相甩负荷三种因素共同作用，从而使过电压远高于仅有一种因素发生时的情况。

综上，特高压电网的工频过电压通常比高压和超高压电网更严重，限制难度比其他电压等级更大，必须予以充分重视。

4.3 特高压工频过电压种类

4.3.1 特高压工频过电压分类

特高压系统工频过电压可由空载长线电容效应、不对称接地故障和三相甩负荷（或三相分闸）三种因素中的一种或几种共同作用引起。特高压系统中的主要工频过电压种类如图 4-8 所示，由于空载电容效应和不对称接地故障单独发生时过电压水平相对较低，一般不予考虑。

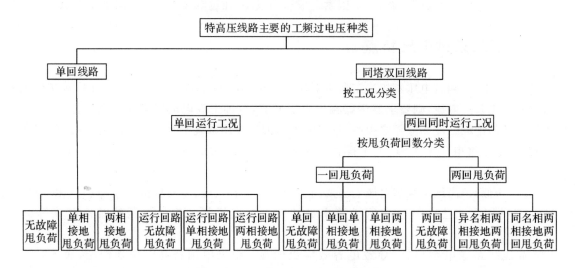

图 4-8 特高压线路主要工频过电压种类

1）单回特高压线路

单回特高压输电线路工频过电压主要包括无故障甩负荷、单相接地甩负荷以及两相接地甩负荷，其示意如图 4-9 所示。

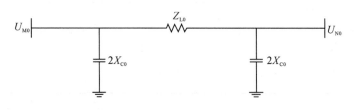

图 4-9 单回特高压线路工频过电压

根据规程规定，通常重点考虑正常输电状态下甩负荷和在线路出现接地故障后甩负荷两类故障状态下的工频过电压。单回线路两相接地引起线路一端三相分闸的故障发生概率很小，通常可酌情考虑。一般情况下，单相接地甩负荷过电压高于无故障甩负荷过电压，因此通常将单相接地甩负荷过电压作为单回特高压线路工频过电压的主要研究对象。

2）同塔双回特高压线路

对同塔双回特高压输电线路同样考虑正常输电状态下甩负荷和线路出现接地故障后甩负荷两类故障状态下的工频过电压。

但同塔双回输电线路需分单回运行和双回运行两种工况进行研究。与单回特高压线路类似，同塔双回线路单回运行时须考虑运行回路无故障甩负荷和单相、两相接地甩负荷三种工频过电压。双回运行工况下要考虑一回甩负荷和双回甩负荷的情况。一回甩负荷包括一回无故障甩负荷和一回接地（包括一相接地和两相接地）甩负荷；两回甩负荷包括两回无故障甩负荷和接地故障后两回甩负荷，其中接地故障后两回甩负荷根据接地故障相不同又分为同名相两相接地甩负荷和异名相接地甩负荷。同塔双回特高压线路单回运行和双回运行工况时的工频过电压的故障状态分别如图 4-10 和图 4-11 所示。

　　与单回线路一样,同塔双回线路单回运行时两相接地故障发生概率极小,同时同塔双回线路实际运行经验表明,两回同名相和异名相接地故障发生概率也很小。故同塔双回线路上一般主要考虑无故障甩负荷过电压和由单相接地引起的甩负荷过电压,而对于一回线路两相接地故障、两回同名相和异名相接地故障引起的工频过电压则均酌情考虑。

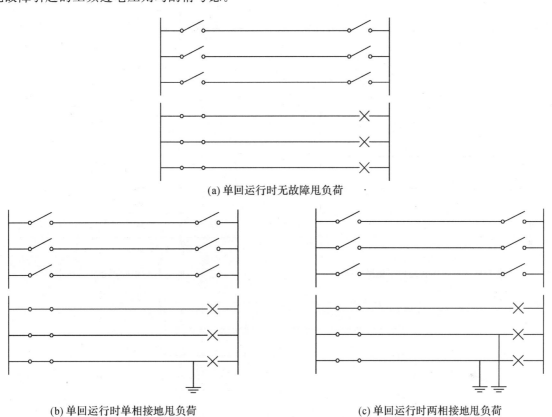

(a) 单回运行时无故障甩负荷

(b) 单回运行时单相接地甩负荷　　　　　　　　　(c) 单回运行时两相接地甩负荷

图 4-10　同塔双回特高压线路单回运行工况下的工频过电压

4.3.2　各种工频过电压的系统比较

　　工频过电压由于种类繁多,导致计算量大,故有必要对不同种工频过电压幅值进行比较,得出幅值较高的工频过电压种类,在研究计算中对其进行重点考虑,使工频过电压计算简化。

　　1)单回特高压线路

　　无故障甩负荷主要由误操作及继电器误动导致,有一定出现概率;单相接地故障则较为常见,占线路故障总数的 80% 以上[10];而两相接地甩负荷过电压仅由雷电反击造成,在反击耐雷水平为 150~175kA 的 500kV 系统从未出现过反击造成两相接地的故障,计算表明 1000kV 系统反击耐雷水平超过 250kA,更不可能出现反击造成的两相接地故障,故可认为两相接地故障几乎不会发生,不应作为研究重点。故从出现概率角度出发应主要考虑无故障甩负荷过电压和单相接地甩负荷过电压。

　　无故障甩负荷与接地甩负荷过电压的区别由接地故障造成。接地故障使健全相电压发生变化,单相接地前后健全相工频电压之比可用下式表示[11]:

$$K_{j1} = \frac{U}{U_0} = \frac{\sqrt{3(1+K+K^2)}}{K+2} \qquad (4-8)$$

$$K = \frac{Z_0}{Z_1}$$

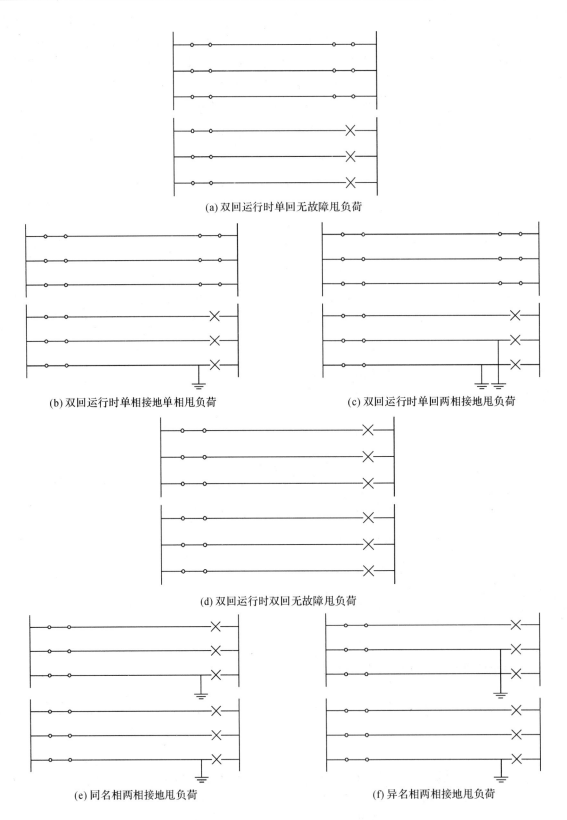

(a) 双回运行时单回无故障甩负荷

(b) 双回运行时单相接地单相甩负荷　　　　　　　　(c) 双回运行时单回两相接地甩负荷

(d) 双回运行时双回无故障甩负荷

(e) 同名相两相接地甩负荷　　　　　　　　　　　　(f) 异名相两相接地甩负荷

图 4-11　同塔双回特高压线路双回运行工况下工频过电压

式中,K 为零正序阻抗比;K_{j1} 为单相接地故障系数,U_0、U 分别为发生单相接地前后健全相上的工频电压。

由式(4-8)可以看出,从故障点向系统看过去的零正序阻抗比若大于 1,则接地故障会使健全相电压升高。从故障点向系统看过去,首先是线路,然后才是电源,故从故障点向系统看过去的零正序阻抗比主要受线路阻抗影响,而特高压线路零正序阻抗比约为 2.6,远大于 1,故从故障点向系统看过去的零正序阻抗比一般也大于1,从而使接地甩负荷过电压幅值高于无故障甩负荷过电压幅值。故从过电压幅值角度考虑,单回特高压线路应重点考虑接地故障后甩负荷过电压。

对长度为 400km 的单回线路进行仿真,结果如图 4-12 所示。

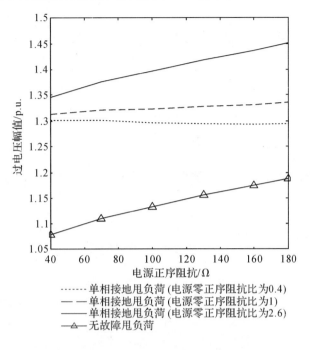

图 4-12 单回特高压线路工频过电压

从图中可以看出单相接地甩负荷过电压幅值均比无故障甩负荷过电压幅值高。因此,单相接地甩负荷过电压是单回线路工频过电压的最主要计算对象。

2)同塔双回特高压线路

与单回线路类似,同塔双回线路上一回两相接地故障和同名相、异名相接地故障均只可能由雷电反击造成,1000kV 系统反击耐雷水平超过 250kA,雷电反击导致这三种故障发生的概率极低,故规程认为酌情考虑上述三种故障引起的甩负荷过电压即可。因此,在实际工频过电压计算中不应将一回两相接地一回甩负荷过电压,同名相及异名相接地甩负荷引起的过电压作为研究重点。

从出现概率的角度排除了上述几种过电压之后,同塔双回线路工频过电压还有以下五种:单回运行方式下的一回无故障甩负荷和单相接地一回甩负荷,两回运行方式下的一回无故障甩负荷、单相接地一回甩负荷以及两回无故障甩负荷,如表 4-2 所示,本节将对这五种不同工频过电压的严重程度进行比较。

为确定表 4-2 各种过电压可按故障种类或运行方式分为几类,下面以同一类过电压的比较为切入点,对表 4-2 中各种工频过电压进行比较。

(1)相同运行方式下的不同类型工频过电压的比较

与单回线路类似,考虑不对称接地对健全相电压的提升作用,同塔双回线路单相接地甩负荷过电压的幅值会高于相同运行方式下无故障甩负荷过电压,如图 4-13 所示。

表 4-2 特高压双回线路上出现概率较大的工频过电压种类

		过电压种类		
		一回无故障甩负荷	单相接地一回甩负荷	两回无故障甩负荷
运行方式	单回	单回运行方式下一回无故障甩负荷	单回运行方式下单相接地一回甩负荷	—
	两回	两回运行方式下一回无故障甩负荷	两回运行方式下单相接地一回甩负荷	两回无故障甩负荷

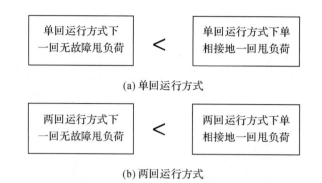

图 4-13　双回线路在相同运行方式下的不同类型工频过电压大小关系

以长度为 400km 的双回线路为例进行仿真,计算三种情况下的甩负荷过电压幅值,计算中考虑电源正序阻抗及零正序阻抗比的变化,结果如图 4-14 所示。

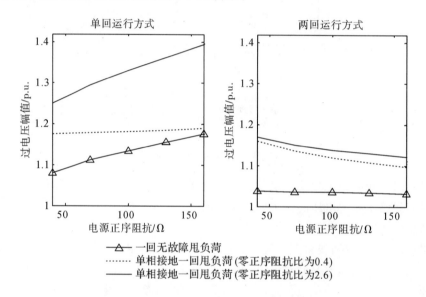

图 4-14　双回线路在相同运行方式下的不同类型工频过电压比较

从式(4-1)可知,单相接地甩负荷过电压随系统零正序阻抗比增大而增大,系统零正序阻抗比由线路和电源两部分决定,由于线路零正序阻抗比一般不变,故系统零正序阻抗比主要受电源零正序阻抗比的影响。电源零正序阻抗比越小,则系统零正序阻抗比越小,过电压越低。考虑极端情况,电源零正序阻抗比最小为 0.4,故电源零正序阻抗比为 0.4 时,单相接地甩负荷过电压最小。图 4-14 中即使电源零正序阻抗比低至 0.4 时,单相接地甩负荷过电压仍大于无故障甩负荷过电压。事实上,电源零正序阻抗比很少低至 0.4,对于电源零正序阻抗比很小的点对点线路,其等值电源零正序阻抗比一般也在 1 左右,此时,单相接地单回甩负荷过电压会更高于单回无故障甩负荷过电压。

(2)不同运行方式下相同类型工频过电压的比较

两种运行方式甩负荷前后线路结构的差异决定了两种方式下过电压幅值的相对大小。单回运行时(如图 4-15(a)所示),运行的回路在甩负荷后仅与首端电源连在一起;两回运行时(如图 4-15(b)所示),甩负荷的回路不仅与首端电源相连,而且还通过另一回线路与末端电源相连,相当于两个并联的电源与甩负荷后的空载线路相连,其电源的等值阻抗小于单回运行方式。因此双回运行方式下单回甩负荷工频过电压会比单回运行方式下小一些。同样,对于单相接地一回甩负荷,双回运行方式下不对称接地故障对健全相电压的抬升幅度也不如单回运行方式,导致其工频过电压也低于后者。对于一回无故障甩负荷和单相接地一回甩负荷的工频过电压,双回线路在不同运行方式下的工频过电压相对大小关系如图 4-16 所示。

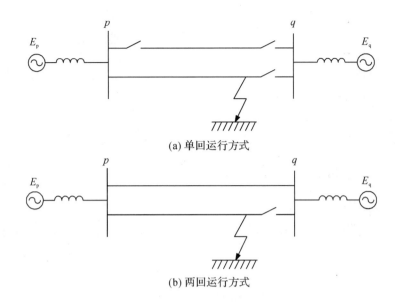

(a) 单回运行方式

(b) 两回运行方式

图 4-15　双回特高压线路单相接地甩负荷示意图

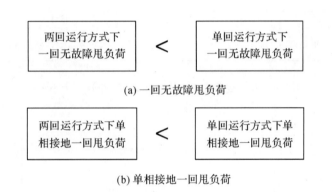

(a) 一回无故障甩负荷

(b) 单相接地一回甩负荷

图 4-16　双回线路在不同运行方式下工频过电压的大小关系

对于不同电源正序阻抗下的双回线路,不同运行方式下一回无故障甩负荷和单相接地一回甩负荷引起的工频过电压幅值,结果如图 4-17 所示。

从图 4-17 可以看出,对于一回无故障甩负荷过电压和单相接地一回甩负荷过电压,两回运行方式时的幅值均小于单回运行方式。

(3)三种无故障甩负荷过电压的比较

三种无故障甩负荷时甩掉的容量差别造成其过电压差异。一般情况下,甩掉容量越大,则产生的过电压越严重。由于两回运行方式下一回线路传输容量小于单回运行方式下线路传输容量,而单回运行方式下线路传输容量又小于两回运行时总容量,导致两回运行时一回无故障甩负荷、单回运行时无故障甩负荷以及两回运行时两回无故障甩负荷三种故障情况下的工频过电压幅值依次递增,三者关系如图 4-18 所示。

以长度为 400km 的双回线路为例进行仿真计算。计算上述三种无故障甩负荷过电压幅值,由于无故障甩负荷与零正序阻抗比无关,但受正序阻抗影响,故计算中仅考虑电源正序阻抗变化的影响,结果如图 4-19 所示。

从图 4-19 可以看出,在三种无故障甩负荷过电压中,幅值从高到低的顺序依次为:两回运行方式下两回无故障甩负荷过电压、单回运行方式下无故障甩负荷过电压、两回运行方式下一回无故障甩负荷过电压。

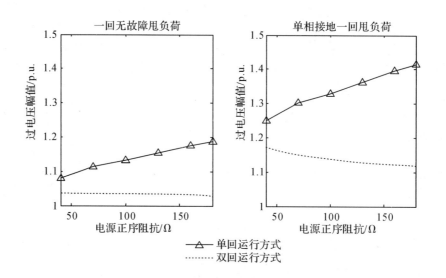

图 4-17 双回线路不同运行方式时工频过电压比较

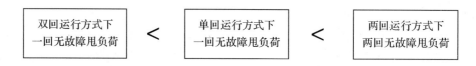

图 4-18 双回线路三种无故障甩负荷过电压的大小关系

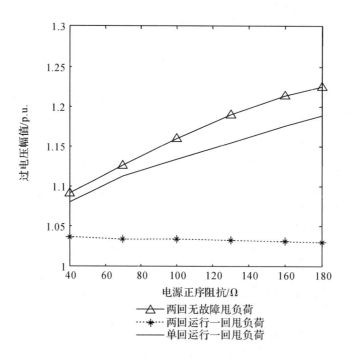

图 4-19 三种无故障甩负荷过电压的比较

综合以上分析,可得出如图 4-20 所示的同塔双回线路各种工频过电压相对大小关系。

可以看出,对于单回运行方式下一回无故障甩负荷和单相接地一回甩负荷、双回运行方式下一回无故障甩负荷和单相接地一回甩负荷这四种过电压,单回运行方式下单相接地一回甩负荷过电压最大。

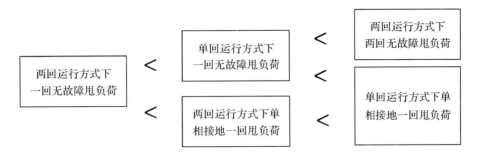

图 4-20　双回线路各种工频过电压大小关系

然而,仅从图 4-20 还无法判别两回无故障甩负荷过电压和单回运行方式下单相接地一回甩负荷过电压的大小关系,下面将进一步对两者的大小关系进行比较,以确定幅值最高的工频过电压种类。

(4)比较单回运行方式下单相接地甩负荷过电压与双回运行方式下两回无故障甩负荷过电压

计算比较单回运行方式下单相接地甩负荷过电压与双回运行方式下两回无故障甩负荷过电压,计算中考虑电源正序阻抗的影响。由于电源零正序阻抗比会对单相接地甩负荷过电压造成影响,计算时也对其进行考虑。计及零正序阻抗比的变化,结果如图 4-21 所示。

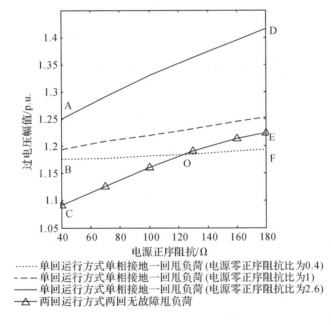

图 4-21　单回运行方式下单相接地甩负荷过电压与两回运行方式下两回无故障甩负荷过电压比较

从图中可以看出,两回无故障甩负荷过电压随着电源正序阻抗的增加而增加;单回运行方式下单相接地甩负荷过电压同时受电源正序阻抗和电源零正序阻抗比影响,电源正序阻抗越大、电源零正序阻抗比越大,单回运行方式下单相接地甩负荷过电压越大。

图 4-21 中,梯形 ABFD 为单回运行方式下单相接地甩负荷过电压幅值的区域,在 ABOED 所包含的区域内,单回运行方式下单相接地甩负荷过电压均大于两回无故障甩负荷;仅有三角形 EFO 的面积内单回运行方式下单相接地甩负荷过电压小于两回无故障甩负荷。

也就是说,单回运行方式下单相接地甩负荷过电压与两回无故障甩负荷过电压的大小关系应视具体情况而定:对于电源正序阻抗较大、零正序阻抗比较小的线路,两回无故障甩负荷过电压较大;而对于电源零正序阻抗比较大的线路,单回运行方式下单相接地甩负荷过电压更高。但在极大多数情况下,电源零正序阻抗比很少会明显低于 1,故通常情况下单回运行方式下单相接地甩负荷过电压会比双回运行方式下两回无故障甩负荷过电压更高。

综上,对于同塔双回线路工频过电压,单回运行方式下单相接地甩负荷过电压一般是最严重的。

4.4 特高压工频过电压限制要求

由于特高压输电线路的工频过电压限制措施不同,各国对特高压系统工频过电压限制要求不尽相同,具体要求见表 4-3[1]。中国规程要求变压电站母线侧过电压不超过 1.3 p.u.,线路侧不超过 1.4 p.u.,且线路侧工频过电压时间不超过 0.5s。俄罗斯由于线路较长、电压等级高,限制难度大,故其工频过电压限值相对较高;日本同塔双回特高压线路虽然较短,但由于未使用高抗对工频过电压加以限制,其双回线路两回同时甩负荷的过电压较高,故日本特高压线路工频过电压限值也较高,其短时工频过电压限值高达 1.5p.u.。

表 4-3 各国特高压系统工频过电压限值

国别	日本	苏联	意大利	美国 BPA	中国
最高工作电压 U_m/kV	1100	1200	1050	1200	1100
工频暂态过电压倍数(p.u.)	1.3/1.5*	1.44	1.35	1.3	1.3(母线侧)/1.4**(线路侧)

注:* 过电压持续时间<0.2s;** 过电压持续时间<0.5s。

4.5 特高压工频过电压影响因素

本章第一节分析了工频过电压产生的原因,从中可以看出,特高压工频过电压的幅值受到很多因素的影响,这些因素主要包括故障类型、线路长度、等效电源阻抗、接地故障点位置以及输送功率等,下面对这几种因素分别进行讨论。考虑一些主要影响因素对特高压单、双回线路的影响方式基本相类似,故在研究这些影响因素时以单回线路工频过电压为例进行讨论。

4.5.1 线路长度

由于特高压线路既可以用于远距离大容量输电,也可以进行短距离大功率传送以节省经济发达地区高度紧张的线路走廊,其长度变化范围很大(从表 4-1 也可以看出)。对不同长度特高压线路工频过电压进行仿真,结果如图 4-22 所示。仿真中为避免其他因素的影响,保持电源阻抗、母线电压和输送功率不变,补偿度分为 40%、60% 和 85%[12-13]。可以看出,特高压线路工频过电压幅值随线路长度的增加逐渐增大。

4.5.2 等效电源阻抗

1) 电源阻抗对工频过电压的影响规律

由于特高压线路可承担不同目的的输电任务,特高压线路接入点处的电网状况存在较大差异,即特高压线路电源特性变化范围较大。不同的电源会对特高压工频过电压产生较大影响,故有必要对不同电源特性下特高压线路的工频过电压进行比较研究,得出电源阻抗对工频过电压的影响规律。

电源主要是从两方面对工频过电压产生影响,即电源等效正序阻抗的大小和零正序阻抗比 X_0/X_1。对长度为 400km 的单回特高压线路工频过电压进行计算,计算中改变电源正序阻抗大小、零正序阻抗比,其他条件保持不变,结果见图 4-23。

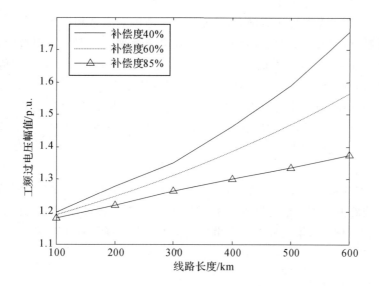

图 4-22 不同长度线路的工频过电压

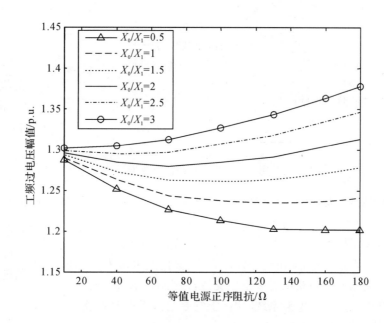

图 4-23 不同等值电源对应的工频过电压

从图中可以得出两方面的规律：

(1)电源零正序阻抗比 X_0/X_1 越大,工频过电压越严重。等值电源零正序阻抗比越大,整个特高压系统的零正序阻抗比则越大,特高压线路发生单相接地故障时对健全相电压的抬升作用越明显,工频过电压越大。

(2)电源零正序阻抗比 X_0/X_1 大于 2.5 时,电源正序阻抗越大,过电压幅值越高;而电源零正序阻抗比小于 2.5 时,随着电源正序阻抗的增加,工频过电压幅值先减后增。

2)原理分析

输送功率不变时,工频过电压同时受 X_0/X_1 值和电源正序阻抗大小这两个因素的影响。其中 X_0/X_1 值影响接地故障对健全相电压抬升作用的大小,X_0/X_1 值越大,接地故障后,健全相电压抬升越大,过电压越严重;电源正序阻抗决定甩负荷效应的强弱,在输送功率不变的情况下,电源正序阻抗越大,甩负荷后母线电压上升幅度越大,系统过电压幅值越高。

特高压输电线路的零正序阻抗比一般约为2.6,当电源阻抗的零正序阻抗比大于2.6时,正序阻抗增加会带动整个系统的零正序阻抗比值增大,从而使接地故障对健全相电压的抬升作用更明显,同时,正序阻抗增加使系统甩负荷效应更明显,故工频过电压会显著增大。但电源阻抗的零正序阻抗比小于2.6时,正序阻抗的增加虽然会加剧甩负荷效应,但却使整个系统的零正序阻抗比值减小,从而使接地故障对健全相电压的抬升作用有所削弱。对于零正序阻抗比小于2.6的情况,当电源正序阻抗值较小时,随着正序阻抗的增加,对健全相电压抬升作用的削弱占了上风,故此时过电压水平随电源正序阻抗增大而降低;当正序阻抗值较大时,随着正序阻抗的增加,甩负荷效应的加强开始占据优势,故此时工频过电压又随正序阻抗的增大而增大。

3)特高压线路电源系统

特高压输电线路电源系统主要有三类,如图4-24所示。第一种电源由超高压系统和特高压变压器构成,点对点特高压线路的电源一般为这种类型;第二种电源是在特高压线路成网后,由相邻的一条或几条特高压线路和其电源构成;第三种电源则由以上两种电源并联同时连接在特高压线路上。

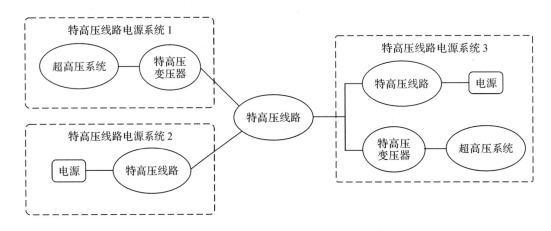

图4-24　特高压线路电源类型

在特高压发展初期,主要以点对点线路为主,电源一般也为第一种电源。此种电源由于经过特高压变压器与超高压线路相连,由于特高压变压器正序阻抗大、零正序阻抗比小,导致第一类电源系统等值阻抗的正序阻抗大、零正序阻抗小。第二类电源是在特高压线路成网之后才形成,此时特高压系统网架结构坚强,其电源等值阻抗较小,而由于与线路相连,故此类电源零正序阻抗比与特高压线路零正序阻抗比接近,大于第一类电源。为获得更多电压支持,特高压线路节点上一般都会通过特高压变压器接入超高压系统,这就产生了第三类电源系统,实际上它是前两类电源系统的综合,故其电源阻抗和零正序阻抗比也处于前两类电源系统之间。

4)孤岛电源的特高压线路工频过电压

如上文所述,在特高压系统建设初期,电源系统较为薄弱,其中包括蒙西、山西这一类孤岛煤电基地。孤岛电源结构简单,仅通过特高压线路与主网架相连,其等值阻抗很大,在输送大功率时,若发生三相甩负荷故障,可造成非常严重的工频过电压,必须给予充分的重视。

这一类特高压线路上工频过电压较为严重,但也不是不能被限制。由于孤岛电源阻抗较大,线路输送的功率往往相对较小,加装大容量高抗时,无功平衡更容易被满足,从而为加装大容量高抗提供了条件,这样更有利于对工频过电压进行限制。

4.5.3　接地故障点位置

接地故障点不同时,工频过电压幅值一般也不同。故有必要研究故障点位置对工频过电压幅值的影响规律,确定产生较高幅值工频过电压的故障点位置,以对其进行重点考虑。

1）算例

对长度为400km的单回特高压线路，计算高抗加装在送端、受端和均匀分布在两端三种情况下，沿线各点发生单相接地时甩负荷过电压，高抗总补偿度取为85%，电源零正序阻抗比取为1.4。该过电压主要与多个因素有关，首先是高抗的补偿方式（送端、受端或两端平均补偿）及其高抗补偿度，其次是发生甩负荷的方式（送端甩负荷或受端甩负荷），然后是沿线发生单相接地故障的位置（送端、受端或者位于线路的其他位置），另外还与电源的阻抗特性（电源零正序阻抗比）相关。

（1）送端补偿

图4-25为送端补偿情况下线路沿线各点出现单相接地故障时在送端和受端甩负荷两种方式下的全线过电压最大值的变化情况。从图4-25中可以看出，线路受端甩负荷时，随着故障点向甩负荷端移动，过电压逐渐升高，产生最大过电压的接地故障点位于线路甩负荷后线路末端（受端，图4-25中点N_1处）；而线路送端甩负荷时，随着故障点向甩负荷端移动，送端甩负荷过电压呈现先增后降的趋势，产生最大过电压的接地故障点并不在甩负荷端（送端，点M_1处），而是位于线路中间（点A_1处）。

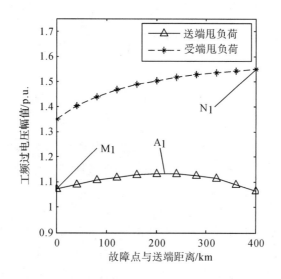

图4-25　送端补偿情况下沿线各点发生单相接地故障时全线工频过电压

（2）受端补偿

图4-26为受端补偿线路沿线各点出现单相接地故障时在送端和受端甩负荷两种方式下全线过电压最大值的变化情况。从图4-26中可以看出，线路送端甩负荷时，随着故障点向甩负荷端移动，过电压

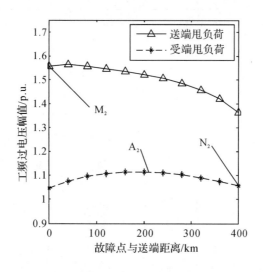

图4-26　受端补偿情况下沿线各点发生单相接地故障时全线工频过电压

逐渐升高,产生最大过电压的接地故障点位于线路甩负荷端(送端,图 4-26 中点 M_2 处);而线路受端甩负荷时,随着故障点向甩负荷端移动,送端甩负荷过电压先增后降,产生最大过电压的接地故障点位于线路中间(点 A_2 处)。

(3)两端补偿

图 4-27 为两端平均补偿情况下线路沿线各点出现单相接地故障时在送端和受端甩负荷两种方式下的全线过电压最大值的变化情况。在距甩负荷端约 80km 处发生单相接地时产生的工频过电压幅值最大(两种方式下的最大值分别出现在图 4-27 两条曲线的 A_3、B_3 处)。

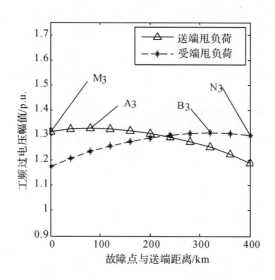

图 4-27　两端补偿情况下沿线各点接地时两端平均补偿工频过电压

2)电源、高抗与接地点相对位置对工频过电压的影响

由于甩负荷之后短时间内形成电源与接地空载线路相连接的次稳态结构,如图 4-28 所示。此时,产生较高过电压的接地点位置主要受以下因素影响:电源阻抗特性,以及高抗与甩负荷端的相对位置。

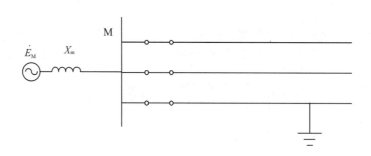

图 4-28　甩负荷之后线路示意图

故障点越靠近电源,从故障点向系统看过去的阻抗特性受到电源阻抗的影响越大,而通常情况下等值电源的零正序阻抗比小于线路,所以故障点离电源越近,从故障点向系统看过去阻抗的零正序比越小,过电压幅值越小。

接地甩负荷时,最大过电压一般出现在接地点附近的健全相上。高抗对该过电压最大值有很好的抑制作用,且故障点离高抗越近、高抗容量越大,抑制作用越明显。当接地点靠近甩负荷端,而甩负荷端装有高抗,则故障点附近健全相上过电压将被极大地抑制;否则,高抗对接地点附近健全相上过电压的抑制作用会较弱。这样就使产生最大接地甩负荷过电压的故障点位置向远离高抗的方向移动。

3）接地故障点的确定

在工频过电压计算中,某些研究者将接地点位于甩负荷端作为计算最大接地甩负荷过电压的条件,即只计算送端接地时送端甩负荷过电压和受端接地时受端甩负荷过电压。以该条件计算单端补偿的线路,一般可得出最大过电压。

但对于两端补偿的线路,故障后送端甩负荷过电压和故障后受端甩负荷过电压水平相当,且送端单相接地时送端甩负荷过电压和受端单相接地时受端甩负荷过电压均不是各自的最大值,故此时将接地点位于甩负荷端(末端)作为计算最大接地甩负荷过电压的条件是不合理的。所以在新版本的1000kV特高压输变电工程过电压及绝缘配合规程中,取消了对接地甩负荷过电压中接地故障点位置的规定。

根据以上论述,本书建议单相接地甩负荷过电压应采用以下计算条件:甩负荷端无高抗,则计算末端接地甩负荷过电压即可;若线路甩负荷端装有高抗,应计算沿线各点发生单相接地时的甩负荷工频过电压,根据其最大值确定线路发生单相接地甩负荷时的工频过电压水平。

4.5.4　输送功率

输送功率的变化对特高压线路工频过电压会产生较大影响,故在特高压线路过电压设计中,应对其进行充分的考虑。以单回400km的线路为例,计算输送不同潮流时的工频过电压大小,结果见表4-4。考虑到每回特高压线路的自然功率接近5000MW,线路潮流取为1000~4000MW,并保证各种潮流下母线工作电压不变。

表 4-4　不同潮流下工频过电压

功率(MW)	1000	2000	3000	4000
母线过电压(kV)	940	952	968	1011
线路过电压(kV)	1133	1145	1164	1214

从表4-4可以看出,在保证正常运行时母线电压一致的前提下,同一条线路输送的功率越大,其工频过电压越严重。

通过原理分析可知,这主要由两方面原因造成:

(1)输送大功率时,甩负荷效应更明显。输送大功率越大,正常运行时电源等值电势越高,甩负荷之后母线电压上升幅度越大,过电压越严重。

(2)输送大功率时,线路需要的感性无功小,为达到无功平衡,需在特高压变压器第三绕组上投入低压电容器。功率越大,投入的低压电容器容量越大,对高抗的削弱作用越明显,从而使甩负荷过电压更高。

4.5.5　线路杆塔

由于特高压线路所经地形复杂,各种情况下对导线高度及位置要求不尽相同,故其杆塔参数也存在一定差别。过电压设计中是否需要考虑杆塔参数变化对工频过电压幅值的影响,本节将对该问题展开讨论。以中国单回特高压线路上使用猫头塔为基准(典型设计方案中呼称高度69m,外侧导线距导线中轴线15.7m),计算杆塔高度和外侧导线间距改变之后的工频过电压,结果如表4-5和表4-6所示。

表 4-5　不同杆塔呼高下工频过电压

呼高(m)	电容(MΩ/km)		百公里充电功率(Mvar)	高抗(H)	过电压(kV)	
	正序	零序			线路	母线
49	0.2283	0.3526	530	4.2747	1180	991
59	0.2301	0.3812	526	4.3084	1181	991
69	0.231	0.4023	524	4.3253	1181	991
79	0.2315	0.4198	523	4.3346	1181	991

表 4-6　不同外侧导线间距下工频过电压

导线间距（m）	电容（MΩ/km）		百公里充电功率（Mvar）	高抗（H）	过电压（kV）	
	正序	零序			线路	母线
21.4	0.2201	0.4224	550	4.1212	1195	993
31.4	0.231	0.4023	524	4.3253	1181	991
41.4	0.24	0.3869	504	4.4938	1171	990

　　规程规定,单回特高压线路导线对地最小距离为 19m（人烟稀少的非农业耕作区）,考虑 11m 的绝缘子长度及 15m 弧垂,杆塔最低呼称高度为 45m;而增大呼高对防雷不利,同时还会增大杆塔尺寸、提高造价,故呼高一般不会较典型设计值有大幅提升,所以表 4-5 将呼高变化上限取为 69m。外侧导线间距主要由绝缘配合中导线与杆塔空气间隙要求决定,一般变化较小,表 4-6 中取 21.4m～41.4m 完全包含了外侧导线间距可能的变化范围。

　　计算结果表明,呼称高度变化对线路工频过电压几乎没有影响。随着外侧导线间距减小,过电压幅值略有上升;而改变外侧导线间距则对线路充电功率有一定影响,间距从 41.4m 减至 21.4m 时,工频过电压上升 24kV。但总体来说,改变呼称高度和外侧导线间距对特高压线路工频过电压影响很小,可不考虑杆塔变化对工频过电压的影响。

　　呼高和外侧线路间距对工频过电压的影响可从线路电容进行解释。线路电容越大,电容效应越明显,其工频过电压也越严重。而在相同补偿度下,充电功率大的线路未被补偿掉的电容容量也越大,故其工频过电压幅值越高。改变线路呼高和外侧导线间距对线路充电功率影响很小,故随呼高和外侧导线间距变化时,线路工频过电压变化幅度很小。

4.6　特高压工频过电压的限制措施

4.6.1　固定高抗

　　加装并联高抗补偿线路电容可有效限制工频过电压。在苏联和中国已建成特高压输电线路上,均采用固定高抗对工频过电压进行限制。

　　高抗补偿的研究主要包括补偿度和补偿方式的确定。高抗补偿度越高,对工频过电压的限制效果越好。特高压输电线路充电功率大,尤其是长距离特高压线路,需加装较高补偿度的高抗进行补偿。但是,为避免给正常运行时的无功平衡和电压控制造成困难、防止发生非全相运行谐振过电压,高抗补偿度不宜过高。在特高压电网建设初期,一般考虑将高抗的补偿度控制在 80%～90%[1],在电网比较坚强的地区或者比较短的特高压线路,补偿度可以适当降低。

　　在补偿度一定的情况下,补偿方式对特高压工频过电压有较大影响。根据补偿点数量不同,可分为单端补偿、两端补偿以及分段多点补偿[14]。下面分别对三种补偿方式的工频过电压限制效果进行研究。

4.6.1.1　单端补偿

　　对于任意一条线路,通过功率流向可以将线路两端区分为送端和受端。故单端补偿一般就有两种情况,即高抗分别加装在线路送端或受端。

　　1）送端补偿

　　送端补偿线路如图 4-29 所示,图中功率从 P 端送至 Q 端。对长度为 100km 至 300km、送端补偿方式的线路进行研究,考虑一般电源情况（两端电源阻抗特性相同）,计算各补偿度下单相接地后送受端甩负荷的工频过电压,结果如图 4-30 所示。

　　从图 4-30 中可以看出:

　　（1）送端补偿对单相接地时送端甩负荷过电压的限制效果较好,且补偿度增加时,线路越长,过电压水平下降越快。对于长度为 300km 的特高压线路,补偿度从 0 增至 100% 时,其过电压下降幅度将达到

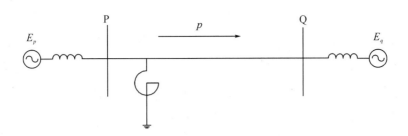

图 4-29 送端补偿线路示意图

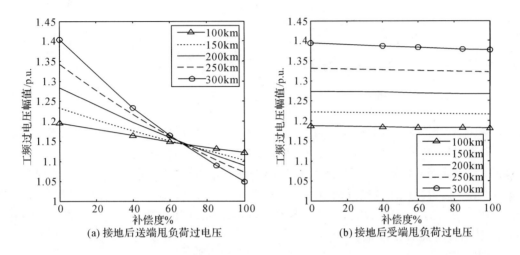

(a)接地后送端甩负荷过电压   (b)接地后受端甩负荷过电压

图 4-30 送端补偿线路单相接地甩负荷工频过电压

0.35p.u.。

(2)送端补偿对单相接地时受端甩负荷过电压的限制效果不明显,过电压随补偿度的增加降低较小。对于图中所示的几种长度的线路,补偿度从 0 增至 100%,过电压下降幅度均不超过0.03p.u.。

2)受端补偿

受端补偿线路如图 4-31 所示。与送端补偿线路类似,计算长度为 100km 至 300km、各补偿度下送端补偿线路单相接地甩负荷工频过电压,结果如图 4-32 所示。

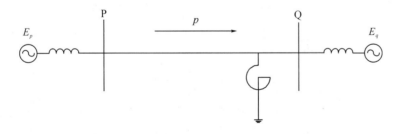

图 4-31 受端补偿线路示意图

从计算结果可以看出:

(1)受端补偿对单相接地时送端甩负荷过电压的限制效果不明显,过电压随补偿度的增加降低较小。对于图中所示的几种长度的线路,补偿度从 0 增至 100%,过电压下降幅度很小,均不超过0.03p.u.。

(2)受端补偿对单相接地时受端甩负荷过电压的限制效果较好,且补偿度增加时,线路越长,过电压水平下降越快。对于长度为 300km 的特高压线路,补偿度从 0 增至 100%时,其过电压下降幅度超过0.35p.u.。

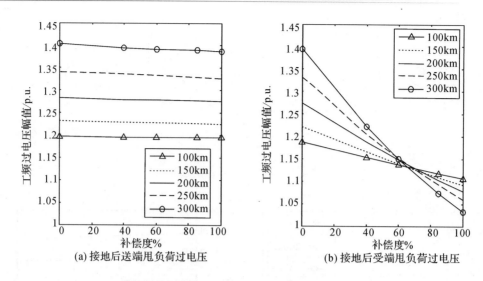

图 4-32　受端补偿线路接地甩负荷工频过电压

综合送端、受端补偿线路计算结果，可看出：无论是送端补偿还是受端补偿，均对高抗所在端甩负荷过电压限制效果明显，对未装高抗端甩负荷过电压的限制作用很小。

鉴于单端补偿只能对线路一端甩负荷过电压的限制效果明显，在采用单端补偿方式时应合理选择加装高抗的位置。假设某线路两端分别以 A、B 命名，由于线路两端电源特性存在差异，使线路在加装高抗前 A 端甩负荷的工频过电压明显高于 B 端甩负荷，此时采用单端补偿则应主要考虑限制 A 端甩负荷过电压，从而将高抗加装 A 端。

4.6.1.2　两端补偿

两端补偿系统如图 4-33 所示。与单端补偿的方式相比，两端补偿的优势在于，线路两端无论哪端甩负荷，均有部分高抗位于甩负荷端，从而能够很好地限制工频过电压最大值。对不同长度、两端补偿的特高压线路进行仿真，结果见图 4-34。

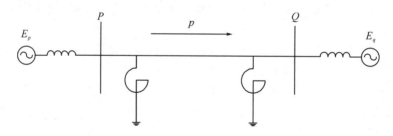

图 4-33　两端补偿线路示意图

从图中可以看出，两端补偿的高抗对工频过电压的限制效果非常明显。且线路越长，过电压水平随补偿度的增加降低得越快。在较高补偿度下，不同长度线路的工频过电压均能被限制在较低水平。

4.6.1.3　分段多点补偿

对于长距离特高压线路（长度＞600km），即使高抗容量达到上限，采用两端补偿方式时工频过电压仍可能超出规程要求范围。此时，若要继续降低工频过电压最大值，需在线路中间增加补偿点，将高抗容量更均匀地分布到线路上，即采用分段多点补偿方式。图 4-35 所示的为两段三点补偿方式，每一段线路两端高抗容量相同。

以长度为 800km 的点对点特高压线路为例进行计算，分别将线路分成 1、2、3、4、8 段补偿，总补偿度均为 85%，计算结果见图 4-36。

从图 4-36 可以看出：①补偿点越多，工频过电压越低。当分段数从 1 段增加到 8 段时，工频过电压下降幅度近 0.15p.u.；②分段数增加到一定程度、相邻补偿点间距小到一定程度后，继续增加分段数、

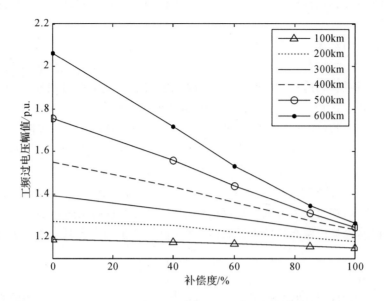

图 4-34　两端补偿线路工频过电压

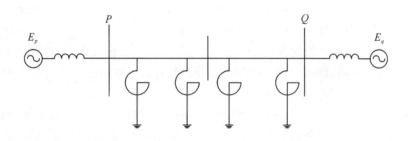

图 4-35　两段三点补偿线路示意图

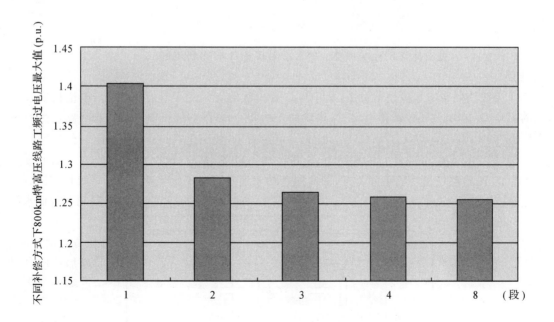

注：横坐标表示分段数，每段两端高抗容量相等

图 4-36　不同补偿方式工频过电压

降低相邻补偿点间距已不能显著降低工频过电压水平,例如分段数从 3 增加到 8 时,过电压最大值下降幅度仅为 0.01p.u.。

4.6.1.4 高抗补偿方式的选择

从限制工频过电压角度考虑,补偿点数量越多,限制效果越好。随着线路长度的增加,或电源网架较薄弱,单端补偿、两端补偿和分段多点补偿将被依次考虑用于限制工频过电压。但从经济角度考虑,补偿点数量越少,经济性越好。所以,在实际工程中,应兼顾工频过电压限制效果和经济性,合理选择补偿方式和分段数,在满足工频过电压限制要求的前提下,尽量减少补偿点数量以降低高抗补偿费用。

4.6.2 可控高抗

特高压线路最大优点是适宜于长距离大容量输电,但目前为了限制工频过电压,长距离特高压线路上一般会加装大容量高抗,这会大大降低了线路的输送能力,而可控高抗则可很好解决这一问题。本节将从无功设备功能开始,论述固定高抗的不足,详细阐述可控高抗的必要性,并对可控高抗的原理和发展历程进行介绍。

4.6.2.1 可控高抗的必要性

电网无功设备均需具有两大功能:①限制工频过电压;②使系统正常运行时达到无功平衡[1]。

1)限制工频过电压

作为无功设备的一种,高压电抗器对工频过电压具有很好的限制效果,对于长距离线路,一般均需加装高抗将工频过电压限制在规程要求范围以内。

高抗容量通过工频过电压的限制来确定。由于特高压线路长、输送容量大、充电功率大,导致其工频过电压幅值较大,为将工频过电压限制在要求范围内,其容量可达线路充电功率的 $80\% \sim 90\%$。

2)无功平衡

为保证系统电压运行在合理范围,并减少线路无功传输、降低网损,无功设备所提供的无功应与系统消耗的无功达到平衡。无功平衡的原则是分层、分区、就地平衡,故特高压无功设备主要用于平衡特高压系统消耗的无功。

特高压系统中消耗无功的设备主要包括特高压变压器和特高压线路,两者消耗的无功均与传输功率密切相关。

(1)变压器

传输功率越大,流过变压器的电流越大,变压器阻抗消耗的无功也越大。

(2)线路

图 4-37 为线路分布参数模型示意图,从中可以看出线路无功主要包括两方面:单位长度线路电感 L_0 消耗的无功 Q_L 和单位长度线路电容 C_0 提供的无功 Q_C。若线路运行额定电压和线路流过电流有效值分别为 U_N 和 I,则:$Q_C = j\omega C_0 U_N^2$,$Q_L = j\omega L_0 I^2$。可以看出,线路电容产生的无功 Q_C 仅与线路电压有关,与输送功率基本无关,正常运行的线路上,电压波动一般较小,故可认为 Q_C 不变。而输电线路电抗的无功损耗 Q_L 与线路电流 I 成平方关系,即与输送功率的平方成正比关系。

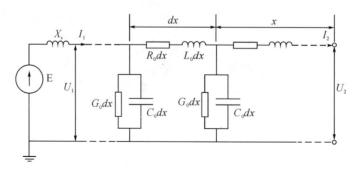

图 4-37　线路分布参数模型示意图

输送不同潮流时,系统所需无功不同。

在线路输送功率较小时,例如对于极端情况下的特高压空载线路,线路上电流为零($I=0$),线路电抗不消耗无功,即 $Q_L=0$,而线路电容上产生大量多余的无功,$Q_C=\mathrm{j}\omega C_0 U_N^2$,这样就需要在线路两端加上高抗来产生感性无功以平衡空载线路上大量富余的容性无功。对于高抗补偿度为 100% 的完全补偿的情形,即有 $\omega C U_N^2=\dfrac{U_N^2}{\omega L}$,其中 L 为线路高抗值,C 为整条线路的对地电容。

在线路输送功率较大时,例如对于输送功率为自然功率的特高压线路,此时线路电抗上消耗的无功恰好等于线路电容产生的无功($Q_L=Q_C$),线路上的无功自身即可达到平衡,故不需要在线路两端加装高抗以补偿容性无功,此时需要切除高抗。当线路输送功率小于自然功率时,此时需要切除与该输送功率相对应的部分高抗,故要使系统无功在不同输送功率时均达到平衡,高抗容量应随输送功率变化而变化。因此,随着线路输送功率的变化,加在线路两端的高抗值最好能够相应变化,这就是超特高压输电中所需要的可控制的高抗设备,它通常加装在线路两端。

在可控高抗设备出现之前,特高压线路上使用的方法是同时加装固定高抗和低压无功设备(如图 4-38),两者配合使用,以满足无功平衡和工频过电压对无功设备的要求。固定高抗的主要任务是抑制工频过电压,容量较大,其补偿度可达 80%~90%,因为在高压侧容量较难调节,一般也不能随意投切。低压无功设备的主要任务是保持无功平衡,加装在特高压变压器的第三绕组,包括低压电容器和低压电抗器,由于电压等级较低,可有计划地投切。由上可知,高压侧无功补偿设备容量通常较难调节,低压侧的无功补偿设备容量通常相对容易调节,通过两者的配合调节来达到无功补偿可控的目的。

然而,由于受到特高压变压器低压绕组容量的限制,低压无功设备调节范围有限,若线路输送容量较大,则低压无功设备的调节作用无法抵消大容量高抗的作用使线路达到无功平衡,即难以协调无功平衡与抑制工频过电压之间的矛盾。此时,往往只能降低线路输送功率,从而使特高压线路输送能力未能完全得到发挥。因此,采用该种无功补偿方式还是不能很好地解决无功可控调节的问题。

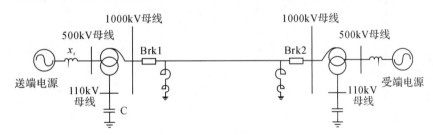

图 4-38　特高压系统图

为解决上述问题,可控电抗器的概念被提了出来。首先,可控电抗器能在发生工频过电压时迅速将补偿度提高,降低过电压幅值;其次,可控高抗可根据系统运行方式调节其无功容量,满足不同运行方式下无功平衡。可以看出可控高抗具有两大优势:①可在限制工频过电压的前提下充分发挥了输送能力;②可免去低压无功设备费用。

4.6.2.2　可控电抗器发展历程

1)火花间隙投切电抗器

可控电抗器的雏形最早出现在苏联,它实际上是一种由火花间隙投切的固定容量电抗器。其主要目的是用来协调无功平衡与抑制工频过电压之间的矛盾。线路重载时,为维持线路电压,用断路器使并联电抗器退出运行。当线路甩负荷出现工频过电压超过火花间隙放电电压时,火花间隙击穿,快速投入并联电抗器限制过电压。带火花间隙投切的并联电抗器并非真正意义上的可控高抗器。

带火花间隙投切的并联电抗器在苏联 500kV、750kV 系统中均有应用。由于带火花间隙投入并联电抗器结构复杂,火花间隙的放电电压分散性较大,可靠性不高,在特高压系统中使用有困难,因此苏联在特高压系统中仍使用固定式并联高压电抗器。由于苏联特高压线路在建成之后,输送潮流一直较低,无功平衡与限制工频过电压之间的矛盾并不是特别严重。

2)可控高抗

考虑到特高压输电的需要,以俄罗斯为代表的苏联国家从 20 世纪 70 年代即开始可控并联电抗器的研究,并将其应用在较低电压等级的工程,为特高压应用积累工程经验。

目前可用于超、特高压系统的可控高抗主要有两种,磁阀式(MCSR)和变压器式(TCSR)。两者均可迅速地连续或分级调节电抗器容量,它们的出现使解决无功平衡与限制工频过电压之间的矛盾、实现特高压系统无功可控成为可能。

(1)磁阀式可控并联电抗器[15]

磁阀式(又称磁控式)可控并联电抗器的接线如图 4-39 所示。其结构主要由电抗器主体和控制系统两部分组成。主体部分的工作绕组为星形连接,中性点经小电抗接地。控制绕组可采用三角形连接,以减小输出电流中 3 次及 3 倍频谐波含量。电抗器每相有两个铁心,每个铁心上分别绕有一个工作绕组和一个控制绕组。每个铁心柱的某一段截面积特别小,小磁通时不发生饱和、磁阻小,大磁通时则饱和、磁阻大。线路正常运行时,根据传输容量的变化实时改变晶闸管触发角,调节直流助磁电流以控制铁心磁饱和程度,从而达到连续调节工作绕组容量的效果。直流助磁电流大,则饱和程度高,工作绕组励磁电流大,电抗器产生的无功容量大;反之,则电抗器容量小。当线路发生故障后,通过旁路断路器B1a、B2a、B1b、B2b、B1c 和 B2c 将控制绕组短接,此时可控电抗器相当于一个副边短路的变压器,副边电流迅速提高使铁心饱和,使电抗器容量迅速增至最大,达到限制工频过电压的目的。

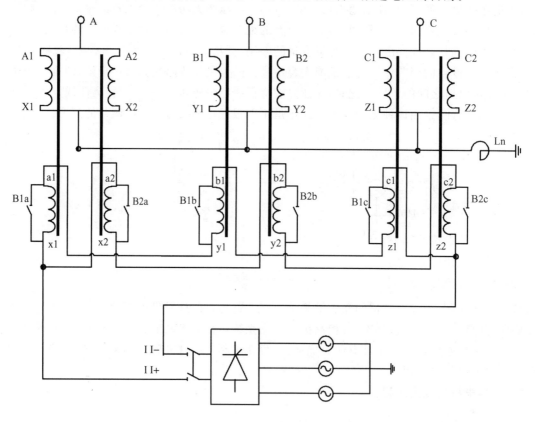

图 4-39 磁阀式可控并联电抗器接线图

磁阀式可控电抗器有以下几方面的特点:

①由于采用调节触发角的方式控制电抗器容量,故其容量可实现连续调节。

②由于磁阀式可控电抗器晶闸管两端只施加低电压,通过的只是较小的直流电流而非电抗器主电流,故对其耐压和容量要求较低,控制和维护相对方便。

③铁心的磁饱和现象和相应的漏磁会增大边缘心柱和磁轭的涡流损耗,故需面对抑制温升和振动等难点问题。

④磁饱和现象会在绕组中产生谐波电流,但适当的参数设计可将其抑制到较低的水平。

⑤响应速度相对较慢。由于整流需要,控制回路的时间常数较大,故控制电流大小的转变所需要的时间较大,导致此类可控电抗器容量调整较慢。同时,由于其稳态响应和暂态响应时控制回路响应方式不同,分别为控制晶闸管触发角和机械开关,故其响应时间也不同。

(2)阻抗式可控并联电抗器

阻抗式可控电抗器又称变压器式可控电抗器,其结构如图 4-40 所示。其实质为副边阻抗可控的组式降压变压器,通过调节副边阻抗来控制其容量。副边阻抗大,则无功容量小;反之,则容量大。

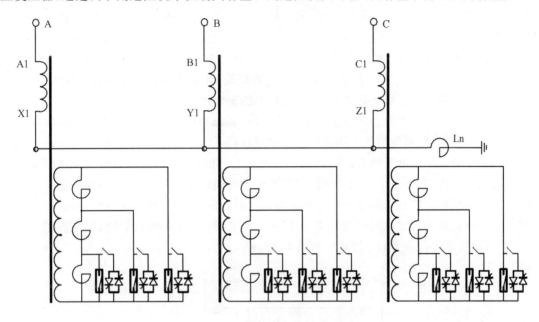

图 4-40　阻抗式可控并联电抗器接线图

阻抗式可控电抗器有以下几方面的特点:

①由于阻抗式可控电抗器通过改变副边工作电抗的方式控制电抗器容量,故其无功容量为分级调节。

②阻抗式可控电抗器工作时铁心一般未饱和,故谐波问题不严重。

③降压后的工作电流按变比增大并全部通过晶闸管,使得晶闸管产生热量较大,必须像直流换流站那样设置相应的散热控制装置,占地和运行维护工作量大。

④部分漏磁通会穿过侧部铁壳,或从垂直方向穿入上下铁轭而构成回路,从而使局部发热较严重,并产生较大的振动。

⑤由于副边控制回路电感相对较小,电流改变快,故响应速度快。

4.6.2.3　使用现状

中国在可控电抗器研究方面发展迅速。2006 年 9 月,世界首套 500kV 分级投切阻抗式可控高抗装置在山西忻州市 500kV 开关站内投入运行,装置兼具母线可控电抗器和线路可控电抗器功能,设计容量 150Mvar。2007 年 9 月,世界首套 500kV 磁控式可控电抗器在湖北荆州 500kV 换流变电站投运,运行效果良好。

2011 年 6 月,中国西电集团公司成功研制世界首台 750kV、100Mvar 交流有级可控并联高抗器,并在 750kV 敦煌变电站得到应用。2011 年 8 月,中国西电集团又成功研制世界首台 1000kV、200Mvar 交流有级可控并联电抗器,产品一次性通过全部试验,技术性能达到国际领先水平。这台产品将在"锡盟—南京"特高压输变电工程徐州变电站得到应用。此次研制成功的 1000kV、200Mvar 交流有级可控并联电抗器具有结构合理、无局部过热、损耗低、噪音小、振动小、局部放电量小、绝缘安全可靠的技术特点。

4.6.3 继电保护限制方案

日本使用高性能金属氧化物避雷器配合继电保护的方案，来限制短时高幅值工频过电压。金属氧化物避雷器性能的提高使此方法成为可能。

以日本特高压线路为例，其已建成的线路单段长度（不经过开关站或变电站）均不超过 150km。而且线路未换位，线路三相参数不完全对称。采用电抗器限制工频过电压的效果并不明显，且工频过电压也不如长线严重，故未采用高压电抗器，而是提出了用避雷器配合继电保护的工频过电压限制方案。采用该方案时，由于 MOA 的作用，过电压波形不再是正弦波，严格讲应称为暂时过电压，也可以称工频暂时过电压（TOV）。

为了使避雷器不因吸收 TOV 的能量导致热崩溃，一般情况下以 TOV 作为选择避雷器额定电压的依据。避雷器吸收能量与过电压幅值和持续时间紧密相关，如果不限制工频过电压的幅值而去限制 TOV 持续时间，也能减小避雷器的热负荷，保证避雷器的安全运行。

日本采用继电保护方案来限制工频过电压持续时间，其原理见图 4-41。考虑双回特高压线路同时甩负荷（左侧开关开断），分闸侧的线路端部（左侧）出现较高 TOV（由于未装高抗，线路由甩负荷效应及空载电容效应产生的工频过电压较高，幅值可达 1.5p.u.）。此时避雷器接地引线上流过电流的幅值和持续时间均超过整定值，避雷器电流信号和断路器开断信号同时送至主继电器，判断为甩负荷引起高幅值 TOV，向对侧的故障保护继电器发出让对侧断路器跳闸的命令，使对侧断路器快速跳闸切除故障，将高幅值的工频过电压最大持续时间限制在 0.2s 以内。在工频过电压的持续时间内，主要依靠 MOA 对其进行限制（日本特高压线路 MOA 额定电压选为 826kV，相当于 1.3p.u.）。

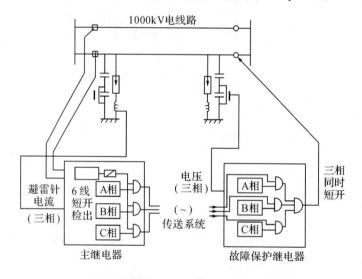

图 4-41　工频过电压的继电保护限制方案

此方案的思想是限制工频过电压持续时间，使流过 MOA 的能量降下来。故对 MOA 的最大流通能量有较高要求，同时也使其继电保护系统更加复杂。对于长线路，由于其工频过电压较高，即使持续时间很短，也有可能对避雷器构成威胁，故此方案仅适用于线路较短、工频过电压问题不严重的线路上，应用范围较小。

4.6.4 限制措施的选择

对于不同特高压线路，应采用不同的措施对工频过电压加以合理的限制。在已建成的特高压线路中，苏联和中国主要采用并联高抗来限制工频过电压，而日本短距离特高压线则采用继电器配合 MOA 对其进行限制。结合各特高压线路的特点，可以看出，决定工频过电压限制措施的主要因素是线路长度以及线路是否换位。

对于较短的特高压线路,采用高抗限制工频过电压的效果不明显;同时由于线路不进行换位,使用高抗可能会导致谐振过电压,不宜使用高抗。而由于短线路工频过电压幅值相对较低,用继电器配合MOA 的措施对其进行防护时,MOA 吸收的能量不会超过其最大可承受值,故继电器配合 MOA 的措施限制工频过电压较为合适。长距离特高压线路工频过电压幅值较高,即使持续时间很短,也有可能对MOA 构成威胁,用 MOA 对其进行限制不合理。长距离线路使用高抗限制工频过电压效果明显,同时由于受到三相不平衡度要求的限制,长距离线路一般都会通过换位以降低三相不平衡度,从而使线路加装高抗之后也不易发生谐振,故长线路采用高抗限制工频过电压更为合适。

工程实际中,除了上述几种常用的专门限制工频过电压的措施外,采用良导体地线以及合理的运行方式也有利于降低工频过电压水平。良导体地线可以在一定程度上降低线路的零正序阻抗比,从而降低与不对称接地相关的工频过电压;在特高压线路建成初期,选择小方式运行使线路传输功率较低,可有效降低甩负荷过电压。

4.7　高抗补偿度上、下限的确定

高抗是限制工频过电压的最常见措施,高抗补偿度对限制效果具有决定性影响,一般情况下补偿度越大、限制效果越好。但若仅考虑限制工频过电压而一味提高高抗补偿度,则可能在非全相运行情况下引发高幅值的谐振过电压,它有可能在非全相投切的线路发生。因此,在特高压线路设计中,有必要确定一个高抗补偿度的上限,如果高抗补偿度到达该上限,仍不能将工频过电压限制在规程要求范围以内,则应采取其他措施如改变补偿方式来加以限制。

国内外文献对高抗的研究主要针对工频过电压限制,包括不同补偿方式对工频过电压的限制效果、提高高抗补偿度对工频过电压的限制效果以及长距离输电线路工频过电压的限制等方面的研究,但很少有对高抗补偿度上限的研究和论述。目前高抗补偿度设计上限主要是依靠以往的设计经验,缺少理论分析及实际计算结果的支持。

针对上述问题,本节将从原理上分析非全相运行谐振过电压与高抗补偿度之间的关系,提出确定高抗补偿度上限的理论方法,并给出了根据该方法所确定的单、双回特高压线路高抗补偿度上限,为特高压线路高抗补偿设计提供充分的理论依据。

高抗补偿容量不仅需足够大以将工频过电压限制在规程要求范围以内,同时还需满足限制潜供电流和控制空载线路电压的要求。尤其对于工频过电压不太严重的线路,其高抗补偿度甚至可能主要由潜供电流限制和空载线路电压控制决定,故很有必要对其进行研究。

目前国内外文献对高抗的研究主要是针对工频过电压限制方面。较少深入研究潜供电流限制、空载线路电压控制对高抗补偿容量的要求,即使有所涉及,也很少从原理上分析各个因素与高抗补偿容量之间的关系,更缺乏定量的结论。这样很可能会使其研究结果较为片面,缺乏对工程实践的指导意义。针对上述问题,本节分别从原理上分析潜供电流限制、空载线路电压控制对高抗补偿度的要求,给出以潜供电流限制、空载线路电压控制确定高抗补偿度下限的理论方法。

4.7.1　高抗补偿度上限的确定

4.7.1.1　单回特高压线路高抗补偿度上限研究

高抗是特高压电网中的重要电气设备,它可较好地补偿线路中的动态容性无功,有效地抑制工频过电压。但是,装设高抗作为线路无功补偿设备,使系统增加了发生谐振的可能性。实际上,如果并联高抗采用中性点直接接地方式(即中性点不通过小电抗接地)进行补偿,则并联高抗可能会在非全相投切的线路中引发工频谐振现象。而采取在高抗中性点加装小电抗的方式,如果小电抗值选择合适,可较好地阻隔输电线路的相间联系,明显减小了非全相运行中"健全相"对"故障相"的影响,从而有效地抑制工频谐振过电压的发生。但中性点小电抗的设计值与实际值往往会有一定的偏差,系统的频率也往往与50Hz 的基准频率之间有一些偏差,这些因素导致了在并联高抗补偿度太高的情况下会存在系统发生工频谐振的可能性。因此,有必要对并联高抗补偿度上限的问题展开详细研究,以避免系统发生工频谐振。

1)非全相运行谐振过电压产生机理

非全相运行谐振过电压是由于线路一相因故障跳开悬空后,线路健全相通过相间电容及高抗与之形成谐振回路而产生的[16-17]。图 4-42 为非全相运行示意图,其中,假设两侧均为无穷大电源系统,三相电势分别为 $\dot{E}_A$、$\dot{E}_B$ 和 $\dot{E}_C$;C_M 为相间电容;C_D 为各相对地电容;L_P 为高抗;L_N 为高抗中性点接地电抗,即俗称的"小电抗"。故障开断 C 相线路又称"悬空相",A 相、B 相线路称"健全相"。

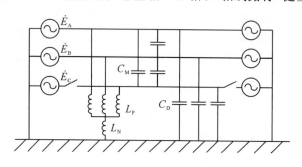

图 4-42　非全相运行示意图

为限制潜供电流,高抗中性点加装一个小电抗 X_{LN}。此时,高抗的补偿容量分至相间电抗和对地电抗,其中 X_{LM} 为等效相间电抗,X_{LD} 为等效对地电抗,如图 4-43 所示。

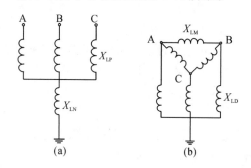

图 4-43　并联电抗器中性点接小电抗的等值示意图

图 4-43(a)与图 4-43(b)之间的参数对应关系如下:

$$\begin{cases} X_{LD} = 3X_{LN} + X_{LP} \\ X_{LM} = X_{LP}^2 / X_{LN} + 3X_{LP} \end{cases} \tag{4-9}$$

图 4-42 经过变换后可得图 4-44 所示电路。由于 A 相与 B 相对地电容及这两相之间的相间电容直接接在健全相电源上,故不予以考虑,由此得等值电路如图 4-45(a),再进一步简化,将 A、B 相合并可得图 4-45(b)所示的等值电路,其中 C 点电位为悬空的 C 相电位。

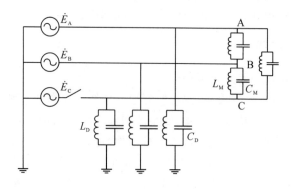

图 4-44　非全相运行线路等效电路图

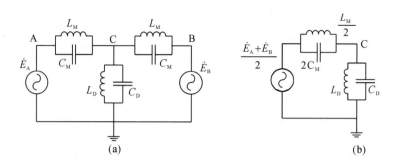

图 4-45　非全相运行线路简化图

根据图 4-45(b)所示电路,断开相电压 U_C 为

$$U_C = \frac{jX_{LD} // (-jX_{CD})}{jX_{LD} // (-jX_{CD}) + \dfrac{jX_{LM} // (-jX_{CM})}{2}} \left| \frac{\dot{E}_A + \dot{E}_B}{2} \right|$$

$$= \frac{jX_{LD} // (-jX_{CD})}{jX_{LD} // (-jX_{CD}) + \dfrac{jX_{LM} // (-jX_{CM})}{2}} \frac{U_{0N}}{2} \tag{4-10}$$

式中,U_{0N} 为相电压有效值;$X_{LM} = \omega L_M$、$X_{LD} = \omega L_D$、$X_{CM} = \dfrac{1}{\omega C_M}$、$X_{CD} = \dfrac{1}{\omega C_D}$。

在一定的高抗及小电抗参数配合下,若相间阻抗 $\dfrac{X_{LM}}{2} // \dfrac{X_{CM}}{2}$ 和对地阻抗 $X_{LD} // X_{CD}$ 满足串联谐振条件

$$jX_{LD} // (-jX_{CD}) + \frac{jX_{LM} // (-jX_{CM})}{2} = 0 \tag{4-11}$$

或

$$\frac{\dfrac{L_D}{C_D}}{\dfrac{1}{j\omega C_D} + j\omega L_D} + \frac{1}{2} \frac{\dfrac{L_M}{C_M}}{\dfrac{1}{j\omega C_M} + j\omega L_M} = 0 \tag{4-12}$$

则相间阻抗和对地阻抗发生串联谐振,会在悬空的 C 相产生幅值很高的谐振过电压(即 $U_C \to \infty$)。

2)发生谐振过电压的原因

理论上,若按照相间完全补偿的原则来选择中性点小电抗时,任何高抗补偿度下都不会产生高幅值的非全相运行谐振过电压(即 $\dfrac{X_{LM}}{2} // \dfrac{X_{LM}}{2} \to \infty$,$U_C \to 0$)。但由于设备的实际参数与其设计参数往往存在一定差别,仍有可能产生发生谐振过电压的风险。具体原因如下:

(1)小电抗阻抗值的偏差

小电抗阻抗值偏差会使高抗补偿容量分配出现误差,这可能导致线路谐振。

(2)频率偏差

线路高抗及小电抗的配置均是按工频 50Hz 得出的,但故障时系统频率往往偏离工频 50Hz,这可能会使线路在非全相运行时产生谐振过电压。

3)发生谐振过电压的条件

(1)小电抗阻抗值偏差

此处重点研究小电抗阻抗值偏差导致的谐振过电压条件,假设频率为工频并保持不变。

要使图 4-45(b)中电路发生串联谐振,则串联的两部分必须分别为容性和感性,若同为容性或同为感性,则不可能发生串联谐振。所以,只有两种条件下才可能发生非全相运行谐振过电压:相间过补偿、对地欠补偿;或者相间欠补偿、对地过补偿。

以下研究分两步进行。首先研究实际中发生这两种情况的可能性;然后给出各高抗补偿度下谐振

过电压与小电抗阻抗值偏差的关系。

高抗补偿度 k 是工频下高抗补偿容量与线路正序电容无功功率的百分比，具体为

$$k=\frac{Q_{LP}}{Q_{C1}}=\frac{\dfrac{3U_{0N}^2}{X_{LP}}}{\dfrac{3U_{0N}^2}{X_{C1}}}=\frac{X_{C1}}{X_{LP}} \tag{4-13}$$

式中，U_{0N} 为相电压；X_{LP} 为高抗阻抗；X_{C1} 为线路正序电容的阻抗值，$X_{C1}=3X_{CM}+X_{CD}$。

（a）小电抗阻抗值偏差来源及最大偏差程度分析

特高压线路设计中，小电抗阻抗值确定过程如下：

①通过特高压线路杆塔、导线的几何参数建模计算出线路的序参数。

②以工频过电压限制为依据确定高抗补偿容量，并向高抗生产厂家订货。

③通过高抗设计值（此时高抗尚未交付，无法得到高抗实际参数）和线路理论计算参数（此时线路尚未完工，无法得到线路实际参数）得出小电抗阻抗值，该值定义为小电抗阻抗的设计值，并向小电抗生产厂家订货。

④小电抗交付之后，通过线路、高抗及小电抗的实际参数，确定小电抗分接头接法。

将第④步中小电抗交付时的阻抗值称为成品小电抗的阻抗值。对于任意一条已经完工的线路，都存在一个能将其潜供电流限制到最小的小电抗阻抗最优值，简称小电抗的实际所需值。

谐振研究的是实际线路上的谐振过电压，所以要考虑的小电抗偏差是指成品小电抗阻抗值与小电抗的实际所需值之间的偏差，用 P 表示。由小电抗的设计和制造过程可知，小电抗阻抗值的偏差源于如图 4-46 所示的两方面原因：

①在设计小电抗阻抗值时，由于线路尚未完工，只能以理论计算的线路参数和高抗参数计算小电抗阻抗值，而实际线路参数和高抗参数往往与理论计算参数会存在一定的差异，从而使小电抗阻抗值的设计值与实际所需值之间存在偏差。此类偏差称为设计偏差，即图 4-46 中的 P_1，设小电抗阻抗设计值大于实际所需值时，$P_1>0$，反之，则 $P_1<0$。

②小电抗制造过程中产生的阻抗值偏差，即小电抗阻抗的设计值与成品小电抗阻抗值之间的偏差。此类偏差称为制造偏差，即图 4-46 中的 P_2，设成品小电抗阻抗值大于设计值时，$P_2>0$，反之，则 $P_2<0$。

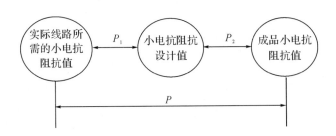

图 4-46　小电抗阻抗值偏差关系图
注：以理论计算小电抗阻抗值为基准

谐振研究中应考虑 P 可能存在的最大值。从严取值，考虑线路参数和高抗参数的理论计算值与实际测量值的偏差，通常 P_1 不会超过 $\pm15\%$（各偏差的百分数以设计值为基准）；考虑中性点小电抗的制造偏差，通常 P_2 不会超过 $\pm5\%$（基于目前供货厂商的制造能力，中性点小电抗器的制造误差一般控制在 $\pm5\%$）。综上所述，考虑最严重情况，以理论计算小电抗阻抗设计值为基准，成品小电抗阻抗值取 -5% 偏差，线路实际需要的阻抗值取 $+15\%$ 偏差，则成品小电抗阻抗值与实际线路所需的小电抗阻抗值之间的偏差 P 不会超过 20%。考虑到特高压中性点小电抗一般还设有 2 个抽头，其阻抗调整范围为额定阻抗的 $\pm10\%$，若选择 $+10\%$ 抽头，则从严考虑小电抗偏差 P 最大值也不会超过 10%。图 4-47 给出了小电抗最大负偏差的计算图（考虑抽头后，成品小电抗与线路实际需要的阻抗值之间的最大负偏差为 -10%）。

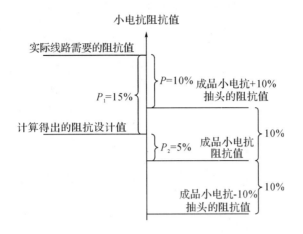

图 4-47　小电抗最大负偏差计算图

注:以理论计算小电抗阻抗值为基准

(b)小电抗阻抗值偏差引起谐振过电压的分析

设加装高抗后,线路两相之间的阻抗为 X_M,线路每相对地的阻抗为 X_D,X_M 和 X_D 的无功功率分别为 Q_M 和 Q_D,假设感性无功为正,则有

$$\begin{cases} Q_M = \dfrac{(\sqrt{3}U_{0N})^2}{X_M} = \dfrac{(\sqrt{3}U_{0N})^2}{X_{LM}} - \dfrac{(\sqrt{3}U_{0N})^2}{X_{CM}} \\ Q_D = \dfrac{U_{0N}^2}{X_D} = \dfrac{U_{0N}^2}{X_{LD}} - \dfrac{U_{0N}^2}{X_{CD}} \end{cases} \tag{4-14}$$

若相间电容欠补偿,则 X_M 为容性、$Q_M<0$;相间电容过补偿,则 X_M 为感性、$Q_M>0$。若对地电容欠补偿,则 X_D 为容性、$Q_D<0$;对地电容过补偿,则 X_D 为感性、$Q_D>0$。

先将图 4-45(a)简化为图 4-48(a),然后将 A、B 两相合并,得到图 4-48(b)所示的等值电路。

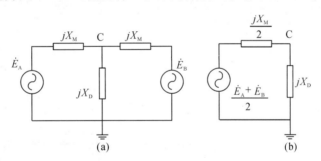

图 4-48　线路非全相运行阻抗

根据图 4-48(b)可得 C 相上电压为

$$\dot{U}_C = \frac{X_D}{\dfrac{X_M}{2} + X_D} \times \frac{\dot{E}_A + \dot{E}_B}{2} \tag{4-15}$$

由式(4-14),令比值

$$n = \frac{Q_M}{Q_D} = \frac{3X_D}{X_M} \tag{4-16}$$

将式(4-16)代入式(4-15),则 C 相上过电压幅值为

$$U_C = \frac{X_D}{\dfrac{X_M}{2} + X_D} \times \frac{U_{0N}}{2} = \frac{n}{3+2n} U_{0N} \tag{4-17}$$

根据式(4-17)作出断开相电压与比值 n 之间的关系曲线,如图 4-49 所示。

相间补偿和对地补偿这两者中,当一者为欠补偿、另一者为过补偿时,n 为负;当二者均为欠补偿或过补偿时,n 为正。当 n 在区间 $(-\infty,-3)$ 及 $(-1,+\infty)$ 中时,悬空的 C 相电压低于正常运行电压。n 在 $(-3,-1)$ 区间时,悬空的 C 相电压已经超过了正常工作电压,其中,$n=-1.5$ 时,相间与对地阻抗发生完全谐振 $(0.5X_M+X_D=0)$,此时理论上过电压幅值将趋向无穷大。

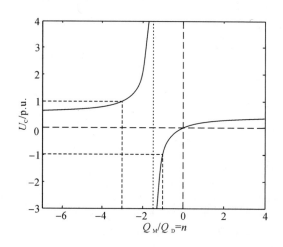

图 4-49 断开相电压与 n 的关系

(c)小电抗阻抗值偏差与谐振电压幅值的关系

由式(4-9)、(4-10)、(4-12)、(4-13)可计算三种高抗补偿度下,小电抗阻抗值偏差与过电压幅值之间的关系,结果见图 4-50。

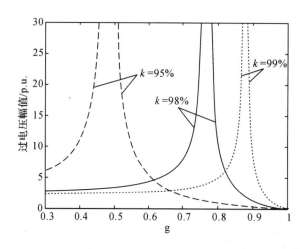

图 4-50　不同高抗补偿度下悬空相(C 相)谐振过电压幅值与小电抗阻抗值偏差系数 g 的关系

由图 4-50 可见,当小电抗阻抗值为理想值时(相间电容完全补偿,$g=1$),悬空相电压为 0;随着小电抗阻抗值逐渐减小,悬空相上电压逐渐增大;当小电抗阻抗值为小于理想值的某一特定值时,悬空相上的谐振过电压可达无穷大。在实际中即使不出现谐振过电压为无穷大的完全谐振情况,所产生的谐振过电压也足以危害设备安全。

(d)不同高抗补偿度下导致谐振的小电抗阻抗值偏差

改变高抗补偿度 k 的大小,计算不同高抗补偿度下,导致谐振发生的小电抗阻抗值偏差。

图 4-51 为不同高抗补偿度下发生谐振时所对应的小电抗阻抗值偏差。图 4-51 中,横坐标为线路高抗补偿度,纵坐标表示产生谐振过电压时小电抗阻抗值比实际所需值偏小的百分数。

由图 4-51 可见,高抗补偿度越接近 100%,导致谐振发生的小电抗阻抗值偏差越小,即越容易发生谐振。故为避免谐振过电压的产生,应避免高抗补偿度过于接近 100%。

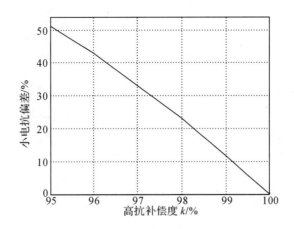

图 4-51　不同高抗补偿度下发生谐振时对应的小电抗阻抗值偏差

（2）频率偏差

系统发生故障时，系统频率往往会发生一定的变化，这可能导致谐振过电压。

（a）系统频率偏差与谐振电压

利用图 4-45（b）进行分析。考虑高抗补偿度小于 100% 的情况，小电抗按使相间电容完全补偿的原则配置，此时对地电容欠补偿，即有

$$\begin{cases} \dfrac{\left(\sqrt{3}U_{0\mathrm{N}}\right)^2}{\dfrac{1}{2\pi f_{\mathrm{n}}C_{\mathrm{M}}}} = \dfrac{\left(\sqrt{3}U_{0\mathrm{N}}\right)^2}{2\pi f_{\mathrm{n}}L_{\mathrm{M}}} \\[4mm] \dfrac{U_{0\mathrm{N}}^2}{\dfrac{1}{2\pi f_{\mathrm{n}}C_{\mathrm{D}}}} > \dfrac{U_{0\mathrm{N}}^2}{2\pi f_{\mathrm{n}}L_{\mathrm{D}}} \end{cases} \tag{4-18}$$

式中，f_{n} 为 50Hz。

在某些故障情况下，频率会下降至 $f_{\mathrm{g}} < 50\mathrm{Hz}$，这将使相间电抗补偿容量增大，相间电容的无功功率减小，从而可能出现相间电容过补偿、对地电容欠补偿的情况，如式（4-19）所示，此时有可能发生谐振；而在频率大于 50Hz 时，相间和对地都处于欠补偿状态，不会发生谐振。

$$\begin{cases} \dfrac{\left(\sqrt{3}U_{0\mathrm{N}}\right)^2}{\dfrac{1}{2\pi f_{\mathrm{g}}C_{\mathrm{M}}}} < \dfrac{\left(\sqrt{3}U_{0\mathrm{N}}\right)^2}{2\pi f_{\mathrm{g}}L_{\mathrm{M}}} \\[4mm] \dfrac{U_{0\mathrm{N}}^2}{\dfrac{1}{2\pi f_{\mathrm{g}}C_{\mathrm{D}}}} > \dfrac{U_{0\mathrm{N}}^2}{2\pi f_{\mathrm{g}}L_{\mathrm{D}}} \end{cases} \tag{4-19}$$

（b）系统频率与谐振过电压幅值的关系

由式（4-9）、（4-10）、（4-12）、（4-13）可计算三种高抗补偿度下，不同系统频率时悬空相 C 相上的电压，结果见图 4-52。

由图 4-52 可见，当系统频率为工频时，悬空相 C 相电压很小，随着系统频率的减小，悬空相 C 相上电压幅值逐渐增大，当系统频率为低于工频（$f_{\mathrm{s}} < 50\mathrm{Hz}$）的某一特定值时，悬空相上 C 相可出现幅值很高的谐振过电压，且出现谐振过电压时的系统频率与高抗补偿度有关。

（c）不同高抗补偿度下的谐振频率

根据式（4-4）计算发生谐振时的频率，并改变 k 的大小，计算不同高抗补偿度下的谐振频率，结果如图 4-53 所示。图 4-53 中横坐标为线路高抗补偿度 k，纵坐标为产生谐振过电压时的系统频率。

可以根据高抗补偿度在图 4-53 上查出线路发生谐振时的系统频率。总体而言，高抗补偿度越接近 100%，发生谐振时的频率越接近工频，即越容易发生谐振。故为避免谐振过电压的产生，应避免高抗补偿度过于接近 100%。

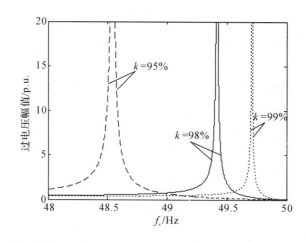

图 4-52　不同高抗补偿度下悬空相 C 相谐振过电压与系统频率 f_s 的关系

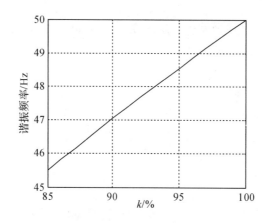

图 4-53　不同高抗补偿度下的谐振频率

4）单回特高压线路高抗补偿度上限的确定

在实际系统中，谐振过电压可能由小电抗阻抗值偏差和系统频率波动两个因素共同引起，需对这两者予以综合考虑。

由上文分析可知，为避免发生谐振过电压，高抗补偿度应避免过于接近 100％。高抗补偿度最高可达多少，主要取决于小电抗阻抗值和频率这两者的可能偏差程度，在已知或可预估小电抗阻抗值及系统频率可能存在的最大偏差时，可通过该偏差的大小来确定合适的高抗补偿度最大值。

（1）方法

具体步骤如下：

①计算线路各序参数，得到线路相间电容 C_M 和相对地电容 C_D；又由线路设计要求的高抗补偿度 k，由式（4-13）计算得到线路高抗 L_P。

②由式（4-9）计算工频下相间电容完全补偿时（$X_{LM}=X_{CM}$）的小电抗阻抗值设计值 X_{LN}。

③推导工频下调整抽头后的成品小电抗阻抗值与线路实际所需小电抗阻抗值之间可能存在的最大偏差，令偏差最大时的小电抗电感值为 X_{LNs}，通常考虑最大负偏差，为 $-10％$。

④结合线路参数，计算小电抗偏差最大时相间电抗 X_{LMs} 和对地电抗 X_{LDs}（工频下），并进一步计算对应的相间电感 L_{Ms} 以及对地电感 L_{Ds}，然后将 L_{Ms} 和 L_{Ds} 代入式（4-11）计算图 4-45（b）所示的线路回路发生谐振时的频率；改变高抗补偿度 k。

⑤计算各高抗补偿度下的谐振频率，作出高抗补偿度 k（横坐标）与谐振频率（纵坐标）的关系图。

⑥根据谐振频率要求（小于某值），从上述高抗补偿度 k 与谐振频率的关系图得出高抗补偿度的上限。

（2）计算实例

考虑成品小电抗阻抗值比线路实际所需值小10％的极端情况,计算单回特高压线路在各高抗补偿度下发生谐振的频率,计算对具有典型呼高的猫头塔和酒杯塔进行,结果如图 4-54 所示。

根据图 4-54,得出典型频率下,考虑小电抗阻抗值偏差及高抗偏差时,发生完全谐振所对应的高抗补偿度,如表 4-7 所示。

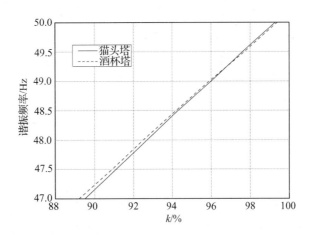

图 4-54　不同高抗补偿度下的谐振频率

表 4-7　单回特高压线路高抗补偿度与谐振频率之间的关系

		谐振频率/Hz						
		47	47.5	48	48.5	49	49.5	50.0
k/%	猫头塔	89.5	91.1	92.7	94.3	96.0	97.6	99.3
	酒杯塔	89.2	90.9	92.5	94.2	95.9	97.7	99.4

对于系统频率波动,国家标准 GB/T 15945-1995《电能质量电力系统频率允许偏差》[18]规定电力系统正常频率偏差允许值为 0.2Hz,当系统容量较小时,偏差值可以放宽到 0.5Hz。对于故障频率,各省调度规程多有如下规定:超过 50±0.2Hz,持续时间不超过 60min;超过 50±1.0Hz,持续时间不超过 15min;在任何情况下,系统频率不允许超过 50±3Hz。同时电力行业标准 DL/T 428-2010《电力系统自动低频减负荷技术规定》[19]中规定:"其他一般情况下,为了保证火电厂的继续安全运行,应限制频率低于 47.0Hz 的时间不超过 0.5s,以避免事故进一步恶化"。

综合上述,系统频率应很少低于 49Hz,考虑适当裕度,此时,对应的高抗补偿度设计上限可取95％;另外考虑系统频率肯定不会低于 47Hz,即高抗补偿度大于 89％时,肯定不会发生谐振。

因此,对于单回线路,通常情况下,高抗补偿度设计上限一般可选不超过 95％;考虑最严酷的情况,高抗补偿度设计上限宜选 90％。

4.7.1.2　双回线路高抗补偿度上限研究

对双回线路,本文考虑单回运行和双回运行这两种运行方式。不同运行方式时,由于可提供潜供电流的电容不同,补偿这些电容所需的相间电抗也不同,从而导致各个方式下最合适的小电抗阻抗值不同,需在二者之间综合考虑以确定比较合理的最终小电抗。在确定小电抗方案之后,再同时考虑两种运行方式下的谐振情况,确定高抗的上限。

1）双回线路小电抗阻抗值的计算

（1）单回路运行方式

在线路单回路运行时,另一回一般两端接地。此时潜供电流原理如图 4-55(a)所示,图 4-55(a)中左边回路的 C 相为故障相,其两端断路器已跳开,A、B 相为带电的健全相,右边回路的 a、b、c 三相接地,电位为 0。其中,C_{Ca}、C_{Cb}、C_{Cc} 为故障相 C 对另一回停运线路 a、b、c 三相之间的回间耦合电容,C_M 为 A、B 两相健全相与 C 相故障相之间的相间耦合电容。

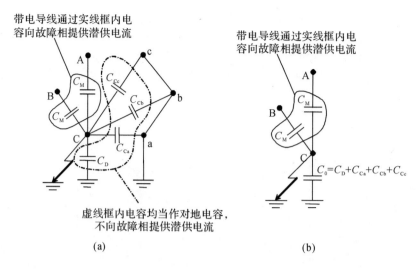

图 4-55　单回路运行方式电容分布示意图

将图 4-55(a)简化可得图 4-55(b)，由此图可见，潜供电流全部由本回相间电容提供。回路之间的电容不仅不会向悬空相提供潜供电流，还会分流部分原应从线路对地电容 C_D 流入地面的潜供电流。故要使单回接地时的单回路运行方式下潜供电流最小，则只需将本回的相间电容完全补偿。即要求此时的相间电抗和相间电容的阻抗相等：

$$X_{LM1} = X_{CM} \tag{4-20}$$

根据全线正、零序电容 C_1、C_0，可求得线路相间电容 C_M 为

$$C_M = \frac{1}{3}(C_1 - C_0) \tag{4-21}$$

相应地，相间电容的阻抗为

$$X_{CM} = \frac{1}{\frac{1}{3}\omega(C_1 - C_0)} \tag{4-22}$$

故由式(4-20)，有

$$X_{LM1} = \frac{1}{\frac{1}{3}\omega(C_1 - C_0)} \tag{4-23}$$

将式(4-23)代入式(4-9)，得单回路运行方式下小电抗的理想阻抗值为

$$X_{LN1} = \frac{X_{LP}^2}{\frac{1}{\frac{1}{3}\omega(C_1 - C_0)} - 3X_{LP}} \tag{4-24}$$

实际上，双回线路在单回路运行方式下的小电抗理想阻抗值的求法与单回线路完全一致。

(2)双回路运行方式

双回路运行方式下的电容分布示意图见图 4-56。图中左边回路的 C 相为故障相，A、B 相为带电的健全相；右边回路的 a、b、c 相正常工作。

从图 4-56 可见，与单回路运行方式相比，双回路运行方式时，回间耦合电容 C_{Cc}、C_{Cb}、C_{Ca} 也会向故障相提供潜供电流。

虽然线路换位使每回线路三相电压对称($\dot{U}_a + \dot{U}_b + \dot{U}_c = 0$)，但目前中国双回特高压线路采用如图 4-57所示的逆相序换位方式，致使回间耦合电容 C_{Cc}、C_{Cb}、C_{Ca} 不相等，三相之间不对称，导致 a、b、c 三相向悬空的 C 相提供的总电流不为 0，使得相间电抗不仅要补偿本回线路的相间电容，还需补偿回路间的耦合电容。

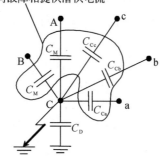

带电导线通过实线框内电
容向故障相提供潜供电流

图 4-56　双回路运行方式下线路电容分布示意图

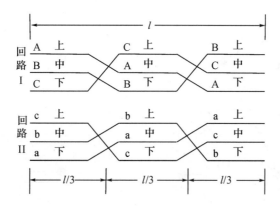

图 4-57　逆相序反向换位示意图

下面研究逆相序换位时，相邻回路与故障相之间耦合电容大小。首先将导线按图 4-58 编号。

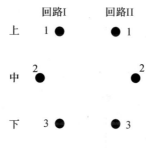

图 4-58　导线编号

设图 4-58 中不同回路的两导线间电容为 c_{11}、c_{12}、c_{13}、c_{21}、c_{22}、c_{23}、c_{31}、c_{32}、c_{33}，单位为 $\mu F/km$。显然，$c_{12}=c_{21}$，$c_{13}=c_{31}$，$c_{23}=c_{32}$。结合图 4-57 和图 4-58 可得回路间各相导线间的电容如表 4-8 所示，表 4-8 中 l 为线路长度。

表 4-8　不同回路间各相导线间的电容

		回路 I		
		A	B	C
回路 II	a	$(c_{13}+c_{22}+c_{31})l/3$	$(c_{23}+c_{32}+c_{11})l/3$	$(c_{33}+c_{12}+c_{21})l/3$
	b	$(c_{12}+c_{21}+c_{33})l/3$	$(c_{22}+c_{31}+c_{13})l/3$	$(c_{32}+c_{11}+c_{23})l/3$
	c	$(c_{11}+c_{23}+c_{32})l/3$	$(c_{21}+c_{33}+c_{12})l/3$	$(c_{31}+c_{13}+c_{22})l/3$

由表 4-8 可见,任意一相导线与另一回三相导线之间的电容均不等。且同名相之间的电容均为 $(c_{13}+c_{22}+c_{31})l/3$,异名相之间两个电容均分别为 $(c_{12}+c_{21}+c_{33})l/3$ 和 $(c_{11}+c_{23}+c_{32})l/3$。

一般情况下,导线之间电容与其间距成反比关系,所以由双回线路的导线分布可得出回间电容之间的关系为

$$\begin{cases} c_{12} \approx c_{23} > c_{13} \\ c_{11} \approx c_{33} > c_{22} \end{cases} \tag{4-25}$$

故有

$$\begin{cases} (c_{12}+c_{21}+c_{33})l/3 \approx (c_{11}+c_{23}+c_{32})l/3 \\ (c_{12}+c_{21}+c_{33})l/3 > (c_{13}+c_{22}+c_{31})l/3 \\ (c_{11}+c_{23}+c_{32})l/3 > (c_{13}+c_{22}+c_{31})l/3 \end{cases} \tag{4-26}$$

即异名相之间两个电容大小比较接近,且均大于同名相之间的电容。对中国在建的某特高压双回线路进行计算,其 C 相与 a 相、b 相、c 相间电容分别为 $9.94 \times 10^{-4} \mu\text{F/km}$、$10.41 \times 10^{-4} \mu\text{F/km}$ 和 $5.80 \times 10^{-4} \mu\text{F/km}$。

对图 4-59 中各电容进行简化:

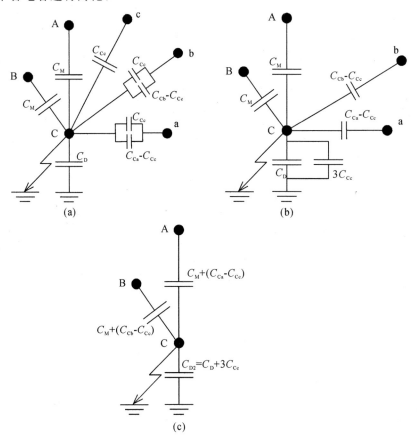

图 4-59　回路间电容的化简

①首先将图 4-59(a)所示的异名相之间的电容 C_{Ca} 和 C_{Cb} 分别分解为两部分,其中一部分等于同名相之间电容 C_{Cc}。此时 a、b、c 相与 C 相之间各有一个大小为 C_{Cc} 的电容,将这三个含 C_{Cc} 的支路合并。由于三支路的电源电压三相对称,合并后的电源电压为 0,故可将这三个 C_{Cc} 电容直接移至 C 相与地之间,得图 4-59(b)所示电路。

②由于 A 相与 a 相、B 相与 b 相的电压基本相同,故将 a 相与 C 相之间、b 相与 C 相之间剩余的电容 $C_{Ca}-C_{Cc}$ 和 $C_{Cb}-C_{Cc}$ 分别移至 A 相与 C 相之间及 B 相与 C 相之间,与相间电容合并,得图 4-59(c)所示电路。

从图 4-59(c)可见,要将潜供电流限制到最低水平,需将 A、B 两相与 C 相之间大小分别为 $C_M+(C_{Ca}-C_{Cc})$ 和 $C_M+(C_{Cb}-C_{Cc})$ 电容补偿掉。在图 4-59(c)所示的电路中加入电抗进行研究,如图 4-60(a)所示,图中 L_{M2} 和 L_{D2} 分别为等值相间电感和对地电感,R_g 为弧道电阻。

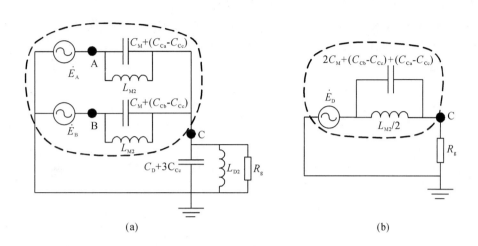

图 4-60　考虑电抗之后的电路化简

由于弧道电阻 R_g 远小于等效对地电容 C_D+3C_{Cc} 和对地电感 L_{D2} 的阻抗,故简化起见,忽略等效对地电容和对地电感对弧道电阻上潜供电流的影响。同时,根据戴维南定理,将图 4-60(a)虚线区域内的两并联支路等效为一个电压源 $\dot{E}_D$ 串联一个阻抗的形式,如图 4-60(b)所示,其中 $\dot{E}_D$ 等于图 4-60(a)中 C 点断开时的开路电势。

由图 4-60(b)可知,要使容性潜供电流被完全补偿,则需 $2C_M+(C_{Ca}-C_{Cc})+(C_{Cb}-C_{Cc})$ 与 $L_{M2}/2$ 的并联电路并联谐振,此时相间电感的阻抗为

$$X_{LM2}=\omega L_{M2}$$

$$=\frac{2}{\omega(2C_M+(C_{Ca}-C_{Cc})+(C_{Cb}-C_{Cc}))} \tag{4-27}$$

将式(4-27)代入式(4-9),得双回路运行时中性点小电抗阻抗的理想值 X_{LN2} 为

$$X_{LN2}=\frac{X_{LP}^2}{\dfrac{2}{\omega(2C_M+(C_{Ca}-C_{Cc})+(C_{Cb}-C_{Cc}))}-3X_{LP}} \tag{4-28}$$

(3)最终小电抗选取

单回路、双回路两种运行方式下小电抗的理想阻抗值不同,且双回路运行方式下小电抗的理想阻抗值一般高于单回路运行方式,即

$$X_{LN1}<X_{LN2} \tag{4-29}$$

这是由于要将潜供电流限制到最小,双回路运行方式下相间电抗需同时补偿本回路的相间电容和部分回间电容,而单回路运行方式下相间电抗只需补偿本回路的相间电容,即双回路运行方式下理想相间电抗的阻抗应更小。故根据式(4-9)可知,双回路运行方式下小电抗的理想阻抗值一般要高于单回路运行方式。

在求出单回路运行方式和双回路运行方式下小电抗的理想阻抗值之后,需考虑两种运行方式的出现概率,对单、双回路运行方式下小电抗的理想阻抗值进行加权平均来确定最终的小电抗阻抗值。具体为

$$X_{LN}=p_1X_{LN1}+p_2X_{LN2} \tag{4-30}$$

式中,p_1 和 p_2 分别为单回路运行方式和双回路运行方式的出现概率,X_{LN} 为最终小电抗阻抗值。一般情况下,为充分发挥特高压双回线路的输送能力,线路一般双回同时运行,仅在检修等特殊情况下才运行于单回路方式,故 p_2 通常远大于 p_1。

2）双回线路高抗补偿度上限的确定

（1）双回线路高抗补偿度上限计算

研究双回线路谐振时仍考虑以下三种引发谐振的因素：①小电抗的阻抗低于该方式下小电抗的理想阻抗值；②系统频率低于工频 50Hz；③高抗补偿度接近 100%。

双回线路在单、双回路运行方式下高抗补偿度上限的研究方法与单回线路完全一样，只是谐振回路不同。根据上文中双回线路小电抗阻抗值计算中的分析可知，双回线路在单、双回路运行方式下的谐振回路如图 4-61 所示。

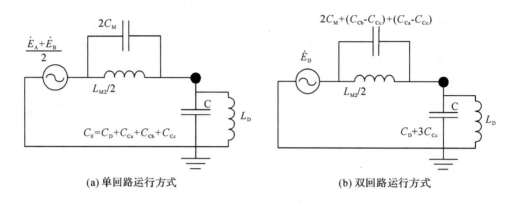

(a) 单回路运行方式　　　　　　　(b) 双回路运行方式

图 4-61　双回线路谐振回路

在确定了谐振回路之后，双回线路高抗补偿度上限确定方法与单回线路完全相同。

对中国特高压双回线路所使用的鼓型塔进行计算，得出在考虑小电抗阻抗值偏差时，单、双回运行方式下高抗补偿度与谐振频率的关系，如图 4-62 所示。

根据图 4-62 所示的曲线，得出在考虑小电抗阻抗值偏差、高抗偏差的前提下，典型频率下发生完全谐振所对应的高抗补偿度，如表 4-9 所示。

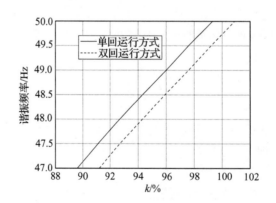

图 4-62　双回线路高抗补偿度与谐振频率的关系

表 4-9　高抗补偿度与谐振频率对应关系

谐振频率/Hz	47	47.5	48	48.5	49	49.5	50.0
单回路方式 k/%	89.6	91.1	92.7	94.3	96.0	97.6	99.3
双回路方式 k/%	91.2	92.7	94.3	95.9	97.6	99.2	100.9

由表 4-9 可知，对应于某一特定谐振频率，双回线路运行于单回方式所允许的高抗补偿度上限要略低于双回路运行方式。例如，对于谐振频率为 48Hz 的情况，双回路线路以单回路方式运行时所允许的高抗补偿度上限为 90.1%，而以双回路方式运行时所允许的高抗补偿度上限为 91.7%，因此，实际中应

以双回线路处于单回路运行方式下的情况为依据确定双回线路高抗补偿度上限。参照前文的分析,由于系统频率极少低于49Hz,此时,设计高抗补偿度上限可选取为不超过95%;同时考虑系统频率在任何情况下肯定不能低于47Hz,即设计高抗补偿度低于89%时,肯定不会发生谐振。

因此,对于双回线路,通常情况下,高抗补偿度设计上限可选不超过95%;考虑最严酷的情况,高抗补偿度设计上限宜选90%。

(2)双回线路高抗补偿度上限计算结果分析

从图4-62中可以看出,双回路运行时的高抗补偿度—谐振频率曲线位于单回路曲线下方,即相同高抗补偿度下,单回路运行方式下的谐振频率更高,亦即单回路运行时更容易发生谐振。这是由于线路单回路运行方式和双回路运行方式下充电功率不同导致的。

从图4-56中可以看出,单回路运行方式下,回间耦合电容 C_{Cc}、C_{Cb}、C_{Ca} 均为对地电容,此时其相间电容和对地电容分别为 C_M 和 $C_D + C_{Ca} + C_{Cb} + C_{Cc}$,故充电功率为

$$Q_1 = \frac{3(\sqrt{3}U_{0N})^2}{\frac{1}{\omega C_M}} + \frac{3U_{0N}^2}{\frac{1}{\omega(C_D + C_{Ca} + C_{Cb} + C_{Cc})}} \tag{4-31}$$

线路双回路运行时,由图4-59可见,等效对地电容变为 $C_D + 3C_{Cc}$,两端加相电压;本回路相间电容 C_M 和异名相之间部分大小为 $(C_{Ca} - C_{Cc}) + (C_{Cb} - C_{Cc})$ 的电容两端所加的电压为线电压。此时充电功率为

$$Q_2 = \frac{3(\sqrt{3}U_{0N})^2}{\frac{1}{\omega(C_M + (C_{Ca} - C_{Cc}) + (C_{Cb} - C_{Cc}))}} + \frac{3U_{0N}^2}{\frac{1}{\omega(C_D + 3C_{Cc})}} \tag{4-32}$$

即从单回路运行方式到双回路运行方式时,有大小为 $(C_{Ca} - C_{Cc}) + (C_{Cb} - C_{Cc})$ 的回间电容其两端电压从相电压转化为线电压,故在总电容相同的情况下,双回路运行方式下的充电功率大于单回路运行方式下充电功率。以典型的鼓型塔为例,其双回运行方式下充电功率约为单回运行方式(每百公里547Mvar)下的1.03倍,达每百公里563Mvar。即在单回运行方式下,高抗补偿的无功充电功率的比例更大,实际高抗补偿度更高,更容易发生谐振。

4.7.1.3　高抗补偿度上限的通用性研究以及单、双回线路高抗补偿度上限的比较

上文的分析计算均以典型参数为基础,得出的结论是否具有通用性尚需验证,故本节将对线路参数变化对高抗补偿度上限的影响进行研究。

规程规定,单、双回特高压线路导线最低距离分别为19m和18m(人烟稀少的非农业耕作区),考虑单回线路弧垂20m,再加上绝缘子和金具的长度12.5m,单、双回线路最低呼高分别为51.5m和50.5m。同时由于呼高过大、杆塔过高会使线路成本增大,一般不会超过70m,故本文考虑呼高在50～70m范围内变化的情况,其电容参数如表4-10及表4-11所示。

表 4-10　单回线路参数

	呼高(m)	正序电容(μF/km)	零序电容(μF/km)
猫头塔	50	0.0141	0.0091
	60	0.0139	0.0083
	70	0.0138	0.0078
酒杯塔	50	0.0137	0.0101
	60	0.0134	0.0091
	70	0.0133	0.0085

表 4-11 双回线路参数

呼高/m	回间电容/$10^{-4}\mu F/km$			正序电容 $\mu F/km$	零序电容 $\mu F/km$
	C_{Ca}	C_{Cb}	C_{Cc}		
鼓型塔 50	5.60	9.47	10.11	0.0141	0.0091
60	6.03	10.49	10.76	0.0139	0.0083
70	6.40	11.23	11.28	0.0138	0.0078

在不同线路参数下,考虑小电抗阻抗值偏差、高抗偏差,单回线路高抗补偿度与谐振频率关系如表 4-12 所示,双回线路高抗补偿度与谐振频率关系如表 4-13 和表 4-14 所示。

表 4-12 单回线路高抗补偿度与谐振频率对应关系

	呼高/m	谐振频率/Hz						
		47	47.5	48	48.5	49	49.5	50.0
$k/\%$	猫头塔 50	86.8	88.4	90.0	91.7	93.3	95.0	96.7
	60	86.9	88.5	90.1	91.7	93.4	95.0	96.7
	70	87.0	88.6	90.2	91.8	93.4	95.0	96.7
	酒杯塔 50	86.5	88.2	89.9	91.6	93.3	95.1	96.9
	60	86.7	88.3	90.0	91.7	93.3	95.0	96.8
	70	86.8	88.4	90.0	91.7	93.3	95.0	96.7

表 4-13 单回路运行方式下双回线路高抗补偿度与谐振频率对应关系

	呼高/m	谐振频率/Hz						
		47	47.5	48	48.5	49	49.5	50.0
$k/\%$	50	86.9	88.5	90.1	91.7	93.4	95.0	96.7
	60	87.0	88.6	90.1	91.8	93.4	95.0	96.7
	70	87.0	88.6	90.2	91.8	93.4	95.0	96.7

表 4-14 双回路运行方式下双回线路高抗补偿度与谐振频率对应关系

	呼高/m	谐振频率/Hz						
		47	47.5	48	48.5	49	49.5	50.0
$k/\%$	50	88.4	90.0	91.6	93.2	94.8	96.5	98.2
	60	88.7	90.2	91.8	93.4	95.0	96.7	98.3
	70	88.9	90.4	92.0	93.6	95.2	96.8	98.5

从表 4-12、表 4-13 和表 4-14 可见,参数变化对单、双回线路谐振频率的影响非常小,从而对高抗补偿度上限影响也非常小,故前面得出的上限适用于通常的各种特高压线路参数。

双回线路高抗补偿度上限主要从单回运行方式考虑,对比表 4-12 和表 4-13,可见单、双回线路的高抗补偿度上限极为接近。这是由于双回线路在单回路运行方式下,其高抗补偿度上限的确定方法与单回线路完全一致。而从单回线路高抗补偿度上限分析可知,线路参数变化对高抗补偿度上限的影响很小,甚至可忽略不计,导致单、双回线路高抗补偿度上限基本相同。

4.7.2 高抗补偿度下限的确定

本章将分别从原理上分析潜供电流限制、空载线路电压控制对高抗补偿度的要求,给出了以潜供电流限制、空载线路电压控制为依据确定高抗补偿度下限的方法,为特高压线路高抗补偿设计提供了依据。

4.7.2.1 确定高抗补偿度下限的依据

高抗补偿容量除了要满足限制工频过电压的要求外,还应满足以下两个方面的要求:

1)中国超、特高压线路主要采用高抗中性点加小电抗限制潜供电流,其原理是通过小电抗将高抗的部分无功补偿功率分配到线路的相间,使其与相间电容发生并联谐振以阻断潜供电流容性分量通路。故高抗补偿容量至少应高于线路相间电容的容量,以保证可限制潜供电流。

2）特高压无功设备应能满足投切空载线路时的电压要求,即在线路空载时可保证线路两端电压低于 1100kV。故线路无功设计时一般按感性无功完全补偿线路充电功率的原则来确定,即高压电抗器和特高压变压器第三绕组的低压电抗器总补偿度应达到或超过 100%。但由于受到变压器第三绕组容量的限制,低压无功设备补偿容量存在上限,由此也对高抗补偿容量提出了下限要求。

4.7.2.2　确定高抗补偿度下限

1）潜供电流的限制

（1）单回线路

因为雷击等原因,运行线路发生某一相瞬时性单相接地故障后,单相自动重合闸装置会断开故障相两端的断路器。此时,健全相以及可能存在的相邻线路,将通过静电耦合和电磁耦合继续向故障点提供电流,即潜供电流。其中静电耦合分量占绝大部分,高抗和中性点小电抗通过限制其静电耦合分量来达到限制潜供电流的目的。

以单回线路为例进行分析,故障清除后系统简化结构如图 4-63 所示,故障相 C 相接地后单相跳闸悬空,A、B 两相仍连在电源上,A、B 两相通过相间电容向 C 相提供潜供电流。假设线路两侧均为无穷大系统,三相电势分别为 $\dot{E}_a$、$\dot{E}_b$ 和 $\dot{E}_c$,线路相间电容和对地电容分别为 C_M、C_D。线路接有补偿度为 k 的高抗 L_P,高抗中性点经小电抗 L_N 接地。从图 4-63 可以看出,实际上潜供电流的产生和非全相运行谐振过电压是同一个过程,只是关注的侧重点有所不同。

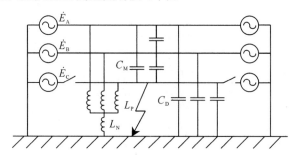

图 4-63　潜供电流原理图

图 4-63 所示电路经图 4-64 中变换可得图 4-65,其中 X_{LD}、X_{LM} 如式（4-33）所示。

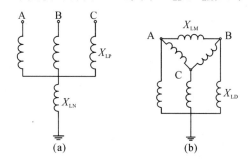

图 4-64　并联电抗器中性点接小电抗的等值示意图

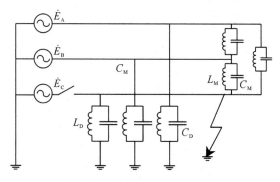

图 4-65　潜供电流等效原理图

$$\begin{cases} X_{LD} = 3X_{LN} + X_{LP} \\ X_{LM} = X_{LP}^2 / X_{LN} + 3X_{LP} \end{cases} \tag{4-33}$$

为限制潜供电流，需合理选择小电抗 X_{LN} 使等值相间电抗 X_{LM} 等于线路相间容抗 X_{CM}，即等值相间电抗 X_{LM} 感性无功功率等于线路相间容抗 X_{CM} 容性无功功率，如式(4-34)所示。

$$\frac{(\sqrt{3}U_{0N})^2}{X_{LM}} = \frac{(\sqrt{3}U_{0N})^2}{X_{CM}} \tag{4-34}$$

通过式(4-33)可知，高抗 X_{LP} 和对地电抗 X_{LD}、相间电抗 X_{LM} 的感性无功功率存在以下关系，为

$$\frac{U_{0N}^2}{X_{LD}} + \frac{(\sqrt{3}U_{0N})^2}{X_{LM}} = \frac{U_{0N}^2}{X_{LP}} \tag{4-35}$$

式中，U_{0N} 为相电压有效值，式中三项分别是单相高抗 X_{LP} 和对地电抗 X_{LD}、相间电抗 X_{LM} 的感性无功功率。

由上式，高抗 X_{LP} 的补偿容量等于对地电抗 X_{LD} 和相间电抗 X_{LM} 的感性无功功率之和。由式(4-33)和式(4-35)可见，小电抗并未改变高抗的补偿容量，其作用是将高抗的补偿容量分配到相间部分和对地部分。

由式(4-34)、式(4-35)可知，要完全补偿相间电容的无功功率，高抗的补偿容量至少应大于或等于相间电容的无功功率，即

$$\frac{U_{0N}^2}{X_{LP}} \geqslant \frac{(\sqrt{3}U_{0N})^2}{X_{CM}} \tag{4-36}$$

又由于

$$\frac{U_{0N}^2}{X_{LP}} = k \frac{U_{0N}^2}{X_{C1}} \tag{4-37}$$

式中，X_{C1} 为线路正序容抗。

将式(4-37)代入式(4-36)，得高抗补偿度应满足以下条件

$$k \geqslant \frac{3X_{C1}}{X_{CM}} \tag{4-38}$$

或

$$k \geqslant \frac{3C_M}{C_1} \tag{4-39}$$

当高抗补偿容量与相间电容无功功率很接近时，为完全补偿相间电容，小电抗阻抗的取值会很大，由式(4-33)和式(4-35)即可推得。根据式(4-33)作出长度为 200km 单端补偿线路(猫头塔)小电抗阻抗值与高抗补偿度之间的关系，如图 4-66 所示。

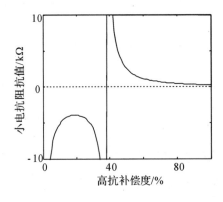

图 4-66 并联电抗器小电抗阻抗值与高抗补偿度之间的关系

由图 4-66 可见，当高抗补偿容量与相间电容无功功率很接近时，小电抗阻抗的取值会很大。但小电抗阻抗值过大会给制造带来困难，故应使高抗补偿容量与相间电容无功功率之间有一定的裕度，以使小电抗阻抗值在合理的范围内，通常认为取 10% 的裕度较为合理。

考虑裕度为 10%、杆塔呼高在 50～70m 范围内变化时的高抗补偿度下限如图 4-67 所示。从图 4-67 可以看出三个特点：①随着杆塔呼高增大，线路对地电容变小，相间电容在线路电容中的比重增大，导致高抗补偿度下限提高；②与猫头塔相比，酒杯塔三相导线高度相差较小，相同呼高下三根导线平均对地距离更小，其对地电容更大，且其导线间距离较大，相间电容更小，导致相同高度条件下以酒杯塔架设的线路的高抗补偿度下限低于以猫头塔架设的线路；③在可能的呼高变化范围内，单回线路以潜供电流限制确定的高抗补偿度下限最高不超过 54%，取整后为 55%。

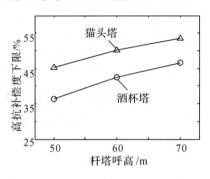

图 4-67　单回线路以潜供电流限制所确定的高抗补偿度下限

（2）双回线路

下面通过分析双回线路电容结构来研究为满足限制潜供电流的要求，高抗补偿度必须达到的下限。讨论分单回路和双回路两种运行方式进行。

（a）单回路运行方式

从前节的分析可知，在线路单回路运行时，相间电抗只需补偿本回路的相间电容即可，此时高抗补偿度下限的确定方法与单回线路完全一致，即此时高抗补偿度下限可按下式计算

$$k \geqslant \frac{3C_M}{C_1} \tag{4-40}$$

（b）双回路运行方式

从图 4-60(b) 可以看出，在双回路运行方式下，若要将潜供电流限制到最小，每个相间电抗需补偿的电容大小为 $C_M + 0.5(C_{Ca} - C_{Cc} + C_{Cb} - C_{Cc})$。

此时高抗补偿度应满足条件

$$k \geqslant \frac{3(C_M + 0.5(C_{Ca} - C_{Cc} + C_{Cb} - C_{Cc}))}{C_1} \tag{4-41}$$

（c）高抗补偿度下限研究

从高抗补偿度上限分析可知，单回路运行方式下，相间电抗只需补偿本回相间电容 C_M 即可；双回路运行方式下，每一相间电抗除了需补偿相间电容 C_M 以外，还需补偿大小为 $(C_{Ca} - C_{Cc} + C_{Cb} - C_{Cc})/2$ 的电容。在综合考虑两种运行方式确定小电抗之后，相间电抗补偿的电容应在 C_M 和 $C_M + 0.5(C_{Ca} - C_{Cc} + C_{Cb} - C_{Cc})$ 之间，从偏严角度考虑，认为双回线路相间电抗需完全补偿大小为 $C_M + 0.5(C_{Ca} - C_{Cc} + C_{Cb} - C_{Cc})$ 的电容，以此为依据确定双回线路高抗补偿度下限，其计算公式为式(4-41)。

考虑裕度为 10%、双回杆塔呼高在 50～70m 范围内变化时的高抗补偿度下限如图 4-68 所示。

由图 4-68 可见：①与单回线路类似，随着双回杆塔呼高增大，对地电容变小，相间电容在线路电容中的比重增大，高抗补偿度下限提高；②在可能的呼高变化范围内，双回线路以潜供电流限制确定的高抗补偿度下限最高不超过 64%，取整后为 65%。

2）投切空载线路电压控制

在投切空载线路时，为控制线路电压，要求线路感性无功设备补偿容量足够大。目前在进行线路无功设计时，一般按照感性无功至少可以完全补偿线路充电功率的原则来确定感性无功补偿容量，即高、

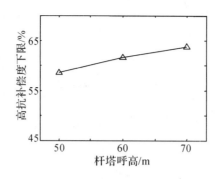

图 4-68　双回线路按潜供电流限制所确定的高抗补偿度下限

低压电抗器总补偿度应达到或超过 100%。而由于低压电抗器补偿容量受特高压变压器第三绕组容量的限制,其补偿容量存在上限,这实际上对高抗的最低补偿容量提出了要求。目前中国特高压线路所常用的变压器,其每相低压侧容量均为 334Mvar,这意味着每台变压器上投入的低压电抗器最大补偿容量仅为 1002Mvar[20-21]。

在满足感性无功完全补偿线路充电功率的原则时,高抗补偿度应至少为

$$k \geqslant \frac{Q_C \times l - (Q_{TL1} + Q_{TL2})}{Q_C \times l} \tag{4-42}$$

式中,Q_C 为线路每百公里充电功率,单位为 Mvar;l 为线路长度,单位为百公里;Q_{TL1} 和 Q_{TL2} 分别为线路首、末端变压器低压无功电抗设备向线路提供的无功功率,单位为 Mvar。

特高压线路落点目前主要可分为终端落点和中间落点。终端落点只有一条特高压线路出线,并通过特高压变压器与超高压电网相连,点对点特高压输电方式的线路两端落点均为终端落点;中间落点为有两条特高压出线,并通过变压器与超高压电网相连的特高压线路落点。不同线路由于其两端的落点种类不同,导致变压器可向线路提供的感性无功补偿容量 Q_{TL1} 和 Q_{TL2} 不同,以此为依据可将线路分成三类:

(1)A 类线路:即两端均为终端落点的点对点线路,如图 4-69(a)中线路 A 所示。线路两端的特高压变压器第三绕组可全部用于向线路提供无功。按照目前采用的每回线路一端接一台变压器的惯例,则每回 A 类线路最多可从线路两端低压电抗器获得的无功功率为 $2 \times 3 \times 334\text{Mvar} = 2004\text{Mvar}$。

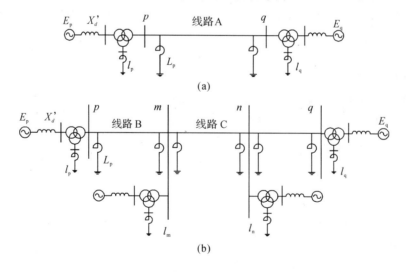

图 4-69　特高压线路分类示意图

(2)B 类线路:即一端为终端落点、一端为中间落点的线路,如图 4-69(b)所示的线路 B。由于线路中部落点变压器第三绕组上的低压无功设备需同时向两边线路 B 和 C 提供无功,故设计时其补偿容量应分配至两边的线路,且一般平均分配。其中 p 端低压电抗器的无功功率全部提供给线路 B,而 m 端

低压电抗器的无功功率分配给了线路 B 和 C,则每回 B 类线路最多可从线路两端低压电抗器获得的无功功率为(1+0.5)×3×334Mvar=1503Mvar。

(3)C 类线路:即两端均为中间落点的线路,如图 4-69(b)中线路 C 所示。由于线路 C 两端低压电抗器的无功功率均需分配给其邻近的两条线路,则每回 C 类线路可从线路两端低压电抗器获得的无功功率为(0.5+0.5)×3×334Mvar=1002Mvar。

由于上述分类方法只涉及线路两端低压无功设备补偿容量的分配,不考虑线路回数与高抗补偿的影响,故该分类方法适用于各种补偿方式的所有单、双回线路。

在目前特高压建设阶段,较少出现有三个落点及三个以上落点的特高压出线,故未对此予以考虑,其研究方法仍与上文所介绍的方法相同。

计算按控制空载线路电压所确定的 A、B、C 类线路高抗补偿度下限,单、双回线路每百公里充电功率分别为 533Mvar 和 547Mvar,结果如图 4-70 所示。

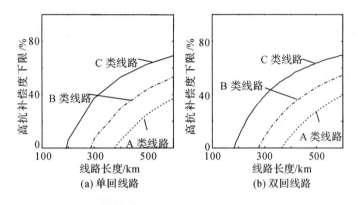

图 4-70　按控制空载线路电压所确定的高抗补偿度下限

由图 4-70 可见:

(1)线路越长,要求的高抗补偿度越高。这是由于线路越长,所需的感性无功功率越大,而低压电抗器提供的无功功率有限,从而要求高抗有更高的补偿容量。

(2)按空载线路电压控制考虑时,A 类线路(点对点线路)对高抗补偿度的要求最低,B 类线路次之,C 类线路对高抗补偿度要求最高。其原因是,按照 A 类线路、B 类线路、C 类线路的顺序,低压电抗器提供的无功功率依次递减,从而对高抗补偿容量的要求逐渐提高。

3)高抗补偿度下限的特点

结合上文从限制潜供电流和控制空载线路电压两个角度对高抗补偿度下限的分析可知:

(1)按限制潜供电流所确定的高抗补偿度下限主要由线路序参数决定;而按控制空载线路电压所确定的高抗补偿度下限受线路两端落点种类和线路长度影响,由于这两个因素变数较大,故高抗补偿度下限变化范围较大,且线路越长、电源侧低压感性无功设备提供的感性无功越小,则高抗补偿度下限越高。

(2)由于实际线路的电容参数、长度不同,故应根据实际参数,需分别从上述两个方面计算高抗补偿度下限,然后取两者中的较大者作为最终的高抗补偿度下限。

(3)线路较短时,按限制潜供电流确定的高抗补偿度下限高于按控制空载线路电压确定的高抗补偿度下限,而线路较长时,则按控制空载线路电压确定的高抗补偿度下限高于按限制潜供电流确定的高抗补偿度下限。

4.7.2.3　高抗补偿度上、下限结论

根据前面的分析,可将特高压线路高抗补偿度上、下限研究结果总结如下:

上限部分:

1)制造出的小电抗与线路实际所需的小电抗的阻抗值偏差和系统频率波动是导致线路发生谐振过电压的主要原因。高抗补偿度小于 100% 的线路发生谐振时,一种可能是由于小电抗阻抗值偏小引起的相间电容欠补偿、对地电容过补偿导致的;另一种可能是由于频率偏低引起的相间电容过补偿、对地

电容欠补偿导致的。

2)双回线路在单回路运行方式下理想小电抗阻抗值的求法与单回线路完全一致,只需考虑相间电抗完全补偿本回相间电容。而在双回路运行方式下,相间电抗除了需补偿相间电容以外,还需补偿部分回间电容。

3)本章提出了通过线路参数,考虑小电抗偏差、系统频率偏差以及高抗补偿容量偏差的高抗补偿度上限确定的理论方法。

4)双回线路在单回路运行方式下的谐振频率略高于双回路运行方式,即单回路运行方式下更容易发生谐振。

5)单、双回线路的高抗补偿度上限受线路参数影响很小。

6)单、双回线路的高抗补偿度上限相差较小。

7)对于通常的特高压单、双回线路,若系统频率不低于48Hz,高抗设计补偿度只要不高于90%,线路就不会发生谐振,故在设计中可将90%作为高抗补偿度上限。

8)通常中国要求系统频率绝对不能低于47Hz,此时对于通常的特高压单、双回线路,高抗设计补偿度低于86%的线路肯定不会发生谐振,因此,只要特高压单、双回线路高抗补偿度不超过85%,系统肯定不会发生非全相运行谐振过电压。

下限部分:

1)为达到限制潜供电流的目的,单回线路的高抗补偿容量应大于线路相间电容的无功功率;而双回线路,则除了补偿本回线路相间电容以外,还需补偿部分回间电容。

2)从潜供电流限制角度确定高抗补偿度下限时,应保留一定裕度,否则小电抗阻抗值会很大,不利于制造。

3)从限制潜供电流角度确定的高抗补偿度下限受到线路参数影响较为明显,在可能的参数变化范围内,单回线路和双回线路的此类下限最高约为55%和65%。

4)按投切空载线路电压控制所确定的高抗补偿度下限随着线路长度的增加而提高,且按照A类线路、B类线路、C类线路顺序,高抗补偿度下限依次提高。

5)线路较短时,按限制潜供电流确定的高抗补偿度下限高于按控制空载线路电压确定的高抗补偿度下限;而线路较长时,则是按控制空载线路电压确定的高抗补偿度下限高于按限制潜供电流确定的高抗补偿度下限。由于实际线路的电容参数、长度不同,故应根据实际参数,分别从上述两个方面计算高抗补偿度的下限,并取其中较大者为最终的高抗补偿度下限。

本章的研究表明,高抗补偿直接影响特高压线路的稳定运行,高抗补偿度的选取应科学、严谨,以保证高抗既能很好地限制工频过电压,又不会对潜供电流的限制和无功平衡造成负面影响。

参考文献

[1] 刘振亚.特高压电网[M].北京:中国经济出版社,2005.

[2] 孙可,易强,董朝武,等.特高压交流线路工频过电压研究[J].电网技术,2010,34(12):30—35.

[3] 中国电力科学研究院.特高压输电技术—交流输电分册[M].北京:中国电力出版社,2012.

[4] 解广润.电力系统过电压[M].北京:水利电力出版社,1985.

[5] 谷定燮,周沛洪,修木洪,等.交流1000kV输电线系统过电压与绝缘配合研究[J].高电压技术,2006,3(12):1—6.

[6] 孙才新,司马文霞,赵杰,等.特高压输电系统的过电压问题[J].电力自动化设备,2005,25(9):5—9.

[7] 黄佳,王钢,李海锋,等.1000kV长距离交流输电线路工频过电压仿真研究[J].继电器,2007,35(4):32—39.

[8] 纪叶生.特高压输电系统的过电压分析及限制研究[D].贵阳:贵州大学,2007.

[9] 盛鹍,李永丽,李斌,等.特高压输电线路过电压的研究和仿真[J].电力系统及其自动化学报,2003,15(6):13－18.

[10] 杜至刚,牛林,赵建国.发展特高压交流输电,建设坚强的国家电网[J].电力自动化设备,2007,27(5):1－5.

[11] 李红玉,黄燕艳,施围.良导体地线限制超高压输电系统工频过电压的作用[J].高压电器,2004,40(3):186－188.

[12] 易强,周浩,计荣荣等.交流特高压线路高抗补偿度上限[J].电网技术,2011,35(7):6－18.

[13] 易强,周浩,计荣荣等.交流特高压线路高抗补偿度下限的研究[J].电网技术,2011,35(8):18－25.

[14] 易强,计荣荣.基于 PSCAD/EMTDC 的交流特高压高抗补偿方式研究[J].华东电力,2011,39(2):257－261.

[15] 周勤勇,郭强,卜广全,等.可控电抗器在我国超/特高压电网中的应用[J].中国电机工程学报,2007,27(7):1－6.

[16] 杨凌辉,张旭航,马仁明,等.500kV 同塔双回线路谐振的仿真研究[J].华东电力,2008,36(7):31－33.

[17] 刘晓冬,赵丙军,焦海东,等.500kV 输电线路非全相谐振过电压的计算及分析[J].河北电力技术,2007,26(6):16－24.

[18] GB/T 15945-1995.电能质量电力系统频率允许偏差[S],1995.

[19] DL 428-2010.电力系统自动低频减负荷技术规定[S],1991.

[20] 唐寅生.超高压电网感性无功功率补偿设计方法[J].电网技术,1996,20(4):38－39.

[21] 赵谷泉.电力系统无功功率的平衡及补偿[J].电力自动化设备,1997(2):16－18.

第5章 特高压交流系统潜供电流

研究表明,单相自动重合闸是否成功在很大程度上取决于故障点潜供电流和恢复电压的大小。与超高压线路相比,特高压输电线路电压高,线路长,相间电容和互感数值大,导致其潜供电流更大、恢复电压更高,使潜供电弧燃烧时间更长,更需采取措施来控制潜供电流和恢复电压,否则会使单相自动重合闸的成功率大幅降低,对系统造成很大危害。因此,为了提高特高压线路单相自动重合闸的成功率,必须采取相应的措施来缩短潜供电弧的燃烧时间。目前用于熄灭特高压潜供电弧的方法主要有两种:一种是加装并联电抗器,并在中性点接小电抗;另一种是安装快速接地开关(HSGS)。两种方法的本质都是通过减小潜供电流和恢复电压的幅值来缩短电弧燃烧的时间,从而提高单相自动重合闸的成功率。

本章首先讨论了潜供电流的产生机理和潜供电弧的熄灭措施,然后讨论了并联电抗器中性点加装小电抗和加装 HSGS 两种措施对潜供电流的影响,最后对两种方式进行仿真建模计算。

5.1 潜供电流产生机理

潜供电流的产生机理如图 5-1 所示[1],运行线路因为雷击等原因,某一相发生瞬时性单相接地故障,此时故障点流过短路电流,故障处燃烧着的电弧称为一次电弧。接着,单相自动重合闸装置立即动作,使故障相两端的断路器断开,短路电流被切断。此时,健全相以及可能存在的相邻线路,通过相间电容的静电耦合和相间互感的电磁耦合继续向故障点提供电流,该电流就是潜供电流。潜供电流使得弧道上有小能量的电弧存在,即是潜供电弧,也称为二次电弧。潜供电弧熄灭后,线路之间的感应会使断开相电压立刻升高,从而可能使弧光复燃,再次出现弧光接地故障,故将可能导致故障点弧光复燃的对地电压称为恢复电压。

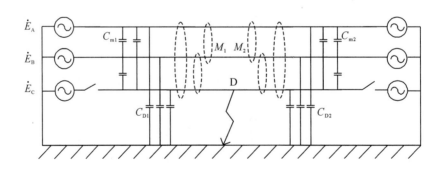

图 5-1 潜供电流机理示意图

潜供电流由容性分量和感性分量共同构成。容性分量是指健全相上的电压通过相间电容 C_M(包括两侧 C_{m1} 和 C_{m2})耦合向接地故障点提供的电流,容性分量的大小取决于故障时健全相线路电压,与故障点位置无关。感性分量是指健全相上的电流通过相间互感 M(包括两侧 M_1 和 M_2)在故障相上产生感应电动势,经过对地电容故障点之间构成的回路,在故障点产生电流,它与健全相电流大小以及故障位置紧密相关。

5.2　熄灭潜供电弧的措施

5.2.1　并联电抗器中性点接小电抗补偿

5.2.1.1　单回线路限制原理及小电抗选择

大多数国家超高压线路、特高压线路上考虑采用如图 5-2 所示的并联电抗器中性点接小电抗来限制潜供电弧,其思想是通过补偿相间电容来限制潜供电流的容性分量。并联电抗器中性点接小电抗后的系统如图 5-3(a)所示,假设两侧均为无穷大电源系统,三相电势为 $\dot{E}_A$、$\dot{E}_B$ 和 $\dot{E}_C$,X_{LP} 为高压并联电抗器,简称高抗,X_{LN} 为中性点小电抗[1],C_{m1}、C_{m2} 为相间电容,M_1、M_2 为相间互感,C_{D1}、C_{D2} 为相对地电容。

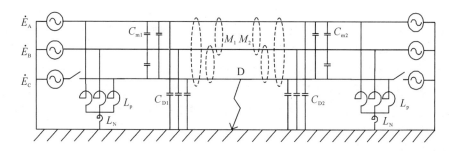

图 5-2　并联电抗器中性点接小电抗补偿的线路示意图

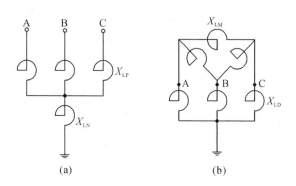

图 5-3　并联电抗器加装中性点接小电抗的示意图

加装小电抗的高抗可通过变换得如图 5-3(b)所示的电路,相互之间的参数关系如下[1]:

$$\begin{cases} X_{LD} = 3X_{LN} + X_{LP} \\ X_{LM} = X_{LP}^2 / X_{LN} + 3X_{LP} \end{cases}$$
(5-1)

式中,X_{LD} 和 X_{LM} 为等效的对地电抗和相间电抗。

通过式(5-1)可知高抗 X_{LP} 和对地电抗 X_{LD}、相间电抗 X_{LM} 的容量存在以下关系:

$$\frac{U_{0N}^2}{X_{LD}} + \frac{(\sqrt{3}U_{0N})^2}{X_{LM}} = \frac{U_{0N}^2}{X_{LP}}$$
(5-2)

式中,U_{0N} 为相电压有效值。

由式(5-2)可知,高抗 X_{LP} 的容量等于对地电抗 X_{LD} 和相间电抗 X_{LM} 的容量之和,小电抗并未改变补偿容量,其作用是使高抗的容量被合理分配到相间和对地两部分。

下面对中性点接小电抗限制潜供电流的原理进行分析。小电抗限制潜供电流的原理图如图 5-4 所示,图中 C 相发生单相接地故障后,两端单相断路器跳闸,健全的 A、B 两相通过电容耦合和电感耦合向故障点提供潜供电流,即潜供电流包括容性分量和感性分量两部分。图 5-4 中 1 号路径为潜供电流容性分量的流通路径,电流 I'_1、I''_1 从健全相经相间电容(C_{m1}、C_{m2})和等效相间电抗(L_{m1}、L_{m2})流至悬空故

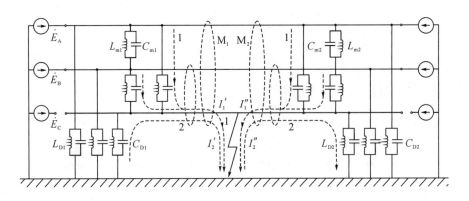

图 5-4　并联电抗器中性点接小电抗的线路示意图

障相,再经故障点流到地面,$I'_1 + I''_1$ 即为流过故障点的潜供电流容性分量。图 5-4 中 2 号路径为潜供电流感性分量的流通路径,感性分量由健全相电流通过相间互感 M_1 和 M_2 在故障相上感应出电势,再经过故障相对地电容(C_{D1}、C_{D2})和等效对地电抗(L_{D1}、L_{D2})与故障点形成左、右两侧回路,从而在左、右两侧回路中产生环流 I'_2 和 I''_2,$I'_2 - I''_2$ 即为流过故障点的潜供电流感性分量。

　　单回线路高抗中性点加装小电抗主要是为了限制潜供电流的容性分量,其流通回路如图 5-5 所示,等值电路图如图 5-6 所示,其中,C_M 为总的相间电容($C_{m1} + C_{m2}$),L_M 为总的等效相间电抗($L_{m1} /\!/ L_{m2}$),C_D 为总的相对地电容($C_{D1} + C_{D2}$),L_D 为总的等效对地电抗($L_{D1} /\!/ L_{D2}$)。

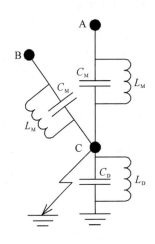

图 5-5　并联电抗器中性点接小电抗限制潜供电流原理图

　　由于弧道电阻 R_g 远小于等效对地电容 C_D 和对地电抗 L_D 的阻抗,故简化起见,图 5-6(b)忽略对地电容和等效对地电抗对弧道电阻上潜供电流的影响。

　　可以看出,要使弧道流过的潜供电流最小,则需使 $2C_M$ 和 $L_M/2$ 阻抗相等、形成并联谐振。由此可得:

$$X_{LM} = X_{CM} \tag{5-3}$$

根据全线正、零序电容 C_1、C_0,可计算线路相间电容 C_M 为

$$C_M = \frac{1}{3}(C_1 - C_0) \tag{5-4}$$

则得相间电容的阻抗为

$$X_{CM} = \frac{1}{\frac{1}{3}\omega(C_1 - C_0)} \tag{5-5}$$

故

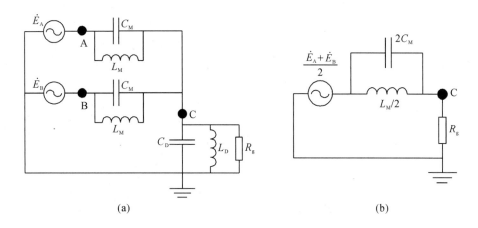

图 5-6　并联电抗器中性点接小电抗限制潜供电流等值原理图

$$X_{LM} = \frac{1}{\frac{1}{3}\omega(C_1 - C_0)} \tag{5-6}$$

设线路补偿度为 k，由式(4-13)可得 $X_{LP} = X_{C1}/k$，结合式(5-1)、式(5-4)即可计算出小电抗的最佳阻抗值为

$$X_{LN} = \frac{X_{LP}^2}{X_{LM} - 3X_{LP}} = \frac{X_{LP}^2}{\frac{1}{\frac{1}{3}\omega(C_1 - C_0)} - 3X_{LP}} = \frac{1}{\omega C_1 k(k \cdot C_1/C_M - 3)} \tag{5-7}$$

恢复电压的容性分量实际上是由相间阻抗（等效相间电抗与相间电容并联）和故障相对地阻抗（等效对地电抗与故障相对地电容并联）分压形成的，按照式(5-7)选取小电抗后，线路相间形成谐振状态，相间阻抗很大，而相对地电容仅被部分补偿，相对地阻抗相对来说较小，从而使故障相对地阻抗上电压较小，即故障相恢复电压的容性分量较小。而恢复电压中往往是容性分量占主导作用，容性分量被限制会使恢复电压幅值大大降低，从而达到快速熄弧的目的。

同时，由于对地电容也被等效对地电抗部分补偿，潜供电流感性分量回路的阻抗显著增加，而其感应电势并未变化，这样使得潜供电流感性分量的幅值也会有较大的降低。但需要指出的是，中性点小电抗的目的主要是通过完全补偿相间电容限制潜供电流容性分量，虽然等效对地电感对感性分量有一定限制效果，但这不是主要目的。一般不宜通过刻意提高高抗补偿度使对地电容得到更大程度补偿的方式来限制潜供电流感性分量，因为如果补偿度过高，可能会带来谐振的危险。以补偿度为 100% 为例，小电抗合适时，相间和对地电容均被完全补偿，线路对地电容与等效相对地电抗也形成并联谐振，反而会使恢复电压大幅提升，不利于潜供电弧的熄灭。

5.2.1.2　双回线路限制原理及小电抗选择

采用小电抗限制同塔双回特高压线路潜供电流时，小电抗加装方法与单回线路相同，仍加装在每回线路各组高抗的中性点。但由于同塔双回线路回路之间耦合电容的作用，导致不同运行方式、不同故障类型时潜供电流呈现不同的特性，故其潜供电流的限制比单回特高压线路复杂，主要表现在中性点小电抗阻抗值的选择更为复杂。

根据出现概率，双回线路主要考虑以下两种运行方式：

(1)单回运行方式；

(2)两回运行方式。

不同运行方式时，由于可提供潜供电流的电容不同，补偿这些电容所需的相间电抗也不同，从而导致各个方式下最合适的小电抗阻抗值不同，需综合考虑以确定最终小电抗。在确定小电抗方案之后，也需同时考虑两种运行方式下的谐振情况，确定高抗的上限。

1)单回路运行方式

在线路单回路运行时,另一回一般两端接地。此时线路电容结构如图 5-7(a)所示,图中暂不考虑电抗,左边回路的 C 相为故障相,其两端断路器已跳开,A、B 相为带电的健全相,右边回路的 a、b、c 相接地,电位为 0。

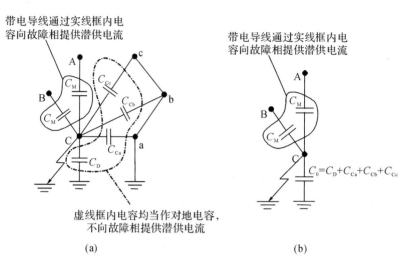

图 5-7 单回路运行方式电容示意图

将图 5-7(a)简化可得图 5-7(b)[2],可以看出,潜供电流全部由本回相间电容提供。回路之间的电容不仅不会向悬空相提供潜供电流,还会分流部分原应从线路对地电容 C_D 流入地面的潜供电流。故要使单回接地时的单回路运行方式下潜供电流最小,则只需将本回的相间电容完全补偿,情况与单回线路相同。

图 5-8 为考虑电抗之后潜供电流容性分量流通回路的等值电路。

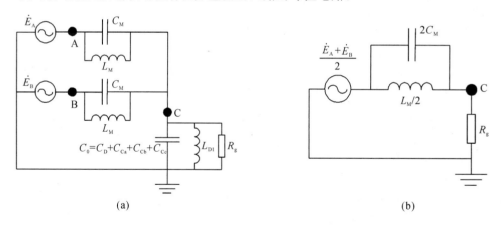

图 5-8 单回路运行方式潜供电流容性分量回路示意图

由于弧道电阻 R_g 远小于等效对地电容 C_0 和对地电抗 L_{D1} 的阻抗,故简化起见,图 5-8(b)忽略等效对地电容和对地电抗对弧道电阻上潜供电流的影响。

可以看出,与单回线路相同,要使潜供电流被限制到最小,要求此时的相间电抗和相间电容的阻抗相等,即

$$X_{LM1} = X_{CM} \tag{5-8}$$

线路补偿度为 k,采用与单回线路类似的方法,根据全线正序、零序电容 C_1、C_0,以及高抗计算单回路运行方式下小电抗的理想阻抗值[2]:

$$X_{LN1} = \frac{X_{LP}^2}{\dfrac{1}{\dfrac{1}{3}\omega(C_1 - C_0)} - 3X_{LP}} = \frac{1}{\omega C_1 k(k \cdot C_1 / C_M - 3)} \tag{5-9}$$

可以看出,实际上,双回线路在单回路运行方式下理想小电抗的求法与单回线路完全一致。

2)两回路运行方式

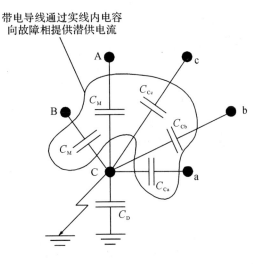

带电导线通过实线内电容
向故障相提供潜供电流

图 5-9　两回路运行方式下线路电容示意图

两回路运行方式电容如图 5-9 所示,图中暂未考虑电抗,左边回路的 C 相为故障相,A、B 相为带电的健全相,a、b、c 相正常工作。

参考第 4 章的分析,双回线路两回路运行方式下在高抗中性点加装小电抗的电容简化电路如图 5-10 所示,图 5-11 为其等值电路图[2]。

从图 5-10 可以看出,要将潜供电流限制到最低水平,需将 A、B 两相与 C 相之间大小分别为 $C_M + (C_{Ca} - C_{Cc})$ 和 $C_M + (C_{Cb} - C_{Cc})$ 的电容补偿掉。考虑并联高抗和中性点小电抗的作用,等值电路如图 5-11(a)所示,图中 L_{M2} 和 L_{D2} 分别为考虑高抗和小电抗等值变换得到的等值相间电抗和对地电抗,R_g 为弧道电阻。

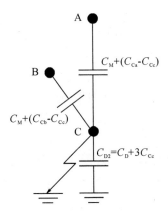

图 5-10　双回线路两回路运行方式下的电容简化电路

根据戴维南定理,将图 5-11(a)虚线区域内的两并联支路等效为一个电压源 $\dot{E}_D$ 串联一个阻抗的形式(如图 5-11(b)所示),其中 $\dot{E}_D$ 等于图 5-11(a)中 C 点断开时的开路电势;另外,由于弧道电阻 R_g 远小于等效对地电容 $C_D + 3C_{Cc}$ 和对地电抗 L_{D2} 的阻抗,为简化起见,图 5-11(b)中忽略等效对地电容和对地电抗对弧道电阻上潜供电流的影响。

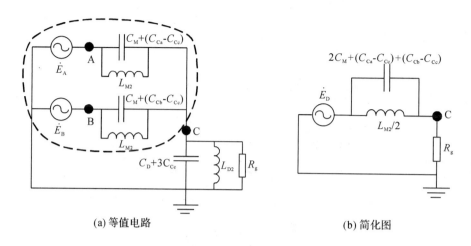

$$(a) \text{等值电路} \qquad\qquad (b) \text{简化图}$$

图 5-11　考虑并联高抗和中性点小电抗之后的等值电路及其简化图

从图 5-11(b)可知,要使容性潜供电流被完全补偿,则需 $2C_{M}+(C_{Ca}-C_{Cc})+(C_{Cb}-C_{Cc})$ 与 $L_{M2}/2$ 的并联电路并联谐振,此时相间电感的阻抗为

$$X_{LM2}=\omega L_{M2}$$

$$=\frac{2}{\omega\left(2C_{M}+(C_{Ca}-C_{Cc})+(C_{Cb}-C_{Cc})\right)}$$

$$=\frac{2}{\omega\left(\dfrac{2(C_1-C_0)}{3}+(C_{Ca}-C_{Cc})+(C_{Cb}-C_{Cc})\right)} \tag{5-10}$$

将式(5-10)代入式(5-1),得双回路运行时中性点小电抗的理想值 X_{LN2}:

$$X_{LN2}=\frac{X_{LP}^{2}}{\dfrac{2}{\omega\left(\dfrac{2(C_1-C_0)}{3}+(C_{Ca}-C_{Cc})+(C_{Cb}-C_{Cc})\right)}-3X_{LP}} \tag{5-11}$$

3)最终小电抗选取方法

单回路、两回路两种运行方式下理想小电抗值不同,且两回路运行方式下的理想小电抗的阻抗值一般高于单回路运行方式,即

$$X_{LN1}<X_{LN2} \tag{5-12}$$

这是由于要将潜供电流限制到最小,两回路运行方式下相间电抗需同时补偿本回路的相间电容和部分回间电容,而单回路运行方式下相间电抗只需补偿本回路的相间电容,即两回路运行方式下理想相间电抗的阻抗应更小。故根据式(5-1)可知两回路运行方式下的理想小电抗一般高于单回路运行方式。

在得到单回路运行方式和两回路运行方式下理想小电抗 X_{LN1} 和 X_{LN2} 之后,需考虑两种运行方式的出现概率,对单、两回路运行方式的理想小电抗进行加权平均来确定最终的小电抗方案。

$$X_{LN}=p_1 X_{LN1}+p_2 X_{LN2} \tag{5-13}$$

式中,p_1 和 p_2 分别为单回路运行方式和两回路运行方式的出现概率,X_{LN} 为最终小电抗阻抗值。一般情况下,为充分发挥特高压双回线路的输送能力,线路通常都是两回同时运行,仅在检修等特殊情况下才运行于单回路方式,故 p_2 通常远大于 p_1。

对于单回路运行方式和两回路运行方式下理想小电抗 X_{LN1} 和 X_{LN2} 的求取,目前主要有两种方法,一种是直接分析法,另一种是试探法。

(1)直接分析法

基于上一章和本节前面的详细理论分析,可通过式(5-9)、式(5-11)直接计算出单回路运行方式和两回路运行方式下理想小电抗。再通过式(5-13)采用加权平均得到最终的小电抗值方案。采用该方法的工作量较试探法大幅减少。

（2）试探法

在缺乏对双回线路潜供电流的理论分析的情况下，双回线路通常采用试探法确定中性点小电抗。其方法是在各个方式下，逐个计算不同小电抗时的潜供电流，某方式下潜供电流最小时所对应的小电抗即为该方式下的理想小电抗。

以某长度为 400km、全线采用鼓型塔、高抗补偿度为 85％的双回特高压线路为例对试探法的具体步骤进行说明。

步骤一：单回运行方式和双回运行方式下，改变小电抗阻抗值，计算各个小电抗阻抗值下的潜供电流幅值，并取三相故障中潜供电流的最大值作出小电抗与潜供电流的关系图，如图 5-12 所示。

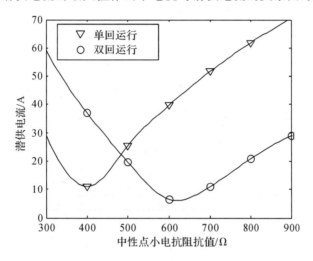

图 5-12　试探法结算结果

步骤二：根据图 5-12，一回接地时的单回运行方式下，中性点小电抗为 400Ω 时潜供电流最小；两回运行方式下，中性点小电抗约为 600Ω 时潜供电流最小。

步骤三：将两者加权平均，将该线路中性点小电抗阻抗值取为 500Ω。

此方法的缺点在于，需在各种运行方式下逐个计算不同小电抗阻抗时的潜供电流，计算量非常大。

5.2.1.3　小电抗计算中所需输电线路参数的测量方法[3]

1）线路正序电容 C_1

测量线路正序电容 C_1 时按照图 5-13 接线。线路末端开路，首端加三相电源，在始端测量三相的电流，两端均测量三相电压，并测量三相功率。双回线路测量正序电容时另一回应两端三相接地，以减小其对测量结果的影响。

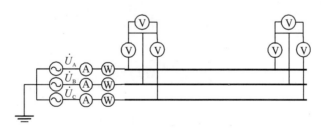

图 5-13　测量正序电容接线图

每相导线正序参数按下式求得：

单位长度正序导纳：

$$y_1 = \frac{\sqrt{3} I_{av1}}{U_{av1} l} (\text{S/km}) \tag{5-14}$$

单位长度正序电导：

$$g_1 = \frac{P_1}{U_{av1}^2 l}(S/km) \tag{5-15}$$

单位长度正序电纳：

$$b_1 = \sqrt{y_1^2 - g_1^2}(S/km) \tag{5-16}$$

单位长度正序电容：

$$c_1 = \frac{b_1 \times 10^6}{2\pi f}(\mu F/km) \tag{5-17}$$

全线正序电容：

$$C_1 = c_1 \times l(\mu F) \tag{5-18}$$

式中，P_1 为三相损耗总功率（MW），U_{av1} 为首末端三相线电压平均值（有效值，kV），I_{av1} 为三相电流平均值（有效值，kA），l 为线路长度（km），f 为电源频率（Hz）。

2）线路零序电容 C_0

测量线路零序电容 C_0 时按照图 5-14 接线。线路末端开路，始端三相短路施加单相电源，在始端测量三相零序电流之和，并测量始末端电压的平均值，此外测量三相零序总功率。双回线路测量零序电容时，另一回应两端三相接地，以减小其对测量结果的影响。

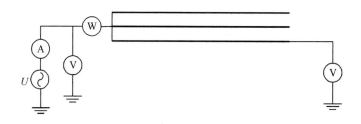

图 5-14　测量零序电容接线图

每相导线零序参数按下式求得：
单位长度零序导纳：

$$y_0 = \frac{I_0}{3U_{av0} l}(S/km) \tag{5-19}$$

单位长度零序电导：

$$g_0 = \frac{P_0}{3U_{av0}^2 l}(S/km) \tag{5-20}$$

单位长度零序电纳：

$$b_0 = \sqrt{y_0^2 - g_0^2}(S/km) \tag{5-21}$$

单位长度零序电容：

$$c_0 = \frac{b_0 \times 10^6}{2\pi f}(\mu F/km) \tag{5-22}$$

全线零序电容：

$$C_0 = c_0 \times l(\mu F) \tag{5-23}$$

式中，P_0 为三相零序损耗总功率（MW），U_{av0} 为首末端相电压平均值（有效值，kV），I_0 为三相总零序电流（有效值，kA），l 为线路长度（km），f 为电源频率（Hz）。

3）双回线路回间耦合电容

在计算双回线路中性点小电抗时，需要知道双回线路回路间的电容参数。测量不同回路两相间耦合电容时按照图 5-15 接线（以测量 A 相和 c 相之间电容为例），将回路 I 的一相接电压源，测量回路 II 的一相通过电流表接地，其他四相接地。

按下式计算不同回路的两相导线间电容：

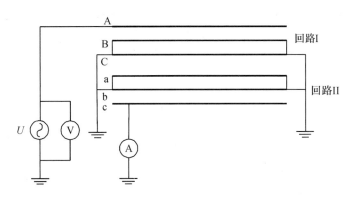

图 5-15　测量回间电容接线图

$$C_{Ac}=\frac{I\times 10^6}{2\pi fU}(\mu F)\tag{5-24}$$

式中，I 为电流表测量的电流，U 为所加电压，f 为电源频率。

5.2.1.4　限制要求

单相重合闸时间定义为从系统发生故障，线路保护装置发生反应到完成重合闸操作的时间，主要包括保护和开关动作时间、弧道游离和恢复时间、及潜供电弧持续时间（或自熄灭时间）。对于高抗补偿线路，其分布过程如图 5-16 所示。在超/特高压系统中，单相重合闸时间一般取 1s，由此可推算出接地点潜供电弧的自熄灭时间大约在 0.67s 以内，只有这样才能满足 1s 单相重合闸的要求。

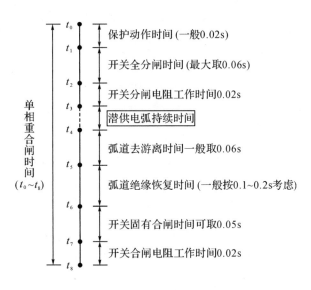

图 5-16　高抗补偿线路单相重合闸时间分布过程示意图

华北电力科学研究院对潜供电弧自灭特性进行了大量试验研究，得到了风速大于 1.5m/s、起弧电位梯度低于 13.5kV/m、有高抗补偿时，潜供电弧熄灭概率为 90% 情况下熄灭时间 t 与潜供电流大小 I_C 的拟合公式[4]：

$$t_{90\%}=3.3333\times 10^{-4}I_C^2+6.6968\times 10^{-3}I_C+6.5105\times 10^{-2}\tag{5-25}$$

由式(5-25)可得：潜供电流幅值为 35A（有效值）的潜供电弧自灭时间（概率 90%）是 0.71s。因此，对于有高抗补偿的线路，当采用 1s 左右的重合闸时间时，单相重合闸过程中的潜供电流值应控制在 35A 以内。

为满足特高压工程建设，中国电力科学研究院进一步对正常补偿线路进行了潜供电弧的自灭特性研究。对于有高抗补偿的线路，风速在 1.5～2.0m/s 范围内时，恢复电压梯度分别为 12kV/m 和 20kV/m 时，不同潜供电流下的潜供电弧自灭时限推荐值如表 5-1 所示[5]。

表 5-1　正常补偿下潜供电弧自灭时间推荐值

恢复电压梯度(kV/m)	潜供电流(有效值 A)	自灭时间(90％概率值)(s)
12	28	0.2s 内自灭
	35	0.2s 内自灭
	40	0.636~0.837
20	28	0.2s 左右
	35	0.2s 左右
	40	0.704~0.827

从表 5-1 可以看出,正常补偿时,恢复电压梯度 20kV/m 及以下,潜供电流 35A 及以下时,均能在 0.2s 左右快速自灭,潜供电流 40A 时,潜供电弧自灭时间增大到 0.7s 左右。中国电科院认为,潜供电流 35A 至 40A 之间存在某一值,其潜供电弧及其自灭时间有迅速增大的现象。综合以上两研究单位的研究结果可知,对于采用高抗中性点加装小电抗的线路,为满足 1s 重合闸时间的要求,潜供电流有效值应被限制至 35A 及以下。

5.2.2　加装 HSGS 熄灭潜供电弧

5.2.2.1　限制原理

HSGS 是一种熄灭潜供电弧的有效方法(如图 5-17 所示)[1],在日本的特高压线路及一些国家的超高压线路上得到了应用。

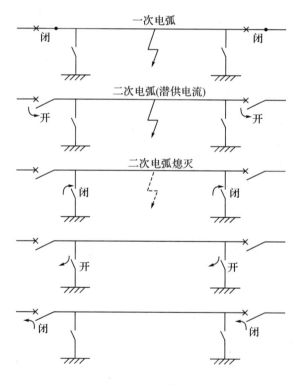

图 5-17　HSGS 的操作示意图

HSGS 通过分流潜供电流和抑制故障点恢复电压来减小潜供电弧持续时间,其操作顺序和原理分别见图 5-17 和图 5-18。当特高压线路发生单相接地故障时,故障点流过短路电流,继电保护设备检测到故障后,迅速跳开故障相两侧断路器,短路电流被断开,健全相通过相间电容耦合和电感耦合向故障点提供潜供电流,图 5-18 中路径 1 和 2 分别为潜供电流容性分量和感性分量的流通路径。然后立即投入 HSGS,由于 HSGS 接地电阻一般很小,使本应从故障点流过的潜供电流容性分量很大一部分都通过 HSGS 流向地面(如图 5-18 中路径 3 所示),流过故障点潜供电流的容性分量则在一定程度上降低。

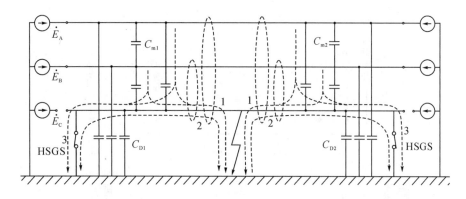

图 5-18　加装 HSGS 的线路示意图

由于 HSGS 直接接地,且电阻较小,使故障点恢复电压幅值被限制到极低水平,有利于潜供电弧在短时间内熄灭。待潜供电弧熄灭之后,利用 HSGS 开关的灭弧能力,强行熄灭其中电弧,然后打开 HSGS,再将故障相重合。

投入 HSGS 之前,潜供电流感性分量主要通过对地电容的流通路径。从图 5-18 可以看出,对于已投入 HSGS 的线路,由于相对于故障相对地电容,HSGS 的接地电阻非常小,潜供电流感性分量主要是通过 HSGS 与故障点形成回路:地—接地点—线路—HSGS—地。但这也意味着,感性分量回路的阻抗被大大减小,潜供电流的感性分量可能比不加 HSGS 时更大些。但在一般情况下潜供电流中容性分量占的比例更大,所以 HSGS 对潜供电流仍是有限制作用的。另外,闭合的 HSGS 使故障点的恢复电压降至极低的水平,使潜供电弧更易熄灭,同时也不容易发生复燃。

HSGS 的接地电阻、故障接地电阻和故障点位置对潜供电流的大小有较大影响。首先,HSGS 接地电阻和故障接地电阻直接影响潜供电流容性分量的分流效果。HSGS 电阻越大,流过 HSGS 的电流越小,流过故障点的电流也越大;故障接地电阻越大,分流至 HSGS 的电流也越大,流过故障点的电流越小。由于潜供电流容性分量被大量分流至 HSGS,这样就使得流过故障点的潜供电流中的感性分量比例升高。潜供电流感性分量直接流过 HSGS 和故障点,所以 HSGS 接地电阻和故障接地电阻对感性分量大小是有一定影响的。故障点将线路分成两段,健全相在故障相两段上感应出的电势方向是相同的,而这两个电势形成的电流在流过故障点时流向恰好相反,所以,流过故障点的潜供电流感性分量应为两者之间的差值。当故障点在线路中间时,两段线路上感应电势形成的电流基本上相等,故障点处潜供电流感性分量很小;而当故障点在线路两端时,两端线路上感应电势形成的电流幅值相差很大,潜供电流感性分量则相对较大。

5.2.2.2　限制要求

HSGS 要快速有效地熄灭电弧,关键在于做好与断路器合闸和分闸时间的紧密配合,HSGS 在操作过程中的时间控制如图 5-19 所示[1],其中 QF 是线路两侧断路器。从图 5-19 可以得到,HSGS 从闭合到打开约为 0.5s,考虑潜供电弧熄灭后的弧道介质恢复时间为 0.04s 以上,一般可选 0.1s[1],因此必须在 HSGS 投入后 0.4s 内熄灭潜供电弧。而根据中国电科院的实验研究统计,风速在 1.5~2.5m/s 范围内时,未经补偿的潜供电弧自熄时间(按 90% 概率统计)一般可参考下列数值,如表 5-2 所示[5]。因此,一般可以认为,对于采用 HSGS 的线路,只要潜供电弧在 0.4s 内熄灭,故障发生后 1s 可实行重合闸。

由于中国超高压线路上一般采用中性点小电抗限制潜供电流,所以目前中国对 HSGS 的研究并不成熟,并未采用 HSGS 时潜供电弧自灭特性进行系统研究。但之前中国电科院也曾对无高抗补偿线路潜供电弧的熄灭特性进行了部分研究工作,本节将参考其研究结果来判断加装 HSGS 线路的潜供电弧熄灭时间。中国电科院给出了在无高抗补偿情况下各幅值潜供电流在风速小于 2.0m/s 时自灭时间推荐值,见表 5-2[5]。

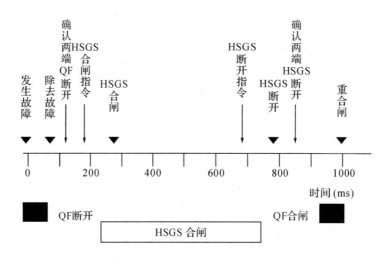

图 5-19　HSGS 操作过程示意图

表 5-2　无高抗补偿下潜供电弧自灭时间推荐值

恢复电压梯度（kV/m）	潜供电流有效值/A	自灭时间（90%概率值）/s
10	18.4	0.25—0.4
	21	0.31—0.49
	42	0.52—0.65
20	18.4	0.6—0.8
	21	0.811—0.955
	42	1.172—1.417
30	18.4	1.27—1.48
	21	1.391—1.536
	42	2s 不熄灭

从表 5-2 可以看出，在绝大多数情况下，对于某一个特定潜供电流值，电弧熄灭时间随恢复电压梯度的增减至少是以线性速度增减（甚至更快）。例如，对于 42A 的潜供电流，当恢复电压梯度为 10kV/m 时，电弧自灭时间为 0.52～0.65s；当恢复电压梯度为 20kV/m 时，电弧自灭时间为 1.17～1.42s。由此可以推得，对于 42A 的潜供电流，当恢复电压梯度≤5kV/m 时，电弧自灭时间应小于 0.4s。

一般情况下，采用 HSGS 限制潜供电流的特高压线路通常较短，其恢复电压一般很小，例如，对于较典型的长度为 200km 特高压短线路，当加装 HSGS 以后，其上的恢复电压仅为 3kV 左右，潜供电流约为 41.2A。假设 1000kV 特高压交流线路绝缘子串串长约为 8m，故此时的恢复电压梯度应该远小于 5kV/m，在潜供电流约为 41.2A 情况下，电弧自灭时间应该肯定小于 0.4s。

5.2.3　两种限制潜供电流的措施比较与讨论

对比两种限制潜供电流的措施，可以看出，两者存在较大的差异。具体如下：

（1）采用高抗中性点接小电抗方式既能限制潜供电流的容性分量，又能抑制其感性分量；而 HSGS 只能限制潜供电流容性分量，并不能很好地限制潜供电流感性分量。

（2）高抗中性点接小电抗方式通常可以大幅降低线路恢复电压，而 HSGS 对恢复电压的限制作用更是明显优于高抗中性点接小电抗方式。由于 HSGS 的接地电阻通常极小（1 欧姆以下），接地后可将故障相恢复电压降低至极低水平（数千伏），进而使得恢复电压梯度降至非常低的数值，这对潜供电弧的熄灭很有利。

（3）两种限制措施的各自适用场合

对于采用高抗中性点接小电抗方式来限制潜供电流的方法，就是通过小电抗的作用将高抗的容量合理分配到相间电抗和对地电抗两部分，使得相间电抗与相间电容之间实现完全补偿，从而起到很好限制潜供电流的作用。由于该相间电抗必然是关于三相对称的,如果相间电容本身不是关于三相对称的,就无法实现相间电抗与相间电容之间的完全补偿,也就不能很好起到限制潜供电流的作用。因此,要采用高抗中性点接小电抗方式来限制潜供电流,特高压线路必须是良好换位的,三相线路之间的电容必须对称,否则就无法很好限制线路的潜供电流。从实现线路良好换位考虑,采用高抗中性点接小电抗方式来限制潜供电流,通常适用于线路长度较长、换位良好的特高压输电线路。

对于采用 HSGS 限制潜供电流的限制方法,由于 HSGS 的接地电阻极小,为潜供电流的感性分量提供了流通回路,因此它有一个缺点就是对潜供电流感性分量无法实现很好的控制。实际上,潜供电流感性分量与线路故障点位置、线路长度和线路负荷直接相关。在线路故障点位置处于线路两端、线路负荷很大的情况下,潜供电流感性分量也会比较大,若此时整条线路的长度也很长,则线路上的潜供电流感性分量就有可能达到很高的数值,从而使潜供电弧很难熄灭。因此,HSGS 方式通常只适用线路长度较短的特高压输电线路。

另外,采用 HSGS 情况下线路一般不采用换位模式,见图 5-20。对于换位线路,线路中间发生单相接地故障,故障相两端断开后,每一健全相在不同位置对故障相的互感不同,如图 5-20(a)所示。参照上节的分析方法,可知,此时故障点两边回路的感性分量不相等,会在故障点出现较大的潜供电流感性分量。而在线路不换位情况下,若在线路中间发生单相接地故障时,两侧线路的互感基本对称,在故障点的潜供电流感性分量接近于零。因此,采用 HSGS 情况下线路一般不采用换位模式,此时的潜供电流更小。

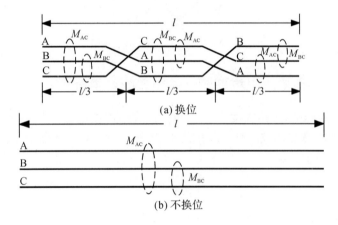

图 5-20　单回线路换位与不换位示意图

综上,并联电抗器中性点接小电抗方式适宜于长度较长、需要高抗补偿和实行良好换位的线路,而 HSGS 适宜于长度较短的、不需要高抗补偿和无需换位的线路,建议 $100\sim200\text{km}$ 的线路可以考虑通过加装 HSGS 的方法限制潜供电弧。实际上,对于不换位、多落点且单段线路较短的特高压长线路(总长度较长、但每段较短中间加开关站),采用 HSGS 的方法限制潜供电弧,其限制效果与特高压短线路相同。

鉴于中国在 500kV 线路上采用并联电抗器中性点接小电抗的方法有十分丰富的经验,考虑当前中国的特高压线路都是换位的,且线路比较长,并装有并联电抗器,因此,中国目前的特高压输电线路主要采取并联高抗加中性点接小电抗的方法来限制潜供电流和恢复电压。

5.3　潜供电流和恢复电压的仿真

5.3.1　模型的构建

建立双端电源输电线路模型,如图 5-21 所示,潮流从 M 流向 N。塔形选用 M 型三角排列猫头型塔,如图 5-22 所示,导线选用钢芯铝绞线 $8\times\text{LGJ-500}$,分裂间距 400mm。

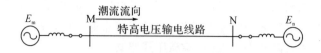

图 5-21 1000 kV 输电线路仿真模型

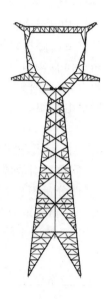

图 5-22 M 型三角排列猫头型塔

5.3.2 并联电抗器中性点接小电抗抑制潜供电弧的效果分析

采用如图 5-21 所示的模型,线路长度为 350km。在线路两端电源处加装并联电抗器,高压电抗器送端容量为 960Mvar,受端容量为 720Mvar,补偿度为 88%,中性点接小电抗后接地,小电抗的值为 150Ω。中性点小电抗的取值取决于参数及补偿度,由下式求得。

$$X_{LN} = \frac{1}{\omega C_1 k(k \cdot C_1/C_M - 3)} \tag{5-26}$$

式中,k 是高抗补偿度,C_1 是线路正序电容,C_M 是线路相间电容。

加装中性点接小电抗的并联电抗器后,用 EMTP 对潜供电流和恢复电压进行仿真。假设在 t 秒时发生接地故障,经过 0.08s 两边断路器断开。

针对中性点接小电抗的并联电抗器加装前后的两种情况,对不同的故障点位置分别进行仿真计算,得到相应的潜供电流和恢复电压的仿真计算结果如表 5-3 所示。

表 5-3 两种不同情况下的潜供电流和恢复电压

故障点位置/km		30	75	175	275	320
潜供电流/A	加装前	121.4	117.2	107.9	102.8	99.9
	加装并联电抗器后	5.9	3.3	5.2	6.2	5.9
恢复电压/kV	加装前	239.1	232.5	218.1	205.2	198.2
	加装并联电抗器后	42.4	32.3	83.4	84.4	42.4

由表 5-3 可以看到,加装带中性点小电抗的并联电抗器后,潜供电流和恢复电压都有明显的下降,尤其是潜供电流,下降到 10A 以内,而此时的恢复电压梯度降到约 10kV/m 及以下(假设特高压线路绝缘子串长度约为 8m)。结合表 5-1 可以推得,该种情况下能够实现快速熄弧。

另外,为了研究小电抗的取值对潜供电流和恢复电压的影响,在线路两端加装并联电抗器,补偿度为 88%,改变中性点小电抗的值,对故障点位置在 175km 处的情况进行仿真计算,分析结果如图 5-23 所示。

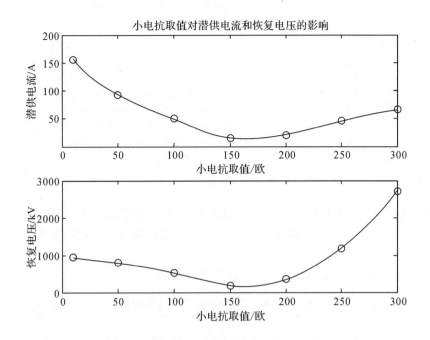

图 5-23　小电抗取值对潜供电流和恢复电压的影响

由图 5-23 可以发现,小电抗的取值对潜供电流和恢复电压的影响很大,选取合适的值,会得到潜供电流和恢复电压的最小值,图中当小电抗取值为 150Ω 左右时出现最小值,和公式(5-26)计算结果符合。

以上的仿真计算都是针对长度为 350km 的 1000kV 特高压输电线路模型,为了考察 1000kV 短线(取 150km)和长线(取 1000km)模型中的潜供电流,仍然采用如图 5-21 所示的模型,并联电抗器补偿度均为 88%,中性点小电抗用公式(5-26)来求取,其他条件保持不变,分别对中性点接小电抗的并联电抗器加装前后的两种情况进行仿真计算,得到潜供电流值如表 5-4 所示。

表 5-4　短线、长线中潜供电流的仿真计算

		故障点位置/km	20	40	75	110	130
潜供电流/A	150km 线路	加装前	67.5	66.4	63.7	60.1	57.6
		加装并联电抗器后	3.8	2.9	2.0	3.2	3.8
	1000km 线路	故障点位置/km	100	400	500	600	900
		加装前	800.2	670.2	652.3	641.1	645.1
		加装并联电抗器后	38.6	30.4	30.1	30.8	37.6

从表 5-4 可以看出,加装并联电抗器前,1000km 线路潜供电流的幅值普遍远大于 150km 线路的潜供电流,这是由于长线的相间电容和互感比短线大得多,健全相通过静电耦合和电磁耦合向故障点提供的电流也大得多。但加装带中性点小电抗的并联电抗器后,无论是长线还是短线,其潜供电流都得到了明显的抑制,可以顺利熄灭潜供电弧。

5.3.3　快速接地开关 HSGS 抑制潜供电弧的效果分析

采用如图 5-21 所示的模型,线路换位方式采用理想换位,在输电线路的两侧电源处加装 HSGS,HSGS 的接地电阻取 1.65Ω。用 EMTP 仿真软件对潜供电流和恢复电压进行仿真,单相重合闸操作过程如图 5-19 所示,假设在 t 秒时发生接地故障,经过 0.08s 后两边断路器断开,再经过 0.2s 投上快速接地开关 HSGS。

5.3.3.1　杆塔换位方式对 HSGS 限制效果的影响

为了研究杆塔换位方式对 HSGS 限制潜供电弧效果的影响,采用如图 5-21 所示的模型,线路长度

取150km,选用如图5-24所示的换位方式,对换位前后的输电线路进行仿真计算,得到潜供电流 I 和恢复电压 U 的值如表5-5所示。

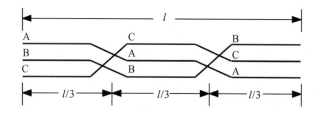

图 5-24　杆塔换位方式

从表5-5可以看出,在使用HSGS的情况下,不换位和换位相比,潜供电流的最大值从30.2A增大到64.8A,恢复电压的值也从2.1kV提高到3.2kV,HSGS在线路不换位时限制效果比较理想。因此,HSGS适用于不需要换位的线路。

在本章后面仿真计算时,杆塔换位方式均选择不换位方式。

表 5-5　换位方式对 HSGS 限制效果的影响

故障相	换位方式	$d=10$		$d=30$		$d=75$		$d=120$		$d=140$	
		I/A	U/kV	I/A	U/kV	I/A	U/kV	I/A	U/kV	I/A	U/kV
A 相	不换位	21.1	1.6	24.2	1.6	29.1	2.1	24.2	1.6	5.3	1.2
	换位	16.9	1.6	16.4	1.6	63.4	3.2	49.3	1.7	22.7	1.5
B 相	不换位	15.8	1.6	25.6	1.5	29.5	2.1	20.4	1.6	6.1	1.2
	换位	14.5	1.6	15.3	1.6	50.0	2.7	64.1	2.0	23.1	1.6
C 相	不换位	20.1	1.6	25.9	1.5	30.2	1.7	22.0	1.6	7.3	1.6
	换位	36.2	1.5	64.8	2.0	56.6	3.0	36.7	1.5	13.4	1.6

5.3.3.2　HSGS 的接地电阻对 HSGS 限制效果的影响

HSGS的接地电阻大小直接影响到HSGS的分流作用。为了研究接地电阻对HSGS限制效果的影响,线路长度取150km,HSGS的接地电阻取不同的值,分别对不同的故障点位置进行仿真计算,得到潜供电流的值如图5-25所示。

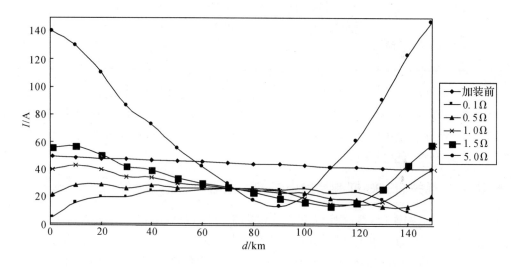

图 5-25　HSGS 接地电阻对 HSGS 限制潜供电流的效果的影响

图5-25表明,接地电阻对HSGS的限制效果影响很大。加装HSGS的线路,接地电阻小于0.5Ω

时,潜供电流的值大幅度降低,当接地电阻进一步下降时,潜供电流的下降幅度已不明显;而接地电阻大于 1.5Ω 时,线路部分故障点的潜供电流值仍然很大,HSGS 的限制效果不够理想。因此,HSGS 的接地电阻最好小于 0.5Ω,最大不宜超过 1.5Ω。

5.3.3.3 HSGS 抑制潜供电弧的效果

采用如图 5-21 所示的模型,线路长度取 350km。针对加装 HSGS 前后两种情况,对不同的故障点位置分别进行仿真计算,得到潜供电流和恢复电压如表 5-6 所示,其中 HSGS 的阻值取 0.1Ω。

表 5-6 两种不同情况下的潜供电流和恢复电压

故障点位置/km		30	75	175	275	320
潜供电流/A	加装前	121.4	117.2	107.9	102.8	99.9
	加装 HSGS 后	82.6	80.2	71.1	52.5	21.1
恢复电压/kV	加装前	239.1	232.5	218.1	205.2	198.2
	加装 HSGS 后	2.6	4.2	6.7	3.0	1.6

从表 5-6 可以看出,对于该线路,加装 HSGS 后,恢复电压得到了明显的抑制,而潜供电流幅值虽然有明显下降,但数值依然很大,有可能仍然无法在 0.4s 内实现快速熄弧,这样也就无法保证在 1s 完成断路器重合闸。

下面再考察 1000kV 特高压短线(取 150km)和长线(取 1000km)模型中 HSGS 抑制潜供电流的效果,仍然采用如图 5-21 所示的模型,线路长度分别取为 150km 和 1000km,改变 HSGS 的阻值,对不同的故障点位置进行仿真计算得到潜供电流如图 5-26、图 5-27 所示。

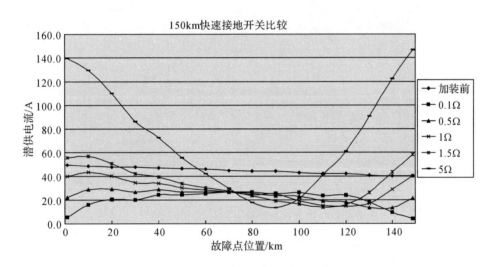

图 5-26 150km 线路中 HSGS 抑制潜供电流的效果

由图 5-26、图 5-27 可见,加装 HSGS 后,两者的输电线路潜供电流都有明显下降。但是对于 1000km 输电线路,即使加装 HSGS 后,潜供电流幅值还是很大(>250A),潜供电弧根本无法顺利自熄;而对于 150km 输电线路,加装 HSGS 的效果很好,特别是当接地电阻的值小于 0.5Ω 时,可以有效限制潜供电流(≤30A),能够顺利完成潜供电弧的自熄。

为了进一步研究 HSGS 熄灭潜供电弧的效果,采用如图 5-21 所示的模型,对不同长度的输电线路,仿真计算加装 HSGS 前后的沿线潜供电流 I 和恢复电压 U 的最大值的变化。其中,HSGS 的接地电阻取 0.1Ω,接地的过渡电阻取 10Ω,计算结果如图 5-28 所示。

图 5-28 表明,加装 HSGS 前,线路越长,潜供电流和恢复电压越大。加装 HSGS 后,潜供电流和恢复电压均有大幅度减小,但是对于较长的线路,潜供电流依然很大。

从图 5-28 还可以看到,加装 HSGS 后,200km 的恢复电压约为 3kV,潜供电流为 41.2A,此时其恢复电压梯度远小于 5kV/m,再从表 5-2 的相关分析即可得到,该种情况下潜供电弧能在 0.4s 内熄弧。

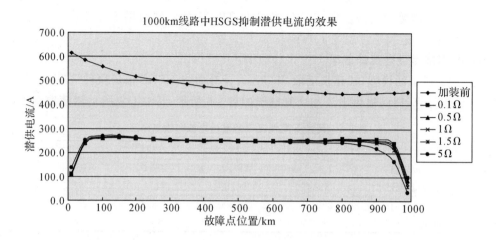

图 5-27　1000km 线路中 HSGS 抑制潜供电流的效果

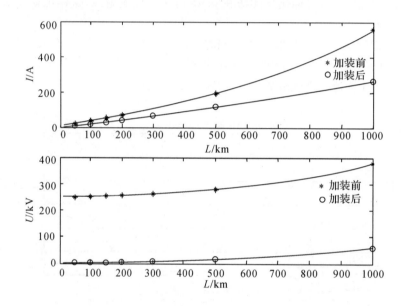

图 5-28　不同线路长度下 HSGS 的限制效果

因此,一般 200km 以内的线路加装 HSGS 后,可以缩短潜供电弧的熄灭时间,满足 1s 重合闸要求;而对于更长的线路,加装 HSGS 后,由于潜供电流和恢复电压的值依然较大,有可能出现无法顺利熄弧的情况。

　　综上,对于 HSGS 限制潜供电流的方式,主要有以下几个结论:

　　(1)在特高压线路中,HSGS 限制潜供电流的方法适用于不换位的线路;

　　(2)HSGS 的接地电阻对 HSGS 限制潜供电流效果的影响很大,一般要求≤0.5Ω,最大不宜超过 1.5Ω;

　　(3)HSGS 通常适用于短线路,一般要求小于 200km。

参考文献

[1] 刘振亚.特高压电网[M].北京:中国经济出版社,2005.

[2] 易强,周浩,计荣荣,等.同塔双回特高压线路潜供电流和恢复电压的限制.电力系统自动化[J],2011,35(10):83-88.

［3］孙鹏飞.输配电线路工频参数测量系统设计［D］.保定：河北大学,2006.

［4］孙秋芹.特高压输电线路潜供电弧的动态物理特性与抑制技术研究［D］.济南：山东大学,2012.

［5］1000kV 级交流特高压输变电工程关键技术研究报告［R］.北京：电力科学研究院,2008.

第6章 特高压交流系统操作过电压

特高压系统电压等级高,操作过电压幅值大。操作过电压的允许值与系统的额定电压有关,例如,330kV 系统操作过电压倍数要求不超过 2.2p.u.,500kV 系统不超过 2.0p.u.,即电网的额定电压越高,对操作过电压的限制要求也越严格。根据苏联、日本和意大利等国的研究资料,1000kV 输电线路允许的过电压倍数为 1.6~1.8 倍,明显低于 500kV 系统[1]。额定电压的升高和限值标准的下降对特高压系统操作过电压的限制措施提出了更为苛刻的要求,超高压系统中的防范措施已不再完全适用,并且在其他电压等级中未对系统构成危害的过电压,也可能会在特高压系统中变得突出起来。特高压系统不仅需要重点限制合闸过电压(高压、超高压系统中需要重点限制的过电压),同时也要重视接地故障过电压和分闸过电压等(由于特高压系统的电源高阻抗、线路长距离和输电大功率等特点,其操作过电压也出现了一些与超高压过电压不同的特点)[1-4]。因此,交流特高压操作过电压问题是特高压线路建设发展中的重要研究课题之一。

本章首先讨论了特高压交流系统操作过电压主要类型及其限制方法,然后针对单相接地过电压、合闸过电压、分闸过电压等主要操作过电压的机理、仿真、影响因素以及限制措施进行了详细讨论,最后对串补对特高压线路电磁暂态特性的影响进行了研究。

6.1 特高压交流系统操作过电压分类与限制方法

6.1.1 特高压交流系统操作过电压分类

操作过电压的研究是与电力系统的发展紧密联系在一起的。在电力系统发展初期,由于电网中性点不直接接地,单相间歇电弧接地引起的过电压对电力系统危害最大,因而对它的研究成为了重点。以后,随着电网额定电压、线路长度以及传输容量的提高,系统中性点采用直接接地方式,开断空载变压器(简称切空变)过电压和开断空载线路(简称切空线)过电压变得突出起来,而其中切空变过电压能量较低,可用避雷器防护,因此切空线过电压成为了高压电网中操作过电压的研究重点。近年来,随着超高压、远距离输电线路的建设和发展,操作过电压又出现了新的情况,如空载长线的电容效应引起工频过电压大幅升高,在此基础上就有可能出现幅值很高的空载线路合闸(包括重合闸)过电压。而随着断路器性能的改善和并联电抗器的应用,切空线过电压的幅值和出现的概率都大为减小。因此,在超高压电网及特高压电网中,空载线路合闸(包括重合闸)过电压成为了最典型、最严重的操作过电压之一,它成为最需要重点关注的研究对象。另外,在超高压电网并不突出的接地故障过电压和分闸过电压等,在特高压电网中也变得严重起来,它也成为需要重视的研究对象。

研究认为,特高压系统主要考虑以下类型的操作过电压[1,3]:①接地故障过电压,其中主要是单相接地过电压;②合闸过电压,包括合闸空载线路(简称合空线)过电压和单相重合闸过电压;③分闸过电压,包括甩负荷过电压和故障清除过电压。

6.1.1.1 接地故障过电压

对于接地故障过电压,国内外超、特高压系统的实践运行表明,绝大部分为单相接地故障,两相和三相接地故障出现概率很小,所以在该过电压的研究中应重点关注单相接地故障过电压。

由于单相接地故障过电压的发生具有随机性,发生时刻、接地位置等一般都难以预知,因而难以防御,且在其持续过程中断路器来不及动作,故分合闸电阻对此不起限制作用。所以,目前除了 MOA 和高抗补偿这两种具有一定限制效果的措施外,没有其他更好的限制措施。

下面来比较一下国内外特高压对单相接地故障过电压的限制情况。

日本特高压线路较短,单段线路最长不超过 200km,照通常理解其单相接地过电压并不会十分严重,但由于日本全线不采用高抗补偿,而只在线路的两端各采用一组 MOA 加以防护,在这种运行方式下该过电压可达 1.6p.u.。另外,由于日本在断路器中采用了合分闸电阻,在其作用下,分闸与合闸过电压通常可以被限制到比较低的水平,这使得单相接地故障过电压在所有过电压中反而显得突出起来。因此,在日本的特高压系统中单相接地故障过电压对系统的绝缘配合起到了决定性作用。

苏联特高压线路横跨欧亚,绵延千里,单段线路较长,为了限制操作过电压,同时采用了加装 MOA 和采用高抗补偿的措施,而且每 150km 进行分段补偿,在这种运行方式下单相接地故障过电压可以被较好地限制在允许范围之内。

我国幅员辽阔,特高压线路承载着远距离、大容量的传送任务,线路一般也会较长,其中已建的晋东南—南阳—荆门特高压线路全长 636km。这种情况下,我国不仅在线路两端加装 MOA 和采用较高补偿度的高抗,而且在线路中间建有开关站并设置 MOA 和分段补偿,使单相接地过电压得到了有效限制,相比于其他过电压显得较低,对线路绝缘配合不起控制作用。

总之,采用 MOA 以及合理的高抗补偿方式是限制特高压系统中单相接地故障过电压的主要措施。在限制较长线路的单相接地故障过电压时,通过适当分段在线路中间设置开关站来采用高抗补偿和加装 MOA 是最有效的限制方式。

6.1.1.2　合闸过电压

合闸过电压是电力系统内进行合闸操作时产生的过电压,按产生过电压的操作可分为合空线过电压与重合闸过电压两种。其中,合空线过电压是空载线路进行计划性合闸操作时产生的过电压,重合闸过电压是运行线路发生故障跳闸后,经过短暂灭弧时间后重合闸时产生的过电压。

前面已经提到,特高压系统的单相接地故障发生比例最高,宜采用单相重合闸操作。由于这种情况下故障相线路上不存在残余电荷,加之系统零序回路的阻尼作用大于正序回路,使得单相重合闸过电压往往比三相重合闸过电压低得多,容易得到控制。故从控制过电压的角度考虑,特高压系统中通常都采用单相重合闸。因此,在特高压系统中,主要应考虑对合空线和单相重合闸这两种情况下产生的过电压进行限制。

6.1.1.3　分闸过电压

分闸过电压是电力系统内进行分闸操作时产生的过电压。在系统中常见的是切空线和切空变过电压等,这两种是需要重点防护的分闸过电压类型。与高压系统不同的是,在超、特高压系统中,由于断路器使用 SF_6 作为绝缘介质,灭弧性能优良,断口重燃可能性很低,再加上线路上的高压并联电抗器对断路器断口电压的限制作用,切空线过电压并不高。另外,随着超、特高压变压器性能改善和变压器入口避雷器的限制作用,切空变过电压已经变得很小。因此,在特高压系统中切空线和切空变过电压并不严重。但是由于特高压系统中过电压限值标准的下降,一些原先在高压、超高压中未对系统产生严重危害的其他分闸过电压却可能会在特高压系统中对设备绝缘产生威胁,如甩负荷和故障清除过电压等。

在特高压交流系统中重点考虑故障清除过电压与甩负荷分闸过电压。甩负荷过电压分为无故障甩负荷和单相接地甩负荷两种情况,它们是特高压线路在运行时,由于故障或其他原因使得断路器三相突然跳闸甩负荷,从而在系统中引起的过电压。故障清除过电压是指在一条线路上发生故障后,故障线路的断路器切除故障线路时在线路的健全相及其相邻的健全线路上产生的转移过电压。按故障类型可分为单相接地、两相接地、三相接地和相间短路故障清除过电压,其中以单相接地最为常见,而后三者发生概率极小,故在过电压分析中通常重点分析单相接地故障清除过电压。

6.1.2　特高压交流系统中操作过电压常用限制方法

目前,世界上多个国家对特高压系统过电压的控制进行了研究和实践应用。各国的常用限制措施如表 6-1 所示。

表 6-1　国内外特高压操作过电压常用限制措施[1]

限制措施	日本	意大利	苏联	美国 BPA	中国
高抗	不采用	不采用	采用	采用	采用
MOA	采用	采用	采用	采用	采用
合闸电阻	700Ω	500Ω	378Ω	300Ω	400～600Ω
分闸电阻	700Ω	500Ω	不采用	不采用	不采用

从表 6-1 中可以看出,对于特高压操作过电压,MOA、高抗补偿和合闸电阻是最主要的限制手段,分闸电阻则需要针对不同的情况而定。

下面将对操作过电压的主要限制措施进行介绍。

6.1.2.1　高抗补偿

工频过电压是操作过电压产生的基础,降低工频过电压可有效抑制操作过电压。

超、特高压输电距离远,线路长,其线路的充电功率十分巨大。如 500kV 线路无功消耗超过 100Mvar/百公里,1000kV 特高压线路则可超过 500Mvar/百公里,线路的容升效应亦十分显著,能引起幅值很高的操作过电压。因此,如不能有效解决线路的无功问题,将会导致沿线工频和操作过电压大幅提高,这对电网安全稳定是十分不利的。为解决这一问题,需要在线路上装设并联电抗器以补偿无功消耗,从而稳定线路电压。首先,使用固定高压电抗器(高抗)补偿线路的大部分无功,其补偿度通常在 60%～90% 之间,高抗通常被安装在线路的两端;其次,在线路的运行中,通过变压器低压侧的电抗器(低抗)或电容器(低容)实时调节无功补偿量,以满足线路的无功需要,达到稳定电压的目的。

由于特高压线路高抗的存在,使得操作过电压问题不同于低电压等级电网。对于单相重合闸来说,高抗的使用降低了故障线路非故障相的感应电压,只要高抗和其中性点连接的小电抗配合得当,就能有效地抑制这种过电压;对于合空线和甩负荷过电压,线路末端的高抗在一定程度上钳制了操作后末端电压的升高,改善了沿线的过电压分布,降低了过电压幅值。

此外,特高压可控高抗已率先在中国研发成功,但其应用效果还有待在实践中进一步检验和完善。

6.1.2.2　金属氧化物避雷器(MOA)

性能优良的 MOA 是控制特高压输电线路过电压水平的关键装置。苏联 1150kV 线路初建时采用带间隙的阀式避雷器,系统操作过电压水平取为 1.8p.u.,改用 ZnO 避雷器后,过电压水平可降至 1.6p.u.;日本采用 ZnO 避雷器,系统操作过电压水平取为 1.6p.u.;美国 BPA 研制的避雷器在电流为 26kA 时的残压为 1.83p.u.,AEP 研制的避雷器在电流为 40kA 时的残压相当于 1.72p.u.。

我国近年来十分重视对 MOA 的研制,其限制过电压的能力不断提高,目前已成为了我国特高压交流电网过电压限制的主要设备,表 6-2 是我国特高压 MOA 的主要参数[5-6]。

表 6-2　我国特高压 MOA 参数

额定电压 (kV)	持续运行电压 (kV)	吸收能量允许值 (MJ)	操作冲击残压 (kV,峰值)		雷电冲击残压 (kV,峰值)	
828	636	40	1kA	2kA	10kA	20kA
			1430	1460	1553	1620

6.1.2.3　断路器合闸电阻

超、特高压运行实践证明,合闸电阻限制过电压的效果十分理想,是控制特高压操作过电压的关键装置之一。因此,目前世界各国在特高压断路器中无一例外地都采用了合闸电阻。

合闸可以分为两个过程,其原理示意图如图 6-1 所示,先合开关 Q_2,将电阻 R 接入电路,以吸收能量,减少线路冲击;一段时间后再合开关 Q_1,将电阻 R 短路。合闸电阻的接入和退出均会产生过电压,接入时希望合闸电阻越高越好,退出时则希望合闸电阻越低越好。故应综合分析后得到合适的电阻值,以使产生的过电压最小。

早期合闸电阻制造工艺不够完善,国内外都有报道合闸电阻发生事故的情况,影响了系统的安全运

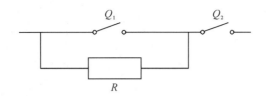

图 6-1　断路器合闸电阻示意图

行,如据 1994 年不完全统计,我国 500kV 合闸电阻的损坏相数已达 15 相·次。这使得人们在一定程度上对合闸电阻可靠性产生了怀疑,以致在部分超高压工程中取消了合闸电阻的使用。但随着近年来断路器制造水平的提高,特别是对特高压断路器的制造要求更加苛刻,其性能逐渐优化完善,由合闸电阻引起的事故已经十分少见。截至目前,国内外还没出现特高压合闸电阻的爆炸事故。

使用合闸电阻需要解决的关键问题是控制电阻吸收能量不超标,以保证顺利合闸以及断路器的安全运行。合闸电阻最大吸收能量允许值按公式(6-1)计算,具体为

$$W = \frac{U^2 t}{R} \tag{6-1}$$

式中:U 为断口电压最大值,考虑反相合闸可能性,取两倍相对地工作电压;R 为合闸电阻值;t 为合闸电阻接入时间,通常在 8~12ms 之间,考虑该参数的分散性,设计中从严并考虑适当裕度,合闸电阻接入时间可取 13ms。

由此可见,设计中为保证断路器合闸电阻的可靠稳定性,最大吸收能量考虑了实际运行中极罕见的最严重情况。

以上讨论的是断路器增加一级合闸电阻的情况,多年来有的文献资料对限制效果更好的多级合闸电阻也进行了研究。多级合闸电阻是考虑过电压情况下合闸电阻接入和退出时的不同阻值要求,通过高阻值接入、中阻值过渡、低阻值退出来降低合闸冲击,从而更好地限制过电压[7]。然而,由于其结构复杂、制造难度大、成本高等问题,这种措施难以在超、特高压系统中得到实际应用。

6.1.2.4　断路器分闸电阻

特高压系统中,一些分闸过电压较为严重,分闸电阻是对其进行限制的一种方法。目前,日本和意大利采用分闸电阻,并且与合闸电阻共用。

分闸电阻原理示意图如图 6-2 所示。分闸有两个过程:先分开关 Q_1,将分闸电阻 R 接入电路,吸收能量,减少线路冲击;一段时间后分开关 Q_2,将线路断开。在分闸操作的两个过程中,从降低触头间的恢复电压考虑,断开 Q_1 时希望 R 小些,断开 Q_2 时的时候,希望 R 大些,因而也需综合考虑分闸电阻的取值。

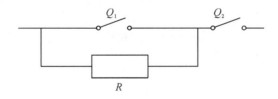

图 6-2　断路器分闸电阻示意图

断路器分闸电阻能限制分闸过电压,但分闸电阻同样存在故障率高、热容量大等问题,故在特高压断路器中是否采用分闸电阻值得进一步讨论。

6.1.3　特高压交流系统操作过电压新型限制方法

6.1.3.1　操作过电压深度限制的必要性

随着输电系统电压等级的升高,操作过电压对输变电设备绝缘水平的影响越来越大,须将操作过电

压倍数限制得越来越低,我国各电压等级系统允许的操作过电压倍数见表 6-3[1,8]。从超高压 330kV 电压等级起,操作过电压对输变电设备的绝缘水平开始起着控制作用。在特高压输电系统中,空气间隙操作冲击放电电压的饱和特性更加显著,深度降低操作过电压水平对减小线路空气间隙有至关重要的作用,表 6-4 给出了操作过电压从 1.7p.u. 下降到 1.6p.u.,不同海拔高度的塔窗中相 V 串、边相 V 串和边相 I 串空气间隙减小情况。由表 6-4 可见,操作过电压仅降低 0.1p.u.,空气间隙就平均减小了 0.6m,另外,操作过电压水平对输变电设备的制造难度亦有一定影响[9],因此,深度降低操作过电压倍数是十分必要的。

表 6-3　各电压等级系统允许的操作过电压倍数

电压等级/kV	10～66	110/220	330	500	750	1000
操作过电压倍数/p.u.	4.0	3.0	2.2	2.0	1.8	1.6～1.7

注:$1.0\text{p.u.} = \sqrt{2}U_m/\sqrt{3}$,其中 U_m 为系统最高电压。

表 6-4　特高压输电系统中操作过电压倍数对空气间隙的影响

操作过电压倍数/p.u.	不同海拔高度下空气间隙/m	
	1000	2000
塔窗中相 V 串　1.6	6.5	8.2
1.7	7.3	9.2
塔窗边相 V 串　1.6	6.2	7.7
1.7	6.9	8.6
塔窗边相 I 串　1.6	5.0	6.1
1.7	5.5	6.8

6.1.3.2　操作过电压常用限制方法及其不足

目前,降低操作过电压主要采取两种方案:

(1)金属氧化物避雷器和断路器加装合闸电阻两种措施联合使用。两者共同作用可将系统的最大相对地 2% 统计操作过电压限制在 1.6p.u.～1.7p.u.。但是,由于合闸电阻在运行可靠性和经济性方面仍存在较大不足,断路器加装合闸电阻后机构复杂,大大增加断路器的运行风险,同时断路器加装合闸电阻后成本增加较多,故电力系统运行部门和制造厂商均倾向于在系统条件允许情况下断路器不采用合闸电阻。

(2)当两个特高压变电站之间的线路较短时,将避雷器额定电压降低,也可以将系统操作过电压限制在 1.6p.u.～1.7p.u.。例如,淮南～南京～上海交流特高压输电工程中的最短线路段——苏州～上海段的线路长度仅为 60km,如果不采用断路器加装合闸电阻,仅采用金属氧化物避雷器,须将金属氧化物避雷器的额定电压从目前的 828kV 降至 804kV(额定电压降低了 3%),避雷器的荷电率将从目前的 0.77 升至 0.79。但再长一点的线路,即使将避雷器额定电压降至 804kV 也无法满足要求。例如雅安～武汉交流特高压输电工程在规划阶段,最短线路段——雅安～乐山段的线路长度为 85.5km,采用 804kV 的避雷器仅能将沿线过电压降至 1.74p.u.,仍然无法满足要求,必须将避雷器的额定电压降至更低,甚至需降至 762kV(额定电压降低了 8%)才能满足要求。此时避雷器的长期运行荷电率将从目前的 0.77 升高至 0.83,从而使避雷器电阻片在正常运行下的老化速度加快,可靠性裕度大大降低。而且使用 762kV 避雷器的前提条件还必须是将系统工频过电压限制在母线侧 1.2p.u.、线路侧 1.3p.u.,使用条件极其受限。

因此,一种自适应运行条件变化的操作过电压柔性限制方法能够较好的解决上述方法存在的问题[10]。该方法的核心内容是将在变电站线路侧安装可控避雷器和在线路中部安装常规避雷器结合起来,深度降低操作过电压,取消断路器合闸电阻,如图 6-3 所示。

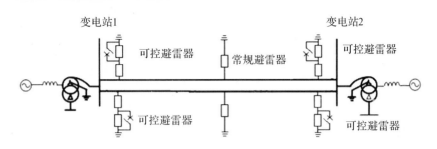

图 6-3　操作过电压柔性限制方法

6.1.4　特高压交流系统操作过电压限值

特高压系统操作过电压具有自身的特点,与超高压相比,特高压额定电压更高、暂态过程更激烈,而且,对其操作过电压的限制要求比超高压更为严格。目前,我国特高压系统相地过电压的限制要求为 1.7p.u.(我国特高压系统规定 1p.u. $=1100\sqrt{2}/\sqrt{3}=898$kV),低于 500kV 系统的 2.0p.u. 和 750kV 的 1.8p.u.,这也符合电力系统发展中每提高一个电压等级,其操作过电压的最大限制水平就有所下降的规律[1]。

由于过电压限值标准的下降,部分在较低电压等级中未对系统产生危害的过电压,却有可能会影响特高压系统安全。因此,在特高压系统中,不仅需要重点限制合闸过电压(超高压系统中需要重点限制的过电压),而且要重视对接地故障和分闸等过电压的防护。

在特高压系统中,通常以降低接地故障过电压幅值作为对操作过电压限制的基本目标,并将合闸与分闸过电压控制在与其相当的范围内。国内外研究资料表明,特高压线路的接地故障过电压一般在 1.4~1.8p.u. 的范围内,所以,世界上各国对特高压操作过电压的限制标准也在此范围之中,如表 6-5 所示[1]。

表 6-5　特高压系统相对地操作过电压允许水平

国家	日本	意大利	苏联	美国 BPA	美国 AEP	中国
最高工作电压/kV	1100	1050	1200	1200	1600	1100
操作过电压允许水平/p.u.	1.6	1.7	1.6*(1.8)	1.5	1.6	1.7#(1.6)

注:*表示苏联使用过 1.6p.u. 和 1.8p.u. 作为限值标准,#表示中国线路侧限值为 1.7p.u.,母线侧限值为 1.6p.u.。

6.2　单相接地故障过电压

6.2.1　产生机理

单相接地故障过电压是在线路发生单相接地故障且故障相两侧断路器还未断开时,在健全相上产生的暂态过电压,与稳态情况下的工频单相接地过电压不同。图 6-4 所示为中性点直接接地系统单相接地故障电路等效图,当 C 相发生单相接地,接地点电压由故障前的初始电压突降为接地后的电压。由于 C 相与 A、B 两相之间存在耦合电容,电容电压不能突变,使得 A、B 两相在故障点附近的电压遭到强制改变,该突变电压波在线路上多次折反射。当健全相电压达到波峰或波谷的时候,若折反射波正好同极性叠加,则会产生较为严重的过电压。该过电压最大值往往出现在第一个工频周期的振荡中,此时断路器还未动作。

若电源中性点经阻抗接地,那么当单相接地故障产生时,中性点阻抗将承受一定的压降,抬高健全相上的电压,从而使得过电压更加严重。

由于单相接地过电压是由接地故障强制降低故障相的初始电压引发的暂态过程,因而,若在故障相

113

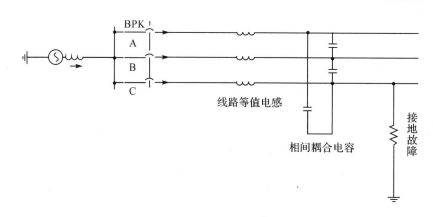

图 6-4　单相接地故障过电压原理分析图

处于峰值附近时产生单相接地,引起的接地过电压最为严重。

6.2.2　建模仿真

由于操作过电压具有统计特性,故工程上采用绝缘配合中的 2‰ 统计操作过电压作为对其的表述。它的概率定义是 $P(U>U_{2\%})=0.02$,即置信概率水平在 98% 内的过电压值。

在操作过电压的统计计算中,蒙特卡洛法被广泛应用。蒙特卡洛法,又称统计模拟法,基本思想是随机量的概率分布可以通过随机抽样来得到,当抽样次数足够多时,可将统计结果作为对随机实验的近似解答。利用蒙特卡洛法分析操作过电压时,需要按照随机变量的分布规律对随机变量取不同的抽样值,按照工程可接受的计算精度通过适当次数的抽样计算来得出 2‰ 统计值。

接地故障的发生位置难以预知,接地时刻更具有随机性,因此,软件的模拟应综合考虑这些因素的影响。首先,固定接地故障点位置进行多次不同时刻的模拟接地故障,计算统计过电压,仿真中将线路故障的产生时刻作为随机变量,使其在一个周期内均匀分布;然后,分别计算沿线各点不同位置的统计过电压,从中取出最大值。

本节采用 PSCAD 软件仿真,参考晋东南—南阳—荆门特高压示范工程线路参数,在大量模拟仿真计算的基础上,较为系统全面地研究了单相接地过电压。

建立特高压交流系统双端电源输电模型,输电线路长 600km,线路两端布置 MOA 和高抗,如图 6-5 所示。其中,线路以及杆塔等参数参考我国已有的晋东南—南阳—荆门示范工程线路参数:导线型号采用钢芯铝绞线 8×LGJ-500/35、分裂间距为 400mm,塔形采用猫头塔。线路的序参数如表 6-6 所示[11]。

图 6-5　特高压交流输电线路示意图

表 6-6　特高压交流线路参数

序参数	电阻/Ω	电抗/Ω	容抗/Ω
正序	0.00805	0.25913	0.22688
零序	0.20489	0.74606	0.35251

采用中国电科院提供的 1000kV MOA 参数,如表 6-7 所示。

表 6-7　我国特高压交流系统 MOA 参数

额定电压/kV	持续运行电压/kV	操作冲击残压(峰值)/kV		雷电冲击残压(峰值)/kV	
		1kA	2kA	10kA	20kA
828	636	1430	1460	1553	1620

该型号避雷器的伏安特性曲线如图 6-6 所示,其中横坐标采用对数坐标。

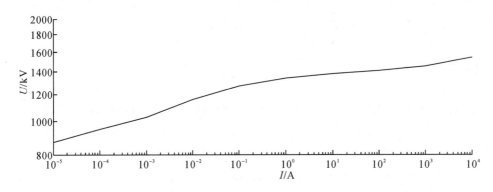

图 6-6　MOA 伏安特性曲线

单相接地过电压的产生过程较为简单,其计算模型如图 6-7 所示,其中线路以及杆塔等参数参考我国已有的晋东南—南阳—荆门示范线路参数,当系统模型的电压、功率等指标都达到要求后,投入接地故障(不考虑断路器动作),即可得到过电压的波形与幅值,如图 6-8 所示。

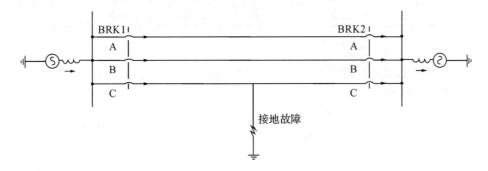

图 6-7　单相接地过电压模型示意图

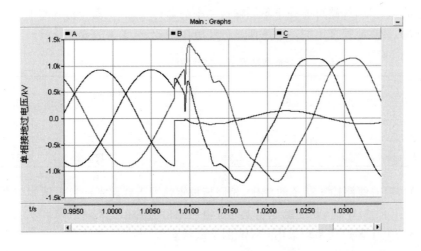

图 6-8　单相接地过电压波形示意图

6.2.3 影响因素分析

单相接地过电压是线路在发生单相接地故障时(故障相两侧断路器还未断开),在健全相上产生的瞬态过电压。虽然发生过程简单,但影响因素较为复杂,接地因素(包括接地电阻和接地点位置)、线路输送功率、线路杆塔的参数、高抗补偿度和两端电源阻抗特性等均可能会对单相接地故障过电压产生影响。其中,接地因素、线路输送功率、线路杆塔参数和高抗补偿度等因素对该过电压的影响较为简单,为基本影响因素;线路两端等效电源的阻抗特性对单相接地故障过电压的影响较大,为重点影响因素。

下面对该过电压的各影响因素进行分析。

6.2.3.1 基本影响因素

1)接地电阻和接地位置影响分析

单相接地故障过电压是由接地故障产生的,接地故障因素主要包括接地位置和接地处的电阻值 R_g 两方面,下面分别就这些因素对过电压的影响程度进行分析。当接地故障因素发生变化时,单相接地故障过电压计算结果如表 6-8 所示。

表 6-8　不同接地因素下的单相接地故障过电压计算结果

接地点位置/km		100	200	300	400	500	600
过电压 水平/p.u.	$R_g=0.1\Omega$	1.522	1.532	1.496	1.501	1.557	1.497
	$R_g=1\Omega$	1.509	1.521	1.487	1.496	1.531	1.485
	$R_g=5\Omega$	1.491	1.514	1.477	1.489	1.509	1.461
	$R_g=10\Omega$	1.458	1.491	1.463	1.481	1.489	1.459
	$R_g=20\Omega$	1.411	1.455	1.439	1.473	1.441	1.449
	$R_g=50\Omega$	1.271	1.303	1.276	1.334	1.257	1.332

结果表明:

(1)接地点相同时,接地处电阻值 R_g 越小,过电压幅值则越大,这是因为接地电阻越小时,接地暂态过程越激烈,过电压也就越高。

从严考虑,以下研究中接地电阻值采用 0.1Ω。

(2)接地电阻相同时,不同接地点下的过电压幅值有差异,这是由于在不同位置出现单相接地时,从接地点向线路看进去的阻抗分布存在差异所引起的。

因此,在研究单相接地故障过电压时,应考虑接地位置的变化对该过电压的影响。

2)输送功率影响分析

在出现接地故障之前,线路可能处于不同输送功率的运行状态,下面分析线路上输送功率是否会对该过电压产生影响,计算时保证不同功率下两端母线电压一致,结果如表 6-9 所示。

表 6-9　不同输送功率下单相接地故障过电压计算结果

接地点位置/km		100	200	300	400	500	600
过电压水平 /p.u.	$P=0MW$	1.556	1.555	1.569	1.533	1.58	1.614
	$P=1000MW$	1.563	1.56	1.573	1.536	1.569	1.611
	$P=2000MW$	1.555	1.554	1.563	1.524	1.572	1.613
	$P=3000MW$	1.550	1.552	1.558	1.519	1.57	1.610

由表 6-9 可知,随着线路输送功率的变化,相同接地点情况下线路上的过电压幅值变化很小。当输送功率从 0 增加至 3000MW 时,相同接地点上的过电压幅值前后相差不超过 0.02p.u.,可忽略。

鉴于此,以下研究中输送功率均采用 0MW 的空载状态。

3)线路杆塔参数影响分析

分析不同导线型号以及杆塔参数对单相接地故障过电压的影响程度,计算时保证模型其他条件一致,结果如表 6-10 和表 6-11 所示,表中的过电压值均为该条件下整条线路上不同位置发生接地故障时的最大过电压值。

表 6-10　不同导线型号下单相接地故障过电压计算结果

常用导线规格	外径/mm	直流电阻/Ω·km^{-1}	过电压/p.u.
LGJ-400/35	26.82	0.07389	1.531
LGJ-400/50	27.63	0.07232	1.531
LGJ-500/35	30	0.05812	1.533
LGJ-500/45	30	0.05912	1.537
LGJ-630/45	33.6	0.04633	1.533

表 6-11　不同杆塔参数下单相接地故障过电压计算结果

杆塔参数变化	呼高/m	相邻两相水平间距/m	中、边相垂直间距/m	过电压/p.u.
常见猫头塔尺寸	57	15.7	19.6	1.543
呼高减少	37	15.7	19.6	1.569
呼高增加	77	15.7	19.6	1.557
三相间距减少	57	5.7	9.6	1.573
三相间距增加	57	25.7	29.6	1.586

结果表明，随着导线型号的变化，单相接地故障过电压幅值变化很小，最大相差不超过 0.006p.u.，可忽略；当杆塔参数明显变化后，过电压幅值改变也较小，最大相差不超过 0.04p.u.，对计算结果不会产生实质性的影响。

鉴于此，以下研究中导线型号采用 LGJ-500/35，线路杆塔采用特高压常用猫头塔型。

4）高抗补偿影响分析

分析不同高抗补偿度对单相接地过电压的影响程度，计算时保证模型其他条件一致，结果如表 6-12 所示。

表 6-12　不同高抗补偿下单相接地故障过电压计算结果

补偿度	0	10%	30%	50%	70%	90%
过电压/p.u.	1.697	1.595	1.568	1.563	1.562	1.557

结果表明，高抗补偿对单相接地过故障过电压有一定的抑制作用，补偿度越高，单相接地故障过电压越低。当补偿度小于 30% 时，过电压随着补偿度的升高明显降低；当补偿度大于 30% 时，增加补偿度对过电压的影响就很小了，此时随着补偿度的增加过电压仅略有下降。目前，特高压线路高抗补偿度一般在 80%～90% 之间，从严考虑，以下研究中线路均采用 80% 的高抗补偿度。

6.2.3.2　电源阻抗特性分析

1）电源阻抗范围界定

实际上，电源阻抗特性会对单相接地故障过电压产生较大影响，目前在单相接地故障过电压工程计算中通常仅计算最大、最小和正常运行方式等少数典型情况，这是不够全面的。因为他们主要反映的是负荷的变化，但前面的分析表明负荷变化对单相接地故障过电压的影响很小，但电源阻抗特性却会对单相接地故障过电压产生重大影响。因此必须界定特高压交流系统等效电源阻抗的范围，研究它对单相接地故障过电压的影响。

目前，我国特高压交流电网处于建设初期，在两个超高压电网基础上架设特高压线路来进行点对点输电是其主要的模式。因此，本节主要研究该种情况下电源阻抗的等效问题。在图 6-5 所示模型中，电源阻抗通常包含 500kV 侧电网电源等效阻抗、变压器自身阻抗以及第三绕组侧的低压容抗等，计算复杂且难以准确界定。本节在综合考虑了超高压电网的等效情况、特高压变压器及其低压侧容抗的分布后，得出等效后的电源阻抗范围，等效方法如图 6-9 所示。

下面具体分析影响等效后电源阻抗的三个因素的范围[12]。

首先，分析 500kV 等值电源的 X_1（正序阻抗）范围。资料表明，500kV 系统的短路电流通常都在

12.5kA～75kA 范围之内,由短路电流计算公式(6-2)可得出等效 X_1 范围约在 3.85～23.1Ω 之间,本节偏严考虑 10% 的误差,取 X_1 范围在 3.5～25.4Ω 之间。

$$X_1 = \frac{U_1}{\sqrt{3} I_k} \tag{6-2}$$

式中:X_1 为正序电抗;U_1 为系统线电压,取值 500kV;I_k 为短路电流。

其次,分析 500kV 等值电源的 X_0/X_1(零序阻抗/正序阻抗)关系。充分考虑 500kV 线路和变压器该比值的情况,偏严考虑,将该比值范围定为 0.5～3.5[13-14]。

最后,采用我国特高压示范线路的变压器参数,并考虑一台变压器运行或两台变压器并联运行的两种情况,将变压器低压侧容抗范围分别定为:一台变压器,低容 1000Mvar～低抗 1000Mvar;两台变压器,低容 2000Mvar～低抗 2000Mvar。

在上述参数范围内,通过仿真得出单相和三相短路电流幅值,然后采用短路电流公式反演计算并适当扩大取整,得出等效后特高压电源的 X_1 在 40～180Ω 范围内,X_0/X_1 在 0.4～1.4 范围内,如图 6-9 所示。

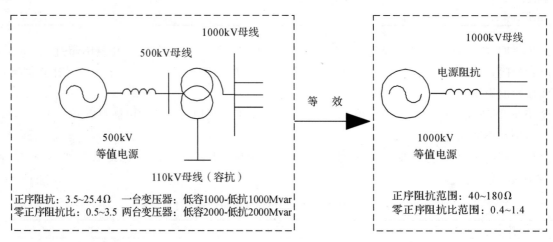

图 6-9　1000kV 等效电源阻抗计算示意图

由于上述三个参数范围的选择较为宽裕,包含了绝大多数特高压交流系统的电源阻抗情况。因此,可以认为在此基础上得出的特高压等效电源阻抗范围是宽裕的,在此范围内进行过电压极大值的研究,得出的最大过电压幅值也是偏严格的。

2)过电压极大值的电源阻抗确定

针对图 6-5 所示的模型,在上文得出的电源阻抗范围内,研究电源阻抗对单相接地故障过电压的影响情况,寻找过电压最大时的电源阻抗特性,得到求取单相接地故障过电压最大值的方法。

(1)单相接地故障过电压与电源零正序阻抗比的关系

保持 E_1 端电源阻抗不变,只改变 E_2 端电源的阻抗,计算结果如表 6-13 所示。计算时在沿线等距设置 20 个接地点,求取各个接地点故障时的沿线最大过电压值,20 个沿线最大过电压值的最大值即为该种电源阻抗情形下的单相接地故障过电压值。

表 6-13　E_2 端电源阻抗发生变化时单相接地故障过电压计算结果

X_1/Ω	过电压水平/p.u.		
	$X_0/X_1 = 0.4$	$X_0/X_1 = 1.0$	$X_0/X_1 = 1.4$
40	1.644	1.701	1.728
60	1.574	1.613	1.648
100	1.531	1.580	1.638
140	1.543	1.615	1.635
180	1.568	1.626	1.664

　　由表 6-13 可知,电源阻抗的变化对单相接地故障过电压影响较大,其中 X_0/X_1 阻抗比越大时,该过电压就越大。同时,进一步计算表明,保持 E_2 端电源阻抗不变时仅改变 E_1 端电源阻抗的情况下也有上述规律。因此,可以认为,当 X_0/X_1 阻抗比达到最大值 1.4 时,单相接地故障过电压达到最大。理由分析如下。

　　单相接地故障过电压是在线路产生接地故障后,在单相接地工频过电压的基础上产生的,因此,与单相接地工频过电压值密切相关。从工频过电压的研究结果可知,发生单相接地时,健全相电压的升高系数 K 与系统的 X_0/X_1(从接地点看进去整个系统的零正序阻抗比值)有很大关系,如式(6-3)所示,而系统的 X_0/X_1 比值与电源阻抗又有密切联系。显然电源阻抗的 X_0/X_1 越大,系统的 X_0/X_1 就越大,故健全相电压的升高系数也因此越大,如图 6-10 所示,从而在此基础上产生的单相接地时的操作过电压也就越大。

$$K=\sqrt{3}\,\frac{\sqrt{\left(\dfrac{X_0}{X_1}\right)^2+\left(\dfrac{X_0}{X_1}\right)+1}}{\dfrac{X_0}{X_1}+2} \tag{6-3}$$

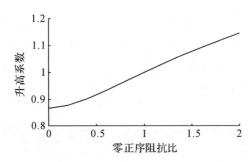

图 6-10　升高系数 K 与系统 X_0/X_1 比值的关系曲线

　　(2)单相接地故障过电压与电源正序阻抗的关系

　　在保持两端电源 X_0/X_1 阻抗比均在 1.4 的情况下,分别改变两端电源 E_1、E_2 的正序阻抗 X_{1E1}、X_{1E2},计算该过电压,结果如表 6-14 所示,表中的过电压值均为该条件下整条线路上不同位置发生接地故障时的最大过电压值。

表 6-14　不同电源正序阻抗下单相接地故障过电压的计算结果

	X_{1E2}/Ω	40	60	100	140	180
	$X_{1E1}=40\,\Omega$	1.728	1.648	1.638	1.635	1.664
	$X_{1E1}=60\,\Omega$	1.647	1.585	1.579	1.554	1.567
过电压水平/p. u.	$X_{1E1}=100\,\Omega$	1.639	1.580	1.516	1.527	1.530
	$X_{1E1}=140\,\Omega$	1.635	1.553	1.529	1.520	1.540
	$X_{1E1}=180\,\Omega$	1.662	1.564	1.530	1.542	1.576

　　由表 6-14 可知,随着电源正序阻抗从 40Ω 到 180Ω 逐渐增加,单相接地故障过电压幅值均呈现先减后增的 V 型趋势,因而在阻抗范围的边界处,出现了过电压的极大值。分析如下:

　　一方面,单相接地故障过电压随系统的 X_0/X_1 比值的增加而增大,如图 6-10 所示,而系统的 X_0/X_1 与电源 X_0/X_1 以及线路 X_0/X_1 有关。用 $X_{0源}$ 表示电源零序阻抗,$X_{1源}$ 表示电源正序阻抗,a 表示电源零正序阻抗比,用 $X_{0线}$ 表示输电线路零序阻抗,$X_{1线}$ 表示输电线路正序阻抗,b 表示输电线路零正序阻抗比,且 $a<b$,则从故障点看进去整个系统的零正序阻抗比 $X_{0系}/X_{1系}$ 为

$$\frac{X_{0系}}{X_{1系}}=\frac{X_{0源}+X_{0线}}{X_{1源}+X_{1线}}=\frac{aX_{1源}+bX_{1线}}{X_{1源}+X_{1线}}=a+(b-a)\frac{X_{1线}}{X_{1源}+X_{1线}} \tag{6-4}$$

　　由于特高压线路的零正序阻抗比 b 在 2.6 左右,故保持电源零正序阻抗比不变的情况下,由式(6-4)可知,随着电源 X_0 和 X_1 的成比例增加,系统的 X_0/X_1 反而减小,由此过电压幅值减小。

另一方面,从操作过电压角度分析,X_1 的存在相当于等价延长了线路长度,而线路越长过电压就越大,因此,X_1 越大单相接地故障过电压也就越大。

在这两种因素的共同作用下,当 X_1 较小时,前者因素起主导作用,而 X_1 较大时,后者的影响则较为突出。因此,随着电源 X_1 的增加,过电压幅值呈现了先减小后增大的 V 型趋势。

(3)求取单相接地故障过电压最大值的方法总结

前面两小节的结论是针对长度为 600km 的线路所得出的结果,进一步计算表明,当线路长度发生变化时,电源阻抗特性对单相接地故障过电压的影响与该条线路呈现相同的规律,即电源阻抗的零正序阻抗比越大,过电压越大;当电源阻抗的零正序阻抗比保持不变的情形下,过电压随着电源正序阻抗的增加呈现 V 型变化趋势。因此,对于一般的特高压线路,单相接地故障过电压的最大幅值出现在两端电源 X_0/X_1 取最大值且 X_1 取阻抗边界值时的情形。

电源 E_1、E_2 的正序阻抗为 X_{1E1}、X_{1E2},其上、下边界值分别为 180Ω、40Ω。取特高压等效电源的正序阻抗 X_1 的边界值(即 $X_{1上边界}$、$X_{1下边界}$)时,有四种情况,分别是($X_{1E1}=X_{1上边界}$、$X_{1E2}=X_{1上边界}$)、($X_{1E1}=X_{1下边界}$、$X_{1E2}=X_{1下边界}$)、($X_{1E1}=X_{1上边界}$、$X_{1E2}=X_{1下边界}$)、($X_{1E1}=X_{1下边界}$、$X_{1E2}=X_{1上边界}$)。在以上每一种电源阻抗取值情形下,充分考虑接地因素的影响,设沿线等间距分布有 n 个单相接地点,分别求取各个接地点故障时的沿线最大过电压值,n 个沿线最大过电压值的最大值即为该种电源阻抗情形下的单相接地故障过电压值。分别计算这四种电源阻抗取值情形下的单相接地故障过电压值 U_{1max}、U_{2max}、U_{3max}、U_{4max},选取四者中的最大值,即为该条线路的单相接地故障过电压最大值 U_{max}。图 6-11 展示出了求取一定长度特高压线路单相接地故障过电压最大值的步骤。

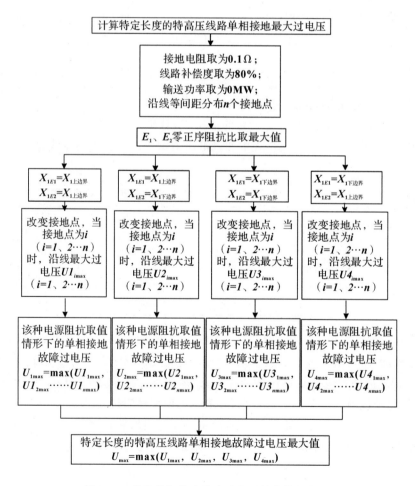

图 6-11 求取单相接地故障过电压最大值的步骤

实际上,在大多数情况下,$X_{1E1}=40\Omega$、$X_{1E2}=40\Omega$ 时,且两端电源的零正序阻抗比均为 1.4,单相接地故障过电压幅值最大。所以,有时为方便起见,也可以考虑简单取该种情况对单相接地故障过电压最大值进行直接估算。

综合以上分析,在计算某条线路的单相接地故障过电压最大值时,先将线路输送功率取为 0MW、线路补偿度取为 80%、接地电阻取为 0.1Ω,然后在保证两端电源零正序阻抗比最大的前提下,选取两端电源正序阻抗取边界值的 4 种运行方式,在 4 种运行方式下,改变接地点,算取每种运行方式下的单相接地故障过电压,4 种运行方式下的单相接地故障过电压值的最大值即为该条线路在两端等效电源取阻抗范围内的任一阻抗值时的单相接地故障过电压最大值。

6.2.3.3　单回线路与双回线路下该过电压的比较

单回模型和双回模型的线路参数分别参考我国晋东南—南阳—荆门特高压单回示范线路和淮—皖—浙—沪特高压双回线路,同时保持两种线路情况下的电源特性、高抗补偿度等参数相同,比较分析单回线路和双回线路的单相接地故障过电压情况。

考虑到双回线路有一回接地(一回运行)和两回运行两种运行模式,下面通过计算分析不同运行方式下的过电压情况,结果如表 6-15 所示。

表 6-15　单回线路/双回线路的单相接地故障过电压比较

不同线路长度/km		200	400	600
过电压水平/p.u.	单回线路	1.407	1.600	1.728
	双回线路一回接地	1.291	1.462	1.703
	双回线路两回运行	1.276	1.396	1.573

由表 6-15 可知,同种情况下,单回线路的单相接地故障过电压要比双回线路时严重。这是因为同长度下,双回线路系统较单回线路系统联系更紧密而且更稳定,不易引起剧烈的过电压波动。且在相同线路长度下,若回路越多则对过电压波的分散消耗作用就越大,故双回线路过电压幅值较单回线路低[4]。由此可以推论,若单回线路下单相接地故障过电压能得到有效控制,则同样条件下双回线路的该过电压也能被有效控制。

6.2.4　限制措施

6.2.4.1　不同线路长度下的过电压限制

1)在线路两端采用高抗补偿和 MOA 的限制保护

针对点对点特高压输电线路,保持线路两端母线电压为 1100kV(偏严考虑)的条件下,利用上一小节得出的求取特高压线路最大单相接地故障过电压的方法来分析单相接地故障过电压的可限制长度。模型计算中,采用常见限制措施(即线路两端各采用一组 MOA 和高抗补偿),其中线路补偿度为 80%。

利用图 6-11 所示的计算步骤,计算 100~600km 时的最大单相接地操作过电压幅值,结果如表 6-16 所示。

表 6-16　不同长度下的单相接地故障过电压幅值

线路长度/km	100	200	300	400	500	600
过电压/p.u.	1.379	1.418	1.498	1.542	1.633	1.728

由表 6-16 可知,采用图 6-11 所示的方法,当线路长度为 500km 时,过电压为 1.633p.u.,满足限制要求;而在 600km 时,过电压则大于 1.7p.u.,超出了规程要求。因此,鉴于所选条件的严苛性,可以认为,只要线路长度不超过 500km 时,即使在最严酷的条件下,单相接地故障过电压也能满足规程限制要求;而当线路长度超过 600km 时,则可能出现单相接地故障过电压难以被控制在允许范围内的情形。

对于更长的特高压线路,限制其单相接地故障过电压通常依靠多组 MOA 保护和多点高抗分段补偿措施,下面分别进行分析。

2) 多组 MOA 的限制研究

选取 800km 的长线路,线路两端采用 80％的高抗平均补偿[2],下面分析采用多组 MOA 的限制效果(多组 MOA 平均分布于线路中)。

(1)偶数组 MOA 对过电压的限制研究

沿线分别布置 2 组 MOA、4 组 MOA 和 6 组 MOA,当故障点的位置发生变化时,沿线的最大过电压如图 6-12 所示。图 6-12 中"2 组 MOA"即线路两端分别自带一组 MOA;"4 组 MOA"时,另两组 MOA 置于线路 1/3 和 2/3 处;"6 组 MOA"时,另四组 MOA 置于线路 1/5、2/5、3/5 和 4/5 处。

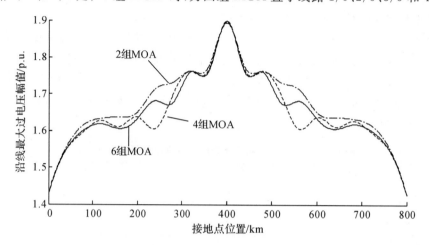

图 6-12 偶数组 MOA 限制下的单相接地故障过电压幅值

比较图 6-12 中三种情况下的过电压幅值,可以发现,沿线最大过电压幅值与接地点的位置密切相关,同时只有在有 MOA 设置的地方下,该处接地过电压才得到一定的限制。由于线路中点处未装设避雷器,因此线路中间的接地过电压未能得到有效地限制,当线路中间出现单相接地时,其过电压幅值最大,三种情况下均超过 1.85p.u.,且差异不大。

(2)奇数组 MOA 对过电压的限制研究

沿线分别布置 3 组 MOA、5 组 MOA 和 7 组 MOA,当故障点的位置发生变化时,沿线的最大过电压如图 6-13 所示。图 6-13 中"2 组 MOA"即线路两端分别自带一组 MOA;"3 组 MOA"时,另一组 MOA 置于线路中间;"5 组 MOA"时,另三组 MOA 置于 1/4、2/4 和 3/4 处;"7 组 MOA"时,另五组 MOA 置于线路 1/6、2/6、3/6、4/6 和 5/6 处。

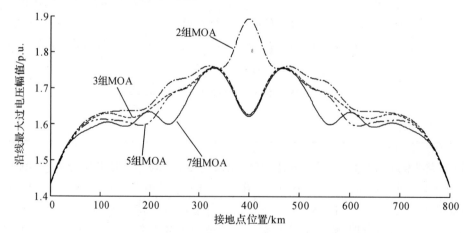

图 6-13 奇数组 MOA 限制下的单相接地故障过电压幅值

由图 6-13 可知,在沿线布置奇数组 MOA 时,由于在线路中间加装有一组 MOA 时,最大过电压得到了明显的限制。然而,在 3 组、5 组和 7 组 MOA 限制下,线路的最大过电压也都达到了 1.74p.u. 左右,仍不能满足限制要求。不同组 MOA 限制措施下最大过电压如表 6-17 所示,可以发现,随着 MOA 组数的增加,最大过电压有所下降但不显著。

表 6-17　2 组、3 组、5 组和 7 组 MOA 限制单相接地故障过电压效果

MOA 组数	2	3	5	7
过电压/p.u.	1.885	1.745	1.744	1.740

(3)小结

综合图 6-12、图 6-13 和表 6-17,可以发现,只有在设置有 MOA 的地方下,该处接地过电压才得到较好的限制,MOA 只对其装设处附近地方(大概 80km 内)出现单相接地故障过电压时具有一定的限制作用,对更远处的接地过电压则没有明显的限制作用。随着 MOA 数量的增加,最大过电压值减小得越来越缓慢,当线路较长时,布置更多的 MOA 不仅不能起到很好的效果,反而会增加经济上的耗费。另外,对比图 6-12、图 6-13 可知,针对长线路,在线路中间加装 MOA 可以显著降低该处过电压值。

综上,对于采取双端补偿方式的特高压长线路,在线路中间布置一组 MOA 能够显著降低单相接地故障过电压。另外,仅采用 MOA 来限制单相接地故障过电压时,需要在沿线布置较多组数的 MOA 才能勉强控制该过电压。因此,该方法具有一定的局限性。

3)分段高抗补偿的限制研究

高抗补偿对单相接地故障过电压有一定的抑制作用,一般来说,补偿度越高,限制效果就越好。相同补偿度下高抗的不同布置方式对该过电压有着不同的限制效果,下面对此进行分析。

选取 800km 的长线路,线路两端分别布置一组 MOA,同时保持高抗补偿度为 80% 不变,改变补偿点数目(各点补偿容量平均分配),分析不同数量补偿点对单相接地故障过电压的限制影响,结果如图 6-14 所示。

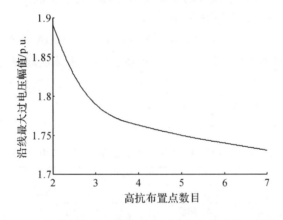

图 6-14　多点平均布置高抗补偿下的单相接地故障过电压

由图 6-14 可以发现,相同高抗补偿度下,补偿布置点越多,对过电压的限制越有利。其中,三点分布(即线路中间也有补偿)的限制效果明显好于两点分布(即线路两端补偿);而当分布点更多后,过电压的限制效果逐渐趋向饱和。因此,通过线路中间设置高抗来限制较长线路的过电压是较为有效的。同时也发现,三点补偿下 800km 线路的最大过电压仍大于规程允许值 1.7p.u.。

下面分析三点补偿下,高抗容量的不同分配方式对该过电压会有什么样的影响。仍选择 800km 线路进行分析,同样保持高抗补偿度为 80% 不变,采用三点补偿,但线路首末端与中间补偿容量分配不一致,计算结果如表 6-18 所示。其中,表 6-18 中补偿容量比例为 1:1:1 即三点平均补偿。

表 6-18　不同补偿容量分配时的单相接地故障过电压

补偿容量比例	线路首端:线路中间:线路末端				
	1:0:1	2:1:2	1:1:1	1:2:1	1:4:1
过电压/p.u.	1.907	1.827	1.783	1.718	1.696

由表 6-18 可知,随着线路中间高抗容量比例的增加,对过电压的限制效果就越好。这是因为线路中间电压往往较高且过电压较难控制,此外,由于线路较长,该处电压变化更为剧烈,易产生高幅值的过电压。通过线路中间加装高抗后,钳制了该处的电压波动,同时也改善了全线的过电压分布,该处补偿度越高,钳制作用越有效。因此,针对长线路,在线路中间加装高补偿度的高抗有利于对该过电压的限制。

然而,进一步计算表明,对于较长特高压线路,从限制工频过电压的角度出发,线路中间高抗补偿容量不宜过大。以长度为 800km 的特高压线路为例,当线路两端产生单相接地甩负荷工频过电压时,工频过电压最大值如下表 6-19 所示。

表 6-19   不同补偿容量分配时的工频过电压

补偿容量比例	线路首端:线路中间:线路末端			
	2∶1∶2	1∶1∶1	1∶2∶1	1∶4∶1
过电压/p.u.	1.371	1.377	1.380	1.435

综合表 6-18、表 6-19 可知,对于三点补偿的特高压长线路,由于甩负荷工频过电压最大值通常出现在靠近线路两端的部分,因此随着线路中间的高抗补偿容量增加,单相接地甩负荷工频过电压会增加,故在线路中间加装较多高抗时,工频过电压可能会超过限制要求;而对于长线路单相接地故障过电压,沿线最大值通常出现在线路中部,故随着线路中间的高抗补偿容量增加,单相接地故障过电压会减小。因此,针对长线路,从同时限制工频过电压和单相接地故障过电压的角度出发,应在线路中间加装适量高抗,由表 6-20、表 6-21 可知,当线路中间的高抗补偿容量在 50% 左右时对两者的限制均较为有利。

目前,常见特高压三点补偿的分段线路中间的高抗补偿容量在 50% 左右[1]。由表 6-18 可知,800km 的长线路过电压仍有可能超过规程的限制要求,因此,还应采取进一步限制措施。

4)多组 MOA 和分段高抗的联合限制研究

由前面两小节可知,对于特高压长线路,当线路中间布置了 MOA 或者高抗之后,过电压值显著降低,但是仅采用沿线布置避雷器或者沿线布置高抗的措施仍无法满足规程的限制要求。对于采用三点限制模式(即线路首端、中间、末端均设置有 MOA 保护和高抗补偿)的长线路,本节对多组 MOA 和分段高抗联合限制该过电压的效果进行研究。

选取 800km 的长线路,采用三点限制模式,过电压计算结果如表 6-20 所示。

表 6-20   三点限制模式下 MOA 和高抗联合限制下的单相接地故障过电压

补偿容量比例	线路首端:线路中间:线路末端		
	2∶1∶2	1∶1∶1	1∶2∶1
过电压/p.u.	1.704	1.642	1.604

由表 6-20 可知,在三点限制模式下,800km 的长线路的单相接地故障过电压得到了有效限制,满足规程要求。因此,可以推知,针对 500~800km 的长线路,在线路中间进行分段落点(分段长度在 400km 左右),设置 MOA 及合适的高抗补偿时,就能较好地抑制该种过电压。

事实上,鉴于长线路的单相接地故障过电压难以限制,我国已建成的晋东南—南阳—荆门特高压示范线路以及淮—皖—浙—沪特高压双回线路均采用开关站分段技术。最大分段距离在 400km 左右,同时在分段处设置了 MOA 与高抗措施来共同抑制过电压。

因此,采用三点限制模式—多组 MOA 保护和分段高抗补偿联合限制该过电压时,可以较好地同时兼顾工频过电压与操作过电压的限制要求,减少了沿线装设 MOA 的数量,是一种技术上可行、经济上占优的限制方法。

6.2.4.2   长线路单相接地故障过电压进一步研究

由前面的分析可知,对于较短的特高压线路,单相接地故障操作过电压通常不会超过 1.7p.u. 的限制水平,不是决定系统绝缘水平的决定性因素[1]。当线路较长(大于 600km)时,单相接地故障过电压仍有可能超过 1.7p.u. 的限制水平,对特高压系统安全构成威胁。但是对于较长的特高压线路,从限制工频过电压以及稳压的角度考虑,需对线路进行分段,并在每一段线路的两端加装并联高抗,这样可以使单相接地故障过电压降低。因此,对于某一长度很长的线路,若能给予适当的线路分段(配以相应的 MOA 保护和高抗补偿),可以确保使单相接地故障过电压不超过规程规定的限制水平,则该线路分段方式可以为线路规划设计以及过电压防护计算时直接引用,从而可以避免单相接地故障过电压很大工作量的仿真计算(因为该过电压影响因素太多,工况太复杂),节省大量时间和精力。

鉴于此目的,本小节借助 PSCAD-EMTDC 软件仿真,在大量仿真计算的基础上,对分段的特高压长线路单相接地故障过电压进行了详细研究。在求取最严酷单相接地故障过电压的条件下,研究了线路分段数为 3～5 段的特高压长线路单相接地故障过电压问题,探讨了不同线路分段方式下该过电压不超过限制水平时线路所能达到的最大长度,提出了不同分段方式下整条线路单相接地故障过电压不会超过限制水平的最大长度,并给出了相应的线路分段方式,可为特高压输电工程建设直接提供参考。

在前面探究单相接地故障过电压影响因素的基础之上,下面将分别探究分三段、四段和五段情况下的特高压线路单相接地故障过电压水平,求取分 3～5 段的线路单相接地故障过电压不超过限制水平时可达到的全线最大长度以及单段线路的最大长度。

1)长线路分三段时的单相接地故障过电压研究

(1)平均分三段时的线路过电压研究

对于平均分三段、每段长度 400km 的特高压线路,在常规的限制措施如加装高抗和 MOA 下,如图 6-15 所示。其中,A、B、C、D 四点的高抗容量比例为 1∶2∶2∶1。

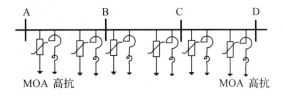

图 6-15　分三段的特高压交流线路

为了研究 MOA 对该过电压的限制效果,在沿线改变 MOA 布置的方式:第一种 MOA 布置方式为沿线加装六组 MOA,如图 6-16 所示,在分段线路沿线布置 MOA 时通常采用此方式,其中 A、D 处各一组,B、C 处各两组,用 a1 表示;第二种 MOA 布置方式为沿线布置四组 MOA,其中 A、B、C、D 处各一组,用 b1 表示;第三种 MOA 布置方式为沿线布置两组避雷器,其中 B、C 处各一组,用 c1 表示;第四种情形下沿线不装设避雷器,用 d1 表示。其沿线最大单相接地故障过电压水平如表 6-21 所示。

表 6-21　平均分三段线路的单相接地故障过电压

补偿度	单相接地故障过电压水平/p.u.			
	a1	b1	c1	d1
80%	1.667	1.667	1.667	1.669
85%	1.646	1.647	1.648	1.649
90%	1.623	1.624	1.624	1.624

从表 6-21 可知,当线路补偿度保持不变时,随着沿线 MOA 组数的增加,单相接地故障过电压值基本保持不变;当 MOA 布置条件不变时,随着线路补偿度的增加,单相接地故障过电压会有明显的减小,因此,高抗较 MOA 能够更好地限制长线路单相接地故障过电压。对于 3×400km 长的特高压线路,当补偿度在 80%～90% 之间变化时,单相接地故障过电压均不超过 1.7p.u. 的限制水平,因此,该类过电压不会危及平均分三段、每段长度为 400km 的特高压线路。

单相接地故障过电压与线路长度呈正相关,线路越长,过电压越大,因此,可以推知,对于总长度小于 1200km、平均分三段的特高压线路或总长度小于 1200km、分段长度小于 400km 的特高压线路,单相接地故障过电压均不会超出限制水平,不需考虑该种过电压对绝缘构成的威胁。

（2）长线路分三段、单段长度发生变化时的过电压研究

当分段长度发生变化时，单相接地故障过电压如表 6-22 所示。避雷器采取在每个分段线路两端对称布置的方式；高抗也采取在每个分段线路两端对称布置、其容量与分段线路长度成比例。

表 6-22 单段线路长度变化时分三段线路的单相接地故障过电压

线路分段方式/km	过电压/p.u.		
	补偿度 80%	补偿度 85%	补偿度 90%
400-400-400	1.667	1.648	1.624
200-600-400	1.725	1.699	1.677
300-500-400	1.708	1.689	1.660
500-400-400	1.694	1.679	1.654
400-500-400	1.719	1.699	1.677
500-400-500	1.762	1.734	1.704
500-500-500	1.785	1.742	1.712

由表 6-22 可知，对于不平均分段的特高压线路，单段长度较长的线路在整条线路两端时沿线单相接地故障过电压值要小于该段线路位于整条线路的中间段时的过电压值。当线路分段数一定时，线路分段越平均，过电压越小。基于通用化结论的考虑，在下面的仿真计算中，线路长度均以 100km 为单位。采用常规抑制过电压的措施，对于分三段的线路，当补偿度取在 80%～90% 之间变化时，单相接地故障过电压不超过限制水平时线路最大长度可达 1300km，单段线路的最大长度可达 500km，且其中一种过电压较低的合理分段方式为 500km-400km-400km 或 400km-400km-500km。

2）长线路分四段时的单相接地故障过电压研究

（1）平均分四段时的线路过电压研究

对于平均分四段、每段长度 400km 特高压线路，在常规的限制措施如加装高抗和 MOA 下，如图 6-16 所示。其中，A、B、C、D、E 五点的高抗容量比例为 1：2：2：2：1。

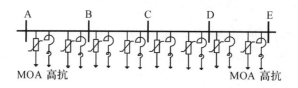

图 6-16 分四段的特高压交流线路

为了研究 MOA 对该过电压的限制效果，在沿线改变布置 MOA 的方式：第一种 MOA 布置方式为沿线加装八组 MOA，如图 6-16 所示，在分段线路沿线布置 MOA 时通常采用此方式，其中 A、E 处各一组，B、C、D 处各两组，用 a2 表示；第二种 MOA 布置方式为沿线布置五组 MOA，其中 A、B、C、D、E 处各一组，用 b2 表示；第三种 MOA 布置方式为沿线布置三组避雷器，其中 B、C、D 处各一组，用 c2 表示；第四种 MOA 布置方式为仅在 C 处布置一组 MOA，用 d2 表示；第五种情形下沿线不装设避雷器，用 e2 表示。其沿线最大单相接地故障过电压水平如表 6-23 所示。

表 6-23 平均分四段线路的单相接地故障过电压

补偿度	单相接地故障过电压水平/p.u.				
	a2	b2	c2	d2	e2
80%	1.820	1.828	1.828	1.837	1.847
85%	1.781	1.785	1.785	1.790	1.794
90%	1.732	1.734	1.734	1.735	1.737

由表 6-23 可知，MOA 对单相接地故障过电压有微弱的限制作用。当线路补偿度在 80%～90% 的范围内变动时，过电压均超过了 1.7p.u. 的限制水平。因此，对于平均分四段的特高压长线路，在常规

的限制措施下,为了使单相接地故障过电压不超过限制水平,单段线路长度取为 400km 不满足单相接地故障过电压低于限制水平这一条件。

(2)长线路分四段、单段长度发生变化时的过电压研究

当单段分段距离发生变化时,单相接地故障过电压如表 6-24 所示。避雷器采用在单段线路两端布置的常规方式。高抗也采取在每个分段线路两端对称布置、其容量与分段线路长度成比例。

表 6-24　单段线路长度变化时分四段线路的单相接地故障过电压

线路分段方式/km	过电压/p.u.		
	补偿度 80%	补偿度 85%	补偿度 90%
400-400-400-400	1.820	1.783	1.732
400-500-300-400	1.885	1.831	1.778
400-400-400-300	1.807	1.769	1.724
300-400-400-300	1.795	1.753	1.711
400-300-300-400	1.712	1.704	1.681
300-400-300-300	1.759	1.726	1.694
400-300-300-300	1.691	1.662	1.646
300-300-300-300	1.683	1.654	1.623
300-200-400-300	1.698	1.669	1.645

由表 6-24 可知,当线路分段数一定时,线路分段越平均,过电压越小。补偿度越高,过电压越小,对于分四段的特高压线路,当线路补偿度取 80%~85% 时,整条线路单相接地故障过电压不会超过限制水平的最大长度可达 1300km,单段线路最大长度可达 400km,一种较为合理的线路分段方式为 400km-300km-300km-300km;当补偿度取 90% 时,过电压水平进一步降低,整条线路单相接地故障过电压不会超过限制水平的最大长度增加至 1400km,单段线路最大长度可达 400km,一种过电压较低的较为合理的线路分段方式为 400km-300km-300km-400km。

另外,比较表 6-22 和表 6-24 可知,相同线路长度下,不同的线路分段方式对单相接地故障过电压的影响很大,增加线路分段数,减小线路分段距离对该过电压有一定的削弱作用,当线路分段数一定时,中间段线路长度越短,单相接地故障过电压通常越小。

3)长线路分五段时单相接地故障过电压研究

(1)平均分五段线路过电压研究

对于平均分五段、每段长度为 300km 的特高压线路,在常规的限制措施如加装高抗和 MOA 下,如图 6-17 所示。其中,A、B、C、D、E、F 六点的高抗容量比例为 1:2:2:2:2:1。

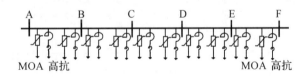

图 6-17　分五段的特高压交流线路

为了研究 MOA 对该过电压的限制效果,在沿线改变布置 MOA 的方式:第一种 MOA 布置方式为沿线加装十组 MOA,如图 6-17 所示,在分段线路沿线布置 MOA 时通常采用此方式,其中 A、F 处各一组,B、C、D、E 处各两组,用 a3 表示;第二种 MOA 布置方式为沿线布置六组 MOA,其中 A、B、C、D、E、F 处各一组,用 b3 表示;第三种 MOA 布置方式为沿线布置四组避雷器,其中 B、C、D、E 处各一组,用 c3 表示;第四种 MOA 布置方式为沿线布置两组 MOA,其中 C、D 处各一组,用 d3 表示;第五种情形下沿线不装设避雷器,用 e3 表示。其沿线最大单相接地故障过电压水平如表 6-25 所示。

表 6-25　平均分五段线路的单相接地故障过电压

补偿度	单相接地故障过电压水平/p. u.				
	a3	b3	c3	d3	e3
80%	1.725	1.730	1.730	1.730	1.768
85%	1.715	1.719	1.719	1.724	1.739
90%	1.665	1.668	1.668	1.668	1.674

由表 6-25 可知,MOA 对过电压的限制作用仍不明显,当线路补偿度取 80% 或 85% 时,沿线单相接地故障过电压超过限制水平;当补偿度取 90% 时,过电压值降低到 1.7p. u. 以下。

(2)长线路分五段、单段长度发生变化时的过电压研究

当线路分段方式发生变化时,单相接地故障过电压值如表 6-26 所示。避雷器采用在单段线路两端布置的常规方式。避雷器采取在每个分段线路两端对称布置的方式;高抗也采取在每个分段线路两端对称布置、其容量与分段线路长度成比例。

表 6-26　单段线路长度变化时分五段线路的单相接地故障过电压

线路分段方式/km	过电压/p. u.		
	补偿度 80%	补偿度 85%	补偿度 90%
300-300-300-300-300	1.725	1.710	1.665
300-200-400-300-300	1.756	1.725	1.688
300-200-500-200-300	1.773	1.730	1.695
300-300-300-300-400	1.758	1.718	1.672
300-300-300-400-300	1.773	1.746	1.708
300-300-400-300-300	1.820	1.782	1.731
400-300-300-300-400	1.787	1.751	1.714
300-300-400-400-300	1.828	1.794	1.738

由表 6-26 可知,当线路分段数一定时,中间段线路越短,过电压越小,且线路分段越平均,过电压越小,对于分五段的特高压线路,当补偿度取 80%~85% 时,表中所列几种线路分段方式下的过电压值均超过限制水平;当补偿度取 90% 时,部分线路分段方式下过电压降低至限制水平以内,沿线单相接地故障过电压不超过限制水平的最大线路长度可达 1600km,且单段线路长度最大可达 400km,一种过电压较低的合理线路分段方式为 300km-300km-300km-300km-400km。

4)线路中间具有落点的情形

对于较长的特高压线路,除了直接点对点输电的情形外,还有一种线路中间具有一个或多个落点负荷或落点等效电源的情形,如图 6-18 所示,图中省略了线路的分段情况。

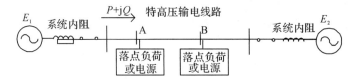

图 6-18　具有落点负荷或电源的特高压长线路

对于较长的特高压线路中间具有落点电源的情形,一方面,落点电源出口母线处(图 6-18 中 A、B两点)的电压被钳制在正常运行的工频电压数值,当整条线路发生单相接地故障时,会导致过电压水平降低;另一方面,电源与电源之间的输电线路长度缩短,过电压水平也会降低。对于较长的特高压线路中间具有落点负荷的情形,负荷对过电压的阻尼作用也会使得过电压水平降低。因此,对于长线路单相接地故障过电压,如果线路中间存在落点电源或落点负荷,会导致单相接地故障过电压水平下降。随着特高压电网的发展,特高压长线路交流输电是一个趋势,且线路中间通常会有落点电源或落点负荷,此时,单相接地故障过电压水平会比线路中间有落点负荷或电源的长线路的过电压水平低。

5）小结

综合前面四小节可知，对于不同长度的特高压长线路，当线路分段数一定时，单段长度较大的线路位于整条线路中间时的过电压水平高于其位于整条线路两端时的过电压水平；同时线路分段越平均，单相接地故障过电压越小。因此，从限制单相接地故障过电压的角度考虑，在常规的限制过电压的措施下，当特高压线路长度发生变化时，采用如下表 6-27 所示的分段方式，单相接地故障过电压不会超过限制水平，基于通用化结论的考虑，线路长度均以 100km 为单位。当长线路中间有落点负荷或落点电源，此时该过电压水平会进一步降低。

表 6-27　线路长度变化时单相接地故障过电压不超过限制水平的线路分段方式

线路最大长度/km	合理线路分段方式/km	补偿度
1200	400-400-400	80%～90%
1300	400-400-500	80%～90%
1400	400-300-300-400	90%
1500	300-300-300-300-300	90%
1600	300-300-300-300-400	90%

表 6-27 中所示的线路分段方式是基于通用化结论考虑得到的一种过电压较低的线路分段方式，即对于分 3～5 段的特高压长线路，若每段线路的长度均不大于表中所示线路分段方式的情况、且补偿度不小于表中最右侧一列所示的线路补偿度，则沿线单相接地故障过电压不会超过限制水平 1.7p.u.。

另外，在实际的工程中，考虑到实际的落点限制和工程的方便实施与否，表 6-27 中所示的某种分段方式在实际施工中可能不方便实施，此时，则需结合表 6-22、表 6-24 和表 6-26 中的结果和实际落点情况以及工程方便实施与否，由过电压限制水平来重新确定线路的合理分段方式。例如，当线路高抗补偿度为 90% 时，对于长度为 1500km 的特高压交流输电长线路，采用 300km-300km-300km-300km-300km 的线路分段方式在实际工程中可能不方便实施，结合表 6-26 也可选用 300km-200km-400km-300km-300km 的线路分段方式，其过电压值同样不超过 1.7p.u.。因此，只要这种分段方式在实际工程中比线路采取平均分段方式时更方便实施，此时，可以考虑采取 300km-200km-400km-300km-300km 的线路分段方式。

6.3　合闸过电压

6.3.1　产生机理

6.3.1.1　合空线过电压

合闸空载线路时，合闸之前，线路上不存在任何异常（无故障和残余电荷），故线路的起始电压为零；合闸后，线路各点电压由零值过渡到考虑电容效应后的工频稳态电压值，在此暂态过程中出现了过电

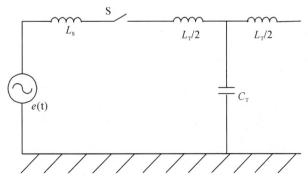

图 6-19　单相模型等效电路

压[15-16]。假设三相接线完全对称并且在同时刻合闸,可将三相线路模型等效为集中参数下的单相模型进行分析。如图 6-19 所示,线路采用 T 型等值电路,其中 L_T,C_T 为线路等值电感和电容,电源电动势为 $e(t)$,电源等值电感为 L_S。

进一步简化电路,如图 6-20 所示,其中 $L=L_S+L_T/2$。

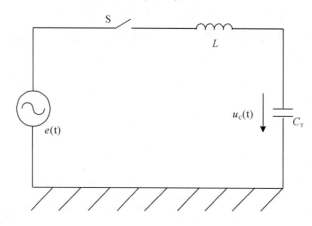

图 6-20　简化后的等效电路

设电源电动势为 $e(t)=E_m\cos\omega t$,合闸时,可求得电容上的电压为:

$$U_c(t)=U_{cm}(\cos\omega t-\cos\omega_0 t) \tag{6-5}$$

$$U_{cm}=E_m\Big/\left[1-\left(\frac{\omega}{\omega_0}\right)^2\right] \tag{6-6}$$

$$\omega_0=1/\sqrt{LC_1} \tag{6-7}$$

其中,U_{cm} 为计入容升效应后线路末端相电压峰值,ω_0 为等效回路自振频率,在超高压及特高压系统中,ω_0 通常为 ω 的 $1.5\sim3.0$ 倍。

由式(6-6)可知,最大值可达 2 倍的 U_{cm},而且其中 $U_{cm}>E_m$,这实际上体现了线路的容升效应,因此,理论上线路产生的最大过电压可超过电源电动势的 2 倍。而由于线路存在损耗,实际过电压幅值通常还是低于上述最大值。

实际合空线过程要比单相模型所描述的更为复杂。实际中合闸时断路器三相难以完全同步,三相实际接通时刻存在一定的时差,这被称为断路器的三相合闸不同期性。由于三相不同期动作,使得线路处于瞬间不对称运行状态,当一相或两相先接通后,主要通过相间电容的耦合作用,合闸相过渡过程时的电压会在孤立未合闸相导线上产生同极性的感应电压。若当该相合闸时,电源电压极性有可能恰好与感应电压相反,这将加剧线路的暂态振荡过程,产生更为严重的过电压。因此,即使容升效应不明显的短线路在进行合空线操作时,由于三相开关合闸的不同期性,其过电压最大值也有可能超过电源电动势的 2 倍。

6.3.1.2　单相重合闸过电压

单相重合闸是电力系统中常见的一种操作。当线路出现单相接地故障时,继电保护动作切除故障相,此时健全相仍在运行,由于相间的耦合作用使得故障相上产生了潜供电流,当潜供电流逐渐减小消失后,故障相又重新合闸,此时在线路上产生了重合闸过电压。

下面具体分析线路在进行单相重合时产生过电压的原理。

特高压线路一般都带有并联补偿的电抗器,当故障点熄弧后,断开相上存在恢复电压,包括健全相对故障相的相间电容静电耦合分量和相间互感电磁耦合分量,其中静电耦合分量起主要作用。

如图 6-21 所示为特高压线路进行重合闸前的实际电路等效图,其中 L_R、L_N 分别为高抗和小电抗阻值;C_m,C_0 分别为线路相间电容和相对地电容。

然后,将高抗和小电抗进一步等值,其中 L_m,L_0 分别为高抗和小电抗等效后的相间补偿电感和相对地补偿电感,如图 6-22 所示。

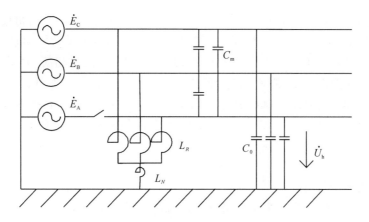

图 6-21　线路实际等效电路图

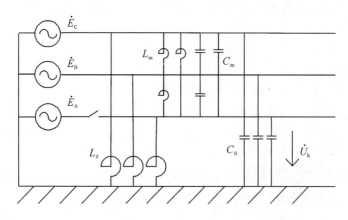

图 6-22　等效电路图（一）

进一步将健全相电源进行等效，如图 6-23 所示。

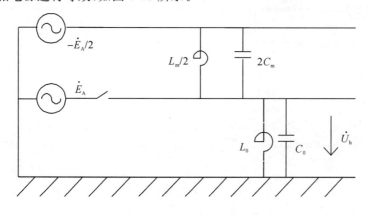

图 6-23　等效电路图（二）

由于线路电抗器往往难以正好完全补偿相间电容，故在断开相上存在恢复电压 $\dot{U}_h$。若仅考虑线路的稳态过程，恢复电压中则只包含工频分量，其稳态值应为：

$$\dot{U}_h = -\dot{E}_A \frac{X_0}{2(X_m + 2X_0)} \tag{6-8}$$

式中，X_0 为 L_0 与 C_0 并联之后（$L_0 /\!/ C_0$）的阻抗，X_m 为 $L_m/2$ 与 $2C_m$ 并联之后（$L_m/2 /\!/ 2C_m$）的阻抗。

事实上，在线路故障被清除后，由于过渡过程的变化，断开相上的恢复 $\dot{U}_h$ 电压还包含自由振荡分量。它主要由几个不同频率的信号合成，其幅值随时间变化，使得恢复电压呈现拍频特性。

因此，线路若在断路器断口电压差（即 $|\dot{E}_A - \dot{U}_h|$）最大值附近时进行重合闸，会导致剧烈的振荡过程，产生最为严重的过电压。

前面分别讨论了合空线过电压与单相重合闸过电压的产生机理。单相重合闸时，两健全相均处于稳态，在第三相上感应的电压亦处于稳态，故第三相重合时暂态过程并不特别剧烈；相比较而言，合空线过程的暂态特性更为明显，由于不同期性的存在使得先合上的两相通过相间耦合在第三相上也感应出了电压，此时三相均处于暂态状态，故第三相合闸是暂态基础上的暂态叠加过程，因而有可能产生更为严重的过电压。因此，单相重合闸过电压有可能低于合空线过电压，尤其在线路输送功率比较小的时候，因为此时两健全相在故障第三相上感应出的电压分量也较小，重合闸时的暂态过程不太严重。

6.3.2 建模仿真

6.3.2.1 合空线过电压的仿真

合空线操作过程并不繁杂，然而由于合闸时断路器存在不同期性，使得线路处于瞬间不对称运行状态，加剧了过电压的严重程度。因此，合空线过电压的仿真模拟应考虑不同期性的影响。

文献资料表明，不同期性的概率模型可用三相触头合闸的平均时间 T_0 与 A、B、C 各相触头的实际合闸时间 T_j 对 T_0 的偏离 ΔT_j 来表示。

$$T_j = T_0 + \Delta T_j, j = A、B、C \tag{6-9}$$

式中：T_0 由断路器的性能参数决定，一般认为，ΔT_j 在区间 $(-\Delta T_m, \Delta T_m)$ 内服从正态分布。

在软件模型中，可将三相触头合闸的平均时间作为随机变量，使其分布在一个工频周期内，模拟整体合闸时刻的随机性。然后，在此基础上加上各相的时间随机偏移量，对断路器各相的实际合闸时间做出调整，模拟不同期性。最后，进行多次仿真，计算 2% 统计过电压，再从沿线各点的统计过电压中取出最大值。

合空线的模型示意图如图 6-24 所示，产生的过电压波形如图 6-25 和图 6-26 所示。其中线路以及杆塔等参数参考我国已有的晋东南—南阳—荆门示范线路参数。

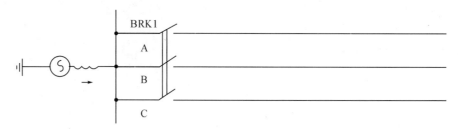

图 6-24　合空线过电压模型示意图

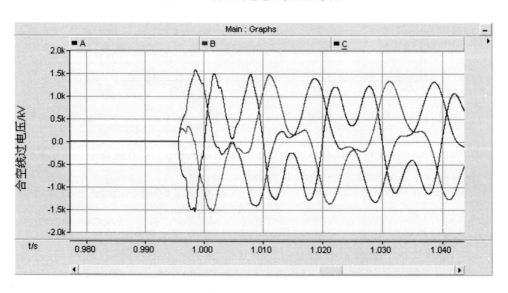

图 6-25　合空线过电压波形（同期合闸）

同期合闸是一种理想的合闸方式,合闸时断路器的三相同时接通线路,线路三相电压同时发生变化,故不易产生严重的过电压,如图 6-25 所示。

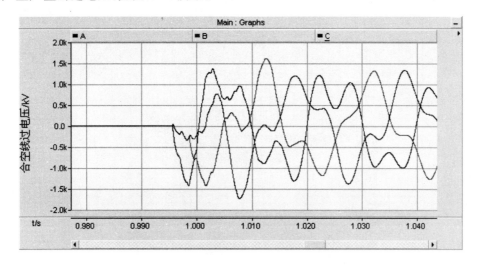

图 6-26 合空线过电压波形(不同期合闸)

如图 6-26 所示,不同期合闸时,当 A 相首先合闸后,由于相间耦合作用 A 相在 B、C 相(仍空载)上产生同极性的感应电压。当 B、C 相合闸时,若电源电压极性恰好与感应电压相反,则能加剧线路的暂

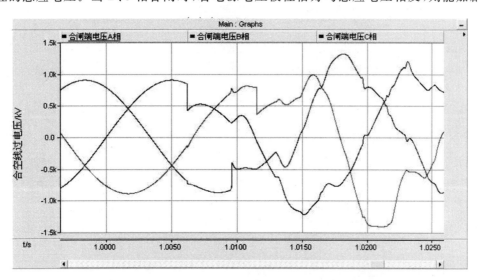

图 6-27 最大合空线过电压的合闸次序时的端口侧电压

(合闸时刻为 A 相 1.0062s,B 相 1.0115s,C 相 1.0096s)

态振荡过程,产生更为严重的过电压。在图 6-27 和图 6-28 所示合闸次序情况下,过电压最为严重,仿真中以 0.1ms 为单位时差来模拟三相不同期性。

可以发现,A 相在稍过波峰后首先合闸,在约 3.4ms 后 C 相在稍过波谷后其次合闸,再约 1.9ms 后 B 相在波峰附近合闸,线路上产生了最为严重的过电压。

6.3.2.2 单相重合闸过电压的仿真

与合空线不同,单相重合闸的操作时序较为复杂,模型图如图 6-29 所示。其中线路以及杆塔等参数参考我国已有的晋东南—南阳—荆门示范线路参数。

当线路 C 相发生单相接地故障,紧接着断路器 BRK1 和 BRK2 的 C 相经较短时间(通常为几十或百余毫秒)先后分闸切断故障电流,而此时 A、B 相依然正常运行,C 相成为带接地故障的空载相,故障处仍有潜供电流;随着潜供电流的渐渐熄灭,故障消失,此后 C 相存在振荡的感应电压;故障后 1s 左右,BRK1 和 BRK2 的 C 相分别进行自动重合闸(两断路器实际合闸瞬间存在毫秒级的时差),线路上出现

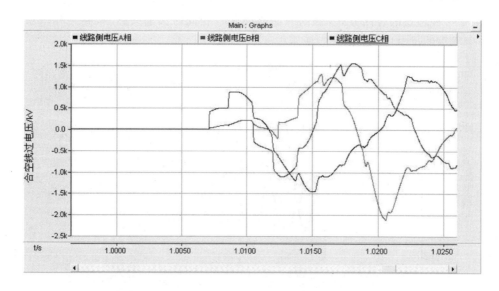

图 6-28　最大合空线过电压的合闸次序时的线路侧电压

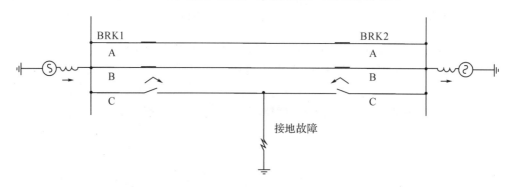

图 6-29　单相重合闸过电压示意图

过电压,单相重合过程结束。在重合时,若 C 相感应电压与电源极性相反时,往往会出现幅值较高的过电压。在软件模拟中,可将故障相合闸时间作为随机变量,使其在一个周期内分布,多次计算得出 2% 统计过电压,再从沿线各点的统计过电压中取出最大值。

单相重合闸过电压波形如图 6-30 所示。

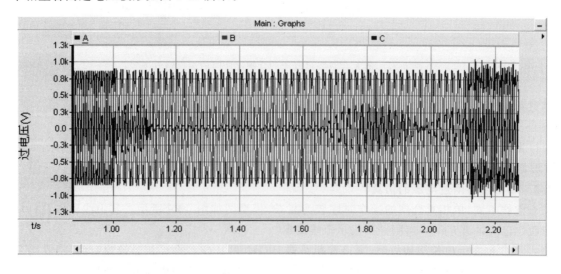

图 6-30　单相重合闸过电压波形示意图

高抗补偿对故障相上的感应电压影响较大,如图 6-31 和图 6-32 分别为无高抗时的衰减波形和补偿度为 80％时的拍频波形。

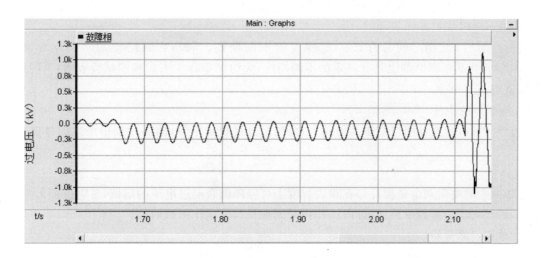

图 6-31　无高抗时故障相感应电压

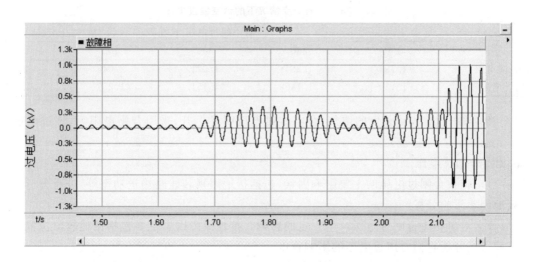

图 6-32　80％补偿时故障相感应电压

采用高抗补偿的线路,通过高抗和小电抗的准确配合,可以将故障相的感应电压限制到很小的程度,这对单相重合闸过电压的限制具有一定效果。而不采用高抗补偿时,故障相上始终具有一定的感应电压,不利于重合时过电压的有效限制。

6.3.3　影响因素分析

6.3.3.1　概述

合闸过电压的幅值受到很多因素的影响,如线路长度、系统阻抗、输送功率、合闸断口电压差、三相不同期性、线路损耗等。

1）线路长度

对于过电压幅值来说,随着线路长度的增加,线路末端电压因电容效应迅速上升,过电压幅值亦随之增大,因而长线路的合闸过电压要比短线路严重得多。

2）系统阻抗

对合空线过电压来说,断路器合闸时,系统正序阻抗相当于加长了线路长度,因而加剧了合空线过电压。一般来说,正序阻抗越大,过电压越大。

3）输送功率

对单相重合闸过电压来说,健全相可通过相间耦合对故障相施加影响,因而线路上输送的功率也是影响过电压大小因素之一。输送功率越大,过电压越大。

4）三相不同期性

断路器合闸时,三相之间总存在一定程度的不同期性。500kV 断路器的不同期性大约可在10～20ms 之间,特高压断路器也具有一定的不同期性,大约在 5ms 左右。模拟试验表明,不同期性使得过电压幅值增高了 10%～30%。

5）合闸断口电压差

线路合闸瞬间,断路器断口电压差值越大,合闸过渡过程越剧烈,振荡过程中产生的过电压幅值往往也越大。

6）线路损耗

输电线路中的电阻和电晕损耗等在很大程度上可以降低合闸过电压的幅值,过电压幅值愈高,导线直径愈小,系统初次自振频率愈低(过电压作用时间愈长),降压作用愈明显。

6.3.3.2 单回线路分析

1）合空线过电压

计算不同长度下的合空线过电压幅值,结果如表 6-28 所示。

表 6-28　不同长度情况下的合空线过电压

线路长度/km	合空线过电压/p.u.				
	100	200	300	400	500
无合闸电阻	1.794	1.834	1.921	2.048	2.144
采用合闸电阻	1.139	1.145	1.151	1.257	1.427

由表 6-28 可知,随着线路长度的增加,合空线过电压明显上升,采用合闸电阻后,该过电压得到显著限制。

2）单相重合闸过电压

下面针对单相重合闸过电压的主要影响因素(包括接地因素和线路输送功率等)进行分析。

(1)接地因素影响分析

接地故障会对单相重合闸过电压产生一定的影响。接地故障因素主要包括接地故障位置和接地处的阻值,下面首先分析它们对该过电压的影响程度。

由于我国特高压交流线路一般较长,如晋东南—南阳—荆门示范线路两段长度均在 300km 左右,淮—皖—浙—沪双回线路的淮—皖段长亦为 326km,故这里以 300km 长的特高压线路为例进行分析,计算结果如表 6-29、表 6-30 所示。

表 6-29　接地故障位置对单相重合闸过电压影响

故障点距首端/km		单相重合闸过电压/p.u.				
		0	75	150	225	300
单回线路	无合闸电阻	1.996	2.004	2.014	2.023	2.027
	合闸电阻 300Ω	1.276	1.276	1.276	1.276	1.276
双回线路	无合闸电阻	1.716	1.716	1.715	1.713	1.710
	合闸电阻 300Ω	1.264	1.265	1.265	1.266	1.266

结果表明,接地故障位置和接地电阻大小对单相重合闸过电压的影响均较小,采用合闸电阻限制后,两者最大相差均不超过 0.004p.u.。对计算结果不会产生本质影响,可忽略不计。这是由于进行单相重合闸前接地故障已经消失,故障线路的电压已经稳定,故接地因素对重合时过电压的影响不明显。

鉴于此,以下研究中接地故障位置选择线路中间,接地电阻采用 50Ω。

表 6-30　接地处电阻对单相重合闸过电压影响

接地电阻/Ω		单相重合闸过电压/p.u.				
		10	20	50	100	200
单回线路	无合闸电阻	2.017	2.014	2.014	2.014	2.014
	合闸电阻 300Ω	1.276	1.276	1.276	1.276	1.276
双回线路	无合闸电阻	1.727	1.720	1.715	1.714	1.714
	合闸电阻 300Ω	1.269	1.267	1.265	1.265	1.265

（2）线路长度与输送功率影响分析

在进行单相重合闸时，线路另两相仍处于运行状态，因此，线路上输送功率的大小对该过电压可能产生影响。下面分析不同线路长度下输送功率对重合闸过电压的影响程度，计算时保证不同功率下母线电压一致，结果如图 6-33 所示。

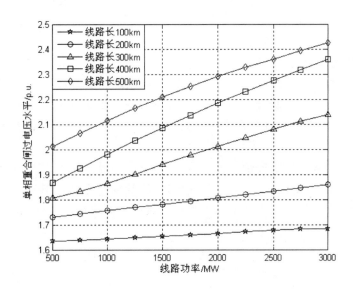

图 6-33　不同输送功率下的单相重合闸过电压

由图 6-33 可知：

① 随着线路长度的增加，单相重合闸过电压明显上升。由前文可知，根据合闸过电压集中参数模型，线路越长，其等效的线路电感越大，由此线路容升效应就越强，这使得合闸过电压越大。

② 随着线路输送功率的增加，单相重合闸过电压明显上升，而且长线路的上升幅度大于短线路。

由前面分析可知，对于单相重合闸过电压，其幅值主要取决于重合闸瞬间断路器两端的电压差，而此差值取决于线路的感应电压 U_h 与重合闸端的电源电压 E。当线路承载不同的功率时，健全相电压在故障相上的感应电压 U_h 幅值变化不明显，而母线电压 E 则有明显的变化。

这是因为，特高压线路中，为满足长距离、大功率的输电要求，通常采用低压无功补偿以维持线路的电压稳定。这样，输送功率越大，需要补偿的低压容性无功容量就越大，当线路出现单相故障及随后清除故障时，低压容性无功容量不能及时响应，从而使得合闸端母线电压 E 升得更高。特别是当特高压变压器采用高阻型式后，由于其漏抗较大，使得特高压系统在输送大功率时引起变压器出口端电压 E 更高（相当于增加了合闸端电源电压），这种情况下就会产生更为严重的重合闸过电压[5-6]。

3）合空线与单相接地重合闸过电压比较研究

对于一定长度的特高压线路，当线路输送功率较小时，合空线过电压通常大于单相接地重合闸过电压。当输送功率进一步增加时，单相接地重合闸过电压随之增加，有可能大于合空线过电压。表 6-31 给出了不同线路长度和输送功率下合空线过电压与单相重合闸过电压的幅值比较，表 6-32 给出了不同线路长度合空线过电压与单相重合闸值相同时对应的线路输送功率。

表 6-31 不同线路长度和输送功率下合空线过电压与单相重合闸过电压比较

线路长度/km		100	200	300	400	500
合空线过电压/p.u.		1.794	1.834	1.921	2.048	2.144
单相重合闸	1000MW*	1.646	1.758	1.856	1.983	2.128
过电压/p.u.	3000MW*	1.686	1.862	2.141	2.362	2.429

注:*表示线路输送该功率下的单相重合闸过电压幅值。

表 6-32 不同线路长度合空线过电压与单相重合闸值相同时对应的线路输送功率

线路长度/km	100	200	300	400	500
合空线过电压/p.u.	1.794	1.834	1.921	2.048	2.144
*输送功率/MW	>3000	2500	1400	1100	1000

注:*表示同等线路长度下,合空线过电压幅值相等于单相重合闸过电压幅值时对应的输送功率。

由表 6-31、表 6-32 分析可知,当线路长度较短时,合空线过电压一般要大于单相重合闸过电压。如线路长度为 200km,若线路输送功率小于 2500MW,则此时合空线过电压更为严重。而当线路较长时,单相重合闸过电压一般会大于合空线过电压。如线路长度为 400km,若线路输送功率大于 1100MW,则此时重合闸过电压更为严重。

这是因为,线路需要的无功总量与线路长度成正比,当线路较短时,即使输送较大的功率,其无功补偿量并不多,故对重合闸过电压的提升作用也不明显。而此时,合空线过电压由于综合了合闸瞬间的剧烈暂态过程以及合闸时三相不同期性等因素,其危害更为严重[1]。故在短线路时,合空线过电压大于重合闸过电压。

当线路较长时,输送功率时需要补偿大量的无功,对重合闸过电压的提升作用就会明显,该过电压则更为严重。此外,由于合空线操作是一种计划性操作,较长线路进行合闸时,往往还对母线端电压进行适当限压,使得线路合闸稳定后的沿线电压不超过系统的最高电压。因此,在长线路、大功率的情况下,单相重合闸过电压大于合空线过电压。

6.3.3.3 双回线路分析

1)合空线过电压

(1)单回路运行方式

单回路运行方式是指双回线路的一回线路处于接地或悬空状态,而另一回线路进行合空线操作,如图 6-34 所示。

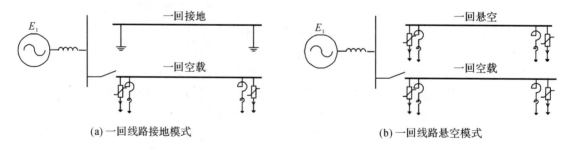

(a)一回线路接地模式　　　　　　　　(b)一回线路悬空模式

图 6-34 单回路运行方式

下面计算分析这两种不同运行状态对合空线过电压的影响程度,如表 6-33 所示。

结果表明,上述两种方式下,合空线过电压相差较小,在采用合闸电阻后,最大相差仅为 0.006p.u.,可忽略不计。

这是因为,对于合空线过电压,影响较大的因素主要在于合闸端母线电压、三相不同期性和系统内阻。然而,上述单回路两种运行方式的差别仅在于两回路之间的耦合上,且该差别对该空载线路的等效参数影响也不大。另外,研究表明,线路杆塔的差异对合空线过电压影响较小。因此,这两种方式下的合空线过电压相差较小,可只计算其中一种情况。

表 6-33　不同单回运行方式下的合空线过电压

单回运行方式		一回接地	一回悬空
线路长度 100km	无合闸电阻	1.78	1.798
	采用	1.12	1.118
300km	无合闸电阻	1.901	1.883
	采用	1.155	1.153
500km	无合闸电阻	2.23	2.218
	采用	1.423	1.429

（2）双回路运行方式

双回路运行方式是指双回线路的一回线路处于连通运行状态，而另一回线路进行合空线操作，如图 6-35 所示。

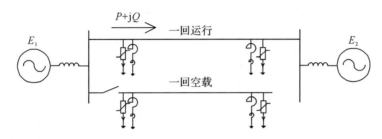

图 6-35　双回路运行方式

在这种运行方式下，合闸前由于一回线路已处于稳态运行，线路电压电流均三相对称，故运行线路不会在空载线路上产生感应电压，因此，空载线路的起始电压也为零。那么，运行线路上传输功率的不同是否会对空载线路的合闸过电压产生较大影响，下面进行具体分析。选择 100km、300km 和 500km 的线路进行研究，计算时保证母线电压不变，结果如图 6-36 所示。

结果表明，一回线路输送功率的差异对另一回线路合空线过电压影响较小，差异均不超过 0.01p.u.。故不同输送功率下，这些过电压差异较小，可只计算其中一种。

原因分析如下：在两端电源的输电模式下，通过双回线路的一回线路进行输电时，不同的输送功率对电网结构并没有产生影响，故在合闸端母线侧对内部进行等效后的电源特性完全一致。而且合闸前后输送不同功率的运行线路由于处于稳态，对合闸线路不会产生感应影响。因此，该回线路输送功率的大小对合空线过电压影响较小。

事实上，若将两回线路的间距人为加大，它对合空线过电压的影响也是不大的，计算结果如表 6-34 所示。

表 6-34　两回线路间距对合空线过电压的影响

线路长度	合闸电阻	两回线路间距/km				
		正常	0.5	1	10	50
100km	无	1.826	1.831	1.83	1.831	1.83
	采用	1.116	1.109	1.107	1.109	1.109
300km	无	1.982	1.968	1.962	1.96	1.961
	采用	1.202	1.16	1.158	1.157	1.157
500km	无	2.146	2.121	2.117	2.116	2.116
	采用	1.575	1.597	1.596	1.595	1.595

结果表明，运行回路通过回路间距对另一回线路的合空线过电压的影响，在无合闸电阻措施时最大相差不到 0.03p.u.，采用合闸电阻后也不超过 0.05p.u.，总体上说影响较小。若忽略这点差异，双回路运行时的合空线过电压模型可以等效为如图 6-37 所示，此时，回路与回路相距很远，没有任何耦合影响。

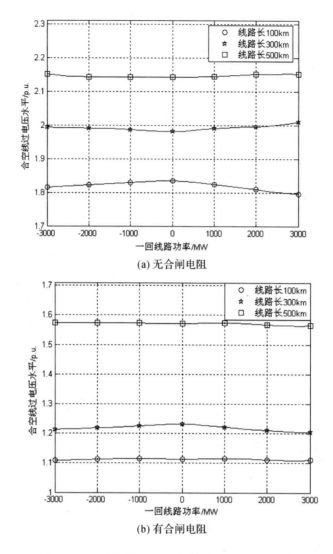

(a) 无合闸电阻

(b) 有合闸电阻

图 6-36　一回线路输送不同功率时的合空线过电压

注:功率的负号表示输送方向相反

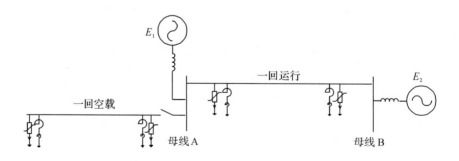

图 6-37　等效后的双回路合空线模型

对于双回线路一回合空线操作,若其中一端电源 E_1 内阻为无穷大(等同于 E_1 与母线 A 断开),其空载线路的合闸过程就是在一段线路的基础上合闸另一段线路,相当于合闸两倍长度的线路,这样会使得该合空线过电压比单纯在电源基础上合闸更为严重。尤其当线路很长时,该合空线过电压将难以控制。同理,在电源内阻较大(即电源容量较小)时,电源 E_1 对母线 A 处电压的影响力不强,此时合闸空载线路同样会加重该线路的合空线过电压。由于特高压交流系统为了有效限制短路电流而采用高阻变压器,使得电源内阻往往较大。因此,特高压交流系统双回线路一回运行时的合空线过电压较高,应注意对其的有效防护。下面以长线路 500km 为例进行分析说明,计算时保持两端母线电压和一回线路输送功率不变,仅改变 E_1 电源内阻,结果如表 6-35 所示。

表 6-35　电源容量对双回线路合空线过电压的影响

E_1 电源内阻/Ω		双回线路一回运行时的另一回线路合空线过电压/p. u.			
		50	100	150	200
合闸电阻	无	1.330	1.595	1.643	1.664
	采用	1.378	1.526	1.608	1.692

结果表明,E_1 电源内阻越大(即电源容量越小),合空线过电压越严重,与前文分析一致。

2) 单相重合闸过电压

对于双回线路下的单回路运行方式,单相重合闸过电压的变化规律与单回线路一致,这里不再赘述。

对于双回线路下的双回路运行方式,下面选择 100km、300km 和 500km 的线路进行分析,研究线路输送功率对该过电压的影响程度,计算时保证母线电压不变,结果如表 6-36 所示。

表 6-36　双回运行方式下的单相重合闸过电压

线路长度	合闸电阻	输送功率/MW			
		2×500	2×1000	2×1500	2×2000
100km	无	1.732	1.734	1.720	1.717
	采用	1.169	1.174	1.175	1.170
300km	无	1.832	1.839	1.836	1.824
	采用	1.261	1.267	1.284	1.290
500km	无	1.899	1.927	1.968	2.009
	采用	1.335	1.323	1.322	1.339

结果表明,双回线路在输送不同功率下,单相重合闸过电压相差较小,在采用合闸电阻后,最大相差不超过 0.03p. u.,影响不大。

与单回线路不同,双回线路运行时,当一回一相出现故障并切除后,该相原本承担的功率大部分可等效转移到其他五相上,因此,对低压无功容量的需求变化也不多,故合闸端母线电压升高不显著,该过电压变化也不明显。

6.3.3.4　高抗、小电抗分析

1) 高抗补偿度影响

特高压线路由于无功消耗大,通常采用高抗来进行补偿,且补偿度一般大于 60%。下面针对 300km 长度的线路分析它对合闸过电压的影响,结果如表 6-37 所示。

表 6-37　不同补偿度下的合空线过电压

高抗补偿度		60%	70%	80%	90%
合空线过电压/p. u.	无合闸电阻	1.912	1.902	1.892	1.881
	300Ω	1.276	1.223	1.174	1.154
单相重合闸过电压/p. u.	无合闸电阻	1.912	1.890	1.867	1.844
	300Ω	1.264	1.249	1.239	1.233

结果可知,高抗补偿度越大,合闸过电压越低,但补偿度从 60% 增加到 90% 时过电压幅值下降幅度并不大,故补偿度对合闸过电压影响较小,太高的补偿度对合闸过电压的限制并不显著。

2) 小电抗的选择分析

下面分别通过单回线路和双回线路来分析小电抗对合闸过电压的影响。

（1）单回线路分析

对于单回线路,当单相重合闸时,健全相会通过相间耦合对故障相产生感应,这样断开相就可通过相地电容和补偿高抗形成回路,此时,线路处于非全相运行状态。断开相拍频电压幅值取决于该回路相地和相间的补偿程度,而小电抗用来协调相间、相地补偿。在高抗和小电抗的作用下,断开相的稳态感应电压如式(6-10)所示。

$$\dot{U}_{\mathrm{h}} = -\dot{E}_{\mathrm{A}} \cdot \frac{X_0}{2(X_{\mathrm{m}} + X_0)} \tag{6-10}$$

式中,X_0 为 L_0 与 C_0 并联之后($L_0 /\!/ C_0$)的阻抗,X_{m} 为 $L_{\mathrm{m}}/2$ 与 $2C_{\mathrm{m}}$ 并联之后($L_{\mathrm{m}}/2 /\!/ 2C_{\mathrm{m}}$)的阻抗,如图 6-23 所示。

若参数配合不适当,使得 X_{m} 和 X_0 在数值上大小相近、正负相反,则会引起谐振。图 6-38 为不同小电抗时故障处的谐振过电压。

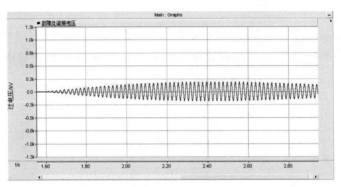

(a) 合适的小电抗

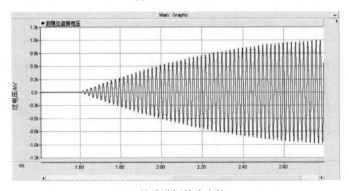

(b) 导致谐振的小电抗

图 6-38　不同小电抗时故障处的谐振过电压

理论上,在线路的各种参数都能准确确定的情况下,按照高抗补偿度下相间完全补偿的原则来确定中性点小电抗时,都能较好地补偿相间、相地电容,在任何补偿度下都不会发生谐振过电压。但小电抗的研究和确定通常在工程建设前,此时特高压线路尚未进行准确的参数测量,仅是根据特高压待建线路的理论参数值和高抗补偿度来计算,从而导致研究得出的小电抗阻值与实际线路所需阻值之间存在一定的差异。再考虑到小电抗阻值的制造误差和高抗的补偿误差,使得差异更进一步增加。同时,线路参数的三相不平衡差异也对高抗和小电抗的精确取值产生影响。此外,故障系统由于功率的瞬间变化其基准频率也会出现一定偏差,这些因素的共同作用使得线路在实际运行中出现谐振的概率增加。

因此,高抗和小电抗的选取对线路发生非全相谐振过电压有着直接关系,为避免上面因素的影响,高抗补偿度不宜过高,以使得这些偏差都能被淹没在较大的裕度之中。研究表明,高抗补偿度不宜超过 90%,当补偿度更大时,特别是接近 100% 补偿,线路出现谐振的危险性将大大增加,不利于单相重合闸过电压的有效限制[17-18]。同时,在已经确定的高抗补偿下,通过线路参数则可计算出合适的小电抗值。

（2）双回线路分析

对于双回线路的单相重合闸,情况更为复杂。此时健全相会通过相间耦合对故障相产生感应,双回线路的小电抗选择应综合考虑这些因素。

由于不同运行方式(包括一回接地、一回悬空和一回运行)下,断开相的等效对地和等效相间电容均发生了变化(因为不同方式下的另一回线路影响了故障回路的正序、零序参数),从而导致最合适小电抗的计算值具有较大差异,这使得重合闸过电压也有所不同。针对这种情况,双回线路小电抗的选择需要综合考虑多种运行方式。

6.3.4　限制措施

通过前文的分析,对特高压交流系统合闸过电压的限制通常有以下措施。

（1）避免谐振

首先,在满足工频过电压条件的情况下,采用合适的高抗补偿度,补偿度不宜超过 90％;然后选择合适的小电抗,以避免发生较大的谐振,有效抑制单相重合闸过电压。

（2）采用合闸电阻

当采用合闸电阻后,则可达到较好的限制效果。而且,较长线路宜采用较低阻值的合闸电阻,较短线路宜采用较高阻值的合闸电阻,这样更有利于抑制合空线过电压。同时,由于双回线路具有多种运行方式,故此时合闸电阻的选择既要满足合空线和单相重合闸过电压的限制要求,又要满足多种运行方式下合闸过电压的限制要求[1,3]。

对于合空线过电压,若电源容量较小(内阻较大)时,在一回线路已经投入运行的情况下合闸另一回线路产生的过电压较为严重,因此,合闸时应选择电源容量较大侧的母线进行先合闸。对于单相重合闸过电压,应重视大功率下该过电压的限制。

6.3.5　超高压及特高压交流输电线路断路器合闸电阻的适用性研究

在超、特高压交流电网中,从控制过电压的角度考虑,通常采用单相重合闸方式。故合闸过电压主要有合空线过电压和单相重合闸过电压两种,其中,合空线过电压由于综合了合闸瞬间的剧烈暂态过程、线路的容升效应以及合闸时三相不同期性等因素,其危害更为严重,在无限制措施时过电压幅值可达 2.0p.u. 或以上,超出规程中超、特高压系统操作过电压允许值分别不应大于 2.0p.u. 和 1.7p.u. 的规定。所以,合理有效地限制合空线过电压是操作过电压问题研究中的重点。目前,通常采用合闸电阻来限制合空线过电压;另外,也有文献报道了采用 MOA 代替合闸电阻来限制该过电压的研究成果。

一般来说,安装有合闸电阻的断路器由于结构复杂更容易发生事故,存在一定的安全隐患。实际上,即使在不采用合闸电阻的情况下,合空线过电压幅值也多在 2.0p.u. 附近,考虑到 500kV 交流系统的限制允许值为 2.0p.u.,且我国 500kV 线路有向短距离输电发展的趋势,线路容升效应低,因此,在线路两端 MOA 的保护下,该过电压也有可能满足 500kV 系统规程的限制要求。事实上,国内外已有部分线路取消了合闸电阻运行,也未发生过由此引起的过电压超标问题。因此,取消合闸电阻运行具有现实的可行性。目前,公开发表的文献中有关合闸电阻的问题偏于定性分析,迄今尚未有研究明确提出何种长度范围内 500kV 系统可取消合闸电阻的定量结论。因此,本节着重对超高压与特高压交流输电线路断路器合闸电阻进行定量研究,从合空线过电压的限制角度出发,采用软件仿真技术,探讨 500kV 系统中合闸电阻的适用问题,给出了可以取消合闸电阻的线路长度的定量范围,可供工程实践提供参考[12]。另外,还对 1000kV 特高压系统取消合闸电阻的可行性进行了研究,结果表明,特高压系统由于操作过电压限制允许值降为 1.7p.u.,限制难度大大增加,且线路通常较长,容升效应大,仅采用 MOA 限制难以满足要求,故通常都需要采用合闸电阻。

6.3.5.1　500kV 交流线路分析

1）仿真模型

图 6-39 所示为三相合空线过电压模型,由电源、不同期性断路器、空载线路和 MOA 等组成。在仿

真 500kV 与 1000kV 线路时,因不同电压等级线路采用不同的杆塔和导线,模型的参数必须进行调整,但模型的结构不变。

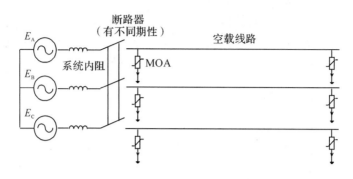

图 6-39　合空线过电压仿真模型

2)MOA 参数

500kV 线路仿真模型采用规程中典型的 500kV 线路型 MOA,具体参数如表 6-38 所示。

表 6-38　500kV 交流系统 MOA 典型特性参数

额定电压/kV	持续运行电压/kV	直流 1mA 参考电压(峰值)/kV	操作冲击残压(峰值)/kV	雷电冲击残压(峰值)/kV
444	324	597	907	1106

3)线路参数

我国目前 500kV 交流线路所用导线和杆塔种类较多,对合空线过电压可能会产生影响。下面针对常用的几种导线和杆塔型号,计算分析它们对过电压幅值的影响程度。为保证其他条件一致,计算时仅改变导线或杆塔参数,结果如表 6-39 和表 6-40 所示。

表 6-39　不同导线型号对合空线过电压的影响

常用导线规格	外径/mm	直流电阻/Ω·km^{-1}	过电压/p.u.
LGJ-400/35	26.82	0.073 89	1.908
LGJ-400/50	27.63	0.072 32	1.902
LGJ-500/35	30	0.058 12	1.909
LGJ-500/45	30	0.059 12	1.909
LGJ-630/45	33.6	0.046 33	1.910

表 6-40　不同类型杆塔对合空线过电压的影响

常用杆塔规格	呼高/m	相邻两相水平间距/m	中、边相垂直间距/m	过电压/p.u.
猫头塔 ZM1	36.0	7.5	9.0	1.908
猫头塔 ZM2	39.0	8.0	9.3	1.905
猫头塔 ZM3	42.0	8.75	11.25	1.903
酒杯塔 ZB1	42.0	11.0	0	1.905
酒杯塔 ZB2	48.0	11.6	0	1.904
酒杯塔 ZB3	48.0	12.0	0	1.902

计算结果表明,导线型号和杆塔参数的差异对合空线过电压影响都很小,前者最大相差仅为 0.008p.u.,后者仅为 0.006p.u.,对计算结果不会产生本质影响,均可忽略不计。

在本节研究中,采用的导线型号为钢芯铝绞线 4×LGJ-400/35,其分裂间距为 450mm;线路杆塔采用 ZM1 型号的猫头塔。此类导线和杆塔及其参数已广泛应用于我国 500kV 系统的典型设计。

4）系统条件

影响合空线过电压的系统条件主要有合闸端母线电压、三相不同期性和系统内阻。在本研究中,这三个参数按能产生最严重的合空线过电压条件选取。

(1)母线电压是电网过电压幅值的基础,电压等级越高,过电压绝对值越大。故电力系统中,为保持电网的安全稳定,各节点电压通常被强制控制在一定范围内。为从严考虑起见,计算中将母线电压设定为最高线电压即 550kV。

(2)三相不同期性是指合空线时断路器的每一相在收到合闸信号后进行合闸的实际时刻之间存在一定的差异。模拟试验和仿真研究表明,三相不同期性使合空线过电压趋于严重,过电压幅值可增加 10%～30%,而不同期性的差异则对过电压影响较小。500kV 断路器的不同期性较大的可达 10ms,本节选取此值进行计算。

(3)系统内阻是指等效后电源的正序阻抗,包括电阻和电感两部分。电阻性越强,对过电压的阻尼作用越大,则过电压越小;电感性越强,暂态过程越激烈,则电压越高。考虑到 500kV 实际系统等效后正序阻抗中通常具有一定的电阻,其正序阻抗角一般不超过 86°。阻抗角越大,电阻性越弱,电感性越强,过电压就越高,为从严考虑,本节选取正序阻抗角为 88°,可认为该情况下过电压比实际系统更为严重。

资料表明,目前我国 500kV 系统的短路电流通常都在 12.5～75kA 范围之内,由短路电流计算公式可得出系统的等效正序阻抗范围约在 3～24Ω 之间。可认为,此范围几乎包括了所有 500kV 系统的等效内阻。本节以长度为 100km 的 500kV 线路为例研究了系统内阻对合空线过电压的影响,结果如表 6-41 所示。

表 6-41　500kV 系统内阻对合空线过电压的影响

系统内阻/Ω	3	5	10	15	20	25
过电压/p.u.	1.774	1.757	1.776	1.762	1.766	1.752

由表 6-41 可知,随着系统内阻的增大,过电压变化无明显规律,这种现象的产生是因为此时电阻和电感部分均随内阻增大而增大,而它们对过电压的影响趋势则相反。由于上述范围内系统内阻对该过电压影响较小,仅在 0.03p.u. 以内,对计算结果不会产生本质影响,下面的分析计算中采用内阻为 10Ω 的典型值。

5）过电压研究

(1)高抗补偿度分析

由于无功稳定的需要,超高压交流线路往往加装高抗进行补偿。作为对工频过电压的限制措施,高抗对线路操作过电压具有一定的抑制作用。鉴于目前 500kV 系统中,长度小于 100km 的短距离输电线路较多,故以长度为 100km 的 500kV 线路为例,研究高抗补偿度对合空线过电压的影响,结果如表 6-42 所示。

表 6-42　长度为 100km 的 500kV 有高抗补偿线路的合空线过电压

补偿度/%	0	20	40	60	80	100
过电压/p.u.	1.908	1.906	1.905	1.903	1.902	1.902

由表 6-42 可见,增大高抗补偿度能使合空线过电压有所下降,但下降幅度较小;当线路长度更长时,下降幅度略有增加。所以,高抗对合空线过电压有一定的限制作用,但总体上来说作用不大。

为从严考虑,以下研究中不采用高抗补偿措施。

(2)线路长度分析

线路长度是操作过电压的一个主要影响因素,其严重性主要体现为容升效应。对于合空线过电压而言,若无线路容升效应和三相不同期性的影响,即使在无任何限制措施下,该过电压理论最大值也仅为 2.0p.u.,且由于线路损耗等作用,实际值小于 2.0p.u.。在 500kV 系统中,线路两端通常加装有

MOA 进行防护,故该过电压一般不超过 2.0p.u.,已满足限制要求。但若在长线路容升效应较为显著的情况下,则可能超出限制要求。图 6-40 为实测的某 500kV 线路的容升效应曲线。

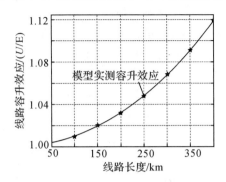

图 6-40　实测的某 500kV 线路容升效应

由结果可知,容升效应的严重性随线路长度的增加按指数规律上升,线路越长,其效果越明显。根据合闸过电压最大幅值的估算公式(即 $U_{MAX}=2U_{稳态}-U_{初始}$),合闸后的稳态值(即计入容升效应后的稳态电压)越高,暂态过程中的振荡就越剧烈,产生的过电压峰值也越高。因此,由于容升效应的影响,较短线路的合闸过电压较易被限制,而较长线路则较难。

对不同长度线路的合闸过电压进行计算分析,结果如图 6-41 所示。

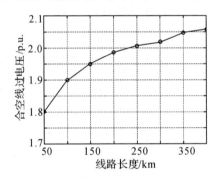

图 6-41　不同线路长度下合空线过电压幅值

由图 6-41 可见,合闸过电压幅值随线路长度的增加而明显上升,线路长度在 200km 以下的合空线过电压尚未超过规程规定的 2.0p.u.,而线路长度在 300km 以上时则超出了规程的规定要求。

(3)短线路过电压分析

在本节给定的"严酷"条件下且不采用合闸电阻时,计算长度分别为 100km 和 200km 的 500kV 线路沿线的合空线过电压分布,结果如图 6-42 所示。

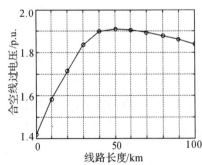

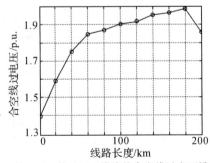

(a) 长 100 km 的 500 kV 线路的合空线过电压沿线分布　　　(b) 长 200 km 的 500 kV 线路的合空线过电压沿线分布

图 6-42　500kV 短线路的合空线过电压

由计算可得出如下结果：

①线路长度为 100km 时，合空线过电压最大仅为 1.91p.u.，此值低于规程中规定的数值 2.0p.u.，已被控制在要求范围内且具有一定的裕度。考虑到合空线过电压因容升效应随线路长度的增加而上升，因此可以认为，即使在最为苛刻的系统条件下且不采用合闸电阻限制时，长度为 100km 及以下线路的合空线过电压值也不会超出规程规定的范围。

②线路长度为 200km 时，合空线过电压最大为 1.98p.u.，较接近于 2.0p.u.。考虑到计算条件较为严酷，可认为，长度在 100~200km 范围内的合空线过电压一般也不超出规程规定的范围，但裕度很小。为谨慎起见，建设这些线路时，宜对线路实际情况进行计算验证以确认合闸电阻可否取消。

当线路长度更长时，合空线过电压可能会超过 2.0p.u.，此时需要采用其他措施加以限制该过电压。

（4）长线路过电压分析

对于长度为 200~400km 的较长线路，由于此时的容升效应已较为明显，需要通过配置合闸电阻予以限制，也可采用沿线布置多组 MOA 的措施。下面选择长度为 400km 的较长线路，在苛刻条件下进行计算，结果如图 6-43 及图 6-44 所示。

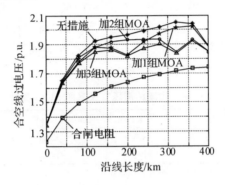

图 6-43　长度为 400km 的 500kV 线路配置合闸电阻或多组 MOA 时的合空线过电压

注："无措施"即线路两端分别自带有一组 MOA；"加 1 组 MOA"时，线中中点另置一组 MOA；"加 2 组 MOA"时，增加的 MOA 分别置于线路长度的 1/5 和 4/5 处；"加 3 组 MOA"时，增加的 MOA 分别置于线路中点及线路长度的 1/5 和 4/5 处。

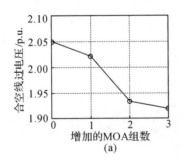
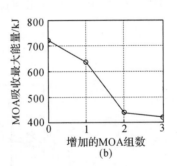

图 6-44　多组 MOA 下最大的合空线过电压和 MOA 吸收能量

计算结果表明，长度为 400km 的线路，采用合闸电阻后合空线过电压幅值降为 1.75p.u.＜2.0p.u.，满足规程要求；也可采用在沿线增加 2~3 组 MOA 将合空线过电压限制为规程允许范围内的 1.93p.u.。考虑到线路有两端分别合闸的可能性，多组 MOA 应对称分布。因此，长度为 200~400km 的 500kV 线路，采用合闸电阻或多组 MOA 后，合空线过电压可以被限制在规程规定的范围内。

采用多组 MOA 时，可改善过电压分布，降低最大过电压值，见图 6-44。合空线过电压从"无措施"时的 2.05p.u. 降至"加 3 组 MOA"后的 1.93p.u.；从 MOA 通流容量上考虑，多组 MOA 共同分担了合闸时的冲击能量，而单个 MOA 承担的能量，从"无措施"时的 720kJ 降至"加 3 组 MOA"时的 420kJ，远小于 500kV 交流 MOA 的能量承受极限 3~6MJ，因而不会发生 MOA 的故障损坏。

对于长度为 500km 和 600km 的 500kV 线路，由于容升效应更为显著，在沿线增加 3 组 MOA 后，合空线过电压幅值仍可达 2.03p. u. 和 2.11p. u. ,超出了规程中的限值。此时,只有配置合闸电阻才能有效限制该过电压,限制效果如表 6-43 所示。

表 6-43　合闸电阻对长度为 500km 和 600km 的 500kV 线路合空线过电压的限制作用

合闸电阻		无	100Ω	200Ω	300Ω
线路长度	500 km	2.227	1.762	1.841	1.842
	600 km	2.410	1.782	1.966	1.967

综上,从合闸过电压控制的角度分析,长度在 100km 以下的 500kV 线路取消合闸电阻措施是可行的;长度在 100～200km 范围内的线路可否取消合闸电阻宜对具体线路进行计算验证;200～400km 长度内的线路一般考虑采用合闸电阻限制过电压,也可采用沿线布置 2～3 组 MOA 的方法,但该方法尚未得到具体实践的验证;长度在 400～600km 范围内的线路则应采用合闸电阻来限制合空线过电压。

6.3.5.2　1000kV 交流线路分析

1)仿真参数

1000kV 系统三相合空线过电压仍采用图 6-39 所示的模型,取三相不同期性为 5ms。

系统参数参考我国晋东南—南阳—荆门特高压示范线路,高抗补偿度采用 80%,两端平均分布;塔形采用猫头塔;导线型号采用钢芯铝绞线 8×LGJ-500/35、分裂间距为 400mm。避雷器采用中国电科院的 1000kV 线路型 MOA,具体参数如表 6-44 所示。

表 6-44　我国特高压交流系统 MOA 参数

额定电压/kV	持续运行电压/kV	操作冲击残压(峰值)/kV		雷电冲击残压(峰值)/kV	
		1kA	2kA	10kA	20kA
828	636	1430	1460	1553	1620

2)过电压研究

由上文的研究结果可知,对于 500kV 系统,短线路可取消合闸电阻;长线路一般应采用合闸电阻,但也可采用多组 MOA 来限制合空线过电压。那么,特高压系统对合空线过电压的限制是否与 500kV 系统一致,下面分别通过对 1000kV 短线路和长线路过电压的计算进行分析说明。

(1)短线路过电压分析

以长度为 100km 的 1000kV 线路为例,对合空线过电压进行计算,计算结果如图 6-45 所示。

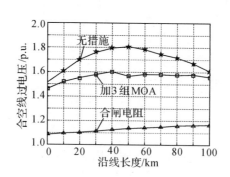

图 6-45　长度为 100km 的 1000kV 线路合空线过电压的沿线分布

根据计算结果,可知:

①对于较短的线路,在无措施时,仅能将过电压限制在 1.8p. u. 附近,因其超过规程允许值 1.7p. u. ,达不到特高压系统规程规定的要求。

②当沿线增加 3 组 MOA 共同防御后,才能将过电压限制为满足规程要求的 1.6p. u. ,但裕度较低,可见仅采用 MOA 措施限制特高压过电压的难度较高;但当采用合闸电阻措施后,该过电压得到了明显限制。其幅值仅为 1.17p. u. ,裕度较大,效果显著。

（2）长线路过电压分析

由于我国特高压交流线路一般较长，如晋东南—南阳—荆门线路两段长度均在 300km 左右。故以长度为 300km 的线路为例进行分析，结果如图 6-46 所示。

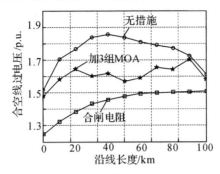

图 6-46　长度为 300km 的 1000kV 线路合空线过电压的沿线分布

由图 6-46 可见，对于长度为 300km 的线路，即使沿线增加 3 组 MOA，过电压仍大于 1.7p.u.，难以得到较好的限制，考虑到再增加 MOA 会导致故障率增高以及经济性不合理等问题，故认为仅采用沿线增加 MOA 的措施是不合适的；而采用合闸电阻措施后，该过电压幅值为 1.5p.u.，得到了有效限制，且裕度较大。

综上，对于 1000kV 特高压交流输电线路，即使线路长度短至 100km，不采取合闸电阻时，合闸过电压仍然会超过 1.7p.u. 的限制水平。因此，从合闸过电压控制的角度出发，1000kV 特高压断路器一般都需要加装合闸电阻。

（3）合闸电阻与线路长度关系的研究

事实上，国内外所有有特高压线路的国家，如苏联、日本、美国等，均采用了合闸电阻。且实际运行经验表明，采用合闸电阻能有效防御合闸过电压，效果较好。

因线路长短有差别，这些国家对合闸电阻的取值也存在着差异。线路长度较短的国家，如日本和意大利，采用的合闸电阻取值较高，分别为 700Ω 和 500Ω；而线路长度较长的国家，如苏联和美国，采用的合闸电阻取值则较低，分别为 378Ω 和 300Ω。

不同线路长度下合闸电阻阻值对过电压的影响的计算结果如图 6-47 所示。

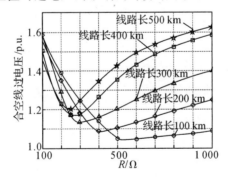

图 6-47　不同合闸电阻下的合空线过电压

由图 6-47 可见，随着合闸电阻阻值的增加，沿线最大过电压幅值曲线均先减后增呈现"V"形，不同线路长度下存在一个最合适的阻值使得过电压最低；经过合闸电阻限制后的最小过电压随长度的增加而逐渐增高，但均小于 1.25p.u.，限制效果显著，见图 6-48；当较长的线路采用较低阻值的合闸电阻，而较短线路采用较高的阻值时，更有利于过电压的控制，见图 6-49。

出现这种现象的原因分析如下：合闸电阻的使用可分为图 6-50 所示的两个过程，先将电阻接入电路（合闸 Q_2），一段时间后再将电阻短接退出（合闸 Q_1），从而可缓和线路冲击，降低过电压幅值。其中，合闸电阻的接入和退出均可导致过电压，接入时希望合闸电阻越高越好，而退出时希望合闸电阻越低越好。

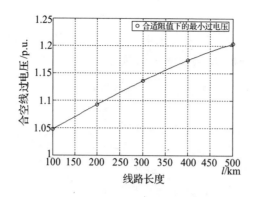

图 6-48　合适电阻下的最小合空线过电压

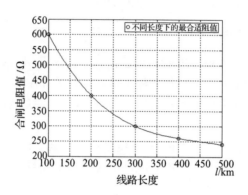

图 6-49　不同长度下的合闸电阻的最合适阻值

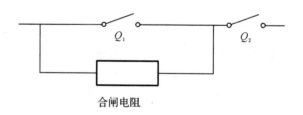

合闸电阻

图 6-50　合闸电阻示意图

此外,由于特高压空载线路的容抗远大于线路感抗,故空载线路可用电容来等效。在采用合闸电阻后,线路上的电压大小是电容与合闸电阻的分压结果,如图 6-51(a)、(b)所示。

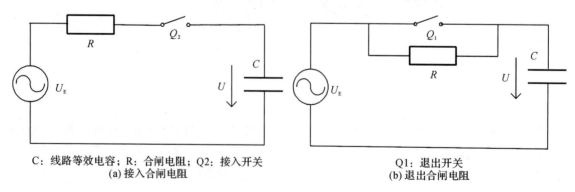

C:线路等效电容;R:合闸电阻;Q2:接入开关
(a)接入合闸电阻

Q1:退出开关
(b)退出合闸电阻

图 6-51　合闸电阻接入与退出过程

合闸电阻的接入过程如图 6-51(a)所示。在阻值相同的情况下,线路越长,线路等效电容 C 就越大,容抗 X_C 就越小,在稳态后该电容所分担的电压 $U_C = U_E / \sqrt{1+(R/X_C)^2}$ 就越低。根据过电压幅值的估算公式

$$U_{MAX} = 2U_{稳态} - U_{初始} = 2U_C \tag{6-11}$$

式中,U_C 为稳态后电容所分担的电压,$U_{稳态} = U_C$;$U_{初始} = 0$

可知,线路越长,过电压反而越低。如图 6-52 所示,接入过程中,在相同合闸电阻的情况下,较长线路的过电压低于较短线路。

合闸电阻的退出过程如图 6-51(b)所示。退出前线路电容所分担的稳态电压 U_C 成为初始电压,退出后的稳态电压为电源电压 U_E(为固定值)。因此,由估算公式可得:

$$U'_{MAX} = 2U_{稳态} - U_{初始} = 2U_E - U_C \tag{6-12}$$

式中,$U_{稳态} = U_E$;$U_{初始} = U_C$

所以,线路越长,U_C 越低,因而过电压越高。如图 6-52 所示,退出过程中,在合闸电阻相同的条件下,较长线路的过电压高于较短线路的过电压。

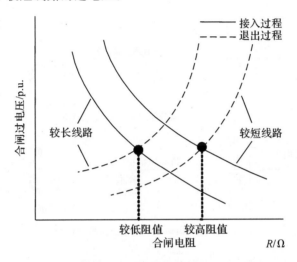

图 6-52　较长及较短线路最合适合闸电阻阻值分析图

注:图中交叉点的横坐标即为该长度下控制合闸过电压的最合适合闸电阻阻值

由图 6-52 可知,对于接入过程,过电压随合闸电阻的增加而降低;对于退出过程,过电压随电阻的增加而升高。所以存在一个合适的合闸电阻阻值使得这两个过程产生的过电压在整体上最低,即与图中同一长度线路的接入过程曲线和退出过程曲线的交叉点相对应的合闸电阻阻值。而且较长线路对应的最合适合闸电阻阻值较低,较短线路对应的最合适合闸电阻阻值较高。

从能量角度分析,上述趋势也是合理的。线路越长,合空线过电压越严重,合闸电阻所吸收的能量也应随之增加,而合闸电阻的吸收能量随其阻值的减少而增加,因此,长线路采用低电阻,可吸收更大的能量,更好地降低过电压。根据计算,不同合闸电阻所要求的最大允许吸收能量如表 6-45 所示。

表 6-45　合闸电阻最大允许吸收能量

合闸电阻阻值/Ω	200	300	400	500	600	700
最大允许能量/MJ	104.8	69.9	52.4	41.9	35.0	30.0

6.4　分闸过电压

特高压交流系统分闸过电压包括甩负荷分闸过电压和故障清除过电压[1,3]:

(1)特高压交流系统甩负荷分闸过电压主要包括单相接地甩负荷分闸过电压和无故障甩负荷分闸过电压。线路在正常输电时,因某种原因导致断路器突然分闸时会产生无故障甩负荷分闸过电压;在带

电作业时,重合闸是要退出的,此时若发生单相接地故障会导致断路器三相分闸,从而产生单相接地甩负荷分闸过电压,此时的单相接地甩负荷分闸过电压特性是特高压交流系统中确定带电作业最小安全距离的决定性因素。

(2)故障清除过电压是特高压系统中一种独特的分闸过电压,在一条线路发生故障及清除后,在其他相邻线路上会产生相当高的过电压,该过电压称为故障清除过电压。

本小节主要对上述两类分闸过电压进行研究。

6.4.1 甩负荷过电压

甩负荷过电压是特高压交流系统中一种典型的分闸过电压,主要包括无故障甩负荷和单相接地甩负荷两种情况,如图 6-53 所示,前者是线路正常输电情况时,断路器无故突然跳闸甩掉负荷引起的过电压,后者是进行带电作业时不能进行单相重合闸,此时若发生单相接地将导致三相分闸,从而产生过电压。

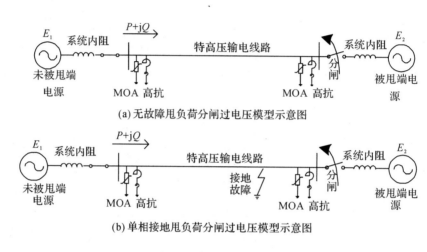

(a)无故障甩负荷分闸过电压模型示意图

(b)单相接地甩负荷分闸过电压模型示意图

图 6-53 甩负荷类分闸过电压模型示意图

6.4.1.1 产生机理

系统甩负荷产生过电压是一个复杂的过程,它综合了线路的空载电容效应和电源的甩负荷过程对过电压的提升作用,特别是单相接地时造成的三相不对称更能加剧过电压的严重程度。因而在一般情况下,无故障甩负荷过电压往往低于单相接地甩负荷过电压。

下面通过甩负荷前后沿线各点稳态电压的变化对比来解释该过电压的产生机理,如图 6-54 所示。

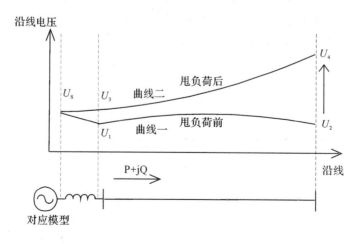

图 6-54 线路发生甩负荷前后稳态电压的变化

图中曲线一为甩负荷前系统电压分布,电源电压为 U_s,由于线路正常运行时输送功率在电源阻抗上产生了一定的压降,故经过电源阻抗后的电压 U_1 通常比电源电压有所下降,然后由于线路的容升效应以及两端电源和限压措施的钳制作用,其电压一般呈现弓形分布,线路末端电压为 U_2。当末端断路器分闸发生甩负荷后,沿线电压发生明显变化,如曲线二所示。此时,由于线路末端开路,因此系统内阻的电流为容性充电电压,该电流与正常运行情况下的电流方向相反,从而使得母线电压 U_3 会稍高于 U_s。其后线路的容升效应使得线路电压越来越高,末端电压为 U_4。

　　由于甩负荷前后线路的电压分布不一致,从而在过渡过程中产生了过电压,其中线路末端电压从 U_2 过渡到 U_4 变化较大,过电压往往也较为严重,其幅值可通过下式估算[4]:

$$U_{max} = U_4 + (U_4 - U_2) = 2U_4 - U_2 \tag{6-13}$$

　　若线路运行中出现单相接地,由于不对称效应抬高了健全相电压,使得随后的甩负荷过程是在一个电压被提高的基础上进行,故进一步加剧了过渡过程的激烈程度。所以,单相接地与甩负荷过程的叠加,将使得该类过电压变得更为严重。

6.4.1.2　建模仿真

　　无故障甩负荷的产生过程较为简单,其仿真模型如图 6-55 所示,系统正常运行时,线路一端的断路器突然三相分闸,其中断路器的分闸时间应在一个工频周期内服从概率分布并进行多次统计运算。其过电压的波形如图 6-56 所示。其中线路以及杆塔等参数参照我国已有的晋东南—南阳—荆门示范工程。

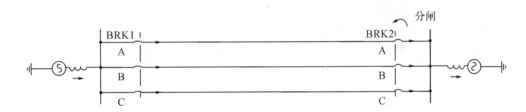

图 6-55　无故障甩负荷过电压模型示意图

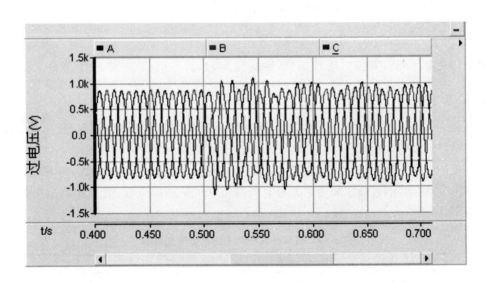

图 6-56　无故障甩负荷过电压波形示意图

　　单相接地甩负荷过电压的仿真模型如图 6-57 所示,线路出现单相接地后,经一段时间(继电保护和开关动作固有时间)后一端的断路器三相分闸,其中接地时刻与断路器的分闸时间分别应在一个工频周期内服从概率分布并进行多次统计运算。该过电压的波形如图 6-58 所示。其中线路以及杆塔等参数参照我国已有的晋东南—南阳—荆门示范工程。

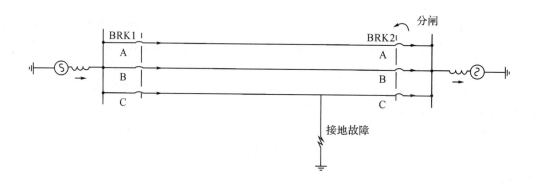

图 6-57　单相接地甩负荷过电压模型示意图

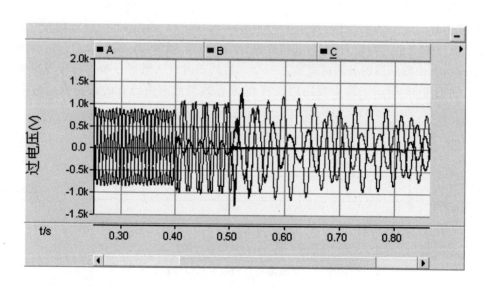

图 6-58　单相接地三相甩负荷过电压波形示意图

6.4.1.3　影响因素

影响甩负荷过电压的因素包括线路长度、输送功率、系统阻抗等,另外还与是否发生不对称故障相关。

1) 线路长度

前面已经提到,接地故障的不对称效应和长线的容升效应会使工频电压升高,从而在一定程度上也增加了操作过电压的幅值。

对不同长度的线路分别进行无故障甩负荷和单相接地甩负荷过电压的计算,结果如表 6-46 所示。可见,随着线路长度的增加,过电压均随之上升。若线路出现单相接地后,过电压值比同长度下无故障时要明显提高。

表 6-46　不同线路长度下的甩负荷过电压

甩负荷过电压	不同长度(km)下的甩负荷过电压/p.u.				
	100	200	300	400	500
无故障	1.035	1.055	1.244	1.334	1.346
单相接地	1.415	1.517	1.526	1.594	1.618

2) 输送功率

线路输送功率在电源阻抗上会产生一定的压降,当负荷被切除后,此压降骤然减小,线路输送功率越大,该压降也越大,振荡过程也越剧烈。故输送功率越大,过电压越严重。

表 6-47 为 400km 线路在不同功率下的过电压幅值,过电压均随输送功率的增加而提高。

表 6-47　不同功率下的甩负荷过电压

甩负荷过电压	不同功率(MW)下的甩负荷过电压/p.u.						
	0	500	1000	1500	2000	2500	3000
无故障	1.063	1.112	1.185	1.257	1.334	1.413	1.486
单相接地	1.352	1.364	1.384	1.563	1.594	1.598	1.634

3)电源等效阻抗

等效阻抗包括正序阻抗和零序阻抗。正序阻抗和零正序阻抗比对该过电压的影响如表 6-48 所示。结果表明,随着正序阻抗的提高,无故障甩负荷过电压随之增加;而单相接地甩负荷过电压影响则较小。

表 6-48　不同系统阻抗下的甩负荷过电压

正序阻抗与零序阻抗比值	不同正序阻抗值(Ω)下的甩负荷过电压/p.u.							
	20		40		60		80	
	无故障	接地	无故障	接地	无故障	接地	无故障	接地
1:1	1.267	1.546	1.295	1.558	1.334	1.56	1.374	1.557
1:2	1.287	1.553	1.327	1.569	1.352	1.532	1.39	1.538
1:3	1.308	1.55	1.346	1.559	1.359	1.528	1.391	1.566

注:表中"接地"表示"线路有单相接地故障"

实际上,线路输送功率是甩负荷过电压的最关键的影响因素。

6.4.1.4　限制措施

由于单相接地甩负荷过电压更为严重,本节以该过电压为主要讨论对象,对其主要的限制措施进行讨论。

1)MOA 的限制效果

通过在线路上加装不同组 MOA 来限制接地甩负荷过电压来进行分析,表 6-49 所示为线路长度为 600km 时不同组数 MOA 的限制作用。

表 6-49　MOA 限制接地甩负荷过电压的效果

MOA 组数	MOA 安装位置	过电压(p.u.)
0	无	1.94
2	线路两端	1.78
3	首、中、末	1.71
4	首、1/3、2/3、末	1.66
5	首、1/4、2/4、3/4、末	1.62

可以看出,MOA 组数越多,限压效果越好;配置多组 MOA 后,可将该过电压限制在要求范围以内。

2)分闸电阻措施

采用分闸电阻限制甩负荷过电压也有一定的效果,下面对不同线路长度下的单相接地甩负荷过电压进行仿真计算,结果如表 6-50 所示。

表 6-50　分闸电阻的限制效果

线路长度/km	单相接地甩负荷过电压/p.u.				
	100	200	300	400	500
分闸电阻　无	1.415	1.517	1.526	1.594	1.618
600Ω	1.232	1.324	1.407	1.501	1.57

结果表明,采用分闸电阻限制甩负荷过电压具有一定的效果。

6.4.2 故障清除过电压

故障清除过电压是特高压系统中一种独特的分闸过电压,按故障类型可分为单相接地、两相接地、三相接地和相间短路故障清除过电压。由于单相接地最为常见,且考虑到后三者发生概率极小,故本节以单相接地清除过电压为主要讨论对象。

6.4.2.1 产生机理

单相接地清除过电压是指在一条线路发生单相接地并进行清除后,因为线路过渡过程中电压的变化,在故障线路的健全相和相邻线路上产生较高的过电压。

可将该过电压分为两个过程:首先,线路出现单相接地后,健全相电压得到抬高,经过几个工频周期后,各相电压已趋于稳定;随后,单相断路器动作,切除故障,如图 6-59 所示。

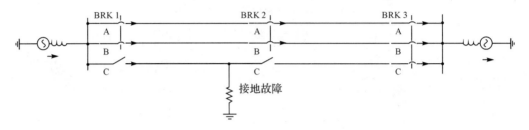

图 6-59　单相接地清除过电压原理分析图(一)

该过电压可以分如下两种情况:

第一种情况:线路故障段上产生的单相接地故障清除过电压,如图 6-60 所示。对于故障线路来说,故障相 1 由于故障的存在,电压较低,不会产生过电压;健全相 2 由于故障的清除而导致相间电压关系突变,从而产生过电压,但其暂态过程并不十分剧烈,过电压幅值一般不高。

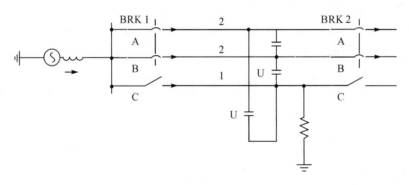

图 6-60　单相接地清除过电压原理分析图(二)

第二种情况:线路相邻段上产生的单相接地故障清除过电压,如图 6-61 所示。相邻段健全相 3 由于仍与故障段健全相 2 相连,其过电压与故障段健全相 2 相似;而相邻段故障相上的过电压最为严重。当断路器 BRK2 的 C 相开断故障电流后,接地后的暂时稳态被破坏,等效于在 C 相断路器附近加上一个与故障电流反向的电流源,该电流源的电流幅值较大,它会在相邻段线路上流动并且折反射,从而形成较大的过电压。由于该种过电压是由故障段向同一相的相邻段发展的,因而又称为故障转移过电压。

故障清除过电压的一个特点是它能在相邻下一段线路上感应出较大的转移过电压。在开关站连接多段线路时,若要切除其中某一段单相接地故障线路,就会产生该种过电压,其幅值一般不超过 1.7p.u.。该类过电压在超高压系统中也会出现,但由于超高压系统的过电压允许幅值较高(如 500kV 电网操作过电压限制水平为 2.0p.u.),绝缘裕度大,故该种过电压在超高压系统中不会对系统产生较大的危害。对于特高压交流系统,其过电压的限制水平为 1.7p.u.,因此,在特高压系统中这类过电压应得到足够的重视。

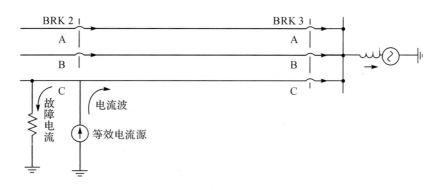

图 6-61 单相接地清除过电压原理分析图(三)

按被清除故障的类型,故障清除过电压可分为单相接地、两相接地、三相接地和相间短路四种情况,其中以单相接地较为常见。由于后三者发生概率极小,故在工程实际中一般不予考虑。下面主要以单相接地清除过电压为对象进行讨论。

6.4.2.2 建模仿真

仿真模拟中,单相接地清除过电压应考虑接地位置、接地时刻以及故障清除时刻的随机性。首先,固定接地点位置,将线路故障的产生时刻和清除时刻分别作为随机变量,使其在一个工频周期内按正态分布,进行多次的仿真计算,得出统计过电压;然后,分别再计算沿线不同位置故障时的统计过电压,从中取出最大值。

单相接地清除过电压的模型如图 6-62 所示,当线路的一段出现接地故障后,两边故障相断路器动作切除故障电流,即可在故障线路的健全相和相邻下一段线路上得出过电压的波形与幅值,如图 6-63 和图 6-64 所示。

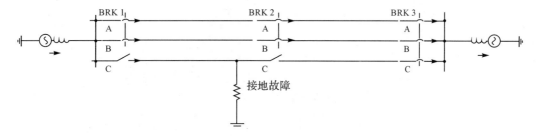

图 6-62 单相接地过电压模型示意图

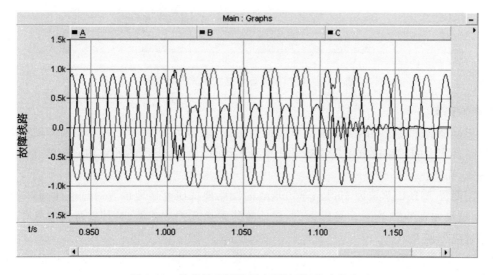

图 6-63 单相接地清除过电压波形(故障线路)

157

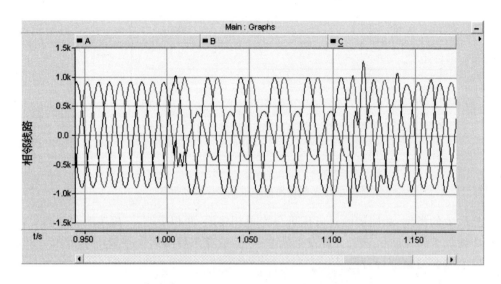

图 6-64　单相接地清除过电压波形（相邻线路）

　　两相接地清除过电压是线路出现两相接地故障后，两边故障相断路器切除故障，在线路上产生的过电压，波形如图 6-65 所示。三相接地清除过电压是线路出现三相接地故障并切除后产生的过电压，波形如图 6-66 所示。相间短路清除过电压是线路出现相间短路故障并切除故障后产生的过电压，波形如图 6-67 所示。

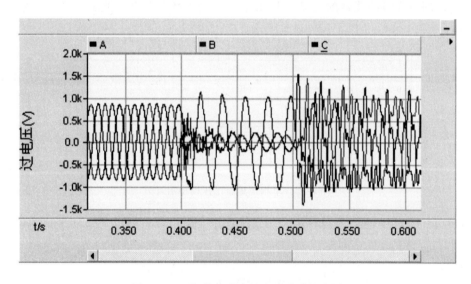

图 6-65　两相接地清除过电压波形示意图

6.4.2.3　影响因素

　　影响单相接地清除过电压的因素主要有接地点位置、输送功率等。单相接地故障清除时，通常在相邻下一段线路上产生的转移过电压较故障段线路更为严重，因此，下面的计算均以前者作为讨论对象。

　　1）接地位置

　　下面采用两段 A-B-C 总长为 500km＋500km 的线路模式研究接地位置对过电压的影响，其中 B 点作为开关站，结果如表 6-51 所示。可以看出，接地故障距离开关站越近，对其进行清除操作时在邻近线路上产生的过电压越大。

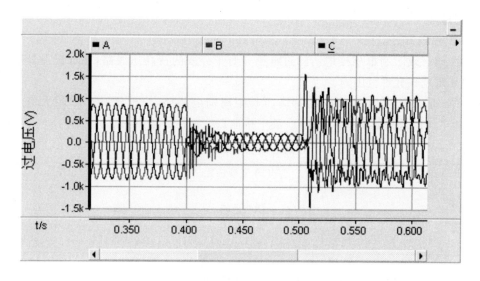

图 6-66 三相接地清除过电压波形示意图

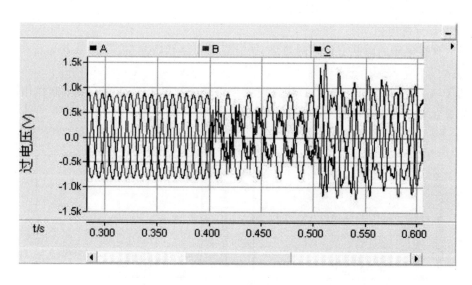

图 6-67 相间短路清除过电压波形示意图

表 6-51 接地位置对单相接地清除过电压的影响

接地线段	距离开关站(B)不同长度时的过电压						
A-B	接地点距 B/km	475	375	275	175	75	0
	过电压/p.u.	1.434	1.486	1.533	1.545	1.575	1.652
B-C	接地点距 B/km	0	75	175	275	375	475
	过电压/p.u.	1.670	1.650	1.586	1.550	1.535	1.486

2）线路输送功率

下面仍然采用两段 A-B-C 的线路模式来研究线路输送功率对过电压的影响，结果如表 6-52 所示。由表 6-50 可知，随着线路输送功率的增加，单相接地清除过电压值会增加。

表 6-52 线路输送功率对过电压的影响

输送功率/MW	0	500	1000	1500	2000
过电压/p.u.	1.561	1.590	1.613	1.649	1.662

6.4.2.4　限制措施

1) 多组 MOA 限制过电压

使用 MOA 能有效限制单相接地清除过电压。对于分段的特高压线路,在分段点处加装 MOA 通常可将该过电压限制在允许范围内。

对于分两段、单段长度为 400km 的特高压长距离输电线路,当输送功率取较大值 3000MW 时,MOA 限制该过电压的效果如表 6-53 所示。其中接地点位置在分段点附近。

表 6-53　MOA 限制单相接地清除过电压效果

MOA 组数	MOA 安装位置	过电压(p. u.)
0	无	1.73
2	线路两端	1.71
3	首、中、末	1.68
5	首、1/4、2/4、3/4、末	1.62

由表 6-53 可知,即使对于该过电压较严重的特高压长线路,通过在线路分段点处加装 MOA 即可将该过电压予以限制。因此,通常情况下,在分段点处加装 MOA 即可有效地将单相接地故障清除过电压控制在限制水平以下,不需要采取其他的限制措施。

2) 使用断路器分闸电阻

分闸电阻对该过电压的限制有较好的效果,还能降低断路器恢复电压,改善其运行条件,有利于断路器安全运行。

下面对两段 A-B-C(300km～300km)线路模式来研究分闸电阻对过电压的限制作用,在 A-B 段发生故障并清除后在 B-C 段上产生的过电压如图 6-68 所示。

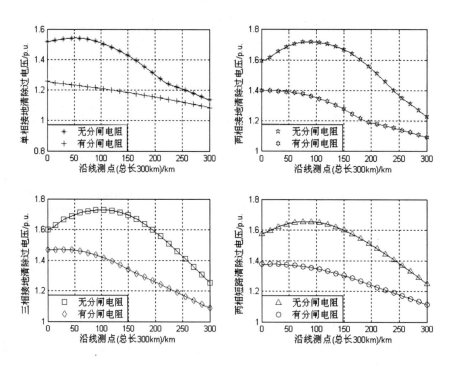

图 6-68　分闸电阻限制清除过电压
注:分闸电阻采用 700Ω

以晋东南—南阳—荆门线为例,清除单相接地故障时,在相邻线路上出现的沿线最大 2% 过电压为 1.66p. u.;清除两相接地故障时为 1.76p. u.;清除三相接地故障时为 1.79p. u.。若采用 700Ω 分闸电阻,清除过电压分别下降到 1.37p. u.、1.50p. u. 和 1.51p. u.。

3）采用分闸电阻的讨论

由上文分析可以看出，相间短路、两相和三相接地故障清除过电压幅值较大，仅使用线路首末端 MOA 有时往往不能将其限制在标准以内，若采用分闸电阻则能有效限制。

然而，由于分合闸电阻要求的热容量比单用途的合闸电阻大很多，日本研究表明其热容量要求可达 133MJ。当分闸电阻接入时，线路还处于运行状态，正常线路潮流甚至加上故障电流都从分闸电阻上经过，而且分闸电阻的投入时间一般较长，这使得系统在分闸电阻上消耗了巨大的能量。所以，对它的热容量要求很大，这将大大增加断路器制造上的难度和成本[19]。

根据前两节的分析可知，分闸电阻主要用来限制相间短路、两相和三相接地故障清除过电压，而单相接地故障清除过电压通常可以通过在分段点处加装 MOA 予以限制。

实际上，相间短路、两相和三相接地故障清除过电压发生概率很低，通常认为这几类接地故障清除过电压基本不会发生，同时考虑到分闸电阻的成本高、故障率大，因此，对于特高压线路，通常不采取分闸电阻，而单相接地故障清除过电压通常可以通过在分段点处加装 MOA 予以限制。

另外，国外研究表明，这种故障清除转移过电压也会出现在 750kV 超高压系统中，而国内外该电压等级基本上不安装分闸电阻，也没发生转移过电压引起的问题。

6.5　串补对电磁暂态特性的影响

特高压串联补偿装置是串联在特高压交流输电线路当中的容性无功补偿装置，可以用来降低长输电线路感性阻抗，同时提高输电线路利用率、增加电力系统稳定极限和输送能力。但是，在特高压线路上安装串补装置以后，有可能会对单相重合闸过程中的潜供电流、线路工频过电压以及操作过电压等电磁暂态特性产生一些影响。本节主要对采用串补后系统电磁暂态特性的变化进行讨论。

6.5.1　串补装置的构成

特高压串补装置主要由串联电容器、保护用的金属氧化物限压器（MOV）、阻尼回路装置、可触发火花间隙以及旁路开关组成，如图 6-69 所示[20]。MOV 是限制电容器电压的主保护；火花间隙是 MOV 和电容器的后备保护；旁路开关是系统检修、调度的必要装置，同时也为火花间隙及去游离提供必要条件；阻尼回路装置用于限制电容器放电电流，防止电容器、间隙、旁路开关在放电过程中损坏。

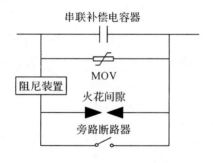

图 6-69　串补装置示意图

6.5.2　串补对合闸操作过电压的影响

合闸操作过电压的大小与串补在线路中的位置、布置方式以及串补度密切相关。对于一般的特高压线路，在线路中加装串联补偿电容器可以降低操作过电压，尤其对空载线路合闸过电压的限制有较好的效果。同时，串联补偿电容器的位置越靠近线路首段，补偿度越大，限压效果越好[21]。但是，合闸操作可能会对串补电容器造成冲击，影响串补寿命。

6.5.3 串补对工频过电压的影响

特高压线路装设了串补装置会对工频过电压产生两方面的影响。一方面,在相同的输送潮流下,送电端电压与无串补时相比有所降低,有利于降低工频过电压;另一方面,由于串补装置在补偿线路的正序电抗之后,造成了接地系数 X_0/X_1 增加,又会使单相接地甩负荷引起的工频过电压升高[17]。

以长度为 400km、补偿度为 85%、输送功率为 3000MW 的特高压双端电源输电线路(如图 6-53)为例,当线路未加装串补时,线路工频过电压为 1.277p.u.,当线路加装了 40% 的串补后,线路工频过电压为 1.356p.u.,加装串补后工频过电压较未加装串补的线路高 0.079p.u.。结果表明,对于该条线路,串补造成工频过电压升高的程度要大于串补造成工频过电压降低的程度,从而使得最终工频过电压值升高。

6.5.4 串补对潜供电流的影响

线路发生单相接地故障时,线路两端故障相的断路器相继跳开。由于健全相的静电耦合和电磁耦合,弧道中仍将流过一定的感应电流,该电流即为潜供电流。对于装设了串联补偿装置的特高压输电线路,当线路中间某处发生了单相接地故障时,若流过串补的短路电流较小,MOV 电流和能耗均比较小,此时串补火花间隙和旁路开关均不动作,串补未被旁路,串补电容器上的残余电荷通过由串补、高压电抗器、短路点弧道电阻组成的振荡回路放电,如图 6-70 所示[20]。该回路的振荡频率通常为几赫兹,远低于工作频率,故障点潜供电流幅值可达几十到几百安培,衰减慢、过零点次数减少,延长了潜供电弧的熄灭时间,对单相重合闸极为不利。

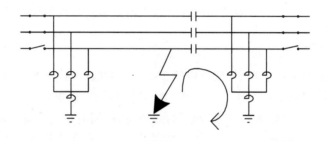

图 6-70　串补系统单相接地时的低频振荡回路示意图

仍以长度为 400km、补偿度为 85%、输送功率为 3000MW 的特高压双端电源输电线路(如图 6-53)为例。当线路加装串补时,潜供电流的波形如下图 6-71 所示。仿真结果表明,当该线路一侧发生单相

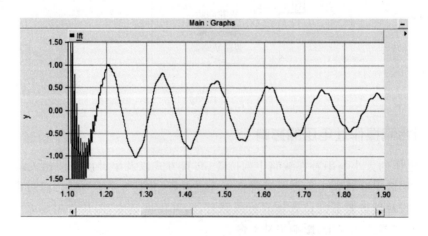

图 6-71　单相重合闸过程中的潜供电流暂态过程波形

接地故障时,潜供电流波形是一个低频、衰减的放电电流,频率约为 7.3Hz,该低频分量的存在使得潜供电流的过零次数减小,对潜供电流的自熄极为不利。断路器分闸 0.5s 后,电流幅值仍非常高,将使得潜供电流难以熄灭。如单相接地后旁路开关动作使得串联电容短接,潜供电流将无此低频放电分量,潜供电流更容易自熄。

6.5.5　串补与断路器的联动

实际上,在实际的运行与操作中,为减小合空线操作对串补电容器的冲击,在合闸操作前,一般要求串补旁路开关闭合,将串补旁路;线路发生单相接地故障的重合闸过程中,为了加速潜供电流暂态分量的衰减,一般采取线路断路器和串补快速旁路联动的措施,将故障相串补旁路[20]。因此,在采取串补与断路器的联动操作后,特高压线路装设的串补装置对线路合闸、重合闸操作过电压影响不大;对潜供电流的影响也不大。

参考文献

[1] 刘振亚.特高压电网[M].北京:中国经济出版社,2005.

[2] 王锡凡.电气工程基础[M].西安:西安交通大学出版社,2009.

[3] 刘振亚.特高压交流输电系统过电压与绝缘配合[M].北京:中国电力出版社,2008.

[4] 解广润.电力系统过电压[M].北京:水利电力出版社,1985.

[5] 1000kV 特高压交流同塔双回线路过电压和绝缘配合研究(第一部分)[R].北京:中国电力科学研究院,2009.

[6] 中国电力科学研究院.1000kV 特高压交流同塔双回线路过电压和绝缘配合研究(第二部分)[R].北京:中国电力科学研究院,2009.

[7] 陈思浩,吴政球,陈加炜,等.多级合闸电阻限制 1000kV 输电线路操作过电压的研究[J].电网技术,2006,30(20):10—13.

[8] GB/T 50064-2014 交流电气装置的过电压保护和绝缘配合设计规范[S].2014.

[9] 朱家骝.对中国 1100kV 电网过电压及绝缘水平的建议[J].电力设备,2005,6(11):20-23.

[10] 陈秀娟,陈维江,沈海滨,等.特高压输电系统操作过电压柔性限制方法[J].高电压技术,2007,33(11):1-5.

[11] 张晓莉,周泽昕,王玉玲,等.1000kV 交流输电线系统动态模拟研究[J].电网技术,2006,30(7):1—4.

[12] 易强,周浩,计荣荣,等.特高压线路高抗补偿方案研究[J].电力系统保护与控制,2011,39(20):98—105.

[13] 陈慈萱.电气工程基础[M].北京:中国电力出版社,2003.

[14] 江林,王自强,张庆庆,等.500kV 及 220kV 自耦变压器对电网单相短路电流的影响[J].电力系统保护与控制,2008,36(18):108—116.

[15] 计荣荣,易强,周浩,等.超/特高压交流输电线路断路器合闸电阻的适用性研究[J].电网技术,2011,35(1):18—25.

[16] 张建超,刘晓波,等.特高压输电线路单相自动重合闸过电压的仿真研究[J].电力系统保护与控制,2009,37(17):71—74.

[17] GB/Z 24842-2009.国家电网公司企业标准.1000kV 特高压交流输变电工程过电压和绝缘配合[S],2009.

[18] GB/Z 24844-2009.国家电网公司企业标准.1000kV 交流系统用油浸式并联电抗器技术规范[S],2009.

[19] 林集明,陈维江,韩彬,等.故障率计算与特高压断路器分闸电阻的取舍[J].中国电机工程学

报,2012,32(7):161－165.

[20] 刘振亚.特高压交流输电技术研究成果专辑(2011 年)[M].北京:中国电力出版社,2012.

[21] 周元清,彭建春,王官宏,等.特高压交流输电线路串联补偿合闸操作过电压研究[J].电力自动化设备,2008,28(1):23－26.

特高压交直流输电

第7章　特高压交流系统特快速
瞬态过电压(VFTO)

相比于 500kV 超高压 GIS 电站,1000kV 特高压 GIS/HGIS 电站在开关设备、系统结构、绝缘裕度、安全稳定性要求、重要性等方面都具有不同的特性,主要体现在以下几个方面[1-7]:

(1) 1000kV GIS 变电站的额定电压是 500kV GIS 变电站的 2 倍,VFTO(Very Fast Transient Overvoltage)过电压幅值也约为 500kV GIS 变电站的 2 倍左右,但 1000kV GIS 设备的绝缘水平仅比 500kV GIS 增加了 55%,没有成比例增加,使得 1000kV GIS 设备的绝缘裕度更小,VFTO 对特高压 GIS 设备的危害性比对 500kV 及其以下的系统要大得多。

(2) 1000kV 特高压 GIS 变电站远景系统规模庞大、布局复杂,使得其 VFTO 情况更加复杂、难于分析预防。

(3) 1000kV 电力变压器绕组匝数比 500kV 变压器更多,在陡波的作用下匝间电压分布更不均匀,使得 1000kV 变压器首端绕组更易被 VFTO 损坏。

(4) 1000kV GIS 变电站在输电系统中的重要性更高,要求其具备更高的安全性和稳定性,不允许出现安全隐患。

本章首先讨论了 VFTO 的产生机理、特点与危害以及限制防护措施,然后对 1000kV GIS 变电站不同运行工况下的 VFTO 及影响因素进行了研究,接着就 500kV 与 1000kV GIS 变电站的 VFTO 和变电站与发电厂的 VFTO 进行了比较,又着重对架空线对入侵主变端口的 VFTO 波前陡度的限制进行了深入研究,最后对 GIS 变电站和发电厂中 GIS 暂态壳体电压(TEV)进行了分析。

7.1　VFTO 的产生机理与特点

在变电站中,隔离开关切合空母线、断路器分合等操作都是例行操作,操作的概率和频率都很大。这些操作在一般的空气绝缘变电站中通常不会引起危害较大的过电压,但在 GIS 变电站或 HGIS 变电站中,这些操作,特别是对没有灭弧能力的隔离开关的操作,有可能会产生危害较大的快速暂态过电压,即 VFTO。在中国 500kV GIS 的运行情况中,就已经有不少特快速暂态现象所导致 GIS 内部的击穿和外接设备的事故,如 1992 年广东大亚湾核电工程的系统调试中就曾出现快速暂态过电压引起主变压器一相主绝缘被击穿,2001 年浙江北仑电厂一台 500kV 变压器也曾因快速暂态过电压而损坏。

通常,GIS 或 HGIS 电站中的断路器灭弧性能很好,发生电弧重燃的可能性极低,可不考虑其重燃时产生的过电压,只考虑操作隔离开关时可能产生的 VFTO。特高压中的 GIS 隔离开关结构如图 7-1 所示[8]。

隔离开关由于其分合速度慢、灭弧性能差,在分合闸操作过程中,动、静触头间隙容易发生多次燃、熄弧现象,如图 7-2、图 7-3 所示。以隔离开关操作拉开一段不带电的 GIS 支路为例,该段不带电 GIS 支路作为一个电气"孤岛"(亦称为负荷侧),可以近似看作是一个对地的集中电容。在该段 GIS 支路被隔离开关切断后,残余电荷会在该段不带电的 GIS 支路上保持相当长的时间,随着隔离开关断口的拉大,隔离开关系统侧触头的电位跟随系统变化,当两个触头间电压差达到一定幅值时,隔离开关就会发生间隙击穿并形成电弧。这个过程与电网中断路器合切空载线路(或电容器)时的重燃现象很相似,能够产生幅值较大的过电压。由于 GIS 设备中的电场均设计为稍不均匀电场,而且 GIS 隔离开关断口比 AIS (Air Insulated Switchgear)隔离开关小,使得隔离开关起弧的时间非常短,为纳秒级,过电压的波前时间极短,陡度极大。

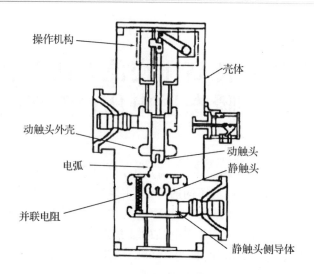

图 7-1 隔离开关示意图

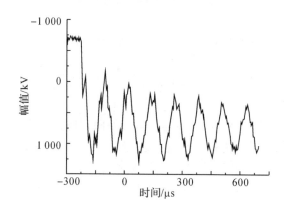

图 7-2 隔离开关附近 VFTO 典型波形

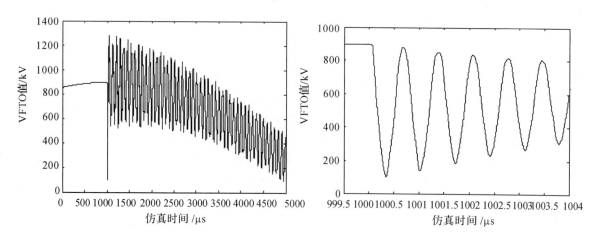

图 7-3 主变入口处 VFTO 典型波形

GIS 中触头间击穿而形成的高频电弧受隔离开关动触头运动、GIS 内部 SF_6 气流灭弧等因素的影响,极易熄灭,其燃弧时间非常短。随着电源电压的变化,电弧恢复电压又一次升高,从而在短时间内重复发生多次重燃而产生 VFTO。由于隔离开关的分合速度太慢,导致重击穿在 GIS 隔离开关的每次操作过程中将发生数百次之多,从而产生一连串波前极陡、频度极密、正负极性都有的特快速暂态过电压(VFTO)。隔离开关在切合空载母线时的等值电路如图 7-4 所示,就过电压的幅值而言,其最大值为

$$U_{max} = K \cdot U_s - U_{TC} \leqslant 3.0 \text{p. u.} \tag{7-1}$$

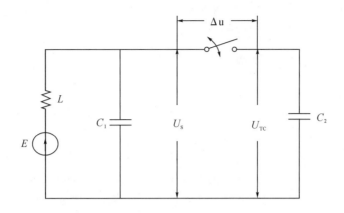

图 7-4　隔离开关切合空载母线等值电路

式中,K 为振荡或过冲系数,$0 \leqslant K \leqslant 2$;$U_{TC}$ 为残留电荷电压,-1.0p. u. $\leqslant U_{TC} \leqslant 1.0$p. u. ;$U_s$ 为电源电压;对 1000kV 特高压 GIS:1p. u. $= 1000 \times 1.1/\sqrt{3} \times \sqrt{2} = 898$kV。

在最极端的情况下,隔离开关合闸时 $U_{TC} \rightarrow 1.0$p. u. ,$U_s \rightarrow -1.0$p. u. ,$K \rightarrow 2$,这时 $\Delta U \rightarrow 2.0$p. u. ,$U_{max} \rightarrow 3.0$p. u. 。特快速暂态过电压的振荡频率则依赖于电站参数和 GIS 的布置,开合操作产生的冲击陡波将沿隔离开关断口向两侧母线传播,其传输速度略小于光速,在母线上相连的各电气节点上因各设备的特性阻抗不同而出现折反射将使快速暂态过电压的暂态波形趋于复杂。

由 VFTO 的产生机理及 GIS 设备的特征,VFTO 具有以下普遍特点:

(1)波前很陡,其上升时间通常为 2～20 纳秒:由于隔离开关触头间隙发生重燃时,起弧过程非常迅速,故注入网络的电压波形具有极高的上升或下降陡度。

(2)VFTO 幅值理论上最大可达 3.0p. u. ,这种极端情况是在所开断支路两端电压极性相反并均为最大值时发生的。考虑到残余电压、阻尼衰减等实际原因,实测和模拟试验中得出的 VFTO 大多数不超过 2.0p. u. ,考虑最严重情况,最大过电压可达 2.5～2.8p. u. 左右[9]。

(3)VFTO 具有大量高频分量,一般在 30kHz～100MHz 范围内。这是因为 GIS 以 SF_6 作为介质,绝缘强度远远高于空气,相邻电气设备的间距和母线长度都比同类型空气绝缘变电站小得多,VFTO 行波在 GIS 中进行折射、反射的时间非常短,反复叠加造成过电压暂态振荡频率剧增。

(4)VFTO 与 GIS 隔离开关重燃、熄弧时刻,以及隔离开关节点在 GIS 装置中的位置密切相关,而且与 GIS 的运行接线方式直接相关。

7.2　VFTO 的危害

从 VFTO 对电气设备的危害的角度,可以将 VFTO 分为内部 VFTO 和外部 VFTO 两类。内部 VFTO 是指 GIS 一次设备内部的 VFTO,存在于 GIS 管道、断路器、隔离开关等一次电气设备中,主要对 GIS 本体主绝缘构成威胁;外部 VFTO 是指由 GIS 一次设备传输到外部电气设备(如电力变压器、架空线、互感器、套管等)上的 VFTO,主要对主变以及站内二次设备构成威胁。

7.2.1　VFTO 对 GIS 主绝缘的危害

目前,特高压 GIS 设备主绝缘的 VFTO 典型试验波形和耐受电压标准尚未确定,一般认为 VFTO 可与设备的雷电冲击耐受电压(LIWV：Lightning Impulse Withstand Voltage)进行比较。特高压 GIS 的 LIWV 为 2400kV[10],国内有专家提出 VFTO 的耐受标准可在 LIWV 的基础上考虑 15% 的安全裕度,即 VFTO 不宜超过 2087kV(相当于 2.32p. u.)[2]。相比而言,500kV GIS 的 LIWV 为 1550kV[11],其 VFTO 耐受电压在 LIWV 基础上考虑 15% 裕度为 1348kV(相当于 3.0p. u. ,其中 1.0p. u. $= 500 \times 1.1/\sqrt{3} \times \sqrt{2} = 449$kV)。由于 VFTO 最大幅值不超过 3.0p. u. ,因而对于 500kV GIS 设备主绝缘通常

不会造成危害,但对于特高压 GIS 设备,隔离操作产生的 VFTO 过电压幅值可能达到 2.5p.u.,超过设备主绝缘耐压能力,有可能造成设备主绝缘的损坏。

7.2.2 VFTO 对电力变压器的影响

7.2.2.1 VFTO 对主变的危害机理

在所有与 GIS 相连的电气设备中,变压器受到 VFTO 的危害最大,特别是与 GIS 直接连接的变压器入口段匝间绝缘。

在 VFTO 陡波传播到变压器时,等于在变压器端部加上了一个陡波波前。VFTO 陡波上升时间可能只有几十纳秒,远远低于雷电冲击试验时的波前上升时间(约 $1.2\mu s$)。对于 GIS 电站距离比较近的变压器,在陡波前电压波作用下绕组间和绕组对地的等值电容阻抗值远小于其绕组电感的阻抗值,使得变压器绕组的简化等值电路如图 7-5 中右图所示,其中 C_0 和 K_0 分别为单位长度绕组的对地电容和匝间电容。在图 7-5 所示的等值模型下,变压器绕组上产生极不均匀的绕组初始电位分布,如图 7-6 所示,其中 $\alpha = \sqrt{\dfrac{C_0}{K_0}}$,一般变压器的 $\alpha l = 5 \sim 15$,平均约为 10,使得变压器绕组首端的匝间电压很大,威胁变压器匝间特别是变压器绕组首端的纵绝缘安全[12]。

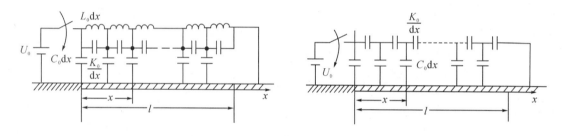

图 7-5　瞬态电压传至单相绕组时的简化等值图

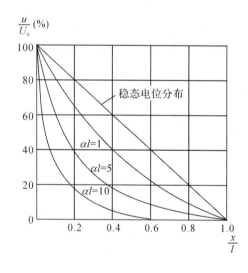

图 7-6　陡波前作用下单相绕组初始电位分布

对与 GIS 相距较远的变压器,或非直接连接的变压器,因为经过了两个套管和一段架空线,会使陡波前波趋于平缓。

实际上,VFTO 对主变的危害除了陡波前在变压器线圈内部产生不均匀的电压分布危及主变纵绝缘外,另一方面,VFTO 的高频成分可能与变压器的振荡频率吻合而激起变压器内部的电磁振荡,产生较高的过电压,造成主变匝间绝缘和主绝缘损坏[13-14]。在考虑 VFTO 高频振荡分量引起主变线圈内部谐振而对主变匝间绝缘构成的影响时,由于暂未有明确的限值标准和考核方法,因此,本章在介绍

VFTO 对主变构成的威胁时重点考虑到达主变端口的 VFTO 幅值和波前陡度对主变主绝缘和纵绝缘构成的影响。当达到主变端口的 VFTO 幅值和入侵主变端口的 VFTO 波前陡度分别小于相应的 VFTO 限制水平时，认为此时 VFTO 对主变的主绝缘和纵绝缘通常不会构成威胁。

7.2.2.2　VFTO 对主变主绝缘的危害性

VFTO 传播到变压器后，需要考虑变压器主绝缘（对地和对其他两相绕组的绝缘）的安全性。

可采取和上节相类似的方法来确定 1000kV 变压器主绝缘对 VFTO 的限制水平。由于 1000kV 变压器主绝缘的雷电冲击耐受电压为 2250kV[10]，配合系数与 GIS 主绝缘相同，所以变压器主绝缘对 VFTO 的限制水平为 1957kV（2.18p.u.）。而大量实测和仿真结果表明，变压器端口的最大 VFTO 通常远低于 2.18p.u.，这主要是由于 VFTO 经过隔离开关、GIS 管道、套管等 GIS 设备传播到变压器端口时会使过电压幅值有大幅衰减；且变压器和与其相连的电容式电压互感器（CVT）的等效对地电容均很大，将会对变压器端口的 VFTO 幅值起到一定的抑制作用。因此，VFTO 通常不会对变压器主绝缘造成危害。

7.2.2.3　VFTO 对主变纵绝缘的危害性

传播至主变的 VFTO 对主变纵绝缘（匝间、层间、线饼间等绝缘）也具有较大的威胁。由于 VFTO 具有比雷电过电压更陡的波前陡度，传播到变压器后，会在各匝绕组间形成极不均匀的电压分布，特别是绕组首端，将会出现非常大的电压差，可能会使绕组匝间绝缘发生击穿。因此，VFTO 对变压器的最大危害是波前陡度对纵绝缘造成的威胁。

衡量 VFTO 是否会对变压器纵绝缘产生危害的指标，主要是 VFTO 的波前陡度。对于标准雷电冲击波过电压，变压器的雷电冲击耐受电压为 2250kV，波前时间为 1.2μs，其波前陡度为 1875kV/μs，厂家生产的变压器通常能够承受该波前陡度。由于目前就 VFTO 对变压器纵绝缘的危害性仍暂无统一规定的衡量标准，且考虑到 VFTO 的波前较雷电过电压更陡一些，对主变纵绝缘的危害更大，因此，可以保守地参考标准雷电冲击波过电压 1875kV/μs 的波前陡度值来衡量 VFTO 的波前陡度对变压器纵绝缘的危害性。即由于主变纵绝缘通常能够承受 1875kV/μs 的波前陡度，如能将主变端口的 VFTO 波前陡度控制在 1875kV/μs 以下，则主变纵绝缘就是安全的。因此，变压器纵绝缘对 VFTO 波前陡度的限制水平可以近似取为 1875kV/μs。

7.2.3　VFTO 对二次设备的影响

VFTO 的高频分量幅值很大，当发生 VFTO 时，与之相关的外部瞬态电磁场是从 GIS 壳体和架空线向四周辐射，任何电子设备都会受到瞬态电磁场的影响。同时，外部 VFTO 耦合到壳体与地之间，造成危险的暂态地电位升高（TGPR）和壳体暂态电位升高（TEV）。TEV 或 TGPR 会引起与 GIS 相连的控制、保护、信号等二次设备的干扰甚至损坏。所以，二次电气设备可能会因此受到危害。

7.2.4　VFTO 的累积效应

当采用隔离开关操作一次设备时，就可能产生 VFTO，对 GIS 支持绝缘子、套管等设备的绝缘安全形成一定威胁。随着隔离开关长期的操作，VFTO 对电气设备绝缘的破坏作用就会不断累积。破坏的积累会加速绝缘的老化，绝缘的老化反过来会加重累积效应的破坏程度。当电气设备的某一点绝缘相对薄弱时，就容易被击穿。

7.3　1000kV GIS 变电站中不同运行工况下的 VFTO

VFTO 过电压的幅值和特性跟变电站的主接线和运行工况密切相关，由于 3/2 台断路器接线方式具有很高的运行可靠性与灵活性，且调度扩建方便，1000kV GIS 变电站一般采用 3/2 台断路器接线方式，如图 7-7 所示。其中，每串断路器串上断路器与隔离开关（CB101 与 DS1012）之间的平均距离约为 5m，两个相邻的隔离开关（DS1012 与 DS1021）之间的平均距离为约 14m；GIS 出口套管与断路器串之间的 GIS 管道母线平均长度为 40m;GIS 出口套管与主变之间的架空线长度为 60m。1000kV GIS 变电站的开关操作按操作对象主要可分为三类:主变操作、出线操作和母线操作。

7.3.1 主变操作产生的 VFTO

主变操作可分为切主变和合主变两类。以操作主变 Tr1 为例,切主变 Tr1 时,需先断开断路器 102 和 103,再断开隔离开关 1021、1032、1022 和 1031;合主变 Tr1 时,需先合隔离开关 1022、1031、1021 和 1032,再合断路器 102 和 103。针对投切主变的情形,在操作隔离开关时断路器尚未合闸,因此分合隔离开关 1022 和 1031 通常不会产生 VFTO,而在操作隔离开关 1021 和 1032 时可能产生幅值较大的 VFTO。经仿真分析表明,主变操作会在 GIS 本体上产生的 VFTO 最大值可达 2.38p. u.,可能超过 GIS 绝缘强度,对 GIS 本体主绝缘具有一定威胁;而在投切主变、操作隔离开关时,由于断路器尚未合闸,因此在主变端口的 VFTO 最大值仅为 0.02p. u.,对主变主绝缘不构成威胁。分合隔离开关 1021 或 1032 时,断路器 102 和 103 均处于断开状态,切断了 VFTO 入侵主变的路径,VFTO 只能通过断路器断口电容传到主变断口,且主变出口与 GIS 套管出口之间有一段长约 60m 的架空线,因此操作传播到主变入口处的 VFTO 波前陡度较小,约为 412kV/μs,对主变匝间绝缘也不会构成危害。

7.3.2 出线操作产生的 VFTO

出线的操作过程与主变操作相似,切出线时需先断开相应断路器再拉开相应隔离开关,投出线时需先合相应隔离开关再合相应断路器,以切

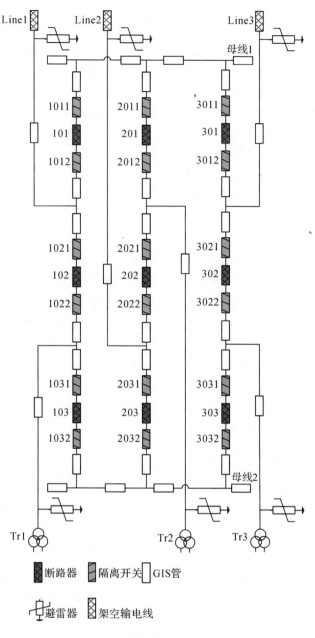

图 7-7 GIS 电站系统接线图

出线 1 例,切除出线时先断开断路器 102、101,再依次拉开隔离开关 1021、1012、1011、1022;投入出线时与上述顺序相反。分合上述四个隔离开关均可能产生 VFTO。出线操作时 GIS 本体上的 VFTO 最大幅值在 2.37p. u. 左右,超过了 GIS 绝缘强度的承受范围,可能会对 GIS 本体主绝缘产生危害;主变端口最大 VFTO 幅值为 1.09p. u.,远没有超过主变主绝缘的限制水平,不会对主变主绝缘构成威胁。当操作隔离开关 1022 时,产生的 VFTO 波可以通过 GIS 母线入侵主变端口,因此,传播到主变入口的 VFTO 波前陡度要比投切主变时高。但是由于主变端口和 GIS 套管出口之间有一段长约 60m 的架空线,因此到达主变入口的最大波前陡度仅为 550kV/μs,对主变匝间绝缘不构成危害。

7.3.3 母线操作产生的 VFTO

切母线时,需先依次断开该母线上连接的所有运行断路器(如断路器 103、203、303),再依次断开各母线断路器两侧隔离开关(如隔离开关 1031、1032、2031、2032、3031、3032)。隔离开关 1031、2031、3031 的一端仍与系统连接,分合这些开关可能会产生 VFTO,但此时 GIS 本体上的 VFTO 最大幅值约为

2.0p.u.,主变端口的 VFTO 最大幅值约为 1.04p.u.,与绝缘强度之间仍留有很大裕度。传播到主变入口处的 VFTO 最大波前陡度约为 533kV/μs,不足以对主变的匝间绝缘造成威胁。投母线时,需先依次合上各母线断路器两侧隔离开关,再依次合上该母线连接的所有(或部分)运行断路器。由于母线检修时经接地开关释放残余电荷,负载侧残余电荷电压为零电位,此时合闸隔离开关产生的 VFTO 较运行改检修时大为降低,对电站的主绝缘和主变绝缘均不构成威胁。

根据以上三节内容,可以得出如下表 7-1 所示的 VFTO 计算结果。

表 7-1　不同操作方式下的 VFTO 计算结果

操作类型	主变投切	出线投切	母线投切
GIS 站内 VFTO 最大幅值/p.u.	2.38	2.37	2.0
主变端口 VFTO 最大幅值/p.u.	0.02	1.09	1.04
主变入口波前陡度值/kV·μs⁻¹	412	550	533

可见,该 1000kV GIS 变电站的母线操作产生的 VFTO 对 GIS 本体主绝缘不会产生威胁,而出线操作和主变操作时的 VFTO 对 GIS 本体主绝缘产生威胁。由于该 1000kV GIS 变电站 GIS 套管出口与主变之间架设了一段较长的架空线,因此,三种操作方式下,入侵主变的 VFTO 波前陡度(如表 7-1 所示)均不超过限制水平,对主变纵绝缘不构成威胁。

但是,不同的变电站中该段架空线长度通常不一样,因此,不同操作方式下 VFTO 是否对主变纵绝缘构成威胁应视具体情况而定。然而根据本章后面的研究结论,对于 1000kV GIS 变电站,即使该架空线长度为零,在不同隔离开关操作方式下,入侵主变的 VFTO 波前陡度均不会超过 1875kV/μs 的限制水平,且有 10% 左右的裕度。

综上所述,对于 1000kV GIS 变电站,VFTO 对变电站内主变主绝缘和纵绝缘均不构成威胁,但会对 GIS 本体主绝缘构成威胁。因此,需重点防护 VFTO 对 GIS 本体主绝缘构成的威胁。

7.4　VFTO 的影响因素

VFTO 的幅值及频率取决于多种因素,它不仅与开关的动作特性、电场分布和动态绝缘过程有关,而且与 GIS 的结构特点、尺寸和设备参数均有关。

7.4.1　负荷侧残余电压对 VFTO 过电压幅值的影响

负荷侧的残余电压大小对 VFTO 的幅值有直接影响,VFTO 的幅值与残余电压值基本呈线性关系,残压越大,产生的 VFTO 最大值就越大,图 7-8 所示为在不同残压下系统电压为 +1.0p.u. 时发生重燃产生的 VFTO 最大值。

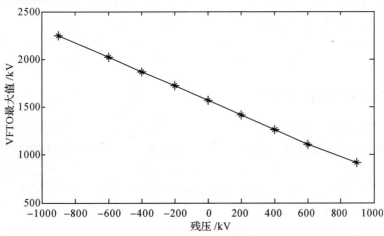

图 7-8　残余电压与 VFTO 幅值的关系

残余电荷电压与负载侧电容电流大小、隔离开关分合闸速度、开关重燃时刻以及母线上的电荷泄漏密切相关。若负荷侧泄漏电阻很大，就可以保持较高的残余电压在数小时至数天内不变，产生较大的VFTO。

7.4.2　变压器入口电容对 VFTO 的影响

变压器的入口电容与 VFTO 幅值密切相关。由于入口电容上的电压不能突变，传播至入口处的波前只能随着电容逐渐充电而逐渐上升。故随着变压器入口电容值的增大，变压器入口处的 VFTO 的幅值逐渐降低，同时波前被拉平，波前陡度减小。相反的，GIS 站内的 VFTO 的幅值会随着变压器入口电容的增加而升高。而变压器的入口电容与它的电压等级、容量和结构等因素有关，电压等级越高、变压器额定功率越大，入口电容就越大。

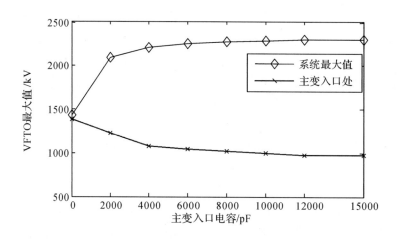

图 7-9　主变入口电容与 VFTO 幅值

7.4.3　弧道电阻对 VFTO 过电压幅值的影响

GIS 隔离开关重燃时，其弧道电阻为一时变参数，由一恒定分量和一时变分量组成，如式（7-2）所示。

$$R(t)=R_{\mathrm{S}}+R_0\mathrm{e}^{-t/T} \tag{7-2}$$

式中，$R_{\mathrm{S}}=0.5\Omega$，$R_0=10^{12}\Omega$，$T=1\mathrm{ns}$。

电弧起始时，弧道电阻较大，但是随着电弧电流的增大，其衰减分量迅速衰减，弧道电阻逐渐变小，最后趋于稳定的恒定分量值，分析中常简化为一个阻值很小的固定电阻，约为 2Ω。弧道电阻对 VFTO 有阻尼作用，起一定的抑制效果，如图 7-10 所示，但由于弧道电阻很小，其限制作用并不明显，隔离开关加装并联电阻实际就相当于增大弧道电阻以减小 VFTO。显然，在隔离开关中加装并联电阻，只要并联电阻在数十至数百欧姆的范围，就可以起到显著削弱 VFTO 的作用，对控制 VFTO 具有明显的效果。

7.4.4　氧化锌避雷器对 VFTO 的影响

氧化锌避雷器对 VFTO 几乎没有保护作用，反而会使计数器因 VFTO 产生频繁的误动作。氧化锌避雷器在 VFTO 作用下可等值为一个非线性阀片电阻和一个约 20pF 的对地杂散电容并联，一般情况避雷器上的 VFTO 过电压幅值并不大，故避雷器阀片电阻中不可能有过大的电流使避雷器动作。但在波前时间纳秒级的 VFTO 作用下，避雷器对地杂散电容中会长时间流过一连串几安甚至高达几十安培的高频陡波电流，从而引起避雷器计数器误动作。

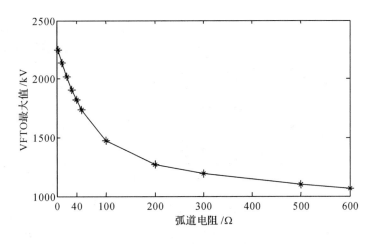

图 7-10　弧道电阻与 VFTO 幅值

7.5　500kV 和 1000kV GIS 变电站 VFTO 的比较

本节主要针对 500kV 与 1000kV GIS 变电站,讨论 VFTO 对变电站中 GIS 本体主绝缘、主变主绝缘以及主变纵绝缘的影响,并对 500kV 变电站和 1000kV 变电站中 VFTO 特性进行了比较。

7.5.1　变电站中典型隔离开关操作方式下开关操作顺序

为了分析在实际 500kV GIS 变电站和 1000kV GIS 变电站中 VFTO 对主变以及 GIS 设备的影响,首先需要确定仿真计算模型。

图 7-11 和图 7-12 是典型的 1000kV GIS 变电站和 500kV GIS 变电站的主接线示意图。

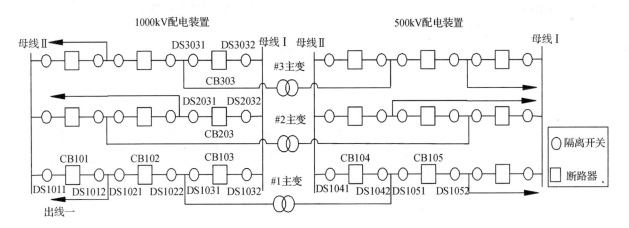

图 7-11　1000kV GIS 变电站主接线示意图

在研究 VFTO 对 GIS 变电站内设备的影响时,VFTO 幅值与隔离开关的操作方式密切相关,典型的隔离开关操作方式有投切主变、投切出线和投切母线三种。由于两条主母线之间的各支断路器串结构类似,因此,以其中一支为例研究三种典型操作方式下断路器与隔离开关的倒闸顺序,判断在各种操作方式下可能产生 VFTO 的隔离开关,从而建立仿真模型。

7.5.1.1　500kV GIS 变电站中典型隔离开关操作方式下的开关操作顺序

1) 投切出线

以投切出线一为例,切除出线时先分闸 CB102、CB101,再依次分闸 DS1021、DS1012、DS1011、DS1022,投入出线时与上述顺序相反。分合上述四个隔离开关均可能产生 VFTO。

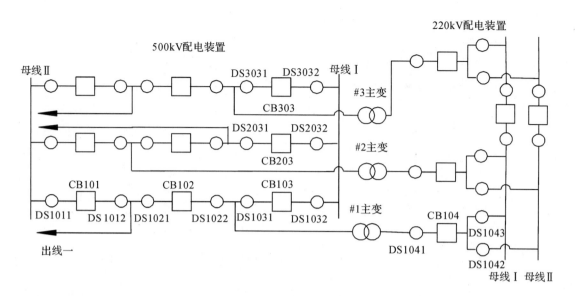

图 7-12　500kV GIS 变电站主接线示意图

2）投切母线

切除母线时，首先依次断开与该条母线连接的所有断路器（如 CB103 等），再拉开断路器两侧的隔离开关（如 DS1032、DS1031 等）。电源侧隔离开关（如 DS1031）的一端与电源连接，分闸该开关可能会产生 VFTO；分母线侧隔离开关 DS1032 时不会产生 VFTO，因为此时母线上的残余电荷通常已泄放完毕。投入母线时操作顺序与切除母线时正好相反，考虑此时母线已经长时间处于不带电状态，合闸 DS1032 通常不会产生 VFTO，而合闸 DS1031 可能会产生 VFTO。

3）投切主变

投入主变与切除主变的开关操作顺序正好相反，以切除 500kV 变电站♯1 主变为例，切除♯1 主变时先分闸 CB104、CB102、CB103，再依次分闸三个断路器两端的负荷侧和电源侧的隔离开关。

在进行主变的停运操作时，依次分闸 CB104、CB102、CB103 后，变压器处于不带电状态，由于变压器中性点直接接地，与变压器相连的 GIS 管道和隔离开关（图 7-12 中 DS1022、DS1031）将通过变压器绕组迅速泄放电荷，使得隔离开关上的残余电荷电压大幅下降。通过仿真分析得出，变压器在与两侧电网断开后，与之相连的隔离开关上的残余电压仅在一个工频周期内即降至 0.22p.u. 左右，如图 7-13 所示。在实际操作中，需确定断路器已断开的情况下才能拉开隔离开关，从断开断路器到操作隔离开关这一时间间隔足以使主变上的残余电荷电压降至很低水平，主变基本不带电。因此，分闸 DS1022、DS1031 时不会产生 VFTO。在分闸 DS1021 以及 DS1032 时，这两个隔离开关的一端与电源连接，可能会产生 VFTO。

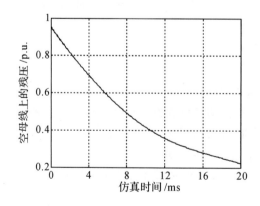

图 7-13　主变切除后与主变相连空母线上残压随时间的变化关系

综上所述,在切除主变时,分闸 DS1022、DS1031 时不会产生 VFTO,分闸 DS1021、DS1032 时会产生 VFTO。另外,投入主变时,主变已长时间处于不带电状态,在合闸隔离开关 DS1022 和 DS1031 时通常不会产生 VFTO,而合闸 DS1021 和 DS1032 时可能产生 VFTO。

7.5.1.2　1000kV GIS 变电站中典型隔离开关操作方式下的开关操作顺序

对于特高压 GIS 变电站,针对投切出线与投切母线的情形,开关的操作顺序与 500kV GIS 变电站相同。

对于投切主变的情形,以切除 #1 主变为例,切除 #1 主变时先分闸 CB102、CB103、CB104 和 CB105,再依次分闸四个断路器两端的负荷侧和电源侧的隔离开关。其中,由于主变上残余电荷的泄放,操作 DS1022、DS1031 时不会产生 VFTO,而在操作 DS1021 以及 DS1032 时,这两个隔离开关的一端与电源连接,可能会产生 VFTO。合闸主变时,由于主变长时间不带电,在合闸 DS1022 和 DS1031 时,通常不会产生 VFTO,而合闸 DS1021 和 DS1032 时可能会产生 VFTO。

7.5.1.3　小结

综上所述,对于 500kV 和 1000kV GIS 变电站,投切出线时两者的开关操作顺序方式相同,投切母线时开关操作顺序也一样。但是对于投切主变的情形,由于两者低压侧的接线方式有差异,导致投切主变时低压侧投切的开关数量不一样。其中 1000kV GIS 变电站投切主变时,低压侧需断开两支断路器和四支隔离开关,比 500kV GIS 变电站中投切主变的开关操作更复杂。

另外,综合前面的分析可知,操作与带电的系统相连的隔离开关时,通常会产生 VFTO。因此,在三种典型的隔离开关操作方式下,会产生 VFTO 的隔离开关如下表 7-2 所示。当分闸某一只隔离开关会产生 VFTO 时,合闸该隔离开关也会产生 VFTO;当分闸某一只隔离开关不产生 VFTO 时,合闸该隔离开关也不会产生 VFTO。

表 7-2　变电站中不同操作方式下可能产生 VFTO 的隔离开关

操作方式	投切出线	投切母线	投切主变
隔离开关	DS1021、DS1012 DS1011、DS1022	DS1031 DS2031、DS3031	DS1021 DS1032

根据表 7-2 的所示的结果,在本章中,求取相应隔离开关操作方式下的 VFTO 时,只需考虑操作该表中列出的几支隔离开关产生的 VFTO 即可。

7.5.2　500kV/1000kV GIS 变电站中设备对 VFTO 的限制水平

对于超/特高压交流系统,目前国际上尚未提出统一规定的代表 VFTO 的试验电压典型波形和设备的耐受电压值。通常认为设备 VFTO 可与 LIWV(雷电冲击耐受电压)进行比较,将 GIS 设备的 LIWV 除以一定的裕度系数,即可得到 GIS 设备的 VFTO 限制水平。在特高压系统中,该裕度系数通常取为 1.15。1000kV 系统中 GIS 设备和主变的 LIWV 分别为 2400kV 和 2250kV,考虑 1.15 的裕度系数可得特高压系统中 GIS 本体和主变主绝缘对 VFTO 的限制水平分别为 $2400/1.15=2087$kV 和 $2250/1.15=1956$kV。对于 500kV 交流系统,GIS 设备的 LIWV 与设备对 VFTO 的耐受水平之间的裕度系数也取为 1.15,500kV GIS 本体和主变的 LIWV 均为 1550kV,其 VFTO 的限制水平为其雷电冲击耐受电压 1550kV 除以配合系数 1.15,即 1348 kV(3.0p.u.)。

衡量 VFTO 是否会对变压器纵绝缘产生危害的指标,主要是 VFTO 波前陡度。在 500kV 交流系统中,对于标准雷电冲击波过电压,变压器的 LIWV 为 1550kV,波前时间为 $1.2\mu s$,变压器入口能够承受的波前陡度为 1291kV/μs;在特高压系统中,变压器的 LIWV 为 2250kV,变压器入口应该能够承受的波前陡度为 1875kV/μs。表 7-3、表 7-4 所示分别为超高压 500kV 和特高压 1000kV GIS 系统中三类绝缘对 VFTO 的限制水平。

表 7-3　超高压 500kV 设备对 VFTO 的限制水平

设备名称	变压器		GIS 本体
	主绝缘	纵绝缘	主绝缘
LIWV	1550kV	——	1550kV
裕度系数 k	1.15	——	1.15
VFTO 限制水平	1348kV	1291kV/μs	1348kV

表 7-4　特高压 1000kV 设备对 VFTO 的限制水平

设备名称	变压器		GIS 本体
	主绝缘	纵绝缘	主绝缘
LIWV	2250kV	——	2400kV
裕度系数 k	1.15	——	1.15
VFTO 限制水平	1956kV	1875kV/μs	2087kV

7.5.3　典型 500kV 和 1000kV GIS 变电站中的 VFTO 比较

下面将选取某 500kV GIS 变电站以及远期某 1000kV GIS 变电站为计算模型,仿真计算在典型的隔离开关操作方式下 VFTO 对 GIS 本体以及主变的影响。由于隔离开关加装并联电阻对 VFTO 有一定的削弱作用,从严考虑,本节讨论变电站中 VFTO 特性时,考虑隔离开关不加装并联电阻的情形。

算例一:500kV GIS 变电站采用 3/2 接线,每串断路器串上断路器与隔离开关(CB101 与 DS1012)之间的平均距离约为 2.5m,两个相邻的隔离开关(DS1012 与 DS1021)之间的平均距离为约 6.5m;GIS 出口套管与断路器串之间的 GIS 管道母线平均长度为 15m;GIS 出口套管与主变之间的架空线长度为 107m。

算例二:1000kV GIS 变电站采用 3/2 接线,每串断路器串上断路器与隔离开关(CB101 与 DS1012)之间的平均距离约为 5m,两个相邻的隔离开关(DS1012 与 DS1021)之间的平均距离为约 14m;GIS 出口套管与断路器串之间的 GIS 管道母线平均长度为 40m;GIS 出口套管与主变之间的架空线长度为 60m。

7.5.3.1　VFTO 对 GIS 本体以及主变主绝缘的影响

在三种典型的隔离开关操作方式下,算例一和算例二所示的变电站内 GIS 本体和主变端口处的最大 VFTO 值如表 7-5 所示。

表 7-5　典型隔离开关操作方式下 GIS 本体以及主变端口的 VFTO 幅值

操作方式		投切出线	投切母线	投切主变
GIS 本体/p. u.	500kV	2.13	1.92	2.00
	1000kV	2.37	2.0	2.38
主变端口/p. u.	500kV	1.13	1.12	0.04
	1000kV	1.09	1.04	0.02

由表 7-5 可知,投切主变时,主变端口处 VFTO 幅值很小,基本接近于零,可以认为几乎没有 VFTO。这是因为合分 DS1021 以及 DS1032 时,这两个隔离开关通过断开的断路器与主变连接,因此,VFTO 通过断路器断口电容传到主变端口,幅值很小,基本接近于零。

对于 500kV GIS 变电站,在三种典型的隔离开关操作方式下,变电站内 GIS 本体上的最大 VFTO 值为 2.13p. u.,主变端口最大 VFTO 值为 1.13p. u.,均远小于 3.0p. u. 的限制水平。另外,从 VFTO 的产生机理与特点中可知,VFTO 的理论最大值可以达到 3.0p. u.,但是在实际 500kV GIS 变电站中,VFTO 在 GIS 内会有较大衰减,因此实际最大 VFTO 值小于 3.0p. u.,对 GIS 本体以及主变主绝缘通常不会构成威胁。

对于 1000kV 变电站,在三种典型的隔离开关操作方式下,变电站内 GIS 本体上的最大 VFTO 值为 2.38p. u.,主变端口最大 VFTO 值为 1.09p. u.,其中 GIS 本体上的 VFTO 值超过限制水平,需重点防护。

综上以上分析,可以得到以下两点结论:① 由于 500kV 系统中 GIS 本体主绝缘和主变主绝缘对 VFTO 的限制水平较高,达到 3.0p. u.,实际上 VFTO 一般不会达到该值。因此,VFTO 通常不会危及 500kV GIS 变电站中 GIS 本体主绝缘和主变主绝缘。② 对于 1000kV 系统,由于 GIS 本体主绝缘和主变主绝缘对 VFTO 的限制水平分别降到 2.32p. u. 和 2.18p. u.,且由前面的仿真计算分析可知,典型隔离开关操作方式下,1000kV GIS 变电站中 GIS 本体上的 VFTO 幅值可能会超过 2.32p. u. 的限制水平。因此,VFTO 对 1000kV GIS 变电站中 GIS 本体主绝缘可能会构成威胁。另外,由于主变端口距离产生 VFTO 的隔离开关较远,VFTO 传播到主变端口时衰减较大,通常不会超过 2.18p. u. 的限制水平。因此,VFTO 不会危及 1000kV GIS 变电站中主变主绝缘。

7.5.3.2 VFTO 对主变纵绝缘的影响

本节主要研究 VFTO 对 500kV 和 1000kV GIS 变电站中主变纵绝缘的危害。首先针对算例一中的 500kV GIS 变电站和算例二中的 1000kV GIS 变电站,分析典型的隔离开关操作方式下,VFTO 对主变纵绝缘的影响;在此基础上,针对更一般的典型的 500kV 和 1000kV 的 GIS 变电站,研究 VFTO 对其主变纵绝缘的影响,得到针对一般超/特高压 GIS 变电站适用的结论。

1) VFTO 对变电站主变纵绝缘的影响

对于算例一和算例二中的 500kV GIS 变电站和 1000kV GIS 变电站,在三种典型的隔离开关操作方式下,入侵主变端口的 VFTO 波前陡度如表 7-6 所示。

表 7-6 典型隔离开关操作方式下入侵主变的 VFTO 波前陡度

操作方式		投切出线	投切母线	投切主变
VFTO 波前陡度(kV/μs)	500kV	197.5	188.3	62.3
	1000kV	550	533	412

由表 7-6 可知,对于 500kV 和 1000kV GIS 变电站,三种操作方式下入侵主变的 VFTO 波前陡度均分别小于主变纵绝缘对 VFTO 波前陡度的限制水平 1291kV/μs 和 1875kV/μs。因此,VFTO 对 500kV 和 1000kV GIS 变电站内主变纵绝缘威胁不大。

2) 架空线长度为 0m 时 VFTO 对变电站主变纵绝缘的影响

架设于 GIS 出口套管与主变之间的架空线对 VFTO 波前陡度有一定的削弱作用,在进行变电站的设计时,不同的变电站内该段架空线的长度通常不相同,对于上述 500kV GIS 变电站,该段架空线长度为 107m;对于上述 1000kV GIS 变电站,该段架空线长度为 60m。从严考虑,取该段架空线长度为 0m,三种典型的隔离开关操作方式下入侵变电站内主变的最大 VFTO 波前陡度如表 7-7 所示。

表 7-7 架空线长度为 0m 时典型隔离开关操作方式下入侵主变的 VFTO 波前陡度

操作方式		投切出线	投切母线	投切主变
VFTO 波前陡度(kV/μs)	500kV	1041	1035	324
	1000kV	1148	1129	736

对比表 7-6、表 7-7 可知,在架设架空线的情形下入侵主变的 VFTO 波前陡度比没有架设架空线的情形要严重得多。因此,采用适当长度的架空线限制入侵主变 VFTO 波前陡度的效果很明显。对于上述 500kV 和 1000kV GIS 变电站,即使架空线长度为 0m,最大 VFTO 波前陡度分别为 1041kV/μs 和 1148kV/μs,仍没有超过各自电压等级的限制水平 1291kV/μs 和 1875kV/μs,对主变纵绝缘仍然不构成威胁。

综上所述,即使 GIS 套管出口与主变之间的架空线长度为 0m 时,VFTO 对上述 500kVGIS 变电站和 1000kVGIS 变电站的主变纵绝缘均不构成威胁,通常不需要加以防护。根据下文的分析可知,实际上,该结论对于一般的变电站也具有指导意义。

3) 最严苛条件下 VFTO 对上述变电站中主变纵绝缘的影响

下面研究最严苛情形下 VFTO 对变电站中主变纵绝缘的影响。图 7-14 为典型 500kV 和 1000kV

GIS变电站中3/2接线的断路器串与主变之间的联接情况。通过调研国内一些著名GIS生产厂家可知,每串断路器上断路器与隔离开关之间的间距d_3(如图7-14中EF段)以及隔离开关与相邻GIS出线口之间的间距d_4(如图7-14中FG段)变化较小,基本可认为保持不变,因此,对于不同的变电站,这两段通常是变化不大,而GIS出口套管与主变之间的架空线长度d_2(如图7-14中CD段)以及GIS出口套管与断路器串之间的GIS管道母线平均长度d_1(如图7-14中AB段)通常是可以变化的。

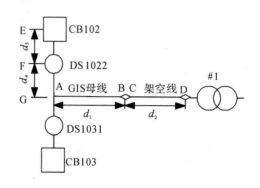

图7-14 断路器串与主变之间的联接示意图

图7-14中EF段、FG段、AB段GIS母线和CD段架空线对入侵主变的VFTO波前陡度均会产生影响。在同一电压等级的不同变电站中,EF段以及FG段通常相差不大,且由仿真计算可知EF段和FG段在较小范围内变化时入侵主变的VFTO波前陡度变化很小,因此AB段和CD段成为影响入侵主变VFTO波前陡度的主要因素。由于AB段GIS母线和CD段架空线对入侵主变的VFTO波前陡度均有削弱作用,考虑最严苛的情形,即将AB段和CD段的长度同时设为0m时,仿真结果如表7-8所示。

表7-8 最严酷情形下典型隔离开关操作方式下入侵主变的VFTO波前陡度

操作方式		投切出线	投切母线	投切主变
VFTO波前陡度(kV/μs)	500kV	1163	1150	463
	1000kV	1531	1500	820

由表7-8可知,即使在最严苛的条件下,入侵500kV和1000kV主变的VFTO波前陡度分别为1163kV/μs和1531kV/μs,与各自电压等级的限制水平1291kV/μs和1875kV/μs之间仍有超过10%的裕度,对主变纵绝缘仍不会构成威胁。因此,VFTO对典型500kV和1000kV GIS变电站主变纵绝缘通常威胁不大。

综上所述,对于典型的500kV和1000kV GIS变电站,即使在最为严苛的条件下,入侵主变的VFTO波前陡度仍没有超过限制水平,且有一定的裕度。因此,通常可以认为VFTO不会危及500kV和1000kV GIS变电站主变纵绝缘。

7.5.4 VFTO对500kV和1000kV GIS变电站的影响总结

综合前面2节的分析,对于一般的500kV和1000kV的GIS变电站,在典型的隔离开关操作方式下,VFTO对三类绝缘的危害如下表7-9所示,其中VFTO对主变纵绝缘的威胁主要考虑VFTO的波前陡度对主变纵绝缘的影响。

表7-9 不同电压等级下VFTO对三类绝缘的危害总结

电压等级	VFTO对其是否构成威胁		
	GIS本体主绝缘	主变主绝缘	主变纵绝缘
500kV	否	否	否
1000kV	是	否	否

由表 7-9 可知,对于 500kV 和 1000kV 的 GIS 变电站,VFTO 主要对 1000kV 的 GIS 本体主绝缘会构成威胁,而对其他几种绝缘的危害通常不大。因此,需重点防护 1000kV GIS 变电站中 VFTO 对 GIS 本体主绝缘构成的威胁。

7.5.5　500kV 与 1000kV GIS 变电站是否安装隔离开关并联电阻的讨论

500kV GIS 系统中的隔离开关与 1000kV GIS 系统中的隔离开关相比尺寸较小,通常没有足够的空间安装隔离开关并联电阻。并联电阻投切需要依靠操作机构的运动来完成,这就使得隔离开关结构复杂,导致可靠性降低,比较容易发生故障和引发系统事故。同时装设隔离开关并联电阻还增加了设备投资费用及维护工作量。且 500kV GIS 本体的绝缘裕度较大,已达 3.0p.u.。操作隔离开关产生的 VFTO 对 GIS 本体主绝缘不会造成威胁,其波前陡度对主变也不会产生威胁。综合考虑以上因素,500kV GIS 变电站中隔离开关通常不考虑加装并联电阻。

对于 1000kV GIS 变电站,1000kV GIS 系统规模庞大,设备尺寸与 500kV GIS 系统相比较大,有足够的空间安装隔离开关并联电阻。另外,通过表 7-9 可知,对于 1000kV GIS 变电站,VFTO 通常会危及 GIS 本体主绝缘,通过隔离开关加装并联电阻可以很好地限制 VFTO 的幅值。且特高压电网作为各级电网的骨干网架,对于保障国家能源供应安全,在更大范围内优化能源资源配置,有着不可替代的重要作用。因而要求 1000kV GIS 变电站巩固结构,使其具备更高的安全性。

因此,在 1000kV GIS 变电站中有必要加装隔离开关并联电阻。

7.6　变电站与发电厂里的 VFTO 特性比较

7.6.1　变电站与发电厂接线图的比较

根据 DL/T 500/2000《火力发电厂设计技术规程》的规定,技术经济合理时,容量为 600MW 机组的发电机出口可装设断路器 GCB,根据相关的调研结果,中国部分发电厂发电机出口装设了 GCB[15]。因此,在比较变电站与发电厂中的 VFTO 时,需分发电厂中发电机出口带 GCB 和不带 GCB 两种情形进行讨论。

7.6.1.1　发电机出口不带 GCB 的发电厂与变电站主接线图比较

截至目前,国内尚未出现特高压发电厂,主要是受特高压发电厂中的特高压变压器制造技术的制约。在西北地区,目前已经出现了 750kV 的发电厂,单台发电机组容量约为 1000MW,用于 750kV 发电厂中的变压器的低压侧绕组额定电压约为 25～27kV,高压侧绕组额定电压为 750kV,由此可以推知,将来制造用于 1000kV 发电厂中的变压器也是可能的,实际上目前国内已有部分高校和科研单位开始研究直接用于特高压发电厂中的特高压变压器。因此,在不久的将来,可能会出现特高压发电厂。特高压发电厂与 GIS 变电站的主接线图如下图 7-15 所示,其中特高压发电厂中发电机出口未带 GCB。

从图 7-15(a)、(b)可以发现,特高压 GIS 变电站和特高压发电厂主变高压侧的接线方式与设备配置主要存在两方面的差异:第一,发电厂和变电站相比,多装设了出线出口隔离开关(图 7-15(a)中 DS102)和变压器出口隔离开关(图 7-15(a)中 DS101)。由于所操作的隔离开关离主变越近,传播至主变端口的 VFTO 波前陡度就越大,而距离主变最近的显然是发电厂变压器出口隔离开关(图 7-15(a)中 DS101),所以操作该隔离开关时产生的 VFTO 波前陡度对主变的危害是最大的。第二,发电厂主变高压侧出口一般不配置 CVT,而变电站主变高压侧出口则需要配置 CVT。由于电容处电压不能突变,CVT 的等效对地电容对 VFTO 波前陡度有一定的限制作用。因此,对于发电机出口未装设 GCB 的情形,在投切主变时,VFTO 波前陡度对发电厂主变的威胁将更甚于变电站主变。

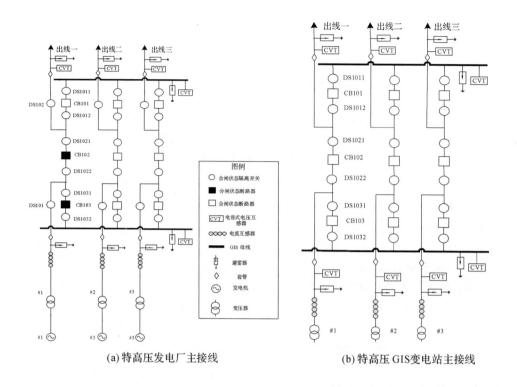

(a) 特高压发电厂主接线   (b) 特高压GIS变电站主接线

图 7-15　发电机出口不带 GCB 的特高压发电厂和变电站接线图

7.6.1.2　发电机出口带 GCB 的发电厂与变电站主接线图比较

下图 7-16(a)、(b)分别示出了发电机出口带有 GCB 的发电厂和特高压 GIS 变电站的主接线图。

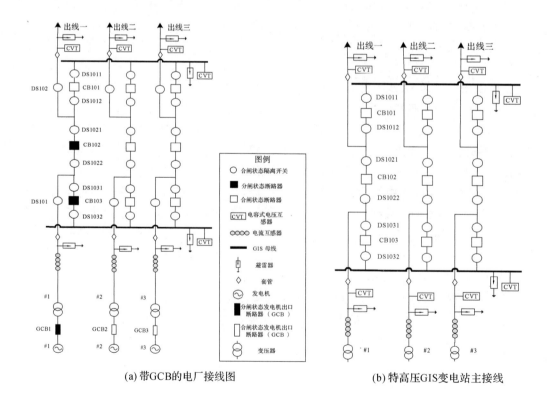

(a) 带GCB的电厂接线图   (b) 特高压GIS变电站主接线

图 7-16　发电机出口带 GCB 的特高压发电厂和变电站接线图

当发电机出口装设了 GCB 时,此类发电厂中 VFTO 特性与发电机出口不带 GCB 的发电厂中的 VFTO 特性不同,而与特高压 GIS 变电站中 VFTO 特性相类似,在此不再展开详细讨论。

7.6.2　特高压 GIS 变电站与发电厂中 VFTO 特性的比较

下面将选取某远期 1000kV GIS 变电站(算例二)和假设的与该变电站中 GIS 参数相同的 1000kV 发电厂为计算模型(算例三),仿真计算在典型的隔离开关操作方式下 VFTO 对 GIS 本体以及主变的影响。从严考虑,本节讨论变电站和发电厂中 VFTO 特性时,同样均讨论隔离开关不加装并联电阻的情形。

算例三:参照本章算例二 1000kV 变电站的 GIS 参数,该发电厂同样采取 3/2 接线,每串断路器串上断路器与隔离开关(CB101 与 DS1012)之间的平均距离约为 5m,两个相邻的隔离开关(DS1012 与 DS1021)之间的平均距离为约 14m;GIS 出口套管与主变出线隔离开关之间的 GIS 管道母线平均长度为 40m;GIS 出口套管与主变之间的架空线长度为 60m。其中,该发电厂分为发电机出口带 GCB 和不带 GCB 两种情形。

7.6.2.1　对 GIS 本体主绝缘和主变主绝缘的影响对比

在三种典型的隔离开关操作方式下,GIS 本体和主变端口处的最大 VFTO 值如下表 7-10 所示。

由表 7-10 可知,对于算例二和算例三中的 1000kV 变电站和发电厂,三种典型的隔离开关操作方式下,发电厂和变电站中 GIS 本体上的最大 VFTO 幅值在 2.4~2.6p. u. 之间,超过了 2.32p. u. 的限制水平,会对 GIS 本体主绝缘构成威胁;而主变端口的 VFTO 幅值最大不超过 1.43p. u. ,没有超过 2.18p. u. 的限制水平。因此,对于该 1000kV 变电站和发电厂,VFTO 不会对主变主绝缘构成威胁。

表 7-10　典型隔离开关操作方式下发电厂与变电站中 VFTO 幅值比较

	操作方式	投切出线	投切母线	投切主变
GIS 本体/p.u.	发电厂(不带 GCB)	2.35	1.96	2.50
	发电厂(带 GCB)	2.35	1.96	2.36
	变电站	2.37	2.00	2.38
主变端口/p.u.	发电厂(不带 GCB)	1.13	1.15	1.43
	发电厂(带 GCB)	1.13	1.15	0.03
	变电站	1.09	1.04	0.02

1)GCB 对发电厂中 VFTO 幅值的影响

由表 7-10 可知,对于特高压发电厂,投切出线时,发电机出口带有 GCB 的发电厂中 GIS 本体上的 VFTO 幅值为 2.35p. u. ,与发电机出口不带 GCB 的发电厂相同,带有 GCB 的发电厂中主变端口的 VFTO 幅值为 1.13p. u. ,与不带 GCB 的发电厂也相同。另外,投切母线时的情况也相类似。因此,对于特高压发电厂中投切出线和投切母线的两种典型隔离开关操作方式,发电机出口是否带有 GCB 对 GIS 本体和主变端口处的 VFTO 幅值影响均不大。但是对于投切主变的操作方式,发电机出口是否带有 GCB 对 VFTO 幅值影响很大。当发电机出口不带 GCB 时,GIS 本体以及主变端口的 VFTO 幅值分别为 2.50p. u. 和 1.43p. u. ;当发电机出口带 GCB 时,两者的幅值分别为 2.36p. u. 和 0.03p. u. ,它们均小于发电机出口不带有 GCB 的情形。

2)带 GCB 的发电厂与变电站 VFTO 幅值特性比较

另外,再由表 7-10 可知,发电机出口带有 GCB 的发电厂中的 VFTO 幅值特性与变电站中的 VFTO 幅值特性类似,即当发电机出口带有 GCB 时,三种典型隔离开关操作方式下,发电厂中 GIS 本体上的 VFTO 幅值以及主变端口的 VFTO 幅值与变电站中 GIS 本体上的 VFTO 幅值以及主变端口的 VFTO 幅值相差不大。投切出线时,带有 GCB 的发电厂中 GIS 本体上的 VFTO 幅值与变电站仅相差 0.02p. u. ,二者主变端口的 VFTO 幅值仅相差 0.04p. u. ;投切母线时,二者 GIS 本体上 VFTO 幅值和主变端口的 VFTO 幅值分别仅相差 0.04p. u. 和 0.11p. u. ;投切主变时,二者 GIS 本体上 VFTO 幅值和主变端口的 VFTO 幅值分别仅相差 0.02p. u. 和 0.01p. u. 。因此,当发电机出口带有 GCB 时,发电厂中的 VFTO 幅值特性与变电站中相类似。

综上可知,对于特高压发电厂中投切出线和投切母线的操作方式,发电机出口是否带有 GCB 对 VFTO 的幅值影响不大。但是,对于投切主变的情形,当发电机出口不带 GCB 时,GIS 本体与主变端口的 VFTO 幅值均要大于发电机出口带 GCB 的情形。另外,当发电机出口带有 GCB 时,三种典型的操作方式下发电厂与变电站中产生 VFTO 的幅值相类似。

7.6.2.2 对主变纵绝缘的影响对比

本节主要研究 VFTO 对 1000kV GIS 变电站和发电厂中主变纵绝缘的危害。根据前面的分析, GIS 套管出口与主变之间的架空线以及 GIS 套管出口与断路器串之间的 GIS 管道母线对 VFTO 的波前陡度均有削弱作用,从严考虑,将该段架空线以及 GIS 母线的长度均设为 0m。对于算例二和算例三中 1000kV GIS 变电站和发电厂,在三种典型的隔离开关操作方式下,入侵主变端口的 VFTO 波前陡度如表 7-11 所示。由于表 7-11 中的结果是在偏严条件下得出的,因此,该结果对一般的变电站和发电厂也具有参考价值。

表 7-11　典型隔离开关操作方式下发电厂与变电站中入侵主变的 VFTO 波前陡度比较

操作方式		投切出线	投切母线	投切主变
VFTO 波前陡度 （kV/μs）	发电厂（不带 GCB）	2200	1678	5090
	发电厂（带 GCB）	2200	1678	890
	变电站	1531	1500	820

由表 7-11 可知,对于特高压发电厂,无论发电机出口是否带有 GCB,三种典型的隔离开关操作方式下入侵主变端口的最大 VFTO 波前陡度均超过 1875kV/μs 的限制水平,有可能会对主变纵绝缘构成威胁;对于特高压变电站,三种典型的隔离开关操作方式下,入侵主变的 VFTO 波前陡度最大为 1531kV/μs,通常不会超过 1875kV/μs 的限制水平,不会对主变纵绝缘构成威胁。

1) GCB 对发电厂中 VFTO 波前陡度的影响

由表 7-11 可知,对于特高压发电厂,投切出线时,发电机出口带有 GCB 的发电厂中入侵主变的 VFTO 波前陡度为 2200kV/μs,与发电机出口不带 GCB 的发电厂中情况相同;投切母线时,发电机出口带有 GCB 的发电厂中入侵主变的 VFTO 波前陡度为 1678kV/μs,与发电机出口不带 GCB 的发电厂中情况也相同。因此,对于特高压发电厂中投切出线和投切母线的操作方式,发电机出口是否带有 GCB 对入侵主变端口的 VFTO 波前陡度影响不大。但是,对于投切主变的操作方式,发电机出口是否带有 GCB 对入侵主变端口的 VFTO 波前陡度影响很大。对于投切主变的操作方式,当发电机出口不带 GCB 时,入侵主变端口的 VFTO 波前陡度达到 5090kV/μs,远大于发电机出口带有 GCB 的情形（890kV/μs）。因此,造成投切主变时入侵两种发电厂中主变端口的 VFTO 波前陡度不一样的主要原因是发电机出口是否带有 GCB,当发电机出口带有 GCB 时,操作相关的隔离开关时主变已不带电,从而造成入侵发电厂主变的 VFTO 波前陡度大幅削弱。因此,对于发电厂而言,发电机出口是否带有 GCB 对入侵主变的 VFTO 波前陡度会造成很大的影响。

2) 带 GCB 的发电厂与变电站 VFTO 陡度特性比较

再由表 7-11 可以看出,对于投切母线和主变的操作方式,发电机出口带有 GCB 时的入侵主变的 VFTO 波前陡度比变电站中入侵主变的 VFTO 波前陡度略小,但比较接近。而对于投切出线的操作方式,入侵发电厂中主变的 VFTO 波前陡度达到 2200kV/μs,高于限制水平;而入侵变电站中主变的 VFTO 波前陡度为 1531kV/μs。因此,投切出线时带有 GCB 的发电厂中入侵主变的 VFTO 波前陡度要大于变电站中的情形,这是由变电站主变高压侧安装了 CVT 所致。

7.6.3　特高压 GIS 变电站与发电厂中 VFTO 的比较总结

综上所述,对于 1000kV 的 GIS 变电站和发电厂,在典型的隔离开关操作方式下,VFTO 对三类绝缘的危害如下表 7-12 所示,VFTO 对主变纵绝缘的威胁主要考虑 VFTO 的波前陡度对主变纵绝缘的影响。其中,发电厂分为发电机出口带 GCB 和不带 GCB 两种情形。

表 7-12　发电厂与变电站中 VFTO 对三类绝缘的危害总结

	VFTO 对其是否构成威胁		
	GIS 本体主绝缘	主变主绝缘	主变纵绝缘
发电厂(带 GCB)	是	否	是
发电厂(不带 GCB)	是	否	是
变电站	是	否	否

由表 7-12 可知,VFTO 对特高压发电厂和变电站中 GIS 本体主绝缘均会构成威胁,但不会对主变主绝缘构成威胁。另外,对于特高压变电站,VFTO 通常不会对主变纵绝缘构成威胁;而对于特高压发电厂,无论发电机出口是否带有 GCB,VFTO 均会对发电厂中的主变纵绝缘构成威胁。

因此,对于 1000kV GIS 变电站,需要重点防护 VFTO 对 GIS 本体主绝缘构成的威胁;而对于 1000kV 发电厂,需重点防护 VFTO 对 GIS 本体主绝缘和主变纵绝缘构成的威胁。

7.7　限制和防护措施

7.7.1　合理安排断路器和隔离开关的操作顺序

在投切主变时,假设先断开 1000kV 侧的断路器以及每个断路器两端的隔离开关,再断开 500kV 侧的断路器以及每个断路器两端的隔离开关,则在断开 1000kV 侧断路器两端的隔离开关时,操作每个隔离开关均可能产生 VFTO。根据特高压 GIS 变电站的系统结构,可合理安排断路器和隔离开关的操作顺序,以消除主变压器操作时产生 VFTO 的可能性。1000kV 主变压器高、低压侧附近的 GIS 接线如图 7-17 所示,在切除变压器时,先将断路器 H02、H03、L02、L03 断开,使变压器处于不带电状态,由于变压器中性点直接接地,可使与变压器相连的 GIS 管道和隔离开关(图中 H022、H031、L022、L03)通过变压器绕组迅速泄放电荷,再进行隔离开关操作时就不会产生 VFTO。通过仿真分析得出,变压器在切除系统电压后,与之相连的隔离开关上的残余电压在 0.1s 内足以降至 0.3p.u. 以下,而通常断开断路器后需经几秒至十几秒时间确认断路器确在断开位置,之后才能拉开隔离开关,这时隔离开关上的残

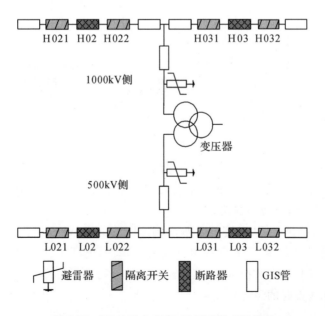

图 7-17　1000kV 主变高、低压两侧 GIS 接线

余电压已经很小,不可能产生重燃和 VFTO。投入主变时,由于主变已经长时间处于不带电状态,并且断路器 H02、H03、L02 和 L03 已长时间处于断开状态,隔离开关 H022、H031、L022 和 L031 拉开时两侧均不会有较大的电压差,合上这些隔离开关时不会产生 VFTO。

可见,采用以上投切主变的操作顺序,不仅能够有效消除 GIS 变电站中主变操作产生的 VFTO,保护主变和 GIS 主绝缘免受 VFTO 危害,而且该措施无需加装过多防护设备,具有较高的安全可靠性和良好的经济技术性。

7.7.2 发电厂安装发电机出口断路器

据调研结果,早期在发电厂多采用发电机-变压器单元接线,发电机出口并不装设发电机出口断路器(GCB)。随着国际高压设备开发研制技术的发展与提高,目前适用于 1000MW 以下发电机组的 GCB 已有多家厂商研制成功,具有很高的额定电流、开断能力以及优越的开断性能,运行稳定,安全可靠。如 ABB、GEC-Alsthom、西门子、三菱、日立等几家知名大公司均有能力生产。其中以 ABB、GEC-Alsthom 历史最为悠久,研发能力最强,在世界各地的市场占有率较高。

加装 GCB 并合理安排断路器和隔离开关的操作顺序,可以消除对发电厂主变操作时产生 VFTO 的可能性,其原理如图 7-18 所示。在切除变压器时,先将断路器 102、103 和 GCB 断开,使变压器处于不带电状态,由于变压器中性点直接接地,可使与变压器相连的 GIS 管道和隔离开关(图中 1022、1031)通过变压器绕组迅速泄放电荷,再进行隔离开关操作时就不会产生 VFTO。投入主变时,由于主变已经长时间处于不带电状态,并且断路器 102 和 103 已长时间处于断开状态,隔离开关 1022 和 1031 拉开时两侧均不会有较大的电压差,合上这些隔离开关时不会产生 VFTO。

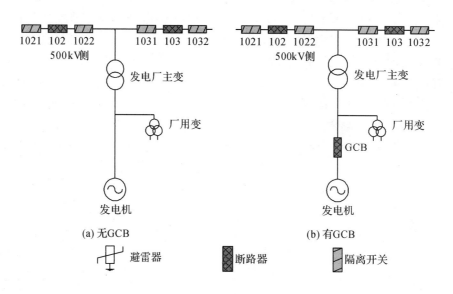

图 7-18　500kV 发电厂主变高、低压两侧接线

除此之外,发电机出口 GCB 还具有以下优点:保护发电机、主变及厂变,减少故障损失;可避免机组在正常启动、停机及事故停机时高压厂用工作电源与启备电源之间的切换;简化继电保护接线,缩短故障恢复时间,提高机组可用率;方便试验调试。

GCB 不仅在技术上有优越性,从经济上考虑,对于国内 1000MW 以下火力发电机组出口装设断路器方案,虽然电厂一期投资增大,但年运行费用可以大大降低,电厂可在降低年运行费用的基础上,在 2～3 年内就可收回装设 GCB 的一次投资,其总体经济性效益明显。另外采用 GCB,电厂二期扩建时不再增设备用变,因此二期建设时的经济效益也会更加显著。

目前全世界有超过 50% 的核电厂和超过 20% 的火电厂采用了 GCB。中国 2000 年版的《火力发电厂设计技术规程》修订:技术经济合理时,容量为 600MW 机组的发电机出口可装设断路器或负荷开关。

目前国内电厂采用 GCB 的电厂主要有天津蓟县、辽宁绥中、伊敏电厂、沙角 C 电厂(3 * 600MW)、上海外高桥电厂(2 * 900MW)、天津盘山(2 * 600MW)、葛洲坝水电厂、二滩水电厂、李家峡、天生桥等工程。且当前在设计和建设中的 600MW 及以上发电机组不少采用了 GCB 方案。由此可见,中国对大型发电机组 GCB 的设置逐渐改变着观点,GCB 在大型机组上已经得到越来越广泛的应用。利用 GCB 分闸使变电站主变处于空载状态,能够很好地消除检修主变操作时产生的 VFTO。

综上所述,大型发电厂发电机组加装 GCB 后,能够利用分闸 GCB 使发电厂主变与发电机电源隔离,有效消除发电厂中检修主变时产生的 VFTO,保护发电厂主变免受投切主变时产生的 VFTO 的危害,并且不需要改变变电站检修主变时的常规操作,提高了设备和系统运行的安全可靠性。

7.7.3　隔离开关加装并联电阻

目前在抑制 VFTO 危害的各种措施中,隔离开关加装并联电阻的效果最为明显,技术较为成熟,并已在实际中得到了广泛应用。鉴于 1000kV 变电站的安全稳定性要求极高,不允许主绝缘或二次设备因 VFTO 而出现故障,而其 GIS 设备主绝缘裕度又相对较小、系统电压基值大,容易在主绝缘和二次设备方面出现问题,建议特高压 GIS 变电站的隔离开关加装并联电阻以防止 VFTO 的危害。同时,1000kV GIS 隔离开关尺寸较大,加装并联电阻在技术上相对于 500kV 的隔离开关更容易实现。

装有并联电阻的隔离开关其内部结构如图 7-19 所示,其动作过程与加装分、合闸电阻的普通断路器类似。隔离开关断开时,动触头和静触头首先分离,负荷侧的残余电荷通过并联电阻、弧形电极和电弧向系统侧泄放,起到缓冲作用后电弧熄灭使隔离开关彻底断开;闭合时,系统先通过电弧、弧形电极和并联电阻向负荷侧充电,起到缓冲作用后动触头与静触头接合,隔离开关闭合。隔离开关加装并联电阻,一方面可以使负荷侧的残余电荷通过并联电阻向电源释放,减少隔离开关发生重燃的几率,另一方面在隔离开关发生重燃时可以起到阻尼作用,吸收 VFTO 的能量,减小过电压的幅值。电阻值可在 $300\Omega \sim 600\Omega$ 之间取值,即可有效抑制各节点的 VFTO 幅值,降低振荡频率,阻尼高频分量,降低其陡度,对 VFTO 有十分明显的限制作用。

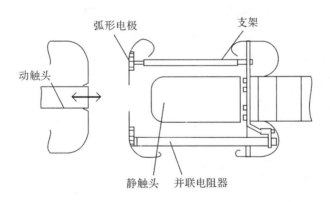

图 7-19　带并联电阻的隔离开关内部结构和动作示意图

7.7.4　铁氧体磁环

铁氧体是一种非线性的高频导磁材料,将铁氧体磁环如图 7-20 所示套在 GIS 导体杆上或主变端口,可吸收隔离开关重燃时的暂态能量,达到抑制 VFTO 的目的。

套在导体杆上的铁氧体磁环可简化为串接于导体杆中的一组并联的非线性电感 L_d 和非线性电阻 R_d,如图 7-21 所示。铁氧体磁环在低频和高频工作条件下显示出不同的铁磁特性,在低频时主要呈电感特性,R_d 被短路,磁环损耗很小;在高频情况下,磁环主要呈电阻特性,电流大部分从 R_d 中流过,高频能量转化为热能,从而起到抑制过电压的作用。

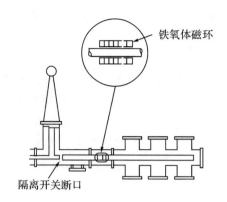

图 7-20　铁氧体磁环应用示意图

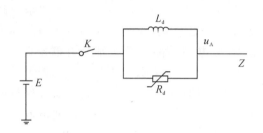

图 7-21　套在导体杆上的铁氧体磁环等值电路

7.7.5　架空线

变压器经架空线与 GIS 线路连接,相当于在变压器前的 GIS 母线中间插接一段架空线,由于架空线的波阻抗大于 GIS 线路的波阻抗,VFTO 行波将在架空线和 GIS 线路的交界点产生多次折反射。传播到变压器入口的电压波是各次折射波的叠加量,将呈现逐次增大的波形特征,从而拉平了主变入口处 VFTO 波前陡度。架空线长度越长,对降低主变入口处的波前陡度越有利。

根据本章后节的研究结果,对于超高压发电厂或变电站,当 GIS 套管出口与主变之间的架空线长度不小于 15m 时,即可保证将入侵主变的 VFTO 波前陡度降至限制水平以下,且有 10% 左右的裕度;对于特高压发电厂或变电站,只要该段架空线长度不小于 25m,即可达到同样的效果。因此,利用架空线可以有效地限制入侵主变的 VFTO 波前陡度,且并不需要占用太大空间。对于火力发电厂和变电站,架设架空线是一种很好的限制措施。而对于水电厂与抽水蓄能电厂,虽然其场地比较紧张,但是架设 15m 或 25m 的架空线并不会占用太大的面积,因此,对于这两类电厂也有可能采取该措施来限制 VFTO。

7.7.6　其他措施

除了以上限制 VFTO 的方法外,部分文献提出采用主变入口前加装并联电容器以及串联阻波器的措施来限制入侵主变的 VFTO[16]。

主变入口处加装并联电容能够有效地限制入侵主变的 VFTO 波前陡度,同时滤除高频分量,但是采取加装并联电容器的措施存在故障率高以及所需容量大等问题。主变入口串联阻波器后,可能会与主变入口的等效电容产生串联谐振,使主变高压侧的 VFTO 幅值升高,同时其降低入侵主变波前陡度的效果不如在主变入口加装并联电容器的措施。

因此,这两种限制措施对 VFTO 限制的有效性值得进一步评估,目前它们很少在实践中得到应用。

7.8　架空线对入侵主变端口 VFTO 波前陡度限制的定量研究

VFTO 是在 GIS 电站或电厂内操作隔离开关时产生的一种幅值较大、波前极陡、频率极高的内部过电压,陡波前的 VFTO 对电气设备尤其是变压器的绝缘结构有严重的威胁[17]。因此,合理经济有效地抑制入侵主变的 VFTO 波前陡度具有重要意义。

目前,限制入侵主变的 VFTO 波前陡度的措施主要是隔离开关装设并联电阻、GIS 导体杆上或主变端口前安装铁氧体磁环以及在 GIS 套管出口和主变之间架设一段架空线等[6,16,18]。其中,架空线价格低廉,且本节的研究表明实际上只需很短的一段架空线即可明显地降低入侵主变的 VFTO 波前陡度,限制效果明显。因此,该方法是一种较为有效的限制方法。

对于 GIS 套管出口通过一段架空线与变压器联接的电厂,架空线对到达主变的 VFTO 波前陡度有较好的削弱作用[2,17],且价格低廉。目前的文献对该段架空线削弱入侵主变的 VFTO 波前陡度的问题偏于定性分析,缺少定量研究。本节着重对入侵变压器的 VFTO 波前陡度问题进行定量研究,从保护主变纵绝缘的角度出发,探讨了 GIS 出口套管与变压器之间的架空线长度与到达变压器端口的 VFTO 波前陡度之间的定量关系。根据前面的分析可知,发电厂中的 VFTO 对主变纵绝缘的危害要比变电站中 VFTO 对主变的危害更大,且由前面的讨论可知 VFTO 对变电站中的主变纵绝缘威胁通常不大,因此,本节主要是针对发电厂进行讨论。

本节首先建立了实验模型进行研究,然后采用仿真的方法讨论了 500kV 和 1000kV 发电厂中 VFTO 对主变的威胁,提出了确保入侵 500kV 和 1000kV 主变的 VFTO 波前陡度在限制水平以下的架空线长度[19]。

7.8.1　架空线长度对 VFTO 波前陡度影响的实验探究

本节通过低压实验,模拟了实际 500kV 系统中架空线对 VFTO 波前陡度的削弱作用。

7.8.1.1　实验平台

500kV 发电厂或变电站高压侧通常采用 3/2 台断路器接线方式,在主变的投运或停运过程中,根据常规的倒闸顺序,会在 3/2 接线的某个断路器串上形成一段空母线(亦称为"孤岛"),"孤岛"部分可等效为一对地电容。当隔离开关切合该段带有残余电荷与残余电压的"孤岛"时,产生的 VFTO 波会从"孤岛"部分向主变侧传播,威胁主变纵绝缘,如图 7-22 所示。

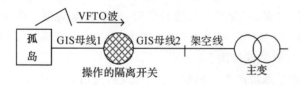

图 7-22　VFTO 波入侵主变的传播路径示意图

为了探究实际 500kV 电厂或变电站中架空线对入侵主变的 VFTO 波前陡度的影响,参考图 7-22,搭建如图 7-23 所示的相应低压试验回路。图中,U_0 为 200V 的低压直流电源,用于为"孤岛"预充电;C_1 代表"孤岛"部分对地杂散电容,在一般的 500kV 电厂和电站中该值变化不大,以浙江六横电厂为例,该值约为 400pF;C_2 代表变压器的入口杂散电容,对于 500kV 的主变,该值通常取为 5000pF;采用低压同轴电缆线 L_1、L_2 代表 GIS 母线 1 与 GIS 母线 2,波阻抗为 70Ω,长度均为 2m;S_1、S_2 为低压开关;d 为架空线的长度,根据架空线的半径,调整架空线的高度使其波阻抗为 300Ω。本实验参数与实际 500kV 系统参数基本相一致,实验在低压下进行。

利用图 7-23 所示的实验回路进行模拟实验,实验时,先合上开关 S_2,直流电源 U_0 对 C_1 预充电,然后断开 S_2,再立即合上 S_1,电容 C_1 对电容 C_2 充电,会产生极陡的入侵波以模拟如图 7-22 所示的 VFTO 波入侵,极陡的入侵波沿着电缆线到达 C 点,再通过一段架空线到达 D 点,并作用在以 C_2 表示

图 7-23　VFTO 实验室模拟回路

的变压器入口电容上,以模拟图 7-22 中 VFTO 波入侵主变的过程。因此,该回路可用来研究架空线长度对 VFTO 波前陡度的影响和对主变纵绝缘的保护作用。

架空线的长度 d 在 $0\sim20\mathrm{m}$ 间取值,每改变一次 d,测量到达 D 点作用在 C_2 上的电压波形,求出变压器入口波的陡度,可以得到 D 点波前陡度随架空线长度的变化关系。

本实验是在低压下进行,当陡波在架空线上传播时,不会产生冲击电晕,所得的实验结果会较实际超、特高压系统更偏严一些。

7.8.1.2　实验结果

当架空线长度 d 在 $0\sim20\mathrm{m}$ 间取值时,D 点 VFTO 波前陡度与架空线的关系如图 7-24 所示。

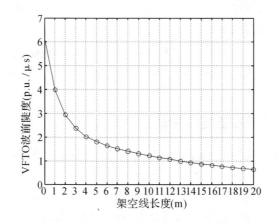

图 7-24　架空线长度与 D 点 VFTO 波前陡度关系

由图 7-24 可知,架空线削弱 VFTO 波前陡度效果明显。当架空线长度较短时,随着长度的增加,VFTO 波前陡度呈显著下降趋势;当架空线长度较长时,随着长度的进一步增加,VFTO 波前陡度下降的速度趋于平缓。由于 VFTO 波前陡度在架空线较短的范围内下降明显,因此,可以推知,较短的架空线可以限制入侵主变的 VFTO 波前陡度。

架空线削弱波头陡度的原理可简要分析如下:当行波通过串联电感或者旁过并联电容时,行波的波头陡度会被削弱[12]。当 VFTO 在架空线上传播时,架空线自身存在电感,相当于在 VFTO 入侵变压器的路径上引入了数值较大的串联电感,行波波前被拉平,陡度减小。

若要用低压实验来验证架空线对入侵 1000kV 系统中主变的 VFTO 波前陡度的限制效果,可同样采用如图 7-23 所示的实验回路,只是实验回路中的部分元件的参数发生了变化。此时,主变等效入口电容为 6000pF,电缆的波阻抗取为 95.2Ω,孤岛侧电容约为 600pF。由此可知,当采用低压实验来验证架空线对入侵特高压主变的 VFTO 波前陡度的限制效果时,其与 500kV 系统相比,实验回路相同,只是部分元件的参数发生了稍许变化,因此,实验基本结果应该相类似。即对于 1000kV 系统而言,架空线同样能够很好地限制入侵主变的 VFTO 波前陡度。

对于实际的 500kV 线路和 1000kV 的特高压线路,VFTO 在其上传播时,可能会产生电晕,架空线削弱 VFTO 波前陡度的效果应比本低压实验更好[12]。

7.8.2　架空线长度对 VFTO 波前陡度影响的仿真分析

7.8.2.1　简化的仿真模型

由 7.6 节可知,操作 DS101 时,产生的 VFTO 对主变的威胁是最大的(因为它离主变最近),涉及 DS101 的操作是在发电厂主变停运或投运的过程中。根据操作规程,主变停运的常规倒闸顺序为:先分闸断路器 CB102、CB103,再分闸隔离开关 DS101;主变投运的常规倒闸顺序为:先合闸隔离开关 DS101,再合闸断路器 CB103、CB102。由上述常规操作顺序可知,无论是主变停运还是投运,操作隔离开关 DS101 时,断路器 CB102、CB103 均已处于分闸状态,其余断路器和隔离开关均处于合闸状态。主变停运或投运产生的 VFTO 对主变的影响可能会不一致,因此以下研究均是选取二者中更严重的情况。

对于不同的电厂,当操作 DS101 而产生 VFTO 时,均可采用图 7-25 所示的仿真计算入侵主变 VFTO 波前陡度的简化模型。为研究架空线对 VFTO 波头陡度的削弱作用,本节对变压器经架空线与 GIS 联接的情况进行了重点分析。VFTO 入侵变压器的路径为 GIS—套管—架空线—套管—变压器线圈。图 7-25 中虚线部分表示因主变的投运或切除而在断路器串上产生的"孤岛",不同的发电厂"孤岛"侧的组成是相同的,包括 DS101 的一部分、两个闭合状态的隔离开关 DS1022 和 DS1031、两个断开的断路器 CB102 和 CB103 的一部分以及 GIS 母线段。d_3、d_6 表示隔离开关 DS1022、DS1031 与断路器之间的 GIS 母线段长度,d_4、d_5 代表隔离开关 DS1022、DS1031 与变压器出线隔离开关 DS101 之间的 GIS 母线段长度。"孤岛"的结构一般是对称的,即可认为 d_3 与 d_6 相等,d_4 与 d_5 相等。

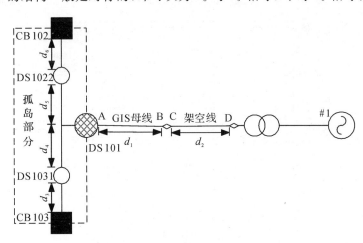

图 7-25　VFTO 仿真计算简化模型

7.8.2.2　VFTO 波前陡度与架空线长度的定量关系探究

1) 计算参数

以浙江省六横电厂为例,六横发电厂 500kV 侧的接线以及设备布置与图 7-15(b)类似,但两条主母线之间只有两个断路器串,其简化仿真计算等值电路如图 7-25 所示,其中隔离开关与断路器之间的 GIS 母线平均长度 d_3 为 2.5m,隔离开关与变压器出线隔离开关之间的 GIS 母线三相平均长度 d_4 为 3.3m,AB 段 GIS 母线三相平均长度 25m,波阻抗为 70Ω,波速 3×10^8 m/s,CD 段架空线型号为 $2 \times$ LGJQT-1440,三相平均架空高度为 15m,三相平均长度为 54m。(以下未作特殊说明,平均长度均指三相平均长度)

2) GIS 与主变经油气套管直接连接的情况(即架空线长度为零)

架空线对 VFTO 波头陡度具有拉平作用,因此当主变经套管直接和 GIS 相连时(图 7-25 中 d_2 为 0m),电厂的#1 主变端口 VFTO 波前陡度最大。假设六横电厂的变压器和 GIS 母线经过油气套管硬连接,考虑最严重的情况,取隔离开关动静触头两端电压差为最大值 2p.u. 时发生燃弧,主变端口 VFTO 波如图 7-26 所示,波头陡度为 2253kV/μs,这一数值远高于 500kV 主变对 VFTO 波前陡度的限制水平 1291kV/μs,对主变纵绝缘具有很大威胁。

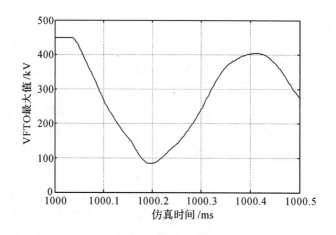

图 7-26 主变端口 VFTO 波形

3) GIS 与主变经架空线连接的情况

当架空线长度在 0~15m 之间变化时,入侵六横电厂#1 主变端口 VFTO 波形如图 7-27 所示。由于架空线长度不一样,VFTO 波传至变压器入口处的时间不一样,故图中的四个波形在时间轴上会有一定的平移。由图 7-27 可知,架空线长度越长,相应的波前时间也越长,VFTO 波前陡度越小。

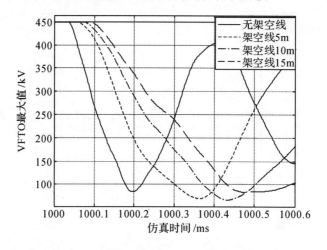

图 7-27 不同架空线长度下的主变端口 VFTO 波形

图 7-28 为不同架空线长度与主变端口 VFTO 波前陡度的关系曲线。图中水平实横直线代表波前陡度为 1291kV/μs。

由图 7-28 可以看出,与低压实验结果类似,架空线限制 VFTO 波前陡度的效果很明显。架空线长度为 3.8m 时,到达主变端口的波前陡度降为 1291kV/μs,同时波前陡度随着架空线长度的增加下降趋势趋于平缓。当架空线长度在 0 至 5m 之间时,随着架空线长度的增加,主变端口 VFTO 波前陡度下降趋势明显。当架空线长度取 5m 时,波前陡度已从原先的 2253kV/μs 下降至约 1224.5kV/μs,降幅达 45.6%,且与 1291kV/μs 之间有 5% 的裕度。当架空线长度超过 5m 后,随着架空线长度的增加,主变端口波前陡度下降趋于平缓,当架空线长度取 10m 时,主变端口 VFTO 波前陡度约为 1032kV/μs,与 1291 kV/μs 的限制水平间已有 20% 的裕度。

4) 变压器出线隔离开关与 GIS 出口套管之间的 GIS 母线对 VFTO 波前陡度的影响

在图 7-25 中,AB 段 GIS 母线对地杂散电容往往较大,对 VFTO 波前陡度具有削弱作用,该段 GIS 母线越长,VFTO 波前陡度被削弱的越多。六横电厂的隔离开关 DS101 与 GIS 出口套管之间有一段平

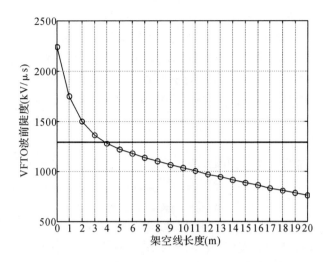

图 7-28 架空线长度与主变端口 VFTO 波前陡度关系

均长度为 25m 的 GIS 母线,不同的电厂该段母线长度不一样,对 VFTO 波前陡度的削弱作用各不相同。前文 GIS 与变压器之间架设 5m 的架空线即可限制住 VFTO 波前陡度至安全水平以下是针对六横电厂计算出的结果。如果某些电厂的 AB 段 GIS 母线较短,5m 长的架空线可能并不能够满足要求。考虑极端情况,假设六横电厂的变压器出线隔离开关直接与变压器联接,即将 DS101 与 GIS 出口套管间的 GIS 母线的长度设为 0m,得到该情况下连接于 GIS 出口套管与#1 变压器之间的架空线长度与到达变压器端口的 VFTO 波前陡度关系如下图 7-29 所示。

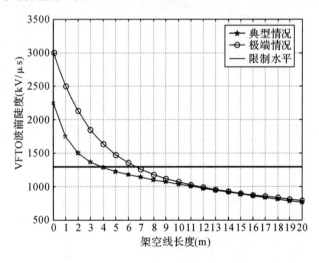

图 7-29 架空线长度与主变端口 VFTO 波前陡度关系

注:六横电厂的典型情况指主变出线隔离开关经过一段长 26m 的 GIS 母线与变压器联接,极端情况指主变出线隔离开关直接与变压器连接。

由图 7-29 可以看出,当架空线长度相同时,极端情况下到达变压器入口的 VFTO 波前陡度要比典型情况下的大。在极端情况下,当架空线长为 5m 时,VFTO 波前陡度为 1443.7kV/μs,超过限制水平。

比较图 7-29 中的两条曲线可知,当架空线长度大于 10m 时,两种情况下的 VFTO 波前陡度相差不大。GIS 母线与架空线都可以拉平 VFTO 波前,但当架空线的长度大于 10m 时,GIS 母线的作用可以基本忽略了,此时主要是架空线起作用了。

针对六横电厂,在最为严酷的条件下,即主变出线隔离开关与 GIS 出口套管之间的 GIS 母线长度为 0m,GIS 出口套管与主变之间的架空线长度为 10m 时,到达变压器端口的 VFTO 波前陡度为 1133kV/μs,此值低于 1291kV/μs 的限制水平,已被有效控制在限制水平下,并有超过 10% 的裕度。在用 EMTP 仿真软件探究架空线对 VFTO 波前陡度影响时,没有考虑架空线冲击电晕的作用,当计及电晕效应时,VFTO 波前陡度会进一步减小[12]。

综上可知,针对六横电厂,当 GIS 与变压器之间的架空线长度为 10m 时,到达主变端口的 VFTO 波前陡度值可以被控制在限制水平以下,且有足够的裕度。实际中,六横电厂的 GIS 母线与变压器之间有一条平均长度为 54m 的架空线,该长度远大于 10m,足以保证入侵变压器端口的 VFTO 波前陡度在限制水平以下。因此,该段架空线可以很好地保护六横电厂的主变,不需要采取其他措施来限制入侵主变 VFTO 的波前陡度。

7.8.2.3 最严酷情形分析

由 7.8.2.1 节可知,不同的发电厂"孤岛"侧的组成基本上是差不多的,各个发电厂中"孤岛"部分断路器、隔离开关以及 GIS 母线段的长度差异不大[20-22]。如图 7-25 中的 $d_3 \sim d_6$,其中 d_3 近似与 d_6 相等,一般 500kV 电厂或变电站中该段长度在 3m 左右,最大不会超过 5m;d_4 近似与 d_5 相等,一般 500kV 电厂中该段长度在 5m 左右,最大不会超过 10m。因此,当参数 d_3 在[1m,5m]内变化、d_4 在[1m,10m]内变化时,基本包括了所有 500kV 的发电厂中因操作 DS101 而产生的"孤岛"的参数 d_3、d_4。7.8.2.2 节得出 AB 段 GIS 母线长度越短,入侵主变的 VFTO 波前陡度越大,由此,从严考虑选取 d_1 为 0m。当参数 d_3 在[1m,5m]变化、d_4 在[1m,10m]变化时($d_1 = 0$m),在不同架空线长度下到达主变端口的 VFTO 波前陡度变化如图 7-30 所示。

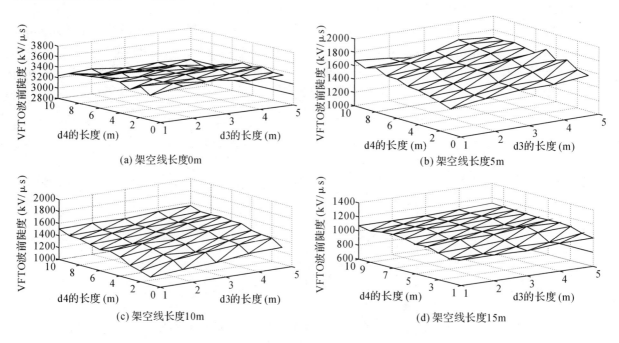

图 7-30　架空线长度与主变端口 VFTO 波前陡度关系

从图 7-30 可以看出,当架空线长度为 0m 时,入侵主变的 VFTO 波前陡度约在 3000kV/μs～3400 kV/μs 范围内变化;当架空线长度为 5m 时,入侵主变的 VFTO 波前陡度约在 1400kV/μs～1800 kV/μs 范围内变化;当架空线长度为 10m 时,入侵主变的 VFTO 波前陡度约在 1100kV/μs～1600 kV/μs 范围内变化;当架空线长度为 15m 时,入侵主变的 VFTO 波前陡度约在 800kV/μs～1200 kV/μs 范围内变化。随着架空线长度的增加,入侵主变的 VFTO 波前陡度减小;当架空线长度从 0m 增加至 5m 时,主变端口 VFTO 波前陡度下降趋势明显。当架空线长度为 15m 时,在不同 d_3 和 d_4 的取值组合下,主变端口 VFTO 波前陡度最大约为 1120 kV/μs,与 1291 kV/μs 的限制水平间之间仍有 13% 的裕度,该值为入侵主变的 VFTO 波前陡度为最严酷的条件下的计算结果。

另外,由图 7-30 可知,当 d_1、d_2 保持不变,而 d_3、d_4 分别从 1m 变化至 5m 和 1m 变化至 10m 时,入侵主变的 VFTO 波前陡度变化幅度较小。因此,相比于参数 d_1 和 d_2,参数 d_3、d_4 对入侵主变的波前陡度的影响是比较小的。

当架空线长为 15m 时,即使在最为严酷的情形下,入侵 #1 主变的 VFTO 波前陡度与限制水平间仍有超过 10% 的裕度。考虑冲击电晕的影响,可以认为,对于 500kV 发电厂,即使在最严酷的计算条件下,当 GIS 套管与变压器套管间的架空线长度大于 15m 时,到达主变的 VFTO 波前陡度不会超出限制水平。因此,仅靠 15m 长的架空线即可很好的保护主变纵绝缘,不需要再采取其他防护措施。

对于 500kV 水电厂、抽水蓄能电厂,这类电厂通常场地较为紧张,GIS 与主变之间往往通过油气套管直接联接或通过电缆直接联接,VFTO 对该类电厂的主变纵绝缘具有较大威胁,需采取相应措施进行防治。由于在 GIS 与主变之间联接一条 15m 长的架空线不需要太大空间,因此在设计规程以及场地条件允许的情况下[15,23],也可以考虑采用架设一段 15m 以上的架空线来抑制 VFTO 的波前陡度。中国天荒坪抽水蓄能电站、四川二滩电站等电厂的主变与 GIS 之间未通过架空线联接,曾经发生过由 VFTO 引起的变压器绝缘损坏事故[24-25]。

考虑到入侵发电厂主变的 VFTO 通常比入侵变电站主变的情况更为严重,在 500kV 变电站加装一段 15m 长的架空线可以很好地保护主变。但实际上,根据前文分析,即使不加该段架空线,入侵 500kV 变电站主变端口的波前陡度也不会超过其限制水平。

综上所述,对于 500kV 发电厂,若 GIS 与变压器之间通过很短的架空线联接,该段架空线削弱入侵主变的 VFTO 波前陡度的效果非常明显;若 GIS 通过一段大于 15m 的架空线与主变联接,主变纵绝缘可以受到很好的保护,在进行电厂设计时需考虑这一点。对于已建成的联接于 GIS 与主变之间的架空线很短的电站或者电厂,在其他条件允许的情况下,也可进行线路改造,使该段架空线大于 15m,否则,需采取其他措施限制到达主变端口的 VFTO 波前陡度。

7.8.3　1000kV 发电厂中利用架空线限制入侵主变 VFTO 波前陡度的进一步探讨

本节将探讨在 1000kV 系统中利用架空线限制入侵主变的 VFTO 波前陡度。

7.8.3.1　架空线限制入侵 1000kV 发电厂主变的 VFTO 波前陡度的研究

特高压发电厂的主接线图如图 7-31 所示。

由于目前未出现特高压发电厂,因此可以参考已有的特高压 GIS 变电站(算例二)得到图 7-31 中各段 GIS 母线参数以及架空线长度的参数,即算例三所示出的特高压发电厂参数。由 7.8.2.1 小节可知,VFTO 仿真计算的简化模型如下图 7-32 所示。

分别考虑 AB 段 GIS 母线为 40m(典型情况)和 0m(极端情况)两种情况,在这两种情况下入侵主变的 VFTO 波前陡度随着架空线长度的变化关系如下图 7-33 所示。

由图 7-33 可以看出,对于 1000kV 的发电厂,当架设于 GIS 套管出口与主变之间的架空线长度较短时,入侵主变的 VFTO 波前陡度有可能超过 $1875kV/\mu s$ 的限制水平。如当架空线长度为 0m 时,典型情况下和极端情况下入侵主变的 VFTO 波前陡度分别达到了 $3721kV/\mu s$ 和 $5090kV/\mu s$,远远超过了 $1875kV/\mu s$ 的限制水平,会对主变纵绝缘构成较大的危害。因此,与 500kV 发电厂相类似,在 1000kV 发电厂中,需重点防护主变纵绝缘。

另外,由图 7-33 可以得到与 500kV 系统类似的结论,即当架空线的长度小于 10m 时,随着架空线长度的增加,VFTO 波前陡度明显下降;当架空线长度大于 10m 时,随着架空线长度的增加,VFTO 波前陡度下降趋于平缓。

比较图 7-33 中的两条曲线可知,当架空线长度相同时,极端情况下到达变压器入口的 VFTO 波前陡度要比典型情况下的大。当架空线长度大于 25m 时,两种情况下的 VFTO 波前陡度相差不大。GIS 母线与架空线都可以拉平 VFTO 波前,但当架空线的长度大于 25m 时,GIS 母线的作用可以基本忽略了,此时主要是架空线起作用了。两种情况下,入侵主变的 VFTO 波前陡度不超过限制水平的架空线最小长度分别为 16m 和 20m。

在最为严酷的条件下,即 GIS 母线长 0m,当架空线长度为 25m 时,到达变压器端口的 VFTO 波前陡度为 $1680kV/\mu s$,低于 $1875kV/\mu s$ 的限制水平,并有超过 10% 的裕度。在用 EMTP 仿真软件探究架空线对 VFTO 波前陡度影响时,并没有考虑架空线冲击电晕的作用,当计及电晕效应时,VFTO 波前陡

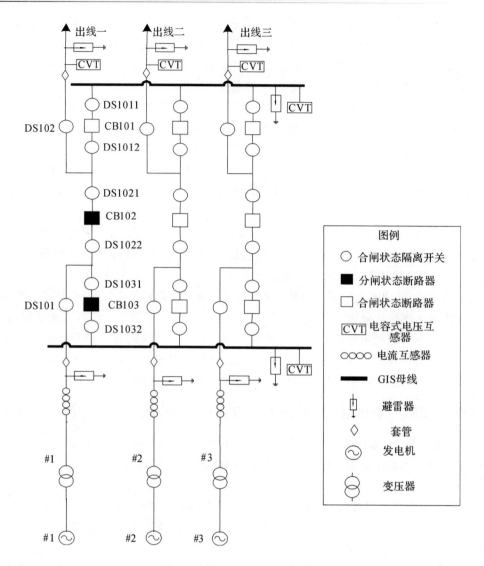

图 7-31 特高压发电厂主接线图

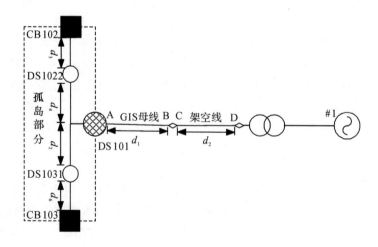

图 7-32 VFTO 仿真计算简化模型

度还会进一步减小。因此,可以认为,对于特高压发电厂,当 GIS 套管出口与主变之间的架空线长度为 25m 时,入侵主变的 VFTO 波前陡度不会超过限制水平,VFTO 不会危及主变纵绝缘。

通过调研国内某些著名 GIS 生产厂家可知,对于不同的特高压变电站或发电厂,d_3、d_4 通常变化不

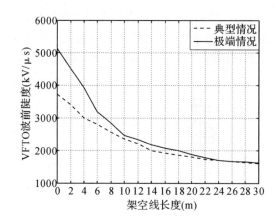

图 7-33　架空线长度与主变端口 VFTO 波前陡度关系

注:典型情况指主变出线隔离开关经过一段长 40m 的 GIS 母线与变压器联接;极端情况指主变出线隔离开关直接与变压器连接

大,而 d_1、d_2 却可以在较大的范围变化。因此,d_1、d_2 是影响入侵主变的 VFTO 波前陡度的主要因素。通过本章的分析可知,当 d_1 为 0m 时,只要在主变与 GIS 母线之间架设一段 25m 长的架空线,即可将入侵主变的 VFTO 波前陡度限制在 $1875\mathrm{kV/\mu s}$ 以下,且有超过 10% 的裕度。考虑到冲击电晕的影响,可以认为,对于特高压发电厂,即使在最严重的情况下,当 GIS 套管与变压器套管间的架空线长度大于 25m 时,到达主变的 VFTO 波前陡度不会超出限制水平,仅靠这段 25m 长的架空线即可很好的保护主变纵绝缘,不需要再采取其他防护措施。

7.8.3.2　1000kV 发电厂中利用架空线限制入侵主变的 VFTO 波前陡度的总结

综上分析,对于 1000kV 发电厂,有以下结论:

1)定量仿真计算结果表明,对于 1000kV 发电厂,10~25m 的架空线即可明显削弱入侵主变的 VFTO 波前陡度。

2)随着 GIS 与主变之间的架空线长度的增加,主变端口的 VFTO 波前陡度呈下降趋势;当架空线长度在 0 至 10m 之间时,随着架空线长度的增加,主变端口 VFTO 波前陡度下降趋势明显;当架空线长度超过 10m 后,随着架空线长度的增加,主变端口波前陡度下降趋于平缓。因此,当 GIS 与变压器之间的架空线长度为 10m 时即可显著降低入侵主变的 VFTO 波前陡度。

3)当架空线长度大于 25m 时,到达主变端口的 VFTO 波前陡度即可被控制在 $1875\mathrm{kV/\mu s}$ 的限制水平以下,并留有超过 10% 的裕度。因此,当 GIS 与变压器之间的架空线长度大于 25m 时,通常可以将 1000kV 发电厂中入侵主变的 VFTO 波前陡度控制在限制水平以下。

7.9　变电站和发电厂中 GIS 暂态壳体电压(TEV)研究

在特高压变电站和发电厂中,由隔离开关操作引起的 VFTO 将会耦合到壳体与地之间,从而造成危险的壳体暂态电位升高(TEV)。暂态壳体电压是影响变电站绝缘及安全运行的关键因素之一,是变电站电磁兼容设计的重要依据,故暂态壳体电压所引起的绝缘问题及对二次设备的干扰问题也越来越受到人们的关注[26-27]。本节将对 GIS 变电站和发电厂中的 GIS 暂态壳体电压的成因、危害以及抑制措施等问题展开讨论。

7.9.1　产生原理

当 VFTO 波在 GIS 管道上传播时,在波阻抗发生变化的节点,VFTO 波就会发生折、反射,此时 GIS 管道外壳的外表面会流过电流,使 GIS 外壳暂态地电位升高,即形成暂态壳体电压(TEV,Transient Enclosure Voltage)[27]。连接 GIS 管道和架空线的套管处就是 GIS 结构内最严重的阻抗不连续节点,因此,在套管附近的 GIS 管道外壳上的暂态壳体电压最为严重。

图 7-34 为套管处的 GIS 结构图。当 GIS 管道内部产生的 VFTO 以行波方式传播到连接 GIS 管道和架空线的套管时,VFTO 一部分折射到架空线上,沿架空线传播;另一部分则通过电磁感应耦合到壳体与地之间,造成 GIS 管道的暂态壳体电压(TEV);还有一部分反射回 GIS 管道内[27]。

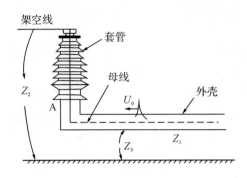

图 7-34　套管处的 GIS 结构

7.9.2　TEV 计算方法

7.9.2.1　套管连接处的建模方法

在 GIS 与套管的连接处(如图 7-34 所示)形成连接于一点的三条传输线系统,分别为 GIS 导体与壳体内表面间的波阻抗 Z_1 构成的回路、架空线与大地间的波阻抗 Z_2 构成的回路和壳体外表面与大地间的波阻抗 Z_3 构成的回路。在 A 点一部分电压波将耦合到壳体与地之间,造成暂态壳体电位升高,另一部分折射到架空线上。对于该处的建模采用变比为 1:1 的理想变压器模型,将 3 条传输线连接起来,如图 7-35 所示[27]。Z_1 为 GIS 导体对外壳的波阻抗,$Z_1 = 60\ln(R_1/R_2)$,R_1 为 GIS 外壳内径,R_2 为 GIS 导体半径;Z_2 为套管外侧架空线路波阻抗,一般为 $300 \sim 400\Omega$;Z_3 为 GIS 管道外壳对地波阻抗,$Z_3 = 60\ln(2h/R)$,h 为 GIS 管道中心对地高度,R 为 GIS 管道外壳外径。

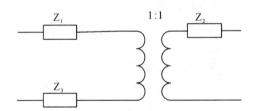

图 7-35　GIS 与套管连接处模型

7.9.2.2　求取暂态壳体电压(TEV)的整体模型的建立

在搭建求取暂态壳体电压的整体模型时,分为内部电路模型和外部电路模型两部分,两者通过图 7-35 所示的理想变压器模型连接起来。首先根据电气主接线图及各元件参数来构建内部电路,然后与由壳体外壁与大地间的波阻抗和架空线与大地间的波阻抗所组成的外部电路,并通过理想变压器模型相连接,从而构成描述 GIS 暂态过程的电路。图 7-36 是 GIS 的一种电气主接线连接方式,图 7-37[27]给出了当 CB102 断开、DS1021 闭合、操作 DS1022 时所建立的求取 TEV 的整体模型。

图 7-36　GIS 电气主接线连接示意图

图 7-37 中,R(t)表示隔离开关操作时所产生电弧的时变电阻,C_{CB102} 为断路器 CB102 的断口电容,C_{DS1021}、C_T 分别为隔离开关闭合时的等效对地电容和变压器的等效入口电容,$L_{ground1}$、$L_{ground2}$ 分别为套管

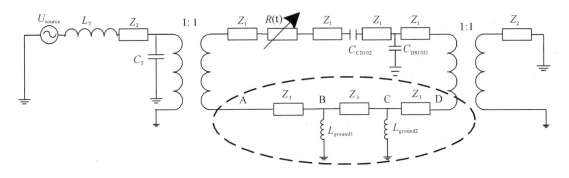

图 7-37　求取 TEV 的整体电路模型示意图

1 和套管 2 接地支架处的接地线电感，L_T 为变压器的等效电感。虚线框中部分表示 GIS 壳体，字母 A ～D 表示 GIS 壳体上各处 TEV 测量点，同时也是仿真时需重点关注 TEV 的地方。

7.9.3　降低暂态壳体电压的措施

暂态壳体电压有可能对二次设备乃至电力系统运行的可靠性带来危害，甚至危及运行人员的安全，为此必须采取一定的限制措施。

7.9.3.1　加装隔离开关并联电阻

通过采取隔离开关加装并联电阻的措施，能够有效地降低特高压变电站或发电厂中的 VFTO 幅值，从而使得耦合到 GIS 壳体上的 TEV 也相应降低。因此，隔离开关加装并联电阻是一项降低 TEV 的有效措施。

7.9.3.2　降低套管出口处接地线电感

由于 VFTO 是从套管处传播到 GIS 外壳的，套管处接地电感值越小，VFTO 波流经该电感后产生的电压值越低，即套管出口处壳体电压越低。因此，做好套管处的接地（接地电阻要低，如图 7-38 所示），降低套管处接地线电感值是抑制 TEV 的最有效手段。浙江大学仿真表明，500kV 和 1000kV GIS 中采用铜接地时效果较好。

(a) GIS 变电站套管出口接地示意

(b) HGIS 变电站套管出口接地示意

图 7-38　GIS 变电站套管出口的接地示意图

通常采取的降低接地线电感的措施有增加套管出口处的接地引下线数量、采用磁导率比较小的材料如铜、不锈钢等。相比于普通钢材，铜和不锈钢单位长度的电感要小得多。

7.10　国内特高压 GIS 系统中 VFTO 特性的试验研究

目前，主要通过试验和仿真两种手段对特高压 GIS 系统中 VFTO 特性进行研究。本章前面部分主要针对仿真得出的 VFTO 特性进行了介绍，而实际上试验研究更能反映出 VFTO 的真实情形。因此，本节将主要介绍目前国内特高压 GIS 系统中 VFTO 特性试验研究的一些进展情况。

7.10.1 VFTO 特性试验回路

GB 1985-2004《高压交流隔离开关和接地开关》和 IEC 标准 60129 中提出了用于考核隔离开关性能的试验回路,如图 7-39 所示[28]。

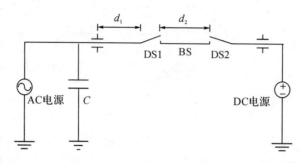

图 7-39　GB 1985 和 IEC 标准规定的隔离开关试验回路

图 7-39 中,AC 电源为电源侧交流电源,DC 电源为负载侧直流电源,主要用于给负载侧短母线 BS 充电以产生残压,C 为电源侧回路的集中电容,DS1 为试验中被试隔离开关,DS2 为辅助隔离开关,主要用于控制对负载侧空载短母线 BS 充电,d_1 表示电源侧 GIS 套管与隔离开关 DS1 之间的长度,d_2 表示被试隔离开关与辅助隔离开关之间的长度。

试验时,首先合上 DS2,直流电源 DC 通过 DS2 对短母线 BS 充电,带电后的短母线 BS 可用来模拟隔离开关分闸操作后具有残压的短母线,然后通过合分操作 DS1 产生 VFTO 用于试验研究。

VFTO 的试验回路应能够尽量广泛地代表大多数接线方式,并且能够模拟出可能产生较大 VFTO 幅值的情形。根据对特高压变电站的仿真研究结果,并结合图 7-39,我国提出了带有分支母线的试验回路,如图 7-40 所示[28]。

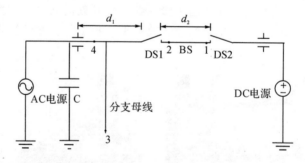

图 7-40　我国的特高压 VFTO 试验回路

图中,数字 1~4 表示 VFTO 的测量点。

图中的试验回路与图 7-39 相比,在电源侧多加装了一条分支母线,当操作隔离开关 DS1 时,产生的 VFTO 波在分支母线末端发生全反射,此时可能会产生较为严重的 VFTO。因此,相比于图 7-39 中所示的试验回路,采用图 7-40 中的试验回路可能会产生更为严重的 VFTO。

另外,隔离开关有快速隔离开关和慢速隔离开关两种类型:一种是快速隔离开关,由河南平高电气股份有限公司(简称平高)生产,该隔离开关可加装并联电阻;一种是慢速隔离开关,由西安西电开关电气有限公司(简称西电)生产。两种隔离开关的技术参数如表 7-13 所示[29]。

表 7-13　两种隔离开关技术参数

隔离开关类型	电阻值/Ω	分闸速度/(m/s)	合闸速度/(m/s)
快速不带并联电阻	—	1.70	2.50
慢速	—	0.54	0.54
快速带并联电阻	500	1.70	2.50

7.10.2　VFTO 产生机制与波形特征

根据图 7-40 中的试验回路,进行分闸试验时负载侧和电源侧的 VFTO 波形和仿真计算的 VFTO 波形如图 7-41 所示[28]。

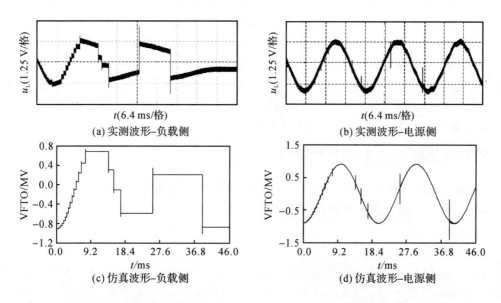

图 7-41　隔离开关分闸操作时试验 VFTO 波形和仿真 VFTO 波形图

由图 7-41 可知,对于负载侧,其电压呈现近似台阶状的变化,波形上每个电压发生突变的点即表示隔离开关动静触头间发生了一次击穿,且在每个电压突变的地方通常会伴有"毛刺",该"毛刺"即为 VFTO;而对于电源侧,其电压波形为典型的工频正弦电压波形,同时叠加不同幅值的"毛刺"电压。另外,由图 7-41 可知,在分闸过程中,放电现象在刚开始时发生的较为密集,随后越来越疏。

将图 7-41 中负载侧和电源侧的电压波形置于同一个时间坐标轴下,将更有利于理解 VFTO 的发生过程,如图 7-42 所示[8]。

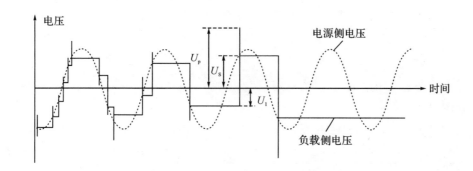

图 7-42　分闸过程 VFTO 产生机制示意图

图 7-42 表示了分闸过程中 VFTO 的产生机制示意图。对于隔离开关的分闸过程,隔离开关操作过程中,当动静触头之间的电压超过触头间隙击穿电压时,隔离开关动静触头间隙被击穿。击穿电压波在 GIS 内部传播的过程中,负载侧短母线上的电压围绕击穿时刻工频电源电压发生高频振荡,产生过电压[29]。以图 7-42 中某一次间隙击穿过程为例,U_1 为负载侧发生击穿前的残余电压值,U_S 为电源侧发生击穿前瞬间的工频电压值,此时,$|U_S|+|U_1|$ 恰好达到隔离开关动静触头间的间隙击穿电压 $U_{击穿}$,间隙发生击穿,负载侧电压在电源侧工频电压的基准上发生振荡,产生 VFTO。

当高频振荡过程结束后,负载侧短母线上的残余电荷形成残余电压,由于电荷量泄放较少,故残压电压值基本保持不变(在实际测量中,该残压值在下一次击穿发生前会略有下降,如图 7-41 中(a)图所示),直至发生下一次击穿后负载侧残压值变化到另一个工频电压值;电源侧电压则继续按照工频电压的规律变化。因此,VFTO 波形负载侧有明显的台阶,而电源侧却没有。

另外,由图 7-41、图 7-42 可知,VFTO 的产生过程就是触头之间发生多次击穿的过程,且对于分闸过程,击穿现象在刚开始时发生较频繁,随着时间的推移,相邻两次击穿现象之间的时间间隔越来越大。这是因为,当动静触头之间的间隙电压变化到超过击穿电压时,触头间隙才会发生击穿。而对于分闸过程,由于触头间的间隙距离越来越远,动静触头之间的间隙击穿电压越来越大,使得间隙越不容易发生击穿,因此,间隙的击穿时间间隔也越来越大,从而使得最终 VFTO 波形的击穿体现为前密后疏。直到分闸过程中动静触头之间的距离较大时,间隙击穿过程才会停止,此时 VFTO 的产生过程结束。

由此可以推知,对于隔离开关的合闸过程,由于动静触头间的间隙距离逐渐减小,使得间隙击穿的时间间隔缩短,最终 VFTO 波形的击穿将体现为前疏后密。

7.10.3 隔离开关操作速度对 VFTO 的影响试验

本节将河南平高电气股份有限公司(简称平高)试验回路的隔离开关分闸操作速度由约 1.7m/s 降至 0.7m/s,开展了 450 组不预充直流情况下的隔离开关带电操作试验,研究隔离开关操作速度对 VFTO 特性的影响。

7.10.3.1 隔离开关速度的调整

前期研究表明,隔离开关操作速度对于残余电压的分布影响明显,而残余电压直接影响后续击穿的初始条件,进而影响后续击穿产生的 VFTO。尤其是分闸末次击穿残余电压,对下次合闸首次击穿 VFTO 的影响更大。通常而言,合闸首次击穿容易产生较严重的 VFTO,因此,隔离开关速度调整应侧重改变分闸速度,以考核分闸末次击穿残余电压的概率分布及由此引起的合闸最大 VFTO 幅值和概率分布的变化,进而获得操作速度对 VFTO 的影响。据此,本次隔离开关调速侧重分闸速度的调整。

调速试验选择在平高试验回路开展,目标是将隔离开关分闸速度由原来的约 1.7m/s 降低至 0.7m/s,合闸速度不做要求。平高试验回路采用电动弹簧操动机构,经过尝试和筛选,调速方案确定为把原来缓冲器中带过油孔的油缸换成不带过油孔的油缸,通过增大缓冲来降低操作速度。由于降低分闸速度技术措施的原因,导致合闸速度出现了一定的分散性。隔离开关调速后实测操作速度及与调速之前操作速度的对比如表 7-14 所示。

表 7-14 平高隔离开关调速前后技术参数

	项目	合闸速度 m/s	分闸速度 m/s
	1	2.16	0.76
	2	2.01	0.66
调速后实测结果	3	1.99	0.68
	4	2.19	0.78
	5	2.18	0.67
调速后平均值		2.1	0.7
调速前典型值		2.5	1.7

由调速结果可知,合闸速度约降低到原速度的 80%,分闸速度约降低到原速度的 40%。分闸速度降低明显,隔离开关操作试验能够充分考察速度对 VFTO 特性的影响。

7.10.3.2 试验条件

试验接线如图 7-43 所示,在试验回路分支母线长度 9m,空载短母线无预充直流电压条件下开展了 450 次试验,试验测量点 1~4 已在图 7-43 中标出。

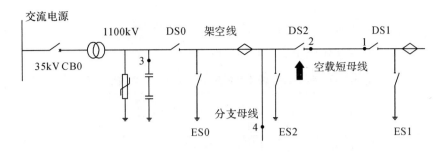

图 7-43　平高试验回路隔离开关操作速度对 VFTO 影响的试验接线

7.10.3.3　VFTO 波形比较

1) VFTO 全过程波形

VFTO 全过程波形和击穿次数受隔离开关操作速度影响较大。调速前后 VFTO 全过程实测波形如图 7-44 所示。

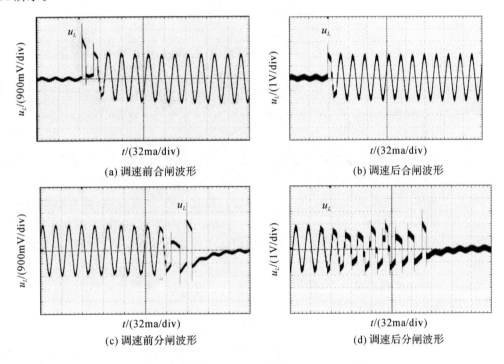

图 7-44　调速前后负载侧测点 1 实测 VFTO 波形

隔离开关操作速度降低时,合闸过程的预击穿时间和分闸过程的燃弧时间均变长,触头间隙击穿次数随之增多,VFTO 全过程持续时间加长。本次调速试验中,由于分闸速度降低较多,这种变化在分闸 VFTO 波形上表现更加明显。如图 7-44(c)、(d)所示,调速后分闸 VFTO 波形击穿次数明显增多,持续时间明显增大。

2) VFTO 全过程击穿次数

对调速前后合、分闸 VFTO 全过程波形中击穿电压超过 0.3p.u. 的击穿次数进行统计,从统计结果看,调速后合闸过程平均击穿次数略有增加,但与调速前击穿次数相差很小;调速后分闸过程平均击穿次数显著增加(约为 15 次),较之调速前明显增多。

7.10.3.4　VFTO 特性统计分析

隔离开关操作速度的改变将主要影响与断口间隙击穿全过程相关的 VFTO 特性,对 VFTO 单次击穿波形、各测点频率成分和振荡系数等影响较小。下面主要针对隔离开关调速前后的 VFTO 统计特性进行分析。

1）最大 VFTO 幅值

平高试验回路各典型位置处 VFTO 测点在本轮试验中实测最大 VFTO 幅值统计结果见表 7-15，表中清华和华电分别代表试验单位清华大学和华北电力大学。

表 7-15　隔离开关调速前后实测最大 VFTO 幅值统计表

测点编号	试验轮次	最大过电压值/p.u.					
		合闸操作			分闸操作		
		清华	华电	平均值	清华	华电	平均值
1	调速后	1.60	1.69	1.65	1.65	1.75	1.70
	调速前	1.71	1.87	1.79	1.72	1.85	1.79
2	调速后	1.62	1.71	1.67	1.65	1.77	1.71
	调速前	1.81	1.98	1.90	1.73	2.03	1.88
3	调速后	1.20	1.20	1.20	1.22	1.23	1.23
	调速前	1.23	1.32	1.28	1.21	1.31	1.26
4	调速后	1.78	1.72	1.75	1.90	1.83	1.87
	调速前	2.00	2.16	2.08	2.04	2.13	2.09
最大值	调速后	1.78	1.72	1.75	1.90	1.83	1.87
	调速前	2.00	2.16	2.08	2.04	2.13	2.09

注：阴影表示隔离开关操动机构速度正常（调速前）、无预充直流电压、9m 分支母线情况下实测结果

由实测结果可知：

（1）整体而言，隔离开关操作速度降低后试验回路 VFTO 水平有所降低，各测点最大 VFTO 幅值普遍降低超过 5%。试验回路中合闸操作最高 VFTO 幅值由 2.08 p.u. 降低到 1.75 p.u.，分闸操作最高 VFTO 幅值由 2.09p.u. 降低到 1.87p.u.，下降幅度均超过 10%。这表明，降低隔离开关操作速度能够降低试验回路 VFTO 水平；

（2）隔离开关调速后，试验回路中 VFTO 最大值仍然出现在分支母线末端测点 5，与前期历次试验研究结果一致；

（3）虽然由于分闸速度相对调速前降低更多，导致合、分闸操作速度相差较大，但是合闸操作与分闸操作产生的最大 VFTO 幅值相接近。

2）最大 VFTO 幅值分布

以试验回路中典型测点（负载侧测点 1 和电源侧测点 5）为例，统计本轮试验操作最大 VFTO 幅值概率分布，从而考察隔离开关调速对 VFTO 幅值概率分布的影响，从测点 1、测点 5 最大 VFTO 幅值分布统计结果看，调速之后，合、分闸 VFTO 最大幅值的高幅值分布出现概率明显降低，整体分布集中到中、低幅值区，并且合闸操作产生的 VFTO 此种变化更加明显。由于合闸操作最大 VFTO 主要由合闸首次击穿决定，而合闸首次击穿直接受上一次分闸末次击穿产生的残余电压影响，因此，可以预见调速后分闸末次击穿的残余电压分布产生了较大变化。

3）残余电压分布

对平高试验回路调速前后实测分闸末次击穿残余电压分布进行了统计。

由统计结果可知，调速后分闸末次击穿残余电压分布更为集中，分布范围缩小，并且主要集中在负极性、低幅值区，负极性、高幅值残压几乎不再出现（最高残压降低到 0.8 p.u. 以下）。此外，正极性残压也几乎不再出现。据此推断，隔离开关分闸速度的降低引起残余电压的分布变化，其结果是使得高幅值残余电压较难出现，进而导致合闸首次击穿条件变化，高幅值 VFTO 出现概率降低，最终使得合闸最大 VFTO 幅值分布发生变化。

7.10.3.5　小结

本节通过降低平高试验回路 GIS 隔离开关分闸操作速度，试验研究操作速度对于 VFTO 波形和统

计特征的影响。研究表明,操作速度直接影响隔离开关断口间隙的分闸燃弧过程,进而影响分闸操作击穿次数和短母线残余电压分布,从而改变隔离开关断口的重复击穿条件和 VFTO 的幅值分布。试验结果表明,隔离开关操作速度的降低能够使残余电压分布降低,进而使试验回路整体 VFTO 水平降低,但是试验回路中各测点的最大 VFTO 幅值相对大小没有改变,合分闸操作产生的最大 VFTO 幅值也近似相当。隔离开关操作速度影响 VFTO 水平,通过优选操作速度,可以降低隔离开关产生的 VFTO,提高隔离开关操作的安全性和可靠性。

7.10.4　分支母线长度对 VFTO 影响的试验研究

本节将平高试验回路的电源侧分支母线长度由 9m 调整到 3m、0m,分别开展了 400 组不预充直流情况下的隔离开关带电操作试验,研究分支母线长度对 VFTO 的影响。

7.10.4.1　试验条件

分支母线影响试验在平高试验回路进行,试验接线如图 7-45 所示,采用空载短母线无预充直流电压的试验方式,隔离开关速度为调速前速度。试验测量点 1~4 已在图 7-45 中标出。交流电源侧施加工频电压 635kV,分支母线长度依次调整为 0m、3m、9m。试验过程中,辅助隔离开关 DS1 保持分闸状态,操作被试隔离开关 DS2。试验有效操作次数 400 次,以此研究空载短母线无预充直流电压的自然分闸状态下分支母线长度对 GIS 内部 VFTO 的影响。

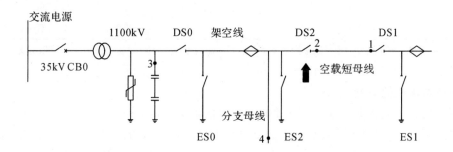

图 7-45　平高试验回路分支母线影响试验接线

7.10.4.2　对 VFTO 幅值的影响

1) 最大 VFTO 幅值

平高试验回路各典型位置处 VFTO 测点在本轮试验中实测最大 VFTO 幅值统计结果见表 7-16,表中清华和华电分别代表试验单位清华大学和华北电力大学。

由实测结果可知:

(1) 整体而言,试验回路最大 VFTO 随着分支母线长度的增加而呈现增大的趋势(分支母线长度 0m、3m、9m 对应的试验回路最大 VFTO 幅值依次为 1.75 p.u.、1.90 p.u.、2.23 p.u.),这与仿真计算得到的结论是一致的,即:分支母线的有无及其长度的改变对试验回路 VFTO 水平存在确定的影响,分支母线长度越长,试验回路 VFTO 水平越高;

(2) 虽然试验回路最高 VFTO 随着分支母线长度的变化是增大的,但是并非所有测点位置的 VFTO 都是单调增大的(实测结果中,空载短母线测点 1、2 和分支母线测点 5 是增大的,电源侧套管 BG1 下方测点 4 是略有减小的),并且试验回路中最大 VFTO 出现的位置可能发生变化,并非总是出现在分支母线末端。

2) 最大 VFTO 幅值分布

以试验回路中典型测点(负载侧测点 1 和电源侧测点 5)为例,统计本轮试验操作最大 VFTO 幅值概率分布,从而考察分支母线长度对 VFTO 幅值概率分布的影响。

从测点 1、测点 5 最大 VFTO 幅值分布的统计结果看,随着分支母线长度的增加,无论是合闸操作还是分闸操作,各测点可能出现的最高 VFTO 幅值是增大的。

表 7-16　分支母线影响试验实测最大 VFTO 幅值统计表

测点编号	分支母线长度/m	最大过电压值/p.u.					
		合闸操作			分闸操作		
		清华	华电	平均值	清华	华电	平均值
1	0	1.69	1.75	1.72	1.68	1.74	1.71
	3	1.68	1.90	1.79	1.65	1.86	1.76
	9	1.81	2.01	1.91	1.80	1.99	1.90
2	0	1.47	1.65	1.56	1.44	1.61	1.52
	3	1.47	—	—	1.44	—	—
	9	1.80	2.00	1.90	1.74	1.98	1.86
3	0	1.46	1.53	1.50	1.46	1.50	1.48
	3	1.30	—	—	1.29	—	—
	9	1.27	1.32	1.30	1.25	1.33	1.29
4	0[a]	—	—	—	—	—	—
	3	1.58	1.88	1.73	1.55	1.79	1.67
	9	2.00	2.23	2.12	1.94	2.19	2.07
最大值	0	1.69	1.75	1.72	1.68	1.74	1.71
	3	1.68	1.90	1.79	1.65	1.86	1.76
	9	2.00	2.23	2.12	1.94	2.19	2.07

注:阴影表示因为现场实测中偶发因素导致无法正常测量获得实测结果;a 分支母线长度调整为 0m 时,分支母线末端测点不再存在。

7.10.4.3　对残余电压的影响

对平高试验回路不同分支母线长度下实测分闸末次击穿残余电压分布进行了统计。

由统计结果可知,不同分支母线长度下分支末次击穿残余电压的分布式基本一致的,残余电压主要分布在负极性区,概率分布呈现一定的正态分布特征。这是因为残余电压的分布主要由隔离开关的机械特性和分闸时刻决定,分支母线的长度仅能改变试验回路的部分电气特性,而不能改变隔离开关的机械特性。

7.10.4.4　小结

本节试验研究试验回路中分支母线长度对 VFTO 的影响,结果表明,随分支母线长度的增加,试验回路 VFTO 呈现增大的趋势,但是各测点最大 VFTO 幅值分布和残余电压分布基本不受影响。这是因为分支母线长度对于隔离开关断口击穿电压行波在试验回路中的折反射及叠加有一定影响,会造成试验回路中最大 VFTO 幅值的变化,但是分支母线长度对隔离开关重复击穿电压特性没有影响,所以对于残余电压分布及其决定的最大 VFTO 幅值分布基本没有影响。

7.10.5　隔离开关触头连接方向对 VFTO 的影响

本节改变西安西电开关电气有限公司(简称西开)试验回路的隔离开关触头连接方向,开展了 400 组不预充直流情况下的隔离开关带电操作试验,研究隔离开关触头连接方向对 VFTO 特性的影响。

7.10.5.1　试验条件

VFTO 的产生是隔离开关触头在运动过程中,动、静触头之间的断口间隙连续重复击穿、燃弧和熄弧引起的。气体间隙的击穿和气体状态(种类、压力、温度、流速等)、电场状况(电场强度、电极结构、电场不均匀程度等)等有关,而隔离开关触头结构对断口间隙气体状态和电场状况有直接影响。一般而言,动、静触头的结构是不同的(西开试验回路被试隔离开关内部结构如图 7-46 所示,当施加不同种类的电压时,断口间隙将因为触头结构的不对称而使其击穿特性表现出极性效应。

按照工程惯例,在变电站现场,通常的做法是将隔离开关动触头与系统交流电源侧相连,静触头与

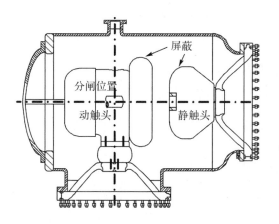

图 7-46　西开试验回路隔离开关内部结构示意图

被操作的负载侧短母线(隔离开关和与之相邻的断路器之间的短母线)相连。前期 VFTO 特性试验即按此方式布置试验回路中设备之间的连接。考虑到动、静触头结构不同,触头极性的不同将会影响触头间隙的击穿特性,并进而影响被操作负载侧短母线残余电压的极性和幅值,因此,有必要考察隔离开关连接方向反转后触头间隙击穿及击穿后残余电压极性和分布的变化。

隔离开关连接方向对 VFTO 影响试验的实施方法是改变隔离开关动静触头和系统的连接方向,即:原来与系统交流电源侧连接的动触头端改为与被操作负载侧短母线连接,原来与被操作负载侧短母线连接的静触头端改为与系统交流电源侧相连,近似于将触头间隙极性和原来情形"反转"。

隔离开关触头连接方向影响试验在西开试验回路进行,试验接线如图 7-47 所示,采用空载短母线无预充直流电压试验方式,隔离开关速度为调速前速度。试验测量点 1～4 已在图 7-47 中标出。交流电源侧施加工频电压 635kV(最高相对地电压,$1100/\sqrt{3}=635$kV),分支母线长度为 9m。试验过程中,将辅助隔离开关 DS1、原被试隔离开关 DS2 连同二者之间的短母线整体反转后与试验回路其他部分对接。反转后,DS2 作为辅助隔离开关,保持分闸状态;DS1 作为被试隔离开关。由于隔离开关 DS1 和 DS2 机械特性相近,并且试验有效操作次数 450 次,所以本期试验和前期试验对照可以研究隔离开关触头连接方向对 GIS 内部 VFTO 特性的影响。

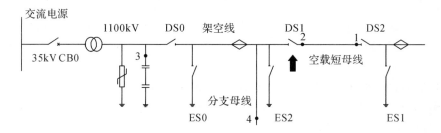

图 7-47　西开试验回路隔离开关触头连接方向影响试验接线

7.10.5.2　VFTO 波形比较

1) VFTO 全过程波形

VFTO 全过程波形和击穿次数受隔离开关触头间隙击穿特性影响。隔离开关触头连接方向改变前、后 VFTO 全过程实测典型波形如图 7-48 所示。

从 VFTO 全过程波形可知,隔离开关触头连接方向调整前后较为明显的区别是合闸首次击穿、分闸末次击穿的极性发生了反转。连接方向调整前,合闸首次击穿、分闸末次击穿以正极性为主;连接方向调整后,合闸首次击穿、分闸末次击穿改变为以负极性为主。此外,仅从 VFTO 全过程波形的直观观察上可以看到,无论是合闸过程还是分闸过程,全过程总的击穿次数发生了变化。

2) VFTO 全过程击穿次数

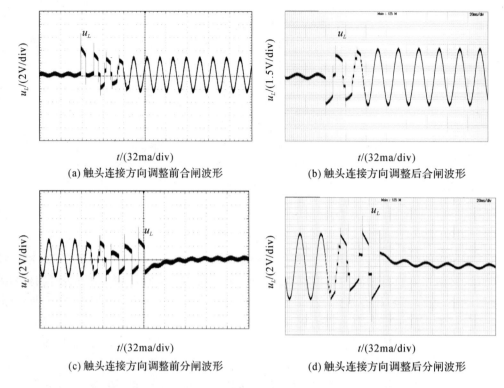

(a) 触头连接方向调整前合闸波形   (b) 触头连接方向调整后合闸波形

(c) 触头连接方向调整前分闸波形   (d) 触头连接方向调整后分闸波形

图 7-48   隔离开关触头连接方向调整前、后负载侧测点 1 实测 VFTO 波形

为了准确获取 VFTO 全过程击穿情况,对隔离开关触头连接方向调整前后合、分闸 VFTO 全过程波形中击穿电压超过 0.3p.u. 的击穿次数进行统计。

从统计结果看,隔离开关触头连接方向调整后,合、分闸过程平均击穿次数约为 8 次,较之调整前平均击穿次数 11 次有所减小。这表明,隔离开关连接方向的改变影响了触头间隙的击穿特性,触头间隙的极性效应是存在的。

7.10.5.3   VFTO 特性统计分析

隔离开关触头连接方向的改变将主要影响与断口间隙击穿全过程相关的 VFTO 特性,对 VFTO 单次击穿波形、各测点频率成分和振荡系数等影响较小。下面主要针对隔离开关触头连接方向调整前后的 VFTO 统计特性进行分析。

1) 最大 VFTO 幅值

西开试验回路各典型位置处 VFTO 测点在本轮试验中实测最大 VFTO 幅值统计结果见表 7-17,表中清华和华电分别代表试验单位清华大学和华北电力大学。

由实测结果可知:

(1) 整体而言,与触头连接方向调整前实测结果相比,触头连接方向反转后试验回路 VFTO 水平变化不大。试验回路中合闸操作最高 VFTO 的平均幅值由 1.98 p.u. 微降到 1.97 p.u.,分闸操作最高 VFTO 的平均幅值由 1.96p.u. 微增到 1.97p.u.,变化幅度都极小。这表明,隔离开关触头连接方向对试验回路可能出现的最大 VFTO 影响有限;

(2) 隔离触头连接方向调整后,试验回路中 VFTO 最大值大致仍然出现在空载短母线末端测点 1,与前期历次试验研究结果一致;

(3) 虽然不同测点在隔离开关触头连接方向调整前后实测最大 VFTO 幅值有所变化,但是幅值变动不是很大且不是同样的增加或减小;同时,合闸操作和分闸操作产生的最大 VFTO 幅值接近。

2) 最大 VFTO 幅值分布

以试验回路中典型测点(负载侧测点 1 和电源侧测点 5)为例,统计本轮试验操作最大 VFTO 幅值概率分布,从而考察隔离开关触头连接方向调整对 VFTO 幅值概率分布的影响。

表 7-17　隔离开关触头连接方向调整前后试验实测最大 VFTO 幅值统计表

测点编号	试验轮次	最大过电压值/p.u.					
		合闸操作			分闸操作		
		清华	华电	平均值	清华	华电	平均值
1	调整后	1.99	1.94	1.97	1.86	2.07	1.97
	调整前	1.89	2.04	1.97	1.82	2.10	1.96
2	调整后	1.76	1.89	1.83	1.72	1.87	1.80
	调整前	1.78	2.06	1.92	1.73	2.10	1.92
3	调整后	1.36	——	——	1.36	——	——
	调整前	1.29	1.4	1.35	1.31	1.41	1.36
4	调整后	1.63	1.73	1.68	1.59	1.72	1.66
	调整前	1.69	1.74	1.72	1.71	1.76	1.74
最大值	调整后	1.99	1.94	1.97	1.86	2.07	1.97
	调整前	1.89	2.06	1.98	1.82	2.10	1.96

注:阴影表示隔离开关触头连接方向调整前、无预充直流电压、9m 分支母线情况下实测结果。

从测点 1、测点 5 最大 VFTO 幅值分布统计结果看,隔离开关触头连接方向调整前后,整体上合、分闸最大 VFTO 幅值分布有向低值区偏移的趋势,尤以负载侧测点 5 比较明显。这表明,连接方向的改变对触头间隙击穿特性产生了影响,使得击穿后残余电压极性或分布发生了变化,进而影响了击穿的条件和 VFTO 的幅值分布特性。但是,这种影响对于试验回路可能产生的最大 VFTO 影响有限,因为只要负载侧有出现高幅值残余电压的可能,使得断口间隙电压差较大,则击穿产生高幅值 VFTO 的可能性就存在,只是出现的概率可能较之以前偏低。

3) 残余电压分布

对西开试验回路隔离开关触头连接方向调整前后实测全过程各次击穿残余电压分布进行统计。

综合统计结果可知:

(1) 隔离开关触头连接方向调整后,合、分闸操作各次击穿残余电压分布与调整前相比,总体分布情况一致性较好,且调整前、后正极性和负极性电压分布具有一定的对称性(即:触头连接方向调整前极性为正的电压分布和调整后极性为负的电压分布较为近似,触头连接方向调整前极性为负的电压分布和调整后极性为正的电压分布较为近似);

(2) 隔离开关触头连接方向调整后,分闸末次击穿残余电压分布集中在正极性区间,这与触头连接方向调整前以负极性电压为主的残余电压分布正好相反,分布规律近似对称;

(3) 统计结果表明,残余电压的分布与触头结构、交流电源施加方式有直接关系,而残余电压极性的不同将会影响试验回路 VFTO 幅值及其概率分布。

7.10.5.4　小结

本节通过改变西开试验回路 GIS 隔离开关与交流电源和空载短母线的连接方向,实验研究了触头不同连接方向对于 VFTO 特性的影响。试验结果表明,隔离开关触头连接方向的改变影响断口间隙击穿电压特性,影响全过程 VFTO 的击穿次数、残余电压的极性及其分布,影响最大 VFTO 幅值概率分布,但对试验回路最大 VFTO 水平影响较小。

7.11　500kV/1000kV GIS 变电站和发电厂中 VFTO 特性总结

综合本章的分析可知,对于 500kV 和 1000kV GIS 变电站和发电厂,VFTO 对 GIS 本体主绝缘、主变主绝缘以及主变纵绝缘的危害如下表 7-18 所示,其中 VFTO 对主变纵绝缘的威胁主要考虑 VFTO 的波前陡度对主变纵绝缘的影响。

表 7-18　不同电压等级下发电厂与 GIS 变电站中 VFTO 对三类绝缘的危害总结

		VFTO 对其是否构成威胁		
		GIS 本体主绝缘	主变主绝缘	主变纵绝缘
GIS 变电站	500kV	否	否	否
	1000kV	是	否	否
发电厂（带 GCB）	500kV	否	否	是
	1000kV	是	否	是
发电厂（无 GCB）	500kV	否	否	是
	1000kV	是	否	是

综合本章以及表 7-18 可得以下结论：

1）对于 500kV GIS 变电站，VFTO 对 GIS 本体主绝缘、主变主绝缘以及主变纵绝缘一般不构成威胁，通常不需要加以防护，隔离开关中也用不着加装并联电阻。

2）对于 1000kV GIS 变电站，VFTO 一般不会危及主变主绝缘和纵绝缘，但是会对 GIS 本体主绝缘构成威胁，需加以防护。根据前面的分析，通过采取隔离开关加装并联电阻的措施，可以减小 VFTO 的幅值。因此，建议对 1000kV GIS 变电站中的隔离开关加装并联电阻。

3）对于 500kV 发电厂，VFTO 不会危及 GIS 本体主绝缘以及主变主绝缘，但是会对主变纵绝缘构成威胁。根据前面的分析，在 GIS 套管出口与主变出口之间架设一段长度不小于 15m 的架空线即可确保将入侵 500kV 发电厂主变的 VFTO 波前陡度控制在限制水平以下。因此，在场地条件允许的情况下，建议在 GIS 套管出口与主变出口之间架设一段长度大于 15m 的架空线。

4）对于 1000kV 发电厂，VFTO 不会危及主变主绝缘，但是会对 GIS 本体主绝缘以及主变纵绝缘构成威胁。根据前面的分析，在 GIS 套管出口与主变出口之间架设一段长度不小于 25m 的架空线即可确保将入侵特高压发电厂的主变的 VFTO 波前陡度控制在限制水平以下。因此，在场地条件允许的情况下，建议在 GIS 套管出口与主变出口之间架设一段长度大于 25m 的架空线。同时，为了有效地降低 GIS 本体上的 VFTO 幅值，建议在隔离开关上加装并联电阻。

5）发电厂中发电机出口是否带有 GCB 对 VFTO 的特性影响很大，主要体现在以下方面：对于特高压发电厂中投切出线与投切母线的操作方式，发电厂中发电机出口是否带有 GCB 对 GIS 本体上的 VFTO 幅值、主变端口处的 VFTO 幅值以及入侵主变端口的 VFTO 波前陡度的影响不大。但是对于特高压发电厂中投切主变的操作方式，发电机出口不带 GCB 的发电厂中 GIS 本体上的 VFTO 幅值为 2.50p.u.，主变端口的 VFTO 幅值为 1.43p.u.，入侵主变端口的 VFTO 波前陡度为 5090kV/μs；当发电机出口带有 GCB 时，发电厂中 GIS 本体上的 VFTO 幅值为 2.36p.u.，主变端口的 VFTO 幅值为 0.03p.u.，入侵主变端口的 VFTO 波前陡度为 890kV/μs（约为前者的 1/6）。因此，发电机出口是否带 GCB 整体上对 VFTO 的特性影响还是很大的。

6）当发电厂中发电机出口带有 GCB 时，典型隔离开关操作方式下的 VFTO 特性与变电站中的 VFTO 特性相差不大，主要体现在以下几个方面：投切出线时，带有 GCB 的发电厂与变电站中 GIS 本体上的 VFTO 幅值仅相差 0.02p.u.，二者在主变端口的 VFTO 幅值仅相差 0.04p.u.；投切母线时，二者 GIS 本体上 VFTO 幅值和主变端口的 VFTO 幅值分别仅相差 0.04p.u. 和 0.11p.u.；投切主变时，二者 GIS 本体上 VFTO 幅值和主变端口的 VFTO 幅值分别仅相差 0.02p.u. 和 0.01p.u.。另外，对于投切母线和投切主变的操作方式，入侵发电厂中主变端口的 VFTO 波前陡度略大于入侵变电站中主变端口的 VFTO 波前陡度；但在投切出线的操作方式下，前者的波前陡度大于后者。因此，当发电机出口带有 GCB 时，发电厂的 VFTO 特性与变电站相对比较接近。

7）通过加装隔离开关并联电阻、改善套管出口处的接地如增加接地线的数量、采用磁导率更低的接地材料如铜、不锈钢等，能够有效地降低 GIS 外壳上 TEV 的幅值。

8）试验结果表明，快速隔离开关操作产生的 VFTO 最大值为 2.27p.u.，该最大值出现在分支母线的末端；慢速隔离开关操作产生的 VFTO 最大值为 2.20p.u.，该最大值出现在空载母线末端，两种隔离开关操作下最大值相差不大。

9)试验结果表明,隔离开关并联电阻对 VFTO 的幅值有明显的削弱作用。试验结果表明,加装隔离开关并联电阻后,VFTO 最大值从 2.27p.u.下降到 1.33p.u.,下降幅度高达 41%。另外,隔离开关并联电阻对 VFTO 的波前陡度和高频分量的幅值也有较好的削弱作用。

参考文献

[1] 严璋,朱德恒.高电压绝缘技术[M].北京:中国电力出版社,2007.

[2] 谷定燮,修木洪,戴敏,等.1000kV GIS 变电所 VFTO 特性研究[J].高电压技术,2007,33(11):27—32.

[3] 史保壮,张文元,顾温国,等.GIS 中快速暂态过电压的计算及其影响因素分析[J].高电压技术,1997,23(4):19—21.

[4] 史保壮,李智敏,张文元,等.超高压 GIS 中快速暂态过电压造成危害的原因分析[J].电网技术,1998,22(1):1—3.

[5] 阮全荣,施围,王亮.限制 GIS 中隔离开关操作引起过电压的研究[J].高压电器,2006,42(1):18—20.

[6] 项祖涛,丁扬,班连庚,等.采用投切电阻抑制特高压 GIS 中特快速暂态过电压[J].中国电力,2007,40(12):31—35.

[7] 中国电力科学研究院.特高压输电技术-交流输电分册[M].北京:中国电力出版社,2012.

[8] 陈维江,颜湘莲,王绍武,等.气体绝缘开关设备中特快速瞬态过电压研究的新进展[J].中国电机工程学报,2011,31(31):1-11.

[9] 殷禹,刘石,时卫东,等.2.5MV 特快速瞬态过电压发生器[J].中国电机工程学报,2011,31(31):48-55.

[10] GB/Z 24842-2009.1000kV 特高压交流输变电工程过电压与绝缘配合[S],2009.

[11] GB 311.1-1997.高压输变电设备的绝缘配合[S],1997.

[12] 赵智大.高电压技术(第三版)[M].北京:中国电力出版社,2013:141-150.

[13] 张喜乐.VFTO 对电力电压器影响的时域仿真计算及实验研究[D].华北电力大学,2008.

[14] 梁贵书.陡波前过电压下变压器的建模及快速仿真算法研究[D].华北电力大学,2009.

[15] GB 50229-2006.火力发电厂与变电所设计防火规范[S],2006.

[16] 胡文堂,金祖山,李思南,等.500 kV GIS 快速暂态过电压防护措施的选择[J].高电压技术,2005,31(1):35-37.

[17] 陈水明,许菁,何金良,等.特快速暂态过电压及其对主变的影响[J].清华大学学报(自然科学版),2005,45(4):573—576.

[18] 关永刚,张猛,岳功昌,等.磁环抑制特高压 GIS 设备中特快速暂态过电压的模拟试验[J].高电压技术,2011,37(3):651—657.

[19] 周浩,李杨,沈扬,等.架空线对入侵超高压变压器的特快速暂态过电压波前陡度的限制[J].高电压技术,2013,39(4):943—950.

[20] 杨钰,王赞基,邵冲.GIS 母线结构及参数对 VFTO 波形的影响[J].高电压技术,2009,35(9):2306—2312.

[21] 邵冲,杨珏,刘卫东,等.断路器结构参数对 GIS 中特快速暂态过电压波形的影响[J].高电压技术,2011,37(3):577—584.

[22] 邵冲,杨珏,王赞基.GIS 开关电弧建模及其对 VFTO 波形的影响[J].电网技术,2010,34(7):200—205.

[23] DL/T 5352-2006.高压配电装置设计技术规程[S],2007.

［24］鲁铁成,李思南,冯伊平,等.GIS 中快速暂态过电压的仿真计算[J].高电压技术,2002,28(11):3—5.

［25］刘彦红.二滩水电站电气主接线设计中的一些考虑[J].水力发电,2000,(5):33—35.

［26］徐建源,王亮,李爽.特高压 GIS 隔离开关操作时其壳体电压暂态特性仿真分析[J].高电压技术,2012,38(2):288—294.

［27］林苹,李爽,徐建源.特高压 GIS 壳体过电压特性[J].沈阳工业大学学报,2009,31(6):606—610.

［28］戴敏,谷定燮,孙岗,等.特高压气体绝缘开关设备特快速瞬态过电压的试验回路研究[J].中国电机工程学报,2011,31(31):28—37.

［29］陈维江,李志兵,孙岗,等.特高压气体绝缘开关设备中特快速瞬态过电压特性的试验研究[J].中国电机工程学报,2011,31(31):38—47.

第8章　特高压交流系统防雷

特高压系统的防雷保护一直是极受关注的课题,其防雷设计研究主要依据类似工程的运行经验以及相应的防雷保护计算。苏联和日本主要依据超高压交流 750kV 和 500kV 线路的设计经验和防雷运行实践,对 1150kV 和 1000kV 的特高压交流输电线路进行了精心的防雷设计,设计人员原以为这些特高压交流输电线路应该会具有很好的耐雷性能,但实际运行中仍然发生了雷直击导线引起跳闸的事故。因此,如何提高输送容量这样大的特高压交流输电线路的防雷设计水平、改善其耐雷性能和运行可靠性是当前特高压交流输电重要的研究课题之一。

本章讨论了特高压交流输电线路雷电绕击和反击的仿真模型及计算方法,然后对特高压变电站雷电侵入波过电压进行了仿真计算,分析了特高压变电站耐雷性能评估方法,最后对特高压变电站雷电侵入波防护措施进行了探讨。

8.1　特高压交流线路的防雷防护

8.1.1　概述

8.1.1.1　国外运行经验总结

苏联和日本特高压交流线路为防护雷电过电压,都进行了专门的防雷设计,并认为其特高压线路的耐雷水平是相当高的。但实际运行经验表明,特高压线路仍有较高的雷击跳闸率,并且雷击是造成线路跳闸的主要原因。

苏联和日本国情不同,特高压交流线路经过地区的地形地貌、杆塔塔型设计等均差别较大,采取的防雷措施也有所不同。以下分别对两国特高压线路的相关运行状况作简要分析,运行数据见表 8-1。

苏联 1150kV 特高压线路经过地形主要为平原,直线塔采用单回路水平拉线 V 型杆塔,转角塔采用分立式塔,典型塔型见图 8-1。苏联特高压线路采用双避雷线布置,避雷线采用 2 分裂的 70/72 型钢芯铝绞线(苏联专家认为 2 分裂型式可增加避雷线上的感应电荷,从而增强其引雷能力,减小绕击率),避雷线保护角一般为 22°左右。在以标称电压 1150kV 运行的 1986～1995 年十年间(3000km·a),统计的雷击跳闸率为 0.4 次/(100km·a);在全部运行期间内(包括 500kV 和 1150kV 运行),共雷击跳闸 21 次(16700km·a),折合 0.13 次/(100km·a)。

根据磁钢棒记录器的实测,苏联特高压线路雷击跳闸率较高的根本原因是转角塔的结构设计不合理,雷电穿过转角塔的避雷线绕击导线。由图 8-1 和表 8-1 可知,直线塔的避雷线保护角约 24°,避雷线间距约 35m。而转角塔避雷线对跳线的保护角高达约 40°,避雷线间距约 54m,转角塔的保护角及其避雷线间距均大于直线塔,更易遭受绕击。因此,有苏联专家认为提高特高压线路耐雷性能的主要措施是采用更小的避雷线保护角。俄罗斯 1999 年《6～1150kV 电网雷电和内部过电压保护手册》(以下简称俄罗斯 1999 年《手册》)也指出:"对于 1150kV 架空线路,迫切要求改善避雷线保护;1150kV 线路耐雷性提高是靠使用带负保护角避雷线的直线杆塔和耐张转角杆塔来保证"。

日本 1000kV 特高压线路多经过山区、丘陵等复杂地形地区,采用同塔双回路、三相导线垂直排列的自立式杆塔,塔高 88～148m(高塔对防绕、反击均不利),典型塔型见图 8-2。日本特高压线路为提高线路的防雷性能,采用双避雷线布置,保护角约为 -12°。虽然日本特高压线路所在地区年雷暴日只有 25,但采用负保护角措施的防绕击效果仍然不是很理想,在降压至 500kV 运行期间的雷击跳闸率高达 0.9 次/(100km·a)。

表 8-1　国外特高压交流线路雷击跳闸率统计　　　　　　　（次/(100km·a)）

国家	塔高(m)	保护角(°)	绝缘子有效串长	地形	雷电强度	雷击跳闸率
苏联	33~46	直线塔:24~28 转角塔:约40	10~14m	平原	40~50雷电小时	0.4**
日本	88~148	-12	5.9~6.3*	山区、丘陵、平原	25雷暴日	0.9

注:*日本绝缘子串装设招弧角,其有效串长比实际串(7.68~7.8m)短;**指标称电压运行期间雷击跳闸率。

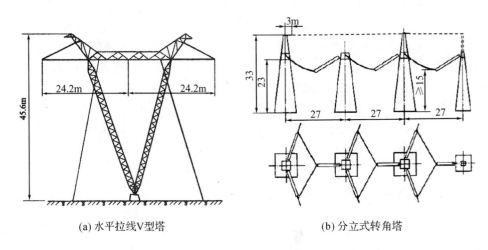

(a) 水平拉线V型塔　　　　　　　　　　(b) 分立式转角塔

图 8-1　苏联特高压交流线路的典型塔型图示

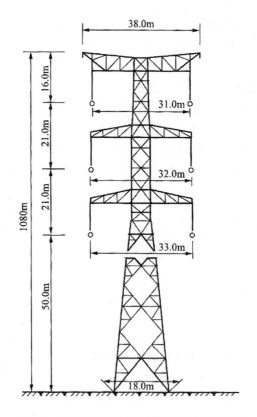

图 8-2　日本特高压交流线路的典型塔型图示

　　根据日本雷电定位系统记录的数据分析,其特高压线路雷击跳闸的主要原因仍然是绕击。理论分析认为与杆塔相对较高、沿线多经过山区等复杂地形以及线路绝缘水平相对较低(采用招弧角)等因素有关,雷击跳闸主要由导线遭到侧面雷击而引起。由日本运行经验可知,山区线路宜采用更小的负保护角。

苏联和日本特高压线路的运行经验表明,线路雷击跳闸主要是避雷线屏蔽失效,雷电绕击导线造成的。但两国雷击跳闸率均偏高的主要原因不同——苏联特高压线路转角塔的结构设计不够合理;日本特高压线路则可能主要与杆塔很高且多处于山区有关。

另外,苏联和日本特高压线路运行经验也表明,随线路电压等级的提高,雷击跳闸率和总跳闸率均有所减小,但雷击跳闸占总跳闸的比重却越来越大。例如,苏联特高压线路在1985年至1994年十年期间,线路雷击跳闸高达16次(运行12124km·a),占其总跳闸次数的84.2%;日本特高压线路在1993年至2007年十五年期间(降压至500kV运行),线路故障跳闸共计68次,其中雷击跳闸67次(另一次为暴雪),占其总跳闸次数的98.5%。

综合苏联和日本两国的运行经验可以看出,雷击仍是特高压交流线路安全可靠运行的主要危害,在实际工程中应重点预防雷电绕击。采用良好的避雷线屏蔽设计是提高其耐雷性能的根本措施,应特别注意对转角塔要进行专门的防绕击设计,使其具有合理的负保护角,并可考虑采取侧向避雷针等其他防绕击措施,另外,山区线路应注意选取更小的负保护角。

8.1.1.2 特高压交流线路的耐雷性能特点

与高压、超高压线路相比,特高压交流架空输电线路耐雷性能的特点如下:

(1)特高压线路杆塔高度较高,避雷线间距较大,线路受雷面积增大,使得线路遭受雷击的概率增加,这对防雷电绕击、反击均不利;

(2)特高压线路的绝缘水平很高,反击耐雷水平可达200kA以上,因此,雷击避雷线或塔顶而引起反击跳闸的可能性很低;

(3)杆塔高度增加,避雷线、大地的屏蔽效应减弱,雷电先导更易绕击导线。另外,导线上工频电压幅值高,导线更易产生迎面先导,这也可能导致绕击率增加。当雷电绕击导线时,大于20kA的雷电流就可能造成绝缘闪络威胁;

(4)另外,国内外高压、超高压输电线路运行情况均表明,随电压等级的提高,绕击在雷击跳闸中所占比例呈上升趋势。对于110kV、220kV等高压线路,绕、反击均是造成线路雷击跳闸的重要原因;对于330kV及以上的超高压线路,绕击的危险性更大(雷电定位系统的统计数据也表明,中国500kV线路雷击跳闸的主要原因是绕击跳闸);对于特高压线路而言,雷击跳闸基本由绕击造成,发生反击跳闸的概率很小。

简而言之,特高压交流线路的雷电性能特点为:绝缘水平很高,雷击避雷线或塔顶发生反击闪络的可能性很低;杆塔较高,易发生侧面绕击。

8.1.1.3 耐雷性能控制指标

目前,衡量架空输电线路防雷性能优劣的主要技术指标有耐雷水平和雷击跳闸率,下面分别对其进行介绍。

1)耐雷水平

耐雷水平是指雷击线路时,其绝缘尚不至于发生闪络的最大雷电流幅值或能引起绝缘闪络的最小雷电流幅值,单位为kA。对于1000kV特高压交流输电线路,GB/Z 24842-2009《1000kV特高压交流输变电工程过电压和绝缘配合》作了如下规定:在一般土壤电阻率地区(500Ω·m及以下),线路的反击耐雷水平不宜低于200kA。

2)雷击跳闸率

雷击跳闸率是指统一折算至年雷暴日 $T_d = 40$、每100km长的输电线路每年因雷击而引起的跳闸次数,单位为次/(100km·a)。之所以进行统一折算,是为了便于对比位于不同地区、长度各异的输电线路的耐雷性能优劣。

雷击跳闸率的控制指标主要依据于线路的重要程度、电网的结构和安全裕度、线路断路器的操作资源准则等条件。其中,线路断路器操作资源准则是指架空线路断路器在检修周期之间所允许的雷击跳闸次数;对于特高压交流线路采用 SF_6 断路器具有很高操作资源的情况,雷击跳闸允许次数决定于对雷电过电压和短路电流作用敏感的变压器、电流互感器等设备。考虑到雷击跳闸率受杆塔结构、避雷线保护角、绝缘水平、沿线雷电活动的强弱、土壤电阻率、地形地貌等诸多因素的影响,因此,控制指标的确定应根据经济、技术比较,因地制宜,合理确定。

评估输电线路耐雷性能的另一考核指标是"雷击事故率",即雷击跳闸后重合闸动作不成功记为雷击事故,其核心思想为"允许线路有一定的雷击跳闸率"。若以雷击事故率作为特高压线路新的耐雷指标,同时考虑到中国输电线路单相重合闸的成功率相当高(>90%),则实际可允许的雷击跳闸率计算值是比较大的。对于110kV、220kV和500kV线路,可以认为采用该指标是较为合理的;但特高压线路是否可采用雷击事故率作为耐雷指标还有较大的争议。中国特高压电网网架结构薄弱,安全裕度较小,并且特高压线路输送功率较大(单回特高压线路即可达3000~5000MW),雷击事故将对系统造成很大的冲击,严重威胁电网的安全稳定运行,因此,特高压交流线路雷击事故率的控制目标值要求太低,不宜采用它作为耐雷指标。

考虑到中国500kV线路的实际雷击跳闸率统计值为0.14次/(100km·a),建议1000kV特高压交流线路的设计预期雷击跳闸率在平原地区不高于该值,可取0.1次/(100km·a);山区要求可适当放宽,取0.2次/(100km·a)。

此外,特高压线路大跨越的雷击跳闸率控制指标与常规线路段不同。俄罗斯1999年《手册》对其进行了如下说明:①架空线路跨越档的耐雷指标不应与该线路普通路径的耐雷指标相差太大,如1km跨越档的雷击跳闸不应超过10km的普通线路;②考虑进行预防性试验和检修工作的困难,跨越杆塔绝缘的雷击闪络绝对次数应保证绝缘子串检修间隔不低于25年。中国国标GB/Z 24842-2009《1000kV特高压交流输变电工程过电压和绝缘配合》规定,对于1000kV特高压交流线路,大跨越档在雷电过电压下安全运行年数不宜低于50年。

综上,中国1000kV特高压线路的设计预期雷击跳闸率平原地区取为0.1次/(100km·a),山区为0.2次/(100km·a)。另外,特高压线路大跨越档的防雷安全运行年限取50年。

8.1.2 耐雷性能评估计算方法

8.1.2.1 雷电计算参数

(1)雷电流极性与波形

实测表明,75%~90%的雷电流为负极性脉冲波,另考虑到缺乏正极性雷击参数的统计数据,因此,防雷保护分析一般只取负极性雷电波。

综合各国观测结果,雷电流波头长度T_1多处于1~5μs的范围内,平均约为2.6μs;雷电流波长为20μs~350μs的范围内,平均约为50μs。因此,工程应用一般视其敏感性而进行选取,如中国在电网防雷设计中的雷电流波形采用负极性2.6/50μs。

(2)雷道波阻抗

从工程应用角度出发,雷电先导通道可近似为一条具有电感、电容等均匀分布参数的导电通道,即可认为主放电是沿着等值波阻抗为Z_M的无限长导体传播过来,其雷道波阻抗$Z_M=300~3000\Omega$。

有研究表明,雷道波阻抗与主放电通道雷电流有关,且随雷电流幅值的增大而减小,见图8-3。其中,特高压交流线路绕击耐雷水平约20~40kA,对应的雷道波阻抗约为1000~600Ω,绕击计算时一般可取800Ω,也可使用式(8-1)估算;反击耐雷水平200kA以上,对应的Z_M较小,约250~400Ω,故反击计算时的雷道波阻抗可近似取为300Ω。

$$Z_M=1.6I^{1.345}+21120/I-148.4 \tag{8-1}$$

(3)雷电流幅值概率分布

关于雷电流幅值概率分布,规程(DL/T 620-1997)采用了浙江省新杭线共计2824km·a雷电流实测数据的拟合公式(在1962—1988年期间,220kV新杭线Ⅰ回路使用磁钢棒共计实测得到716次雷击记录)。规程规定中国一般地区(平均年雷暴日≥20)雷电流幅值超过I的概率可按下式求得:

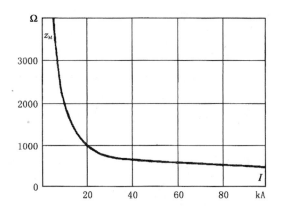

图 8-3　雷道波阻抗与雷电流幅值之间的关系

$$\log P(I) = -\frac{I}{88} \tag{8-2}$$

式中，$P(I)$ 为雷电流幅值大于 I 的概率；I 为雷电流幅值，kA。

　　另外，国网电力科学研究院利用雷电定位系统及其历史监测数据，对晋东南—南阳—荆门特高压试验示范工程线路走廊的雷电流幅值概率分布进行统计，如图 8-4 所示。对应的雷电流幅值累积概率分布曲线的拟合式见式(8-3)，其分布规律与 CIGER、IEEE 推荐式(8-4)基本相同，但与规程推荐式有一定的差别。由于雷电监测系统的运行年限还相对较短，其统计结果可暂作参考。

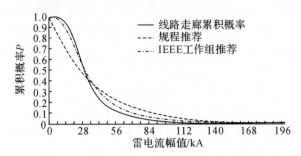

图 8-4　特高压示范线路走廊雷电流幅值累积概率分布

$$P(I) = \frac{1}{1 + (\frac{I}{29.8})^{3.1}} \tag{8-3}$$

$$P(I) = \frac{1}{1 + (\frac{I}{31})^{2.6}} \tag{8-4}$$

（4）地闪密度

　　地闪密度（N_g，次/(km² · a)），即每平方公里、每年的地面落雷次数。地闪密度与线路雷击跳闸率之间存在线性正比关系，其准确性直接影响线路的雷击跳闸率计算结果。

　　地闪密度的取值方法主要有以下两种：①由气象雷暴日 T_d 或雷暴小时 T_h 推算；②自雷电定位系统直接获取。

　　中国工程防雷计算中使用的地闪密度需由雷暴日 T_d 推算，并且规程建议对于雷暴日为 40 的地区，地面落雷密度 γ（每平方公里、每雷暴日的地面落雷次数）取为 0.07 次/(km² · d)，则 $N_g = T_d \times \gamma$。另外，也可参考 CIGRE 推荐的计算式：

$$N_g = 0.023 T_d^{1.3} \tag{8-5}$$

　　但中国华东地区实测表明，雷暴日与地闪密度间的关联较弱，由雷暴日推算的地闪密度小于实测值，偏差较大。另外，IEEE 也建议在可直接获取地面落雷密度时，应予以优先使用。因此，为更好地指导线路防雷保护工作,建议利用雷电定位系统统计线路沿线走廊的雷电活动特性,并绘制实测的地闪密度分布图代替雷暴日估算法。

8.1.2.2 绕击计算方法

特高压架空输电线路的绕击计算推荐使用 IEC、IEEE 等国际组织推荐的电气几何模型方法(EGM,electro-geometrical model);反击计算推荐使用世界各国较多采用的 EMTP(Electro-Magnetic Transient Program)计算程序。

1)绕击计算方法简述

用于计算架空输电线路绕击跳闸率的方法主要包括规程法、电气几何模型(EGM)、先导发展模型(LPM)等。其中,规程法为统计经验法,未考虑具体雷击过程的影响;EGM 只考虑了雷击过程的最后一步,即雷电下行先导头部与被击物(或其上行先导头部)之间空气间隙的击穿过程;LPM 则考虑了整个雷击过程的影响。

中国常规高压、超高压架空输电线路的耐雷性能评估采用《交流电气装置的过电压保护和绝缘配合》DL/T 620-1997 推荐的计算方法(简称"规程法")。该方法认为雷电绕过避雷线击中导线的概率与避雷线对边相导线的保护角、杆塔高度以及线路经过地区的地形、地貌、地质条件有关,并分别提出了适用于平原和山区的绕击率计算式。但值得注意的是,规程法是根据 220kV 及以下电压等级线路的运行经验拟合而得出的,仅适用于避雷线保护角 15°~40°和杆塔高度≤50m 的情况。很明显,特高压线路的相应参数已超出规程法的适用范围,因此,规程法不宜用于特高压线路的防雷计算。

LPM 建立在长间隙放电与雷击物理过程研究的基础上,考虑了雷电下行先导的发展过程、线路上行先导的产生以及其他因素的影响,具有一定的合理性与先进性。但由于对雷电物理过程认识的局限性,部分重要判断和计算参数的取值争议较大(如上行先导的起始判据),使得各研究机构的 LPM 计算结果相差较大。因此,LPM 尚需进一步的理论试验研究,在未得到线路运行经验验证的前提下,一般不宜直接用于特高压线路的防雷计算。

EGM 将雷电的放电特性与线路的结构尺寸联系起来,是一个以现场观测数据为基础的几何分析与计算模型,其准确性已得到西欧和美国等地区高压、超高压线路运行数据的验证。EGM 以击距理论为基础,考虑了雷电流幅值以及线路结构对绕击率的影响,并且计算结果与实际运行经验基本相符。美、欧及日本等许多国家均使用 EGM 分析线路绕击,IEC、IEEE 等国际组织也推荐使用该方法,中国最新的特高压国家标准也推荐该方法。因此,建议使用 EGM 计算特高压线路绕击耐雷性能。

2)EGM 方法简介

目前,用于线路绕击计算的 EGM 主要为 W'S EGM(即 Whitehead 等人提出的经典电气几何模型)和 IEEE EGM(IEEE Std 1243-1997 推荐)。其中,W'S EGM 考虑了地面倾角、雷电先导入射随机性的影响,使用等效受雷宽度(暴露弧在水平面的投影)计算绕击闪络率;IEEE EGM 假定雷电先导垂直击于地面,并在计算过程中考虑了雷电后续脉冲的影响。

但日本超、特高压线路运行经验表明,采用负保护角线路的绕击跳闸率仍相对较高,因此,对于采用较小甚至负保护角的特高压线路,不宜为简化计算而假定雷电先导总是垂直向下发展。另外,考虑到后续脉冲造成特高压线路绕击跳闸的概率很小,可忽略不计。因此,建议使用 W'S EGM 进行特高压线路的绕击分析。

W'S EGM 的基本计算原理建立在下列概念与假设基础之上:

(1)由雷云向地面发展的先导通道头部到达被击物体的临界击穿距离(击距)以前,击中点是不确定的。先到达哪个物体的击距内,即向该物体放电。

(2)击距 r_s 为雷电流幅值 I 的函数。

(3)忽略雷击目的物体的形状和邻近效应等其他因素对击距的影响,令先导对杆塔、避雷线、导线的击距相等。考虑雷电先导对导线与地面击穿场强的区别,地面击距 r_{sg} 取为:$r_{sg} = kr_s$。(k 称为击距系数)。

(4)引入先导入射角的概念。雷电先导并不总是垂直击于地面,线路还存在侧面雷击的情况,即存

在以一定角度 ψ 入射的情况。

图 8-5(a)为雷电流 I(相应击距 r_s)对应的 EGM 示意图。其中,S 为避雷线,W 为导线,k 为击距系数,α 为避雷线保护角,ψ 为先导入射角。当雷电下行先导进入屏蔽弧面 AB,雷电将击向避雷线;当先导进入暴露弧面 BC,雷电将绕击导线;而离线路稍远处的先导,因为离地面最近,将直击于地面。

W'S EGM 根据暴露弧在水平面上的投影计算导线对应的等效受雷宽度,从而求取线路的绕击闪络率。由图 8-5 可得,在给定击距 r_s 下,单侧导线对应的受雷宽度 X 为

$$X = \int_{\theta_2}^{\theta_1} \int_{\psi_2(\theta)}^{\psi_1(\theta)} \frac{r_s \cdot \sin(\theta - \psi)}{\cos\psi} g(\psi) \mathrm{d}\psi \mathrm{d}\theta \tag{8-6}$$

式中,$g(\psi)$ 为先导入射角的概率分布函数。

输电线路有一定的耐雷水平,能够引起绝缘闪络的最小可绕击电流称为绕击耐雷水平 I_c(亦称为"绕击闪络临界电流"),对应击距为临界最小击距 r_c。随雷电流幅值的增大,击距随之增大,使得导线暴露弧减小。当击距达到某一最大值 r_{max} 时,暴露弧减小为零(见图 8-5(b)),此时对应的雷电流为最大可绕击电流 I_{max}(地面倾角对绕击率的影响在 W'S EGM 中体现为对 I_{max} 的影响)。由此,可求得线路的危险可绕击雷电流范围 (I_c, I_{max})。

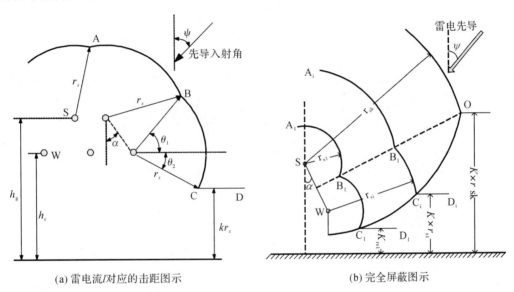

(a)雷电流 I 对应的击距图示　　　　　　　　(b)完全屏蔽图示

图 8-5　W'S EGM 原理示意图

在求得危险可绕击雷电流范围 $(I_c < I < I_{max})$ 后,由击距与雷电流幅值的关系式,可得单侧导线的绕击闪络率 n_r(次/(100km·a))为

$$n_r = \frac{1}{10} N_g \int_{r_c}^{r_{max}} X f(r) \mathrm{d}r = \frac{1}{10} N_g \int_{I_c}^{I_{max}} \int_{\theta_2(I)}^{\theta_1(I)} \int_{\psi_2(\theta)}^{\psi_1(\theta)} \frac{r_s \cdot \sin(\theta - \psi)}{\cos\psi} g(\psi) f(I) \mathrm{d}\psi \mathrm{d}\theta \mathrm{d}I \tag{8-7}$$

式中,N_g 为地闪密度,次/(km²·a);I_c 为绕击耐雷水平,kA;I_{max} 为最大可绕击电流,kA;$f(I)$ 为雷电流幅值的概率分布函数。

值得注意的是,EGM 的主要目的是用来表征避雷线保护角应随杆塔高度的改变而变化,即杆塔越高,对应的保护角应越小。由式(8-7)可知,当 $I_c \geqslant I_{max}$ 时,$n_r = 0$,线路将不会发生绕击跳闸事故,此时称之为"完全屏蔽"。因此,对于特高压线路的防绕击设计,可利用该原理合理的确定避雷线保护角,以尽量实现完全屏蔽。

3)EGM 参数选取

EGM 建立在经验与现场数据基础上,由于不同学者研究的输电线路具体情况不同(如线路电压等级、杆塔和地形等不同),W'S EGM 及其各种改进模型在参数选取上可能有一定的差别。影响线路绕击跳闸率计算结果且存在争议的参数主要有击距、绕击耐雷水平和雷电先导入射角等,以下分别进行说明。

（1）击距及击距系数

击距为 EGM 理论的核心，击距公式的一般表达式为 $r_s = A \times I^B$，具有代表性的公式见表 8-2 和图 8-6。

由图 8-6 可知，在同一幅值的雷电流下，IEEE WG 推荐公式表示的是"最小"击距，其计算值最小；Brown 公式和 Love 公式表示的是"平均"击距，计算值较为接近，居中；Armstrong 公式计算值相对最大。因此，在计算线路的绕击跳闸率时，建议选用代表"平均"击距的 Love 推荐式，同时该式也被 IEEE、IEC 等推荐使用。

表 8-2　主要的 EGM 击距计算式

来源	参数	
	A	B
Armstrong	6.7	0.80
Brown	7.1	0.75
IEEE WG	8	0.65
Love（IEEE Std）	10	0.65

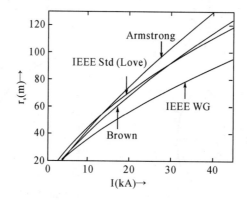

图 8-6　击距与雷电流的关系图示

$$r_s = 10 I^{0.65} \tag{8-8}$$

另外，由 EGM 原理易知，如果击距公式计算值越小，同一可绕击雷电流对应的导线暴露弧面就越大，则为实现完全屏蔽（即令 $I_{max} = I_c$）而推求的避雷线保护角就越小。因此，在设计线路的避雷线保护角时，为保险起见，建议选用代表"最小"击距的 IEEE WG 推荐式，此时推求的保护角更稳妥也更加严格。

关于击距系数 k，研究表明雷电先导对大地、导线的击距是不相等的，这可近似由负极性操作冲击电压下的棒—棒间隙与棒—板间隙的击穿场强不同来加以解释。击距系数 k 主要受线路高度和额定电压等级等因素的影响——对于杆塔较低的低电压等级线路（<110kV），k 一般可取为 1；对于 330kV 以下的高压线路，k 一般取为 0.8 或 0.9；对于杆塔相对较高的 UHV 线路，k 的取值范围为 0.6～0.9。

Rizk 提出了一线性计算式（8-9），可较好地表征 k 随线路高度的变化趋势，同时该式也被 IEEE 推荐使用。在特高压线路的绕击计算中，击距系数 k 的取值建议参考该式：

$$k = \begin{cases} 0.36 + 0.17\ln(43 - h_c) & (h_c < 40\text{m}) \\ 0.55 & (h_c > 40m) \end{cases} \tag{8-9}$$

式中，h_c 为导线平均对地高度，m。

（2）绕击耐雷水平

雷电绕击导线时，导线上过电压的计算原理如图 8-7 所示。由图 8-7 可知，绕击耐雷水平计算式为

$$I_c = 2 \frac{U_{50\%}(Z_M + Z_{surge}/2)}{Z_M Z_{surge}} \tag{8-10}$$

式中，$U_{50\%}$ 为标准雷电波下的绝缘子串负极性 50％闪络电压，可近似取为正极性放电电压的 1.13 倍，kV；Z_M 为雷道波阻抗，Ω；Z_{surge} 为考虑电晕效应后的导线波阻抗，Ω。

规程（DL/T 620-1997）认为 $Z_M=Z_{surge}/2=400/2=200\Omega$，从而推得绕击耐雷水平 $I_c=U_{50\%}/100$。但该式计算所得的绕击耐雷水平明显偏大，原因为绕击情况下雷道波阻抗取值过小。

对于额定电压在 500kV 及以下的交流架空输电线路，实际危险可绕击雷电流（一般＜15kA）对应的雷道波阻抗通常较导线波阻抗大得多（即可认为 $Z_M \gg Z_{surge}/2$），故可近似得到 IEEE 推荐式如式（8-11）所示，并通常建议采用该简化式计算。

$$I_c=2U_{50\%}/Z_{surge} \tag{8-11}$$

而对于 1000kV 特高压交流线路，危险可绕击雷电流对应的雷道波阻抗一般为 600～1000Ω，认为 $Z_M \gg Z_{surge}/2$ 可能导致较大的误差。此时，特高压线路的绕击耐雷水平 I_c 计算可分两步进行计算：①按式（8-11）求出耐雷水平初始值 I_c；②参考图 8-5 确定 I_c 对应的雷道波阻抗 Z_M，然后使用下式计算出耐雷水平的精确值 I'_c：

$$I'_c=I_c\frac{Z_M+Z_{surge}/2}{Z_M} \tag{8-12}$$

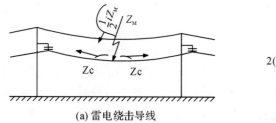 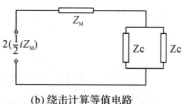

(a) 雷电绕击导线　　　　　　　　(b) 绕击计算等值电路

图 8-7　绕击耐雷水平计算图示

（3）雷电先导入射角

虽然线路的有效屏蔽设计与雷电先导角的分布无关，但为准确评估线路的绕击耐雷性能，先导角的概率分布却是需要的。Whitehead、Armstrong 等人认为，先导入射角 ψ 服从某一给定的概率分布，通用计算公式可表示为

$$g(\psi)=k_m\cos^m\psi,\qquad (\int_{-\pi/2}^{\pi/2}k_m\cos^m\psi\,d\psi=1;-\frac{\pi}{2}<\psi<\frac{\pi}{2}) \tag{8-13}$$

Whitehead 等也发现，参数 $m=2$ 时，在仅仅部分屏蔽的线路上观察到的绕击次数与估计值吻合的较好（日本 1976 年《送电线路耐雷设计指导手册》中 m 取值为 3）。因此，在无其他统计数据的前提下，建议采用先导入射角概率分布式：

$$g(\psi)=\frac{2}{\pi}\cos^2\psi\,(-\frac{\pi}{2}<\psi<\frac{\pi}{2}) \tag{8-14}$$

（4）工频电压影响

规程在防雷计算中未考虑输电线路工频电压 U_n 的影响。但对于特高压系统，工频电压可占到绝缘子串放电电压 $U_{50\%}$ 的 15％～20％左右，不考虑是不合适的。以下分别分析工频电压幅值和交流周期对绕击计算的影响。

文献[2]给出长空气间隙下负极性放电电压与击距关系为

$$r_{c0}=1.63U_0^{1.125} \tag{8-15}$$

式中，r_{c0} 为不考虑工频电压影响（即导线上无电压）的导线击距，m；U_0 为雷电先导头部电压，MV。综合 IEEE Std 击距公式 $r_s=10I^{0.65}$ 与式（8-15）可推得长空气间隙下负极性放电电压与雷电流的关系为

$$U_0=5.015I^{0.578} \tag{8-16}$$

考虑工频电压后的击距公式为

$$r_c=1.63(U_0-U_{ph})^{1.125}=1.63(5.015I^{0.578}-U_{ph})^{1.125} \tag{8-17}$$

式中，r_c 为考虑工频电压影响后的导线击距，m；U_{ph} 为导线上工频电压瞬时值，MV。

考虑工频电压幅值对绕击耐雷水平 I_c 的影响，应作如下的相应修正

$$I_c = 2(U_{50\%} - U_{ph})/Z_{surge} \tag{8-18}$$

考虑工频电压周期性的影响，目前主要有两种分析方法，一是可仅考虑某一固定值或典型值，如相电压峰值 $\sqrt{2}U_n/\sqrt{3}$ 或相电压半周期内平均值 $0.52U_n$ 等；二是使用统计法计及工频电压的影响。雷电绕击导线时，考虑到交流电压相角出现的随机性，可将电压相角视为等概率分布的随机离散变量 $Q = (Q_1, Q_2 \cdots Q_i \cdots Q_n)$。于是，确定线路绕击跳闸的概率为

$$P = \sum_{i=1}^{n} P_i/n \tag{8-19}$$

式中，P 为线路的统计绕击跳闸率；P_i 为在电压相角 Q_i 下的绕击跳闸率；n 为将交流一个周期划分的相角数。

8.1.2.3　反击计算方法

1）反击计算方法简述

目前，用于分析架空输电线路反击耐雷性能的方法主要包括：规程法、行波法、EMTP 仿真法等。

规程法为集中参数法（即将杆塔、避雷线等以集中电感或电阻代替），在杆塔高度较低的情况下，这已被证明与多次反射法算得的结果相接近。但规程法在高杆塔情况下的反击耐雷水平计算值明显偏低，而且该方法难以计算双回同跳问题，因而规程法不适用于特高压线路的反击计算。

行波法为分布参数法，将杆塔（或杆塔各段）等效为单相无损传输线，并认为不同类型的杆塔具有特定的波阻抗。行波法可反映雷电波在杆塔上的暂态传播过程及反射波对杆塔各节点电位的影响，与实际雷击物理过程更为接近。但使用行波法进行编程计算十分复杂、繁琐，不适于在工程上的直接应用。

EMTP 是电力系统暂态过程研究领域中应用最广泛的仿真软件。在雷电过电压计算中，EMTP 以行波法为计算原理，既可考虑工频、感应电压等各因素的影响以及绝缘子串两端的电位差随时间的变化过程，又可避免行波法复杂、繁琐的编程环节，从而在防雷设计中得到了广泛的应用。

综上，建议使用 EMTP 计算特高压线路的反击耐雷水平，然后辅以规程法计算其反击跳闸率。

2）EMTP 模型及计算参数选取

EMTP 在进行反击计算时，仿真模型的确定需要考虑雷电流、杆塔、线路、杆塔冲击接地电阻等等效模型和雷击闪络判据的合理选取，以及感应电压、工频电压等计算分量的处理。

（1）雷电流模型

雷电流等效为电流源和雷道波阻抗的并联，电流源采用 2.6/50μs 负极性斜角波，雷道波阻抗取为 300Ω。

（2）杆塔模型

目前，杆塔的模拟通常采用集中电感、单波阻抗、多波阻抗三种模型（中国规程给出的铁塔的等值电感为 0.50μH/m，波阻抗为 150Ω）。其中，电感模型一般适用于杆塔高度相对较低（$h_t \leqslant 40$m）的单回线路；单波阻抗模型多适用于杆塔高度相对较高（$40\text{m} < h_t \leqslant 100\text{m}$）的单回线路；多波阻抗模型主要用于同塔多回线路与大跨越特高杆塔线路。

波阻抗模型可以考虑电磁波传播的延迟效应，正确反映高杆塔的雷击暂态特性。此时，使用波阻抗模型计算特高压线路反击耐雷水平是公认比较合理的。值得注意的是，由于杆塔波阻抗模型等效处理的影响因素较多，其值还难以精确把握，波阻抗的计算取值还存在较大争议。

目前，国内使用较多的杆塔波阻抗模型为 Sargent 单波阻抗模型和原武久（Hara）分段无损传输线模型。其中，Sargent 模型为理论推导的单波阻抗模型，其计算值略大于杆塔小模型试验的实测值，所得反击计算结果偏严；原武久模型是在实测基础上建立的多波阻抗模型，且与其他学者的实测结果基本相吻合，但该模型中部分参数的计算比较复杂且未得到线路运行经验的验证，因而尚未被广泛采用。以下对这两种波阻抗模型作简要介绍。

Sargent 等人将一常规双回路铁塔（见图 8-8(a)）作为圆锥模型，通过电磁场理论分析，得出杆塔波

阻抗公式如下：

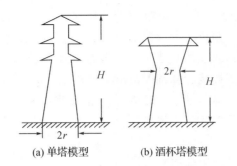

(a) 单塔模型　　　　　(b) 酒杯塔模型

图 8-8　不同结构的杆塔图示

$$Z=60\ln(\sqrt{2}/\sin\theta)=60\ln(\sqrt{2}\sqrt{r^2+h^2}/r) \tag{8-20}$$

式中，θ 为圆锥半角，°；h 为圆锥杆塔模型高，m；r 为圆锥杆塔模型等效半径，m。

　　IEEE 推荐使用 Sargent 计算式，美国同塔双回线路的设计中也采用该式。Sargent 等人还指出，如果用圆柱等效（见图 8-8(b)）的话，在斜角波和双指数波下的杆塔波阻抗表达式变为

$$Z=60\ln\sqrt{2}(2h/r)-60 \tag{8-21}$$

　　以上所述，Sargent 波阻抗模型将外形和杆件复杂的杆塔简化为等效圆锥或圆柱体，未考虑横担和支架等对杆塔波阻抗的影响。而 Hara 提出的分段波阻抗杆塔模型认为杆塔由塔身（主支柱）、支架（斜材）和横担三部分组成，且每部分的波阻抗用表示其尺寸和几何形状的公式表达，因而该模型更具有普遍代表性。

　　Hara 模型计算的波响应特性与杆塔实测近似，并且考虑横担的杆塔模型得到的波响应特性比无横担模型更接近真实杆塔，从而说明该无损线模型具有一定的合理性。Hara 模型具体如图 8-9 所示，Z_h、Z_z、Z_x 分别代表横担、主支柱、斜材波阻抗。其中，横担视为平行于大地的传输线波阻抗，主支柱波阻抗的计算式如下所示：

$$Z=60(\ln\frac{2\sqrt{2}h}{r}-2) \tag{8-22}$$

式中，h 为相应杆塔段高度，m；r 为相应杆塔段的等效半径，m。

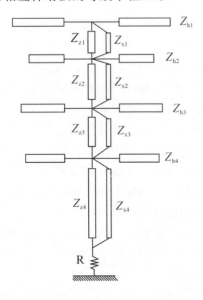

图 8-9　原武久分段波阻抗杆塔模型

　　关于波在塔身及横担上的传播速度，Sargent 模型可取为光速的 0.8 倍左右，即取 2.5×10^8m/s；Hara 模型已考虑斜材和横担的影响，波速可取为光速。

（3）线路模型

EMTP 提供的常用架空输电线路模型包括 π 模型、Bergeron 模型和 J-Marti 模型。其中，π 模型为集中参数模型，不能体现实际线路阻抗参数与频率相关的特性（如集肤效应），只适用于线路长度较短且不考虑波过程的情形；Bergeron 模型是主要表征某一基准频率的分布参数模型，适用于在该基准频率下潮流占主导地位的情形，如稳态潮流计算；J-Marti 模型为与频率相关的分布参数模型，可以仿真频率变化很大的情形（如线路过电压计算），是相对最全面、功能最强大的线路模型。

在雷电过电压计算中，输电线路采用与频率相关的 J-Marti 模型进行等效。

（4）杆塔冲击接地电阻模型

一般从严考虑，采用杆塔接地电阻的实测值。

另外，也可用 IEC 推荐的处理方法。由于雷击杆塔时的入地电流幅值较高，电离效应宜予以考虑且杆塔的接地连接可表示为非线性电阻 $R(I)$，具体计算如下：

$$R(I) = \begin{cases} R_0 & (I < I_g) \\ \dfrac{R_0}{\sqrt{1 + I/I_g}} & (I > I_g) \end{cases} \tag{8-23}$$

$$I_g = \frac{E_0 \rho}{2\pi R_0^2} \tag{8-24}$$

式中，R_0 为小电流低频率时的电阻，Ω；I 为流过杆塔根部阻抗的雷电流，A；I_g 为限流值，A；ρ 为土壤电阻率，$\Omega \cdot m$；E_0 为土壤电离梯度，推荐值为 $E_0 \approx 400 kV \cdot m^{-1}$。

值得注意的是，IEC 60071-2 规定该模型仅在塔基及其接地体的延伸半径小于 30m 才有效。

（5）雷击闪络判据

常见的雷击闪络判据为电压阈值法和相交法。

规程采用的方法为电压阈值法，即绝缘子串两端的雷电过电压峰值大于其临界放电电压，绝缘发生闪络击穿。值得注意的是，规程所取的临界放电电压是指标准雷电冲击波 $U_{50\%}$。但实际上，由于来自杆塔接地电阻的反射波影响，雷击杆塔时的绝缘子串两端电压并不是标准的雷电冲击全波，而是一个短尾波，波长在 10μs 以内。短尾波的 50% 击穿放电电压大约为标准波的 1.2～1.3 倍，所以，该法导致计算所得的反击耐雷水平偏小，不推荐使用。

在特高压线路的反击计算中，建议采用 IEC 60071-4 推荐的相交法作为绝缘子串闪络判据。即绝缘子串两端的过电压波 $U_{in}(t)$ 和绝缘冲击放电的伏秒特性曲线 $V(t)$ 相交则判断为闪络，如图 8-10 所示。

采用相交法需要绝缘子串的短尾波伏秒特性曲线，但到目前为止，世界范围内尚无大于 3m 的短尾波伏秒特性曲线，因此，一般采用标准雷电波伏秒特性曲线代替（可能导致反击耐雷水平计算结果偏小）。另外，根据伏秒特性曲线的原理，波前放电时，$U_{in}(t)$ 和 $V(t)$ 是相交的；波尾放电时，两者是不相交的，因此，相交法可能丢失波尾放电的情况（导致计算结果偏大）。

但苏联高杆塔运行经验表明，绝缘子串放电闪络多数发生在波头上，这就表明使用标准波伏秒特性代替短尾波是合理的；短尾波间隙放电电压高于标准雷电波，采用标准波电压伏秒特性曲线是偏低和偏严的，这在一定程度上抵消了丢失波尾放电所带来的影响；另外，很多国家采用相交法所得的结果和运行经验也基本符合。因此，相交法作为绝缘子闪络判据是比较合适的。

关于绝缘子串的伏秒特性曲线，在无实测数据的前提下，可参考 IEEE 提出的计算式：

$$V_{if}(t) = \left(400 + \frac{710}{t^{0.75}}\right) L_{in} \tag{8-25}$$

式中，t 为闪络时间（适用范围 0.5～16μs，16μs 对应值为正极性 $U_{50\%}$），μs；L_{in} 为绝缘子串有效长度，m。

（6）感应电压影响

雷击杆塔时，导线上的感应过电压包括静电和电磁两个分量。静电分量是因雷电先导通道中电荷所产生的静电场在靠近先导通道处的导线上感生出大量异号电荷，主放电开始后静电场突然消失而产

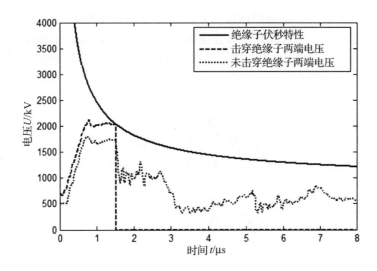

图 8-10　绝缘子串伏秒特性曲线及两端过电压波形

生的；而电磁分量则是由雷电通道中强大的雷电流所产生的磁场变化引起的。由于先导通道与线路方向近似垂直，一般认为导线上感应过电压的静电分量要比电磁分量大得多，故可仅考虑前者。

目前，在防雷计算中感应电压是否应予以考虑还存在一定的争议，并且在考虑感应电压的情况下，不同学者或机构提出的雷电感应电压计算式差异也较大。规程规定，对有避雷线的一般高度线路，感应过电压的最大值可按式(8-26)计算。但该式是苏联半个世纪以前的研究成果，对于高、特高杆塔，其计算结果明显偏高。

$$U_i = \alpha h_c (1 - k_0 \frac{h_g}{h_c}) \tag{8-26}$$

式中，α 为雷电流陡度，$kA/\mu s$；h_g 为避雷线对地平均高度，m；k_0 为避雷线与导线的几何耦合系数。

中国电力科学院、国网电力科学研究院分别提出了各自的计算公式，具体如下所示：

$$U_i = 2.2 I^{0.4} h_c (1 - k_0 \frac{h_g}{h_c}) \tag{8-27}$$

$$U_i = 60 \frac{\alpha h_c}{\beta c} \ln \frac{h_T + d_R + \beta c t}{(1 + \beta)(h_T + d_R)} \tag{8-28}$$

式中，I 为雷电流幅值，kA；β 为反放电速度与光速的比值，取为 0.3；c 为光速，$m/\mu s$；h_T 为杆塔高度，m；d_R 可取为击距 r_s 的 $1/2$，m。

国外（如欧美、日本）也提出过相应的感应电压计算公式，但他们认为雷击塔顶时导线上的感应过电压相对较小，在防雷计算中不予考虑，这与苏联、中国的做法有所差异。

（7）工频电压影响

与绕击计算时的处理方法相同，在特高压反击计算中，也建议使用统计法考虑工频电压的影响。

另外，通常从严考虑，电晕的影响予以忽略。

8.1.2.4　大跨越线路的防雷计算方法

大跨越架空输电线路杆塔高、档距大，比常规路径线路更易遭受雷害。目前，国内用于评估一般跨越线路防雷性能的标准仅有 1959 年水利电力部颁布的《过电压保护规程》（现行规程提供的防雷计算方法只适用于常规路径线路，并不适用于大跨越线路）。但该标准只针对当时的"高杆塔"提出了耐雷水平计算曲线图，具有特定的适用范围（$h_c/R \leqslant 8$，R 为杆塔接地电阻）。以汉江大跨越杆塔为例，即使 h_c 取为 90m，R 取 10Ω，也已超出该标准的适用范围。因此，该标准也已不适用于特高压大跨越线路的防雷计算。

由于缺少理论分析和模型试验数据，大跨越高杆塔工程的防雷保护尚无其他成熟、权威的计算方法可供参考。在无其他成熟计算方法的前提下,对于特高压大跨越段的防雷计算,同样建议使用 EGM 与 EMTP 方法。但值得注意的是,大跨越档的防雷计算与常规路径线路有一定的区别。其中,大跨越线路档距大、弧垂大的特点决定了绕击计算宜作分段处理,并且风偏的影响宜予以考虑;杆塔高的特点导致杆塔模型、受雷宽度和击杆率等的计算处理方法与常规路径线路差别较大,且雷击档距中央的情况也应加以校核。

1) 分段计算处理

大跨越线路的杆塔高、弧垂大,同一档距内导线高度差别较大(如悬挂点与弧垂最大处的导线高度可能相差悬殊),如若再使用导线平均高度(见式(8-29))计算绕击跳闸率可能导致一定的误差。

此时,建议利用悬链线公式(即双曲余弦函数,见式(8-30))对线路进行分段计算处理,计算原理如图 8-11 所示。

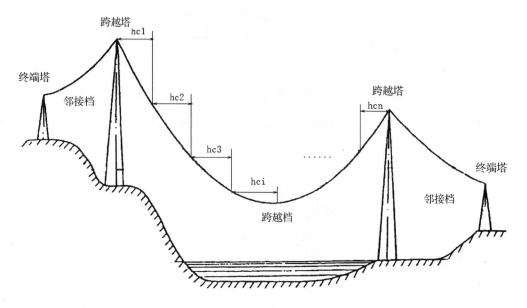

图 8-11 大跨越线路分段计算处理图示

$$h_c = h_{ct} - \frac{2}{3} s_{ag} \qquad (8\text{-}29)$$

$$y = a\cosh(\frac{x}{a}) + c \qquad (8\text{-}30)$$

式中,h_{ct} 为导线悬挂点高度,m;s_{ag} 为导线弧垂,m;a、c 为待定常数,由档距与弧垂等共同决定。

2) 风偏影响分析

大跨越杆塔高度的增加使得线路承受的绝对风速增大,而且考虑到在同一风速下的导、地线风偏角有一定的差别,可能导致避雷线保护角增大,从而引起线路绕击率的增加。因此,风偏影响宜在大跨越绕击计算中予以考虑。

在一定风速 v 下,悬垂绝缘子串和导线风偏角情况如图 8-12 所示。其中,φ 为悬垂绝缘子串的风偏角,ξ 为导线风偏角。避雷线风偏角计算方法与导线相同。关于风偏角的计算方法具体如下所示:

悬垂绝缘子串风偏角:

$$\varphi = \arctan[(\frac{m_i}{2S} + L_s g_2)/(\frac{m_j}{2S} + L_c g_1)] \qquad (8\text{-}31)$$

导线风偏角:　　$\xi = \arctan(g_2/g_1) \qquad (8\text{-}32)$

式中,L_s、L_c 分别为水平、垂直档距,m;g_1、g_2 分别为导线自重比载、风荷比载,kg/(m·mm²);m_i、m_j 分别为绝缘子串质量、风荷

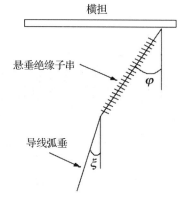

图 8-12 线路风偏图示

载,kg;S 为导线截面积,mm^2。

计入导线分裂间距的影响,则悬垂绝缘子串风偏角修正为

$$\varphi=\arctan[(\frac{m_i}{2S}+L_sg_2)/(\frac{m_i}{2S}+L_cg_1)]+\arctan(\frac{d}{2L_i}) \tag{8-33}$$

式中,L_i 为绝缘子串长度,m;d 为导线分裂间距,m。

在求取导、地线的风偏角后,以背风侧导线为例,假定无风时档距最低点处导、地线坐标为(x_c,y_c)、(x_g,y_g),则在考虑风偏后的坐标可修正如下:

$$x'_c=x_c+L_i\sin\varphi+f_c\sin\xi_c \tag{8-34}$$

$$y'_c=y_c+L_i(1-\cos\varphi)+f_c(1-\cos\xi_c) \tag{8-35}$$

$$x'_g=x_g+f_g\sin\xi_g \tag{8-36}$$

$$y'_g=y_g+f_g(1-\cos\xi_g) \tag{8-37}$$

式中,f_c、f_g 分别为导、地线的弧垂,m;ξ_c、ξ_g 分别为导、地线的风偏角。

关于绕击计算时的风速 v,由于雷击时间极短,一般可取为最大风速的 1/3 左右。另外,在分析风偏对绕击率影响时,应分别对线路的迎风侧与背风侧进行分析。

3）杆塔波阻抗模型的修正

常规的波阻抗模型将杆塔最底层横担以下的塔身视为一波阻抗来简化处理,这可满足一般高度杆塔的计算精度。但对于大跨越特高杆塔,最底层横担以下塔身各部分的结构、尺寸相差很大,使得顶部与底部的波阻抗差别较大,加之该段塔身较长,再视作一平均波阻抗可能导致较大的误差。因此,特高杆塔宜将横担以下的塔身作适当分段,具体如图 8-13 所示。

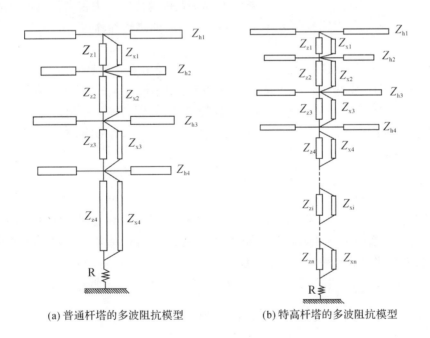

(a) 普通杆塔的多波阻抗模型　　　(b) 特高杆塔的多波阻抗模型

图 8-13　杆塔多波阻抗模型的比较

4）雷击档距中央情况的分析

根据理论分析和运行经验,我国规程规定,架空输电线路档距中央导线与避雷线间的距离宜符合式(8-35)。长期的运行经验表明,对于常规路径线路,只要按该式确定档距中央导、地线之间的空气距离 s,雷击档距中央时,导、地线之间的空气间隙一般不会击穿。

$$s=0.012l+1 \tag{8-38}$$

式中,s 为档距中央导线与避雷线间的距离,m;l 为档距长度,m。

但对于大跨越段,档距较大,雷击档距中央的避雷线时,来自两侧跨越塔的相反极性反射波在雷电

流达到峰值之前尚未达到雷击点,因此,雷击点处的过电压可能较高而导致空气间隙闪络。图 8-14(a)
表示避雷线档距中央遭雷击时的情况,在忽略来自邻近杆塔发射波影响的前提下,根据彼德逊法则可画
出它的等值电路图,如图 8-14(b)所示。大跨越档距中央反击耐雷水平可按下式计算:

$$I_{mc} = \frac{SE}{Z_g(1-k_0)} \times \frac{2Z_M+Z_g}{Z_M} \tag{8-39}$$

式中,E 为空气间隙的放电电压梯度,估算时可取 $700\sim750kV/m$;Z_g 为考虑电晕影响后的避雷线波阻
抗,Ω;k_0 为考虑电晕影响后的导、地线耦合系数;Z_M 为雷道波阻抗,Ω。

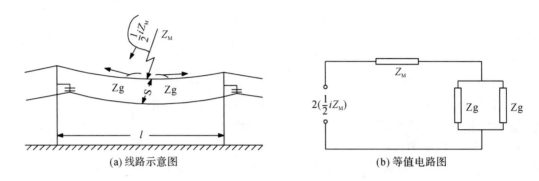

(a) 线路示意图   (b) 等值电路图

图 8-14   雷击避雷线档距中央及其等值电路图

但实际上,由于大跨越线路档距中央导、地线间距较大,冲击闪络转为工频电流的建弧率是很低的。
而且,国内 500kV 大跨越线路运行期间也从未发生过在大跨越档距中央雷击闪络的事故。因此,对于
导、地线间距符合规程要求的大跨越线路,可以不再对该过电压进行计算。

5)计算中的其他区别

在计算大跨越线路的反击跳闸率时,应注意规程提供的受雷宽度计算式所得结果可能偏大。以汉
江大跨越段线路为例,两避雷线间距 b 为 56m,避雷线平均对地高度 h_g 为 90m 左右,利用规程法计算所
得受雷宽度 $w=b+4h_g=416m$。而根据击距理论,即使忽略大地的屏蔽作用,计算所得的受雷宽度为
$w'=b+2\bar{r_s}=246m$,要远小于规程计算值。因此,对于特高压线路,建议参考俄罗斯 1999 年《手册》中
关于大跨越线路受雷宽度的计算式:

$$w = \begin{cases} 2(b/2+5h_g-2h_g^2/30) & (h_g \leqslant 30m) \\ 1.5(b/2+h_g+90) & (h_g > 30m) \end{cases} \tag{8-40}$$

关于击杆率计算式,规程认为其与避雷线根数和地形有关,但这只适用于常规线路。实际上,杆塔
和避雷线之间的雷击分布与塔高和档距长度相关,档距越长则击杆率越小。同样参考俄罗斯 1999 年
《手册》,雷击杆塔次数建议取为邻接档雷击次数的 1/2 与跨越档雷击次数的 1/4 之和。

另外,由于缺乏高杆塔线路雷击数据的相关统计,雷电流极性、幅值概率分布等参数可暂参考规程。

8.1.3   国内 1000kV 特高压线路的耐雷性能评估

结合中国晋东南—南阳—荆门 1000kV 交流特高压试验示范工程和淮南—皖南—浙北—沪西
1000kV 交流特高压同塔双回输变电工程,对 1000kV 特高压交流线路的耐雷性能进行计算,并对塔型、
地面倾角和杆塔接地电阻等影响因素进行分析。

8.1.3.1   特高压交流线路的耐雷性能分析

对于晋东南—南阳—荆门 1000kV 特高压线路,平原地区使用猫头塔,M 型(即边、中相导线分别采
用"I"、"V"型绝缘子串)三角排列;山区使用酒杯塔,M 型水平排列。另外,导线采用 8×LGJ-500/35 型
钢芯铝绞线,分裂间距为 400mm;避雷线一根采用 JLB20A-170 型铝包钢绞线,另一根为 OPGW-175;
线路绝缘采用 54 片结构高度为 195mm 的瓷绝缘子(二级污秽区);杆塔水平档距取为 500m。

对于淮南—皖南—浙北—沪西 1000kV 同塔双回输电线路,使用鼓形塔,"I"型绝缘子串布置。具

体的典型杆塔塔形如图 8-15 所示。另外,导线采用 8×LGJ-630/45 型钢芯铝绞线,分裂间距为 400mm;避雷线一根采用 LBGJ-240-20AC 型铝包钢绞线,另一根为 OPGW-240;线路绝缘采用 50 片结构高度为 195mm 的瓷绝缘子(二级污秽区);杆塔水平档距取为 500m。

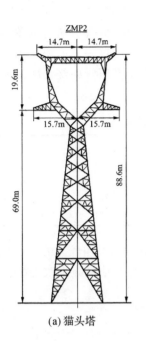

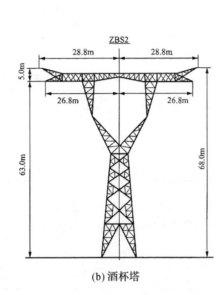

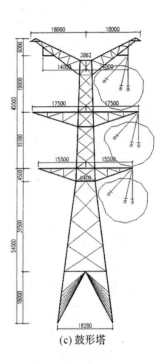

(a) 猫头塔　　　　　　　　(b) 酒杯塔　　　　　　　　(c) 鼓形塔

图 8-15　1000kV 特高压交流线路的杆塔典型塔型

1)绕击跳闸率的计算

针对如图 8-15 所示的塔型,对中国 1000kV 特高压线路的绕击跳闸率 N_r 进行计算,结果如表 8-3 所示(地闪密度 N_g 取为 2.8 次/(100km^2·a))。

表 8-3　中国 1000kV 特高压线路的单回绕击跳闸率

塔形	塔高 (m)	保护角 (°)	地面倾角 (°)	绕击跳闸率 (次/(100km·a))
猫头塔	88.6	1.8	0	0.0464
酒杯塔	68	−6.7	0	0
鼓形塔	99.5	−0.8*	0	0.0002

注:鼓形塔保护角为避雷线对中相导线的保护角,下同。

由表 8-3 可知,在现行条件下,1000kV 线路酒杯塔的绕击耐雷性能最优,鼓形塔次之,猫头塔的绕击跳闸率相对最高。但三种塔型线路对应的绕击跳闸率都满足预期的雷击跳闸率,在可接受的范围内。

由高、超高压输电线路运行经验可知,线路的绕击跳闸率与避雷线保护角和地面倾角直接相关。以下分别分析了保护角、地面倾角对特高压线路绕击跳闸率的影响,计算结果如表 8-4 和表 8-5 及图 8-16 所示。

表 8-4　避雷线保护角对 1000kV 特高压线路单回绕击跳闸率的影响

塔形	避雷线保护角(°)						
	10	5	2.5	0	−2.5	−5	−10
猫头塔	0.4982	0.1570	0.0639	0.0144	0.0002	0	0
酒杯塔	0.1173	0.0147	0.0013	0	0	0	0
鼓形塔	0.4004	0.0657	0.0136	0.0009	0	0	0

由表 8-4 可知,避雷线保护角对线路的绕击跳闸率影响很大,减小保护角是改善线路防绕击性能的最有效措施。例如,在其他相关条件不变时,避雷线保护角为 0°增大为 5°时,猫头塔 1000kV 线路绕击跳闸率明显增大。因此,为保证特高压线路的防雷性能,避雷线的保护角在平原地区宜小于 0°。

由表 8-5 可知,绕击跳闸率随地面倾角的增加而增大,这与实际运行中山坡线路易遭绕击的经验相一致。另由日本特高压线路运行经验可知,绕击跳闸多发生在地面倾角较大(对应约 20°~30°)的山区。现以图 8-2 所示典型杆塔为例,在地面倾角 30°且雷暴日为 25 的条件下,使用 EGM 计算所得的单回绕击跳闸率为 0.74 次/(100km·a),与 0.9 次/(100km·a)的实际统计值相接近。这一方面说明了在山区地区应使用更小的避雷线保护角,另一方面也说明了使用 EGM 方法计算特高压线路绕击跳闸率是比较合理的。

表 8-5　地面倾角对 1000kV 特高压线路单回绕击跳闸率的影响

塔形	地面倾角(°)					
	0	5	10	15	20	30
猫头塔	0.0464	0.2800	0.6948	1.2340	1.8016	2.7522
酒杯塔	0	0	0.0264	0.1750	0.4760	1.2590
鼓形塔	0.0002	0.039	0.1532	0.3307	0.5746	1.1179

因此,要特别重视地面倾角较大的山区线路的防绕击问题,应尽量避免在地面倾角较大的地点架设输电线路,如确实必要则建议采用更小的负保护角或安装线路型侧向避雷针等其他措施来改善线路防绕击性能。

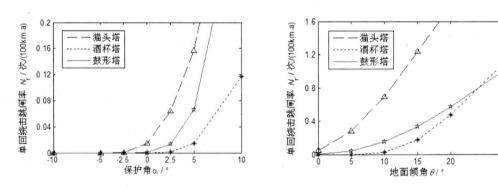

图 8-16　避雷线保护角和地面倾角对特高压线路绕击跳闸率的影响图示

综上,地面倾斜角是导致绕击跳闸率偏大的主要原因之一,而减小避雷线保护角可显著降低线路的绕击跳闸率,是提高线路防绕击性能的最有效措施。因此,在选择特高压线路避雷线保护角时,应特别注意考虑地形因素(即地面倾角 θ)的影响。

对于 1000kV 特高压交流线路,避雷线间距较大,还存在雷电从两避雷线间绕击导线的可能。现以避雷线间距最大的 ZBS2 型酒杯塔为例,采用电气几何模型进行分析,计算结果表明雷电从地线之间绕击导线的可能性是存在的,但能绕击导线的雷电流很小,即使在避雷线保护角为 −2.5° 的条件下,最大也只有 8kA,远小于 1000kV 线路绕击耐雷水平,不会造成线路绝缘闪络。对于其他塔型,避雷线间距更小,无需考虑雷电从避雷线之间绕击导线而造成线路绝缘闪络的可能性。但在变电站进线段等特殊场合,为进一步提高特高压变电站的防雷可靠性,可考虑加装三条避雷线。

2)反击跳闸率的计算

1000kV 线路绝缘水平较高,使得线路反击耐雷水平一般在 250kA 及以上,而且国外(苏联和日本)特高压线路尚无反击跳闸的记录。因此,从严考虑,杆塔冲击接地电阻取为 15Ω,则对应的典型塔型的反击耐雷水平及跳闸率如表 8-6 所示。

表 8-6　1000kV 特高压线路的单回反击跳闸率

塔形	塔高 （m）	接地电阻 （Ω）	反击耐雷水平 （kA）	反击跳闸率 （次/（100km・a））
猫头塔	88.6	15	310	0.0038
酒杯塔	68	15	318	0.0027
鼓形塔	99.5	15	252(383)*	0.0110(0)*

* 注：对于鼓形杆塔，括号内外的反击耐雷水平分别为单、双回耐雷水平。

由表 8-6 可知，对于晋东南—南阳—荆门 1000kV 单回线路，单回反击跳闸率很低，最高不超过 0.0038 次/（100km・a）；对于淮南—皖南—浙北—沪西 1000kV 同塔双回输电线路，该双回线路的单回反击耐雷水平比单回线路低，但也达到 250kA 以上。因此，特高压线路的反击耐雷水平是很高的，雷击杆塔或附近避雷线造成反击跳闸的概率很小。

另外，特高压同塔双回线路的双回同时反击跳闸率的理论计算值非常低，而且考虑到中国 500kV 同塔双回线路和日本 1000kV 同塔双回线路尚未出现双回同跳事故，因而可以认为其概率为零。因此，特高压同塔双回线路无需考虑不平衡绝缘方式。

由高压、超高压输电线路运行经验可知，线路的反击跳闸率与杆塔接地电阻的大小直接相关。以下分别分析杆塔接地电阻对特高压线路反击耐雷性能的影响，计算结果如图 8-17 所示。由计算结果可知，为保证特高压线路的防反击性能，特别是同塔双回线路，杆塔接地电阻不宜大于 15Ω。

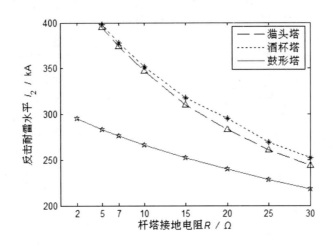

图 8-17　杆塔接地电阻对特高压线路单回反击耐雷水平的影响图示

综上，对于 1000kV 特高压交流线路，反击不是线路雷击跳闸的主要原因，特高压线路的防雷应主要加强防绕击的研究。

8.1.3.2　特高压交流示范工程大跨越防雷研究

晋东南—南阳—荆门 1000kV 交流特高压试验示范工程共有两处大跨越段：汉江大跨越和黄河大跨越。现以塔高、档距均相对较大的汉江跨越段为例，对特高压大跨越线路的雷电性能进行研究。

汉江大跨越段采用耐—直—直—耐的跨越形式，最大跨越档距达 1650m，断面示意图可见图 8-18。另外，直线塔采用酒杯塔，呼高 170m，全高 181.8m，耐张塔为单回路干字塔，呼高 40m，全高 72m；导线采用 8×AACSR/EST-410/153 型特高强钢芯铝合金绞线，地线一根为 JLB14-240 铝包钢绞线，另一根为 OPGW-24B1-246 光缆；线路绝缘采用 48 片 420kN 的瓷质绝缘子串联组成；杆塔接地电阻取为 15Ω。

针对 UHV 汉江大跨越线路如图 8-19 所示，采用 8.1.2 节所介绍方法评估大跨越段线路的耐雷性能，计算结果见表 8-7 和表 8-8。

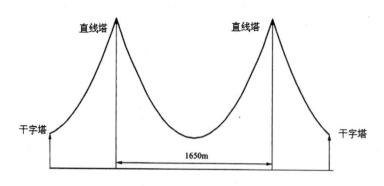

图 8-18 汉江大跨越断面示意图

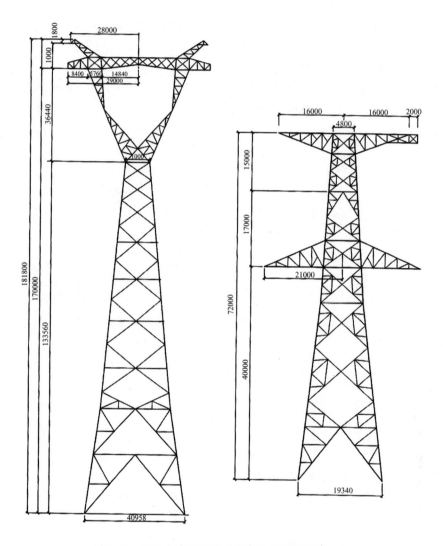

图 8-19 汉江大跨越的跨越塔和锚塔结构图（mm）

表 8-7 汉江大跨越段绕击跳闸率计算结果

塔高	保护角	绕击跳闸率（次/（100km·a））		折合单回
（m）	（°）	迎风侧	背风侧	
181.8	2.9	0.5081	0.7079	1.2160

注：在绕击计算时，跨越档等分为100段；考虑风偏时，地面上方10m处的基准风速取为10m/s。

表 8-8　汉江大跨越段反击耐雷水平计算结果

塔高(m)	接地电阻(Ω)	反击耐雷水平(kA)
181.8	15	206

汉江大跨越的绕击跳闸率为 1.22 次/(100km·a),折合年绕击跳闸次数为 0.02 次/a,相当于 50 年绕击跳闸一次。为进一步降低大跨越线路段的雷击跳闸率,由图 8-20 可知,可减小避雷线保护角至 ≤−5°,也可考虑在边相导线处安装线路型避雷器。

汉江大跨越的反击耐雷水平为 206kA,反击跳闸率为 0.08 次/(100km·a),折合年反击跳闸次数为 0.0013 次/a,相当于 769 年反击跳闸一次,反击耐雷性能较好。

值得注意的是,对于大跨越特高杆塔,降低杆塔接地电阻并不能有效改善其防反击性能(图 8-20)。

综上可知,汉江大跨越的总雷击跳闸率为 1.3 次/(100km·a),防雷安全年限为 46 年,与大跨越防雷要求指标(50 年)相接近。

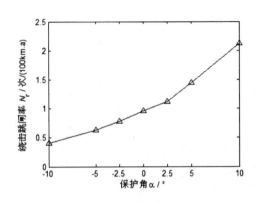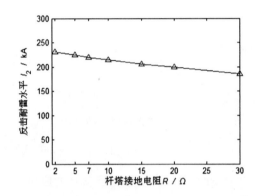

图 8-20　避雷线保护角和杆塔接地电阻对汉江大跨越段雷击跳闸率的影响图示

8.1.4　特高压交流线路防雷措施

为保证特高压线路的安全运行,应结合线路的实际情况,从雷击跳闸的原因入手,因地制宜、有针对性地采取相应的防雷措施。

运行经验及仿真计算均表明,雷害是造成特高压交流输电线路跳闸主要原因,而绕击又是造成特高压线路雷击跳闸的主要原因。因此,提高防绕击性能是提高特高压线路防雷性能的关键所在。

8.1.4.1　减小避雷线保护角

降低特高压线路的绕击跳闸率最有效措施是降低避雷线保护角,特别是山区线路。

避雷线保护角的选取不应"一刀切",应根据线路沿线地形、杆塔塔型以及雷电活动强度等因素作出决定。针对中国特高压交流线路的典型塔型(见图 8-15),在不同地面倾角条件下,分别绘制了线路绕击跳闸率随避雷线保护角变化曲线,见图 8-21。

GB/Z 24842-2009 规程粗略给出了特高压交流线路地线保护角要求值,且对地形条件未做定量规定,考虑到在实际工程中,平原地形对应的地面倾角一般取为 0°～10°,丘陵地形一般对应于 10°～20°,山区地形一般对应于 20°～30°。本书在单回绕击跳闸率不高于限值 0.1 次/(100km·a)的条件下,经计算提出避雷线保护角 α:

(1)猫头塔在平原地区 $\alpha \leqslant 0°$;丘陵地区 $\alpha \leqslant -10°$,山区 $\alpha \leqslant -20°$;

(2)酒杯塔在平原地区 $\alpha \leqslant 5°$,丘陵地区 $\alpha \leqslant -5°$,山区 $\alpha \leqslant -20°$;

(3)鼓形塔在平原地区 $\alpha \leqslant 5°$,丘陵地区 $\alpha \leqslant -5°$,山区 $\alpha \leqslant -15°$。

(4)对于地面倾角更大的山区以及雷电活动强烈地区,可根据工程实际条件采取进一步减小保护角,增加避雷线以及耦合线等措施降低线路雷击跳闸率。

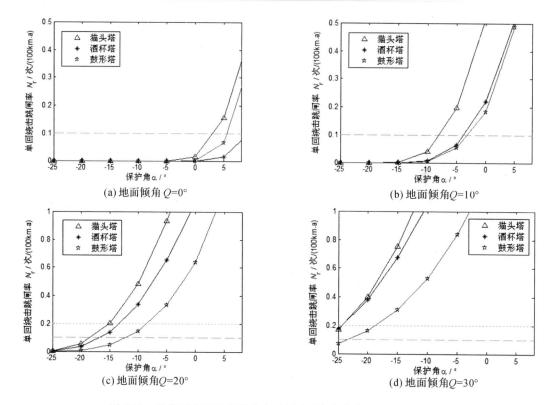

图 8-21　特高压典型塔型线路在不同地形与保护角下的绕击跳闸率

8.1.4.2　优化杆塔设计及侧向避雷针的应用

苏联特高压线路运行经验都表明,绕击跳闸多发生在转角、耐张杆塔处。因此,应特别重视、改善转角塔和耐张塔的防雷设计,使其具有合理的负保护角。在杆塔设计时,还宜尽量降低塔高,这对防绕、反击均是有利的。

对于特高压线路转角塔,为进一步提高其防绕击性能,建议在杆塔横担上安装线路型侧向避雷针。文献[16]表明,侧向避雷针对于高杆塔线路防绕击具有显著的防护效果。侧向避雷针可引导雷电先导朝向避雷针尖端发展,将雷电绕击转化为反击,从而降低线路的绕击率。特别是对于特高压线路,反击耐雷水平很高,不会因安装侧向避雷针而使得跳闸率上升。

浙江、江西等地的线路运行经验表明,安装侧向避雷针可较有效降低线路的绕击跳闸率,提高线路的防雷性能。侧向避雷针对杆塔两侧导线的保护范围均约 25~30m(侧向针针长 3m)。并且转角塔绕击多发生于杆塔附近线路处(约杆塔两侧各 30m),因此,侧向避雷针对防绕击有较好效果。

侧向避雷针不仅可有效降低杆塔附近线路的绕击跳闸率,并且还具有经济耐用、便于安装维护等优点,其在特高压交流线路中的防雷效果将在第 8.1.5 小节进行详细分析。

8.1.4.3　大跨越段的雷电防护措施

为优化特高压线路大跨越段的防雷性能,跨越段宜采用多档距、低高度杆塔布置的跨越形式,而具体的防雷保护方案则应针对每个档距分别进行。

为降低大跨越段的雷击跳闸率具体建议如下:为降低绕击跳闸率,建议避雷线保护角宜小于−5°;为保证反击耐雷性能,建议杆塔接地电阻不大于 15Ω;为进一步提高防雷可靠性,大跨越段在必要时也可以考虑安装线路避雷器。

关于大跨越段的绝缘水平(绝缘子片数),不宜再按照规程规定"高度超过 40m 的杆塔,每增加 10m 增加 1 片结构高度 146mm 绝缘子"的要求,而应通过雷电过电压的仿真计算加以确定。

8.1.4.4　其他措施

(1)合理选择线路路径

地面坡度(即地面倾角)对架空输电线路的绕击跳闸率影响很大,因此,应尽量避免在坡度较大的地点架设线路。另由日本特高压线路运行经验也可知,中国特高压线路应尽量避免在地面倾角较大的山区架线。

(2)降低杆塔接地电阻

特高压线路反击耐雷水平很高,一般无需采取专门的防反击措施。但为保险起见,也不能完全忽视杆塔接地电阻的影响。特高压架空输电线路杆塔埋在地中的塔腿和基础尺寸较大,散流较好,接地电阻较易控制在目标范围内。根据8.1.3节计算结果可知,杆塔接地电阻宜尽量小于15Ω。对于土壤电阻率较高的山区,如杆塔接地电阻不能达到要求值,可采取以下措施:外引接地装置、深埋接地极、填充电阻率较低的物质(如土、降阻剂)、爆破接地等。

另外,参考中国高压、超高压线路的运行经验,在特高压线路的易击点或易击段,防绕击还可采用如安装线路型避雷器、旁置(或旁路)地线(应注意合理确定其架设位置和高度)等措施。

8.1.5　侧向避雷针在特高压交流线路防雷中的分析

8.1.5.1　侧向避雷针的结构及应用现状

侧向避雷针是一种通常用角钢固定在杆塔横担外侧的具有尖端的金属细棒,能引导雷电先导朝向避雷针尖端发展,将雷电绕击转化为反击。因为输电线路的反击耐雷水平要远高于绕击,所以通过侧向避雷针将绕击转化为反击后,只要线路的反击耐雷水平足够高,一般不会造成线路跳闸。因此,侧向避雷针可保护输电线路的杆塔周围的重点绕击危险区。文献[16]表明,侧向避雷针对于高杆塔线路具有显著的防绕击保护效果。

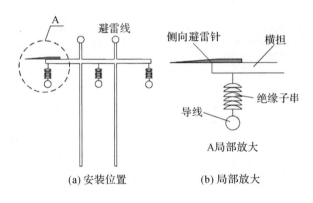

(a) 安装位置　　　　(b) 局部放大

图 8-22　侧向避雷针的安装位置示意图

侧向避雷针的防绕击作用已在一些高压工程中被证实是有效的,例如其在金华电力局110kV 德姜线中的应用。110kV 德姜1679 线位于千岛湖山区,主线共 189 基杆塔,其中绝大部分杆塔采用的是220kV 杆塔,少量采用的是 330kV 杆塔。从 1970 年投运至 1993 年,德姜线 23a 来的全线平均雷击跳闸率高达 4.11 次/(100km·a)(年平均雷暴日为 47.17 天),是浙江省雷害线路中的"老大难"问题。电力部门从 1993 年开始陆续对该线采用了一些综合性防雷措施,但之后 7a 的运行情况表明雷击跳闸率仍然高达 3.87 次/(100km·a)。2003 年电力部门对德姜线 1—91 号杆塔所在线路再次开展了防雷治理工作,但改造后出现多次雷击跳闸,没有达到预期效果。

2006 年初,当地电力部门提出与浙江大学合作对该线的 92—189 号杆塔进行防雷改造。浙江大学在此次改造当中,除采用一些常规综合性防雷措施(如在少量线路上使用线路避雷器或增加绝缘子片数),还特别对该段的所有杆塔使用 3m 长的侧向避雷针进行保护。在改造之后的 6 个雷季(2006 年 3月—2011 年 8 月)中,该段约 40km 长的线路只发生过 1 次雷击跳闸事故,雷击跳闸率为 0.42 次/(100km·a),远低于改造之前的 3.87 次/(100km·a)。此外,侧向避雷针在浙江、江西等地的高压工程中也有令人满意的绕击保护效果。

相关研究表明,杆塔附近的导线,因杆塔导致的电场畸变将产生引雷作用,所以导线不能得到杆塔的有效屏蔽保护,致使此区域的线路绕击率大大提高。同时由于弧垂效应,杆塔附近的避雷线保护角一般大于档距中部,也使得绕击事故向杆塔附近集中。文献[17]通过相关模型试验得出,杆塔附近区域的绕击概率远高于档距中央区域,高压输电线路绕击多发生于杆塔两侧线路约30m处。

对于特高压输电线路,因为其反击耐雷水平很高,发生反击的可能性极小,雷击跳闸大多都是由绕击造成的。同时,由于其杆塔很高且弧垂大,杆塔附近区域的绕击最为严重,尤其是耐张、转角杆塔。苏联特高压线路运行经验表明,绕击跳闸多发生在转角、耐张杆塔附近。此外,在浙江省内运行的1000kV浙北—福州交流线路在丽水境内发生的一次绕击雷击跳闸,发生位置就是在单回路耐张塔的跳线上。

下面将分析侧向避雷针在特高压交流线路中的防雷效果,首先简要介绍侧向避雷针的屏蔽系统模型及保护距离的计算,然后分析三种特高压典型杆塔下侧向避雷针的保护效果。

8.1.5.2 侧向避雷针在特高压交流线路中的防雷效果分析

对单回输电线路建模,如图 8-23(a)所示。与杆塔相距 d 的二维平面的断面图,如图 8-23(b)所示。

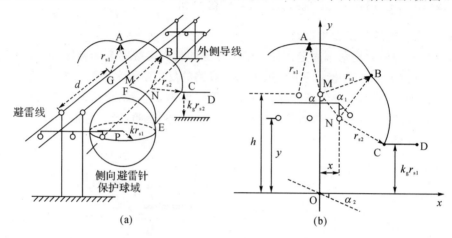

图 8-23 侧向避雷针屏蔽系统模型

图 8-23(a)中弧 AB、弧 BC 和弧 CD 位于与杆塔相距 d 的二维平面上,其中弧 AB 和 CD 分别为避雷线和地面屏蔽弧,弧 BC 为导线暴露弧。沿档距方向,各位置处二维平面上的导线暴露弧将连成如图 8-23(a)所示的曲面 BCEF,即外侧导线在避雷线和地面屏蔽系统下的三维绕击暴露曲面。地面击距取相同雷电流幅值下避雷线击距的 k_g 倍,侧向避雷针击距取相同雷电流幅值下避雷线击距的 k 倍,k_g、k 为击距系数。侧向避雷针的放电发生在尖端上,其击距曲面可以用一个以针尖为球心,以击距 kr_{s1} 为半径的球面来表示,即图 8-23(a)中的球 P。当侧向避雷针屏蔽球 P 的球面与导线暴露曲面 BCEF 存在交集时,根据击距理论,侧向避雷针可以屏蔽位于球 P 内的导线暴露曲面。

图 8-23(b)为与杆塔相距 d 的二维平面的断面图,图中 M、N 和 P 分别为避雷线、外侧导线和侧向避雷针针尖在该平面上的点。建立如图所示坐标系,以 O 点为原点,避雷线坐标为 $(0,h)$,导线坐标为 (x,y),在计算避雷线和导线坐标时还应考虑弧垂的影响。导线绝缘子在风的作用下偏移角度为 α_1,地面倾角为 α_2。

对于某一雷电流幅值 I,当导线上某点的整条暴露弧都在球 P 的保护范围内时,则表明其受到侧向避雷针的完全屏蔽。逐渐增加该点与杆塔的距离,直至球 P 不能完全屏蔽此处导线的暴露弧,此时其与杆塔的距离即为侧向避雷针的最大保护距离 l。在该距离 l 内,线路由于受到侧向避雷针的完全屏蔽而不会发生绕击。首先计算在绕击闪络临界电流达到最大可绕击电流的区间内不同幅值雷电流 I 对应的侧向避雷针最大保护距离 l;然后将计算结果按照雷电流幅值分布概率进行加权平均即得侧向避雷针的防绕击保护距离。

利用三维 EGM 法对图 8-15 所示的三种特高压典型杆塔进行侧向避雷针防绕击效果分析。分析时考虑侧向避雷针的长度、风偏角和地面倾角三个因素对侧向避雷针防绕击效果的影响。

(1)侧向避雷针对平原单回特高压输电线路猫头塔的防绕击效果分析

ZMP2 型猫头塔采用 M 型三角排列,杆塔结构如图 8-15(a)所示,多用于平原地区。在风偏角 α_1 和地面倾角 α_2 为 0°条件下,改变侧向避雷针的长度,侧向避雷针保护距离的变化情况如图 8-24 所示。由图可知,3m 长的侧向避雷针已经能够对杆塔两侧约 30m 范围内的导线进行保护。

因为雷电灾害出现时一般伴随有大风,所以有必要考虑风偏角对侧向避雷针保护效果的影响。考虑雷击时的风速为 15m/s[18],此时导线的风偏角可达 25°[19]。在地面倾角 α_2 为 0°的条件下改变风偏角 α_1,不同长度侧向避雷针的保护距离变化情况如图 8-25 所示。因为高压输电线路绕击多发生在杆塔两侧大约各 30m 处,所以由图 8-25 可知,对于猫头塔可以考虑使用 4m~5m 长的侧向避雷针。

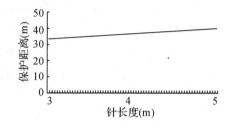

图 8-24　侧向避雷针长度与保护距离的关系

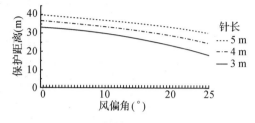

图 8-25　风偏角与侧向避雷针保护距离的关系

(2)侧向避雷针对山区单回特高压输电线路酒杯塔的防绕击效果分析

酒杯塔采用 M 型水平排列,杆塔结构如图 8-15(b)所示,多用于山区。ZBS2 型酒杯塔虽采用负保护角,但当风偏角 α_1 或地面倾角 α_2 不为零时避雷线可能无法对输电线路实现完全屏蔽,此时有必要使用侧向避雷针对线路进行保护。

通过计算发现,当 α_2 小于 18°时,避雷线对输电线路完全屏蔽;当地面倾角 α_2 大于等于 18°时导线开始出现被绕击的风险。因此,在 α_1 为 0°条件下由 18°开始增加 α_2,不同长度侧向避雷针的保护距离变化如图 8-26 所示。由图可知,6m 长的侧向避雷针在等于 18°和 30°时的保护距离分别约为 37m 和 28m,保护效果较好。在此基础上,计算不同风偏角 α_1 下 6m 长侧向避雷针的保护距离随地面倾角 α_2 的变化曲线,结果如图 8-27 所示。计算结果表明,当风偏角小于 15°,地面倾角在 18°~30°的范围内时,6m 长侧向避雷针的最小保护距离约为 20m,对输电线路仍有一定的保护效果。因此,对酒杯塔可考虑安装长度为 6m 及以上的侧向避雷针。

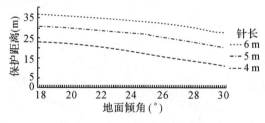

图 8-26　地面倾角与保护距离的关系

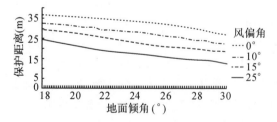

图 8-27　风偏角与地面倾角与保护距离的关系

(3)侧向避雷针对同塔双回特高压输电线路鼓形塔的防绕击效果分析

鼓形塔采用"I"型绝缘子串布置,杆塔结构如图 8-15(c)所示,多用于平原和丘陵地区。因为避雷线对下相导线的保护角很小而且导线位置很低,所以在风偏角的合理变化范围内,避雷线始终能对下相导线实现完全屏蔽,故不需要考虑侧向避雷针对下相导线的保护效果。在地面倾角和风偏角为 0°条件下,计算安装于鼓形塔三个不同横担位置处的 3m 长侧向避雷针对上、中相导线的保护距离,结果如表 8-9 所示。由表可知,当侧向避雷针安装在中间横担时对上相和中相导线的保护距离最大,并且此时侧向避雷针已经能够对杆塔两侧约 30m 范围内的导线进行保护,故考虑侧向避雷针安装在鼓形塔的中相横担上。

在侧向避雷针安装于杆塔中相横担上以及地面倾角为 0°的条件下,改变风偏角的大小,分别计算不同长度侧向避雷针的保护距离。此时,侧向避雷针对上相导线的保护距离如图 8-28 所示,对中相导线的保护距离如图 8-29 所示。因为高压输电线路绕击多发生在杆塔两侧约 30m 处,所以由图可知,对鼓形塔可考虑安装 4m~5m 长的侧向避雷针于杆塔中相横担处。

表 8-9　侧向避雷针不同安装位置对鼓形塔导线保护距离的影响

侧向避雷针位置	保护距离	
	上相导线	中相导线
上相横担	14.2m	7.2m
中相横担	38.0m	34.8m
下相横担	22.1m	17.3m

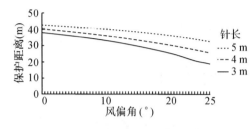

图 8-28　风偏角与侧向避雷针对上相导线保护距离的关系

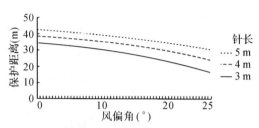

图 8-29　风偏角与侧向避雷针对中相导线保护距离的关系

综上,对特高压输电线路的仿真计算表明侧向避雷针可提高线路的防雷性能;110kV 德姜线、220kV 雪峰线以及浙江、江西等地的线路运行经验也表明,安装侧向避雷针可较有效降低线路的绕击跳闸率。又因为侧向避雷针还有经济耐用、便于安装维护等优点,所以可以重点考虑在特高压耐张、转角杆塔的防雷中进行应用。

8.2　特高压变电站(开关站)的防雷保护

8.2.1　概述

特高压变电站(开关站)作为特高压电网的枢纽,其重要性是不言而喻的。如果特高压变电站发生雷击事故,将可能造成大面积、长时间的停电,严重影响国民经济和人民生活。

特高压变电站的一次侧雷害可能来自两个方面:一是直击雷过电压,即雷电直击变电站内的设施;二是雷电侵入波过电压,即雷击架空输电线路产生的雷电过电压波沿线路侵入变电站。

特高压变电站防直击雷的主要措施也是避雷针或避雷线。苏联和中国的特高压变电站两种措施均采用,日本基本上只使用避雷线。参考中国 110~500kV 变电站的多年运行经验,凡按规程要求正确安装避雷针、避雷线和接地装置的变电站,防直击雷的效果是可靠的,因此特高压变电站防直击雷的问题也不大。

考虑到雷击线路的几率要远大于雷直击变电站,而且高压、超高压变电站直击雷防护的可靠程度要高于对雷电侵入波的防护,因此,雷电侵入波过电压将可能是造成特高压变电站雷害事故的主要原因,需重点防护。

与高压、超高压变电站相比,特高压变电站雷电侵入波防护具有某些独特之处:

(1)特高压变电站耐雷指标要求更高

特高压变电站由于电压等级高,在电网中地位更加重要,对其防护要求也就更高。俄罗斯 1999 年《手册》推荐的 1150kV 变电站安全运行年限为 1200~1500 年,考虑到中国 500kV 变电站的安全年限为 800~1000 年,中国国标 GB/Z 24842-2009《1000kV 特高压交流输变电工程过电压与绝缘配合》规定特高压变电站不宜低于 1500 年。

（2）特高压变电站对雷电侵入波过电压的耐受能力明显提高

特高压变电站耐受雷电侵入波过电压能力的提高，主要因为以下原因：①变电站内设备的绝缘水平较超高压系统有较大的提高；②出于限制线路操作过电压的目的，变电站进线处、变压器处均安装MOA，并且母线处为安全起见一般也会安装 MOA，这也大大提高了特高压变电站的耐雷性能；③进线段反击耐雷水平很高（>250kA），可以认为一般不会出现反击侵入波过电压。

（3）绕击侵入波过电压成为特高压变电站的防护重点

变电站的雷电侵入波有两种类型：一是反击侵入波过电压，由雷击杆塔或避雷线造成绝缘反击闪络而产生；二是绕击侵入波过电压，由雷电绕击导线产生。但对于特高压变电站，进线段反击耐雷水平很高，一般不会发生反击闪络，因而形成反击侵入波的概率很低。而对于绕击侵入波过电压，虽然特高压线路进线段保护角一般很小，但由于特高压杆塔高度以及避雷线与导线间空气间隙大，进线段最大可绕击电流仍可能较大，因此，特高压变电站应将绕击侵入波过电压作为防护的重点。

8.2.2　特高压变电站耐雷性能评估方法

本节第一部分将给出雷电侵入波过电压仿真计算模型的建立方法；第二部分将介绍实际工程中采用的变电站耐雷性能评估方法（即惯用法和统计法）；最后，作为参考和对比之用，将给出日本特高压变电站雷电侵入波过电压计算方法。

8.2.2.1　雷电侵入波过电压仿真计算模型

目前，变电站雷电侵入波过电压的研究一般采用数值仿真的方法。其中，俄罗斯特高压变电站的雷电侵入波过电压计算采用其自行开发的专用数值仿真计算程序，而中国和日本则是使用电磁暂态软件EMTP。

一、仿真计算模型

变电站的雷电侵入波过电压取决于从架空线路侵入变电站的过电压的幅值和波形，以及变电站本身的行波特性。因此，为准确模拟特高压变电站的雷电侵入波过电压实际情况，应将雷电源、变电站及其进线段结合起来，视为统一系统进行分析。

"雷电源—进线段—变电站"统一系统仿真模型的建立具体如下：

1）雷电源模型

对于雷电源的模拟有两种方法，即电压源法和电流源法。为了更准确模拟实际的雷电侵入波波形，一般采用理想的电流源，这也被 IEC 推荐使用。

中国特高压变电站的防雷计算建议选用电流源法。与输电线路防雷设计相同，雷电源可等效为一理想电流源和一波阻抗的并联——理想电流源采用负极性 $2.6/50\mu s$ 双斜角波；反击计算时的雷道波阻抗取约 $250\sim400\Omega$，通常取 300Ω；绕击计算时的雷道波阻抗取约 $600\sim1000\Omega$，通常取 800Ω。

2）进线段模型

在中国电力系统中，进线段为从变电站开始大约 2km 的线路。若以特高压变电站内门形塔为 #0塔，往外依次为 #1 塔、#2 塔……，除 #0～#1 塔以外的其他塔间档距大多在 $400\sim500$m，则进线段一般包括 5 基杆塔（#1～#5），雷击 #6 塔即可视为远区雷击。

中国特高压变电站的防雷计算一般重点考虑近区雷击，即仿真模型应准确模拟 #1～#5 杆塔及其塔间档距，#6 塔以外的远区线路可使用等效阻抗代替。如果需要校验远区雷击时，应再将 #6 塔及以后几基杆塔作准确模拟，其后线路同样用等效阻抗代替。

具体的进线段仿真模型包括导地线、杆塔和杆塔冲击接地电阻等效模型的建立，以及雷击闪络判据的合理选取。进线段模型的建立方法与输电线路防雷设计相同，即导、地线采用 J-Marti 模型，杆塔采用分段波阻抗模型，线路绝缘闪络判据采用相交法。

3）变电站模型

在雷电侵入波过电压计算时，变电站内部的以下设备应予以考虑：变压器、避雷器、母线、电抗器、断路器、隔离开关、电流互感器、电压互感器、站内导线（或 GIS 连接线）。变电站模型的建立宜遵循以下原则：

①站内导线和母线均采用分散参数线路模型,其中,GIS 母线可使用单相 Clarke 模型进行模拟(三相母线之间没有耦合,每个单相封闭母线可作单相导线处理);

②站内设备如变压器、电抗器、电压互感器、电流互感器、隔离开关、断路器及 GIS 出线套管等均采用等值入口电容模拟;

③变电站内各设备的相对位置和距离应按其实际安装位置和实测距离进行处理;

④必须考虑变电站内各电气设备的绝缘裕度。通常参考 IEC 标准,内绝缘裕度取 1.15,外绝缘取 1.05~1.10(外绝缘裕度较小的主要原因是没有累积效应)。

其中,变压器、GIS 波阻抗和避雷器可做如下处理:

(1)变压器入口电容

变压器等值入口电容一般采用厂家提供的数据,如缺少该数据可取为 5000pF。

(2)GIS 波阻抗

特高压 GIS 为单相单筒式结构,防雷计算中可使用波阻抗模拟。GIS 波阻抗一般在 60~100Ω 之间,约为架空线的 1/5。具体 GIS 波阻抗可用下式估算:

$$Z_{\mathrm{GIS}} \approx \frac{1}{\sqrt{\varepsilon_r}} 60\ln\frac{R_1}{r_1} \tag{8-41}$$

式中,ε_r 为 SF$_6$ 气体的相对介电常数,约为 1;R_1 为母线筒内半径,m;r_1 为母线导电杆外半径,m;。

GIS 中波的传播速度,由于 SF$_6$ 气体的相对介电常数 $\varepsilon_r \approx 1$,一般认为其波速等于光速。

(3)避雷器

在 EMTP 软件仿真计算中,避雷器伏安特性采用分段线性化的处理方法。中国某 1000kV AIS 变电站金属氧化物避雷器的电气特性如表 8-10。

表 8-10　中国某 1000kV AIS 变电站金属氧化物避雷器的电气特性

安装位置	额定电压(kV)	在不同放电电流下的残压值(kV)			
		8mA	2kA	10kA	20kA
站内/线路侧	828	1114	1460	1553	1620

为准确模拟雷电侵入波过电压,总仿真时间不宜小于 10μs,计算步长取值应不小于雷电波在仿真模型的最短波阻抗内的传输时间。在计算雷电侵入波过电压时,如满足以下两条件之一,即可判定变电站绝缘发生故障:①站内设备上的过电压大于设备允许过电压值(即设备雷电冲击耐受电压除以裕度系数);②避雷器中放电电流大于其标称放电电流 20kA。另外,通常不考虑电晕影响,计算结果略偏严。

二、影响因素分析

影响变电站雷电侵入波过电压的因素很多,包括雷击点、雷电流幅值和陡度、侵入波类型(绕击或反击)、变电站运行方式、站内设备与避雷器的电气距离以及进线段的避雷线保护角、杆塔接地电阻、塔型和塔高等。另外,导线工频电压相角、进线段绝缘水平等也对侵入波过电压有一定的影响。

在以上诸多影响因素中,变电站运行方式、雷击点以及雷电流幅值和陡度对变电站雷电侵入波过电压的影响相对较大,下面予以重点分析。

1) 变电站的运行方式

变电站处于不同运行方式时,雷电侵入波在站内设备上引起的过电压幅值可能差异很大。这是因为对于变电站可能出现的各种运行方式,站内设备(包括进线和变压器)投运越多,雷电流分流程度就越大,侵入波过电压幅值也就越低。

中国国标 GB/Z 24842-2009《1000kV 特高压交流输变电工程过电压和绝缘配合》规定,预测特高压变电站雷电过电压时应考虑一般运行方式和特殊方式。

(1)一般运行方式

一般运行方式的选取与高压、超高压变电站的处理方法相同。各研究机构的取法可能有所不同,常见的一般运行方式选择方法如下：

①直接选用最严重的单线单变方式，包括单线单变单母或单线单变双母；

②"N-m"法，即按照"N-1"或"N-2"原则选择变电站运行方式；

③选用雷雨季节可能出现的最严重运行方式；

④统计法，首先计算雷电季节所有可能出现的变电站运行方式下的安全运行年限，再按照其出现概率加权平均。

由于变电站各种运行方式的出现概率难以准确预测，为保险起见，特高压变电站防雷计算建议选用单线单变运行方式。另由于变电站一般双母线同时运行，而且母线端部往往是离避雷器最远的部分，幅值最大的侵入波过电压也往往出现在此处，故仿真计算时宜双母线同时投运，即单线单变双母方式。在具体的单线单变双母方式选择时，设备和避雷器相对距离与设备投运数量这两个影响因素都应该予以考虑。

（2）特殊运行方式

1000kV 变电站雷电侵入波计算时还应考虑特殊运行方式，即单线-出线间隔断路器开断的运行方式（亦称为"单线方式"）。该运行方式是指线路侧断路器断开而两侧的隔离开关都已合上的状态，主要出现于以下的两种情况：一是断路器处于热备用状态，二是因线路故障引起断路器跳闸而又未重合闸成功的状态。

该运行方式对于特高压变电站雷电侵入波分析来说是最为严苛的运行方式，中国 500kV 等级和 750kV 等级变电站在避雷器配置时并未考虑此种方式。但在单线运行方式下，中国 220kV、500kV 变电站已经发生多起侵入波毁坏断路器的事故，同时考虑到特高压变电站的重要性，建议考虑单线运行方式。应注意，单线方式下过电压较一般运行方式更为严重，但单线运行方式出现雷电侵入波的概率是相对很低的。

综上，特高压变电站雷电侵入波过电压计算时应考虑一般运行方式和特殊方式（或单线方式）。其中，单线单变双母是一般运行方式中最为典型方式，应予以重点考虑。

2）雷击点位置

中国现行规程 DL/T 620-1997 规定应该保证离变电站 2km 以外的远区雷击产生的雷电侵入波过电压不引起站内设备绝缘损坏，而未考虑近区雷击。这是沿袭较低电压等级变电站的作法，在超高压、特高压系统中是不合理的。过去，由于输电电压等级较低，线路可能未全线架设避雷线或避雷线保护角较大，为防止雷电侵入波过电压危害，规程规定进线段必须架设避雷线，同时对保护角和接地电阻也有更严格的要求。因而，进线段的耐雷性能大大优于非进线段，进线段雷击侵入变电站的概率相对于非进线段非常小。所以规程认为，侵入变电站的雷电过电压大部分来自远区雷击。

但在特高压变电站（开关站）雷电侵入波防护研究中应该重点研究近区雷击。这是因为对于全线架设双避雷线的超高压、特高压系统，雷电防护措施都已经十分严格，进线段与非进线段防雷性能并无本质差异。对于 2km 以外的远区雷击，由于电晕衰减和线路阻尼效应，导致雷电波侵入波陡度和幅值都明显减小，在特高压站内设备上形成的过电压一般不会损坏设备绝缘，此时近区雷击的危害突出。实际上，美国、西欧、日本以及 CIGRE 工作组均以近区雷击作为变电站侵入波的主要研究对象。

关于近区雷击，雷击第几基杆塔或第几个档距时侵入波过电压最为严重具体讨论如下：

（1）反击侵入波

雷击点距变电站越远，同一雷电流所引起的反击侵入波幅值和陡度就越低。但在中国，#1 塔和 #0 门型塔距离较近（实际距离一般小于 100m），再加上 #0 塔的接地电阻一般非常小，由于受到 #0 塔反射回来的相反极性的反射波限制，#1 塔绝缘不易闪络而形成反击侵入波，即使闪络，在站内设备上引起的过电压也较低。因此，雷击 #2 塔引起的雷电侵入波可能最为严重。因此中国特高压变电站反击侵入波研究重点是雷电直击 #2 塔。

以上结论只适用于 #0 塔与 #1 塔塔间档距较小的情况。对于 #0 塔与 #1 塔塔间档距相对较大的情况，雷击点应选用 #1 塔或 #0 塔应通过仿真计算加以确定。

另外,在使用统计法评估变电站防反击侵入波性能时,雷击其他杆塔引起的反击侵入波过电压的情况也应加以考虑。

值得注意的是,在特高压系统中,线路反击耐雷水平很高,绝缘反击闪络概率极小。对于中国特高压示范工程线路,300kA 的雷电流都不会引起线路绝缘闪络。因此,特高压变电站雷电侵入波过电压主要来自近区绕击。

(2)绕击侵入波

对于绕击侵入波,研究重点是雷电绕击 #1 塔附近处的导线,这也是 IEC 所推荐的。#0 塔位于变电站内部,由于受到站内防直击雷装置的保护,一般可认为该塔附近导线不会遭受雷击。另外,杆塔附近的导线由于所处位置较高,被绕击概率最大,侵入波计算中一般可将雷击点选在 #1 塔附近处导线上。

同样,在使用统计法评估变电站防绕击侵入波性能时,也应研究进(出)线其他位置处雷电绕击产生的侵入波过电压。

综上,针对中国具体情况,特高压变电站的雷电侵入波计算应重点研究近区雷击。对于雷电侵入波在站内设备上引起的过电压幅值,一般认为雷击 #2 塔引起的反击侵入波过电压相对较为严重;雷击 #1 塔附近导线引起的绕击侵入波过电压相对较为严重。

3)雷电流幅值及其陡度

(1)雷电流幅值

特高压变电站防雷计算时,不同耐雷可靠性指标评估方法对雷电流幅值的取值不同。以下给出雷电流幅值的取值范围,而具体取值则需根据评估方法而定。

在反击侵入波过电压计算时,反击雷电流幅值的取值范围为 $[I_2, I_\infty]$。其中,I_2 为进线段线路的反击耐雷水平,kA;I_∞ 为统计所得的自然界最大雷击线路电流,可取 300kA。

在绕击侵入波过电压计算时,绕击雷电流幅值的取值范围为 $[I_{min}, I_{max}]$。其中,I_{min} 为统计所得的自然界最小雷击线路电流,kA;I_{max} 为最大可绕击雷电流,可采用 EGM 法计算确定。

在计算最大可绕击雷电流 I_{max} 时,可首先计算雷电可绕击导线的最大击距 r_{s_max},然后使用击距公式倒推得到 I_{max}。考虑地面倾角的影响,最大击距 r_{s_max} 通用计算公式如下:

$$\begin{cases} r_{s\_max} = \dfrac{k(h+y)+\sqrt{(h+y)^2-G}\sin(\theta_s-\theta_g)}{2F}\cos\theta_g \\ F = k^2 - \sin^2(\theta_s-\theta_g) \\ G = F\left[\dfrac{h-y}{\cos(\theta_s-\theta_g)}\right]^2 \end{cases} \tag{8-42}$$

式中,h 为避雷线平均对地高度,m;y 为导线平均对地高度,m;k 为击距系数;θ_s 为避雷线的保护角,°;θ_g 为地面倾角,°。注意,θ_g 的符号是以杆塔处向下倾斜的地面倾角为"-",反之为"+"。

(2)雷电流陡度

根据避雷器保护原理可知(见图 8-30),对于雷电侵入波,避雷器与被保护设备之间的电压差为

$$\Delta U = 2\alpha \Delta t = 2\alpha \frac{\Delta l}{v} \tag{8-43}$$

式中,α 为雷电流陡度,kA/μs;Δt 为雷电侵入波在避雷器与被保护设备之间的最短传播时间,μs;Δl 为避雷器与被保护设备之间的最短电气距离,m;v 为侵入波传播速度,m/μs。

由式(8-43)可知,站内设备上的雷电侵入波过电压与侵入波陡度直接相关,雷电侵入波的陡度是一个相比幅值更为重要的参数。

有研究表明,雷电流波头时间与幅值相关(约 20kA/μs),即认为雷电流陡度与幅值是相关的。但目前,在特高压变电站雷电侵入波计算中,俄罗斯、日本和中国均未考虑雷电流波头时间和幅值之间的相关性,如俄罗斯对雷电流幅值和陡度取相互独立的正态分布;日本对雷电流波形取为 1/70μs。而中国电力系统防雷计算中将雷电流波形定义为 2.6/50μs,即规定雷电流陡度与幅值成正比关系。

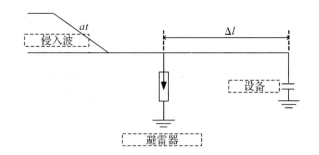

图 8-30　站内避雷器和被保护设备的位置示意图

一般认为雷电流最小的波头时间约为 $0.5\sim1\mu s$，而考虑电晕对雷电流波形的畸变作用，实际侵入变电站的雷电波波头时间不少于 $1\mu s$。因此，对于变电站雷电侵入波计算，日本雷电流陡度取值是较为严格的。

8.2.2.2　耐雷可靠性指标评估方法

评估变电站耐雷可靠性指标的方法包括惯用法（亦称"确定性法"）和统计法。两种方法的区别在于对雷电侵入波过电压影响因素的处理方法不同，包括变电站运行方式、雷击点、雷电流幅值及陡度、雷击瞬间导线上的工频电压瞬时值等。其中，惯用法只考虑各种影响因素的典型情况，具有直观、简便的优点，主要用于确定变电站内避雷器的布置方案以及站内设备的绝缘水平；而统计法则考虑了各因素的出现概率，可定量计算变电站的防雷安全运行年限。

1）惯用法

惯用法计算原理是首先确定作用于绝缘上的代表性（或最危险）过电压，然后根据运行经验选择一个足够大的裕度系数，这个裕度系数可以弥补估计最大过电压时由于各种因素影响所产生的误差，最后由最大过电压值乘以裕度系数得到绝缘水平。

在变电站雷电侵入波仿真计算时，惯用法一般做法是选取各影响因素的代表性或最严重情况，得出站内各设备在该条件下所受到的雷电过电压值，从而验算变电站防雷方案是否满足要求。使用惯用法计算中国特高压变电站侵入波过电压时，相关参数可取为：

对于雷电流：

①雷电流波形采用 $2.6/50\mu s$ 双斜角波；

②关于雷道波阻抗，反击侵入波计算时取为 300Ω，绕击侵入波计算时取为 800Ω；

③关于雷电流幅值，反击计算取 $250kA$，绕击计算取最大可绕击电流 I_{max}；

④关于雷击点，反击侵入波计算在 0# 塔与 1# 塔相距较近时选 #2 塔，较远时选 1# 塔，绕击侵入波计算时选 #1 塔附近导线。

对于进线段：

①准确模拟进线段（即 #1～#5 杆塔及其塔间档距），导地线采用 J-Marti 模型，杆塔采用分段波阻抗模型，杆塔接地电阻可取实测值；

②#6 塔及以外的远区线路可使用等效阻抗 Z_{eq} 代替；

③线路绝缘闪络判据采用相交法；

④关于工频电压，可在等效阻抗处连接一交流电压源来等效，线电压取值为 $1100kV$。

变电站运行方式的选取方法可参考 8.2.2.1 节。其中，单线单变双母方式和单线方式是最为典型的方式，应予以重点考虑。

综上，惯用法的优点是直观、简便，而且该法确定的变电站绝缘水平有较大的裕度，可主要用于确定变电站避雷器布置方案以及站内设备绝缘水平。

但惯用法未考虑变电站各种运行方式、雷击点、雷电流幅值和陡度等的出现概率，无法定量估算绝缘故障的概率，因而对绝缘要求偏严，投资费用偏高。为克服此缺点，国内外也有人采用统计法来分析变电站防雷可靠性。

2）统计法

统计法可以综合考虑各种影响因素的出现概率，定量估算变电站站内设备绝缘发生放电的概率，从而计算变电站在雷电侵入波下的安全运行年限。

但侵入波过电压部分影响因素的出现概率难以准确预计（如变电站运行方式），因此可使用简化的区间组合统计法——对出现概率难以预计的影响因素取其典型值，如变电站运行方式（包括单线单变双母方式、单线方式）；对出现概率可以估算的因素按统计法处理，如雷击点、雷电流幅值和工频电压相角等。

区间组合统计法基本思路是认为危险雷电侵入波的发生频率由与变电站相连的架空线路的耐雷性能决定，其具体计算步骤为：

（1）雷电流分段处理

把可能形成雷电侵入波的全部雷击电流作分段处理，并将每段雷电流幅值的平均值作为该段雷电流参数。其中，反击雷电流取值范围为$[I_2,300\text{kA}]$，绕击雷电流范围为$[I_{min},I_{max}]$。

（2）计算进线段危险长度

计算每一小段雷电流对应的变电站进线段危险长度。由于电晕衰减和线路阻尼效应，一定幅值的雷电流只有击于其所对应的进线危险段内，才会产生对变电站绝缘有危险的过电压。

（3）计算变电站危险过电压次数

将一年内击于变电站进线上的所有引起危险过电压的次数累加起来，就是变电站每年遭受雷害危险的概率。由于反击侵入波和绕击侵入波的出现概率有各自的统计方法，故应分别予以计算。

每年由反击侵入波引起的危险过电压平均次数按下式确定：

$$N_{反} = \sum_{j=1}^{n}\left[(1-k_j)N_g Wg\eta\sum_{i=1}^{m}(p_{\Delta i}l_{\Delta i})\right] \tag{8-44}$$

式中，n为计算雷电侵入波过电压时所取的变电站进（或出）线数；k_j为变电所其他线路对第j条线路的屏蔽系数；N_g为变电站地区的年落雷密度，次/$(\text{km}^2\cdot\text{a})$；$W$为线路受雷宽度，km；$g$为击杆率；$\eta$为建弧率；$p_{\Delta i}$为雷电流在$I_i\leqslant I\leqslant I_{i+1}$区间内的概率；$l_{\Delta i}$为与雷电流幅值$I_i\leqslant I\leqslant I_{i+1}$对应的进线危险长度，km。

每年由绕击侵入波引起的危险过电压次数为

$$N_{绕} = \sum_{j=1}^{n}\left[(1-k_j)N_g W\sum_{i=1}^{m'}(p_{\Delta i}p_{a\Delta i}l_{\Delta i})\right] \tag{8-45}$$

式中，$p_{a\Delta i}$为雷电流幅值$I_i\leqslant I\leqslant I_{i+1}$对应的绕击率，可由EGM得出。

每年因雷击线路而引起的侵入变电站危险过电压次数为

$$N = N_{反} + N_{绕} \tag{8-46}$$

（4）计算变电站安全运行年限

危险过电压次数N的倒数即为变电站的平均安全运行年限（危险过电压重复周期），即：

$$T = \frac{1}{N} \tag{8-47}$$

综上，统计法可以定量计算变电站的耐雷指标，特别是可用于不同电压等级、不同绝缘类型变电站的防雷可靠性比较。但统计法也有计算繁琐复杂的缺陷，因此，具体的耐雷可靠性评估方法应根据具体工程需要而确定。

8.2.2.3　日本特高压变电站雷电侵入波计算方法

作为参考和对比之用，以下给出日本特高压变电站雷电侵入波过电压的计算方法。

日本使用惯用法分析特高压变电站的雷电侵入波过电压。另外，对比中、日两国分别使用的惯用法，计算方法的主要区别在于雷电流源、进线段参数的选取以及部分影响因素的处理方法，见表8-11。

由表8-11可知，与中国相比，日本所采用计算方法的主要区别之处为：①日本只对特高压变电站的反击侵入波过电压进行校验计算，未考虑绕击侵入波；②雷击点取进线段的第一基杆塔（即#1塔），杆塔模型采用带阻尼支路的分段传输线模型；③雷电流波形采用$1/70\mu s$双斜角波，雷电流幅值取200kA

（日本 500kV 变电站的对应取值是 150kA）；④日本认为计算条件已经非常苛刻，所以绝缘裕度取为 0。

其中，由式(8-43)可知，在站内避雷器布置方案相同的前提下，站内设备上的侵入波过电压的最大影响因素是侵入波陡度。由表 8-11 可知，日本取雷电流陡度为 200kA/μs，而中国绕、反击雷电流陡度只分别为 I_{max}kA/2.6μs、250kA/2.6μs，可见日本的计算条件选得更加严格。

值得注意的是，在确定站内设备可承受的最大雷电过电压时，日本特高压变电站的绝缘配合原则与 IEC 标准差别很大，在最大雷电过电压和额定雷电冲击耐受电压之间未留安全裕度。

表 8-11　中、日两国特高压变电站雷电侵入波计算所使用的惯用法的主要区别

仿真模型	国家	中国	日本
雷电流源	侵入波类型	绕击、反击	反击
	雷击点	绕击：#1 塔附近导线 反击：#2 塔	反击：#1 塔
	雷电流波形	2.6/50μs	1/70μs
	雷电流幅值	绕击：最大可绕击电流 I_{max} 反击：250kA	反击：200kA
	雷道波阻抗	绕击：800Ω 反击：300Ω	反击：400Ω
进线段	杆塔模型	分段波阻抗模型	带阻尼支路的分段传输线模型
	杆塔接地电阻	平原：7Ω/山区：15Ω	10Ω
	闪络判据	相交法（伏秒特性曲线法）	先导法
变电站	运行方式	单线单变双母方式； 单线方式	单线方式； 单线单母方式； 单线单变单母方式
	绝缘裕度	外绝缘：5% 内绝缘：15%	0%

8.2.3　特高压变电站的雷电侵入波过电压防护

8.2.3.1　日本特高压变电站的雷电侵入波防护研究

在设计特高压变电站的雷电侵入波防护方案时，应综合考虑站内设备的实际绝缘水平和所采用的过电压防护措施，在安全可靠的基础上，还应尽量满足经济性的要求。现以日本特高压交流系统中的典型变电站为例，对其雷电侵入波防护方案的选择方法进行说明。

日本曾采用 EMTP 对东京电力公司一种典型结构的特高压变电站的雷电侵入波防护方案进行分析，变电站主接线见图 8-31。被研究变电站为 GIS 结构，电气主接线方式采用双母线分段，共计六回特高压输电线路、四组变压器。

由前述已知，为限制特高压线路的操作过电压，变电站进（出）线断路器的线路侧 CVT 处、变压器回路处均需安装一组 MOA。而为限制雷电侵入波过电压，母线处以及进线高抗处是否安装 MOA、所需 MOA 数量以及各 MOA 至被保护设备的距离则需通过数字仿真计算来确定。

在实际工程中，每条母线可能的避雷器安装方案包括不安装、安装一组、两端各安装一组三种情况，即 0、1、2 组；并联电抗可能的避雷器安装方案包括两种情况，即 0、1 组。日本在几种运行接线条件下，对以上 6 种(3×2)避雷器布置方案下的站内设备雷电冲击耐压和成本分别进行了对比计算，研究结果见表 8-12。

由表 8-12 可知，在选取极为严格的雷电侵入波的条件下，方案 F 最为经济可取。此时，变压器和 GIS 的雷电冲击耐压分别取为 1950kV 和 2250kV，相应的避雷器布置方案为：各变压器回路上均安装一组避雷器；每段母线两端各安装一组避雷器（即每段母线两组）；每条线路入口处、并联电抗器处各安装一组避雷器（即每条出线两组）。

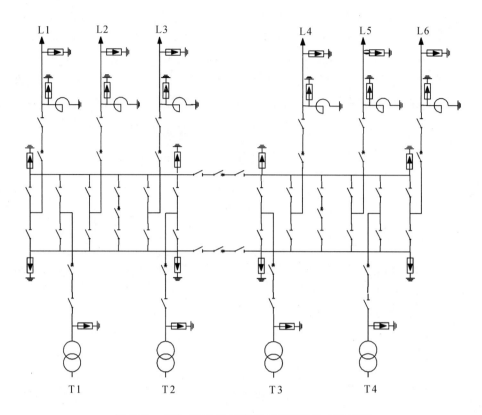

图 8-31　日本 1000kV 特高压 GIS 变电站主接线图

表 8-12　日本特高压变电站 MOA 布置方案、设备绝缘水平与成本的关系

		方案 A	方案 B	方案 C	方案 D	方案 E	方案 F
避雷器 数量	线路进线处	1	1	1	2	2	2
	母线	0	1	2	0	1	2
	变压器	1	1	1	1	1	1
变压器	必需的耐受电压(kV)	1950	1943	1895	1943	1938	1896
	采用的耐受电压((kV)	1950	1950	1950	1950	1950	1950
GIS	必需的耐受电压(kV)	2898	2854	2703	2628	2506	2208
	采用的耐受电压(kV)	2900	2900	2900	2700	2550	2250
成本(假定方案 F 为 100)		102	105	109	103	103	100

　　由表 8-12 可知,对于特高压变电站,在站内空间允许的情况下,可以考虑适当增加保护避雷器的数量,这样整体从经济上来讲反而是合算的,因为它有效地控制了站内各处的过电压,使各种主要电气设备均得到充分有效的保护。日本特高压变电站防雷保护方案的这种设计方法和思路值得中国同行借鉴。中国可以参考日本的处理方法,变电站防雷应同时顾及安全性和经济性两个方面,综合平衡站内设备绝缘水平选取和限制过电压措施(主要是 MOA 数量)应用,以合理确定特高压变电站的绝缘配合方案。

8.2.3.2　中国特高压变电站的雷电侵入波防护研究

　　下面以特高压同塔双回输电工程中的 1000kV 淮南 GIS 变电站为例,计算在不同运行方式下站内设备上的雷电过电压最大值,使用惯用法评估其耐雷可靠性。

　　淮南 1000kV 变电站(初期设计方案)电气主接线见图 8-32。根据进线段的具体情况,在地面倾角为 0°时,使用 EGM 计算进线段 #1 塔附近导线的最大可绕击电流为 21kA。

　　特高压线路的绝缘水平很高,反击耐雷水平不小于 250kA,传入变电站的主要是感应过电压,其幅值较低,不再考虑。在此主要计算不同运行方式和不同避雷器布置方案下的绕击雷电侵入波过电压,计

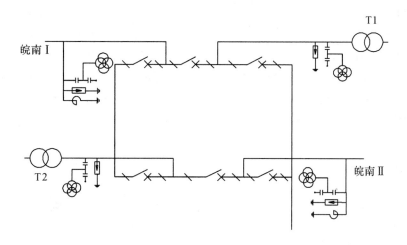

图 8-32　淮南 1000kV 变电站电气主接线图

算结果见表 8-13 和表 8-14。表中，T、REA、CVT、OGS、BG 分别代表变压器、高压电抗器、电容式电压互感器、敞开式接地开关和套管。

表 8-13　淮南变电站在单线单变双母运行方式下的雷电侵入波过电压

MOA 布置方案	站内设备上的侵入波过电压值(kV)						MOA 电流(kA)	
	T	REA	CVT	OGS	GIS	BG	T	其他
方案 1	1610	1582	1677	1710	1924	1769	11	13
方案 2	1595	1536	1543	1549	1806	1681	9	＜ 9
方案 3	1573	1514	1555	1506	1570	1545	7	＜ 7
允许值	1957	1957	2087	2087	2087	2087	20	20

注：方案一为在 T、REA 附近各安装一组 MOA；方案二为在 T、REA、CVT 附近各安装一组 MOA；方案三为在 T、REA、CVT 和每组母线附近各安装一组 MOA。另外，过电压"允许值"已考虑 15% 的安全裕度。

表 8-14　淮南变电站在单线运行方式下的雷电侵入波过电压

MOA 布置方案	站内设备上的侵入波过电压值(kV)					MOA 电流(kA)
	REA	CVT	OGS	GIS	BG	
方案 1	5329	5298	5306	5332	5319	0
方案 2	1728	1830	1915	2077	2034	21.99
方案 3	1638	1575	1564	1681	1646	9/11.2
允许值	1957	2087	2087	2087	2087	20

注：方案一为不安装 MOA；方案二为在 REA 附近安装一组 MOA；方案三为在 REA 和 CVT 附近各安装一组 MOA。

由表 8-13 可知，在最大绕击电流为 21kA 的前提下，对于单线单变运行方式，即使采用方案一(即只在 REA 和 T 处各安装一组 MOA)也能满足站内设备的绝缘要求。另外，对于 GIS，各段母线若分别加一组 MOA，可明显降低其过电压水平，推荐加装。

由表 8-14 可知，在最大绕击电流为 21kA 的前提下，对于单线运行方式，方案一对应的雷电侵入波过电压水平明显偏高；方案二(进线处只安装一组 MOA)可使得 MOA 的通流电流略偏大；方案三对应的站内设备过电压水平和 MOA 通流电流均达标。

对于 1000kV 淮南变电站，综合考虑限制操作过电压要求，推荐以下的 MOA 布置方案：

(1)进线端安装两组 MOA，其中一组靠近 REA，另一组宜装于 CVT 和 GIS 套管之间，并尽量靠近 GIS；

(2)各变压器旁分别安装一组 MOA；

(3)各母线侧分别安装一组 MOA。

关于特高压变电站的避雷器布置方案，为限制操作过电压，变电站各进线端和各变压器旁一般分别需安装一组避雷器；为防止单线方式下的断路器断口间的绝缘击穿事故，一般在靠近 GIS 的各进线端分别增加一组避雷器;另由以上分析可知,为降低 GIS 上的雷电侵入波过电压水平,推荐再在各段母线上分别安装一组避雷器。综合考虑,本书推荐特高压变电站 MOA 典型布置方式如下(该方案在实际应用时也应通过数值计算加以校核):

(1)各回线路的入口处安装两组 MOA,其中一组靠近高抗,另一组宜装于 CVT 和 GIS 套管之间,并尽量靠近 GIS;

(2)各变压器旁分别安装一组 MOA;

(3)各段母线分别安装一组 MOA。

8.2.4 特高压变电站雷电侵入波防护措施

与高压、超高压变电站相同,特高压变电站防雷电侵入波的基本思路也是:装设金属氧化物避雷器(MOA)是限制变电站雷电侵入波过电压的主要措施;另外,为避免 MOA 负担过重(流过的冲击电流过大),还需要"进线段保护"与之配合。

1) MOA 保护

变电站的 MOA 保护包括避雷器的雷电冲击保护水平的选取、避雷器的安装位置和数量的确定。其中,避雷器的雷电冲击保护水平主要由避雷器的制造水平决定。在避雷器雷电冲击保护水平已定的前提下,合理确定避雷器的安装位置及数量就显得尤为重要。

中国特高压标准规定,变电站一般宜在每一主变压器和每段母线上装设 1 组避雷器。在每回线路的入口处装设 1 至 2 组避雷器,避雷器的位置和数量应通过雷电侵入波过电压计算确定。

经计算分析,本书推荐特高压变电站 MOA 典型布置方式(该方案在实际应用时也应通过数值计算加以校核)如下:

(1)各回线路的入口处安装两组 MOA,其中一组靠近高抗,另一组宜装于 CVT 和 GIS 套管之间,并尽量靠近 GIS(防止单线方式下的断路器断口间的绝缘击穿事故);

(2)各变压器旁分别安装一组 MOA;

(3)各段母线分别安装一组 MOA。

2) 进线段保护

进线段保护是指在变电站进(出)线段上加强防雷措施,如减小进线段的杆塔接地电阻、减小避雷线保护角和安装线路型避雷器等。由于对特高压变电站安全运行构成威胁的雷电侵入波一般是由近区雷击而引起,进线段的耐雷性能直接关系到雷电侵入波对变电站的危害程度,因此,加强进线段保护是必要的。

进线段保护主要有两个作用:①减少进线段上绕击或反击的出现次数,从而尽量降低在进线段上产生的危险雷电侵入波数量;②降低进线段的最大可绕击电流 I_{max} 的幅值,提高反击耐雷水平,从而限制流过 MOA 的冲击电流幅值。

中国特高压标准 GB/Z 24842-2009《1000kV 特高压输变电工程过电压和绝缘配合》规定,2km 架空进线段范围内应采取措施减少雷电绕击和反击导线的概率,反击耐雷水平宜不小于 250kA。架空地线保护角平原宜小于−4°,在条件允许的情况下山区宜进一步减小;线路耐张转角塔地线对跳线的保护角宜小于−4°,也可采取其他措施保护。另外,当单回线路进线段杆塔上两根地线之间的距离超过导线与地线垂直距离 4 倍时,应增设第三根地线以防止雷电绕击中相导线。

对于中国特高压交流试验示范线路工程,变电站雷电侵入波过电压由进线段绕击引起。为降低绕击侵入波危害,进线段采用了负保护角(<−4°)的酒杯塔,并为防止雷电从两避雷线间绕击导线而架设第三根避雷线,详见图 8-33。

经计算分析,本书推荐特高压线路进线段架设三根避雷线。架设三根避雷线不仅可以降低中相导线遭受绕击概率,甚至可以完全避免中相导线遭受绕击;该措施还允许两侧避雷线外扩,减小保护角,从而降低外侧导线的最大可绕击电流幅值,有利于降低绕击侵入波的幅值。另外,架设三根避雷线还可进一步提高线路的反击耐雷水平,对防反击侵入波也是有利的。总之,架设三根避雷线不但对防绕、防反

图 8-33　中国特高压交流试验示范线路进线段杆塔塔头图示

击侵入波均有利,而且投资较小,应该也是值得推荐的一种新颖线路防雷设计思路,它尤其适用于大塔头线路进线段或超/特高压大塔头、高杆塔线路。

参考文献

[1] 俄罗斯电力和电气化股份公司"俄罗斯统一电力系统".6～1150kV 电网雷电和内过电压保护手册[M].圣彼得堡:圣彼得堡出版社,1999.

[2] 刘振亚.特高压电网[M].北京:中国经济出版社,2005.

[3] 许颖,许士珩.交流电力系统过电压防护及绝缘配合[M].北京:中国经济出版社,2006.

[4] 梁曦东,陈昌渔,周远翔.高电压工程[M].北京:清华大学出版社,2004.

[5] 刘振亚.特高压交流系统过电压与绝缘配合[M].北京:中国电力出版社,2008.

[6] 周浩.高电压技术自学辅导[M].杭州:浙江大学出版社,2001.

[7] 国家电力调度通信中心.电力系统继电保护实用技术问答[M].北京:中国电力出版社,2000.

[8] 东京电力公司 1100kV 变电站绝缘设计[C].特高压输电技术国际研讨会论文集,2005.

[9] DL/T 620-1997.交流电气装置的过电压保护和绝缘配合[S],1997.

[10] GB/Z 24842-2009.1000kV 特高压交流输变电工程过电压和绝缘配合[S],2009.

[11] GB 50665-2011.1000kV 架空输电线路设计规范[S],2011.

[12] 孙萍.220kV 新杭线雷电流幅值实测结果的统计分析[J].中国电力,2000,33(3):72-75.

[13] 陈家宏,谷山强,李晓岚,等.1000kV 特高压交流试验示范工程线路走廊雷电分布特征研究[J].中国电力,2007,40(12):27-30.

[14] 高飞,陈维江,刘之方,等.1000kV 交流输电系统串补站的雷电侵入波保护[J].高电压技术,2010,36(9):2199-2205.

[15] 袁兆祥,李琥,顶玲.杆塔模型对特高压变电站反击波过电压的影响[J].高电压技术.2008,34(5):867-872.

[16] 沈志恒,赵斌财,周浩,等.铁塔横担侧向避雷针的绕击保护效果分析[J].电网技术,2011,35(11):169-177.

[17] 钱冠军,王晓瑜,徐先芝,等.沿输电线路档距方向绕击概率的变化[J].高电压技术,1999,25(1):23-25.

[18] 王茂成,张治取,滕杰等.1000kV 单回特高压交流输电线路的绕击防雷保护[J].电网技术,2008,32(1):1-4.

[19] 王声学,吴广宁,范建斌,等.500kV 输电线路悬垂绝缘子串风偏闪络的研究[J].电网技术,2008,32(9):65-69.

[20] A. Ametani, T. Kawamura. A method of a lightning surge analysis recommended in Japan using EMTP[J]. IEEE Transactions on Power Delivery, 2005, 20(20):867-875.

[21] Cronin C, Colclaser R. G. , Lehman R. F. Transient lightning overvoltage protection requirements for a 500 kV gas-insulated substation[J]. IEEE Transactions on Power Apparatus and Systems, 1978, PAS-97(1): 68-78.

[22] Armstrong H. R. , Whitehead E. R. Field and analytical studies of transmission line shielding [J]. IEEE Transactions on Power Apparatus and System, 1968, PAS-87(1): 270-281.

[23] Brown G. W, Whitehead E. R. Field and analytical studies of transmission line shielding: Part II [J]. IEEE Transactions on Power Apparatus and System, 1969, 88(5): 671-626.

[24] Sargent M. A. , Darveniza, M. Tower Surge Impedance [J]. IEEE Transactions on Power Apparatus and System. 2007, PAS-88(5), 680-687.

[25] T. Hara, O. Yamamoto. Modeling of a transmission tower for lightning surge analysis[J]. IEE PGTD, 1996, PAS-143 (3): 283-289.

[26] IEC 60071-4. Insulation co-ordination-Part 4: Computational guide to insulation co-ordination and modeling of electrical networks[S], 2004.

[27] IEC 60071-2. Insulation co-ordination-Part 2: Application guide [S], 1996.

[28] Anderson, J G. , Clayton, R. , Elahi, H. et al. Estimating lightning performance of transmission lines II updates to analytical models[J]. IEEE Trans PWRD, 1993, PAS-8 (3): 1254-1267.

[29] Anonymous a simplified method for estimating lightning performance of transmission lines [J]. IEEE Transactions on Power Apparatus and System, 1985, PAS-104(4): 919-932.

[30] CIGRE SC33-WG01. CIGRE guide to procedure for estimating the lightning performances of transmission line[R]. Parie: CIGRE SC33-WG01, 1991.

[31] IEEE Std 1243-1997. IEEE guide for improving the lightning performance of transmission lines[S],1997.

[32] Imece, A. F. , Durbak, D. W. , Elahi, H. , et al. Modeling guicklines for fast front transients [J]. IEEE Transactions on Power Delivery, 1996, 11(1): 493-506.

第9章 特高压变电站绝缘配合

特高压电网电压等级高,输送容量大,在系统中所处的地位非常重要。因此,相对于低电压等级电网,特高压电网的绝缘配合有其特殊性。首先,由于特高压电网在电力系统中的重要地位,设备的绝缘配合必须保证系统有较高的稳定性;其次,特高压电网对绝缘要求高,输变电设备绝缘部分的投资占设备总投资比重大,合理确定绝缘水平有着巨大的经济效益;最后,由于电压等级的提高,在配合中起主导作用的过电压将不同于低电压等级系统,绝缘配合的原则也会随之发生变化。

本章首先讨论了特高压变电站绝缘配合的主要方法,然后分别就变电站空气间隙的确定与设备绝缘的选择进行了详细探讨。

9.1 绝缘配合的基本概念与原则

所谓绝缘配合,就是综合考虑电气设备在电力系统中可能承受的各种电压(工作电压和过电压)、保护装置的特性和设备绝缘对各种作用电压的耐受特性,合理地确定设备的绝缘水平,以使设备的造价、维修费用和设备绝缘故障引起的事故损失降到最低,达到在经济上和安全运行上总体效益最高。

绝缘配合既要在技术上处理好各种作用电压、限压措施和设备绝缘耐受电压三者之间的配合关系,更要在经济上协调好投资费用、维护费用和事故损失费三者之间的关系。这样,既不会由于绝缘水平取得过高,使设备尺寸过大、造价太贵,造成不必要的浪费;也不会因为绝缘水平取得过低,使设备在运行中的事故率增加,导致停电损失和维护费用大大增加。为达到设备制造费用、运行维护费用和事故损失等三方面的综合经济效益最佳的目的,绝缘配合必须计及电压等级、系统结构等诸多因素影响。

绝缘配合主要考虑的过电压有雷电过电压、操作过电压和工频过电压。在 220kV 及以下电网中,因为电压等级较低,难以将雷电过电压限制到内部过电压的水平。因此,这些电网中电气设备的绝缘水平主要受雷电过电压的影响。对于 220kV 以上超高压和特高压电网,随着电压等级的升高,操作过电压、工频过电压的幅值随之增大,而雷电过电压在各种防雷措施的限制下,危害性已经大大减弱,内部过电压在绝缘配合中逐渐起决定作用。在超高压绝缘配合中,操作过电压起主导作用。在特高压电网中,内部过电压被限制在 1.6～1.8p.u.,此时设备绝缘水平主要由工频过电压、长时间工作电压或操作过电压决定。

绝缘配合包括线路绝缘配合和变电站绝缘配合,主要内容有:绝缘子型式、片数的选择、线路到杆塔距离的确定、变电站空气间隙的确定和变电站设备绝缘水平的确定。

对于以上绝缘配合内容,三种过电压所起的作用各不相同,需要分别进行考虑。

线路绝缘子:绝缘子型式的选择主要参考运行地区污秽及海拔情况来确定,串长则主要由系统最高运行电压决定。

线路空气间隙:导线对杆塔间隙的确定需考虑杆塔类型和风偏的影响。对于猫头塔和酒杯塔,边相绝缘子通常采用Ⅰ串,需要在工频过电压、操作过电压和雷电过电压下进行校核,保证在三种过电压下都不会发生间隙击穿;中相绝缘子通常采用Ⅴ串,导线对塔窗的间隙距离已经确定,且该间隙远大于工频放电电压要求,因此一般只需校核间隙是否满足操作过电压和雷电过电压的放电电压要求值;对于双回杆塔Ⅰ串绝缘子,三相间隙同样需要在三种过电压下进行校核,保证间隙不会发生击穿。

变电站空气间隙:对于不受风偏影响的间隙主要由操作过电压决定;对于受风偏影响的间隙,则需分别校核在三种过电压下,间隙距离是否能达到放电距离要求。

变电站设备绝缘:电力设备出厂时应进行长时间工频带电试验,保证其在持续运行工频电压作用下的可靠性。设备的冲击电压耐受水平的确定,主要通过参考避雷器的保护水平和设备的绝缘特性,选取一定的配合系数来确定。

9.2 特高压绝缘配合方法

绝缘配合方法可分为两类:一类是根据运行经验,考虑各种因素的影响,利用一系列配合系数来确定绝缘水平,称为惯用法。另一类是根据自恢复绝缘的闪络电压是一个随机变量,而作用于绝缘的过电压也是一个随机变量的情况,通过概率方法设计设备绝缘,称为统计法。

惯用法对有自恢复能力的绝缘(气体绝缘)和无自恢复能力绝缘(液体或固体绝缘)都是适用的。由于统计法需要大量绝缘击穿数据,实际应用中很难获得,因此只适用于自恢复绝缘。

1) 惯用法

惯用法是按照作用于绝缘上的最大过电压和设备最小绝缘强度的概念进行绝缘配合的。这种方法首先确定电气设备绝缘上可能出现的最危险过电压,然后再根据经验乘上一个考虑各种因素影响的裕度系数,从而决定绝缘应耐受的电压水平。即

$$U_j = k U_{gmax} \tag{9-1}$$

式中, U_j——设备的绝缘水平;

U_{gmax}——系统中的最大过电压幅值;

k——配合系数通常大于 1。

惯用法的优点是简单、直观,但缺点也十分明显。采用这一原则决定绝缘水平时,通常要留有较大的裕度,这常常会使确定的绝缘水平偏高。对于特高压电网,惯用法虽然可以保证系统有较高的安全性,但会大幅提高设备造价;另外,采用惯用法也不能定量地估计出设备可能出现事故的概率。由于惯用法的这些缺陷,统计法和简化统计法在特高压电网的外绝缘设计中得到逐步推广和应用。

2) 统计法

统计法是根据过电压幅值和绝缘的耐受强度都是随机变量的情况,在已知过电压幅值和绝缘放电电压的概率分布后,用计算方法求出绝缘放电的概率和线路跳闸率,最终在技术经济比较的基础上,合理确定绝缘水平。

设过电压概率密度函数为 $f(U)$,绝缘的击穿概率分布函数为 $P(U)$,且 $f(U)$ 与 $P(U)$ 互不相关。如图 9-1 所示,$f(U_0)dU$ 为过电压在 U_0 附近 dU 范围内出现的概率,$P(U_0)$ 为在过电压 U_0 作用下绝缘击穿的概率。可得出现这样高的过电压并使绝缘击穿的概率为

$$dR = P(U_0) f(U_0) dU \tag{9-2}$$

式中,dR 又称为微分故障率,它对应于图 9-1 中斜线阴影部分的那一小块面积。

习惯上,在对过电压进行统计时,一般只按过电压的绝对值进行统计,而不再区分极性(可以认为正负极性各占一半),这样,可以得到过电压幅值的分布范围应为 $U_{xg} \sim \infty$(U_{xg} 为系统最大工作相电压幅值),将放电概率积分得

$$R = 总阴影面积 = \int_{U_{xg}}^{\infty} P(U) f(U) dU \tag{9-3}$$

式中,R 即为绝缘在过电压作用下被击穿并造成事故的概率,即故障率。

由式(9-3)可知,故障率 R 就是图 9-1 中的阴影部分总面积。若增加绝缘强度,即曲线 $P(U)$ 向右方移动,该阴影面积将缩小,绝缘故障率降低,但同时设备投资成本将增大。因此,采用统计法可根据需要对某些关键性的因素进行调整,通过技术、经济比较在绝缘成本和故障率之间进行协调,在满足预定故障率指标的前提下,选择合理的绝缘水平。但使用中应注意,采用统计法进行绝缘配合,必须知道设备绝缘放电电压的概率分布,而这在实际中是很难获得的。目前,统计法(包括简化统计法)通常只在特高压电网的外绝缘设计中使用。

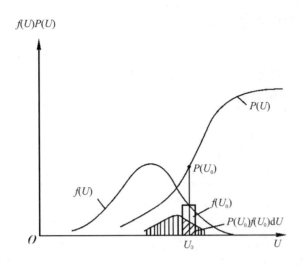

图 9-1　绝缘故障率的估算

3）简化统计法

实际工程中采用统计法进行绝缘配合，过程比较繁琐，为此，国际电工委员会（IEC）推荐了一种"简化统计法"以方便实际运用。简单地说，简化统计法就是将统计法和惯用法的思想结合起来后形成的简化计算方法。

在简化统计法中，假定过电压和绝缘放电概率均服从正态分布，并已知它们各自过电压（或过电压倍数）的数学期望和标准偏差。根据这些假定，过电压和绝缘电气强度的整个概率分布就可以用与某一参考概率相对应的点来表示。IEC 绝缘配合标准推荐采用出现概率为 2% 的过电压值为"统计过电压 U_S"，推荐放电概率为 10%，即耐受概率为 90% 的耐受电压值为绝缘的"统计耐受电压 U_w"。

采用上述"统计过电压 U_S"和"统计耐受电压 U_w"分别替代惯用法中的最大过电压 U_gmax 和绝缘最低耐受电压 U_j，并把"统计耐受电压 U_w"与"统计过电压 U_S"之间的比值定义为"统计安全系数 K_S"，从而使惯用法在原来的基础上得到改进，如式（9-4）所示。

$$K_\mathrm{S}=\frac{U_\mathrm{w}}{U_\mathrm{S}} \tag{9-4}$$

显然，在过电压保持不变的情况下，如果提高绝缘水平，其统计耐受电压和统计安全系数均相应增大，绝缘故障率减少。

式（9-4）的表达形式与惯用法十分相似，可以认为：简化统计法实质上是一种利用过电压和绝缘电气强度的概率统计特性，但又沿用惯用法计算公式的混合型绝缘配合方法。

综上所述，在特高压电网的绝缘配合中，对于架空输电线路和变电站设备外绝缘水平的确定，主要采用统计法，力求在保证一定稳定性的前提下降低设备的绝缘造价。对于变电站设备的内绝缘，由于特高压设备的重要性，则采用惯用法，力求变电站的运行有较高稳定性。

9.3　特高压变电站的绝缘配合

变电站的绝缘配合包括变电站空气间隙距离的校核和设备绝缘水平的确定。对于前者，由于空气间隙属于自恢复绝缘，因此可采用统计法进行绝缘配合。而对于变电站设备，其绝缘介质多为固体或液体，属非自恢复性绝缘，且由于特高压变电站设备的重要性，实际中采用惯用法进行绝缘配合，以保证设备有足够高的安全性。

本节将主要依据国标 GB/Z 24842-2009《1000kV 特高压交流输变电工程过电压和绝缘配合》，讨论特高压变电站绝缘配合的主要设计思想。

9.3.1 特高压变电站空气间隙的确定

变电站空气间隙包括导线对构架的最小电气距离,变电站设备对构架的最小电气距离和变电站相间的最小电气距离。空气间隙应能承受工频过电压、操作过电压和雷电过电压的作用。

9.3.1.1 工频过电压下空气间隙确定

1)相地间隙

变电站相地间隙多数不受风偏的影响,在确定间隙距离时以变电站相对地最大工频暂时过电压 U_p(1.4p. u.)作为代表性工频过电压进行校核。

变电站相地间隙的50%工频放电电压要求值应满足下式要求:

$$U_{50.1.r} = k_s k_c U_p = 1.05 \times 1.06 \times 1.4 p. u. = 1399 (kV)$$

式中,k_s 为安全因数,取 1.05;k_c 为配合系数,取 1.06。下文中间隙工频放电曲线为工频峰值电压放电曲线,50%放电电压为工频峰值电压。

海拔高度为1000m时的大气校正因数 k_a 为 1.131。可得海拔 1000m 下空气间隙在标准大气条件下要求耐受电压为 1582kV。

在得到设备间隙工频放电电压要求值后,对照设备相地间隙的工频放电电压曲线可以得到间隙距离。

相地间隙工频放电电压曲线[1]如图 9-2 所示:

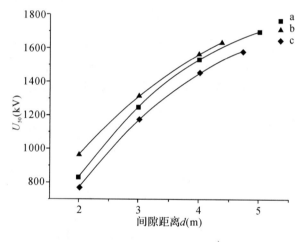

图 9-2 变电站相地空气间隙工频放电电压曲线

注:a 为软导线对构架柱工频放电曲线,b 为管型母线对构架柱工频放电曲线,c 为均压环对构架柱工频放电曲线。

根据工频放电电压要求,查上述相关放电电压曲线,可得出变电站相地间隙的工频放电间隙距离,如表 9-1 所示。

表 9-1 工频电压下变电站相地间隙距离

	工频放电电压要求值(kV)	1582
间隙距离(m)	导线对构架柱	4.21
	管型母线对构架柱	4.08
	均压环对构架柱	4.62

标准规定海拔不超过1000m时变电站工频下相地间隙推荐距离如表 9-2 所示。

表 9-2 工频电压下变电站相地间隙最小空气距离

间隙类型	导线对构架	设备对构架
间隙距离(m)	4.2	4.2

注:导线对构架包含软导线对构架柱,管型母线对构架柱,设备对构架包含均压环对构架柱。

根据放电电压曲线得出的设备对构架间隙距离为 4.6m，而文献[1]中推荐的设备对构架间隙距离为 4.2m。二者之间有一定的偏差，但这并不会影响该空气间隙距离的最终选取结果。因为设备对构架的间隙距离还需要综合考虑操作冲击与雷电冲击，根据 9.3.1.2 小节分析，操作冲击下设备对构架空气间隙推荐 7.5m，明显高于工频电压下的间隙距离要求。因此，本节根据放电曲线得出的设备对构架间隙距离与推荐值之间存在一些偏差并不会影响最终结果。

2）相间间隙

相间电压最大值发生在双回线路无故障分闸时，此时相间电压 U_p 可达 $1.3\sqrt{3}$p.u.。此时间隙 50% 放电电压为

$$U_{50.1.r} = k_s \cdot k_c \cdot U_{pp} \tag{9-5}$$

式中，k_s 为安全裕度，取 1.05；k_c 为配合系数，取 1.06[1]；U_{pp} 为相间最大工频过电压，取 $1.3\sqrt{3}$p.u.。

相间间隙工频放电电压要求值为

$$U_{50.1.r} = 1.05 \times 1.06 \times 1.3\sqrt{3}\text{p.u.} = 2250(\text{kV})$$

考虑 1000m 海拔修正系数 1.131，修正值为 2545kV。

9.3.1.2　操作冲击下空气间隙确定

1）相地间隙

以变电站的相对地操作统计过电压 U_{rp}（1.7p.u.）为典型过电压，相地间隙操作冲击 90% 耐受电压 U_{rw} 为

$$U_{rw} = k_s \cdot k_{cs} \cdot U_{rp} \tag{9-6}$$

式中，U_{rp} 为变电站相对地典型操作过电压；k_s 为安全因数，取 1.05；k_{cs} 为统计配合系数，取 1.15。

转换为 50% 放电电压要求值为

$$U_{50.1.r} = \frac{U_{rw}}{1-1.28\sigma_1^*} = \frac{k_s \cdot k_{cs} \cdot U_{rp}}{1-1.28\sigma_1^*} \tag{9-7}$$

式中，σ_1^* 为操作冲击放电电压分布变异系数，取 0.06。计算可得 $U_{50.1.r}$ 为 1997kV。

由于本书中变电站操作冲击放电曲线的试验波波头时间为 $250\mu s$，而特高压系统中操作过电压波头时间多在 $1000\mu s$ 以上，因此，需要进行波形校正，校正系数取为 1.13，校正后 50% 放电电压要求值为 1767kV。

对高海拔地区变电站要进行海拔校正，1000m 海拔时操作放电电压海拔修正系数为 1.056，修正后为 1866kV。

相地间隙标准操作冲击放电电压曲线[1]如图 9-3 所示。

根据操作冲击 50% 放电电压要求，查上述相关放电电压曲线，可得出操作冲击电压下所要求的间隙距离，如表 9-3 所示。

表 9-3　海拔 1000m 下操作冲击电压下变电站相地间隙距离

操作冲击放电电压要求值(kV)		1866
间隙距离(m)	软导线对构架梁	5.82
	软导线对构架柱	6.13
	管型母线对构架柱	6.08
	均压环对构架柱	7.41

标准规定海拔不超过 1000m 时变电站操作冲击下相地间隙推荐距离如表 9-4 所示。

表 9-4　操作冲击电压下变电站相地间隙最小空气距离

间隙类型	导线对构架	设备对构架
间隙距离(m)	6.8	7.5

注：导线对构架包含软导线对构架柱，管型母线对构架柱，设备对构架包含均压环对构架柱。

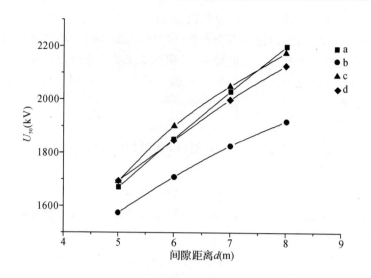

图 9-3　变电站相对地操作过电压放电电压曲线

注:a 为管型母线对构架柱放电电压曲线,b 为均压环对构架柱放电电压曲线,c 为软导线对构架梁放电电压曲线,d 为软导线对构架柱放电电压曲线。

2）相间间隙

以变电站的相间操作统计过电压 U_{rp}（不大于 2.9p.u.）为典型过电压,相地间隙操作冲击 90% 耐受电压 U_{rw} 为

$$U_{rw} = k_s \cdot k_{cs} \cdot U_{rp} \tag{9-8}$$

式中,U_{rp} 为变电站相间典型操作过电压;k_s 为安全因数,取 1.05;k_{cs} 为统计配合系数,取 1.15。

转换为 50% 放电电压要求值为

$$U_{50.1.r} = \frac{U_{rw}}{1 - 1.28\sigma_1^*} = \frac{k_s \cdot k_{cs} \cdot U_{rp}}{1 - 1.28\sigma_1^*} \tag{9-9}$$

式中,σ_1^* 为操作冲击放电电压分布变异系数,取 0.06。计算可得 $U_{50.1.r}$ 为 3270kV。

波形校正系数为 1.131,校正后时放电电压要求值为 2894kV。

对高海拔地区变电站要进行海拔校正,海拔 1000m 时操作放电电压海拔修正系数为 1.065,修正后为放电电压要求值为 3082kV。

变电站相间间隙操作冲击放电电压曲线[1]如图 9-4 所示:

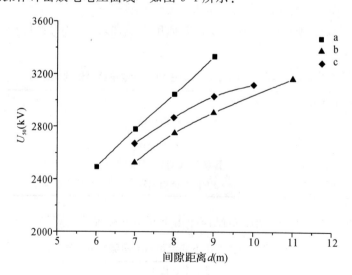

图 9-4　相间间隙操作过电压放电电压曲线

注:a 为软导线相间放电电压,b 为管型母线相间放电电压,c 为均压环相间放电电压。

根据变电站相间操作放电电压要求,查上述相关放电电压曲线,可得出操作过电压要求的相间间隙距离,如表 9-5 所示。

表 9-5　变电站操作冲击放电电压要求值对应的相间空气间隙距离

间隙类型	软导线对软导线	管母线对管母线	均压环对均压环
放电电压要求值对应的间隙距离(m)	8.12	10.32	9.49

标准规定海拔不超过 1000m 地区变电站操作冲击下相间最小空气间隙推荐值如表 9-6 所示。

表 9-6　变电站操作冲击下相间最小空气间隙推荐值

间隙类型	软导线对软导线	管母线对管母线	均压环对均压环
最小空气间隙距离推荐值(m)	9.2	11.3	10.1

9.3.1.3　雷电冲击下空气间隙确定

1) 相地间隙

变电站相对地空气间隙的正极性雷电冲击电压波 50% 放电电压 U_{50} 应符合下式的要求:

$$U_{50} \geqslant k_a \cdot k_4 \cdot U_{pl} \tag{9-10}$$

式中,U_{pl} 为避雷器在标称雷电流 20kA 下的额定残压值,1620kV;k_4 为变电站相对地空气间隙雷电过电压配合系数,取 1.45。k_a 为海拔修正系数,海拔 1000m 时修正系数 k_a 为 1.131。

计算得海拔 1000m 时正极性(正极性雷电击穿电压略低于负极性雷,从严考虑,本书计算中选取正极性雷放电电压数值)雷电冲击放电电压要求值为 2657kV。

变电站相地间隙雷电冲击放电曲线[1]如图 9-5 所示:

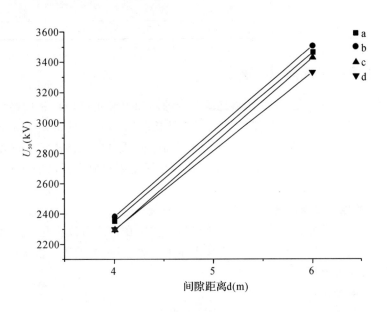

图 9-5　变电站相地间隙雷电冲击 50% 放电电压曲线

注:a 为导线对构架柱间隙放电电压曲线,b 为导线对构架柱间隙放电电压曲线,c 为管型母线对构架柱间隙放电电压曲线,d 为均压环对构架柱间隙放电电压曲线。

根据变电站相地间隙雷电冲击放电电压要求,查上述相关放电电压曲线,可得出雷电冲击放电电压要求值下所对应的间隙距离,如表 9-7 所示。

表 9-7　雷电冲击电压下变电站相地间隙距离

雷电冲击放电电压要求值(kV)		2657
间隙距离(m)	导线对构架梁	4.51
	导线对构架柱	4.57
	管型母线对构架柱	4.66
	均压环对构架柱	4.72

标准规定海拔不超过 1000m 地区变电站雷电冲击相地间隙推荐距离如表 9-8 所示。

表 9-8　雷电冲击电压下变电站相地间隙最小空气距离

间隙类型	导线对构架	设备对构架
间隙距离(m)	5	5

2) 相间间隙

对于雷电冲击下的相间空气间隙,由于受到工频电压的影响,间隙击穿电压可能会下降,因此文献[1]推荐相间间隙距离可取相地间隙的 1.1 倍。

9.3.1.4　变电站最小空气间隙距离建议值

标准规定海拔高度不超过 1000m 地区 1000kV 变电站最小空气间隙距离推荐值如表 9-9 所示:

表 9-9　特高压变电站最小空气间隙　　　　　　　　(m)

作用电压类型	导线对构架	设备对构架	相间
工频	4.2	4.2	6.8
操作冲击	6.8	7.5	导线—导线:9.2 环—环:10.1 管母—管母:11.3
雷电冲击	5.0	5.0	5.5

9.3.2　特高压设备绝缘的选择

特高压设备绝缘配合的原则是,在变压器绝缘配合的基础上确定其他设备的绝缘水平。在工频电压下,为保证电气设备运行可靠性,设备绝缘应能耐受较长时间(5min)的最高工频运行电压。在操作过电压和雷电冲击过电压下,变电站主要通过布置避雷器来降低过电压冲击波的陡度和幅值来保护设备,因此,电气设备的操作冲击耐压和雷电冲击耐受电压水平主要在避雷器保护水平的基础上确定。下面分别讨论三种过电压下设备的绝缘配合。

9.3.2.1　工频电压下的电气设备绝缘配合

工频电压下设备绝缘配合原则为:①设备外绝缘应考虑所在地区污秽状况;②电力设备出厂前应进行长时间工频耐受试验,保证设备绝缘在长期工作电压下的可靠性;③设备应能承受持续运行电压及一定幅值和持续时间的暂态过电压。

电气设备工频电压耐受值为

$$U_w \geqslant k_c k_s U_{rp} \tag{9-11}$$

式中,U_{rp} 为代表性工频过电压,取最大工频过电压,变电站侧为 1.3p.u.;k_c 为配合系数,取 1;k_s 为安全因数,对于设备内绝缘,$k_s=1.15$,对于设备外绝缘,$k_s=1.05$。

计算得,内绝缘耐受电压(有效值)为 949kV,外绝缘为 867kV。

对于设备外绝缘,还需考虑相应海拔地区的大气校正因数,对高海拔地区变电站设备外绝缘耐受电压进行海拔修正。

对于电瓷材质外绝缘,如变压器套管等,除应对耐受电压进行校验外,还应保证其满足所在区域污秽等级的爬电比距。

开关设备的纵绝缘(断路器断口间内绝缘以及断路器和隔离开关断口间外绝缘)的工频耐受电压

U_w 应考虑反极性持续运行电压的影响,应满足式:

$$U_{wg} \geq U_w + U_m/\sqrt{3} \tag{9-12}$$

式中,U_w 为断路器和隔离开关相对地绝缘的额定工频耐受电压,1100kV;U_m 为系统最高运行电压,1100kV。

为保证设备绝缘在长期工作电压下的可靠性,电力设备出厂前应进行工频耐受试验。相比超高压变压器出厂耐压试验,特高压变压器在出厂时,耐压试验时间由 1min 延长到 5min。这是因为,根据变压器绝缘模型的局部放电试验,5min 耐压试验更能检验变压器内绝缘强度以及是否有局部放电现象;另外,运行经验表明,变压器的损坏大多数是在工频电压下发生的,检验变压器在工频电压下的绝缘耐受能力更为重要。因此,特高压电网为提高系统运行的稳定性,将变压器出厂耐压试验时间由 1min 增加到 5min 是合理的。

规程推荐各类 1000kV 设备出厂耐压试验耐受电压值如表 9-10 所示。

表 9-10 1000kV 设备出厂耐压试验耐受电压

设备	耐压试验耐受电压值(kV)
变压器 电抗器	1100(5min)
GIS	1100(1min)
支柱绝缘子、隔离开关	1100(1min)
电压互感器	1200(5min)
套管(变压器、电抗器)	1200(5min)
套管(GIS)	1100(1min)
开关设备纵绝缘	1100+635(1min)

9.3.2.2 操作过电压下的电气设备绝缘配合

国标 GB/Z 24842-2009《1000kV 特高压交流输变电工程过电压和绝缘配合》给出了绝缘水平的计算方法。

1)以避雷器操作冲击保护水平为基础,确定设备的绝缘水平。

电气设备内外绝缘相对地操作冲击耐受电压值应满足:

$$U_{rw.1} \geq 1.15 U_{ps} \tag{9-13}$$

式中,U_{ps} 为避雷器操作过电压保护水平,取 1460kV。计算得 $U_{rw.1}$ 为 1679kV。

开关设备的纵绝缘的操作冲击耐压应满足:

$$U_w \geq U_{w(p-g)} + U_m \sqrt{\frac{2}{3}} \tag{9-14}$$

式中,$U_{w(p-g)}$ 为开关设备的额定操作冲击耐受电压,取 1675kV;$U_m \sqrt{\dfrac{2}{3}}$ 为与 $U_{w(p-g)}$ 反极性的工频电压,U_m 为系统最高运行电压,取 1100kV。

开关设备纵绝缘操作冲击耐受电压 U_w 为 1675+900kV。

2)以最大操作过电压为基础,确定设备的绝缘水平。

(1)设备内绝缘

操作冲击耐受电压要求值为

$$U_w \geq k_{cd} k_s U_{rp} \tag{9-15}$$

式中,U_{rp} 为统计计算得到的最大操作过电压,kV;k_{cd} 为确定性配合因数,取 1.05;k_s 为内绝缘安全因数,取 1.15。

变电站最大的相对地统计操作过电压不宜大于 1.6p.u.,取 U_{rp} 为 1.6p.u.,计算得设备内绝缘相对地额定操作冲击耐压为 1735kV。

（2）设备外绝缘

设备相对地绝缘额定操作冲击耐压为

$$U_w \geq k_s k_{cs} U_{rp} \tag{9-16}$$

式中，U_{rp} 为统计计算得到的最大操作过电压，kV；k_{cs} 为统计性配合因数，取 1.15；k_s 为外绝缘安全因数，取 1.05。

取 U_{rp} 为 1.6p.u.，计算得设备外绝缘相对地额定操作冲击耐压为 1735kV。

（3）设备相间绝缘额定操作冲击耐压为

$$U_w \geq k_s k_{cs} U_{rp} \tag{9-17}$$

式中，U_{rp} 为统计计算得到的相间最大过电压；k_{cs} 为统计性配合因数，取 1.15；k_s 为内绝缘安全因数，取 1.15。

规程推荐各类 1000kV 设备绝缘操作冲击额定耐受电压值如表 9-11 所示。

表 9-11 1000kV 设备操作冲击额定耐受电压

设备	操作冲击耐受电压值(kV)
变压器 电抗器	1800
GIS	1800
支柱绝缘子、隔离开关	1800
电压互感器	1800
套管(变压器、电抗器)	1950
套管(GIS)	1800
开关设备纵绝缘	1675+900

综上可知，两种方法计算所得的设备内外绝缘相对地操作冲击耐受电压相差不大，以变电站统计操作过电压为基础计算得到的设备相对地操作冲击耐受电压要求值略大于以避雷器保护水平为基础计算得出的要求值，但均低于设备绝缘操作冲击额定耐受电压值。

9.3.2.3 雷电过电压下的电气设备绝缘配合

变电站避雷器的布置对设备上雷电过电压有较大的影响，由于变压器在变电站设备中的重要地位，一般在紧挨变压器旁边布置有避雷器，而对于套管、电流互感器等，则与避雷器有一定的距离，避雷器的保护效果将受到一定的影响。因此，以避雷器雷电冲击保护水平为基础进行绝缘配合时，需要考虑距离因素的影响。

变压器和并联电抗器内外绝缘的全波雷电冲击耐受电压要求值应满足下式要求：

$$U_{rw.1} \geq 1.33 U_{pl} \tag{9-18}$$

式中，U_{pl} 为避雷器雷电冲击保护水平，取 1620kV。配合系数 1.33，为考虑裕度系数 1.15 和设备老化因素系数 1.15 得到的。计算得 $U_{rw.1}$ 为 2155kV。规程推荐额定耐受电压为 2250kV。

截波额定雷电冲击耐压取相应设备全波额定雷电冲击耐压的 1.1 倍。计算得截波雷电冲击耐受电压为 2371kV。规程推荐额定截波耐压为 2400kV。

高压电器、电流互感器、单独试验的套管、母线支柱绝缘子及电缆和其附件等的全波雷电冲击耐压要求值为

$$U_{rw.1} \geq 1.45 U_{pl} \tag{9-19}$$

式中，配合系数 1.45 为考虑裕度系数 1.15、设备老化因素系数 1.15 和距离因素系数 1.1 得到的。计算得 $U_{rw.1}$ 为 2349kV。规程推荐额定全波耐压为 2400kV。

开关设备的纵绝缘的雷电冲击耐压应满足：

$$U_w \geq U_{w(p-g)} + U_m \sqrt{\frac{2}{3}} \tag{9-20}$$

式中,$U_{w(p-g)}$为开关设备的相对地绝缘额定雷电冲击耐受电压,2400kV;$U_m\sqrt{\dfrac{2}{3}}$为与$U_{w(p-g)}$反极性的工频电压,U_m为系统最高运行电压。则开关设备纵绝缘额定全波耐受电压为 $2400+900$kV。

规程推荐各类 1000kV 设备绝缘雷电冲击额定耐受电压值如表 9-12 所示。

表 9-12　1000kV 设备雷电冲击额定耐受电压

设备	雷电冲击耐受电压值(kV)
变压器 电抗器	2250(截波 2475)
GIS	2400
支柱绝缘子、隔离开关	2550
电压互感器	2400
套管(变压器、电抗器)	2400
套管(GIS)	2400
开关设备纵绝缘	2400+900

9.3.2.4　1000kV 特高压设备绝缘水平推荐

根据中国目前制造能力和过电压水平,1000kV 设备推荐绝缘水平如表 9-13 所示。

表 9-13　1000kV 特高压设备绝缘水平选择

设备	耐受电压(kV)		
	雷电冲击	操作冲击	短时工频
变压器 电抗器	2250(截波 2475)	1800	1100(5min)
GIS(断路器 隔离开关)	2400	1800	1100(1min)
支柱绝缘子、隔离开关(敞开式)	2400	1800	1100(1min)
电压互感器	2400	1800	1200(5min)
套管(变压器、电抗器)	2400	1950	1200(5min)
套管(GIS)	2400	1800	1100(1min)
开关设备纵绝缘	2400+900	1675+900	1100+635(1min)

9.3.2.5　各国特高压主要电气设备比较。

各国特高压变压器绝缘水平如表 9-14 所示[2-4]。

表 9-14　各国特高压变压器绝缘水平选择　　　　　　　　　　　(kV)

国家	雷电冲击耐受电压	操作冲击耐受电压	短时工频耐受电压*
日本	1950	1425	1100(5min)
苏联	2400	1950	1100(1min)
中国(建议)	2250	1800	1100(5min)

注:* 工频相地电压。

对比各国变压器绝缘水平,苏联变压器绝缘水平最高,这是因为其最高运行电压为 1200kV,高于其他各国;其次是苏联避雷器制造水平较低,保护效果较差,为保证线路稳定运行,对变压器绝缘留有较大裕度。

日本特高压变压器绝缘水平显著低于其他国家,首先是日本的最高运行电压为 1100kV,低于苏联;其次,日本应用的 MOA 性能优良,残压低,而且在布置方式上日本倾向于采用较多的 MOA,使得变电站过电压水平整体较低。例如:日本曾对 1100kV 特高压变电站采用不同避雷器布置方案时对于电气设备的耐雷水平和成本的影响进行了研究[2],如表 9-15 所示。

表 9-15　日本特高压变电站 MOA 布置方案、设备绝缘水平与成本的关系

		方案 A	方案 B	方案 C	方案 D	方案 E	方案 F
避雷器数量	线路进线处	1	1	1	2	2	2
	母线	0	1	2	0	1	2
	变压器	1	1	1	1	1	1
变压器	必需的耐受电压(kV)	1950	1943	1895	1943	1938	1896
	采用的耐受电压((kV)	1950	1950	1950	1950	1950	1950
GIS	必需的耐受电压(kV)	2898	2854	2703	2628	2506	2208
	采用的耐受电压(kV)	2900	2900	2900	2700	2550	2250
成本(假定方案 F 为 100)		102	105	109	103	103	100

由表 9-15 可知,在选取极为严格的雷电侵入波条件下,方案 F 最为经济可取。在采用较多的避雷器时,站内设备耐受电压要求降低,可以取得较大的经济效益[5],日本特高压变电站防雷保护方案的设计方法和思路值得中国同行借鉴。中国可以参考日本的处理方法,变电站防雷应同时顾及安全性和经济性两个方面,综合平衡站内设备绝缘水平选取和限制过电压措施(主要是 MOA 数量),以合理确定特高压变电站的绝缘配合方案。

对比苏联日本,中国采用了性能优良的 MOA,考虑当前中国制造水平,采取合适的绝缘裕度,故选择水平在日本与苏联之间。

电抗器绝缘水平选择[2]如表 9-16 所示。苏联由于受制造工艺限制,避雷器性能较差,耐受电压取值较高,而中国由于 MOA 制造水平的提高,电抗器绝缘水平低于苏联,高于日本。

表 9-16　各国特高压电抗器绝缘水平选择　　　　　　　　　　　　(kV)

国家	雷电冲击耐受电压	操作冲击耐受电压
日本(初期)	2100	1425(或 1550)
苏联	2550	2100
中国(建议)	2250	1800

参考文献

[1] GB/Z 24842-2009.1000kV 特高压交流输变电工程过电压和绝缘配合[S].2009.

[2] 刘振亚.特高压交流输电系统过电压与绝缘配合[M].北京:中国电力出版社,2008:106.

[3] 李光范,王晓宁,李鹏,等.1000kV 特高压电力变压器绝缘水平及试验研究[J].电网技术.2008,32(3):1—6.

[4] 李光范,张翠霞,李金忠,等.1000kV 变压器绝缘水平探讨[J].电网技术,2009,33(18):1—4.

[5] 谷定燮,周沛洪,戴敏,等.中日特高压输电系统过电压和绝缘配合的比较分析[J].高电压技术,2009,35(6):1248-1253.

第10章　特高压交流输电线路绝缘配合

合理选择特高压架空线路绝缘水平对特高压线路的安全运行有重要意义,线路的绝缘配合主要包括绝缘子串片数的选择和线路空气间隙的选择。绝缘子串与线路空气间隙均属于自恢复绝缘,可利用统计法来进行绝缘配合,以期获得较高的经济效益。

本章首先分析了特高压交流输电线路绝缘子串形与型式的选择,然后对绝缘子片数、特高压线路空气间隙的计算方法进行了讨论。

10.1　特高压绝缘子串形、型式的选择

特高压线路电压等级高,绝缘子串长度是 500kV 线路绝缘子串长的 1 倍以上;线路采用 8 分裂导线,绝缘子承重远大于普通线路,因此所用绝缘子的直径(盘径)、结构高度和额定机械负荷比 500kV 超高压电网高很多,且多采用 V 型串和 2～4 串 I 型串并联的绝缘子布置方式;铁塔间距大,高度较超高压高一倍以上。这些与超高压系统不同的运行条件,使得特高压绝缘子的选型有其特殊性[1]。

10.1.1　三种不同特高压输电线路绝缘子的比较

10.1.1.1　特高压输电线路绝缘子电气特性

特高压线路绝缘子主要有玻璃绝缘子、复合绝缘子(合成绝缘子)以及瓷绝缘子,在中国特高压线路中均得到实际应用。目前,在中国线路上大量应用的绝缘子主要有:轻度、中度污秽地区主要是双层伞形绝缘子 XWP-300、三伞瓷绝缘子 CA-876、普通瓷绝缘子 CA-590 和玻璃绝缘子 FC300;重污秽地区和高海拔地区主要为复合绝缘子。

文献[2]选取了几种线路中常见的绝缘子进行了研究,其具体结构如图 10-1 所示。

常用绝缘子几何参数如表 10-1 所示。

表 10-1　绝缘子几何参数

绝缘子材质	伞形	结构高度(mm)	爬电距离(mm)	盘径(mm)
瓷	普通	195	505	320
	双伞	195	495	330
	三伞	195	675	400
玻璃	普通	195	485	330
硅橡胶	棒形	2890	10640	215/167/50

对以上绝缘子进行人工污秽实验,文献[2]得到了在标准大气压下,不同盐密下三种不同材料绝缘子单位长度 50%闪络电压(kV/m)曲线,如图 10-2(a)所示;不同盐密下三种不同伞型瓷绝缘子单位长度 50%闪络电压(kV/m)曲线,如图 10-2(b)所示。

从图 10-2(a)可以看出,复合绝缘子在不同盐密下,其单位长度闪络电压最高,并且随着盐密的增加,闪络电压下降缓慢,耐污闪性能最为优越。其次是三伞型瓷绝缘子,在盐密较小时,三伞型瓷绝缘子单位长度闪络电压较高,但随着盐密的增大,闪络电压下降较为迅速。对比以上三种绝缘子,普通型玻璃绝缘子耐污闪性能最差。

图 10-2(b)对比了三种伞型瓷绝缘子的耐污闪性能。可以看出,伞裙形状对同种材质的绝缘子耐污闪性能有较大的影响:伞形绝缘子的耐污闪性能明显优于普通型绝缘子;三伞型绝缘子的耐污闪性能优于双伞绝缘子。

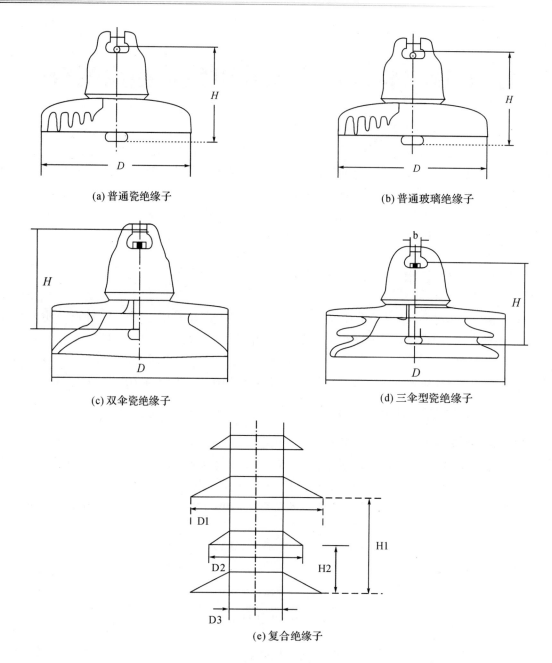

(a) 普通瓷绝缘子

(b) 普通玻璃绝缘子

(c) 双伞瓷绝缘子

(d) 三伞型瓷绝缘子

(e) 复合绝缘子

图 10-1　绝缘子型式结构示意图

10.1.1.2　特高压输电线路绝缘子高海拔特性

特高压线路可能会经过高海拔地区,随着海拔升高,气压降低,污秽绝缘子的闪络电压也会下降,文献[3]提出了输电线路绝缘子海拔高度与闪络电压之间的线性表达式如下:

$$\frac{U}{U_0} = 1 - kH \tag{10-1}$$

式中,U_0 为绝缘子在标准大气压下闪络电压;U 为海拔高度为 H(km)时闪络电压;k 为下降斜率(km^{-1}),即海拔每升高 1km 绝缘子的闪络电压下降的百分数,它反映输电线路绝缘子海拔高度对闪络电压的影响。

文献[2]对低气压下绝缘子的闪络电压进行了研究,得到不同类型绝缘子在不同海拔高度下的闪络电压,进而求得绝缘子的下降斜率如表 10-2 所示。以表中悬式绝缘子 CA-590 为例,其下降斜率 k 值为 0.079,即表示在 $0.05mg/cm^2$ 盐密的污秽条件下,海拔每升高 1km,CA-590 的闪络电压就会下降 7.9%。

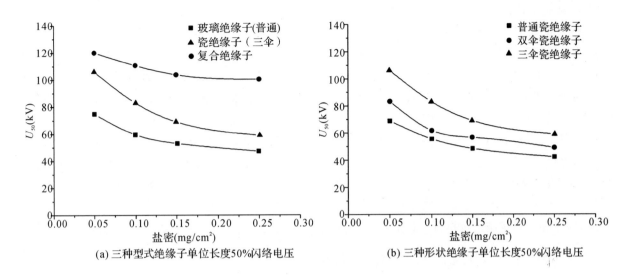

图 10-2　绝缘子不同盐密下沿单位长度闪络电压曲线

表 10-2　不同类型绝缘子下降斜率 *k*　　　　　　　　　　　　　　　　　　　　（km^{-1}）

盐密 /mg. cm^2	伞形				
	普通瓷绝缘子 CA-590	双伞瓷绝缘子 XWP-300	三伞瓷绝缘子 CA-876	玻璃绝缘子 FC300	复合绝缘子
0.05	0.079	0.075	0.065	0.054	——
0.10		0.048	——	0.052	0.029

注：——代表无相关数据

　　由表 10-2 可以看出,复合绝缘子的下降斜率较小,高海拔绝缘性能良好;玻璃绝缘子在轻度污秽地区相比三种瓷绝缘子会有较好的耐高海拔性能;双伞瓷绝缘子、三伞瓷绝缘子随海拔上升,绝缘性能有较大下降。

10.1.1.3　特高压输电线路绝缘子的其他特殊性考虑——均压性能、耐电弧性能

　　实际应用中,不仅需要考察绝缘子的耐污闪和高海拔特性,还应考虑到特高压电网的特殊性,对绝缘子的均压性能及耐电弧性能等进行考察。

　　1) 均压性能

　　特高压线路绝缘子串的长度是超高压的两倍左右。此时,绝缘子串上的电压分布很不均匀,压降主要集中在绝缘子串两端,使得整个绝缘子串利用率大大降低。因此在选型时,应充分考虑绝缘子的均压设计。

　　玻璃绝缘子的介电常数比瓷绝缘子略大,使得玻璃绝缘子主电容比瓷绝缘子大,当绝缘子成串使用时,每片绝缘子受对地和对导线的旁路杂散电容的影响相对较小,故整串的电压分布也较瓷绝缘子更为均匀。这对减小无线电干扰、降低电晕损耗以及延长绝缘子的使用寿命有利,且可以提高玻璃绝缘子串的闪络电压。国网电科院分别测量了配置相同形式均压环的瓷绝缘子串与玻璃绝缘子串的电压分布,结果表明,玻璃绝缘子串的整体电压分布趋势与瓷绝缘子相似,但导线侧几片玻璃绝缘子上承受的电压比瓷绝缘子低 8% 左右。

　　复合绝缘子在工频电压作用下表面场强和电压分布极不均匀,芯棒和金具连接处场强最高达 6.5kV/cm,而导线侧第一个伞裙上的分布电压一般都远高于整串绝缘子平均分布电压,在长期工作电压的作用下该片绝缘伞裙有可能提前老化,从而失去绝缘能力并最终导致整个绝缘子报废。实际中,可以通过加装均压环来改善复合绝缘子端部场强集中的问题。另外,也可采用复合绝缘子与数片玻璃绝缘子的混合串联形式来解决该问题,即在复合绝缘子的头部再串入数片玻璃绝缘子,由靠近线路侧的玻璃绝缘子来承受最高分布电压,从而避免复合绝缘子在强电场下发生提前老化。

2）耐电弧能力

绝缘子发生闪络时,有温度极高的电弧流过,表面会留下烧灼痕迹,绝缘子的绝缘性能会遭到破坏。不同的绝缘子耐电弧能力不同,对于特高压线路绝缘子,这一点更值得引起关注。试验结果表明:玻璃绝缘子的耐电弧烧伤能力明显优于瓷绝缘子;玻璃绝缘子在遭受雷电电弧烧灼后,表面剥落一层玻璃,新表面仍是光滑的玻璃体,绝缘强度不会下降,仍可长期运行;但瓷绝缘子在经电弧烧灼后,表面釉层剥落,露出的瓷体容易积污,导致绝缘性能下降,所以遭雷击烧伤的瓷绝缘子必须更换;复合绝缘子在雷击后一般只留下白色电弧痕迹,不影响其使用,也不需要更换,但必须注意两端金具的烧蚀情况。

综上分析,三伞型和双伞瓷绝缘子具有较好的耐污闪性能,已在中国实际工程中得到大量应用;玻璃绝缘子有着优秀的机械和电气性能,强度高、耐电弧且电压分布更均匀,但目前普通型玻璃绝缘子耐污闪能力还不如三伞型和双伞瓷绝缘子;复合绝缘子质量轻,憎水性好,耐污闪性能和高海拔绝缘性能极佳,同时还具有优越的抗机械冲击能力,可缩短输电线路的重建工期,并可降低工程造价。

10.1.2　特高压输电线路绝缘子串形、型式的选择

结合上一节讨论,对于特高压交流绝缘子串形、型式的选择,有如下建议供参考:

(1)对于轻度污秽区,悬垂串、V形串、耐张串一般采用双伞型瓷绝缘子或普通型玻璃绝缘子。

(2)对于中度及以上污秽区,悬垂串一般采用复合绝缘子,V形串一般也采用复合绝缘子,而耐张串则宜采用双伞型瓷绝缘子或普通型玻璃绝缘子。

(3)对于重冰区,复合绝缘子覆冰后,会失去憎水性,且复合绝缘子伞裙较小,相邻两伞裙易被冰凌桥接,绝缘性能下降严重,故在重冰区更倾向于采用双伞型瓷绝缘子或普通型玻璃绝缘子。此时,悬垂串一般采用双伞型瓷绝缘子或普通型玻璃绝缘子,V形串一般采用双伞型瓷绝缘子或普通型玻璃绝缘子,耐张串一般采用双伞型瓷绝缘子或普通型玻璃绝缘子。

(4)对于高海拔地区,悬垂串一般采用复合绝缘子,V形串一般也采用复合绝缘子,而耐张串则采用双伞型瓷绝缘子或普通型玻璃绝缘子。

(5)由于三伞型瓷绝缘子结构较复杂,成本较高,目前在实际工程中的应用尚没有双伞型瓷绝缘子广泛,但有发展的趋势。

10.2　特高压输电线路绝缘子片数确定方法

特高压输电线路的研究和工程经验表明,随着电压等级的提高,特高压电网耐雷水平提高,操作过电压深度降低,在确定绝缘子片数时,工作电压逐渐起主导作用。在高压及超高压电网中,操作过电压及雷电过电压对绝缘子串长的选择起控制作用,而在特高压电网中,清洁以及轻度污秽地区,操作过电压对绝缘子串长起控制作用;中度及重污秽地区,工作电压对绝缘子的串长起控制作用。

1000kV线路直线杆塔上悬垂绝缘子串的绝缘子片数选择,一般需满足能够耐受长期工作电压的作用和操作过电压作用的要求,雷电过电压一般不作为选择绝缘子片数的决定条件,仅作为耐雷水平是否满足要求的校验条件。

10.2.1　按工频电压选择绝缘子片数

按工频电压确定绝缘子串片数有两种方法,即爬电比距法和污耐压法。前者简单易行,被广泛应用在低电压等级电网,缺点是爬电比距法没有考虑绝缘子不同伞形的影响;后者与绝缘子耐污能力直接联系在一起,弥补了前者的不足,试验结果更接近实际运行情况,但由于试验方法繁琐,主要在超高压及特高压系统中得到应用。

10.2.1.1　爬电比距法

1）瓷、玻璃绝缘子

爬电比距（即泄漏比距）λ 是指每千伏电压所要求的表面爬电距离，即

$$\lambda = K_e \frac{nL_0}{U_m} (\text{cm/kV}) \tag{10-2}$$

式中，n 为每串绝缘子的个数；L_0 为每片绝缘子的几何爬电距离，cm；U_m 为系统最高工作电压有效值（此时 λ 为绝缘子在最高电压下的爬电比距），或标称电压（λ 为绝缘子在标称电压下的爬电比距），kV；K_e 为绝缘子爬电距离的有效系数，根据电力行业标准 DL/T 620-1997：以几何爬电距离 290mm 的 XP-160 型绝缘子为对照标准，K_e 暂取为 1；采用其他型式绝缘子时，K_e 应通过试验由下式确定。

$$K_e = \frac{L_{01} U_{50.2}}{L_{02} U_{50.1}} \tag{10-3}$$

式中，L_{01}、L_{02} 分别为 XP-160 型和其他型式绝缘子的几何爬电距离；

$U_{50.1}$、$U_{50.2}$ 分别为 XP-160 型和其他型式绝缘子的 50% 闪络电压。

运行经验表明，对于 1000kV 特高压输电线路，在轻度污秽区，建议普通型、双伞和三伞型瓷绝缘子的有效系数 K_e 取值为 1.0，钟罩型绝缘子的有效系数 K_e 取值为 0.9；在中等及以上污秽区，普通型盘型、双伞和三伞型绝缘子的有效系数 K_e 取值为 0.95，钟罩型绝缘子的有效系数 K_e 取值为 0.85[4]。

为使绝缘子不发生闪络，其绝缘子串几何爬距应大于污区爬电距离要求值，则可得出绝缘子每串个数为

$$n \geqslant \frac{\lambda_0 U_m}{K_e L_0} \tag{10-4}$$

对于不同污秽等级的地区需要求不同的爬电比距 λ_0，高压架空线路污秽分级标准[4] 如表 10-3 所示：

表 10-3　高压架空线路污秽分级标准

污秽等级	污湿润特征	盐密（mg/cm²）	线路爬电比距（cm/kV）
0	大气清洁地区及离海岸盐场 50km 以上无明显污染地区。	小于 0.03	1.50(1.60)
I	大气轻度污染地区，工业区和人口低密集区，离海岸盐场 10～50km 地区。在污闪季节中干燥少雾（含毛毛雨）或雨量较多地区。	0.03～0.06	1.50～1.87 (1.60～2.00)
II	大气中等污染地区，轻盐碱和炉烟污秽地区，离海岸盐场 3～10km 地区。在污闪季节中潮湿多雾（含毛毛雨）但雨量较少地区。	0.06～0.10	1.87～2.34 (2.00～2.50)
III	大气污染较严重地区，重雾和重盐碱地区，近海岸盐场 1～3km 地区，工业与人口密度较大地区，离化学污源和炉烟污秽 300m～1500m 的较严重污秽地区。	0.10～0.25	2.34～3.00 (2.50～3.20)
IV	大气特别严重污染地区，离海岸盐场 1km 以内，离化学污源和炉烟污秽 300m 以内的地区。	0.25～0.35	3.00～3.56 (3.20～3.80)

注：爬电比距 λ 为按系统最高工作电压 1100kV 计算的值；括号内数字为按标称电压计算的值。

爬电比距从严考虑通常取最大值。

对于耐张串绝缘子，一方面其自洁性能较好，同一污区其爬电比距较悬垂串绝缘子小；但另一方面，考虑到耐张串绝缘子承受拉力较大，容易产生零值绝缘子。故综合考虑，耐张串绝缘子片数一般会比悬垂串多几片。

当绝缘子所在地区的海拔高度在 1000m 以上时，随着气压降低，污秽绝缘子的直流和交流放电电压都会降低，因此需要对高海拔地区绝缘子串片数进行修正。修正公式[4] 如下：

$$n_H = n e^{0.1215 m_1 (H-1)} \tag{10-5}$$

式中：n 为平原地区每串绝缘子所需片数；

n_H 为高海拔地区每串绝缘子所需片数；

H 为海拔高度（km），$H \leqslant 3.5\text{km}$（海拔高度大于 1000m 进行修正）；

m_1 特征指数,反映了气压对污闪电压的影响。

各种绝缘子的 m_1 值应该根据实际试验数据确定,部分形状绝缘子 m_1 如表 10-4 所示[4]。

表 10-4　部分形状绝缘子特征指数 m_1 参考值

绝缘子型式	普通型	双伞型	三伞型
m_1	0.65	0.38	0.31

以中度污秽区特高压线路采用双伞绝缘子进行配合为例,爬电比距法确定绝缘子串片数步骤如下:
U_m 取系统标称电压值,1000kV;

污秽等级 II,爬电比距 λ 取标称电压下计算值,从严考虑取最大值 2.50;

绝缘子为双伞绝缘子,几何爬电距离 $L_0 = 485$mm;

有效系数 $K_e = 1$。

则绝缘子片数 n 满足:

$$n \geqslant \frac{\lambda U_m}{K_e L_0} \Rightarrow n \geqslant \frac{2.5 \times 1000}{1.0 \times 48.5} \tag{10-6}$$

得 $n \geqslant 51.5$,取整得 $n = 52$,所以在 II 级污秽区,采用爬电距离为 485mm 的双伞绝缘子时,特高压线路绝缘子片数 n 为 52 片。

对于污秽较轻的 0 级污秽区和 I 级污秽区,采用爬电比距法得到的绝缘子串片数如表 10-5 所示。

表 10-5　0 级区和 I 级区不同海拔下采用爬电比距法得到的绝缘子串片数

污区及等值盐密	绝缘子型式	爬电距离(mm)		绝缘子片数		绝缘子串长(mm)	
		1000m	1500m	1000m	1500m	1000m	1500m
0 级区 (小于 0.03 mg/cm²)	普通型 450mm	16000	16474	36	37	7020	7215
	双伞 485mm			33	34	6435	6630
I 级区 (0.03~0.06 mg/cm²)	普通型 450mm	20000	20592	45	46	8775	8970
	双伞 485mm			42	43	8190	8385

由上表可知,在 0 级污区和 I 级污区,只考虑工频电压,以爬电比距法确定绝缘子串片数时,绝缘子串长往往会比过电压要求的串长短,此时虽然不会发生工频电压下沿绝缘子串闪络,但较短的绝缘子串使得导线对杆塔的空气间隙不能满足操作冲击放电电压要求,易发生导线对杆塔空气间隙的放电。另外,较短的绝缘子串还容易发生沿绝缘子串的冲击闪络。

以双回塔 V 串为例,对于 I 级污秽区的双伞绝缘子,采用爬电比距法确定的绝缘子片数为 42 片,考虑金具长度后下相导线对下横担的距离约为 7.30m(参考图 10-22),相应的操作冲击放电电压仅为 2013kV,操作冲击放电电压要求值为 2032kV,这样有可能发生线路对杆塔空气间隙的操作冲击击穿。另外,当采用普通型绝缘子片数为 45 片时,相应的线路对杆塔操作冲击放电电压为 2052kV,只是刚勉强满足操作放电电压要求值。为保证一定裕度,文献[4]推荐清洁地区和轻度污秽区普通型绝缘子串片数如表 10-6 所示。

表 10-6　清洁区及轻度污秽区特高压线路普通型绝缘子最少片数

海拔高度(m)	500	1000	1500
绝缘子片数(XWP-300)	48	52	53
串长(mm)	9360	10140	10335

实际上,0 级污区和 I 级污区绝缘子片数的选择,主要是保证绝缘子串总长达到一定长度,使得导线对杆塔间隙的冲击放电电压满足要求值。以 I 级污秽区的双伞 485mm 绝缘子为例,在海拔 1000m 时,采用爬电比距法确定的绝缘子片数为 42 片,绝缘子串长为 8.19m,但该串长不能满足 I 级区冲击放电电压的要求值,因此需要将绝缘子修正为 52 片。

绝缘子串片数的选择,要满足两方面的要求。首先是绝缘子串的爬电距离要达到污秽区的爬电距离要求值,以保证线路在工频电压下稳定运行;其次是绝缘子串应达到一定长度,使得导线对杆塔有足够的间隙距离,保证导线与杆塔间隙的冲击放电电压满足要求值。对于 0 级污区和 I 级污区,污秽程度较轻,爬电距离要求值较小,此时只需较少的绝缘子片数即可满足污区爬电距离要求值,但绝缘子串长度较小,易发生绝缘子串的操作冲击闪络,还需要校核绝缘子串总长度;对于中度(II 级区)及以上污秽区,污秽较为严重,爬电距离要求值较高,满足爬电距离要求的绝缘子串长大于导线对杆塔间隙操作冲击放电电压的要求值,因此只需保证绝缘子爬电距离满足要求值,不需要对绝缘子串长度进行校核。

2)复合绝缘子

对于复合绝缘子,主要通过参考瓷绝缘子污区污秽度来选择爬距,通常用瓷绝缘子的爬距乘以一定的系数来确定复合绝缘子的爬距。美国电力科学院(EPRI)建议复合绝缘子的爬距取瓷绝缘子的 0.8,文献[5]则将复合绝缘子的爬电比距简化为 20mm/kV 及 25mm/kV 两种,前者对应于瓷绝缘子 25mm/kV 的爬电比距,相当于 0.8 倍的爬距,后者对应于瓷绝缘子 32mm/kV 的爬电比距,相当于 0.78 倍的爬距。若爬距取瓷绝缘子的 80%,则复合绝缘子结构长度 H 的计算可参考下式:

$$H = \left(\frac{0.8 \cdot \lambda \cdot U}{L_0} \right) h \tag{10-7}$$

式中,λ 为爬电比距,cm/kV;U 为系统标称电压,kV;L_0 为绝缘子几何爬电距离,cm;h 为绝缘子结构高度,m。

以国内某 500kV 绝缘子为例,L_0 为 1375cm,h 为 4.45m,三级污秽区 λ 为 3.2cm/kV,复合绝缘子串结构高度 H 为

$$H = \left(\frac{0.8 \cdot \lambda \cdot U}{L_0} \right) h = \left(\frac{0.8 \times 3.2 \times 1000}{1375} \right) \times 4.45 = 8.28 \text{m}$$

3)瓷绝缘子计算结果与规程推荐结果的比较

采用上述爬电比距法计算得出的瓷绝缘子片数如表 10-7 所示。

表 10-7　不同污区、海拔下应用爬电比距法得到瓷绝缘子片数与长度

污区及等值盐密	绝缘子型式	爬电距离(mm)		绝缘子片数		绝缘子串长(mm)	
		1000m	1500m	1000m	1500m	1000m	1500m
0 级区 小于 0.03 mg/cm²	普通型 450mm 双伞 485mm	16000	16474	52	53	10140	10335
I 级区 0.03~0.06 mg/cm²	普通型 450mm 双伞 485mm	20000	20592	52	53	10140	10335
II 级区 0.06~0.10mg/cm² 2.5cm/kV	普通型 485mm	25000	25740	55	56	10725	10920
	钟罩型 690mm			43	44	10320	10560
	双、三伞型 485mm			55	56	10725	10920
	三伞型 635mm			42	43	8190	8385
	合成型			——	——		
III 级区 0.10~0.25mg/cm² 3.2cm/kV	普通型 485mm	32000	32950	70	72	13650	14040
	钟罩型 690mm			55	57	13200	13680
	双、三伞型 485mm			70	72	13650	14040
	三伞型 635mm			54	55	10530	10725
	合成型			——	——		
IV 级区 >0.25mg/cm² 3.8cm/kV	普通型 485mm	38000	39130	83	85	16185	16575
	钟罩型 690mm			65	67	15600	16080
	双、三伞型 485mm			83	85	16185	16575
	三伞型 635mm			63	65	12285	12675
	合成型			——	——		

GB 50665-2011《1000kV 架空输电线路设计规范》给出不同污区情况下瓷绝缘子片数如表 10-8 所示。

表 10-8　不同污区、海拔下《规范》推荐的绝缘子片数与长度

污区及等值盐密	绝缘子型式	爬电距离(mm)		绝缘子片数		绝缘子串长(mm)	
		1000m	1500m	1000m	1500m	1000m	1500m
Ⅱ级区 0.06~0.10mg/cm² 2.5cm/kV	普通型 485mm	25000	25740	52	54	10140	10530
	钟罩型 690mm			41	42	9840	10080
	双、三伞型 485mm			52	54	10140	10530
	三伞型 635mm			40	41	7800	7995
	合成型			——	——	——	——
Ⅲ级区 0.10~0.25mg/cm² 3.2cm/kV	普通型 485mm	32000	32950	70	72	13650	14040
	钟罩型 690mm			55	57	13200	13680
	双、三伞型 485mm			66	72	12870	14040
	三伞型 635mm			54	55	10530	10725
	合成型			——	——	——	——
Ⅳ级区 >0.25mg/cm² 3.8cm/kV	普通型 485mm	38000	39130	83	85	16185	16575
	钟罩型 690mm			65	67	15600	16080
	双、三伞型 485mm			83	85	16185	16575
	三伞型 635mm			63	65	12285	12675
	合成型			——	——	——	——

分析表 10-7 和表 10-8 可知,两表推荐的绝缘子片数在 Ⅱ级区污秽区有所不同,差别主要是由于绝缘子有效系数选择的不同。表 10-7 将 Ⅱ级区污秽区视为中等污秽区,对普通型盘型、双伞和三伞型绝缘子的有效系数 K_e 取值为 0.95,钟罩型绝缘子的有效系数 K_e 取值为 0.85[4];而 GB 50665-2011《1000kV 架空输电线路设计规范》的推荐表中,可能将 Ⅱ级区污秽区视为轻度污秽区,在计算时有效系数 K_e 取值为:普通、双伞和三伞绝缘子 1.0,钟罩型绝缘子 0.9。

10.2.1.2 污耐受电压法

使用污耐压法时,首先要在模拟实际污秽条件的试验环境中,对每种绝缘子在各种污秽度、不同污秽分布下进行大量人工污秽闪络试验,然后根据闪络电压的试验结果计算出每种绝缘子在不同污秽度下的闪络电压或耐受电压,最后按照系统运行所要求的耐受电压 U_s,计算出需要的绝缘子片数。

应用污耐压法进行绝缘配合的具体步骤如下:

(1)确定目标地区现场污秽度,并将等值附盐密度(ESDD)转换为附盐密度(SDD)

污区 ESDD 的确定主要是用钠离子等效替代自然污秽中的导电离子,使得人工污秽电导率与自然污秽电导率相等。自然污秽中的导电离子主要是钠离子和钙离子,钙离子来源主要是 $CaSO_4$,当 $CaSO_4$ 的等值盐密高于 $0.01mg/cm^2$ 时便不能充分溶解,这使得 $CaSO_4$ 的等值盐密高于 $0.01mg/cm^2$ 部分不能起到导电作用,使得自然污秽物的实际导电性降低,污闪电压升高。因此,$CaSO_4$ 的等值盐密高于 $0.01mg/cm^2$ 部分需要从 ESDD 中予以扣除,这样就需要对 ESDD 进行校正,对于存在以 $CaSO_4$ 为主要不溶物成分的 ESDD 通常可以用下式来校正。

$$SDD = ESDD(1 - CaSO_4\%) + 0.01 \tag{10-8}$$

式中,SDD 为附盐密度,mg/cm^2;ESDD 为等值附盐密度,mg/cm^2;$CaSO_4\%$ 为 ESDD 中 $CaSO_4$ 所占百分比,mg/cm^2,$CaSO_4$ 的最大可溶解盐密取为 $0.01mg/cm^2$。

对中国特高压线路沿线不同类型污染物取样研究发现,污染物的 $CaSO_4$ 含量在 $10\%~49\%$,其中大部分地区在 $30\%~49\%$,取 $CaSO_4$ 含量分别为 20% 和 40% 两种情况,对污区 ESDD 进行修正后的 SDD 如表 10-9 所示。

表 10-9　CaSO₄ 含量为 20％、40％时高压架空线路污区的 SDD

污秽等级	ESDD(mg/cm²)	SDD(mg/cm²) (CaSO₄ 含量 20％)	SDD(mg/cm²) (CaSO₄ 含量 40％)
0	小于 0.03	小于 0.034	小于 0.028
Ⅰ	0.03～0.06	0.034～0.058	0.028～0.046
Ⅱ	0.06～0.10	0.058～0.09	0.046～0.07
Ⅲ	0.10～0.25	0.09～0.21	0.07～0.16
Ⅳ	0.25～0.35	0.21～0.29	0.16～0.22

（2）根据 SDD 值确定单片绝缘子的耐受电压

采用文献[6]规定的方法,对单片绝缘子进行人工污秽耐压试验,得到相应绝缘子的人工污秽 50％闪络电压随盐密变化试验数据和相关曲线。

线路单片绝缘子的 50％闪络电压和盐密的关系可表示为

$$U_{50} = a \cdot SDD^b \tag{10-9}$$

式中,SDD 为盐密;a,b 是常数,通过人工污闪试验数据拟合得出。

人工污闪试验中,在拟合绝缘子污闪电压与盐密关系曲线时,根据不同的污秽等级,灰密一般取值在 0.1～2.0mg/cm²,考虑严重的情况时灰密通常取 1.0mg/cm²[7]。

单片绝缘子耐受电压可表示为

$$U_{max1} = U_{50}(1 - k\sigma_s) \tag{10-10}$$

式中,σ_s 为绝缘子污秽闪络电压的变异系数,推荐取 7％;1000kV 线路设计污耐压校正系数 k 取 1.04[4]（对应单串闪络概率为 15％,通过查正态分布表得出）。

（3）灰密校正

灰密(非可溶沉积物密度,NSDD)是指附着在绝缘子表面不能溶解于水的物质除以表面积得到的结果,用于定量标示绝缘子表面非可溶残渣的含量。绝缘子表面的污秽层包含可溶成分和不可溶成分,其中可溶成分的含量用盐密(ESDD)表示,不可溶成分的含量则用灰密(NSDD)表示。

自然污秽中不溶物会对绝缘子的污闪电压产生影响。因此,需要对人工污秽试验结果进行灰密校正。

目前普遍认为绝缘子的污闪电压与灰密呈负指数幂的关系。

根据污闪试验,武高所提出灰密修正系数[8]为

$$K_n = (NSDD/1.0)^{-0.1341} \tag{10-11}$$

对单片绝缘子的耐受电压进行修正。

$$U_{max2} = K_n U_{max1} \tag{10-12}$$

（4）上下表面不均匀积污校正

绝缘子上下表面的不均匀积污会对污闪电压产生影响,需要对此进行校正,校正系数为

$$K_d = 1 - N\ln(T/B) \tag{10-13}$$

式中,K_d 为上下表面污秽不均匀分布校正系数;N 为与绝缘子外形相关的常数,普通型绝缘子取 0.054,伞形绝缘子取 0.17[8];T/B 为绝缘子上下表面积污比。

考虑不均匀积污后,绝缘子耐受电压修正为

$$U_{max3} = K_d U_{max2} \tag{10-14}$$

（5）污耐受电压 U_s 的确定

污耐受电压 U_s 的确定,需要考虑两方面的因素。一是绝缘子的污闪经常发生在容易起雾凝露的凌晨,而系统电压在凌晨时往往是最高的,因此设计中应该采用系统的最高运行电压(即 1100kV);二是需要对其他意料之外的情况留适当的裕度,通常取 10％。因此,耐受电压为

$$U_s = 1100 \times 1.1/\sqrt{3} = 698(kV) \tag{10-15}$$

(6)确定绝缘子片数。

将修正后的参数代入下式,即可得到线路绝缘子片数 N 为

$$N = U_s / U_{max3} \tag{10-16}$$

(7)不同串形绝缘子片数修正。

不同伞形、串形的绝缘子串污闪电压也不相同,需要对片数进行修正,具体为

$$N_f = N/K \tag{10-17}$$

式中,K 为修正系数;N_f 为修正后绝缘子片数。

以单Ⅰ串普通绝缘子为基准,某一盐密下另一种绝缘子串与单Ⅰ串的闪络电压比值,为该串形修正系数 K。例如,在 SDD/NSDD 为 $0.06/0.5mg/cm^2$ 时,双Ⅰ串普通形绝缘子污闪电压比单Ⅰ串污闪电压下降 6%,因此双Ⅰ串的串形修正系数为 0.94。

不同伞形、串形绝缘子串的修正系数可以参考下表[9]。

表 10-10 不同伞形、串形绝缘子串片数修正系数

项目	单Ⅰ串普通瓷绝缘子	双Ⅰ串普通瓷绝缘子	单Ⅴ串普通瓷绝缘子		单Ⅰ串双伞瓷绝缘子
对比盐密(mg/cm^2)	——	0.06	0.1	0.15	0.1
修正系数 K	1	0.94	1.04	1.06	1.06

注:对比盐密为 SDD 值。

现在以轻度污秽区普通瓷绝缘子单Ⅰ串进行绝缘配合为例,采用污耐压法的步骤如下:

第一步:SDD 校正

以 $CaSO_4$ 含量为 20% 进行校正,如下式所示。

$$SDD = ESDD \cdot (1 - CaSO_4\%) + 0.01 = 0.06 \times (1 - 0.2) + 0.01 = 0.058(mg/cm^2) \tag{10-18}$$

第二步:计算绝缘子耐受电压

对于 CA590 型 300kN 普通瓷绝缘子,以 SDD 为基准的长串绝缘子人工污秽耐受电压曲线回归方程如下式所示[8]。

$$U_{50} = 7.021 \cdot SDD^{-0.202} \tag{10-19}$$

将计算所得盐密 $0.058mg/cm^2$ 代入式(10-19),得到 U_{50} 为 12.48kV,代入式(10-10)可得单片绝缘子耐受电压为

$$U_{max1} = U_{50}(1 - k \cdot \sigma_s) = 12.48 \times (1 - 1.04 \times 0.07) = 11.57(kV) \tag{10-20}$$

第三步:灰密校正

灰密值为标准灰密,$1.0mg/cm^2$,故校正系数 $K_n = 1$,U_{max2} 为 11.57kV。

第四步:不均匀校正

1000kV 线路沿线走廊测得的普通绝缘子不均匀积污比范围为 1:2.2~1:12.9,推荐取平均值 1:8.9[10]。

$$U_{max3} = K_d U_{max2} = (1 - 0.054 \times \ln 1/8.9) \times 11.57 = 12.94(kV) \tag{10-21}$$

第五步:绝缘子片数计算

$$N = U_s / U_{max3} = 698 \div 12.94 = 54 \tag{10-22}$$

采用污耐压法计算不同污秽度下 300kN 普通型瓷绝缘子 CA590 和 300kN 双伞瓷绝缘子 CA887 所需片数,计算结果如表 10-11 所示。

文献[4]给出了普通型瓷绝缘子 CA590 和 300kN 双伞瓷绝缘子 CA887 推荐片数,如表 10-12 所示。

可以看到,计算结果与规程推荐数值相差很小。采用伞形修正系数修正后的片数与实际计算结果基本相同。

此外,对于特高压线路大吨位的绝缘子片数的确定,还应该考虑表面爬电比距利用率的问题。

日本在 1100kV 线路设计时,对各种吨位的防雾型绝缘子进行了大量人工污秽试验,得到了悬垂串

防雾型绝缘子的单片耐受电压,同时计算出不同污区所需绝缘子片数,如表 10-13 所示[10]。

表 10-11　污耐压法计算不同污秽度绝缘子所需片数(片)

污秽等级	ESDD(mg/cm²)	CA590		CA887	
		N_1	N_2	N_1	N_2
0	0.03	48	48	48	48
I	0.06	52	54	49	51
II	0.10	56	59	53	56
III	0.25	67	70	63	67
IV	0.35	71	75	67	71

注:N_1 为 ESDD 按 CaSO₄ 的含量为 41%时修正后的片数,N_2 为 ESDD 按 CaSO4 的含量为 20%时修正后的片数;双伞绝缘子片数
　　为在普通绝缘子计算结果基础上修正得到,修正系数为 1.06;0 级污区绝缘子片数 48 片为满足绝缘子串长最小长度后的片数。

表 10-12　规程推荐不同污秽度绝缘子所需片数(片)

污秽等级	ESDD(mg/cm²)	CA590		CA887
		N_1	N_2	
0	0.03	48	48	45
I	0.06	52	54	49
II	0.10	56	59	53
III	0.25	66	71	63
IV	0.35	71	75	67

注:N_1 为 ESDD 按 CaSO₄ 的含量为 41%时修正后的片数,N_2 为 ESDD 按 CaSO4 的含量为 20%时修正后的片数;双伞绝缘子为
　　ESDD 按 CaSO₄ 的含量为 41%时修正后的片数。

表 10-13　日本防雾型绝缘子单片设计耐受电压及沿面耐受梯度

项目		污区最大附盐密度(mg/cm²)				
		0.01	0.03	0.06	0.12	0.25
210kN	耐受电压(kV/片)	17.0	13.0	11.2*	9.5	8.3*
	沿面耐受梯度(kV/m)	45.9	35.1	30.3	25.7	22.4
300kN	耐受电压(kV/片)	19.5	15.0	12.9*	11.0	9.6*
	沿面耐受梯度(kV/m)	42.4	32.6	28.0	23.9	20.9
400kN	耐受电压(kV/片)	20.5	15.8	13.6	11.6	10.1
	沿面耐受梯度(kV/m)	39.0	30.1	25.9	22.1	19.2
530kN	耐受电压(kV/片)	24.0	18.5	15.7	13.4	11.6
	沿面耐受梯度(kV/m)	35.8	27.6	23.4	20.0	17.3

注:带 * 数据为根据表中其他数据拟合出的数值。

　　盐密为 0.01、0.06、0.25mg/cm² 时,绝缘子沿面耐受梯度随吨位下降曲线,如图 10-3 所示[10]。

　　可以看出,同一污秽度下,随着绝缘子吨位上升,绝缘子的沿面耐受梯度逐渐下降,绝缘子表面爬电比距利用越来越不充分。另外也可以发现,在不同盐密下,随着绝缘子吨位上升,沿面耐受梯度电压下降速度也基本一致。因此,在选用大吨位绝缘子时,应考虑爬电比距利用率问题,适当增加绝缘子片数。

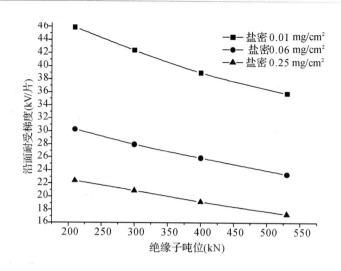

图 10-3　三种盐密下绝缘子沿面耐受梯度下降曲线

10.2.2　按操作过电压选择绝缘子片数

操作过电压要求的线路绝缘子串正极性操作冲击电压波 50% 放电电压 $U_{50\%}$ 应符合下式要求：

$$U_{50\%} \geqslant K_1 \cdot U_s \tag{10-23}$$

式中，U_s 为线路相对地统计操作过电压，kV；K_1 为线路绝缘子串操作过电压统计配合系数，文献[11]推荐取 1.27，文献[12]推荐取 1.25。

实际工程中，当污秽等级大于等于 Ⅱ 时，通常操作过电压对绝缘子串片数的选择已不起作用，绝缘子串片数由工频电压决定。

10.2.3　按雷电过电压要求校核绝缘子片数

考虑特高压输电线路按照工频电压和操作过电压确定的外绝缘水平已经很高，通常可以满足线路耐雷水平和雷击跳闸率的要求。故在特高压交流输电线路中，雷电过电压对绝缘子串片数的选择不起决定作用，仅作为耐雷水平是否满足要求的校验条件。

10.3　特高压线路空气间隙的确定

输电线路考虑的空气间隙主要有：导线对大地、导线对导线、导线对架空地线和导线对杆塔及横担。导线对地面的高度主要是考虑穿越导线下的最高物体与导线间的安全距离；导线间的距离主要由导线弧垂最低点在风力作用下，发生异步摇摆时能耐受工作电压的最小间隙确定；导线对地线的间隙，由雷击避雷线档距中间不引起导线空气间隙击穿的条件来确定。对于特高压线路空气间隙的确定，最重要的是确定导线对杆塔及横担的间隙。

对于特高压输电线路，在确定空气间隙时，需要考虑以下几点：

1）过电压波形

电压波形主要指波头和波尾长度，其中波头时间会对操作冲击下间隙击穿电压产生较大影响。在超高压系统中，试验操作过电压波头长度采用 $250\mu s$，而在特高压系统中，95% 的操作过电压波头长度在 $1000\mu s$ 以上。因此，在进行特高压操作冲击试验时需要对操作过电压波头长度进行规定，保证试验结果符合特高压电网的要求。

2）杆塔侧面宽度

空气间隙处的杆塔侧面宽度和对特高压线路杆塔空气间隙的放电电压有明显影响。杆塔侧面宽度增加，杆塔空气间隙的操作冲击放电电压会随之降低。苏联学者根据实验室试验结果，认为塔身宽度对

空气间隙放电电压的影响可用如下关系表示[13,14]:

$$U_{50}(\omega)=U_{50}(1)(1.03-0.03\omega) \tag{10-24}$$

式中,$U_{50}(\omega)$——塔身宽度为(ω)时的放电电压;

　　$U_{50}(1)$——塔身宽度为 1m 时的放电电压;

　　ω——塔身宽度,m。

3) 风偏角的影响

就线路空气间隙击穿电压而言,雷电过电压幅值最高,操作过电压次之,工作电压最低。但就电压作用时间来说,则顺序相反。在确定导线对杆塔间隙距离时,必须考虑风力作用下绝缘子串摇摆的风偏角。由于工作电压长时间作用于导线上,计算取百年一遇最大风速相应的风偏角 θ_p;操作过电压持续时间较短,计算采用最大风速的 50% 下的风偏角 θ_s;雷电过电压持续时间极短,计算采用 10m/s 风速下的风偏角 θ_l。试验中模拟绝缘子在工作电压、操作过电压和雷电过电压下对杆塔放电时的风偏角分别设定为 50°、20° 和 12°。

4) 杆塔结构

在确定线路空气间隙时,不仅要考虑风偏的影响,还应该考虑杆塔结构的因素。特高压线路中的杆塔主要有猫头塔、酒杯塔和双回塔,其结构如图 10-4 所示。

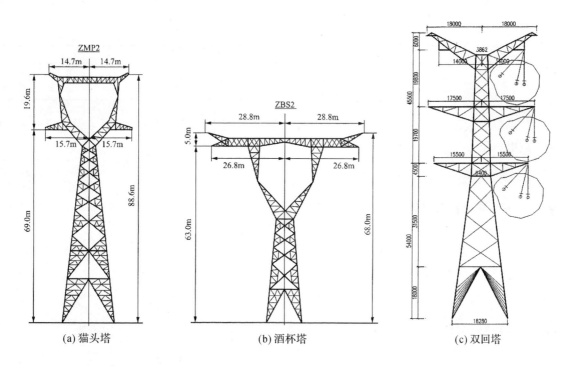

(a) 猫头塔　　　　　　　(b) 酒杯塔　　　　　　　(c) 双回塔

图 10-4　特高压杆结构图

可以看出,猫头塔和酒杯塔的边相导线对杆塔的空气间隙受风偏影响,需要分别校核三种过电压下间隙距离能否满足要求;而中相导线由于受 V 型绝缘子串的拉力作用,不受风偏影响,只需校核其线路空气间隙能否满足操作过电压和雷电过电压的放电距离要求。

对于双回杆塔,由于绝缘子串长度较长,实际上导线很难对上横担发生放电,主要考虑导线对相邻下横担和导线对塔身的间隙。当采用 I 串绝缘子时,三相间隙都需考虑风偏的影响。对上相和中相导线空气间隙距离进行校核时,无论采用 I 型或是 V 型绝缘子串,都要考虑相邻下横担的影响。对于导线对相邻下横担的空气间隙,由于上相和中相与相邻下横担的空气间隙基本相同,上相与相邻下横担的间隙距离一般可参照中相与相邻下横担的试验结果。另外,对于导线对塔身的空气间隙,由于与中相导线相邻的塔身宽度大于上相导线相邻的塔身宽度,同等间隙下中相导线的击穿电压会略低于上相导线,故上相导线空气间隙的确定可以参照中相导线的试验结果,这样还能保证一定裕度。

考虑到相邻导线间有横担或塔窗的间隔,因此对导线相间的距离通常不作规定。

5)多间隙并联对放电电压和放电电压变异系数的影响

所谓多间隙并联放电电压,指的是一段线路有多基杆塔,每基杆塔都有相应的导线对杆塔的空气间隙,而这段线路的空气间隙放电电压,即为多个间隙并联后的放电电压。

多个间隙并联时的击穿电压要低于单间隙时的放电电压,两者关系如下式[4]。

$$U_{50.m} = U_{50.1}(1 - Z\sigma_1^*) \tag{10-25}$$

式中,$U_{50.m}$ 和 $U_{50.1}$ 分别代表并联 m 个间隙和单个间隙的 50% 放电电压,Z 取决于并联间隙数 m,σ_1^* 为单间隙的放电电压变异系数。

多间隙放电电压变异系数 σ_m^* 与单间隙放电电压变异系数 σ_1^* 关系如下式[4]。

$$\beta = \sigma_m^* / \sigma_1^* \tag{10-26}$$

不同电压下,间隙数 m 的确定原则不同。在工频电压下,并联间隙数 m 的确定主要是考虑导线同时有最大风偏角的杆塔数;操作过电压下(通常取沿线最大的统计 2% 操作过电压为典型操作过电压),主要考虑线路上出现典型操作过电压的线路长度。参考苏联特高压线路的设计和运行经验,可取 $m=100$,这已经是从严考虑了。因此,参考国内外经验,通常取 $m=100$。不同并联间隙数 m 对 Z 和 β 的影响如表 10-14 所示[4]。

表 10-14　并联间隙数 m 对 Z 和 β 的影响

m	1	100	500
$\beta = \sigma_m^*/\sigma_1^*$	1	0.4	0.36
Z	0	2.45	3

由于线路间隙放电电压存在分散性,取线路绝缘的闪络概率不大于 0.13%,则考虑工频电压多间隙并联的放电电压 $U_{50.m}$ 应满足下式,为

$$U_{50.m} \geq \frac{U_{n.m}}{(1 - 3\sigma_m^*)} \tag{10-27}$$

式中,$U_{n.m}$ 为系统最高运行电压。

$$U_{n.m} = \frac{\sqrt{2}}{\sqrt{3}} \times 1.1 U_n = \frac{\sqrt{2}}{\sqrt{3}} \times 1.1 \times 1000 = 898 (\text{kV}) \tag{10-28}$$

将式(10-25)代入式(10-27)可以得到:

$$U_{50.1} \times (1 - Z\sigma_1^*) \geq \frac{U_{n.m}}{(1 - 3\sigma_m^*)} \tag{10-29}$$

由此可以得到,考虑多个间隙并联影响时单间隙 50% 放电电压 $U_{50.1}$ 应满足下式,为

$$U_{50.1} \geq \frac{U_{n.m}}{(1 - Z\sigma_1^*)(1 - 3\sigma_m^*)} \tag{10-30}$$

考虑工频电压情况下所要求的单间隙 50% 放电电压 $U_{50.1.r.pf}$ 为

$$U_{50.1.r.pf} = \frac{U_{n.m}}{(1 - Z\sigma_1^*)(1 - 3\sigma_m^*)} \tag{10-31}$$

类似地,考虑操作过电压情况下所要求的单间隙 50% 放电电压 $U_{50.1.r.s}$ 为

$$U_{50.1.r.s} = \frac{U_S}{(1 - Z\sigma_1^*)(1 - 3\sigma_m^*)} \tag{10-32}$$

式(10-32)中,U_S 为特高压交流输电线路沿线最大的统计(2%)操作过电压水平,取 1.7 p.u.,即

$$U_S = 1.7 U_{n.m} = 1.7 \times \frac{\sqrt{2}}{\sqrt{3}} \times 1.1 U_n = 1.7 \times \frac{\sqrt{2}}{\sqrt{3}} \times 1.1 \times 1000 = 1526.8 (\text{kV}) \tag{10-33}$$

在工频电压情况下,通常取单间隙放电电压变异系数 $\sigma_1^* = 0.3$;而在操作过电压情况下,单间隙放电电压变异系数会比工频电压情况下更大,此时通常取 $\sigma_1^* = 0.6$[4]。

6）海拔高度对空气间隙放电电压影响

空气间隙放电电压(U_{P_0})，转换为海拔高度为$H(m)$地区的放电电压(U_{P_H})，可按如下公式校正。

$$U_{P_H} = k_a \cdot U_{P_0} \tag{10-34}$$

式中，U_{P_0}为标准气象条件下的空气间隙放电电压或耐受电压要求值，kV；k_a为海拔校正系数。

校正系数k_a的计算，可参考文献[15]，为

$$k_a = e^{m(H/8150)} \tag{10-35}$$

式中，m取值如下：空气间隙和清洁绝缘子的短时耐受电压，$m=1.0$；雷电冲击电压，$m=1.0$；操作冲击电压，m按图 10-5 选取。

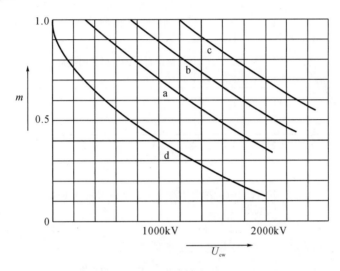

图 10-5　各种操作冲击耐受电压下的 m 值

注：a 为相对地绝缘；b 为纵绝缘；c 为相间绝缘；d 为棒板间隙（标准间隙）

以海拔 1000m 时特高压线路操作冲击下的空气间隙校核为例，来说明海拔校正的步骤。

计算标准大气条件下的空气间隙 50% 操作冲击放电电压要求值为

$$U_{50.1r} = k_s k_c U_s = 1 \times 1.26 \times 1.7 \times 898 = 1924(\text{kV})$$

确定 m 值。线路空气间隙为导线对杆塔的间隙，属于相对地绝缘，选择曲线 a，放电电压在 1900kV 以上，可知 m 值在 $0.35 \sim 0.4$ 之间，为保留一定裕度，取 $m=0.39$。

计算海拔校正因数为

$$k_a = e^{m(H/8150)} = e^{0.39 \times 1000/8150} = 1.049$$

校正放电电压为

$$U_{P_H} = k_a \cdot U_{P_0} = 1.049 \times 1924 = 2018(\text{kV})$$

10.3.1　工频电压下空气间隙的确定

10.3.1.1　工频长间隙放电特性曲线

工频电压下导线对杆塔的放电击穿模型可以参考长空气间隙下的棒—板和棒—棒击穿模型。苏联亚历山德罗夫等学者提出长间隙击穿电压和绝缘子交流闪络电压曲线如图 10-6 所示[14,15]。

由图 10-6 可知，在间隙距离较小时，临界击穿电压随着距离的增加而近似线性增加，但距离增加到一定程度后，曲线的线性度变差，间隙距离增加时击穿电压增加不多。在设计中应当特别注意特高压线路，由于电压等级高，导线与杆塔间隙击穿电压容易进入非线性区域，因此单纯增加间隙距离对提高击穿电压效果并不明显。

10.3.1.2　间隙工频放电电压要求值

工频电压下间隙绝缘配合的计算方法如下[7]。

空气间隙的 50% 工频放电电压应该考虑以下因素：百年一遇最大风速、系统最高运行电压和多间

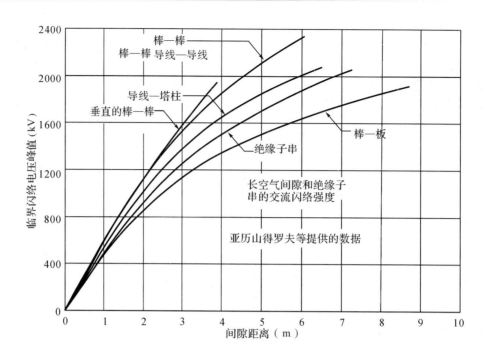

图 10-6　长间隙击穿电压和绝缘子交流闪络电压曲线

隙并联对放电电压的影响。

综合上述因素,单个间隙 50% 工频放电电压要求值为

$$U_{50.1.r}=k_{a} \cdot k_{s} \cdot k_{c} \cdot U_{m} \cdot \sqrt{2}/\sqrt{3} \tag{10-36}$$

式中,k_{s} 为安全裕度,取 1.05;k_{c} 为配合系数,主要考虑多间隙并联对放电电压的影响;U_{m} 为系统最高运行电压,取 1100kV;k_{a} 为海拔修正系数:工频电压下 $H=500\text{m}$ 时,$k_{a}=1.063$;$H=1000\text{m}$ 时,$k_{a}=1.131$;$H=1500\text{m}$ 时 $k_{a}=1.202$。

配合系数 k_{c} 的计算如式(10-37)所示,其中取并联间隙数 $m=100$,$Z=2.45$,σ_{1}^{*} 取 0.03[4]。

$$k_{c}=\frac{1}{(1-Z\sigma_{1}^{*})(1-3\sigma_{m}^{*})}=\frac{1}{(1-2.45\times0.03)(1-3\times0.012)}=1.12 \tag{10-37}$$

国标 GB/Z 24842-2009《1000kV 特高压交流输变电工程过电压和绝缘配合》中建议配合系数 k_{c} 取 1.1[16]。实际上,式(10-37)计算结果与国标建议值十分接近,本节计算中配合系数 k_{c} 采用国标建议值,取 1.1。

考虑海拔高度的影响,空气间隙工频放电电压要求值 $U_{50.1.r.pf}$ 为

$$H=500\text{m} \quad 时 \ U_{50.1.r.pf}=1.063\times1.05\times1.1\times1100\times\sqrt{2}/\sqrt{3}=1103(\text{kV})$$

$$H=1000\text{m} \ 时 \ U_{50.1.r.pf}=1.131\times1.05\times1.1\times1100\times\sqrt{2}/\sqrt{3}=1173(\text{kV})$$

$$H=1500\text{m} \ 时 \ U_{50.1.r.pf}=1.202\times1.05\times1.1\times1100\times\sqrt{2}/\sqrt{3}=1247(\text{kV})$$

10.3.1.3　特高压真型塔试验布置与放电曲线

(1)单回塔

特高压线路中单回塔主要为酒杯塔和猫头塔,两种塔形的中相均为 V 型串,边相为 I 串。由于 V 型串不受风偏影响,故导线对塔窗的间隙距离通常满足工频放电电压要求值。因此,对于特高压单回杆塔,只需校核两种塔型边相 I 串间隙距离是否满足工频放电电压要求。

对特高压酒杯塔和猫头塔的真型塔试验布置如图 10-7 所示。

对于这两种杆塔,主要发生的是导线对塔腿的放电。试验中模拟风偏角为 50°左右,导线对塔腿距离为 2~4m,间隙距离 d 与放电电压曲线如图 10-8 所示[16]。这样,根据工频放电电压要求值,查相关放电电压曲线,即可得到单回塔工频放电电压下所要求的间隙距离。

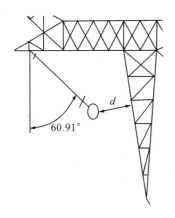

(a) 酒杯塔边相工频放电试验布置

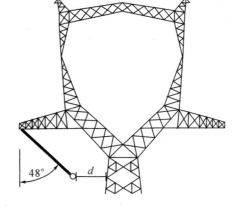

(b) 猫头塔边相工频放电试验布置

图 10-7 单回杆塔工频放电试验布置

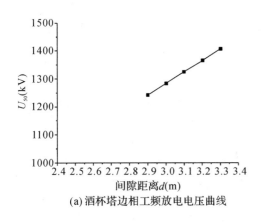

(a) 酒杯塔边相工频放电电压曲线

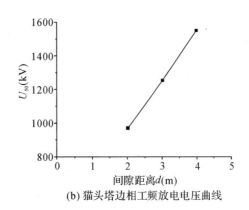

(b) 猫头塔边相工频放电电压曲线

图 10-8 单回塔工频放电电压曲线

（2）双回塔

对于双回杆塔的绝缘子串，由于 V 型串不受风偏影响，故导线对塔窗的间隙距离通常满足工频放电电压要求值，仍主要校核 I 串绝缘子的空气间隙。

双回杆塔的导线对相邻下横担的间隙距离主要由操作过电压决定，该间隙距离通常可达 5～8m，而工频电压下间隙距离要求值仅为 3m 左右，故此时导线对相邻下横担间隙距离完全能满足工频放电电压要求。因此，双回塔工频放电间隙需重点考虑的是风偏时导线对塔身的间隙距离。

特高压双回真型鼓型铁塔试验布置如图 10-9 所示，上相与中相主要是导线对塔身的放电，而下相主要是导线对塔腿的放电，故需要对这两种情况分别进行试验。由于上相与中相均是导线对塔身的放电，两者放电形式基本相同，考虑同等间隙下中相导线的击穿电压要略低于上相导线，从严考虑上相导线空气间隙的确定可以参照中相导线的试验结果。因此，试验主要针对中相和下相进行。对上相的空气间隙距离要求可参照中相，一般与中相导线相同。

对于双回铁塔的导线对塔身间隙的工频放电电压，试验中模拟风偏角为 50°左右，间隙距离 d 与工频放电电压曲线如图 10-10 所示[16]。这样，由工频放电电压要求值，查相关放电电压曲线，即可得到双回塔工频放电电压下所要求的间隙距离。

10.3.1.4 间隙距离推荐值

根据工频放电电压要求，查上述相关放电电压曲线，可得出工频放电电压下所要求的间隙距离，如表 10-15 所示。

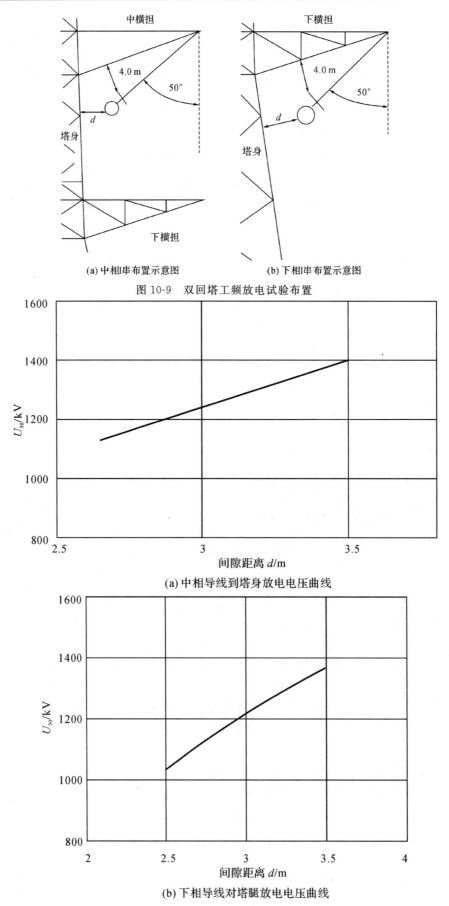

(a) 中相I串布置示意图   (b) 下相I串布置示意图

图 10-9　双回塔工频放电试验布置

(a) 中相导线到塔身放电电压曲线

(b) 下相导线对塔腿放电电压曲线

图 10-10　双回塔中相与下相工频放电电压曲线

表 10-15　工频放电电压要求值对应的杆塔边相间隙距离

海拔高度（m）		$H=500$	$H=1000$	$H=1500$
工频放电电压要求值（kV）		1103	1173	1247
间隙距离（m）	酒杯塔边相	2.56	2.74	2.91
	猫头塔边相	2.48	2.72	2.97
	双回塔中相	2.59	2.79	3.02
	双回塔下相	2.67	2.87	3.08

注：双回塔上相的试验结果参照中相试验结果，所有杆塔绝缘子串型为Ⅰ串。

在确定工频电压下空气间隙时，应保证在 50°风偏角下，间隙距离应不小于表 10-15 所给数值。国标 GB/Z 24842-2009《1000kV 特高压交流输变电工程过电压和绝缘配合》中建议工频电压下间隙距离要求值如表 10-16 所示，与表 10-15 所得的结果相吻合。

表 10-16　工频电压下最小空气间隙要求值

海拔高度（m）		$H=500$	$H=1000$	$H=1500$
间隙距离要求值（m）	单回塔	2.7	2.9	3.1
	双回塔	2.7	2.9	3.1

10.3.2　操作冲击电压下的空气间隙确定

10.3.2.1　波头时间

在确定操作冲击下的空气间隙距离时，首先需要确定操作冲击波的波形。操作过电压下空气间隙的放电电压与操作过电压波头长度相关，对于 1000kV 特高压电网，文献[16]推荐标准操作冲击波波头时间取 1000μs，俄罗斯特高压标准也推荐操作波波头时间取 1000μs。浙江大学通过对特高压线路仿真计算得出，各种操作过电压的波头长度在 800～4500μs 之间，其中 95％以上操作过电压波头长度大于 1000μs。文献[17]给出波头时间与放电电压关系曲线如图 10-11 所示，在 1000～5000μs 之间，随波头时间增加，间隙放电电压略有上升，故试验中采用波头为 1000μs 操作电压波，可以使试验结果适当保证一定裕度。因此，通常采用波头为 1000μs 操作过电压波作为冲击试验过电压波。

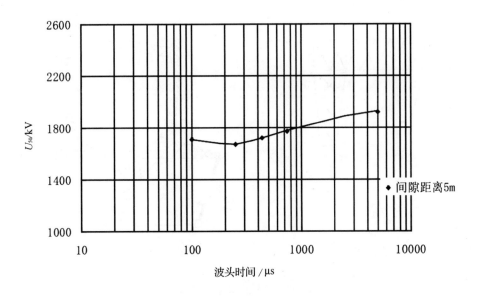

图 10-11　波头时间对间隙放电电压的影响

10.3.2.2 操作过电压要求值

操作冲击电压下间隙放电电压应满足下式要求：

$$U_{50.1.r} = k_s k_c k_a U_s \qquad (10\text{-}38)$$

式中，U_s 为沿线最大的统计 2%操作过电压，取 1.7p.u.；k_s 为安全裕度，取 1；k_a 为海拔修正系数，操作冲击下海拔修正因子 $m=0.39$，$H=500\mathrm{m}$ 时，$k_a=1.024$；$H=1000\mathrm{m}$ 时，$k_a=1.048$；$H=1500\mathrm{m}$ 时 $k_a=1.072$。

配合系数 k_c 计算如式(10-39)所示，其中取并联间隙数 $m=100$，$Z=2.45$，σ_1^* 取 0.06[4]。

$$k_c = \frac{1}{(1-Z\sigma_1^*)(1-3\sigma_m^*)} = \frac{1}{(1-2.45\times 0.06)(1-3\times 0.024)} = 1.263 \qquad (10\text{-}39)$$

国标 GB/Z 24842-2009《1000kV 特高压交流输变电工程过电压和绝缘配合》中建议，配合系数 k_c 对 I 串绝缘子，建议取 1.26；对 V 串绝缘子，建议取 1.27。实际上，式(10-39)计算结果与国标建议值十分接近，本节计算中配合系数 k_c 采用国标建议值。

I 串单间隙操作冲击放电电压要求值如下：

$$H=500\mathrm{m}\ \text{时}\ U_{50.1.r.s} = k_s k_c k_a U_s = 1\times 1.26\times 1.024 U_s = 1970(\mathrm{kV})$$
$$H=1000\mathrm{m}\ \text{时}\ U_{50.1.r.s} = 1\times 1.26\times 1.048 U_s = 2016(\mathrm{kV})$$
$$H=1500\mathrm{m}\ \text{时}\ U_{50.1.r.s} = 1\times 1.26\times 1.072 U_s = 2062(\mathrm{kV})$$

V 串单间隙操作冲击放电电压要求值如下：

$$H=500\mathrm{m}\ \text{时}\ U_{50.1.r} = k_s k_c k_a U_s = 1\times 1.27\times 1.024 U_s = 1986(\mathrm{kV})$$
$$H=1000\mathrm{m}\ \text{时}\ U_{50.1.r} = 1\times 1.27\times 1.048 U_s = 2032(\mathrm{kV})$$
$$H=1500\mathrm{m}\ \text{时}\ U_{50.1.r} = 1\times 1.27\times 1.072 U_s = 2079(\mathrm{kV})$$

10.3.2.3 特高压单回真型塔试验布置与放电曲线

对于单回杆塔，边相导线绝缘子串为 I 串，需要考虑风偏的影响，主要校核导线与塔身的间隙距离；中相导线为 V 串，无需考虑风偏影响，主要校核导线对塔窗的间隙距离。因此，边相与中相应分别予以讨论。

(1)边相导线

对于边相导线，在操作过电压下考虑风偏角为 20°，两种典型单回杆塔的边相导线操作冲击放电电压试验布置如图 10-12 所示，其波头时间为 250μs 的放电电压曲线如图 10-13 所示。

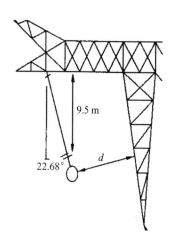
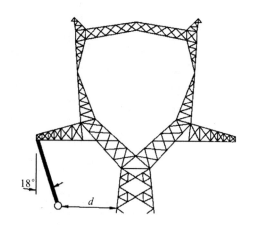

(a)酒杯塔边相操作放电试验布置　　　(b)猫头塔边相操作放电试验布置

图 10-12　单回塔操作过电压放电试验布置

对于特高压单回真型塔，应该使用波头时间 $T_f=1000\mu\mathrm{s}$ 的操作冲击放电电压曲线，因此需要对波头时间 $T_f=250\mu\mathrm{s}$ 的操作冲击放电电压曲线进行等效转换。

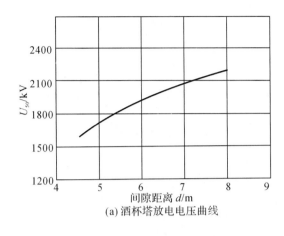
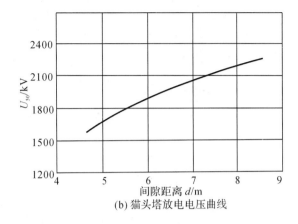

图 10-13　酒杯塔与猫头塔边相放电电压曲线

文献[18]指出,波头时间 $T_f = 1000\mu s$ 的边相操作冲击放电电压比 $T_f = 250\mu s$ 的边相操作冲击放电电压约高 7% 左右。由上一小节中计算得出的 Ⅰ 串单间隙操作冲击放电电压要求值(波头时间 $1000\mu s$),乘以 0.93 即得到波头时间为 $250\mu s$ 波头的放电电压要求值,再由图 10-13,可以得出操作冲击电压下单回塔边相所要求的间隙距离,如表 10-17 所示。

表 10-17　操作冲击电压下单回塔边相间隙距离

海拔高度(m)		$H=500$	$H=1000$	$H=1500$
操作过电压放电电压要求值(kV)		1970	2016	2062
$250\mu s$ 下放电电压推算值(kV)		1839	1884	1928
间隙距离(m)	酒杯塔	5.75	5.96	6.20
	猫头塔	5.86	6.09	6.34

注:操作放电电压要求值均为 Ⅰ 串绝缘子间隙耐受电压

在确定操作冲击电压下的空气间隙时,应保证在风偏角 20° 下,间隙距离应不小于表 10-17 所给数值。国标 GB/Z 24842-2009《1000kV 特高压交流输变电工程过电压和绝缘配合》中建议工频电压下间隙距离要求值如表 10-18 所示,与表 10-17 所得的结果相吻合。

表 10-18　操作过电压下单回塔边相最小空气间隙要求值

海拔高度(m)	$H=500$	$H=1000$	$H=1500$
单回塔边相间隙距离要求值(m)	5.9	6.2	6.4

(2)中相导线

对于中相导线,绝缘子串为 V 型串,当串长确定后,导线对塔窗的距离也随之确定,且不受风偏影响。试验布置如图 10-14 所示。

两种布置下 $1000\mu s$ 操作冲击放电电压如表 10-19 所示[9]:

表 10-19　酒杯塔与猫头塔中相导线对杆塔操作冲击放电电压

导线布置	酒杯塔中相布置方式	猫头塔中相布置方式
$1000\mu s$ 操作冲击 50% 放电电压(kV)	2083	2015

根据上一节计算结果,海拔 500m 时,V 串绝缘子操作冲击放电电压要求值为 1986kV,此时酒杯塔和猫头塔这两种布置方式均满足操作冲击放电间隙,两种杆塔均可应用在海拔 500m 的特高压电网中。在海拔 1000m 时,猫头塔放电电压低于要求值 2032kV,可能发生击穿,而酒杯塔放电电压满足要求值,因此建议在海拔 1000m 时,线路采用酒杯塔。海拔 1500m 时,猫头塔放电电压低于要求值 2079kV,可能发生击穿,而酒杯塔放电电压满足要求值,因此建议在海拔 1500m 时,线路采用酒杯塔。

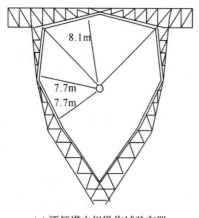
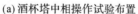
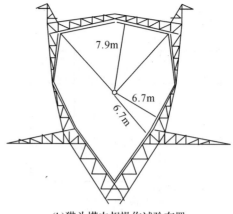

(a)酒杯塔中相操作试验布置　　　　　　　(b)猫头塔中相操作试验布置

图 10-14　酒杯塔与猫头塔中相操作冲击试验布置

操作过电压下中相间隙距离要求值如表 10-20 所示[16]。

表 10-20　操作过电压下中相间隙距离推荐值

海拔高度(m)	$H=500$	$H=1000$	$H=1500$
单回塔中相间隙距离要求值(m)	6.7/7.9	7.2/8.0	7.7/8.1

注:斜线上下分别代表中相带电体对斜铁和上横梁的距离。

综合来说,猫头塔塔窗较小,中相空气间隙较小,主要应用于低海拔地区;酒杯塔塔窗较大,中相空气间隙较大,线间距离也较大,主要适用于高海拔地区。

10.3.2.4　特高压双回真型塔试验布置与放电曲线

操作过电压下,双回杆塔的 V 串和 I 串绝缘子与杆塔的间隙距离都需进行校核,下面分别讨论 I 串与 V 串绝缘子操作过电压试验布置与放电曲线。由于上相与中相均是导线对塔身的放电,两者放电形式基本相同,考虑同等间隙下中相导线的击穿电压要略低于上相导线,从严考虑上相导线空气间隙的确定可以参照中相导线的试验结果。因此,试验主要针对中相和下相进行。对上相的空气间隙距离要求与中相导线相同。

实际上,在操作过电压情况下,对于双回杆塔的 V 串和 I 串绝缘子悬挂导线与杆塔的间隙距离,重点是校核导线与相邻下横担之间的空气间隙距离。对于上相导线和中相导线,其与相邻上横担和塔身之间的距离一般都能满足要求;对于下相导线,其与相邻上横担和塔腿之间的距离也都能满足要求。故实际中,导线对相邻上横担、塔身和塔腿之间的间隙距离都可以不再进行校核。

1)I 串绝缘子

I 串绝缘子试验布置如图 10-15 所示。对于实际杆塔,当模拟风偏角为 20°左右时,中相导线与杆塔中相横担和塔身距离通常在 9m 以上,间隙距离通常满足操作放电电压要求,故放电一般发生在导线与下横担之间的间隙 d_1。而对于下相导线,其与杆塔下相横担距离通常在 8m 以上,故放电通常发生在导线与塔身之间的间隙 d_2。

导线对杆塔放电电压曲线如图 10-16 所示[16]。

根据操作冲击放电电压要求,查上述相关放电电压曲线,可得出双回塔 I 串绝缘子操作冲击放电电压要求值所对应的间隙距离,如表 10-21 所示。

表 10-21　操作冲击放电电压要求值对应的双回塔边相间隙距离

海拔高度(m)		$H=500$	$H=1000$	$H=1500$
操作冲击放电电压要求值(kV)		1968	2016	2063
间隙距离(m)	双回塔中相	5.68	5.89	6.09
	双回塔下相	5.96	6.16	6.35

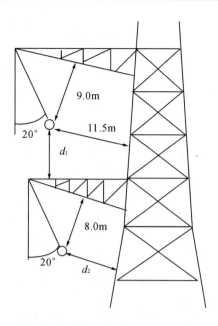

图 10-15 双回塔 I 串中相与下相导线对杆塔间隙操作冲击试验布置

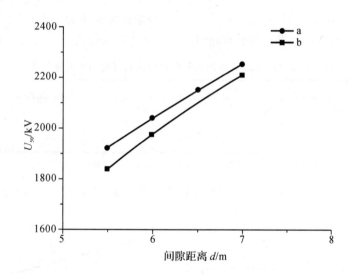

图 10-16 操作冲击下双回塔 I 串绝缘子间隙放电电压曲线

注:a 为中相导线对下横担放电电压曲线,b 为下相导线对塔身放电电压曲线。

国标 GB/Z 24842-2009《1000kV 特高压交流输变电工程过电压和绝缘配合》中建议双回塔边相操作冲击电压下间隙距离要求值如表 10-22 所示,与表 10-21 所得的结果相吻合。

表 10-22 操作电压下双回塔边相最小空气间隙要求值

海拔高度(m)	$H=500$	$H=1000$	$H=1500$
双回塔绝缘子间隙距离要求值(m)	6.0	6.2	6.4

2)V 串绝缘子

在操作过电压下,V 型绝缘子串导线不受风偏的影响,但是需要校核导线对横担和塔身的空气间隙是否满足操作冲击波放电电压要求。分中相导线和下相导线两种情况。

(1)中相导线

V 串绝缘子中相导线运行时布置如图 10-17 所示。

对于导线对塔身的距离 d_2 和导线对中相横担的距离 d_3 的确定,考虑绝缘子串长最短(片数最少)

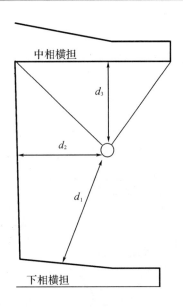

图 10-17　V 串绝缘子中相导线运行时布置

的最严重情况。对于海拔高度 $H=500$m 的情况,绝缘子串长至少 11.5m,考虑 V 串绝缘子夹角为 90°,计算得到导线对中相横担距离至少为 8.13m,导线对塔身距离也至少为 7.13m(考虑塔身倾斜度的估算值),此时导线对杆塔中相横担和塔身的最短间隙距离如表 10-23 所示。

表 10-23　双回塔 V 串绝缘子中相导线对杆塔空气间隙距离

海拔高度(m)	500	1000	1500
绝缘子片数(XWP-300)	48	52	53
导线对中相横担距离(m)	8.13	8.68	8.82
导线对塔身距离(m)	7.13	7.68	7.82

注:V 串绝缘子夹角为 90°,导线对杆塔距离均为根据绝缘子长度计算并考虑一定裕度得出。

　　双回塔 V 串中相导线对杆塔塔身和横担间隙操作冲击试验布置如图 10-18 所示,放电电压曲线如图 10-19 所示。

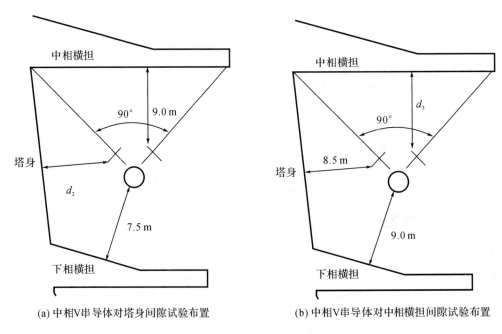

(a) 中相V串导体对塔身间隙试验布置　　　　(b) 中相V串导体对中相横担间隙试验布置

图 10-18　双回塔 V 串中相导线对塔身和横担间隙操作冲击试验布置

　　由不同海拔高度下的操作过电压放电要求值,结合图 10-19 放电电压曲线,可以得到双回塔 V 串中相导线对中相横担要求距离、对塔身要求距离,如表 10-24 所示。

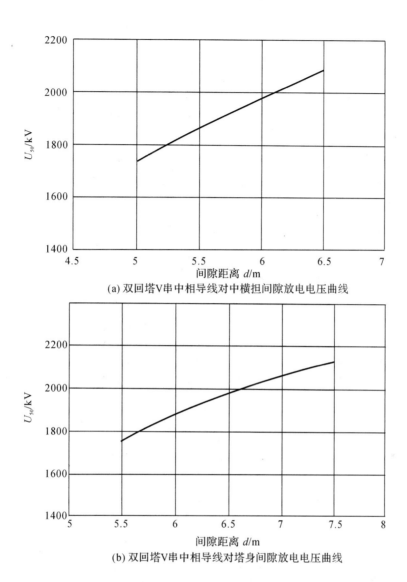

(a) 双回塔V串中相导线对中横担间隙放电电压曲线

(b) 双回塔V串中相导线对塔身间隙放电电压曲线

图 10-19　双回塔 V 串中相导线对中横担和塔身间隙操作冲击(1000μs)50%放电电压曲线

表 10-24　双回塔 V 串绝缘子中相导线对杆塔空气间隙要求距离

海拔高度(m)	500	1000	1500
绝缘子片数(XWP-300)	48	52	53
操作过电压下放电要求值	1986	2032	2079
导线对中相横担要求距离(m)	6.6	6.8	7.2
导线对塔身要求距离(m)	6.1	6.25	6.5

　　对比表 10-23 和表 10-24 可以看出,在不同海拔高度情况下,即使考虑清洁区绝缘子片数最少(导线对杆塔的下横担与塔身间隙距离最短)这种最严重情况,导线对中横担和塔身间隙的放电电压都能满足操作冲击放电电压要求值,并且留有适当的裕度。因此,在校核双回塔 V 串空气间隙时,可以不考虑导线对塔身和中横担间隙,只需对导线对下相横担间隙 d_1 进行校核。

　　中相导线空气间隙试验布置如图 10-20 所示,导线对下横担放电电压曲线如图 10-21 所示[16]。

　　根据操作冲击放电电压要求值,查图 10-21 中放电电压曲线,可得出操作放电电压要求值对应的间

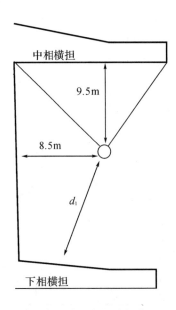

图 10-20　中相 V 串导线空气间隙操作过电压试验布置

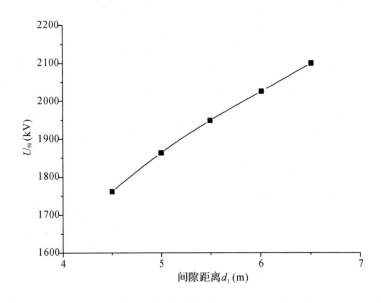

图 10-21　V 串中相导线对下横担间隙操作冲击(1000μs)50％放电电压曲线

隙距离,如表 10-25 所示。

表 10-25　操作冲击电压下的 V 串中相导线对下横担间隙要求距离

海拔高度(m)	500	1000	1500
操作冲击放电电压要求值(kV)	1985	2032	2079
间隙距离要求值(m)	5.73	6.04	6.35

中相导线对下横担间隙距离应大于表 10-25 所列数值。

国标 GB/Z 24842-2009《1000kV 特高压交流输变电工程过电压和绝缘配合》中建议双回塔边相操作冲击电压下间隙距离要求值如表 10-26 所示,与表 10-25 中推得的结果相吻合。

表 10-26　操作电压下双回塔边相最小空气间隙要求值

海拔高度(m)	$H=500$	$H=1000$	$H=1500$
双回塔绝缘子间隙距离要求值(m)	6.0	6.2	6.4

（2）下相导线

对于下相导线，需要校验的间隙为导线到塔身、导线到下横担的间隙距离，如图 10-22 所示。对于海拔高度 $H=500\text{m}$ 的情况（考虑清洁区绝缘子片数最少，此时导线对杆塔的下横担与塔身间隙距离最短），绝缘子串长至少 11.5m，考虑 V 串绝缘子夹角为 90°，计算得到导线对下相横担距离至少为 8.13m，导线对塔身距离也至少为 7.13m（考虑塔身倾斜度的估算值），此时导线对杆塔下相横担和塔腿的最短间隙距离如表 10-27 所示。

表 10-27　双回塔 V 串绝缘子下相导线对下相横担和塔腿的最短间隙距离

海拔高度(m)	500	1000	1500
绝缘子片数(XWP-300)	48	52	53
导线对下相横担距离(m)	8.13	8.68	8.82
导线对塔腿距离(m)	7.13	7.68	7.82

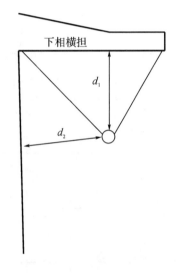

图 10-22　下相导线运行布置

试验布置如图 10-23 所示，首先保持 d_2 为 8.0m，改变下相导线对下横担间隙距离 d_1，可以得到下相导线与下横担的放电电压 U_{50} 与间隙距离 d_1 之间的关系曲线，如图 10-24(a) 所示；然后保持 d_1 为 9.0m，改变下相导线与塔腿之间的间隙距离 d_2，得到导线与塔腿的放电电压 U_{50} 与间隙距离 d_2 之间的关系曲线，如图 10-24(b) 所示[16]。

由不同海拔高度下的操作过电压放电要求值，结合图 10-19 放电电压曲线，可以得到双回塔 V 串下相导线对下横担要求距离、对塔腿要求距离，如表 10-28 所示。

表 10-28　双回塔 V 串绝缘子下相导线对下横担、塔腿空气间隙要求距离

海拔高度(m)	500	1000	1500
绝缘子片数(XWP-300)	48	52	53
操作过电压下放电要求值	1986	2032	2079
导线对下横担要求距离(m)	7.1	7.6	8.2
导线对塔腿要求距离(m)	6.1	6.3	6.7

对比表 10-27 和表 10-28 可以看出，在不同海拔高度情况下，即使考虑清洁区绝缘子片数最少（导线对杆塔的下横担与塔身间隙距离最短）这种最严重情况，导线对下横担和塔腿间隙的放电电压都满足操作冲击放电电压要求值，并且留有适当裕度。因此，实际中不需校核下相导线对杆塔间隙，认为其满足操作冲击放电电压要求。

对于双回杆塔，在操作过电压情况下，导线对相邻上横担的距离主要由绝缘子串长决定，一般都能满足间隙距离要求；导线对塔身和塔腿之间的距离主要由导线的电磁环境（为满足可闻噪声和无线电干

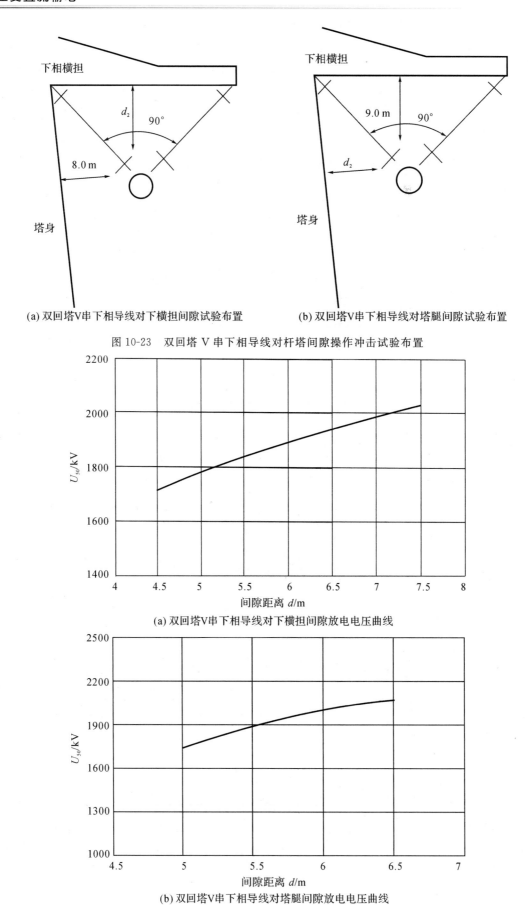

(a) 双回塔V串下相导线对下横担间隙试验布置　　　　(b) 双回塔V串下相导线对塔腿间隙试验布置

图 10-23　双回塔 V 串下相导线对杆塔间隙操作冲击试验布置

(a) 双回塔V串下相导线对下横担间隙放电电压曲线

(b) 双回塔V串下相导线对塔腿间隙放电电压曲线

图 10-24　双回塔 V 串下相导线对下横担和塔腿间隙操作冲击(1000μs)50％放电电压曲线

扰要求,导线与导线之间必须保证足够的间隙距离)决定,一般也都能满足考虑操作冲击的放电电压间隙距离要求;导线对相邻下横担的间隙距离是重点校核对象。

10.3.3　雷电冲击电压下的空气间隙确定

在雷电过电压情况下,空气间隙的正极性雷电冲击放电电压应与绝缘子串的 50% 雷电冲击放电电压相匹配。在 500kV 及以下的线路中,考虑风偏后线路导线对杆塔空气间隙的正极性雷电冲击电压波 50% 放电电压,通常选为绝缘子串相应电压的 0.85 倍[12];在超高压 750kV 线路设计中,该值取绝缘子串相应电压的 0.8 倍[17];在特高压 1000kV 线路设计中,该值取绝缘子串相应电压的 0.8 倍[4]。

1000kV 输电线路空气间隙的 50% 雷电击穿电压与绝缘子串的雷电闪络电压配合关系如下:

$$U'_{50\%} = 0.8 U_{50\%} \tag{10-40}$$

式中,$U_{50\%}$ 为绝缘子串的雷电闪络电压,kV,绝缘子串长度应该采用 0 级污秽地区条件下长度(该情况下绝缘子串长最短);$U'_{50\%}$ 为空气间隙的 50% 雷电击穿电压,kV。

文献[11]给出海拔不超过 1000m、盐密不超过 0.06mg/cm² 地区架空线路绝缘子每串最少片数如表 10-29 所示。

表 10-29　特高压线路绝缘子最少片数

海拔高度(m)	500	1000	1500
绝缘子片数(XWP-300)	48	52	53

IEEE 推荐绝缘子串的雷电闪络电压公式如下[19]:

$$U_p = \left(400 + \frac{710}{t^{0.75}}\right) \times L \tag{10-41}$$

式中,U_p 为绝缘子串闪络电压,kV;t 为雷击后时间,μs,当 t 为 16μs 时对应绝缘子串 50% 放电电压;L 为绝缘子长度,m。

XWP-300 结构高度为 0.195m,计算可得绝缘子在各海拔高度下 50% 闪络电压为:$H=500\text{m}$,$U_{50\%}=4575\text{kV}$;$H=1000\text{m}$,$U_{50\%}=4956\text{kV}$;$H=1500\text{m}$,$U_{50\%}=5051\text{kV}$。空气间隙的 50% 雷电击穿电压 $U'_{50\%}$ 如表 10-30 所示。

表 10-30　雷电放电电压要求值

海拔高度(m)	500	1000	1500
$U_{50\%}$ (kV)	4575	4956	5051
$U'_{50\%}$ (kV)	3660	3965	4041

雷电过电压下,计算风速为 10m/s,此时模拟风偏角为 12°。对于单回杆塔,酒杯塔如图 10-25 所示,边相导线对横担和塔身的距离通常在 9m 以上,间隙距离较大,当雷击导线时,主要发生沿绝缘子串的闪络,导线到塔身的空气间隙一般不会发生击穿;另外,中相导线对塔窗的距离也都满足雷电放电电压要求。对于猫头塔,情况也基本相类似。因此,雷电过电压下的空气间隙距离对单回塔塔头尺寸不起控制作用,单回线路导线对杆塔的间隙距离国家标准中不作规定。

对于双回杆塔,为了降低雷电绕击率,通常会减小塔高,使得上相导线和中相导线到它们相邻下横担的距离减小,通常小于导线对塔身的距离(考虑风偏角),此时导线到下横担的间隙为最主要的雷电放电通道。因此,对于双回杆塔,重点需要对导线和相邻下横担空气间隙距离进行雷电过电压校核。

对于双回塔 I 串绝缘子,雷电过电压下,在考虑导线到塔身和上横担的距离时,模拟风偏角为 12°,通常都能满足放电电压要求,一般无需对此进行校验。在考虑导线到下横担的距离时,应按导线风偏角为零的严重情况进行试验(此时导线到相邻下横担距离最小)。

双回塔中相 I 串导线对下横担雷电过电压试验布置如图 10-26 所示,双回塔中相导线对下横担雷电冲击放电曲线如图 10-27 所示[16]。

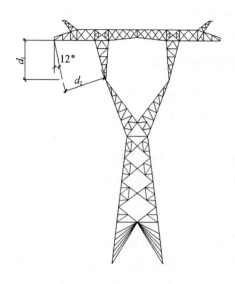

图 10-25　酒杯塔边相导线对杆塔距离

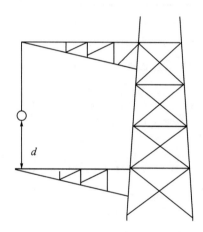

图 10-26　双回塔中相 I 串导线对下横担雷电过电压试验布置

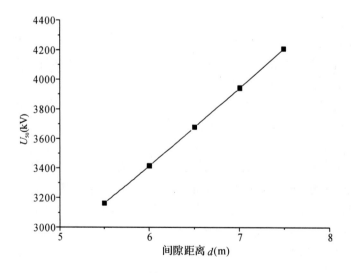

图 10-27　双回塔中相 I 串导线对下横担空气间隙雷电过电压放电电压曲线

双回塔 V 串绝缘子雷电过电压试验布置如图 10-28 所示,双回塔 V 串中相导线对下横担雷电冲击放电曲线如图 10-29 所示[16]。

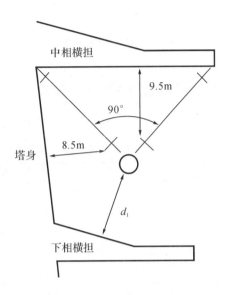

图 10-28　双回塔 V 串中相导线对下横担空气间隙雷电过电压试验布置

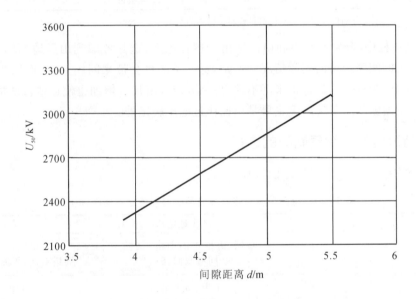

图 10-29　双回塔 V 串中相导线对下横担空气间隙雷电过电压放电电压曲线

根据雷电放电电压要求,查上述相关放电电压曲线,可得出线路空气间隙雷电放电电压下所要求的间隙距离,如表 10-31 所示。

表 10-31　雷电放电电压要求值对应空气间隙距离

海拔高度(m)		$H=500$	$H=1000$	$H=1500$
雷电放电电压(kV)		3660	3965	4041
间隙距离(m)	I 串	6.47	7.04	7.20
	V 串	6.45	6.99	7.14

国标 GB/Z 24842-2009《1000kV 特高压交流输变电工程过电压和绝缘配合》中建议的雷电过电压下线路空气间隙距离推荐值选择如表 10-32 所示。

表 10-32　雷电冲击电压下双回塔空气间隙推荐值

海拔高度(m)		500	1000	1500
间隙距离(m)	同塔双回	6.7	7.1	7.6
	单回	——	——	——

表 10-32 中国标 GB/Z 24842-2009 间隙距离推荐值与表 10-31 中由放电电压要求值推得的间隙距离基本吻合。

10.3.4　特高压系统在三种过电压下线路空气间隙选择

特高压系统在三种过电压下线路空气间隙选择如表 10-33 所示[16]。

表 10-33　1000kV 线路最小空气间隙要求值(m)

作用电压类型	线路类型	最小空气间隙距离		
		海拔高度 500m	海拔高度 1000m	海拔高度 1500m
工频	单回	2.7	2.9	3.1
	同塔双回	2.7	2.9	3.1
操作	单回	边相 5.9;中相 6.7/7.9	边相 6.2;中相 7.2/8.0	边相 6.4;中相 7.7/8.1
	同塔双回	6.0	6.2	6.4
雷电	单回	——	——	——
	同塔双回	平原 6.7;山区 7.0	平原 7.1;山区 7.4	平原 7.6;山区 7.9

注:操作过电压一栏斜线上下分别代表中相带电体对斜铁和上横梁的距离

表 10-33 雷电一栏中,分别对平原和山区给出了推荐距离,这是考虑到山区地面倾角大,线路更易遭受雷击,需要较大的间隙距离的实际情况。但是,这一做法也会带来问题,一方面因为需要分别针对平原和山区设计塔形,为杆塔的设计带来了不便,另一方面杆塔尺寸增加也使得造价增加。

实际上,特高压输电线路空气间隙主要是由操作过电压决定的。

10.3.5　各国特高压线路空气间隙的选择

对比其他国家特高压线路空气间隙的选择,如表 10-34 所示[20]。

表 10-34　特高压架空输电线路导线对杆塔空气间隙(m)

国家	工作电压	操作过电压	雷电过电压
中国	2.9	单回:边相 6.2;中相 7.2/8.0 同塔双回:6.2	单回:不予规定 同塔双回:平原 7.1;山区 7.4
日本	3.09	Ⅰ串:6.0/6.55 耐张串:5.69/6.75	Ⅰ串:6.62 耐张串:6.2
苏联	2.5	Ⅰ串:6.0~7.0 Ⅴ串:8.0~9.0	——

注:1. 空气间隙规定距离的海拔高度为:中国 1000m,日本小于 1800m。日本只有双回线路数据。

2. 中国操作过电压栏,中相数据分别对应塔窗内代表中相带电体对斜铁和上横梁的距离,日本操作过电压栏数据分别对应导线对下横担和导线对塔身的距离。

3. 苏联线路操作过电压栏的较小和较大值分别对应导线对塔身和塔窗中间隙。

由表 10-34 可知,日本与中国特高压额定电压均为 1000kV,对于工作电压和操作过电压下空气间隙距离的选择,推荐值是较为接近的。

苏联特高压线路操作过电压间隙距离的选择大于中国。这是因为其运行电压为 1200kV,操作过电压为 1.8p.u.,而且当时避雷器性能差、残压高,使得操作过电压绝对值较高,选择空气间隙较大。

参考文献

［1］吴光亚,刘建坤.1000kV 特高压绝缘子运行特性应研究和考虑的问题［J］.电力设备,2008,9
　　(12)：16—18.

［2］宿志一,周军,李武峰,等.交流特高压 1000kV 级绝缘子选型研究［J］.中国电力,2006,39(10)：
　　15—20.

［3］周军.高海拔区绝缘子染污放电特性和选型研究［D］.北京：清华大学,2004.

［4］GB 50665-2011.1000kV 架空输电线路设计规范［S］,2011.

［5］GB/T 20876.2-2007.标称电压大于 1000V 的架空线路用悬式复合绝缘子元件［S］,2007.

［6］GB/T 4585-2004.交流系统用高压绝缘子的人工污秽试验［S］,2004.

［7］Q/GWD 152-2006.电力系统污区分级与外绝缘选择标准［S］,2006.

［8］纪新元.1000kV 特高压交流输电线路绝缘子片数选择［J］.高科技与产业化,2009,3：82—86.

［9］刘振亚.特高压交流输电系统外绝缘［M］.北京：中国电力出版社,2008.

［10］梁曦东.特高压输电线路绝缘子的选择［C］.特高压输电技术国际研讨会,2005.

［11］Q/GDW.1000kV 特高压输变电工程过电压及绝缘配合(征求意见稿)［S］,2008.

［12］DL/T 620-1997.交流电气装置的过电压保护和绝缘配合［S］,1997.

［13］杜澍春.对超/特高压输电线路操作过电压空气间隙选择的讨论［C］.中国电机工程学会高电
　　压专业委员会过电压及绝缘配合学组 2006 年学术年会论文集,2006.

［14］Г.H.亚历山大罗夫等.超高压送电线路的设计［M］.北京：水利电力出版社,1987.

［15］IEC 60071-2 绝缘配合　第二部分：应用指南［S］,1996.

［16］GB/Z 24842-2009.1000kV 特高压交流输变电工程过电压和绝缘配合［S］,2009.

［17］Q/GDW 179-2008.110～750kV 架空输电线路设计技术规定［S］,2008.

［18］Q/GDW 178-2008.1000kV 交流架空输电线路设计暂行技术规定［S］,2008.

［19］IEEE std 1243-1997.IEEE guiding for improving the lightning performance of transmission
　　lines［S］,1997.

［20］刘振亚.特高压电网［M］.北京：中国经济出版社,2005.

第11章 特高压交流电气设备

特高压交流电气设备是特高压交流工程的基础,其性能优劣直接影响特高压线路的稳定性,是特高压交流技术的重要研究内容。本章介绍各主要特高压交流设备的国内外现状,并分析其特点,包括特高压变压器、特高压并联电抗器、特高压互感器、特高压避雷器、特高压开关设备、特高压套管、特高压串补装置,旨在使读者对特高压交流电气设备有全面的认识。

11.1 特高压变压器

特高压变压器是特高压交流输电工程的关键设备之一,其质量优劣将直接影响特高压交流线路能否安全可靠地运行。考虑特高压变压器具有电压等级高、容量大、体积和重量大的特点,其设计制造不同于以往的 750kV 或 500kV 变压器,其研制技术也是特高压交流输电技术的重要组成部分。

11.1.1 国内外特高压变压器现状

世界上现有的特高压交流输电线路并不多,具备生产特高压变压器能力的国家很少,意大利、日本、苏联(俄罗斯、乌克兰)、美国是较早研究开发特高压输电技术的国家。意大利 1000kV 交流输电工程于 l971 年由意大利国家电力局(ENEL)发起,后来由巴西、阿根廷和加拿大等国公司参加,是一个国际联合研究开发的特高压输变电工程项目,其 1000kV 特高压变压器均由 Ansaldo 公司 Milan 变压器厂生产。日本于 1978 年决定建设 1000kV 系统,在 20 世纪 90 年代初完成主要设备的试制,并于 1996 年在位于东京北 140km 处的新榛名变电站进行试验,该站有三台 1000kV/1000MVA 单相变压器,其中 A、B、C 相变压器分别为东芝公司、日立公司、三菱公司的产品。乌克兰的扎布罗热变压器厂曾为苏联生产过 1150kV 级电力变压器,而后者也于 20 世纪 80 年代制造出了单相 1150kV/667MVA 变压器。

国内的特高压变压器研制起步较晚,20 世纪 90 年代才开始特高压变压器技术的研究和设备研制,但随着 2008 年 7 月保定天威保变电气股份有限公司自主设计、制造的 1000kV/1000MVA 特高压交流变压器成功通过全部试验,标志着中国已具备自主研制特高压变压器的能力。目前,特变电工沈阳变压器集团有限公司(简称沈变)、西安西电变压器有限责任公司(简称西变)和保定天威保变压器股份有限公司(简称保变)都具备特高压变压器设计制造能力。三家公司生产的特高压变压器在设计、结构上也有着各自的特点。沈变的特高压变压器为单相四柱式铁芯结构,高压绕组两柱串联能够有效降低饼间工作电压。西变和保变的特高压变压器铁芯均为单相三柱式铁芯,变压器整体结构类似却也不尽相同,西变的调压线圈放在高压线圈外部,极限分接偏差较大,而保变的调压线圈放在低压线圈内,空载损耗和成本会有所增加。国内首条特高压交流项目"晋东南—南阳—荆门特高压交流试验示范工程"所用的特高压变压器分别由沈变和保变设计制造,保变首台特高压变压器如图 11-1 所示。

11.1.2 特高压变压器特点与选型

特高压变压器的主要特点有:
(1)容量巨大,三相容量往往在 1000MVA 及以上,甚至达到几千兆伏安;
(2)绝缘水平很高,基准绝缘水平(雷电冲击绝缘水平)高,一般在 1950～2250kV 之间或更高;
(3)容量大和绝缘水平高,使得相应的变压器重量和体积庞大,这有可能导致运输发生困难。
特高压变压器选型设计时需要充分考虑这些特点,保证研制的特高压变压器能够安全可靠运行。

图 11-1　保变首台特高压变压器

11.1.2.1　型式选择

大容量和高绝缘水平使得特高压变压器重量和体积庞大,由此增加了变压器制造、运输、安装的一系列难度,采用自耦变压器则可以有效减小变压器的体积和重量,而选择单相变压器代替三相变压器也将减少运输限制。另外,自耦变压器还具有制造成本小、损耗小、运行效率高以及能够改善系统稳定性能等优点;且在变压器损坏时,单相变压器的更换相对于三相变压器更快速,能够尽快恢复供电,增加了系统可靠性。因此,特高压变压器宜采用单相自耦变压器,而现有世界主流 1000kV 变压器均采用单相自耦变压器。

11.1.2.2　调压方式

调压方式分析主要针对变压器采用有载调压方式还是无励磁调压方式,以及调压位置的选择,即调压变压器与主变压器的连接方式。

与无励磁调压方式相比,有载调压方式能在带负载情况下进行调压,但增加了变压器的结构复杂性及设备造价,同时降低了设备运行可靠性。在超高压系统中,德国和日本采用有载调压变压器,美国和法国等采用无励磁调压变压器,而英国、意大利等采用无分接头变压器[1]。中国超高压系统中,500kV 变压器有载调压和无励磁调压并存,而西北 750kV 输电示范工程采用无励磁调压自耦变压器。而对于 1000kV 特高压系统,正常情况下主网电压波动范围很小,其地区供电电压质量可依赖于无功调节和下级电网有载调压变压器,而无励磁调压方式完全满足为满足季节性运行方式的调整需要,因此从可靠性、经济性以及系统运行方式考虑,特高压变压器选择采用无励磁调压方式。

对于调压位置的选择,500kV、750kV 级单相自耦变压器往往采用中压线端调压方式,其原理图如图 11-2 所示。中压线端调压方式下,中压侧调压时绕组每匝电压不变,不会引起铁芯磁通改变,所以低压侧电压不受或少受影响[2]。但是,中压线端调压方式需要较高的调压器绝缘水平,如对于 500kV 变压器,该方式下调压器绝缘水平为 220kV,而对于 1000kV 变压器,相应的调压器绝缘水平要求提高为 500kV,增加了调压器设计难度与制造成本。因此,考虑到绝缘问题,1000kV 特高压变压器不采用中压线端调压方式。

在特高压变压器中,选择中性点调压方式,即将调压变压器的调压绕组串联在原变压器的中性点处,调压器的励磁绕组与主变压器的第三绕组并联,如图 11-3 所示。中性点调压方式有效降低了调压变压器的绝缘水平,解决了最为重要的绝缘问题。

然而,采用中性点调压方式后,自耦变压器的高、中压为公用中性点,调压时各分接位置的匝电势和

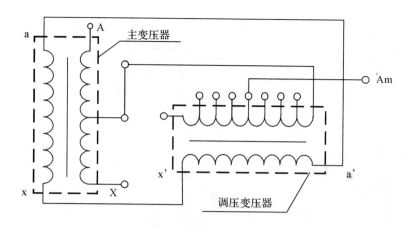

图 11-2　中压线端调压

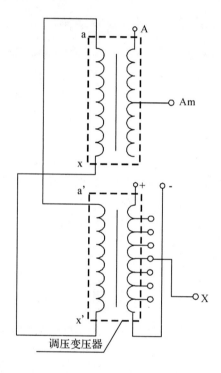

图 11-3　中性点调压

铁芯磁通密度将发生变化,为防止低压输出电压也将随分接位置的变化而变化,还需设计低压补偿绕组来补偿低压电压波动。因此,特高压变压器选择采用中性点无励磁调压方式并配合设计低压补偿绕组,相应的补偿绕组接线如图 11-4 所示,其中,SV、CV、LV、TV、EV、LE 及 LT 分别为串联绕组、公共绕组、低压绕组、调压绕组、调压励磁绕组、低压励磁绕组和低压补偿绕组。

11.1.2.3　铁芯及器身结构

　　常规单相 500kV 自耦变压器铁芯通常采用单相三柱式结构(单芯柱、两旁柱结构),而 1000kV 变压器容量特别大,若沿用三柱式结构,其温升问题将难以解决,因此可考虑采用四柱式结构(两芯柱、两旁柱结构)或五柱式结构(三芯柱、两旁柱结构),而后者每柱容量较小,能有效降低铁芯柱高度,减少运输困难,因此特高压交流示范工程中 1000kV 主变压器采用单相五柱式铁芯,其中三芯柱套线圈绕组。

　　特高压变压器电压高、容量大、绕组多,变压器内部结构复杂,为了简化主变压器结构,提高绝缘可靠性,可将特高压变压器的主变压器与调压补偿变压器进行分离,两者通过管母线连接,其中调压补偿变压器由共用一个油箱的调压器和低压电压补偿器构成。特高压交流试验示范工程用特高压变压器通常采用分体结构[3]。

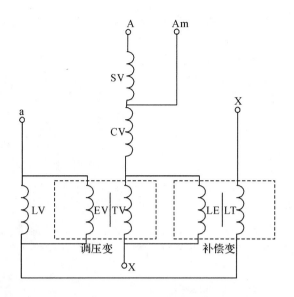

图 11-4　补偿绕组接线

11.1.3　特高压交流试验示范工程用特高压变压器主要参数

特高压交流试验示范工程晋东南变电站用变压器由保变生产,其主要参数为:

(1)产品型式:单相、油浸、中性点无励磁调压自耦变压器、设外置式调压补偿变压器,型号为 ODFPS-10000000/1000。

(2)额定容量:1000MVA/1000MVA/334MVA。

(3)额定电压:$1050/\sqrt{3}/(525/\sqrt{3}\pm4\times2.25\%)/110kV$。

(4)联结组标号:Ia0i0。

(5)标称短路阻抗:高压—中压:18%;高压—低压:62%;中压—低压:40%。

(6)冷却方式:主变为强迫油循环风冷(OFAF),调压补偿变压器为自冷(ONAN)。

(7)内绝缘水平如表 11-1 所示。

表 11-1　1000kV 变压器内绝缘水平

绕组	工频耐受电压(kV)	雷电冲击耐受电压(峰值)(kV)		操作冲击耐受电压(峰值)(kV)
		全波	截波	
高压(1000kV 端)	1100	2250	2400	1800
中压(500kV 端)	630	1150	1675	1175
低压(110kV 端)	275	650	750	——
中性点	140	325	——	——

2009 年 1 月 6 日 1000kV 晋东南—南阳—荆门特高压交流试验示范工程正式投入商业运行,其中根据特高压变压器特点选型设计的特高压变压器至今运行稳定,积累其运行经验将使我们对特高压变压器有更清晰和深刻的认识。

11.2　特高压并联电抗器

特高压并联电抗器是特高压交流设备的重要组成部分,通常安装在特高压交流线路中的变电站和开关站里。特高压并联电抗器能够有效改善特高压交流线路的运行状况,包括减轻特高压线路的电容效应以降低工频暂态过电压;改善长距离输电线路上的电压分布;平衡线路无功功率,降低线路损耗,提高输电效率;在大机组与系统并列时降低高压母线上工频稳态电压,便于发电机同期并列;防止同步发电机带空载长线路可能出现的自励磁谐振现象;并联电抗器中性点经小电抗接地时,有效降低潜供电流幅值,加速电弧熄灭,从而提高单相自动重合闸成功率。

国内特高压并联电抗器的研究相对于国外起步较晚,但随着特高压输电工程的深入,国内的电抗器厂家也逐步掌握了特高压并联电抗器的设计制造技术。2008年2月13日,中国1000kV特高压试验示范工程第一台主设备1000kV/240Mvar特高压单相并联电抗器在西安西电变压器有限责任公司研制成功;同年3月,该公司自主设计制造的世界上电压等级最高、容量最大的1000kV/320Mvar高压并联电抗器又一次通过全部型式试验。2009年5月,特变电工衡阳变压器有限公司(简称特变衡阳)自主研制的1100kV/200Mvar特高压交流并联电抗器也成功通过型式试验。至此,特高压交流试验示范工程所需上述3种不同容量特高压并联电抗器全部完成型式试验,并进入供货阶段。

特高压交流线路电压等级高、输电距离长,使得特高压并联电抗器单相容量明显高于超高压并联电抗器,这决定了特高压电抗器在结构设计、绝缘设计、冷却方式、噪声控制等方面都与超高压并联电抗器有所差异。西安西电变压器有限责任公司生产的320Mvar特高压并联电抗器如图11-5所示。

图 11-5　西安西电变压器有限责任公司生产的320Mvar特高压并联电抗器

11.2.1　结构设计

特高压并联电抗器容量是超高压并联电抗器的好几倍,若沿用超高压单相并联电抗器中常用的三柱式(单芯柱两旁柱)结构,仅有一个芯柱套装绕组,则存在铁芯直径过大、漏磁通不易控制、轴向场强增加等技术问题。

国内厂家结合超高压并联电抗器制造经验,并针对特高压并联电抗器的特点设计、制造特高压并联电抗器铁芯,可以通过采用双器身结构或四柱式(两铁芯加两旁轭)两种结构方式,避免单个铁芯直径和高度过大而导致的技术问题。

双器身结构由两个器身绕组串联构成并布置于同一油箱内,其中单个器身为与超高压并联电抗器相同的单芯柱两旁柱结构,如图11-6所示。这种双器身采用独立结构,每个器身仅有一个单独铁芯饼,由于单个器身铁芯饼的压紧相对容易,从而明显减小振动与噪声。当然,双器身的结构也增加了并联电抗器耗材和重量。晋东南—南阳—荆门特高压交流试验示范工程荆门变电站的特高压并联电抗器由特变衡阳制造,该特高压电抗器采用的是双器身结构。

四柱式结构由两个芯柱加两旁柱构成,如图11-7所示。四柱式结构能够合理分配主漏磁,有效控制漏磁分布,从而降低漏磁引起的杂散损耗并避免出现局部过热。另外,它还能节约材料,减少电抗器

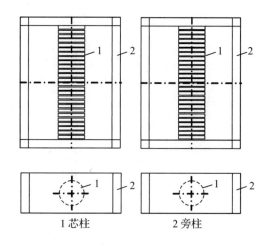

图 11-6　双器身特高压并联电抗器铁芯结构示意图

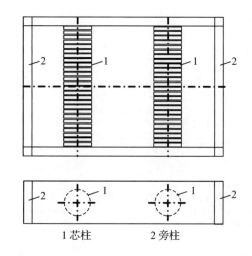

图 11-7　四柱式特高压并联电抗器铁芯结构示意图

整体重量。但该结构也有不足之处,因为它需要同时压紧两个带气隙的铁芯柱以减少振动和噪声,从而增加了制造难度。晋东南变电站和南阳开关站的特高压并联电抗器由西变制造,其铁芯采用四柱式结构。

　　双器身结构和四柱式结构特高压并联电抗器都由双铁芯构成,每个铁芯绕组均由上、下两部分线圈构成。双铁芯的四部分线圈可以考虑两种联结方式:先并联后串联(如图 11-8),即单个铁芯绕组的上、下两部分线圈均并联联接后,再相互串联;先串联后并联(如图 11-9),即双铁芯的上半绕组进行串联,同时下半绕组也串联,再相互并联。先串联后并联的绕组联结方式中,由于需要双铁芯的上半绕组串联以及下半绕组串联,使得上半磁路和下半磁路的对称性难以保证,因此实际设计中不予采用。特变衡阳制造的双器身结构特高压并联电抗器和西变制造的四柱式结构特高压并联电抗器均采用先并联再串联的绕组联结方式。

11.2.2　绝缘设计

　　特高压并联电抗器铁芯柱外径和绕组内径轴向中部的绝缘结构及电抗器铁心旁轭和绕组外径轴向中部的绝缘结构是其主绝缘设计的关键,设计时需要通过优化绝缘结构以消除整个绝缘系统中的薄弱环节。特高压并联电抗器的绝缘水平如表 11-2 所示。

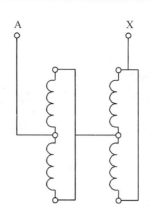

图 11-8　并联电抗器绕组先并联后串联联接方式示意图

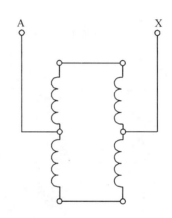

图 11-9　并联电抗器绕组先串联后并联联接方式示意图

表 11-2　特高压并联电抗器绝缘水平

绕组	工频短时工频耐受电压/kV	雷电冲击耐受电压(峰值)(kV)		操作冲击耐受电压(峰值)(kV)
		全波	截波	
高压端	1100(5min)	2250	2400	1800
中性点端	230(1min)	550	650	——

11.2.3　冷却方式

　　容量巨大的特点还使得特高压并联电抗器的冷却方式与超高压并联电抗器有所差异,体现在冷却方式种类以及散热器安装方式两个方面。

　　超高压并联电抗器,如 330kV、500kV 和 750kV 并联电抗器基本都采用空气自然冷却(ONAN)方式,冷却设备为片式散热器。而特高压并联电抗器的冷却方式包括空气自然冷却(ONAN)方式和自然油循环风冷(ONAF)方式,后者冷却效果更好。由于单相容量的增加导致特高压并联电抗器单台损耗明显高于超高压并联电抗器,而温升限值没有提高,因此当空气自然冷却(ONAN)方式下特高压并联电抗器温升无法满足要求时,考虑采用冷却效果更好的自然油循环风冷(ONAF)方式。在特高压交流示范工程中,特变衡阳生产的特高压并联电抗器采用 ONAN 方式,而西变生产的特高压并联电抗器采用 ONAF 方式。

　　另外,超高压并联电抗器中片式散热器采用的壁挂式结构。而对于特高压并联电抗器,由于冷却容量增大,相应的电抗器片式散热器自身重量与其内部绝缘油重量增加,采用壁挂式结构则箱壁机械强度将难以满足要求。因此,特高压并联电抗器中的片式散热器需要独立式安装于支撑座上。

11.2.4　噪声控制

由于特高压工程设备容量大、噪声能量高,因此有效控制噪声是建设特高压工程的重要研究技术之一。特高压并联电抗器运行噪声是特高压变电站噪声的主要来源之一,该噪声主要由磁芯(磁滞伸缩和连接处产生的噪声)、线圈(槽壁和磁域)中的电磁力引起的噪声、冷却系统的风扇三个声源产生[4]。

噪声只有在声源、传播途径和接受者三者同时存在才能构成污染[4],特高压并联电抗器的噪声控制也针对这三方面进行。

降低噪声源是通过研制和选择低噪声设备,采用经过静音设计的设备,从而使得噪声源的声功率降低。具体措施例如,选用高导磁率钢片及多级步进铁芯结构以降低磁滞伸缩,采用先进工艺加强绕组线圈固定以降低电磁力振动产生的噪声,选用优质高效风扇以降低风扇噪声。

控制传播途径是通过在特高压并联电抗器外部布置隔音设施以抑制噪声的传播,具体措施包括采用全封闭或非全封闭降噪外壳包围并联电抗器以及布置噪声屏障,其中采用全封闭外壳虽降噪效果明显但不利于设备散热,因此实际中往往选择非全封闭隔音设备或噪声屏障,在达到控制噪声要求的同时保证并联电抗器散热效果。在特高压交流示范工程中,晋东南变电站的 320Mvar 并联电抗器本体安装隔声罩,而荆门和南阳变电站则通过预埋声屏障基础以降低噪声。

控制接受者噪声的接受,是指对接受者进行听力保护,使强烈的噪声传不进耳内,相应措施如所在建筑安装隔音门窗,但该措施针对接受者,与特高压变电站设计建设无关,因此特高压工程中的噪声控制主要是指降低噪声源和控制传播途径。

11.2.5　特高压可控并联电抗器

并联电抗器在特高压线路中起到补偿线路容性无功和抑制工频过电压的作用[5],特高压工程初期,线路采用固定并联电抗器,然而可控并联电抗器能在发生工频过电压时迅速将补偿度提高,降低过电压幅值;同时,可根据系统运行方式调节其无功容量,满足不同运行方式下无功平衡,具有在限制工频过电压的前提下充分发挥特高压线路输送能力和免去低压无功设备费用两大优势,保证特高压线路的安全可靠运行,更好地适应特高压电网的发展,是特高压并联电抗器的发展趋势。

目前可用于超、特高压系统的可控并联电抗器主要包括磁阀式(MCSR)和变压器式(TCSR)两种,两者均可迅速地连续或分级调节电抗器容量,它们的出现使解决无功平衡与限制工频过电压之间的矛盾、实现特高压系统无功可控成为可能。

超高压可控并联电抗器示范工程的平稳运行为特高压可控并联电抗器的设计制造提供了参考,相信随着特高压工程的发展,特高压可控并联电抗器将逐步出现,并在特高压线路中发挥无功补偿和控制过电压的作用。

本书第 4 章"工频过电压"对特高压并联电抗器的必要性、发展历程及使用现状进行了详细研究。

11.3　特高压互感器

特高压互感器包括特高压电压互感器和特高压电流互感器,是指按比例变换电压或电流的设备,通过将高电压变成低电压、大电流变成小电流,用于量测或保护系统。

11.3.1　国内外特高压电压互感器和电流互感器现状

国外特高压工程选用的电压互感器类型有所差异,苏联交流特高压变电站为敞开式结构,选择的电压互感器类型为柱式结构电容式电压互感器(CVT)。日本新榛名 1000kV 变电站由于采用气体绝缘金属封闭开关设备(GIS),其电压互感器选择的是电容分压式电子式电压互感器(EVT)。国内厂家根据超高压电压互感器设计经验,也具备了设计制造特高压电压互感器的能力,例如桂林电力电容器有限责任公司、无锡日新电机公司等,而国内特高压示范工程采用柱式 CVT。

对于特高压电流互感器,国外不同国家特高压线路采用不同结构类型。苏联采用传统串级式电流互感器,而日本新榛名变电站 1000kV GIS 则采用套装式电流互感器绕组,绕组包括铁芯绕组和空芯绕组,前者用于电能计量和测量,后者则用于系统保护。中国 1000kV 交流特高压试验示范工程选择套装环形 TA 绕组,安装在 GIS 套管上、断路器端部和变压器套管上。

11.3.2 特高压电压互感器

电压互感器的类型有柱式电容式电压互感器、罐式电压互感器(包括罐式电容式电压互感器、罐式电磁式电压互感器)以及电子式电压互感器。

1) 柱式电容式电压互感器

特高压柱式电容电压互感器(CVT)与其余电压等级柱式 CVT 原理相同,其原理图如图 11-10 所示,利用许多电容器串联而成的电容分压器对一次电压分压,然后通过中压变压器、补偿电抗器、阻尼器组成的电磁单元获得二次电压,用于测量或继电保护。承受主绝缘的部分是耦合电容分压器,其电压分布比较均匀,从工程安全可靠上考虑,敞开式变电站选择柱式 CVT 比较适宜。

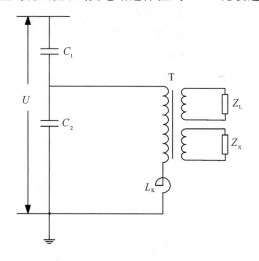

图 11-10　柱式电容电压互感器(CVT)原理图

其中,C_1、C_2—电容分压器,L_k—补偿电抗器,T—中压变压器,Z_L—二次负荷,Z_X—阻尼器。

电压等级的升高,对特高压 CVT 的绝缘水平提出了更高的要求,国家电网公司规定的 1000kV 柱式 CVT 的绝缘水平如表 11-3 所示。

表 11-3　国家电网公司规定的 1000kV 柱式 CVT 绝缘水平

设备最高运行电压(kV)	短时工频耐受电压(kV)	雷电冲击耐受电压(kV)	操作冲击耐受电压(kV)
1100	1300	2400	1960

西安西电电力电容器有限责任公司(简称西容公司)研制的 1000kV CVT 应用于中国 1000kV"晋东南—南阳—荆门特高压交流试验示范工程"南阳开关站,其主要参数如表 11-4 所示[6]。

表 11-4　西容公司研制的 1000kV CVT 主要参数与性能

	最高工作电压(kV)	1100
	额定电容(pF)	5000
	额定电压比(kV)	$1000/\sqrt{3} : 0.1/\sqrt{3} : 0.1/\sqrt{3} : 0.1/\sqrt{3} : 0.1$
额定二次电压(kV)	主二次绕组	$0.1\sqrt{3}$
	剩余电压绕组	0.1
绝缘水平(kV)	雷电冲击耐压(1.2/50μs)(峰值)	2600
	操作冲击耐压(峰值)(250/2500μs 峰值)	1860
	5min 工频耐受电压(均方根值)	1300

2）罐式电压互感器

罐式电压互感器分为罐式电容式电压互感器和罐式电磁式电压互感器。

1000kV 罐式电容式电压互感器原理与柱式电容式电压互感器原理相同,都是利用电容的分压作用,而两者的主要区别在于主绝缘材料,罐式 CVT 的分压电容处于充有绝缘性能可恢复的 SF_6 气体的同轴圆柱罐体中,而柱式 CVT 的电容分压器由多个电容元件串联而成,其绝缘介质为绝缘性能不可恢复的有机绝缘材料。图 11-11 为独立舱式结构罐式 CVT 示意图。

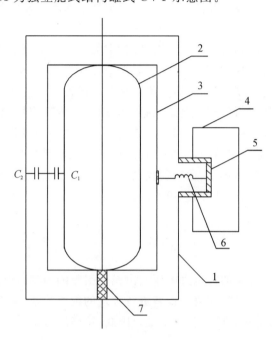

图 11-11　独立舱式结构罐式 CVT 示意图

其中,1 为密封罐体,2 为高压电极,3 为中压电极,4 为电磁单元,5 为出线套管,6 为小阻值感抗,7 绝缘支撑件

而罐式电磁式电压互感器与普通电磁式电压互感器的原理一样,都是利用电磁原理进行电压转换,区别在于罐式电磁式电压互感器采用 SF_6 气体作为主绝缘介质,主要用于 GIS 站。

另外,罐式电磁式电压互感器和罐式电容式电压互感器相比,前者在电压等级较高的情况下误差性能更优,因为罐式电容式电压互感器内部储能元件多,影响误差的因素比电磁式要多。而罐式电容式电压互感器则在绝缘性能方面更加优越,因为罐式电容式电压互感器可以降低雷电波头陡度,提高了耐雷冲击性能,同时电磁式电压互感器是线圈设备,易与断路器断口电容发生串联铁磁谐振。

3）电子式电压互感器

1000kV 电子式电压互感器处于研制阶段,目前的研究情况是其传感器部分仍采用分压器原理,可以选择电阻式分压器、电感式分压器、电容式分压器或阻容式分压器。虽然目前电子式电压互感器的可靠性还不如传统电压互感器,但电子式电压互感器具有体积小、暂态性能好、方便配合继电保护及控制的实施,因此,电子式电压互感器是未来数字化变电站技术的发展方向。

11.3.3　特高压电流互感器

1000kV 特高压交流工程中,电流互感器主要安装在变压器、电抗器套管处以及 GIS 断路器两侧,均采用套管式电流互感器[7],套管式电流互感器无一次绕组,带电导体直接从中间穿过,结构比较简单。

电流互感器(TA)按功能划分为计量用 TA 和保护用 TA,按结构则分为有芯电流互感器和空芯电流互感器。在特高压系统中,应选择空芯电流互感器用于母线保护,因为系统母线采用电流差动式保护,若采用非空芯电流互感器,则母线区外短路时电流互感器将因铁芯饱和现象而无法正确传递电流信息,导致母线保护误动作[8]。而电流互感器铁芯饱和程度与系统时间常数有关,对于特高压系统,发生故障时故障电流直流分量衰减时间常数很大,其电流互感器铁芯饱和问题更加突出。因此,在特高压系统中,选择空芯电流互感器用于母线保护,空芯电流互感器无铁芯结构,不存在磁饱和问题,能够提高测量准确度以及故障时母线保护稳定性。

11.3.4 光电式特高压互感器

除传统的电磁式互感器和电容式互感器外,随着光学技术的迅速发展,还出现了应用光学传感技术制造的光电式互感器。

光电式互感器可分为无源型和有源型两种类型,其中无源型光电互感器是用磁光效应和电光效应直接将电流电压转变为光信号,而有源型光电互感器需要先用电磁感应或分压原理将电流电压信号转变为小电压信号,再将小电压信号转换为光信号传输给二次设备。

光电式互感器具有许多优点,首先,光电式互感器利用光纤传输信号,绝缘性能稳定,同时将高低压回路电气隔离,大大提高了安全性和可靠性;其次,光电式互感器不用油作为绝缘介质,避免了漏油、爆炸等危险,同时光电式互感器无铁芯结构,不会出现磁饱和或铁磁谐振现象,稳定性好;最后,光电式互感器还具有动态范围大、重量轻、体积小、适应现代电力系统数字化信号处理的要求等优势。综合所述,光电式互感器将在特高压电网中有广阔的应用前景。

11.4 特高压避雷器

避雷器是用来限制由线路传来的雷电过电压或由操作引起的内部过电压的重要电气设备。在特高压系统中,通过采用高性能的避雷器,使之与设备进行合理的绝缘配合,能够提高输电系统的可靠性,降低系统的绝缘水平,减少输变电设备的体积和重量。因此,特高压避雷器的设计制造是特高压技术研究的重要内容。

11.4.1 国内外特高压避雷器现状

国外多个国家都具备了特高压避雷器的制造能力,例如苏联、日本和瑞典。其中苏联在 20 世纪 80 年代便已研制出 1150kV 避雷器并挂网运行,而日本于 1995 年研制出了 1000kV GIS 用 SF_6 罐式避雷器,瑞典则已经研制出 1050kV GIS 用 SF_6 罐式避雷器[9]。

对于最常见的无间隙金属氧化物避雷器(MOA),国外超、特高压避雷器技术比较成熟,500kV 以上等级的 MOA 已大量在系统中运行,并已有多年的运行与评价经验,而美国的 GE、OB 公司、瑞典和瑞士的 ABB 公司、俄罗斯电瓷工业联合公司、英国的 EMP 等公司的 MOA 产品的运行电压均已达 1150kV[10]。

国内特高压避雷器技术也日益成熟,西安西电高压电瓷有限责任公司、抚顺电瓷制造有限公司、廊坊电科院东芝避雷器有限公司和南阳金冠电气有限公司都已具有制造特高压避雷器的能力和经验,共同为晋东南—南阳—荆门特高压交流试验示范工程提供特高压避雷器[11,12]。

11.4.2 特高压避雷器特点

交流特高压避雷器和超高压避雷器结构有所相似,但由于额定电压升高、通流容量变大、体积重量增加,特高压避雷器相较于超高压避雷器又有其独特的结构特点以及关键技术。

11.4.2.1 结构特点

特高压避雷器的电阻片采用四柱并联结构,另外,特高压避雷器需要采用支架式安装。

为了降低被保护设备的绝缘水平并提高避雷器通流容量[13],特高压避雷器元件内部采用四柱并联结构,而不是 750kV 及以下电压等级避雷器采用的单柱芯体结构。

另外,特高压避雷器相对于超高压避雷器高度高、直径大、重量大,通常采用支架式安装。而特高压避雷器自重大的特点使其机械性能和抗震性能显得尤为重要,特高压工程要求避雷器抗地震烈度不小于 8 度。可采取相应措施保证避雷器抗震性能,例如采用高强度的铝质瓷代替硅质瓷、增大瓷套根部断面从而减小瓷套根部应力、增大端部胶装深度等等。

11.4.2.2　高性能电阻片

特高压避雷器对其所用的电阻片在通流能力、伏安特性、压比性能等方面均提出了较高要求。避雷器制造厂家通过采用电阻片新配方,减少影响通流能力的不良成分,合理优化各部分元素添加量,同时制定合理制作工艺,电阻片性能得以明显提高,具体包括:

(1)氧化锌电阻片压比降低;

(2)电阻片通流能力明显改进;

(3)电阻片老化特性得到改善。

11.4.2.3　避雷器电位分布均匀

避雷器电压分布直接影响避雷器的使用寿命,而特高压避雷器的高度使其对地杂散电流分布更不均匀,因此可在特高压避雷器内部电阻片旁加装并联均压电容器以改善避雷器纵向电压分布。

另外,采用高电位梯度电阻片使特高压避雷器所需电阻片串联数量明显减少,同时内部元件采用四柱电阻片并联结构,从而避雷器本体电容量大大增加,减小了杂散电流对避雷器本体的影响,有利于避雷器电位均匀分布。因此,特高压 1000kV 避雷器的不均匀系数小于超高压 500kV 和 750kV 避雷器[13]。

11.4.3　特高压交流试验示范工程用特高压避雷器主要参数

特高压交流试验示范工程用 1000kV 特高压避雷器主要参数如表 11-5 所示。

表 11-5　特高压避雷器主要参数

参数		数值
系统标称电压(kV)		1000
额定电压(kV)		828
持续运行电压(kV)		638
标称放电电流(kA)		20
残压(kV,不大于)	$1/10\mu s$、20kA 下,陡波冲击	1782
	$8/20\mu s$、20kA 下,雷电冲击	1620
	$30/60\mu s$、2kA 下,操作冲击	1460
直流 8mA 参考电压(kV,不小于)		1114
工频参考电压(峰值/2,kV,不小于)		828
2ms 方波耐受电流(A)		8000
并联柱数		4
电流分布不均匀系数(不大于)		1.10
电压分布不均匀系数(不大于)		1.15

11.4.4　特高压交流可控避雷器

关于可控避雷器技术[14],在前期研究的基础上,初步选定开关型可控避雷器[15]及晶闸管阀型可控避雷器[16,17]两种方案。

11.4.4.1　开关型可控避雷器

开关型可控避雷器方案的结构示意图如图 11-12 所示,避雷器本体分为固定元件 MOA1 和受控元件 MOA2,控制单元 CU 由开关 K 和控制器组成,MOA2 和 CU 并联。

合闸和单相重合闸时,在站内断路器合闸前,预先将 CU 合闸,以限制合闸和单相重合闸引起的操作过电压;操作过电压过去后,CU 分闸,MOA1 和 MOA2 共同作用,以保障避雷器的运行可靠性。

系统持续运行电压、暂时过电压和雷电过电压下,CU 断开,MOA1 和 MOA2 共同承担系统持续运

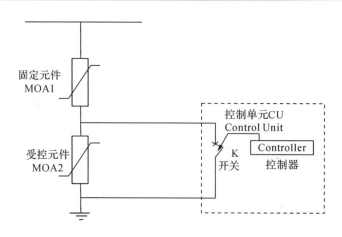

图 11-12　开关型可控避雷器结构示意图

行电压、暂时过电压和雷电过电压。

开关型可控避雷器主要用于限制由合闸和重合闸产生的操作过电压,使断路器取消合闸电阻。目前,可控比为 15％的特高压交流开关型可控避雷器样机已由中国电力科学研究院研制完成,并已在武汉特高压交流基地进行试验研究,如图 11-13 所示,技术可行性已基本得到验证。

图 11-13　可控比为 15％的特高压交流开关型可控避雷器样机

11.4.4.2　晶闸管阀型可控避雷器

晶闸管阀型可控避雷器方案的结构示意图如图 11-14 所示,避雷器本体分为固定元件 MOA1 和受控元件 MOA2,控制单元 CU 由晶闸管阀和触发控制系统组成,MOA2 和 CU 并联。

操作过电压下,K 触发导通,CU 闭合,MOA2 被短接,MOA1 残压低,可深度降低系统操作过电压。

系统持续运行电压、暂时过电压和雷电过电压下,CU 断开,MOA1 和 MOA2 共同承担系统持续运行电压、暂时过电压和雷电过电压。

目前,晶闸管阀型可控避雷器已研制出 110kV 电压等级模型,如图 11-15 所示,并通过了操作过电

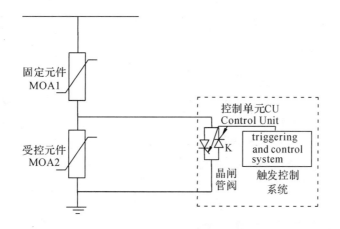

图 11-14　晶闸管阀型可控避雷器结构示意图

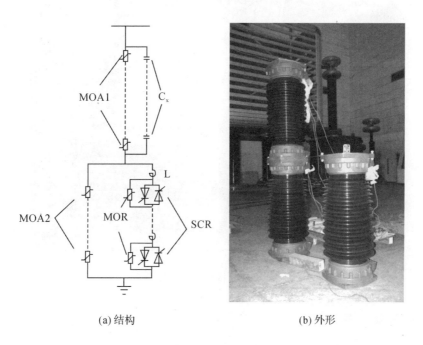

(a)结构　　　　　　　　　　(b)外形

图 11-15　110kV 晶闸管阀型可控避雷器结构和外形示意图

压、暂时过电压、雷电过电压下的动作特性试验,以及电位分布试验等,技术可行性也已得到验证,1000kV 电压等级晶闸管阀型可控避雷器正处于研制阶段。

11.5　特高压开关设备

特高压开关设备主要包括断路器、隔离开关、接地开关以及由上述设备与其他电气设备的组合。在特高压输变电设备中,特高压断路器和特高压 GIS 的制造是最关键和最困难的任务之一。

11.5.1　国内外特高压开关设备现状

国外例如美国、意大利、日本都完成了特高压 SF_6 断路器的研制,其开断电流能力达到 63kA 水平,一般全开断时间为 2 个周期。国内的沈阳高压开关厂、平顶山高压开关厂和西安高压开关厂也先后成功研制交流特高压断路器。

对于 1000kV 特高压隔离开关,外国许多厂家具备制造能力,例如德国西门子公司、美国 SSL 公司、瑞士 ABB 公司等[18]。

对于快速接地开关(high speed grounding switch, HSGS),日本的三菱、东芝、日立 3 家公司均已生产了特高压 HSGS,使用在日本新榛名特高压试验站[19]。

1100kV 高性能气体绝缘金属封闭开关设备(GIS)是特高压交流输电系统的重要组成部分。日本日立、东芝、三菱 3 大公司于 1995 年分别研制出双断口 SF$_6$ 断路器的 1100kV GIS,并已于 1996 年在东京电力公司新榛名特高压试验站做长期带电试验[20]。国内 GIS 的制造起步较晚但发展很快,沈阳高压开关厂引进消化日本 AE-POWER 公司 1100kV GIS 制造技术,并与 AE 公司进行合作开发,逐步掌握核心制造技术,逐步实现 1100kV GIS 设备的国产化[20]。目前,国内已经完成了短路开断电流能力为 63kA 的 1100kV GIS 开关设备的研制,并应用于特高压交流试验示范扩建工程中[21],这在国内外均属首次。特高压 GIS 设备如图 11-16 所示。

图 11-16　特高压 GIS 设备

11.5.2　特高压开关设备特点

电压等级的升高对特高压开关设备的开断能力、灭弧性能等方面提出了更高要求,使得特高压开关设备相对于超高压设备在结构上有了不同特点。

11.5.2.1　特高压断路器特点

特高压断路器种类繁多,按灭弧介质不同可分为油断路器、空气(真空断路器)、六氟化硫(SF$_6$)断路器等,其中 SF$_6$ 断路器由于断口电压高、开断能力强、连续开断短路电流次数多等优点而广泛应用于超高压、特高压工程中,而特高压断路器相对于超高压断路器在结构上有所差异。

1) 特高压断路器并联合闸、分闸电阻

断路器并联合闸电阻能够有效限制超高压、特高压交流系统合闸过电压,但合闸电阻结构复杂,其本身的缺陷会增加系统故障率,同时采用合闸电阻的断路器价格昂贵。超高压交流输电线路如 500kV 线路,当线路长度在 100km 以下时,通常可以取消合闸电阻。特高压线路绝缘水平要求高且线路长度大,因此 1000kV 特高压断路器往往采用合闸电阻以降低合闸过电压。这是目前特高压断路器与超高压断路器的主要区别。

特高压断路器分闸电阻的主要作用是限制故障清除转移过电压,此外对断路器瞬态恢复电压(transient recovery voltage, TRV)也有一定的限制作用。然而中国特高压交流输电系统断路器不装设分闸电阻时,断路器上的 TRV 已低于相关的标准要求。另外,断路器分闸电阻虽使故障清除转移过电压有所降低,但分闸电阻需要能量很大,造价昂贵且会降低断路器的可靠性。因此,特高压断路器一般没有必要装设分闸电阻[22]。

　　2）多断口灭弧室结构

　　超高压断路器的灭弧室往往由单断口或双断口组成,然后由于系统电压等级的升高,特高压断路器开断前后两端电压差明显高于超高压断路器,导致单个断口难以承受,因此特高压断路器灭弧室为多断口结构。目前 1000kV 断路器有两断口和四断口两种结构,特高压交流试验示范工程晋东南 1000kV 变电站开关设备为 GIS 设备,南阳 1000kV 开关站为 HGIS 设备,这两个变电站的开关设备用断路器都为双断口,而荆门 1000kV 变电站 HGIS 开关设备为四断口断路器[23]。

11.5.2.2　特高压隔离开关和快速接地开关特点

　　特高压隔离开关、快速接地开关结构和功能方面与超高压隔离开关、快速接地开关类似。

　　隔离开关在关合位置时能承载正常工作电流,但由于不具备灭弧装置,因此不能切断短路电流和过大的工作电流。相对于特高压断路器,特高压隔离开关结构简单,在结构和功能上与超高压隔离开关相同[24]。隔离开关的结构形式一般有单柱垂直伸缩式、双柱水平旋转式、双柱水平伸缩式和三柱水平旋转式四种,超高压和特高压敞开式变电站内,为了节约面积通常采用单柱垂直伸缩式隔离开关[25]。

　　快速接地开关是具有关合短路电流及切合静电感应电流和电磁感应电流的能力的接地开关,可用于抑制潜供电流,提高单相接地自动重合闸的成功率。其结构与工作接地用开关基本相同,只是其动、静触头部位附带有耐电弧烧灼的铜-钨合金材料。

11.5.2.3　特高压 GIS 特点

　　GIS 是由变电站内除变压器外其余电器元件,包括母线、断路器、隔离开关、电压互感器、电流互感器等设备安装在充有高气压 SF_6 绝缘气体的金属密闭容器内的成套配电设备,因此特高压 GIS 的特点包含了上文所述的特高压断路器、特高压隔离开关、特高压电压互感器等设备的特点。除此之外,由于运行电压高,特高压 GIS 变电站内特快速暂态过电压(Very Fast Transient Over-voltage,简称 VFTO)更加突显,在特高压 GIS 中需采用相应 VFTO 防护措施。

　　对于特高压变电站,陡波前的 VFTO 会危及 GIS 设备、主变以及站内二次设备。通过隔离开关加装并联电阻不仅可以有效地抑制站内的最大 VFTO 幅值,保护站内的 GIS 设备主绝缘、变压器主绝缘以及站内二次设备,同时可以减小入侵主变的 VFTO 波前陡度值,对主变的纵绝缘有很好的保护作用。另一种抑制入侵主变 VFTO 波前陡度以保护主变纵绝缘的有效方法是主变经过一段架空线再与 GIS 连接,该方法可以明显削弱 VFTO 波前陡度,并且只需较短的长度就能使波前陡度降低至安全的范围内,很好地保护了主变纵绝缘,同时,铺设架空线所需的占地面积不大,在实际施工中是可以考虑的。

　　对二次设备的保护除了隔离开关加装并联电阻的措施外,还可以通过增加 GIS 外壳接地点的数量、更换 GIS 出口套管钢架的材料为不锈钢材料和铜材料等。

　　GIS 导体杆上或主变端口前安装铁氧体磁环同样能很好地限制站内的 VFTO 值,保护站内一次设备和二次设备,但是铁氧体材料主要应用于射频电路的高频衰减器等方面,在抑制 VFTO 方面的应用国内外仍处于研究和试验验证阶段。

11.6　特高压套管

　　套管是用以供高压导体穿过与其电位不同的隔板(如电力设备的金属外壳),起绝缘和支持作用。套管具有既有内绝缘又有外绝缘、电场复杂、结构和尺寸要求严格等特点。

11.6.1　国内外特高压套管现状

　　在特高压系统中,由于电场很高,对特高压套管的高度和直径的要求很严格,它往往成为特高压设备制造的一个制约环节。目前世界上只有少数几家公司具备制造特高压套管的能力,国外公司如瑞士 ABB、意大利 P&V、英国传奇等。在国内,南京电气(集团)有限责任公司经过一年多研发的 1100kV 特高压变压器套管,于 2007 年 11 月 24 日通过了国家级技术鉴定,该 1100kV 特高压变压器套管具有国际先进水平,打破了国外的垄断[26]。另外,中国西安西电高压电瓷有限责任公司和抚顺传奇套管有限公司也具备特高压套管生产能力。

特高压交流示范工程的主变压器套管由意大利 P&V 生产,并联电抗器套管由 ABB 生产。

11.6.2 特高压套管特点

特高压套管按用途不同可分为特高压变压器套管、特高压电抗器套管与特高压 GIS 套管,其中前两者结构类似,对其特点进行统一分析。

11.6.2.1 特高压变压器套管、电抗器套管特点

特高压变压器套管和电抗器套管不但具有"长、粗、重"的结构特点,同时需要满足特高压工程对套管很高的可靠性和电气、抗弯、抗震、密封、温升等性能要求,随之形成相应的关键设计、制造技术。

对于特高压变压器、电抗器套管的主绝缘——电容芯子,可采用分段等厚度、不等电容、层间绝缘裕度尽可能均匀的电容分压原理,进行主绝缘设计,保证绝缘裕度。

另外,为了保证套管良好的密封性能,可采用强力弹簧压紧、螺栓螺母紧固、弹性板配合、局部径向定位及弹性韧性良好的橡胶密封垫等组合整体密封结构。同时,为保证高压套管整体具有很好的"刚性"结构和抗弯、抗震及抗振性,可采用高强度电瓷配方制造瓷套,硬质黄铜拉制中心导电管并与零层铜管紧固组装成整体导电管结构,主体安装法兰部件则采用较厚的钢板焊接,并配合辅助机械加强结构。

11.6.2.2 特高压 GIS 套管特点

1000kV GIS 用套管的尺寸和重量都远远高于 500kV GIS 用套管,因此其基座也明显增加,如日本选择的 1000kV 套管基座高度就有 4.5m。

特高压 GIS 工作电压高,为了均衡套管内部电场及外部电场强度,套管内部可采用均压措施,相应均压结构分为三种方式:①有数个金属屏蔽组合的均压方式;②纯端屏结构均压方式;③锡箔和聚酯薄膜绕制的多层方式。

另外,与超高压 GIS 套管类似,1000kV 特高压 SF_6 气体绝缘套管同样选择多极金属屏蔽筒结构,该结构不仅能够满足特高压工程绝缘水平要求,制造工艺相对简单、重量轻、成本最低、安装使用方便、运行可靠性最高。

11.7 特高压串补装置

特高压、超高压输电线路采用串联电容补偿装置,能够减小线路电抗,缩小线路两端的相角差,从而有效地提高线路输电能力和系统稳定性,同时对输电线路的潮流分布具有一定的调节作用[27,28]。对于特高压串补装置,其容量与额定电流明显大于超高压串补装置,例如特高压交流试验示范工程扩建工程中特高压串补装置单套电容器容量达 1500Mvar,是 500kV 串补装置的 3～4 倍,额定电流为 5080A,是 500kV 装置的近两倍。

11.7.1 国内外特高压串补装置现状

美国、苏联、意大利、日本等国家自 20 世纪 60 年代就开展了大量特高压输电技术的试验研究,但其研究都未涉及特高压串补装置的应用[29]。

随着特高压研究深入以及特高压工程的开展,中国逐渐掌握了特高压串补装置的核心技术。2011 年 11 月 20 日,晋东南—南阳—荆门特高压交流试验示范工程扩建工程串补线路人工单相短路接地试验一次顺利通过,标志着由中电普瑞科技有限公司承担的世界首套特高压串补装置研制成功。

11.7.2 特高压串补装置保护方式

特高压串补装置可以选择带并联间隙的金属氧化物限压器(MOV)保护方式,该方式具有串补再次接入快、减少 MOV 容量及提供后备保护等优势,能够提高系统暂态稳定性,其结构示意图如图 11-17

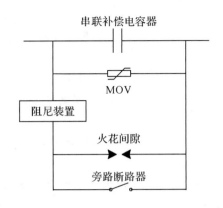

图 11-17　带并联间隙的 MOV 保护方式串补装置结构示意图

所示。其中,MOV 为串联补偿电容器的主保护,火花间隙为 MOV 和串联补偿电容器的后备保护,旁路断路器用于系统检修和调试,阻尼装置则可以限制电容器放电电流以防止串联补偿电容器、间隙、旁路断路器在放电过程中被损坏[27]。

参考文献

[1] 曹增功.有载调压变压器配制原则探讨[J].电力建设.1999(9):27—29.

[2] 原敏宏,李忠全,田庆.特高压变压器调压方式分析[J].水电能源科学,2008,26(4):172—174.

[3] 刘振亚.特高压交流电气设备[M].北京:中国电力出版社,2008:8.

[4] 丁扬,王绍武,邱宁,等.320Mvar/1100kV 并联电抗器噪声污染控制技术与装备的开发应用[C].2009 特高压输电技术国际会议论文集:1—4.

[5] 谢妍,李牧.特高压电网中可控电抗器的应用研究[J].电力学报.2009,24(4):266—269.

[6] 任春阳,薛朵.1000kV 电容式电压互感器的研制[J].电力设备.2007,8(5):35—37.

[7] 赵园,蔚晓明.1000kV GIS 套管式电流互感器试验方案的研究[J].机械工程与自动化.2008(5):152—153.

[8] 何奔腾,马永生.电流互感器饱和对母线保护的影响[J].继电器,1998,26(2):16—20.

[9] 陈思浩.1000kV 输电线路操作过电压的研究[D].长沙:湖南大学,2007.

[10] 赵卉.超(特)高压输电及绝缘子避雷器的发展状况[J].电工技术杂志.2002(08):73—75.

[11] 李明刚,宋继军,韩书谟,等.1000kV 罐式避雷器在中国的发展及应用[J].高电压技术,2009,35(11):2618—2623.

[12] 杨迎建,王保山,熊易,等.交流特高压避雷器的带电考核与工程投运[J].高压电器,2011,47(7):1—8.

[13] 刘飞.突破关键技术确保 1000kV 特高压避雷器可靠运行[J].中国高新技术企业,2011(1):64—65.

[14] 陈秀娟.特高压交流可控金属氧化物避雷器研究[D].北京:中国电力科学研究院,2009.

[15] 陈秀娟,陈维江,沈海滨,等.可控避雷器的静态电位分布计算方法[J].中国电机工程学报,2010,30(25):130-134.

[16] 陈秀娟,陈维江,沈海滨,等.可控避雷器晶闸管阀串联均压方法[J].电网技术,2012,36(6):32-36.

[17] 陈秀娟,陈维江,沈海滨,等.可控避雷器中晶闸管阀电压和电流上升率仿真分析、试验检测及限制措施[J].高电压技术,2012,38(2):322-327.

[18] 蓝增珏.1000kV 特高压户外交流隔离开关选型及技术条件[J].电力设备,2005,6(5):

17—20.

［19］万启发，吴维宁，吴峡.国外特高压交流输变电设备的制造能力［J］.电力设备，2005，6（9）：33—35.

［20］孙永恒，张铎，孟维东，等.1100kV GIS 的研制开发［J］.电力建设，2007，28（4）：1—6.

［21］郭媛媛，崔博源，王承玉，等.1100kV/63kA 气体绝缘金属封闭开关设备的研制［J］.电网技术，2011，35（12）：20—25.

［22］林集明，陈维江，韩彬，等.故障率计算与特高压断路器分闸电阻的取舍［J］.中国电机工程学报，2012，32（7）：161—166.

［23］夏文，王传川，徐晟.特高压1100kV GIS 设备的两种技术方案［J］.高压电器，2011，47（9）：44—49.

［24］曾庆禹.特高压电网［M］.北京：中国电力出版社，2010：144.

［25］刘振亚.特高压电网［M］.北京：中国经济出版社，2005：402.

［26］赵新生.南京电气特高压变压器套管通过鉴定［J］.电器工业，2007（12）：1.

［27］钟胜.与超高压输电线路加装串补装置有关的系统问题及其解决方案［J］.电网技术，2004，28（6）：26—30.

［28］周勤勇，李晶，秦晓辉，等.串补和可控电抗器在特高压电网的应用［J］.中国电力，2010，43（2）：36—38.

［29］高飞，陈维江，刘之方，等.1000kV 交流输电系统串补站的雷电侵入波保护［J］.高电压技术，2010，36（9）：2199—2205.

第 12 章　特高压工频电磁感应

　　1000kV 特高压交流输电线路由于运行电压高、工作电流大,经常会对邻近的交直流输电线路产生比较严重的电磁感应问题,主要包括两个方面。

　　首先是对其他交流输电线路与架空地线的影响。例如,1000kV 特高压交流输电线路会对同杆架设的 1000kV、500kV、220kV 交流输电线路产生影响,由于回路之间存在静电和电磁耦合,特高压交流回路会在其他邻近停电检修回路产生比较严重的感应电压、电流。计算分析运行回路在停电检修回路及地线上的感应电压、电流,关系到停电回路检修安全措施的制定和线路接地刀闸等设备参数的正确选取,对于停电回路的检修和维护十分重要。另外,特高压输电线路会通过电磁和静电耦合在地线上产生较大的感应电压和感应电流,因此有必要对其架空绝缘地线和光纤复合地线(OPGW)的不同接地方式对于感应电压、感应电流和地线能耗的影响进行分析。

　　其次,特高压交流输电线路还会对相邻平行架设的特高压直流输电线路产生电磁感应,在平行架设的直流输电线路中产生工频感应电压和电流。工频电流通过直流输电线路进入两端换流站,在换流器的作用下在换流变压器阀侧产生直流偏磁电流。直流偏磁电流进入换流变压器后,影响变压器铁芯的磁化曲线,使变压器处于直流偏磁工作状态,从而导致变压器的损耗、温升及噪音增大,甚至影响使用寿命。

　　本章首先计算了 1000kV 同塔双回线路一回运行、另一回停运检修情况下停运回路中的感应电压和电流,然后分析了 1000kV 交流输电线路采取不同架空绝缘地线和光纤复合地线(OPGW)的接地方式对地线上感应电压、感应电流和能耗的影响,最后针对特高压交流输电线路对平行架设的特高压直流线路的工频电磁影响(尤其是直流偏磁对换流主变的影响)问题展开讨论。

12.1　1000kV 同塔双回线路感应电压和电流

12.1.1　产生机理及四种不同感应参数

　　同塔双回线路一回运行另一回停运时,由于回路之间存在着静电和电磁耦合,在停运线路上会产生感应电压、电流。对于 1000kV 电压等级的同塔双回线路,感应电压会达到几十 kV 甚至近百 kV。此外,运行输电线路也会在地线上通过静电耦合和电磁感应产生较大的感应电压、电流。计算分析运行回路在停电检修回路及地线上的感应电压、电流,对于 1000kV 同塔双回线路的检修和维护是十分重要的,它直接关系到线路接地刀闸等设备参数的准确选取和停电线路检修安全措施的正确制定。

　　由于双回线路间电容及检修回路对地电容的存在,运行线路通过静电感应会在停运线路上产生静电感应参数:静电感应电压、静电感应电流。由于双回路线路间存在互感,运行线路通过电磁感应会在停运线路上产生电磁感应参数:电磁感应电压、电磁感应电流。

　　停运线路上共有 4 种不同的感应参数:电磁感应电压、电磁感应电流、静电感应电压、静电感应电流,分别代表停电线路不同状态时的感应量,具体如下:

　　1)电磁感应电流,它是当停运线路两端接地开关接地,带电运行线路在停运线路上感应的电势引起的环流。

　　2)电磁感应电压,它是当停运线路一端接地开关接地、另一端不接地,带电运行线路在停运线路上感应的电压。

　　3)静电感应电流,它是当停运线路一端接地开关接地、另一端不接地,带电运行线路通过电容耦合在停运线路上产生的入地容性电流。

4)静电感应电压,它是当停运线路两端接地开关均不接地,带电运行线路在停运线路上通过电容耦合产生的容性电压。

根据停运线路和接地开关的4种状态量,停运线路上的感应电压和感应电流的计算公式如下:

(1)线路首末端接地开关均不接地的情况

首端和末端的静电感应电压 U_1、U_2 分别为

$$U_1 = U_2 = \frac{C_{AA'} + (-\frac{1}{2} - j\frac{\sqrt{3}}{2})C_{BA'} + (-\frac{1}{2} + j\frac{\sqrt{3}}{2})C_{CA'}}{C_O + C_{AA'} + C_{BA'} + C_{CA'}} \cdot U_A \tag{12-1}$$

式中,$C_{AA'}$、$C_{BA'}$、$C_{CA'}$ 分别为运行线路 A、B、C 相与检修线路 A′ 相间的电容;C_0 为检修线路 A′ 相的对地电容;U_A 为运行线路 A 相电压。

在检修线路两端都不接地时,感应电压的静电感应分量起主要作用,其大小与输电线路电压等级成正比,与线路长度、输电功率关系不大。

(2)线路单端接地的情况

以线路首端不接地,末端接地开关接地为例,其首端电磁感应电压 U_1 和末端静电感应电流 I_2 分别为

$$U_1 = \omega \cdot l \cdot [M_{AA'} + (-\frac{1}{2} - j\frac{\sqrt{3}}{2})M_{BA'} + (-\frac{1}{2} + j\frac{\sqrt{3}}{2})M_{CA'}] \cdot I_A \tag{12-2}$$

$$I_2 = \omega \cdot l \cdot [C_{AA'} + (-\frac{1}{2} - j\frac{\sqrt{3}}{2})C_{BA'} + (-\frac{1}{2} + j\frac{\sqrt{3}}{2})C_{CA'}] \cdot U_A \tag{12-3}$$

式中,I_2 为检修线路上接地开关末端的静电感应电流;$M_{AA'}$、$M_{BA'}$、$M_{CA'}$ 分别为运行线路 A、B、C 相与检修线路 A′ 相间的互感;l 为同塔双回线路的长度;I_A 为运行线路 A 相电流。

当线路首端不接地,末端接地时,首端的感应电压电磁感应分量起主要作用,其大小与线路长度、输送功率成正比;末端的感应电流静电感应分量起主导作用,其大小与线路长度成正比,与输送功率无关。

(3)线路首末端接地开关均接地的情况

首端和末端的电磁感应电流 I_1、I_2 分别为

$$I_1 = I_2 = [M_{AA'} + (\frac{1}{2} - j\frac{\sqrt{3}}{2})M_{BA'} + (-\frac{1}{2} + j\frac{\sqrt{3}}{2})M_{CA'}] \cdot I_A / L \tag{12-4}$$

式中,I_1、I_2 分别为检修线路上接地开关首端和末端的感应电流;L 为检修线路 A′ 相的自感。

当检修线路两段都接地时,感应电流的电磁感应分量起主要作用,其大小与线路输送功率成正比,与线路长度无关。

本节以淮南—皖南—浙北—沪西 1000kV 交流特高压同塔双回输电工程中的淮南—皖南这一段输电线路为例,进行感应电压、电流方面的仿真分析。在线路稳态运行且没有遭遇任何类型的过电压的运行条件下,用 EMTP 软件仿真计算了一回线路停运检修时运行回路对检修回路和架空地线的感应电压与感应电流,并就输电线路长度、输送功率大小、换位与否等影响因素进行讨论分析。

12.1.2 感应电压、电流仿真计算

为节省线路走廊,提高单位走廊宽度的输送容量,国家电网公司规划 2010 年在华东电网建设淮南—皖南—浙北—沪西 1000kV 交流同塔双回输变电工程。它是中国第二条 1000kV 交流特高压输电工程,也是中国第一条 1000kV 交流同塔双回输电工程。

1)系统概况和线路参数

淮南—皖南—浙北—沪西 1000kV 交流同塔双回输变电工程线路总长 642.5km,其中淮南至皖南线路长 326.5km,远期规划最大输送容量为 10000MW,淮南—皖南双线两侧共配置高抗 4×720MVA,中性点电抗值取 700Ω,系统参数如表 12-1 所示,系统示意图如图 12-1 所示。

表 12-1　淮皖线系统参数

线路长度（km）	输送容量（MW）	高抗容量（MVA）		高抗中性点小电抗（Ω）
		淮南	皖南	
326.5	10000（远期规划）	2×720	2×720	700

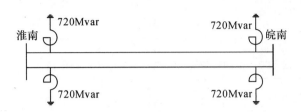

图 12-1　淮皖线高抗配置

淮南—皖南—浙北—沪西特高压同塔双回输变电工程导线采用 8×LGJ-630/45 钢芯铝绞线；地线一根为 LBGJ-240-20AC 铝包钢绞线，该地线分段一点接地；另一根地线为 OPGW-24B1-254 架空复合光缆，该地线多点连续接地。淮南—皖南线路导线采用逆相序排列，两次全换位，如图 12-2 所示，同塔双回线路模型如图 12-3 所示。

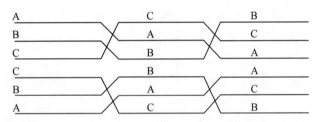

图 12-2　逆相全换位

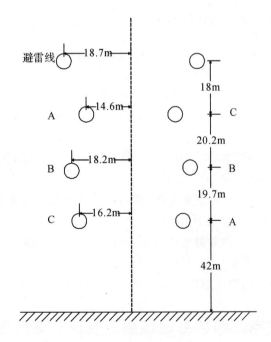

图 12-3　同塔双回线路模型

2）感应电压、电流的仿真计算结果

淮南—皖南段（全线两次全换位）同塔双回线路一回停运、一回正常运行时，由于接地状态的不同，会产生不同的感应电压、电流。停运线路两侧接地时接地点的感应电流（电磁感应电流）如表 12-2 所示,停运线路一端接地(淮南侧接地)时的皖南侧的感应电压(电磁感应电压)和接地点的感应电流(静电耦合电流)如表 12-3 所示,停运线路两端都不接地时感应电压(静电耦合电压)如表 12-4 所示。

表 12-2　淮皖线一回停运、一回正常运行时,停运线路上的电磁感应电流

输送容量(MW)	感应电流/A
5000	197
10000	383

表 12-3　淮皖线停运线路电磁感应电压和静电耦合电流

输送容量(MW)	电磁感应电压(kV)	静电耦合电流(A)
5000	17.2	42.9
10000	34.1	49.5

表 12-4　淮皖线停运线路静电耦合电压

输送容量(MW)	静电耦合电压(kV)
5000	27.9
10000	32.9

值得注意的是,在仿真中,停运线路两端的接地电阻对仿真结果影响较大,接地电阻取 10Ω 和 1Ω,结果会有较大差异。考虑一般特高压变电站的接地电阻很小($0.1\sim1\Omega$),在本节仿真中取接地电阻 0.5Ω。

另外,线路的换位方式会对结果产生很大的影响,且在三相会产生严重的不对称。例如,对于淮南—皖南段输送功率为 5000MW、全线不换位情况下,静电耦合电压为 90kV,电磁感应电流为 530A,静电感应电流为 103A,电磁感应电压为 59kV,均远大于表 12-2、表 12-3、表 12-4 中淮南—皖南段输送功率为 5000MW、全线两次全换位情况下的相应值。

12.1.3　感应电压和感应电流的影响分析

影响感应电流和电压的主要因素有:带电线路的电压、负荷电流、线路长度、相间及回路间距离、停运线路的高抗补偿度、导线高度、线路的换位情况以及架空地线等。四个感应电量的主要特点如下:

(1)电磁感应电流,其大小与带电回路的电流大小有关,基本呈正比例关系,与线路长度基本无关。

(2)电磁感应电压,其大小与带电运行回路的电流大小和同塔架设的线路长度有关,基本呈正比例关系。

(3)静电感应电流,其大小与带电回路的电压、同塔架设的线路长度有关,基本呈正比例关系,与带电运行回路输送的功率关系不大。

(4)静电感应电压,其大小与带电回路的电压、相间电容与停运回路对地电容的比值有关,而与带电运行回路输送的功率及线路长度的关系不大。

(5)高压并联电抗器,高压电抗器对静电耦合电压的影响很大;对静电耦合电流的影响很小,对电磁感应电压、电流的影响也很小。当同杆双回线路带有高压电抗器时,由于并联电抗器的补偿,对地电容量减小,运行线路对检修线路上的静电感应显著增加,从而导致静电耦合电压显著增加。

12.2　1000kV 交流输电线路架空地线感应电压和感应电流

特高压输电线路(无论是单回线路还是双回线路)架空地线与输电回路导线的空间位置不对称,输电回路通过电磁和静电耦合在架空地线上产生感应电压和感应电流。

1000kV 特高压输电线路的架空地线通常一根采用架空绝缘地线,另一根采用光纤复合地线(OPGW)。地线上的感应电压、电流与避雷线的接地方式有关。架空复合光缆采用逐基杆塔接地方式,这会在复合地线上会产生较大的感应电流;架空绝缘地线采用分段绝缘方式,即通常在一个耐张段中间某基杆塔处单点接地,而与其他基杆塔绝缘,这会在该段架空绝缘地线两端产生较大的感应电压。计算 OPGW 上的感应电流,是评估地线中电能损失的关键;而计算架空绝缘地线在正常工况及故障情况下的感应电压,据此来确定绝缘间隙的大小,对地线绝缘技术的实施至关重要。

根据电磁场理论,空间内平行导线间存在互感和导线间分布电容,线路的相线与绝缘地线就是这样一个平行导线系统,由于互感的存在,相线中流过电流时会在与其平行的绝缘地线中产生电磁感应电压;同时由于导线间分布电容的存在,相线也会通过电容在绝缘地线上产生静电感应电压。但由于绝缘地线一点接地,故静电感应电压可以忽略,主要考虑电磁感应电压。

在正常情况下,A、B、C 三相电流平衡,即 $I_A = \alpha^2 I_B = \alpha I_C$,故对单回路的线路地线上的电磁感应电压如式(12-5)所示。

$$E = j0.145 I_A \left(\alpha \log \frac{d_{gA}}{d_{gB}} + \alpha^2 \log \frac{d_{gA}}{d_{gC}} \right) \tag{12-5}$$

式中,d_{gA}、d_{gB} 和 d_{gC} 分别为地线与各相导线之间的距离。

由式(12-5)可以看出,地线绝缘段的长度、导线和地线的排列位置、负荷电流、土壤电阻率等都会对绝缘地线上感应电压产生影响。因而仿真计算时应考虑这些因素。

根据电磁场理论,空间中通过电流的导体会在其附近构成闭环的导体回路中产生感应电流。对于采用逐塔接地方式的 OPGW,与杆塔及大地一起,在相线附近形成地线—杆塔—大地—杆塔—地线的闭合回路,当相线中通过电流时,该回路中就会产生感应电流。若忽略杆塔电阻和接地电阻,地线上的环流 I_g 如式(12-6)所示。

$$I_g = -\frac{Z_{gA} I_A + Z_{gB} I_B + Z_{gC} I_C}{Z_{gg}} \tag{12-6}$$

式中,I_A,I_B,I_C 分别为 A、B、C 三相的相电流;Z_{gA},Z_{gB},Z_{gC} 分别为 A、B、C 三相导线对地线的互阻抗;Z_{gg} 为地线的自阻抗。

因为各相导线与地线之间的距离不同,各相导线对地线的互阻抗不完全相等。即使相导线中三相电流对称时 I_g 也不为零,这样就在地线、杆塔和大地之间形成了环流。

OPGW 采用逐塔接地的方式,这样在地线—杆塔—大地回路中会产生环流。假设理想条件下,所有杆塔电阻及杆塔接地电阻相等,整条线路相线与地线互阻抗值恒定,在线路正常运行时,可认为各档距内相电流不变,由于 OPGW 逐塔接地,则线路中相邻环流在共同杆塔上相互抵消,相当于流过杆塔电阻及杆塔接地电阻上的电流近似为零,即除该线路段第一个和最后一个档距外,其他各档距内环流可以应用式(12-6)进行计算。

特高压输电线路在地线上的电能损失(电能损失主要集中在 OPGW 上,杆塔和接地电阻上的能耗较小)可以近似估算如下:

$$W_g = I_g^2 R_g \tag{12-7}$$

式中,R_g 为 OPGW 单位长度的电阻,Ω/km。

本节结合中国第一条特高压单回输电线路晋东南—南阳—荆门特高压交流输电工程和第一条特高压同塔双回输电线路淮南—皖南—浙北—沪西交流特高压同塔双回输电工程的参数,对不同运行状况下的架空地线感应电压和感应电流进行仿真计算,并就其影响因素进行了计算分析。仿真计算所用软件为电磁暂态程序 EMTP。

12.2.1　特高压单回线路架空地线感应电压和感应电流

晋东南—南阳—荆门 1000kV 单回输电线路输电容量 5000MW,杆塔采用如图 12-4 所示的塔形。架空地线一根采用架空绝缘地线,另一根采用光纤复合地线。在输送正常功率 5000MW 的情况下,就不同架空绝缘地线分段长度,对该线路架空地线的感应电压、感应电流进行 EMTP 仿真。其中,架空绝缘地线单点接地可以有两种方式:在耐张段的中间接地方式和在耐张段两端的任意一端接地方式。

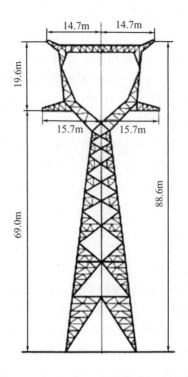

图 12-4　1000kV 交流特高压单回线路塔型

仿真中,耐张段架空绝缘地线分段为 3、5、7km,架空绝缘地线分在耐张段的中间接地和耐张段其中一端接地两种情况,计算结果如表 12-5、表 12-6 所示。

表 12-5　特高压单回线路绝缘地线感应电压(正常运行)　　　　　　　　　　　(V)

分段长度/km	线路输送负荷 5000MW	
	中间接地	一端接地
3	194	367
5	290	586
7	396	798

表 12-6　特高压单回线路复合地线感应电流(正常运行)

线路负荷/MW	5000
感应电流/A	127

从仿真结果来看,在正常运行情况下,1000kV 交流特高压单回输电线路绝缘地线感应电压可达数百伏,感应电压随着绝缘地线分段长度的增大而增大。复合地线上的感应电流可达上百安培。

在发生单相接地短路故障情况下,就不同的短路电流、不同的架空绝缘地线分段长度,对该线路架空地线的感应电压进行 EMTP 仿真,结果如表 12-7 所示。

表 12-7　特高压单回线路绝缘地线感应电压(短路故障)　　　　　　　　　　(kV)

分段长度/km	短路电流					
	10kA		30kA		50kA	
	中间接地	一端接地	中间接地	一端接地	中间接地	一端接地
3	5.0	10.0	15.6	31.1	25.8	52.7
5	7.6	15.3	23.6	47.3	40.2	80.6
7	9.8	19.5	30.7	61.5	50.2	100.0

从仿真结果来看,在短路故障情况下,1000kV 交流特高压单回输电线路绝缘地线感应电压可达数

十千伏,感应电压随着绝缘地线分段长度的增大而增大。

另外,由架空绝缘地线采取耐张段两端的某一端接地的方式在架空绝缘地线上所产生的感应电压刚好是在耐张段的中间接地方式的 2 倍,前者比后者高许多,这是由于两者接地端距离绝缘端的距离恰好是 2 倍造成的。实际工程中,在耐张段较短的情况下(例如,耐张段长度 3~5km)可以考虑采用耐张段一端直接接地方式;在耐张段较长的情况下(例如,耐张段长度 5~7km 或更长)可以考虑采用耐张段中间接地方式。

12.2.2 特高压同塔双回线路架空地线感应电压和感应电流

特高压同塔双回线路系统概况及线路参数参见 12.1.2 节。同塔双回线路杆塔模型如图 12-5 所示。

双回导线采用同相序、逆相序排列情况下,复合地线上的感应电流和绝缘地线上的感应电压计算结果如表 12-8、表 12-9 所示。

表 12-8 1000kV 交流特高压双回线路绝缘地线感应电压(有效值) (V)

分段长度/km	线路输送负荷 2×5000MW	
	逆相序	同相序
3	157	237
5	262	387
7	366	537

表 12-9 1000kV 交流特高压双回线路复合地线感应电流(有效值)

线路输送容量/MW	2×5000	
	逆相序	同相序
感应电流/A	67	205

显然,在逆相序排列情况下,特高压双回线路架空地线上的感应电压、感应电流要明显低于同相序排列的情况。

12.2.3 特高压架空绝缘导线的绝缘间隙及其耐压选取

架空绝缘地线上的感应电压是架空绝缘导线的绝缘间隙及其耐压选取主要依据,它通常需要满足两点要求:在正常运行时保持对杆塔的绝缘,以减少电能损失;在短路情况下绝缘间隙需发生击穿,以尽快释放短路电流。正常运行情况下,架空绝缘导线的感应电压一般在数百伏,故绝缘间隙的耐压通常至少要超过 1kV;发生短路情况下,架空绝缘导线的感应电压一般在数十千伏,故绝缘间隙的耐压往往不超过 20kV。目前,国内 330kV 和 500kV 超高压输电线路均采用普通地线分段绝缘、OPGW 逐基接地方式,绝缘间隙值取 10~20mm,其对应间隙距离 20mm 的地线绝缘子工频放电电压为 8~30kV。中国 1000kV 特高压输电线路通常采用的地线绝缘间隙约 18mm。

12.3 交流线路对平行架设特高压直流线路的工频电磁感应影响

随着输电网络规模的不断扩大,输电线路走廊资源越来越紧缺。交流输电线路与特高压直流输电线路平行架设会提高走廊利用率。

交流输电线路通过电磁耦合会在平行架设的特高压直流输电线路中产生工频感应电压和电流。而工频电流通过直流输电线路进入两端换流站后,在换流器的作用下会在换流变压器阀侧产生直流偏磁电流。直流偏磁电流进入换流变压器后,会影响变压器铁芯的磁化曲线,使磁化曲线产生偏移零坐标轴的偏移量。若变压器处在直流偏磁工作状态,将导致变压器的损耗、温升及噪音增大,甚至影响使用寿命。

根据云广±800kV特高压直流线路参数,建立交/直流输电系统的仿真模型。在交流线路发生单相接地故障的情况下,针对交直流线路之间的不同平行架设长度、交直流线路之间的不同间距(间距为交直流输电线路杆塔中心线之间的距离)、不同土壤电阻率、不同交直流线路换位方式等各种情形,对特高压直流线路上的感应电压、电流以及换流变阀侧的直流偏磁电流进行了仿真计算。此外,还对比分析了平行架设时超/特高压交流线路,单回和同塔双回线路对特高压直流线路的电磁影响。

12.3.1 特高压交流线路对平行架设特高压直流线路的工频电磁感应

1)系统概况及线路参数

以1000kV特高压交流输电线路和云广±800kV特高压直流输电线路并行为例,分析特高压交流线路对平行架设特高压直流线路的工频电磁感应影响。云广特高压直流线路全长1446km,双极输送功率为5000MW。交/直流线路参数和杆塔布置如表12-10、表12-11和图12-5所示。

表12-10 ±800kV直流线路导线和地线参数

名称	线路	地线
导线型号	6×LGJ-630/45	LBGJ-180-20AC
导线外径/cm	3.36	1.75
直流电阻/(Ω/km)	0.04633	0.7098
分裂间距/cm	45.0	——

表12-11 1000kV交流线路导线和地线参数

名称	线路	地线
导线型号	8×LGJ-500/45	LBGJ-150/20
导线外径/cm	3.00	1.58
直流电阻/(Ω/km)	0.059	0.582
分裂间距/cm	40.0	——

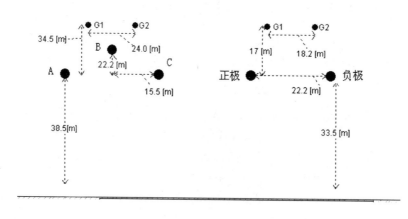

图12-5 特高压交直流线路平行架设的杆塔布置

2)特高压交流线路与特高压直流平行架设的仿真计算

特高压直流线路单独架设时整流侧、逆变侧的直流电压、电流波形如图12-6所示。特高压交/直流线路平行架设时(并行架设长度为100km,相互之间间距为50m)。特高压直流线路整流侧、逆变侧的直流电压、电流波形如图12-7所示,特高压交/直流平行架设时直流偏磁电流波形如图12-8所示。

对比图12-6、图12-7、图12-8可以看出,交/直流平行架设后,特高压直流线路电压、电流中的工频分量明显增加。特高压交流线路在平行架设特高压直流线路上感应出稳定的工频电压、电流。特高压直流线路换流变阀侧产生明显的直流偏磁电流。

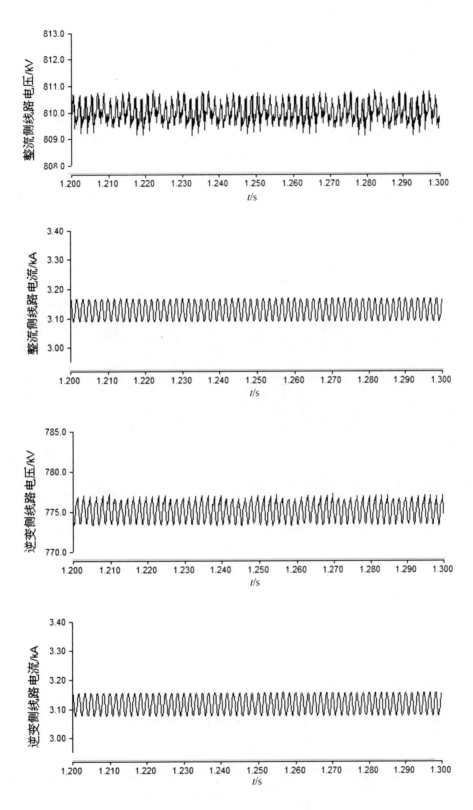

图 12-6　特高压直流单独架设运行时线路电压、电流

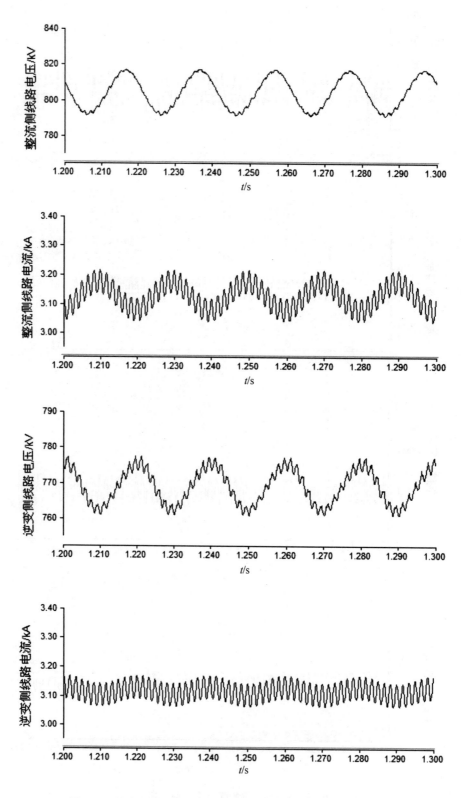

图 12-7　特高压交/直流平行架设时特高压直流线路电压、电流

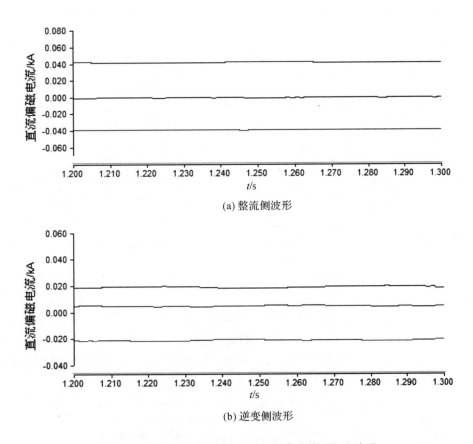

(a) 整流侧波形

(b) 逆变侧波形

图 12-8　特高压交/直流平行架设时直流偏磁电流波形

12.3.2　交流线路对平行直流线路电磁感应的影响因素

1)交直流线路平行架设长度和间距

不同平行架设长度、不同间距下特高压直流线路上感应工频电压、电流如图 12-9、图 12-10 所示。

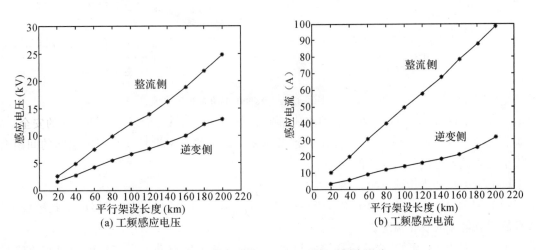

(a) 工频感应电压

(b) 工频感应电流

图 12-9　不同平行架设长度下的电磁耦合影响

由图 12-9、图 12-10 可见,工频感应电压、电流与交/直流线路平行架设长度近似呈线性递增关系；而与交/直流线路之间的间距呈现很明显的非线性关系。当交直流线路之间间距较近(小于 80m)时,工频感应电压、电流随着交直流线路之间间距的减小呈现急速非线性的增加;当交直流线路之间的间距较远(大于 80m)时,工频感应分量随着间距增大的衰减幅度明显减慢,并逐渐趋稳。

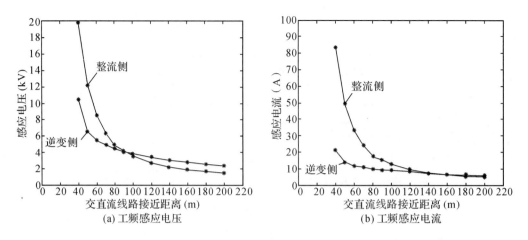

（a）工频感应电压 （b）工频感应电流

图 12-10　不同间距情况下的电磁耦合影响

　　整流站与逆变站的换流变阀侧直流偏磁电流随交直流线路之间的平行架设长度和间距的变化如图 12-11、图 12-12 所示。从图 12-11、图 12-12 可知，整流站与逆变站的换流变阀侧直流偏磁电流与交/直流线路平行架设长度近似呈线性递增关系；而与交/直流线路之间间距呈现很明显的非线性关系。当交直流线路之间的间距较近（小于 80m）时，直流偏磁电流随着交直流线路之间间距的减小呈现急速非线性的增加；当交直流线路之间的间距较远（大于 80m）时，直流偏磁电流随着间距增大的衰减幅度明显减慢，并逐渐趋稳。

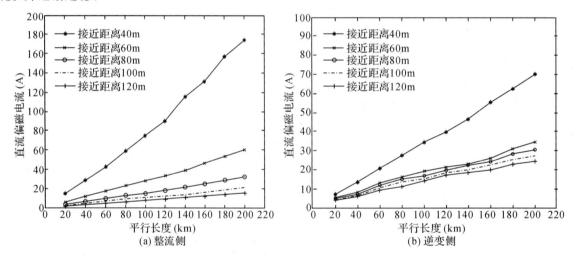

（a）整流侧 （b）逆变侧

图 12-11　不同平行架设长度下的直流偏磁电流

　　根据规程要求，换流变阀侧长期承受的直流偏磁电流不高于 30A。为了维护换流变的安全运行，阀侧直流偏磁电流应尽量控制在 30A 以内。因此，交直流线路的平行架设长度和相互之间的间距会受到换流变所承受的最大直流偏磁电流的限制。

　　2）土壤电阻率和杆塔接地电阻

　　图 12-13、图 12-14 给出了不同土壤电阻率以及不同杆塔接地电阻下直流线路中工频感应电压、电流以及直流偏磁电流的变化情况。

　　由图 12-13、图 12-14 可知，交直流线路并行架设段的土壤电阻率和杆塔接地电阻对直流线路工频感应电压、电流以及直流偏磁电流的影响很小。

　　3）换位方式

　　对于特高压交流线路并行段不换位、等距换位一次、等距换位二次三种不同换位方式（如图 12-15所示），计算分析平行架设的特高压直流线路上的感应电压、电流以及换流变阀侧直流偏磁电流，结果如表 12-12 所示。

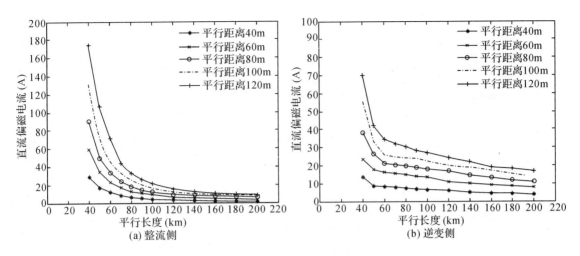

图 12-12　不同间距下的直流偏磁电流

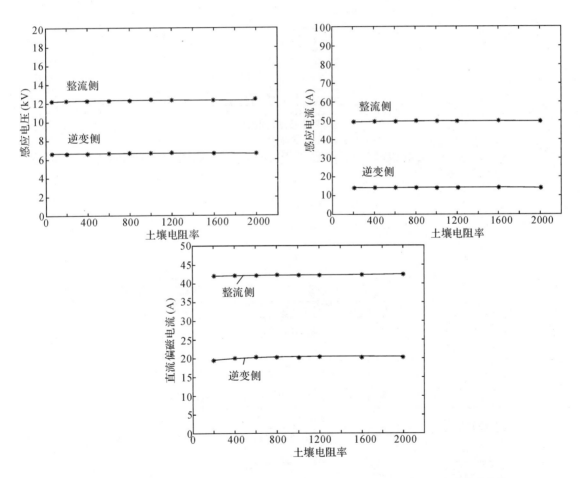

图 12-13　直流线路中工频感应电压、电流以及直流偏磁电流随土壤电阻率的变化趋势

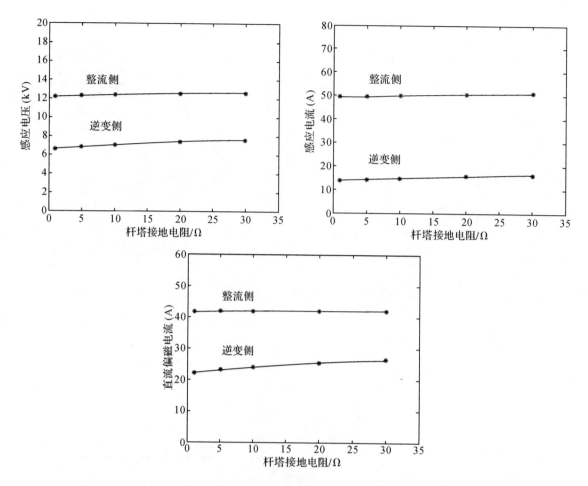

图 12-14　直流线路中工频感应电压、电流以及直流偏磁电流随杆塔接地电阻的变化趋势

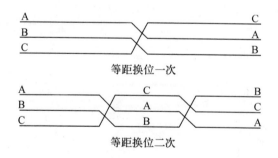

图 12-15　换位方式

表 12-12　特高压交流线路换位的影响

换位方式（换位线路长度/km）	整流侧			逆变侧		
	感应电压/kV	感应电流/A	直流偏磁电流/A	感应电压/kV	感应电流/A	直流偏磁电流/A
不换位（100）	12.2	49.57	41.69	6.59	13.84	22.16
等距换位一次（50＋50）	6.8	27.48	21.21	3.7	7.89	13.35
等距换位两次（33.3＋33.3＋33.3）	0.64	2.57	1.97	0.44	0.97	1.92
不换位（200）	25.29	95.75	82.48	14.89	27.79	48.31
等距换位一次（100＋100）	14.4	59.55	45.83	7.21	16.78	26.86
等距换位两次（66.7＋66.7＋66.7）	1.41	5.64	4.76	1.03	2.04	4.53

由表 12-12 可以看出,交流线路换位后,直流线路上的工频感应电压、电流以及换流变阀侧直流偏磁电流明显减小。并行段交流线路进行一次全换位(等距换位一次),则直流线路上的整流侧和逆变侧感应电压、电流和换流变阀侧直流偏磁电流减小为不换位情况下的 50% 左右。当交流线路在并行段内实现两次全换位(等距离换位 2 次)后,直流线路整流侧感应电压、电流和换流变阀侧直流偏磁电流减小为不换位情况下的 5% 左右,逆变侧感应电压、电流和换流变阀侧直流偏磁电流减小为不换位情况下的 7% 左右。平行段交流线路进行两次全换位后,直流线路感应电压、电流以及换流变直流偏磁电流明显减小至较低水平。

交流线路换位可以有效平衡交流线路三相电磁耦合作用。因此,并行段交流线路导线换位可以有效地减小交流线路对平行架设直流线路的电磁耦合影响,换位次数越多减小效果越明显。

另外,表 12-13 还计算分析了直流线路换位对减小交流线路对直流线路的电磁耦合方面的影响。

表 12-13　直流线路换位方式对交、直流线路电磁耦合作用的影响

换位方式 (换位线路长度/km)	整流侧						逆变侧					
	感应电压 /kV		感应电流 /A		直流偏磁 电流/A		感应电压 /kV		感应电流 /A		直流偏磁 电流/A	
	正极	负极	正极	负极	正极	负极	正极	负极	正极	负极	正极	负极
不换位(100)	12.2	6.61	49.57	18.24	41.69	15.74	6.59	3.54	13.84	10.83	22.16	17.32
等距换位一次 (50+50)	9.18	9.37	31.19	31.24	28.27	28.47	5.04	4.92	12.39	12.76	19.84	19.72
不换位(200)	24.13	12.94	107.4	44.98	80.31	30.48	14.75	7.64	27.45	20.23	45.01	40.55
等距换位一次 (100+100)	19.47	19.36	66.71	64.66	62.18	55.89	11.76	11.58	24.16	23.27	43.49	42.35

由表 12-13 可知,并行段直流线路换位后,直流线路正极电磁感应参量(工频感应电压、电流以及换流变阀侧直流偏磁电流)明显减小,负极电磁感应参量明显增加,直流线路正极与负极电磁感应参量之间的差距较换位前明显减小。这是因为平行架设段直流线路换位改变了直流线路正、负极与交流线路之间的接近距离,使得两者均衡化,从而使交流线路对直流线路正、负极的电磁影响变得基本相同。

4)特高压交流线路发生单相接地故障时对平行架设特高压直流线路的影响

平行架设的交流线路发生单相接地故障时,直流线路上的电磁感应参量波形波动剧烈,但持续时间很短,随后达到另一稳态。对于单相接地故障发生在平行架设交流线路始端、中间或末端三种不同情况,表 12-14 给出了在该故障情况下交流线路对直流线路的电磁影响。

表 12-14　单相接地故障下的电磁影响

运行方式		整流侧			逆变侧		
		感应电压 /kV	感应电流 /A	直流偏磁电流 /A	感应电压 /kV	感应电流 /A	直流偏磁电流 /A
正常运行		12.2	49.57	41.69	6.59	13.84	22.16
始端	A 相	41.67	138.54	137.67	50.76	144.31	173.32
	B 相	24.98	65.26	87.69	49.19	128.12	155.72
	C 相	56.67	194.74	183.94	79.76	240.58	227.55
中间	A 相	11.31	45.95	38.45	7.07	14.81	22.48
	B 相	13.23	53.99	45.4	6.4	13.13	22.21
	C 相	13.4	58.17	54.09	15.57	40.56	46.49
末端	A 相	42.49	164.85	149.74	63.19	189.21	190.72
	B 相	56.56	203.11	175.09	60.26	191.14	196.83
	C 相	64.49	217.12	212.19	89.14	257.16	248.43

从表 12-14 可以看出,A、B、C 三相中,C 相接地故障时,对直流系统的电磁环境影响最大。这是因

为 C 相线路距离直流线路最近,发生单相短路时,C 相短路电流急剧增加,从而加大了对直流线路的电磁感应影响。如图 12-16 所示,当故障发生在平行架设段线路始端或者末端时,短路电流是单向的,不会发生抵消;而当故障发生在平行架设段中间,两侧的短路电流在直流线路上的电磁耦合影响会削弱。因此,在平行段交流线路的两端发生单相接地故障比线路中间发生单相接地故障时对直流系统的电磁影响要大很多。

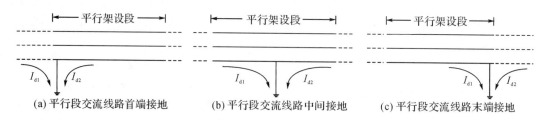

(a) 平行段交流线路首端接地　　　(b) 平行段交流线路中间接地　　　(c) 平行段交流线路末端接地

图 12-16 单相短路接地故障示意图

12.3.3　特高压单回/同塔双回交流线路与特高压直流线路平行架设对比分析

本节重点研究特高压单回交流线路和同塔双回交流线路对特高压直流线路的影响。为使这两种情况能够相互比较,特取 1000kV 交流同塔单回线路与双回线路输送功率均为 5000MW。表 12-15 为 1000kV 交流同塔双回线路的导、地线参数,图 12-17 为同塔双回线路杆塔导线布置。在平行长度为 100km、接近距离为 50m 时,特高压单回交流输电线路和同塔双回交流输电线路对特高压直流线路的电磁耦合影响及其对比结果如表 12-16 所示。

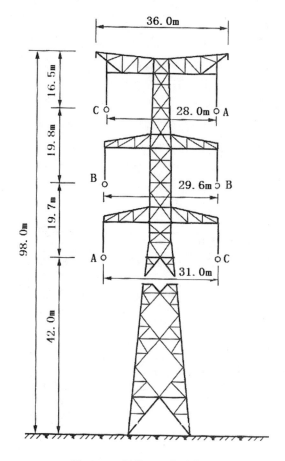

图 12-17　同塔双回线路模型

表 12-15　1000kV 交流同塔双回线路的导线和地线参数

名称	线路	地线
导线型号	8×LGJ-630/45	LBGJ-150/20
导线外径/cm	3.36	1.58
直流电阻/(Ω/km)	0.046	0.582
分裂间距/cm	40.0	——

表 12-16　特高压单、双回线路对特高压直流线路的电磁耦合影响

线路	整流侧			逆变侧		
	感应电压/kV	感应电流/A	直流偏磁电流/A	感应电压/kV	感应电流/A	直流偏磁电流/A
①	12.2	49.57	41.69	6.59	13.84	22.16
②	8.65	37.26	34.98	6.41	13.72	20.79
③	5.83	26.24	24.28	4.59	10.38	16.88
④	10.33	43.29	41.29	8.06	17.85	30.02
⑤	3.17	12.10	11.09	4.62	10.88	18.28

注:①单回三角排列线路②双回同相序③双回逆相序④双回逆相序Ⅰ回停运⑤双回逆相序Ⅱ回停运

由表 12-16 可见,在输送功率相同的条件下,同塔双回输电线路(垂直排列)比单回线路(三角排列)对直流系统的电磁影响要小,同塔双回线路逆相序排列比同相序排列对直流系统的电磁影响小,同塔双回逆相序线路Ⅰ回停运时的电磁影响比双回逆相序线路严重得多。同塔双回Ⅱ回线路停运时的影响要比Ⅰ回停运小很多,这主要是因为Ⅱ回线路更加靠近特高压直流线路。

12.3.4　超/特高压交流输电线路与特高压直流线路平行架设对比分析

超高压紧凑型线路和超高压常规线路的导线布置如图 12-18 所示,其导线参数如表 12-17、表 12-18 所示。

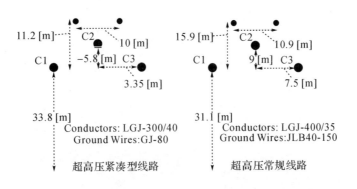

图 12-18　超高压紧凑型线路及常规线路导线布置

表 12-17　超高压紧凑型线路的导线和地线参数

名称	线路	地线
导线型号	6×LGJ-300/40	GJ-80
导线外径/cm	2.394	1.105
直流电阻/(Ω/km)	0.07389	2.8645
分裂间距/cm	37.5	——

为比较特高压直流线路分别与特高压交流、超高压紧凑型线路和超高压常规线路三种不同线路平行架设的情况,特取交流线路运行电流为 1kA 这一特定条件,此时直流线路上的电磁感应参量计算结果如表 12-19 所示。

表 12-18　超高压常规线路的导线和地线参数

名称	线路	地线
导线型号	4×LGJ-400/35	LBGJ－180－20AC
导线外径/cm	2.682	1.575
直流电阻/(Ω/km)	0.07389	0.2952
分裂间距/cm	45.0	

表 12-19　超/特高压线路对平行架设的特高压直流线路的电磁影响(1)

线路	整流侧			逆变侧		
	感应电压 (kV)	感应电流 (A)	直流偏磁电流 (A)	感应电压 (kV)	感应电流 (A)	直流偏磁电流 (A)
特高压	10.64	44.03	37.75	4.88	9.73	16.85
超紧凑	1.28	5.31	5.36	1.06	2.35	4.39
超常规	3.5	13.3	11.89	3.18	7.3	12.89

考虑特高压输电线路、超高压紧凑型输电线路和超高压常规型输电线路输送功率的实际差异,分别对特高压单回线路输送功率为3000MW、紧凑型线路输送功率为1500MW和超高压常规线路输送功率为1000MW三种不同情况进行了计算,此时直流线路上的电磁感应参量计算结果如表12-20所示。

表 12-20　超/特高压线路对平行架设的特高压直流线路的电磁影响(2)

线路	整流侧			逆变侧		
	感应电压 (kV)	感应电流 (A)	直流偏磁电流 (A)	感应电压 (kV)	感应电流 (A)	直流偏磁电流 (A)
特高压 (3000MW)	9.54	39.76	34.57	4.35	8.73	13.74
超紧凑 (1500MW)	1.19	5.13	5.14	0.98	2.26	4.17
超常规 (1000MW)	2.38	9.44	7.93	1.34	2.61	5.17

由表12-19、表12-20可知,超高压交流线路对特高压直流线路的电磁耦合影响比特高压交流线路小得多;紧凑型交流线路对特高压直流线路的电磁影响比常规型交流线路也有明显减小,这主要是由于紧凑型线路几何尺寸较小,从而减小了交流三相线路对直流线路电磁耦合影响的不平衡。

参考文献

[1] 韩彦华,齐卫东,张鹏,等.750kV输变电工程中中性点小电抗和接地开关的选取[J].陕西电力,2008,36(9):10－13.

[2] 李宝聚,周浩.1000kV同塔双回线路感应电压和电流的计算分析[J].电网技术,2011,35(3):14－19.

[3] 李宝聚,周浩.淮南～皖南～浙北～沪西1000kV交流同塔双回线路架空地线感应电压和感应电流仿真分析[J].电力系统保护与控制,2011,39(10):86－89,96.

[4] 李宝聚,周浩,郭雷.特高压交流线路对平行架设特高压直流线路的工频电磁感应影响[J].电力系统保护与控制,2013,41(10):20－26.

[5] 韩彦华,黄晓民,杜秦生.同杆双回线路感应电压和感应电流测量与计算[J].高电压技术,2007,33(1):140－143.

[6] 赵华,阮江军,黄道春.同杆并架双回输电线路感应电压的计算[J].继电器,2005,33(22):

37—40.

[7] 曾林平,张鹏,冯玉昌,等.750kV 线路架空地线感应电压和感应电流仿真计算[J].电网与清洁能源,2008,24(6):21—23.

[8] 王琦,曾嵘,唐剑.罗百交流线路对云广±800kV 直流电磁干扰研究[J].南方电网技术,2007,3(1):27—31.

[9] 姚金霞,郭志红,朱振华,等.500kV 同塔双回线路感应电压、电流的研究[J].华北电力技术,2006(1):23—25.

[10] 郭志红,姚金霞,程学启,等.500kV 同塔双回线路感应电压、电流计算及实测[J].高电压技术,2006,32(5):11—14.

第13章　特高压交流系统电磁环境

特高压交流输电工程的电磁环境影响主要表现在土地的利用、电晕所引起的通信干扰，以及可听噪声、工频电磁场对生态的影响等方面。由于特高压输电电压高，必然导致导线表面电场强度以及输电设备周围空间电场强度的升高。因此，特高压输电线路和变电站出现的电晕现象和强电场效应对人体和生态环境是否会带来危害，一直是人们非常关心的问题。

电压等级发展到特高压阶段，其电磁环境要求决定了输电线路导线截面的选择、导线对地净空距离的确定及线路走廊的划定等问题，直接影响线路建设成本，已成为特高压输电工程建设中一个极其重要的问题。

本章首先讨论了超/特高压输电线路电磁环境比较，然后就特高压交流输电线路的电磁环境：工频电场、工频磁场、电晕损失、无线电干扰和可听噪声展开分析，并对特高压双回输电线路的相序优化问题展开讨论，接着又对特高压输电线路跨越建筑物安全距离进行分析计算，最后对特高压交流变电站的电磁环境进行了初步探讨。

13.1　特高压与超高压输电线路电磁环境比较

特高压输电线路电磁环境的突出问题包括工频电场的生理—生态影响和电晕派生效应可听噪声。从设计、建设和运行经验来看，特高压输电线路电磁环境控制条件相对超高压线路发生了改变，如图13-1所示。对于500kV及以下电压等级的输电线路，通常以工频电场为电磁环境的主要影响因素，此时线路电压等级较低导线很难起晕，无线电干扰和可听噪声值也很小，很容易达标；对于750kV输电线路，无线电干扰是线路设计的控制条件，此时只要线路设计满足无线电干扰限值要求，可听噪声即可自然满足；而对于特高压线路，可听噪声取代无线电干扰成为线路设计的控制条件，决定了特高压输电线路导线选型、结构和布置。

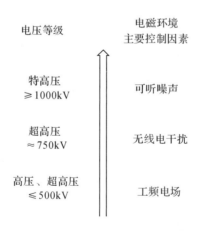

图 13-1　输电线路电磁环境主要控制因素随电压等级的变化

输电线路电晕放电产生的可听噪声，与同一声压级的一般环境噪声相比，通常更令人厌烦。美国初期建设的几条500kV和765kV交流线路，由于导线表面场强较高，引起的噪声受到附近居民大量的抱怨，甚至出现过可听噪声引起居民诉诸法律的情况，后来这些超高压输电线路只得降压运行或更换为大直径的导线。一些研究表明，对于特高压线路，可听噪声，特别是恶劣天气情况下产生的可听噪声将是选择导线结构、影响费用以及确定输送电压的主要因素。

此外,中国特高压线路的可听噪声还面临高海拔问题,海拔高度每增加 300m,可听噪声约增加 1dB。如晋东南—南阳—荆门特高压试验示范工程酒杯塔线路在海拔高度超过 1500m 时,线路边相导线外 20m 处的可听噪声超过了 55dB 的限值标准。因此,特高压输电线路电磁环境的突出问题为电晕引起的可听噪声。

美国邦纳维尔电力局(BPA)在 Lyons 的 1200kV 特高压试验场将特高压线路与 BPA 典型的 500kV 输电线路电场水平进行了试验比较,试验结果表明,只要对导线进行合理的设计并选择合适的对地高度,就可以使交流特高压输电线路的工频电场水平与公众已经普遍接受的超高压 500kV 交流输电线路基本相当。

中国电科院、武高所等机构对特高压交流线路的工频磁场进行了研究,研究结果表明,额定电流下特高压线路的工频磁场水平与最大输送功率下的超高压线路相当。无论超高压还是特高压输电线路,其工频磁场水平都不会超过国际非电离辐射防护委员会 ICNIRP《限制时变电场、磁场和电磁场(300GHz 以下)暴露的导则》给出的限制值 0.1mT。

美国、日本等国家都对特高压交流输电线路的无线电干扰进行过研究,结果表明,适当选择导线分裂数和子导线直径,可以使交流特高压线路的无线电干扰水平与超高压线路相当。

美国邦纳维尔电力局(BPA)对不同结构导线的可听噪声进行大量的实验,实验结果表明,只要合理设计导线,可以使交流特高压线路的可听噪声水平与超高压线路的可听噪声水平相当。

综上,国内外对超、特高压线路电场、磁场、可听噪声和无线电干扰的研究经验表明,只要合理设计导线,选择合适的对地高度,可以使特高压线路的电磁环境水平降至与超高压线路相当。

13.2　特高压交流输电线路的电磁环境

13.2.1　工频电场

13.2.1.1　工频电场的特点

交流输电线路带电运行时,导线上的电荷将在周围空间内产生工频电场。假设大地土壤为良导体,并忽略杆塔和周围邻近物体的影响,地面附近场强的水平分量接近零,合成场强接近于垂直分量,在距离地面约 2m 以内的区域,电场方向基本竖直,水平分量可忽略不计。

输电线路的电场强度主要由线路电压决定的,不随输送容量和线路电流变化,不管线路处于空载还是满载状况,线路上的电压相对稳定,工频电场的强度就基本不变。

电场遇到导体后会引起该导体表面电荷的移动,导体上所带的电荷也产生一个场,这个电场叠加在原来的电场上,改变了导体附近的整个电场,使得导体周围的电场发生畸变增加。相类似地,树木、建筑物本身具有一定的导电性,其周围电场会因畸变而增加,其内部电场会因屏蔽而大大削弱,实际工程中可不考虑建筑物内部电场。

13.2.1.2　工频电场的限制标准

目前,输电线路的电场强度限值主要参考国家环保总局和电力行业的相关规定。从保护环境出发,中国特高压输电线路的工频电场限值与 500kV 交流输电线路的完全一样,见表 13-1[1]。即线路下地面上 1.5m 处的工频电场强度:对于一般地区,如公众容易接近的地区、线路跨越公路处,场强限值取 7kV/m;跨越农田,场强限值取 10kV/m。线路邻近民房时,房屋所在位置离地 1.5m 处的最大未畸变场强取 4kV/m。

表 13-1　中国特高压输电线路工频电场限值标准

	邻近民房	跨越农田	跨越公路
电场限值(kV/m)	4	10	7

作为参考和对比之用,以下给出国外关于输电线路电场强度限值的相关要求。

(1)美国

对于输电线路下方的工频电场,线路走廊边缘处的场强一般控制在 2kV/m。对于线路走廊内的线路下方最大场强,美国各电力公司取值不一致。其中,BPA 对电场强度的设计要求为:线路走廊内为 9kV/m;线路走廊边缘和跨越公路处为 5kV/m。

(2)日本

日本对电场强度的限值是根据人打伞在线路下方经过时,伞对人体火花放电产生的不舒服程度来决定的。其中,人员经常活动的地方取为 3kV/m;山区、森林等地的地面电场强度最大值取 10kV/m。

(3)其他标准

国际非电离辐射防护委员会 ICNIRP《限制时变电场、磁场和电磁场(300GHz 以下)暴露的导则》对 50Hz 电场限值的规定为 5kV/m(针对一般民众)。IEEE 标准 C95.6TM-2002 对 50Hz 电场限值的规定为:对于公众取 5kV/m;在受控区取 20kV/m。

综上,由于各国环保政策不同,其工频电场的限值规定存在一定的差别。另外,CIGRE 曾对部分国家输电线路下方的空间电场强度限值进行过归纳,各国的限值要求也存在一定的相同之处,详见表 13-2。由表 13-2 可知,各国对公众活动区域或邻近民房处电场强度要求小于 5kV/m,跨越公路处电场强度限值为 7~10kV/m,线路下方的最大电场强度限值为 10~15kV/m。

表 13-2　部分国家输电线路下方的空间电场强度限值(CIGRE)

国家	强度限值/kV·m^{-1}	位置	依据
捷克	10	跨越一、二级公路	
	1	线路走廊边缘	
日本	3	人撑伞经过的地方	A
波兰	10		A、C
	1	医院、住房、学校所在地	A、C
苏联	20	难于接近的地方	A、C
	15	非公众活动的地方	A、C
	10	跨越公路处	A、C
	5	公众活动区域	A、C
	1	有建筑物区域	A、C
	0.5	居民住宅区	C
明尼苏达州	8		
蒙达拿州	7	跨越公路处	B
	1	线路边缘居民住宅区	C
美国 纽约州	11.8		B
	11	跨越私人道路	B
	7	跨越公路	B
	1.6	线路走廊边缘	B
新泽西州	3	线路走廊边缘	
北达科他州	8		
俄勒冈州	9	人们易接近的区域	
佛罗里达州	2	线路走廊边缘	

注:A—防止暂态电击引起的不舒服效应;

B—防止稳态电击电流大于摆脱电流;

C—限制由于电场长期作用引起的生态效应。

13.2.1.3　工频电场计算方法

高压输电线路下空间工频电场强度的计算根据"国际大电网会议第 36.01 工作组"推荐的方法,利用等效电荷法(模拟电荷法)计算单相或三相输电线路下空间工频电场强度。

接地架空线对于地面附近场强的影响很小,对超、特高压输电线路单回路水平排列的情况计算表明,没有架空地线时较有架空地线时的场强增加约 1%～2%,所以常不计架空地线的影响而使计算过程简化。

13.2.1.4　工频电场仿真计算

为了解特高压线路的工频电场的分布情况,本节对输电线路工频电场的仿真采用了晋东南—南阳—荆门 1000kV 特高压试验示范工程典型杆塔塔型,塔型如图 13-2 所示。平原地区使用猫头塔,M型三角排列;山区使用酒杯塔,M 型水平排列。

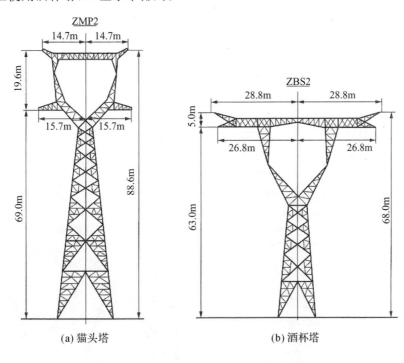

(a) 猫头塔　　　　　(b) 酒杯塔

图 13-2　1000kV 晋东南—南阳—荆门输电线路杆塔典型塔型

1000kV 线路导线采用 8×LGJ-500/35 型钢芯铝绞线,分裂间距为 400mm;避雷线采用 JLB20A-170 型铝包钢绞线。

图 13-3 给出了猫头塔、酒杯塔线路下方,地面上方 1.5m 处工频电场的横向分布。特高压线路与超高压线路相比,有电压等级高、铁塔高、线路走廊宽度大等特点。猫头塔考虑最大弧垂,底相导线离地最小高度有 40 多米,线路下方的工频电场的最大值为 3.18kV/m,工频电场满足限值标准,工频电场达标。酒杯塔相对于猫头塔而言比较低,线路下方的工频电场的最大值为 4.71kV/m,满足 4kV/m 的线路走廊宽度约为 91m。

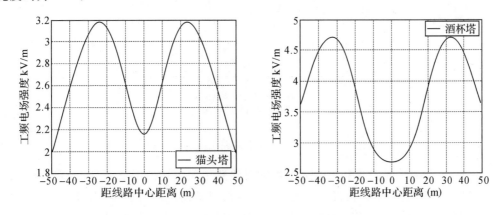

图 13-3　特高压线路下方的工频电场横向分布

13.2.1.5 工频电场的影响因素

空间某点的工频电场强度值与导线上所施加的电压有关,即与导线上的电荷量有关;与该点与导线之间的距离有关;同时还与导线的几何位置及尺寸有关。因此,导线的布置形式、对地高度、相间距离、分裂数、分裂间距、截面积及多回路导线的相序布置等,都是影响线路下方工频电场强度的分布和大小的因素。

本节以晋东南—南阳—荆门 1000kV 特高压试验示范工程酒杯塔为例,分析了导线对地高度、相间距离、导线参数等影响因素对线路工频电场的影响程度,仿真结果如图 13-4 所示。

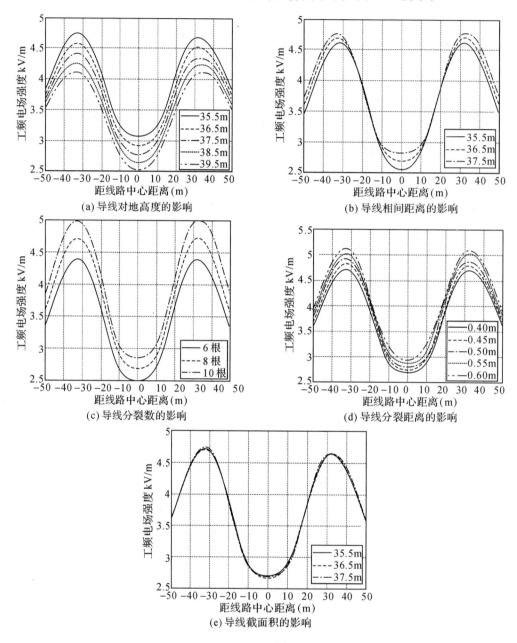

图 13-4　不同影响因素对线路工频电场的影响

由图 13-4 可知:导线对地高度和导线分裂根数对线路工频电场的影响明显,抬高导线对地高度是减小工频电场的一个有效措施,但值得注意的是随着导线对地高度的增加,场强减小的速度逐渐缓慢。减少导线分裂根数,也可降低线路下方的工频电场,但会增加无线电干扰和可听噪声值,故该方法在线路设计中应综合考虑。导线相间距离、分裂间距和导线截面积等因素对工频电场的影响很小。

输电线路的导线布置方式也是影响线路工频电场的主要因素。1000kV 单回线路有三种不同的导线布置方式:水平、正三角形、倒三角形方式。对这三种方式分别建立工频电场计算模型,三种模型相导线对地最小高度为 18m,图 13-5 所示。三种模型地面上方 1.5m 处工频电场的横向分布,如图 13-6 所示。倒三角排列与正三角形、水平排列方式相比,场强分布集中、高场强区分布范围较小。水平布置时高场强区的覆盖范围最大,倒三角布置时的极值和高场强覆盖范围均最小。

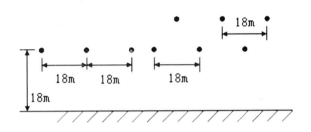

图 13-5　三种排列方式仿真简化模型

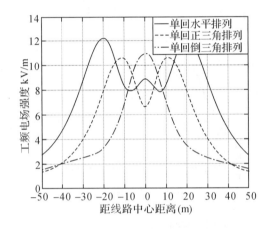

图 13-6　三种排列方式下电场强度的分布

同塔双回特高压输电线路有六种相序布置:ABCABC、ABCBAC、ABCACB、ABCBCA、ABCCAB、ABCCBA。图 13-8 给出了不同相序布置下,地面上方 1.5m 处工频电场的横向分布(以图 13-7 所示的日本特高压输电线路模型为例)。显然,逆相序 ABCCBA 下线路下方工频电场强度的最大值最小,且高场强范围也最小。

对于单回特高压线路采用倒三角形布置,同塔双回特高压线路采用逆相序布置,可以有效减小线路下方工频电场强度的最大值并节省线路走廊。值得注意的是,同塔双回线路采用逆相序布置会增加导线的电晕损失,使得线路的无线电干扰和可听噪声值增加,这点在线路设计时应加以综合考虑。

13.2.1.6　工频电场的改善措施

不同电压等级输电线路工频电场的产生机理和分析方法相同,由上述研究结果总结输电线路工频电场的改善措施如下:

增加导线对地高度是减小工频电场最有效措施;对于同塔双回线路,改变导线相序排列也能明显减小线路下方工频电场强度,对于单回特高压线路采用倒三角形布置,对于同塔双回特高压线路采用逆相序布置,均可以有效地减小线路下方的工频电场强度的最大值和节省线路走廊。值得注意的是,双回线路采用逆相序布置会增加导线的电晕损失,使得线路的无线电干扰和可听噪声值增加,在线路设计时应加以综合考虑。在某些人员活动频繁或有特殊需要而必须将输电线下方工频场强控制在很低水平的场合,可在相导线与地面之间安装几根屏蔽线来减小输电线路下方的场强。

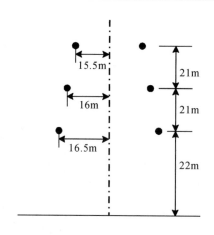

图 13-7　同塔双回线路简化模型

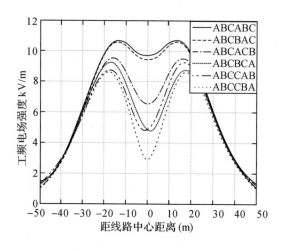

图 13-8　不同导线排列方式下电场强度的横向分布

13.2.2　工频磁场

输电线路工频磁场由流过线路的电流产生,通常只有磁性材料才能改变空间磁场的分布,因此,线路周围的工频磁场不像电场那样容易畸变,树木、房屋对工频磁场几乎没有屏蔽作用。但工频磁场随距离增加而衰减的速度比工频电场更快。

对于工频磁场的限值标准,欧盟推荐其成员国采用国际非电离辐射委员会(IRPA/INIRC)导则作为强制性标准。INIRC 推荐的频率 50Hz 磁场限值如表 13-3。INIRC 将照射限值分为职业照射限值和公众照射限值,对于公众而言,受到连续磁场照射的磁感应强度不应大于 0.1mT[2]。我国一般参考 HJ/T 24-1998《500kV 超高压送变电工程电磁辐射环境影响评价技术规范》,考虑 500kV 线路的推荐标准,1000kV 输电线路可以采用 INIRC 关于对公众全天照射时的限值 0.1mT 作为磁感应强度的限值标准[1]。

表 13-3　IRPA/INIRC 关于工频磁场的辐射限值规定

受照对象	受照时间	磁感应强度/mT
职业	整工作日	0.5
	短时	5
	局限于四肢	25
公众	至多达 24h	0.1
	数 h/天	1

输电线路下空间工频磁场强度计算可以采用"国际大电网会议第 36.01 工作组"的推荐方法[2]。由于工频情况下电流及其电磁性能具有准静态特性,应用安培定律,将多根导线的计算结果按矢量叠加,可得出导线周围的磁场强度。

对于输电线路的工频磁场计算,和工频电场强度计算不同的是关于镜像导线的考虑,与导线所处高度 h 相比,这些镜像导线是位于地下很深的距离 d,即 $d \gg h$。考虑地面上载流导线产生磁场的精确计算需要用卡尔逊公式来估算大地的不良导电效应,此时镜像导线对地面之间的距离 d 的具体计算如下式所示[2]。

$$d = 660 \sqrt{\frac{\rho}{f}} \qquad (13-1)$$

式中,ρ——大地电阻率($\Omega \cdot m$);

　　　f——频率(Hz)。

考虑大地电阻率通常为 $30 \sim 2000 \Omega \cdot m$,在 50Hz 工频下最小的镜像距离(取最小电阻率 30)$d = 511m$。因此,在工频磁场情况下,有 $d \gg h$,镜像导线对地面磁场的影响很小,通常只需考虑处于空间的实际导线,而忽略它的镜像进行计算,此时计算结果已足够符合实际情况。如图 13-9,在不考虑导线 i 的镜像情况下,计算 A 点其产生的磁场强度为

$$H = \frac{I}{2\pi \sqrt{(h-h_0)^2 + L^2}} \qquad (13-2)$$

式中,I——导线 i 中的电流值;

　　　h_0——计算点 A 高度;

　　　h——导线 i 高度;

　　　L——导线距离计算点水平距离。

对于三相线路,由相位不同形成的磁场强度水平和垂直分量都必须分别考虑电流间的相角,按相位矢量来合成。

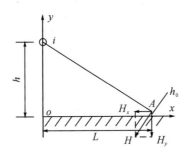

图 13-9　工频磁场计算原理图

图 13-10 给出了晋东南—南阳—荆门 1000kV 特高压试验示范工程猫头塔、酒杯塔线路,在最大输送功率时(线路对应 6400A 电流),地面上方 1.5m 处的工频磁场的横向分布。两种塔型线路下方工频磁场的最大值小于 $35\mu T$,离工频磁场的限制还有很大裕度,特高压线路工频磁场达标。

另外,中国电科院、武高院等研究机构也对 1000kV 交流特高压输电线路的工频磁场进行了研究计算,导线对地高度在 $15 \sim 23m$ 范围内,额定电流下,单、双回特高压线路下方磁感应强度的最大值均小于 $35\mu T$;最大运行电流下,线路下方的最大磁感应强度也小于 0.1mT 的限值标准。因此,工频磁场不是限制特高压交流线路电磁环境的关键因素。

输电线下方空间磁场的大小除了与线路负荷电流大小有关外,还和导线的布置形式、几何位置等有关。工频磁场随导线对地高度的增加而减少,增加导线对地高度是减小输电线路下方工频磁场比较有效的方式;改变相序也可以减小磁场强度值,对于单回线路采用倒三角布置,双回线路采用逆相序布置也可以有效地减小线路下方的磁场强度;而导线的分裂间距、分裂数、子导线直径对线路下方的工频磁场几乎没有影响。

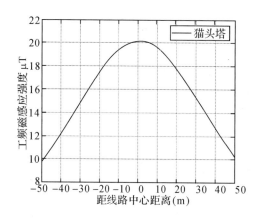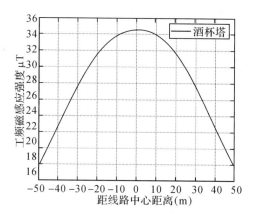

图 13-10 特高压线路下方的工频磁场横向分布

13.2.3 电晕损失

在高电压作用下输电线路导线表面电位梯度升高,当导线表面电场强度超过空气的击穿强度时,导线周围的空气发生游离放电,放电产生的带电离子在交变电场作用下在导线周围往返运动,同时还会产生蓝紫色辉光并发出轻微的"嘶嘶"声,这些现象消耗的能量统称为电晕损失。

交流输电线路的电晕损失主要与导线表面电场强度和线路电压等级等因素有关。其中,导线表面电场强度主要受天气状况的影响,为此,本节按不同的天气条件(好天气、雨天、雪天)讨论电晕损失。

好天气时线路的电晕损失主要是绝缘子的泄漏损失,每千米约几千瓦,仅占线路电阻损失的很小一部分,与雨天和雪天的电晕损失相差百倍以上,但考虑到整个运行期间,好天气所占的时间比例是最大的,因此,从总能量消耗来看仍有一定的经济意义。雨天导线下方形成水滴,这些水滴会使导线表面场强发生严重畸变,导致电晕损失急剧增加。下雪天尤其是湿雪天线路的电晕损失是最大的,湿雪附着在导线表面,使得导线表面更粗糙,导线周围的电场分布变得极不均匀,电晕损失大大增加,当湿雪变为干雪后,就不易附着在导线上,电晕损失会减小。

电晕损失是电力工业中的一个技术经济指标,电晕损失估算是最佳线路设计的基本工作,在电网的设计中是首先必须验算的,特别是电晕损失较大的高海拔远距离输电线路。但是,国外相关研究结果表明,随电压等级的提高,在决定导线结构方面,电晕损失所起的作用越来越小,而由电晕引起的可听噪声和无线电干扰对特高压线路的设计起决定性作用。因此,本节不再对特高压线路的电晕损失进行详细计算分析,只列写其计算方法。

由于输电线路的电晕损失随天气状况的不同变化范围很大,且各国气象条件差异很大,线路的电晕损失虽已研究多年,但至今还没有国际公认的电晕损失估算方法。这里简要介绍电力工程高压送电线路设计手册中电晕损失估算方法。

1)导线表面电场强度

马克特—门格尔法的计算精度能满足工程要求,且较为简单,本书采用此法计算输电线路的表面电场强度。

(1)分裂导线的等效半径 r_{eq} 为

$$r_{eq} = R \sqrt[n]{\frac{nr}{R}} \tag{13-3}$$

式中,R—分裂导线的半径,m;n—子导线的根数;r—子导线的半径,m。

(2)用麦克斯韦电位系数法决定每根等效导线的电荷 Q 为

$$[Q] = [P]^{-1}[U] \tag{13-4}$$

式中,$[Q]$—导线电荷的列矩阵;$[U]$—导线上电压的列矩阵;$[P]$—导线的自电位系数和互电位系数组成的方阵。

（3）分裂导线的平均最大表面电场强度。

$$E_{av}=\frac{Q}{2\pi\varepsilon}\frac{1}{nr} \tag{13-5}$$

$$E_{max}=E_{av}\left[1+\frac{r}{R}(n-1)\right] \tag{13-6}$$

式中，E_{av}—子导线平均表面电场强度，kV/cm；E_{max}—导线表面最大电场强度，kV/cm。

2）起晕场强

根据皮克公式，平行导线的临界电位梯度最大值（起晕场强）E_0。

$$E_0=3.03m\delta^{2/3}\left(1+\frac{0.3}{\sqrt{r}}\right) \tag{13-7}$$

式中，m 为导线表面系数，对绞线一般可取 0.82；δ 为相对空气密度；r 为导线半径，cm。

3）电晕损失

输电线路的年平均电晕损失，为三相导线在各种天气条件下（好天气、雪天、雨天、雾凇天）产生的电晕功率损失的总和。

$$P_k=\frac{n^2r^2}{8760}\times\left\{\left[\sum_{i=1}^{3}F_1\left(\frac{E_{mi}}{\delta^{\frac{2}{3}}E_0}\right)\right]T_1+\left[\sum_{i=1}^{3}F_2\left(\frac{E_{mi}}{\delta^{\frac{2}{3}}E_0}\right)\right]T_2 \right.$$
$$\left. +\left[\sum_{i=1}^{3}F_3\left(\frac{E_{mi}}{\delta^{\frac{2}{3}}E_0}\right)\right]T_3+\left[\sum_{i=1}^{3}F_4\left(\frac{E_{mi}}{\delta^{\frac{2}{3}}E_0}\right)\right]T_4\right\} \tag{13-8}$$

式中，P_k 为三相总计的平均功率损失，W/m；E_{m1}、E_{m2}、E_{m3} 分别为三相导线表面电位梯度，对单导线取 E_m，对分裂导线取平均电位梯度最大值，MV/m；F_1、F_2、F_3、F_4 分别为好天气、雪天、雨天、雾凇天时的电晕损失函数，可由曲线查出；T_1、T_2、T_3、T_4 分别为一年内好天气、雪天、雨天、雾凇天的小时数。

文献[3]对单回和双回特高压交流输电线路的年平均电晕损耗进行了研究。结果表明我国 1000kV 特高压单回路交流输电示范工程晋东南—南阳—荆门输电线路年平均电晕损耗约为 18.87kW/km。对于 1000kV 同塔双回输电工程锡盟—南京输电线路，在不同天气条件下，不同导线的电晕损耗及年平均损耗计算结果如表 13-4 所示[3]。显然，线路的电晕损耗主要取决于坏天气。

表 13-4　1000kV 同塔双回线路在不同天气条件下的电晕损耗（kW/km）

天气状况	导线型号		
	$8\times JL/G1A-500/35$	$8\times JL/G1A-630/45$	$8\times JL/G1A-710/50$
好天气	3.0	2.6	2.5
雨天	150.4	130.3	125.2
雪天	108.7	96.9	90.3
雾凇天	1828.0	1612.0	1520.0
年平均	52.8	46.6	43.9

相关研究表明，特高压线路电晕损耗一般为线路电阻损耗的 10%～20%。

13.2.4　无线电干扰

13.2.4.1　无线电干扰的特点

输电线路的电晕放电是无线电干扰的主要来源，电晕形成的电流脉冲注入导线，并沿导线向注入点两端流动，从而在导线周围产生脉冲磁场，即无线电干扰场。

在低频段，无线电干扰水平较高；当频率大于 10MHz 时，无线电干扰已经很小，其作用可以忽略不计。通常，无线电干扰的频率考虑到 30MHz 已经足够。国际无线电干扰特别委员会（CISPR）推荐 0.5MHz 为无线电干扰的测量频率。

对于高压输电线路无线电干扰限值，国际无线电干扰特别委员会（CISPR）推荐 80%∥80% 原则，即在一年的时间中,输电线路产生的无线电干扰场强至少有80％的时间不超过该值,且具有80％的置信度。

输电线路的无线电干扰随着离开线路距离的增加而逐渐衰减。图13-11给出了晋东南—南阳—荆门1000kV特高压试验示范工程猫头塔、酒杯塔线路,地面上方1.5m处无线电干扰的横向衰减特性。由图13-11可知,无线电干扰随距离的增加衰减的很快,当离开线路200m以后已经接近背景值(30dB)。

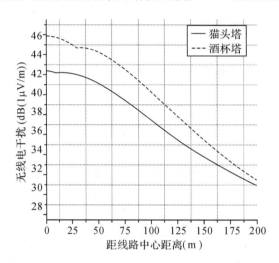

图13-11　特高压线路无线电干扰的横向衰减特性

无线电干扰本身具有随机性,线路沿线气候条件的变化,导线表面状况的变化,使得测量线路的无线电干扰时,即使测量的地点和频率固定,测量的结果也将随时间的变化而起伏变化。通常需要按照统计分析的方法表示无线电干扰的测量结果,一般按累积分布函数来分析,通常用的是95％值(大雨天)、晴天50％值(好天气的均值[①])和双80％//80％值(全天候80％值)来表示:

——80％值(测量:全天候条件,结果代表无线电干扰限值),即双80％//80％值。含义是:一年之中80％时间不超过的干扰水平,且具有80％的置信度。对于连续等时间间隔测量的样本,"80％时间不超过的干扰水平"与"具有80％的置信度的干扰水平"所表达的结果是相同的。

——95％值(测量:全天候条件,但结果代表大雨天的情况无线电干扰值),即在一段较长时间测量后(例如一年,通常包括各种天气条件),具有95％时间概率(或95％的置信度——对于连续等时间间隔测量的样本)不超过的干扰水平,它一般可以代表大雨天条件下的无线电干扰水平。一般降雨量超过0.6mm/h就可以认为是大雨,大雨时无线电干扰水平是最稳定且能够再现的。因此,研究人员常选择大雨时平均水平作为计算无线电干扰的基准电平。

——50％值(测量:晴天条件,结果代表好天气的无线电干扰均值),即好天气的均值,就在好天气情况下(例如一段较长的时间,但仅包括好天气)对无线电干扰值进行测量后,具有50％时间概率(或50％的置信度——对于连续等时间间隔测量的样本)不超过的无线电干扰值,它代表了导线干燥的晴天情况下好天气的无线电干扰均值。好天气情况下的无线电干扰测量虽然会有较大的分散性,但实施测量容易,多次测量,可以获得可靠的结果。

双80％//80％值通常介于50％值(好天气的均值)和95％值(大雨天)之间,与好天气的均值相比,受不稳定性影响较小。

13.2.4.2　无线电干扰的限值标准

关于输电线路的无线电干扰限值,到目前也没有国际标准,因为各国的国情不一样,输电线路的参数和走廊的意义也不一样。国际无线电干扰特别委员会(CISPR)的CISPR-18出版物只建议了限值的定义和制定限值原则。表13-5列出了国际上对于无线电干扰限值的规定。

---

① 本节此处"均值"严格意义上是指概率中的数学期望,而不是平均值。

表 13-5　各国对无线电干扰限值的规定

国家	线路电压 (kV)	频率 (MHz)	距离 (m)	允许干扰值 (dB)	仪器型式	备　注
日本	275～500	1	10	60(雨天)	按日本标准	
瑞士	<100 >150	0.5	20	34 48	STMG－3800 (符合 CISPR 标准)	以好天气的均值为准, 允许超过标准的时间为 10%
苏联	<220 >220	1	50 100	40	按 CISPR	按 80% 的时间 不超过允许值
民主德国	所有电压	0.5	20	57.5	按 CISPR	按 99.5% 的水平 不超过允许值
联邦德国	所有电压	1	100	20	STMG－3800	信噪比按 40dB
加拿大	70～200 200～300 300～400 400～600	1	15	46 50 53 57	按 CSA 标准	
意大利	420	0.5	30 70	35 35	按 CISPR	人口密度高地区 人口密度低地区

中国国家标准 GB 15707-1995《高压交流架空送电线无线电干扰限值》规定对于三相线路距边导线投影 20m 距离处,晴天测试频率为 0.5MHz,产生的无线电干扰限值(80% 的时间,具有 80% 的置信度不超过的规定值)见表 13-6。

表 13-6　GB 15707-1995 规定的无线电干扰限值

电压等级/kV	110	220～330	550
无线电干扰限值/dB	46	53	55

其他频率则按下式修正:

$$E = E_0 + 5(1 - 2\lg(10f)^2) \tag{13-9}$$

其中 E_0 为表 13-6 所列限值,dB;f 为频率,MHz。

我国在 20 世纪 90 年代曾就特高压输电线路对环境的影响进行过研究,提出了特高压线路的无线电干扰限值(0.5MHz)在 55～60dB 之间取值的建议。这是根据对若干种特高压线路可能采用的导线参数,计算分析后提出的。从我国标准的变化看,特高压输电线路的无线电干扰限值比 500kV 线路略大。

国标 GB 50665-2011《1000kV 架空输电线路设计规范》规定:海拔 500m 及以下地区,距离线路边相导线地面水平投影外侧 20m、对地 2m 高度处,且频率为 0.5MHz 时,无线电干扰设计控制值不应大于 58dB(μV/m)。

13.2.4.3　无线电干扰计算方法

对于输电线路无线电干扰的计算方法,当导线的分裂数发生变化时,其无线电干扰值的计算方法会有所不同。当导线分裂数≤4 时,通常采用经验法计算,而当导线数>4 时,通常采用激发函数法计算,下面分别进行介绍。

1)导线分裂数≤4 的情形

当导线的分裂根数≤4 时,求取无线电干扰可根据国家标准《高压交流架空送电线无线电干扰限值》(GB 15707-1995)提供的公式计算,其计算公式如下:

$$E = 3.5g_{max} + 12r - 30 + 33\lg\frac{20}{D} \tag{13-10}$$

式中,E 表示无线电干扰场强,dB(μV/m);r—导线半径,cm;D—观测点距某一相输电线的距离,m;g_{max}—导线表面最大电位梯度,kV/cm。

由式(13-10)计算的是好天气下 50% 时间概率的无线电干扰值,对于双 80%∥80% 值可由该值增

加 $6\sim10\mathrm{dB}(\mu\mathrm{V/m})$ 得到。

2）导线分裂数＞4 的情形

根据 DLT 691-1999《高压架空送电线路无线电干扰计算方法》可知,当导线分裂数＞4 时,计算无线电干扰的方法基于试验线路或电晕笼测量而得的激发函数,主要用于计算特高压送电线在大雨条件下的无线电干扰。其计算步骤如下[2]：

（1）美国电力研究院（EPRI）提出的大雨状况下的激发函数是比较合适的激发函数,具体为

$$\Gamma_{\text{大雨}}=70-585/g_{\max}+35\lg d-10\lg(n) \tag{13-11}$$

式中, $g_{\max}$ 表示子导线表面的最大电位梯度有效值,kV/cm; d 表示子导线直径,cm; n 表示分裂导线数。

（2）计算三相输电线路上的电晕电流矩阵,有

$$[i_0]=\frac{[C]}{2\pi\varepsilon_0}[\Gamma] \tag{13-12}$$

式中,矩阵 $[C]$ 表示三相输电线路的电容矩阵,当第 1 相导线产生电晕时,矩阵 $[\Gamma]=[\Gamma,0,0]^{\mathrm{T}}$。

（3）通过模变换,将三相输电线路上的电晕电路转化为模电流,有

$$[i_{0m}]=[S]^{-1}[i_0],m=1,2,3 \tag{13-13}$$

式中, $[S]$ 表示模转换矩阵,且 $S^{-1}S=1$。

（4）计算传播 x 后的模电流,有

$$[i_m(x)]=0.5e^{(L_mx)}[i_{0m}] \tag{13-14}$$

式中, $L_m=\alpha_m+j\beta_m$ 表示输电线路的传播常数,可以通过求取矩阵 $[B]=[Y][Z]$ 的特征值得到该常数,其中矩阵 $[Y]$、$[Z]$ 分别表示输电线路的并联导纳矩阵和串联阻抗矩阵。

（5）把计算的模电流反变换为相电流,有

$$[i(x)]=[S][i_m(x)] \tag{13-15}$$

（6）假设三相输电线路第 k 相导线的高度为 h_k,与观测点之间的水平距离为 y_k,当第 1 相导线产生电晕时,电流微元在观测点处产生的场强 $E_1(x)$：

$$E_1(x)=60\sum_{k=1}^{3}i_k(x)\left[\frac{h_k-h_1}{(h_k-h_1)^2+y_k^2}+\frac{h_k+h_1+2p}{(h_k+h_1+2p^2)+y_k^2}\right] \tag{13-16}$$

式中, $i_k(x)$ 为 $[i(x)]$ 的第 k 行元素; h_k 是第 k 相导线的离地高度; y_k 是第 k 相导线距观测点的投影距离; h_1 是观测点的离地高度,通常为 2m; p 是磁场的穿透深度,为

$$p=\sqrt{\frac{\rho}{\mu_0\pi f}}$$

式中, ρ 为土壤电阻率,单位 $\Omega\cdot\mathrm{m}$; f 为频率,单位 Hz; $\mu_0=4\pi\times10^{-7}$。

（7）假设整条导线电晕电流分布均匀,则根据平均和规则求出当第 1 相导线产生电晕时,观测点处场强为

$$E_1=\sqrt{2\int_0^{\infty}\mid E_1(x)\mid^2\mathrm{d}x} \tag{13-17}$$

同理可以求出当第 2 相、第 3 相导线分别发生电晕时,观测点处的无线电干扰场强 E_2、E_3。对于三相导线,如果有一相导线对观测点的无线电干扰值至少大于其余每相对观测点的无线电干扰值 3 dB(V/m)以上,则高压交流架空输电线路的无线电干扰值即为该值,否则按下式计算：

$$E=\frac{E_1+E_2}{2}+1.5 \tag{13-18}$$

式中, E——高压交流输电线无线电干扰场强,dB(V/m)；

E_1,E_2——三相导线中的最大两相线路对观测点的无线电干扰场强,dB(V/m)。

需要注意的是,此方法计算结果为大雨条件下的无线电干扰数值。双 $80\%/\!/80\%$ 值可由大雨条件下的值（95%值）减去 $10\sim15\mathrm{dB}(\mu\mathrm{V/m})$ 得到[2],在实际工程中,通常取该范围内的某一中间值;好天气下的 50%无线电干扰值可由双 $80\%/\!/80\%$ 值的减去 $6\sim10\mathrm{dB}(\mu\mathrm{V/m})$ 得到[4],在实际工程中,通常取该范围内的某一中间值。

13.2.4.4　特高压输电线路的无线电干扰水平

为了解交流特高压输电线路无线电干扰的分布情况,针对单、双回特高压线路(采用 8×LGJ-500/35 型钢芯铝绞线),计算了在不同导线对地最小高度下边相导线外投影 20m 处的无线电干扰值,见表 13-7。

表 13-7　特高压输电线路边相导线外投影 20m 处的无线电干扰值(dB)

导线对地高度(m)		18	19	20	21	22
单回	猫头塔	50.6	50.3	49.7	49.2	48.7
	酒杯塔	48.8	48.2	47.6	47.1	46.5
双回线路		52.6	52.1	51.6	51.0	50.4

由表 13-7 可知:对于交流特高压单、双回输电线路,在规程规定的导线对地最小高度 18.0m 下,边相导线外投影 20m 处的无线电干扰值均小于 58.0dB 的限值标准,因此,无线电干扰不是限制特高压输电线路设计的关键因素。

13.2.4.5　无线电干扰的影响因素及改善措施

导线表面较高的电场强度导致的电晕放电以及火花放电是产生电力线路无线电干扰的主要根源。超高压输电线路的电压等级较高,电晕的产生往往已很难避免,电压等级发展到了特高压,电晕的产生更是无法避免。因此,只能通过提高产生电晕的临界电压来限制电晕的产生。输电电压和排列方式一定时,线路的无线电干扰与导线的分裂数、平均高度、相间距离和子导线的半径等有关,其中导线分裂数和子导线半径影响较大,另外高海拔因素也会增强无线电干扰。

本节仍以晋东南—南阳—荆门 1000kV 特高压试验示范工程酒杯塔为例,分析了导线对地高度、相间距离、导线参数、海拔高度等影响因素对线路无线电干扰的影响程度,并总结了改善线路无线电干扰的有效措施。仿真结果如图 13-12 所示。

由图 13-12 可知:增加导线对地高度、相间距离、分裂根数、导线截面积,减小导线分裂间距均能减小输电线路下方的无线电干扰值,是减小输电线路下方无线电干扰比较有效的措施。

13.2.5　可听噪声

13.2.5.1　可听噪声的特点

输电线路的可听噪声是指导线周围的电晕和火花放电产生的一种能直接听到的噪声,属于声频干扰。交流输电线路可听噪声有两个特征分量:一是宽频带噪声(破裂声、吱吱声或嘶嘶声);另一个是频率为 100Hz(或 120Hz)及其整数倍的交流纯声(哼声和嗡嗡声)。宽频带噪声是由于导线表面在空气中的电晕放电产生杂乱无章的脉冲所造成的;交流纯声是由于导线周围空间电荷的来回运动使空气压力变换方向所致。

输电线路因电晕产生的可听噪声是 500kV 以上电压等级才出现的问题。过去由于电压等级不高,输电线路引起的可听噪声通常很小,没有引起人们的注意,但是现在国内已经架设了特高压输电线路。国外的研究表明,对 1000kV 及以上的特高压线路,可听噪声将成为很突出的矛盾,导线的最小截面往往需要按这个条件来决定。这种可听噪声将使得特高压线路附近的居民以及在邻近线路工作的人们感觉到烦躁不安,严重时可使人难以忍受。如果处理不好可听噪声问题,可能会影响输电线路附近人员的正常生活和工作。

在干燥或晴朗的天气下,导线上主要有由尘埃、昆虫和导线本身的毛刺等引起的电晕源点,其噪声水平比较低。在雨天,雨滴在导线上的碰撞与聚集使电晕放电强度增加,可听噪声会增大,雨天时可听噪声比晴天时大 15~20dB(A)。因此,对于交流输电线路,可听噪声的限制重点要考虑雨天情况。

13.2.5.2　可听噪声的限值标准

到目前为止,各国并未正式制订交流特高压输电线路可听噪声的限制标准,只是根据国情,在各自交流特高压线路设计规范中提出了限制值,表 13-8 给出了几个国家的可听噪声限值。由表可知,国际上特高压输电线路可听噪声的限制值范围为 50~60dB。

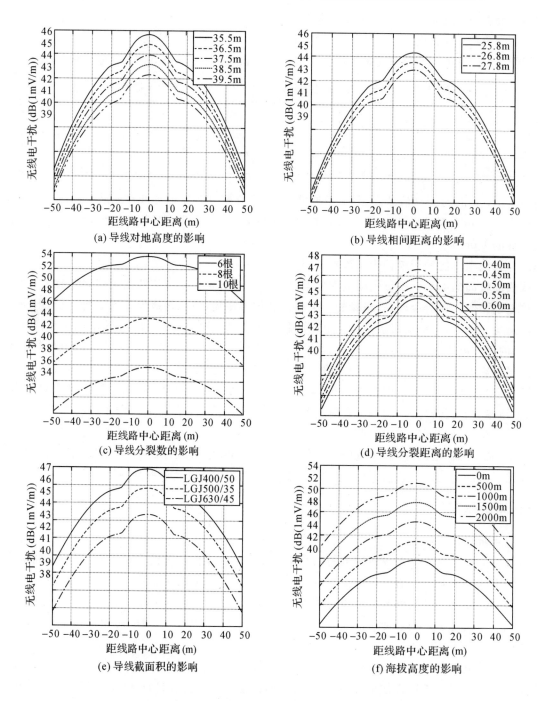

图 13-12　不同影响因素对线路无线电干扰的影响

表 13-8　几个国家交流特高压线路的可听噪声的限值

国家		额定电压 （kV）	最高运行 电压（kV）	导线分裂方式	测量位置	可听噪声设计值 dB(A)（雨天 L_{50}）
美国	BPA	1100	1200	8×41mm/410mm	线路走廊边缘	50～55（噪声敏感区）
	AEP	1500	1600	10×46.3mm/380mm	距边相投影外 15m	58
苏联		1150	1200	8×26.2mm/360mm	距边相投影外 45m	55
日本		1000	1100	8×38.4mm/810mm	导线下方	50
意大利		1000	1050	8×31.5mm/560mm	距边相投影外 15m	56～58（雨后湿导线） 58～60（雨天）

目前我国对于噪声问题的相关标准 GB 3096-2008《声环境质量标准》，见表 13-9。该标准对不同类型的地方在不同时段的可听噪声标准作出了规定。

表 13-9　中国噪声标准（等效声级 L_{eq} :dB(A)）

类别		昼间	夜间
0		50	40
1		55	45
2		60	50
3		65	55
4	4a	70	55
	4b	70	60

注：0 类标准适用于疗养区、高级别墅区、高级宾馆区等特别需要安静的区域（工业企业厂界噪声无此类标准）。

　　1 类标准适用于以居住、文教机关为主的区域。乡村居住环境可参照执行该类标准。

　　2 类标准适用于居住、商业、工业混杂区。

　　3 类标准适用于工业区。

　　4a 类标准适用于城市中的道路交通干线道路两侧区域，穿越城区的内河航道两侧区域。

　　4b 类标准适用于 2011 年 1 月 1 日起环境影响评价文件通过审批的新建铁路（含新开廊道的增建铁路）干线建设项目两侧区域。

GB 50665-2011《1000kV 架空输电线路设计规范》规定了特高压交流输电线路可听噪声的限制标准：海拔 500m 及以下地区，距离线路边相导线地面水平投影外侧 20m 处，湿导线的可听噪声设计控制值不应大于 55dB(A)，并应符合环境保护主管部门批复的声环境指标。

13.2.5.3　可听噪声计算方法

根据规程《1000kV 交流架空线路输电线路设计暂行技术规定》，特高压可听噪声可采用美国 BPA 公式计算。

美国 BPA 推荐的可听噪声预估公式[5]为

$$SLA = 10 \times \lg \sum_{i=1}^{z} \lg^{-1} \left(\frac{PWL(i) - 11.4 \times \lg(Ri) - 5.8}{10} \right) \tag{13-19}$$

式中，　SLA——A 计权声级；

　　$PWL(i)$——i 相导线的声功率级；

　　　　Ri——测点至被测 i 相导线的距离（m）；

　　　　z——相数。

式（13-19）中的 PWL 按下式计算，为

$$PWL = -164.4 + 120\lg E + 55\lg d_{eq} \tag{13-20}$$

式（13-20）中的 E 为导线表面梯度（kV/cm），d_{eq} 为等效直径。其中 d_{eq} 可按如下公式计算，为

$$d_{eq} = 0.58 \times n^{0.48} \times d \tag{13-21}$$

式中，n—分裂根数；

　　d—子导线直径（mm）。

该公式对于分裂间距为 30～50cm、导线表面梯度为 10～25kV/cm 的常规对称分裂导线均是有效的。

13.2.5.4　特高压输电线路可听噪声水平

为了解交流特高压输电线路可听噪声的分布情况，计算了单、双回特高压线路（采用 8×LGJ-500/35 型钢芯铝绞线），在不同导线对地最小高度下，边相导线外投影 20m 处的可听噪声值，见表 13-10。

表 13-10　特高压输电线路边相导线外投影 20m 处的可听噪声值（dB(1A)）

导线对地高度(m)		18	19	20	21	22
单回	猫头塔	54.4	54.2	54.0	53.8	53.7
	酒杯塔	53.1	52.9	52.7	52.5	52.3
双回线路		57.3	57.1	57.0	56.8	56.7

由表 13-10 可知:特高压单回输电线路,采用 8×LGJ-500/35 型导线,在规程要求的导线对地最小高度 18.0m 下,边相导线投影外 20m 处的可听噪声值满足 55.0dB 的限值标准,可听噪声达标。

特高压双回线路相同的条件下可听噪声不达标,故需抬高导线对地高度和增大导线截面积等措施,减小线路下方的可听噪声值,若采用 8×LGJ-500/35 型导线,导线对地最小高度抬高到 39m 时,双回线路可听噪声才达标;采用 8×LGJ-630/45 型导线,导线对地高度抬高到 25m 可听噪声即可达标。

因此,特高压输电线路的可听噪声决定着导线对地净空距离的确定和导线的选型,是特高压输电线路电磁环境的控制因素。

13.2.5.5 可听噪声的影响因素

与无线电干扰类似,由电晕放电产生的可听噪声与导线的分裂数、平均高度、相间距离和子导线的半径等有关,其中导线分裂数和子导线半径影响尤大,增加导线分裂数、增加子导线直径是减小线路可听噪声的有效措施,另外高海拔因素也会增强可听噪声,相关因素对线路可听噪声的影响程度如图 13-13 所示。

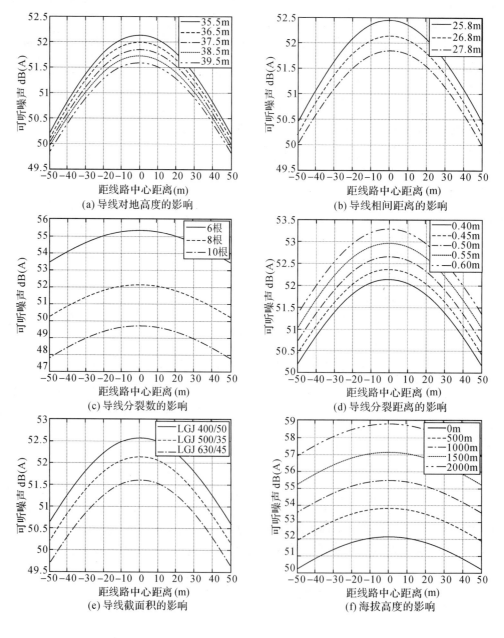

图 13-13 不同影响因素对线路可听噪声的影响

13.2.5.6　可听噪声的改善措施

增加分裂数、增大导线截面是减小特高压输电线路可听噪声的有效措施。除此之外,国际上也提出了减小输电线路可听噪声水平的相关方法。

(1)采用对称分布的子导线时,增加导线分裂数目和控制分裂导线间距,以减小导线表面场强。

(2)采取子导线非对称分裂方式,尽可能使子导线分配的电荷均匀,以改善导线表面电场分布。图13-14给出了俄罗斯的凹陷型8分裂导线模型,用来降低线路雨天的电晕损耗。图13-15给出了美国不等间距排列的分裂导线模型($\triangle 5/\triangle 1=2$)。

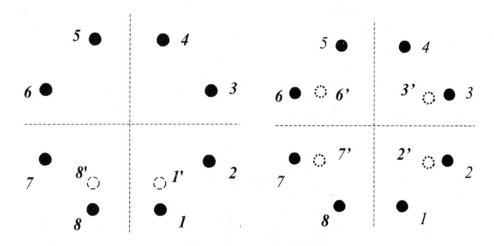

图 13-14　凹陷型 8 分裂导线(俄罗斯)

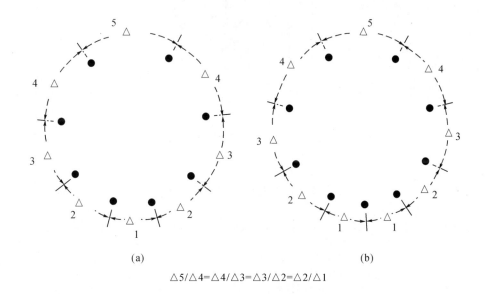

(a)　　　　　　　　　　　　(b)

$$\triangle 5/\triangle 4=\triangle 4/\triangle 3=\triangle 3/\triangle 2=\triangle 2/\triangle 1$$

图 13-15　不等距排列的分裂导线(美国)

(3)在对称分裂子导线束中附加子导线,以改善各子导线表面电荷分布和减小导线表面场强。

(4)在导线上涂抹疏水涂料等,减小雨天时导线附着的水滴,从而减小电晕放电强度,以达到降低可听噪声的效果。

13.3　特高压双回输电线路的相序优化布置

采用特高压输电可有效地缓解电力供应的紧张局面,优化电力资源的配置,改善电网的结构,提高线路走廊利用率,已成为中国建设坚强电网的战略规划。同塔双回线路相对单回线路具有节约线路走廊、提高供电可靠性的优势,是中国建设交流特高压输电线路的最重要方式,今后中国建设的绝大多数将特高压交流输电工程会采取同塔双回输电模式。

同塔双回输电线路,其相序布置有 ABC/ABC,ABC/ACB,ABC/BAC,ABC/BCA,ABC/CAB,ABC/CBA 共计 6 种方式。导线排列方式对线路的电磁环境、线路走廊、传输功率、不平衡度、防雷性能及地线感应电压、感应电流等电气特性具有一定的影响。因此,合理选择同塔双回线路导线最优相序布置,对改善线路电磁环境、提高线路输送功率、优化线路设计等具有重要意义。

现以皖电东送淮南—沪西 1000kV 特高压输变电工程为例,利用 CDEGS 软件包、MATLAB、EMTP 程序,仿真计算同塔双回线路各种导线排列方式下电场、磁场、无线电干扰、可听噪声、自然功率、线路不平衡度、反击跳闸率和地线感应电流与感应电压,综合各种电气特性的影响得出了线路的最优相序布置。计算方法与结果可供实际工程参考。

皖电东送淮南—沪西 1000kV 特高压双回输电线路的典型塔型如图 13-16 所示。其中,杆塔全高为 99.5m,呼称高为 54.0m。其他系统参数:导线采用 8×LGJ-630/45 型钢芯铝绞线,地线一根采用 LBGJ-240-20A 型铝包钢芯铝绞线,另一根采用 OPGW-24B1-254 型复合光缆。

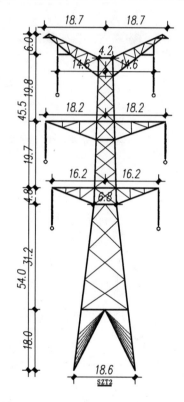

图 13-16   1000kV 同塔双回线路塔型图

对于淮南—皖南—浙北—沪西特高压同塔双回输电工程,其中淮南至皖南线路长 326.5km,皖南至浙北长 151km,浙北至沪西长 165km,总长 642.5km。全线地势平缓,海拔均在 1000 米以下,最高海拔 480 米,位于浙北山区。沿线的气候情况如表 13-11 所示。

表 13-11   沿线气候情况

天气条件	好天	雪天	雨天	雾凇天
各种天气数量(年小时数)	7372	182	1042	164

13.3.1 电磁环境的影响

线路的相序布置会直接影响线路的电磁环境,而线路的电磁环境决定了导线截面的选择、导线对地净空距离的确定及线路走廊宽度的划定,直接影响了线路建设成本。因此,有必要研究相序布置方式对线路电磁环境的影响,寻求最优布置方式。

1000kV 输电线路居民区工频电场不应超过 4kV/m,工频磁场不应超过 0.1mT,边相导线投影外 20m 处的无线电干扰值不应超过 58dB,可听噪声不应超过 55dB。

表 13-12 给出了 1000kV 同塔双回线路底相导线对地最小高度为 25m 时(考虑最大弧垂),六种相序布置方式下线路下方的工频电场、线路走廊宽度、工频磁场、边相导线外 20m 处的无线电干扰及可听噪声。

表 13-12　相序布置对电磁环境的影响

相序布置	ABC/ABC	ABC/ACB	ABC/BAC	ABC/BCA	ABC/CAB	ABC/CBA
E_{max}(kV/m)	9.79	8.12	9.67	7.71	7.72	7.15
W (m)	71.8	70.6	71.7	69.8	69.8	69.2
B_{max}(μT)	27.22	26.65	27.13	26.55	26.55	26.26
RI(dB)	53.01	54.49	52.97	55.12	55.12	54.43
AN(dB)	49.04	50.42	49.64	51.16	51.16	51.14

由表 13-12 可知,相序布置对同塔双回线路电磁环境有影响,选择合适的相序布置可有效改善线路下方的电磁环境。六种相序布置中工频磁感应强度的最大值为 27.22μT,离工频磁场的限值 0.1mT 还有较大的裕度;边相导线外 20m 处的无线电干扰最大值为 55.12dB,满足 58dB 的限值标准;边相导线外 20m 处的可听噪声最大值为 51.16dB 满足 55dB 的限值标准。因此,磁场、无线电干扰和可听噪声均不是决定线路最优相序布置的关键因素。

针对该同塔双回线路参数,线路的工频电场决定了导线对地净空距离的确定及线路走廊宽度的划定,是决定线路最优相序布置的关键因素之一。正相序 ABC/ABC 线路下方的工频电场、线路走廊最大,逆相序 ABC/CBA 最小。因此,从电磁环境最优的角度考虑,1000kV 双回线路最优相序布置为 ABC/CBA。

13.3.2　自然功率的影响

线路的自然功率越高,相应的线路可传输能量越高。自然功率与线路的波阻抗成反比,输电线路不同相序布置对应的线路的波阻抗不同,对应的线路输送的自然功率不同。

表 13-13 给出了 1000kV 同塔双回线路六种相序布置的自然功率。

表 13-13　相序布置对自然功率的影响

相序布置	ABC/ABC	ABC/ACB	ABC/BAC	ABC/BCA	ABC/CAB	ABC/CBA
P(MW)	8504	8700	8401	9135	9135	9233

由表 13-13 可知,相序布置对线路的自然功率会有影响,正相序的自然功率较小,而逆相序最大,逆相序比正相序增加了 729MW(8.57%),即选择合适的相序布置可以提高线路的输送功率。因此,从线路输送功率最优的角度考虑,1000kV 双回线路最优相序布置为 ABC/CBA。

13.3.3　线路不平衡度的影响

输电线路不平衡度是衡量线路性能和电能质量优劣的一个重要指标,合理控制该指标对输电线路及整个电力系统均有重要意义。由于各相导线自身参数不平衡,导致线路正常运行时每相导线的阻抗、导纳参数不相等,从而引起系统产生不对称电流和电压,当系统电压、电流不平衡度超过允许水平时,可能对电力系统设备带来诸多不利影响。因此,选择最优相序以减少线路的不平衡度,对输电线路的设计、运行分析及继电保护装置的配置、整定等均有重要意义。

相关规程规定:电网正常运行时负序电压不平衡度不应超过 2%,短时间不平衡度不应超过 4%。短时间不对称运行,主要指系统发生不对称故障引起的运行状态,本书暂取 2% 作为输电线路不平衡度限值(以电压不平衡度为例)。

输电线路参数不对称将在运行中引起系统电气量的不平衡,系统电流、电压的不平衡度分别可以用负序和零序不平衡度来度量。

$$\varepsilon_{U2} = U_2/U_1 \times 100\% \tag{13-22}$$

$$\varepsilon_{U0} = U_0/U_1 \times 100\% \tag{13-23}$$

$$\varepsilon_{I2} = I_2/I_1 \times 100\% \tag{13-24}$$

$$\varepsilon_{I0} = I_0/I_1 \times 100\% \tag{13-25}$$

式中,ε_{U2}、ε_{U0} 分别为电压的负序和零序不平衡度;ε_{I2}、ε_{I0} 分别为电流的负序和零序不平衡度;U_2、I_2 为负序电压和电流;U_1、I_1 为正序电压和电流;U_0、I_0 为零序电压和电流。在三相系统中,若已知三相电压和电流的幅值和相位,可用对称分量法分别求出正序分量、负序分量和零序分量,由式(13-22)～(13-25)即可求出线路的不平衡度。

对线路不平衡度的影响研究以浙北—沪西段(165km)为例,表 13-14 给出了线路未换位前电压的负序和零序不平衡度。

表 13-14　相序布置对特高压双回线路负序和零序电压不平衡度的影响

相序布置		ABC/ABC	ABC/ACB	ABC/BAC	ABC/BCA	ABC/CAB	ABC/CBA
ε(%)	ε_{U2}	3.09	2.99	2.93	1.84	1.84	0.94
	ε_{U0}	2.49	2.11	2.44	1.75	1.75	0.82

由表 13-14 可知,相序布置对线路的不平衡度影响较大。其中,逆相序的线路不平衡度最小,负序和零序的电压不平衡度均小于 1%,线路无需换位;正相序的线路不平衡度最大,且超过了 2% 的限值标准,线路需换位。表 13-15 给出了六种相序布置下线路需换位的线路长度。

表 13-15　1000kV 双回线路不同相序排列需换位长度

相序布置	ABC/ABC	ABC/ACB	ABC/BAC	ABC/BCA	ABC/CAB	ABC/CBA
需换位长度(km)	105	110	115	180	180	350

由表 13-15 可知,正相序布置的线路到 105km 时,线路的不平衡度就已经超标,需考虑换位;逆相序布置的线路要到 350km 时才需要考虑换位。因此,从线路不平衡度最优的角度考虑,1000kV 双回线路最优相序布置为 ABC/CBA。

13.3.4　耐雷性能的影响

相序布置对同塔多回线路的双回及多回同时跳闸率具有一定的影响。以导线垂直排列的同塔双回线路为例,对于位于同一层横担的两相导线,如果电压相位相同,雷击塔顶时绝缘子串两端过电压近似相同,则发生两相同时闪络的概率相对较高;如果相位不同,两相导线存在一定的相位差,相当于形成一定的差绝缘,双回同跳的概率降低。因此,通常来说,正相序的雷击同跳概率较高,而负序的雷击同跳概率较低。

本文使用 EMTP 计算六种不同相序布置下的特高压线路反击耐雷水平。在计算模型中,雷电流采用 $2.6/50\mu s$ 负极性斜角波,雷道波阻抗取为 300Ω;采用 IEC 推荐的相交法作为绝缘子串闪络判据;线路采用 J-Marti 模型等效;杆塔使用 Hara 分段传输线模型等效,杆塔横担视为平行于大地的传输线波阻抗,波在塔身及横担上的传播速度均为光速。另外,使用统计法计及线路工频电压的影响,且电晕的影响暂予以忽略(从严考虑)。

1000kV 特高压线路的绝缘水平很高,即使杆塔冲击接地电阻取为 15Ω,在各种相序布置方式下,双回线路同时跳闸对应的反击耐雷水平仍在 300kA 以上。可以认为,1000kV 特高压同塔双回线路是不会发生双回线路同时跳闸的。因此,相序布置方式对特高压线路防雷的影响可以忽略不计。但为保险起见,仍不建议采用正相序布置方式。

13.3.5 地线感应电压、感应电流的影响

输电线路正常运行时,架空地线与输电回路导线的空间位置不对称,输电回路通过电磁和静电耦合在地线上产生感应电压,若地线与地之间存在电流通道,就会产生电流,从而造成不必要的电能损耗。特高压输电线路的地线损耗比较显著,不容忽视。而且地线上如果经常有感应电流通过,会造成地线及部分输电设备发热老化,影响使用寿命。

同塔双回输电线路线路由于双回线路同杆并架,使得导线距离很近,导线与导线之间、导线与大地之间存在的电磁耦合和静电耦合得到加强,地线的感应电压、感应电流更为严重。双回线路相序布置对感应电压、电流有一定的影响,因此,选择最优相序对于减少特高压输电线路中的地线损耗和优化设计有重要意义。

以皖电东送输电工程中淮南至皖南线路为例(长 326.5km,线路采用一次全换位),架空地线一根采用架空绝缘地线,另一根采用光纤复合地线,在线路的最大输送功率下,对该线路架空地线上的感应电压、感应电流进行 EMTP 仿真,结果如表 13-16 所示。

表 13-16 相序布置对地线上感应电压感应电流的影响

相序布置	ABC/ABC	ABC/ACB	ABC/BAC	ABC/BCA	ABC/CAB	ABC/CBA
感应电压(V)	605.74	605.35	484.46	295.43	427.35	258.59
感应电流(A)	37.82	34.41	26.04	17.27	22.19	11.79

由表 13-16 可知,正相序布置下,架空地线的感应电压、感应电流最大,逆相序布置最小。因此,从地线感应电压、感应电流最优的角度考虑,1000kV 双回线路最优相序布置为 ABC/CBA。

13.3.6 特高压同塔双回线路最优相序推荐

通过对 1000kV 同塔双回线路六种相序布置的电磁环境、自然功率、线路不平衡度、耐雷性能及地线感应电压、感应电流的对比分析可知:线路的工频磁场、无线电干扰、可听噪声及反击耐雷性能等电气特性均不是决定线路最优相序布置的关键因素。

线路的工频电场决定了导线对地净空距离的确定及线路走廊宽度的划定,自然功率体现了线路的传输能力,不平衡度衡量了线路性能和电能质量优劣。同塔双回线路最优相序的选择要综合考虑这三个方面的因素,选取一个相对经济、电磁污染小、输送功率大及线路不平衡度小的方式。由本节的仿真计算可知,逆相序 ABC/CBA 线路的工频电场最小,自然功率最大,线路的不平衡度最小,地线感应电压感应电流最小,因此,1000kV 同塔双回线路建议采用逆相序 ABC/CBA。

值得注意的是,如果线路经过海拔比较高的地区,线路的无线电干扰、可听噪声及电晕损失会增加。当海拔超过 1000m 时,逆相序布置线路的可听噪声将大于 55dB,可听噪声超标,将成为限制线路架设的重要因素。此时,建议采用抬高导线对地高度,增加导线截面积、导线分裂数,在导线表面涂憎水材料等措施来降低线路可听噪声。

13.4 特高压输电线路跨越建筑物安全距离问题

13.4.1 安全距离研究的必要性

由于输电线路走廊资源越来越紧张,使用走廊用地、拆迁等费用在线路建设投资中所占的比例逐渐增大,输电线路跨越或邻近建筑物已不可避免。

输电线路跨越、邻近建筑物时,线路与建筑物之间所需的安全距离主要由两个方面决定:一是电气绝缘所需的空气间隙,二是电磁环境。对于非居民居住的建筑物,安全距离由建筑物与线路间的空气间隙决定,相关规程推荐了不同电压等级输电线路与建筑物交叉跨越所需的垂直安全距离(D_c)和水平安

全距离(D_s),见表13-17,实际工程中可按规程实施。对于居民居住的建筑物(民房),安全距离主要是由电磁环境决定,本节主要研究的是输电线路跨越、邻近民房时的电磁环境畸变程度和建筑物与导线间所需的安全距离问题。

表13-17　输电线路与非居民居住的建筑物交叉跨越所需的垂直、水平安全距离

线路电压等级		110kV	220kV	330kV	500kV	750kV	1000kV
D_c(m)		5.0	6.0	7.0	9.0	11.5	15.5
D_s(m)	无风偏	2.0	2.5	3.0	5.0	6.0	7.0
	最大风偏	4.0	5.0	6.0	8.5	11.0	15.0

由于物体的介入,场会发生畸变。建筑物与输电线路交叉跨越时,线路的工频电场很容易受建筑物的影响,建筑物周围电场强度的畸变会大大增加,而工频磁场只有在有磁性材料的物体引入时才能改变磁场的分布,所以磁场的畸变不如电场明显。同时,由于建筑物的存在,改变了空间电荷的分布和导线表面电场强度,影响了线路的无线电干扰和可听噪声值。

输电线路跨越建筑物时,由于建筑物的屏蔽作用,其内部的电磁场强度、无线电干扰和可听噪声值均有不同程度的衰减,而建筑物顶部平台和邻近线路侧的阳台处的电磁环境指标由于畸变的影响容易超标,成为主要的研究对象。

经研究表明,线路跨越、邻近建筑物时,在规程推荐的安全距离下,建筑物内外的工频磁感应强度均远小于0.1mT的限值标准,实际工程中可不予考虑。

建筑物对导线表面场强有一定的影响,但随着建筑物与导线间距离的增加,导线表面场强的畸变程度减小,建筑物与导线间距离超过20m,导线表面场强畸变度接近于零,可认为线路的无线电干扰和可听噪声不发生畸变。

工频电场由于建筑物的存在,畸变程度大,而且随导线与建筑物距离的增加衰减较慢,因此,畸变电场成为制约导线与建筑物间安全距离的关键因素。

现以皖电东送淮南—沪西1000kV特高压双回输电线路为例,仿真计算线路跨越或邻近建筑物时,建筑物顶部和阳台处的工频电场畸变情况,并推算跨越建筑物时所需的最小安全垂直和水平距离。

13.4.2　计算方法与仿真模型

13.4.2.1　计算方法

(1)工频电磁场

输电线路空间工频电磁场数值计算方法有很多种,以往不考虑线路附近存在建筑物,空间介质均匀时,一般采用模拟电荷法和解析法;线路空间工频磁场强度一般采用由安培环路定律推导的二维计算方法(国际大电网会议推荐)和由毕奥—沙伐定律推导的三维计算方法。然而,线路跨越建筑物时,空间介质不均匀,介质属性变化会引起空间电场强度和磁感应强度发生变化,特别是建筑物与空气交界处场强畸变严重。一般可采用三维有限元法分析计算介质不均匀的空间电磁场。本节采用CDEGS软件中HIFREQ模块(三维有限元法)仿真计算特高压输电线路跨越、邻近建筑物时的电场、磁场畸变程度。

(2)无线电干扰和可听噪声

由于气候条件对线路的无线电干扰和可听噪声影响非常复杂,随机因素多,分散性大,因此各国对无线电干扰和可听噪声的预测一般都是通过在电晕笼内模拟或在试验线段上长期实测数据的统计、分析而演绎得出的。中国建议采用激发函数法计算特高压交流输电线路的无线电干扰场强,采用美国邦纳维尔电力局(BPA)推荐的方法预测可听噪声。

影响线路无线电干扰和可听噪声的主要因素是导线表面电场强度。输电线路跨越、邻近建筑物时,由于建筑物内部金属物体的存在,改变了空间电荷的分布,影响了导线表面电场强度,也影响了线路的无线电干扰和可听噪声值,本节采用CDEGS软件仿真计算线路周围存在建筑物时输电线路导线表面场强的畸变程度,再将计算求得的导线表面场强代入无线电干扰和可听噪声的计算公式进而得到建筑物对无线电干扰和可听噪声的畸变程度。

13.4.2.2 仿真模型

对建筑物的模拟采用简化结构,忽略建筑物墙体等介质的影响,依据房屋的外形结构,考虑最简单的房屋外形,将其等效为钢筋支架结构,如图 13-17(a)、(b)所示。其中,钢筋半径取 0.015m,钢筋密度取 21(根/100m²),建筑物面积取 10×10m²,第一层高 4m,其余每层高 3m。

输电线路跨越建筑物时(建筑物位于线路下方),由于建筑物的屏蔽作用,建筑物内部的电场强度大大降低;建筑物顶部的电场强度会由于畸变的影响而加重。因此,线路跨越建筑物时,以建筑物顶部平台为主要观测对象,观测面为高于建筑物顶部平台 1.5m 的水平面,如图 13-17(c)所示。

输电线路邻近建筑物时(建筑物位于线路旁),同样,建筑物内部畸变电场的影响不予考虑,而靠近线路侧的阳台、窗户等处的电场由于畸变的影响容易超标,此时,观测面取建筑物靠近线路侧阳台处,如图 13-17(d)所示。

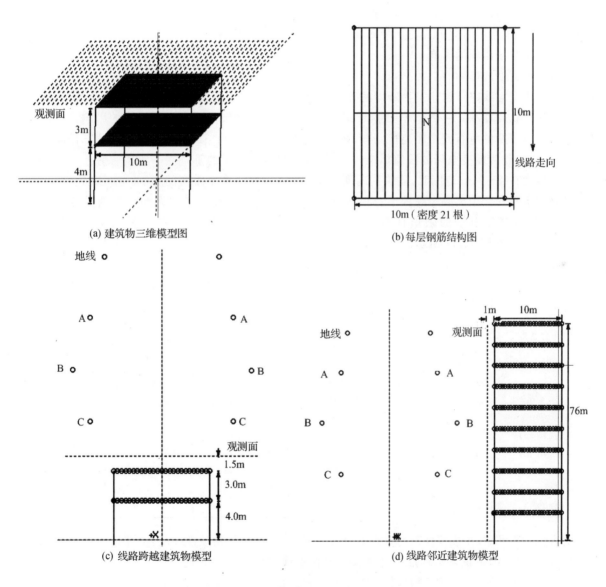

(a) 建筑物三维模型图

(b) 每层钢筋结构图

(c) 线路跨越建筑物模型

(d) 线路邻近建筑物模型

图 13-17　输电线路跨越、邻近建筑物仿真图示

355

13.4.3　畸变电场的影响因素讨论

畸变电场是决定线路与建筑物间安全距离的关键性因素。建筑物的钢筋结构影响了空间电荷分布,改变了空间电场强度,建筑物结构包括面积、高度、钢筋密度、钢筋粗度等因素的不同导致建筑物附近工频电场的畸变程度不同。同时杆塔高度(导线对地高度)和相序布置对线路工频电场的影响较明显,也是影响畸变电场的关键因素。

相关规程以 4kV/m 作为公众全天辐射工频电场的评价标准,中国线路设计和建设时以此限值标准为依据。对于畸变电场,目前国内外缺乏相关研究,未明确规定其限值标准,本章暂以 4kV/m 作为限值标准来推算特高压输电线路跨越建筑物所需的安全距离。

为准确推求特高压线路跨越建筑物的安全距离,本节以 1000kV 同塔双回线路为例,计算了随建筑物结构、杆塔高度、相序布置等因素的变化,建筑物顶部和阳台处畸变电场和安全距离的变化程度,提出了降低建筑物附近畸变电场、节约线路走廊的有效措施。

在本节的后面计算中,假设双回线路下相对地高度取规程规定的最小值 25m。随着双回线路下相对地高度升高,线路所需的垂直安全距离和水平安全距离会有所减小。

13.4.3.1　建筑物结构的影响

1)建筑物高度的影响

建筑物高度对线路跨越建筑物所需的垂直安全距离和水平安全距离都有一定影响。本节首先分析了被跨越建筑物高度在 4~22m 范围时,建筑物高度对畸变电场及其垂直安全距离的影响,分析时先将建筑物与输电线路的垂直安全距离取为规程推荐值 15.5m(见表 13-17),求得建筑物顶部的畸变电场,然后以 4kV/m 作为畸变电场的限值标准,再计算得到建筑物所需的垂直安全距离。另外,分析了邻近的建筑物高度在 4~91m 范围时,建筑物高度对畸变电场及水平安全距离的影响,分析时先将建筑物与输电线路的水平安全距离取为规程推荐值 7.0m(见表 13-17),求得建筑物阳台附近的畸变电场,然后以 4kV/m 作为畸变电场的限值标准,再仿真计算得到建筑所需的水平安全距离。计算结果如表 13-18、图 13-18、图 13-19 所示。

表 13-18　建筑物高度对畸变电场和安全距离的影响

建筑物高度	跨越建筑物				建筑物高度	邻近建筑物			
	规程推荐垂直安全距离 D_s(m)	计算畸变电场 E_{max}(kV/m)	畸变电场限值 E_{max}(kV/m)	计算所需垂直安全距离 D_s(m)		规程推荐水平安全距离 D_s(m)	计算畸变电场 E_{max}(kV/m)	畸变电场限值 E_{max}(kV/m)	计算所需水平安全距离 D_s(m)
1层(4 m)		10.18		33.2	1层(4 m)		6.42		15.4
2层(7 m)		11.63		35.7	5层(16 m)		18.14		27.4
3层(10 m)		12.58		39.2	10层(31 m)		31.40		32.9
4层(13 m)	15.5	13.21	4	41.1	15层(46 m)	7.0	55.22	4	33.6
5层(16 m)		13.65		42.7	20层(61 m)		55.64		33.6
6层(19 m)		13.97		44.0	25层(76 m)		56.32		33.6
7层(22 m)		14.21		45.1	30层(91 m)		56.33		33.6

由表 13-18 可知,在规程推荐的垂直安全和水平距离下,建筑物顶部和阳台(邻近线路侧)附近的畸变电场远大于 4kV/m 的限值标准。且建筑物与输电线路的距离一定时,建筑物越高,畸变电场越大,建筑物由 4m 升高到 22m,建筑物顶部畸变电场的最大值从 10.18kV/m 增加到 14.21kV/m(39.6%);建筑物由 4m 升高到 91m,建筑物阳台上畸变电场的最大值从 6.42kV/m 增加到了 56.33kV/m。

由图 13-18 可知,建筑物越高,建筑物与导线间所需的垂直安全距离越大,值得注意的是,随建筑物高度的增加,安全距离增加幅度减小。

由图 13-19 可知,建筑物越高,建筑物与导线间所需的水平安全距离越大,值得注意的是,随建筑物

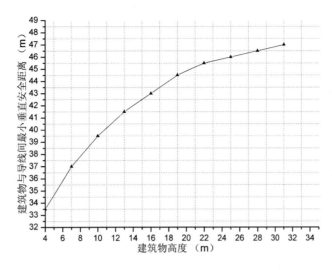

图 13-18　建筑物高度对垂直安全距离的影响图示

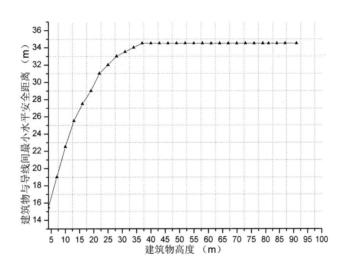

图 13-19　建筑物高度对水平安全距离的影响图示

高度的增加,安全距离增加幅度减小。当建筑物高度超过 37m 时,所需的水平安全距离不变,为 33.6m。

2) 建筑物面积的影响

表 13-19 给出了建筑物面积对畸变电场及建筑物与导线间所需的垂直、水平安全距离的影响。

表 13-19　建筑物面积对畸变电场和安全距离的影响

建筑物面积 （m²）	跨越建筑物(2层)				邻近建筑物(15层)			
	规程推荐水平安全距离 D_s (m)	计算畸变电场 E_{max} (kV/m)	畸变电场限值 E_{max} (kV/m)	计算所需垂直安全距离 D_s (m)	规程推荐水平安全距离 D_s (m)	计算畸变电场 E_{max} (kV/m)	畸变电场限值 E_{max} (kV/m)	计算所需水平安全距离 D_s (m)
6×6		8.31		27.3		55.81		34.1
8×8		9.27		28.7		55.45		33.9
10×10	15.5	11.63	4	36.7	7.0	55.22	4	33.6
12×12		12.60		36.8		55.19		33.5
14×14		13.64		37.2		55.15		33.5

由表 13-19 可知：线路跨越建筑物时，建筑物面积越大，畸变电场越大，所需的垂直安全距离越大，建筑物面积由 36m² 增加到 196m²，垂直安全距离增加了 9.9m；线路邻近建筑物时，建筑物面积越大，畸变电场越小，所需的水平安全距离越小，建筑物面积由 36m² 增加到 196m²，水平安全距离减小了 0.6m，可见，建筑物面积对线路水平安全距离影响不大。

3）建筑物钢筋密度的影响

建筑物钢筋密度由 11 根/100m² 增加到 31 根/100m² 时，畸变电场及建筑物与导线间所需的垂直、水平安全距离的变化情况如表 13-20 所示。

表 13-20　建筑物钢筋密度对畸变电场和安全距离的影响

钢筋密度（根/100m²）	跨越建筑物（2 层）				邻近建筑物（15 层）			
	规程推荐垂直安全距离 D_s(m)	计算畸变电场 E_{max}(kV/m)	畸变电场限值 E_{max}(kV/m)	计算所需垂直安全距离 D_s(m)	规程推荐水平安全距离 D_s(m)	计算畸变电场 E_{max}(kV/m)	畸变电场限值 E_{max}(kV/m)	计算所需水平安全距离 D_s(m)
11		11.35		35.5		55.40		33.7
16		11.54		35.9		55.28		33.6
21	15.5	11.63	4	36.7	7.0	55.22	4	33.6
26		11.71		36.9		55.19		33.6
31		11.76		37.0		55.17		33.6

由表 13-20 可知：随每层建筑物钢筋密度增大，建筑物顶部的畸变电场略有增大，所需的垂直安全距离略有增大；建筑物阳台处的畸变电场基本不变，所需的水平安全距离基本不变。钢筋密度由每 100m² 11 根增加到 31 根时，垂直安全距离仅增加了 1.5m，而水平安全距离基本保持不变。因此，每层建筑物的钢筋密度对建筑物与线路间所需安全距离影响不大。

4）建筑物钢筋粗细的影响

建筑物钢筋半径由 0.005m 增加到 0.025m 时，畸变电场及建筑物与导线间所需的垂直、水平安全距离的变化情况如表 13-21 所示。

表 13-21　建筑物钢筋粗度对畸变电场和安全距离的影响

钢筋粗度（半径）(m)	跨越建筑物（2 层）				邻近建筑物（15 层）			
	规程推荐垂直安全距离 D_s(m)	计算畸变电场 E_{max}(kV/m)	畸变电场限值 E_{max}(kV/m)	计算所需垂直安全距离 D_s(m)	规程推荐垂直安全距离 D_s(m)	计算畸变电场 E_{max}(kV/m)	畸变电场限值 E_{max}(kV/m)	计算所需水平安全距离 D_s(m)
0.005		11.41		36.3		53.00		33.0
0.010		11.56		36.5		54.33		33.3
0.015	15.5	11.63	4	36.7	7.0	55.22	4	33.6
0.020		11.71		36.8		55.90		33.8
0.025		11.76		36.8		56.47		33.9

由表 13-21 可知：建筑物钢筋半径越大，建筑物顶部和阳台处的畸变电场增大，所需的垂直、水平安全距离略有增大。建筑物钢筋半径由 0.005m 增加到 0.025m 时，垂直安全距离仅增加了 0.5m，水平安全距离仅增加了 0.9m。因此，建筑物钢筋粗度对建筑物与线路间所需安全距离影响不大。

通过对建筑物高度、面积、钢筋密度和钢筋粗细对畸变电场和安全距离的影响研究结果表明：

(1)建筑物高度对畸变电场和安全距离有明显影响，建筑物越高，畸变电场越大，建筑物与导线间所需的安全距离越大，但随着建筑物高度的增加，安全距离增加幅度减小。

(2)建筑物面积、钢筋密度、粗细对建筑物附近的畸变电场和线路所需安全距离影响不大。

13.4.3.2　杆塔高度的影响

线路跨越建筑物时，提升杆塔高度，抬高导线对地距离，即增加了线路与建筑物的垂直安全距离，可减小建筑物顶部的畸变电场。但杆塔高度变化又会影响到水平安全距离,本节主要研究线路邻近建筑物时杆塔高度与畸变电场和水平安全距离的相互关系,仿真时选取两个典型情况:1 层 4m 高建筑物(低房)和 15 层 46m 高建筑物(高房)。

表 13-22 给出了下相导线对地高度从 25.0m 抬高到 33.0m 时,畸变电场和水平安全距离的变化情况。

表 13-22　杆塔高度对畸变电场和水平安全距离的影响

下相导线对地高度(m)	1 层 4m 高建筑物				15 层 46m 高建筑物			
	规程推荐水平安全距离 D_s(m)	计算畸变电场 E_{max}(kV/m)	畸变电场限值 E_{max}(kV/m)	计算所需垂直安全距离 D_s(m)	规程推荐水平安全距离 D_s(m)	计算畸变电场 E_{max}(kV/m)	畸变电场限值 E_{max}(kV/m)	计算所需水平安全距离 D_s(m)
25.0		6.42		15.4		55.22		33.6
27.0		6.19		14.7		55.19		33.6
29.0	7.0	5.97	4	14.3	7.0	55.17	4	33.5
31.0		5.75		13.9		55.16		33.5
33.0		5.54		13.4		56.15		33.5

由表 13-22 可知:对于线路邻近 1 层 4m 高建筑物的情况,下相导线对地高度从 25.0m 抬高到 33.0m,水平安全距离减小了 2.0m;对于线路邻近 15 层 46m 高建筑物的情况,下相导线对地高度从 25.0m 抬高到 33.0m,水平安全距离基本不变。

对于特高压输电线路而言,抬高导线高度对建筑阳台处的畸变电场和水平安全距离影响不明显;同时,提高导线对地高度同样会增加工程造价,降低线路耐雷性能。因此,实际工程应从经济性出发,权衡对比增加杆塔高度与增加线路走廊宽度两种措施,以合理确定导线对地高度。

13.4.3.3　相序布置的影响

相序布置对同塔双回线路的电磁环境影响明显,选择合适的相序布置可经济有效地减小线路下方的工频电场,本节计算了 1000kV 同塔双回输电线路两种典型相序布置下,线路跨越、邻近建筑物时畸变电场和水平安全距离的变化情况,如表 13-23 所示。

由表 13-23 可知,选择合适的相序布置能有效减小线路跨越建筑物的畸变电场和导线与建筑物间所需的安全距离,正相序布置(ABC/ABC),线路跨越、邻近建筑物时,建筑物顶部、阳台处的畸变电场最大,建筑物所需的垂直、水平安全距离最大;逆相序布置(ABC/CBA)最小。逆相序与正相序相比,垂直安全距离减小了 41.3m,水平安全距离减小了 32.4m。因此,合理选择双回线路的相序布置是减小畸变电场和节约线路走廊最经济有效的措施。

表 13-23　相序布置对畸变电场和安全距离的影响

相序布置	跨越建筑物(2 层)				邻近建筑物(15 层)			
	规程推荐水平安全距离 D_s(m)	计算畸变电场 E_{max}(kV/m)	畸变电场限值 E_{max}(kV/m)	计算所需垂直安全距离 D_s(m)	规程推荐垂直安全距离 D_s(m)	计算畸变电场 E_{max}(kV/m)	畸变电场限值 E_{max}(kV/m)	计算所需水平安全距离 D_s(m)
ABC/ABC	15.5	20.48	4	78.0	7.0	59.23	4	66.0
ABC/CBA		11.63		36.7		55.22		33.6

13.4.4　特高压输电线路跨越建筑物安全距离推算

为使研究结果对实际工程更有指导意义,本节推算了特高压单、双回输电线路跨越、邻近不同高度所需的垂直安全距离和水平安全距离,如表 13-24 所示。在建筑物邻近输电线路的仿真中,线路底相导线对地高度取规程规定的居民区导线距地最小距离,单回线路取 27m,双回线路取 25m。

表 13-24　特高压交流线路跨越、邻近建筑物安全距离

垂直安全距离 D_c(m)			水平安全距离 D_s(m)		
建筑物高度	单回线路	双回线路	建筑物高度	单回线路	双回线路
1 层(4m)	36.0	33.2	1 层(4m)	32.0	15.4
2 层(7m)	40.5	36.7	5 层(16m)	47.8	27.4
3 层(10m)	43.8	39.2	10 层(31m)	56.5	32.9
4 层(13m)	46.4	41.1	15 层(46m)	60.0	33.6
5 层(16m)	48.6	42.7	20 层(61m)	61.7	33.6
6 层(19m)	50.6	44.0	25 层(76m)	61.7	33.6
7 层(22m)	52.2	45.1	30 层(91m)	61.7	33.6

13.5　特高压交流变电站电磁环境

特高压交流变电站对周围电磁环境产生的影响通常用工频电场、工频磁场、无线电干扰和可听噪声四个方面来表征。当变电站电磁环境变得恶劣时,有可能会干扰周围的无线电正常接收,也可能会影响电站工作人员和周围居民日常工作和生活。因此,必须对特高压交流变电站的电磁环境进行研究和监测,并通过一定措施将其限制在安全限值以内。

13.5.1　工频电场

户外变电站中的带电导线和高压设备周围必然存在一定的工频电场。其电场强度大小取决于电压等级和与带电体的距离,随着距离的增大,电场强度将逐渐衰减。通常在变电站的开关、互感器等设备或导线交叉点附近场强较大,需加以特别关注。但在采用 GIS 技术的电站中,由于 GIS 金属套管有屏蔽电场的效果,因而此类电站中的电场强度往往较小。

国家电网 Q/GDW 305-2009《1000kV 架空输电线路电磁环境限值》的规定,在地面 1.5m 高度处:电磁环境敏感目标处,场强限值为 4kV/m;线路跨越公路处,场强需小于 7kV/m;非电磁敏感目标或跨越农田时,场强限值为 10kV/m。

工频电场过高可能会对人身健康和二次敏感设备的正常工作产生不良影响,可以采用以下措施减少工频电场过高引起的损害:

(1)通过引入 GIS 技术,利用金属管道来屏蔽设备和导线产生的电场辐射。

(2)优化电站设计,适当提高线路设备高度,同时避免人员检修巡视的道路经过高场强区域。

(3)利用变电站的建筑设施形成金属屏蔽网,实现被动屏蔽。

(4)进入电站的工作人员应穿着屏蔽服、鞋、帽,保护人身安全。

13.5.2　工频磁场

变电站中工频磁场由流经带电体的工频电流和与带电体的距离决定,实际磁场分布随着距离增加衰减的速度比电场快得多。与工频电场特性不同的是,GIS 变电站和户外电站在工频磁场辐射方面差异不大,这是因为 GIS 套管的金属材料导磁能力低,对屏蔽磁场作用不大。另外,一些变电站中采用的空芯电抗器,由于其无闭合磁回路,也会对周围产生较强的磁场。

参考 Q/GDW 305-2009《1000kV 架空输电线路电磁环境限值》,在电磁环境敏感目标处,地面1.5m高度处工频磁感应强度的限值为 0.1mT。

为避免工频磁场过高,对设备和人体造成不良影响,可以采取的措施有:

(1)与控制工频电场的措施类似,优化电站设计,对于主控室、巡视通道等重要区域采用远离磁场场源的布置方式。

(2)如果变电站中有设置空芯电抗器,其周围会有较高的工频磁场强度。为解决这一问题,可以用

带有铁芯的限流电抗器更换空芯电抗器或架设专门的屏蔽体。

13.5.3　无线电干扰

变电站的无线电干扰是由电晕放电、间隙火花放电等各种高频脉冲电流造成的,其中电晕放电占主要部分。相比户外电站,GIS 电站可以消除导线(母线)和金具电晕放电影响,因此其无线电干扰水平将大幅减少。

参考 Q/GDW 305-2009《1000kV 架空输电线路电磁环境限值》,距离边相导线地面投影外侧 20m,对地 2m 高度处,频率为 0.5MHz 时无线电干扰应小于 58dB,以满足好天气下无线电干扰测量值不大于 55dB。海拔修正以 500m 为起点,每上升 300m 在原规定值基础上增加 1dB。

特高压交流变电站中,主设备产生的无线电干扰不可能完全消除,但可以通过合理规划导线(母线)和连接金具的设计,增大金具的环径、管径以提高电晕放电电压,或直接应用 GIS 设备来减少电晕放电影响,从而达到减少无线电干扰的目的。

13.5.4　噪声

特高压交流变电站中噪声来源主要有:带电体电晕放电造成的电晕噪声,变压器、电抗器等主设备运行过程中产生的电磁噪声、机械噪声等。

参考 Q/GDW 305-2009《1000kV 架空输电线路电磁环境限值》,可听噪声限值为距输电线路边相导线投影外 20m 处,湿导线条件下的可听噪声不大于 55dB(A),并满足按照环保部门批复的声环境标准。

根据声音传播规律,对噪声影响的控制可以通过控制声源、传播途径和接受者来实现。相应的减少变电站噪声污染的措施有:

(1)通过优化设计减少变压器、电抗器等的电磁噪声、机械噪声和导线、金具上的电晕噪声;

(2)采用具有吸声隔音特性的屏障,阻断噪音传播;

(3)要求变电站工作人员佩戴耳塞、耳罩,减少受音者受到的职业伤害。

参考文献

[1] DL/T 1187-2012. 1000kV 架空输电线路电磁环境控制值[S],2012.

[2] HJ/T 24-1998. 500kV 超高压送变电工程电磁辐射环境影响评价技术规范[S],1998.

[3] 刘文勋,赵全江,张瑜,等. 1000kV 特高压交流输电线路电晕损耗估算方法[J]. 电力建设,2011,32(10):27-29.

[4] GB 15707-1995. 高压交流架空送电线无线电干扰限值[S],1996.

[5] Q/GDW 550-2010. 输电线路降低可听噪声设计和建设导则[S],2010.

[6] GB 3096-2008. 声环境质量标准[S],2008.

[7] Q/GDW 304-2009. 1000kV 输变电工程电磁环境影响评价技术规范[S],2009.

[8] Q/GDW 178-2008. 1000kV 交流架空输电线路设计暂行技术规定[S],2008.

[9] Q/GDW 305-2009. 1000kV 架空输电线路电磁环境限值[S],2009.

第14章　特高压交流保护原理及配置

特高压交流系统继电保护主要由线路保护、断路器保护、母线保护、变压器保护、高抗保护以及低抗、低压电容器保护六个部分组成。本章分析了特高压交流系统各主要设备的继电保护特点，并重点讨论了各主要设备的保护配置方案及整定建议，为特高压交流系统继电保护设计提供参考。

14.1　特高压交流保护基本概况

14.1.1　特高压交流保护的基本要求

特高压交流输电工程运行经验表明，输电线路和变电站电气设备的绝缘闪络或击穿是造成电力系统故障的主要原因。特高压电网对绝缘要求高，而线路绝缘子、避雷器、变压器和开关等电气设备对过电压承受裕度较低。如发生故障则会造成很大损失，因此过电压限制是特高压交流系统的继电保护配置中首要考虑因素之一。其保护配置方案的基本要求如下。

（1）满足继电保护"四性"即速动性、灵敏性、选择性、可靠性的要求，并使整个系统在整体上满足更高水平的"四性"要求。

（2）制定保护配置方案时，对同时出现的多重故障可仅保证切除故障。

（3）对于特高压电网每一保护对象（主设备或输电线路），应配置两套主后一体的保护装置。每一套保护装置的二次输入/输出（含跳合闸）回路、信息传输通道及电源输入回路，独立于另一套保护装置。

（4）保护用电流互感器配置应避免出现主保护的死区。接入保护的互感器二次绕组的分配，应注意避免当一套保护停用时，出现被保护区内故障时的保护动作死区，同时又要尽可能减轻电流互感器本身故障时所产生的影响。

（5）为提高传送跳闸命令的可靠性，应设立独立的远方跳闸装置和独立的命令传输通道。

（6）应根据特高压电网可能存在的各种过电压情况，配置合理的过电压限制装置。

（7）保护装置应具有独立的启动元件，只有在电力系统发生扰动时，才允许开放出口跳闸回路。

（8）过电压保护应能在线路出现未能预料到的任何危及绝缘的不正常工频过电压时，断开有关的断路器，在系统正常运行或在系统暂态过程的干扰下均不应误动作。

14.1.2　特高压交流保护的整定原则

特高压交流保护整定整体上与超高压保护整定基本相类似，但由于特高压交流系统与超高压交流系统的设备以及网架结构强弱的不同，在保护整定上还存在一定差异。

（1）特高压系统与超高压系统整定计算所依据的常见运行方式相类似。220kV 等级以上的输电线路通常考虑被保护设备相邻近的一回线或一个元件检修的正常运行方式。特高压电网考虑到同塔双回同跳时，需考虑轮断 2 个元件；而对于网架结构足够强大的超高压电网，由于其母线上的元件和线路很多，需考虑轮断 2～3 个元件。

实际运行表明，500kV 输电线路很难发生同塔双回同跳事故，而 1000kV 输电线路是几乎不可能发生的。因此特高压电网基于同塔双回同跳事故出发考虑轮断 2 个元件的整定计算方式值得进一步探讨。

（2）特高压系统与超高压系统对不同原理保护之间的整定配合相类似。原则上应满足动作时间上的逐级配合在不能兼顾速动性、选择性或灵敏性要求时，可以采用时间配合而保护范围不配合的不完全配合方式。

（3）特高压系统与超高压系统继电保护整定总原则相类似。继电保护整定应本着强化主保护，简化后备保护的原则，合理配置线路及元件的主、后备保护，保护整定可以进行适当简化。但是在两套主保护拒动时，特高压系统后备保护应能可靠且有选择性地切除故障，而在这种情况下超高压系统则允许部分失去选择性。

（4）特高压保护整定与超高压保护整定在"四性"配合上各有侧重。电网继电保护的整定应满足速动性、选择性和灵敏性要求，如果由于电网运行方式、装置性能等原因，不能兼顾速动性、选择性或灵敏性要求时，应在整定时合理地进行取舍。对于特高压电网尤其是建设初期的特高压电网，由于目前网架较弱，则缩小故障切除范围，防止保护超越并有选择地切除故障显得尤为重要，因此在整定时应优先考虑选择性。而对于网架足够强大的超高压电网，通常发生保护误动概率较小，因此在整定时应优先考虑灵敏性。

14.1.3 特高压交流保护的特点

特高压交流系统具有一些不同于超高压电网的电气特征，主要表现在特高压分裂导线的参数特性、过电压、电磁环境等，从而给系统一次、二次设备均带来相应的不同影响。以下按不同类型的继电保护设备来具体阐述特高压交流系统继电保护的主要特点。

14.1.3.1 线路保护特点

与 500kV 超高压交流线路相比，特高压输电线路具有单位长度电阻小、泄漏电导小和分布电容大的特点，这会对特高压输电线路保护产生较大影响。1000kV 特高压交流线路保护主要具有以下特点。

（1）谐波分量和直流分量衰减时间长。1000kV 特高压交流输电线路单位长度电阻与电感的比值明显减小，正序阻抗角约为 89°，短路故障电流衰减时间常数大约是 500kV 输电线路的三倍多，故 1000kV 系统短路故障电流中非周期分量的衰减要比 500kV 系统缓慢得多。虽然数字式继电保护装置通常都采取滤波算法来有效地减小非周期分量的影响，这样使特高压系统故障后非周期分量衰减常数的增大对数字式保护的直接影响不会太大，但是在特高压远距离输电情况下非周期分量衰减常数的增大容易导致 CT 暂态饱和现象，这将对线路电流差动保护产生重要影响，因此需相应地提高特高压系统差动保护的抗 CT 饱和性能。另外，特高压线路故障时衰减缓慢的直流分量和其他高频谐波分量，也会对原来在超高压线路应用的传统保护算法产生较大的影响，并直接影响到相关保护原理的性能，如距离保护更易造成暂态超越，这些都需要采取特定的算法来降低上述不利因素所造成的影响。

（2）分布电容电流大。特高压线路往往较长，长线路的分布电容会产生较大的电容电流，如表 14-1 所示。纵联差动保护及有关的方向保护要充分考虑到分布电容的影响，因此在特高压系统中需要研究精确补偿电容电流或与电容电流无关（即不受电容电流影响）的差动保护原理。传统超高压线路保护的电容电流补偿方法一般只能补偿稳态的电容电流，特高压输电线路在空载合闸、区外故障切除等暂态过程中，线路中的暂态电容电流很大，此时有可能造成差动保护误动。

表 14-1 不同电压等级交流输电线路 100km 容抗及电容电流典型参数值

线路电压/kV	正序容抗/Ω	零序容抗/Ω	电容电流有效值/A
500	2590	3790	111
750	2330	3424	186
1000	2269	3525	255

（3）输送功率大。特高压交流线路一般是系统的主干联络线路，传输功率大，容易引起系统振荡。因此，所配置的线路保护必须充分考虑系统振荡的影响，即 1000kV 特高压交流线路保护不能因系统振荡而误动。而且振荡中一旦发生故障，又必须能可靠、有选择性地切除故障。另外，特高压线路保护还需要考虑重负荷对差动和距离等保护的影响。

（4）同塔双回线路零序互感对保护的影响大。对于特高压同塔双回线路，线路零序互感对保护的影响不容忽视,尤其是对距离Ⅰ段的影响;另外,特高压线路保护应做到自适应,并通过专门处理,以实现在发生跨线等故障时,可靠选相动作。

14.1.3.2　断路器保护特点

作为高压开关设备中最复杂但也是最重要的一种器件,断路器可以关合、承载、开断运行回路的正常电流以及规定的过载电流(如短路电流),因此被广泛用于发电厂、变电站以及开关站,承担着控制和保护的双重任务。特高压断路器具有一般高压断路器的功能,同时也需要尽量降低开断和关合时的操作过电压,从而降低输电线路以及变电站设备的绝缘水平并减少造价。往往通过装设分闸和合闸电阻以达到上述目的,其工作原理如图14-1。

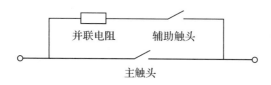

图14-1　分合闸电阻动作原理图

分闸时,先断开断路器的主触头,回路中接入分闸电阻,30ms左右后,串联在分闸电阻侧的辅助触头断开。合闸时则是相反的动作顺序,首先关合与合闸电阻串联的辅助触头,大约10ms后,断路器的主触头关合,即在回路中并联关合一个阻性回路,从而限制了合闸过电压的幅值。分合闸电阻的参数以及辅助触头滞后关断和提前关合的时间都需要依据系统以及线路的情况进行分析,以计算确定具体的数值。一般情况下,选取合闸电阻的阻值较小,分闸电阻的阻值则较高,从而降低操作过电压。而考虑到结构的简化,以及过电压需要限制的水平,通常只采用合闸电阻,并且通过避雷器限制分闸的操作过电压。特高压断路器继电保护特点如下。

(1)系统过电压特征对断路器保护的影响

区别于一般的高压及超高压系统,特高压继电保护的首要任务,是杜绝系统任何可能造成设备和绝缘子损坏的过电压,再者是保证系统处于稳定状态。相关资料表明,1000kV系统输电线路允许的过电压倍数为1.6~1.8倍,相比于500kV系统允许过电压倍数的2倍明显较低。因而在短时间内,特高压输电线路绝缘子允许的过电压裕度比较小,在过电压降低其绝缘性能甚至击穿绝缘子时,因更换绝缘子致使停电而形成的经济损失,可能远远超过系统的稳定性被破坏所带来的损失。因此相比于对继电保护速动性的要求,降低过电压水平更重要。而为使过电压不超过限定,线路所允许的两端切除时间差极短,远小于两端保护相继动作以解除故障的时间。因而,特高压输电线路必须在最短时间内,两端保护动作同时进行以解除其上发生的故障,而两端保护相继动作则是被禁止的。

(2)电容电流对断路器保护的影响

特高压输电线路采用分裂导线,其输送容量大,输电距离长,弧垂较大。另外,在地质、地貌以及人为等客观因素的影响下,线路三相参数不完全一致。系统长线路的特征会产生较大的分布电容电流,分布参数特征使故障暂态波过程更为清晰。分布电容电流使线路两侧电流幅值以及相角都发生了较大变化,同时也使一些差动原理的保护受到极大干扰。当负荷电流较小时,差动保护的灵敏度以及可靠性会受到较大影响,尤其在通过大过渡电阻接地时,保护拒动的现象更常见,因此对断路器小电流开断性能要求更为严苛。

(3)潜供电流对断路器保护的影响

线路发生单相弧光接地故障时,线路接地相两侧的断路器开断,而其他健全相基本上会保持原来的相电压与负荷电流,此时健全相或相邻线路,将会通过静电耦合和电磁耦合,使故障点处仍会流过一定的电流,即为潜供电流。线路越长、电压等级越高、负荷电流越大,潜供电流值越大。

特高压系统大电流接地时,发生单相接地故障数量占总故障的80%以上。当发生故障单相跳闸后,潜供电流较大,电弧现象较超高压系统更强烈,特别是在断路器开断短路电流时,电弧的熄灭一重燃—熄灭的过程将更明显,潜供电弧息弧时间可达 0.7 秒甚至更长,而且电弧的存在还直接影响到断路器的分断能力,应采取措施降低二次电弧电流,继电保护在切除故障的同时应能与相应的降低二次电弧电流的措施相结合。例如,采用基于电弧特性的自适应重合闸,当特高压线路发生单相故障后,故障相两侧断路器也跳开,然后持续循环判别故障点电弧是否熄灭,以判断重合闸是否开放。若判断结果为电弧熄灭,则立即重合闸;若电弧还未熄灭,则持续判别至到达系统允许运行最长非全相时限,若电弧仍未熄灭,则将非故障相的断路器断开。

特高压工程断路器失灵保护与超高压工程区别不大,线路重合闸功能同样配置在断路器保护中,特高压输电工程的重合闸采用单相一次重合闸。

14.1.3.3　母线保护特点

母线是发电厂和变电站的重要组成部分,负责电能汇集和分配等重要任务。1000kV 特高压交流系统母线多采用一个半断路器接线形式,如图 14-2 所示,F1、F2 分别表示区内故障和区外故障。特高压交流输电系统母线发生近距离区外故障时,更易发生 CT 饱和等不利于保护正确动作的情况,因此对其继电保护整定配置要求更高,要求保护动作速度快、抗 CT 饱和能力强、电磁兼容性好。

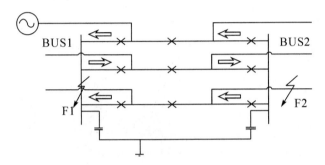

图 14-2　一个半断路器接线的母线示意图

特高压交流输电线路由于其距离较长,分布电容大,母线发生区内故障时,线路短路电流中的高频分量会比常规超高压输电线路大,这会对工频变化量比率差动造成一定影响。短路电流高频分量对突变量差动保护的影响如图 14-3 所示。其中图 14-3(a)为支路电流波形,图 14-3(b)为工频变化量比率差动波形。两图中虚线表示电源支路,实线为长线路。

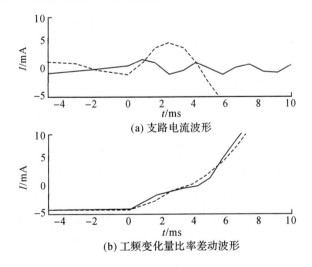

(a) 支路电流波形

(b) 工频变化量比率差动波形

图 14-3　高频分量对突变量差动保护的影响

从图 14-3 中可以看出,长线路在发生故障时明显地受到了分布电容的影响。由于分布电容较大,线路的短路电流中产生了高频分量,使得电流在一段时间内发生反向,导致比率差动的灵敏度降低,因此故障后 3～5ms 工频变化差动会返回,使得区内故障时的自适应加权判据受到影响。同时,从图中也可以看到,在故障起始阶段的 3ms 以内线路受其影响较小。

14.1.3.4 变压器保护(含主变,调补变)特点

特高压变压器分为有载调压和无载调压两种。特高压调压补偿变目前有完全补偿和不完全补偿两种接线方式,两种方式虽然结构不同,但原理以及对保护的影响相似。由于体积和容量的限制,特高压变压器一般采用由三个单相自耦变压器组成的三相变压器组,同时为解决变压器容量增大所导致的温升问题,特高压变压器铁芯采用单相四柱式(两芯柱、两旁柱)结构,特高压三绕组自耦变压器原理接线如图 14-4 所示。

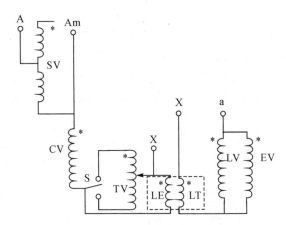

CV-公共绕组;SV-串联绕组;LV-低压绕组;LT-低压补偿绕组;LE-低压励磁绕组;EV-调压励磁绕组;TV-调压绕组

图 14-4 特高压三绕组自耦变压器原理接线图

从图 14-4 可以看出,调压绕组与主变压器高压绕组串联,稳定中压侧的电压,低压补偿绕组与主变压器低压绕组串联,补偿在调节主变压器中压侧电压时对低压侧的影响,稳定低压侧电压。调压和补偿变压器独立于主变压器之外,通过硬母线连接。

特高压变压器调压方式目前均采用中性点调压。这种连接方式下,调压变和补偿变占整个变压器的匝数相对较少,两者匝间的电压相对于主变压器来说也很小,当调压变或者补偿变发生轻微匝间故障情况下,折算到整个变压器来说会更加轻微,保护范围为整个变压器的变压器差动保护很难在这种情况下动作,图 14-5 是在中国电科院进行 1000kV 变压器保护动模试验时调压变发生 25% 匝间短路故障时的波形。

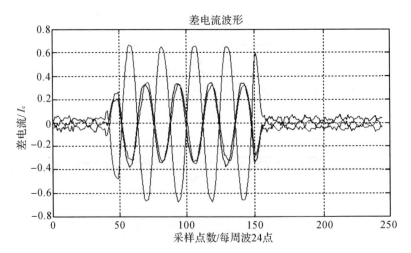

图 14-5 调压变 25% 匝间故障下三相差电流波形

从图 14-5 波形可以看出,即使调压变发生 25% 的匝间故障(这个匝比的匝间故障对于调压变压器来说已经是非常严重的内部故障),主变压器差动保护感受到的差电流幅值也仅为 $0.47I_e$,刚刚超过了差动保护起动定值 $0.4I_e$,当调压变短路匝比继续下降之后,主变压器差动保护甚至不能起动。

空投特高压变压器时产生励磁涌流导致主变压器保护误动。特高压变压器的铁芯饱和点低,剩磁较大,在合闸特高压空载变压器时,容易产生电流小、衰减时间长的励磁涌流。励磁涌流的大小及衰减时间与空投变压器系统电压相角、铁芯剩磁、系统等值阻抗、绕组接线方式等因素相关。对于如二次谐波制动等传统的励磁涌流鉴别方法,励磁涌流中二次谐波过小会导致差动保护误动,而保证差动保护正确动作的关键是准确区分励磁涌流和内部故障电流。

14.1.3.5 高抗保护特点

特高压并联电抗器容量是超高压并联电抗器的几倍,考虑到由于容量增加所带来的漏磁控制难度增大、局部过热风险增加等问题,特高压高抗采用四柱式(双芯柱带两旁轭)结构和双器身结构。而绕组采用先并联后串联的连接形式,如图 14-6 所示。

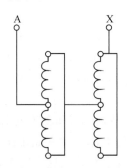

图 14-6 绕组先并联后串联连接方式示意图

与 500kV 超高压交流系统相比,特高压交流系统对高抗保护的影响是多方面的,主要体现在短路故障电流中非周期分量的衰减时间常数长、电抗器容量大、对电磁兼容性能要求高、对零序功率方向原理的电抗器匝间保护影响较大和保护动作灵敏度低等。

匝间短路是高抗常见的内部故障,并且故障电流对于纵差保护具有穿越性,使得纵差保护无法反应匝间短路故障。在超高压系统中往往采用零序阻抗元件作为保护判据,而特高压系统中由于变压器及长线路的影响,使其系统零序阻抗较大,可能会导致匝间保护拒动,需要改进保护方案以确保匝间保护的灵敏度和可靠性。

为了解决特高压电网中无功平衡与限制工频过电压之间的矛盾,发展可控高抗具有广阔的前景,可控高抗可分为磁控式、分级式、晶闸管控制式等多种类型。工程中应用于特高压电网的可控高抗主要为磁控式(直流助磁式和磁阀式)和变压器式(分级式和晶闸管控制变压器式)两类。可控高抗结构对比情况如表 14-2 所示。

表 14-2 可控高抗结构对比

	直流助磁式	磁阀式	分级式	晶闸管控制变压器式
控制绕组	有	有	无	无
补偿绕组	无	有	无	无
晶闸管	无	无	有	有

显然,与现有特高压工程中的高抗相比,可控高抗结构更加复杂,非电气量保护难度更大,而且目前仍没有很好的手段提高可控高抗小匝间短路保护的灵敏度,这在某种程度上也制约了可控高抗在特高压工程中的应用。

14.1.3.6 低抗、低压电容器保护特点

特高压输电工程中,特高压主变 110kV 侧的电容器、电抗器配置有断路器和负荷开关两种形式。

受负荷开关切断能力的限制,当内部故障电流较大时,负荷开关无法切断故障设备,但如果任何故障直接跳主变分支总断路器,断路器切电容电流对其寿命影响很大,特别是切除两台电容器的电容电流时对其损伤更严重。因此,110kV侧的电容器、电抗器保护装置设置有出口跳闸切换功能,即装置根据故障电流的大小选择跳主变低压侧的断路器或跳本间隔的负荷开关。

14.2 特高压交流保护原理及配置

特高压交流保护由线路保护、断路器保护、母线保护、变压器保护、高抗保护以及低抗、低压电容器保护六个部分组成,其中断路器保护、母线保护、高抗保护以及低抗、低压电容器保护与超高压交流系统相类似,而线路保护存在一定差别,变压器保护存在较大差别。

14.2.1 线路保护原理及配置

14.2.1.1 线路保护原理

传统超高压线路保护的电容电流补偿方法一般只能补偿稳态的电容电流,对于长距离特高压输电线路有必要考虑线路分布电容电流的影响。由表14-1可知,对于采用八分裂导线的1000kV输电线路在传送自然功率时,每100km线路每相电容电流为255A,而且电容电流与电压等级的比值越来越大,说明随着输电线路电压等级的升高和输电线路长度的增加,电容电流幅值增加越来越快。除稳态运行情况外,特高压输电线路在空载合闸、区外故障切除等暂态过程中,线路中的暂态电容电流很大,尤其是在暂态状态下电压中有很多高频分量,电容电流与频率成正比,从而会产生幅值更大的电容电流,此时有可能造成差动保护误动。因此,针对特高压线路的这一特点,各保护厂家采取了不同的措施。有的继电保护厂家采用了基于贝瑞隆模型的行波电容电流补偿方法,该方法能够精确地补偿暂态电容电流和稳态电容电流,而且基于贝瑞隆模型提出的分相电流差动保护原理也应用在工程实际中,研制出的保护装置也应用于目前国内已投运的几个1000kV特高压交流输电工程;有的厂家线路保护采用时域补偿差流方法,也能较好地补偿暂态电容电流和稳态电容电流。

由Bergeron提出的贝瑞隆模型(Bergeron Model)是一种比较精确的输电线路模型,根据波过程原理,应用混合波的图案对波的多次折、反射进行分析,并由分布参数输电线路的微分方程推导出典型输电线路的贝瑞隆模型。贝瑞隆法的核心是把分布参数元件等值为集中参数元件,再用通用的集中参数的数值求解法来计算线路上的波过程。

正常运行时即保护装置未启动之前,计算$|I_M+I_N|=I_C$,I_M、I_N分别为两端线路M、N两侧的电流,I_C为该线路的实测电容电流;保护启动后,将I_C作为浮动门槛,利用故障后的线路两侧的实测电压对电容电流进行精确补偿,即半补偿方案:在线路两侧各补偿电容电流的一半。

图14-7、图14-8、图14-9分别是M、N两端线的正序、负序和零序π型等值电路图,其电容电流的计算公式推导如下。

以A相为基准,M侧正序、负序和零序电容电流分别如式(14-1)、(14-2)和(14-3)所示。

$$I_{MC1}=U_{M1}/(-j2X_{C1}) \tag{14-1}$$
$$I_{MC2}=U_{M2}/(-j2X_{C2}) \tag{14-2}$$
$$I_{MC0}=U_{M0}/(-j2X_{C0}) \tag{14-3}$$

式中,I_{MC1}、I_{MC2}和I_{MC0}分别为正序、负序及零序电容电流;U_{M1}、U_{M2}、U_{M0}分别为正序、负序及零序电压;X_{C1}、X_{C2}、X_{C0}分别为正序、负序及零序电抗。

M侧各相电容电流为(设$X_{C1}=X_{C2}$)

$$\begin{aligned}I_{MAC}&=I_{MC1}+I_{MC2}+I_{MC0}\\&=(U_{M1}+U_{M2}+U_{M0}-U_{M0})/(-j2X_{C1})+U_{M0}/(-j2X_{C0})\\&=(U_{MA}-U_{M0})/(-j2X_{C1})+U_{M0}/(-j2X_{C0})\end{aligned} \tag{14-4}$$
$$I_{MBC}=\alpha^2I_{MC1}+\alpha I_{MC2}+I_{MC0}$$

$$= (\alpha^2 U_{M1} + \alpha U_{M2} + U_{M0} - U_{M0})/(-j2X_{C1}) + U_{M0}/(-2jX_{C0})$$

$$= (U_{MB} - U_{M0})/(-j2X_{C1}) + U_{M0}/(-2jX_{C0}) \tag{14-5}$$

$$I_{MCC} = \alpha I_{MC1} + \alpha^2 I_{MC2} + I_{MC0}$$

$$= (\alpha U_{M1} + \alpha^2 U_{M2} + U_{M0} - U_{M0})/(-j2X_{C1}) + U_{M0}/(-2jX_{C0})$$

$$= (U_{MC} - U_{M0})/(-j2X_{C1}) + U_{M0}/(-2jX_{C0}) \tag{14-6}$$

同理,容易得到 N 侧各相电容电流为

$$I_{NAC} = (U_{NA} - U_{N0})/(-j2X_{C1}) + U_{N0}/(-j2X_{C0}) \tag{14-7}$$

$$I_{NBC} = (U_{NB} - U_{N0})/(-j2X_{C1}) + U_{N0}/(-j2X_{C0}) \tag{14-8}$$

$$I_{NCC} = (U_{NC} - U_{N0})/(-j2X_{C1}) + U_{N0}/(-j2X_{C0}) \tag{14-9}$$

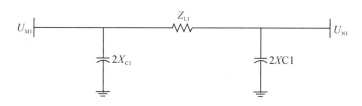

图 14-7　输电线路正序 π 型等值电路

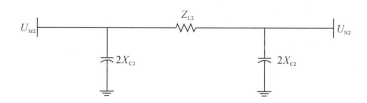

图 14-8　输电线路负序 π 型等值电路

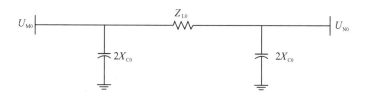

图 14-9　输电线路零序 π 型等值电路

从理论上说,基于贝瑞隆模型的线路差动保护原理自动地考虑了电容电流的影响,是目前为止最精确的用软件实现分布电容电流补偿算法。但在贝瑞隆线路模型法的差动保护中存在采样频率和输电线路长度难以配合的问题,因此又有厂家提出了基于 Π 形等值电路的时域电容电流补偿的差动保护。所提出的差动保护是利用微分方程模型对瞬时值进行补偿,能够有效地消除暂态和工频稳态电容电流的影响,解决了常规工频相量补偿法仅能补偿稳态电容电流且计算数据窗较长的缺陷。

传统的电容电流补偿法只能补偿稳态电容电流,在空载合闸、区外故障切除等暂态过程中,线路暂态电容电流很大,此时稳态补偿就不能将此时的电容电流补偿。时域补偿差流采用暂态电容电流补偿方法,对电容电流的暂态分量也进行补偿。

对于不带并联电抗器的输电线路,其 Π 型等效电路如图 14-10 所示。

图 14-10 中各电容的电流,可以通过式(14-10)计算得到。

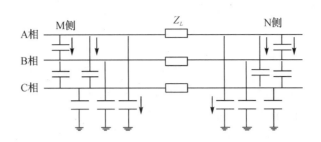

图 14-10　不带并联电抗器线路的 Ⅱ 型等效电路

$$i_C = C \frac{du_C}{dt} \tag{14-10}$$

式中，i_C 为通过各个电容的电流；C 为电容值；u_C 为电容两侧的电压降。

求出各个电容的电流后，即可求得线路各相的电容电流。既然不同频率的电容电压、电流都存在式（14-10）关系，因此按式（14-10）计算的电容电流对于正常运行、空载合闸和区外故障切除等情况下的电容电流稳态分量和暂态分量都能给予较好的补偿，提高了差动保护的灵敏度。

对于安装有并联电抗器的输电线路，由于并联电抗器已经补偿了部分电容电流，因此在做差动保护时，需补偿的电容电流为式（14-10）计算的电容电流减去并联电抗器电流。

并联电抗器中性点接小电抗等值电路及其相关电流、电压如图 14-11 所示。

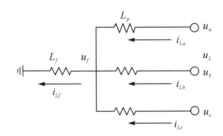

图 14-11　并联电抗器中性点接小电抗等效电路图

电抗器上的电流和电压之间关系如式（14-11）所示。

$$u_L(t) - u_f(t) = L_p \frac{di_L(t)}{dt} \tag{14-11}$$

将式（14-11）在时刻（$t - \Delta t$）至时刻 t 时间段内进行积分如下式所示。

$$i_L(t) = i_L(t - \Delta t) + \frac{1}{L_p} \int_{t-\Delta t}^{t} [U_L(t) - U_f(t)] dt \tag{14-12}$$

$$i_C = C \frac{du_C}{dt} - i_L(t) \tag{14-13}$$

另外，对于 1000kV 长线路传统的集中参数模型的距离保护，尤其是距离 Ⅰ 段保护其测量阻抗将受到电容电流的严重影响，往往不能满足距离 Ⅰ 段暂态超越小于 5% 的要求。

14.2.1.2　线路保护配置

特高压线路保护与超高压线路保护有所不同。超高压线路主保护采用双重化配置，根据通道条件通常采用两套高频保护、一套高频＋一套分相电流差动或两套分相电流差动三种保护配置方式；而特高压线路主保护也采用双重化配置，通常采用两套分相电流差动保护，另外考虑到特高压线路光纤通道条件比超高压线路要求高，每套分相电流差动保护均采用双通道。例如第一套采用南瑞继保分相电流差动 PCS-931GMM-U＋PCS-925G 过电压及远跳就地判别；第二套采用北京四方分相电流差动 CSC-103B＋CSC-125A 过电压及远跳就地判别。每套分相电流差动保护具备两个光纤通道接口，两个通道同时工作。其中 A 通道复用 2M 通过 1000kV 线路的 OPGW 传输;B 通道复用 2M 通过 500kV 线路的迂回 OPGW 传输。在任一个通道且仅一个通道故障时,不影响线路分相电流差动保护的运行。

每套线路保护配置一套远跳就地判别装置,就地判别装置与过电压保护合用。每回线路各侧的就地判别装置按双重化、"一取一"即一套就地判别装置对应一套线路保护通道的跳闸逻辑配置。远方跳闸就地判别采用分相低有功判据,任一相满足低有功判据即可。

每回线路均配置过电压保护,过电压保护采用分相电压测量元件。线路配置的过电压保护动作条件是本侧线路断路器在三相断开位置,检测到三相均过电压后,过电压保护动作后经延时通过远方跳闸回路跳线路对侧的断路器。过电压保护远方跳闸信号的发送和接收,与失灵保护及高抗保护远跳共用。第一套线路保护屏保护配置如表 14-3 所示,第二套线路保护屏保护配置如表 14-4 所示。

表 14-3　第一套线路保护屏保护配置

型　号		保护名称	备　注
1000kV 线路第一套线路保护	主保护	稳态 I 段分相电流差动	
		稳态 II 段分相电流差动	经 25ms 延时动作
		零序电流差动	经 40ms 延时动作,选跳
		工频变化量差动	
PCS-931GMM-U 线路微机保护	后备保护	后备保护	工频变化量距离
		三段接地距离	
		三段相间距离	
		距离合闸于故障	单相重合闸时,距离 II 段受振荡闭锁控制经 25ms 延时三相跳闸; 三相重合闸时,经整定控制字选择加速不经振荡闭锁的距离 II、III 段,否则总是加速经振荡闭锁的距离 II 段;手合时总是加速距离 III 段。
		零序合闸于故障	手合时,零序电流大于加速定值时经 100ms 延时三相跳闸
		零序反时限过流	最小动作时间 0.5s
PCS-925G 远方跳闸就地判别及过电压		就地判别	收到对侧远跳信号,本侧进行单相低功率判别
		过电压保护	判本侧对应断路器分闸位置,检三相过电压,不跳本侧断路器,发出远方跳闸信号

双通道 2048kbit/s 两个通道都复用的连接方式如图 14-12 所示。

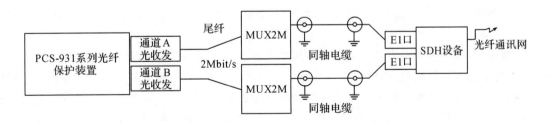

图 14-12　双通道 2048kbit/s 复用的连接方式

表 14-4　第二套线路保护屏保护配置

型　号		保护名称	备　注
1000kV 线路第二套线路保护	CSC-103B 线路保护装置 主保护	分相电流差动	
		零序电流差动	延时 100ms 动作,选跳
		快速距离保护	
		三段接地距离	
		三段相间距离	
	后备保护	距离合闸于故障	手动合闸于故障,距离保护将加速距离Ⅰ、Ⅱ、Ⅲ段。 重合后加速功能元件: 1)电抗相近加速(重合后,原故障相的测量阻抗在Ⅱ段内,且电抗分量同跳闸前的电抗分量相近时,则保护加速动作)。此功能固定投入 100ms; 2)瞬时加速Ⅱ段。如果控制字投入"振荡闭锁元件"方式,则进入须经振荡闭锁模式。 3)1.5s 躲振荡延时加速Ⅲ段。
		零序合闸于故障	手合加速段保护带 60ms 延时
		零序反时限过流	最小动作时间 0.5s
	CSC-125A 远方跳闸就地判别及过电压	就地判别	收到对侧远跳信号本侧进行单相低功率判别
		过电压保护	判本侧对应断路器分闸位置,检三相电压,不跳本侧断路器,发出远方跳闸信号

14.2.1.3　线路保护整定

由于特高压线路保护的特点,线路保护整定需遵照以下原则。

(1)轮断原则:在各种设定的运行方式下,进行分支系数求解及整定值校核时,会对线路两侧厂站的线路和变压器进行轮断,轮断个数的推荐原则为:1~4 个元件轮断 1 个;5~8 个元件轮断 2 个;9 个及以上元件轮断 3 个。特殊方式另行考虑,对于同杆并架线路需考虑两回线同时停方式。

(2)对于分相电流差动保护,主要有以下几项规定:当故障点电流大于 800A 时,保护应能选相动作切除故障;应投电容电流补偿功能;在分相电流差动保护 CT 断线情况下不闭锁差动保护,但应相应提高差动保护启动门槛定值。在特高压建设初期,由于系统较弱,为防止 CT 断线时保护误动,也可在线路保护判为 CT 断线的情况下直接闭锁差动保护。

(3)线路保护整定采用近后备原则。条件许可时,应采用远近结合的方式,对远后备的灵敏系数不作要求。

(4)接地和相间距离保护按金属性故障来校验灵敏度。距离Ⅰ段按不伸出对侧母线整定,以可靠躲过对侧母线故障。

(5)一般情况,线路接地距离Ⅱ段定值按本线路末端发生金属性故障有足够灵敏度整定,并与相邻线路接地距离Ⅰ段或Ⅱ段配合;也可与相邻线路纵联保护配合,时间与对侧断路器失灵保护动作时间配合;相间距离Ⅱ段定值,按本线路末端发生金属性相间短路故障有足够灵敏度整定,并与相邻线路相间距离Ⅰ段或纵联保护配合;若无法配合时,可与相邻线路相间距离Ⅱ段配合整定,相间、接地距离Ⅱ段动作时间不宜大于 1.7 秒。

(6)若上一级线路距离Ⅱ段定值伸出对侧主变下一电压等级母线,则对相应的下一电压等级元件定值需下调整定限额;若下一级线路距离Ⅱ段定值伸出对侧主变上一电压等级母线,则距离Ⅱ段可与上一电压等级线路的纵联保护配合。

(7)正常方式下,距离Ⅲ段按与相邻线路距离Ⅱ段配合,若与相邻线路距离Ⅱ段配合有困难,则与相邻线路距离Ⅲ段配合;若与相邻线路距离Ⅲ段无法配合,则采取不完全配合。距离Ⅲ段还应可靠躲过本线路最大事故过负荷时对应的最小负荷阻抗和系统振荡周期,时间一般取 1.7 秒及以上。

(8)特高压同塔双回线间具有较大零序互感,由于在不同的运行工况下,双回线间零序互感影响的不确定性,接地距离保护的测量误差较大,对于保护装置只能提供一个零序补偿系数定值的情况,该零序补偿系数不能同时满足距离Ⅰ段和Ⅱ段的要求。为可靠起见,整定计算软件配合 K 值与整定 K 值要一致,统一取 K_{max}。距离Ⅰ段可靠系数适当缩小。最根本的方法,保护厂家应能提供 K_{max}、K_{min} 两个系数(K_{max}、K_{min} 计算公式见 Q/GDW 422-2010 6.2.8)。

(9)零序电流保护需保证相应电压等级线路高电阻性接地故障时可靠切除。反时限零序电流保护按反时限曲线整定,所有线路的反时限零流取标准反时限曲线簇,时间常数为 0.4,启动值不大于400A。最小动作时间如果与反时限零流固有时间是"串联"逻辑应整定不小于 0.5 秒;如果是"并联"逻辑则整定不小于 1.0 秒。

(10)因原理不同的保护装置上下级难以整定配合,若两套纵联保护同时拒动,后备保护应能可靠且有选择性地切除故障。

(11)静稳电流按可靠躲线路正常最大负荷整定。

(12)负荷限制阻抗线应可靠躲 $N-1$ 故障后单回线的稳态运行电流。

14.2.2　断路器保护原理及配置

14.2.2.1　断路器保护原理

断路器作为继电保护重要元件之一,与其他元件相配合,构成交流系统重要的继电保护。根据国内外特高压工程经验,常见的电气主接线方式有双母线双分段接线、双断路器接线以及 3/2 断路器接线,三种接线方式综合比较如表 14-5 所示。从可靠性角度分析,双断路器接线方式下,母线或任一元件故障都不会造成线路断电;3/2 断路器接线方式下,串中断路器具有高故障率以及高检修成本,使该方式的可靠性有所降低;双母线双分段接线方式下,任一回路上断路器的检修都会造成该回路断电。因而,单考虑可靠性,双断路器接线方式最有优势。但从经济性角度分析,双断路器接线方式使用的断路器数量最多,成本较高。而 3/2 断路器接线方式下,使用设备数量较少,经济性更好,综合技术经济性考虑,在特高压交流系统中 3/2 断路器接线方式较为适用,3/2 接线方式如图 14-13 所示。

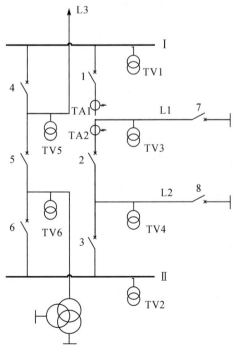

图 14-13　3/2 断路器典型接线示意图

表 14-5　三种接线方式的综合比较

主接线类型	断路器数量	可靠性水平	操作复杂性	断路器故障
双断路器	24	高	简单	任一断路器故障,都不影响供电。
3/2 断路器	18	较高	一般	完整串内中间断路器故障,2 元件停运;其他断路器故障,1 元件停运。
双母双分段	16	一般	复杂	母线或线路断路器故障,全厂停电;其他断路器故障,一台机组停运,母线断路器故障可较快恢复供电,其他均需修复断路器后方可运行。

在 3/2 断路器接线中,失灵保护、自动重合闸以及三相不一致保护等置于同一装置内,特高压系统电压等级高,主接线较复杂,其保护配置的难度也较大,3/2 接线方式断路器保护以断路器单元进行配置,每台断路器都配置有一面断路器保护屏。

14.2.2.2　断路器保护配置

1000kV 断路器保护配置独立的断路器保护装置。断路器保护包含重合闸、失灵保护和充电过流保护功能。充电过流保护包括由硬压板投退的两段式相过流保护,具有瞬时和延时跳闸功能。

断路器三相不一致保护采用断路器本体三相不一致保护,断路器保护装置内的三相不一致保护停用,断路器保护配置如表 14-6 所示。

表 14-6　断路器保护配置

断路器编号	保护名称	备　注
T0XX PCS-921G 断路器失灵及自动重合闸装置	自动重合闸	边断路器 1.0s 重合;中间断路器 1.3s
	充电过流保护	正常停用
	失灵保护	瞬时重跳本断路器故障相,延时 200ms 跳相邻断路器及发远跳信号
	三相不一致	停用,使用断路器机构三相不一致

14.2.2.3　断路器保护整定

1)断路器失灵保护

对于断路器失灵保护情况,通常线路仅考虑线路两侧一台断路器单相拒动,而主变仅考虑主变高、中、低压侧一台断路器单相拒动(主变低压侧三相联动机构的断路器需考虑三相拒动)。

(1)线路断路器失灵保护电流判据

线路断路器失灵保护电流判据包括负序或零序电流与相电流。失灵保护延时跳相邻断路器的时间整定按躲断路器可靠跳闸时间和保护返回时间之和,再考虑一定的时间裕度,取 0.2s。具体为:

相电流按系统小方式下本线路末端短路有灵敏度整定,并尽可能躲过负荷电流。灵敏度系数大于1.3;零序电流定值按躲过最大零序不平衡电流整定且保护范围末端故障有足够灵敏度整定;失灵保护负序电流定值按躲过最大不平衡负序电流且保护范围末端故障有足够灵敏度整定。

(2)主变断路器失灵保护电流判据

主变断路器失灵保护电流判据包括负序或零序电流。负序起动电流定值一般应保证在本变压器低压侧故障时有足够灵敏度,灵敏度系数大于1.3。失灵保护延时跳相邻断路器的时间整定按躲断路器可靠跳闸时间和保护返回时间之和,再考虑一定的时间裕度,取 0.2s。

2)断路器过流保护

对于线路断路器过流保护,通常仅投Ⅰ段,其电流定值应保证保护范围末端故障有足够灵敏度并可靠躲过线路充电电流,时间为 0s。

对于主变断路器过流保护,通常投Ⅰ段和Ⅱ段。过流Ⅰ段定值按断路器安装侧主变套管及引线故障有足够灵敏度整定,灵敏度系数不低于 2,时间取 0.01s~0.2s;过流Ⅱ段应保证在本变压器低压侧故障时有足够灵敏度,灵敏度系数大于 1.5,时间取 0.3s~1.5s。

3）断路器重合闸保护

线路重合闸时间的整定应满足相应电网安全稳定要求并充分考虑断路器本身和潜供电流的影响，相邻两个断路器重合闸采取时间上的配合以满足重合闸的先后合闸顺序。

4）断路器三相不一致保护

断路器三相不一致保护应采用本体三相不一致，3/2 接线与线路相关的断路器，动作时间原则上按可靠躲单相重合闸时间整定，一般统一取断路器三相不一致时间为 2.5s。发变组等不需要和重合闸时间配合的断路器三相不一致保护时间可整定为 0.5s。

14.2.3　母线保护原理及配置

14.2.3.1　母线保护原理

1）采用基于暂态饱和全程测量的可变特性差动算法

为防止母线差动保护在母线近端发生区外故障时，由于 CT 严重饱和出现差电流的情况下误动作，保护装置根据 CT 饱和发生的机理，以及 CT 饱和后二次电流波形的特点设置了 CT 饱和检测元件，用来判别是否由区外故障 CT 饱和引起差电流的产生，该算法称之为基于暂态饱和全程测量的可变特性差动算法。在母线区内故障情况下和母线区外故障 CT 饱和情况下 ΔI_d 元件与 ΔI_r 元件的动作时序截然不同，并且 CT 饱和时虽然差电流波形畸变但每周波都存在线性传变区，且暂态饱和波形中存在丰富的谐波分量，可以准确检测出 CT 饱和发生时刻，并实时调整差动相关算法，具有极强的抗 CT 饱和能力。

2）快速、高灵敏复式比率差动保护

保护装置采用快速、高灵敏复式比率差动保护，动作方程如式（14-14）。

$$\begin{cases} I_d > I_{dset} \\ I_d > K_r \times (I_d - I_r) \end{cases} \tag{14-14}$$

式中，I_{dset} 为差动保护启动电流定值；K_r 为复式比率系数（制动系数）定值。复式比率差动判据相对于传统的比率制动判据，由于在制动量的计算中引入了差电流，使其在母线区外故障时有极强的制动特性，在母线区内故障时无制动，制动系数选取范围更广，因此能更明确地区分区外故障和区内故障，动作更加准确。

3）高频及非周期分量影响

保护装置采用各种算法相结合，可有效消除直流分量及高频谐波对保护造成的影响，区内故障时保护快速可靠动作，区外故障时可靠闭锁。

4）特高压主变 110kV 侧母差保护特点

从提高电网运行的可靠性和灵活性角度出发，特高压主变 110kV 侧每个分支更宜配置双套母差保护。

考虑到低抗和电容器间隔有断路器和负荷开关两种配置，110kV 母差保护有以下特点。

（1）新增按间隔设计的大电流闭锁保护功能，保护动作时根据故障电流的大小自动选择跳本间隔出口或者直接跳开主变低压侧断路器。

（2）独特的断路器双重失灵保护功能，主变低压侧电容器、电抗器等无功补偿设备故障时若本间隔断路器失灵，由母线失灵保护直接跳开主变低压侧断路器，考虑主变低压侧断路器同时失灵时，需要母线失灵保护联跳主变其他侧断路器切除故障。

14.2.3.2　母线保护配置

特高压站的每条 1000kV 母线均配置两套 1000kV 母线保护。例如第一套母线保护采用许继电气生产的 WMH-800A 型微机母线保护装置；第二套母线保护采用长园深瑞生产的 BP-2CS-H 型微机母线保护装置。每套母差单独主屏，一个站 1000kV 母差共四面保护屏。

WMH-800A 系列微机母线保护装置配有专门的 CT 饱和检测元件，其利用的是监测谐波含量的方法。整套装置的具体配置如表 14-7 所示。第二套保护 BP-2CS-H 型微机母线保护装置适用于 1000kV

及以下各种电压等级、各种主接线方式的母线,专用于特高压及超高压电压等级的一个半断路器接线方式。可实现母线差动保护、断路器失灵经母差跳闸、CT断线闭锁及CT断线告警功能,其中差动保护与断路器失灵保护经母差跳闸可分别选择投退,具体配置同表14-7。

一条母线的两套母线保护装置均具备母线差动保护功能和失灵保护功能,并作用于断路器的不同跳闸线圈。断路器失灵联跳其他断路器出口应与母线保护共用出口。母线保护设有灵敏的、不需整定的失灵开放电流元件并带50ms的固定延时,防止由于失灵保护开入异常等原因造成失灵联跳误动。

表 14-7　1000kV 特高压系统母线第一套保护配置

型　号	保护名称	备　注	
WMH-800A	母线保护	差动保护启动电流定值	
		CT断线告警定值	低定值仅告警
		CT断线闭锁定值	高定值闭锁母差
	控制字	差动保护	投入差动保护功能
		失灵经母差跳闸	开关失灵保护借母差出口跳母线相应开关

14.2.3.3　母线保护整定

(1)母线保护差电流起动元件应保证最小方式下母线故障有足够灵敏度,灵敏度系数不小于1.5。

(2)按可靠躲过区外故障最大不平衡电流和尽可能躲过任一元件电流回路断线时由于最大负荷电流引起的差电流整定。

(3)CT断线应可靠闭锁母差保护。CT断线低定值一般整定一次定值不大于300A,仅发告警信号;高定值一般整定为低定值的1.5倍,告警并闭锁母差保护。

14.2.4　变压器保护原理及配置

14.2.4.1　变压器保护原理

特高压调压变和补偿变为三相分相变压器,在运行时,由于CT变比和档位不同,各侧电流大小不同。需要通过平衡系数、极性转换等方法进行补偿,消除电流大小差异。调压补偿变差动保护是主要为防止主变保护对调压补偿变匝间故障灵敏度不足而专门配置的。常规调补变保护只适用于无载调压模式,为适应有载调压模式,必须对现有调压补偿变保护进行改造。

1)有载调压对主变和补偿变的影响

(1)有载调档过程中,主变中压侧电压的调压范围为5%,按照主变差动定值整定原则整定,调压误差对主变保护影响较小。即有载调档对主变影响可以忽略。

(2)有载调档过程中补偿变变比不变,调档过程不会引起补偿变差流。若不切换定值区,仅影响差动保护灵敏度,由低档调往高档时灵敏度增加,高档调往低档时灵敏度降低,但补偿变各档位下的额定电流变化不大,之间最大相差仅130A,约 $0.2I_e$ 左右,对灵敏度的影响较小。即有载调档对补偿变影响可以忽略。

2)有载调压对调压变保护的影响

(1)由于调压变档位为多档(如1~9档或1~21档等),在不同档位下每一档位对应一组系统参数定值,定值组数和档位数相同。档位小于中间档为正档,档位大于中间档为负档。21档调压变对应11档为中间档,则1~10档为正档,12~21档为负档。调压变处于中间档时,调压变差动计算差流时固定将低压侧电流置0。处于负档时,由于在负档情况下调压变压器一次同名端改变,计算差流时调压变角侧电流极性不变,调压变星侧极性改变,极性改变由保护软件内部自动调整。

(2)有载调压变压器能在带负荷的状态下调节分接抽头的位置以控制变压器变比的变化,来适应系统电压的改变。差电流正是随变压器抽头的改变而出现的,因为调压变 ΔU 的变化范围在 $\pm100\%$ 之间,不能用固定变比计算调压变差流,需要在定值中增加调压变原副边(角侧/星侧)额定电流定值,以适应档位的切换,进而调整差动保护平衡系数,改善差流计算。

（3）调压变每一档位对应一组系统参数定值，每档下变压器额定电流比值不同，对应的平衡系数 K_n 不同。有载调压过程中，有载调档在档位切换的暂态过程中存在相邻两档短接的过程，但由于短接之间有载开关有过渡电阻存在，相邻两档短接不会造成调压变产生差流，即相邻两档短接对差流的影响可以忽略。产生差流主要因素为整定的定值与实际档位可能不相同，造成差动保护差流越限。设当前整定档位为 n，运行档位为 $n+1$，归算到高压侧差流及比率制动系数如式（14-15）所示。

$$\begin{cases} I_d = I_1 K_n - I_1 K_{n+1} = \dfrac{(K_n - K_{n+1})}{K_n} I_{ne} \\ k_r = 2\dfrac{I_1 K_n - I_l K_{n+1}}{I_1 K_n + I_1 K_{n+1}} = 2\dfrac{(K_n - K_{n+1})}{(K_n + K_{n+1})} \end{cases} \tag{14-15}$$

在正负最大档附近，由于邻近档变比变化小，调档后会引起差流较小，如 1↔2 档和 20↔21 档，一般差流不会大于 $0.2I_e$，不会引起差动保护误动，但会引起差流越限报警。

但是在中间档 11 档附近档位向其他档位调档时，由于变比变化大，调档后会引起更大差流，可能引起差动保护误动。以 9 档到 10 档为例，差流采用公式（14-16）进行估算。

$$\begin{cases} I_d = I_1 K_9 - I_1 K_{10} \approx 0.5 I_e \\ k_r = 2\dfrac{I_1 K_9 - I_1 K_{10}}{I_1 K_9 + I_1 K_{10}} \approx 0.67 \end{cases} \tag{14-16}$$

式中，$K_9 = 1/18.5$，$K_{10} = 1/18.5$。即定值需至少整定为 $0.5I_e$，斜率至少大于 0.67 才能可靠躲过区外故障。

理论上通过调整差动定值和斜率可以躲过除涉及中间档 0 档调档的任何区外故障，因为中间档 0 档时，调压变差动计算应不计入调压变低压侧电流，但调档过程中由于保护无法获知当前档位，运行定值区与实际档位不同，区外故障时不可避免产生误动。

对于涉及调整极性的调档，如正极性调整到负极性，按照上述制动系数计算公式，躲区外故障需要选取如式（14-17）所示计算公式。

$$k_r = 2\frac{I_1 K_n + I_1 K_m}{I_1 K_n + I_1 K_m} = 2 \tag{14-17}$$

可见由于极性发生变化，制动系数需选取大于 2。但区内发生故障时，其制动系数最大值不会超过 2，所以按照制动系数大于 2 整定，区内发生故障保护也不会动作。所以涉及极性转换时的调档定值同时按照躲区外故障和能够反应区内故障是相互矛盾的，即防误动必然导致拒动，防拒动必然导致误动。

14.2.4.2　变压器保护配置

特高压变压器保护与超高压变压器保护存在较大差别，特高压变压器由主变及调压补偿变组成，其中调压补偿变差动保护需要单独一台装置实现，而超高压变压器没有调压补偿变。超高压变压器保护通常配置两套电气量保护和一套非电气量保护，每台变压器保护有 3 面屏，分别由主变第一套差动保护、主变第二套差动保护以及主变非电气量保护组成。而特高压变压器保护包含主变保护和调压补偿变保护，主变和调压补偿变的电气量保护均双重化配置，非电气量保护仅配置一套，主变保护和调压补偿变保护应分布于不同保护装置内，并单独组屏。每台特高压变压器保护有 5 面屏，分别由主变第一套差动保护、主变第二套差动保护、主变非电气量保护、调补变第一套差动保护＋调补变非电气量保护以及调补变第二套差动保护组成。

1）主变保护配置

主变保护配置具体如下：

（1）主变保护配置差动速断、不经整定的反应故障分量的差动（如突变量差动）、纵差保护和分侧差动保护。

（2）主变各侧配置后备跳闸保护和过负荷告警保护，各侧均装设一套不带任何闭锁的过流保护或零序电流保护作为变压器的总后备保护。高、中压侧为零序电流保护，低压侧为过流保护。

（3）对外部相间短路引起的主变过电流，采用相间阻抗保护。

（4）对外部单相接地短路引起的主变过电流，采用接地阻抗保护。

（5）主变装设过激磁保护，过激磁保护具有定时限低定值发信和反时限跳闸功能，反时限特性应与被保护变压器的励磁特性相配合，过激磁保护安装在主变的1000kV侧。

（6）变压器低压侧配置电压偏移保护，在信号发出后动作。

2）调补变保护配置

（1）只配置差动保护，不再配置后备保护

调压变和补偿变相对于整个变压器而言，其匝数很少，当发生轻微匝间故障时，折算到主变压器来看更加轻微，主变压器纵差保护很难动作，因此需要单独配置调压变和补偿变差动保护并放置在单独的电气量保护装置中，另外还需要配置单独的非电气量保护装置。配置调压变和补偿变保护的目的主要是用来提高调压变和补偿变内部匝间故障的灵敏度，因此调压变和补偿变只配置差动保护，不再配置后备保护。

（2）只配置纵差保护，不配置差动速断保护和突变量差动保护

由于调压变和补偿变的容量比主变压器的容量小得多，主变空载合闸时调压变和补偿变中会出现很大的励磁涌流，而差动速断保护动作电流定值通常按变压器额定电流的6～8倍整定，空载合闸时调压变和补偿变差动速断保护可能误动，因此调压变和补偿变也不配置差动速断保护和突变量差动保护，只配置纵差保护。

3）各差动保护的保护功能和保护范围

主变各差动保护的保护范围如图14-14所示。

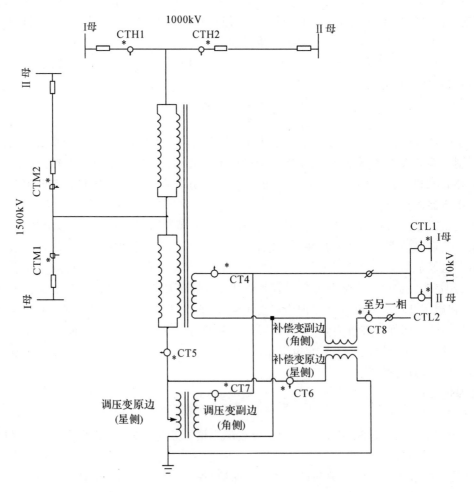

图14-14　特高压变压器CT配置图

（1）纵联差动保护（投用）：由高压侧 CTH1/CTH2、中压侧 CTM1/CTM2、低压侧 CTL1/CTL2 构成，其能反映变压器各侧的各类故障。由于差动回路中存在磁耦合关系，所以设置励磁涌流闭锁判据。

（2）分相差动保护（停用）：由高压侧 CTH1/CTH2、中压侧 CTM1/CTM2、低压侧套管 CT4 构成，其保护范围为变压器内部绕组所有故障和高中压侧引线故障。由于差动回路中存在磁耦合关系，所以设置励磁涌流闭锁判据。相比于纵联差动保护，不存在 Y/△ 转角关系、差流实现了真正的分相计算，零序分量亦引入差动回路、差动电流的特性更真实，从而使励磁涌流闭锁逻辑的判别可以变得更为清晰、简单。

（3）分侧差动保护（投用）：由高压侧 CTH1/CTH2、中压侧 CTM1/CTM2、公共绕组套管 CT5 构成，其保护范围为高、中压侧绕组和引线的接地和相间故障，不保护绕组的匝间故障。由于差动回路中不存在磁耦合关系，所以保护不受励磁涌流的影响。

（4）低压侧小区差动保护（停用）：由低压侧套管 CT4、低压侧 CTL1/CTL2、调压变副边套管 CT7 构成，其保护范围为低压侧引线的接地和相间故障，不保护绕组的匝间故障。由于差动回路中不存在磁耦合关系，所以保护不受励磁涌流的影响。

（5）补偿变差动保护（投用）：由 CT8、CT6 构成，其保护范围为补偿变压器内部绕组所有故障和引线故障。由于差动回路中存在磁耦合关系，所以设置励磁涌流闭锁判据。

（6）调压变差动保护（投用）：由 CT5、CT6、CT7 构成，其保护范围为调压变压器内部绕组所有故障和引线故障。由于差动回路中存在磁耦合关系，所以设置励磁涌流闭锁判据。

某 1000kV 变电所 1 号主变电气量保护、非电气量保护和调压补偿变第一套保护屏保护典型配置分别如表 14-8、表 14-9 和表 14-10 所示。

表 14-8　某 1000kV 变电所 1 号主变电气量保护配置

型号	保护名称		备注
例如：SGT756	主保护		比率差动
		差动速断	
		工频变化量比例差动	
		零序比例差动	
	后备保护	高压侧相间阻抗	
		高压侧接地阻抗	
		高压侧复压方向过流	停用
		高压侧零序方向过流	
		过激磁	低定值定时限报警；反时限跳闸
		中压侧相间阻抗	
		中压侧接地阻抗	
		中压侧复压方向过流	停用
		中压侧零序方向过流	
		公共绕组零序过流	停用
		低压侧过流保护	一时限动作跳主变低压分支断路器；二时限动作跳三侧断路器
		过负荷	报警
		低压套管过流	一时限动作跳主变低压全部分支断路器；二时限动作跳三侧断路器
		小区差动	停用
		低压侧零序过压	报警
		PT 断线	报警

表 14-9　某 1000kV 变电所 1 号主变非电气量保护配置

型号		保护名称	备注
主变非电气量保护	例如：PST-1210UA	主变重瓦斯保护	跳闸
		主变轻瓦斯保护	报警（压力释放是否投跳各省市生运部门要求有差异）
		主变冷却器全停	
		主变压力释放	
		主变冷却器油流故障	
		主变油温高	
		主变绕组温度高	
		主变油位高	
		主变油位低	

表 14-10　某 1000kV 变电所 #1 主变调压补偿变第一套保护屏保护配置

型号		保护名称	备注
#1 主变调压补偿变保护 1	例如：SGT756	主变重瓦斯保护	跳闸调压变比例差动保护
		调压变工频变化量比例差动	停用
		补偿变比例差动保护	
		补偿变工频变化量比例差动	停用
#1 主变调压补偿变非电气量保护	例如：PST1210UA	调压变、补偿变重瓦斯保护	跳闸
		调压变、补偿变轻瓦斯保护	报警
		调压变、补偿变压力释放	
		调压变、补偿变油温高	
		调压变、补偿变绕组温度高	
		调压变、补偿变油位高	
		调压变、补偿变油位低	
		调压开关油位异常	
		调压开关重瓦斯	

14.2.4.3　变压器保护整定

各保护整定值需要根据变压器的额定参数确定，1000kV 特高压变压器参数如表 14-11 所示。

表 14-11　1000kV 特高压变压器参数

主变	单相额定容量	1000/1000/334MVA
	单相额定电压	606/303(1±5%)/110kV
	短路阻抗/%	高中：18；高低：62；中低：40
调压变	单相额定容量	59MVA
补偿变	单相额定容量	18MVA

根据特高压变压器参数可以算得其各侧一次额定电流分别为高压侧：1649.6A；中压侧：3299.2A；低压侧：15746.4A（调档至全容量），5248.8A（调档至最低容量）。

1）主变保护整定

变压器差动保护按变压器内部故障能快速切除，区外故障可靠不误动的原则整定。差动保护启动电流一般取 $(0.2\sim0.6)I_e$（I_e 为特高压主变高压侧额定电流）。

距离保护为变压器部分绕组的后备保护，不作为变压器低压侧故障的后备保护。带偏移特性的阻抗保护，指向变压器的阻抗不伸出对侧母线，可靠系数宜取 70%；指向母线侧的定值按保证母线金属性故障有足够灵敏度整定。高压侧按指向变压器侧阻抗的 10% 整定，中压侧按指向变压器侧阻抗的 20% 整定。时间定值应躲过系统振荡周期并满足主变热过负荷的要求，一般取 2s。

变压器高、中压侧零序 II 段电流保护按本侧母线经 100Ω 高阻接地故障有灵敏度整定，时间定值与本侧出线反时限方向零序电流保护配合。同一变电站两台及以上变压器并列运行的零序 II 段电流保护动作时间可以按不同时限整定，时间级差取 0.3s。

变压器低压侧套管三相过流保护整定值按可靠躲过低压侧额定电流整定,按变压器低压侧相间故障有灵敏度校核;变压器低压侧分支三相过流保护整定值按可靠躲低压分支额定电流整定,按变压器低压侧相间故障有灵敏度校核;过激磁保护告警定值取 1.06 倍过激磁倍数;1.1 倍过激磁倍数启动反时限跳闸曲线,跳闸时间和主变厂家的过激磁能力曲线相配合。

2)调压补偿变整定

调压变灵敏差动和补偿变差动按各变压器内部故障能快速切除,区外故障可靠不误动的原则整定。调压变和补偿变差动保护启动电流一般为 $0.5I_e$(I_e 为依据主变额定电流和公共绕组额定电流确定的 110kV 侧额定电流)。补偿变差动保护所有档位定值均按照最大档整定。调压变差动保护每档定值按照每一档的额定电流整定,每个运行档位均有对应的一组定值区,其中中性档(额定档、中间档位)按照最大档整定。

有载调压变不灵敏差动仅取调压绕组中间分接头位置对应档位的额定电流、电压,例如对于有 21 档的调压变,取第 5 或 17 档,并且按照 1.2 倍额定电流整定。CT 断线闭锁主变差动保护和调补变差动保护,但当检测到差流达到一定值时再重新开放主变差动保护和调补变差动保护。

14.2.5　高抗保护原理及配置

14.2.5.1　高抗保护原理

高抗的匝间短路是一种常见的内部故障,当短路匝数比较小时,一相匝间短路引起的三相电流不平衡较小,很难被继电保护装置检出;而不管短路匝数多大,纵差保护总是不能反映匝间短路故障。因此,高抗必须采用灵敏可靠的匝间保护,匝间保护由自适应补偿型零功率方向元件、零序阻抗元件以及具有工频变化量浮动门槛的匝间短路保护启动元件共同构成。

自适应补偿型零序功率方向元件。电抗器内部匝间短路故障时,零序电流的相位超前零序电压接近 90°;当电抗器内部单相接地短路故障时,零序电流的相位超前零序电压;而电抗器外部单相接地短路故障时,零序电流的相位则落后零序电压。因此可以利用电抗器首端零序电流与零序电压的相位关系来区分电抗器的匝间短路、内部接地短路和电抗器外部接地短路。由于系统的零序阻抗相对于电抗器的零序阻抗而言非常小,当发生匝间短路时,其零序源在电抗器内部,零序电流在系统零序阻抗上的压降(零序电压)很小,为了提高匝间短路保护的灵敏度需要对零序电压进行补偿。

零序阻抗元件。电抗器的一次零序阻抗一般为几千欧姆,而系统的一次零序阻抗通常为几十欧姆,保护装置可以通过测量电抗器端口零序阻抗,判断是否发生匝间故障。在电抗器发生匝间短路和内部单相接地故障时,电抗器端口测量到的零序阻抗是系统的零序阻抗;在电抗器发生外部单相接地故障时,电抗器端口测量到的零序阻抗是电抗器的零序阻抗,利用两者测量数值上的较大差异可以区分电抗器的匝间短路、内部接地短路和电抗器外部接地短路。

匝间保护启动元件。为了保证匝间保护在暂态过程中不误动作,如线路(或串补线路)非全相运行、线路(或串补线路)发生接地故障后重合闸再重合、开关非同期、带线路(或串补线路)空充电抗器、线路两端开关跳开后的 LC 振荡、区外故障与非全相伴随系统振荡等,因此装置在匝间保护中设置了具有浮动门槛的起动元件。

采用自适应补偿的零序功率方向元件、零序阻抗元件以及具有工频变化量浮动门槛的匝间短路保护起动元件三者共同构成的匝间短路保护,在提高匝间保护动作灵敏度的同时也能确保在外部短路以及任何非正常运行工况下不误动作,匝间保护逻辑如图 14-15 所示。

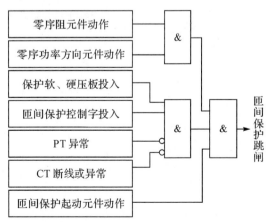

图 14-15　匝间保护逻辑框图

14.2.5.2 高抗保护配置

1000kV 高抗通常配置双重化的主、后备高抗电气量保护和一套非电气量保护。其中,高抗主保护为差动保护、零序差动保护、匝间保护;高抗后备保护为过电流保护、零序过电流保护、过负荷保护;高抗的中性点电抗器配置过电流和过负荷保护;高抗的非电气量保护包括主电抗器和中性点电抗器的非电气量保护。另外,在线路高抗无专用断路器情况下,高抗电气量保护动作除跳开本侧线路断路器外,还应通过远方跳闸回路跳开线路对侧断路器。高抗保护典型配置如图 14-16 所示。

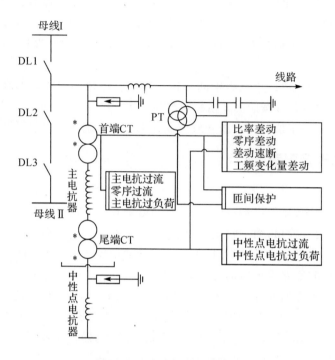

图 14-16　高抗保护典型配置

图 14-16 中所示保护在一台装置内完成,所有电气量只接入装置一次,利用第二组 CT 和第二台装置完成第二套保护功能(与第一套相同),构成双主、双后备保护。

某特高压线路并联高抗保护配置是:第一套保护为北京四方生产的 CSC-330A 数字式电抗器保护装置和 CSC-336C1 数字式非电气量保护装置;第二套保护为南瑞继保生产的 PCS-917G 高压并联电抗器成套保护装置,具体如表 14-12 所示。

表 14-12　特高压线路并联电抗器保护配置

保护名称	型号		配置	备注
第一套电抗器保护	数字式电抗器保护装置 CSC-330A	主保护	主电抗器差动保护	
			主电抗器零序差动保护	
			主电抗器匝间保护	
		后备保护	主电抗器过电流保护	
			主电抗器零序过流保护	
			中性点电抗器过电流保护	
			主电抗器过负荷保护告警	
			中性点电抗器过负荷保护告警	

保护名称	型号	配置		备注
第一套电抗器保护	数字式非电气量保护装置 CSC-336C1	主电抗重瓦斯		
		小电抗重瓦斯		
		小电抗轻瓦斯		
		小电抗油温高 I		
		小电抗油温高 II		
		小电抗油位异常		
		套管升高座轻瓦斯(湖安 I 线高抗)		
		套管升高座重瓦斯(湖安 I 线高抗)		
		主电抗压力释放		
		主电抗油温高 I		
		主电抗油温高 II		
		主电抗绕组温度高 I		
		主电抗绕组温度高 II		
		主电抗油位异常		
		小电抗压力释放		
		主电抗轻瓦斯		
第二套电抗器保护	高压并联电抗器成套保护装置 PCS-917G	主保护	差动速断	
			比率差动	
			零序差动	
			工频变化量比率差动	
			匝间保护	
		后备保护	过流保护	
			零序过流	
			中性点电抗器过流	
			主电抗过负荷告警	
		中性点电抗器过负荷告警		

14.2.5.3　高抗保护整定

某特高压工程高抗额定参数如表 14-13 所示。

表 14-13　1000kV 特高压高抗额定参数

参数	A 相	B 相	C 相	中性点电抗器
额定容量(kvar)	240000	240000	240000	630
额定电压(kV)	$1100/\sqrt{3}$	$1100/\sqrt{3}$	$1100/\sqrt{3}$	—
额定电流(A)	377.9	377.9	377.9	30

差动保护最小动作电流定值,应按可靠躲过电抗器额定负载时的最大不平衡电流整定。在工程实用整定计算中可选取 $I_{op.min}=0.2\sim0.5I_e$,并应实测差回路中的不平衡电流,必要时可适当放大。

差动速断保护定值应可靠躲过线路非同期合闸产生的最大不平衡电流,一般可取 3～6 倍电抗器额定电流。

零序差动保护按躲过正常运行时可能出现的最大零序差电流和外部单相接地时的不平衡电流来整

定。一般可取 0.2～0.5 倍电抗器额定电流。

主电抗过流保护应躲过在暂态过程中电抗器可能产生的过电流,其电流定值可按电抗器额定电流的 1.4 倍整定,延时 1.5～3s。

主电抗零序过电流保护按躲过空载投入的零序励磁涌流和非全相运行时的零序电流整定,其电流定值可按电抗器额定电流的 1.35 倍整定,其时限一般与线路接地保护的后备段相配合,一般为 2s。

主电抗过负荷保护应躲过主电抗器额定电流,其电流定值可按主电抗器额定电流的 1.1 倍整定,延时 5s。

中性点小电抗过电流保护的定值一般按 5 倍中性点小电抗额定电流整定,延时时间应可靠躲过线路非全相运行时间和电抗器空载投入的励磁涌流衰减时间,一般为 5s。

中性点小电抗过负荷保护的定值一般按 1.2 倍中性点小电抗额定电流整定,延时时间应可靠躲过线路非全相运行时间和电抗器空载投入的励磁涌流衰减时间,一般为 10s。

CT 断线应闭锁高抗差动保护,但 CT 断线后,差动电流达到 $1.2I_e$ 时差动保护自动解锁开放跳闸出口。

14.2.6 低抗、低压电容器保护原理及配置

14.2.6.1 低抗、低压电容器保护原理

保护装置通过"大电流闭锁投退"控制字定值来控制是否投入出口跳闸的切换功能。具体逻辑如下:

(1)投入"大电流闭锁投退"控制字时,装置保护动作出口跳闸根据当时的电流大小选择不同的出口。当电流大于大电流闭锁定值时按大电流出口矩阵所整定的出口跳闸(即跳主变低压分支断路器),当电流小于大电流闭锁定值时按小电流出口矩阵所整定的出口跳闸(即跳本间隔负荷开关)。低抗、低压电容器装设的负荷开关采用此逻辑。

(2)退出"大电流闭锁投退"控制字时,装置保护动作出口跳闸按大电流出口矩阵所整定的出口跳闸。低抗、低压电容器装设的断路器按此逻辑运行。

14.2.6.2 低抗、低压电容器保护配置

国内特高压工程中主变低压侧的低抗均是干式低抗。低抗保护配置很简单,分别是:过流速断保护,过流延时段保护,过负荷保护(发信)。

电容器保护配置由带短延时的电流速断保护、过电流保护、过负荷保护、过电压保护、失压保护和桥差不平衡电流保护组成。

特高压工程低压电容器保护配置如表 14-14 所示。

表 14-14 特高压工程低压电容器保护配置

保护名称	型号	配置	动作后果
110kV 电容器组保护	例如: WDR-851/P	带短延时的电流速断保护	跳相应断路器
		过电流保护	
		过电压保护	
		桥差不平衡电流保护	
		失压保护	
		过负荷保护	报警

14.2.6.3 低抗、低压电容器保护整定

1)低抗整定参数

某特高压工程低抗设备参数如表 14-15 所示。

表 14-15　特高压工程低抗设备额定参数

序号	项目名称	参数
1	型号	BKK-80000/110(按照实际设备名称整定)
2	额定容量	80/Mvar(单相)
3	额定相电压	105/kV
4	额定电流	1320/A
5	TA 变比	1600/1

2)电抗器保护定值

(1)特高压主变低压侧均有断路器,主变低压侧后备保护一般 1.4s 跳低压侧,低抗的过流保护应和主变低压侧过流保护配合。

(2)低抗断路器在首端,低抗保护采用 2 段过电流保护和过负荷告警功能。

(3)过流 I 段定值(电流速断)按躲过电抗器投入时的励磁涌流整定,一般可整定为 5～7 倍额定电流 I_e,时间取 0.1～0.2s。

(4)过流 II 段定值按躲过电抗器额定电流整定,一般可整定为 1.5～2.0 倍额定电流 I_e,时间取 0.5～1s。

(5)过负荷报警定值可取 1.05 倍额定电流 I_e,同时考虑 0.85 的返回系数,延时 5s 告警。

3)低压电容器整定参数

某特高压工程 2 台主变的低压侧 1122C 和 1142C 电容器的电抗率为 5%,1121C 和 1141C 电容器的电抗率为 12%。电抗器保护 WDR-851/R1 设备参数均按照实际整定,具体见表 14-16。

表 14-16　特高压工程 WDR-851 电容器设备参数定值

序号	项目名称	参数	
1	设备	1122C、1142C	1121C、1141C
2	型号	TBB110-240000AQW	TBB110-240000AQW
3	电抗率	5%	12%
4	额定相电压	126.32/kV	136.4/kV
5	额定电流	1097.1/A	1015.9/A
6	接线形式	单星型双桥差接线(12 并 12 串)	
7	TA 变比	1600/1	

4)电容器保护定值

(1)特高压主变低压侧均有断路器,主变低压侧后备保护一般 1.4s 跳低压侧,电容器的过流保护应和主变低压侧过流保护配合。

(2)过流 I 段(电流速断)保护按 5 倍额定电流 I_e 整定,电抗率为 5% 和 12% 的额定电流稍有区别,与电抗率相对应一次值分别取为 5×1097.1＝5485.5A 和 5×1015.9＝5057.5A,延时 0.2s。

(3)过流 II 段保护按 2 倍额定电流 I_e 整定,同样电抗率为 5% 和 12% 的额定电流稍有区别,延时 0.5s。

(4)过电压保护定值按不超过 1.1 倍电容器额定电压整定。时间一般不大于 10s,保护动作跳闸,延时 3s 动作。

(5)失压保护按电容器所接母线失压后可靠动作整定,取 0.3～0.6 倍额定电压。时间上与同级母线出线保护灵敏度适当配合,一般取 0.5～0.8s;为防止 TV 断线保护误动,可经电流闭锁,定值按 0.5～0.8 倍额定电流 I_e 整定;取固定取值 50V,即 0.5 倍额定线电压 100V,延时 0.8s;电流闭锁定值取 0.5 倍额定电流 I_e。

(6)对于双桥差不平衡电流保护,按 1.29 倍电容器额定电压并考虑一定的不平衡系数可靠动作整定,定值延时 0.2s。

参考文献

［1］刘振亚.特高压电网［M］，北京：中国经济出版社，2005.

［2］贺家李.特高压交直流输电保护与控制技术［M］，北京：中国电力出版社，2014.

［3］GB/Z 25841-2010 1000kV 电力系统继电保护技术导则.

［4］GB/T 14285-2006 继电保护及安全自动装置技术规程.

［5］DL/T 559-2007 220kV～750kV 电网继电保护装置运行整定规程.

［6］DL/T 684-1999 大型发电机变压器继电保护整定计算导则.

［7］Q/GDW 325-2009 1000kV 变压器保护装置技术要求.

［8］Q/GDW 326-2009 1000kV 电抗器保护装置技术要求.

［9］Q/GDW 327-2009 1000kV 线路保护装置技术要求.

［10］Q/GDW 328-2009 1000kV 母线保护装置技术要求.

［11］Q/GDW 329-2009 1000kV 断路器保护装置技术要求.

［12］Q/GDW 422-2010 国家电网继电保护整定计算技术规范.

［13］Q/GDW 1175-2013 变压器、高压并联电抗器和母线保护及辅助装置标准化规范设计.

［14］Q/GDW 1161-2014 线路保护及辅助装置标准化规范设计.

［15］张哲.特高压输电线路继电保护的研究及实验，2009 特高压输电技术国际会议论文集.

［16］李济沅,倪腊琴,李莎,等.特高压交流系统变压器继电保护配置与整定［J］.电力建设,2015, 36(8):22-28.

［17］李莎,倪腊琴,邱玉婷,等.特高压交流系统断路器继电保护配置与整定［J］.电力建设,2015, 36(11):103-107.

三 直流篇

相对于常规高压直流输电，特高压直流的系统结构、运行方式相比高压直流系统更加复杂，过电压工况及种类也更多，需要详细研究过电压的机理与控制方法。特高压直流绝缘配合要考虑的设备更多，设备间绝缘水平配合、外绝缘设计也更加复杂；而且，特高压设备制造难度已达到当前制造技术工艺水平的极限，合理的绝缘配合设计有助于该问题的解决。特高压面临长空气间隙绝缘饱和以及高海拔等对绝缘不利的影响，使得特高压直流的相对绝缘裕度降低，因此特高压对过电压限值与绝缘配合的要求也更高。而且，特高压输电工程的电磁环境问题已成为影响电网建设和发展的重要因素之一。另外，超高压保护与特高压保护也有所不同。上述各方面问题都值得深入研究分析。

本篇将着重讨论特高压直流输电中过电压机理与控制方法，特高压直流系统换流站、线路的绝缘配合、电磁环境以及特高压直流系统保护等问题。

第15章　特高压直流系统基础及主参数计算

直流输电系统由两端换流站和其间直流线路构成,换流站内设备主要有交流开关、交流滤波器、换流变压器、平波电抗器、直流场内极线、中性母线及转换开关、直流滤波器以及分布在各处的避雷器等。特高压直流系统比±500kV 直流输电系统的工作原理更加复杂,运行方式更加灵活多样,可靠性要求更高。本章将主要讨论特高压直流系统的工作原理、运行方式及其主回路参数计算。

15.1　换流器工作原理

换流器是直流输电系统中执行交直流间变换的核心设备,直流输电系统的运行都是通过对换流器的控制来实现的。换流器将交流转换为直流时被称为整流器,将直流转换为交流时被称为逆变器;换流器作为整流器或逆变器运行取决于对其施加的控制。通常采用的换流器基本单元是三相桥式电路,如图 15-1 所示。该换流器有 6 个由晶闸管构成的桥臂,桥臂上的晶闸管组又可称为换流阀或阀,该换流器又称为 6 脉动换流器;如果利用变压器不同接线方式产生两组相角相差 30°的交流电源,分别输入到两个 6 脉动换流器中,并将两个换流器串联,则构成 12 脉动换流器。由于单个晶闸管的耐压能力有限,因此高压输电系统中的换流阀通常由多个晶闸管串联构成。在特高压直流输电系统中,由于受换流阀耐压能力和均压要求的限制,以及考虑到特高压换流变压器的容量、体积等因素,在多晶闸管串联的基础上,还要采取整个 12 脉动换流器串联的方式(如双 12 脉动换流器串联)来达到额定电压;另外,为满足输送容量的需求,特高压直流输电系统采用了 6 英寸晶闸管的换流阀技术,到目前为止,研制的晶闸管的额定通流容量可达 5000A,大于±500kV 直流中 3000A 的通流容量。

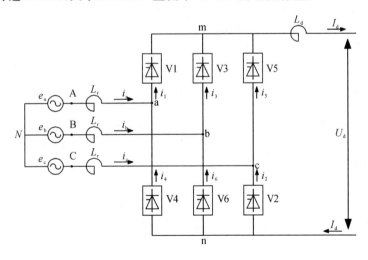

图 15-1　6 脉动换流器电路图

15.1.1　6 脉动换流器

15.1.1.1　整流器

如图 15-1 所示三相桥式电路,e_a、e_b、e_c 为三相电压源,L_r 为交流电源到换流器间的等值电抗,称为换相电抗;V1～V6 为 6 个桥臂上的晶闸管组,i_a、i_b、i_c 为交流侧三相电流,i_1～i_6 为流过 6 组换流阀的电流,L_d 为直流回路上的平波电抗,I_d 为直流电流,U_d 为直流电压。

1）理想不可控整流器

整流器在任一时刻都同时有两个阀导通,这两个阀分别属于阳极半桥与阴极半桥,图 15-1 中的 V1、V3 和 V5 属于阴极半桥,V2、V4 和 V6 属于阳极半桥,在交流电压的作用下,6 个阀不断按顺序开通关断,在一个周期内整流器两端输出的电压波形是由六个线电压段构成的,该线电压段波形已接近直流电压,即该整流器将三相电压整流成了一个周期由六个脉动组成的直流电压,故该整流器被称为 6 脉动整流器。

假定在直流平波电抗器足够大的条件下,直流电流是平直的,在一个工频周期内,每个阀流过电流的时间是 1/3 周期,对于交流三相来说,每相连接上下两个换流阀,这两个阀对应于相电流的方向分别是流入与流出,即一个周期内,交流系统每相流入电流与流出电流的时间各持续 1/3 周期,故每相每周期内有 2/3 的时间流过电流,流入或流出的电流等于直流电流 I_d。

整流器输出电压在经过一个足够大的平波电抗后,将成为平滑的直流电压,可由图 15-2 中的输出电压曲线求出该直流电压的平均值 U_d。由于 U_d 在一个交流工频周期内有 6 个脉动周期,可以只用其中任一个脉动周期求出该直流电压平均值,如式(15-1)所示。

$$U_d = \frac{\int_{-\pi/6}^{\pi/6} \sqrt{2}E\cos\omega t}{\pi/3} = \frac{3\sqrt{2}}{\pi}E = 1.35E \tag{15-1}$$

式中,E 为阀侧三相电源线电压有效值。

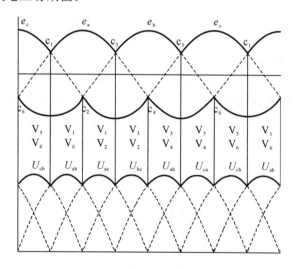

图 15-2　理想不可控整流器电压波形

2）理想可控整流器

在换流阀两端电压变为正后,控制系统会给该阀发送一个触发脉冲使其导通。考虑到实际系统交流电压波形有一定的变化,为了保证能稳定触发换流阀,控制系统都是在换流阀两端电压变为正后延迟一小段时间才触发换流阀,如图 15-3 所示,阀 V₁ 在 c_1 时刻点后的一段时间触发导通,这个延迟时间用角度 α 表示,称为阀的触发角。在触发脉冲到来之前,原先导通的阀由于其通过的电流不过零故仍保持导通状态,直至触发脉冲触通下一个阀,使原导通阀两端承受的电压反向,进而使通过该阀的电流过零,该阀关断。相对于不受控整流器,受控整流器的所有阀触发导通都滞后 α 角度。由图 15-3 可知,理想可控整流器输出电压波形在一个工频周期内也是由六段相同的线电压构成,因此可以计算出理想可控整流器输出的直流电压平均值,如式(15-2)所示。

$$U_{d1} = U_d \cos\alpha \tag{15-2}$$

式中,U_d 为理想不可控整流器输出直流电压平均值。

由式(15-2)可以看出,当 α＝0 时,该整流器就成为一个理想不可控整流器,其输出直流电压也达到最大值;当 α＜90°时,该整流器输出平均电压为正值;当 α＝90°时,输出平均电压为零;当 90°＜α＜180°

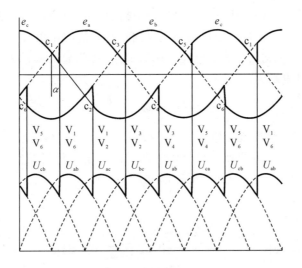

图 15-3 理想可控整流器电压波形

时,该整流器输出电压为负值,但由于流过阀的电流只能是一个方向,此时整流器是无法作为提供能量的电源使用的。综上,为向直流侧提供能量,理想情况下整流器的触发角范围是 0～90°。整流器输出的直流电压与触发角直接相关,对实际直流工程而言,直流电压可调节范围很小或者不可调节,因此整流器的触发角可调节范围也很小。考虑到交流系统电压波形的波动变化,为保证整流器中各阀能被触发导通,α 角的最小值一般定为 5°;另一方面,α 角度较大时,换流器输出电压波动会很大,即使经过平波电抗,输出的直流电压质量也很低,因此 α 角不宜过大;同时 α 角要有一定的调节余地以便系统受到扰动或发生变化时可以进行调节。综合以上要求,触发角的变化范围一般选在 5°～20° 之间,正常运行时触发角一般在 15°±2.5° 之间。

3)考虑换相电抗的可控整流器

在直流输电系统中,换流器交流侧直接与换流变压器三相绕组相连,换流变压器与普通交流变压器原理相同,将交流侧电压转换为直流输出所需的电压等级。换流变阀侧线圈是换流器换相回路的一部分,因此换相回路中必然存在电感,即 $L_r > 0$,这与上述的理想可控整流器不同。仍假设直流电流保持 I_d 不变,当一个阀的触发脉冲到来时,该阀导通,由于换相回路中存在电感,该阀中电流不可能立即上升为 I_d,同样,上一个导通阀中的电流也不可能立即降为零,两个阀间的电流交接转换要经过一段时间,这个时间对应角度 μ 称为换相角,整个过程称为换相过程。

6 脉动整流器在正常运行时的直流电压平均值为

$$\begin{cases} U_{d1} = U_d \cos\alpha - \dfrac{3}{\pi} X_{r1} I_d = U_d \cos\alpha - d_{r1} I_d \\ X_{r1} = \omega L_r \\ d_{r1} = 3 X_{r1} / \pi \end{cases} \tag{15-3}$$

式中,X_{r1} 为等值换相电抗;d_{r1} 称为换相比压降,它表示当换流器输出直流电流值为一个单位时,在正常运行中由于换相引起的直流电压下降的平均值。该计算式只适用于在下一次换相开始时,上一次换相已完成的情况,即 $\mu < 60°$。

换相角 μ 的计算式如下:

$$\mu = \arccos\left(\cos\alpha - \frac{w X_r I_d}{\sqrt{2} E}\right) - \alpha \tag{15-4}$$

对于整流器,触发角越大,换相角越小;反之,换相角越大。

在阀导通时,阀两端电压为零,当阀关断时,其两端将承受交流线电压,以阀 V1 为例,在 V1 关断期间,由于 V2－V4,V3－V5,V4－V6 的换相过程对三相电压的影响,使得 V1 两端电压波形上出现换相锯齿。另外,由于系统内部杂散电容以及换相电抗的存在,V1 换流阀在关断时会产生暂态电压振荡,称为反向过冲,反向过冲使阀两端电压变大,有导致阀被反向击穿的危险,因此实际工程中阀两端并联有电容电阻支路,起到均匀阀组电位分布以及限制反向过冲幅值的作用。

整流器输出的直流电压平均值与直流电流的函数关系,称为整流器的外特性[1]。根据前述分析可知,整流器的外特性函数可表示为

$$U_d = U_{d0}\cos\alpha - \frac{3\omega L_r}{\pi}I_d \tag{15-5}$$

在换相角 $\mu < 60°$ 时,以直流电流为横坐标,直流电压为纵坐标,整流器的外特性可以画出一族等触发角 α 斜率为 $-du$ 的直线,这族直线在纵坐标轴上的截距等于理想可控空载直流电压 $U_{d0}\cos\alpha$。当触发角增大时,$U_{d0}\cos\alpha$ 减小,外特性曲线向下平移,如图 15-4 所示。

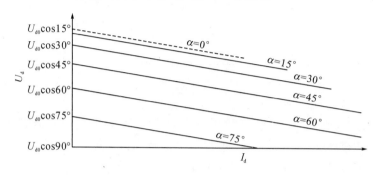

图 15-4　整流器输出外特性

15.1.1.2　逆变器

将直流电转换成交流电的过程称为逆变,目前的直流输电工程中大部分都采用有源逆变方式,受电端须提供交流电源。

逆变器与整流器硬件结构相同,在前述介绍整流器时提到当触发角 α 大于 90°时候,整流器将变为逆变器。与整流器类似,逆变器的直流平均电压为

$$U_{d2} = -(U_{d02}\cos\beta + d_{r2}I_d) \tag{15-6}$$

式中,U_{d02} 为逆变器的理想直流空载电压,$U_{d02} = 1.35E_2$,E_2 为逆变器换流变阀侧绕组空载线电压有效值;β 为超前触发角,满足 $\beta = 180° - \alpha$;d_{r2} 为逆变器的换相比压降,$d_{r2} = 3X_{r2}/\pi$;X_{r2} 为逆变器的等值换相电抗。

与整流器相似之处在于,V1 的阀电压波形同样受 V2-V4,V3-V5,V4-V6 换相过程的影响,有换相齿出现,如图 15-5 所示。

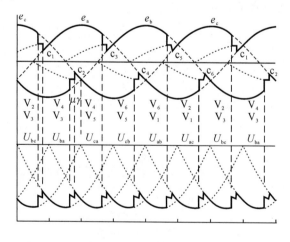

图 15-5　逆变器电压波形

逆变器的换相如果在 c_4 时刻之前换相过程没有完成,则 c_4 时刻后由于 u_a 电压小于 u_c,换相过程将

被逆转,V1 开始被关断,V5 将持续导通,这就造成了换相失败。如果阀 V5 到 V1 换相成功,在换相完成后不久阀 V5 两端的电压将变为正向,还要考虑晶闸管正向阻断恢复时间裕度。因此这里引入关断角的定义,即从阀关断后到其两端电压恢复为正电压的时间用电角度表示称为关断角 γ。关断角 γ,超前触发角 β 以及换相角 μ_2 关系如下:

$$\gamma = \beta - \mu_2 \tag{15-7}$$

逆变器的换相角 μ_2 的计算如下:

$$\mu_2 = \arccos(\cos\gamma - \frac{2X_{r2}I_d}{\sqrt{2}E_2}) - \gamma \tag{15-8}$$

逆变器的换相角与换相电抗 X_{r2}、直流电流 I_d 和换流变阀侧电压 E_2 相关,当直流电流升高或者换流变阀侧电压降低时,都会使换相角 μ_2 增大。如果逆变侧的超前触发角定得过小,则在换相角增大时,会导致关断角变小进而引起换相失败。在实际直流工程中考虑到交流侧三相电压不对称的影响,关断角应有足够的裕度,一般将限定其不小于 $15°\sim18°$,称为 γ_0。如果关断角设定过大,则逆变器直流电压波动会加大,运行特性变差,因此实际直流输电工程中一般取关断角不小于某一定值 γ_0,然后通过计算得到相应的换相角 μ_2,并调整超前触发角 β。

逆变器中存在的换相失败问题在整流器中通常不会发生,这是因为首先整流器在换相后导通阀两端电压保持为正的时间足够长,关断的阀两端电压为负值的时间也足够长,而逆变器的触发时间相对滞后,从而留给导通阀与关断阀的时间都不多;其次,整流器即使因交流电压波形畸变导致阀在两端电压未达正向时触发,触发脉冲保持的时间仍可在绝大多数情况下保证被触发阀在两端电压为正时仍有触发脉冲加其上,而逆变器一旦在换相时被触发阀电压变为负就会导致换相失败。所以,逆变器容易发生换相失败,逆变器换相失败故障会导致逆变侧电压翻转,直流电流急剧增大从而使换流阀发生过流,对设备及逆变侧交流系统造成冲击,影响系统安全稳定运行。

上述对于逆变器关断角 γ、超前触发角 β 以及换相角 μ_2 的讨论,都是基于超前触发角 $\beta<60°$ 情况。当 $\beta>60°$ 时,该次触发的换相齿将对上次触发阀的正向电压波形产生影响,使上次触发的实际关断角比 $\beta<60°$ 时的计算值减小,如果换相角较大,则有可能导致换相失败。

逆变器的外特性线如图 15-6 所示[1],也是一族等斜率直线。等 β 外特性曲线在纵坐标轴上的截距等于理想可控直流空载电压 $U_{d0}\cos\beta$,斜率为 d_{r2},当超前触发角 β 增大时,外特性曲线向下平移;等 γ 外特性曲线在纵坐标轴上的截距等于理想可控直流空载电压 $U_{d0}\cos\gamma$,斜率为 $-d_{r2}$,当关断角 γ 增大时,外特性曲线向下平移。

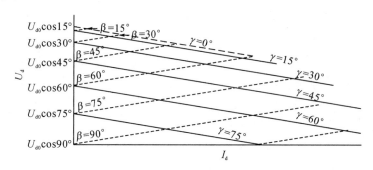

图 15-6 逆变器输出外特性

对于定超前触发角 β 的情况,其外特性函数为

$$U_d = U_{d0}\cos\beta + \frac{3\omega L_r}{\pi}I_d \tag{15-9}$$

对于定关断角 γ 的情况,其外特性函数为

$$U_d = U_{d0}\cos\gamma - \frac{3\omega L_r}{\pi}I_d \tag{15-10}$$

15.1.2　12 脉动换流器

6 脉动换流器输出的直流电压波动相对较大，在实际直流输电工程中，常利用换流变 △ 和 Y 接法引出两组相差 30°的交流电源，再将这两组交流电源连接的 6 脉动换流器单元串联起来，构成一组 12 脉动换流器，如图 15-7 所示。12 脉动换流器输出的直流电压波更平滑，包含的谐波分量更小。

构成 12 脉动换流器的两个 6 脉动换流器的直流电压和电流都相等，组合成的 12 脉动换流器的直流电压是两个相位差为 30°的 6 脉动换流器直流电压的叠加，12 个阀按顺序依次开通，其触发脉冲时刻相差 1/12 工频周期。在一个工频周期内，直流电压波形有 12 个脉动，因此被称为 12 脉动换流器。

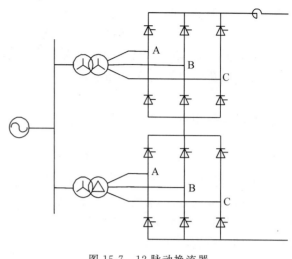

图 15-7　12 脉动换流器

15.1.3　双 12 脉动换流器串联

"西电东送"需要采用大容量、长距离输送电能的方式，提高直流输送功率的方式有增大电流和提高电压两种。如采用增大电流的方式，输送电压仍采用±500kV 直流，则电流增大一倍，线路截面积也增加一倍，其线路损耗为采用特高压的两倍，且线路成本将增加；此外，到目前为止，工程中可用的最大容量 6 英寸晶闸管的最大输送电流在 5000A 左右，如果需要进一步增大输送电流，则只能采用两组换流器并联运行，但是并联换流器系统的控制系统也比较复杂，综合而言采用升高电流的方案并不经济。另一种方案是提高直流电压，即采用特高压直流输电，如果采用直接增加换流器直流额定电压的方式来升高直流电压，则会使换流变、换流阀设备尺寸增加，超过实际交通可运输极限；此外，电压等级升高也对设备的绝缘等级及均压设计提出更高要求，使设备制造成本成倍增加，并且单台大容量设备在因故障退出运行时会对系统造成大的冲击，不利于系统稳定运行。升高电压等级的另一个思路是采用多个换流器串联，虽然这种方案对处于高端的换流变绝缘要求较高，但其克服了上述方案的其他缺点，综合而言也是最经济的方案。因此，在特高压直流输电中通常采用两组电压相等的 12 脉动换流器串联。

相对于高压直流输电的单 12 脉动换流器，特高压双 12 脉动换流器串联对控制系统要求更高，两组 12 脉动换流器需单独进行控制，同时运行的两组控制系统还需要紧密配合才能保证系统稳定运行。±800kV 特高压直流系统中设备的电压等级复杂，从高至低就有 ±800kV、±600kV、±400kV、±200kV 以及中性母线五组主要设备电压等级，各电压等级及等级间都有相应的绝缘配合。在换流器发生短路故障时，故障部分牵涉有故障换流器与正常换流器，故障状态时的暂态特性比 ±500kV 直流系统更复杂。此外，在系统故障时，高电压等级的设备有可能连接到低电压等级设备上，高低电压等级差比常规高压直流系统更大，故障后果也更加严重。

15.2　特高压直流输电系统运行方式

双极两端中性点接地的常规直流系统如图 15-8 所示，它由整流站、直流输电线路和逆变站三部分组成，采用两个可独立运行的单极大地回线系统的接线方式。这种接线方式运行灵活方便、可靠性高，被大多数直流输电工程所采用。

在直流输电系统中，整流站和逆变站统称为换流站，换流站内的整流器和逆变器也统称为换流器。两端直流输电系统的工作原理为：交流功率经整流站变换成直流功率，然后经直流输电线路把直流功率传输到受端逆变站，在逆变站将直流功率变换成交流功率送入受端交流系统。对于功率可以反送的两端直流输电系统，送端换流器与受端换流器采用相同的结构，任一侧的换流器既可以作整流器，也可以作

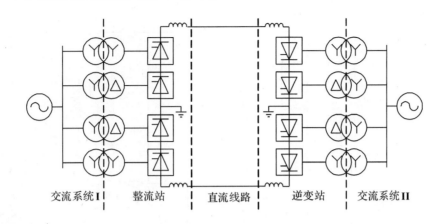

图 15-8　双极两端中性点接地的常规直流系统

逆变器运行,因此,功率反送时,整流站对应为功率正送时的逆变站,逆变站对应为功率正送时的整流站。

15.2.1　特高压直流换流器电压等级的选择

相对于如图 15-8 接线的常规超高压直流输电中每极采用一个 12 脉动换流器的方式,特高压直流输电系统出于设备制造能力、运输限制和对交流系统冲击影响等方面因素的考虑,每极采用 2 个 12 脉动换流器串联的接线方式,且两个 12 脉动换流器的电压相等(400kV＋400kV)。与采用两个电压不等的串联方式相比,如典型的(500kV＋300kV),两个电压相等的换流器串联方式具有以下优点:

(1)高端换流变压器和低端换流变压器分接开关可以统一设计,高端换流阀和低端换流阀可采用相同的水冷系统,备用设备也相同,降低了设备制造的成本和设备备用方面的投资。

(2)并接在 12 脉动换流器两端的直流旁路断路器最大运行电压为 400kV,相比两个电压不等的串联方式下最大运行电压 500kV 而言,制造难度较小。

(3)400kV＋400kV 串联方式下四个 6 脉动换流器的运行电压分别为 200kV、400kV、600kV 和 800kV;500kV＋300kV 串联方式对应运行电压分别为 250kV、500kV、650kV 和 800kV。两者相比,除了阀顶运行电压 800kV 相同外,采用 400kV＋400kV 串联方式的四个 6 脉动换流器其他三个运行电压均比后者低,这对相应的换流变压器阀侧绝缘结构设计和套管选型及避雷器配置更为有利。

(4)由于两端都是 400kV＋400kV 串联接线,两端的换流器可以交叉运行,运行方式灵活多样,发生不同的故障时传输功率损失较小。

15.2.2　特高压直流系统运行方式

直流输电工程的运行方式是指在运行中可供运行人员选择的稳态运行状态,包括直流侧接线方式、直流功率输送方向、全/降压运行方式以及直流系统的控制方式等。特高压直流输电系统采用双极两端中性点接地方式,每极采用两个 12 脉动换流器串联(400＋400kV)的接线方式。由于每一个 12 脉动换流器两端并接有旁路断路器以及隔离开关,如图 15-9 所示,可操作投入或者短路该 12 脉动换流器,从而使每极既可以选择双 12 脉动 800kV 运行方式,也可以通过短路一组 12 脉动换流器选择以单 12 脉动 400kV 的方式运行。因此,与传统 500kV 直流输电系统接线方式相比,±800kV 特高压直流输电系统有 1/2 双极运行、3/4 双极运行和 1/2 单极运行等特殊的"半极"接线运行方式,运行方式更为灵活多变,可根据实际情况进行选择。

±800kV 特高压直流输电工程可选择的运行方式很多,根据接线方式的不同,总体上可分为双极运行方式和单极运行方式。

15.2.2.1　双极运行方式

1)完整双极运行方式

完整双极运行方式是双极直流工程最基本的运行方式,运行时双极的每极两个 12 脉动换流器全部

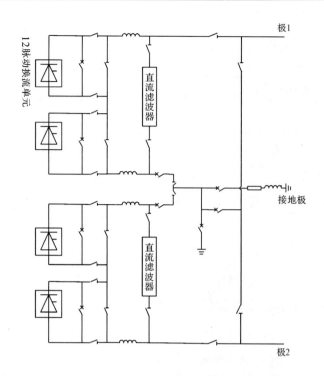

图 15-9　双极两端中性点接地方式

投入运行,如图 15-10 所示。完整的双极回路可以看成是两个独立的单极大地回路,正负两极在大地回路中的电流方向相反,接地极上的电流为两极电流之差值。双极对称运行时,接地极中仅有少量不平衡电流流过,对称运行时接地极腐蚀最慢,有利于延长接地极寿命。

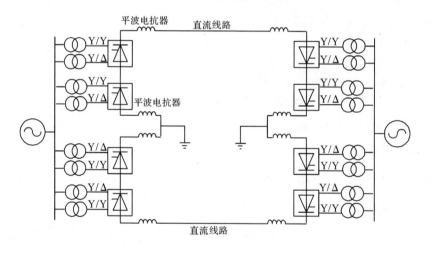

图 15-10　完整双极运行方式

2)1/2 双极运行方式

1/2 双极运行方式相当于每极都以 400kV 电压运行,每极只需投入一组 12 脉动换流器。整流站、逆变站通过每个 12 脉动换流器两端并接的旁路断路器以及隔离开关相应的操作来选择每极要投入和被短路的换流器。当一极两换流站都投入高端换流器而短路低端换流器运行,或者都投入低端换流器而短路高端换流器运行,这种方式称为对称运行方式;相对的,两站投入不同端换流器的方式称为交叉运行方式。因此,在本方式下整逆两站的两极可分别选择对称运行方式和交叉运行方式,共有多达 16 种运行方式。

3)3/4 双极运行方式

3/4 双极运行方式下一极以 800kV 电压运行,另一极的两个换流站选择对称或者交叉方式以

400kV 电压运行。完整双极运行时,当整流站或者逆变站的一个 12 脉动换流器故障时,可通过旁路断路器和隔离开关的配合操作在线切换至 3/4 双极运行方式,而无须停运整个直流系统,从而提高了能量的可用率。当系统以 3/4 双极方式运行时,可设定两极的运行电流相同,从而减少流过接地极的电流,延长接地极的寿命。

15.2.2.2　单极运行方式

1)完整单极运行方式

完整单极运行时,利用大地作返回线,输电线路只有一根导线,这种运行方式称为单极大地回线运行方式,如图 15-11 所示。由于该运行方式下接地极长期有较大的直流电流通过,将引起接地极附近地下金属设施的电化学腐蚀,并使附近电站中性点接地变压器直流偏磁增加而造成变压器磁饱和等问题。因此,单极大地回线运行方式主要应用在直流系统建设初期,主要作为双极尚未完全建成而需要输送功率时的过渡,在双极完全建成后一般不采用此种运行方式。

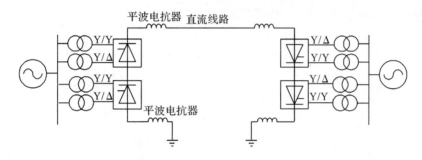

图 15-11　单极大地运行方式

完整单极运行时,让另一极的输电线路作为金属回线,这种运行方式称为单极金属回线运行方式,如图 15-12 所示。由于避免了地线流过大量电流,解决了大地回路带来的接地极附近地下金属设施的电化学腐蚀、中性点接地变压器直流偏磁增加而造成变压器磁饱和等问题,因此在单极故障时一般采取这种运行方式。

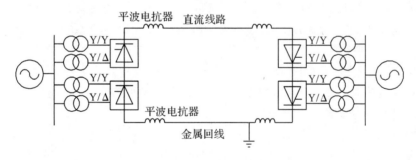

图 15-12　单极金属回线运行方式

2)1/2 单极运行方式

1/2 单极方式运行时单极只投运一组 12 脉动换流器,换流器可以选择对称和交叉运行方式,根据回线的不同也分为单极大地回线运行方式和单极金属回线运行方式,不同回线方式下的特点与完整单极运行方式相同。

15.2.2.3　特高压直流融冰运行方式

中国是世界上输电线路覆冰灾害最严重的国家之一,因而输电线路的融冰就成为一个不得不面对的问题。对覆冰输电线路进行融冰,最简单有效的方法是提高覆冰导线的电流密度,通过导线自身的发热将覆冰融化。本节结合特高压直流换流站接线特点,介绍一种典型的特高压直流融冰接线方案。

以目前投入运行的向家坝—上海和锦屏—苏南±800kV 特高压直流输电工程为例,工程双极额定功率 6400MW 或 7200MW,额定直流电压±800kV,额定直流电流 4000A 或 4500A,每极阀组采用两个

12 脉动换流单元串联接线,每个 12 脉动换流单元设旁路开关回路。特高压直流换流站主接线如图 15-10 所示。

为满足直流导线融冰的需要,直流线路上输送的电流值应达到 6000~8000A,而在常规接线和正常运行方式下,由于受换流阀组额定电流及通流容量的限制,仅利用换流阀组的过负荷能力难以满足覆冰直流线路的融冰需要。特高压直流系统每一个 12 脉动换流器两端并接有旁路断路器以及隔离开关,因此,可考虑采用两个 12 脉动阀组并联接线方式,从而在额定情况下将直流线路的输送电流提高到 8000A 或 9000A,满足线路融冰需求。

一种典型的融冰接线方案是,通过操作旁路开关将极 1 和极 2 的低压端 12 脉动阀组退出运行,然后将双极的高压端 12 脉动阀组并联运行,此时线路上可通过 8000A 或 9000A 的融冰电流,而并联运行的两个阀组中均为额定电流 4000A 或 4500A,满足阀组的设计要求。采用该种接线方式后,直流系统相当于单极 400kV 金属回线运行,但与常规金属回线运行方式不同的是,此时单极为两个 12 脉动阀组并联运行,其运行时的简化示意图如图 15-13 所示。

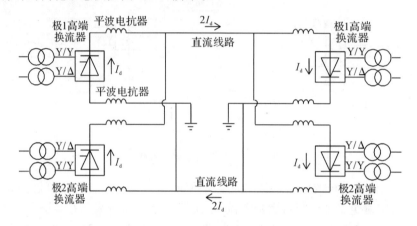

图 15-13　特高压直流融冰运行方式

采用双极高压端 12 脉动阀组并联运行的融冰方式,不需要改变换流器等主要设备的技术参数就能够满足增大覆冰直流线路输送电流的要求(线路额定电流可达 8000A 或 9000A)。该融冰方式下,并联运行的每个阀组的额定电流仍为 4000A 或 4500A,满足换流阀的原始设计条件;串接在两极极线和中性母线平波电抗器的额定运行电流仍为 4000A 或 4500A,未提高平波电抗器的融冰运行要求;另外,极线回路、中性母线回路和金属回路等直流场中所有设备在融冰运行方式下的运行电流也与正常运行时一致。

15.2.2.4　特高压直流系统运行方式特点

1)运行方式的多样性

特高压直流输电系统可选择的运行方式很多,即使考虑最不利的工况,由于采用了电压相等的双 12 脉动换流器串联的接线方式,同一极中只要存在一个完好的 12 脉动换流器,系统仍能以合适的运行方式维持输送功率。总的来说,特高压直流输电系统的运行方式有单极和双极运行方式可供选择;涉及运行的某一极时,又有双 12 脉动和单 12 脉动两种方式供选择;选择单 12 脉动运行方式时,又可以以对称方式或交叉方式运行。因此,特高压直流输电可选择的运行方式远远多于超高压直流输电系统,利用不同的接线方式的组合最多可达 45 种运行方式,实际运行时可根据系统的要求灵活选择,以达到最经济的运行效果。

2)12 脉动换流器可在线投退

特高压直流输电的双 12 脉动换流器串联的接线中,每一个 12 脉动换流器两端并接有旁路断路器以及隔离开关,通过直流旁路断路器和隔离开关的配合操作可以在线投退该 12 脉动换流器,因而当发生某些故障时,如完整双极运行方式下,某一个换流器或者换流变压器发生故障,只需在线退出相应的 12 脉动换流器,将运行方式切换至 3/4 双极运行方式,直流系统仍能输送大部分功率,从而减少了因故障造成的直流输送功率的损失,对两端交流系统的冲击和影响也较小。

15.3　特高压直流系统主回路参数计算

本节以向家坝—上海±800kV 特高压直流输电工程为例,详细介绍与操作过电压计算相关的特高压直流系统主回路参数计算。特高压直流系统主回路参数主要包括两大类,一类为由工程资料提供的原始参数,如直流系统额定电压、额定输送功率、直流线路长度等;另一类是根据这些原始参数计算得到,如直流系统逆变站额定电压、换流变压器额定电压电流及容量、最大直流电压、最小直流电流、最大运行电流等。该工程主回路参数详细分类如表 15-1 所示。

以下将分 6 部分对特高压直流系统主回路参数进行分析计算。

表 15-1　向家坝—上海±800kV 特高压直流输电工程主要系统参数及其来源

参数类型	参数细节	来源
直流系统额定运行参数	直流额定电压、额定电流及额定输送功率,额定触发角、关断角	由工程资料提供(工程初始设定)
交流系统额定运行参数	交流侧额定电压	由工程资料提供
直流线路参数	直流线路长度、导线类型、杆塔排布	由工程资料提供
逆变侧额定运行参数	逆变侧额定运行方式下直流电压	根据整流侧额定参数及线路直流电阻计算
设备参数	换流变压器额定电压、电流及容量	根据换流站额定运行电压、电流参数计算
	换流变短路阻抗、分接头档位	由工程资料提供
	平波电抗器	由工程资料提供
	阻断滤波器	由工程资料提供
	PLC/RI 滤波器	由工程资料提供
	中性母线电容器	由工程资料提供
	换流器正向电压降	由工程资料提供
	设备制造及测量误差	由工程资料提供
	换流器额定空载直流电压	根据换流站额定电压、电流及换流变额定容量、短路阻抗参数计算
	换流器换相角	根据换流器额定空载直流电压、额定触发角、关断角进行计算
	换流站消耗的无功功率	根据换流器额定空载直流电压、额定触发角、关断角以及换相角进行计算
	交直流滤波器参数	根据换流站消耗的无功功率进行计算
直流系统运行参数	最大直流电压、最小直流电流、最大运行电流	根据直流额定参数、换流器额定运行参数及设备测量误差计算
过电压运行工况	直流电压、直流电流	根据不同过电压类型,选择额定、最大或最小值
避雷器	避雷器布置方案及参数	根据避雷器安装处持续运行电压初定避雷器基本参数,再根据过电压计算和绝缘配合结果调整校验最终确定其参数

15.3.1　特高压直流输电工程主接线及运行方式

根据当前特高压直流输电技术水平和设备制造水平,中国现有及在建的±800kV 特高压直流换流站都采用每极 2 组 12 脉动换流器串联的结构,每组 12 脉动换流器电压均为 400kV。平波电抗器采用分置方式,分别布置在直流极线与中性母线上。该换流器接线方式如图 15-14 所示。主要包括 6 大类运行方式:完整双极运行方式、3/4 双极运行方式、1/2 双极运行方式、完整单极运行方式、1/2 单极运行方式和融冰方式。

在进行主回路参数设计时需要考虑上述几种运行方式,并在功率正送、完整双极平衡运行方式下计算系统参数额定值。

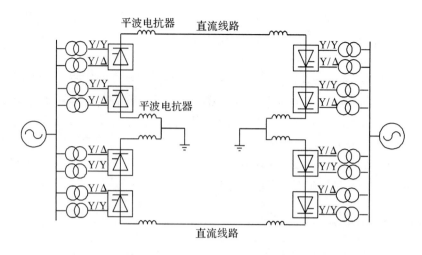

图 15-14　向家坝—上海±800kV 直流输电工程接线方式

15.3.2　直流系统额定运行参数

　　向家坝—上海±800kV 特高压直流输电示范工程西起四川复龙换流站,东落上海奉贤换流站,线路全长 1907km,主要直流稳态控制参数如表 15-2 所示。

表 15-2　直流系统稳态控制参数

参数	定义	取值
U_{dN}	整流侧额定直流电压	800kV
P_{dN}	额定功率	6400MW
I_{dN}	额定直流电流	4000A
α_N	额定触发角	15°
$\Delta\alpha_N$	触发角稳态控制范围	±2.5°
α_{min}	最小触发角	5°
γ_N	额定熄弧角	17°
U_{dNI}	额定运行方式下逆变侧直流电压	745kV
ΔU_{dOLTC}	分接头变化 1 档对应的直流电压变化	0.625%U_{dN}
ΔI_{dOLTC}	分接头变化 1 档对应的直流电流变化	0.625%I_{dN}

　　与交流系统不同,直流系统能量输送方向是由两侧电压决定,整流侧电压必然高于逆变侧电压。直流系统的电压等级,一般指的是整流侧的直流电压,逆变侧的电压等于整流侧电压减去直流线路上的压降,因此,直流系统逆变站电压完全由直流线路电阻决定。相同电压等级下不同的直流输电工程,由于其输送距离、输送容量、线路型号不全相同,其逆变侧额定电压、额定容量也随之不同。该工程逆变侧额定电压由式(15-11)计算:

$$U_{dNI}=U_{dNR}-I_{dN}\times R_b \tag{15-11}$$

式中,U_{dNI} 为逆变侧额定直流电压;U_{dNR} 为整流侧额定直流电压;R_b 为直流线路直流电阻,具体数值见 15.3.4 直流线路参数一节。

　　故

$$U_{dNI}=800-4\times13.75=745(kV)$$

15.3.3　交流系统额定运行参数

　　向家坝—上海±800kV 特高压直流输电工程两端交流系统稳态电压与频率如表 15-3 所示。

表 15-3　交流系统稳态参数

换流站	交流母线电压/kV					系统频率/Hz
	额定	最高	最低	极端最高	极端最低	
复龙	530	550	500	550	475	50±0.2
奉贤	515	525	490	550	475	50±0.1

在进行直流操作过电压仿真时,须考虑两端交流系统最大与最小这两种运行方式。以向家坝—上海±800kV 特高压直流输电系统为例,其整流侧复龙站最大方式按三相短路电流 63kA 考虑,最小方式三相短路电流为 18.1kA;逆变侧奉贤站最大方式三相短路电流为 63kA,最小方式三相短路电流为 26kA。

15.3.4　直流线路参数

向家坝—上海±800kV 特高压直流输电工程直流线路全长约 1907km,直流导线使用 6×ACSR-720/50、6×AACSR-720/50 钢芯铝合金绞线,全线架设两根地线,一根为 LBGJ-180-20AC、LBGJ-240-20AC 铝包钢绞线,一根为类似特性的 OPGW 光缆。送端复龙换流站接地极引线长约 79km,导线选用 2×NRLH60GJ-500/45 耐热铝合金钢芯绞线,全线架设一根地线,为 GJ-80 镀锌钢绞线。受端奉贤换流站接地极引线长约 97km,导线选用 2×NRLH60GJ-500/45 耐热铝合金钢芯绞线,全线架设一根地线,为 GJ-80 镀锌钢绞线。其中直流线路额定电阻为 13.75Ω,最大值为 17.22Ω,最小值为 11.00Ω[2]。

15.3.5　设备参数

15.3.5.1　直流设备的制造公差及测量误差

考虑到高压直流设备实际制造过程中存在的不可避免的误差,在主回路参数设计中需要考虑设备制造公差及测量误差。向家坝—上海±800kV 特高压直流输电工程中设备制造公差与测量误差如表 15-4 所示。

表 15-4　设备制造公差和测量误差

参数	定义	误差
d_x	正常直流电压运行范围内换流变相对感性压降的最大制造公差 δd_x	$+5\%/-7\% d_{xN}$
U_d	直流电压测量误差 δU_{dmeas}	$\pm 0.5\% U_{dNR}$
I_d	直流电流测量误差 δI_{dmeas}	$\pm 0.3\% I_{dN}$
γ	关断角测量误差	$\pm 1.0°$
α	触发角测量误差	$\pm 0.5°$
U_{dio}	电容分压式电压互感器的测量误差 δU_{dioN}	$\pm 1.0\% U_{dioN}$

15.3.5.2　换流变压器主要参数计算

换流变压器是特高压直流输电工程中最为重要的关键设备之一。其容量巨大,受单台三相大容量变压器生产能力及运输条件的限制,目前特高压直流工程均采用了单相双绕组变压器方案。

1)换流变压器额定电压、电流及容量

换流变压器阀侧线电压与换流器理想空载电压之间的关系为

$$U_v = \frac{U_{dio}}{\sqrt{2}} \frac{\pi}{3} \qquad (15\text{-}12)$$

因此,整流站和逆变站换流变阀侧额定线电压分别为

$$U_{vNR} = 170.3(\text{kV}), \quad U_{vNI} = 157.6(\text{kV})$$

阀侧交流线电流有效值与直流电流关系为

$$I_v = \sqrt{\frac{2}{3}} I_d \qquad (15\text{-}13)$$

换流变阀侧 Y 绕组与 △ 绕组的额定电流计算式如下:

$$I_{vYN} = I_{vN}, I_{v\Delta N} = \frac{I_{vN}}{\sqrt{3}} \tag{15-14}$$

得到换流变阀侧 Y 绕组与 Δ 绕组的额定电流为

$$I_{vYN} = 3266(A), I_{v\Delta N} = 1886(A)$$

由此,可得连接 6 脉动换流器的换流变压器的三相额定总容量为

$$S_n = \sqrt{3} U_{vN} I_{vN} = \frac{\pi}{3} U_{dioN} I_{dN} \tag{15-15}$$

特高压直流输电工程中采用单相双绕组变压器,其额定容量为式(15-15)中的 $\frac{1}{3}$,即

$$S_{n2\omega} = \frac{\pi}{9} U_{dioN} I_{dN} \tag{15-16}$$

综上,对于整流站和逆变站的单相双绕组变压器额定容量分别有

$$S_{n2\omega R} = 321.1(MVA), S_{n2\omega I} = 297.1(MVA)$$

2) 换流变短路阻抗、分接头档位

换流变压器是特高压直流输电工程中的关键设备之一,与交流变压器相类似,短路阻抗是换流变的主要参数之一。短路阻抗越大,换流器换相角越大,同时换流变产生的感性无功也更大。向家坝—上海 $\pm 800kV$ 特高压直流输电工程中,整流侧复龙换流站换流变短路阻抗设计值为 18%,逆变侧奉贤换流站换流变短路阻抗设计值为 16.7%。

换流变分接头调节步长为 1.25%,复龙站的换流变分接头档数设计为:$+23/-5$,奉贤站的换流变分接头档数为:$+22/-6$。

综上,向家坝—上海特高压直流输电工程两端换流变参数如表 15-5、表 15-6 所示。

表 15-5 复龙换流站换流变压器设计参数

参数	交流侧绕组	阀侧绕组	
		Y 绕组	Δ 绕组
额定相电压/kV	$530/\sqrt{3}$	$170.3/\sqrt{3}$	170.3
最大稳态相电压/kV	$550/\sqrt{3}$	$175.9/\sqrt{3}$	175.9
额定容量/MVA	321.1	321.1	321.1
额定电流/A	1049	3266	1886
分接头档数	$+23/-5$		
分接头调节步长/%	1.25		
短路阻抗/%	18.0 ± 0.6		

表 15-6 奉贤换流站换流变压器设计参数

参数	交流侧绕组	阀侧绕组	
		Y 绕组	Δ 绕组
额定相电压/kV	$515/\sqrt{3}$	$157.6/\sqrt{3}$	157.6
最大稳态相电压/kV	$550/\sqrt{3}$	$164.7/\sqrt{3}$	164.7
额定容量/MVA	297.1	297.1	297.1
额定电流/A	999	3266	1886
分接头档数	$+22/-6$		
分接头调节步长/%	1.25		
短路阻抗/%	16.7 ± 0.6		

15.3.5.3　换流器主要参数计算

1）换流器直流电压降

直流电流通过晶闸管时，会有电压降产生，这个电压降称为晶闸管的正向压降 U_T。晶闸管的正向压降与晶闸管材料、制造工艺等有关，与通过晶闸管的电流变化关系不是很大，在工程中可以认为该压降是一个恒定值。在向家坝—上海 ±800kV 特高压直流输电工程中，每个 6 脉动换流器晶闸管的正向压降为 0.3kV。

除了晶闸管正向压降之外，还有晶闸管的阻性压降与换流变压器阀侧铜耗需要考虑，这部分损耗称为换流器的相对阻性压降 d_r，每个 6 脉动换流器的 d_r 为[3]

$$d_r = \frac{P_{cu}}{U_{dioN} I_{dN}} + \frac{2 R_{th} I_{dN}}{U_{dioN}} \tag{15-17}$$

式中，P_{cu}——换流变及平波电抗器在 6 脉动换流器额定运行工况下的阻性损耗；

R_{th}——换流阀的阻性损耗，前面乘以因子 2 是因为 6 脉动换流器正常工作时总有两个换流阀同时导通；

U_{dioN}——换流变阀侧额定空载直流电压。

根据工程经验，6 脉动换流器的 d_r 一般取为 0.3%。

2）换流器额定空载直流电压

根据 6 脉动换流器电压计算公式[3]：

$$\frac{U_{dR}}{n} = U_{dioR} \left[\cos\alpha - (d_{xR} + d_{rR}) \frac{I_d}{I_{dN}} \frac{U_{dioNR}}{U_{dioR}} \right] - U_T \tag{15-18}$$

$$\frac{U_{dI}}{n} = U_{dioI} \left[\cos\gamma - (d_{xI} - d_{rI}) \frac{I_d}{I_{dN}} \frac{U_{dioNI}}{U_{dioI}} \right] + U_T \tag{15-19}$$

式中，U_{dR}——整流侧直流电压；

U_{dI}——逆变侧直流电压；

n——换流站内每极包含 6 脉动换流器的个数，特高压直流输电工程为 4；

U_{dioR}——整流侧空载直流电压；

U_{dioI}——逆变侧空载直流电压；

d_{xR}——整流侧换流器相对感性压降；

d_{xI}——逆变侧换流器相对感性压降；

U_{dioNR}——整流侧额定空载直流电压；

U_{dioNI}——逆变侧额定空载直流电压。

在直流系统中，整流侧与逆变侧直流电压关系如下：

$$U_{dI} = U_{dR} - I_d \times R_d \tag{15-20}$$

根据式（15-20）的关系对式（15-18）和式（15-19）进行变形整理，得到：

$$U_{dioNR} = \frac{\frac{U_{dNR}}{n} + U_T}{\cos\alpha_N - (d_{xNR} + d_{rNR})} = 230 (kV)$$

$$U_{dioNI} = \frac{\frac{U_{dNR} - I_{dN} \times R_{dN}}{n} - U_T}{\cos\gamma_N - (d_{xNI} - d_{rNI})} = 212.8 (kV)$$

3）换流器额定相对感性压降

根据前述章节中对 6 脉动换流器的相对阻性压降 d_r 的定义，换流器相对感性压降 d_x 定义如下[3]：

$$d_{xN} = \frac{3}{\pi} \frac{X_t I_{dN}}{U_{dioN}} \tag{15-21}$$

式中，X_t 为换相电抗，在不采用 PLC 滤波器时只由换流变压器短路阻抗提供。

换流器额定相对感性压降 d_{xN} 与换流变短路阻抗 u_k 的关系为

$$d_{xN} = \frac{3}{\pi} \frac{X_t I_{dN}}{U_{dioN}} = \frac{3}{\pi} \frac{I_{dN}}{U_{dioN}} u_k \frac{U_{vN}^2}{S_n} \tag{15-22}$$

式中，U_{vN} 为换流变阀侧额定线电压；S_n 为换流变三相额定总容量。

根据式(15-12)和式(15-15)，式(15-22)可简化为

$$d_{xN} = \frac{1}{2} u_k \tag{15-23}$$

虽然该特高压直流输电工程不再设置 PLC 滤波器，但因其为 PLC 设备预备了空间，有些设计还会将 PLC 滤波器考虑在内，其相对感性压降较小，通常可取为 $0.2\% \sim 0.3\%$，考虑 PLC 感性压降时有

$$d_{xN} \approx \frac{1}{2} u_k + u_{PLC} \tag{15-24}$$

故由式(15-24)可计算得到两端换流站的额定相对感性压降在考虑 PLC 滤波器时为

$$d_{xNR} = 0.092, d_{xNI} = 0.0855$$

不考虑 PLC 滤波器时为

$$d_{xNR} = 0.09, d_{xNI} = 0.0835$$

PLC 滤波器在系统操作过电压计算中影响很小。本节中主参数计算时不考虑 PLC 滤波器的参数。

4）换流器换相角

换相角是指换流器换相过程所经历的时间用相应的相角表示，是换流器的重要参数之一，其相关计算公式为[3]

$$\cos(\alpha + \mu_R) = \cos\alpha - 2d_{xNR} \frac{I_d}{I_{dN}} \frac{U_{dioNR}}{U_{dioR}} \tag{15-25}$$

$$\cos(\gamma + \mu_I) = \cos\gamma - 2d_{xNI} \frac{I_d}{I_{dN}} \frac{U_{dioNI}}{U_{dioI}} \tag{15-26}$$

根据式(15-25)和式(15-26)可以计算得到在额定运行情况下，整流站和逆变站的换相角为

$$\mu_R = 23.6°, \mu_I = 21.3°$$

5）换流器消耗的无功

换流器运行中会消耗大量的无功，这些无功需要通过无功补偿设备补偿。在额定运行情况下，12 脉动换流器消耗的无功功率计算公式为[3]

$$Q_{dN} = 2\chi I_{dN} U_{dioN} \tag{15-27}$$

$$\chi = \frac{1}{4} \times \frac{2\mu + \sin2\alpha - \sin2(\alpha + \mu)}{\cos\alpha - \cos(\alpha + \mu)} \tag{15-28}$$

对于逆变侧，将式(15-28)中的 α 换为 γ 即可。每个换流站有两个极，共 4 个 12 脉动换流器，据此可以得到两端换流站额定运行条件下消耗的无功功率，计算值如下：

$$Q_{dNR} = 3476\text{Mvar}, Q_{dNI} = 3272\text{Mvar}$$

15.3.5.4 平波电抗器

平波电抗器是特高压直流输电工程中的重要设备之一，与直流滤波器共同构成换流站直流滤波电路以减小直流电流谐波分量，同时起到限制来自直流线路侧的电压陡波进入阀厅，抑制直流电流脉动。向家坝—上海±800kV 特高压直流输电工程采用每极极线两台 75mH，中性线两台 75mH 干式空心高压电抗器的布置方式。每极平波电抗总电感值为 300mH。

15.3.5.5 中性母线电容器

由于换流变绕组以及穿墙套管对地存在杂散电容，这些杂散电容与中性母线和地构成了谐波电流的回路，使得 3 倍次谐波电流流过中性母线与地之间。如果不采取措施，会使流过接地极线和接地极的谐波电流分量增大，需要通过在中性线上对地安装电容器提供谐波回路的方式予以消除。该电容器取值同时考虑避免与接地极线敏感频率发生谐振。在向家坝—上海±800kV 特高压直流输电工程中，送端复龙换流站中性母线电容器电容值为 16μF，受端奉贤换流站中性母线电容器电容值为 15μF。

15.3.5.6 交流滤波器

复龙换流站配置 4 大组，共 14 小组的交流滤波器，其中，4 组 BP11/13 滤波器，4 组 HP24/36 滤波

器,1 组 HP3 滤波器,5 组 SC 并联滤波器。奉贤换流站配置 4 大组,共 15 小组的交流滤波器,其中,8 组 HP12/24 滤波器,7 组 SC 并联滤波器。各滤波器电路及具体参数如图 15-15、图 15-16 和表 15-7、表 15-8 所示,交流滤波器中避雷器参数如表 15-9 所示[4]。

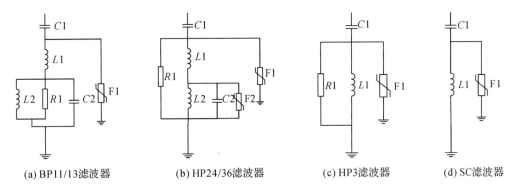

(a) BP11/13滤波器　　(b) HP24/36滤波器　　(c) HP3滤波器　　(d) SC滤波器

图 15-15　复龙换流站交流滤波器图

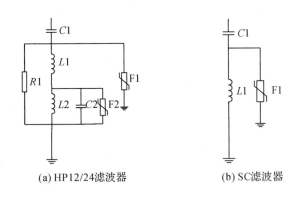

(a) HP12/24滤波器　　(b) SC滤波器

图 15-16　奉贤换流站交流滤波器图

表 15-7　复龙换流站交流滤波器参数

元件	滤波器类型			
	BP11/13	HP24/36	HP3	SC
$C1(\mu F)$	2.523	2.537	2.541	2.541
$L1(mH)$	27.91	4.285	498.5	2.0
$C2(\mu F)$	92.34	13.48	20.33	—
$L2(mH)$	0.784	0.917	—	—
$R1(\Omega)$	165	425	1253	—
三相额定容量(MVA)	220	220	220	220
组数	4	4	1	5

表 15-8　奉贤换流站交流滤波器参数

元件	滤波器类型	
	HP12/24	SC
$C1(\mu F)$	3.107	2.855
$L1(mH)$	8.705	2.0
$C2(\mu F)$	7.475	—
$L2(mH)$	5.738	—
$R1(\Omega)$	200	—
三相额定容量(MVA)	260	238
组数	8	7

表 15-9　交流滤波器中避雷器参数表

换流站	避雷器	CCOV (kV)	SIPL/电流 (kV/kA)	LIPL/电流 (kV/kA)
复龙换流站	BP11/13(F1)	159	365/7.7	447/62
	HP24/36(F1)	48	267/7.7	337/80
	HP24/36(F2)	21.5	90/12	97/12
	HP3(F1)	141	268/7.8	338/81
	SC(F1)	10	278/7.8	337/79
奉贤换流站	HP12/24(F1)	44	271/9.5	342/88
	HP12/24(F2)	24.8	86/7	94/8
	SC(F1)	13.8	269/8.7	339/83

15.3.5.7　直流滤波器

　　复龙换流站及奉贤换流站各配置一组直流 2/12/39 三调谐直流滤波器,具体电路及参数如图 15-17 和表 15-10 所示[5]。

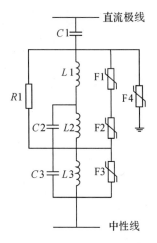

图 15-17　直流滤波器电路图

表 15-10　直流滤波器参数表

元件	换流站	
	复龙站	奉贤站
C1(μF)	1.05	1.05
L1(mH)	9.847	9.847
C2(μF)	3.286	3.286
L2(mH)	582.95	582.95
C3(μF)	5.105	5.105
L3(mH)	11.745	11.745
R1(Ω)	3095	3095

　　直流滤波器中避雷器参数如表 15-11 所示。

表 15-11　直流滤波器中避雷器参数表

换流站	避雷器	CCOV (kV)	SIPL/电流 (kV/kA)	LIPL/电流 (kV/kA)
复龙换流站	F1	24	623/3.1	687/10.4
	F2	261	536/2.7	——
	F3	48	138/8.6	——
	F4	289	553/6.7	688/80.0
奉贤换流站	F1	24	623/3.1	687/10.4
	F2	261	536/2.7	——
	F3	48	138/8.6	——
	F4	289	553/6.7	688/80.0

15.3.5.8　阻断滤波器

　　向家坝—上海±800kV 特高压直流输电工程在复龙换流站中性极线上配置了阻断滤波器,避免直流系统在 50Hz 频率附近发生谐振。该阻断滤波器由一台 75mH 的干式空心高压电抗器与 135μF 的电容并联构成。

15.3.5.9　PLC/RI 滤波器

　　由于直流系统运行时会在交流系统上产生大量的谐波分量,对交流线路载波通信产生影响,以往

±500kV直流输电工程都会采用 PLC 滤波器(Power Line Carrier Noise Filter)来降低直流系统对交流电力线路载波通信的影响。但随着技术的发展,电力系统已逐渐采用光纤及微波通信方式,且向家坝—上海±800kV 特高压直流输电工程两侧换流站附近交流系统已无采用交流线路载波通信的线路与变电站,故该特高压直流工程不再装设 PLC 滤波器。

　　与交流线路类似,由于谐波分量的存在,直流线路也会对沿线地区无线电通信造成干扰。为解决这个问题,直流系统中引入了 RI 滤波器(Radio Interference Filter),RI 滤波器由换流变交流侧对地电容及阀厅出线串联电感构成,向家坝—上海±800kV 特高压直流输电工程中 RI 滤波器电感值 0.5mH,电容值为 2.8nF。

15.3.6　直流系统运行参数

15.3.6.1　直流电压

　　根据换流变分接头每一档变化 1.25% 可知,对于每极两组换流变,如果其中一组分接头变换一档,则相应电压变化 $1.25\%/2 = 0.625\%$,即 $\Delta U_{dOLTC} = 0.625\%$,再考虑直流电压测量系统误差 $\delta U_{dmeas} = 0.5\%$,可以得到该特高压直流系统实际最大直流电压为

$$U_{dmax} = U_{dN} \times (1 + \Delta U_{dOLTC} + \delta U_{dmeas}) \tag{15-29}$$

即:$U_{dmax} = 800 \times (1 + 0.625\% + 0.5\%) = 809(kV)$

15.3.6.2　直流电流

　　如果不考虑直流系统过载运行的情况,与直流电压计算类似,同样考虑变压器分接头一档变化量 $\Delta I_{dOLTC} = 0.625\%$ 及电流测量误差 $\delta I_{dmeas} = 0.3\%$,直流系统实际最大及最小电流分别为

$$I_{dmax} = I_{dN} \times (1 + \Delta I_{dOLTC} + \delta I_{dmeas}) \tag{15-30}$$

即:$I_{dmax} = 4000 \times (1 + 0.625\% + 0.3\%) = 4037(A)$

$$I_{dmin} = I_{dN} \times (0.1 - \Delta I_{dOLTC} - \delta I_{dmeas}) \tag{15-31}$$

即:$I_{dmin} = 4000 \times (0.1 - 0.625\% - 0.3\%) = 363(A)$

　　如果考虑直流系统过载情况,根据向家坝—上海±800kV 特高压直流输电工程最大允许运行功率为 1.2p.u.,即 $1.2 \times 6400MW = 7680MW$。在该输送功率下,整流侧直流空载电压保持为额定空载电压,根据式(15-18),计算得到此时整流侧直流电压为 779.8kV。由此,计算得到直流系统 1.2p.u. 输送功率条件下直流电流为

$$I_{dN1.2} = 1.2 \times 6400 \div 2 \div 779.8 = 4924(A)$$

　　同样考虑测量系统误差,最大直流电流为

$$I_{dmax} = 4924 \times (0.1 + 0.625\% + 0.3\%) = 4970(A)$$

15.3.6.3　过电压运行工况

　　根据上述计算结果,在过电压仿真计算时,可根据不同过电压需要,整流侧直流电压可取极大值 809kV,额定值 800kV;直流电流可取极大值 4037A 或 4970A,额定值 4000A,最小值 363A。

参考文献

[1] 戴熙杰. 直流输电基础[M]. 北京:水利电力出版社,1990.

[2] 刘振亚. 特高压直流输电技术研究成果专辑(2008 年)[M]. 北京:中国电力出版社,2008.

[3] DL/T 5426-2009. ±800kV 高压直流输电系统成套设计规程[S],2009.

[4] Xiangjiaba - Shanghai ±800 kV UHVDC Transmission Project AC Filter Arresters[R]. ABB Power Systems,2007.

[5] Xiangjiaba - Shanghai ±800 kV UHVDC Transmission Project DC Filter Performance[R]. ABB Power Systems,2008.

第16章　特高压直流系统操作过电压

特高压直流输电系统用于大容量、跨区域、超长距离电能输送,是中国电网的骨干构架,具有极其重要的地位。特高压直流系统运行电压较±500kV 直流系统高,并且特高压直流换流器由两个 12 脉动换流器串联构成,换流站的构造、接线方式、控制保护系统较±500kV 更为复杂,因此无论是故障的种类还是过电压的大小,±800kV 直流系统都比±500kV 直流系统更加复杂、严重。而且,在特高压电压等级下,随着空气绝缘距离要求的增大,开始出现长空气间隙绝缘饱和的现象,使得设备尺寸随电压升高急剧增大,制造成本也随之迅速提高。为降低特高压设备制造成本,同时保障设备运行可靠性,对特高压直流系统过电压保护要求更加严格。此外,由于中国西部地区地形多为山地、高原,直流换流站、线路可能地处或者经过高海拔地区,高海拔条件又给特高压直流输电系统的过电压保护和绝缘配合提出了更高要求。因此,对特高压直流输电系统过电压及其控制保护措施进行研究显得十分迫切与必要。

本章主要研究特高压直流系统中的操作过电压。首先讨论特高压直流系统中的操作过电压分类及其特点,然后以向家坝—上海±800kV 特高压直流输电工程为例,基于第 15 章中对该工程主回路参数的计算结果,详细介绍其仿真模型,并对各种典型操作过电压进行计算,最后对主要操作过电压机理及控制保护策略进行分析讨论。

16.1　特高压直流系统操作过电压分类及其特点

16.1.1　操作过电压分类

特高压直流系统操作过电压种类远比特高压交流系统复杂,按操作过电压在换流站内作用的区域不同,可分为交流侧操作过电压、阀厅内过电压和直流场过电压。

1) 交流侧操作过电压

交流侧操作过电压是指在换流站交流母线及母线上所连接设备中出现的操作过电压。交流母线上连接的设备主要由交流母线避雷器 A 保护,该避雷器安装在紧靠换流变和每大组交流滤波器母线上。交流系统中发生的各种故障或执行的操作,如交流系统单相接地、三相接地故障及清除、逆变侧失交流电源、投切交流滤波器等,均会在交流侧相关设备上产生较高的过电压。本章将重点介绍三种产生该类操作过电压的典型情况:

(1) 三相接地故障及清除;

(2) 逆变侧失交流电源故障;

(3) 交流滤波器内部过电压。

2) 阀厅内操作过电压

阀厅内操作过电压主要指作用在换流阀两端和换流器母线上的操作过电压。根据过电压作用位置的不同,以及位于不同位置的阀两端过电压产生机理的不同,可将阀厅内操作过电压(按对其进行限制的避雷器进行分类)分为以下四类:

(1) 阀避雷器 V11/V1 上的操作过电压;

(2) 阀避雷器 V12/V2 上的操作过电压;

(3) 阀避雷器 V3 上的操作过电压;

(4) 换流器母线避雷器上的操作过电压。

3）直流场操作过电压

直流场包括直流极线、中性母线以及直流滤波器、转换开关等设备,直流场内操作过电压按作用区域可分为三类:

（1）直流极线过电压;

（2）中性母线过电压;

（3）直流滤波器内部过电压。

本章将对这三大类共十小类过电压进行仿真建模和计算分析,并对其过电压机理及其保护措施进行详细讨论分析。

16.1.2　特高压直流操作过电压特点

与常规±500kV 高压直流系统相比,特高压直流系统在主接线结构上主要有两点不同:采用双 12 脉动换流器;平波电抗器分置于直流极线与中性母线上。这使得特高压直流系统的操作过电压与常规超高压直流系统具有以下不同的特点。

1）阀过电压

常规±500kV 高压直流系统换流阀过电压分为两类:最上层阀两端过电压和其他层阀两端过电压。特高压直流系统与常规±500kV 高压直流系统相比,阀过电压多了一类,分为上 12 脉动换流器最上层阀两端过电压,下 12 脉动换流器最上层阀两端过电压,以及其他层阀两端过电压。

当直流系统中发生整流侧最高端换流变阀侧出线接地短路故障时,直流极线对地电压施加到与直流极线直接相连的换流器最上层换流阀两端,在最上层阀两端形成严重的过电压。特高压系统中该过电压较常规超高压直流系统严重得多,具体原因分析如下:

（1)在正常运行时,特高压直流系统中阀两端耐压设计值较常规超高压直流系统低

在常规±500kV 高压直流系统中,换流阀的正常工作承受电压约为系统额定电压的 1/2,约为250kV 加上脉动及过冲;而在特高压系统中,上 12 脉动换流器换流阀的正常工作承受的电压约为系统额定电压的 1/4,约为 200kV 加上脉动及过冲。所以,特高压直流系统中换流阀两端耐压设计值较常规超高压直流系统低。

（2)在发生整流侧最高端换流变阀侧出线接地短路故障时,特高压直流系统中最上层换流阀两端承受的过电压较常规超高压直流系统高得多

在发生上述故障时,最上层换流阀承受的过电压为极线电压与故障时换流变阀侧出线电位差。对于常规超高压直流系统,考虑极端情况时最上层换流阀两端电位差可达 500kV＋300kV 左右(不考虑避雷器保护,该过电压由直流极线电压与换流变阀侧出线的线电压共同作用造成,300kV 为换流变阀侧出线的线电压峰值);而对于特高压直流系统,考虑极端情况时该电压差可达 800kV＋250kV 左右(同样不考虑避雷器保护)。

（3)特高压直流系统输电线路长度一般比常规±500kV 高压直流系统远得多,使得特高压直流线路上储存的能量也较常规直流线路大得多

综上所述,当直流系统中发生整流侧最高端换流变阀侧出线接地短路故障时,特高压直流系统中最上层换流阀所承受的过电压远较常规超高压直流系统严重得多。

另外,特高压直流系统在采用下 12 脉动换流器单独投运,即 1/2 极运行方式时,下 12 脉动换流单元最上层阀也会受到上述过电压的类似威胁。

2）中性母线过电压

特高压直流系统为降低换流器母线上的电压谐波分量,采用了平波电抗器分置的方案,即在直流极线和中性母线上都安装了平波电抗器,这使得中性母线上的过电压也与常规超高压直流系统有所不同。在特高压直流系统中,需要对中性母线平波电抗器两侧的过电压分别进行计算,即平抗阀侧过电压和平抗线路侧过电压两种类型,而常规超高压直流系统中的中性母线过电压仅有一种类型。

对于特高压直流系统,因平波电抗器分置的原因,中性母线以平波电抗器为界分为两段具有不同过

电压保护水平的母线段,并配有不同保护水平的避雷器,其中中性母线平波电抗器阀侧避雷器的保护水平要高于线路侧。而常规超高压直流系统中性母线没有分段。

16.1.3 引起操作过电压的故障类型

特高压直流系统内操作过电压主要由系统内各类故障引起,这些故障主要可以分为以下几类:

1) 换流站内短路故障

在换流站中,会产生操作过电压的短路故障按发生位置可分为如下几种。

● 换流变阀侧出线接地

该故障主要会造成严重的阀两端过电压或中性母线过电压,也会造成极线过电压,但并不严重。

● 换流器阀顶接地

该故障主要会造成严重的中性母线过电压。

● 十二脉动换流器中点及上下十二脉动换流器之间接地

该故障主要会造成中性母线过电压。

● 极母线接地

该故障主要会造成严重的中性线过电压。

● 换流变阀侧出线间短路

该故障在系统中造成的过电压并不明显,但会造成换流变过流,威胁换流变。

● 换流器阀顶对中性线短路

该故障直接导致中性线过电压,该情况下过电压并不严重,但会威胁换流器。

● 六脉动换流器两端短路

发生在最低端的六脉动换流器端会直接造成中性线过电压,该情况下过电压并不严重,但会威胁换流器。

● 十二脉动换流器两端短路

与六脉动换流器两端短路类似,发生在低端十二脉动换流器两端会造成中性线过电压,该情况下过电压并不严重,但会威胁换流器。

2) 直流控制系统故障

可造成过电压的直流控制系统故障有两种:逆变侧开路时全电压起动和逆变侧闭锁旁通对未解锁。这两种故障都会导致严重的直流极线过电压。

3) 交流侧操作冲击

交流侧因操作、故障等原因造成的操作冲击电压波,在适当的时机,会通过换流变及换流器导通的阀向部分未导通的换流阀两端施加过电压。

4) 交流侧甩负荷

该故障发生时,逆变侧会因换流变与交流滤波器发生电磁振荡而在交流侧产生过电压。

这些故障下的过电压机理都会在本章后续对过电压详细介绍中进行分析。

16.2 直流系统仿真模型

直流输电系统的控制系统比较复杂,其控制保护特性是决定直流输电系统运行特性和影响直流系统故障下响应的最重要因素。因此与交流系统仿真模型相比,除主回路模型外,直流控制系统模型是整个仿真模型中另一重要组成部分。本节将对特高压直流输电系统的仿真模型搭建进行介绍。

16.2.1 直流系统主回路模型

直流系统主回路包括两端交流系统、交流滤波器组、换流变压器、换流器、平波电抗器、直流滤波器、直流线路、接地极引线、接地极。这些主回路设备模型参数见上一章主回路参数计算结果。

16.2.2　直流控制系统模型

与交流系统相比,高压直流系统的一个显著特点是其可以通过对两端换流器的快速调节与控制,快速改变输送功率的方向与大小。高压直流控制系统是直流输电系统的核心,直流输电系统的性能,在很大程度上取决于其控制系统。直流控制系统模型是否完善,直接决定了操作过电压仿真的准确性。

16.2.2.1　需实现的主要控制功能

对于直流系统操作过电压仿真分析,需要实现的高压直流控制系统的主要功能有:

1)直流系统启动与停机控制

2)直流系统输送功率控制

3)监测直流系统运行参数

4)故障保护控制

16.2.2.2　直流控制分层结构

直流控制系统涉及的系统状态参数复杂,在设计中将其控制功能按等级分为若干层次,使控制系统结构清晰,故障影响范围缩小,也提高了系统的可靠性。在直流系统建模中,也遵循这样的按功能等级分层的结构思想,可以降低模型调试的工作量,同时提高模型的可靠程度。直流输电控制系统一般设有六个层次等级:

1)系统控制级

该控制级是整个系统中最宏观的控制层次,主要功能有:与调度系统联系、接收调度指令、紧急功率支援、潮流转移、调节交流系统频率等。这部分控制不在操作过电压控制中起作用,因此该部分控制不在操作过电压仿真模型中体现。

2)双极控制级

该控制对直流系统两极运行进行协调,根据系统控制级给出的功率值,决定两极各自的输送功率,对两极电流根据设定值进行平衡,根据交流母线电压对无功补偿设备投切进行控制。该控制在直流系统正常运行时起作用,需在操作过电压仿真模型中予以实现。

3)极控制级

该控制对直流系统单个极运行进行控制,包括根据双极控制级给定的功率指令或者人工设置的功率指令向换流器控制级提供直流电压、电流整定值,与对站同极进行远动通信协调,故障处理如移相停运、自动重启及低电压限流控制等。该控制级是操作过电压仿真中重要的控制,必须在仿真模型中实现。

4)换流器控制级

该控制级对单个换流器进行运行控制,根据极控制级传来的电压、电流整定值,控制换流阀的触发相角,从而实现定电流、定关断角、定电压、换流器单元闭锁以及解锁控制。该控制级是操作过电压仿真中重要的控制环节,必须在仿真模型中实现。

5)单独控制级

在直流换流站中,除了对换流器直接进行控制外,换流器周边其他设备同样需要相应的控制以配合换流器的运行,如换流变分接头控制,滤波器组投切控制,交直流开关场断路器、隔离开关控制,以及换流器阀组冷却系统控制及监测等。这部分控制任务由单独控制级完成。该控制级控制的设备在操作过电压保护中起一定的作用,如交直流开关场断路器、隔离开关控制、滤波器控制等,需要在仿真模型中实现。

6)换流阀控制级

该控制将控制器送来的阀触发信号进行变换放大并输送到晶闸管触发极上,并监测晶闸管的运行情况,包括阀组温度、通过电流等运行参数。该部分控制主要是硬件操纵控制,在操作过电压仿真模型中不需专门考虑实现。

16.2.2.3 建模需要实现的关键控制环节

根据上述对特高压直流系统控制分层的介绍,在特高压直流系统操作过电压仿真模型建模过程中,需要实现以下关键控制环节:

1)定关断角控制环节

该环节是逆变侧控制的主要环节,也是直流控制系统的核心环节之一,其不断比较逆变侧关断角实际测量值与参考值,从而配合电压控制环节给出相应的触发角,控制逆变侧换流器的运行。在逆变侧采用定关断角控制方式的直流输电工程中,该环节往往有两个,一个根据给定的关断角进行控制,另一个限制最小关断角值。

2)电压控制环节

该环节是直流控制系统的核心环节之一,其不断比较换流器输出电压与给定电压参考值,在整流侧与电流控制环节配合给出相应的触发角,在逆变侧与定关断角控制环节配合给出触发角。在逆变侧采用定电压控制方式的直流输电工程中,该环节直接控制直流系统电压。

3)电流控制环节

该环节是直流控制系统的核心环节之一,其在运行中不断比较整流侧输出电流值与给定电流参考值,在整流侧给出相应的触发角。在逆变侧,当电流降到一定值以下时,对阀组的直流控制权会移交到该环节。

4)阀触发脉冲生成环节

阀触发脉冲生成环节是特高压直流系统操作过电压仿真模型的关键控制环节之一,该环节实现的准确性关系到直流控制系统控制的稳定性。其任务是根据触发角命令,参考交流三相电压相角,在准确的时间点给出触发脉冲,并发送到阀触发门极。该控制环节最直接的方案是与三相电压相角进行实时比较,在到达所需的相角后,及时生成触发脉冲。这种直接方案在系统正常运行,且谐波分量很小时准确度很高,但在系统发生故障或者谐波分量很大造成参考交流电压波形畸变时,该方式生成的脉冲将完全不准确,会造成系统控制失效,从而加剧系统运行的混乱程度。实际系统中采用等相位间隔控制法产生触发脉冲,对于 12 脉冲换流器而言,一个交流周期内将有 12 个触发脉冲产生,则脉冲触发环节就采用每个交流周期产生 12 个触发脉冲,两个脉冲间隔时间控制在 30°相角左右的时间,下一脉冲触发间隔时间参考前两次脉冲触发间隔时间,这样就避免了因交流波形畸变造成参考相位剧烈变化引起的触发角不准确的问题。

5)阀关断角测量环节

阀关断角测量环节也是特高压直流系统操作过电压仿真模型的关键环节之一,该环节实际的准确性直接决定了逆变侧电压控制的稳定性以及直流系统能否平稳启动。该环节的任务是准确测量出阀的关断角,并将其反馈回控制系统,然后控制系统根据测量出的关断角,限制逆变侧系统触发角最大值,避免在故障暂态情况下逆变侧出现换相失败导致电压翻转,引起系统直流电压大振荡。

6)低电压限流环节

该环节是直流控制系统中的关键环节之一,当换流器输出电压降低到一定程度时,相应的电流控制器参考值也要按照一定规则降低,以保持控制系统对直流系统的控制能力,避免系统失控出现大的振荡。

16.2.2.4 仿真模型中控制环节间的配合

上面小节已经介绍,换流站控制系统主要有三个核心控制环节:定关断角控制环节、电压控制环节和电流控制环节。这三个控制环节在直流系统运行时也同时在运行,在任一时刻只有一个控制环节起控制作用,另外两个控制环节处于备用状态,在发生故障或者系统调节时,系统的控制权在几个环节之间根据预设的规则进行切换。其基本切换规则如下:

整流侧换流站在正常运行时,电流控制环节起直接控制作用。当系统电压升高到一个预设值时,整流侧触发角控制权被移交到电压控制环节,从而限制直流系统电压不致过高;在系统电压降低到一个预设值时,电流控制环节中电流预设定值被低电压限流环节调低。定关断角控制环节在换流器运行状态为整流状态时不起作用。

采用定关断角控制方式的逆变侧换流站在正常运行时,定关断角控制环节起直接控制作用。当系统电压升高到一定预设值时,逆变侧触发角控制权被移交到电压控制环节,从而限制直流系统电压不致过高;当系统关断角过小时,逆变侧触发角控制权被移交到另一个定关断角环节,限制系统触发角不再增大;当系统直流电流降低到一定值以下时,一般是电流设定值的 0.9 倍,逆变侧触发角控制权被移交到电流控制环节。

16.2.3　换流站避雷器布置方案

特高压直流输电系统的安全运行离不开过电压保护装置,现代直流输电系统均采用无间隙氧化锌避雷器作为过电压保护的关键设备,它对过电压进行限制,对设备提供保护,在整个工程绝缘水平的确定中起着决定性作用。

特高压直流换流站避雷器配置的基本原则是:换流站交流侧的过电压由交流侧避雷器进行限制;直流侧过电压由直流侧避雷器限制;换流站内重要设备由紧靠它的避雷器直接进行保护;对某些设备的保护可由 2 支或多支避雷器串联实现,如换流变阀侧套管的对地绝缘是由多支避雷器串联保护的。

此外,仿真计算中考虑避雷器的伏安特性偏差。计算避雷器最大保护水平时,采用避雷器最大偏差特性;而决定特定位置的避雷器最大能量要求时,该避雷器采用最小偏差特性。

以向家坝—上海±800kV 特高压直流工程为例,其避雷器布置方案如图 16-1 所示,避雷器参数如表 16-1 所示。

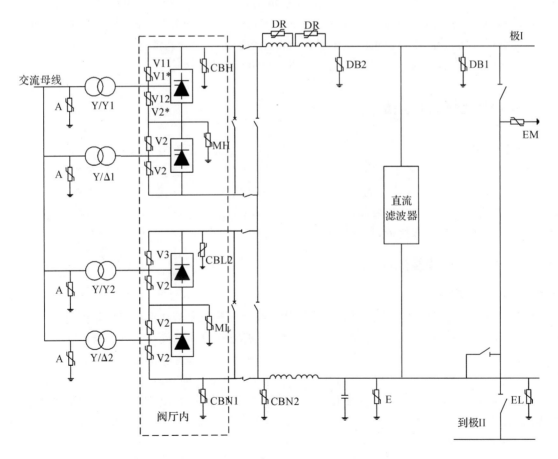

图 16-1　向家坝—上海±800kV 特高压直流输电工程换流站避雷器布置方案

注:图中带 * 的 V1、V2 为逆变站阀避雷器;V11、V12 为整流站阀避雷器。

表 16-1   向家坝—上海特高压换流站避雷器参数

避雷器	CCOV/kV（向家坝/上海）	PCOV/kV（向家坝/上海）	U_{ref}/kV（向家坝/上海）	Energy Capacity/MJ（向家坝/上海）
V11/V1	249/233	288/278	288/278	10.1/7.5
V12	248/—	288/—	288/—	5.1/—
V2	249/233	296/278	296/278	5.3/3.7
V3	249/233	296/278	296/278	5.3/3.7
DB1	824/824	—/—	969/969	13.5/13.3
DB2	824/824	—/—	969/969	13.5/13.3
CBH	878/859	916/895	1070/1048	19.0.19.0
MH	649/638	704/672	794/779	14.6/14.2
CBL2	443/434	496/469	553/529	9.9/9.7
ML	293/250	—/—	358/358	3.3/3.3
CBN1	137/77	175/112	333/333	3.1/3.1
CBN2	137/77	175/112	304/304	13.1/8.5
E	83/20	—/—	304/219	2.85/2.0
EL	20/20	—/—	202/202	5.6/5.6
EM	83/20	—/—	278/219	27.0/2.0
DR	44/44	—/—	483/483(rms)	3.3/3.3
A	318/318	—/—	396/396(rms)	3.42/3.42

根据前述向家坝—上海±800kV特高压直流输电工程运行参数,建立特高压直流输电系统操作过电压仿真模型,对系统中典型操作过电压进行仿真计算,分析过电压产生机理,并提出相应的抑制措施。

由前文分析可知,特高压直流输电系统操作过电压根据发生位置通常可分为交流侧过电压、阀厅内过电压和直流场过电压,下面将分别对这三个区域的过电压进行介绍。

16.3   交流侧操作过电压

交流侧操作过电压是指在换流站交流母线及母线上所连接设备中出现的操作过电压。交流母线上连接的设备主要由交流母线避雷器 A 保护,该避雷器安装在紧靠换流变和每大组交流滤波器母线上。交流系统中发生的各种故障或执行的操作,如交流系统单相接地、三相接地故障及清除、投切交流滤波器等,会在交流侧相关设备上产生较高的过电压。以下将对三类典型过电压:三相接地故障及清除引起的过电压、逆变侧失交流电源故障引起的过电压以及交流滤波器内部过电压进行分析讨论。

16.3.1   三相接地故障及清除

16.3.1.1   仿真计算条件

当换流站内某一交流滤波器支路或者与换流站母线相连接的交流线路在换流站附近发生三相接地故障,交流系统的继电保护装置将该故障线路从系统中切除时,换流站交流母线上会产生甩故障负荷过电压,该故障的简化示意图如图 16-2 所示。该电压工况是交流母线避雷器 A 的最严酷工况之一。

该过电压情况与故障发生及清除时刻有关,仿真中通过选取不同的故障切除时刻,并考虑避雷器 A 的伏安特性偏差,分别采用最大保护特性和最小保护特性进行计算,找出交流母线避雷器上过电压最严重情况。

16.3.1.2   仿真计算结果

以向家坝—上海±800kV特高压直流工程中送端复龙换流站该故障下的过电压计算为例,相应计算结果如表 16-2 所示。计算结果表明:复龙换流站交流母线额定电压为 530kV,该故障下交流母线上最大过电压为 766kV,避雷器 A 通过的最大能量为 0.69MJ。由于该故障为对称性故障,当故障在一个工频周期内不同时刻发生时,其中某一相避雷器 A 通过能量可能会达到最大,图 16-3 中波形为 a 相避

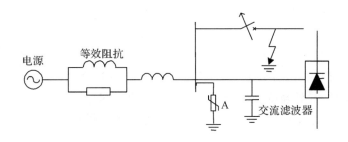

图 16-2　交流三相接地清除过电压简化示意图

雷器 A 中通过能量最大时的过电压、避雷器中流过电流和能量波形。

表 16-2　三相接地故障及清除时复龙换流站交流母线避雷器 A 上过电压仿真结果

避雷器特性	最大电压/kV	最大电流/kA	最大能量/MJ
最大保护特性	766	1.35	0.55
最小保护特性	743	1.50	0.69

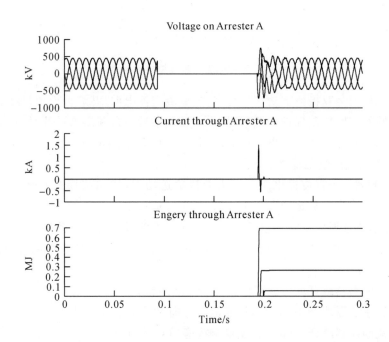

图 16-3　三相接地故障及清除时复龙换流站交流母线避雷器 A 上过电压及能量波形图

16.3.1.3　过电压机理分析

其机理分析如下：在发生三相接地故障时，交流滤波器组（包括电容器组）中储存的能量会经故障点释放，在随后的故障清除过程中，系统电源又通过系统阻抗（一般为感性）向交流滤波器组充电，引起暂态电磁振荡，从而在交流侧母线上产生过电压。

16.3.1.4　过电压控制保护措施

由前述过电压计算结果可知，该过电压幅值及能量并不是非常严重。从过电压产生机理上看，该故障是因故障暂态引起系统内电压振荡造成的，由于常规的交流设备设计制造时已将这类振荡过电压情形考虑在内，因此，若按照常规的交流系统设计规程进行设计，在换流变压器、交流滤波器组等设备附近配置交流避雷器情况，则该过电压一般不会对换流站设备造成威胁。

16.3.2 逆变侧失交流电源

16.3.2.1 仿真计算条件

高压直流输电的逆变侧采用有源逆变方式,如果逆变站失去交流电源,就会导致逆变过程不能进行。如果此时直流线路又将有功功率通过直流线路继续输送到逆变站,就会造成逆变站中换流变压器与交流滤波器组发生振荡,导致逆变站交流侧母线出现很高的过电压,使交流母线避雷器 A 中通过较大电流和能量,这对于直流输电系统换流器和交流场设备是一个严峻的考验。该故障的简化示意图如图 16-4 所示。

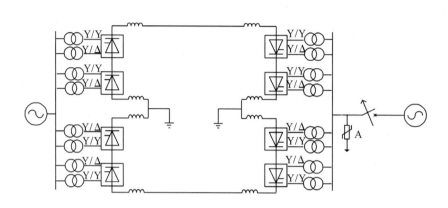

图 16-4　逆变侧失交流电源故障示意图

仿真中直流系统设定为双极额定功率运行,将逆变侧交流电源切除,但保留母线上的滤波器组。根据直流工程调试经验及实际控制保护配置情况,当逆变侧最后一台断路器跳开时,直流系统可以实现在最后一台断路器分断时立即由逆变侧投入旁通对闭锁,从而阻止能量继续流入交流侧。该过电压工况是交流母线避雷器 A 的最严酷工况之一。

此外,也有研究考虑采用直流输电工程最大允许输送功率,如向家坝—上海 ±800kV 特高压直流工程的最大允许输送功率为其额定功率的 1.2 倍,但实际运行中系统大功率运行时逆变侧很难发生失交流电源故障,因此本节选择额定功率运行情况作为最严重的过电压计算条件。

本节采用的控制保护方式为逆变侧投旁通对后闭锁。根据控制保护系统动作时间的不同,考虑以下情况:

1)最后一台交流断路器跳开同时逆变侧投旁通对及闭锁;

2)最后一台交流断路器跳开 10ms 后,逆变侧投旁通对及闭锁;

3)最后一台交流断路器跳开 20ms 后,逆变侧投旁通对及闭锁;

4)最后一台交流断路器跳开 30ms 后,逆变侧投旁通对及闭锁。

该过电压严重情况与交流开关跳闸发生时刻有关,仿真中分别对应上述四种控制保护投入时间的情况进行计算分析。

仿真中,通过在一个工频周期内选取不同的故障发生时刻,并考虑避雷器 A 的伏安特性偏差(分别采用最大保护特性和最小保护特性进行计算),找出交流母线避雷器上过电压最严重情况。

16.3.2.2 仿真计算结果

以向家坝—上海 ±800kV 特高压直流工程中受端奉贤换流站该故障下过电压计算为例,相应计算结果如表 16-3 所示。计算结果表明:奉贤换流站交流母线额定电压为 515kV,该故障下交流母线上最大过电压为 763kV,避雷器 A 通过的最大能量 2.41MJ。由于该故障为对称性故障,当故障在一个工频周期内不同时刻发生时,其中某一相避雷器 A 通过能量可能会达到最大,图 16-5 中波形为采用最后一台交流断路器跳开 10ms 后,逆变侧投旁通对及闭锁控制保护方式时下,避雷器 A 中通过能量最大时避雷器两端的过电压、流过的电流和能量波形。

表 16-3　逆变侧失交流电源时奉贤换流站交流母线避雷器 A 上过电压仿真结果

逆变侧投旁通对时间/ms	避雷器特性	最大电压/kV	最大电流/kA	最大能量/MJ
0	最大保护特性	728	0.282	0.264
	最小保护特性	707	0.462	0.421
10	最大保护特性	758	0.903	1.33
	最小保护特性	712	1.01	1.39
20	最大保护特性	762	1.10	1.74
	最小保护特性	717	1.20	2.03
30	最大保护特性	763	1.17	2.20
	最小保护特性	717	1.20	2.41

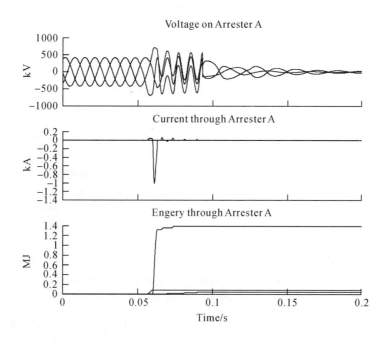

图 16-5　逆变侧失交流电源时奉贤换流站交流母线避雷器 A 上过电压及能量波形图

16.3.2.3　过电压机理分析

根据上述计算结果及过电压波形,对过电压机理分析如下:

1)在逆变侧失去交流电源后,直流线路继续向换流变压器及交流滤波器组输入能量,使交流母线上电压上升,引起交流滤波器与换流变压器绕组之间的电磁振荡,从而产生较高的过电压。因此,产生该过电压的能量由直流线路通过换流器提供,造成该振荡过电压的原因主要是换流变交流侧线圈与交流滤波器组振荡。

2)当该故障发生后,直流系统控制保护动作,逆变站换流器投旁通对后,直流线路上能量不再通过换流器传到换流变及交流滤波器组中,交流母线上存在的振荡过电压迅速衰减消失。

可以看出,该过电压能量大小与故障发生时直流系统输送容量和投入旁通对保护动作时间直接相关。故障时直流系统输送容量越大,该过电压就越严重;另外,控制保护系统动作速度越快,输入到交流母线侧的能量就越少,交流母线避雷器 A 上通过的过电压能量也就越低。

此外,如果该特高压直流输电系统处于功率反送状态运行方式下,复龙换流站发生失交流电源故障,同样会在复龙换流站交流侧引起过电压,但由于向家坝—上海±800kV 特高压直流工程最大反送功率只有额定正送功率的 62.5%,故该故障发生在复龙换流站引起的过电压将小于发生在奉贤换流站。

在实际运行中,对于直流系统输送功率较大的情况,逆变站一般会有多条交流线路接入,此时很难出现多条线路同时跳闸造成逆变站失交流电源的情况。而对于直流系统输送功率较小,且逆变站只有一至两条交流线路接入的情况下,是有可能出现逆变站失交流电源故障的,但此时由于直流系统输送功率较小,投入运行的交流滤波器也少,该过电压往往不会很严重。因此,某些特高压直流操作过电压研究中有时不重点考虑该种过电压情形。

16.3.2.4 过电压控制保护措施

根据上述过电压机理分析,该过电压主要从以下两方面考虑保护措施:

1)快速切断过电压能量来源,即保护系统要尽可能快地判断出故障发生,并及时发出投旁通对及闭锁信号。

2)快速切除交流滤波器。交流滤波器是该过电压产生的主要振荡源之一,尽可能快地断开交流滤波器与交流母线的连接,可以使该过电压尽可能快降低。

考虑到切除交流滤波器受限于开关的机械响应速度,限制该过电压应重点考虑采取快速投入旁通对的方法。

16.3.3 交流滤波器内部过电压

交流滤波器在运行中可能因交流母线故障、电压波动等原因引起滤波器内部电磁暂态过程,产生滤波器内部过电压。交流滤波器内部过电压主要包括交流母线接地短路故障、操作过电压冲击两种典型情况,下面将对上述两种典型滤波器内部过电压的计算方法进行讨论。

16.3.3.1 仿真计算条件

引起交流滤波器内操作过电压的情况主要有两种:滤波器母线接地和操作过电压波冲击。对于这两种过电压的仿真研究,可以单独将滤波器从系统中独立出来进行研究,以下以复龙换流站 HP24/36 滤波器为例,对这两种情况分析如下:

1)滤波器母线接地故障

交流滤波器 HP24/36 顶部接地故障示意图如图 16-6 所示,图中左侧为滤波器模型,模型中 L_{C1} 为高压电容寄生电感,R_{L1} 和 R_{L2} 为电抗器直流电阻,该电阻值可通过电抗器的品质因数要求求出;右侧为考虑接地故障电感 L_x 的接地支路模型。当滤波器被充电至一个较高的电位时,滤波器母线发生接地短路故障,此时避雷器 F1、电容 C1 及故障点构成故障回路,F1 将承受较高的故障过电压。同时 L1、L2 及 R1 回路也会释放 C1 中储存的能量,引起的滤波器内部振荡过程又会在避雷器 F2 上产生过电压。

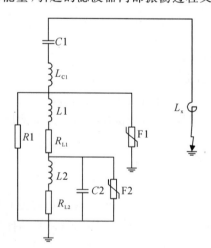

图 16-6　复龙换流站 HP24/36 滤波器顶端接地故障仿真电路图

对于只有一个避雷器 F1 的复龙站 BP11/13、HP3、SC 和奉贤站 SC 滤波器(见本书第 15.3.5.6 节的交流滤波器部分),只需考虑避雷器 F1 上的最大过电压,而对于有两个避雷器 F1 和 F2 的复龙站 HP24/36 和奉贤站 HP12/24 交流滤波器而言,由于这两种避雷器所处的位置不同,其最大过电压计算条件不同,故需要分别考虑两种避雷器的最大过电压条件,以下将对这两种避雷器过电压最大情况分别进行讨论。

(1) 避雷器 F1

对于避雷器 F1 而言,其过电压是由于交流母线接地时,C1 直接通过 F1 放电造成的,故接地故障发生时滤波器高压端电容上预充电电压越高,滤波器储存的能量就越多,避雷器 F1 上产生的过电压就越严重。另外,L_x 取值越小,避雷器 F1 上产生的过电压幅值也越大。

由于避雷器 F1 上最大过电压波头陡度很陡,更接近于雷电冲击波,故此处所计算的结果应对应雷电冲击保护水平。

该过电压最严酷计算条件如下[1]:

① 交流滤波器预充电电压

考虑交流滤波器上电压最大值不超过交流母线避雷器的保护水平,从严考虑预先充电电压取交流母线避雷器操作冲击保护水平(SIPL),即 761kV。

② 高压端电容寄生电感 L_{C1}

根据设备制造经验,ABB 公司认为交流滤波器高压端电容器 C_1 的寄生电感可取为 $50\mu H$。

③ L_x 取最小值

该故障电感取值主要是交流母线寄生电感。交流滤波器接线端位置一般较高,此处空气间隙较大,一般不易发生接地短路,较易发生接地短路故障的位置一般距交流滤波器 10~20m 左右,故 L_x 一般取为接地短路点与直流滤波器高压端电容器 C1 之间的交流母线寄生电感,再加上其他杂散电感,ABB 公司认为该值不小于 $10\mu H$,此处一般可取值 $20\mu H$。

④ 避雷器大小保护特性

计算某避雷器的最大负载时,为从严考虑,该避雷器采用最小保护特性。如果滤波器中还有其他避雷器,为从严考虑,这些避雷器应采用最大保护特性,以减少其分流。

(2) 避雷器 F2

与避雷器 F1 不同,该避雷器上过电压是由 L2、C2 回路在暂态时振荡产生的,因此避雷器 F2 上最大过电压计算条件不是 L_x 取最小,而是 L_x 取一个处于极小值到极大值(一般其极小值不小于 $10\mu H$,极大值可取 100mH)之间的某一个数,这个数值确定通常需要通过仿真计算逐步试探得到。

F2 上出现的最大过电压波头的陡度更接近于操作冲击波(避雷器 F1 上最大过电压波形更接近于雷电冲击波),故此处所计算的结果应对应操作冲击保护水平。

除 L_x 取值外,避雷器 F2 最大过电压计算模型其他条件与避雷器 F1 相同。

2) 操作过电压冲击

交流滤波器内部过电压分析还须考虑交流母线的侵入操作波情况,该仿真示意如图 16-7 所示。计算中,在交流母线上施加 $250/2500\mu s$ 的操作冲击波,从严考虑,取该操作波幅值为交流母线的操作耐受水平 761kV。

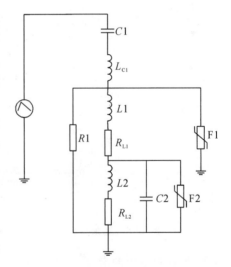

图 16-7　复龙换流站 HP24/36 滤波器
操作过电压波冲击仿真电路图

16.3.3.2　仿真计算结果

1) 滤波器母线接地故障

以向家坝—上海 ±800kV 特高压直流工程为例,其交流滤波器内部过电压计算结果如表 16-4 所示。图 16-8 中波形为滤波器 HP24/36 中避雷器 F1 中通过过电压最大时的过电压、避雷器中流过电流和能量波形。

表 16-4   交流滤波器顶端对地短路故障下交流滤波器内避雷器上过电压计算结果

换流站	避雷器	避雷器保护特性	最大电压/kV	最大电流/kA	最大能量/MJ
复龙	BP11/13 中避雷器 F1	最大保护特性	447	62	0.72
		最小保护特性	413	68	0.73
	HP24/36 中避雷器 F1	最大保护特性	337	80	0.68
		最小保护特性	312	85	0.68
	HP24/36 中避雷器 F2	最大保护特性	97	12	0.23
		最小保护特性	91	12	0.24
	HP3 中避雷器 F1	最大保护特性	338	81	0.71
		最小保护特性	313	86	0.71
	SHC 中避雷器 F1	最大保护特性	337	79	0.67
		最小保护特性	311	84	0.67
奉贤	HP12/24 中避雷器 F1	最大保护特性	342	88	0.84
		最小保护特性	317	94	0.84
	HP12/24 中避雷器 F2	最大保护特性	94	8	0.40
		最小保护特性	88	8	0.40
	SHC 中避雷器 F1	最大保护特性	339	83	0.76
		最小保护特性	314	88	0.76

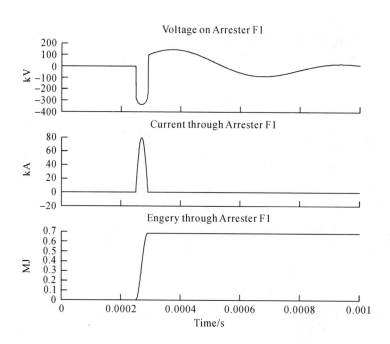

图 16-8   复龙换流站 HP24/36 滤波器顶端接地故障下避雷器 F1 中过电压及能量波形图

2）操作过电压冲击

对于该过电压工况，一般采用施加 $250/2500\mu s$ 的操作冲击波进行仿真，仿真电路图如图 16-7 所示，仿真计算结果如表 16-5 所示，可见该过电压下避雷器 F1 和避雷器 F2 中流过的能量都比较低。

除直接仿真计算外，对交流滤波器中的避雷器 F1（如图 15-15、图 15-16 所示），可通过下式估算其操作波下的动作电流[1,2]。

$$I \approx C\frac{\mathrm{d}u}{\mathrm{d}t} = C\frac{\mathrm{SIPL}}{250} \tag{16-1}$$

式中，C 为高压滤波器电容（各滤波器该电容值如表 15-7、表 15-8 所示）；$\mathrm{d}u/\mathrm{d}t$ 为电压变化速率；SIPL 为交流母线操作冲击保护水平。

表 16-5　操作冲击波下交流滤波器内避雷器上过电压计算结果

换流站	避雷器	避雷器保护特性	最大电压/kV	最大电流/kA	最大能量/MJ
复龙	BP11/13 中避雷器 F1	最大保护特性	366	7.2	0.45
		最小保护特性	350	8.1	0.41
	HP24/36 中避雷器 F1	最大保护特性	267	6.7	0.16
		最小保护特性	254	6.9	0.16
	HP24/36 中避雷器 F2	最大保护特性	90	12.2	0.13
		最小保护特性	85	12.8	0.14
	HP3 中避雷器 F1	最大保护特性	274	9.0	0.46
		最小保护特性	261	10.0	0.35
	SHC 中避雷器 F1	最大保护特性	283	13.3	0.20
		最小保护特性	267	15.2	0.20
奉贤	HP12/24 中避雷器 F1	最大保护特性	268	6.9	0.21
		最小保护特性	256	8.0	0.21
	HP12/24 中避雷器 F2	最大保护特性	86	6.8	0.18
		最小保护特性	82	6.8	0.18
	SHC 中避雷器 F1	最大保护特性	287	17	0.27
		最小保护特性	271	18	0.27

以复龙换流站的 BP11/13 滤波器中 F1 避雷器为例，F1 的 SIPL 取为 761kV，则计算如下：

$$I \approx C \frac{SIPL}{250} = 2.523\mu F \times \frac{761kV}{250\mu s} = 7.7 (kA)$$

实际上，由于滤波器电感 $L1$ 及并联的 $R1$ 支路的分流作用，因此通过上式计算得到的动作电流还会有适当的裕度。

根据该简化方法计算出过电压下的动作电流，然后根据避雷器最大伏安特性曲线找出相应避雷器该动作电流下的电压值，即是过电压幅值计算结果。

从仿真方法的计算结果表 16-5 可以看出，各避雷器在该操作冲击波下的过电压能量都很小。因此，采用简化方法计算滤波器内过电压可以不对能量进行校验，只需计算其过电压幅值，即避雷器最大伏安特性条件下的过电压计算结果。

同理，采用简化方法可以计算得到其他几种滤波器中的避雷器 F1 的操作过电压结果，如表 16-6 所示。

表 16-6　标准操作冲击电压波下交流滤波器内避雷器上过电压计算结果

换流站	避雷器	最大电压/kV	最大电流/kA
复龙	BP11/13 中避雷器 F1	365	7.7
	HP24/36 中避雷器 F1	267	7.8
	HP3 中避雷器 F1	268	7.8
	SHC 中避雷器 F1	268	7.8
奉贤	HP12/24 中避雷器 F1	271	9.5
	SHC 中避雷器 F1	269	8.7

16.3.3.3　过电压机理分析

对于这些交流滤波器中的避雷器 F1 而言，在滤波器母线接地短路故障时，其过电压是由于交流母线接地时，$C1$ 直接通过 F1 放电造成的。

对于 HP24/36 和 HP12/24 滤波器中的低压避雷器 F2 而言，在滤波器母线接地短路故障时，其过电压主要是由于 $C2$ 和 $L2$ 的电磁振荡造成的，过电压最大值情况与 F1 完全不同。

16.3.3.4　过电压控制保护措施

对于交流滤波器内部过电压，现有特高压直流系统都是采用滤波器内避雷器(F1、F2)直接进行保护，从前面的计算结果可知这些过电压都不严重，采用避雷器后可使交流滤波器得到安全的防护。

16.4 阀厅内操作过电压

根据换流站避雷器布置图 16-1,阀厅内主要有并联在阀两端的阀避雷器 V11(复龙站)、V1(奉贤站)、V12、V2 和 V3,换流器母线避雷器 CBH、MH、CBL2、ML 和中性线避雷器 CBN1。由于 CBN1 主要防护沿中性母线侵入的雷电侵入波过电压,而本章重点讨论操作过电压,故不在此处讨论该避雷器。以下根据这些避雷器各自的决定性过电压工况,分别分组进行讨论分析。

在这些避雷器中,不同的阀避雷器因所处位置不同,其决定性过电压工况也不相同,据此可将阀避雷器分为三组:

1)阀避雷器 V11/V1,位于上 12 脉动换流器最上层;

2)阀避雷器 V12/V2,位于 12 脉动换流器除最上层外的其他层;

3)阀避雷器 V3,位于下 12 脉动换流器最上层。

这三组阀过电压工况的分析如下:

1)当阀导通时,其阀避雷器两端的电压为零,因此只有在阀关断时,才会在阀避雷器两端产生过电压。

2)直流系统正常运行时,换流阀两端电压一般不超过换流变压器阀侧线电压。而当换流阀一侧或两侧电势因操作或故障发生突然改变时,就可能会导致换流阀两端出现过电压。

3)根据直流系统换流器的结构及工作原理,每一层的三个换流阀都是一端分别接在换流变阀侧三相出线,另一端接在同一直流母线上。在这种结构下,如果三个阀中有一个阀处于导通状态,则另外两个阀的两端电压就不会超过换流变压器阀侧线电压;如果三个阀都不导通,则阀两端电压就由阀两端的直流母线与换流变阀侧相应出线电势共同决定。因此,阀过电压的产生分为两种情况:

(1)同一层三个阀中有至少一个阀处于导通状态,则该层阀两端过电压由换流变压器阀侧线电压传入过电压冲击造成;

(2)同一层三个阀都处于关断状态,则该层阀两端过电压由阀两侧电势(即直流母线电势与换流变阀侧出线电势)的突变造成。

根据以上分析,这三组阀可能经受的过电压情况及决定性过电压工况如下:

1)对于阀避雷器 V11/V1,位于上 12 脉动换流器最上层,上述两种过电压工况都有可能发生,而第二种是决定性过电压工况;

2)对于阀避雷器 V12/V2,位于上下 12 脉动换流器除最上层外的其他层,第一种过电压工况可能发生,且该工况是决定性过电压工况;

3)对于阀避雷器 V3,位于下 12 脉动换流器最上层,与 V11/V1 类似,这两种过电压工况都有可能发生,第二种是决定性过电压工况。

此外,换流器母线避雷器 CBH、MH、CBL2 和 ML 归为一组,其决定性过电压工况相同。

综上,阀厅内避雷器将分为以下四组进行讨论:

1)阀避雷器 V11/V1;

2)阀避雷器 V12/V2;

3)阀避雷器 V3;

4)换流器母线避雷器 CBH、MH、CBL2 和 ML。

16.4.1 阀避雷器 V11/V1 上的操作过电压

16.4.1.1 仿真计算条件

避雷器 V11/V1 是上 12 脉动换流器最高一层阀避雷器,在整流站高压端 Y/Y 换流变阀侧出线发生接地短路故障时,直流线路和直流滤波器上的能量会通过上 12 脉动换流器最上层阀避雷器 V11/V1 释放,造成避雷器 V11/V1 两端经受较大的过电压及通过能量,该故障电路如图 16-9 所示。

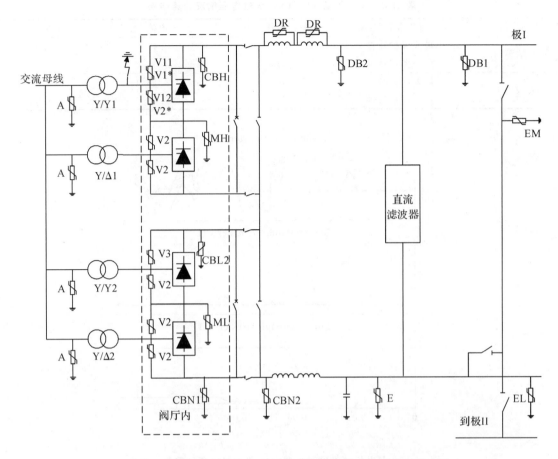

图 16-9　换流站高压端 Y/Y 换流变阀侧出线接地短路故障示意图

　　该过电压最严重工况为：直流系统处于双极平衡运行方式，直流电压设定为最大值，如向上±800kV 特高压直流工程中为 809kV，直流电流设定为最小值，向上±800kV 特高压直流工程中为 363A，故障设定发生于 A 相出线。故障发生后直流系统控制保护动作，故障极停运。该过电压情况与故障发生时刻有关，仿真中通过选取不同的故障切除时刻，并考虑阀避雷器 V11/V1 的伏安特性偏差，分别采用最大保护特性和最小保护特性进行计算，找出阀避雷器 V11/V1 上过电压最严重情况。

　　另外，也有研究在该工况基础上，考虑双重故障这种更严重的情况，即发生上述故障时，对极也发生接地故障，从而使该极直流电压更高，故障时通过阀避雷器 V11/V1 上的能量更大。但实际工程中双重故障出现的几率很小，研究中通常可以不考虑双重故障情况。

　　在本节仿真计算中，为了讨论过电压的最严重情况，仍然选取考虑双重故障的最严重工况进行仿真计算作为算例。

16.4.1.2　仿真计算结果

　　以向家坝—上海±800kV 特高压直流工程中送端复龙换流站该故障下的过电压计算为例，相应计算结果如表 16-7 所示。计算结果表明：复龙换流站该故障下阀避雷器 V11 两端最大过电压为 377kV，避雷器 V11 通过的最大能量为 7.12MJ。该故障为非对称性故障，A 相出线接地短路造成 C 相上阀避雷器 V11 通过的能量最大，另外两相在该故障造成的过电压过程中通过的能量较小。图 16-10 中波形为 C 相阀避雷器 V11 中通过能量最大时的三相阀避雷器 V11 两端过电压、避雷器中流过电流和能量波形。

　　当直流系统运行于功率反送状态时，即奉贤换流站作为整流侧，复龙换流站作为逆变侧运行时，奉贤换流站的阀避雷器 V1 两端最大过电压计算如表 16-7 所示。奉贤换流站该故障下阀避雷器 V1 两端最大过电压为 368kV，避雷器 V1 通过的最大能量为 5.86MJ。

表 16-7　阀避雷器 V11/V1 最大过电压情况计算结果

避雷器	避雷器特性	最大电压/kV	最大电流/kA	最大能量/MJ
复龙站 V11	最大保护特性	377	2.49	6.82
	最小保护特性	365	2.54	7.12
奉贤站 V1	最大保护特性	368	2.16	5.61
	最小保护特性	357	2.26	5.86

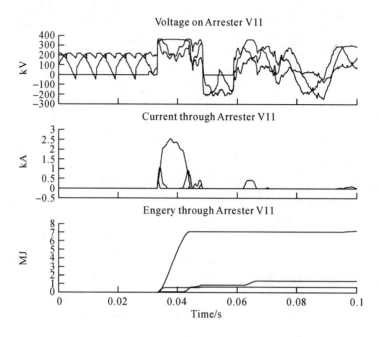

图 16-10　复龙换流站阀避雷器 V11 最大过电压及能量波形图

16.4.1.3　过电压机理分析

该过电压工况是阀避雷器 V11/V1 的最严酷工况。根据上述计算结果及过电压波形,该过电压机理分析如下[3,4]:

1)该阀过电压属于同一层三个阀都关断后,阀两端电势发生突变造成的过电压。具体过程如下:

假设发生故障时 VT$_1$ 处于导通状态,如图 16-11 所示,该组阀的阴极 a 点与直流极线相连接,a 点电压为直流极线对地运行电压。当 VT$_1$ 阳极 b 点发生接地短路时,将使 b 点电位下降,从而导致阀 VT$_1$ 因两端电压反向而关断。另外,由于直流极线对地运行电压比 B 相和 C 相对地电压高(因 A 相已接地,故 B、C 两相此时对地电压仅为换流变阀侧线电压,该线电压比直流线路运行电压低),使得该层

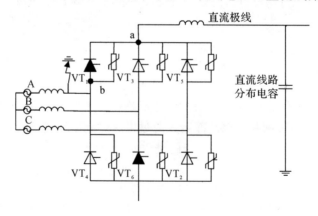

图 16-11　整流侧与直流极线相连的 6 脉动换流器

其他两个阀 VT_3 和 VT_5 因两端电压始终处于反向状态无法导通,最终使三个阀都处于关断状态。

此时,该层三个阀 VT_1、VT_3 和 VT_5 都已经关断,与其并联的阀避雷器承受的电压是直流极线对地电压与换流变阀侧三相出线对地电压之差,其中两端电压差最大的阀避雷器吸收该过电压大部分能量,另外两个阀避雷器吸收少部分能量。因在不同故障时刻下,换流变阀侧三相出线对地电压是不同的,这会对三个阀避雷器中通过的能量直接产生影响。因此,需要在不同故障时刻进行仿真计算以确定最严重过电压工况。该故障引起的阀过电压与故障发生时刻直接相关。

2)该过电压不可能发生在逆变侧,分析如下:

首先假设故障发生时阀 VT_4 处于导通状态,如图 16-12 所示,该组阀的阳极 a 点与直流极线相连接,a 点电压为直流极线对地运行电压。当 A 相(VT_4 阴极 b 点)发生接地短路时,将使 b 点电位下降,此时阀 VT_4 阳极 a 点电位高于阴极 b 点电位,两端电压仍为正向,故 VT_4 不会关断仍将保持导通状态。当接地故障发生在 B 相或 C 相时,由于直流极线对地运行电压比三相对地电压都高,故 a 点电位始终将高于 b 点的阴极电位,即最上层阀 VT_2、VT_4、VT_6 中至少会有一个保持导通状态。这样,在阀 VT_2、VT_4、VT_6 两端并联的阀避雷器 V1 上电压不可能高于换流变阀侧线电压,即不会出现过电压。

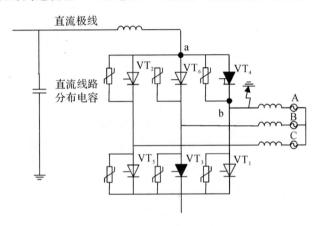

图 16-12　逆变侧与直流极线相连的 6 脉动换流器

根据上述过电压机理讨论可知,该过电压幅值及能量由两个因素决定:一是直流极线上的电压与能量,二是故障发生时刻。

由前述直流系统运行参数可知,要得到阀避雷器 V11 的最严酷工况,应满足以下四方面的要求。

(1)直流系统极线电压应取最大值;

(2)直流线路分布电容上储存的能量在逆变侧换流阀关断后最大;

如图 16-13 和图 16-14 所示,可释放的残余能量由两个因素决定:直流线路分布电容储存的能量(该能量由直流线路长度和运行电压决定,通常是固定的);在故障发生后、逆变侧换流阀关断前,直流线路会通过逆变侧释放能量,直流电流越大,直流线路通过逆变侧释放的能量越大。因此,为使直流线路分布电容上残余可释放的能量最大,直流电流应取最小。

(3)造成该阀过电压的交流相电压持续时间最长

该阀过电压由直流极线电压与换流变输出的交流三相电压中最低的一相共同作用形成,交流系统

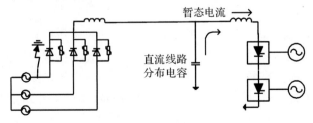

图 16-13　逆变侧关断前直流极线能量释放示意图

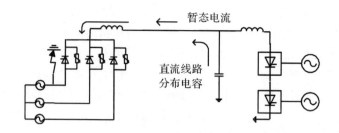

图 16-14　逆变侧关断后直流极线能量释放示意图

中三相电压交替变化,因此要使该相持续时间最长。以本节算例中 A 相发生接地故障为例,该时刻点应为 B 相和 C 相电压的交叉点(与极线电压极性相反,当故障极为正极时取负交叉点;当故障极为负极时取正交叉点)附近。

(4)换流变输出的三相交流系统短路容量最大

该短路容量参数由两个因素决定,一是交流侧系统短路容量最大;另一个是换流变等效阻抗最小,即换流变的变比应尽量小。因此,该故障极端仿真工况是换流站接入的交流系统为最大运行方式,且换流站交流母线电压为极端最小运行电压。

综上所述,阀避雷器 V11 上最严重过电压的计算条件为[3]:

(1)直流系统双极平衡运行;

(2)换流站运行在整流状态;

(3)直流系统运行电压取最大直流电压,向上±800kV 特高压直流工程中为 809kV;

(4)直流电流取最小运行电流,向上±800kV 特高压直流工程中为 363A;

(5)换流站交流系统电压取最小,向上±800kV 特高压直流工程中复龙站为 475kV。

16.4.1.4　过电压控制保护措施

该过电压是特高压直流系统阀避雷器过电压中最严重的过电压,因此系统中该阀避雷器的并联柱数也最多,通流容量也最大。

该过电压的发展过程与直流系统的保护策略关系不大,只能通过尽可能降低阀避雷器 V11/V1 的保护水平来限制该过电压的危害,但是避雷器保护水平的降低会导致故障下避雷器通流容量的增加,通常通过多柱避雷器并联来满足能量要求。

16.4.2　阀避雷器 V12/V2 上的操作过电压

16.4.2.1　仿真计算条件

阀避雷器 V12/V2 是上下 12 脉动换流器中除最上层阀外的其他三层阀的阀避雷器(如图 16-1 所示),与阀避雷器 V11/V1 不同,阀避雷器 V12/V2 不与直流极线直接相连,这样也就不会出现类似上述避雷器 V11/V1 的过电压情况。但是,换流站交流系统由于故障、倒闸操作等原因会产生相间操作过电压冲击,该操作过电压冲击经过换流变绕组传入阀厅,作用在换流阀两端,从而在阀避雷器 V12/V2 两端产生较大过电压。实际上,阀避雷器 V11 和 V1 也会遭受该操作冲击过电压,但上节讨论的作用在阀避雷器 V11 和 V1 两端的过电压比该类过电压严重得多,故不讨论该过电压在阀避雷器 V11/V1 两端作用的情况。

该过电压工况是阀避雷器 V12/V2 的最严重过电压工况,过电压严重程度与故障发生时各阀的导通状态有关。基于 6 脉动换流阀轮换导通的运行状态,并结合传入换流器的操作过电压波的极性进行分析,可得到在指定阀两端产生操作过电压的冲击波发生时刻。例如在 VT₁、VT₆ 导通时由 A、C 相进入的操作波,其操作过电压波作用在阀 VT₅ 两端,等效电路如图 16-15 中所示。

交流侧传入操作波的幅值一般取决于交流母线避雷器 A 的保护水平,考虑最严重情况,相间操作过电压峰值可取为相地过电压的 1.7 倍。在向家坝—上海±800kV 特高压直流输电工程中交流母线避雷器 A 的保护水平取为 761kV,则交流侧母线上产生的相间操作过电压波的幅值应为 1.7×761＝1293(kV)。

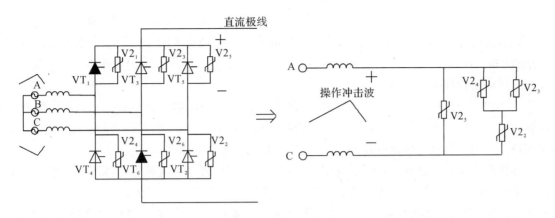

图 16-15　交流系统操作过电压传入阀厅示意及等效电路图

16.4.2.2　仿真计算结果

根据前述仿真条件,以向家坝—上海±800kV 特高压直流工程中送端复龙换流站该故障下过电压计算为例,找出阀避雷器 V12/V2 上过电压最严重情况,相应计算结果如表 16-8 所示。计算结果表明:复龙换流站该故障下阀避雷器 V12 两端最大过电压为 374kV,通过的最大能量为 0.46MJ;复龙换流站阀避雷器 V2 两端最大过电压为 383kV,通过的最大能量为 0.38MJ;奉贤换流站该故障下阀避雷器 V2 两端最大过电压为 365kV,通过的最大能量为 0.30MJ;图 16-16 中波形为复龙站阀避雷器 V12 两端过电压、避雷器中流过电流和能量波形。

表 16-8　阀避雷器 V12/V2 两端过电压及能量计算结果

避雷器	最大电压/kV	最大电流/kA	最大能量/MJ
复龙站 V12	374	1.0	0.46
复龙站 V2	383	0.84	0.38
奉贤站 V2	365	0.89	0.30

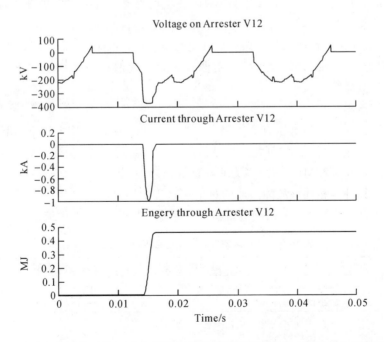

图 16-16　交流相间操作过电压冲击下复龙换流站阀避雷器 V12 上的最大电压及能量波形

16.4.2.3　过电压机理分析

该故障工况是阀避雷器 V12/V2 的决定性工况,其过电压机理分析如下:其故障简化示意如图 16-15 所示,当阀 VT$_1$、VT$_6$ 导通时,来自 A、C 相间的操作冲击波传入阀厅,其中 A 相冲击波为正极性,C 相冲击波为负极性,此时与阀 VT$_5$ 并联的阀避雷器 V2$_5$ 将承受来自 A、C 相的操作冲击过电压[3,4]。

16.4.2.4　过电压控制保护措施

根据上述该过电压机理及计算结果可知,该过电压主要造成阀两端过电压应力,其过电压能量取决于造成该过电压的操作冲击波的能量,这部分能量比直流线路对地电容储存的能量小得多,故作用在阀避雷器 V12/V2 两端的过电压幅值较高,通过阀避雷器的能量并不大。

该过电压产生及发展过程与直流系统保护策略关系不大,只能通过尽可能降低阀避雷器 V12/V2 的保护水平的方法来限制该过电压的危害。

此外,虽然在经受过电压时避雷器 V12/V2 流过的能量并不大,但是在现有的特高压直流工程中,这些避雷器也都采用了多柱设计,如表 16-1 所示其设计通流容量远大于实际流过的能量,这种设计方案主要是为了有效降低过电压水平。特高压直流输电系统电压等级很高,换流阀过电压耐受水平适当降低,既可以降低设备的制造成本,又可以提高换流阀的运行可靠性。因此,这些避雷器采用多柱配置的目的在于降低换流阀制造成本,并提高换流阀的运行可靠性。

16.4.3　阀避雷器 V3 上的操作过电压

16.4.3.1　仿真计算条件

避雷器 V3 是下 12 脉动换流器最高一层阀避雷器,在整流站仅投入下 12 脉动换流器的 1/2 极运行方式下,低压端 Y/Y 换流变阀侧出线发生接地短路故障时,直流线路和直流滤波器上的能量会通过下 12 脉动换流器最上层阀避雷器 V3 释放,造成避雷器 V3 两端经受较大的过电压及通过较大的过电压能量,该故障电路如图 16-17 所示。

过电压最严重工况为:直流系统处于 3/4 双极不平衡运行方式,极 I 投入下 12 脉动换流器,上 12 脉动换流器通过断开相应隔离开关移出直流系统;极 II 投入双 12 脉动换流器。极 I 直流电压设定为最大值,如向上±800kV 特高压直流工程中为 405kV,直流电流设定为最小值,如向上±800kV 特高压直流工程中为 363A,故障设定发生在 A 相出线。故障发生后直流系统控制保护动作,故障极停运。该过电压严重程度与故障发生时刻有关,仿真中通过选取不同的故障切除时刻,并考虑阀避雷器 V3 的伏安特性偏差,分别采用最大保护特性和最小保护特性进行计算,找出阀避雷器 V3 上过电压最严重情况。

与阀避雷器 V11/V1 情形类似,对于阀避雷器 V3,同样考虑对极故障,即以极 II 同时发生接地故障的双重故障进行仿真计算。

16.4.3.2　仿真计算结果

以向家坝—上海±800kV 特高压直流工程中送端复龙换流站该故障下过电压计算为例,相应计算结果如表 16-9 所示。计算结果表明:复龙换流站该故障下阀避雷器 V3 两端最大过电压为 388kV,避雷器 V3 通过的最大能量为 3.22MJ。该故障为非对称性故障,A 相出线接地短路造成 C 相上的阀避雷器 V3 通过的能量最大,另外两相在该故障造成的过电压过程中通过的能量较小。图 16-18 中波形为 C 相阀避雷器 V3 中通过能量最大时的三相阀避雷器 V3 两端过电压、避雷器中流过电流和能量波形。

表 16-9　阀避雷器 V3 最大过电压情况计算结果

避雷器	避雷器特性	最大电压/kV	最大电流/kA	最大能量/MJ
复龙站 V3	最大保护特性	388	1.33	2.47
	最小保护特性	375	1.21	3.22
奉贤站 V3	最大保护特性	368	1.16	2.03
	最小保护特性	354	1.04	2.50

当直流系统运行于功率反送状态时,即奉贤换流站作为整流侧,复龙换流站作为逆变侧运行时,奉

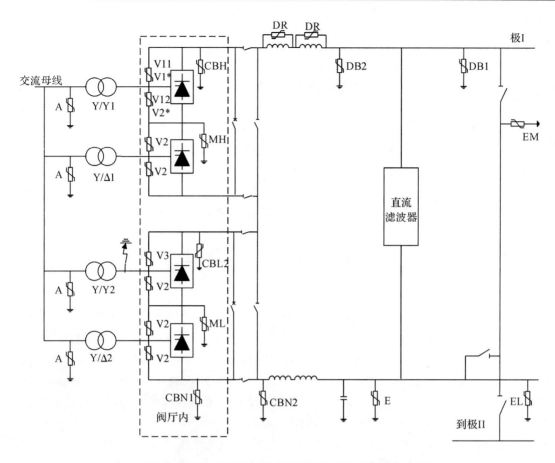

图 16-17　换流站低压端 Y/Y 换流变阀侧出线接地短路故障示意图

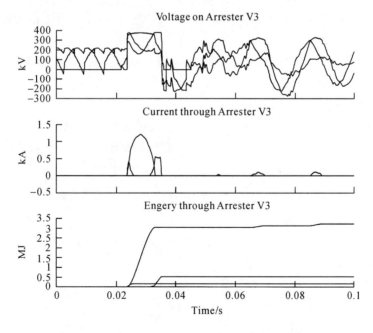

图 16-18　复龙换流站阀避雷器 V3 最大过电压及能量波形图

贤换流站的阀避雷器 V3 两端最大过电压计算如表 16-9 所示。奉贤换流站该故障下阀避雷器 V3 两端最大过电压为 368kV,避雷器 V3 通过的最大能量为 2.50MJ。

16.4.3.3　过电压机理分析

该过电压机理与阀避雷器 V11/V1 过电压机理相似,同样不能发生在逆变侧。其最严重过电压的计算条件为：

  1）直流系统双极不平衡运行，其中一极投入下 12 脉动换流器，另一极投入双 12 脉动换流器；

  2）换流站运行在整流状态；

  3）以单 12 脉动换流器运行的一极的直流电压取为最大直流电压，向上±800kV 特高压直流工程中为 405kV；

  4）直流电流取最小运行电流，向上±800kV 特高压直流工程中为 363A；

  5）换流站交流系统电压取最小，向上±800kV 特高压直流工程中复龙站为 475kV。

16.4.3.4 过电压控制保护措施

该过电压的发展过程与直流系统保护策略关系不大，只能通过尽可能降低阀避雷器 V3 的保护水平来限制该过电压的危害，但是避雷器保护水平的降低会导致故障下避雷器通流容量的增加，通常通过多柱避雷器并联来满足能量要求。

16.4.4 换流器母线避雷器上的操作过电压

16.4.4.1 仿真计算条件

如图 16-1 所示，上下 12 脉动换流器中两个 6 脉动桥间母线分别由避雷器 MH 和 ML 直接保护，上下 12 脉动换流器间直流母线由避雷器 CBL2 直接保护，换流器上 12 脉动换流器高压直流母线、穿墙套管等设备由避雷器 CBH 直接保护。造成这些位置出现操作过电压的主要原因有：故障电压波在直流线路上反射叠加形成过电压以及系统运行电压的升高。由于电压控制环节的存在，直流系统运行中不可能出现运行电压过高的现象，因此换流器直流母线过电压主要由故障引起电压波在直流线路上反射叠加造成，这种过电压最严重的故障工况是全电压起动。

在直流系统正常起动时，逆变站先解锁，整流站后解锁，直流电压和电流受调节系统控制，均以较平缓的斜率上升到额定值，正常情况下不会产生较高的过电压。但如果控制系统发生故障，逆变站尚处于闭锁状态时，整流站以最小触发角解锁，则直流系统发生全电压起动。此时，闭锁的逆变站相当于开路状态，全电压波在到达线路末端时发生开路反射，会在 DB、CBH、MH、CBL2 和 ML 等避雷器上产生较大过电压。

仿真中先将逆变站与直流线路断开，再将整流侧触发角调整到最小值，最后将整流侧的脉冲闭锁信号解除，造成整流侧突然出现额定直流电压，从而使换流器母线上出现过电压。

16.4.4.2 仿真计算结果

以向家坝—上海±800kV 特高压直流工程中送端复龙换流站该故障下过电压计算为例，该仿真计算得到阀厅内直流母线上过电压如表 16-10 所示，其中复龙站避雷器 CBH 上的过电压及能量波形如图 16-19 所示。

表 16-10 全电压起动故障时换流器母线避雷器上的过电压及能量计算结果

换流站	避雷器	最大电压/kV	最大电流/kA	最大能量/MJ
复龙	CBH	1354	0.11	0.53
	MH	958	≈0	≈0
	CBL2	672	≈0	≈0
	ML	438	≈0	≈0
奉贤	CBH	1338	0.15	0.91
	MH	943	≈0	≈0
	CBL2	611	≈0	≈0
	ML	364	≈0	≈0

16.4.4.3 过电压机理分析

该过电压机理分析如下：如图 16-20 所示，当直流系统逆变侧开路，整流侧全电压起动时，直流电压波到达逆变侧线路开路末端，电压波发生开路全反射，由于发生电压反射，造成电压幅值变为原输入电

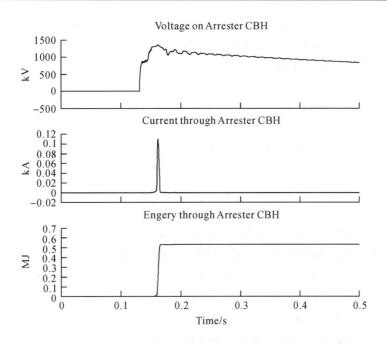

图 16-19　全电压起动故障时复龙站避雷器 CBH 上的过电压及能量波形

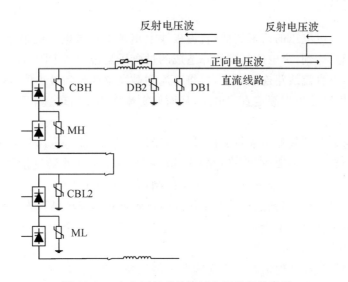

图 16-20　全电压起动故障过电压机理示意图

压幅值的 2 倍,这个反射的电压波沿直流线路返回整流侧,在整流侧各级直流母线上将造成相应的过电压。该过电压波进入整流站最先遇到的是直流极线避雷器 DB1、DB2 和平波电抗器,由于直流极线避雷器 DB1 和 DB2 的过电压抑制作用以及平波电抗器的过电压波阻碍作用,该过电压作用在阀厅内直流母线上时没有作用在直流极线上时严重。故实际中阀厅内直流母线避雷器 CBH、MH、CBL2 和 ML 在该情况下通过的过电压能量都不大。

该过电压受直流线路长度影响,直流线路越长,线路上存储的能量就越大,过电压就越严重。

16.4.4.4　过电压控制保护措施

该过电压与直流系统控制保护策略关系不大,主要依靠避雷器进行防护。从计算结果上看,在阀厅内直流母线上的过电压并不严重,能量也很小。因此,配置避雷器即可对阀厅内直流母线进行有效的保护。

此外,虽然在发生全电压起动故障时,避雷器 CBH、MH、CBL2 和 ML 流过的过电压能量并不大,但这些避雷器也都采用了多柱设计,如表 16-1 所示其设计通流容量远大于实际流过的能量,这种设计方案主要是为了有效降低过电压水平。特高压直流输电系统电压等级很高,设备过电压耐受水平适当降低,既可以降低设备的制造成本,又可以提高系统运行可靠性。因此,这些避雷器采用多柱配置的目的主要在于降低设备制造成本,并提高系统运行可靠性。

16.5 直流场操作过电压

直流场内操作过电压按作用区域可分为直流极线过电压、中性母线过电压和直流滤波器过电压,以下将对这三种过电压计算方法分别进行讨论。

16.5.1 直流极线过电压

换流站直流极线平波电抗器线路侧的开关设备主要由直流极线避雷器 DB1 和直流母线避雷器 DB2 保护,两者共同用于限制直流极线上的雷电和操作冲击引起的过电压(为限制雷电过电压,在直流极线上相隔一段距离的两个位置分别设置了 DB1 和 DB2 两个参数相同的直流极线避雷器;而对操作过电压而言,这两个极线避雷器相距距离较短,它们仍平均分配操作过电压电流及能量,故下文中可用 DB 代指这两个避雷器)。引起直流极线最严重操作过电压主要有两种情况,全电压起动和逆变侧闭锁而旁通对未解锁故障。以下将对这两种情况分别进行介绍。

16.5.1.1 仿真计算条件

1) 全电压起动

与阀厅内母线上产生过电压的情形类似,直流极线上出现操作过电压的最严重的情形之一是全电压起动。在上一节已经讨论到,全电压起动故障造成的过电压是避雷器 DB1/DB2 的决定性工况之一。

仿真中先将逆变站与直流线路连接断开,再将整流侧触发角调整到最小值,最后将整流侧的脉冲闭锁信号解除,造成整流侧突然出现额定直流电压,从而使直流极线上出现过电压。

2) 逆变侧闭锁而旁通对未解锁

逆变侧闭锁旁通对未解锁故障引起直流极线上的操作过电压,比全电压起动时更为严重,该故障是由换流站脉冲触发控制系统故障造成的。但在实际运行中,换流站脉冲触发系统一般采用三套控制系统同时运行,采用三取二的系统冗余策略,故可避免控制系统运行中发生这样的错误。因此,在这种保护系统配置情况下,逆变站突然闭锁这种控制系统故障导致该过电压的情况发生概率很低,在某些特高压直流操作过电压研究中有时也不会重点考虑该种过电压情形。为全面介绍直流系统中的操作过电压,本书仍对该种过电压进行分析讨论。

直流系统因逆变侧故障或其他情况由逆变侧发出停运命令时,正常的操作顺序是逆变侧先投旁通对,同时通知整流侧移相降低直流电流,等直流电流降到零值附近时,整流侧与逆变侧都闭锁触发脉冲使直流系统停运。若出现逆变侧直接闭锁未投旁通对的异常情况,或者直流输电系统在正常运行时,逆变侧因控制系统故障突然发生闭锁,逆变站将失控,换流阀将不能正常换相,从而发生换相失败,交流电压串入直流系统内造成直流电压极性翻转,引起直流线路上电压大幅振荡的暂态过程,直流极线上将产生较高的过电压。

仿真中直流系统双极额定运行,突然将逆变侧脉冲闭锁,而后直流系统控制保护动作,整流侧移相闭锁。记录此时通过两边换流站直流极线避雷器 DB1 和 DB2 上的过电压。

16.5.1.2 仿真计算结果

1) 全电压起动

以向家坝—上海 ±800kV 特高压直流工程中送端复龙换流站该故障下过电压计算为例,仿真计算得到的直流极线上过电压结果如表 16-11 所示,计算结果表明:复龙换流站该故障下直流极线避雷器 DB1 和 DB2 两端最大过电压为 1358kV,通过的最大能量为 5.60MJ;奉贤换流站该故障下直流极线避雷器 DB1 和 DB2 两端最大过电压为 1341kV,通过的最大能量为 3.31MJ;图 16-21 中波形为复龙站直流极线避雷器 DB1 和 DB2 上过电压、避雷器中流过电流和能量波形。

表 16-11　全电压起动故障时直流极线避雷器 DB1 和 DB2 上过电压及能量计算结果

避雷器	最大电压/kV	最大电流/kA	最大能量/MJ
复龙站 DB1/DB2	1358	0.72	5.60
奉贤站 DB1/DB2	1341	0.52	3.31

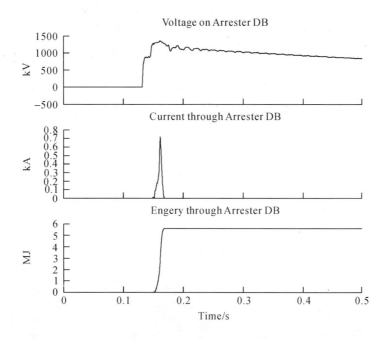

图 16-21　全电压起动故障时复龙站避雷器 DB1 和 DB2 上的过电压及能量波形

2）逆变站闭锁旁通对未解锁

以向家坝—上海±800kV 特高压直流工程直流功率正向输送，受端奉贤换流站发生该故障时过电压计算为例，仿真计算得到直流极线上过电压如表 16-12 所示，计算结果表明：复龙换流站该故障下直流极线避雷器 DB1 和 DB2 两端的最大过电压为 1307kV，通过的最大能量为 1.56MJ；奉贤换流站该故障下直流极线避雷器 DB1 和 DB2 两端的最大过电压为 1395kV，通过的最大能量为 8.69MJ；图 16-22 中波形为奉贤站直流极线避雷器 DB1 和 DB2 上过电压、避雷器中流过电流和能量波形。当特高压直流输电系统直流功率反向输送时，因其输送功率及电流较小，其过电压远不如功率正送时严重，故反送情况不再讨论。

表 16-12　逆变站闭锁旁通对未解锁故障时直流极线避雷器 DB 上的过电压及能量计算结果

避雷器	最大电压/kV	最大电流/kA	最大能量/MJ
复龙站 DB	1307	0.29	1.56
奉贤站 DB	1395	1.69	8.69

16.5.1.3　过电压机理分析

1）全电压起动

该过电压的机理已在本书上一节中换流器母线过电压中讨论过，此处不再赘述。同样，该过电压受直流线路长度影响，直流线路越长，线上存储的能量就越大，过电压就越严重。

2）逆变站闭锁旁通对未解锁

为详细讨论该过电压机理，在直流系统仿真模型中整流与逆变两侧分别设置了阀顶与直流极线出站口两个电流测点，如图 16-23 所示，这四个测点的电流测量波形将在下面机理的讨论中用以说明该过电压的机理。发生该过电压时，整流侧和逆变侧的直流极线电压、阀顶与直流极线出站口电流和整流侧触发角波形如图 16-24 所示。

根据上述图形，该过电压机理分析如下：

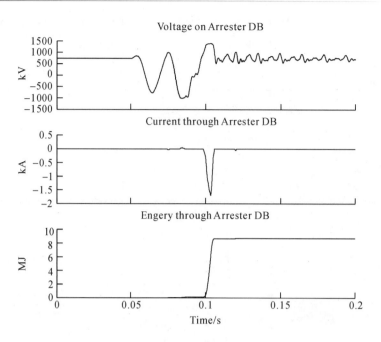

图 16-22　逆变站闭锁旁通对未解锁故障时奉贤站避雷器 DB1 和 DB2 上的过电压及能量波形

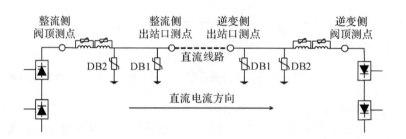

图 16-23　直流系统整流与逆变两侧阀顶与极线出站口电流测点位置示意图

（1）故障发生，逆变侧换相失败导致失控

图中 a 时刻，逆变侧因控制系统故障突然发生闭锁，逆变站失控，换流阀不能正常换相发生换相失败，导致交流电压串入直流系统内造成直流电压极性翻转并发生振荡，直流电流中串入交流电流分量开始随交流电压波形发生振荡。这个电压、电流随交流振荡的过程如图 16-24 所示，整流侧直流极线出现过电压。

（2）整流侧保护动作，逆变侧电流降为零后换流阀关断

由于上一阶段振荡过程造成整流侧直流电流迅速增大，整流侧保护开始动作，将触发角快速移至 120°，到时刻 b 时，逆变侧电流降至零，逆变侧换流阀关断。

（3）直流线路继续向已关断的逆变侧充电，造成逆变侧严重过电压

在时刻 b 以后，虽然逆变侧换流阀已关断，但整流侧出站口电流仍很大，即直流线路分布电感储存的能量向逆变侧电容充电，导致逆变侧极线电压在不断升高直至形成严重过电压。

（4）整流侧电流过零关断，过电压过程结束

到时刻 c，整流侧电流降低至零后，由于整流侧触发角已移至 120°，运行于逆变模式，无法向直流线路提供能量，使换流阀中电流关断，随后整流侧换流阀闭锁。

从电流波形图 16-24 还可以看出，整流侧阀顶与出站口电流基本一致，但逆变侧从时刻 b 到时刻 c 这段时间出站口的电流波形与阀顶电流波形有所差异。整流侧或者逆变侧这两个测点电流差值实际上就是通过极线避雷器 DB 中的电流。从图 16-24 可以看出，由于整流侧极线过电压并不很严重，其阀顶与出站口电流差异很小；但逆变侧过电压较严重，两个避雷器 DB 动作，共流过约 4kA 电流，使得其出

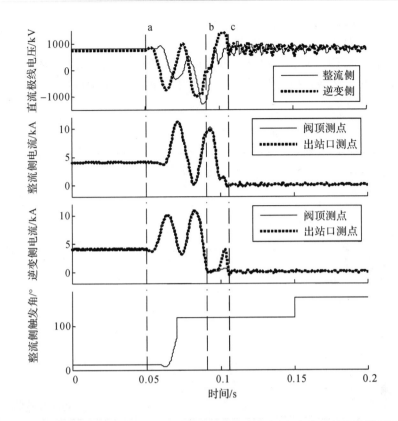

图 16-24　逆变侧闭锁旁通对未解锁故障下系统直流电压、电流及触发角波形图

站口电流与阀顶电流差异较大。

由上述分析可以看出逆变站闭锁旁通对未解锁故障引起的过电压与全电压起动不同,该故障引起的过电压实际是交流系统电压串入直流系统后在直流线路引起较大的电磁振荡,其波头时间较全电压起动要长很多,过电压能量也较全电压起动故障下的能量更大。

16.5.1.4　过电压控制保护措施

1)全电压起动

全电压起动造成的过电压不能由直流控制保护系统来抑制,故主要依靠放置避雷器进行防护,且相应避雷器应有足够大的容量。

2)逆变站闭锁而旁通对未解锁

当逆变站闭锁而旁通对未解锁故障发生后,逆变侧失去触发脉冲导致逆变站失控,只能靠整流侧控制保护动作,将正在运行的直流系统停下来,即紧急停机保护。

在实际运行中,换流站脉冲触发系统一般采用三套控制系统同时运行,采用三取二的系统冗余策略避免控制系统运行中发生的错误,在这种保护系统配置情况下,逆变站突然闭锁这种控制系统故障导致过电压的情况发生概率很低。因此,某些特高压直流操作过电压研究中有时也不会重点考虑该种过电压情形。

16.5.2　中性母线过电压

中性母线是直流系统中运行电压最低的部分,在直流系统发生故障时,容易被系统其他部分影响而产生过电压。在中性母线上产生过电压的可能情况有[5-7]:

1)接地短路故障过电压

当整流站高端换流变 Y/Y 阀侧出线发生接地短路故障、阀顶发生接地故障、直流极线、直流母线等处发生接地故障时,中性母线上会产生过电压,如图 16-25 所示。该过电压主要会导致避雷器 CBN2、EL 或者 EM 动作,而避雷器 E 在该操作过电压下基本不起作用(动作电压比 EL 和 EM 都高,主要用于防护雷电过电压),故不在此讨论。

需要注意的是,对于避雷器 EL 和 EM,两者不同时接入直流系统,在直流系统以金属回线方式运行时,EM 接入直流系统而 EL 不接入;以其他方式运行时,EL 接入而 EM 不接入。

此外,当逆变站发生上述故障时,因运行在逆变状态下的换流器不输出能量,这些故障不会在中性母线上产生过电压。

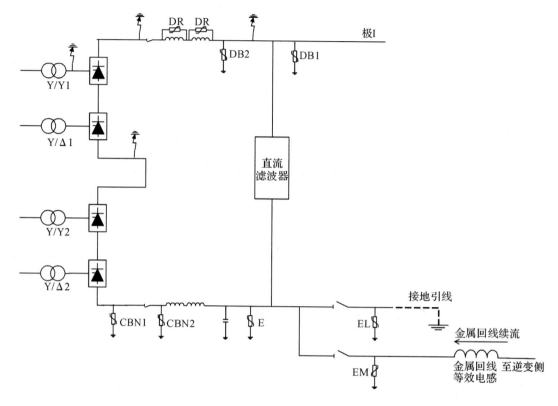

图 16-25　中性线过电压故障示意图

2)断线故障过电压

当直流系统以单极大地回路运行时,如果一侧接地极引线发生断线故障,直流电流就会通过发生断线一侧的中性线接地极引线避雷器 EL 形成回路,造成发生断线的换流站中性母线上过电压,如图 16-26 所示。

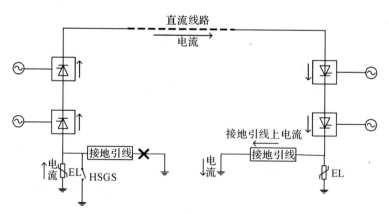

图 16-26　直流系统单极大地回路运行方式下断线故障示意图

当直流系统以单极金属回路运行时,如果金属回线发生断线故障,直流电流就会通过未接地一侧的金属回线避雷器 EM 形成回路,造成该换流站中性母线上过电压,如图 16-27 所示。结合图 16-26 可以

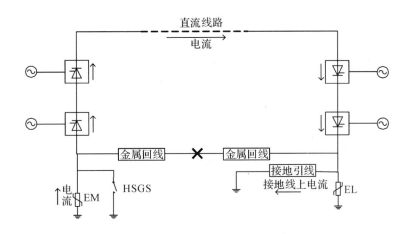

图 16-27　直流系统金属回路运行方式下断线故障示意图

看出,这两种过电压主故障回路在故障后是相似的,直流电流都是通过未接地一侧的换流站中性母线上避雷器(EL 或 EM)流回换流器。

上述过电压主要导致避雷器 EL 或者 EM 动作,但避雷器 CBN1、CBN2 和 E 基本不起作用,原因在于 CBN1、CBN2 和 E 动作电压均比 EM、EL 高。

综上所述,在中性母线过电压情况下,需要重点研究避雷器 CBN2、EL 和 EM。根据这三种避雷器在中性母线上的安装位置不同,可分为平波电抗器阀侧避雷器 CBN2 和线路侧避雷器 EL/EM 两类避雷器,下面分别进行具体讨论。

16.5.2.1　仿真计算条件

1)接地短路故障过电压

根据上一章直流系统介绍部分内容,特高压直流输电系统主要有三种运行方式:双极运行、单极大地回路和单极金属回线运行方式。其中在双极运行和单极大地回路运行两种方式下,其两端换流站都通过接地极引线直接接地;而在单极金属回线运行方式下,则有一端换流站不接地,一般情况下在工程中不接地的换流站通常固定不变,如向家坝—上海 ±800kV 特高压直流工程中,复龙换流站在单极金属回线运行方式下不接地,而奉贤换流站则无论在任何运行方式下都接地。

因此,在仿真复龙站中母线过电压时,过电压工况选择单极金属回线运行方式,因在该方式下,复龙换流站不直接接地,其中性母线过电压会更严重。而在计算奉贤换流站中性母线过电压时,则因该换流站始终接地,无论在何种运行方式下,中性母线过电压差别不大。

复龙换流站中性母线上最严重过电压工况为:直流系统运行于单极金属回线方式下,直流电流为最大电流,功率正向输送,最高端 Y/Y 换流变阀侧出线发生单相接地故障(或阀顶、直流极线、直流母线等处发生接地故障),故障发生后直流系统控制保护动作,故障极停运。在该站主要考虑避雷器 CBN2 和 EM 上的过电压。

奉贤换流站中性母线上最严重过电压工况为:直流系统运行于功率反送的方式,输送功率为最大功率,最高端 Y/Y 换流变阀侧出线发生单相接地故障,故障发生后直流系统控制保护动作,故障极停运。因奉贤站始终接地,主要考虑避雷器 CBN2 和 EL 上的过电压。

该过电压情况与故障发生时刻有关,仿真中通过选取不同的故障切除时刻,并考虑中性线避雷器 CBN2、EL 和 EM 的伏安特性偏差,分别采用最大保护特性和最小保护特性进行计算,找出中性母线避雷器上过电压最严重情况。

2)断线故障过电压

根据前述讨论,直流系统以单极大地回线运行方式下发生接地极引线断线故障和采用单极金属回路运行方式下发生金属回线断线故障造成的中性母线过电压是相似的,故可取其中一种运行方式作为最严重典型工况进行仿真计算讨论。仿真中设置直流系统单极大地回路运行,直流电流为最大电流,功率正向输送,将整流侧接地极引线断开,直流系统在故障发生一段时间后直流控制保护系统动作合HSGS开关,同时整流侧发系统停运信号。

该过电压情况与故障发生时刻无关,而与故障发生后直流系统保护动作时间直接相关,仿真中取10ms、20ms和30ms的不同保护动作时间进行计算比较,并考虑避雷器EL的伏安特性偏差,分别采用最大保护特性和最小保护特性进行计算。

16.5.2.2 仿真计算结果

1)接地短路故障过电压

以向家坝—上海±800kV特高压直流工程中送端复龙换流站该故障下过电压计算为例。对于复龙换流站以整流状态运行,计算了高端换流变Y/Y阀侧出线接地、阀顶接地和直流极线接地三种故障下的中性母线过电压。

避雷器CBN2的计算结果如表16-13所示。由计算结果可以看出,阀顶接地和直流极线接地故障下避雷器CBN2上的过电压不如高端换流变Y/Y阀侧出线接地故障,故避雷器CBN2上最严重过电压工况是高端换流变Y/Y阀侧出线接地故障,此时其两端最大过电压为425kV,避雷器CBN2通过的最大能量为11.1MJ。图16-28中波形为复龙站避雷器CBN2中通过能量最大时两端过电压、避雷器中流过电流和能量波形。

表 16-13   避雷器 CBN2 两端过电压与能量计算结果

避雷器	故障类型	最大电压/kV	最大电流/kA	最大能量/MJ
复龙站 CBN2	高端换流变 Y/Y 阀侧出线接地	425	4.19	11.1
	阀顶接地	408	2.48	7.73
	极线接地	400	1.70	5.62
奉贤站 CBN2	高端换流变 Y/Y 阀侧出线接地	419	1.31	0.99

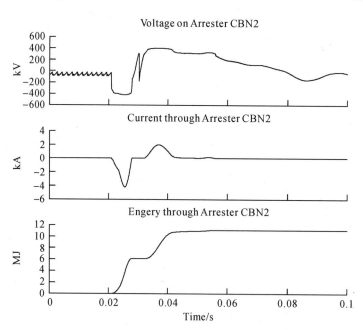

图 16-28   最高端 Y/Y 换流变阀侧出线接地故障下复龙换流站避雷器 CBN2 上的过电压及能量波形

避雷器EM的计算结果如表16-14所示。由计算结果可以看出,阀顶接地和直流极线接地故障下避雷器EM上的过电压不如高端换流变Y/Y阀侧出线接地故障,故避雷器EM上最严重过电压工况是高端换流变Y/Y阀侧出线接地故障,此时其两端最大过电压为379kV,避雷器EM通过的最大能量为11.8MJ。图16-29中波形为复龙站避雷器EM中通过能量最大时两端过电压、避雷器中流过电流和能量波形。

表 16-14 中性线避雷器 EM/EL 过电压及能量计算结果

避雷器	故障类型	最大电压/kV	最大电流/kA	最大能量/MJ
复龙站 EM	高端换流变 Y/Y 阀侧出线接地	379	3.25	11.8
	阀顶接地	366	2.82	10.3
	极线接地	366	2.71	11.1
奉贤站 EL	高端换流变 Y/Y 阀侧出线接地	291	4.13	2.63

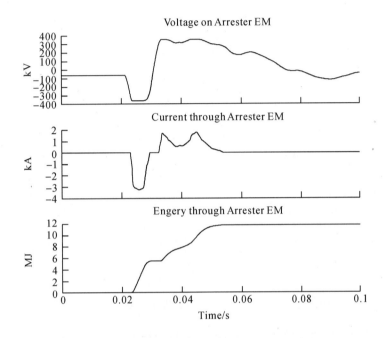

图 16-29 最高端 Y/Y 换流变阀侧出线接地故障下复龙换流站避雷器 EM 上过电压及能量波形

另外,此处需要重点注意的一点是,对于直流极线接地故障形成的中性母线过电压,因直流系统对该故障的保护策略一般是移相一段时间待线路去游离后重启,重启发现故障依旧存在时停止直流系统,在永久性故障的情况下就相当于连续对中性母线进行了两次过电压冲击,故该故障过电压下中性母线避雷器的通流容量是单次过电压能量的 2 倍。以复龙站避雷器 EM 为例,表 16-14 中计算得到该避雷器在直流极线接地故障时最大流过的过电压能量是 11.1MJ,故该避雷器的通流容量应为 11.1MJ 的 2 倍以上,即应大于 22.2MJ。

对于奉贤换流站,当以整流状态运行时(直流系统功率反送运行方式),其避雷器 CBN2 上最严重过电压工况也是高端换流变 Y/Y 阀侧出线接地故障,此时其两端最大过电压为 419kV,能量为 0.99MJ。避雷器 EL 上最严重过电压工况也是高端换流变 Y/Y 阀侧出线接地故障,此时其两端最大过电压为 291kV,能量为 2.63MJ。这两个计算结果远小于复龙站的计算结果,原因在于奉贤站无论何种运行方式,其中性母线都通过接地引线接地。

2)断线故障过电压

以向家坝—上海 ±800kV 特高压直流工程中送端复龙换流站该故障下过电压计算为例,相应计算结果如表 16-15 所示。计算结果表明:复龙换流站该故障下避雷器 EL 两端最大过电压为 288kV,避雷器 EL 通过的最大能量为 26.6MJ。图 16-30 中波形为复龙站避雷器 EL 中通过能量最大时两端过电压、避雷器中流过电流和能量波形。

表 16-15   直流系统断线故障不同保护动作时间情况下复龙换流站 EL 上过电压计算结果

保护动作时间	避雷器特性	最大电压/kV	最大电流/kA	最大能量/MJ
10ms	大特性	288	3.68	8.64
	小特性	280	3.69	8.48
20ms	大特性	288	3.68	18.4
	小特性	280	3.69	18.0
30ms	大特性	288	3.68	26.6
	小特性	280	3.69	26.1

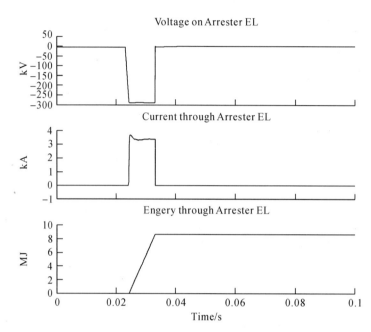

图 16-30   直流系统断线故障保护动作时间 10ms 情况下复龙换流站 EL 上的过电压计算结果

由表 16-15 中计算结果可以看出,直流系统发生断线故障时,直流系统保护动作时间越短,EL 避雷器上积累的过电压能量就越少。该故障能量与保护动作时间直接相关,对该过电压的保护要求尽可能快地投入快速接地开关(HSGS)。

16.5.2.3   过电压机理分析

下面将对接地短路故障过电压和断线故障过电压机理分别进行分析讨论。为讨论方便起见,以下分别以最高端 Y/Y 换流变阀侧出线套管发生单相接地故障和直流接地极引线断线故障为例进行具体分析。

1) 最高端 Y/Y 换流变阀侧出线发生单相接地故障

该故障造成的中性母线过电压按发展机理可分为两个阶段:①由整流侧换流器提供能量;②由金属回线续流提供能量。两个阶段的过电压产生机理不同,其原理图分别如图 16-31、图 16-32 所示,图中左侧为电路图,右侧为等效原理图。其中,左侧电路图中除最高端 6 脉动换流器外,下面三个 6 脉动换流器等效为右侧原理图中一个直流电源,如图中箭头所示。下面分别对每个阶段进行分析。

(1)由整流侧换流器提供能量的第一阶段

最高端 Y/Y 换流变阀侧出线发生单相接地故障时的波形如图 16-33 所示,故障发生在时刻 a(0.021s)。故障发生之后系统等效电路如图 16-31 右侧所示,故障点为接地点,最高端换流变相当于一个交流电源,最高端换流器最下一层阀相当于图右侧中的晶闸管,除最高端 6 脉动换流器外,另外三个 6 脉动换流器相当于三个叠加起来的直流电源。此时,上述等效交流电源与直流电源叠加形成一个一端通过故障点接地、一端接在中性母线上的过电压电源,该电源通过大地形成回路加在中性母线避雷器 CBN2 和 EM 两端,造成这两个避雷器上的过电压。由波形图 16-33 中可以看到,因该过电压电源极

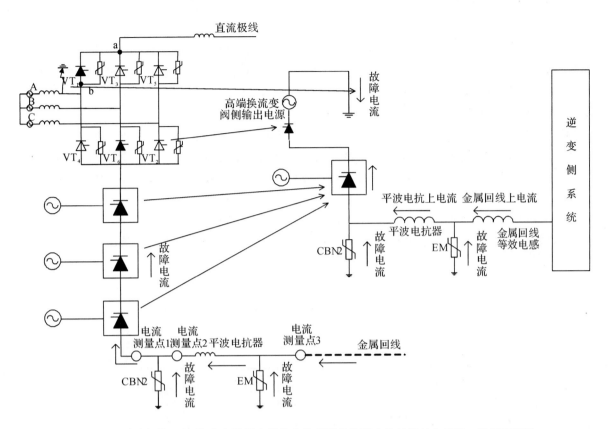

图 16-31　最高端 Y/Y 换流变阀侧出线发生单相接地故障中性母线过电压第一阶段原理图

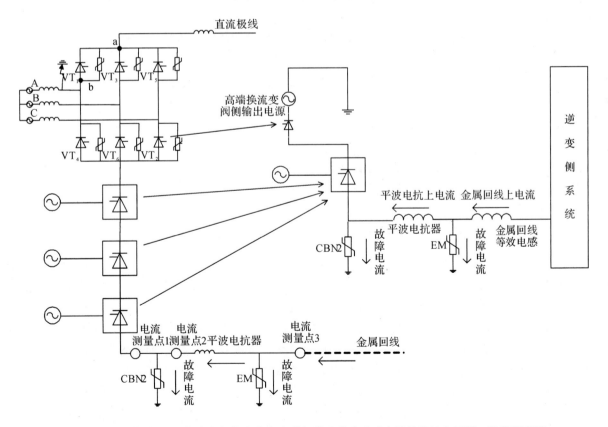

图 16-32　最高端 Y/Y 换流变阀侧出线发生单相接地故障造成中性母线过电压第二阶段原理图

性为正,该电源高压端接地,低压端接在中性母线上,使得该阶段避雷器 CBN2 和 EM 上过电压极性为负。到了时刻 b(0.03s),此时系统直流电流因保护系统动作降至零,即波形图中测点 1 所测得的中性母线阀底电流在时刻 b 时降低为零。直流换流器换流阀在此时刻关断,此时第一阶段中提到的过电压电源不再与中性母线构成回路,第一阶段过电压消失。该阶段的过电压能量与直流系统故障时输送的容量直接相关,输送的容量越大,这一阶段的过电压能量也越大。

(2)由金属回线续流提供能量第二阶段

如波形图 16-33 中所示,时刻 b 时金属回线上电流尚未降低至零,即测点 3 测得的电流在时刻 b 时不为零,金属回线上的残余电流就造成了中性母线上过电压第二阶段。在这一阶段,因换流阀已关断,金属回线残余电流只能通过中性母线上连接的避雷器与大地形成回路进行续流,因金属回路残余电流方向是从线路流向中性母线,使得中性母线电压由第一阶段的负极性过电压逐渐升高为正极性并形成正极性过电压。这个正极性过电压形成了避雷器 CBN2 和 EM 上的第二阶段过电压,与第一阶段过电压极性相反。该过电压能量与金属回线分布电感中的残余能量直接相关,金属回线长度即直流线路长度越长,故障发生时直流电流越大,第二阶段过电压的能量越大。

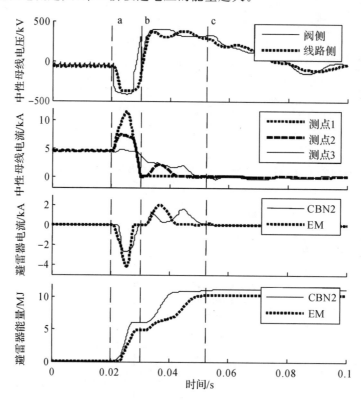

图 16-33　最高端 Y/Y 换流变阀侧出线发生单相接地故障造成中性母线过电压相关波形图

综上,该过电压由两个阶段组成。第一阶段过电压能量与直流系统故障时输送的容量直接相关,输送的容量越大,这一阶段的过电压能量也越大;第二阶段过电压能量与金属回线上的残余能量直接相关,金属回线长度即直流线路长度越长,故障发生时直流电流越大,第二阶段过电压的能量越大。

另外,对于逆变侧发生该故障的情况,因逆变侧无法向直流线路侧输出能量,从而不能形成上述第一阶段中提到的过电压电源;且逆变侧由于中性母线始终与接地引线相连接,而接地引线长度远小于直流线路长度,其上残余电流不足以形成中性母线第二阶段过电压。因此,该故障发生在逆变侧不会造成中性母线过电压。

阀顶接地故障和极线接地故障造成中性线过电压的机理与高端换流变 Y/Y 阀侧出线接地短路故障下的中性线过电压机理相类似,但这两种故障造成的过电压流过 CBN2 中的能量相对前者小一些,在此不再讨论。

2）直流线路断线故障

直流线路断线故障示意图如图 16-26、图 16-27 所示，当直流系统以单极大地回路或者单极金属回线运行时，如果一侧接地引线或者金属回线发生断线故障，直流电流就会通过发生断线一侧的中性线接地极引线避雷器 EL 或者金属回线避雷器 EM 形成回路，即将避雷器接入了整流侧—逆变侧这个电流循环回路中去，由于直流系统整流侧控制策略为定电流控制，因此该故障造成的过电压相当于将一个电流源与中性母线避雷器 EM/EL 串联，故在该过电压作用下，避雷器中流过的能量与该过程持续时间成正比。

16.5.2.4 过电压控制保护措施

对于整流站发生最高端 Y/Y 换流变阀侧出线单相接地故障、阀顶接地故障造成的中性线过电压，其相应的直流保护动作均为直流系统紧急停机。在采用紧急停机保护条件下，该电压只能通过尽可能降低中性母线避雷器 CBN2、EM 和 EL 的保护水平去限制其危害，但是避雷器保护水平的降低会导致故障下避雷器通流容量的增加，通常通过多柱避雷器并联来满足能量要求。

对于直流极线接地故障形成的中性母线过电压，直流系统对该故障的保护策略一般是移相一段时间待线路去游离后重启，重启发现故障依旧存在时才停止直流系统。在采用移相重启的保护策略时，该过电压只能通过尽可能降低中性母线避雷器 CBN2、EM 和 EL 的保护水平来限制该过电压的危害，但是该过电压下通过避雷器的能量通常较大，需要采取多柱避雷器并联的方式来满足能量要求。

对于直流系统断线故障，保护动作时间越短，该故障造成的过电压能量就越小，故在判断出发生断线故障后，保护应尽快动作合上站内快速接地开关（HSGS），以限制该过电压的危害。

16.5.3 直流滤波器内部过电压

与交流滤波器相类似，直流滤波器在运行中可能因直流极线故障、电压波动等原因引起滤波器内部电磁暂态过程，产生滤波器内部过电压。本节将对直流极线接地短路故障、操作过电压冲击两种典型故障产生的直流滤波器内部过电压的计算方法进行讨论。

直流滤波器电路图及其内部避雷器安装位置见前面直流滤波器介绍章节 15.3.5。

16.5.3.1 仿真计算条件

引起直流滤波器内部操作过电压的情况主要有两种：滤波器母线接地和操作过电压波冲击。对于这两种过电压的仿真研究，可以单独将滤波器从系统中独立出来进行研究。本书以向家坝—上海 ±800kV 特高压直流工程复龙换流站为例，对这两种情况的分析如下：

1）直流极线接地故障

如图 16-34 所示直流滤波器顶部接地故障示意图，图中左侧为滤波器模型，模型中 L_{C1}、R_{L1}、R_{L2}、R_{L3} 分别为高压电容寄生电感、电抗直流电阻，该电阻值可通过电抗器的品质因数要求求出；右侧为考虑接地故障电感 L_x 的接地支路模型。当滤波器被充电至一个高的电位，滤波器母线发生接地短路故障，此时避雷器 F4、高压端电容 $C1$、中性母线电容 C_n、中性母线避雷器 E、接地引线等效电感 L_{EL} 及故障点构成故障回路，F4 承受较高的故障过电压。在接地短路故障发生瞬间，高压端电容器 $C1$ 和电感 $L1$ 主要承受陡波过电压，并联的避雷器 F1 和 F4 能耗较大。同时由于 $C1$ 和 $L1$ 的阻尼作用，低压端设备 $L2$、$L3$、$C2$、

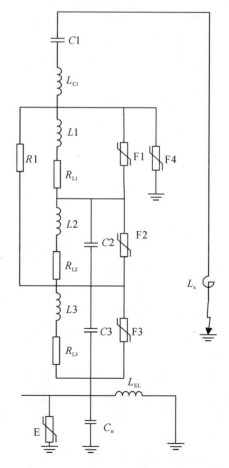

图 16-34 直流极线接地故障仿真电路图

$C3$ 基本不承受陡波过电压,主要承受由滤波器电感、电容的电磁暂态振荡而产生的操作过电压。

直流滤波器中,避雷器 F1、F2、F3、F4 所处位置不同,其最大过电压计算条件不同,需要分别考虑这四种避雷器的最大过电压条件进行仿真计算,以下将对这四种避雷器过电压最大情况分别进行讨论[8,9]。

避雷器 F1 和 F4

避雷器 F1 和 F4 的最大过电压计算工况相同,都是由于直流极线接地时,$C1$ 直接通过 F1 和 F4 放电造成的,故接地故障发生时滤波器高压端电容上预充电电压越高,滤波器储存的能量就越多,避雷器 F1 和 F4 上产生的过电压就越严重。另外,L_x 取值越小,避雷器 F1 和 F4 上产生的过电压幅值也越大。

由于 F1 和 F4 避雷器上最大电压波头陡度很陡,更接近于雷电冲击波,故此处所计算的结果应对应雷电冲击保护水平。

该过电压最严酷计算条件如下:

(1)直流滤波器预充电电压

考虑直流滤波器上电压最大值不超过直流极线避雷器保护水平,从严考虑预先充电电压取直流极线避雷器操作冲击保护水平(SIPL),如向家坝—上海±800kV 特高压直流工程中该值为 1391kV。

(2)高压端电容寄生电感 L_{C1}

根据设备制造经验,ABB 公司认为直流滤波器高压端电容器 $C1$ 的寄生电感可取为 $50\mu H$[10]。

(3)L_x 取最小值

该故障电感取值主要是直流极线寄生电感。直流滤波器接线端位置一般较高,此处空气间隙较大,一般不易发生接地短路,较易发生接地短路故障的地方一般距直流滤波器 10～20 米左右,故 L_x 一般取为接地短路点与直流滤波器高压端电容器 $C1$ 之间的直流极线寄生电感,再加上其他杂散电感,ABB 公司认为该值不小于 $20\mu H$,此处一般可取值 $30\mu H$[9]。

(4)接地引线等效电感 L_{EL}

根据接地引线长度 60km,该等效电感可取为 60mH,该参数对过电压计算结果基本无影响。

(5)避雷器大小保护特性

计算某避雷器的最大负载时,为从严考虑,该避雷器采用最小保护特性。如果滤波器中还有其他避雷器,为从严考虑,这些避雷器应采用最大保护特性,以减少其分流。本节计算作为一个简单示例,只计算避雷器在大保护特性下的过电压情况。

避雷器 F2 和 F3

与 F1 避雷器不同,该避雷器上过电压是由 $L2$ 和 $C2$、$L3$ 和 $C3$ 在暂态时振荡产生的,因此避雷器 F2 和 F3 上最大过电压计算条件不是 L_x 取最小时,而是 L_x 取一个处于极小值到极大值(一般其极小值不小于 $20\mu H$,极大值可取 100mH)之间的某一个数,这个数值确定通常需要仿真逐步试探计算得到。

F2 和 F3 上出现的最大过电压波头的陡度更接近于操作冲击波(与 F1 避雷器上最大过电压波形更接近于雷电冲击波不同),故此处所计算的结果应对应操作冲击保护水平。

除 L_x 取值外,避雷器 F2 和 F3 最大过电压计算模型其他条件与 F1 避雷器相同。

2)操作过电压冲击

直流滤波器内部过电压分析还须考虑直流极线的操作

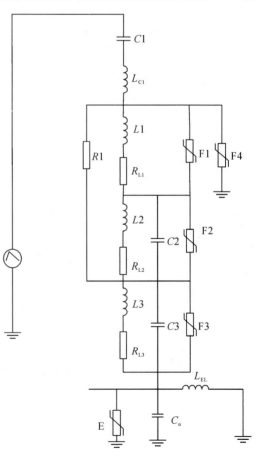

图 16-35　直流滤波器操作过电压波冲击仿真电路图

波情况,该仿真示意如图 16-35 所示。计算中,在直流线上施加 250/2500μs 的操作冲击波,从严考虑,取该操作波幅值为直流极线避雷器的操作冲击保护水平(SIPL)1391kV,也有资料取直流极线的操作耐受水平(SIWL)1600kV。

16.5.3.2　仿真计算结果

1) 直流极线接地故障

以向家坝—上海±800kV 特高压直流工程复龙换流站为例,其直流滤波器内部过电压计算结果如表 16-16 所示。图 16-36 中波形为避雷器 F4 通过能量最大时的过电压、电流和能量波形。

表 16-16　直流极线接地故障下直流流滤波器内避雷器上的过电压计算结果

避雷器	最大电压/kV	最大电流/kA	最大能量/MJ
F1	687	10.4	0.23
F2	500	2.9	0.31
F3	138	8.6	0.60
F4	688	80	0.92

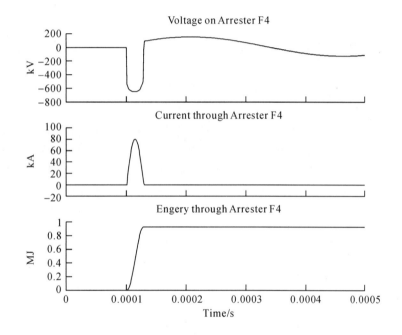

图 16-36　直流极线接地故障下避雷器 F4 中过电压及能量波形图

2) 操作过电压冲击

对于这种情况,一般采用施加 250/2500μs 的操作冲击波进行仿真,仿真中取两种操作冲击过电压幅值(SIPL:1391kV 和 SIWL:1600kV)分别计算,计算结果如表 16-17 所示,该过电压下避雷器 F1、F2、F3 和 F4 中流过的能量都比较低。

表 16-17　操作冲击波下直流滤波器内避雷器上的过电压计算结果

避雷器	最大电压/kV	最大电流/kA	最大能量/MJ
F1	622/630	2.94/3.36	0.10/0.12
F2	418/444	0.09/0.12	≈0/≈0
F3	134/135	5.85/6.19	0.14/0.15
F4	522/535	1.32/2.76	0.14/0.18

注:斜线左边数值为采用 SIPL(1391kV)作为冲击电压幅值进行计算得到的结果,右边数据为采用 SIWL(1600kV)作为冲击电压幅值进行计算得到的结果。

除直接仿真计算外,对直流滤波器中的避雷器 F4 而言,ABB 公司认为可以通过下式估算其操作波下的动作电流[11]。

$$I \approx C \frac{\mathrm{d}u}{\mathrm{d}t} = C \frac{\mathrm{SIWL}}{250} = 1.05 \mu\mathrm{F} \times \frac{1600\mathrm{kV}}{250\mu\mathrm{s}} = 6.72(\mathrm{kA})$$

式中,C 为高压滤波器电容;$\mathrm{d}u/\mathrm{d}t$ 为电压变化速率;SIWL 为直流极线操作冲击保护水平(也可采用直流极线避雷器保护水平 SIPL 即 1391kV)。该电流对应的 F4 避雷器的 SIPL 为 553kV。

实际上,由于滤波器电感 $L1$ 及并联的避雷器 F1 支路有分流作用,因此上述得到的动作电流偏严。

16.5.3.3 过电压机理分析

对于这些直流滤波器中的 F1 和 F4 避雷器而言,在滤波器母线接地短路故障时,其过电压是由于直流极线接地时,$C1$ 直接通过 F1 和 F4 放电造成的。

对于低压避雷器 F2 和 F3 而言,在直流极线接地短路故障时,其过电压最大值情况与 F1 及 F4 完全不同,其电压主要是由于 $L2$ 和 $C2$、$L3$ 和 $C3$ 的电磁振荡造成的。

16.5.3.4 过电压控制保护措施

这两类过电压都是采用避雷器(F1、F2、F3 和 F4)直接进行保护,从计算结果可知这些过电压都不严重,只采用避雷器即可使直流滤波器得到安全的防护。

16.6 直流线路单极接地故障过电压

虽然多种不同操作都有可能会在直流线路引起过电压,但直流线路单极接地故障过电压往往是研究重点[12-15]。例如,交流侧合空线、合空换流变和投切交流滤波器、直流控制保护系统失灵(如全电压启动)、阀连续丢失脉冲、逆变站闭锁而旁通对未解锁、阀误导通、逆变站失去交流电源以及直流侧开关操作(如上、下 12 脉动组换流单元旁通开关合闸和分闸或隔离开关投切直流滤波器)等均有可能在直流线路上产生过电压,但这些操作过电压受到故障极两端换流站直流母线和线路入口处 D 型避雷器的抑制,一般低于 1.66p.u.[16],而且在其传入线路后,由于受线路电容和电阻的阻尼,其幅值一般都会低于单极接地故障在健全极线路产生的最大过电压。因此,本节重点研究单极接地故障在直流线路上产生的过电压。

单极接地故障过电压是直流系统在双极运行方式下发生单极接地故障时所产生的过电压,在特高压直流输电线路上发生概率较高。单极接地故障不会在故障极线路上产生过电压,但会在健全极线路上产生较为严重的过电压。本节结合向家坝—上海直流输电工程对该种过电压进行仿真计算,并详细分析该过电压产生机理。

16.6.1 仿真计算条件

1)仿真系统条件

直流系统在双极运行方式下,整流站与逆变站会在直流极线和中性线间各配置一组直流滤波器,图 16-37 是直流线路发生单极接地故障的情况。

仿真分析中,直流系统设定为完整双极运行方式,令直流线路正极中点发生单极接地故障,采用 EMTDC 仿真计算健全极线路的过电压情况。该过电压主要与直流滤波器及主电容参数、单极接地故障发生位置和直流输电线路结构及其参数等多种因素相关,本节通过 EMTDC 电磁暂态计算软件以及行波理论,通过仿真计算研究多种因素对该过电压的影响,确定该过电压的最严酷工况,并分析其产生机理及限制措施。

2)影响因素讨论

直流线路发生单极接地故障时的健全极线路过电压可能受多种因素影响,主要取决于故障极线路与健全极线路间的电磁耦合作用,其与极线间的互感耦合系数直接相关,根据影响程度可以将各影响因素分为以下两类:

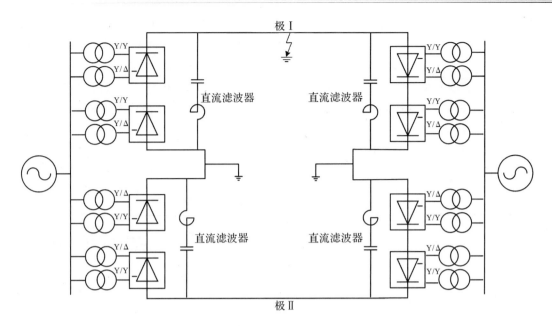

图 16-37　直流系统双极运行方式下直流线路单极接地故障示意图

（1）关键影响因素

关键影响因素有单极接地故障位置和直流滤波器型式及主电容参数两种。

单极接地故障位置对单极接地故障过电压会产生较大的影响，该过电压的最大值一般出现在健全极线路对应的故障位置，且故障发生在线路中点位置时过电压最严重。因此，在故障极线路中点发生接地故障是该种过电压计算的最严酷条件之一。

直流滤波器型式及主电容参数也会对单极接地故障过电压产生较大影响，直流滤波器参数主要通过主电容值影响过电压幅值。主电容越大，故障极直流滤波器产生的放电电流越大；此时故障极与健全极之间通过电磁耦合作用在健全极线路上感应出的电流也越大，它会对健全极线路对地电容充电，使得健全极线路产生更高的过电压。主电容值直接影响该过电压幅值，是该种过电压计算中所要考虑的最重要因素。

（2）一般影响因素

一般影响因素主要有直流输电线路结构及参数、输电线路长度、输送功率、杆塔接地电阻、线路中点位置杆塔是否装设避雷器、直流控制系统等，下面对各影响因素分析如下：

直流输电线路结构及其参数主要包含极导线对地高度、极间距离、极导线分裂间距、极导线分裂数、子导线横截面积等因素。在实际运行中，特高压直流输电线路电磁环境的要求直接决定了特高压直流输电线路结构及其参数，这些参数一般变化不大，其极线间互感耦合系数也变化不大。因此，它们对该种过电压的影响通常不大。

特高压直流输电线路长度通常很长，变化范围较大。但由于其线路结构及其参数与线路长度通常是不相关的，其极线间互感耦合系数也与线路长度很少相关，故特高压直流线路长度变化对该种过电压值的影响一般也不大，仿真计算也表明了这一点。

随着输送功率增加，直流线路电流增加，导致直流线路沿线电压下降，使该过电压呈减小趋势，但直流线路直流电阻较小，线路沿线电压变化范围不大，因此输送功率对该过电压影响较小，这一规律也在仿真计算中得到验证。

杆塔接地电阻增大会产生适当的阻尼作用，可以降低线路对地闪络时的暂态分量，从而降低健全极线路过电压水平。但由于特高压输电线路杆塔接地电阻变化范围较小（通常 0～15Ω），实际上杆塔接地电阻对该种过电压的影响也并不大。从严计算，杆塔接地电阻取 0Ω。

线路中点位置杆塔上装设线路避雷器，会在健全极线路过电压幅值较大时对该种过电压产生一定的限制作用，但效果并不是很明显，仿真计算也表明了这一点。

最后,讨论一下直流控制系统是否会对该种过电压产生影响。由于健全极线路过电压达到峰值仅为数毫秒(波在故障点与换流站之间来回传播一次所需要的时间),此时两侧控制系统根本无法对该种故障做出响应。因此,直流控制系统一般不会对该种过电压幅值产生影响。

综上所述,直流输电线路结构及其参数、线路长度、杆塔接地电阻和是否安装线路避雷器等会对该种过电压产生一定影响,但通常影响都不大;而直流控制系统一般不会对该过电压产生影响。

3)仿真计算参数

本节依据±800kV向家坝—上海直流输电工程进行仿真计算,该工程输电线路参数如表16-18所示。

表 16-18　±800kV 直流输电线路参数

直流输电线路	架空地线	导线
型号	LBGJ-180-20AC	6×ACSR-720/50 钢芯铝绞线
外径(mm)	17.5	36.2
直流电阻(Ω/km)	0.4696	0.0398
水平距离(m)	27.8	22
塔上悬挂高度(m)	63	48
弧垂(m)	13	18
分裂间距(mm)	—	450
地线是否分段接地	是	—

复龙换流站及奉贤换流站各配置一组直流 2/12/39 三调谐直流滤波器,具体电路及参数如图 16-38 和表 16-19 所示。

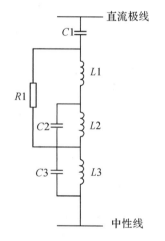

图 16-38　向上直流滤波器电路图

表 16-19　向上直流虑波器参数表

元件	换流站	
	复龙站	奉贤站
C1(μF)	1.05	1.05
L1(mH)	9.847	9.847
C2(μF)	3.286	3.286
L2(mH)	582.95	582.95
C3(μF)	5.05	5.105
L3(mH)	11.745	11.745
R1(Ω)	3095	3095

16.6.2　仿真计算结果

1)单极接地故障位置的影响

正极性线路沿线从 0～100% 发生单极接地故障,相应的健全极负极性线路沿线(0～100%)过电压分布的计算结果如图 16-39 所示。另外,正极性线路距离中点±30km 范围内发生单极接地故障时,相应的健全极负极性线路距离中点±30km 范围内过电压分布的计算结果如图 16-40 所示。

由图 16-39、图 16-40 可以看出,单极接地故障位置对单极接地故障过电压有较大影响,直流系统在完整双极运行方式下,线路中点发生单极接地故障时该过电压最大;故障点距离线路中点较远时,健全极上沿线过电压一般在相应的接地故障处达到最大值;而当故障点距离线路中点较近时,健全极上沿线过电压一般在相应的接地故障处关于线路中点的对称位置达到最大值(也就是两端换流站直流滤波器放电电流波在线路上相遇的位置)。

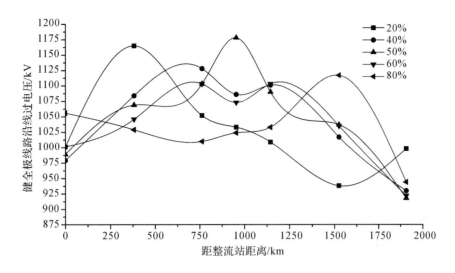

图 16-39　故障极线路发生沿线接地故障时健全极线路沿线过电压分布

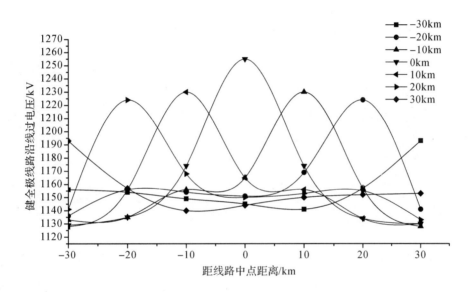

图 16-40　故障极线路距离中点±30km 范围内发生接地故障时健全极线路过电压分布

2)直流滤波器主电容的影响

对于图 16-38 所示向上直流滤波器,当直流滤波器主电容分别为 $1\mu F$、$2\mu F$、$3\mu F$ 和 $4\mu F$ 时[16],故障极线路中点发生单极接地故障时(最严酷情况)相应的健全极线路中点过电压仿真计算结果如表 16-20 所示。

表 16-20　不同直流滤波器主电容值对单极接地故障过电压的影响

直流滤波器主电容/μF	1	2	3	4
过电压/kV	1243 (1.55p.u.)	1357 (1.70p.u.)	1400 (1.75p.u.)	1422 (1.78p.u.)

由表 16-20 可以看出,直流滤波器主电容参数是影响单极接地故障过电压的关键因素,主电容越大,过电压幅值越大,当主电容取 $2\mu F$ 时,该过电压幅值为 1357kV,已达到 1.7p.u.。

3)直流滤波器型式的影响

在特高压直流输电工程中,向家坝—上海直流输电工程采用每站每极一组直流 2/12/39 三调谐直流滤波器,具体电路和参数如图 16-38 和表 16-19 所示;锦屏—苏南直流输电工程采用每站每极一组 2/

39 双调谐滤波器和一组 12/24 双调谐滤波器并联的直流滤波器,具体电路和参数如图 16-41 和表 16-21 所示;云南—广州直流输电工程采用每站每极一组 12/24/45 三调谐直流滤波器,具体电路和参数如图 16-42 和表 16-22 所示。

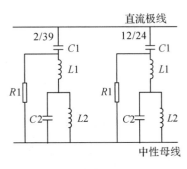

图 16-41 锦苏直流滤波器电路图

表 16-21 锦苏直流滤波器参数表

组名	第一组	第二组
型式	2/39	12/24
组数/极	1	1
C1(μF)	0.80	0.35
L1(mH)	11.99	89.35
C2(μF)	1.825	0.810
L2(mH)	964.0	48.86
R1(Ω)	5700	10000

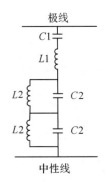

图 16-42 云广直流滤波器电路图

表 16-22 云广直流滤波器参数表

元件	换流站	
	楚雄站	穗东站
C1(μF)	1.2	1.2
L1(mH)	9.345	9.345
C2(μF)	2.824	2.824
L2(mH)	15.919	15.919
C3(μF)	2.647	2.647
L3(mH)	4.656	4.656

本节将向家坝—上海特高压直流输电工程的直流滤波器型式分别替换成锦屏—苏南和云南—广州两种直流滤波器型式,对健全极线路中点过电压进行仿真计算,三种情况下的过电压计算结果如表 16-23 所示。

表 16-23 不同直流滤波器型式对单极接地故障过电压的影响

直流滤波器型式	向上直流滤波器	锦苏直流滤波器	云广直流滤波器
主电容/μF	1.05	1.15	1.2
过电压/kV	1254	1263	1258

由表 16-23 可以看出,三种直流滤波器型式对该种过电压幅值几乎没有影响;另外,考察三种不同型式的直流滤波器还可以发现一个特点,其总的主电容参数分别为 $1.05\mu F$、$1.15\mu F$、$1.2\mu F$,三者很接近。因此,在直流滤波器主电容参数值相接近的情况下,即使采用不同直流滤波器型式,一般不会对该种过电压整体水平产生太大影响,直流滤波器主电容值才是影响单极接地故障过电压的最关键性因素。

4)直流控制系统的影响

考虑到线路发生故障后,需要经过故障电流波在故障极线路的传播时间以及保护装置的延时作用后直流保护装置方能发出保护指令,而该时间一般都会比单极接地故障过电压达到最大值的时间要长,两侧控制系统无法对该故障及时作出反应。因此,直流控制系统通常不会对该种过电压幅值产生影响。

5)杆塔接地电阻的影响

杆塔接地电阻可以降低线路对地闪络时的暂态分量,从而使得健全极线路上的过电压幅值有所降低,但其对该过电压的整体波形及其幅值出现时间基本没有影响。不同杆塔接地电阻情况下的健全极线路中点过电压仿真结果如表 16-24 所示。

表 16-24　不同杆塔接地电阻对单极接地故障过电压的影响

杆塔接地电阻/Ω	0	1	5	10	15
过电压/kV	1254	1251	1240	1227	1214

由表 16-24 可以看出,随着杆塔接地电阻阻值增大,健全极线路中点过电压幅值稍有下降,但影响较小。

6)线路中点杆塔装设避雷器的影响

在杆塔接地电阻取 0Ω 且直流滤波器主电容分别取为 $1\mu F$、$2\mu F$、$3\mu F$ 和 $4\mu F$ 四种情况下,分析在线路中点杆塔上装设避雷器(与换流站极线处特性相同)对该种过电压的影响。当故障极线路中点发生单极接地故障时,该避雷器对健全极线路中点过电压幅值的影响如表 16-25 所示。

表 16-25　线路中点杆塔装设避雷器对单极接地故障过电压影响

线路中点杆塔装设避雷器情况	线路过电压值/kV			
	$C1=1\mu F$	$C1=2\mu F$	$C1=3\mu F$	$C1=4\mu F$
不装设避雷器	1243	1357	1400	1422
装设避雷器	1211	1312	1331	1340

由表 16-25 可以看出,在线路中点处装设的避雷器对该过电压有一定的限制效果,但效果不太明显。在主电容取值为 $4\mu F$ 情况下,线路中点杆塔处装设避雷器可以使过电压从 1422kV 下降至 1340kV,过电压水平仅降低 5.8%。因此,通常情况下不推荐采用在杆塔中点处加装线路避雷器的方式来限制该过电压。

7)线路长度的影响

± 800kV 向家坝—上海直流输电工程线路长度为 1907km,在不同的线路长度下,故障极线路中点发生接地故障,健全极线路中点过电压与线路长度的关系如表 16-26 所示。

表 16-26　不同线路长度对单极接地故障过电压的影响

线路长度/km	1500	1700	1900	2100	2300
过电压/kV	1249	1254	1253	1255	1279

由表 16-26 可以看出,随着直流输电线路长度逐渐增加,过电压水平略有升降,但变化规律不明显。这主要是因为线路长度变化并不会对互感耦合系数产生太大影响,故特高压直流线路长度变化对该种过电压幅值的影响通常不大。

8)输送功率的影响

直流系统双极平衡运行方式下,几种典型输送功率运行工况对单极接地故障过电压的影响情况如表 16-27 所示,其中输送功率用标幺值表示。

表 16-27　不同输送功率对单极接地故障过电压的影响

输送功率/p.u.	0.1	0.25	0.5	0.75	1.0	1.05
过电压/kV	1264	1256	1252	1245	1239	1229

由表 16-27 可以看出,随着输送功率增加,过电压水平呈下降趋势。输送功率从 0.1p.u. 增大到 1.05p.u.,过电压水平仅下降 2.8%,可见输送功率对单极接地故障过电压影响较小。

16.6.3　过电压机理分析

直流输电系统主要由两端换流站、直流滤波器、平波电抗器、直流线路和接地极等部分组成。直流输电系统双极运行方式下的原理接线如图 16-43 所示，其中两端换流器采用电压源简化表示，下面分析假设正极发生单极接地故障。

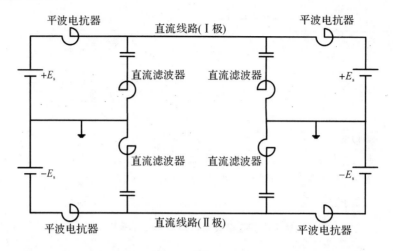

图 16-43　直流输电系统双极运行方式下原理接线图

通过对向家坝—上海直流输电工程的仿真计算，得到故障极（正极）线路中点接地时健全极（负极）线路中点过电压波形曲线如图 16-43 所示，分别用 A、B、C、D、E 五个点来表征。从图 16-44 可以看出，健全极线路中点电压在正常工作电压下经过两次电压跃升后达到峰值。开始系统处于稳定运行状态，健全极线路中点电压约为 -783kV，如曲线 AB 段所示；在 6s 时刻，故障极线路中点发生单极接地故障，健全极线路中点电压瞬间由 -783kV 直接跃升至 -981kV，如曲线 BC 段所示；在曲线 CD 段，健全极线路中点电压由 -981kV 逐渐上升至 -1055kV，该过程持续大约 6.5ms（恰好为故障电流波从故障点传播至换流站端部再返回至故障点所需要的时间）；故障电流波返回至故障点瞬间，健全极线路中点电压发生第二次跃升，电压上升至 -1254kV，如曲线 DE 段所示。

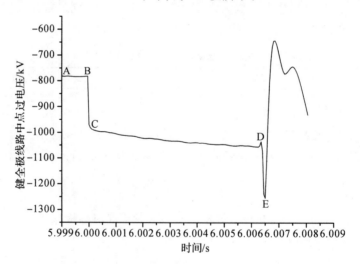

图 16-44　故障极线路中点发生接地故障时健全极线路中点过电压波形

直流线路发生单极接地故障时，故障极上主要会发生两个过程：首先，接地瞬间一个与故障极电压幅值相同、极性相反的电压波由故障点向两侧换流站传播，使得故障极线路上的电压下降至零，并产生相应的电流波；接着，当波传到换流站两侧，故障极线路的直流滤波器主电容会对故障点开始回传放电的波过程，并在故障极沿线产生一个较大的脉冲放电电流。

假设故障极为正极，稳态运行时全线对地电容充电至 $U_0 = +800$kV，此时若在线路中点发生金属性单极接地故障，故障极线路接地故障点电压瞬间由 $U_0 = +800$kV 下降为零。这就相当于有一个幅值

为 $-U_0$ 的电压行波,它沿着故障极线路由故障点向两侧换流站同时开始传播,该行波在故障极线路的传播过程如图 16-45 所示。

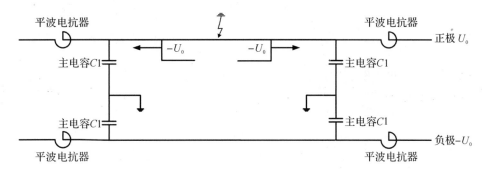

图 16-45　正极线路中点发生单极接地故障时故障极线路电压行波传播过程

考虑电压波 $-U_0$ 由故障点向左侧传播过程。通常电流、电压行波均以向右为正方向,故从故障点处向左侧换流站传播的电压波 $-U_0$ 是一个电压反行波,此时线路上产生的相应电流反行波为

$$i_0 = -(-U_0)/Z \qquad (16\text{-}2)$$

式中,Z 为波阻抗,i_0 为反行波在故障极线路上产生的电流。

仿真计算得到的故障极线路中点电流波形如图 16-46 所示。从图中可以看出,开始系统处于稳定运行状态,线路运行电流为额定电流 4kA,如曲线 AB 段所示;随后,故障极线路中点电流发生两次跃升,在故障发生瞬间,由额定工作电流 4kA 跃升至 6.38kA,如曲线 BC 段所示;故障发生约 6.5ms 后,故障极电流再一次由 6.03kA 跃升至 6.50kA,如曲线 DE 段所示。实际上,第一次电流跃升是由向换流站传播的电压反行波 $-U_0$ 造成的,由参考文献[16,17],可估算向上工程直流线路的波阻抗约为 380Ω,代入式(16-2)可估算出故障极线路电流第一次跃升作用使线路电流上升至 6.13kA,与仿真计算得到的 6.38kA 相接近,这也验证了故障瞬间确实是电压波 $-U_0$ 开始从故障点向两端换流站传播的过程;而第二次电流跃升是由故障极线路的直流滤波器主电容向故障点回传放电造成的,它的数值与主电容的大小直接相关(见后续分析)。

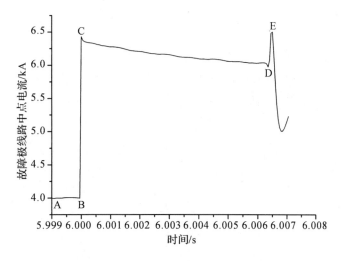

图 16-46　故障极线路中点电流波形

在故障点左侧附近,故障极线路与健全极线路电流对应关系如图 16-47 所示。可以看出,由于极线间的电磁耦合作用,与故障极线路电流的两次跃升(在额定电流 +4kA 的基础上正突变)相对应,健全极线路电流也会发生两次反向跃升(在额定电流 −4kA 的基础上负突变)。

直流系统在双极运行方式下,当一极发生接地故障时,故障极线路故障点处会产生同时向两端换流站传播的故障电压波(与故障极电压幅值相同、极性相反),并产生相应的故障电流波,由于极线间电磁

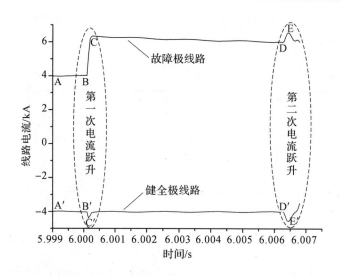

图 16-47　故障点左侧附近故障极线路与健全极线路电流波形

耦合作用,该故障电流波电流突变处 BC 段会在健全极线路感应产生相应的反向突变脉冲电流 B'C',并对故障点附近的健全极线路对地电容充电,从而造成健全极线路电压的第一次跃升;接着,待波传到两侧换流站,故障极线路的直流滤波器主电容会对故障点放电并产生较大的突变脉冲故障电流 DE 段,同样由于极线间的电磁耦合作用,该突变故障电流也会在健全极线路上感应出反向突变脉冲电流波 D'E'(它的大小主要由故障极线路直流滤波器主电容放电脉冲电流和极线间互感耦合系数共同决定),该反向脉冲电流波又会对故障点附近的健全极线路对地电容充电,导致健全极线路电压的第二次跃升。上述两次电压跃升叠加在该极对地正常工作电压上,从而在健全极线路形成较为严重过电压。另外,若单极接地故障发生在故障极线路中点,则由两端直流滤波器主电容放电所产生的第二次电压跃升会在健全极中点处同时产生叠加,产生最严重的单极接地故障过电压;若单极接地故障发生在故障极线路其他位置(非中点),则第二次电压跃升将不会在健全极线路发生同时叠加,此时产生的单极接地故障过电压没有前者严重。因此,故障极线路中点发生单极接地故障时,健全极线路上的过电压最严重。

　　由图 16-47 可以看出,在健全极线路上,故障点左侧会产生两次负的电流脉冲跃升(负突变),它对健全极线路(负极)对地电容反向充电,充电过程如图 16-48 所示,造成了健全极线路电压在额定电压(−800kV)基础上的两次跃升,其电流与电压的对应关系如图 16-49 所示。相类似地,在故障点右侧,健全极线路上会产生两次正的电流脉冲跃升(正突变),它也会对健全极线路(负极)对地电容反向充电,同样造成了健全极线路电压在额定电压(−800kV)的基础上的两次跃升。

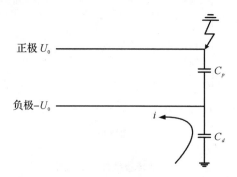

图 16-48　故障点左侧健全极线路负的电流脉冲向线路中点对地电容充电

　　实际上,第一次的电压跃升,是由第一个过程——故障极线路接地瞬间向两端换流站传播的−800kV 故障电压波产生的,一般无法进行控制;而第二次的电压跃升,是由第二个过程——故障极线路直流滤波器主电容对故障点放电的波过程造成的,可以通过直流滤波器主电容来加以控制。

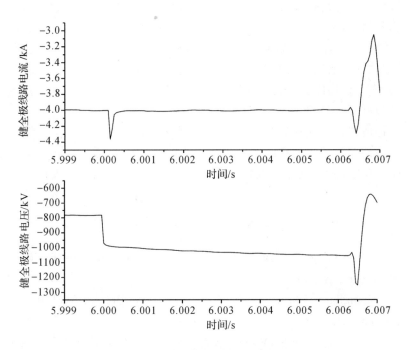

图 16-49　健全极线路电流和电压波形

　　仿真计算表明,直流滤波器主电容增大将直接导致单极接地故障过电压第二次跃升作用明显增加。在直流滤波器主电容值取为 $1\mu F$、$2\mu F$、$3\mu F$ 和 $4\mu F$ 四种情况下,故障极线路电流与健全极线路电流分别如图 16-50 和图 16-51 所示。可以看出,随着直流滤波器主电容增大,在故障极线路上产生的放电电流增大,因此通过极线间电磁耦合作用在健全极线路上产生的感应电流增大,从而导致该过电压上升,这也进一步验证了直流滤波器主电容值是单极接地故障过电压的关键影响因素。

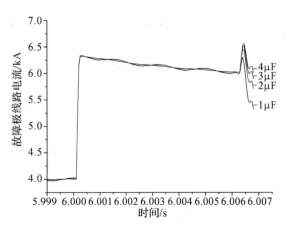

图 16-50　故障极线路电流与主电容关系

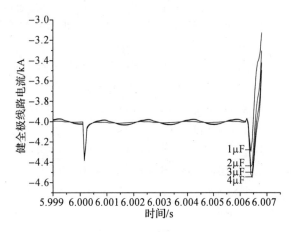

图 16-51　健全极线路电流与主电容关系

16.6.4　过电压控制保护措施

　　(1)直流滤波器主电容是影响单极接地故障过电压的最关键因素,它直接影响该过电压幅值,适当控制主电容数值,就可以有效地控制单极接地故障过电压;另外,在总的主电容相接近的情况下,直流滤波器型式(双调谐或三调谐等)对单极接地故障过电压影响不大。研究表明,为使单极接地故障过电压水平不超过 1.7p.u.,$\pm 800kV$ 特高压线路直流滤波器主电容参数宜控制在 $1\sim 2\mu F$。

　　(2)单极接地故障过电压在故障极线路中点接地时,在健全极线路中点会产生最高的过电压,故通常以此作为该过电压计算的基本条件。

（3）直流输电线路结构及其参数主要包括极导线对地高度、极间距离、极导线分裂间距、极导线分裂数、子导线横截面积等因素，它们会对单极接地故障过电压产生一定影响，但影响幅度通常不大，考虑到直流线路电磁环境的限制，直流输电线路结构及其参数通常变化不大，故实际上直流输电线路结构及其参数通常对单极接地故障过电压影响不大。杆塔接地电阻一般对单极接地故障过电压影响也很小，当杆塔接地电阻由 0Ω 增大到 15Ω，过电压仅下降 3.2%。另外，直流控制系统对该过电压无影响，输电线路长度以及输送功率对该过电压影响不大。

（4）在线路中点杆塔装设线路避雷器可以适当降低该种过电压，但效果不明显，在该种过电压为 $1.78\mathrm{p.u.}$ 情况下，若在线路杆塔中点装设一支与换流站极线处特性相同的避雷器，此时该过电压仅下降 5.8%。因此，通常不会采取在线路中点装设线路避雷器的方式来限制单极接地故障过电压。

参考文献

[1] Xiangjiaba - Shanghai ±800 kV UHVDC Transmission Project AC Filter Transient Rating [R]. ABB Power Systems，2007.

[2] Xiangjiaba - Shanghai ±800 kV UHVDC Transmission Project AC Filter Arresters[R]. ABB Power Systems，2007.

[3] 王东举，邓旭，周浩，等. ±800kV 特高压直流输电系统换流站换流阀过电压机理和计算条件（英文）[J]. 高电压技术，2012,38(12)：3189—3197.

[4] 陈锡磊，周浩，袁士超，等. 天生桥—广州直流系统换流阀过电压机制研究[J]. 电网技术，2012,36(3)：88—94.

[5] 王东举，邓旭，周浩，等. ±800kV 溪洛渡—浙西直流输电工程换流站直流暂态过电压[J]. 南方电网技术，2012,6(2)：6—13.

[6] 袁士超，王东举，陈锡磊，等. 天广直流系统中性母线过电压机制研究[J]. 电网技术，2011,35(5)：216—222.

[7] 陈锡磊，田杰，王东举，等. 天生桥—广州直流工程控制保护系统改造后的过电压分析[J]. 电网技术，2011,35(6)：101—106.

[8] Xiangjiaba - Shanghai ±800 kV UHVDC Transmission Project DC Filter Steady State Rating [R]. ABB Power Systems，2008.

[9] Xiangjiaba - Shanghai ±800 kV UHVDC Transmission Project DC Filter Transient Rating [R]，2008.

[10] Xiangjiaba - Shanghai ±800 kV UHVDC Transmission Project Insulation Coordination[R]. ABB Power Systems，2007.

[11] Xiangjiaba - Shanghai ±800 kV UHVDC Transmission Project DC Transient Overvoltages [R]，2008.

[12] Hingorani N G. Transient Overvoltage on a Bipolar HVDC Overhead Line Caused by DC Line Faults[J]. IEEE Transactions on Power Apparatus and Systems. 1970，PAS-89(4)：592-610.

[13] Melvold D J, Odam P C, Vithayathil J J. Transient overvoltages on an HVDC bipolar line during monopolar line faults[J]. IEEE Transactions on Power Apparatus and Systems. 1977，96(2)：591-601.

[14] 史六如. ±500 千伏直流输电线上的过电压研究[J]. 电网技术，1987(01)：33-36.

[15] 吴娅妮，蒋卫平，朱艺颖，等. 特高压直流输电线路故障过电压的研究[J]. 电网技术，2009,33(4)：6-10.

[16] 周沛洪，吕金壮，戴敏，等. ±800kV 特高压直流线路缓波前过电压和绝缘配合[J]. 高电压技

术,2009,35(7):1509-1517.

[17] 邓军,肖遥,范毅,等.基于两相电源的高压直流输电线路分布参数计算方法及直流工程的应用研究[J].高电压技术,2015,41(7):2451-2456.

[18] 周浩,李济沅,王东举,等.±800kV 特高压直流输电线路单极接地故障过电压产生机理及影响因素[J].电力自动化设备,2016,36(4):1-6,13.

第17章　特高压直流输电系统雷电过电压

与高压、超高压直流输电线路相比,特高压直流线路长度更长,杆塔更高,导线工作电压也更高,对防雷保护是不利的。中国数条直流线路运行经验表明,±500kV直流线路的雷害问题比较突出,其雷击闪络率要高于电压等级相近的500kV交流线路。因此,特高压直流工程建设应重视防雷研究工作。本章将对特高压直流输电线路和直流换流站两部分的防雷保护进行讨论。

17.1　特高压直流输电线路的防雷保护

17.1.1　交、直流线路防雷的主要区别

与交流线路相比,直流线路在线路结构布置和雷击事故发展过程等方面均有其独特之处,因而交、直流线路的防雷特点也不尽相同。以下主要从保护动作方式、防雷指标以及防雷计算方法等方面对其主要区别作简要介绍。

1)雷击闪络后的保护动作方式

对于交流输电线路,雷击线路引起绝缘闪络并建弧后,继电保护启动,断路器立即跳闸,切断故障电流。如装设有自动重合闸装置,将在规定时间内进行重合闸操作,以便恢复线路供电。

直流线路的保护动作方式与交流不同。雷击直流线路引起绝缘闪络后,控制调节系统动作,通过调整整流侧的触发角,快速自动地完成降压、去能、灭弧、再起动等过程,最后恢复供电。类似于交流系统的自动重合闸措施,为提高再起动的成功率,还可采用"降压再起动"或"多次自动再起动"。

2)防雷指标

首先,交、直流线路的防雷技术指标的定义不同。交流输电线路一般以"雷击跳闸率"作为衡量防雷性能优劣的主要技术指标,但直流线路并不存在断路器跳闸的问题,也就没有"雷击跳闸率"的概念。而且与交流线路导线电压呈周期性过零变化不同,直流导线上的电压恒定,一般可以认为直流线路绝缘闪络后即可稳定建弧。因此,直流线路一般以"雷击闪络率"作为其防雷技术指标。

其次,交、直流线路防雷指标的确定依据也不完全相同。交流线路防雷指标的确定主要受限于断路器操作资源准则(即在断路器的一个检修期间内允许的动作次数)和线路运行维护工作量;而直流线路的控制调节系统无操作次数限制,其防雷指标确定则主要受限于线路运行维护工作量。其中,"线路运行维护工作量"是指线路雷击闪络后,按照中国直流运行部门规定,运行人员需巡线寻找故障点,并更换烧坏的绝缘子所需的经济与时间成本。

最后,根据国家电网公司下发的±500kV直流线路2004—2007年的雷击统计数据(见表17-1)可知,±500kV直流线路的雷击闪络率达到0.28次/(100km·a),远高于500kV交流线路雷击跳闸率的运行统计值0.14次/(100km·a)。参考上述数据,特高压直流线路的绕击情况可能较为严重,雷击闪络率可能较难降至特高压交流线路的控制水平,但考虑到直流线路的控制调节系统无操作次数限制,因而特高压直流线路的雷击闪络率控制指标可适当放宽。

3)雷击故障危害

雷击故障的危害不同主要是指直流线路两极运行的独立性。直流线路发生雷击故障后,即使故障极重新起动不成功,直流线路的非故障极仍可正常运行,还可以保持输送一半及以上的容量;而交流单回线路一旦发生雷击故障,如重合闸不成功,则会造成三相导线均跳闸停电。

表 17-1 国家电网公司±500kV 直流线路雷害统计(2004—2007 年)

线路名称	线路长度 (km)	雷击闪络次数					雷击闪络率 (次/(100km・a))
		2004 年	2005 年	2006 年	2007 年	合计	
葛洲坝—南桥	1045	4	0	3	4	11	0.26
三峡—常州	895	1	2	1	4	8	0.22
三峡—广州	940	1	2	4	4	11	0.29
三峡—上海	1070	/	/	/	5	5	0.47
共计 12590km・a		共计 35 次/4a					0.28

雷击闪络的危害不同还包括雷击闪络后,交、直流线路的短路电流不同,从而对绝缘子和金具的损坏程度不同。一般而言,交流线路的短路电流要大于直流线路。计算表明,交流线路单相接地短路电流约几 kA 至 30kA,而直流线路的单极短路电流往往不超过 20kA。

4)防雷计算方法

与特高压交流线路相同,特高压直流线路的防雷计算也分为绕击和反击。其中,特高压直流线路的绕击计算推荐使用 IEC、IEEE 等国际组织推荐的电气几何模型方法(EGM);反击计算推荐使用世界各国较多采用的 EMTP 软件。

但值得注意的是,由于直流线路极线工作电压恒定,部分防雷计算参数应予以特别考虑,如工作电压、绝缘子串 50% 闪络电压和建弧率等。

特高压直流线路的极线工作电压恒定且幅值很高,已达线路绝缘 50% 闪络电压的 15%～20% 左右,应予以考虑。特别是在计算双极同时闪络的概率时,若不考虑极线工作电压,将使计算结果明显偏高。在具体防雷计算时,交流系统导线电压一般取其峰值、有效值或采用统计法进行分析,而直流线路取其实际值即可。

关于直流电压对绝缘子串的 50% 闪络电压的影响,国外试验结果表明:无论在干燥或者淋雨的条件下,异极性直流电压使得绝缘子串 50% 闪络电压降低的数值略小于该直流电压。当极线工作电压 U_n 在 $300\sim600kV$ 的范围时,可用式(17-1)计算实际的绝缘 50% 闪络电压。特高压直流线路防雷计算可参考式(17-1)。

$$U'_{50\%} = U_{50\%} - U_n + 100 \tag{17-1}$$

式中,$U_{50\%}$ 为无 U_n 影响下的 50% 闪络电压,kV;$U'_{50\%}$ 为考虑 U_n 影响下的 50% 闪络电压,kV。

另外,对于特高压直流线路,极线工作电压很高,一般可认为雷击闪络均可导致建弧,故建弧率 η 可取 1。

5)其他耐雷特性

对于双极直流线路,由于正、负两极上的工作电压极性相反,并且自然界中大多数雷电是负极性的,使得直流线路的正极性导线更易遭受雷击,直流线路的绕、反击特性与交流线路差别较大。

对于线路绕击,由于雷击 90% 以上为负极性雷,因而双极中正极导线更易遭绕击。而对于交流线路,两侧对称导线的工作电压均作周期性变化,故在一般情况下的绕击概率相同。

对于线路反击,同样由于雷击多为负极性,双极直流正极性线的绝缘更易发生闪络;而交流线路两侧对称导线反击闪络概率相同。另外,由于极线电压产生的不平衡度较大(如特高压直流可达近1600kV),双极线路同时发生反击闪络的概率较低,供电可靠性一般要好于采用不平衡绝缘方式的交流同塔双回线路。

17.1.2 特高压直流线路的耐雷性能特点

与高压、超高压直流线路相比,特高压直流线路耐雷性能的特点如下:

(1)反击概率很小

特高压直流线路的绝缘水平很高,反击耐雷水平一般可达 250kA 以上。而自然界中落地雷电流幅值超过 300kA 的概率很低,因此,雷击避雷线或塔顶而引起反击闪络的可能性很小。

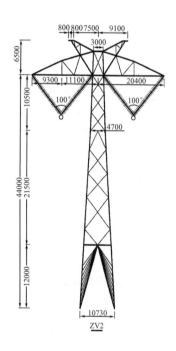

（2）线路雷击闪络以绕击为主

其原因主要有二：①特高压线路的杆塔均较高，使绕击率增大；②在特高压线路上，导线上的工作电压已如此之高，与雷云极性相反的导线上会提前出现向上发展的迎面先导而引起绕击，从而也会增大绕击率。

由于自然界中的落地雷90％以上为负极性雷，所以特高压直流线路正极性导线的引雷效果明显，因而正极性导线遭受绕击的概率要远高于负极性导线。另外，中国±500kV直流输电线路的实际运行经验也表明了正极性导线更易遭绕击。

综上，特高压直流线路耐雷性能特点为：特高压线路虽然绝缘水平很高，但雷害事故仍未能幸免，主要由绕击闪络所引起，反击闪络的发生概率很小。而且，大多数绕击闪络发生在正极性导线一侧。

17.1.3 ±800kV 特高压直流输电线路防雷分析

现以中国南方电网公司的云广±800kV特高压直流输电工程为例，对特高压直流线路的耐雷性能进行计算分析，并就减小避雷线保护角、降低杆塔接地电阻和提高线路绝缘水平等防雷措施的防雷效果进行研究。

云广±800kV特高压直流线路采用双极对称布置，典型杆塔为ZV2塔型，如图17-1所示。其中，导线采用6×LGJ-630/45型钢芯铝绞线，分裂间距为450mm；避雷线采用LBGJ-180-20AC铝包钢绞线；导、地线弧垂分别为16m、11m。另外，线路绝缘采用64片结构高度为170mm的瓷绝缘子；杆塔水平档距取为510m。

图17-1 云广±800kV特高压直流输电工程ZV2型杆塔塔形图（图中数值单位为mm）

17.1.3.1 绕击耐雷性能分析

针对如图17-1所示的塔型，对云广±800kV特高压直流线路的绕击闪络率N_{Dr}进行计算，结果如表17-2所示[地闪密度N_g取为2.8次/（100km²·a）]。

由表17-2可知，在现行条件下，线路绕击闪络率为0次/（100km·a），满足预期的雷击闪络率限制指标。ZV2型杆塔具有很好的防绕击性能，这主要是因为杆塔高度较低（与特高压交流相比），绝缘水平较高。

表 17-2　云广±800kV 特高压直流线路的绕击闪络率

塔形	塔高 (m)	保护角 (°)	地面倾角 (°)	绕击闪络率 (次/(100km·a))
ZV2 塔	50.5	6.7	0	0

云广±800kV 直流输电线路部分线路走廊位于西南部,途经地区地形复杂、强雷区、土壤电阻率高,因而各段线路的绕击耐雷性能可能差别较大。在此,分别计算了在不同的地面倾角、杆塔呼称高度、绝缘水平和避雷线保护角等条件下的线路绕击闪络率,计算结果如图 17-2 和图 17-3 所示。

由计算结果可知,在其他条件不变的前提下,线路绕击闪络率随地面倾角或杆塔呼称高度的增加而明显增大,减小避雷线保护角和提高线路绝缘水平则可较为有效地降低绕击闪络率。但值得注意的是,特高压直流线路绝缘水平主要由防污闪确定,并考虑到绝缘子串过长所带来的塔头尺寸增大和塔高增加等负面影响,一般不将提高绝缘水平作为改善线路防绕击闪络的主要措施。因此,与交流线路相同,减小避雷线保护角是减小线路绕击闪络率的最有效措施。

另由图 17-2 可知,正极导线的绕击闪络率要远高于负极导线,这也与±500kV 直流线路的运行经验相吻合。

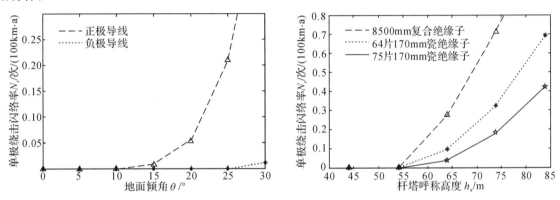

图 17-2　不同地面倾角、绝缘水平和杆塔高度下的线路绕击闪络率

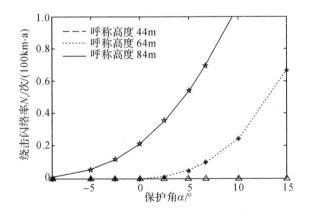

图 17-3　避雷线保护角对特高压直流线路绕击闪络率的影响

因此,在实际工程中,要特别重视地面倾角较大、杆塔较高和雷电活动强度高的山区线路的防绕击问题。应尽量避免山区连续架线,特别是对于地面倾角较大或高杆塔线路,建议采用更小的负保护角或安装线路型侧向避雷针等其他措施来改善线路防绕击性能。

17.1.3.2　反击耐雷性能分析

与特高压交流线路相似,特高压直流线路的绝缘水平较高,使得线路反击耐雷水平一般在 250kA 及以上,发生反击的概率很小。对于云广±800kV 特高压直流线路,从严考虑,杆塔接地电阻取为 15Ω,则对应的典型塔型的反击耐雷水平及闪络率如表 17-3 所示。

表 17-3　云广±800kV 特高压直流线路的反击闪络率

塔形	塔高 （m）	接地电阻 （Ω）	反击耐雷水平 （kA）	反击闪络率 （次/(100km·a)）
ZV2 型塔	50.5	15	401(645)	0.0003

注：括号内的反击耐雷水平为双极同时反击闪络时对应的耐雷水平。

由计算结果可知，即使杆塔接地电阻取为 15Ω，云广±800kV 特高压直流线路的反击耐雷水平仍可高达 401kA，反击闪络率也只有 0.0003 次/(100km·a)。因此，特高压直流线路的反击耐雷水平是很高的，雷击杆塔或附近避雷线造成反击闪络的概率很小。

另外，计算结果表明造成特高压直流线路双极同时反击闪络的雷电流幅值非常高，而且考虑到中国 ±500kV 双极直流线路尚未出现双极同时闪络的事故，因而可以认为其概率为零。

为更全面地评估特高压直流线路的反击耐雷性能，分别计算了在不同杆塔接地电阻、杆塔呼称高度和绝缘水平下的线路反击耐雷水平，结果如图 17-4 所示。由计算结果可知，为保证特高压直流线路的反击耐雷水平不低于 300kA，ZV2 型杆塔接地电阻不宜大于 30Ω；线路反击耐雷水平随杆塔高度的增加而明显降低，考虑到常规复合绝缘子结构高度相对较低，对于整条线路中出现的较高、特高杆塔，线路防雷建议使用雷电冲击耐受电压相对较高的瓷绝缘子，或者可考虑将复合绝缘子适当加长。

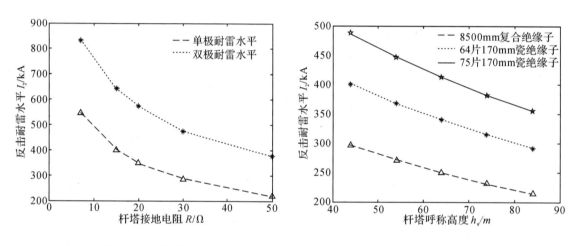

图 17-4　杆塔接地电阻和杆塔呼称高度等因素对线路反击耐雷水平的影响

17.2　特高压直流换流站的防雷保护

与常规交流变电站相同，直流换流站的雷电过电压来自雷电对站内设施的直接雷击和架空进线上的雷电侵入波。换流站直击雷防护措施也是安装避雷针或避雷线，并注意采取措施防止反击。中国特高压直流换流站和特高压交流变电站通常综合使用避雷针和避雷线。参考中国±500kV 直流换流站的多年运行经验，凡按规程要求正确设计和安装避雷针、避雷线和接地装置的换流站，防直击雷的效果是可靠的。

特高压直流换流站的雷害主要是来自架空进线上的雷电侵入波。

17.2.1　直流换流站的雷电侵入波防护特点

直流换流站的雷电侵入波防护与交流变电站并无本质区别。但由于直流换流站交、直流并存，站内结构布置更加复杂，站内各设备的电压等级和绝缘水平等也差别较大，所以防雷保护设计相比交流变电站更加复杂。

按照交直流区域和雷电侵入波严重程度的不同,直流换流站可划分为交流场区、直流场区和换流区三个区域,见图 17-5。

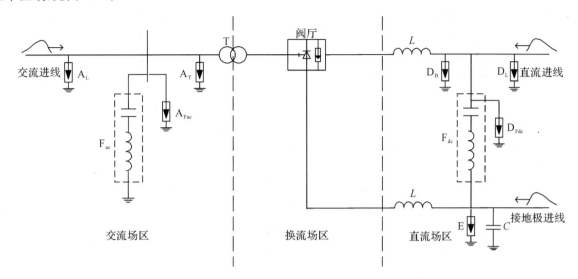

图 17-5　特高压直流换流站雷电侵入波过电压防护示意图

1)交流场区

交流场区是指从交流输电线路入口至换流变压器线路端的那一部分区域。交流场雷电侵入波来自于交流输电线路。

与 500kV 交流变电站相比,特高压直流换流站交流场的出线较多,并接有多组电容器和交流滤波器组 Fac 以及 PLC 等设备,并且在进线入口、滤波器母线、换流变处分别安装有 A_L、A_{Fac}、A_T 等避雷器,因而换流站的交流场雷电过电压与交流变电站相比并不严重。

2)直流场区

直流场区是指从直流输电线路入口至平波电抗器阀侧端的那一部分区域。直流场雷电侵入波来自于直流输电线路和接地极线(或金属回线)。

对于直流场极线,由于在直流线路、母线和直流滤波器等处分别安装有 D_L、D_B 和 D_{Fdc} 等避雷器,并且极母线上接有直流滤波器 F_{dc} 以及 PLC 等设备,因此极线上雷电过电压一般不严重,但在平波电抗器两端间有可能因雷电侵入波产生较大过电压。

对于直流场接地极线,由于在中性母线上安装了多组避雷器 E,并且中性母线上还接有冲击吸收电容器 C,因此接地极线上的雷电过电压一般也不严重。

3)换流区

换流区是指从换流变压器阀侧端至平波电抗器阀侧端的那一部分区域。

换流区受到交流场换流变和直流场平波电抗器的抑制保护作用,通过线圈之间和匝间电容传递至阀厅的实际雷电过电压幅值较低,其波形更类似于操作波,因此一般不考虑换流区的雷电侵入波过电压。

由上可知,特高压直流换流站的雷电侵入波过电压研究应重点分析直流场和交流场,换流区(阀厅)一般可以不考虑。

17.2.2　直流换流站的雷电侵入波计算方法

特高压直流换流站的雷电侵入波过电压计算一般采用国际通用的电磁暂态仿真软件 EMTP,具体计算方法与交流变电站基本相同。

但考虑到直流换流站交直流场并存、运行方式复杂和设备绝缘水平差异较大等特点,在进行换流站的雷电侵入波计算时,运行方式和雷电流幅值等的选择具有其独特之处,以下分别予以说明。

17.2.2.1 运行方式选择

特高压直流换流站的运行方式较多,包括双极全压运行方式、双极半压运行方式、双极一极全压一极半压运行方式、单极全压金属回线方式、单极全压大地回路方式、单极半压金属回线方式、单极半压大地回路方式,并且交流场运行方式的选择又与直流场运行方式选择直接相关。因此,合理选择换流站运行方式对使用惯用法进行雷电侵入波计算是至关重要的。

1)交流场运行方式选择

参考交流变电站运行经验,直流换流站交流场投运的出线、条数越多、变压器和交流滤波器等设备越多,交流场设备上的雷电侵入波过电压也就越低。对应于特高压直流换流站的直流场典型运行条件—直流单极全压运行,则此时交流场防雷计算选择的运行方式为单线/单极双 12 脉动换流变/最小滤波器组投入(最小滤波器组应满足正常运行需要)。

另外,偏严考虑,直流换流站还存在双极半压或单极半压运行的情况,那么交流场运行方式应取为单线/单极单 12 脉动换流变/最小滤波器组投入。

2)直流场运行方式选择

首先,应当指出对于换流站直流场,站内设备上的最大雷电侵入波过电压幅值并不一定出现在同极性雷击的情况下。与交流场雷电侵入波过电压计算有所不同,由于换流站直流场的平波电抗器、PLC 和直流滤波器等设备均串联有电感元件,雷击可能导致电感设备两端的过电压幅值很高,因此,直流场雷电侵入波研究不仅要计算以上各设备的对地电压,还要计算设备两端电压是否满足要求。值得注意的是,设备上的最大对地电压一般出现在雷电侵入波极性与设备工作电压极性相同的情况下(即直流电压与雷电流同极性,两者相加所得电压值最大);而设备两端的最大过电压一般出现在雷电侵入波与工作电压极性相反的情况下(即直流电压与雷电流异极性)。同时,考虑到自然界中负极性雷电流的出现概率一般在 90% 以上,换流站防雷计算同样应选用负极性雷。因此,计算设备最大对地电压时,极母线的直流工作电压选择负极性;计算设备两端最大电压时,直流电压选择为正极性。

考虑到直流场极母线和中性母线的绝缘水平和侵入波来源不同,直流场雷电侵入波计算分为极母线过电压和中性母线过电压两部分。

(1)极母线雷电过电压计算的运行方式选择

对于特高压直流极母线雷电过电压,偏严考虑,设备对地的雷电侵入波计算选择单极负极性大地回线运行方式,设备两端的雷电侵入波计算选择单极正极性大地回线运行方式。但实际上,特高压直流雷害主要是指雷电绕击正极性导线,雷电绕击负极性导线的概率是很小的。

对于直流滤波器组,偏严选取仅一组投运,另一组退出检修的情况。

(2)中性母线雷电过电压计算的运行方式选择

对于特高压直流中性母线雷电过电压,雷电侵入波来源主要是接地极线或者金属回线。为防止雷击导致的掉串事故,接地极线路的绝缘子串两端多装有招弧角。以云广特高压直流工程穗东换流站为例,其接地极线路招弧角间的空气间隙约 0.5m,即使 90% 击穿电压也只有 320kV,因此,通过接地极线路侵入中性母线的雷电过电压波幅值是很低的。

而金属回线所在的极线塔要远高于接地极杆塔,更易遭受雷击。并且,金属回线绝缘水平也远高于接地极线,由金属回线侵入换流站的雷电过电压幅值也就更高,因此,中性母线侵入波计算选用单极金属回线运行方式。另外,由于金属回线上运行电压很低,仅几千伏,故该运行电压极性的影响可以忽略。

综上,特高压直流换流站雷电侵入波过电压计算选用的运行方式可归纳如下:

交流场:单线/单极换流变/最小滤波器组投入

直流场 { 极母线 { 设备对地:单极负极性大地回线运行方式
设备两端:单极正极性大地回线运行方式
中性母线:单极金属回线运行方式

其中,在计算极母线过电压时,应注意区分设备对地过电压和设备两端过电压两种典型情况。

17.2.2.2　雷电流幅值选择

变电站或换流站设备上的雷电过电压值与侵入波波头陡度 α 成正比关系,而中国规程规定的标准雷电波波头时间为 $2.6\mu s$,侵入波波头陡度 α 可近似视为雷电流幅值 $I/2.6\mu s$,因而站内设备过电压值与选择的雷电流幅值成正比关系。因此,雷电流幅值的选取是非常重要的。

而目前,在使用惯用法评估直流换流站防雷电侵入波性能或进行站内设备绝缘配合设计时,由于中国电力行业相关标准并未对雷电流幅值予以明确规定,各科研机构或设计单位关于雷电流幅值 I 的选取尚存在较大的争议。交、直流系统的雷电侵入波计算均存在该问题,值得进一步思考和讨论。

1)反击雷电流幅值

对于反击雷电流幅值的选取,一般按照"变电站或换流站电压等级越高,选取的反击雷电流幅值出现概率越小"的原则进行选取。首先,根据变电站或换流站的防雷可靠性要求选择某一累计概率,然后由规程规定的雷电流幅值概率分布函数倒推求取反击雷电流幅值。但该方法在选取雷电流幅值的累计概率时,由于缺乏相关的标准和参考文献,各研究机构的取值不尽相同,具有一定的随机性和盲目性。因此,累计概率的取值方法值得进一步的讨论和商榷。

以日本为例,500kV、1000kV 交流变电站反击雷电流幅值分别取为 150kA、200kA,按日本使用的雷电流幅值概率分布曲线式(17-2)倒推可知,对应的出现概率分别是 $P(I>150\text{kA})=0.3\%$、$P(I>200\text{kA})=0.1\%$。

$$f(I)=0.0475e^{(-I/120)}+0.001e^{(-I/150)} \tag{17-2}$$

根据中国过电压保护规程 DL/T 620-1997《交流电气装置的过电压保护和绝缘配合》推荐的雷电流幅值累计概率分布函数式(17-3)推算可知,中国 500kV、1000kV 交流变电站反击雷电流幅值应为 $I(P=0.3\%)=222\text{kA}$、$I(P=0.1\%)=267\text{kA}$。由上可知,与日本的防雷可靠性要求相比中国特高压直流换流站 500kV 交流场反击雷电流幅值取为 250kA 是偏严格的,是足够安全的。

$$\log P=-\frac{I}{88} \tag{17-3}$$

式中,I 为雷电流幅值,kA;P 为雷电流幅值大于 I 的概率。

另外,根据 1000kV 特高压交流国标 GB/Z 2484-2009《1000kV 特高压交流输变电工程过电压和绝缘配合》规定,计算特高压变电站雷电侵入波过电压时,最大反击雷电流取为 250kA(进线段要求的反击耐雷水平宜不小于 250kA)。在无相关标准规定的前提下,中国特高压换流站直流场反击雷电流幅值可参考该值。

综上,特高压换流站交、直流场雷电侵入波计算选用的雷电流幅值可参考特高压交流国标,暂取 250kA。

2)绕击雷电流幅值

对于绕击雷电流幅值,大部分研究机构一般选取进线段各杆塔附近导线的最大可绕击电流 $I_{\max}$。

值得注意的是,对于变电站或换流站的进线段防绕击设计,规程只给出进线段的避雷线保护角要求,而未对进线段的最大允许绕击电流作具体规定。由于各变电站或换流站进线段的地形、塔型设计以及线路绝缘水平等都可能不同,防雷研究时所取的绕击雷电流幅值 $I_{\max}$ 可能差别很大,这将导致不同研究机构对一完全相同的变电站或换流站的雷电过电压计算结果或推求的绝缘配合设计方案相差较大。特别是进线段位于山区的情况,即使保护角满足规程要求,考虑山区地面倾角可能较大,使用 EGM 计算的最大可绕击电流仍可能达到 30kA 及以上。此时,变电站或换流站的防雷电侵入波设计难度是较大的,即不能很好地实现变电站和进线段间的绝缘配合。另外,在进行变电站或换流站的防雷设计时,线路防雷设计和变电站防雷设计一般由不同的设计人员完成,因而输电线路进线段和变电站之间的绝缘配合设计往往未予考虑。为更好地实现进线段对变电站或换流站的防雷保护作用,进线段允许的最大可绕击电流建议在行业标准宜作出具体规定,实现进线段防绕击设计规范化。

经验表明,500kV 交流线路的绕击电流一般小于 20kA,而按规程要求,进线段的避雷线保护角一般也小于常规路径线路,因此进线段的绕击电流更小。偏严考虑,超高压、特高压变电站或换流站进线段的防雷设计可参考该值,即进线段防绕击设计以 20kA 为限。对于直流线路,直流杆塔的绕击耐雷水平一般不会超过 20kA。这样,当变电站或换流站处于初始设计阶段时(进线段尚未设计完成),如使用惯用法进行超、特高压变电站或换流站的初期防雷设计,也就可直接采用 20kA 作为绕击雷电流幅值。

综上,特高压直流换流站雷电侵入波计算选用的雷电流幅值如下:

对于交流场,反击雷电流幅值取 250kA,绕击取进线段各杆塔附近导线的最大可绕击电流 I_{max}(换流站防雷初设时,可取 20kA)。

对于直流场,反击雷电流幅值取 250kA,绕击取 I_{max}(换流站防雷初设时,可取 20kA)。

17.2.3 ±800kV 直流换流站雷电侵入波防护分析

本节以云广±800kV 特高压直流输电工程逆变侧广东穗东换流站为例,使用惯用法对其雷电侵入波过电压进行研究。

17.2.3.1 穗东换流站计算参数

在本书编写过程中,穗东换流站设计工作尚处于可研阶段,进线段、站内设备型号以及具体布置方案等尚未最终确定,以下提供的部分计算参数可能与实际情况略有差异。

1)穗东换流站的交流场计算参数

(1)交流场电气主接线

从严考虑,穗东换流站直流单极运行,对应的 500kV 交流侧运行方式选取为单交流进线/单母线/两小组交流滤波器,交流侧电气主接线见图 17-6。穗东换流站交流侧有 6 回交流进线,偏严考虑仅一条线路增城乙投运行,供电极 1 换流变;母线Ⅱ退出检修,双母线仅母线Ⅰ投入运行;为满足最小滤波器要求,交流滤波器投入♯4 大组中的两小组;站用变全部退出运行。

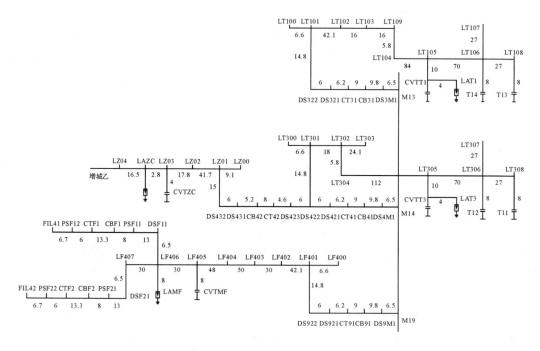

图 17-6 穗东换流站交流场防雷计算对应的电气主接线图

对于交流侧设备,交流滤波器 FL 和交流噪声滤波器 PLC 直接使用其物理模型等效即可,其他交流侧设备如换流变、电压互感器和断路器等可等值为冲击入口电容,各元件之间使用分布参数线路相连。各设备在雷击情况下的等值入口电容值如表 17-4 所示。

表 17-4　交流设备的等值入口电容　　　　　　　　　　　　　　　　（单位：pF）

设备名称	换流变 T	电压互感器 CVT	电流互感器 CT	断路器 CB	隔离开关 DS	支撑绝缘 PS	滤波器 FL
入口电容	5000	5000	80	300	150	150	500

交流噪声滤波器 PLC 安装于换流变侧，电气接线图见图 17-7。交流 PLC 的并联避雷器持续运行电压为 36kV，具体伏安特性见表 17-5。

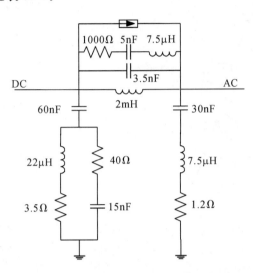

图 17-7　交流 PLC 的电气接线图

表 17-5　交流 PLC 避雷器的伏安特性

电流(8/20μs)	5kA	10kA	15kA	20kA
电压	105kV	115kV	121kV	126kV

（2）交流进线段参数

穗东换流站 500kV 交流进线段，#1 塔为耐张塔，#2 以后均采用直线塔，典型杆塔如图 17-8 所示。其中，导线采用 4×LGJ-720/50 型钢芯铝绞线，分裂间距为 450mm；避雷线采用 LBGJ-120-40AC 铝包钢绞线和 OPGW；#1 耐张塔绝缘采用 27 片结构高度为 170mm 的绝缘子，导、地线弧垂分别为 2m、1m；#1 塔与门型塔间的档距为 70m；直线塔绝缘采用结构高度为 4500mm 的复合绝缘子，导、地线弧垂分别为 14m、10m，档距为 450m。另外，进线段土壤电阻率取 100Ω·m，杆塔接地电阻取为 10Ω。

（3）交流侧避雷器

根据穗东换流站的初试设计方案，各条 500kV 出线入口处均安装 MOA，各台换流变旁均安装 MOA，母线未装 MOA。MOA 的伏安特性见表 17-6。

表 17-6　穗东换流站交流侧 MOA 的伏安特性

安装位置	额定电压 (kV)	在不同放电电流下的残压值(kV)				
		0.0001kA	1kA	3kA	10kA	20kA
线路侧	444	662	848	868	976	1063
换流变侧	420	629	778	825	936	1015

2）穗东换流站的直流场计算参数

（1）直流场电气主接线

从严考虑，极线雷电侵入波计算选取单极大地回线运行方式，中性母线雷电侵入波计算选取金属回线运行方式。直流侧电气主接线见图 17-9。

同样，对于直流侧设备，平波电抗器 REA、直流滤波器 FL 和直流 PLC 直接使用其物理模型等效即可，其他直流侧设备可等值为冲击入口电容，如表 17-7 所示。

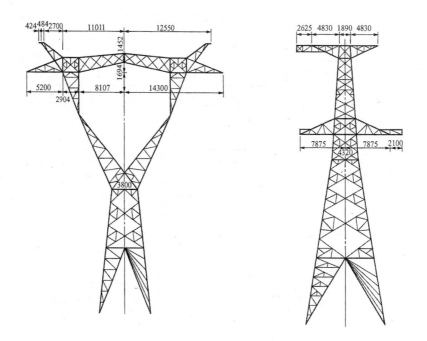

图 17-8　穗东换流站交流进线段杆塔图示（图中数值单位为 mm）

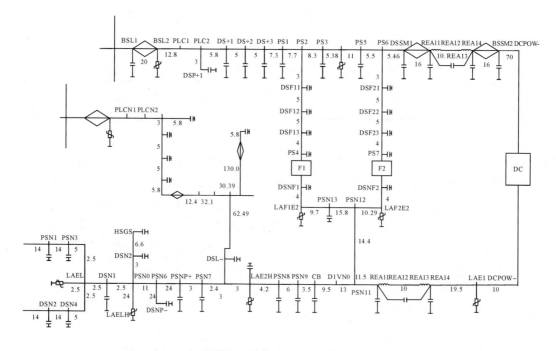

图 17-9　穗东换流站直流场防雷计算对应的电气主接线图

表 17-7　直流设备的等值入口电容　　　　　　　　　　　　　　　（单位：pF）

设备名称	中性母线电容 C	电压分压器 DIV	直流断路器 CB	隔离开关 DS	穿墙套管 BS	支撑绝缘 PS
入口电容	1.5×107	300	300	300/150（闭/开）	300	150

　　直流 PLC 安装于直流线路进线处，电气接线图见图 17-10。由于缺少±800kV 直流 PLC 并联避雷器的伏安特性参数，暂按 ABB 公司 500kV 直流 PLC 避雷器参数（雷电保护水平 40kV/10kA）进行计算，具体伏安特性见表 17-8。

表 17-8 直流 PLC 避雷器的伏安特性

电流	0.5kA	5kA	10kA
残压（最大值）	31kV	36kV	40kV

直流滤波器调谐频率为 12/24/36 次,按照每极两组三调谐滤波器进行布置,具体接线图见图 17-11。

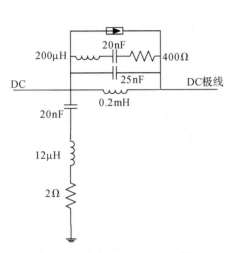

图 17-10 直流 PLC 的电气接线图

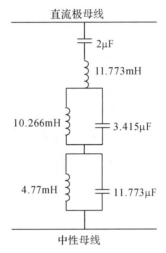

图 17-11 单组直流滤波器的电气接线图

（2）直流极线和接地极进线段参数

对于云广±800kV 特高压直流线路和接地极线路,#1 塔为耐张塔,其他均采用直线塔,进线段杆塔分别如图 17-12 和图 17-13 所示。

直流线路导线采用 6×LGJ-630/45 型钢芯铝绞线,分裂间距为 450mm;避雷线采用 LBGJ-180-20AC 铝包钢绞线;导、地线弧垂分别为 16m、11m。另外,线路绝缘直线塔采用 62 片结构高度为 170mm 的瓷绝缘子,耐张塔采用四串并联 60 片结构高度为 195mm 的瓷绝缘子;杆塔水平档距取为 450m。

接地极线路导线型号为 2×2×ACSR-720/50,分裂间距为 500mm;避雷线型号为 GJ-80;导、地线弧垂分别为 10m、8m。

（3）直流侧避雷器

根据穗东换流站的初试设计方案,直流极线避雷器 DL、DB 分别安装于直流母线的平波电抗器线路侧和靠近直流滤波器的阀厅侧,用于直流母线设备的防雷保护,两种避雷器伏安特性参数可见表 17-9 中的 D 型。避雷器 E1、E2、E2H、EL 和 EM 为中性母线避雷器,其中,E1 保护阀底设备;E2 保护中性母线电容和直流滤波器底部设备;E2H 由 5 个 E 型避雷器并联而成（其他中性母线避雷器均为 E 型）,用于吸收操作过电压能量;EL 安装于接地极线入口处;EM 安装于金属回线。避雷器 SR 并联接于直流母线上的平波电抗器两端,用于平波电抗器的防雷保护。避雷器 Fdc1、Fdc21、Fdc22 和 Fdc23 安装于直流滤波器支路。直流侧避雷器参数详见表 17-9。

表 17-9 穗东换流站直流侧避雷器的伏安特性

避雷器安装位置	避雷器类型	在不同放电电流下的残压值(kV)							
		1kA	3kA	10kA	20kA	80kA	93kA	99kA	113kA
直流极线	D	1365	1448	1580	1683	——	——	——	——
中性母线	E	241	254	273	290	——	——	——	——
平波电抗器	SR	608	655	719	779	——	——	——	——
直流滤波器	Fdc1	——	——	——	——	544	——	——	——
直流滤波器	Fdc21	——	——	——	——	——	160	——	——
直流滤波器	Fdc22	——	——	——	——	——	——	143	——
直流滤波器	Fdc23	——	——	——	——	——	——	——	165

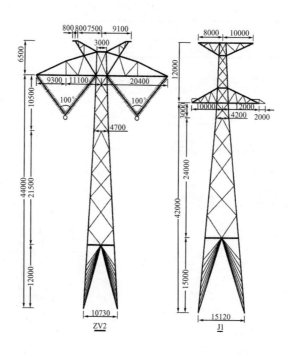

图 17-12　穗东换流站直流线路进线段杆塔图示（图中数值单位为 mm）

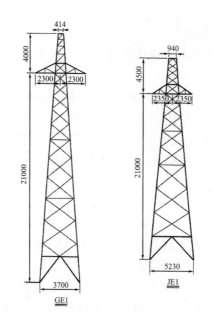

图 17-13　穗东换流站接地极线进线段杆塔图示（图中数值单位为 mm）

17.2.3.2　交流场雷电侵入波过电压分析

为分析特高压直流换流站交流场的耐雷性能，选取"单进线/单极换流变/最小滤波器投入"的典型运行方式，分别计算了交流场的绕击和反击雷电侵入波过电压。计算过程考虑了在雷击时刻交流场设备的工作电压幅值和相位的随机性，以下提交的设备过电压幅值和避雷器通流电流计算结果均为在最苛刻工频电压条件下的峰值。

对于交流场设备的额定雷电冲击耐受电压，参考常规 500kV 变电站要求，换流变 T、断路器 CB 和电流互感器 CT 选定为 1550kV，母线 M、电容式电压互感器 CVT 和隔离开关 DS 选定为 1675kV。

1）绕击侵入波过电压

由第 17.2.2 节可知，绕击雷电流幅值一般取为杆塔附近导线的最大可绕击电流 $I_{\max}$。根据

whitehead 等人提出的 W'S EGM 模型，I_{max} 与导地线布置情况（即杆塔塔型）和地面倾斜角（即地形）直接相关。而目前，尚缺乏进线段地形和准确的杆塔设计资料，偏严考虑，以 20kA 作为使用惯用法进行绕击侵入波计算时的雷电流幅值，雷击点为 #1 杆塔附近导线。

为对比常规交流变电站和直流换流站交流场的耐雷性能优劣，在其他条件不变的前提下，还分别计算了直流单极全压/半压运行、最小滤波器组 FL 投运/不投运和 PLC 不投运等几种情况下的雷电侵入波过电压，计算结果见表 17-10。

表 17-10　换流站交流侧的绕击侵入波过电压

设备投运情况			设备对地过电压(kV)						MOA 电流(kA)		
运行电压	FL	PLC	T	CVT	M	CB	PS	FL	T	L	MFL
全压	投入	投入	840	998	957	959	883	884	3.4	10.9	5
半压	投入	投入	858	1010	1013	1013	925	927	4.2	12	6.1
全压	退出	投入	852	1038	1028	1028	——	——	3.9	12	
全压	投入	退出	835	998	951	952	898	901	3.1	10.9	4
全压	退出	退出	846	1010	959	960	——	——	3.7	12	

注：表中，"M"代表母线；"PS"代表支柱绝缘子；"M$_{FL}$"代表滤波器母线。

由表 17-10 可知，在绕击雷电流幅值取为 20kA 的前提下，对于"单进线/单极换流变/最小滤波器投入"的典型运行方式，即使交流母线未安装避雷器，交流场各设备上的侵入波过电压仍远小于其雷电冲击耐受电压，因此，直流换流站交流场的防雷电侵入波性能要优于交流变电站。

另由表 17-10 可知，与典型运行方式相比，直流单极半压运行方式下的雷电过电压更高；交流滤波器 FL 支路投入有助于提高交流场的防雷性能；PLC 投入虽使部分设备上的雷电过电压值增大，但可一定程度上降低 FL 支路上的过电压。FL 和 PLC 等设备有利于提高交流场的防雷电侵入波性能。

2）反击侵入波过电压

与交流变电站进线段相似，由于交流场进线段 #1 塔和站内门型塔间档距一般小于 100m，雷击 #1 塔不易发生反击闪络事故。因此，在使用惯用法进行反击侵入波计算时，雷击点选为 #2 塔塔顶，反击雷电流幅值取为 250kA。

交流场的雷电反击侵入波计算结果见表 17-11。

表 17-11　换流站交流侧的反击侵入波过电压

设备对地电压(kV)						MOA 电流(kA)		
T	CVT	Bus	CB	PS	FL	T	L	MFL
877	1324	1128	1143	1078	1077	5.2	7.2	4.8

由表 17-11 可知，在交流母线未安装避雷器的前提下，CVT 设备上的过电压峰值最高，但仍在允许范围内（考虑 15％的安全裕度系数，CVT 允许过电压值为 1675/1.15＝1457kV）。其他设备上的过电压远小于其额定雷电冲击耐受电压，有足够的绝缘裕度。

综合表 17-10 和表 17-11 可知，即使本书所取的雷电侵入波计算条件非常苛刻，特高压直流换流站交流场的雷电侵入波过电压仍要比常规 500kV 交流变电站低得多，防雷电侵入波性能更优。另外，大量的计算结果也表明，交流场 500kV 母线可不安装避雷器。推荐的特高压直流换流站交流场 MOA 典型布置方式如下（该方案在实际应用时应使用数值计算加以校核）：

（1）各回 500kV 进线的入口处均安装一组 MOA，并尽量靠近高抗和 CVT；

（2）各换流变旁分别安装一组 MOA；

（3）各交流滤波器母线分别安装一组 MOA。

17.2.3.3　直流场雷电侵入波过电压分析

由第 17.1.3 节可知，即使在杆塔接地电阻为 30Ω 的条件下，云广±800kV 特高压直流线路的反击耐雷水平可达 300kA 左右，因此，直流场反击雷电侵入波发生的概率极低。在此，主要对直流场的绕击侵入波过电压进行研究。

对于直流场设备的额定雷电冲击耐受电压，由于目前尚无相关标准，直流极线设备暂取1950kV，如极线平波电抗器 REA、PLC、电压分压器 DIV、隔离开关 DS 和极线穿墙套管 BG 等；中线母线的套管取为 650kV，其他设备取为 450kV。

1）极母线雷电侵入波过电压

由于缺乏进线段地形资料，偏严考虑，以 −20kA 作为使用惯用法进行绕击侵入波计算时的雷电流幅值，雷击点为 #1 杆塔附近导线。表 17-12 为在各种情况下的极母线雷电侵入波过电压，对应的运行方式为单极大地运行方式。

表 17-12　换流站极母线的绕击侵入波过电压

工作电压极性		负极性			正极性		
FL 投运组数		2	1	0	2	1	0
设备对地电压(kV)	PLC	1508	1508	1538	1020	1173	1378
	FL	1282	1368	——	1003	1126	——
	DIV	1471	1471	1506	1013	1143	1369
	DS	1293	1364	1491	1002	1133	1370
	PS	1286	1364	1482	1001	1137	1370
	BS	1513	1513	1543	1023	1176	1381
设备两端电压(kV)	REA	363	493	917	360	584	1566
	PLC	40	40	39	40	40	40
MOA 电流(kA)	DL	6	6	7	0	0	5
	DB	<1	1	4	0	0	1
	PLC	15	15	10	19	18	15

由表 17-12 可知，在直流滤波器组 FL 全不投运的最苛刻条件下，直流场设备对地最大过电压只有 1543kV，设备两端最大过电压只有 1566kV，参考 IEC 60071-5 考虑 20% 安全裕度（1950/1.2 = 1675kV），均满足绝缘要求。另外，FL 的投运组数对直流场过电压影响较大，考虑正常工作需要，直流场防雷计算建议选用单滤波器组投运的典型运行方式。

另由表 17-12 可知，极母线工作电压极性对直流场设备雷电侵入波过电压计算影响较大，不容忽视。其中，最大的设备对地电压出现在单极负极性大地回路运行方式下；最大的设备两端电压出现在单极正极性大地回路运行方式下。因此，在计算直流场雷电侵入波时，设备对地电压计算应选用单极负极性大地回路运行方式，设备两端电压计算应选用单极正极性大地回路运行方式。

2）中性母线雷电侵入波过电压

偏严考虑，雷电绕击 #1 杆塔附近导线，绕击电流幅值取为 20kA。中性母线雷电侵入波计算选用单极金属回线运行方式，计算结果见表 17-13。

表 17-13　换流站中性母线设备上的绕击侵入波过电压

设备对地电压(kV)						设备两端电压(kV)		MOA 电流(kA)		
CB	C	PS	BS$_M$	BS	DS	PLC	REA	DL	EM	PLC
62	62	71	902	1075	1026	40	21	<1	8	19

注：表中，BS$_M$ 为金属回线上的套管；BS 为极母线套管；DS 为极母线上的隔离开关。

由表 17-13 可知，金属回线套管 BS$_M$ 上最大雷电过电压为 902kV，大于其额定雷电冲击耐受电压（650kV），而其他设备过电压均满足要求。这是由于金属回线上的 BS$_M$ 为低压套管，雷电冲击耐受电压较低；而且，BS$_M$ 离 E$_M$ 避雷器较远（近 100m），不能得到有效保护，因此，建议在两极金属回线套管旁各安装一个 E$_M$ 避雷器。

综上，对于穗东换流站，在直流极母线、中性母线设备额定雷电耐受电压分别取为 1950kV、450kV 的前提下，直流场设备的雷电侵入波过电压在可接受的水平，防雷性能较好。

参考文献

［1］许颖,许士珩.交流电力系统过电压防护及绝缘配合［M］.北京:中国电力出版社,2006.

［2］梁曦东,陈昌渔,周远翔.高电压工程［M］.北京:清华大学出版社,2004.

［3］赵智大.超高压直流架空线路防雷设计与绝缘配合中的若干问题［J］.浙江大学学报.1984(2): 1—7.

［4］赵智大.高压直流架空线路的耐雷性能分析与防雷保护［J］.浙江大学学报.1984(4):17—25.

［5］张翠霞,葛栋,殷禹.直流输电系统的防雷保护［J］.高电压技术,2008,34(10):2070—2074.

［6］DL/T 620-1997.交流电气装置的过电压保护和绝缘配合［S］,1997.

［7］SIEMENS. Insulation Coordination，Part 2 Study Report Tianshengqiao&Guangzhou Station ［R］.

［8］GB/Z 24842-2009. 1000kV 交流特高压输变电工程过电压与绝缘配合［S］,2009.

［9］中国南方电网公司.±800kV 直流输电技术研究［M］.北京:中国电力出版社,2006.

第18章 特高压直流换流站绝缘配合

±800kV特高压直流输电系统电压等级很高,相应设备的绝缘水平也会非常高,这会大大增加特高压设备的制造难度和造价。因此,加强对过电压的限制和以更精细的方式进行绝缘配合对降低设备绝缘水平、控制整个工程的造价都具有十分重要的意义。同时,特高压直流输电系统每极采用两个结构相同的12脉动换流器串联构成,换流站系统结构更加复杂。从过电压角度看,复杂的系统结构会使得因操作、故障、雷击或其他原因产生的过电压种类更加繁多,产生机理及发展过程等更加复杂。从避雷器角度看,复杂的系统结构和繁杂的过电压需要配置更多种类、更多数量的直流避雷器,即使是同样的设备,如果处于换流站不同位置,对其保护的要求就不相同,以上因素都使特高压直流换流站避雷器配置方案和性能参数的确定变得更为复杂。因此,相比常规直流输电系统,特高压直流更加复杂的系统结构就需要更为精确合理,同时也更为复杂的绝缘配合程序。

特高压直流换流站的绝缘配合主要包括换流站设备绝缘水平的确定和外绝缘设计两大部分内容。换流站设备绝缘水平的确定主要包括避雷器配置与参数选择、设备绝缘水平选取;换流站外绝缘设计主要包括最小空气间距的选取和污秽外绝缘设计。本章将对这些内容进行详细讨论。

18.1 特高压直流避雷器概述

特高压直流输电系统的安全运行离不开过电压保护装置,现代直流输电系统均采用无间隙金属氧化物避雷器(MOA)作为过电压保护的关键设备,它对过电压进行限制,为设备提供保护,在整个工程绝缘水平的确定中起着决定性作用。合理的避雷器配置,不仅能有效提高系统的可靠性,还能降低设备的成本,在技术性和经济性上达到最优。

18.1.1 直流避雷器的应用

从1987年全部采用国内技术的舟山直流输电工程至今,中国已有10余项直流输电工程相继投入运行,特别是在2010年向家坝—上海和云南—广东两个±800kV特高压直流工程顺利投运,使中国成为世界上直流输电电压等级最高的国家。

在这些大型高压、特高压直流输电工程中,直流金属氧化物避雷器均得到了广泛应用:1989年的±500kV葛上直流输电工程采用的是由BBC公司(即现在的ABB公司前身之一)生产的避雷器;2000年的±500kV天广直流输电工程采用的是Siemens公司的避雷器;2002年的±500kV三常直流输电工程采用的是ABB公司的避雷器;2005年的±550kV灵宝背靠背直流输电工程采用的是西电公司西安电瓷研究所研制生产的避雷器;±800kV向上和云广特高压工程分别采用的是由ABB公司和Siemens公司生产的特高压避雷器。

18.1.2 直流阀片典型伏安特性

金属氧化物电阻片(或称阀片)是构成金属氧化物避雷器的最重要元件,其主要成分是氧化锌和其他微量金属氧化物添加剂(如氧化铋等)。阀片的伏安特性是整支避雷器伏安特性的基础,对过电压的限制和绝缘配合有着重要影响。图18-1所示为某阀片的典型伏安特性。

图中第一阶段为低电场区,又称为小电流区。在该区内,阀片表现出高阻特性,但随着温度升高,阻值会变小。在正常工作电压下通过的漏电流很小(≪1mA),接近于绝缘状态。第二阶段为中电场区,

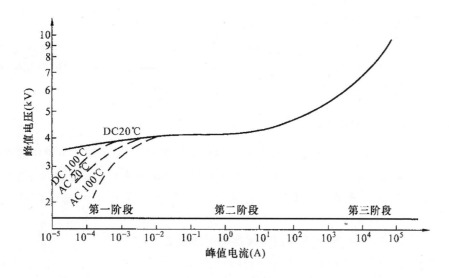

图 18-1　阀片的典型伏安特性曲线

又称为击穿区,是阀片的保护特性区。在该区内,阀片阻值急剧变小,表现出优良的非线性限压特性。第三阶段为高电场区,又称为大电流区,该区曲线没有像二区那样具有很强的非线性,电流电压之间逐渐呈近似线性关系,一般将避雷器的操作冲击保护水平和雷电冲击保护水平选在这个区内。

直流避雷器在经受各种过电压时会吸收能量,使得金属氧化物阀片温度升高,在恢复正常持续电压运行后,泄漏电流会比正常温度时更大,从而继续对阀片加热。为了在吸收能量发热后还能在系统持续运行电压下稳定运行,就要求合理设计、选取避雷器参数,使直流阀片的散热快于发热,温度逐渐降低,保证整支避雷器的热稳定性。因此,从避雷器自身安全角度考虑,希望第一阶段的特性曲线越高越好,这样通过避雷器的泄漏电流就越小;从避雷器保护水平角度考虑,希望第二阶段和第三阶段的特性曲线越低越好,这样冲击电流下残压越低,有利于降低设备绝缘水平。

18.1.3　特高压直流避雷器特点

特高压直流系统电压等级高、结构复杂,故障条件下过电压种类多,避雷器运行条件严酷,因而在特高压直流系统中使用的避雷器种类和数量超过常规直流系统的换流站。与交流系统和常规直流系统中的避雷器相比,特高压直流避雷器有很多不同之处,包括:

(1)种类多、性能参数差别大

根据安装位置的不同,特高压直流避雷器可分为阀避雷器、直流母线避雷器、直流线路避雷器和中性母线避雷器等,而且有些避雷器是特高压系统独有的,比如上下 12 脉动换流器间中点母线避雷器。不同类型的避雷器承受的工况不同,其参考电压、保护水平和能量耐受能力(也有文献称为通流容量)差别也很大。

(2)持续运行电压复杂

特高压直流系统结构更复杂,直流避雷器上的持续运行电压包括直流分量、基频分量和谐波分量,耐受电压的波形复杂,如换流阀在关断时会在阀避雷器两端产生换相过冲,波形很不规则。

(3)能量耐受能力强、多柱并联对均流要求高

特高压直流系统发生某些故障如最高端换流变阀侧接地时,部分位置的避雷器如中性母线平波电抗器阀侧避雷器需要泄放大量能量,因而往往需要通过多柱避雷器并联,才能满足实际需求。在采用多柱并联时,各柱能量的均匀分布对避雷器安全稳定运行有重要影响,因此对避雷器的均流性能提出了很高要求。

（4）某些避雷器不接地

如阀避雷器和极线平波电抗器避雷器的两端均不接地。

（5）污秽严重

安装在户外的直流避雷器，由于直流积污要比交流系统严重得多，需要增大爬电比距来提高耐污能力。特高压系统电压等级更高，对直流避雷器的外绝缘要求也就更高。

18.1.4 特高压直流避雷器的基本参数定义

为了便于对特高压直流换流站的避雷器进行选型和参数确定，需要了解以下避雷器基本参数：

参考电压（U_{ref}）：避雷器起始动作电压，伏安特性曲线由小电流区上升部分进入大电流平坦部分的转折处的电压，此时避雷器开始动作以限制过电压。对应参考电压下流过避雷器的电流一般为 $1\sim20\text{mA}$。

参考电流（I_{ref}）：对应于参考电压下流过避雷器电流的峰值。

容许最大持续运行电压 MCOV：是指允许持续加在避雷器两端的电压有效值，此时金属氧化物避雷器的热稳定性不会被破坏。

直流避雷器的持续运行电压由直流电压叠加谐波电压组成，其持续运行电压有以下三个不同的值：

（1）持续运行电压峰值 PCOV：持续运行电压的最高峰值，对于持续运行电压存在换相过冲的情况，PCOV 是考虑换向过冲的最高电压；

（2）持续运行电压幅值 CCOV：持续运行电压的最高幅值，不包括换相过冲；

（3）等值持续运行电压 ECOV：等同于在实际运行电压下产生相同功耗的电压值。

避雷器残压：指避雷器通过放电电流时避雷器两端出现的最大电压峰值。

配合电流：绝缘配合时，对应避雷器保护水平的电流。

保护水平：避雷器流过配合电流时两端的残压。

荷电率：持续运行电压峰值 PCOV 和参考电压 U_{ref} 的比值，表征避雷器单位阀片上的电压负荷。

18.2 换流站避雷器配置

18.2.1 避雷器配置基本原则

特高压直流换流站避雷器配置的基本原则是：

（1）换流站交流侧产生的过电压由交流侧的避雷器进行限制，交流母线避雷器应承担起主要的限制过电压作用；

（2）换流站直流侧产生的过电压由直流侧的避雷器进行限制，即应由换流站直流线路进线点处、直流母线处和中性母线处的避雷器来限制；

（3）换流站内重要设备由紧靠它的并联避雷器直接进行保护，如换流阀都由阀避雷器直接保护；换流变的网侧绕组由交流母线避雷器直接保护；

（4）对某些设备的保护可以由两支或多支避雷器串联来实现，比如下组换流变压器阀侧套管的对地绝缘保护是通过几支避雷器串联实现的。

18.2.2 换流站避雷器配置方案

目前国内已投运的向家坝—上海和云南—广东两个 $\pm800\text{kV}$ 特高压直流输电工程换流站的避雷器布置代表了两种典型的技术路线，因此有必要分别进行详细介绍。图 18-2、图 18-3 分别给出了向上工程和云广工程换流站的避雷器布置方案，各避雷器简单描述如表 18-1、表 18-2 所示。

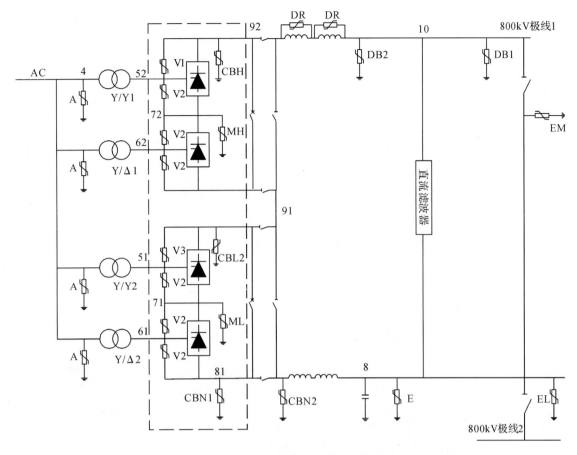

图 18-2　向家坝—上海±800kV 特高压直流输电工程换流站避雷器布置图

表 18-1　向家坝—上海±800kV 特高压直流输电工程避雷器描述

避雷器	描述
A	交流母线避雷器
V1/V2/V3	阀避雷器
MH/ML	上/下十二脉动换流单元六脉动桥避雷器
CBH	换流器高压端避雷器
CBL2	十二脉动换流单元间母线避雷器
CBN1/ CBN2	换流器低压端避雷器
DB1/DB2	直流母线/极线避雷器
DR	平波电抗器并联避雷器
E	中性母线避雷器
EM、EL	金属回线、接地极线避雷器

表 18-2　云南—广东±800kV 特高压直流输电工程避雷器描述

避雷器	描述
A	交流母线避雷器
A2	最高端换流变压器阀侧避雷器
V1/V2/V3	阀避雷器
M	下十二脉动换流单元中点避雷器
C2	上十二脉动换流单元避雷器
C1	下十二脉动换流单元避雷器
DB/DL	直流母线/极线避雷器
SR	平波电抗器并联避雷器
E1H	中性母线平抗阀侧高能量避雷器
E2	中性母线避雷器
E2H	中性母线高能量避雷器

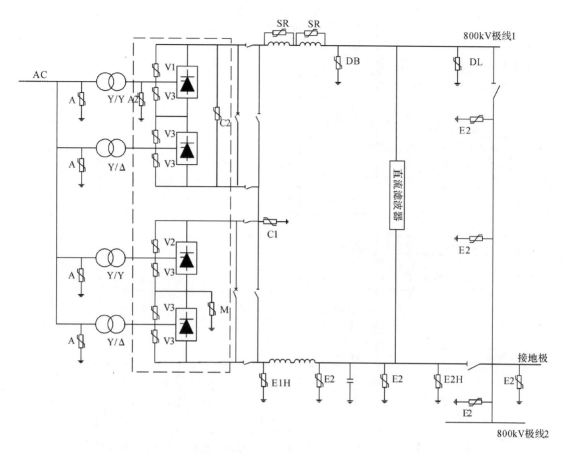

图 18-3　云南—广东±800kV 特高压直流输电工程换流站避雷器布置图

下面将分别对这两个方案所配置的避雷器及主要保护作用进行介绍。

1)向上特高压直流输电工程避雷器

(1)交流母线避雷器 A:安装在交流母线和换流变压器交流侧,主要用来限制交流侧由于各种原因产生的暂时过电压和操作过电压。此外,该避雷器也能限制由交流侧产生再经换流变压器传递到直流侧的过电压幅值。

(2)阀避雷器 V:直接并联在换流阀两端,保护换流阀免受交流侧经换流变压器传递过来的操作过电压或直流侧由于各种原因产生的过电压。不同位置的阀避雷器对能量吸收的要求各不相同,一般可通过多柱并联达到高能量吸收能力的要求,据此 V 型避雷器有 V1、V2、V3 等多种。

(3)MH、ML:分别为上、下十二脉动换流器六脉动桥避雷器,用于直接保护六脉动桥间的直流母线。此外,MH 与 V2 避雷器串联保护上换流器高压端 Y/Y1 换流变压器阀侧绕组,ML 可与 V2 避雷器串联保护下换流器高压端 Y/Y2 换流变压器阀侧绕组。

(4)CBH:安装于平波电抗器阀侧直流母线。由于叠加有谐波电压,直流阀顶的正常运行电压就很高,因此需安装 CBH 直接保护该处直流母线、穿墙套管及相关设备。

(5)CBL2:在实际换流站设计布置中,一般将结构完全相同的上下十二脉动换流单元分置于高低两个阀厅中,CBL2 安装于上下十二脉动换流器中点母线处,以保护中间直流母线和用于连接上下换流单元的穿墙套管及隔离开关等。在双换流器运行时,CBL2 与 V2 避雷器串联后可以保护上换流器低压端 Y/Δ1 换流变压器阀侧绕组。

(6)CBN1、CBN2:都是下十二脉动换流器低压端避雷器,其中 CBN1 安装于阀厅内,CBN2 位于阀厅外。CBN2 为高能量避雷器,由多柱并联而成,用以保护中性母线平波电抗器阀侧的相关设备。由于特高压直流系统采用了平抗分置方式,在某些故障时中性母线平波电抗器会抑制通向其他中性母线避雷器的泄放电流,大部分能量只能通过 CBN2 释放,故 CBN2 会承受很高的能量应力,所以 CBN2 通常是由多柱并联形成高能避雷器。同时,为了避免 CBN2 避雷器释放能量过大而发生爆裂,危害到其他阀厅设备,应该将其置于阀厅外。CBN1 避雷器的保护特性高于 CBN2,主要限制窜入阀厅的雷电过电压,没有高能量要求。此外,下换流器低压端 Y/△2 换流变压器阀侧绕组由 CBN2＋V2(操作冲击)、CBN1＋V2(雷电冲击)串联保护。

(7)DB1、DB2:分别为直流极线、直流母线避雷器,其电气参数完全相同,安装位置不同。DB2 位于直流极线平波电抗器线路侧且紧靠平波电抗器,DB1 位于直流线路出口处,两者都用于限制直流开关场的雷电和操作引起的过电压。这里需要指出的是安装 DB2 避雷器是必要的,对于雷击过电压,DB1 相当于第一道防护,DB2 相当于第二道防护。由于雷电波是高频分量,平波电抗器阻抗很大,反射回来的过电压波幅值会明显增大,会对平波电抗器的绝缘产生严重危害。通过安装 DB2 避雷器,可以限制反射波的过电压幅值,降低平波电抗器的端对端过电压。

(8)DR:直接跨接于直流母线平波电抗器两端,主要用于雷电入侵波保护。当极线出口处受到反极性雷击时,偏严考虑,假设平波电抗器阀侧电压还未发生变化,此时平波电抗器端对端电压会非常高,为 DB1 避雷器的保护水平和极线电压之和,而且该端对端电压几乎全加在靠近 DB2 避雷器的那台平波电抗器上(特高压直流工程高压极线处的平抗有两台),对平抗的绝缘要求非常高。通过在极线平波电抗器两端加装并联避雷器 DR 来限制该种雷电冲击波,降低绝缘要求。由于大部分雷击是负极性的,DR 避雷器对位于换流站正极直流母线上的平波电抗器保护作用更加明显。

(9)E:位于平波电抗器中性母线侧,其伏安特性高于避雷器 EM 和 EL,主要用来限制窜入中性母线的雷电冲击。

(10)EM、EL:分别安装在金属回线和接地极线上。在整流侧,金属回线方式运行时,由避雷器 CBN2 和 EM 共同吸收操作冲击;双极和单极大地方式运行时,由 CBN2 和 EL 共同吸收操作冲击。由于逆变侧一般总是接地的,无论在哪种运行方式下,逆变侧中性母线上的操作冲击都由 CBN2 和 EL 共同吸收。同时,EM 和 EL 能限制来自金属回线和接地极引线的雷电冲击。

2)云广特高压直流输电工程避雷器

云广特高压工程换流站在下十二脉动换流单元和中性母线上的避雷器布置基本和向上工程相同,主要差别在于上十二脉动换流单元中。云广工程中,最高端换流变压器阀侧配置了 A2 避雷器,并且对整个上十二脉动换流单元配置了 C2 避雷器。同时,省去了向上工程采用的 MH 和 CBH 避雷器。

(1)A2:由于特高压运行电压的升高,上十二脉动换流单元的换流变,尤其是最高端换流变 Y/Y 阀侧的最高运行电压非常高,接近 900kV,在某些故障工况下该处的过电压会非常大,因而可以考虑在最高端高压换流变压器 Y/Y 阀侧安装 A2 避雷器,直接保护处于最高电位的换流变压器阀侧绕组及设备。实际上,在向上工程中,使用 MH 与 V2 避雷器串联实现上述保护功能。

应该说,这两种保护方式各有优缺点。云广工程采用 A2 避雷器的优点是直接保护,非常直观,令人放心。由于采用平抗分置,可降低 A2 避雷器的 PCOV,又因其仅半个周波承受高电压,可取较高的荷电率,从而获得较低的保护水平。但每站每极需要 3 台,由于其额定电压高,整支避雷器高度很高,安装困难,考虑到空气间隙的要求,会占用阀厅较大空间。向上工程采用 MH＋V2 的保护方式,优点是每极每站仅需 1 台 MH 避雷器,且其额定电压低,避雷器高度低,阀厅内的布置相对简单,占用空间小。缺点是,MH＋V2 的保护水平高于单支 A2 避雷器的保护水平,对换流变阀侧套管和绕组的绝缘水平要求更高。

(2)C2:直接保护整个上十二脉动换流单元,特别是在上十二脉动换流单元单独运行时,可以有效保护换流单元两端及内部设备。此外,与 C1 避雷器串联后,可以保护平波电抗器阀侧直流母线,与向上工程中的 CBH 避雷器功能相同,从这点上来说,这两种保护方式效果基本相当。

18.2.3 特高压换流站避雷器配置特点

从向上和云广两个特高压直流工程的换流站避雷器具体布置可以看出,相比于常规直流输电工程,特高压直流换流站配置的避雷器种类、数目更多,保护更加细致,几乎所有设备都有专门的避雷器直接保护。其中,对于直流极线平波电抗器的端对端保护和最高端换流变阀侧绕组的保护是特高压直流工程避雷器保护方案的显著特点。

特高压直流工程采用干式平波电抗器分置在直流极线和中性母线。在直流极线遭受反极性雷击时,会在极线平抗两端产生很高的过电压,因此对这部分平抗的绝缘要求非常高,制造难度和成本很大。向上和云广特高压直流工程均在极线平波电抗器两端加装并联避雷器 DR/SR 进行端对端保护,有效降低极线平抗的绝缘水平。

特高压直流系统采用双十二脉动换流单元串联的结构,随着每个六脉动换流单元直流电压的叠加,相对应的换流变阀侧电压也大幅提高,所以最高端 Y/Y 换流变阀侧电压很高,绝缘要求非常高。过高的绝缘要求会导致变压器体积增大,给设备制造、运输带来较大困难,因此需采用保护措施来降低该处的过电压水平,从而降低设备绝缘水平。当然,不同的工程有着不同的设计思想,就会有不同的保护方式。比如 MH+V2 和 A2 都可以起到保护最高端换流变压器阀侧绕组的作用,两种保护方式也都有各自的优缺点,具体哪种方案合适,各个单位的观点有时也不同,需要具体情况具体分析。

18.3 特高压直流避雷器参数选取

对特高压直流换流站配置的各避雷器进行合理的参数选取是换流站绝缘配合的重要内容之一。不同的直流输电系统,即使额定直流电压相同,其换流站设备、系统参数也可以不同,配置的避雷器参数也会不同。因此,本节依托向家坝—上海 $\pm 800\text{kV}$ 特高压直流输电工程,对特高压直流换流站避雷器参数选取的基本原则、具体方法作详细介绍。

18.3.1 避雷器参数选择的基本原则

避雷器在实际运行过程中长期承受工作电压,流过的泄漏电流会导致氧化锌阀片发热,随着时间的推移就会出现老化现象,进而影响避雷器的可靠性和稳定性,缩短使用寿命,危及系统安全运行。因此,在确定避雷器性能参数时,首先应该确保避雷器持续运行电压 MCOV、CCOV、PCOV 高于它所安装处的最高运行电压,避免避雷器吸收过多能量,加速老化。

直流避雷器的荷电率是 CCOV/PCOV 与参考电压的比值,表征避雷器单位阀片上的电压负荷。持续运行电压 CCOV/PCOV 由直流系统本身决定,因此对换流站大部分避雷器来说,荷电率直接决定了避雷器的参考电压,较低的荷电率使避雷器参考电压较高,在长期运行电压下的泄漏电流较小,不易老化;较高的荷电率使避雷器参考电压较低,可降低避雷器保护水平,对最终降低设备的绝缘水平有重要意义。

从绝缘配合的角度看,避雷器的保护水平越低就越有利于降低设备绝缘水平,从而降低设备制造难度、制造成本。但是,过低的保护水平会使避雷器在过电压应力下吸收能量过大,这就需要数量或体积非常大的避雷器来满足高能量的要求,这势必增加了避雷器的制造难度与成本,同时数量过多、体积过大的避雷器会占用较大的空间,增加了换流站避雷器及其他设备布置的难度。

特高压直流避雷器在过电压应力下吸收的能量可以通过细致的电磁暂态计算确定,其值通常要比常规直流系统避雷器大得多,这就需要采用特性完全一致的多柱避雷器并联来满足能量要求。避雷器并联方式可采用一个瓷套中多柱阀片并联或多支避雷器外并联。通常,厂家应控制多柱避雷器之间的电流分布不均匀系数在要求范围之内。

因此,在选择避雷器参数时,应综合考虑系统最大持续运行电压、荷电率、雷电和操作冲击保护水平和能量要求等因素,使得设备上的过电压水平尽可能低,但又不使避雷器的数量过多、造价过高。

18.3.2 交流侧避雷器

特高压换流站两侧的交流系统电压等级为 500kV,主要在每台换流变压器网侧和交流滤波器母线处配置 500kV 交流避雷器。

文献[1]指出,配置的这些避雷器额定电压应为 420kV,但国内外设计单位在选取其交流避雷器时均出现额定电压为 396kV、397kV、399kV 等非中国标准的避雷器,这些避雷器多为国外设备厂商提供。而且在电力行业标准[2]中,列有额定电压为 396kV 的避雷器,该行业标准规定该类避雷器可用于线路较短,暂时过电压较低的电网中的母线。中国避雷器标准中最低额定电压是 420kV,进口避雷器最低额定电压却可以是 396kV,这些不同额定电压的避雷器都可以在系统中正常使用,产生这种情况的主要原因是国内外对交流变电站和换流站交流侧的 500kV 避雷器配置思想上略有区别,本小节就将对这个问题展开讨论。

交流侧避雷器的主要电气参数有避雷器持续运行电压 U_c 和避雷器额定电压 U_r。交流避雷器持续运行电压 U_c 是允许持久地施加在避雷器端子间的工频电压有效值,是一个很重要的参数。对于无间隙金属氧化物避雷器,运行电压直接作用在避雷器的阀片上,会引起阀片的老化。为了保证一定的使用寿命,长期作用在避雷器上的电压不得超过避雷器的持续运行电压,以免引起阀片的过热和热崩溃。因此,该参数的选择主要考虑系统最大持续运行电压 MCOV。

特高压直流系统两端换流站的交流系统为中性点有效接地的 500kV 电压等级,系统最大工作电压一般为 550kV,相对地最大持续运行电压有效值为 $MCOV=550/\sqrt{3}=318kV$,因此最终选择的交流避雷器持续运行电压需不低于 318kV。

交流避雷器额定电压是指施加到避雷器端子间的最大允许工频电压有效值,按照此电压设计的避雷器,能够在规定动作负载试验中的暂时过电压下正确地工作。因此,额定电压是表明避雷器运行特性的一个重要参数,其选择主要考虑系统的暂时过电压。

对于暂时过电压,主要是工频或接近于工频的过电压,中国电力行业标准[3]规定,在 500kV 电压等级系统母线侧的工频过电压一般不超过 1.3p.u.。一般工频过电压的持续时间取决于系统调压措施、扰动形式、继电保护动作时间及断路器动作时间,标准中虽未对 1.3p.u. 的工频过电压持续时间提出明确要求,但 500kV 系统中性点有效接地,其工频过电压持续时间一般不超过 1s。

如果有避雷器制造厂商提供的避雷器工频电压耐受时间特性曲线,就可以直接根据该特性曲线进行校核,使选择的避雷器必须具有足够的耐受暂时过电压的能力,即在经受暂时过电压的持续时间内能够保持热稳定;当没有避雷器的工频电压耐受时间特性曲线时,可以通过下述方法进行估算。

原则上,只要选择的避雷器在经受暂时过电压的持续时间内能够保持热稳定,即可满足系统要求,但由于不同电力系统、不同种类的暂时过电压具体持续时间各不相同,为了简化避雷器额定电压的选择,国际电工委员会标准[4]及与之等价的中国国家标准[1]均规定在动作负载试验中,避雷器在 60℃ 的温度下,注入标准规定的能量后,必须耐受相当于额定电压数值的暂时过电压 10s。因此,通过国际电工委员会标准[5]推荐的换算公式,如式(18-1)所示,则可以将 500kV 系统中持续时间为 1s,幅值为 1.3p.u. 的工频过电压转换成持续时间为 10s 的等值暂时过电压 U_{eq},而最终选择的避雷器额定电压不低于该等值的暂时过电压。

$$U_{eq}=U_t\left(\frac{T_t}{10}\right)^m \tag{18-1}$$

式中,U_t 为暂时过电压幅值;T_t 为暂时过电压持续时间;U_{eq} 为持续时间为 10s 的等值暂时过电压;m 为描述避雷器工频电压耐受时间特性的因子,随不同种类避雷器该值约在 0.018~0.022 范围变化,计算中可取平均值 0.02。由此得到:

$$U_{eq}=1.3\times550/\sqrt{3}\times\left(\frac{1}{10}\right)^{0.02}=394.2(kV)$$

即应选择避雷器额定电压 U_r 大于或等于 394.2kV。

此外,考虑到文献[2]中指出 500kV 电压等级系统有额定电压 396kV 的交流避雷器可供选择,因此工程中在交流侧选用额定电压为 396kV 及以上的避雷器是合理的。

18.3.3 直流侧避雷器

1）持续运行电压 CCOV/PCOV

高压直流避雷器的持续运行电压不同于交流系统,它不是单一的工频电压,而是由直流电压、基频电压、谐波电压和高频瞬态电压合成的。避雷器的持续运行电压 CCOV 和 PCOV 应高于它所安装处的最高运行电压,并考虑严酷工况下叠加的谐波和高频暂态的运行电压,从而避免避雷器吸收能量过大,加速老化,降低可靠性。下面以向家坝—上海±800kV 特高压直流输电工程的整流侧复龙站为例,对换流站直流侧避雷器的持续运行电压计算进行说明,避雷器布置如图 18-2 所示。

（1）阀避雷器 V

阀的开通与关断产生的转换瞬态电压叠加在换相电压上,特别是在阀关断时,换相过冲增加了换流变阀侧绕组的电压,并作用在阀和避雷器上。图 18-4 所示为阀避雷器的持续运行电压波形,其幅值正比于最大理想空载直流电压 U_{dim},由下式决定[6]:

$$CCOV = \pi/3 \times U_{dim} \tag{18-2}$$

向上特高压直流工程中,整流站的 $U_{dim} = 237.6kV$,故阀避雷器的持续运行电压 $CCOV = \pi/3 \times 237.6 = 248.8kV$。

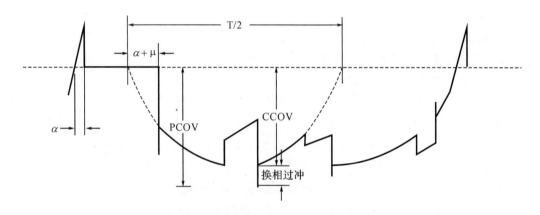

图 18-4　阀避雷器持续运行电压波形

考虑换相过冲的持续运行电压 PCOV 确定为 CCOV 与换相过冲之和。PCOV 的大小与晶闸管换流阀的固有特性及其阻尼电阻和电容、阀和换流回路中的各种电容和电感、触发角与换相角等多种因素有关,可以建立包括上述因素的详细模型予以预测,也可以根据工程经验选择的 PCOV 与 CCOV 的比值予以确定。目前,高压直流工程中一般取换相过冲约为 15%～19%,即 PCOV 与 CCOV 的比值约为 1.15～1.19。在向上特高压直流工程中,整流站的换相过冲取为 16%,即换相过冲系数为 1.16。

（2）直流极线避雷器 DB

直流极线避雷器 DB1 和 DB2 的最大运行电压几乎是纯的直流电压,避雷器的 CCOV 取为直流极线的最大运行电压,在向上特高压工程中为 824kV。在某些其他工程中,该值有时也取为 816kV。

（3）换流器高压端避雷器 CBH

换流器高压端避雷器 CBH 的运行电压为 12 脉动换流单元两端的持续运行电压加上上、下 12 脉动换流单元中间母线的电压,其中不考虑换相过冲的持续运行电压 CCOV 表示为

$$CCOV = 2 \times \cos^2(15°) \times \frac{\pi}{3} \times U_{dim} + U_{offset} \tag{18-3}$$

式中,U_{offset} 为上、下 12 脉动换流单元中间母线的最大运行电压,由于在特高压换流站中采用了平抗分置的方式,该处电压近似为纯直流电压,向上特高压工程中取为 412kV。

考虑换相过冲的持续运行电压 PCOV 为避雷器的 CCOV 加上换相过冲,关于换相过冲的选取目前主要有两种思路:

①由于特高压直流系统中每个12脉动换流单元由两个6脉动换流器串联组成,并且每个换流器的相位相差30°,上、下6脉动换流器的换相时刻并不相同,从而导致两个6脉动换流器的换相过冲不是发生在同一时刻,故由两个6脉动换流器叠加后的12脉动换流单元的换相过冲幅值实际上与单个6脉动换流器的换相过冲幅值相同,故避雷器CBH的PCOV为

$$PCOV = CCOV1 + 换相过冲 = CCOV1 + k_1 \times CCOV2 \tag{18-4}$$

式中,CCOV1为避雷器CBH的不考虑换相过冲的持续运行电压;k_1为6脉动换流器的换相过冲,在向上特高压直流工程中整流站的换相过冲取为16%;CCOV2为6脉动换流器的持续运行电压,计算式如式(18-2)所示,即$CCOV2 = \pi/3 \times U_{dim}$。

②将上12脉动换流单元看作一个整体,整体考虑两端电压的换相过冲,通常12脉动换流单元两端电压的换相过冲取为10%,即过冲系数1.1,故可得避雷器CBH的PCOV为

$$PCOV = k \times 2 \times \cos^2(15°) \times \frac{\pi}{3} \times U_{dim} + U_{offset} \tag{18-5}$$

式中,U_{offset}为上、下12脉动换流单元中间母线的最大运行电压,由于在特高压换流站中采用了平抗分置的方式,该处电压近似为纯直流电压;k为12脉动换流单元两端电压的换相过冲系数,取为1.1。

在向上特高压直流工程中,将相关参数代入上面各式可得:

$$CCOV = 2 \times \cos^2(15°) \times \frac{\pi}{3} \times 237.6 + 412 = 876(kV)$$

两种考虑方案得到的PCOV为

$$PCOV_1 = 876 + 0.16 \times \frac{\pi}{3} \times 237.6 = 916(kV)$$

$$PCOV_2 = 1.1 \times 2 \times \cos^2(15°) \times \frac{\pi}{3} \times 237.6 + 412 = 923(kV)$$

(4)上12脉动换流单元6脉动桥避雷器MH

上12脉动换流单元6脉动桥避雷器MH的运行电压为阀两端的持续运行电压加上上、下12脉动换流单元中间母线的电压,表示如下:

$$CCOV = \pi/3 \times U_{dim} + U_{offset} \tag{18-6}$$

$$PCOV = k \times \pi/3 \times U_{dim} + U_{offset} \tag{18-7}$$

式中,U_{offset}为上、下12脉动换流单元中间母线的最大运行电压,由于在特高压换流站中采用了平抗分置的方式,该处电压近似为纯直流电压;k为考虑6脉动换流单元两端电压的换相过冲后的系数。

在向上特高压直流工程中,将相关参数代入式(18-6)和式(18-7)可得:

$$CCOV = \pi/3 \times 237.6 + 412 = 661(kV)$$

$$PCOV = 1.16 \times \pi/3 \times 237.6 + 412 = 701(kV)$$

(5)12脉动换流单元中间母线避雷器CBL2

12脉动换流单元中间母线避雷器CBL2的运行电压为12脉动换流单元两端的持续运行电压加中性母线平波电抗器阀侧对地电压。CCOV和PCOV的计算原理与避雷器CBH类似,表示如下:

$$CCOV = 2 \times \cos^2(15°) \times \frac{\pi}{3} \times U_{dim} + U_{offset} \tag{18-8}$$

$$PCOV_1 = CCOV1 + 换相过冲 = CCOV1 + k_1 \times CCOV2 \tag{18-9}$$

$$PCOV_2 = k_2 \times 2 \times \pi/3 \times \cos^2(15°) \times U_{dim} + U_{offset} \tag{18-10}$$

式中,U_{offset}为中性母线平波电抗器阀侧对地电压;CCOV1为避雷器CBL2的不考虑换相过冲的持续运行电压;k_1为6脉动换流器的换相过冲,在向上特高压直流工程中整流站的换相过冲取为16%;CCOV2为6脉动换流器的持续运行电压,计算式如式(18-2)所示,即$CCOV2 = \pi/3 \times U_{dim}$;$k_2$为12脉动换流单元两端电压的换相过冲系数,通常取为1.1。

关于中性母线平波电抗器阀侧对地电压的确定需要考虑直流电压和谐波电压,系统实际运行过程中该处电压包含接地极线路的直流电压降和平波电抗器的谐波电压降。由于系统正常运行时该处对地

电压较低,且该处电压的极性与该极上、下十二脉动换流器中间母线的电压极性相反,因此在确定避雷器 CBL2 和 ML 的最大持续运行电压时,可以不考虑该处电压的影响,即认为该处电压为零。

在向上特高压直流工程中,将相关参数代入式(18-8)、(18-9)、(18-10)可得:

$$CCOV = 2 \times \cos^2(15°) \times \pi/3 \times 237.6 = 464(kV)$$

$$PCOV_1 = 464 + 0.16 \times \frac{\pi}{3} \times 237.6 = 504(kV)$$

$$PCOV_2 = 1.1 \times 2 \times \pi/3 \times \cos^2(15°) \times 237.6 + 0 = 511(kV)$$

式中,$PCOV_1$ 和 $PCOV_2$ 分别为两种不同考虑方案下的计算结果。

(6)下 12 脉动换流单元 6 脉动桥避雷器 ML

与上 12 脉动换流单元 6 脉动桥避雷器 MH 类似,下 12 脉动换流单元 6 脉动桥避雷器 ML 的持续运行电压为阀两端的持续运行电压加上中性母线平波电抗器阀侧对地电压。即为

$$CCOV = U_{dim} \times \pi/3 + U_{offset} \tag{18-11}$$

$$PCOV = k \times \pi/3 \times U_{dim} + U_{offset} \tag{18-12}$$

式中,U_{offset} 为中性母线平波电抗器阀侧的对地电压,在确定避雷器 ML 的最大持续运行电压时认为该处电压为零。

在向上特高压直流工程中,将相关参数代入式(18-11)和式(18-12)可得:

$$CCOV = \pi/3 \times 237.6 = 248.8kV$$

$$PCOV = 1.16 \times \pi/3 \times 237.6 = 289kV$$

(7)中性母线避雷器

中性母线避雷器包括中性母线平波电抗器阀侧避雷器 CBN1 和 CBN2、中性母线避雷器 E、接地极引线避雷器 EL 和金属回线避雷器 EM。对于这些避雷器,不考虑换相过冲,避雷器的持续运行电压描述如下:

避雷器 CBN1 和 CBN2 安装在中性母线平波电抗器阀侧,其中 CBN1 位于阀厅内,CBN2 位于阀厅外。避雷器的最大持续运行电压 CCOV 需要同时考虑直流电压和谐波电压,计算时可考虑为直流系统金属回线(整流站)或大地回线(逆变站)运行方式下接地极线路上的直流电压降加上谐波电流在中性母线平波电抗器上产生的谐波电压。

中性母线避雷器 E 安装于平波电抗器阀侧的中性母线上。对于整流站,避雷器的最大运行电压为直流系统单极金属回线运行方式下直流电流在接地极线路上的直流电压降;对于逆变站,由于各种运行方式下逆变站始终接地,避雷器 E 的最大运行电压为直流电流在逆变站接地极线路上产生的电压降。

金属回线避雷器 EM 安装于换流站的金属回线上。对于整流站,避雷器的最大运行电压为直流系统单极金属回线运行方式下直流电流在接地极线路上的直流电压降;对于逆变站,避雷器的最大运行电压为直流电流在逆变站接地极线路上产生的电压降。

接地极引线避雷器 EL 安装在换流站接地极线路入口,避雷器的最大持续运行电压 CCOV 为直流电流在接地极线路上产生的最大电压降。

2)荷电率

对特高压换流站直流侧大部分避雷器来说,荷电率将直接决定其参考电压。选择合理的荷电率需要综合考虑系统持续运行电压 CCOV/PCOV、直流电压分量大小、环境污秽对避雷器外套电位分布的影响、温度对避雷器伏安特性的影响、避雷器安装位置(室内、室外)等因素。如前所述,荷电率的高低对避雷器的老化程度影响很大,降低荷电率可使避雷器在长期运行电压下的泄漏电流较小,不易老化;提高荷电率可降低避雷器参考电压和保护水平,对最终降低设备的绝缘水平有重要意义。

V 型阀避雷器与换流阀直接并联,在阀导通时,阀避雷器两端电压为零;在阀关断时,阀避雷器两端才承受阀电压。在每个交流周期中,换流阀导通时间约为 2/3 周期,关断时间约为 1/3 周期,因此阀电压引起的泄漏电流在平均一个周期中产生的热量很小。另外,阀避雷器位于阀厅内部,环境污秽的影响可不考虑,且阀厅安装有空调,室内温度、散热等条件都可以得到较好的控制,因此一般阀避雷器的荷

电率可取得较高,接近于 1。

D 型避雷器(DB1、DB2)在运行中承受很高的纯直流电压,额定电压很高,因外绝缘要求而高度较高,且考虑到其处在极线平波电抗器外侧和直流线路出口处,故一般安装于室外。这样,室外环境污秽会影响避雷器外套电位分布的均匀性,部分外套发热传导到避雷器内部后,引起部分阀片过热;室外温度对避雷器的伏安特性和散热影响较大,当夏天室外温度很高时,避雷器在正常工作电压下的泄漏电流会变大,同时高温也会使避雷器的散热变差。因此,一般 D 型避雷器的荷电率不宜选的过高,可选在 0.8~0.9 之间。向上工程中 D 型避雷器最终选择的荷电率为 0.85。

CBH、MH、CBL2、ML 避雷器运行中承受叠加有 12 脉动谐波电压的直流电压,谐波电压在避雷器阀片上产生的热量较直流分量小,且这些避雷器均安装在换流站阀厅内部,环境污秽的影响可不考虑,且室内温度、散热等条件可以得到较好的控制,因此避雷器的荷电率可取得较高,约为 0.9。

中性母线平抗阀侧避雷器 CBN2,中性母线避雷器 E、EL、EM 的持续运行电压很低,对避雷器参考电压的选取不起控制作用,通常不考虑荷电率。

3)参考电压

对于直流侧大部分避雷器来说,确定了持续运行电压和荷电率后,避雷器的参考电压就确定了,但对于平波电抗器并联避雷器(DR/SR)、中性母线平抗阀侧避雷器(CBN2)、中性母线避雷器(E、EL、EM),这些避雷器的持续运行电压很低,但在某些故障下通过的能量很大,故这些避雷器的持续运行电压对参考电压的选取不起作用。其参考电压的确定需要综合考虑下列因素,并结合过电压仿真结果,根据避雷器数量和设备绝缘两者之间进行优化选择。

(1)选择参考电压较低,在交直流接地等故障下,通过避雷器的能量较大,就需要数量相当多的避雷器并联,可能会因各避雷器之间均流效果不好导致某支避雷器过载而损坏,更换特性一致的避雷器难度较大;但较低的参考电压也会降低相关设备绝缘水平,带来一定的经济效益。

(2)选择参考电压较高,所需的避雷器数量会减少,但由于保护水平也较高,考虑绝缘裕度后,中性母线设备、直流滤波器低压侧元件以及靠近中性母线的换流阀和低压端换流变阀侧绕组的绝缘水平也会相应提高,增加了成本。

事实上,按照目前的实际工程经验,倾向于在这些位置选取参考电压较高的避雷器。

另外,值得一提的是,在直流系统避雷器中,DR/SR 避雷器较为特殊,其参考电压远高于其持续运行电压,而且不同工程中该避雷器的参数相差较大,这种情况的原因是 DR/SR 避雷器主要用于雷电过电压下避免平波电抗器两端电压差过大,由于雷电过电压远远高于平波电抗器两端的持续运行电压,故选取该避雷器的保护水平时主要考虑平波电抗器两端的雷电过电压耐压值。

4)多柱避雷器并联

在特高压直流系统中采用的不少避雷器都是经多柱并联而成,这主要是由满足过电压下的能量要求和降低避雷器保护水平两方面因素决定的。在进行避雷器多柱并联时,需要特别注意各柱均流问题。

在本章第一节特高压直流避雷器特点介绍中提到,在特高压直流系统过电压工况下避雷器通常要吸收很大的能量,如阀避雷器在某些故障下的最大吸收能量可达几个 MJ,如此大的能量要求,往往就需要采用多柱并联的避雷器。多柱避雷器并联的另一种情形是需要降低被保护设备的绝缘水平。特高压直流系统电压等级很高,设备绝缘水平也很高,通过多柱避雷器并联来降低绝缘水平的原理是:并联后,可以降低各柱避雷器的配合电流,进而降低避雷器保护水平,最终使得所需的设备绝缘水平得到降低。特高压直流极母线避雷器往往设计成多柱,就是基于这样的考虑。

在进行多柱避雷器并联时,保证各柱的电流分布均匀是一个需要特别关注的问题。这是因为,避雷器动作时各柱上的电压都相同,那么各柱能量的分布就等于电流的分布。由于避雷器在实际制造过程中总存在偏差,如果其中某一柱的伏安特性过低,会导致通过的电流过大,吸收的能量过大,一旦超过其最大能量吸收能力,将会影响整支避雷器在过电压下的安全稳定运行。

一般情况下,为达到各柱避雷器能量的均匀分布,制造厂家应尽可能采用特性一致的阀片单元构成避雷器,来控制多柱避雷器电流不均匀系数 β 在一定范围内,该系数的定义为

$$\beta = nI_{\max}/I_{\text{arr}} \tag{18-13}$$

式中，n 为并联柱数；$I_{\max}$ 为任意一柱的最大电流峰值；I_{arr} 为整支避雷器的电流峰值。出厂时通过对整支避雷器进行电流分布试验即可得到上述 β。国家电网公司企业标准[7]中规定该电流不均匀系数 β 不大于 1.1。

18.3.4　两端换流站避雷器参数差异

直流输电系统运行中由于直流电流在线路上产生电压降，会导致逆变站的运行电压比整流站低。当直流线路较短且直流电流较小时，这个电压降一般不大，为了降低设备制造难度、简化设备种类和试验复杂性，可以选择两端换流站的避雷器参考电压等参数一致。目前，世界上已运行的常规高压直流输电工程一般都在两端换流站配置相同的避雷器。当直流系统线路较长，输送电流较大时，逆变站运行电压会比整流站低不少，就可能按照逆变站实际运行电压来选取避雷器参考电压，从而可以降低逆变站避雷器的保护水平和设备绝缘水平，在特高压直流工程中具有显著的经济效益。

截至 2015 年，国内已有云南—广东、向家坝—上海、锦屏—苏南、糯扎渡—广东、哈密南—郑州和溪洛渡—浙西六项 ±800kV 特高压直流输电工程投入运行。云广特高压工程的直流线路长约 1418km，额定电流 3.125kA，逆变站直流电压比整流站低大约 35kV；向上和锦苏特高压工程的直流线路更长，分别达到 1907km 和 2075km，额定直流电流更大，分别达到 4kA 和 4.5kA，两端换流站的运行电压相差均在 50kV 以上。

目前的工程实际中，云广和糯扎渡工程在两端换流站采用一致的避雷器，而向上和锦苏等其他工程在两端换流站选择了不同参考电压的避雷器。

18.4　平波电抗器分置方案

平波电抗器是特高压直流换流站的重要设备之一，其主要作用是在轻载时防止电流断续，并与直流滤波器共同构成换流站的直流滤波电路后减小直流电流谐波分量，平抑直流电压的波动，同时能在某些故障下限制来自直流线路的陡波冲击进入阀厅，抑制直流故障电流的快速增加，在一定程度上保护换流阀免受过电压、过电流损坏。

目前，一般的常规高压直流输电工程都将平波电抗器全部布置于直流极线，而国内的云广和向上两项 ±800kV 特高压直流输电工程都将平波电抗器一半布置在直流极线上，另一半布置在中性母线上。这种布置方式称为平波电抗器分置于直流极线和中性母线方式，简称平抗分置。例如，云南—广东特高压直流工程每极每站平波电抗器电感值为 300mH，需由 4 台 75mH 的干式平波电抗器组成，其中两台布置于直流极线，两台布置于中性母线。

18.4.1　平抗分置的经济技术优势

由于制造技术、工艺的限制，特高压直流工程选用的干式平波电抗器单台电抗值不可能做得很大，因此就需要配置多台平波电抗器。例如上述云广工程每极就需要 4 台平波电抗器，如果把这 4 台全部布置在直流极线，会大大增加换流站设备布置的难度。显然，平抗分置有利于降低换流站电气布置的难度，但更为重要的是平抗分置方式在特高压直流输电工程中有明显的经济技术优势。

一方面，由于特高压直流系统电压等级高，位于直流极线的平波电抗器的绝缘水平要求很高，制造难度与成本相当高。如果采用平抗分置方式，由于中性母线电压很低，绝缘要求就低得多，这部分平波电抗器的制造难度和成本会显著降低。另一方面，平抗分置方式可以显著降低换流站多个位置，特别是上 12 脉动换流单元各点的最大持续运行电压，故相关避雷器的参考电压、保护水平，相关设备的绝缘水平均可以得到不同程度的降低。这两方面因素都有利于降低换流站各设备（包括避雷器）的制造难度与成本，减少投资，具有很高的经济技术效益。

下面以特高压直流输电系统的一极为例，来详细讨论平抗分置方式的优点。

特高压直流单极系统的简化等效图如图 18-5 所示。其中,整流侧是双 12 脉动换流单元串联结构;平波电抗器一半布置在直流极线,另一半布置在中性母线;将整流侧平波电抗器及直流滤波器出口后的直流线路和逆变侧总体等效成一个阻抗。

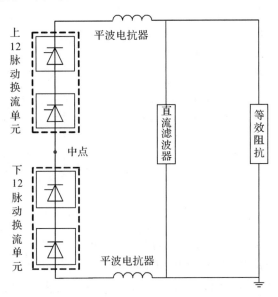

图 18-5　特高压直流单极系统简化等效图

考虑到每个 12 脉动换流单元又可以等效成一个电源,该电源既含有直流分量,也含有谐波分量。因此可以将上述单极系统作如图 18-6 所示的进一步等效,即将每个 12 脉动换流单元用一个纯直流电压源 U_d 和一个谐波电压源 U_h 串联来替代。

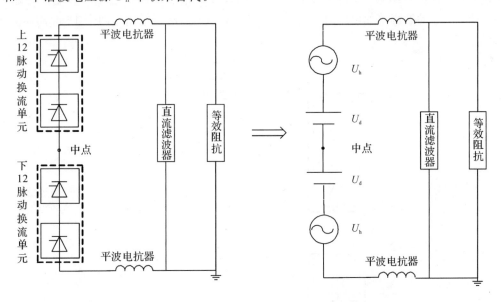

图 18-6　特高压直流单极系统的进一步等效示意

接着根据电路原理中的叠加定理,对上述等效电路做进一步处理,得到如图 18-7 所示的等效电路。

图 18-7 中电路(a)可以由纯直流电压源回路(b)和谐波电压源回路(c)叠加得到。在纯直流电压源的回路(b)中,直流电流不经过直流滤波器,该支路都相当于开路,故只给出了等效阻抗的回路。由于纯直流电流不会在平波电抗器上产生压降,因此此电路(b)中上下换流单元中间母线(即图中的"中点")的电压为纯直流电压 U_d。在谐波电压源的回路(c)中,谐波电流只经过直流滤波器,同理只给出了直流滤波器的回路。由于直流滤波器对谐波电流表现出低阻特性,可简化认为对谐波电源短路,故上下 12

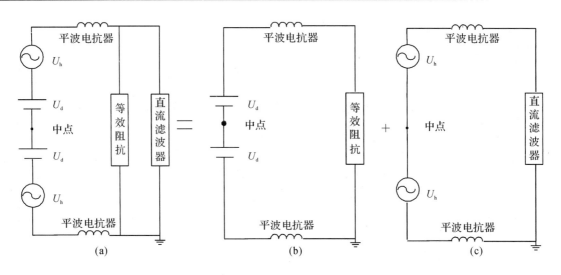

图 18-7 采用叠加定理后的单极系统等效图

脉动共 $2U_h$ 的谐波电压完全降在两个平波电抗器上,因此(c)中的"中点"电位为零电位。

这样,图 18-7 中电路(a)的"中点"电位即为电路(b)的"中点"电位和电路(c)的"中点"电位的相加,即为 U_d,进而直流极线平波电抗器阀侧的电压为 $2U_d+U_h$,在经过极线平波电抗器后的直流线路出口电压为 $2U_d$,在 $\pm800\mathrm{kV}$ 特高压直流系统中,即为 800kV。因此,采用平波电抗器分置后,上下 12 脉动换流单元中间母线的电压近似为纯直流电压 $U_d=400\mathrm{kV}$,阀顶电压为叠加有一个换流单元的电压 $2U_d+U_h=800\mathrm{kV}+U_h$。

平波电抗器不采用平抗分置的布置图如图 18-8 所示,即平波电抗器全部布置在直流极线。下面简要说明不采用平抗分置时,上下 12 脉动换流单元中间母线的电压及阀顶电压的大小。显然,此时"中点"电压为一个 12 脉动换流单元电压,即 $U_d+U_h=400\mathrm{kV}+U_h$;阀顶电压为两个 12 脉动换流单元电压之和,即 $2(U_d+U_h)=800\mathrm{kV}+2U_h$。

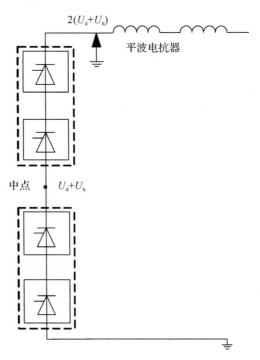

图 18-8 平波电抗器不采用平抗分置的布置图

从上面的分析可以看出,采用平波电抗器全部置于极线方式时,双 12 脉动换流单元中间母线和阀顶的电压分别为 400kV+U_h 和 800kV+2U_h；而采用平抗分置方式时，中间母线和阀顶的电压分别为 400kV 和 800kV+U_h。显然，采用平抗分置方式后，双 12 脉动换流单元中间母线和阀顶的运行电压都明显降低。由于这两个位置位于上 12 脉动换流单元的两端，因此整个上 12 脉动换流单元内部，包括换流变阀侧各点的最大持续运行电压均会得到不同幅度的下降。

图 18-9 给出了是否采用平抗分置的相关位置波形比较，图例中标号代表该波形测量点在换流站中的位置，相应的位置标号见图 18-2 中向上工程避雷器布置图。当然在实际系统运行中，双 12 脉动换流单元中间母线电压总会有谐波，并非纯直流 400kV。这主要取决于上下两个 12 脉动换流单元的对称程度，包括上下换流变的漏抗、触发角、阻尼参数、平波电抗器电抗值等参数的对称度。

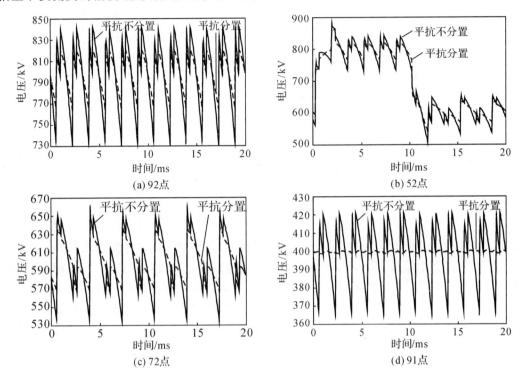

图 18-9　直流系统各位置的波形比较

当然，采用平抗分置也会有缺点：

(1)平抗分置对上下两个 12 脉动换流单元的作用是相反的，中性母线上的平波电抗器产生的谐波抬高了下组换流单元底部的运行电压，包括最低电位换流变压器阀侧的运行电压也相应上升。这样相应避雷器保护水平、设备绝缘水平均有所提高，会高于平波电抗器中性母线侧的绝缘水平。当然，由于下组换流单元本身电压等级较低，相关位置绝缘水平的提高不会引起技术上的挑战。

(2)在某些故障工况下，中性母线平波电抗器会抑制通向中性母线避雷器的泄放电流，大部分能量只能通过平抗阀侧的避雷器释放，所以对该避雷器能量要求很高，往往由多柱并联形成高能避雷器。同时，为了避免该平抗阀侧的避雷器释放能量过大而发生爆炸，威胁到其他阀厅设备的安全，应该将其置于阀厅外。

因此，平抗分置带来的缺点均容易克服，不会对直流系统造成不良影响。

18.4.2　特高压采用平抗分置的必要性

值得注意的是，当电压等级进入特高压范围后，绝缘成为一个很突出的问题，尤其在高海拔地区绝缘问题会更严重。经验表明，在电压等级不高时，设备成本近似与设备尺寸的三次方成正比关系，设备尺寸又近似正比于设备绝缘水平，因此设备成本与设备绝缘水平也成近似的三次方关系。首先，当电压等级升高到特高压范围后，爬电比距、空气净距等因素将与运行电压呈现一定的非线性特性，比如运行电压升高 60%（从 500kV 升至 800kV），空气净距却可能需要相应增加约 100%，运行电压的提高及各种非线性因素的增强使设备尺寸随之急剧增大；其次，很高的绝缘水平对设备材料的均匀性、耐高压、耐污秽、耐腐蚀性、均压措施等各种电气、机械特性都提出了更高的要求；此外，过高的绝缘水平也对特高压设备必需的各类试验包括型式试验等提出了更高的要求，增加了试验的难度与成本。因此，上述三点使得最终设备成本与绝缘水平之间的关系会明显高于三次方，呈现出更强烈的非线性特性。从而，特高压设备绝缘水平的些许降低，就可以使设备体积、制造成本、试验成本、运输难度降低很多，可以取得良好的经济效益。

常规 ±500kV 直流输电工程实际运行经验丰富，设备的制造、试验技术已相对成熟、稳定，成本也已控制在合理范围内。其次，其电压等级低于特高压，设备绝缘水平略微的降低，无法带来像特高压工程中那么显著的经济效益。此外，假如采用平抗分置方式，相当于为整个直流系统增加了中性母线平波电抗器这个类型的设备，设备的增加在一定程度上降低了整个系统运行的可靠性。因此，±500kV 直流输电工程一般不需要刻意采用平抗分置的方式。

总之，平抗分置方式在特高压直流输电中是一种很好的技术手段，有着明显的经济技术效益。可以预见，平抗分置方式也将是未来新建的特高压直流工程首选的平波电抗器布置方式。

18.5 设备绝缘水平的确定

18.5.1 绝缘配合原则和方法

绝缘配合的基本原则是根据系统设备上可能出现的过电压水平，同时考虑相应避雷器的保护水平，从安全运行和技术经济合理性两方面确定电气设备的绝缘水平，以使设备的造价、维护费用和事故损失费用达到总体最优。因此，绝缘配合的最终目的就是合理确定电气设备的绝缘耐受电压。

目前，直流换流站绝缘配合的方法与交流系统相同，即采用惯用法（也有文献称为确定性法）进行绝缘配合。惯用法的基本思想是在电气设备上可能出现的最大过电压与设备要求耐受电压之间留有一定的裕度，最终选择的设备绝缘耐受电压等于或高于上述得到的要求耐受电压，如式(18-14)所示。

$$U_{rw} = K \times U_{rp} \tag{18-14}$$

式中，U_{rw} 是要求耐受电压；U_{rp} 是代表性过电压，对于受避雷器直接保护的设备，代表性过电压等于避雷器的保护水平；K 是绝缘裕度系数，关于该系数的确定将在下面章节讨论。

在交流系统中，可以根据上述计算得到的要求耐受电压按照标准耐受电压向高靠，得到设备绝缘耐受电压。但在直流系统，尤其是特高压直流系统中，还没有确定的标准耐受电压等级，考虑到特高压直流系统中绝缘水平的略微提高可导致设备尺寸和制造成本的急剧增加，因此通常就近取合适的整数值作为设备绝缘耐受电压，并不再沿用操作冲击绝缘耐受水平/雷电冲击绝缘耐受水平的比小于 0.83 的习惯。

18.5.2 绝缘裕度

电气设备的绝缘耐受水平需高于避雷器的保护水平，这样才能保证受到过电压应力时设备的安全性。考虑到设备的绝缘会随时间的推移而老化（如绝缘材料的老化）、天气因素（雨、雾）也会使设备的绝缘能力降低、避雷器自身的老化、环境污染、高海拔地区的影响等诸多因素，需要在避雷器的保护水平上乘以一个系数以获得设备的要求绝缘耐受电压，这个系数称为绝缘裕度系数 K。不同位置、不同绝缘方式的设备对绝缘裕度的要求有所不同。

正如前面所提到的，特高压直流系统绝缘配合既要考虑经济性、又要考虑系统的安全稳定运行。绝缘裕度太大会造成不必要的经济浪费，太小又难以确保系统的安全稳定，因而选择适当的绝缘裕度是非常重要的。

表 18-3 是国标 GB/T 311.3-2007 给出的针对海拔高度 1000 米以下的高压直流输电工程设备的绝缘裕度要求[6]。

表 18-3　GB/T 311.3-2007 推荐的高压直流输电工程设备的绝缘裕度

设备类型	RSIWV/SIPL	RLIWV/LIPL	RSFIWV/STIPL
交流开关场母线,户外绝缘子和其他常规设备	1.20	1.25	1.25
交流滤波器元件	1.15	1.25	1.25
换流变(油中)	——	——	——
网侧	1.20	1.25	1.25
阀侧	1.15	1.20	1.20
换流阀	1.15	1.15	1.20
直流阀厅设备	1.15	1.15	1.25
直流开关场设备 (户外包括直流滤波器和平波电抗器)	1.15	1.20	1.25

相比于常规电压等级的直流系统,对特高压直流系统的研究更加深入细致,计算出了各种故障工况产生的过电压应力,设备耐压设计计算和测试水平也更为详尽。此外,在特高压直流系统中,操作过电压的影响也更为突出,在进行绝缘设计时,各个设备的绝缘水平应该是针对某些特定的过电压应力,所以对绝缘裕度的选择可以与以往不同。如 Siemens 公司和 ABB 公司对 ±800kV 特高压直流系统的油和空气绝缘设备的操作冲击绝缘裕度、雷电冲击绝缘裕度的建议值分别为 15%、20%,对陡波冲击裕度,Siemens 曾给出建议值 20%,但 ABB 公司建议仍维持 25%。

换流阀是直流输电系统的核心设备,现代直流输电系统换流阀大多采用空气绝缘、水冷却的户内悬吊式多重阀结构。由于其造价昂贵,因此绝缘裕度选取的合理与否对整个工程的造价有很大影响。换流阀的绝缘具有以下特点:

(1)换流阀安装在阀厅内,室内环境条件可以得到很好的控制,运行中基本不受外界环境因素(比如干湿度、温度、灰尘等)的影响,这也是换流阀绝缘区别于其他设备绝缘的最重要原因。

(2)换流阀单元有严密的监控装置,易于发现出现故障的晶闸管阀和其他阀组件(包括阀电抗器、均压阻尼电容等),在每一次检修或更换故障元器件后,可以认为阀的绝缘耐受能力恢复到初始值。

(3)随着技术的进步,氧化锌避雷器在运行几年之后仍能够保持良好的伏安特性,也就是说直接保护换流阀的避雷器在过电压应力下仍能起到充分的保护作用。

(4)由于阀的成本和损耗近似正比于阀的绝缘水平,降低阀的绝缘水平也能相应降低阀的高度和阀厅的高度。

考虑到以上特点,认为在特高压直流系统中适当降低阀的绝缘裕度在技术上是可行的,并能带来显著的经济效益。多家研究单位包括 ABB、Siemens 公司均建议将阀的绝缘裕度降低到 10%、15%。

最终,云广和向上特高压直流工程中采用的绝缘裕度分别如表 18-4、表 18-5 所示。

表 18-4　云广特高压直流工程采用的绝缘裕度/%

设备	操作冲击	雷电冲击	陡波冲击
换流阀	15	15	25
换流变压器	15	20	25
平波电抗器	15	20	25
直流阀厅设备	15	15	25
直流场	15	20	25

表 18-5　向上特高压直流工程采用的绝缘裕度/%

设备	操作冲击	雷电冲击	陡波冲击
换流阀	10	10	15
其他直流设备	15	20	25
直流场	15	20	25

18.5.3 保护水平和绝缘水平

换流站内的换流阀、换流变压器、母线等设备可以由一支避雷器直接保护,也可以由两支或多支避雷器串联保护。

当设备由多支避雷器串联保护时,串联避雷器的保护水平由各避雷器保护水平直接相加决定,相应的配合电流以各串联避雷器中的配合电流确定。实际上最大配合放电电流不可能在同一故障中同时出现在串联的每支避雷器上,因此该方法给绝缘配合留有额外的裕度。表 18-6 给出了向上工程各避雷器保护水平,表 18-7 给出了直流侧各点设备的绝缘水平(整流站)。

表 18-6　向上特高压直流工程避雷器保护水平

避雷器	LIPL /kV	配合电流/kA	SIPL/kV	配合电流/kA
V1	369	1	397	8
V2	387	1	409	4
V3	387	1	409	4
DB1	1625	20	1391	1
DB2	1625	20	1391	1
CBH	1426	0.5	1385	0.2
MH	1078	1	1027	0.2
CBL2	752	1	717	0.2
ML	495	1	485	0.5
CBN1	458	1	—	—
CBN2	419	1	437	4
E	478	5	—	—
EL	311	10	303	8
EM	431	20	393	5
DR	900	0.5	—	—
A	961	20	761	14
A′	—	—	261	—

注:A′表示 A 避雷器的保护水平通过换流变的变比折算到换流变二次侧的值。

表 18-7　向上特高压直流工程直流侧绝缘水平

位置	避雷器	LIPL /kV	LIWL /kV	绝缘裕度 /%	SIPL /kV	SIWL /kV	绝缘裕度 /%
阀间	Max(V1,V2,V3)	387	426	10	409	450	10
交流母线	A	961	1550	61	761	1175	54
阀侧直流母线对地	CBH	1426	1800	26	1385	1600	15
线路侧直流母线对地	Max(DB1,DB2)	1625	1950	20	1391	1600	15
600kV 母线对地	MH	1078	1294	20	1027	1182	15
400kV 母线对地	CBL2	752	903	20	717	825	15
200kV 母线对地	ML	495	594	20	485	558	15
高端 Yy 换流变阀侧对地	V2+MH	1454	1745	20	1386	1584	15
高端 Yd 换流变阀侧对地	V2+CBL2	1139	1367	20	1126	1295	15
低端 Yy 换流变阀侧对地	V2+ML	882	1059	20	894	1029	15
低端 Yd 换流变阀侧对地	Max(V2+CBN1, V2+CBN2)	845	1019	20	846	973	15
阀侧相间,Yy 换流变	2×A′	—	—	—	522	601	15
阀侧相间,Yd 换流变	$\sqrt{3}$×A′	—	—	—	452	520	15

续表

位置	避雷器	LIPL /kV	LIWL /kV	绝缘裕度 /%	SIPL /kV	SIWL /kV	绝缘裕度 /%
高端 Yy 换流变阀侧中性点	A′+MH	—	—	—	1288	1482	15
低端 Yy 换流变阀侧中性点	A′+ML	—	—	—	746	858	15
12 脉动换流桥间	Max(V1,V2)＋V2	763	916	20	806	927	15
平抗端子间	DR	900	1080	20	—	—	—
低压平抗阀侧中性母线	Max(CBN1,CBN2)	458	550	20	437	503	15
低压平抗线路侧中性母线	Max(E,EL,EM)	478	574	20	393	452	15
接地极母线	EL	311	374	20	303	349	15
金属回线母线	EM	431	518	20	393	452	15

18.6　换流站最小空气净距

特高压换流站的外绝缘设计是特高压直流工程的重大关键技术之一,安全可靠的外绝缘设计是保证整个直流系统正常稳定运行的条件之一。换流站外绝缘从物理绝缘介质上分主要包括空气间隙外绝缘和固体介质外绝缘,本节重点讨论空气间隙外绝缘。

在换流站内的避雷器保护水平和设备绝缘水平确定后,就要求各设备对周围接地体具有一定的空气间隙距离。由于换流站内直流设备的高压端都处于很高的电压下,往往在各设备(如换流阀组、平波电抗器等)的顶部和四周棱角突出部位安装了大尺寸的均压环或屏蔽环,以改善电场分布。因此,设备对周围接地体的空气间隙实际上就是设备的均压环或屏蔽环对周围墙壁或其他接地体构成的最小空气间隙。相比于±500kV 高压直流输电系统,特高压系统电压等级更高,直流运行电压最高可达 816kV,在更高的操作过电压下空气间隙的放电电压会呈现饱和特性。另外,现已建成的云广特高压工程的送端楚雄换流站海拔高度将近 2000m,锦苏特高压工程的送端锦屏换流站海拔高度 1530m,高海拔对空气间隙的放电电压有明显影响,随着海拔高度的增加,空气逐渐变得稀薄,大气压力和空气相对密度都会下降,因而空气间隙的电气强度降低,放电电压也随之下降,处于高海拔地区的换流站均需考虑高海拔修正;特高压换流站阀厅和直流场内的设备及连接各设备的母线更多,需要确定的空气间隙距离也更多,主要有 800kV 母线对地、800kV 母线对 400kV 母线、最高端换流变绕组对地等,详见表 18-8 所示。

换流站直流侧空气间隙主要考虑直流、交流、雷电和操作冲击合成电压的作用。由于换流站的设备带电导体多为固定电极,因此空气间隙主要由雷电和操作冲击所决定。设计空气间隙时需要各种换流站真型雷电波、操作波放电电压特性曲线。为了较准确地计算直流侧空气间隙,不仅需要架空软导线、管型硬母线与构架之间的放电特性曲线,而且需要带电电气设备(均压环)与构架之间、管形母线与阀厅钢柱之间的放电特性曲线。确定阀厅内的空气间隙距离时,还需要考虑大气密度修正和湿度修正。

国内外大量的试验数据表明,对于雷电冲击而言,其闪络电压与间隙长度呈线性关系,而对于操作冲击而言,闪络电压与间隙长度为非线性关系。从美、日、意等国家进行的大量冲击电压试验后提供的棒—板间隙临界闪络电压与间隙长度资料可以看出,随着电压等级的提高,放电电压呈现非线性饱和趋势,1600kV 左右为非常明显的拐点位置。

一般情况下,由于在操作冲击下空气间隙存在饱和特性,其要求的空气间隙距离远大于由雷电冲击决定的间隙距离,根据国家电网公司企业标准[8]和以往国内外其他直流工程的经验,取操作冲击计算值作为该位置的最小空气间隙距离。

18.6.1　换流站极母线空气间隙放电特性试验

换流站直流场设备空气间隙的电极形状不同时,其操作冲击放电特性差别较大,如换流阀组、平波电抗器等在顶端安装了大尺寸均压环的设备对周围接地体构成的空气间隙形状较好,放电电压相对较高,需要的间隙距离相对较小;极母线及配装的均压环尺寸较小,构成的空气间隙形状相对差些,所需的

表 18-8　特高压换流站典型空气间隙

母线对母线	800kV 母线对 400kV 母线
	400kV 母线对直流中性母线
母线/阀组中性点对地	平抗阀侧 800kV 母线对地
	400kV 母线对地
	平抗阀侧直流中性母线对地
	高端阀组六脉动中性点对地
	低端阀组六脉动中性点对地
母线对阀组中性点	800kV 母线对高端阀组六脉动中性点
	400kV 母线对高端阀组六脉动中性点
	400kV 母线对低端阀组六脉动中性点
	直流中性母线对低端阀组六脉动中性点
换流变压器相关	换流变 Y 接绕组中性点对地
	换流变 △ 接绕组相对地
	换流变阀侧绕组相间
	高端换流变 Y 接绕组中性点对 800kV 母线
	换流变 △ 接绕组相对中性点
	换流变 Y 接与 △ 接绕组阀侧引线间
	高端换流变 Y 接绕组对 800kV 母线
	低端换流变 △ 接绕组对低端阀组六脉动中性点
	高端换流变 Y 接绕组对 400kV 母线
	低端换流变 △ 接绕组对直流中性母线

间隙距离相对就大。因此，中国电力科学研究院（简称电科院，下同）主要针对极母线与周围接地体之间构成的空气间隙放电特性进行了试验研究[9]。

试验中，操作冲击放电特性在极母线对地的两种典型电极下进行：一是极母线对接地的防护遮拦；二是极母线对支柱绝缘子底部支架。

1）极母线对接地的防护遮拦放电特性

考虑到在换流站阀厅和直流场内用于连接各高压设备的极母线通常有两种型式——硬母线（管状，又称管母线）和软母线（多分裂的软导线），电科院对这两种型式的母线均进行了试验。试验中选用的硬母线为长度 11.5m、直径 250mm 的铝管，母线两端采用球形电极以改善端部电场分布；软母线为长 12m、分裂间距 500mm 的四分裂导线（子导线直径为 33mm），母线两端安装均压环，并通过上抬约 8°～9°模拟软导线垂弧。用对地高度 1.88m 的不锈钢管模拟接地遮拦，钢管管径约为 75mm。

考虑极母线和遮拦呈垂直布置时的正极性操作冲击放电电压比平行布置时低，在进行本次试验时极母线与遮拦间隙均采用垂直方式布置，间隙距离的试验范围在 3～10m 之间。试验中的试品布置示意图如图 18-10、图 18-11 所示。

试验结果显示：

（1）硬母线和软母线的放电电压相差不大

从试验结果[9]可以看出，硬母线和软母线对空气间隙的 50%操作冲击放电电压主要取决于空气间隙距离，而与母线型式关系不大。在相同的空气间隙下，两者放电电压相差在 3%以内。

（2）极母线操作冲击放电电压与空气间隙距离近似呈线性关系

在该试验条件下，空气间隙在 3～10m 范围内时，50%操作冲击放电电压与空气间隙距离之间基本呈线性关系[9]。

2）极母线对支柱绝缘子底部支架的放电特性

试验中选用的硬母线仍为直径 250mm 的铝管，其支柱绝缘子底部支架采用钢结构，高度约为 8m。试验中硬母线与支柱绝缘子的布置示意图如图 18-12 所示，支柱绝缘子结构高度的试验范围在 4～10m 之间[10]。

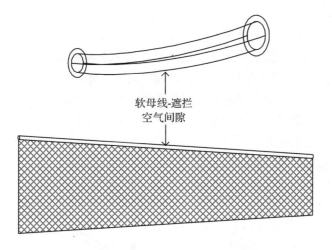

图 18-10　软母线-遮拦间隙试验布置示意图

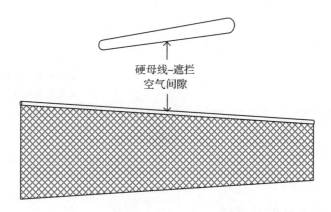

图 18-11　硬母线-遮拦间隙试验布置示意图

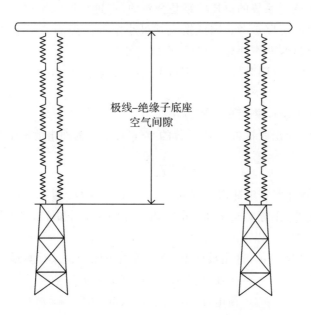

图 18-12　±800kV 支柱绝缘子试验布置示意图

试验结果表明：

(1)极母线操作冲击放电电压与支柱绝缘子高度近似呈线性关系

在本次试验的条件下，50％操作冲击放电电压与支柱绝缘子结构高度之间也基本呈线性关系，如

图 18-13 所示[10]。

（2）放电电压较高，所需的空气间隙距离较小

将极母线对接地遮拦的试验结果与本试验结果绘在同一坐标系中，如图 18-13 所示[10]。从图中可以看出，极母线对支柱绝缘子底部支架的放电电压较高，从而在相同的操作过电压下所需的空气间隙较小。这主要是由于极母线对支柱绝缘子底部支架的电极形状与典型的棒—棒间隙相似，放电电压较高，而极母线对地上遮拦的电极形状与典型的棒—棒间隙相似程度相对低一些，故其放电电压相对极母线对支柱绝缘子底部支架放电电压要低。

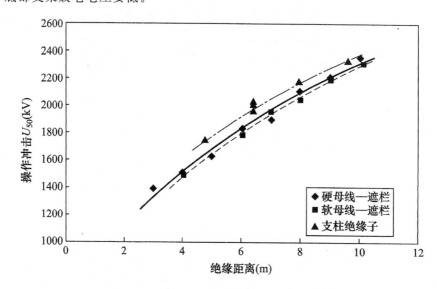

图 18-13　母线与支柱绝缘子的操作冲击放电特性比较

18.6.2　最小空气净距设计的公式法

±800kV 特高压直流输电系统的电压等级是全新的，在进行换流站空气间隙设计时没有该电压等级系统的实际设计运行经验可以参考。因此换流站最小空气间隙的确定最好是根据 ±800kV 换流站真型空气间隙的实际放电试验曲线计算，但当没有放电曲线时，也可以由各研究单位推荐的相关公式计算得到。目前，主要有国际大电网会议（CIGRE），美国电力科学研究院（EPRI）和中国直流输电工程所使用的 3 种计算方法。

1）国际大电网会议（CIGRE）推荐的计算方法

国际大电网会议 1984 年出版报告[11]中推荐的空气间隙 50％冲击放电电压计算公式为

$$U_{50} = \frac{K_1 U_p}{(1-2\sigma)K_2} \tag{18-15}$$

式中，K_1 为裕度系数，对操作和雷电冲击分别取为 1.2 和 1.25；U_p 为相应避雷器的保护水平；σ 为空气间隙冲击放电电压变异系数，推荐对操作和雷电冲击可分别取 6％和 3％；K_2 为空气间隙的冲击放电电压气象修正系数，在海拔 1000m 以下时可取 $K_2 = 1$。

确定空气间隙操作和雷电 50％冲击放电电压后，可由下面的公式计算最小空气间隙距离。

$$操作冲击：U_{50} = k \times 500 \times d^{0.6} \tag{18-16}$$

$$雷电冲击：U_{50} = k \times 540 \times d \tag{18-17}$$

式中，d 为空气间隙距离；k 为电极形状特性的间隙系数，选择如下：导线对板 $k = 1.15$，导线对导线 $k = 1.3$，棒对棒 $k = 1.4$。

2）美国电力科学研究院（EPRI）推荐的计算方法

美国电力科学研究院在其 1985 年出版的报告[12]中提供了如下的空气间隙 50％冲击放电电压计算公式：

$$U_{50} = \frac{\text{SIWL}}{1-3\sigma} \tag{18-18}$$

式中,SIWL 为设备的操作冲击绝缘耐受水平;σ 为空气间隙冲击放电电压变异系数,取值范围约为 4%~6%。

由空气间隙 50%操作冲击放电电压,通过下面的公式计算得到操作冲击要求的最小空气间隙距离为

$$\begin{cases} U_{50} = k \times 500 \times d^{0.6} & d < 5\text{m} \\ U_{50} = k\ \dfrac{3400}{1+\dfrac{8}{d}} & 5\text{m} < d < 15\text{m} \end{cases} \tag{18-19}$$

式中,k 为电极形状特性的间隙系数,选择方法与国际大电网会议(CIGRE)推荐的相同。

3)中国直流输电工程采用的方法

中华人民共和国电力行业标准[13]推荐下式作为最小空气间隙计算的 50%冲击放电电压为

$$U_{50} = \frac{U_{\text{w}}}{1-2\sigma} \tag{18-20}$$

式中,U_{50} 为空气间隙的 50%冲击放电电压;U_{w} 为设备的冲击绝缘耐受水平(SIWL、LIWL);σ 为空气间隙冲击放电电压变异系数,一般对雷电、操作冲击分别取 3%和 6%。

最小空气间隙距离的确定公式与国际大电网会议(CIGRE)推荐的式(18-16)、(18-17)相同。需要指出的是,在工程应用中一般可以不考虑电极形状的影响,保守取电极形状系数 k=1,这样将获得更大的空气净距值,留有更大的安全裕度。

表 18-9 给出了四种不同方法要求的换流站直流极母线最小空气间隙距离。电科院的试验分别针对硬母线、软母线和支柱绝缘子,而其他三种公式法不区分硬母线和软母线。

表 18-9　±800kV 换流站直流场极母线和支柱绝缘子最小空气间隙距离

采用方法	U_{50}/kV	硬母线-遮拦/m	软母线-遮拦/m	支柱绝缘子/m
电科院试验	1818.2	5.97	6.18	5.33
CIGRE	1896.8	7.31		——
EPRI	1951.2	7.97		——
国内工程方法	1818.2	8.60		——

根据中国电科院对真型空气间隙的实际试验曲线,计算得到操作冲击对换流站极母线最小空气间隙约为 6m,而采用国际大电网会议(CIGRE)和美国电力科学研究院(EPRI)推荐经验公式计算约为 7~8m,比前者约大了 15%,而按照国内直流工程的方法,结果达到 8.6m。从上述结果来看,这几种方法都有各自的优缺点。

由于前者的方法是对换流站真型空气间隙进行放电试验,然后根据实际放电试验的结果进行设计,相对来说得到的结果更加准确,更加可靠;但考虑到特高压换流站阀厅内和直流场内的设备及连接各设备的母线众多,需要确定的空气间隙距离多,而各空气间隙的电极形状差别较大,采用该方法就需要对众多形状的空气间隙进行放电试验,试验难度和工作量很大。后者公式法采用的相关经验公式是否适用于±800kV 特高压换流站的空气间隙设计仍然需要经过实际验证,对照试验数据,其结果偏大;但该方法只需要简单的公式计算就可以得到最小空气间隙要求,且可以同时得到换流站各处不同空气间隙的最小值,应用起来相对方便得多。

国际大电网会议(CIGRE)和美国电力科学研究院(EPRI)两个单位推荐的经验公式仍有些不同之处。前者根据相应避雷器保护水平 U_{p} 计算空气间隙的 50%放电电压 U_{50},裕度系数 K_1 对操作冲击取为 1.2,最后再除以(1-2σ);后者直接根据设备的操作冲击绝缘耐受水平 SIWL 计算 U_{50}。在本篇的上一节中已经详细讨论过,在目前特高压直流输电系统中,操作冲击绝缘水平 SIWL 和相应避雷器保护水平之间的裕度系数取为 15%,也就是说比 CIGRE 的方法要小,但是由于 SIWL 还要除以(1-3σ),比

CIGRE 方法中的$(1-2\sigma)$也要小，使得最终两种方法得出的结果相差并不大。

国内直流工程或标准[13]推荐的方法，得到的结果最大，主要是因为在工程应用中，一般不考虑电极形状的影响，取电极形状系数 $k=1$，这样将获得更大的空气净距值，留有更大的安全裕度。

18.6.3 非标准大气条件修正方法

前面的分析讨论中都没有涉及空气间隙高海拔修正这个问题，然而云广特高压工程的楚雄换流站海拔高度将近 2000m，锦苏特高压工程的锦屏换流站海拔高度 1530m，随着海拔高度的增加，空气逐渐变得稀薄，大气压力和空气相对密度都会下降，空气间隙的电气强度降低，放电电压随之下降；此外，由于受到空调系统的调节作用，对换流站阀厅内部进行修正时往往还需考虑湿度、温度等的影响，因此非标准气象条件下的外绝缘海拔修正仍然是特高压直流输电中值得关注的重要问题之一。

目前，国内外有多种现行标准和方法可进行海拔修正，但修正的结果存在一定的差异。有的方法只需要相应的海拔高度或者典型的气象条件，就可计算得到海拔修正系数，应用起来非常方便，在相关数据缺乏时具有一定应用价值，但相对来说显得粗糙；有的方法考虑的因素较多，需要工程所在地的详细气象数据，但这些数据往往难以获得，应用起来也相对复杂。这里将介绍几种主要的高海拔修正方法以及中国电力科学研究院对高海拔修正进行试验后得到的结论。

1）IEC 60071-2:1996《绝缘配合第二部分:应用导则》方法

文献[14]中给出了空气间隙耐受电压从标准气象条件校正至 2000m 时的海拔校正公式为

$$K_a = e^{m\left(\frac{H}{8150}\right)} \tag{18-21}$$

式中，H 为超过海平面的高度；m 是与电压类型和空气间隙结构相关的修正因子，修正雷电冲击和工频耐受电压时取为 1，修正操作冲击时 m 是操作冲击耐受电压 U_{cw} 的函数，如图 18-14 所示，图中各曲线分别是:a,相地绝缘；b,纵绝缘；c,相间绝缘；d,棒板绝缘。

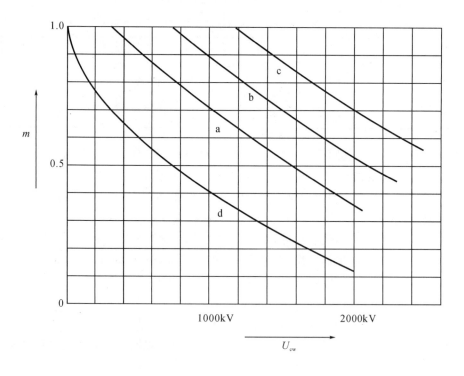

图 18-14 修正因子 m

换流站极母线操作冲击绝缘耐受水平为 1600kV，其空气间隙属于相地绝缘，所以选择曲线 a，查得修正因子 $m=0.49$，以 2000m 海拔修正为例计算:

$$K_a = e^{m\left(\frac{H}{8150}\right)} = e^{0.49\left(\frac{2000}{8150}\right)} = 1.12$$

其他不同海拔高度的校正系数计算结果列于表 18-10。

表 18-10　不同修正方法的校正系数比较

海拔/m　　校正方法	IEC 60071-2:1996	DL/T 620-1997	电科院推荐
1000	1.06	1.05	——
1500	1.09	1.08	——
2000	1.12	1.10	1.12

2)DL/T 620-1997《交流电气装置的过电压保护和绝缘配合》方法

文献[3]在附录 D 中给出了如下的海拔修正方法,当外绝缘所在地区的气象条件异于标准气象条件时,放电电压按下式校正:

$$u = \frac{\delta^n u_0}{H^n} \tag{18-22}$$

式中,u 为实际放电电压;u_0 为标准大气条件下的放电电压;δ 为相对空气密度;H 为空气湿度校正系数,对操作冲击取为 $H = 1 + 0.009 \times (11 - h)$,$h$ 为空气绝对湿度,可在该标准中查找到对应不同海拔高度的值(或采用实测值);n 为特性指数,对于正极性操作冲击取 $n = 1.12 - 0.12 l_i$,其中空气间隙距离 l_i 的适用范围为 1~6m,当 l_i 超过 6m 时推荐 n 按照 6m 的空气间隙取,即 $n = 0.4$。

以 2000m 海拔修正为例,$\delta = 0.824$,$h = 5.33g/m^3$,计算海拔修正系数为

$$K_a = \frac{u_0}{u} = (\frac{\delta}{H})^n = (\frac{\delta}{1 + 0.009 \times (11 - h)})^n = 1.10$$

其他不同海拔高度的校正系数计算结果同样列于表 17-10。

3)GB 311.1-1997《高压输变电设备的绝缘配合》方法

文献[15]中规定,对用于海拔高度高于 1000m,但不超过 4000m 处的设备外绝缘及干式变压器的绝缘,海拔每升高 100m,绝缘强度约降低 1%。在海拔不高于 1000m 的地点试验时,其试验电压应为该标准规定的额定耐受电压乘以如下的海拔校正系数,为

$$K_a = \frac{1}{1.1 - H \times 10^{-4}} \tag{18-23}$$

式中,H 即为设备安装点的海拔高度。

需要指出的是,这个标准规定的设备外绝缘额定耐受电压已经考虑了海拔 1000m 及以下的气象条件变化对设备外绝缘放电电压的影响,故该方法认为无需对海拔在 1000m 及以下的设备进行外绝缘修正。但是,目前特高压直流输电系统的设备绝缘耐受电压并非按该标准选取,因此这个方法并不适用于 ±800kV 特高压直流换流站空气间隙的海拔修正。

4)IEC 60060-1:2010《高电压试验技术第一部分:一般试验要求》方法

文献[16]与文献[17]中所述的方法基本一致,即为"g 参数法",前者根据近年来的研究成果,对方法的细节之处进行了略微修正。该方法规定放电电压按如下公式校正:

$$U = U_0 K_t \tag{18-24}$$

式中,U 为实际放电电压;U_0 为标准大气条件下的放电电压;K_t 为大气校正系数,是空气密度校正因数 k_1 和湿度校正因数 k_2 的乘积,为

$$K_t = k_1 k_2 \tag{18-25}$$

(1)大气密度修正系数 k_1

空气密度对间隙的击穿电压有较大的影响,主要原因是空气密度变化时,分子间的平均距离发生变化,直接影响到电子的平均自由行程,从而间接影响间隙气体的电离过程,改变间隙的击穿电压。

当海拔高度增加时,空气压力下降,密度减小,所以电子的碰撞电离过程中的平均自由程变大,在运动过程中可以积累更大的能量,在间隙距离较大的情况下,气体的电离过程变得更加剧烈,所以间隙的击穿电压下降。

当温度增加时,电子的自由行程增加,积累的动能也增加,更容易造成气体电离;另外,温度增加,气体分子本身的热动能也增加,所以导致气体的热电离增加,这也会导致击穿电压的下降。所以,在其他条件一定时,温度越高,气隙的击穿电压越低。

空气相对密度定义为

$$\delta = \frac{b}{b_0} \cdot \frac{273+t_0}{273+t} \tag{18-26}$$

式中,b 是空气压力;b_0 为标准大气压,101.3kPa;t 是空气温度;t_0 是标准气象条件下的温度,20℃。

空气密度对击穿电压的影响,通过大气密度修正系数 k_1 来表示,定义为

$$k_1 = \delta^m \tag{18-27}$$

因子 m 的取值方法将在后面介绍。

(2)湿度修正系数 k_2

湿度对击穿电压的影响比较复杂。实验表明,均匀电场中空气的放电电压随湿度的增加而增加,但程度极微。但在极不均匀电场中,空气的湿度对提高间隙击穿电压的效应就很明显。原因可能是水分子容易吸收电子而形成负离子,电子形成负离子后自由行程大减,在电场中发生碰撞电离的能力也大大减弱。随着湿度的增加,电子被水分子吸引而成为负离子的比例增加,负离子的质量较大,直径也较大,所以大大削弱了电子碰撞电离能力,从而削弱了间隙的电离过程,提高间隙的击穿电压。另外,在极不均匀电场中,平均场强较低,电子运动速度较慢,很容易被水分子俘获成为负离子。基于以上原因,湿度的增加会导致击穿电压的增加。

湿度修正系数定义为

$$k_2 = k^w \tag{18-28}$$

式中,k 由 h/δ 和电压类型共同确定,具体关系如式 18-29 所示,因子 w 的取值方法将在后面介绍。

$$\begin{cases} \text{冲击} & k = 1 + 0.0010(h/\delta - 11) \\ \text{交流} & k = 1 + 0.0012(h/\delta - 11) \\ \text{直流} & k = 1 + 0.0014(h/\delta - 11) - 0.00022(h/\delta - 11)^2 \end{cases} \tag{18-29}$$

(3)因子 m 和 w 的选取

标准 IEC 60060-1:2010 中定义了参数 g,如式(18-30)所示,该参数可用于确定因子 m 和 w。

$$g = \frac{U_{50}}{500L\delta k} \tag{18-30}$$

式中,L 为最小空气距离;δ 为相对空气密度;k 为上小节中由 h/δ 和电压类型共同确定的参数。因子 m 和 w 与参数 g 的关系由图 18-15 确定。

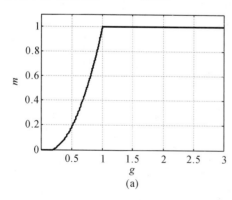 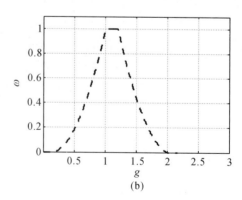

图 18-15　因子 m 和 w 与 g 参数的关系

IEC 60060-1:2010 标准提供了这组曲线的近似函数关系如表 18-11 所示。

该修正方法在实际应用中需要取得包括温度、湿度在内的大气条件,且必须进行迭代计算,使最终的最小空气净距 d 收敛,适合应用在换流站阀厅内部的空气净距设计中。

表 18-11　　m 和 w 与参数 g 的函数关系

g	m	w
<0.2	0	0
0.2~1.0	$g(g-0.2)/0.8$	$g(g-0.2)/0.8$
1.0~1.2	1.0	1.0
1.2~2.0	1.0	$(2.2-g)(2-g)/0.8$
>2.0	1.0	0

5）中国电科院关于空气间隙 50％操作冲击放电电压高海拔修正的试验

中国电力科学研究院联合云南电力试验研究院曾经在昆明的试验场进行过±500kV 直流换流站户外极母线对遮拦空气间隙的操作冲击 50％放电电压试验,根据试验结果推荐过 K_a＝1.11 的 2000m 海拔修正。为更详细地掌握±800kV 特高压直流换流站外绝缘高海拔修正的特点,以有利于特高压换流站的外绝缘设计,电科院和云南电力试验研究院再次在北京、昆明等地开展了特高压极母线空气间隙等相关试验,对试验结果进行分析后,提出了海拔 2000m 左右的校正系数[18]。

在海拔对比试验中,选用的极母线为直径 250mm,长度约 6m 的铝管,母线两端安装有管径200mm,外径约为 800mm 的均压环。试验中模拟的接地体为 16m×16m 的铁丝网,铝管与接地体之间的空气间隙距离在 3~8m 之间变化。北京和昆明试验现场的试品布置示意图如图 18-16 所示,两地获得的 50％操作冲击放电电压试验曲线如图 18-17 所示。

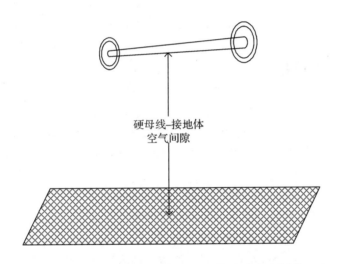

图 18-16　中国电科院进行的海拔修正试验示意图

试验结果表明,当极母线对接地体空气间隙距离在 5~8m 范围时,两地的 50％操作冲击放电电压相差约 9.6％~8.0％,考虑到在两地试验中已经保持了试品布置和试验方法的一致性,因此可以认为这个差值就是两个试验场地处于不同海拔高度造成的。北京试验基地的海拔高度约为 50m,昆明试验基地的海拔高度约为 1980m,由此可近似认为极母线对地空气间隙的 2000m 海拔修正系数在 1.10~1.08 之间[18]。

最终,电科院根据一系列相关试验,推荐了±800kV 直流工程在 2000m 海拔地区空气间隙操作冲击放电电压的校正系数,建议统一取为 1.12,如表 18-10 所示。

表 18-10 列出了两种修正方法和电科院试验的结果。电科院的结果是根据实际试验所作的推荐,相对可靠,但如果需要不同海拔高度的修正值时,必须选择地点再次试验,难度和工作量都很大。IEC 60071-2:1996《绝缘配合第二部分:应用导则》方法和 DL/T 620-1997《交流电气装置的过电压保护和绝缘配合》推荐的方法,所需要的参数较少,应用起来比较方便,且前者在 2000m 海拔的修正结果与电科院试验的推荐值一致,因此在缺乏换流站所在地实际大气条件时,可以采用 IEC 60071-2:1996 推荐的方法。

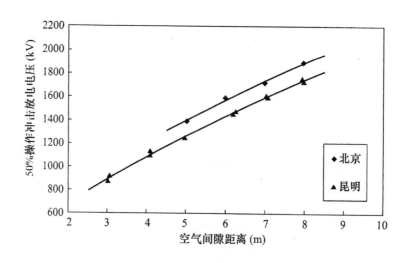

图 18-17　不同试验地点的操作冲击放电特性

由于 IEC 60060-1：2010《高电压试验技术第一部分：一般试验要求》提出的"g 参数"法无法简单地计算不同海拔高度的修正值，因此上表中未列出该方法的结果。在换流站阀厅空气净距设计时，往往需要考虑阀厅内部气压、温度和湿度的共同影响。"g 参数"法虽然计算过程复杂，但能够全面考虑这些因素，因此该方法也是直流工程中，特别是换流站阀厅空气净距设计中值得推荐采用的方法。

18.7　换流站污秽外绝缘

换流站外绝缘设计主要是选择交流开关场、阀厅、直流开关场设备的爬电比距。相比于±500kV 高压直流输电系统，特高压系统的直流电压高 60％，所需的支柱绝缘子爬电距离及结构高度自然更大；随着电压等级升高，直流积污更加严重，对爬电比距的要求也会更高；支柱绝缘子的高度过高会大大影响其机械特性，包括抗弯和抗震强度等。

对于换流站的交流设备，其爬电比距根据站址的污秽等级按中华人民共和国国家标准[19]中规定的各污秽等级下的爬电比距分级数值选取。阀厅室内环境条件可以得到很好的控制，运行中不受外界自然环境和污秽的影响，因此其设备爬电比距可取的较低，电力行业标准[13]推荐阀厅内设备（包括阀的外绝缘和套管）的爬电比距不小于 14mm/kV。对于换流站的直流场设备，其爬电比距主要由站址直流支柱绝缘子的等值盐密，通过污耐压法设计决定；换流站直流穿墙套管的非均匀淋雨闪络是直流设备外绝缘的重要问题之一，目前一般采用一些辅助技术来改善穿墙套管的防污闪性能。

18.7.1　中国±500kV 换流站污秽外绝缘的运行经验

由于在早期对±500kV 换流站外绝缘配置认识的不足及运行条件的日益恶化，国内外换流站都曾发生过外绝缘闪络事故，给直流系统的安全稳定运行造成了很大的隐患。认真总结已有±500kV 直流工程的运行经验，对±800kV 特高压换流站的外绝缘设计具有重要的指导意义。

中国最早的±500kV 直流工程是 1989 年 9 月投运的葛洲坝—上海直流输电工程，该工程两端换流站交流场设备的平均爬电比距为 18～25mm/kV，能安全运行；直流场设备的平均爬电比距达到 40～50mm/kV，反而外绝缘事故不断，在最初运行的两年内共发生外绝缘闪络约 22 台次。为保证直流系统的正常运行，葛洲坝站和上海南桥站于 1991 年 8 月至 9 月对直流场设备开始喷涂 RTV（room temperature vulcanized silicone rubber，室温硫化硅橡胶）。在直流场喷涂 RTV 涂料后的几年内，取得了令人满意的防污闪效果，没有发生直流设备污闪事故，严重放电次数也得到了较大幅度下降。由于受到当时技术的限制，RTV 涂料的质量不稳定，导致在涂刷 RTV 5 年和 6 年后，葛洲坝换流站两次发生套管闪络事故,只好再次涂刷。

天生桥—广州直流输电工程广州换流站的交流 220kV 支柱绝缘子爬电比距为 25.8mm/kV,高压直流支柱绝缘子爬电比距为 41mm/kV。自 2000 年 12 月投运以来,交流场设备未发生污闪事故,直流场设备发生过两次污闪事故。2004 年,由于新白云机场启用,广州换流站周边的高速公路车流量大大增加,导致此后换流站污秽水平进一步提高。因此,在 2005 年 1 月对广州换流站的直流场设备全部喷涂了 RTV,目前运行情况良好,原来在雨雾天出现的放电声也几乎消失了。

贵州—广东 I 回直流输电工程送端安顺站和受端肇庆站外绝缘基本选择了相同的爬电比距,支柱绝缘子为 54mm/kV,避雷器、变压器垂直套管为 57mm/kV。工程投运以来,多次在大雾、小雨天气下出现严重放电现象,特别是在 2004 年 12 月至 2005 年 2 月出现大范围持续大雾天气时,换流站直流场支柱绝缘子放电严重,最终不得不降压运行。为改善系统运行情况,在 2005 年 12 月底的检修中对直流场设备绝缘子喷涂了 RTV,此后在雨雾天气下再也没有发生严重的放电现象,也就未造成系统降压运行。

此外,其他 ±500kV 直流工程,包括三常线、三广线等在运行数年后都进行过喷涂 RTV 的工作,收效显著。总结这些 ±500kV 直流工程换流站的运行经验,主要有:

(1)换流站外绝缘运行的主要问题在直流场设备

从目前 ±500kV 直流工程换流站的运行情况来看,交流场设备的爬电比距在 20mm/kV 左右,已能保证其正常安全运行,而直流场设备的爬电比距从葛上线的 40~50mm/kV,到三广线、贵广线的 55mm/kV,均发生过外绝缘闪络事故或严重放电现象。这表明,即便直流场设备的爬电比距已经接近甚至是超过了交流场设备的两倍,仍不能完全保证其安全运行,对于换流站外绝缘运行的主要问题在于直流场设备的运行情况,需引起特别的关注。

(2)喷涂 RTV 涂料是防止换流站外绝缘闪络的有效措施

中国多个 ±500kV 直流工程换流站的直流场设备都进行过喷涂 RTV 涂料来加强外绝缘的工作,效果良好。无论是爬电比距取 40~50mm/kV 的葛洲坝和上海南桥换流站,还是取 41mm/kV 的广州换流站,都较后期其他直流工程绝缘子的爬电比距小了约 30%,但在喷涂 RTV 涂料后均取得了满意的防污闪效果。这表明,爬电比距约为 40mm/kV 的支柱绝缘子喷涂 RTV 后基本可以满足中国 ±500kV 直流工程外绝缘的需要。

换句话说,喷涂 RTV 涂料后的支柱绝缘子爬电比距选取可以适当降低,这一点对于 ±800kV 特高压直流工程换流站的外绝缘设计具有重要意义。特高压直流系统运行电压相比于 ±500kV 直流系统高了 60%,相应支柱绝缘子的爬电距离和结构高度都要求增加。对于极母线支柱绝缘子、平波电抗器支柱绝缘子等直接承受最高电压的直流设备,如果选取与后期 ±500kV 直流工程相同的爬电比距(54~55mm/kV),那么这些支柱绝缘子的高度将达到 10 余米。而按照目前厂家的生产能力,这么高的纯瓷绝缘子无法保证包括抗弯和抗震强度在内的各种机械特性。但在喷涂 RTV 涂料后,就可以选取较低的爬电比距,从而降低绝缘子高度,使其能够满足要求的机械性能。

(3)RTV 涂料的发展方向——PRTV

RTV 涂料有类似于复合外绝缘材料的憎水性,能有效提高绝缘子的防污闪特性,是中国换流站直流场防污闪的主要手段,但其本身仍存在一些问题,处在不断发展改进的过程中。

早期,中国 RTV 涂料的制造工艺简单,整体制造水平较差,产品质量不稳定,电力部门也往往将喷涂 RTV 作为一种临时性的外绝缘补救措施。前面也提到,葛洲坝站在喷涂 RTV 五年后又再次发生外绝缘闪络事故,表明原来的 RTV 涂料已经失效,不得不重新喷涂。这表明,经过多年的实际运行后,RTV 涂料的憎水性会下降甚至消失,而重新喷涂需要在换流站检修时才能进行,又会带来很大的工作量。

因此,经过多年的努力改进后,国内厂家研制开发出了新型长效涂料 PRTV(permanent room-temperature-vulcanized anti-contamination flashover composite coating)。典型的 PRTV 涂料是在原RTV 硅橡胶分子中引入氟元素,从而形成的氟硅共聚物。相比于 RTV,PRTV 涂料在憎水性、耐腐蚀性以及各种机械性能上都具有自身特点:高憎水性及憎水迁移性,比 RTV 涂层具有更多的有机硅游离基团,能持续不断扩散、包裹污层表面,这样憎水性可迁移至污秽层表面,使整个污层表面具有极佳的憎水性;耐老化性能优异,寿命更长,目前部分厂家的产品寿命可达 20 年以上,大大减轻了再次喷涂的工作量。

目前,PRTV 涂料已经在 110~500kV 的交流系统中得到广泛应用,运行经验证明涂覆 PRTV 的绝缘子防污闪性能优异,诸多性能参数明显优于 RTV 涂料。国家电网公司企业标准[20]中规定,处于重污区和很重污区的变电设备绝缘子可通过涂覆 RTV 或 PRTV 来实现绝缘配置;对于新建工程的变电设备,当制造商难以提供更大爬距的绝缘子时,可将低一级爬距的绝缘子涂覆 RTV 或 PRTV 作为有效设计。

但是通常在直流工程中,喷涂 PRTV 涂料的瓷绝缘子爬电比距选择可参考复合绝缘子爬距选择的方法,中国多个±500kV 直流工程的设备功能规范书都规定了复合外绝缘可取相应瓷绝缘子爬电比距的 2/3~3/4,且运行情况良好。电力行业标准[13]推荐喷涂 PRTV 涂料的瓷绝缘子爬电比距不低于相应瓷绝缘子的 75%。综上,一般建议喷涂 PRTV 涂料的瓷绝缘子爬电比距按照相应瓷绝缘子的 80% 选取,就能保证有足够的裕度。

总之,长效涂料 PRTV 将不再被仅视为一种运行中的临时性补救措施,而是转变为新型的功能上类似复合绝缘子的防污闪设计技术,±800kV 特高压直流换流站的外绝缘设计也应当借鉴这样的技术。

18.7.2　换流站支柱绝缘子选型

目前,±800kV 特高压直流换流站用直流支柱绝缘子可供选择的方案有以下几种:一是传统的纯瓷绝缘子;二是复合绝缘子,其又可分为空芯支柱复合绝缘子和瓷芯支柱复合绝缘子;三是瓷绝缘上喷涂 PRTV 涂料。本小节将结合±800kV 特高压工程的特点简单介绍这三种直流支柱绝缘子应用的优缺点。

(1)纯瓷绝缘子

纯瓷绝缘子在各电压等级的交流变电站和±500kV 直流换流站的运行经验相当丰富,但是应用在电压等级更高的±800kV 换流站中,仍然有一些问题需要解决。

正如在上个小节±500kV 换流站运行经验中提到过的那样,对于极母线支柱绝缘子、极线平波电抗器支柱绝缘子,选取约 54~55mm/kV 的爬电比距,那么这些支柱绝缘子的高度将达到 10 余米。运行中的直流支柱绝缘子不仅要承受高压带电部分的压力,还要承受很大的机械扭矩,尤其是操作刀闸开关的支柱绝缘子。以目前国内外生产厂家能力看,制造 10 余米的纯瓷支柱绝缘子能够满足系统外绝缘的要求,但受到设备条件、工艺水平的限制,制造难度很大,大型瓷质绝缘子成品率低,且很难保证最终成品的机械强度满足要求。所以,目前制造同时满足外绝缘要求和机械强度要求的±800kV 纯瓷支柱绝缘子可能性不大。

值得注意的是,这并不意味着特高压直流换流站内将完全没有纯瓷绝缘子的用武之地。事实上,直流换流站内需要的支柱绝缘子众多,其运行电压差别较大,比如±400kV 母线支柱绝缘子、换流变母线支柱绝缘子、中性母线支柱绝缘子、中性母线平波电抗器支柱绝缘子等的运行电压就相对不高,所需要的绝缘子爬电距离和结构高度就较低,厂家有能力制造满足机械强度的纯瓷支柱绝缘子。瓷绝缘子的实际运行经验丰富,因此在这些要求相对较低的支柱绝缘子中可考虑采用纯瓷的绝缘子方案。

(2)复合绝缘子

近年来,国内相关公司和研究所采用新材料、新工艺,成功开发出具有国际先进水平的±800kV 复合支柱绝缘子,主要有空芯支柱复合绝缘子和瓷芯支柱复合绝缘子两种。结构上,前者内绝缘为环氧玻璃钢管,为加强绝缘强度,内部还充有 SF$_6$ 气体或者泡沫等绝缘材料;后者内部采用瓷质芯棒,两者的外绝缘均为有机硅橡胶。新型复合支柱绝缘子具有防爆性、抗震性和抗破坏性强,耐污性和抗老化性能好、体积小、重量轻、无需清扫等优越性能。

这些新产品虽具有上述优点,但是考虑到缺少±500kV 及以上直流工程实际挂网运行经验,还没有大规模采用,对该问题仍需再作进一步论证分析。

(3)瓷绝缘上喷涂 PRTV 涂料

关于瓷绝缘上喷涂 PRTV 涂料的特点及运行情况,前面的小节已经做了详细的介绍,这里不再赘述。考虑到其成熟的运行经验,经济实惠的价格,较小的技术风险等优势,可推荐为直流场支柱绝缘子的首选方案。

综上所述,纯瓷绝缘子和瓷绝缘上喷涂 PRTV 涂料在特高压换流站直流场支柱绝缘子中都有用武之地,不同的是,纯瓷绝缘子适合应用在对爬电距离和结构高度要求较低之处,而瓷绝缘上喷涂 PRTV 涂料适合用于极母线支柱绝缘子、极线平波电抗器支柱绝缘子等对爬电距离和结构高度要求较高之处;复合支柱绝缘子虽具有不少优点,但运行经验缺少,大规模的实际应用仍需要长时间的挂网试运行来论证,需谨慎对待。

18.7.3　换流站支柱绝缘子的外绝缘设计

换流站支柱绝缘子的外绝缘设计主要是指换流站直流场支柱绝缘子爬电比距的选择,从前面两个小节的分析中可以看到,合理的爬电比距既能保证换流站各设备的正常安全运行,也能降低支柱绝缘子的制造难度。

在支柱绝缘子爬电比距的设计过程中,首先需要确定换流站的污秽水平,进而根据预测得到的污秽水平及绝缘子闪络特性,采用污耐压法来确定需要的爬电比距。在这个过程中,换流站的污秽水平是整个设计的基础,应尽可能准确预测换流站当地实际的污秽水平;污耐压法采用实际直流支柱绝缘子的污闪特性来确定绝缘子的爬电比距,是整个外绝缘设计的核心。下面就将对换流站污秽水平预测和污耐压法确定支柱绝缘子爬电比距两部分进行介绍分析。

1)换流站污秽水平预测

对于新建的特高压直流工程,如果其换流站的环境地域条件与已运行的其他直流工程相似,就可以采用已有工程积累的实际污秽数据,但是通常情况下,新建直流工程附近可能只有交流输电线路,则应该收集交流输电工程的等值盐密和灰密数据并加以分析预测。若附近区域没有交流线路,就只能根据当地的气象资料和污染源资料进行预测分析,这里将简单介绍这种预测方法。

该方法提出的积污模型包括两部分:一是现有的大气污染物扩散模型;二是通过实验室模拟试验建立起来的大气污染物与绝缘子表面污秽度之间的关系模型。这两部分模型相结合,并经过现场检测数据检验,用污染源的排放数据计算其影响范围内的绝缘子表面污秽度。模型计算中主要考虑工业污染源对换流站的影响,因此排放的主要污染物选为 SO_2 和烟尘。

根据气象、环境、污染源等资料,经过上述各模型计算后,就可以得到交流绝缘子表面的积污量和盐密值,再通过普通支柱绝缘子和悬式绝缘子在交流电压下的等值盐密比以及换流站支柱绝缘子的直交流等值盐密比的转换,就能得到最终的直流支柱绝缘子等值盐密,也就基本完成了换流站污秽水平的预测。事实上,该方法需要换流站所在地区相当翔实的污秽资料,而这些资料的获取往往有不小难度,从而使得这个方法的应用存在一定程度的限制。

此外,在拟定的换流站站址附近,建立直流自然积污试验站,进行绝缘子自然积污试验,有利于掌握拟建直流换流站的环境污秽度以及不同绝缘子的积污特性,为换流站设备外绝缘的设计选型提供盐密、灰密、气象等基本数据和依据,以满足直流输电工程设计运行的需要。实际上,在准确表征和评估换流站污秽,确定外绝缘配置方面,直流自然积污试验站有其独特的优势,也是对上述方法(即采用污染物扩散模型等计算污秽水平的方法)的一种有力补充,在中国有广阔的应用前景。

2)污耐压法确定支柱绝缘子爬电比距

污耐压法是根据实际换流站直流支柱绝缘子在不同污秽程度下的耐污闪电压曲线,使得选定绝缘子的耐污闪电压大于最大运行电压,并留有一定裕度。该方法的第一步是获得换流站的污秽水平参数,第二步是确定绝缘子的设计耐受电压,第三步是计算绝缘子爬电比距,第四步是推算不同平均直径的绝缘子和各类瓷套管所需的爬距,如图 18-18 所示。在应用污耐压法说明支柱绝缘子爬距选择过程时,将仍然依托向家坝—上海±800kV 特高压直流输电工程,来说明整个污耐压法的设计过程。

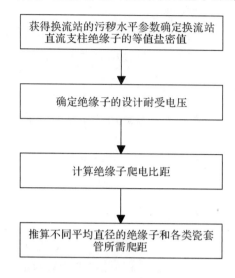

图 18-18 污耐压法流程

(1)确定换流站直流支柱绝缘子的等值盐密值

该特高压直流工程送端为位于四川宜宾的复龙换流站,受端为位于上海奉贤的奉贤换流站。中国电力科学研究院采用上述介绍方法预测得到了换流站绝缘子表面等值盐密预测值,如表 18-12 所示[21]。

表 18-12 换流站等值盐密预测值

换流站	复龙	奉贤
交流普通悬式绝缘子等值盐密/(mg/cm²)	0.030	0.060
交流普通支柱绝缘子等值盐密/(mg/cm²)	0.015	0.030
直交流等值盐密比	2.4	2.14
直流支柱绝缘子等值盐密/(mg/cm²)	0.036	0.064

换流站内交流区域中的普通支柱绝缘子和普通悬式绝缘子的等值盐密比可根据换流站周围环境及自然积污试验站的相关结果确定,当缺少该数据时,也可以暂时按照文献[19]提供的建议值 0.5,利用该值,就可以由表 18-12 中交流悬式绝缘子污秽度得到交流支柱绝缘子的污秽度。

当换流站交流设备的污秽度确定之后,就可以通过直交流等值盐密比(简称直交比)来确定直流设备的污秽程度。直交比的选择需要考虑多种因素,一方面随着气象、环境条件的不同,直交比会有所不同;另一方面,不同型号、不同伞形的绝缘子,其积污特性也是不一样的。CIGRE 第 22−03 工作组于"ELECTRA"(1992)公布了一条直交流等值盐密比随盐密增加而逐渐递减的曲线,如图 18-19 所示。得出该曲线一共参考了四个试验站的测量数据,其中日本三个(都分布在沿海区域),瑞典一个[18],但是这四个试验站的环境、气象、污秽成分、试验用绝缘子等条件各不相同,且同一个站所得到的测量数据分散性也较大,图中曲线并不具有参考意义,只能给出一个随着污秽程度加重,直交流等值盐密比下降的定性结论。但是事实上,由于影响直交流等值盐密比这一参数的因素如环境、气候、污秽成分、绝缘子型号等太多太复杂,后来更多地区的一些试验并未得出与该曲线相似的结论,如瑞典污秽地区在交流场盐密为 0.08mg/cm² 时直交比为 3.4,这说明在盐密较重时直交流等值盐密比仍可能较大;中国国内几个直流自然积污站的试验数据也表明,当绝缘子污秽较重时,直交流等值盐密比并未呈减小趋势。因此直交比的选取仍有待进一步研究,目前并没有一个成熟的理论对该值的确定进行归纳总结应用,最好是按照工程实际情况来确定。向上特高压直流工程中,复龙站和奉贤站的直交比分别取为 2.4 和 2.14。

在确定直交比后,就可以由交流支柱绝缘子的污秽度计算得到直流支柱绝缘子等值盐密,该参数将

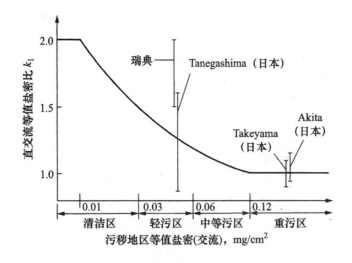

图 18-19　CIGRE 第 22-03 工作组公布的一条供参考的直交流等值盐密比曲线

作为污耐压法设计外绝缘的依据和基础。

（2）确定绝缘子的设计耐受电压 U_{wd}

中国电力科学研究院对等径深棱形支柱绝缘子和大小伞形支柱绝缘子进行了不同盐密下的直流人工污秽试验，试验结果如图 18-20 所示。在换流站外绝缘的设计中，直流支柱绝缘子和套管表面灰密一般都取盐密的 6 倍，且上下表面污秽按均匀分布考虑，因此图中曲线也是在上述情况下进行试验得到的[18]。

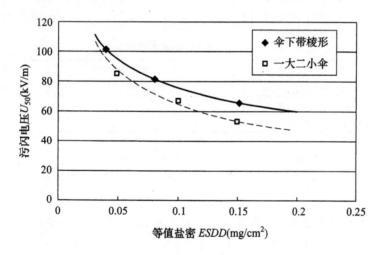

图 18-20　单位高度绝缘子的 50％闪络电压

通常，绝缘子的耐受电压可按下式计算：

$$U_{wd} = U_{50}(1 - n\sigma) \tag{18-31}$$

式中，U_{50} 为绝缘子串的 50％放电电压；σ 为放电电压的标准偏差，试验中通常取 7％；n 为安全系数，工程设计中通常取 3。

由于奉贤换流站等值盐密为 0.064mg/cm²，高于复龙换流站的盐密，因此这里以奉贤站为例进行计算。查图 18-20 的试验曲线可得，当盐密为 0.064mg/cm² 时，大小伞形和等径深棱形支柱绝缘子的 U_{50} 分别为 76.9kV/m 和 86.2kV/m，由式（18-31）计算得到耐受电压 U_{wd} 分别为 60.7kV/m 和 68.1kV/m。

（3）确定绝缘子的爬电比距 λ

根据表 18-13 所示的两种绝缘子结构参数[18]，就可以计算得到支柱绝缘子所需爬电比距，计算中考虑了 1.1 倍的安全设计裕度，具体计算如式（18-32）所示。

表 18-13　支柱绝缘子伞形及主要结构参数

型号	伞形	单节或整支	伞径/mm	公称高度 d/mm	爬电距离 λ/mm
一大两小伞		上数第 1 节	375/305	2000	6960
		第 2 节	371/312	2000	6955
		第 3 节	403/333	2000	6750
		第 4 节	425/357	2000	6655
		整支	—	8000	27320
等径深棱伞		上数第 1 节	370	2000	7050
		第 2 节	392	2000	7040
		第 3 节	420	2000	7020
		第 4 节	445	2000	6700
		整支	—	8000	27810

$$\lambda=\frac{u}{U_{wd}}\times\frac{l}{d}\times 1.1/u=\begin{cases}\dfrac{1}{60.7}\times\dfrac{27320}{8}\times 1.1=61.9\,(\text{mm/kV})\\[2mm]\dfrac{1}{68.1}\times\dfrac{27810}{8}\times 1.1=56.1\,(\text{mm/kV})\end{cases} \tag{18-32}$$

也就是说,特高压换流站直流场大小伞形和等径深棱形支柱绝缘子的爬电比距设计值分别可取 61.9mm/kV 和 56.1mm/kV。

根据前述各节的论述可知,极母线支柱绝缘子、平波电抗器支柱绝缘子等直接承受最高电压的设备可能会因高度过高而制造困难,这时就可以采用在瓷绝缘上喷涂 PRTV 涂料的方案,且喷涂 PRTV 涂料的瓷绝缘子爬电比距按照相应瓷绝缘子的 80% 选取。这样,采用直流场喷涂 PRTV 涂料的大小伞形和等径深棱形支柱绝缘子的爬电比距设计值可分别为 49.5mm/kV 和 44.9mm/kV,见表 18-14 所示。

表 18-14　直流支柱绝缘子爬电比距

等值盐密/ (mg/cm^2)	伞形	U_{50}/kV	U_{wd}/kV	爬电比距 λ (mm/kV)	喷涂 PRTV 后爬电比距 λ (mm/kV)
0.064	一大两小伞	76.9	60.7	61.9	49.5
	等径深棱伞	86.2	68.1	56.1	44.9

(4)推算不同平均直径的绝缘子和各类瓷套管所需爬距

依据不同平均直径绝缘子的积污特性和不同直径绝缘子所需爬距的相互关系,可推算出各类瓷套管所需要的爬距。

文献[22]对表征不同直径绝缘子的爬距关系的修正系数 K_{ad} 作了如下推荐:

$$\begin{cases}K_{ad}=1 & D_a<300\text{mm}\\ K_{ad}=0.0005D_a+0.85 & D_a\geqslant 300\text{mm}\end{cases} \tag{18-33}$$

式中,D_a 为绝缘子的平均直径。

综上,计算出不同直径垂直套管爬电比距如表 18-15 所示。

表 18-15　不同直径垂直套管爬电比距

绝缘方案	支柱绝缘子(mm/kV)				垂直套管(mm/kV)			
	平均直径 250~300mm		平均直径 400mm		平均直径 500mm		平均直径 600mm	
	一大二小伞	等径深棱伞	一大二小伞	等径深棱伞	一大二小伞	等径深棱伞	一大二小伞	等径深棱伞
纯瓷外绝缘	61.9	56.1	65.0	58.9	68.1	61.7	71.2	64.5
喷涂 RTV/PRTV	49.5	44.9	52.0	47.1	54.5	49.4	57.0	51.6

18.7.4　换流站直流穿墙套管爬距

(1)穿墙套管的非均匀淋雨闪络

穿墙套管的非均匀淋雨闪络是换流站直流设备外绝缘的重要事故之一。所谓非均匀淋雨是指在下雨天由于换流站阀厅墙壁的遮挡,使水平安装的穿墙套管表面绝缘受潮状况不均匀,远离墙壁的一端被雨淋湿,而靠近墙壁的一端仍保持干燥状态。

在发生非均匀淋雨闪络时常具有以下特点:穿墙套管表面的盐密值大多较低;最低闪络电压通常低于套管的运行电压。因此,不能认为闪络主要是由于污秽引起的,事实上用解决污闪的方法,即简单增加套管的爬距并不能解决穿墙套管的闪络问题。如加拿大纳尔逊河 ±500kV 直流工程换流站穿墙套管的爬电比距从 ±400kV 时的 33mm/kV 提高到 44mm/kV,中国葛上直流工程穿墙套管实测爬电比距已高达 60mm/kV,都不能防止闪络事故的发生。

目前,防止穿墙套管非均匀淋雨闪络的现场技术措施有:
- 加装辅助裙(boost shed),其中以硅橡胶辅助裙使用效果最佳,使用时间最长久;
- 喷涂室温硅橡胶(RTV)涂料;
- 涂硅脂(grease);
- 定期进行人工擦拭或水冲洗;
- 暂时降低运行电压等临时性预防措施。

实践证明,上述措施都是行之有效的,如加拿大 Dorsey 换流站安装辅助裙,美国 Sylmar 换流站喷涂 RTV,巴西伊泰普两换流站和印度 Dadri 换流站使用硅脂都取得了成功。中国葛洲坝和南桥两换流站的穿墙套管自 1991 年喷涂 RTV,直至 1997 年都未发生过闪络。硅脂的使用年限一般不超过 3 年;RTV 在使用若干年后其表面憎水性也要下降,如美国 Sylmar 换流站和中国葛洲坝换流站的穿墙套管都已发生了闪络,这都需要加强运行中的监测。

(2)解决非均匀淋雨湿闪的常用措施

自从人们对穿墙套管的闪络取得共识以来,各国新建直流工程采用了多种防治其非均匀淋雨闪络的设计,主要有:
- 使用干式硅橡胶合成套管取代传统瓷套管;
- 使用油浸式平波电抗器而免去穿墙套管;
- 直接使用户外高压直流晶闸管阀;
- 穿墙套管垂直伸出阀厅顶部;
- 穿墙套管安装固定式水冲洗装置。

上述几种设计都有成功运行经验,各具特长。从运行角度看,使用干式硅橡胶合成套管,由于其表面憎水性改善了套管表面的电压分布,可以显著提高闪络电压从而避免闪络发生。

参考文献

[1] GB 11032-2010.交流无间隙金属氧化物避雷器[S],2010.

[2] DL/T 613-1997.进口交流无间隙金属氧化物避雷器技术规范[S],1997.

[3] DL/T 620-1997.交流电气装置的过电压保护和绝缘配合[S],1997.

[4] IEC 60099-4《Metal-oxide surge arresters without gaps for a.c. systems》[S], 2009.

[5] IEC 60099-5《Surge arresters selection and application recommendations》[S], 2013.

[6] GB/T 311.3-2007.绝缘配合 第 3 部分:高压直流换流站绝缘配合程序[S],2007.

[7] Q/GDW 276-2009. ±800kV 换流站用金属氧化物避雷器技术规范[S],2009.

[8] Q/GDW 144-2006. ±800kV 特高压换流站过电压保护和绝缘配合导则[S],2006.

[9] 孙昭英,廖蔚明,丁玉剑,等. ±800kV 直流输电工程空气间隙放电特性试验及间隙距离选择

[J]. 电网技术,2008,32(22)：8—12.

[10] 刘振亚. 特高压直流输电系统过电压与绝缘配合[M]. 北京：中国电力出版社,2009.

[11] Application guide of insulation coordination and arrester protection of HVDC converter stations 高压直流换流站绝缘配合与避雷器保护使用导则[R]. 国际大电网会议 cigre,1984.

[12] HVDC Converter Station for Voltage above ±600kV[R]. 美国电力科学研究院 epri,1985.

[13] DL/T 5426-2009. ±800kV 高压直流输电系统成套设计规程[S],2009.

[14] IEC 60071-2:1996. 绝缘配合 第二部分：应用导则[S],1996.

[15] GB 311.1-1997. 高压输变电设备的绝缘配合[S],1997.

[16] IEC 60060-1:2010. 高电压试验技术第一部分：一般试验要求[S],2010.

[17] GB/T 16927.1-2011. 高电压试验技术 第一部分：一般试验要求[S],2011.

[18] 刘振亚. 特高压直流外绝缘技术[M]. 北京：中国电力出版社,2009.

[19] GB/T 26218.1-2010. 污秽条件下使用的高压绝缘子的选择和尺寸确定 第 1 部分：定义、信息和一般原则[S],2010.

[20] Q/GDW 152-2006. 电力系统污区分级及外绝缘选择标准[S],2006.

[21] 郭贤珊,宿志一,乐波. 特高压直流换流站支柱绝缘子设计[J]. 电网技术. 2007,31(24)：1—6.

[22] IEC/TS 60815-2:2008. 污染条件下使用的高压绝缘子的选择和尺寸确定 第 2 部分：交流系统用瓷和玻璃绝缘子[S],2008.

第19章 特高压直流输电线路绝缘配合

截至 2015 年,中国已经建成投运了 6 条±800kV 直流线路,另有多条±800kV 直流线路也正在建设或规划中。这些线路所经过的地区情况复杂,存在污秽、酸雨以及高海拔等恶劣条件,而这些都会对直流线路的绝缘配合产生很大的影响,因此特高压直流线路的绝缘配合是±800kV 直流输电工程设计中的关键技术。

特高压直流线路的绝缘配合,主要包括两个内容:直流线路绝缘子的选型与片数确定、直流线路空气间距的确定。由于特高压直流输电系统的特殊性,直流线路的绝缘配合存在某些与交流线路不同的特点,例如直流线路的绝缘子长期承受的是极性不变的直流电压,其积污情况较交流线路绝缘子更为严重;由于积污严重,按工作电压要求所选定的绝缘子片数很多,但染污绝缘子串在雷电作用下的闪络电压却降低很少,所以在作塔头空气间隙的绝缘配合时只需考虑操作过电压的要求。因此,特高压直流输电线路应结合这些特点进行绝缘配合设计。

19.1 特高压直流线路绝缘子型式与片数的选择

特高压直流线路一般都很长,途经地区污秽情况复杂,而直流线路积污情况较交流线路更为严重。因此,如何选择绝缘子的材质、串型与片数对线路安全运行至关重要。

下面分别就特高压直流线路绝缘子材质、串型和片数的选择进行讨论。

19.1.1 绝缘子材质、伞形的选择

1)绝缘子材质选择

目前,特高压直流线路中应用的绝缘子主要有瓷绝缘子、玻璃绝缘子和复合绝缘子。

绝缘子材质的选取,通常是从它的预期寿命、失效率和检出率以及电气机械性能等方面进行综合考虑。三种绝缘子的预期寿命以及失效率和检出率已经在特高压交流输电线路绝缘配合中进行过详细讨论。故本节重点对绝缘子在直流电压下的电气性能进行讨论,并给出特高压直流线路绝缘子选型的建议。

为了对比三种材质绝缘子耐污闪性能,清华大学选取 300kN 玻璃钟罩绝缘子、300kN 瓷钟罩绝缘子以及复合绝缘子进行污闪试验[1],试验结果的曲线如图 19-1 所示。

由图 19-1 可以看到,复合绝缘子耐污闪能力最强,相同污秽情况下污闪电压远高于瓷绝缘子和玻璃绝缘子。

对于特高压直流线路,耐污闪能力尤其重要,故在绝大多数情况下,其悬垂串绝缘子通常都优先采用复合绝缘子,在高海拔地区更是如此。实际上,在目前中国建成的多条±800kV 特高压直流线路中,悬垂串绝大多数都采用复合绝缘子,重冰区例外。

瓷、玻璃绝缘子更多的是应用于特高压直流线路的耐张串,且以钟罩型、双伞型和三伞型瓷绝缘子居多,目前玻璃绝缘子也开始得到发展和应用。

2)绝缘子伞形选择

绝缘子的绝缘性能除了与绝缘子材质有关外,还与绝缘子的伞形有着较大关系,目前特高压直流线路中应用的绝缘子包括两大类:盘式绝缘子和复合绝缘子。其中,盘式绝缘子主要包括钟罩(普通)型、双伞型和三伞型,其结构参数与伞裙形状如图 19-2 所示;复合绝缘子主要是长棒形悬式绝缘子。

对于特高压直流输电线路中的耐张串绝缘子,由于其接近水平放置,考虑复合绝缘子无法承受强大

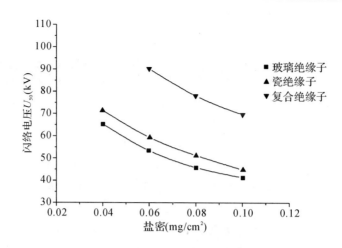

图 19-1　单位长度(1m)下不同材质绝缘子串污闪电压比较

注:试验海拔高度为 1970m

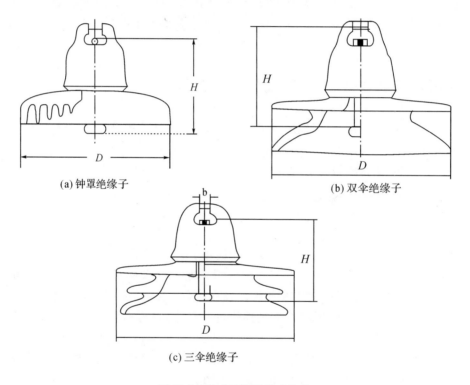

(a) 钟罩绝缘子

(b) 双伞绝缘子

(c) 三伞绝缘子

图 19-2　盘式绝缘子型式结构

重力的作用,通常都只有采用盘式绝缘子(钟罩型、双伞型和三伞型绝缘子)作为耐张串绝缘子。另外,在重冰区情况下,由于合成绝缘子伞裙之间的间隙较小,容易形成连结伞裙的冰凌,会对其绝缘性能造成较大影响。因此,在重冰区,对于悬垂 V 形串更倾向于采用盘式绝缘子(钟罩型、双伞型和三伞型瓷绝缘子)。

目前,钟罩型、双伞型和三伞型绝缘子在特高压直流输电线路中都有应用,通常来说,钟罩型绝缘子比较适合于雨水充沛的地区,而双伞型和三伞型绝缘子比较适合内陆工业污秽和粉尘性污秽地区。

应该强调指出:用在特高压直流线路上的这些绝缘子当然必须是特制的直流线路绝缘子,它们与交流线路绝缘子最大的差别是具有锌套,以解决运行中出现的电化腐蚀现象。

在中国已有的几个特高压直流输电工程中,钟罩型绝缘子用得更多一些(主要在耐张串上),但目前双伞型和三伞型绝缘子的应用也越来越多,并有超过钟罩型绝缘子的趋势。这首先是因为前者具有良好的自洁效果,耐污性能好,实际运行效果优于后者;其次是随着它们的生产工艺越来越成熟,生产成本日益下降,使它在价格上也能与钟罩型绝缘子相竞争。

19.1.2　绝缘子串型的选择

绝缘子串型的选择往往需要综合考虑电磁环境、塔头间隙、绝缘强度、走廊宽度影响、拆迁范围、对杆塔高度和自身重量的影响等因素。

目前,国内外超高压、特高压交流线路悬垂串多采用 I 串和 V 串两种方式。在 ±800kV 特高压直流线路工程中,通常主要采用 V 型串,具体理由如下:

1)采用 V 型串可以明显减少走廊宽度

对于 ±800kV 特高压直流输电线路工程,采用 V 型绝缘子串直线塔与 I 型串相比,导线极间距离可以减小 8 米左右,对改善线路的电磁环境和缩小线路走廊起到显著作用。

2)采用 V 型串可以减少塔高

虽然 V 型串绝缘子片数会比 I 型串增加一倍,但对于相同的绝缘配置,±800kV 直流线路 V 串的悬垂长度会较 I 串短约 4 米,故在档距相同的情况下,V 串直线塔可以比 I 串杆塔降低高度 4 米左右,减少杆塔重量 7%~9%。

3)V 型串的耐污性能明显优于 I 串

V 型串污耐压较单 I 串高,主要有以下几个原因。首先,由于 V 串绝缘子的夹角近似为 90°,呈倾斜布置,故其自清洗能力要明显强于 I 串绝缘子;其次,V 型串特殊的布置方式改善了绝缘子串的对地电容,减小了容性电流对绝缘子串的影响,使污闪电压得到提高;另外,V 型串的电弧较单 I 串易飘浮在绝缘子串表面,与单 I 串紧贴绝缘子串的电弧形式有所不同,故 V 型串的电弧更易熄灭。因此,在同等串长条件下,V 串绝缘子的污闪电压会优于 I 串绝缘子。相关实验表明:V 型串污闪耐受电压可以比 I 型串高 10%~20%,甚至更多。

综上,V 型串和 I 型串直线塔比较,虽然杆塔本体投资基本相当,但考虑走廊拆迁后的综合投资 V 型串直线塔明显占优。因此,目前国内已建和在建的特高压直流线路直线塔均采用了 V 型串。

19.1.3　绝缘子片数的确定

19.1.3.1　特高压直流输电线路绝缘子串片数确定的一些重要原则

1)特高压直流输电线路绝缘子串片数的确定方法

对于特高压输电线路绝缘子串片数,主要是按照额定直流运行电压和污秽条件采用爬电比距法或污耐受电压法直接加以确定,通常不需要对操作过电压和雷电过电压的要求进行校核。

实际上,由于 ±800kV 特高压直流系统对于操作过电压进行了重点限制,线路上操作过电压水平通常不超过额定运行电压的 1.7 倍(≤1.7p.u.)。但根据美国 EPRI 试验验证,在同一污秽条件下,同型号的绝缘子的操作耐受电压为直流耐受电压的 2.2~2.3 倍。又根据大量试验研究证明,当预加直流电压时,其 50% 操作冲击电压是直流污闪电压的 1.7~2.3 倍。因此,操作过电压对绝缘子片数的选择不起控制作用。

另外,由于污秽原因,±800kV 直流线路的绝缘子片数较 1000kV 交流线路还要多,其在雷电冲击电压下的绝缘裕度较大,反击耐雷水平超过 200kA,故雷电过电压对绝缘子片数的选择更不起控制作用[2]。

2)±800kV 特高压绝缘子串直流污闪电压和串长的关系

以往国内外的交流 500~1100kV 线路和直流 ±500~±600kV 线路的绝缘污秽设计,绝缘子串工频或直流污闪电压和串长之间基本上一直是按线性关系处理的。这样,就可以以单片绝缘子的参数为基础,由额定运行电压采用爬电比距法或污耐受电压法直接计算得到所需绝缘子串的片数。

但在 ±800kV 特高压直流输电系统中,直流污闪电压和串长之间是否还能基本保持线性关系,这是一个值得关注的问题,它是爬电比距法或污耐受电压法是否还能在 ±800kV 特高压直流输电系统中继续有效使用的前提。

文献[3]指出,相关的试验结果表明,大吨位直流悬式绝缘子串的50%闪络电压与片数成正比。美国通用电气公司Pittsfield试验场在电压为200～1000kV和盐密为0.01～0.04mg/cm²的条件下,对防雾型绝缘子进行了直流污闪试验,结果认为当绝缘子串片数在50片(长约8m)以内,其直流闪络电压与串长呈线性关系。日本电力中央研究所在电压为500kV和盐密为0.01～0.3mg/cm²的条件下,对盘径为420mm的直流绝缘子进行试验,得出其直流污闪电压与串长成正比,并认为绝缘子串长达14m时线性关系依然存在。因此,对于直流盘式绝缘子,即使在±800kV特高压直流输电系统中,可认为其直流污闪电压和串长之间基本保持线性关系。

文献[4]给出了复合绝缘子长串直流污闪电压和绝缘子串长之间的关系曲线,如图19-3所示。

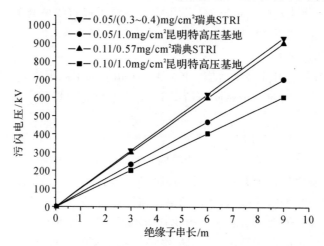

图 19-3　复合绝缘子的直流污闪电压与串长的关系

由图19-3可知,在盐密为0.05～0.1mg/cm²和绝缘子串长达10m的范围内,复合绝缘子的直流污闪电压与其长度具有良好的线性关系。

综上,用单片或短串绝缘子的污闪或耐受电压来估算长串的污闪特性,在直流±800kV特高压工程中依然可用,一般认为可以将该线性关系拓展到±800kV特高压直流范围。可以继续沿用爬电比距法或污耐受电压法来计算额定直流运行电压下所需的绝缘子串片数。

3)直流输电线路绝缘子串防污设计原则

国标GB 50790-2013规定,±800kV特高压直流输电线路防污设计,应根据绝缘子的污耐压特性,参考最新审定的污区分布图和直交流积污比,结合现场实际污秽调查结果,选择合适的绝缘子型式和片数。对无可靠污耐压特性参数的绝缘子,也可参照污秽等级按爬电比距法选择合适的绝缘子型式和片数。

另外,标准Q/GDW 181-2008规定,直流线路的爬电比距不宜小于同地区交流线路爬电比距的2.0倍[5],这主要是基于下面两个原因:

(1)在爬电比距的计算中,不管是交流系统还是直流系统,采用的均是系统标称电压,但在污闪中真正起作用的是施加于绝缘子串上的工作电压,两者有所不同。在交流系统的爬电比距计算中,采用的是交流系统标称电压U_N(即线电压),但实际作用在绝缘子串上的工作电压是相电压(即$U_N/\sqrt{3}$);而在直流系统的爬电比距计算中,采用的是直流系统标称电压U_N,但它同时也就是实际作用在绝缘子串上的工作电压。

(2)根据国内外对绝缘子的人工污耐压试验证明:在相同的盐密下,直流条件下的污耐压值比交流低15%～20%[2]。

综上,直流的爬电比距通常应是交流的2倍或以上(即$\sqrt{3}\times1.2=2.08$)。

4)直流线路污区划分及其直流等值盐密(ESDD)

对比交流线路的防污设计,直流线路防污设计的难点在于合理确定污区的直流等值盐密(ESDD),

目前直流线路污区 ESDD 的确定首先考虑现场实测污秽度。

考虑新建特高压直流输电线路所经过的路径往往没有直流 ESDD 实测值,但通常会有交流 ESDD 实测值和相应的污区划分。根据中国电科院等国内外研究部门测试结果,相同条件下,直流绝缘子积污量约为交流绝缘子的 2 倍。因此,可以通过参照 GB/T 16434-1996《高压架空线路和发电厂、变电所环境污区分级及外绝缘选择标准》,根据交流线路的污区划分选出交流等值盐密 ESDD(AC),再以直交流积污比 2.0 推算出相应污区的直流等值盐密 ESDD(DC),如表 19-1 所示[5]。

表 19-1　直流线路污区划分及其直流等值盐密(ESDD)

污区划分	ESDD(AC) (mg/cm²) 交流等值盐密	NSDD (mg/cm²) 交流等值灰密	ESDD(DC) (mg/cm²) 直流等值盐密	ESDD 上下表面积污率比 (CUR)
清洁区	0.03	0.18	0.06	1:3
轻污区	0.05	0.30	0.10	1:5
中污区	0.08	0.48	0.16	1:8
重污区	0.15	0.90	0.30	1:10

19.1.3.2　爬电比距法

1)爬电比距计算方法

爬电比距法主要是通过运行经验来确定爬电比距与污区等值盐密的关系。由于全世界还只有我国的少数几条特高压直流线路投入运行,缺乏长期的实际运行经验,因此爬电比距的拟合主要是根据 ±500kV 直流线路运行经验,文献[5]推荐绝缘子爬电比距与污区 ESDD 关系如式(19-1)所示。

$$\lambda = 6.2606 + 0.8891\ln(\text{ESDD}) \tag{19-1}$$

式中,λ 为要求的爬电比距(cm/kV);ESDD 为直流等值盐密,mg/cm²。

采用该方法,计算不同污区的爬电比距如表 19-2 所示。

表 19-2　不同污区爬电比距

污区划分	清洁区	轻污区	中污区	重污区
交流等值盐密(mg/cm²)	0.03	0.05	0.08	0.15
直流等值盐密(mg/cm²)	0.06	0.10	0.16	0.30
爬电比距(cm/kV)	3.76	4.21	4.63	5.19

2)瓷、玻璃绝缘子的绝缘子片数选取

对于瓷、玻璃绝缘子,采用爬电比距法确定绝缘子片数为

$$n \geqslant \frac{\lambda U_m}{K_e L_0} \tag{19-2}$$

式中,n 为每串绝缘子的片数;L_0 为每片绝缘子的几何爬电距离,cm;λ 为绝缘子的爬电比距,cm/kV;U_m 为系统标称电压,800kV;K_e 为绝缘子爬电距离的有效系数;目前国家标准尚未对直流绝缘子爬电距离有效系数作出规定,通常以 XP-70 和 XP1-160 两种绝缘子作为标准绝缘子,其有效系数为 1。其余瓷绝缘子有效系数一般在 0.84~0.92 之间。本节取所选绝缘子的爬电距离有效系数为 0.9~1。

以钟罩绝缘子 CA756EZ 为例,爬电比距法确定绝缘子片数的步骤如下:

标称电压 $U_m = 800\text{kV}$;

污秽等级 II(轻污区),爬电比距 λ 取 4.21cm/kV;

绝缘子为 CA756EZ,几何爬电距离 $L_0 = 63.5\text{cm}$;

有效系数 $K_e = 0.9$;

则绝缘子片数 n 满足:

$$n \geqslant \frac{\lambda U_m}{K_e L_0} \Rightarrow n \geqslant \frac{4.21 \times 800}{0.9 \times 63.5} = 58.9$$

取整得 $n=59$，所以在 II 级污秽区（轻污区），采用爬电距离为 63.5cm 的钟罩绝缘子时，特高压线路绝缘子片数 n 为 59 片。

对于不同规格的绝缘子，由式（19-2）计算可以得到 ±800kV 直流输电线路所需的绝缘子片数如表 19-3 所示。

表 19-3　按爬电比距选择绝缘子片数结果（在海拔 1000m 以下地区）

污区划分	交流等值盐密（mg/cm²）	要求爬电比距（cm/kV）	绝缘子特性			线路所需片数
			规格（kN）	几何爬电距离（mm）	有效系数	±800kV
清洁区	0.03	3.76	160kN	545	1.0	56
			210kN	545	1.0	56
			300kN	635	0.90	53
			400kN	560	0.90	60
轻污区	0.05	4.21	160kN	545	1.0	62
			210kN	545	1.0	62
			300kN	635	0.90	59
			400kN	560	0.90	67
中污区	0.08	4.63	160kN	545	1.0	68
			210kN	545	1.0	68
			300kN	635	0.90	65
			400kN	560	0.90	74
重污区	0.15	5.19	160kN	545	1.0	77
			210kN	545	1.0	77
			300kN	635	0.90	73
			400kN	560	0.90	83

3）复合绝缘子的爬电比距校核

国内外污闪试验结果（包括 STRI 试验）证实[2]：同等污秽条件下，复合绝缘子污闪电压可以比瓷和玻璃绝缘子高 50% 以上，这也就意味着在同样运行电压下，复合绝缘子爬电距离仅需瓷和玻璃绝缘子爬电距离的 2/3 即可。实际上，按照目前 ±500kV 超高压直流输电线路实际配置和运行情况来看，复合绝缘子爬电距离定为瓷绝缘子爬电距离的 3/4 以上，已经有相当裕度。

综上，复合绝缘子所要求的爬电距离，可以主要参考在相应污秽度条件下的瓷绝缘子所要求的爬电距离来确定，复合绝缘子所要求的爬电比距只要大于瓷绝缘子的 75% 即可。但实际中，由于铁塔塔头尺寸主要由极间距控制，为保证一定的极间距（满足无线电干扰和可闻噪声要求），工程上 V 型悬垂串通常采用了较长规格的复合绝缘子，复合绝缘子的爬电距离甚至接近瓷绝缘子所需要的爬电距离。因此，实际复合绝缘子通常都可以满足系统运行电压所要求的爬电距离要求。

4）海拔修正

（1）盘式绝缘子

标准规定在海拔高度超过 1000m 的地区，绝缘子的片数应进行如下修正：

$$n_H = ne^{m_1(H-1000)/8150} \tag{19-3}$$

式中，n_H 为高海拔地区每串绝缘子所需片数；H 为海拔高度，m（$H \geqslant 1000$m）；m_1 为特征指数，它反映气压对于污闪电压的影响程度，由试验确定。

公式（19-3）中各种绝缘子的 m_1 值应根据实际试验数据确定。表 19-4 给出了部分形状绝缘子的 m_1 参考值。

表 19-4　部分形状绝缘子的 m_1 参考值

绝缘子型式	普通型	双伞防污型	三伞防污型
m_1	0.5	0.38	0.31

（2）复合绝缘子

中国电科院的相关研究表明：海拔每升高 1000m，复合绝缘子的耐污闪能力下降 6.4%。

19.1.3.3　污耐压法

使用污耐压法，最重要的是在尽可能模拟实际污秽条件的试验环境中，获得绝缘子可靠的污耐压试验数据。目前对交流绝缘子已进行了大量污闪试验，获得了不同型式绝缘子的污闪电压与盐密的关系曲线，而针对直流绝缘子的污耐压试验较少，本节以日本 NGK 公司提供的绝缘子污闪数据为例，给出污耐压法计算实例。

1）直流绝缘子污耐压试验流程

采用污耐压法确定绝缘子片数流程如下：

（1）污区直流等值盐密 ESDD 和灰密 NSDD 的确定

最好能得到污区的直流等值盐密 ESDD 和灰密 NSDD 的实测值，便于以此为基础对绝缘子进行人工污闪试验，以确定绝缘子 50% 闪络电压 $U_{50\%}$。如果无法获得实测值，可以根据交流的污区等级，确定交流等值盐密 ESDD 与灰密值 NSDD，由交流等值盐密 ESDD 乘以 2 之后得到直流等值盐密 ESDD 估计值，详见表 19-1。

（2）单片绝缘子污耐受电压的确定

首先根据污区的直流等值盐密 ESDD 和灰密 NSDD，对绝缘子进行人工污闪试验，获得绝缘子 50% 闪络电压 $U_{50\%}$。

然后计算绝缘子的直流污耐受电压，单片绝缘子污耐受电压表示如下：

$$U_{max1} = U_{50\%}(1 - 3\sigma_s) \tag{19-4}$$

式中，σ_s 为绝缘子污秽闪络电压的变异系数，推荐取 7%。

（3）灰密校正

自然污秽中不溶物的种类及附着密度会对绝缘子的污闪电压产生影响。因此，需要对人工污秽的试验结果进行灰密校正。

NGK 提出绝缘子 50% 闪络电压 $U_{50\%}$ 与 NSDD 的 -0.12 次方成比例的降低。故修正系数为

$$K_1 = (NS_1/NS_2)^{-0.12} \tag{19-5}$$

式中，NS_1 为目标污秽区灰密，mg/cm^2；NS_2 为人工污秽试验灰密，通常为 0.1mg/cm^2 或 1.0mg/cm^2（即绝缘子厂家在进行绝缘子人工污闪试验时的人工污秽试验灰密值）。

对单片绝缘子的耐受电压进行如下修正：

$$U_{max2} = K_1 U_{max1} \tag{19-6}$$

（4）上下表面不均匀积污校正

绝缘子上下表面的不均匀积污会对污闪电压产生影响，需要对此进行校正。不同污区上下表面积污不均匀度可用直流绝缘子伞裙上下表面的盐密比来表示，可参考表 19-5 的结果[2]。

表 19-5　直流通用绝缘子上下表面积污比

交流等值盐密(mg/cm^2)	0.03	0.05	0.08	0.15
积污比	1/3	1/5	1/8	1/10

美国电科院（EPRI）有关试验得出的修正系数为

$$K_2 = 1 - 0.38\lg(T/B) \tag{19-7}$$

式中，(T/B) 为上下表面积污比（等值盐密比）。

对单片绝缘子的耐受电压进行如下修正：

$$U_{max3} = K_2 U_{max2} \tag{19-8}$$

（5）污耐受电压 U_s 的确定

特高压直流输电线路，额定电压 U_N 为 800kV，最高工作电压为 $U_s = 1.02U_N$，故绝缘子串上的最大工作电压 U_s 为 816kV。

（6）确定绝缘子片数

将修正后的参数代入下式，得到线路绝缘子片数 N 为

$$N = U_s / U_{max3} \tag{19-9}$$

2）直流绝缘子污耐压法计算实例

1988 年 NGK 提供的葛南线设计中给出了单片 CA-735EZ 绝缘子的污耐压值如表 19-6 所示[2]。

表 19-6　单片 CA-735EZ 绝缘子的污耐压值（灰密为 0.1mg/cm²）

等值盐密（mg/cm²）	0.03	0.05	0.08	0.15
污耐压值（kV）	17.8	15.2	13.2	10.7

注：数据为 1988 年 NGK 提供葛南线设计用

下面以表 19-6 中单片 CA-735EZ 绝缘子的污耐压值为例，采用 NGK 灰密校正方法，求取不同污区盐密下±800kV 特高压输电线路绝缘子片数，计算过程如表 19-7 所示。

表 19-7　NGK 方法选择±800kV 级线路绝缘子片数计算过程

污秽等级	清洁区	轻污区	中污区	重污区
交流等值盐密（mg/cm²）	0.03	0.05	0.08	0.15
直流等值盐密（mg/m²）	0.06	0.10	0.16	0.30
绝缘子上下表面积污比	1/3	1/5	1/8	1/10
灰密 NS_1（mg/cm²）	0.18	0.3	0.48	0.9
试验提供的单片 $U_{50\%}$（kV） 灰密 $NS_2 = 0.1$ mg/cm²	17.8	15.2	13.2	10.7
要求耐受电压 U_{max1}（kV） $U_{max1} = U_{50\%}(1-3\sigma_s)$	14.1	12.0	10.4	8.5
灰密修正系数 $K_1 = (NS_1/NS_2)^{-0.12}$	0.932	0.876	0.828	0.768
灰密校正后 $U_{max2} = K_1 U_{max1}$（kV）	13.1	10.5	8.6	6.5
上下表面积污比校核系数 $K_2 = 1-0.38 \lg(T/B)$	1.181	1.266	1.343	1.380
积污比校正后（kV） $U_{max} = K_2 U_{max2}$（kV）	15.5	13.3	11.6	9.0
线路最高运行电压 $U_s = 1.02 U_N$（kV）	816			
要求绝缘子片数 $N = U_s / U_{max3}$	53	62	71	92

19.1.4　覆冰区绝缘子的选择

绝缘子表面的覆冰分为雨凇、雾凇和混合凇三种形态。

雨凇是冷却的降水碰到温度等于或低于零摄氏度的物体表面时所形成玻璃状的透明或无光泽的表面粗糙的冰覆盖层。雨凇附着力强，形成过程中有水滴的出现，容易形成冰凌，属于湿增长。

雾凇是由于雾中无数零摄氏度以下而尚未结冰的雾滴随风在树枝等物体上不断积聚冻粘的结果，表现为白色不透明的粒状结构沉积物。附着力小，形成过程中无水滴出现，不会产生冰凌，属于干增长。

混合凇是结合了雨凇的湿增长和雾凇的干增长形成的冰体，有一定的附着力。

雨凇和混合凇在形成过程中会有水滴的出现，形成的冰凌可能会将绝缘子伞裙桥接，使得绝缘子耐压性能下降。因此，对绝缘子电气性能影响最为严重的是雨凇。

中国特高压直流输电线路长,经过地区情况复杂,部分地区冰灾严重,绝缘子覆冰闪络现象时有发生。影响绝缘子冰闪电压的因素,主要与绝缘子的伞形、材质、覆冰前绝缘子污秽度、覆冰水的电导率以及覆冰量有关。通过对绝缘子的覆冰闪络进行研究,可以为覆冰区线路的绝缘子串的设计提供建议。

19.1.4.1　覆冰区绝缘子型式的选择

一般来说,绝缘子的伞形和材质主要通过影响绝缘子覆冰情况(如覆冰位置、冰柱桥接等情况)等来影响绝缘子的冰闪电压,下面分别讨论材质和伞形对绝缘子冰闪电压的影响。

1) 不同材质绝缘子冰闪电压比较

文献[6]选取瓷钟罩绝缘子 XZP-210、玻璃钟罩绝缘子 F210P/C 以及复合绝缘子,研究三种材质绝缘子覆冰后的直流闪络特性,结果如图 19-4 所示。

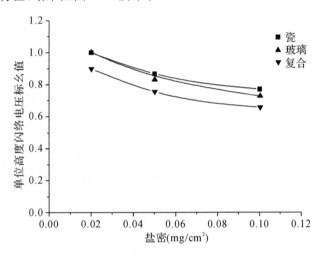

图 19-4　三种材质绝缘子冰闪电压比较

注:基准值为瓷钟罩绝缘子冰闪电压。

可以看到,三种绝缘子中以瓷绝缘子的冰闪电压最高,玻璃绝缘子仅略低于瓷绝缘子,两者相差不大,而复合绝缘子最低。这主要是因为瓷绝缘子和玻璃绝缘子为钟罩型绝缘子,其伞裙直径较大,相邻两片伞裙距离也较远,覆冰过程中伞裙边缘不会全部被冰凌桥接。而复合绝缘子伞裙直径较小,相同覆冰量下,伞裙更容易完全被冰凌桥接甚至覆盖,使得复合绝缘子冰闪电压降低。另外,复合绝缘子在长期的低温和潮湿环境下憎水性明显减弱,最终使得绝缘子表面被冰层覆盖,使其憎水性无法发挥作用。

2) 不同伞形绝缘子冰闪电压比较

文献[6]选取三伞绝缘子 CA-774EZ、双伞绝缘子 XZWP-210 和钟罩绝缘子 XZP-210(三种绝缘子均为 210kN),对比该三种伞形绝缘子覆冰后的污闪特性,结果如图 19-5 所示。

在三种伞形绝缘子中以双伞绝缘子的冰闪电压最高,三伞其次,钟罩绝缘子最低,但三种伞形绝缘子的污闪电压相差并不大。分析认为,三种绝缘子均为悬式盘型绝缘子,故绝缘子串整体覆冰情况相差不大。在相同结构高度下,三伞绝缘子相邻伞裙距离较小,使得冰柱桥接情况较双伞绝缘子严重,因此双伞绝缘子略高于三伞绝缘子。

综上,复合绝缘子伞裙小,相同覆冰量下较盘式绝缘子冰凌更易桥接,低温潮湿环境下易丧失憎水性,使得绝缘子覆冰后闪络电压下降较大,而瓷绝缘子和玻璃绝缘子覆冰后仍能保持较高的绝缘性能。对比三种伞形的绝缘子,双伞绝缘子覆冰后耐污闪性能最好。因此,建议在覆冰区采用双伞瓷绝缘子。

19.1.4.2　覆冰区绝缘子片数的选择

在重冰区,绝缘子表面通常覆盖厚厚的冰层甚至伞裙间被冰柱桥接,覆冰严重时整个绝缘子完全被冰覆盖,绝缘子伞形、材质的差别将变小。此时通常用覆冰耐压梯度(单位长度绝缘子串冰闪电压)来描述覆冰绝缘子的冰闪性能。

覆冰耐压梯度主要与覆冰水的导电性、覆冰量有关。目前,关于直流绝缘子覆冰闪络研究尚无成熟

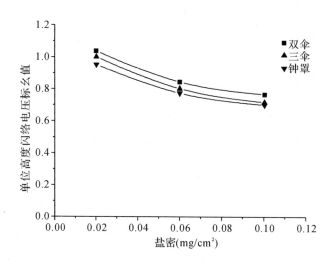

图 19-5　不同伞形绝缘子覆冰后闪络电压与盐密关系曲线

的覆冰试验标准,不同实验室受各自条件所限,试验结果相差较大。各实验室直流绝缘子覆冰耐压梯度如表 19-8 所示[7]。可以看到,在冰水导电率相差不大时,不同实验室得到的电压梯度相差甚大。

表 19-8　不同实验室覆冰绝缘子耐压梯度

单位	绝缘子尺寸 (mm)	每串片数	冰水电导率 (μs/cm)	电压梯度 (kV/m)	备注
中国电科院	$\dfrac{\Phi 320}{H170}$	26 19 19	51 108 450	95 86.6 52.6	最小放电电压, 室外
重庆大学	$\dfrac{\Phi 320}{H170}$	9~21	100~200	78.7~81	最小放电电压, 室内
美国 BPA	$\dfrac{\Phi 320}{H165}$	20	10 15.6 238	108 96 61	最小放电电压, 室外
美国 EPRI	$\dfrac{\Phi 320}{H170}$	38	32	68	耐受电压, 室外
日本 CRIEPI	$\dfrac{\Phi 320}{H165}$	10	>25	80	耐受电压, 室外

对重冰区,文献[8]建议可以按绝缘子覆冰耐压梯度最小值 67kV/m 来进行设计,所以绝缘子串长度 L 可按式(19-10)计算:

$$L=U_s/67 \tag{19-10}$$

式中,U_s 为绝缘串的最大工作电压,816kV。

绝缘子串除了要满足冰闪电压的要求外,还应保证其污闪电压满足当地污秽区污耐压的要求。对于复合绝缘子,目前缺乏其覆冰运行经验和数据参照,建议重冰区暂勿采用复合绝缘子。

19.2　特高压直流线路空气间距的确定

特高压直流线路需要作绝缘配合的空气间隙主要是导线对杆塔的间隙。不同于交流线路,特高压直流线路全线直线杆塔通常采用 V 型绝缘子串悬挂方式,相比 I 串,在 V 串悬挂方式下,导线运行时不受风偏影响,更为稳定,校核过电压不需要考虑风偏角的影响,并且 V 串绝缘子自清洗效果好,积污情况也较 I 串轻。因此,在特高压直流线路上全线杆塔均采用 V 型绝缘子串悬挂方式。特高压直流线路典型杆塔如图 19-6 所示。

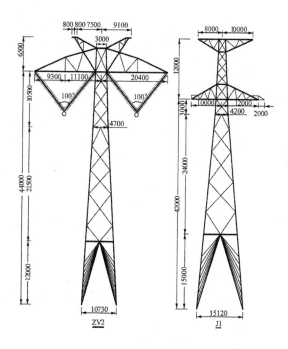

图 19-6　特高压直流线路典型杆塔

与特高压交流线路类似,特高压直流线路空气间隙的绝缘配合也需要考虑以下因素的影响。

1)杆塔侧面宽度

空气间隙处的杆塔侧面宽度和试验电压波前时间对特高压线路杆塔空气间隙的放电电压有明显的影响。杆塔侧面宽度增加,杆塔空气间隙的操作冲击放电电压会随之降低。分析认为,导线对杆塔冲击击穿模型在一定程度上可以用棒板模型来描述,杆塔相当于棒板模型中的板,对于棒板间隙,当板面积增大时,棒板电场不均匀程度加剧,使得间隙击穿电压下降。苏联认为,塔宽与放电电压之间的关系如下[9]:

$$U_{50}(\omega)=U_{50}(1)(1.03-0.03\omega) \tag{19-11}$$

式中,$U_{50}(\omega)$——塔身宽度为 ω(m)时的放电电压,kV;

$U_{50}(1)$——塔身宽度为 1m 时的放电电压,kV;

ω——塔身宽度,m。

对于特高压直流线路空气间隙的放电试验,塔身宽度直接影响放电电压,因此通常都会采用真型塔,保证试验得出的放电特性与实际放电特性相同。

2)海拔高度对空气间隙放电电压影响

国标 GB 50790-2013《±800kV 直流架空输电线路设计规范》规定,大于 1000m 海拔的空气间隙放电电压需要修正。对于海拔高度为 H(m)地区的外绝缘,其放电电压(U_{P_H}),可按式(19-12)进行校正[10]。

$$U_{P_H}=k_a \cdot U_{P_0} \tag{19-12}$$

式中,U_{P_H} 是海拔高度为 H(m)时,外绝缘放电电压或耐受电压要求值,kV;U_{P_0} 为海拔高度为 0m 时,外绝缘放电电压或耐受电压要求值,kV;k_a 为海拔校正因数。

校正因数 k_a 的计算,如式(19-13)所示。

$$k_a=e^{m(H/8150)} \tag{19-13}$$

式中,H 为海拔高度(1000m≤H≤2000m),m;m 取值如下:直流和雷电冲击电压,$m=1.0$;操作冲击电压,m 按图 19-7 选取[10]。

下面以海拔 2000m 处的特高压直流线路的空气间隙在操作冲击下的击穿特性的校核为例,来说明

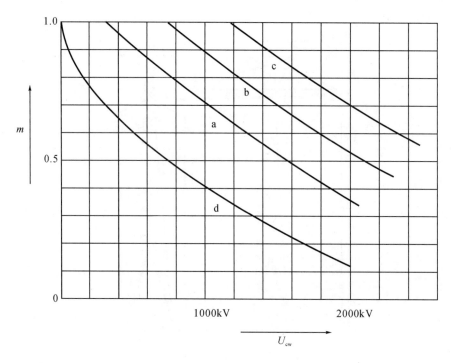

图 19-7　各种电压下的 m 值

注：a 为相对地绝缘，b 为纵绝缘，c 为相间绝缘，d 为棒板间隙（标准间隙）

海拔校正的步骤。

假设线路上最大操作过电压倍数为 1.85 倍，标准大气条件下的空气间隙的 50% 操作冲击放电电压要求值（可参考 19.2.2 节公式（19-20））为

$$U_{50} = \frac{k'_3}{(1-2\sigma)}U_N = \frac{1.85}{1-2\times 0.06}\times 816 = 1715(\text{kV})$$

由图 19-7 确定 m 值：线路空气间隙为导线对杆塔的间隙，属于相对地绝缘，选择曲线 a，放电电压在 1700kV 以上，可知 m 值在 0.4～0.45 之间，为保留一定裕度，取 m=0.45。

在不考虑空气湿度影响的情况下（即空气湿度修正系数取为 1），海拔校正因数 k_a 实际上反映的就是空气密度变化对放电电压所造成的影响。此时，海拔校正因数 k_a 的倒数就是空气密度修正系数，如式（19-14）所示。

$$k_1 = 1/k_a \tag{19-14}$$

海拔 2000m 时计算直流电压下海拔校正因数为

$$k_a = e^{m(H/8150)} = e^{1\times 2000/8150} = 1.278 \tag{19-15}$$

海拔 2000m 时直流电压下的空气密度修正系数为

$$k_1 = 1/k_a = 0.782 \tag{19-16}$$

海拔 2000m 时计算操作冲击下海拔校正因数为

$$k_a = e^{m(H/8150)} = e^{0.45\times 2000/8150} = 1.116 \tag{19-17}$$

海拔 2000m 时操作冲击下的空气密度修正系数为

$$k'_1 = 1/k_a = 0.896 \tag{19-18}$$

电科院在北京和昆明两地（海拔高度相差 2000m 左右）进行了特高压真型塔塔头空气间隙的操作冲击放电试验，绝缘子采用 V 字形布置，夹角为 90°，在不同绝缘子长度和不同塔头空气间隙距离下，对 6 分裂导线对杆塔横担和塔身的 50% 操作冲击放电电压进行了对比试验，获得的试验特性曲线如图 19-8 所示[11]。

在尽可能保持试品布置和试验方法一致性的前提下，两次试验导线对杆塔的 50% 操作冲击放电电压相差 12.1%～10.4%（间隙距离在 6.5～8.5m 之间）。故可以认为两次放电电压幅值的差距为海拔

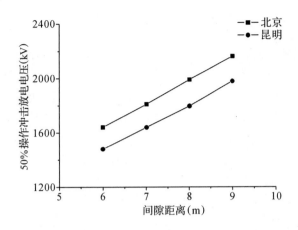

图 19-8　±800kV 塔头空气间隙 50％操作冲击放电电压试验结果

高度产生的影响。海拔 2000m 时，大气校正因数在 1.12～1.10 之间，通过式(19-17)进行的海拔校正因数计算值为 1.116，与试验结果相差较小。因此，可以认为本书采用该海拔校正方法是可靠的。

19.2.1　直流电压下空气间距的确定

参照文献[12]，直流 50％放电电压与额定工作电压 U_N 关系如下式所示。

$$U_{50} = \frac{k_2 k_3}{(1-3\sigma)k_1} U_N \qquad (19-19)$$

式中，k_1 为空气密度修正系数；k_2 为空气湿度修正系数，标准情况下取 1；k_3 为安全系数，取 1.1～1.15；σ 为空气间隙直流放电电压变异系数，取 0.9％；U_N 为额定运行电压，800kV。

当不考虑海拔高度时，k_1 取 1，k_2 取 1，k_3 取 1.15，此时 U_{50} 为 945kV。查导线对杆塔直流放电电压曲线如图 19-9 所示[2]，对应所需空气间隙距离约为 2.1m。当海拔为 2000m 时，k_1 为 0.782，k_2 取 1，k_3 取 1.15，此时 U_{50} 为 1209kV。根据图 19-9 可得所需空气间隙距离约为 2.7m。

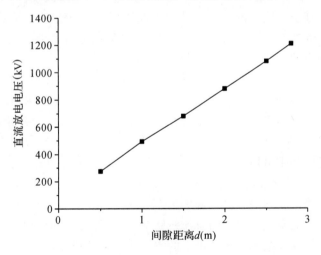

图 19-9　分裂导线对塔身间隙的正极性直流放电电压曲线

在特高压直流线路中，直线杆塔采用 V 型绝缘子串，导线对杆塔的距离是固定的，不受风偏影响，而且间隙距离至少在 6～7m 以上。因此，直流电压对杆塔空气间隙距离的校正不起控制作用。

19.2.2　操作冲击下空气间距的确定

参照《高压直流架空送电线路技术导则》(DL/T 436-2005)，直流线路空气间隙的 50％操作冲击放电电压与系统最高电压 U_m 的关系如式(19-20)所示。

$$U_{50} = \frac{k_2' k_3'}{(1 - 2\sigma) k_1'} U_m \tag{19-20}$$

式中，k_1' 为空气密度修正系数；k_2' 为空气湿度修正系数，标准情况下取 1；k_3' 为操作过电压倍数，取 $1.7 \sim 1.8$；σ 为空气间隙操作电压变异系数，取 5%，另外大电网会议于 2002 年出版的《HVDC converter stations for voltages above $\pm 600\mathrm{kV}$》报告中对于该参数取为 6%；U_m 为系统最高电压，816kV。

当不考虑海拔高度时，k_1' 取 1，k_2' 取 1，k_3' 取 1.7，此时 U_{50} 为 1541kV。查导线对杆塔气隙的直流击穿特性曲线如图 19-10 所示[2]，对应所需空气间隙距离约为 5.3m。当海拔为 2000m 时，k_1' 为 0.896，k_2' 取 1，k_3' 取 1.7，此时 U_{50} 为 1720kV。根据图 19-10 可得所需空气间隙距离约为 6.2m。

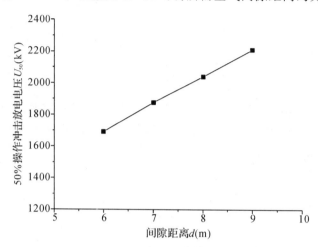

图 19-10　800kV 直流线路杆塔空气间隙操作冲击放电特性

19.2.3　雷电冲击下空气间距的确定

在确定雷电冲击下的空气间隙时，对于直流线路和交流线路有所区别。

对于交流线路，通常使空气间隙的 50% 冲击击穿电压 $U_{50\%(l)}$ 与绝缘子串的 50% 冲击闪络电压 U_{CFO} 之比（所谓配合比）在 0.85 左右，即 $U_{50\%(l)} = 0.85 U_{CFO}$。多年的运行实践表明，根据上述方法设计的交流线路，其运行经验是满意的。在特高压交流线路中，其配合比通常取为 0.8。但在直流线路中，绝缘子片数的选择是按照直流运行电压下不发生闪络的要求选取的，由于直流线路的集尘效应更强，使得直流闪络电压下降较多，在同一条件下所选取的直流绝缘子的片数、爬距和串长均大于交流输电线路绝缘子[13]，如果仍按照配合比 0.85 或 0.8 来确定直流线路的空气间隙，则所确定的直流线路空气间隙将过大。

对于特高压直流线路，如果沿用 1000kV 交流特高压线路所采用的方法确定空气间隙，当海拔高度在 1000m 以下时，雷电冲击下要求的空气间隙约为 $7.0 \sim 8.7\mathrm{m}$[14]，而直流工作电压下要求的空气间隙约为 $2.1 \sim 2.7\mathrm{m}$，操作冲击下要求的空气间隙约为 $5.3 \sim 6.2\mathrm{m}$。按照交流线路空气间隙的绝缘配合方法，则应取雷电冲击下要求的空气间隙作为直流线路空气间隙的设计值。但是，实际中一般不是按照雷电冲击下的空气间隙选取，而是按照操作冲击下的空气间隙进行选取，具体分析如下：

对于特高压直流线路，雷电过电压对直流系统的影响与交流线路有所不同。首先，在直流线路中，没有直流断路器，不存在类似交流系统中因断路器多次雷击跳闸而引起的检修和维护问题，在遭受雷击发生闪络后，直流换流阀会很快动作，迅速由整流状态转换为逆变状态，使线路故障点电弧快速熄灭，然后直流系统很快重启，全过程时间极短，通常在 $100 \sim 300\mathrm{ms}$，故整个雷击闪络和重启过程基本不影响线路的连续运行。其次，雷击闪络后，由于直流控制系统的快速调节，流过直流线路的故障电流大小和持续时间都远小于交流线路的短路电流，因此对绝缘子的损伤也比交流线路轻得多。另外，由于受直流线路工作电压的影响，使得直流线路对雷电具有天然的不平衡绝缘特性，雷击一般发生在与雷云极性相反的一极导线上，而另一极导线则基本上不会发生雷击闪络，故另一极仍能正常供电，且直流系统在故障极闭锁后的短时间内可以以 1.4～1.5 倍的过负荷运行,因此一般不会出现直流系统双极停运这种极其严重的情况。综上分析,雷电过电压造成的直流线路冲击闪络及后果远比交流线路轻得多,并且其出现概率也不大,故在确定直流线路空气间隙时,通常不需要考虑雷电冲击过电压的要求。

但是,对于直流线路的操作过电压,与雷电过电压不同,其种类繁多,某些故障下有可能导致直流系统双极停运等严重事故,从而给系统正常供电造成重大影响。因此,在确定直流线路空气间隙时,通常需要重点考虑操作冲击过电压的要求。

综上,对于特高压直流线路的空气间隙校核和塔头尺寸设计,雷电冲击通常不起控制作用,操作过电压才是关键的控制因素。

19.2.4　特高压直流线路空气间隙规程推荐与工程应用值

国标 GB 50790-2013《±800kV 直流架空输电线路设计规范》给出了±800kV 线路在相应风偏条件下,带电部分与杆塔构件(包括拉线、脚钉等)的最小间隙如表 19-9 所示。

表 19-9　带电部分与杆塔构件的最小间隙(m)

标称电压(kV)	±800				
海拔(m)	500	1000	2000	3000	3700
工作电压下的最小间隙	2.1	2.3	2.5	2.85	3.1
操作过电压(1.6p.u.)下的最小间隙	5.3	5.7	6.4	7.1	7.6
雷电过电压下的最小间隙	/				

文献[2]给出了±800kV 云广、向上、锦苏特高压直流输电线路的带电部分与杆塔构件的最小间隙值如表 19-10 所示。

表 19-10　带电部分与杆塔构件的最小间隙(m)

标称电压(kV)		±800				
海拔(m)	操作过电压倍数	500	1000	2000	3000	3700
操作过电压所要求的最小间隙	1.6p.u.	5.3	5.7	6.4	7.1	7.6
	1.7p.u.	5.5	6.3(5.55)	6.9(6.2)	/	/
工作电压所要求的最小间隙		2.1(2.55)	2.3(2.7)	2.5(3.05)	2.85(—)	3.1(—)
雷电过电压所要求的最小间隙		/				

注:括号内数据为云广±800kV 特高压直流线路的设计值,其他数值是向上、锦苏±800kV 特高压直流线路的设计值。

参考文献

[1] 关志成,张福增,王新等.特高压直流输电线路外绝缘设计和绝缘子选型[J].高电压技术,2006,32(12):122—123.

[2] GB 50790-2013.±800kV 直流架空输电线路设计规范[S],2013.

[3] 赵畹君.高压直流输电工程技术[M].北京:中国电力出版社,2004.

[4] 廖永力,张福增,李锐海等.特高压直流输电线路外绝缘设计若干问题研究[J].南方电网技术,2013,7(1):39—43.

[5] Q/GDW 181-2008.±500kV 直流架空输电线路设计技术规定[S],2008.

[6] 刘振亚.特高压直流外绝缘技术[M].北京:中国电力出版社,2009.

[7] 周刚,李力,刘仲全.±800kV 直流架空输电线路绝缘选择[J].高电压技术,2009,35(2):231—235.

[8] 李勇伟,周康,李力,等.±800kV 直流特高压输电线路的设计[J].高电压技术,2009,35(7):1518—1525.

[9] Г.Н.亚历山大罗夫等.超高压送电线路的设计[M].北京:水利电力出版社,1987.

[10] IEC 60071-2.绝缘配合 第二部分:应用指南[S],1996.

[11] 孙昭英,廖蔚明,宿志一,等.±800kV 直流输电工程空气间隙海拔校正系数试验研究[J].电网技术,2008,32(22):13—16.

[12] DL/T 436-2005.高压直流架空送电线路技术导则[S],2005.

[13] 赵智大.高电压技术(第三版)[M].北京:中国电力出版社,2013:293—294.

[14] 周沛洪,修木洪,谷定燮,等.±800kV 直流系统过电压保护和绝缘配合研究[J].高电压技术,2006,32(12):125—132.

第 20 章 特高压直流换流阀过电压特性与绝缘配合

特高压直流输电换流阀在操作、雷电、陡波等暂态电压作用下,以及运行工况下的关断、开通、阻断等过渡过程中,将产生各种形式的过电压。本章提出了换流阀冲击过电压及运行过电压的分析方法,在此基础上,研究了过电压保护配置方法,介绍了金属氧化物避雷器保护和门极电子保护,以保证换流阀能够承受最恶劣的稳态运行条件以及各种暂态过电压。此外,本章还介绍了换流阀系统绝缘配合策略,用于换流阀设计环节,需要根据过电压水平确定爬电距离和空气间隙。

20.1 冲击电压作用下换流阀过电压特性分析

当换流阀承受雷电过电压、陡波过电压等高频暂态过电压时,换流阀系统中不同电位金属导体间的寄生电容以及金属导体对地间的分布电容的作用将不能再忽略。为了合理考量这些参数的影响,需要提取这些分布电容,并按照其在换流阀中的电气关系,接入主回路之中,从而建立其冲击暂态分析模型,研究换流阀过电压特性。

20.1.1 换流阀系统寄生电容提取

换流阀系统中金属导体尺寸大,结构复杂,需要耗费的计算资源多,采用边界元方法进行计算,仅选取导体表面作为计算域,可以极大提高计算效率。

边界元法是一种求解边值问题的积分方法,其基本思路就是将微分方程转换成边界积分方程,然后把方程离散为代数方程组,通过解代数方程组得到问题的数值解[1-3]。

设空间区域 V 的边界由曲面 S_1 和 S_2 组成,区域内的电荷体密度为 $\rho(r')$,分别用 r 和 r' 表示场点和源点,$R = r - r'$。当给出边界条件和区域内电荷分布时,求解区域内及边界上的电位和电场强度分布,可表示为下面的边值问题

$$\nabla^2 \phi = -\frac{\rho}{\varepsilon}$$
$$\phi = \phi_0, \phi \in S_1 \tag{20-1}$$
$$-\frac{\partial \phi}{\partial n} = E_0, \phi \in S_2$$

式中,ϕ 为电位,ε 为区域内介质的介电常数,e_n 为边界的外法线方向,ϕ_0 为边界 S_1 上的电位,E_0 为边界 S_2 上的法向电场强度。利用格林恒等式将上式化为

$$\phi(r) = \frac{1}{4\pi\varepsilon}\iiint_V \frac{\rho(r')}{R}dV + \frac{1}{4\pi}\iint_S \left[\frac{1}{R}\frac{\partial \phi}{\partial n} - \phi\frac{\partial}{\partial n}\left(\frac{1}{R}\right)\right]dS \tag{20-2}$$

式中,r 表示区域内的场点,当场点移到区域的边界上时,式(20-2)转化为

$$\frac{1}{2}\phi(r) = \frac{1}{4\pi\varepsilon}\iiint_V \frac{\rho(r')}{R}dV + \frac{1}{4\pi}\iint_S \left[\frac{1}{R}\frac{\partial \phi}{\partial n} - \phi\frac{\partial}{\partial n}\left(\frac{1}{R}\right)\right]dS \tag{20-3}$$

考虑区域内无体电荷分布的拉普拉斯情况,则式(20-3)可简化为

$$\frac{1}{2}\phi(r) = \frac{1}{4\pi}\iint_S \left[\frac{1}{R}\frac{\partial \phi}{\partial n} - \phi\frac{R \cdot e_n}{R^3}\right]dS \tag{20-4}$$

将边界离散,并且采用伽辽金加权余量方法,则式(20-4)转化为

$$\frac{1}{2}\sum_e\sum_j\sum_i\iint_{S_e}N_jN_i\phi_i\mathrm{d}S$$

$$=\frac{1}{4\pi}\sum_e\sum_{e'}\sum_j\sum_i\iint_{S_e}N_j\iint\frac{N_i}{R}\frac{\partial\phi_i}{\partial n}\mathrm{d}S'\mathrm{d}S-\frac{1}{4\pi}\sum_e\sum_{e'}\sum_j\sum_i\iint_{S_e}N_j\iint_{S_{e'}}N_i\frac{\boldsymbol{R}\cdot\boldsymbol{e}_n}{R^3}\phi_i\mathrm{d}S'\mathrm{d}S \tag{20-5}$$

式中,e 表示场单元的编号,e' 表示源单元的编号,S_e 表示场单元的积分区域,$S_{e'}$ 表示源单元的积分区域。令向量 $\boldsymbol{E}=[-\frac{\partial\phi_1}{\partial n},-\frac{\partial\phi_2}{\partial n},\cdots]^{\mathrm{T}}$,$\boldsymbol{u}=[\phi_1,\phi_2,\cdots]^{\mathrm{T}}$,并且令矩阵

$$A_{ij}=2\pi\sum_e\iint_{S_e}N_jN_i\mathrm{d}S \tag{20-6}$$

$$C_{ij}=-\sum_e\sum_{e'}\iint_{S_e}N_j\iint_{S_{e'}}\frac{N_i}{R}\mathrm{d}S'\mathrm{d}S \tag{20-7}$$

$$D_{ij}=\sum_e\sum_{e'}\iint_{S_e}N_j\iint_{S_{e'}}N_i\frac{\boldsymbol{R}\cdot\boldsymbol{e}_n}{R^3}\mathrm{d}S'\mathrm{d}S \tag{20-8}$$

将式(20-5)写成矩阵的形式

$$\boldsymbol{CE}=(\boldsymbol{A}+\boldsymbol{D})\boldsymbol{u}=\boldsymbol{Bu} \tag{20-9}$$

因此,当已知边界电位向量 u,通过式(20-9)即可求解边界电场强度向量 E,进而得到电荷面密度 σ。

现在考虑由 $n+1$ 个导体组成的静电独立系统,各个导体所带电荷总量为零。设导体的序号为 0,$1,2,\cdots,n$,它们所带电荷量为 $q_0,q_1,q_2,\cdots q_n$。根据静电独立系统的定义,有

$$q_0+q_1+q_2+\cdots+q_n=0 \tag{20-10}$$

对于上述的线性静电独立系统,设 0 号导体为参考导体,其电位为零,有

$$\begin{cases}q_1=C_{10}U_{10}+C_{12}U_{12}+\cdots+C_{1j}U_{1j}+\cdots+C_{1n}U_{1n}\\ q_2=C_{21}U_{21}+C_{20}U_{20}+\cdots+C_{2j}U_{2j}+\cdots+C_{2n}U_{2n}\\ q_i=C_{i1}U_{i1}+C_{i2}U_{i2}+\cdots+C_{ij}U_{ij}+\cdots+C_{in}U_{in}\\ q_n=C_{n1}U_{n1}+C_{n2}U_{n2}+\cdots+C_{nj}U_{nj}+\cdots+C_{n0}U_{n0}\end{cases} \tag{20-11}$$

假定 i 号导体为高电位,系统内其余导体电位为零,则根据上式(20-11),有

$$\begin{cases}C_{21}=\dfrac{q_2}{U_{21}}\bigg|_{U_{20}=U_{23}=\cdots=U_{2j}=\cdots=U_{2n}=0}\\[2mm] C_{i1}=\dfrac{q_i}{U_{i1}}\bigg|_{U_{i0}=U_{i2}=\cdots=U_{ij}=\cdots=U_{in}=0}\\[2mm] C_{n1}=\dfrac{q_n}{U_{n1}}\bigg|_{U_{n0}=U_{n2}=\cdots=U_{nj}=\cdots=U_{nn}=0}\end{cases} \tag{20-12}$$

由公式(20-12)可以看出,在假定条件下,只要计算出已知电位为 0 的导体所带电荷量,即可得知假定的高电位导体与其他导体之间的电容参数。

通过边界元法计算,可得到每个节点的电场强度 E_n,再由 $D_n=\varepsilon_0E_n$,及 $\sigma=D_n$,可得:$\sigma=\varepsilon_0E_n$。其中 σ 为面电荷密度。得到节点电荷密度后,对单元做插值,然后积分,即可得到导体的总电荷量。对于线模型,边界元求解得到的是节点的线电荷密度 τ,同理,可通过插值求得总电荷量。

20.1.2　换流阀系统冲击暂态分析模型

对阀组件及晶闸管级电压分布进行分析,可采取组件级简化电路。对于有 n 层,每层有 m 组组件,每组件有 l 个晶闸管级的换流阀,其冲击电压下阀塔等效电路分别如图 20-1 所示。

加入横梁寄生电容、屏蔽罩寄生电容的等值电路如图所示,为了方便起见将饱和电抗器和晶闸管级的等值参数分别用 SR 和 TCA 表示。

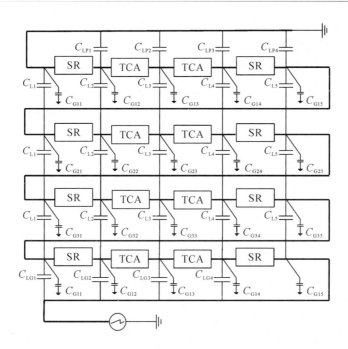

图 20-1　冲击电压下的阀塔等值电路

注：C_G：各层模块屏蔽罩对地杂散电容　　　C_{LG}：底层模块对底屏蔽罩杂散电容

C_{LP}：顶层模块对顶屏蔽罩的杂散电容　C_L：屏蔽罩层级杂散电容

20.1.3　换流阀系统冲击暂态过电压特性

以锦屏苏南±800kV 特高压直流换流阀为例，单个阀组件采用 9 级晶闸管，二重阀塔共包含 4 个阀层 8 个模块，每个模块保护 4 个彼此绝缘的屏蔽罩，阀塔顶部和底部分别设有顶、底屏蔽罩，具体结构如图 20-2 所示。

图 20-2　特高压换流阀阀塔结构

由于杂散电容的影响，不同阀层之间，不同模块之间承受的电压不相等，极端情况下，靠近入射波模块会因为承受电压过高而造成正向过电压保护异常动作。因此在换流阀设计中需要准确计算不同模块承受的冲击过电压，并设计组件均压电容，实现不同模块和阀层间的均压[4,6]。

为了获取基准值,针对雷电过电压和陡波过电压,在未考虑对地电容参数时,分别计算了第 1 个阀组件以及第 16 个阀组件内晶闸管两端的电压,如图 20-3 所示。由图可得,两个电压峰值近似相同,所以计算中,晶闸管电压的不平衡系数均以此为基准进行。

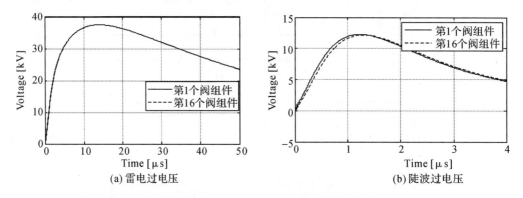

(a) 雷电过电压   (b) 陡波过电压

图 20-3   不考虑对地电容情况下第 1 个阀组件与第 16 个阀组件内的晶闸管电压

对靠近过电压入射波端的第一个阀组件内的晶闸管电压进行计算,均压电容取值范围为 $0 \sim 10\text{nF}$,如图 20-4 所示。在雷电过电压作用下,晶闸管压降变化规律为:均压电容取值在 $0 \sim 3\text{nF}$ 为单调减,均压电容取值在 3nF 以上为单调增,但均小于 1.2;在陡波过电压作用下,晶闸管压降的最大值均随均压电容的增大而减小,电容值大于 5nF 后,其不均衡系数小于 1.2。

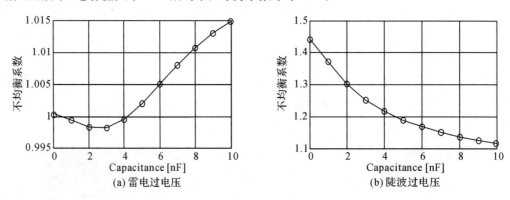

(a) 雷电过电压   (b) 陡波过电压

图 20-4   靠近入波端阀组件内晶闸管电压降最大值与补偿电容的关系

针对雷电过电压和陡波过电压,对换流阀各阀层的不均衡系数进行了计算,均压电容取值范围为 $0 \sim 10\text{nF}$,如图 20-5 所示。由图可得,在两种过电压作用下,阀层的电压梯度均随均压电容的增大而减小,而均压电容值大于 5nF 后,其均压(或补偿)效果相对较弱。另外,为了保证其不均衡系数小于 1.2,综合考虑,均压电容值应大于 5nF。

20.2   运行工况下换流阀过电压特性分析

晶闸管等电力电子器件并不是理想的开关元件,其电压、电流等耐受能力有着严格的限制。在运行中,可以分为开通、通态、关断和断态四种状态。通常认为开通和关断是周期内的一种暂态过程,其中,关断状态下承受的过电压强度最高[6]。

特高压换流阀由众多的元器件形成链式电路。对于晶闸管阀的反向恢复电压过冲而言,其波前时间约为几十微秒到一百微秒,相当于操作冲击电压,而幅值一般小于其绝缘试验水平。晶闸管阀电压基本呈均匀分布,诸多对地杂散电容可以忽略。此外,平波电抗器和直流传输线可用恒定的直流电流源表示。而直流开关场母线和穿墙套管及电抗器等对地杂散电容用 C_y 表示。交流侧变压器绕组对地杂散电容,母线及穿墙套管等对地杂散电容用 C_t 表示。

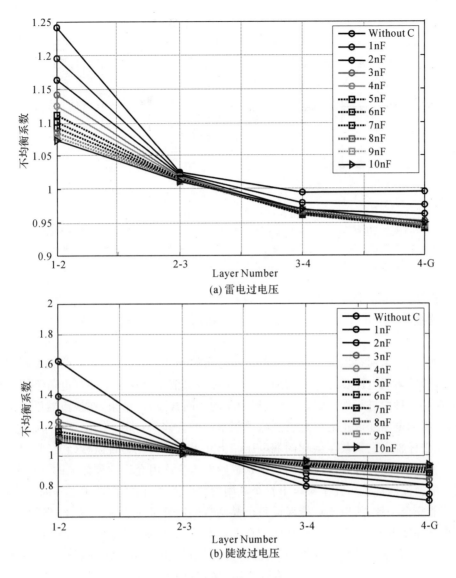

图 20-5　阀层电压梯度与补偿电容的关系

高压直流输电换流器一般由 12 脉桥组成。而对于阀关断电压应力而言,尤其是在 5-6 方式运行时,两桥之间的影响很小,对 6 脉桥分析已经足够。最后得到换流器电路拓扑如图 20-6 所示。

20.2.1　换流阀关断暂态过电压分析

换流阀关断时,由于晶闸管存储电荷的影响,阀两端将出现反向过冲,晶闸管将承受严重的反向电压应力,在晶闸管两端并联 RC 阻尼回路可以限制反向过冲,起到保护晶闸管的作用,可见换流阀关断过程决定了阻尼电容和阻尼电阻的取值,阻尼电容和阻尼电阻的取值必须保证晶闸管承受的最大反向电压应力在安全范围内;而且,也只有在确定了阻尼回路参数取值范围之后,才能对阻尼回路的损耗进行计算分析。

阀与外部电路的配合对阀中晶闸管的平均储存充电特性很敏感。在阀内部,单个晶闸管级之间的区别会产生很重要的局部效应。在反向恢复时,不同晶闸管级之间储存充电情况不同时,对加在阀上晶闸管过电压波形产生影响。简单地说,阀由 $(n-1)$ 级具有同样充电电荷的晶闸管和一级不同充电电荷的晶闸管组成,如果这一级晶闸管有较小的存储电荷,它就会首先恢复并且承受一个比前面提到的其他级都要高的电压。在另一方面,如果这个晶闸管有较大的存储电荷,那么它就会恢复得很缓慢,并且承受比其他晶闸管要低的恢复电压。

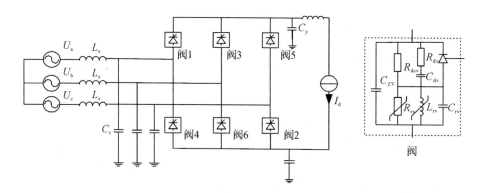

图 20-6　换流器电路拓扑

注：L_s：换流变压器漏抗　　C_t：交流侧杂散电容　　C_{zv}：阀端电容　　R_{dcv}：阀直流均压电阻

R_{dv}：阀阻尼电阻　　C_{dv}：阀阻尼电容　　R_{rv}：阀电抗器电阻　　L_{rv}：阀电抗器电感

C_{rv}：阀电抗器电容　　C_y：直流侧杂散电容

如果不进行控制，在电压分配上会存在很大的偏差（或许是几百伏的偏差）。然而，通过匹配晶闸管的参数可以减小这些影响，可以通过选择晶闸管或者在制造工艺上进行控制，或者选择合适的阻尼电容。

另外需要说明的是，由储存电荷不同所导致电压分布的不均，与阀的阻尼电路元件匹配的精度是相互独立的。例如，即使阻尼电路良好，电压分布不均这种现象依然存在。由储存电荷不同所导致的电压分布不均，只能在几毫秒内进行纠正（取决于阻尼回路的时间常数）。结果，在换流器里这个分布不均的电压被保持下来，直到电压变成正的。这就意味着阀里面的许多级（那些有最大的存储电荷）会出现电压过早的过零，在坐标轴上它们甚至会比阀端电压超出几十微秒甚至上百微秒（它经常用作延时触发的参考）。晶闸管的关断时间特性和换流器的最小延迟触发角应该由允许这种效果的方式来确定。

现代直流输电换流阀都是由几十甚至上百个晶闸管串联而成，由于制造工艺等因素的影响，晶闸管元件的参数不可能完全一致，所以不可能保证每个晶闸管同时开通或关断。这样，当阀开通或关断时，若晶闸管两端没有并联电容，阀电压将全部施加在最后动作的晶闸管上；若晶闸管两端并联有电容，电容电压不突变，可以起到保护晶闸管的作用。此外，为了限制晶闸管开通时并联电容对晶闸管的放电电流，需要给电容串联阻尼电阻。由于晶闸管存储电荷、换相角 μ、换相电感等因素的影响，阀关断时晶闸管承受的反向电压应力往往高于阀开通时晶闸管承受的正向电压应力，所以，需要通过研究阻尼回路对晶闸管反向电压应力的影响来确定阻尼参数的选择。

一般，对阀关断暂态过程的分析采用物理模拟法和经典式法。物理模拟法将晶闸管模拟成一组具有不同开断时间的开关，当晶闸管反向恢复电流对时间的积分等于该晶闸管存储电荷 Q_{rr} 时开关断开，这种方法简便易行；经典式法通过解常系数线性微分方程或者将电路通过积分变换转换为运算电路求解。随着大规模时域仿真技术的成熟发展，建立换流阀关断过程电磁暂态模型，仿真计算换流阀在整个关断过程的电气应力，计算效率高，计算结果精确，在当前换流阀设计工作中得到了广泛应用，本书将这一方法称为时域电路法。

下面分别介绍这三种方法[7]。

20.2.2　物理模拟法

组成换流阀的晶闸管器件存储电荷 Q_{rr} 是不完全相同的，将具有相同存储电荷的晶闸管归为一组，将每组晶闸管近似看作一个理想开关，当通过开关的反向电流对时间的积分等于某组晶闸管存储电荷时，该开关就断开，这样阀关断等效电路转变为图 20-7 所示的等效电路。使用该电路逐步计算，可以近似地计算出最后关断的晶闸管承受的最大反向电压应力。

晶闸管反向恢复过程中晶闸管的电阻是增大的，而物理模拟法认为晶闸管反向恢复过程中电阻值

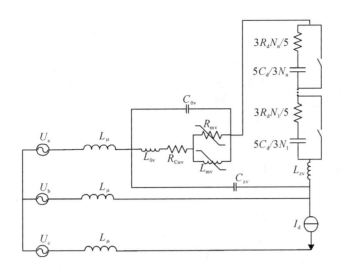

图 20-7　物理模拟法计算阀关断过电压用的电路模型

始终为 0,阻断恢复之后晶闸管电阻值由 0 跃变到无穷大,这与实际情况是不符合的,计算结果与实际情况相比会有很大的偏差;而且,晶闸管出厂试验只可能测量某一 di/dt 或某几个 di/dt 下晶闸管的存储电荷,而换流阀实际运行中,不同触发角下阀电流过零时 di/dt 是不同的,没有某一运行工况下晶闸管存储电荷参数,也就无法使用物理模拟法来分析该工况下的阀反向电压应力,可见,物理模拟法实用价值不大。

20.2.3　经典式法

经典式法是通过解常系数线性微分方程或者将电路通过积分变换转换为运算电路求解阀反向电压与时间之间的关系。使用经典式法,可以将阀关断等效电路转变为图 20-8 所示的等效电路。处在关断过程中的换流阀用电流源取代,用反向恢复电流指数模型或双曲正割模型来描述反向恢复电流 I_{off} 与时间之间的关系。

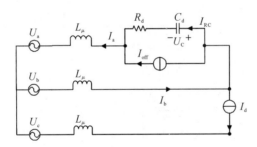

图 20-8　经典式法计算阀关断过电压用的电路模型

以阀电流过零点为计时起点,根据图 20-8 可以列出电路 KVL 方程,若阀反向电压峰值为 U_{RM},阀交流均压系数为 k_{ac},阻尼电容公差为 k_{Cd},阀串联晶闸管存储电荷差异为 ΔQ_{rr},则晶闸管最大反向电压 $U_{thy\text{-}Rmax}$ 为

$$U_{thy\text{-}Rmax} = \frac{U_{RM}}{N_t} k_{ac} + \frac{\Delta Q_{rr}}{C_d} k_{Cd} \tag{20-13}$$

式中,C_d 表示阻尼电容,N_t 表示晶闸管串联数。

用经典式法可以较为准确地计算出阀的反向电压,不过电路中的器件必须是线性器件,否则无法列常系数线性微分方程,也无法通过运算电路求解,这样,若把电流源用时变电阻取代,就无法求解了。反向恢复电流指数模型无法真实地反映晶闸管反向阻断恢复过程,双曲正割模型参数确定非常困难,而且等效电路忽略了杂散参数和饱和电抗器电感电阻随电流的变化,所以经典式法计算出的结果也会有偏差。

20.2.4 时域电路法

时域电路法首先需要建立换流阀关断暂态分析模型,文献[6]采用指数模型模拟反向恢复电流,计算了换流阀反向恢复电压。换流阀关断过程持续时间只有 $200\mu s$ 左右,故变压器各绕组电压可以用直流电压源表示。以阀6的关断为例进行分析,当其关断时,阀1、阀2已导通且电抗器饱和,可用短路表示。其他已关断的阀3、阀4、阀5用阻尼电路表示,其阀电抗器可忽略。而阀6以阀电抗器、阻尼支路和电流源表示,其中电流源表示晶闸管的关断过程。在关断过程中,阀电抗器将流过小幅值的反向电流,基本表现为线性电感。由于阀电抗器的电阻、电容和直流均压电阻对阀关断过冲的影响微弱,可以忽略,简化后电路如图 20-9 所示。

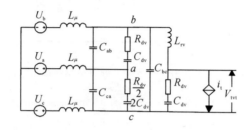

图 20-9　关断电压应力分析电路

晶闸管反向恢复期间的电流可表示为

$$i_r(t) = I_{RM} e^{-\frac{t-t_0}{\tau}} \tag{20-14}$$

式中,t_0 表示晶闸管过零时刻;τ 为时间常数;I_{RM} 为晶闸管反向电流峰值。

阀自身关断的电压应力还受多项电路参数影响,如阻尼电容 C_d、阻尼电阻 R_d 等。由于 $\gamma = 90°$ 时,阀的关断电压应力最严重,过冲系数最大,以下就此逐项进行分析。阻尼电路参数对阀的关断电压应力影响也很大,当触发延迟角 $\alpha = 83°(\gamma = 90°)$,其他参数一定,分别调整 C_{dv} 和 R_{dv},阀关断电压时域波形 U_{tvt} 如图 20-10 所示。

文献[8]采用植物生长曲线模拟晶闸管反向恢复电流,开展了类似工作,晶闸管反向电压峰值随阻尼参数变化情况如图 20-11 所示。可以看出,当阻尼电阻一定时,阻尼电容越大,阀反向恢复电压越小,但关断损耗也会随之增加。而当阻尼电容一定时,都存在唯一的阻尼电阻值,使反向恢复电压最小。在其他触发延迟角,阻尼参数对关断电压应力的影响与此类似。

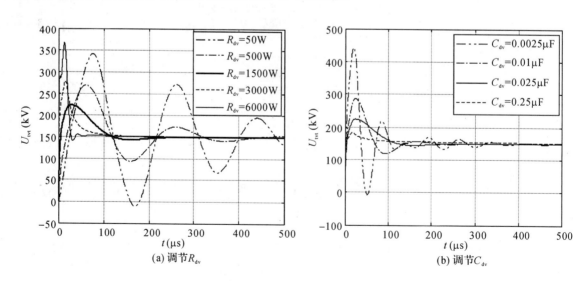

图 20-10　不同阻尼参数的 U_{tvt} 时域波形

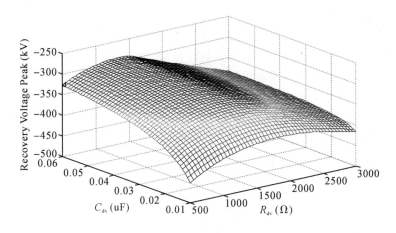

图 20-11　阻尼参数与恢复电压峰值

20.3　直流输电换流阀过电压保护及其设计

换流阀运行情况复杂,难免会出现各种过电压,如雷电冲击过电压、暂时过电压等,超过晶闸管耐受值的情况。为此需对其提供全面充分的保护,以能够承受最恶劣的稳态运行条件以及各种形式的暂态运行条件。对于比较严重的暂态过电压,通常要求换流阀能保持正常运行或在没有启动保护的情况下尽快恢复正常运行。而对于更恶劣的条件,即使换流阀的正常运行被中断,也要求保护各装置以免被损坏。换流阀保护包括被动保护和主动保护。被动保护如通过避雷器进行过电压保护;主动保护如调整触发脉冲等,包括临时或长期的阀或阀组的闭锁以及保护性触发阀。按保护所处位置,还可以分为基于阀电势的保护和基于地电势的保护。前者一般响应快,可直接对阀的电压提供保护;而后者一般不能形成直接的保护,需要通过换流阀触发逻辑的协调配合来调节故障的发展,使过电压或过电流调整到合理的范围内。本节主要对基于阀电势的保护进行介绍,包括金属氧化物避雷器保护和门极电子保护性触发保护。

20.3.1　换流阀绝缘配合策略选择

通常在每个单阀旁并联金属氧化物避雷器,利用其良好的非线性特性及强大的能量释放能力,为换流阀提供过电压保护。常用的换流阀绝缘配合策略主要有两种。第一种策略是,把避雷器作为换流阀的主保护,以限制双向过电压;而保护性触发仅在换流阀内各晶闸管级电压分配过于不均或正向电压上升过快时动作。运用此策略时,保护性触发动作次数少,但其所需的晶闸管串联数比反向试验电压要求的串联数多。这是因为保护性触发几乎只用于应对最恶劣的情况,其动作阈值设置成高于避雷器的保护水平,但低于阀的耐受电压水平。

另一种策略认为电压分布不规则引起保护性触发在一定程度上是允许的(但该触发仍是不频繁发生的)。避雷器限制反向过电压,而保护性触发主要用作正向过电压保护。此策略的主要优点是可以减少晶闸管的串联数,这将减少成本和提高换流阀效率。使用这种策略需要详细分析系统条件,如系统故障和开关操作引起的过电压等,确定了可以接受的最小保护性触发水平,避免保护性触发重复动作。

此外还有一种没有被广泛使用的策略,该策略中每一个晶闸管都并联一避雷器。此时的保护配合设计和故障发展都不同于以上两策略,在此不再详述。

20.3.2　门极电子电路过电压保护功能

晶闸管是相对脆弱的开关器件,尤其是在其开通和开断期间,极易受各种过电压和过电流应力损坏。如在晶闸管未完全关断后施加正电压,晶闸管会重新非触发导通,极易损坏晶闸管。虽然在换流阀的控制中对熄灭角有严格要求,但在各种暂态及非正常情况下,这种情况还是时有发生。一般还应有门极电子电路保护性触发进行配合。

门极电子电路不但执行阀基电子设备传输过来的正常触发光信号,而且监控和保护晶闸管。其中就包含有门极电子电路保护性触发功能。它通过实时监控晶闸管的电压、电流、温度等信号,当电压出现异常,则发出保护性触发信号,以提供电压保护。

换流阀的每只晶闸管都由电子电路 FOP(Forward Over-voltage Protection)提供正向保护。晶闸管关断后,即使晶闸管的阻断能力已完全恢复,其耐受电压能力仍然有限。若晶闸管承受的正向电压过高,会使晶闸管因强制击穿导通而损坏。在晶闸管两端的正向电压超过了 FOP 保护的动作阈值时触发晶闸管,使之导通,从而避免晶闸管被破坏性击穿。

此外,门极电子电路还配置有如下保护性触发功能:

- dv/dt 保护

换流站内故障可能导致换流阀两端出现很陡的正向暂态 dv/dt 波形。此时,也可能引起晶闸管强制击穿而损坏。为此,TTM 提供了 dv/dt 保护功能,当晶闸管两端的 dv/dt 超过阈值时,TTM 将保护触发晶闸管,使之导通,以避免晶闸管被破坏性击穿。

- 恢复期保护

在晶闸管关断的恢复期内,晶闸管若承受过高的正向电压,可能会导致损坏。此时,即使承受较低的正向电压,晶闸管也可能会因强制击穿而损坏。TTM 提供了恢复期保护功能,在晶闸管恢复期内正向电压大于保护水平,TTM 将保护触发晶闸管,使之再次导通,从而避免晶闸管被破坏性击穿。

- 电流断续保护

当换流阀的电流较小时,换流阀可能在其应该导通的区间内出现断流现象。此时,TTM 将再次发出触发脉冲,以维持晶闸管处于导通状态,从而避免晶闸管在应导通的时间内截止或因截止后直接承受正向电压而损坏。

20.4 直流输电换流阀绝缘配合研究

换流阀阀模块设计过程中需要考虑元器件之间的绝缘配合设计,绝缘配合的基本目标是:①确定系统中不同设备实际可能承受的最大稳态、瞬态和暂时过电压水平;②选择设备的绝缘强度和特性,以保证换流阀在上述过电压下能够安全、经济和可靠的运行。

第一个目标由换流阀的电气设计给出,换流阀阀模块结构设计主要考虑的是第二个目标。阀模块有两种绝缘型式,空气绝缘(自恢复型绝缘)和固体绝缘(非自恢复型绝缘),这些绝缘型式在直流应用中应考虑直流、交流和冲击(包括正负极性)电压作用下的绝缘特性。对于空气绝缘,主要考虑空气净距,必须确定其最小空气净距,一般基于要求的操作冲击耐受电压;对于固体绝缘,主要考虑爬电距离,必须确定最小爬电距离,一般以持续运行电压(直流和交流)为基础[9]。

20.4.1 爬电距离计算方法

爬电比距应根据国家标准 GB/T 311.3 的规定选取,考虑到直流电压下,绝缘材料表面积污比交流严重,因此爬电比距应高于干净户内环境下的推荐值。

根据换流阀的电气特性,可以选用换流阀长期承受的交流电压有效值来确定爬电距离,由于换流阀长期承受的交流电压有效值比换流变压器二次侧线电压的 90% 还要低,从保守设计角度考虑,则选用换流变压器二次侧绕组线电压来计算爬电距离:

$$d = U_{v0m}/n_{min} \times d_u \tag{20-19}$$

式中,U_{v0m} 为换流变压器二次侧绕组线电压;n_{min} 为单阀串联的最小晶闸管数量,不包括冗余;d_u 表示爬电比距。

20.4.2 空气净距计算方法

空气净距应根据冲击电压来确定。确定与直流电压水平相应的空气间隙时,操作冲击是比雷电冲击更为重要的决定因素,对于一个标准间隙,正的雷电冲击击穿电压要比正的操作冲击击穿电压高30%。换流阀在进行空气净距计算时,应根据操作冲击来计算,同时考虑应用雷电冲击来进行校核。

空气净距的确定可参照如下标准:

GB/T 311.3-2007《绝缘配合,第 3 部分:高压直流换流站绝缘配合程序》

GB/T 16935.1-2008《低压系统内设备的绝缘配合,第 1 部分:原理、要求和试验》

参考文献

[1] 刘士利,魏晓光,曹均正,等. 应用混合权函数边界元法的特高压换流阀屏蔽罩表面电场计算[J].中国电机工程学报,2013,33(25):180-186.

[2] 查鲲鹏,刘远,王高勇,等. ±1100kV 特高压换流阀直流耐压试验方法研究[J]. 电工技术学报,2013,28(1):87-93.

[3] 郭焕,汤广福,查鲲鹏,等. 直流输电换流阀杂散电容和冲击电压分布的计算[J]. 中国电机工程学报,2011,31(10):116-122.

[4] 张文亮,汤广福. ±800kV/4750A 特高压直流换流阀宽频建模及电压分布特性研究[J]. 中国电机工程学报,2010,30(31):1-6.

[5] 习贺勋. 特高压直流换流阀非线性建模及动态特性[D]. 北京:中国电力科学研究院,2012.

[6] 郭焕,温家良,汤广福,郑健超. 高压直流输电晶闸管阀关断的电压应力分析[J].中国电机工程学报,2010,30(12):1-6.

[7] 张静. 换流阀电热特性初步研究[D]. 北京:中国电力科学研究院,2009.

[8] 孙海峰,崔翔,齐磊,等. 高压直流换流阀过电压分布及其影响因素分析[J]. 中国电机工程学报,2010,30(22):120-126.

[9] ±1100kV 5000A 特高压直流换流阀结构特性研究[R]. 中国电力科学研究院,2011.

第 21 章　特高压直流电气设备

特高压直流设备是整个特高压直流输电工程的基础。特高压直流系统的电压等级、接线方式等都与常规超高压直流系统有所不同，对设备的设计、制造、运输、成本控制等都提出了更高的要求，也出现了一大批新问题、新困难，需要在工程中解决。特高压直流设备主要包括换流阀、换流变压器、平波电抗器、交直流滤波器、直流避雷器、套管、开关设备和直流测量设备等。总体而言，应用于特高压工程的直流设备具有重量、体积大幅增加，绝缘水平和工作可靠性提高等特点。

21.1　特高压直流设备布置

高压直流输电系统的工作原理是将交流系统的电能通过整流站换流变压器输送至整流器，通过整流器将交流电转变为直流电，再通过直流线路输送至逆变站，在逆变站将直流电变换成交流电，经逆变站换流变压器送至受端交流系统[1]。可见，直流输电系统主要由整流站、直流线路和逆变站组成，其中换流站是直流输电系统的重要组成部分。在特高压直流系统中，除直流线路外，绝大部分直流设备位于换流站中，换流站的直流设备主要有换流阀、换流变压器、平波电抗器、交直流滤波器和开关设备，以及为了保证系统安全稳定运行的交直流避雷器、绝缘子、套管和直流测量设备等。图 21-1 为特高压直流换流站内单极关键设备的布置示意图，由于特高压换流站双极对称布置，另一极的设备与该极基本相同。某±800kV 特高压直流输电工程换流站的设备布置效果图如图 21-2 所示。

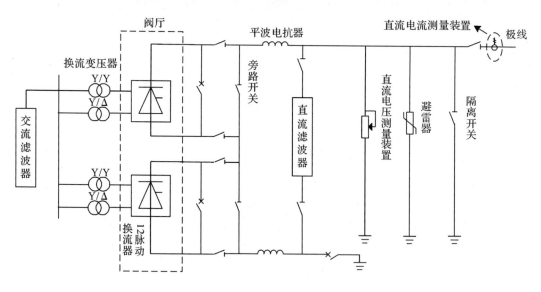

图 21-1　特高压直流换流站单极关键设备布置示意图

如图 21-2 所示，特高压换流站主要由三部分组成，分别是交流场、阀厅和直流场。

交流场部分主要由多组交流滤波器及无功补偿设备组成，并联在交流母线上。

阀厅是换流站的重要组成部分，特高压直流换流站内有两个阀厅，分别是高压阀厅（800kV）和低压阀厅（400kV）。如图 21-2 所示，低压阀厅（400kV）位于换流站正中心，两极的高压阀厅（800kV）对称分布于两侧。阀厅内悬吊着换流阀模块及其相关的控制保护设备，且常年保持设定的温度和湿度，换流阀是特高压直流输电系统的核心设备。

图 21-2　±800kV 特高压直流输电工程换流站布置效果图

特高压直流场位于换流站的后半部分,主要由换流变压器、直流平波电抗器、直流滤波器、直流开关设备、直流测量设备和直流避雷器等设备组成。由于特高压直流系统通常由双极组成,直流场设备也按正负极对称布置。

其中,换流变压器按其工作额定电压等级分别布置在高低压阀厅的外侧,彼此由防火墙间隔开。高、低压阀厅都紧靠着换流变压器布置,且与换流变压器的防火墙连接为一个结构单元。如图 21-3 所示,换流变压器安装在阀厅外,三组构成三相换流变压器,图中所看到的是换流变压器的风扇,靠近阀厅一侧则通过换流变压器的阀侧出线套管穿过阀厅墙体与换流阀连接。不同的换流变压器之间由防火墙隔开,提高运行的安全性。

图 21-3　阀厅外的换流变压器布置

经过换流的高压直流电通过穿墙套管送出阀厅到达直流极线上。平波电抗器位于阀厅出口的直流极线上,与直流极线串联用于滤波和稳压。在特高压直流输电系统中,直流平波电抗器通常采用平抗分置的结构,即一半布置在高压端直流极线(800kV 极线)上,一半布置在中性母线上。

直流滤波器是换流站直流场的主要设备,连接在直流极线和中性母线之间,位于直流场中部。直流滤波器由两个串联的电容器,以及其他电阻器、电感器等组成。

其他直流场设备的布置:各个特高压避雷器安装在被保护设备附近;电流互感器和直流分压器安装在换流站不同位置的测量处。

21.2 特高压换流阀

换流站中实现交直流换流的功能单元称为三相桥式换流器,其每个桥臂就是换流阀。换流阀是换流站的核心设备,投资约占整个换流站设备总投资的 1/4[2]。随着大功率半导体制造技术的发展,先后出现了汞弧阀、晶闸管阀、GTO 阀和 IGBT 阀等产品。就目前制造工艺来说,晶闸管仍是耐压水平和输出容量最高的电力电子器件。因此,晶闸管换流阀凭借其优越的性能和成熟的制造工艺而广泛应用于高压、大容量直流输电工程中。在现有的特高压直流系统中,换流阀均采用晶闸管阀。

21.2.1 特高压换流阀结构

常规超高压直流系统通常采用单 12 脉动换流器接线,而在特高压直流系统中,接线方式采用双 12 脉动换流器串联,即每极由 2 个 12 脉动换流器串联构成。每个 12 脉动换流器布置在单独的阀厅,因此特高压直流换流阀有高压阀厅和低压阀厅之分。换流站单极双 12 脉动换流器的主电路示意如图 21-4 所示,与此对应的单极换流阀具体布置如图 21-5 所示。

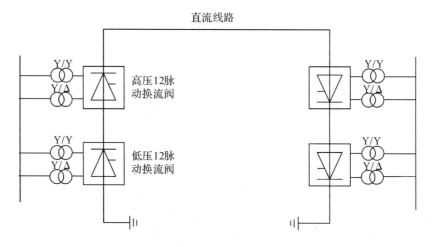

图 21-4 换流站单极 12 脉动换流器的主电路示意

与常规超高压直流系统相同,特高压直流换流阀由换流阀组件、换流阀控制与保护系统和换流阀冷却系统组成,下面对各部分进行具体介绍。

(1)换流阀组件

在特高压直流系统中,换流阀采用模块化设计,换流阀组件是构成特高压换流阀的核心元件,1 个单阀包括 2 个换流阀组件。每个换流阀组件由 2 个相同的阀段组成,每个阀段由数个晶闸管单元和 2 台串联的饱和电抗器,以及 1 台均压电容组成[3]。每个晶闸管单元则由晶闸管、阻尼回路及直流均压电阻等组成。换流阀的组成结构如图 21-6 所示。

为了实现对晶闸管的均压、控制、保护及散热等功能,保证换流阀安全可靠地运行,换流阀组件中包括相应的电子电路、饱和电抗器,以及均压阻尼回路等设备。其中,晶闸管的触发电路与每个晶闸管一一对应,晶闸管的触发方式主要有光电触发和光直接触发,目前两者在工程中都有应用。与常用且成本

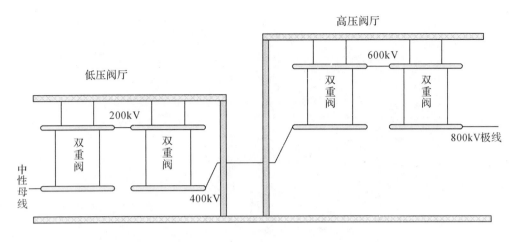

图 21-5　换流站单极换流阀布置

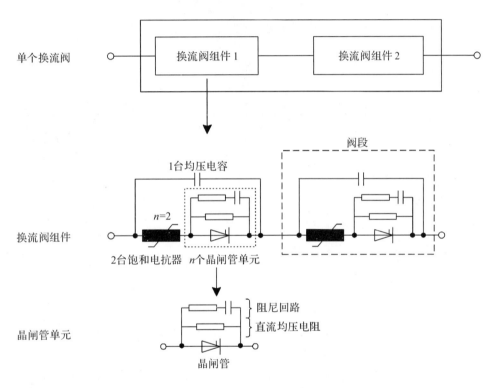

图 21-6　特高压换流阀结构示意图

低的光电触发方式相比,光直接触发式晶闸管结构更简化,换流阀整体可靠性更高,具有极大的发展潜力。饱和电抗器与数个晶闸管单元串联,主要用于抑制峰值电压、电流和辅助均压。由于阀塔内杂散电容的存在,使得阀段在陡前波冲击电压下的电压分布不平衡,故在每个阀段的两端并联一台均压电容,用于阀段间的均压作用。均压阻尼回路由阻尼回路和直流均压电阻组成,与每个晶闸管元件逐个并联,目的是在工频和操作冲击浪涌电压下保证晶闸管级间电压的线性分布,起到均压和保护的作用。

　　向家坝—上海±800kV 特高压直流输电工程中复龙站使用的换流阀布置如图 21-7 所示。该换流阀采用空气绝缘、纯水冷却、悬吊式二重阀结构,按双 12 脉动接线方式布置,两个 12 脉动桥分别安装在低压阀厅(400kV)和高压阀厅(800kV),高低压阀厅串联后最终向直流输电线路提供 800kV 直流电。该工程中,单个换流阀由 60 个晶闸管单元(2 个冗余)和 8 个阀电抗器串联而成。工程中采用模块化技术,由多个阀段串联构成单阀,每个阀段由 15 个晶闸管单元与 2 台阀电抗器串联,再与 1 台均压电容器并联组成一个阀段。各元件具体参数见表 21-1[3]。

图 21-7　复龙站使用的悬吊式换流阀

表 21-1　复龙换流站单个换流阀参数

换流阀元件	数值
晶闸管型号	T4161 N80T S34（6″ETT）
晶闸管总数	60
晶闸管冗余数	2
每个阀段的晶闸管数	15
电抗器数	8
每个阀段电抗器数	2
阀段数	4
阻尼电容/μF	1.6
阻尼电阻/Ω	36
均压电容/nF	4
阀塔结构	双重阀

（2）换流阀控制保护系统

晶闸管的控制与保护系统又称门极单元（GU），它可以响应来自阀基电子设备（VBE）的启动脉冲而发出触发脉冲，在过电压等异常情况下则提供保护性触发。另外 GU 还实时地将元件监测信号反馈给 VBE，后者对各个元件的运行状态、du/dt 过电压保护、负电压检测等进行统计后传输给晶闸管监测设备。晶闸管监测设备与阀控、站控系统连接，实现故障判断和定位等高级功能。

（3）换流阀冷却系统

换流阀的冷却系统一般采用空气绝缘水冷却方式，目的是保持晶闸管元件结温在 60～90℃的正常工作范围，保证换流阀在系统额定运行状况甚至过负荷运行时均可继续稳定地运行。

21.2.2　特高压换流阀特点

特高压直流换流阀虽然在换流阀结构、晶闸管阀触发系统、换流阀控制保护系统和冷却系统等方面与常规超高压直流具有诸多共性，但是由于特高压直流系统的电压等级更高，并且所采用的阀组件也有所不同，故特高压直流换流阀有其特殊之处，具体表现如下：

（1）采用 6 英寸晶闸管，通流能力更大。在超高压直流输电工程中广泛使用的 5 英寸晶闸管，通流容量仅 3000A，而特高压直流的输送容量更大，因此其无法适应特高压工程的需求。为满足特高压直流输电需求,相关设备厂家研制了 6 英寸晶闸管,其芯片面积比 5 英寸晶闸管增加了将近 50%,峰值阻断电压为 8000V,通流能力在 4000A 以上。特高压直流输电工程中,用 6 英寸晶闸管制作的换流阀无需并联即可满足电流输送容量的要求,并提供了更高的短路电流能力和过负荷能力。对于向家坝—上海 ±800kV 特高压直流输电工程,其输电额定容量 6400MW,额定电流 4000A,6 英寸晶闸管可以完全满足其传输要求。随着特高压直流输电技术的进一步发展,为了满足更大容量特高压直流输电的需求,2010 年中国电科院自主研发了 ±800kV/4750A 特高压换流阀,通过了相关型式试验,并已用于锦屏—苏南 ±800kV 特高压直流工程中[4]。2012 年,中国西安西电电力系统有限公司成功研制具有自主知识产权的 ±1100kV/5000A 特高压直流换流阀,在世界上首次成功研发了 ±1100kV 换流阀组,晶闸管阀的通流能力达到 5000A 以上。

晶闸管技术的进步对高压大容量直流输电有着至关重要的影响,它为直流输电系统提供了更高的短路电流能力和过负荷能力的解决方案,有利于整个系统的优化设计和动态性能的提高。

(2)采用多重阀单元结构。特高压直流换流阀的布置通常采用多重阀单元(MVU)结构,由二个、四个阀串联构成的多重阀单元分别称为二重阀、四重阀。如图 21-7 所示,一个多重阀单元加上电场屏蔽部件一起吊装在阀厅顶部就构成了一个阀塔。

(3)设备运行工况更加苛刻。在特高压直流系统中,由于系统运行电压的升高,换流阀需要面对更加苛刻的运行工况。尤其在换流阀的外绝缘设计时需要特别注意,对于最高端换流阀来说,需要在超高压换流阀的设计经验基础上,对到墙壁、天花板以及地面的空气绝缘问题重新考察,并合理选择换流阀外部电极型式,通过合理的绝缘配合以降低绝缘要求。

(4)电磁干扰及噪声更加严重。换流阀的导通和关断过程会发出强烈的电磁干扰和持续的骚扰噪声,这将对阀厅和直流开关场产生不利影响。通常考虑通过加装隔声罩等方式来减少噪声传播。

21.2.3　特高压换流阀试验

特高压换流阀的试验根据目的和内容可以分为型式试验、出厂试验和特殊试验。

(1)特高压换流阀的型式试验

试验项目主要包括绝缘试验和运行试验两大类。其中,绝缘试验包括多重阀的绝缘型式试验、换流阀的悬吊/支承结构的绝缘型式试验、换流阀的绝缘型式试验;运行试验包括换流阀的运行特性型式试验,如最大运行负载试验、换流阀损耗试验、短路电流试验、电磁兼容试验等。

(2)特高压换流阀的出厂试验

特高压换流阀的出厂试验分为例行试验和抽样试验两类,用于检验产品制造的正确性。其例行试验项目包括功能试验、交流电压耐受试验、水路试验、高电压重复触发试验、热运行试验、压力试验、排水和密封、阀组件操作冲击试验、重复功能试验等。抽样试验项目主要为针对换流阀的运行试验和晶闸管阀片的抽样试验。

(3)特高压换流阀的特殊试验

特高压换流阀的特殊试验则是用户和制造商之间协商确定的,如长期老化试验和现场试验等。

21.2.4　特高压换流阀制造水平

截至 2015 年,全世界投运的特高压直流输电工程仅有 6 条,分别为云南—广东、向家坝—上海、锦屏—苏南、糯扎渡—广东、哈密南—郑州和溪洛渡—浙西 ±800kV 特高压直流输电工程。长期以来,中国在直流换流阀的研制领域没有自主研制能力,换流阀一直依赖进口。Siemens 公司通过云南—广东 ±800kV 特高压直流输电工程,在世界上率先完成了 ±800kV 特高压直流换流阀的研制。ABB 公司通过向家坝—上海 ±800kV 特高压直流输电工程,也具备了特高压直流换流阀的研制能力。西安电力机械制造公司(现"中国西电集团公司",简称"西电集团")和许继集团在 ABB 公司的技术支持下,为特高压直流输电制造了 6 英寸晶闸管(4000A)和成套换流阀设备。

随着中国特高压直流输电的迅速发展,实现特高压直流换流阀的自主研发势在必行。近年来,国内相关厂家及研究单位也积极投身于换流阀的研制工作。2010年,中国电力科学研究院自主研发的特高压换流阀(4750A)成功通过IEC标准规定的全部试验,该换流阀具有世界最高水平的通流能力,并且已在锦屏—苏南±800kV特高压直流输电工程中得到应用。中国电科院因此也成为继ABB、Siemens公司之后全球第三个掌握和拥有特高压直流换流阀设计制造和试验技术的企业。2012年,中国西电集团公司成功研制具有自主知识产权的±1100kV/5000A特高压直流换流阀,在世界上首次成功研发了±1100kV换流阀组,晶闸管阀的通流能力达到5000A以上,并将用于±1100kV特高压直流输电工程中。依靠自身技术进步和价格优势,未来国内换流阀制造企业将进一步打破跨国公司的市场垄断地位,壮大本国换流阀制造业的发展。

21.3　特高压换流变压器

换流变压器是特高压直流工程换流站内最重要的关键设备之一,换流变压器连接在换流阀与交流系统之间,实现换流阀与交流母线的连接[5]。其基本工作原理与普通变压器相似,也是通过电磁耦合在两侧绕组之间传递能量。在特高压直流系统中,由于采用12脉动换流器作为基本换流单元,通过采用换流变压器绕组的不同接法,可为换流器提供两组幅值相等、相位相差30°的中性点不接地的换相电压。此外,换流变压器短路阻抗还对直流侧短路故障电流有限制作用。由于特高压直流电压等级高,其高端换流变阀侧运行电压水平也高,且其可靠性对整个直流输电系统的安全稳定运行起着至关重要的作用。因此,特高压换流变压器的设计、制造技术难度远高于超高压直流换流变压器,设备也更加昂贵,是特高压直流系统中除换流阀外最重要的设备。

21.3.1　特高压换流变压器结构

与常规超高压直流换流变压器相比,特高压换流变压器的质量和体积巨大、成本高昂。以ABB生产的特高压换流变压器为例,总运输质量高达300t左右,运输尺寸为4.9/3.7/12.7(高/宽/长,单位m),几乎接近铁路运输极限。并且,换流变压器的造价非常高,设备成本通常占到换流站总体费用的16%左右。目前特高压直流工程中采用(400kV+400kV)双12脉动阀组串联接线方式,这种接线方式下,高端换流变压器将承受超过800kV的电压。因此,特高压换流变压器具有容量巨大、绝缘水平要求高的特点。受单台单相三绕组变压器容量生产能力和运输条件的限制,目前特高压直流工程均采用了单相双绕组变压器。由于特高压直流系统通常采用双12脉动换流器串联的接线方式,因此特高压直流系统每个换流站中一般配置24台换流变压器,备用4台。

图21-8是中国某特高压直流输电工程中使用的ABB特高压换流变压器。从外观上来看,该换流变压器采用单相双绕组型式,换流变压器通过阀侧套管与换流阀连接,主箱体顶部设有储油柜和连接交流系统的高压套管,后部有冷却器的风扇。主箱体内部包含变压器绕组、铁芯、高压屏蔽管和绝缘材料

(a) 待安装的换流变压器　　　　　　　　(b) 安装好的换流变压器

图21-8　某特高压换流变压器

等。其额定容量为 297.1MVA,铁芯形式为单相四柱结构,变压器容量分在两组柱上,采用直接出线结构,即阀侧引线从两个柱引出后即并联,在油箱内走线。这一设计使得安装过程更容易,产品安全性能更好,并且成本较低。

21.3.2 特高压换流变压器特点

特高压换流变压器主要有两大特点,一是绝缘要求大幅提高,二是其阀侧绕组运行环境的特殊性。因此,在特高压换流变压器的设计制造过程中,必须充分考虑绝缘设计、直流偏磁等问题,同时谨慎选择短路阻抗,增加分接头数目,采取一定措施来抑制高次谐波,以提高换流变压器的整体工作性能。与常规超高压直流相似,特高压换流变压器也存在直流偏磁、高次谐波电流等问题,需要注意的是特高压换流变压器在绝缘设计、短路阻抗和有载调压范围等方面与常规超高压换流变压器有所不同。

1)绝缘设计特点

绝缘设计是换流变压器设计中非常重要的部分,特高压换流变压器的网侧绕组绝缘结构可直接沿用 500kV 的成熟技术,但其阀侧绕组所处的运行环境有其特殊性。阀侧绕组不仅要有一定的交流耐压能力,还必须承受直流偏压作用,阀侧绕组在交流电压和直流电压的共同作用下,对地电位很高;另外,当直流输电系统发生功率反转时,直流电压极性将迅速改变,阀侧绕组承受的直流电压极性也随之改变,而在极性反转过程中阀侧绕组的绝缘容易发生放电。因此,换流变压器阀侧绕组的主、纵绝缘结构都需要特别研究设计。

(1)换流变压器的主绝缘设计

换流变压器的主绝缘结构决定了整台换流变压器的基本结构,与变压器的阻抗、损耗、质量和外形尺寸都有密切的关系。当绕组绝缘水平提高时,可以适当增加绕组之间以及端部绝缘的主绝缘距离,如增加角环、纸筒和纸圈数量。对于特高压换流变压器来说,不只是绝缘层厚度、材料数量的增加,还需要更高的设备制造工艺及运行维护水平。

目前特高压换流变压器内部绝缘采用油、纸复合绝缘结构。在交流电压和直流电压下,其绝缘特性是不同的:交流电压分布由材料介电系数比率决定,通常油隙所承受的电场强度较高;直流电压分布取决于材料电阻比率,通常绝缘纸和纸板所承受的电场强度较高,另外温度和湿度变化也会引起电阻率变化,进而影响直流电压分布。对于换流变压器的绝缘来说,正常稳定运行时承受的是按照介电系数分布的交流电压和按照电阻比率分布的直流偏压。特殊的是,在直流电压极性发生反转时,油纸绝缘中电场强度将呈容性分布,即类似交流电压分布。此时介电强度较弱的油隙会受到很大的电压应力,但变压器油的耐受电场强度较低,容易发生内部绝缘放电或击穿,是变压器的绝缘薄弱部位。

(2)换流变压器的纵绝缘设计

换流变压器的纵绝缘包括绕组匝间绝缘和段间绝缘,它决定了绕组的结构型式和耐受冲击电压的能力。换流变压器的纵绝缘结构设计需要考虑长期工作电压和冲击过电压两者的影响。在长期工作电压下,需保证绕组电压小于 3kV/mm,以避免游离现象的发生;而冲击过电压的影响需要考虑雷电冲击过电压、操作冲击过电压等影响,调整绕组结构、降低匝间梯度电压,以提高对过电压的耐受能力。此外,在特高压直流输电系统中,由于直流电压的升高、换流器串联数量的增加,因此纵绝缘的设计还需要考虑系统内产生的陡波过电压,高幅值的陡波过电压可能会引起换流变压器阀侧绕组纵绝缘击穿等严重后果。因此,纵绝缘结构的确定需要综合以上各方面影响因素进行考虑,采用分区补偿的方式优化绕组匝间梯度电压,从而提高绕组对冲击电压的耐受能力。

2)短路阻抗特点

短路阻抗的选择是两方面考虑的博弈:较大的短路阻抗可以减少短路电流,防止晶闸管受过负荷的冲击,同时对谐波电流起限制作用;较小的短路阻抗可以减小无功损耗和换流变压器的额定容量要求。因此,短路阻抗的确定需要综合考虑晶闸管换流阀最大短路电流水平、换流器无功消耗允许值、谐波电流和设备制造成本四方面因素。

（1）晶闸管换流阀最大短路电流水平

确定换流变压器短路阻抗时,首先应必须保证换流阀能够安全运行,这是短路阻抗参数选择的决定性因素。短路阻抗 u_k 决定换流变压器的漏电抗,因此短路阻抗 u_k 的增加可以减少故障时流过换流阀的电流。换流阀可承受的最大短路电流为 I_M,则发生最严重故障时流过换流阀的最大冲击电流 I_S 必须满足 $I_S(u_k) \leqslant I_M$,即发生故障时的冲击电流不可大于换流阀可承受的范围。因此为防止阀短路冲击电流过大而损坏阀元件,换流变压器的短路阻抗 u_k 应取得尽可能大。

（2）换流变压器无功消耗

换流变压器会产生一定的无功损耗,无功损耗随着变压器短路阻抗增大而增加,换流站无功补偿设备就需要提供更多的补偿容量,这会增大甩负荷时无功过剩而引起的过电压。因此考虑无功消耗时,换流变压器短路阻抗越小越好。

（3）谐波电流

增大短路阻抗可以减小谐波电流幅值,并减少需要装设的交流滤波器组,降低滤波器组成本。

（4）设备制造成本

在同样的直流额定功率下,短路阻抗增大,换流变压器容量和无功补偿设备容量要求都将有所增加,进而增加了相应设备的制造成本;但是,较大的短路阻抗因具有限制谐波电流的作用而降低了换流站的滤波器设备成本。

总体来说,由于输送容量的大幅增加,特高压换流变压器的短路阻抗（18%左右）比超高压换流变压器（15%～16%）提高了一些。

3）有载调压范围

特高压换流变压器的有载调压分接头档数远多于普通电力变压器,调节范围也更大,一般达到 $-5\%\sim+23\%$ 左右,分接头每档的档距较小,一般为 1%～2%,这是为了应对换流变阀侧电压因负载变化而发生升降的问题,以及直流系统降压运行的需要。如向家坝—上海 $\pm800kV$ 特高压直流输电工程的换流变压器调节范围大约 $-5\%\sim+23\%$,分接头每档为 1.25%。

21.3.3　特高压换流变压器试验

1）试验项目

特高压换流变压器型式试验项目包括:雷电载波冲击试验、短时交流感应电压试验、噪声水平测量、油流带电试验、无线电干扰水平测量。

特高压换流变压器例行试验项目主要可分为三类:

（1）基本参数测量:绕组直流电阻测量、极性测量、在每一分接位置的变比测量、空载损耗和空载电流测量、负载损耗和短路阻抗测量、谐波损耗试验、温升试验、油流带电试验、长时间空载试验、1h 励磁、高频阻抗测量、频率响应试验和杂散电容测量试验;

（2）绝缘试验:铁心及其相关绝缘的试验、绝缘电阻测量、绝缘油试验、雷电冲击全波试验、操作冲击试验、套管试验、包括局部放电测量的外施直流电压耐受试验、极性反转试验、外施交流电压耐受试验、长时交流感应耐压试验;

（3）辅助设备试验:辅助回路的绝缘试验、所有附件和保护装置的功能控制试验、风扇及油泵的功率测量、套管电流互感器试验、有载调压开关动作试验、油箱机械强度试验、油箱真空度试验、油箱密封试验。

为保证设备现场交接顺利,用户还需与制造商协商进行现场试验,其主要项目有:

（1）基本参数的测量和检查:绕组连同套管的直流电阻和绝缘电阻值、铁心对地绝缘电阻值、绕组连同套管的 $\tan\delta$ 和电容量、直流泄漏电流、低压空载电流、换流变压器的分接头变比和引出线极性、有载分接头开关检查与试验、绕组连同套管的局部放电测量;

（2）辅助设备检查:绝缘油试验、套管试验、套管型电流互感器试验、密封试验、油箱壳表面温度分布试验、冷却器运行试验、油泵试验、控制和辅助设备回路接线检查及工频耐压试验或绝缘电阻测量、辅助装置检查；

（3）其他：冲击合闸试验、频率响应试验、噪声测定。

2）试验特点

根据上述分析可知，特高压换流变压器与普通电力变压器相比，其试验有其独特之处。

（1）除了与普通变压器一样的型式试验与例行试验外，还要进行直流方面的试验，如直流电压试验、直流电压局部放电试验、直流电压极性反转等试验。特高压换流变压器阀侧绕组的绝缘水平要求比常规换流变压器更高，尤其是长时交流外施耐压、直流耐压和直流极性反转试验电压提高幅度较大。

（2）普通电力变压器进行负载损耗试验的结果中不含有谐波分量的影响。而换流器的工作方式决定了换流变压器交流侧的电流中含有很大的谐波电流分量，因此换流变压器的负载损耗测量必须考虑谐波电流的影响。

（3）受所连换流阀工作方式不同的影响，同一类型的换流变压器的温升试验结果未必相同。因此与普通电力变压器不同的一点是，特高压换流变压器的温升试验不再是型式试验，而是必须逐台进行的例行试验。

21.3.4　特高压换流变压器制造水平

特高压换流变压器的主要技术来自 ABB 和 Siemens 等公司。最近几年，国内企业如西安西电、特变电工等公司也在各个合作项目中，积极吸收国外先进技术，提高国产换流变压器制造水平。2010 年 2 月 23 日，第一台中国本土制造的 ZZDFPZ—250000/500—800 特高压换流变压器在西安西电变压器公司通过全部试验，是首台国产的特高压高端换流变压器。

在目前投产的特高压直流输电工程中，除了高端变压器采用 Siemens、ABB 公司设计制造之外，大部分都开始采用国产换流变压器。在云南—广东±800kV 特高压直流输电工程中，3/4 的低端变压器采用西电等国内企业的 400kV 换流变压器，而 800kV 高端变压器全部采用 Siemens 公司设计制造；在向家坝—上海±800kV 特高压直流输电工程中，400kV 低端换流变压器由特变电工沈阳变压器集团有限公司、西安西电变电压器有限公司等国内企业制造，800kV 高压端换流变压器由 ABB 生产；在锦屏—苏南±800kV 特高压直流输电工程中，800kV 高压端换流变压器主要由 ABB 公司制造，低压端换流变压器主要由特变电工沈阳变压器公司等国内企业制造。

21.4　特高压平波电抗器

平波电抗器是高压直流换流站的重要设备之一，又称直流电抗器，一般串接在换流器与直流线路之间。其主要作用是在轻载时防止电流断续，并与直流滤波器一起构成换流站直流谐波滤波电路，使换流过程中产生的谐波电压和谐波电流减少，有利于改善线路的电磁环境。同时，能防止由直流线路或直流开关所产生的陡波冲击进入阀厅，抑制直流故障电流的快速增加，减少逆变器换相失败的概率，在一定程度上保护换流阀免受过电压和过电流的损坏。目前，常规的高压直流工程中都将直流平波电抗器全部布置于直流极线上，而在特高压直流工程中，平波电抗器一半布置在直流极线上，另一半布置在中性母线上，这种平抗布置的方式简称为平抗分置。

21.4.1　特高压平波电抗器结构

根据电抗器的绝缘和磁路结构不同，目前平波电抗器主要有两种型式：干式和油浸式。干式平波电抗器采用多层铝线包压缩组成线圈，浇注环氧树脂绝缘，通过绝缘子支柱将整个线圈和保护绝缘结构支撑在空中。油浸式平波电抗器结构与变压器类似，由铁芯和线圈结构提供电感，采用油纸复合绝缘，整体放置在地面上。这两种型式的平波电抗器在国内外超高压直流输电工程中都有成功运行经验，两者各自的优势说明如表 21-2 所示。

表 21-2 干式平波电抗器和油浸式平波电抗器特点比较

干式平波电抗器	油浸式平波电抗器
1）对地绝缘简单,主绝缘由支撑绝缘子提供; 2）对地电容小,暂态过电压较低; 3）与油浸式相比,为无油设备,不需要辅助运行系统,无火灾危险,且维护费用低; 4）重量轻,易于运输,布置具有良好的灵活性; 5）在电感量相同的情况下,干式平波电抗器的设备费用约为油浸式的一半。	1）油纸绝缘系统设计较复杂,但主要绝缘封闭在油箱内,运行可靠,抗污秽能力强; 2）有铁芯,增加电感量比无铁芯的干式平波电抗器容易; 3）有油箱封闭电磁辐射,对周围空间的影响小; 4）采用干式套管穿入阀厅,没有水平穿墙套管的不均匀湿闪问题; 5）安装在地面,重心低,抗震性能好。

　　特高压输电系统的电压等级较常规超高压直流工程更高,因此对平波电抗器的绝缘水平要求也大幅提高,但油浸式平波电抗器的油纸绝缘结构使得电抗器的绝缘水平在设计制造上难以进一步提高,目前还没有成熟的特高压油浸式平波电抗器产品。而干式平波电抗器的主绝缘由支柱绝缘子提供,提高绝缘水平相对容易,并且电抗器的对地电容小,要求的冲击绝缘水平也相对较低。总体来说,干式平波电抗器由于其具有结构简单、技术风险小且运行费用低等优势,而被特高压直流工程所推荐采用。目前投入运行的云南—广东、向家坝—上海和锦屏—苏南±800kV 特高压直流工程中均采用了干式平波电抗器。

　　向家坝—上海±800kV 特高压直流输电工程中使用的干式平波电抗器串联结构如图 21-9 所示。单个平波电抗器额定电感 75mH,额定直流电流 4000A,可承受短时电流峰值 40kA。在该站设计中,要求平波电抗器提供 150mH 电感,但由于干式平波电抗器采用无铁芯结构,单台电感值难以做到很大,所以只能通过两个 75mH 的平波电抗器串联以满足工程需要。

图 21-9 向家坝—上海±800kV 直流工程奉贤站干式平波电抗器

21.4.2　特高压平波电抗器特点

特高压直流系统中直流平波电抗器与常规超高压直流系统的主要区别是采用了平抗分置的方式,将直流平波电抗器一半布置在直流极线上,另一半布置在中性母线上,而常规超高压直流系统中的平波电抗器全部布置于直流极线上。关于采用平抗分置的优点分析详见本书 18 章直流换流站绝缘配合中平波电抗器分置方案一节。

此外,与普通交流电抗器相比,特高压干式平波电抗器在设计时需要注意以下几个方面。

(1)绕组温升

直流电流和交流电流在多层并联绕组中分布是不同的:直流电流按照并联绕组的电导比例分配电流;交流电流按照各层电感和层间互感分配。不同的电流流过绕组将产生不同的温升分布,平波电抗器上会同时流过直流电流和交流谐波电流,因此必须事先考虑其电流成分,合理调整绕组参数使电流分布更加均匀。

另外,谐波电流在绕组上也会产生电能损耗,它由三部分组成:①电流的电阻性损耗,由电阻分布决定;②环流损耗,因工艺偏差引起绕组间发生环流;③涡流损耗,电流发生涡流效应造成损耗,尤其对于高频谐波电流,这一损耗是电阻性损耗的数十倍,甚至上百倍。因此,控制谐波电流损耗必须通过优化绕组方案,提升绕组导线质量来减少涡流损耗和环流损耗。相应的在温升试验中,将计入谐波损耗的热效应而加大直流试验电流,以近似获得等效温升。

(2)外绝缘设计

在电压等级大幅提高的情况下,特高压平波电抗器的外绝缘设计需要特别重视。以往许多进口的电抗器都曾经出现贯通性沿面闪络以及污湿条件下的局部表面放电,形成漏电起痕现象。因此必须特别关注电抗器的表面绝缘设计,适当增加表面绝缘尺寸,同时采取防雨防污,抑制表面泄露电流密度措施,防止污闪和局部表面放电。

(3)电晕设计

根据试验,特高压平波电抗器如果不加电场屏蔽装置,则金属端架的尖端效应必定会产生可见电晕,对附近产生严重的无线电干扰。因此,必须在电抗器两端加装大曲率半径的电场屏蔽装置。

(4)噪声控制

平波电抗器的电磁噪声产生原因与普通交流电抗器不同,其实际需要控制的是交直流相互作用产生的电磁噪声,它有两个来源,一个是直流电流形成的恒定磁场作用于绕组内谐波电流产生的交变磁场力,另一个是谐波电流的磁场作用于绕组内直流电流形成的交变磁场力。由于谐波电流远小于直流电流,谐波磁场作用于谐波电流可以产生的磁场力可以忽略不计。根据模拟计算,在无控制措施的平波电抗器线圈表面 3m 处,声压级为 83.2dB,超过技术要求 13.2dB。由于电抗器线圈主要是按温升、绝缘以及动热稳定要求来设计,很难再根据降低噪声的要求对其结构型式作调整。所以工程中可在电抗器本体外包围阻性降噪装置,保证电抗器周围噪声维持在技术要求范围内。

21.4.3　特高压平波电抗器试验

1)型式试验

特高压干式平波电抗器的型式试验项目有:

绝缘试验:雷电冲击全波试验、雷电冲击截波试验、操作冲击试验、外施直流电压湿耐压试验;

其他:温升试验、无线电干扰水平。

2)例行试验

特高压平波电抗器的例行试验项目有:

基本参数测量:绕组直流电阻测量、阻抗测量、电感量测量;

绝缘试验:雷电冲击全波试验,操作冲击试验;

运行试验:损耗测量,负载电流试验。

3）现场试验

特高压干式平波电抗器的现场试验项目为绕组电阻测量、电感量测量和噪声测定。

21.4.4 特高压平波电抗器制造水平

目前特高压干式平波电抗器的制造已经非常成熟。自 2008 年,北京电力设备总厂研制出首台±800kV干式空心平波电抗器,并通过全部试验后,国内各厂家积极发展特高压平波电抗器制造技术,目前如西安西电变压器公司、特变电工沈阳变压器公司、上海 MWB 等制造商都已具备 500kV 以上电压等级干式平波电抗器的制造能力,国产的干式平波电抗器已在超高压、特高压工程中得到了广泛应用。但是干式平波电抗器的结构决定了其存在占地面积较大,电磁环境恶劣和防震困难等难以解决的问题。

油浸式电抗器主要用于高压直流输电工程中,占地面积小、对周围环境影响小,且抗震能力更优。在特高压直流工程中,由于对电抗器的绝缘水平要求更高,满足特高压电压等级的产品绝缘结构设计难度大,目前制造技术尚不成熟。未来随着产品设计和制造能力的进步,油浸式平波电抗器有望在特高压直流工程中得到应用。不过采用油纸绝缘的油浸式平波电抗器重量较大,只有在运输条件许可的情况下,才有望在特高压直流工程中替代目前的干式平波电抗器产品。

21.5 特高压交直流滤波器

直流输电系统中,换流器在进行交直流转换的同时,还在交、直流两侧分别产生谐波。在直流系统侧,谐波会造成其他直流设备附加发热,增加设备运行的额定值要求和运行费用;在交流系统侧,将造成系统运行性能下降。另外,直流架空线路还会通过电磁感应在邻近通信线路上产生谐波电势,对通信系统产生干扰。

目前高压直流系统中抑制谐波的主要方法是:交流侧安装交流滤波器,而直流侧安装平波电抗器和直流滤波器。交直流滤波器可以很好地控制系统内谐波水平,并保证整个直流输电系统稳定、高效地运行。

21.5.1 特高压交流滤波器

交流滤波器与交流系统并联,主要实现两个功能:一是在谐波频率下处于串联谐振的低阻抗状态,为谐波提供旁路通道;二是提供换流器换相所需的无功功率。

工程中大都采用无源交流滤波器,其控制简单,且设计制造技术非常成熟,国产化程度也较高。在结构上,交流滤波器由电感、电容和电阻三种元件组成,可分调谐型、高通型及调谐高通型三大类。现代直流输电中一般采用调谐高通滤波器,表 21-3 列出了三种常用调谐高通型滤波器的电路结构和滤波特点。可见,调谐高通型交流滤波器的元件主要有高、低压电容器、电抗器和电阻器,其中高压电容器需要耐受的电压等级高,工作条件恶劣,对电介质材料要求高,是交流滤波器中最重要、最昂贵,且故障率最高的元件,是整个滤波器可靠运行的关键。某实际特高压直流工程中的交流滤波器如图 21-10 所示。

图 21-10　安装完成的交流滤波器

表 21-3 典型调谐高通型滤波器

名称	单调谐高通型滤波器	双调谐高通型滤波器	三调谐高通型滤波器
滤波器结构	C1, L1, R1, R2	C1, L1, R1, C2, L2, R2	C1, L1, C2, L2, R2, R1, C3, L3, R3
特点	结构简单,对单次谐波抑制能力强;需要配置组数多,轻载时无功平衡困难。	对两种谐波有抑制效果,可通过调整阻尼电阻在宽频率范围内抑制高次谐波;但对失谐较敏感,低压元件暂态定值高。	轻载时便于无功平衡;但易失谐,现场调谐困难。

21.5.2 特高压直流滤波器

1)特高压直流滤波器结构

在特高压输电系统中,直流侧的谐波主要来自 12 脉动换流器产生的 $12n$ 次($n=1,2,3,\cdots\cdots$)特征谐波,及少量由于交流系统和换流站各设备参数不对称等因素而导致的非特征谐波。与 $\pm500\mathrm{kV}$ 超高压直流工程相比,特高压直流工程每个单极由两个 12 脉动换流桥串联构成,电压等级更高,其产生的谐波幅值更大,也更加严重。这些直流侧谐波可能对线路邻近的通信线路产生干扰,影响系统安全稳定运行,因此需要设置直流滤波器、平波电抗器以及中性母线冲击电容器等设备,将这种干扰限制在可接受的水平。

直流滤波器结构与交流滤波器类似,包括高、低压电容器,电抗器等。其主要电气应力参数有高压直流滤波电容器两端电压应力、决定电容器和电抗器两端以及高压和低压接线端对地爬电距离的电压、通过各元件的电流应力和产生可听噪声的电流等。随着承受电压的增加,特高压直流滤波器在外形尺寸上也十分巨大:如 ABB 公司为向家坝—上海 $\pm800\mathrm{kV}$ 特高压直流输电工程提供的特高压直流滤波器,高度超过 20m,整体质量超过 80t。图 21-11 为某实际特高压直流工程中安装完成的直流滤波器。向家坝—上海 $\pm800\mathrm{kV}$ 特高压直流输电工程中采用的直流滤波器设计方案如图 21-12 所示,每站每极分别设置一组三调谐 2/12/39 滤波器,安装在直流极母线和中性母线之间,调谐频率为 100/600/1950Hz。

直流滤波器性能的考核指标是直流极线及接地极引线上的等效干扰电流(I_{eq}),即线路上所有频率的谐波电流对邻近平行或交叉的通信线路所产生的综合干扰作用等同于某个频率的谐波电流干扰作用,这一谐波电流称为等效干扰电流。等效干扰电流是直流滤波器中一个非常重要的因素,与设备性能、系统运行安全性、甚至整体制造成本都有关。特高压直流输电工程中规定,双极运行时在所有直流滤波器投运情况下,考虑 $1\sim50$ 次谐波电流的最严重组合情况,而其等效干扰电流值不得超过 3000mA[6]。

2)特高压直流滤波器特点

与交流滤波器及超高压直流滤波器不同,特高压直流滤波器有以下特点:

(1)直流滤波器无需像交流滤波器那样考虑无功补偿要求,所以其无功容量不需要比其滤波特性要求更大,且电容器的额定参数不是根据无功功率来确定而是按照线路电压、滤波要求和工程经济性决

图 21-11　安装完成的直流滤波器组

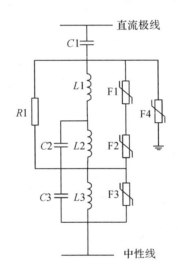

图 21-12　向家坝—上海±800kV 特高压直流输电工程直流滤波器设计方案

定的。

（2）交流滤波器在交流系统状态变化时可能出现谐振的问题，所以必须采用阻尼措施。而换流站直流侧阻抗恒定，允许使用准确调谐的直流滤波器。

（3）特高压直流滤波器承受的谐波电压比超高压工程中大幅增加，如果在等效干扰电流限制值不变的情况下，相应的高压电容器电容值将大幅增加。因此特高压直流滤波器的高压电容器元件无论是在成本上还是制造难度上都有大幅提升。为降低造价成本，在满足滤波效果且避免直流侧发生低频谐振情况下，要尽量减少直流滤波器支路数，减少直流滤波器支路中高压电容器的电容值，或者可以采用具有公共高压电容器的双调谐或多调谐滤波电路。另外，在现实条件允许情况下，如周围没有可能受到干扰的通信线路时，可以尽量放宽等效干扰电流（I_{eq}）限制要求，这样也有利于减少换流站中直流滤波器的造价。

（4）特高压直流滤波器中的高压电容器两端必须耐受比±500kV 直流输电工程更高的直流电压，其平均工作场强约 90～110kV/mm。由于直流滤波器中，电压分布需要考虑沿电容器单元端部瓷绝缘套管泄露电阻分布的不均匀性，以及谐波电压的影响，故在电容器单元内需要装设并联均压电阻。

（5）在实际工程中配置直流滤波器时，考虑到同一换流站的对称性，两极的直流滤波器配置应当一致。

21.5.3　特高压交直流滤波器试验

1)特高压交流滤波器试验

(1)特高压交流滤波器的型式试验

基本参数测量:高温损耗角正切值测量、电容的频率和温度特性测量、支柱绝缘子工频耐受电压试验和支柱绝缘子雷电冲击电压试验;

绝缘试验:极对壳工频耐压试验、雷电冲击耐压试验、短路放电试验;

其他:热稳定性试验、熔丝的隔离试验、耐久试验、外壳爆破能量试验、抗震试验。

(2)特高压交流滤波器的例行试验

基本试验:外观检查、损耗角正切量测量、密封性试验、批量抽样试验等;

绝缘试验:极间耐压试验、单台电容器局部放电试验、极对壳工频耐压试验、放电试验、内部放电器件检验、支柱绝缘子工频耐受电压试验。

2)特高压直流滤波器试验

特高压直流滤波器的试验项目包括对电容器、电抗器和电阻器进行的额定值测量、耐压试验、热稳定和温升试验等。

21.5.4　特高压交直流滤波器制造水平

特高压直流工程中的交流滤波器大都采用无源交流滤波器,其控制简单,且设计制造技术非常成熟,国产化程度也较高。在向家坝—上海±800kV 特高压直流输电工程和云南—广东±800kV 特高压直流输电工程中,其交流滤波器主要由国内许继集团等厂家供货。

特高压直流滤波器的制造尤其是高压电容器的设计制造难度较大。在云南—广东±800kV 特高压直流输电工程中,特高压直流滤波器全部由 Siemens 公司提供;向家坝—上海±800kV 特高压直流输电工程中,特高压直流滤波器全部由 ABB 公司提供;锦屏—苏南±800kV 特高压直流输电工程中,特高压直流滤波器相关元件由 ABB 公司及国内厂家共同提供。

21.6　特高压直流避雷器

特高压直流避雷器是特高压直流输电系统过电压保护的关键设备,对整个工程的绝缘水平起着至关重要的作用。合理的避雷器配置,不仅能有效提高系统的运行可靠性,还能降低设备的运行成本,在技术性和经济性上达到最优。与常规超高压直流系统相比,由于特高压系统的电压等级高,绝缘配合系数更小,就要求避雷器具有较高的非线性系数,使其残压尽可能低,同时在特高压中对避雷器的能量吸收要求更高,总体设计制造难度也会更大。

21.6.1　特高压直流避雷器的类型

特高压直流避雷器种类多,性能参数要求高,且不同种类避雷器在持续运行电压、荷电率等参数要求上差别较大。截至 2015 年,国内外已投运的±800kV 特高压直流输电工程仅有 6 项,并且均建在中国,换流站的避雷器布置主要有 2 种:向家坝—上海、锦屏—苏南±800kV 特高压直流工程中采用的 ABB 推荐方案和云南—广东±800kV 特高压直流工程中采用的 Siemens 推荐方案[7]。关于特高压直流避雷器的性能参数选取,见本书 18.3 节。

下面以向家坝—上海±800kV 特高压直流输电工程的换流站避雷器布置为例,对 ABB 公司推荐的方案进行说明。向家坝—上海±800kV 直流输电工程的换流站避雷器布置如图 21-13 所示,图中各避雷器的保护功能见表 21-4。

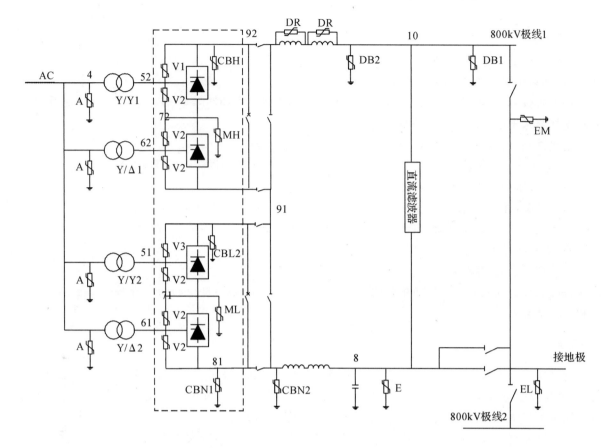

图 21-13　向家坝—上海±800kV 特高压直流输电工程避雷器布置图

表 21-4　各避雷器的保护功能

避雷器	名称	保护功能
A	交流母线避雷器	安装在交流母线和换流变压器交流侧。主要用于限制交流侧由各种原因产生的操作过电压。
V1/V2/V3	阀避雷器	并联在阀两端。保护换流阀免受交流侧经换流变压器传递过来的操作过电压或直流侧由各种原因产生的过电压。不同位置的阀避雷器对能量吸收的要求各不相同,可通过多柱并联达到高能量吸收能力的要求。
MH/ML	上/下十二脉动换流单元六脉动避雷器	直接保护 6 脉动桥间的直流母线
CBH	换流器高压端避雷器	安装于极线平波电抗器阀侧直流母线。用于保护极线平波电抗器阀侧直流母线及套管等设备。
CBL2	上、下十二脉动换流单元间母线避雷器	安装于上/下 12 脉动换流器中点母线处。用于保护中间直流母线和连接上/下换流单元的穿墙套管及隔离开关等。
CBN1/ CBN2	中性母线平波电抗器阀侧避雷器	CBN1 安装于阀厅内,CBN2 位于阀厅外。CBN1 避雷器主要限制窜入阀厅的雷电过电压;CBN2 是由多柱并联成的高能避雷器,用以保护中性母线平波电抗器阀侧的相关设备。
DB1/DB2	直流母线/极线避雷器	安装在直流极线上。主要用于限制直流开关场的雷电和操作过电压。
DR	平波电抗器并联避雷器	并联在直流母线平波电抗器两端。主要用于雷电侵入波保护,保护平波电抗器端对端的反向雷电过电压。
E	中性母线避雷器	安装在中性母线上。主要保护中性母线和接于中性母线的设备免受过电压损坏。在接地故障时,能量冲击大,通常需要多支并联,增加通流能力。
EM、EL	金属回线、接地极线避雷器	限制来自金属回线和接地极引线的雷电冲击和操作冲击,并与避雷器 CBN2 共同吸收中性母线上的操作冲击。

Siemens 公司推荐的避雷器布置方案在云南—广东±800kV 特高压直流工程中得到应用,如图 21-14 所示,该方案与 ABB 公司推荐的方案基本类似,关于图中各避雷器的位置及功能不再赘述。

通过比较图 21-13 和图 21-14 所示的避雷器布置可以发现,这两种方案的主要区别在于对高端换流变压器阀侧绕组的保护,向上工程采用 MH 与 V 避雷器串联的保护方式,每站每极仅需安装 1 台 MH 避雷器,避雷器数量较少,避雷器布置相对简单,缺点是换流变阀侧绕组的绝缘水平较高;而云广工程采用 A2 避雷器直接保护高端换流变压器阀侧绕组,可以降低该处设备的绝缘水平,缺点是每站每极需安装 3 台,会占用阀厅较大的空间。综上可知,Siemens 和 ABB 公司的两种避雷器布置方案各有优缺点。

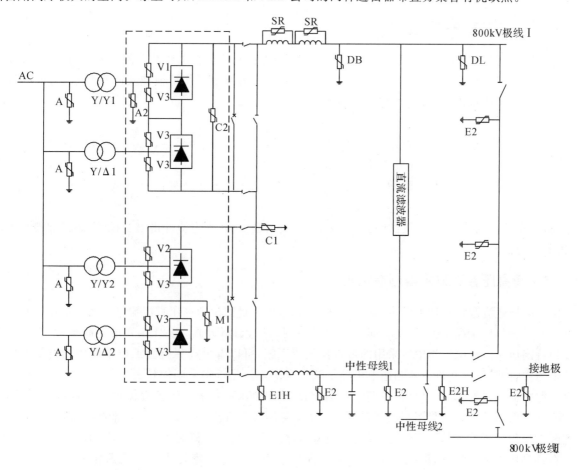

图 21-14　云南—广东±800kV 特高压直流输电工程换流站避雷器布置图

21.6.2　特高压直流避雷器特点

特高压直流系统电压等级高、结构复杂,故障条件下过电压种类多,避雷器运行条件严酷,因而在特高压直流系统中使用的避雷器种类和数量超过了常规直流系统的换流站。与交流系统和常规直流系统中的避雷器相比,特高压直流避雷器有很多不同之处。

(1)种类多、性能参数差别大

根据安装位置的不同,特高压直流避雷器可分为阀避雷器、直流母线避雷器、直流线路避雷器和中性母线避雷器等,而且有些避雷器是特高压系统独有的,如上、下 12 脉动换流单元间母线避雷器。

(2)持续运行电压复杂

特高压直流系统结构更加复杂,直流避雷器上的持续运行电压包括直流分量、基频分量和谐波分量,需要耐受电压波形复杂,如换流阀在关断时会在阀避雷器两端产生换相过冲,波形很不规则。

(3)通流能力要求更高

特高压直流系统部分位置的避雷器需要泄放大量能量,通常需要采用多柱避雷器并联来满足能量要求。在采用多柱并联时,还需要考虑避雷器的均流性。

（4）污秽问题突出

直流避雷器的直流积污要比交流系统严重得多,并且特高压直流系统的电压等级更高,对直流避雷器的外绝缘要求也就更高。为改善避雷器的耐污秽性能,特高压直流避雷器普遍采用硅橡胶复合外套和交替大小的伞裙结构,并且设计的爬电比距比交流系统大得多。硅橡胶具有非常优良的憎水迁移性,表面不易积污,且重量轻、泄压性能可靠。同时,交替大小的伞裙结构可以防止表面出现连续的导电层,同时提高总体爬距占全长的比例。

21.6.3 特高压直流避雷器试验

特高压直流避雷器的试验也是一大难点,不同避雷器的持续运行电压波形差异大,并且事先难以预估。尤其是对于动作负载试验、加速老化试验等试验项目,需要尽可能地模拟实际运行状态,这都对换流站的绝缘配合计算和特高压避雷器的试验水平提出了挑战。

特高压直流避雷器的基本试验项目主要包括以下几个方面。

（1）基本参数测量:外观检查、爬电比距检查、阻性电流试验、残压试验、工频参考电压试验、直流参考电压试验、0.75 倍直流参考电压下漏电流试验、电流分布试验;

（2）绝缘试验:动作负载试验、外绝缘耐受试验、无线电干扰电压及局部放电试验、耐电蚀损和起痕试验、人工污秽试验;

（3）安全性能试验:压力释放试验、密封试验、能量耐受试验、大电流冲击耐受试验、热机和沸水煮试验、机械性能试验。

21.6.4 特高压直流避雷器制造水平

由于高压直流避雷器种类众多、制造难度大,总体来说目前国内高压直流输电工程中使用的直流避雷器主要以国外厂家提供为主,也有部分工程是由国内厂家提供的。表 21-5 列出了截至 2015 年国内部分超特高压直流输电工程中所采用的避雷器供货厂家,可以看出高压直流工程中使用的避雷器以国外厂家为主,国外厂家在避雷器制造上仍处于领先水平。但是近年来国内相关避雷器厂家也积极进行了直流避雷器的研发,如西电公司西安电瓷研究所为 ±500kV 葛南直流工程提供了中性线避雷器,为 ±500kV 三常直流工程提供了极母线避雷器,为灵宝背靠背直流工程提供了全部直流避雷器,通过这些实际工程积累了丰富的运行经验,说明中国避雷器厂家已具备了研制直流避雷器的能力。

在特高压直流工程中,最先投运的三条工程均采用了国外厂家提供的直流避雷器。云南—广东 ±800kV 特高压直流输电工程中的直流避雷器全部由 Siemens 公司提供,向家坝—上海和锦屏—苏南 ±800kV 特高压直流输电工程中的直流避雷器主要由 ABB 公司提供。近年来国内避雷器的研究和制造水平也在不断提高,已有西安西电等厂家成功研发了 ±800kV 级的直流避雷器。

表 21-5 国内部分超特高压直流工程采用的避雷器厂家

工程名称	直流避雷器供货厂家	投运年份
±500kV 葛上直流输电工程	BBC 公司（现 ABB 公司）	1989
±500kV 天广直流输电工程	Siemens 公司	2000
±500kV 三常直流输电工程	ABB 公司	2002
±500kV 三广直流输电工程	Siemens 公司	2004
±500kV 贵广直流输电工程	ABB 公司	2004
±550kV 灵宝背靠背直流输电工程	西电公司西安电瓷研究所	2005
±800kV 云南—广东特高压直流输电工程	Siemens 公司	2010
±800kV 向家坝—上海特高压直流输电工程	ABB 公司	2010
±800kV 锦屏—苏南特高压直流输电工程	ABB 公司	2012
±800kV 哈密南—郑州特高压直流输电工程	南阳金冠等	2014
±800kV 溪洛渡—浙西特高压直流输电工程	西安西电、中电装备	2014

21.7　特高压套管

套管用于隔离高压导体和与其电位不同的物体,起到绝缘和支持作用。套管分电器用套管和穿墙套管两种,前者供高压导体穿过与其电位不同的隔板,后者用于导体或母线穿过建筑物或墙壁。特高压套管在整个特高压直流输电工程中起着关键作用,一旦某个套管发生问题,该极必须紧急停运,这将对电力系统造成不利影响。据国家电网公司统计,截至 2002 年底国内 500kV 站内因套管引起高压电器事故占总体的比例高达 35.4%,可见套管对维护系统稳定可靠运行的重要性。

21.7.1　特高压套管结构

特高压套管的基本结构是一个电极插入另一个不同电位的电极的中心。以 ABB 生产的套管为例,其内绝缘采用 SF_6 气体和绝缘纸作为绝缘介质,铝箔作为其极间介质。这样层间的绝缘纸上覆盖的薄铝箔层构成了一串同轴的圆柱形电容器,具有很高的电气强度,且电场分布更均匀。两端的复合绝缘子由玻璃纤维增强环氧树脂管和硅橡胶构成,还配合有应力锥、电极屏蔽、均压球等设计,用于改善电场和电位分布。外绝缘采用长短交替式硅橡胶制伞裙,以提高爬距和耐雨耐污秽性能。按特高压套管的用途,可以将特高压套管分为特高压变压器套管和特高压穿墙套管。

(1)特高压变压器套管

以 ABB 公司生产的特高压变压器套管为例,简要介绍特高压直流换流变压器套管的结构和技术规格。向家坝—上海±800kV 特高压直流输电工程中,复龙站的换流变压器套管如图 21-15 所示。

 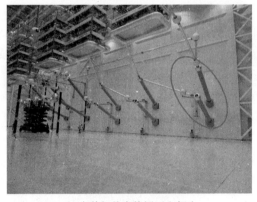

(a) 完整的套管整体结构　　　　　　　　(b) 安装好的套管阀厅内部分

图 21-15　向家坝—上海±800kV 特高压直流工程复龙站的换流变压器套管

从图 21-15 可以看到,特高压最高端换流变压器阀侧出线套管为换流变压器穿过阀厅墙体与阀厅内换流阀连接提供通道。由于换流变压器阀侧运行环境复杂,运行电压含直流及较多谐波分量,所以对阀侧套管的绝缘设计要求较苛刻。

(2)特高压穿墙套管

特高压穿墙套管用于辅助阀厅内的直流母线穿过墙体与安装在户外的直流极线相连接,其最高端运行电压高达 800kV,绝缘水平要求高。工程中采用与水平方向成 10°倾斜角的安装方式,以改善套管耐淋雨性能,保证爬距。考虑到阀厅内的环境较清洁干燥,爬距可以相对减小,所以穿墙套管的室内段会一般比室外段短一些。图 21-16 为某±800kV 直流极线穿墙套管的外形图,其技术参数如表 21-6 所示[8]。

室外侧　　　　　　　　　　室内侧

图 21-16　800kV 直流极线穿墙套管外形图

表 21-6　800kV 直流极线穿墙套管技术参数

套管类型	SF6 气体绝缘，复合材料
标称直流电压/kV	±800
额定峰值电压/kV	816
额定电流/A	4000A
爬电比距（户内）/(mm/kV)	＞14
爬电比距（户外）(mm/kV)	＞45
尺寸	室内段约8.3m，室外段约9.9m
安装角度	与水平方向呈10°

21.7.2　特高压套管特点

特高压套管尺寸较大，如某些穿墙套管的长度将近19m。同时其绝缘结构比较复杂，既有内绝缘也有外绝缘，且内外电场压力需要保持平衡。套管的运行环境也十分苛刻，既要承受外部雨、污染等环境因素，还要同时承受很高的电、热和机械应力。特高压套管在材料、绝缘结构等方面有以下特点：

1）特高压套管外绝缘特点

与±500kV 直流输电工程不同，特高压套管一般采用硅橡胶作为其外绝缘材料。传统的纯瓷套管受制造工艺限制，无法制造出特高压系统绝缘要求的套管厚度。而硅橡胶憎水迁移性能优良，温度耐受范围大，且介电性能优良，其户外绝缘的爬电距离和空气间隙较瓷制套管大大减少，质量更轻。因此，特高压直流套管使用硅橡胶作为其外绝缘材料。硅橡胶的耐湿耐污秽性能可以从根本上解决在许多±500kV 直流输电工程中纯瓷套管的非均匀淋雨闪络以及污闪等问题，并杜绝了纯瓷制套管可能出现的爆炸危险，消除了套管破裂对邻近设备可能造成的危害。

2）特高压套管电场分布特点

套管的结构决定了其电场分布十分复杂。其垂直介质表面电场分量较强，表面电压分布极不均匀，靠近中间法兰处和法兰与导杆之间的电场强度大，容易发生放电击穿。套管的绝缘层中有许多分子正负电荷作用中心不重合的地方，它们都可能成为局部陷阱，吸引空间电荷聚集。从空间电荷分布问题角度分析，直流套管绝缘设计比交流套管更复杂。因为被吸引的空间电荷不会被时变的电场中和消散。另外，在强电场下介质的介电性能与较低外加场强下不同，空间电荷不再以电离产生为主，而是阴极、阳极有大量同性载流子注入，大大增加了场强畸变率，畸变部分场强甚至可达到原来的8～10倍。所以空间电荷会造成绝缘材料内部电场畸变，是导致材料老化和电击穿的一大因素。

3）特高压套管运行环境苛刻

特高压套管不仅要承受长时交直流工作电压，还可能受到系统运行方式改变、外界温度变化等因素影响。直流输电系统的运行经验表明，大多数高压设备的故障都是在极性反转时发生的。极性反转的最明显特点就是空间电荷瞬间呈现异极性积聚，使得复合介质界面局部区域电场集中，不论交流或是直流套管都容易发生闪络和击穿。同时，对于直流套管来说，其电场按照电阻率分布，极易受温度变化影响。聚合物的绝缘电阻一般具有负温度特性，低温侧电导小，故而载流子易集中在低温侧，导致低温侧场强畸变。且温差越大，异极性电荷数量越多，场强分布畸变越严重。

21.7.3　特高压套管试验

特高压直流套管的型式试验中，套管将承受比实际运行更高的复合强度，以发现可能有的损伤，其试验项目包括工频干耐受电压试验、雷电冲击干耐受电压试验、操作冲击干或湿耐受电压试验、温升试验和弯曲负荷耐受试验。

特高压直流套管的例行试验项目按顺序依次为：

（1）介质损耗角正切和电容量测量，雷电冲击干耐受试验，工频干耐受电压试验；

（2）重复测量介质损耗角正切和电容量，直流耐受电压下的局部放电量测量；

（3）再次测量介质损耗角正切和电容量，端子绝缘试验，充气、气体绝缘和浸气套管的内部压力试验。

另外，根据制造商和用户的协定，对于户外套管还可能加做人工污秽试验、均匀和不均匀淋雨直流电压试验、伞套材料耐漏电起痕和电化蚀损试验等特殊试验。

21.7.4　特高压套管制造水平

目前世界上±800kV 电器用套管和穿墙套管主要技术还是为 ABB 公司和 Siemens 公司垄断，前者主要生产高压直流油纸式套管，后者主要生产高压直流环氧浸渍干式套管。国内也有许继集团、南京电气等公司，通过技术引进，对特高压直流穿墙套管进行研究，逐步掌握其核心技术，实现相关设备的国产化。

21.8　特高压直流开关设备

特高压直流系统运行方式众多，由于不同运行方式下直流输电系统的结构不同，各运行方式间进行切换时需要借助不同的直流开关设备，另外直流系统故障及检修时也需要借助开关设备将故障切除及隔离，因此特高压直流开关设备也有多种。根据直流开关设备在系统中的作用，特高压直流设备主要包括特高压直流转换开关、特高压直流隔离及接地开关和特高压直流旁路开关。特高压直流开关设备的典型布置如图 21-17 所示，图中标号 1 代表特高压直流转换开关，标号 2 代表特高压直流隔离开关，标号 3 代表特高压直流旁路开关，其中隔离开关旁边一般装有接地开关，在图中未画出。

21.8.1　特高压直流转换开关

1）转换开关类型

特高压直流转换开关是特高压直流输电系统中的重要设备，主要用于直流输电系统各种运行方式及接地系统之间的转换，保证直流系统的安全稳定运行。与常规超高压直流系统相似，特高压直流转换开关按功能主要分为运行方式转换和保护功能两类，前者包括金属回线转换开关（Metallic Return Transfer Breaker，MRTB）和大地回线转换开关（Ground Return Transfer Switch，GRTS），后者包括中性母线开关（Neutral Bus Switch，NBS）和中性母线接地开关（Neutral Bus Ground Switch，NBGS），各开关在特高压直流换流站的位置如图 21-18 所示。可见，MRTB 和 GRTS 位于直流极线和接地极线之间，主要用于直流系统在单极大地回线和单极金属回线两种运行方式之间进行转换，并保证转换过程中直流系统的功率输送不中断。NBS 位于换流站的站内接地线上，串接在中性母线上，主要作用有两点：当发生单极计划停运时，通过换流器的电流降为零，然后利用 NBS 将停运的换流器与中性母线断开；当直流系统双极运行时，发生其中一极的内部接地故障，故障极投旁通对闭锁，此时利用 NBS 将正常极注入接地故障点的电流转移到接地极线路上[9,10]。NBGS 位于换流站内中性线与接地网之间，主要用于为换流站提供临时接地。

2）转换开关工作原理

与交流断路器不同，直流电流没有可利用的电流过零点，所以灭弧困难。并且，直流回路中电感很大，加上转换开关动作时切断的直流电流较大，故直流转换开关需吸收很大的能量。此外，转换开关动作时可能会产生较大的过电压，造成开关断口间电弧重燃。由于这些特点，使得直流断路器较交流断路器制造难度更大。在中国投运的特高压直流工程中，按照转换开关的工作原理，特高压直流转换开关一

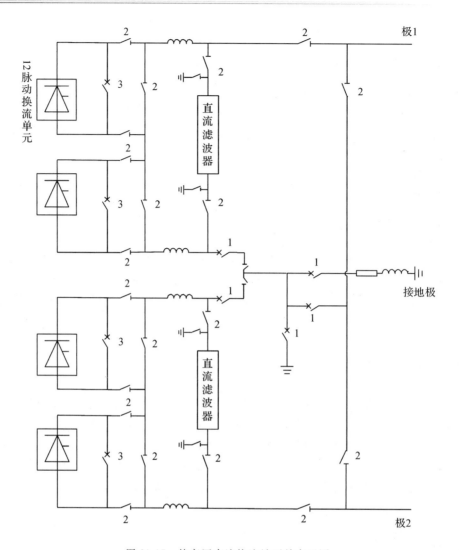

图 21-17　特高压直流换流站开关布置图

般可分为两类:有源型和无源型[11],其工作原理如图 21-19 所示。其中无源型直流转换开关的结构图如图 21-20 所示[12]。

　　无源型直流转换开关的结构一般包括一台 SF6 断路器、1 台电抗器 L 和 1 台电容器 C 组成的 LC 振荡电路、1 台避雷器 R。其中,LC 振荡电路主要用于形成电流过零点;SF6 断路器用于电路开断,与交流断路器的工作原理类似;避雷器 R 用于吸收直流回路中储存的能量。无源型直流转换开关的工作原理为:当 SF$_6$ 断路器断口触点分开时,电弧电压在 SF$_6$ 断路器与 LC 支路构成的环路中激起振荡电流,当振荡电流反向峰值等于直流电流时,流过 SF$_6$ 断路器的电流过零,电弧熄灭。当电弧熄灭后,流过 SF$_6$ 断路器的直流电流被转移到 LC 支路中,并向电容器 C 充电,当充电电压达到避雷器 R 的动作电压后,回路中储存的能量通过避雷器 R 泄放。

　　有源型直流转换开关与无源型转换开关相比,增加了 1 台隔离开关 S1 和 1 台直流充电装置 U_{dc},直流充电装置 U_{dc} 主要用于开关开断前向电容器 C 预充电。有源型直流转换开关的工作原理为:转换开关动作前,通过充电装置将电容器预充电到一定的电压。当 SF$_6$ 断路器断口触点分开时,投入隔离开关 S1,电容 C 通过电抗器 L 向 SF$_6$ 断路器断口电弧间隙放电,产生振荡电流叠加在断路器电弧电流上,形成强迫电流。当电流降为零后,电弧熄灭,随后直流回路中的能量通过避雷器 R 泄放,此后工作原理与无源型直流转换开关相同。

　　从这类开关的工作原理可以看出,有源型直流转换开关是通过充电电容的电压迫使流过断路器触头电流降为零,而无源型直流转换开关是通过振荡回路形成的振荡电压使流过断路器触头电流降为零。

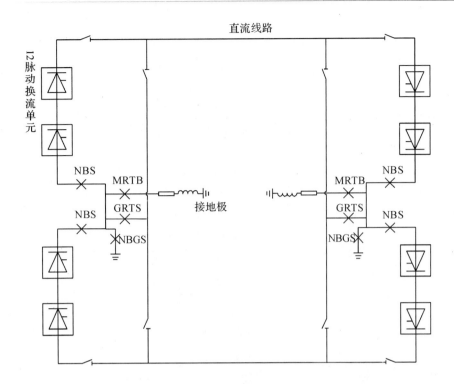

图 21-18　特高压换流站转换开关配置图

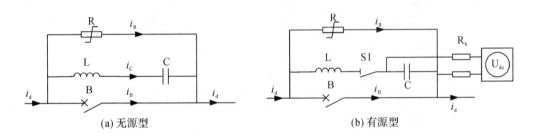

图 21-19　特高压直流转换开关工作原理

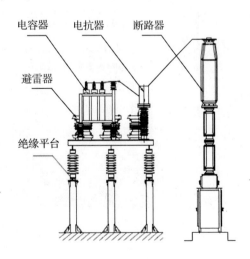

图 21-20　无源型直流转换开关结构示图

通常来说,无源型直流转换开关适用于转换中等幅值的直流电流,而有源型直流转换开关可以转换较大幅值的直流电流。

3)转换开关特点

在特高压直流系统中,由于每一种直流转换开关的转换电流大小不同,故其组成结构也有一定差异,下面对各种转换开关进行具体介绍。

(1)MRTB:其转换电流较大,在转换过程中需要 100～150kV 的反向电压,因此需要一个特殊的有源辅助回路支持,一般采用有源型直流转换开关。

(2)GRTS:结构和工作方式都与 MRTB 类似,但转换电流和转换中所需反向电压(小于 50kV)相对较低,故使用无源辅助回路。

(3)NBGS 和 NBS:由于通过直流系统的闭锁功能可以将其转换电流和转换过程中所需反向电压分别限制到 2500A 以下和 20～50kV 的范围内,所以其结构与 GRTS 类似,也使用无源辅助回路。但特殊的是,NBGS 需要在接地极开路且中性母线电压上升失控时迅速合闸,提供临时接地,所以其第一个断路器支路实际由一个转换断路器和一个高速隔离开关串联组成。通常情况下转换断路器闭合而高速隔离开关打开;在接地极开路故障时高速隔离开关闭合;在故障清除后,操作顺序为转换断路器打开,高速隔离开关打开,最后转换断路器再闭合。

对于这些转换开关,执行保护功能的直流转换开关可按一次转换来设计;而执行运行方式转换的转换开关需要在功率输送不中断的前提下实现运行方式转换,需要按两次连续转换进行设计,在分闸失败后进行重合闸并再次分闸。

21.8.2　特高压直流隔离开关和接地开关

特高压直流隔离开关和接地开关主要用于对退出运行的直流设备进行有效的电气隔离,以便于对设备进行试验、检修等。如图 21-17 中所示,标号 2 代表特高压直流换流站的隔离开关和接地开关,特高压直流隔离开关和接地开关在换流站阀厅、直流母线、中性母线、直流滤波器等位置均有安装。特高压直流隔离开关和接地开关与交流系统中的隔离开关工作原理类似,故在本书中不再赘述。向家坝—上海±800kV 特高压直流工程中复龙站中性线上的隔离开关如图 21-21 所示。

图 21-21　向家坝—上海±800kV 特高压直流工程复龙站的中性线隔离开关

21.8.3　特高压直流旁路开关

特高压直流系统由于采用了双十二脉动换流器串联的接线方式,与±500kV 直流系统相比,增加了一种开关设备,即 12 脉动换流器旁路开关,如图 21-17 中标号 3 所示。12 脉动换流器旁路开关的配置使得特高压直流系统的运行方式更加灵活多样,同时也可以减少由于设备故障带来的损失。在任一个阀组故障时,旁路开关将其旁路,使之退出运行,由此保护健全的换流阀组继续稳定运行。由于旁路开关无需开断故障电流,通常只转移较小的直流电流,因此开断的电流较小,不需要安装振荡回路。图 21-22 为向家坝—上海±800kV 特高压直流输电工程中复龙站的低压阀旁路开关。

图 21-22　向家坝—上海±800kV 特高压直流工程复龙站的低压阀旁路开关

21.8.4　特高压直流开关设备试验

特高压直流开关设备的试验包括型式试验、例行试验和现场试验等。其中,特高压直流转换开关的试验项目可参照 GBT 25309-2010《高压直流转换开关》规定进行,特高压直流隔离开关和接地开关的试验项目可参照 GBT 25091-2010《高压直流隔离开关和接地开关》规定进行,特高压直流旁路开关的试验项目可参照 GBT 25307-2010《高压直流旁路开关》规定进行。

21.9　特高压直流测量装置

为满足特高压换流站系统控制、调节、保护等方面的需求,需要对系统电压、电流进行测量。对于特高压直流测量装置而言,除了其外绝缘水平要求大幅提高之外,大体结构和类型与普通电压、电流测量装置基本相同。

21.9.1　特高压直流电压测量装置

特高压直流电压测量装置一般采用电阻分压器配合直流放大器的结构,其中电阻分压器为电压传感器的主体,在已知高压臂电阻和低压臂电阻阻值的基础上,通过测量低压臂电阻两端的电压,来计算得到高压端的电压。高压臂电阻的阻值通常在数百兆欧,故额定电压下流过分压器的阻性电流一般仅为毫安级水平。图 21-23 为向家坝—上海±800kV 特高压直流输电工程中复龙站的某直流电压测量装置。

另外,由于电阻分压器不同位置的对地杂散电容不同,当发生雷电冲击时,电阻分压器上的电压分布极不均匀,高压端电阻元件承受的冲击电压降远远超过中部和底部的电阻元件,因此高压端的电气设备容易发生击穿。为此,需要在电阻分压器的电阻元件两端并联补偿电容,以改善电阻分压的电场分布。

图 21-23　向家坝—上海±800kV 特高压直流工程复龙站极线电压测量装置

与超高压直流系统相比,特高压直流系统的电压等级更高,与之相应的设备绝缘水平也更高,所以在设计时需要特别注意电压测量装置端部的绝缘和相关补偿设置。

直流分压器的型式试验项目有:电容量和介质损耗角的测量、高压电阻的测量、绝缘试验、分压比试验、暂态响应试验和频率响应试验。

21.9.2　特高压直流电流测量装置

直流电流测量装置有电磁型—零磁通直流电流互感器和光电式电流互感器(OTA)两种。前者是利用安匝相等原理工作的饱和电抗器,在负载电阻上获得和一次电流成比例的二次直流信号;后者采集电流通过采样线圈时产生的电压信号,再通过 A/D 转换得到数字信号,通过发光二极管将时钟和电流数据信号通过光纤传递给信号接收部分。向家坝—上海±800kV 特高压直流输电工程中采用了 ABB公司制造的电磁型直流电流互感器,而云南—广东±800kV 特高压直流输电工程中采用 Siemens 公司的光电式电流互感器。图 21-24 为向家坝—上海±800kV 特高压直流输电工程中复龙站中性线上的某电流互感器。

图 21-24　向家坝—上海±800kV 特高压直流工程复龙站中性线上电流互感器

电磁型—零磁通直流电流互感器的型式试验项目有:测量精度校验、阶跃响应试验、频率响应试验、干热试验、介损和电容测量、暂态抗干扰特性试验、短期电流试验、温升试验、雷电冲击波试验和绝缘试验等。光电式电流互感器的型式试验项目有：测量精度校验、阶跃响应试验、频率响应试验、干热试验、一次侧冲击试验、绝缘试验等。

参考文献

［1］浙江大学直流输电科研组.直流输电.北京：电力工业出版社,1982.

［2］刘振亚.特高压直流电气设备［M］.北京：中国电力出版社,2009.

［3］李侠,Sachs G.,Uder M.±800kV 特高压直流输电用 6 英寸大功率晶闸管换流阀［J］.高压电器,2010,46(6)：1—5.

［4］习贺勋,汤广福,刘杰,等.±800kV/4750A 特高压直流输电换流阀研制［J］.中国电机工程学报,2012,32(24)：15—22.

［5］杨力.特高压输电技术［M］.北京：中国水利水电出版社,2011.

［6］刘振亚.特高压直流输电技术研究成果专辑(2006 年)［M］.北京：中国电力出版社,2008.

［7］周浩,王东举.±1100kV 特高压直流换流站过电压保护和绝缘配合［J］.电网技术,2012,36(9)：1—8.

［8］GB/T 26166-2010.±800kV 直流系统用穿墙套管［S］,2010.

［9］王帮田.高压直流断路器技术［J］.高压电器,2010,46(09)：61—64.

［10］彭畅,温家良,王秀环,等.特高压直流输电系统的直流转换开关研制［J］.中国电机工程学报,2012,32(16)：151—156.

［11］李宾宾,苟锐锋,张万荣.±800kV 特高压直流输电系统用直流断路器研究［J］.电力设备,2007,8(3)：8—11.

［12］高文.特高压直流输电系统用开关设备研发现状与结构分析［J］.高压电器,2012,48(11)：134—138.

第22章　特高压直流系统电磁环境

特高压直流输电工程对环境的影响主要包括合成电场、离子流、磁场、无线电干扰和可听噪声等几个方面内容,它们是输电工程设计、建设和运行中必须考虑的重大技术问题。

由于特高压直流线路本身的特性,其电晕效应、电磁环境影响与交流线路及超高压直流线路有较大的差异。特高压直流输电线路的电场效应是与特高压交流输电线路的重要差别之一。交流输电线路导线产生电晕时,由于电压的交替变化,电晕所产生的离子绝大部分被限制在导线附近或被中和掉,基本上不存在离开导线的运动,所以只存在由导线上电荷产生的标称电场;而特高压直流输电线路由电晕产生的离子会在电场力的作用下向反极性导线和地面运动,形成附加电场,因而电场强度是标称电场和附加电场共同作用的结果。

直流输电线路的无线电干扰、可听噪声主要是由导线、绝缘子、线路金具等电晕放电而产生的,电晕放电程度受到天气状况的影响,故线路的无线电干扰、可听噪声也会随着天气状况的不同而产生强弱变化。对于交流输电线路而言,雨天时电晕放电现象更严重,因而大雨条件下的无线电干扰、可听噪声最强,但直流输电线路的电晕特性却与交流线路相反,随湿度增加反而呈减小态势,即晴天条件下的无线电干扰和可听噪声比雨天时更大。

22.1　特高压直流输电线路电磁环境问题

±800kV 特高压直流输电线路的电磁环境参数有地面合成场强、离子流密度、直流磁场、无线电干扰、可听噪声五种。下面具体解释这五种参数的定义。

(1)地面合成电场:直流带电导体上电荷产生的场和导体电晕引起的空间电荷产生的场合成后的电场强度称为合成场强,单位为 kV/m。合成场强在大地表面的值为地面合成场强。

(2)离子流密度:直流导体电晕时,电离形成的离子在电场力的作用下,向空间运动形成离子流。地面单位面积截获的离子流称为离子流密度,单位为 nA/m²。

(3)直流磁场:导体通过直流电流在导体周围产生的磁场称为直流磁场,用磁感应强度表示,单位为 mT。

(4)无线电干扰:电力线路产生的具有无线电频率分量的电磁噪声称为无线电干扰,单位为 dB(V/m)。

(5)可听噪声:电力线路电晕产生的 A 计权噪声分量称为可听噪声,单位为 dB(A)。

本章将分别对这五种电磁环境参数的特性、限值及计算方法进行介绍,同时由于导线表面电场强度是无线电干扰和可听噪声的计算基础,因此本章也对导线表面电场强度的计算方法进行了介绍,最后对电晕损耗也做了简单介绍。

22.1.1　电场强度和离子流密度

22.1.1.1　合成电场与离子流密度的特性

特高压直流输电线路电场强度是标称电场和附加电场共同作用下形成的,这是特高压直流输电线路特有的现象,也是与特高压交流输电线路的重要差别之一。

特高压直流输电线路合成电场的产生机理比较复杂,在不考虑电晕及其产生的离子对电场的影响时,导线本身所带的电荷会在导线周围及地面上方产生静电场,此电场称为标称电场。考虑电晕及其产生的离子对电场的影响时,当特高压直流输电线路导线表面场强大于起始电晕场强,靠近导线表面的空气发生电离,产生空间电荷,形成电晕。离子在电场力的作用下,向着极性相反的导线和地面进行迁移,形成离子流,地面单位面积截获的离子称为离子流密度。离子流会导致空间电荷分布在两极导线之间和极导线与地面之间,形成附加电场。

标称电场与附加电场的向量叠加,称为合成电场,地面附近合成电场的水平分量很小,垂直分量很大,合成场强基本由垂直分量构成。由于附加电场比标称电场大很多,所以合成电场的大小主要取决于附加电场。而附加电场的大小取决于导线表面电晕放电的严重程度,不同的天气情况下导线表面电晕放电的程度不同,不同的导线表面特性,如粗糙程度、导线半径等,也会影响导线表面电晕放电的程度。

相比之下,特高压交流输电线路产生电晕时,由于电压的交替变化,电晕所产生的离子绝大部分被限制在导线附近或被中和掉,离子基本上不存在离开导线的运动,所以不会产生离子流和附加电场。这是特高压直流输电线路与特高压交流输电线路所产生电场的最大区别。

国际非电离辐射防护委员会(ICNIRP)指出,当电场强度在 25kV/m 以下时,对大多数人来说,不会产生因表面电荷引起的不适感。美国邦纳维尔电力局在 ±500kV 直流输电线路试验段的试验表明:对于穿普通鞋的人,当电场为 30kV/m 时,毛发和皮肤才开始出现刺痛感。苏联对直流电场强度的研究认为,直流输电线路下的允许电场可达 50kV/m。

在国内,中国电力科学研究院在直流输电线路下进行的人体直接感受试验表明:毛发和皮肤对直流电场最敏感。在地面合成电场强度小于 30kV/m 的地方,部分试验者的头发有向上竖起的情况,但皮肤无明显的不适感觉;在合成电场强度分别为 30、35、38、44kV/m 的地方,外露皮肤的感觉分别为有微弱刺激感、较明显的刺激感、很明显的刺激感和很强烈的刺激感。试验者离开高场强区后,皮肤刺激感立即消失,无任何不适反应。以上试验表明,在直流输电线路下,当合成电场超过 30kV/m 时,人体对电场开始产生明显的不适感觉。

除直流合成电场的影响外,人体截获离子流的感受也是直流输电线路电磁环境需要考虑的因素之一。研究表明,要得到同样的感受程度,流过人体的直流电流要比交流电流大 5 倍以上,而站立在直流输电线路下人体的截获电流,又比能感觉的临界值小两个数量级,因此人站在线路下对离子流一般不会有任何感觉,即离子流密度对人体的影响不大。

22.1.1.2　合成电场和离子流密度的限值标准

标称电场在实际中不可监测,且在高压直流输电线路附近,对人体产生影响的为标称电场与附加电场的共同作用即合成电场,所以采用合成电场作为直流输电工程的电场限制指标。

目前,各国对于直流输电线下地面合成电场和离子流密度的限值没有统一的规定:

(1)美国:能源部和 North Dakota 州规定线下地面合成电场限值分别为 30 和 33kV/m;工业卫生协会直流电场职业暴露限值为 25kV/m;电场小于 15kV/m,不需考虑暂态电击。

(2)加拿大:线下合成电场和离子流密度限值分别为 25kV/m 和 100nA/m²;走廊边沿标称电场限值为 2kV/m。

(3)巴西:伊泰普 ±600kV 直流输电线路下地面合成电场限值为 40kV/m。

(4)苏联:±750kV 直流输电线路下地面合成电场限值,非居民区取 25kV/m,居民区取 10kV/m。

(5)德国:直流电场职业暴露限值为 40kV/m;若每天暴露 2h,允许达 60kV/m。

(6)欧盟:直流电场职业暴露限值为 42kV/m,公众暴露限值为 14kV/m。

(7)中国:2006 年 6 月 1 日开始实施的电力行业标准 DL/T 436-2005《高压直流架空送电线路技术导则》规定了 ±500kV 直流输电线路下地面最大合成场强不应超过 30kV/m,最大离子流密度不应超过 100nA/m²,民房所在地面最大合成电场不应超过 15kV/m。

针对特高压直流输电线路,在 2008 年 11 月开始实施的电力行业标准 DL/T 1088-2008《±800kV特高压直流线路电磁环境参数限值》中作了相应的规定:±800kV 直流架空输电线路临近民房时,民房处地面的合成场强限值为 25kV/m,且 80% 的测量值不得超过 15kV/m(80% 测量值是指,假设测量数据为 100 组,将测量结果从小到大排列,第 81 个测量结果即为 80% 测量值);线路跨越农田、公路等人员容易到达区域的合成场强限值为 30kV/m;线路在高山大岭等人员不易到达区域的场强限值按电气安全距离校核。±800kV 直流架空输电线路下方离子流密度的限值取 $100 \mathrm{nA/m^2}$。

22.1.1.3　合成电场的计算方法

特高压直流输电线路的合成电场由直流电压产生的标称电场和空间离子产生的附加电场叠加形成,数学模型如下,通常采用有限元法或有限差分法求解。

$$\begin{cases} \nabla E = (\rho_p - \rho_n)/\varepsilon_0 \\ \nabla J_p = -R_i \rho_p \rho_n/q_e \\ \nabla J_n = R_i \rho_p \rho_n/q_e \\ J_p = M_p \rho_p E - D_p \nabla \rho_p + v \rho_p \\ J_n = M_n \rho_n E - D_n \nabla \rho_n + v \rho_n \\ J = J_p + J_n \\ \nabla J = 0 \\ E = -\nabla U \end{cases} \qquad (22\text{-}1)$$

式中,E——合成场强,$\mathrm{V/m}$;

ρ_p、ρ_n——正、负电荷密度,$\mathrm{C/m^3}$;

q_e——1 个电子的电荷量,即 $1.602 \times 10^{-19} \mathrm{C}$;

R_i——离子复合率,取 $2 \times 10^{-12} \mathrm{m^3/s}$;

J_p、J_n——正、负电流密度,$\mathrm{A/m^2}$;

M_p——正离子迁移率,取 $1.5 \times 10^{-4} \mathrm{m^2/V \cdot s}$;

M_n——负离子迁移率,取 $1.9 \times 10^{-4} \mathrm{m^2/V \cdot s}$;

D_p——正离子扩散系数,取 $3.8 \times 10^{-6} \mathrm{m^2/s}$;

D_n——负离子扩散系数,取 $4.2 \times 10^{-6} \mathrm{m^2/s}$;

v——风速,$\mathrm{m/s}$,若有风则设其方向垂直于线路;

U——对地电位,V。

22.1.2　直流磁场

22.1.2.1　直流磁场的特性

直流输电线路产生的磁场与交流线路的工频磁场原理相同,都是由电流产生的,并且直流输电线路的磁场是由正负两个方向的电流产生的。由地面向上,磁场随着离开地面距离的增加而增加,随着距导线水平距离的增加而迅速衰减,最大磁感应强度为微特斯拉(μT)等级的。

22.1.2.2　直流磁场的限值标准

对于磁场强度,目前,外国并没有专门制定标准对直流输电线路磁场予以限制。国际非电离辐射防护委员会(ICNIRP)建议 1Hz 以下磁场的公众暴露限值取 40mT。±800kV 直流输电线路下方地面附近的最大磁感应强度只有 ICNIRP 建议的公众暴露限值的 1/600 左右,比地磁场还小一个数量级。对这一水平的磁场,人们早已习惯,不会影响人的健康。

对于±800kV 特高压直流输电线路,中国电力行业标准 DL/T 1088-2008《±800kV 特高压直流线路电磁环境参数限值》规定:±800kV 直流架空输电线路下方的磁感应强度限值为 10mT。

由于±800kV 直流输电线路的线路下方的磁感应强度也远小于 10mT 的限值,因此可以说在考察输电线路电磁环境的时候没有考虑直流磁场的必要。

22.1.2.3　直流磁场的计算方法

磁场计算方法比较成熟,同时也比较准确,直流线路的计算方法如下:

$$H = \frac{I}{2\pi} \left[\frac{h-h_1}{(h-h_1)^2 + (x-S/2)^2} + \frac{h-h_1}{(h-h_1)^2 + (x+S/2)^2} \right] \qquad (22\text{-}2)$$

式中,I 为每极电流,A;h 为导线平均高度(规定为对地最小距离+1/3 弧垂),m;h_1 为观测点的离地高度,m;x 是距离塔中心的水平距离;S 为极间距离,m。

22.1.3　导线表面电场

导线表面电场强度直接影响到无线电干扰和可听噪声的水平,计算导线表面电场强度是计算无线电干扰和可听噪声的基础。麦克斯韦电位系数法、模拟电荷法和 CDEGS 软件均可计算导线表面电场强度。

1)麦克斯韦电位系数法

采用麦克斯韦电位系数法计算时,对每相为单根导线的输电线路,导线表面电场可采用集中在每根导线中心的线电荷来表示;对采用分裂导线的输电线路,表面电场的计算可以采用等效的单根导线代替分裂导线来近似:

(1)求出分裂导线的等效半径

$$R_{eq} = R(\sqrt[N]{Nr/R}) \tag{22-3}$$

式中,N 为分裂导线根数;R 为子导线所在圆的半径,m;r 为子导线半径,m。

(2)通过麦克斯韦电位系数法求得每极上的电荷 Q

$$[V] = [P] \cdot [Q] \tag{22-4}$$

(3)导线表面平均电位梯度为

$$E_{av} = \frac{Q}{2\pi\varepsilon rN} \tag{22-5}$$

(4)导线表面最大电位梯度为

$$E = E_{av}\left[1 + (N-1)\frac{r}{R}\right] \tag{22-6}$$

下面具体叙述直流双极线路的导线表面最大电位梯度的求解过程。下图中导线 1、2 为避雷线,导线 3、4 为双极输电线路,分别作导线 1、2、3、4 对大地的镜像 1′、2′、3′、4′。设避雷线 1、2 分别带电荷 $+Q_1$、$-Q_1$,同时避雷线上无电压;设输电线路 3、4 分别带电荷 $+Q$、$-Q$,且导线电压分别为 $+U$、$-U$。

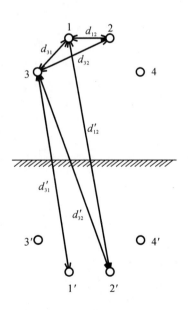

图 22-1　麦克斯韦电位系数法

因此可将步骤(2)中的 $[V] = [P] \cdot [Q]$ 式子具体写成:

$$
\begin{bmatrix} 0 \\ 0 \\ U \\ -U \end{bmatrix} = \begin{bmatrix} p_{11} & p_{12} & p_{13} & p_{14} \\ p_{21} & p_{22} & p_{23} & p_{24} \\ p_{31} & p_{32} & p_{33} & p_{34} \\ p_{41} & p_{42} & p_{43} & p_{44} \end{bmatrix} \begin{bmatrix} Q_1 \\ -Q_1 \\ Q \\ -Q \end{bmatrix} \tag{22-7}
$$

由于式(22-7)中含有 2 个未知数 Q_1、Q,因此要解出极导线上电荷 Q 只需要 2 个方程,且一个方程必须在第 1、2 行中选择,另一个方程必须在第 3、4 行中选择。此处联立第 1、3 行方程。

$$
\begin{cases} (p_{11} - p_{12})Q_1 + (p_{13} - p_{14})Q = 0 \\ (p_{31} - p_{32})Q_1 + (p_{33} - p_{34})Q = U \end{cases} \tag{22-8}
$$

根据相应的 P 矩阵系数,可以解得极导线电荷量 Q 与极导线电压 U 的关系式,P 矩阵与极导线平均高度 h、避雷线平均高度 h_1、避雷线半径 r_1、极导线等效半径 R_{eq}、极导线间距 S,以及各导线之间距离 d 相关。此处需用到的 P 矩阵系数如下:

$$
\begin{cases} p_{11} = \dfrac{1}{2\pi\varepsilon}\ln\dfrac{2h_1}{r_1}, & p_{12} = \dfrac{1}{2\pi\varepsilon}\ln\dfrac{d'_{12}}{d_{12}}, & p_{13} = \dfrac{1}{2\pi\varepsilon}\ln\dfrac{d'_{13}}{d_{13}}, & p_{14} = \dfrac{1}{2\pi\varepsilon}\ln\dfrac{d'_{14}}{d_{14}} \\[3mm] p_{31} = \dfrac{1}{2\pi\varepsilon}\ln\dfrac{d'_{31}}{d_{31}}, & p_{32} = \dfrac{1}{2\pi\varepsilon}\ln\dfrac{d'_{32}}{d_{32}}, & p_{33} = \dfrac{1}{2\pi\varepsilon}\ln\dfrac{2h}{R_{eq}}, & p_{34} = \dfrac{1}{2\pi\varepsilon}\ln\dfrac{\sqrt{(2h)^2 + S^2}}{S} \end{cases} \tag{22-9}
$$

将 P 矩阵系数代入式(22-8)后,可得极导线电荷量 Q 与极导线电压 U 的关系式:

$$
Q = \frac{2\pi\varepsilon U}{K}, \quad K = \ln\frac{2h}{(NrR^{N-1})^{\frac{1}{N}}\sqrt{\left(\dfrac{2h}{S}\right)^2 + 1}} - \frac{\ln\dfrac{d'_{13}d_{32}}{d_{13}d'_{32}}\ln\dfrac{d'_{13}d_{14}}{d_{13}d'_{14}}}{\ln\dfrac{2h_1 d_{12}}{r_1 d'_{12}}} \tag{22-10}
$$

然后将 Q 代入步骤(3)的公式 (22-5),可得

$$
E_{av} = \frac{U}{rNK} \tag{22-11}
$$

最后将 E_{av} 代入步骤(4)的公式(22-6),可得

$$
E = \frac{U}{rNK}\left[1 + (N-1)\frac{r}{R}\right] \tag{22-12}
$$

上述计算过程中用到的参数如下:

h_1 ——避雷线平均高度(规定为对地最小距离+1/3 弧垂),cm;

r_1 ——避雷线半径,cm;

U ——导线对地电压,kV;

h ——导线平均高度(规定为对地最小距离+1/3 弧垂),cm;

r ——子导线半径,cm;

N ——分裂导线的根数;

R ——子导线所在圆半径,cm;

S ——极间距,cm;

d_{kj} ——导线 k 与导线 j 之间的距离,cm;

d'_{kj} ——导线 k 与导线 j 的地面镜像 j' 间的距离,cm。

2)模拟电荷法

模拟电荷法也是一种计算导线表面电场的常用方法,它是在镜像法延拓基础上构成的。该方法适用于无限场域的电场计算,从而可以避免因封边引入的误差,使得计算问题的维数降低一维,从而可以用直接法求解方程组。由于可以根据电荷直接求解出场域中任意点的场强,无需用电位的数值微分求解,故场强的计算精度较高。但模拟电荷法只能近似地,而不能完全准确地模拟问题所给定的边界条件,所以该方法所得静电场问题的解也是近似解,与真实解存在一定的误差。通过优化模拟电荷在无效场域中的位置、电量及数目,可以减小误差,提高模拟电荷的等效精度。

应用模拟电荷法计算静电场时,带电体表面上的充电电荷或不同介质分界面上出现的束缚电荷,都可用位于无效区域的等效电荷来替代,这些等效电荷称为模拟电荷。所谓等效是指由这些模拟电荷在原场域边界所形成的电位或电场,符合所给定边界条件,据此即可写出以这些模拟电荷电量为未知数的线性方程组。在求解得到这些模拟电荷的电量以后,根据叠加原理,就可以求得场域内的电位和电场分布。基于电磁场的唯一性定理,模拟电荷法将电极表面连续分布的自由电荷或介质分界面上连续分布的束缚电荷用一组离散化的模拟电荷来等效,然后根据叠加原理将离散的模拟电荷在空间中产生的电场进行矢量叠加,就得到了原连续分布电荷所产生的空间电场近似分布。

对于在单一均匀介质中的一根长直带电圆导线电场,应用模拟电荷法求解的步骤为:

(1)在计算场域外设置 n 个模拟电荷 $Q_j(j=1,2,\ldots n)$,设 Q_j 为线电荷 $\tau_1,\tau_2,\cdots\tau_n$,以等效代替导线上连续分布的电荷。

(2)在导线表面,设定数量等同于模拟电荷数的匹配点 $M_i(i=1,2,\ldots n)$,各匹配点上电位 φ_i 已知。

模拟电荷与匹配点的布置对于计算精度有很大的影响。模拟电荷应正对匹配点放置,并以落在边界的垂线上为佳。若设模拟电荷对于边界面的垂直距离为 a,该处左右相邻的两个匹配点间的距离为 b,模拟电荷与匹配点的布置如图22-2所示。则根据经验,取两者的比值 $f=a/b$ 为 $0.2\sim1.5$,通常可取 0.75。当匹配点分布疏时,f 取小值;匹配点分布密时,f 取大值。若模拟电荷取得过少或过多,都会造成合成电位的等位面不能与电极表面形状相逼近的情况。

(3)为保持大地电位为0,引入一个与带电圆导线呈镜像对称的等效带电圆导线,该等效带电圆导线的模拟电荷与原导线设置相同,只是 n 个模拟线电荷取等量负值 $\tau_1',\tau_2',\cdots\tau_n'$,如图22-3。

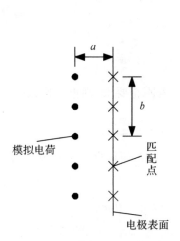

图 22-2　模拟电荷和匹配点的布置

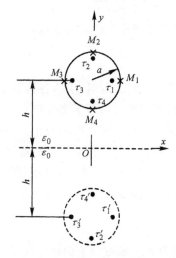

图 22-3　模拟电荷法的应用

(4)根据叠加原理,模拟电荷在第 i 个匹配点上产生的电位为

$$\varphi_i=P_{i1}Q_1+P_{i2}Q_2+\cdots+P_{in}Q_n-P_{i1'}Q_1-P_{i2'}Q_2-\cdots-P_{in'}Q_n \qquad (22\text{-}13)$$

对于原导线各匹配点 M_i,可逐一列出由设定的模拟电荷所建立的电位表达式

$$\begin{cases} \varphi_1=P'_{11}Q_1+P'_{12}Q_2+\cdots+P'_{1n}Q_n \\ \varphi_2=P'_{21}Q_1+P'_{22}Q_2+\cdots+P'_{2n}Q_n \\ \vdots \\ \varphi_n=P'_{n1}Q_1+P'_{n2}Q_2+\cdots+P'_{nn}Q_n \end{cases} \qquad (22\text{-}14)$$

由此构成一个 n 阶的线性代数方程组,即模拟电荷方程组

$$[\varphi]=[P][Q] \qquad (22\text{-}15)$$

式中,电位系数矩阵 $[P]$ 的元素 $P'_{ij}=P_{ij}-P_{ij'}$,表示第 j 个单位模拟电荷源在第 i 个匹配点上产生的电位值,称为电位系数。P'_{ij} 与模拟电荷和匹配点的相对位置、介质的介电常数以及模拟电荷的类型有

关,而与模拟电荷量的大小无关。

（5）计算电位系数矩阵$[P]$

模拟电荷法计算电场的关键在于电位系数矩阵$[P]$的计算,而电位系数的计算直接由采用何种类型的模拟电荷来决定。以上设置的模拟电荷为量值相同、符号相反的一对无限长直线电荷,设线电荷$+\tau$和$-\tau$在直角坐标系中对称于xOz平面放置,位置如图22-4所示。

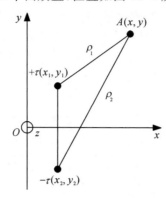

图 22-4　一对无限长直线电荷

选取$y=0$,即x轴为电位参考点,则该对线电荷在任意场点$A(x,y)$处产生的电位为:

$$\varphi=\frac{\tau}{2\pi\varepsilon}\ln\frac{\rho_2}{\rho_1} \tag{22-16}$$

式中,$\rho_1=\sqrt{(x-x_1)^2+(y-y_1)^2}$和$\rho_2=\sqrt{(x-x_2)^2+(y-y_2)^2}$分别为线电荷$+\tau$和$-\tau$到场点$A$的距离。由此可以得到相应的电位系数:

$$P=\frac{1}{2\pi\varepsilon}\ln\frac{\rho_2}{\rho_1} \tag{22-17}$$

（6）求解模拟电荷方程组,求得各模拟电荷值$[Q]$。

（7）在电极表面处另取若干个校核点,校核计算精度。若不符要求,则重新修正模拟电荷的位置、个数或形态,直至满足计算精度要求为止。

（8）基于最终算得的模拟电荷离散解$[Q]$,计算导线表面的电场强度。

对于导线表面的一个计算点,先分别计算每对模拟电荷$\pm Q_i$在该点x方向和y方向产生的电场强度,由电场强度和电位之间的梯度关系可得:

$$\vec{E}=-\nabla\varphi=-\left(\frac{\partial\varphi}{\partial x}\vec{i}+\frac{\partial\varphi}{\partial y}\vec{j}\right)=f_x\tau\vec{i}+f_y\tau\vec{j} \tag{22-18}$$

式中,$\vec{i}$、$\vec{j}$分别为x、y轴方向上的单位向量。

所以场强系数为

$$
\begin{aligned}
f_x&=-\frac{\partial P}{\partial x}=\frac{1}{2\pi\varepsilon}\left(\frac{x-x_1}{\rho_1^2}-\frac{x-x_2}{\rho_2^2}\right)\\
f_y&=-\frac{\partial P}{\partial y}=\frac{1}{2\pi\varepsilon}\left(\frac{y-y_1}{\rho_1^2}-\frac{y-y_2}{\rho_2^2}\right)
\end{aligned} \tag{22-19}
$$

x方向和y方向上的电场强度为

$$
\begin{aligned}
E_{xi}&=f_xQ_i\\
E_{yi}&=f_yQ_i
\end{aligned} \tag{22-20}
$$

由步骤（3）可知,共设置了n对大小相同、极性相反、呈镜像对称的模拟电荷对,将这n对模拟电荷在所取计算点上的电场强度分解成x、y两个方向,并在x方向和y方向上分别相加,$E_x=\sum_{i=1}^{n}E_{xi}$,$E_y=\sum_{i=1}^{n}E_{yi}$,最后取模,即$E=\sqrt{E_x^2+E_y^2}$是该计算点的总电场强度。在每根导线表面取间隔相同且非常频密的计算点,计算总电场强度,取其中电场强度的最大值为该导线的表面最大电场强度。

对于特高压直流线路正、负极导线的每根分裂子导线以及两根地线,如极导线采用 6 分裂,则共有 14 根子导线,均按以上方法建立模型进行计算,可以得出每根分裂子导线的表面最大电场强度;对于单极导线,取分裂子导线表面最大电场强度的平均值为该极导线的表面最大电场强度。取正、负极导线表面最大电场强度的较大值作为特高压直流线路的导线表面最大电场强度。

3)CDEGS 软件计算导线表面最大电场强度

CDEGS 软件的 Enviro 模块应用了连续镜像法的原理,该原理的思想是在一个多导体组成的系统中,每一导体用一系列置于该导体内的镜像电荷来代替,使表面维持等电位,然后根据这些镜像电荷计算导体表面和空间的电场。

4)特高压直流线路导线表面最大电场强度计算比较

为研究 3 种方法计算导线表面最大电场强度的差异性,下面分别采用麦克斯韦电位系数法、模拟电荷法和 CDEGS 软件,计算云广特高压直流输电线路典型塔型的导线表面最大电场强度。线路运行电压 800kV,导线对地高度 18m,极间距 22m,导线型号 6×LGJ-630/45,避雷线型号 LBGJ-180-20AC,分裂间距 0.45m,结果如表 22-1 所示。

表 22-1　不同方法计算导线表面最大电场强度比较

计算方法	麦克斯韦电位系数法	模拟电荷法	CDEGS 软件
导线表面最大电场强度 kV/cm	23.71	23.72	23.73

由表 22-1 可知,麦克斯韦电位系数法、模拟电荷法和使用 CDEGS 软件计算的导线表面电场强度误差很小。而模拟电荷法需要编程计算,较为复杂,CDEGS 软件的应用普及率也不高。故一般情况下,可以使用麦克斯韦电位系数法来计算特高压直流线路的导线表面最大电场强度,此法较为简捷便利,准确度也较高。

22.1.4　无线电干扰

22.1.4.1　无线电干扰的特性

特高压直流输电线路的无线电干扰主要是由导线、绝缘子、线路金具等电晕放电而产生的,其频率在 30MHz 以内。在低频段,直流输电线路的无线电干扰场强较高;而在高频段,无线电干扰场强较低,当频率大于 10MHz,干扰强度已可忽略不计。

由于电晕放电的强弱程度受到不同天气状况的影响,因而线路的无线电干扰场强也会随着天气状况的不同而产生强弱变化。对于交流输电线路而言,雨天时电晕放电现象更严重,因而大雨条件下的无线电干扰最强,超过了晴天或小雨天的情况。但是,直流输电线路的无线电干扰特性却与交流线路相反,随湿度增加反而呈减小态势,即晴天条件下的无线电干扰比雨天时更大,一般约大 3dB[①]。这一现象可解释如下:雨天时导线的起晕场强比晴天时低,导线周围的离子比晴天时的多,故下雨初期,导线表面离子浓度不大时,电晕放电比晴天时稍强;但下雨延续一段时间之后,导线起晕场强进一步降低,导线表面离子增加,使得导线不规则的面都被较浓的电荷包围,进而减小了电晕放电强度,使无线电干扰较晴天反而有所减小。同时,直流输电线路无线电干扰随着温度增加而增加,随着季节的变化,无线电干扰在晚秋和早冬较低,在夏季最高。由上可知,直流输电线路无线电干扰在夏季晴天时最为严重。

对同一结构的线路,无线电干扰将随海拔高度的增加而增加。研究表明,海拔高度每增加 300m,无线电干扰增加约 1dB。另外,直流输电线路的无线电干扰关于正极导线呈基本对称的横向衰减趋势,且随着距导线距离的增加而迅速衰减。

22.1.4.2　无线电干扰的限值标准

因为各国国情不一,直流输电线路的电压等级不同,输电线路的各项参数也不同,所以关于直流输

---

① 无线电干扰单位为 μV/m,通常用 dB 表示,1μV/m 对应 0dB。

电线路的无线电干扰限值,目前仍没有统一的国际标准。

加拿大对不同的电压等级采用不同的限值,对 600kV 以上的输电线路,离边导线对地投影外 15m,0.5MHz 的无线电干扰限值为 63dB。折算到离边导线对地投影外 20m,约为 61dB。

中国 GB 15707-1995《高压交流架空送电线无线电干扰限制》与 HJ/T 24-1998《500kV 超高压送变电工程电磁辐射环境影响评价技术规范》,以 55dB 为限值标准,参考点为边相导线对地投影外 20m。而对于中国 1000kV 交流特高压线路的无线电干扰的评价标准,取 58dB 为限值标准,参考频率 0.5MHz,参考点为边相导线对地投影外 20m。

对于 ±800kV 特高压直流输电线路,中国电力行业标准 DL/T 1088-2008《±800kV 特高压直流线路电磁环境参数限值》规定:距直流架空输电线路正极性导线地面投影外侧 20m,频率为 0.5MHz 的无线电干扰限值为 58dB(μV/m),好天气条件下的测量值不应大于 55dB(μV/m);海拔高度大于 1000m 时,无线电干扰限值按照 3dB/1000m 线性修正。

22.1.4.3 无线电干扰的计算方法

IEC 国际无线电干扰特别委员会(CISPR)推荐公式:

$$RI = 38 + 1.6(g_{max} - 24) + 46\log(r) + 5\log(N) + \Delta E_f + 33\log(\frac{20}{D}) + \Delta E_w \qquad (22-21)$$

式中, RI —— 所计算的无线电干扰值,dB;

g_{max} —— 导线表面的最大电位梯度,kV/cm;

r —— 子导线半径,cm;

N —— 分裂导线的根数;

D —— 计算点距正导线的距离,m;

ΔE_w —— 气象修正项,以海拔 500m 为基准,每 1000m 增加 3.3dB;

ΔE_f —— 干扰频率修正项,$\Delta E_f = 5[1 - 2(\log(10f))^2]$;

f —— 所需计算的频率,MHz。

用上式计算得到的是在基准频率 0.5MHz 下,距正极导线 20m 处晴天的无线电干扰 50% 值。加 3dB 后为 80%//80% 值。

另外,还有多种无线电干扰水平的计算方法。1960 年代 BPA 和 EPRI 在 Dalls ±600kV 试验基地的研究得到双极直流线路,晴天无线电干扰计算式为:

$$RI = 214\lg\frac{E_m}{E_0} - 278\left(\lg\frac{E_m}{E_0}\right)^2 + 40\lg r + 27\lg\frac{834}{f} + 40\lg\frac{30.5}{D} \qquad (22-22)$$

式中,RI 为距正极导线 30.5m 处的无线电干扰水平,dB;E_0 在 EPRI 试验中设定为 14kV/cm;r 为子导线的半径,cm;f 为测量频率,MHz;D 为测点到正极导线的径向距离,m。

BPA 根据短期试验数据的计算公式:

$$RI = RI_0 + 1.5(E_m - 20.9) + 10\lg\frac{n}{2} + 40\lg\frac{d}{4.577} - 33\lg\frac{f}{0.834} \qquad (22-23)$$

式中,RI 为准峰值无线电干扰水平,dB;d 为子导线直径,cm;RI_0 为 51dB 距正极导线水平距离 15.2m 或 RI_0 为 40dB 距正极导线水平距离 30.5m 的干扰值。

EPRI 通过对 ±750~1200kV 试验线段上大量的长、短期测试,得经验公式:

$$RI = 63.0 + 86\lg\frac{E_m}{25} + 10\lg\frac{n}{3} + 40\lg\frac{d}{4.57} + 20\lg\frac{2}{1+f^2} + 40\lg\frac{15}{D} \qquad (22-24)$$

一般大多使用 IEC 国际无线电干扰特别委员会(CISPR)的推荐公式。

22.1.5 可听噪声

22.1.5.1 可听噪声的特性

直流输电线路电晕产生的可听噪声是一种具有较高频率的宽带噪声,可从几百赫兹延伸至几万赫兹。一般环境噪声在低频段就开始衰减,而直流输电线路可听噪声在高频段才开始衰减,同时,直流输电线路的可听噪声不含低频纯音,所以,直流输电线路的可听噪声衰减很慢,特别是在环境噪声较低的场合,很容易分辨。与交流输电线路相比,当可听噪声在 50dB 以内时,直流和交流输电线路的可听噪声给人带来的烦恼程度是相同的,但高于 50dB 以后,直流输电线路的可听噪声将使人产生更加烦躁的感觉。所以,直流输电线路的可听噪声更容易给人们的听觉带来烦躁的感受,成为投诉的焦点问题。

直流输电线路可听噪声的分布以正极性导线为中心,呈基本对称的横向衰减趋势,随着与极导线水平距离的增加,可听噪声比合成电场和无线电干扰衰减的速度稍慢。同时,风对可听噪声的分布会产生一些影响。

对于交流输电线路而言,雨天时电晕放电现象更严重,因而大雨条件下的可听噪声最强,超过了晴天或小雨天的情况。但是,直流输电线路的可听噪声特性却与交流线路相反,随湿度增加反而呈减小态势,即晴天条件下的可听噪声比雨天条件下更大。这一现象可解释为:雨天时导线的起晕场强比晴天时低,导线周围的离子比晴天时多,故下雨初期,导线表面离子浓度不大,电晕放电比晴天时稍强;但下雨延续一段时间后,导线起晕场强进一步降低,导线表面离子增加,使得导线不规则的面都被较浓的电荷所包围,减小了电晕放电强度,使可听噪声较晴天反而有所减小。

在夏季,空中飘落物较多,附着在导线上会使局部表面场强增大,可听噪声增加,因此直流输电线路的可听噪声在夏季最大。

根据以上特点,在确定直流输电线路可听噪声的限值时,参考点一般选在正极性导线之外,重点应考虑夏季晴天的情况。对于同一结构的线路,可听噪声将随海拔高度的增加而增加。研究表明,海拔高度每增加 300m,可听噪声增加约 1dB(A)。

22.1.5.2 可听噪声的限值标准

运行经验表明,输电线路的可听噪声在 52.5dB(A)以下基本无投诉,在 52.5～59dB(A)的范围内时有少量投诉,在达到 59dB(A)以上后有大量投诉。而研究表明,当噪声在 40dB(A)以下时,人可以保持正常睡眠;超过 50dB(A),约有 15% 的人睡眠会受到影响。直流输电线路的可听噪声应控制在不使线路下的人产生烦恼和不影响附近居民休息的范围内,确保基本无投诉。

中国 GB 3096-2008《声环境质量标准》,对于输电线路划分了不同标准以适用于不同的区域:

0 类声环境功能区:指康复疗养区等特别需要安静的区域。

1 类声环境功能区:指以居民住宅、医疗卫生、文化教育、科研设计、行政办公为主要功能,需要保持安静的区域。

2 类声环境功能区:指以商业金融、集市贸易为主要功能,或者居住、商业、工业混杂,需要维护住宅安静的区域。

3 类声环境功能区:指以工业生产、仓储物流为主要功能,需要防止工业噪声对周围环境产生严重影响的区域。

4 类声环境功能区:指交通干线两侧一定距离之内,需要防止交流噪声对周围环境产生严重影响的区域,包括 4a 类和 4b 类两种类型。4a 类为高速公路、一级公路、二级公路、城市快速路、城市主干路、城市次干路、城市轨道交通(地面段)、内河航道两侧区域;4b 类为铁路干线两侧区域。

各类声环境功能区规定的环境噪声等效声级限值如表 22-2 所示。

表 22-2 城市区域环境噪声标准(单位:dB)

类别		昼间	夜间
0		50	40
1		55	45
2		60	50
3		65	55
4	4a	70	55
	4b	70	60

环境噪声标准分为昼间和夜间两个不同水平,但线路的运行是不分昼夜的,所以,可听噪声不论在

昼间还是夜间都应该符合标准。由于夜间的环境噪声标准低于昼间标准,所以当以夜间标准作为可听噪声的限值时,昼间的可听噪声也一定能符合环境噪声标准。中国±800kV直流输电线路可能经过1、2、3类区域,可听噪声必须符合线路所途经不同区域的环境噪声标准。

美国直流输电线路的可听噪声限值取40～45dB(A),日本取40dB(A),巴西在直流输电线路的走廊边沿取限值为40dB(A)。可见,国际上直流输电线路的可听噪声限值一般在40～45dB(A)之间。

对于±800kV特高压直流输电线路,中国电力行业标准DL/T 1088-2008《±800kV特高压直流线路电磁环境参数限值》规定:距离直流架空输电线路正极性导线对地投影外20m处,晴天时由电晕产生的可听噪声50%值(L_{50})不得超过45dB(A);海拔高度大于1000m的非居民区,可听噪声限值按照3dB/1000m线性修正。

在确定直流输电线路可听噪声限值时,首先应该满足本国的环境噪声标准,并且在参考国际上的限值同时,适当考虑线路的建设投资。

22.1.5.3 可听噪声的计算方法

计算直流线路可听噪声较为常用且计算较为准确的方法有EPRI经验公式和BPA经验公式。

(1)EPRI公式

EPRI在1993年提出的计算全年平均电晕噪声公式:

$$AN = 56.9 + 124\lg \frac{g_{max}}{25} + 24\lg \frac{d}{4.45} + 18\lg \frac{N}{2} - 10\lg D - 0.02D \qquad (22\text{-}25)$$

式中,g_{max}——导线表面的最大电位梯度,kV/cm;

$\quad d$ ——子导线直径,cm;

$\quad N$ ——分裂导线的根数;

$\quad D$ ——计算点距正导线的距离,m。

(2)BPA公式

美国邦纳维尔电力局(BPA)推荐公式:

测量条件:晴天时L_{50}

适用范围:$4 \leqslant N \leqslant 8, r \leqslant 2.5$cm

$$AN = -133.4 + 86\log(g_{max}) + 40\log(d_{eq}) - 11.4\log D \qquad (22\text{-}26)$$

式中,AN——概率L_{50}时的可听噪声值,dB;

$\quad g_{max}$——导线表面的最大电位梯度,kV/cm;

$\quad d_{eq}$——$1.32N^{0.64}r$;

$\quad r$ ——子导线半径,mm;

$\quad N$ ——分裂导线的根数;

$\quad D$ ——计算点距正导线的距离,m。

同样,在海拔每增加1000m时,该值应增加3.3dB。

22.1.6 电晕损耗

22.1.6.1 电晕损耗的特性

当导线表面电位梯度超过一定临界值后,引起导线周围的空气电离,带电离子的运动形成了线路上的电晕电流,由此造成的能量损失称为电晕损耗。电晕损耗增加了电能损失与输电成本,是考核输电线路的一项重要经济技术指标。

与交流线路相比,直流输电线路的电晕损耗具有其自身特点:

(1)在交流或直流电压作用下,电晕放电几乎是在同样的电压值(幅值相等)下开始出现的,不过随着电压进一步提高,直流下的电晕损耗增加比交流下慢得多。这是直流线路的重要优点之一,所加电压超过电晕起始电压越多,这一优点就越显著。

(2)与交流电晕相比,直流电晕损耗与电压的相关性稍小,与气候条件的相关性要更小得多,而且几乎与导线直径的大小以及是否为分裂导线无关。

（3）对于单极电晕损耗，负极性约等于正极性的两倍。双极电晕损耗要比两种极性的单极电晕损耗之和大得多。

（4）和交流线路的情况相反，直流线路的全年电晕损耗基本上取决于好天气时的数值。当导线表面电场强度相同时，双极直流线路的年平均电晕损耗仅为交流线路的 $50\%\sim65\%$。

22.1.6.2　电晕损耗的计算方法

适合 $\pm800\text{kV}$ 直流线路电晕损耗计算的方法有 IREQ 公式和 Corbellini and Pelacchi 公式。IREQ 公式的适用范围为 $\pm600\sim1200\text{kV}$，是根据试验线段和电晕笼的测试数据得出的，具有一定的代表性，一般推荐使用这一公式。另外，Corbellini and Pelacchi 公式的适用范围为 $\pm230\sim1200\text{kV}$，也可应用于直流 $\pm800\text{kV}$ 输电线路的电晕损耗估算。

1）IREQ 公式

加拿大 IREQ 的电晕损耗估算公式：

$$P=k_1+k_2(g-g_0)+k_3\log(\frac{d}{d_0})+k_4\log(\frac{n}{n_0})[\text{dB}(1\text{W/m})] \qquad (22\text{-}27)$$

式中，g 为导线表面电场强度（kV/cm）；d 为子导线直径（cm）；n 为子导线分裂数；$g_0=25\text{kV/cm}$；$d_0=4.064\text{cm}$；$n_0=6$。

对于 $k_1\sim k_4$，基于试验线段的测量数据，可以得到具体的数值，见表 22-3。

表 22-3　电晕损耗计算系数

季节	天气	k_1	k_2	k_3	k_4
夏季	好天气	13.71	0.80	20	28.1
	坏天气	19.25	0.63	20	9.7
春/秋季	好天气	12.28	0.88	20	36.9
	坏天气	17.87	0.72	20	12.8
冬季	好天气	9.56	1.00	20	44.3
	坏天气	14.87	0.85	20	10.2
全年好天气		11.85	0.89	20	36.4
全年坏天气		16.91	0.73	20	8.0

根据表 22-3 选择 $k_1\sim k_4$，公式（22-27）的适用范围为：

电压：$\pm600\sim1200\text{kV}$；

子导线直径：$2\sim6\text{cm}$；

导线最大表面场强 $<35\text{kV/cm}$；

子导线分列数：$1\sim8$。

关于公式（22-27）中 $k_1\sim k_4$，基于电晕笼的测量数据，可以得到具体的数值，见表 22-4。

表 22-4　IREQ 公式适用系数

天气	k_1	k_2	k_3	k_4
好天气	18.52	1.12	27.83	14.46
坏天气	25.12	0.75	23.81	14.35

根据表 22-4 选择 $k_1\sim k_4$ 后，公式（22-27）的适用范围为：

电压：$\pm600\sim1200\text{kV}$；

子导线直径：$2\sim6\text{cm}$；

导线最大表面场强 $<32\text{kV/cm}$；

子导线分列数：$1\sim8$。

表 22-3 中 $k_1\sim k_4$ 参数基于试验线段的测量数据得出，而表 22-4 中的 $k_1\sim k_4$ 参数基于电晕笼的测量数据得出，电晕笼的估算结果要比试验线段的估算结果约大 $20\%\sim30\%$。

2)Corbellini and Pelacchi 公式

意大利学者通过总结已发表的试验线段和实际运行线路直流电晕测量结果,归纳出了电晕损耗估算公式:

好天气:

$$P = P_0 \cdot \left(\frac{g}{g_0}\right)^5 \cdot \left(\frac{d}{d_0}\right)^3 \cdot \left(\frac{n}{n_0}\right)^2 \cdot \left(\frac{H}{H_0}\right)^{-1} \cdot \left(\frac{D}{D_0}\right)^{-1} \tag{22-28}$$

式中,$P_0 = 2.9$,单位:dB(以 1kW/km 为基准)。

坏天气:

$$P = P_0 \cdot \left(\frac{g}{g_0}\right)^4 \cdot \left(\frac{d}{d_0}\right)^2 \cdot \left(\frac{n}{n_0}\right)^{1.5} \cdot \left(\frac{H}{H_0}\right)^{-1} \cdot \left(\frac{D}{D_0}\right)^{-1} \tag{22-29}$$

式中,$P_0 = 11$,单位:dB(以 1kW/km 为基准);g 为导线表面电场强度(kV/cm);d 为子导线直径(cm);n 为子导线分裂数;H 为导线对地高度(m);$g_0 = 25$kV/cm;$d_0 = 3.05$cm;$n_0 = 3$;$H_0 = 15$cm;$S_0 = 15$m。

公式适用范围:电压±230～1200kV。

另外,可供估算电晕损耗的还有皮克公式、巴克科夫公式、安乃堡公式及 EPRI 公式等。但皮克公式、巴克科夫公式中所需的参数较难选取,应用起来非常困难。安乃堡公式和 EPRI 公式分别针对±750kV 和±600kV 的直流输电线路,因此都不适用于±800kV 直流输电线路的电晕损耗估算。

22.2　特高压直流输电线路电磁环境评估

为了解特高压直流输电线路的电磁环境特性,本节以云广(楚雄—穗东)±800kV 特高压直流输电线路为例,采用加拿大 SES 公司推出的 CDEGS 软件包中的 SES-Enviro 模块仿真了±800kV 直流输电线路的环境影响。

云广特高压直流输电线路的典型塔型如图 22-5 所示。双极±800kV 直流输电线路参数:导线对地高度 18m,极间距 22m,导线型号 6×LGJ-630/45,避雷线型号 LBGJ-180-20AC,分裂间距 0.45m。线路最高运行电压 825kV,经济运行电流 3125A,线路通过的土壤电阻率计算时取 100Ω·m,地面海拔高度 0m,大气压 760mm 汞柱,气温 25℃。

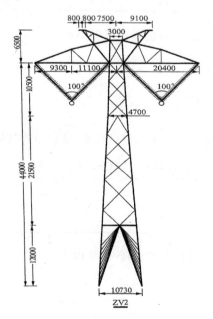

图 22-5　云广±800kV 特高压直流输电线路典型塔型示意图

一般认为直流线路导线起晕场强和交流线路起晕场强的峰值相同,可以将皮克(peek)公式转换为直流形式:

$$E_c = 30m\delta\left(1+\frac{0.3}{\sqrt{r\delta}}\right)(\text{kV/cm}) \tag{22-30}$$

式中，m 为导线表面粗糙系数，光滑导线 $m\approx1$，根据大量理论及经验总结，目前晴天和雨天条件下的导线表面粗糙系数 m 值分别为 0.49 和 0.38，本书中取晴天下的 0.49；r 为子导线半径，cm；δ 为空气相对密度，可根据 $\delta = \frac{p}{T}\frac{T_s}{p_s}$（$p_s=101.3\text{kPa}$，$T_s=293\text{K}$）计算。

经计算，本算例中导线的起晕场强为 18.11kV/cm。

22.2.1　电场强度和离子流密度

图 22-6 给出了输电线路在双极运行方式下，极导线对地高度 18.0m（规程规定的一般非居民地区导线最小对地最小高度 18m），线路运行电压分别为 800kV 及最高运行电压 825kV 时，地面合成电场的横向分布。表 22-5 给出了两种运行电压下，地面标称电场及合成电场的最大值。

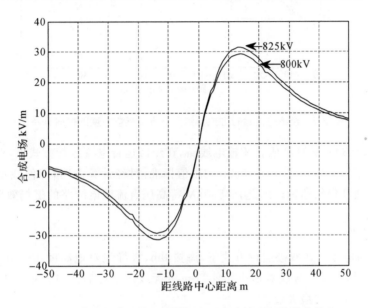

图 22-6　特高压直流输电线路下方地面合成电场的横向分布

表 22-5　特高压直流输电线路下方标称电场与合成电场强度的最大值

运行电压	标称电场(kV/m)	合成电场(kV/m)
825kV	14.50	31.40
800kV	14.06	29.24

由图 22-6 和表 22-5 可知，线路导线本身所带的电荷在地面上产生的标称电场在 14kV/m 左右，考虑到电晕引起的离子流的影响，地面的合成电场要大于标称电场。在 800kV 的运行电压下，极导线对地高度 18.0m 时，晴天时地面最大合成电场仍在 30kV/m 的限值标准以下，合成电场值达标。在 825kV 的运行电压下，晴天时地面最大合成电场超过了 30kV/m 的限值标准，合成电场值不达标。

在 825kV 的运行电压下，为使地面合成电场达标，需采取抬高导线对地高度、增加导线截面积、增加导线分裂数等措施来减小线路的合成电场，计算结果表明：采用 6×LGJ-630/45 的导线，导线对地最小高度需 19.0m（考虑最大弧垂）；采用 6×LGJ-720/45 和 7×LGJ-630/45 的导线，导线对地高度 18.0m 时，地面合成电场达标，此时，线路的离子流密度也达标。因为一般而言，若线路合成场强达标，离子流密度即达标。

22.2.2　磁感应强度

图 22-7 给出了输电线路在双极运行方式下，极导线对地高度 18.0m 时地面磁感应强度的横向分

布。由于磁感应强度不受线路电压的影响,当线路运行电压分别为 800kV 及 825kV 时,磁感应强度的最大值相同。±800kV 特高压直流输电线路经济运行电流为 3125A。

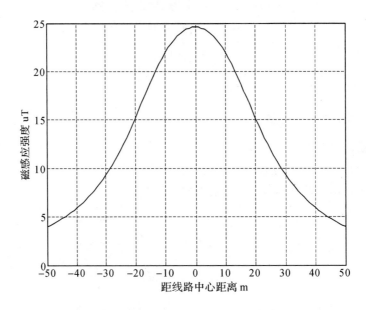

图 22-7　经济电流运行方式下线路下方磁感应强度的横向分布图

由图 22-7 可知,±800kV 特高压直流输电线路,在经济运行电流运行方式下,地面磁场强度的最大值为 24.59μT,远小于特高压直流线路 10mT 的限值标准,且经计算表明,即使线路在最大运行电流方式下,线路的磁感应强度仍然达标。因此,±800kV 特高压直流输电线路的磁场效应可不予考虑。

22.2.3　无线电干扰

图 22-8 给出了输电线路在双极运行方式下,海拔 0m,极导线对地高度 18.0m,线路运行电压分别为 800kV 和 825kV 时,正极性导线对地投影外 20m 处无线电干扰的横向分布。表 22-6 给出了两种运行电压下,地面无线电干扰的最大值。

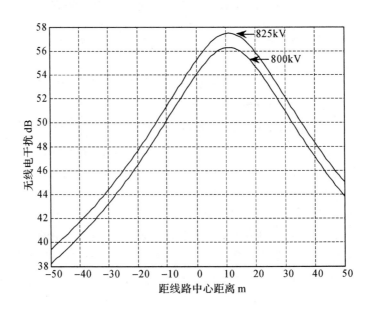

图 22-8　特高压直流输电线路下方无线电干扰的横向分布图

表 22-6　特高压直流输电线路下方地面无线电干扰的最大值

运行电压	正极导线外 20m 处 RI(dB)
825kV	51.72
800kV	50.54

可见,无论在 800kV 还是在 825kV 的运行电压下,海拔 0m,极导线对地高度 18.0m 时,正极性导线对地投影外 20m 处无线电干扰均小于 58dB 的限值标准,无线电干扰值达标。随着海拔高度的增加,无线电干扰值也会增加,以海拔 1000m 为基础,海拔高度每增加 300m,无线电干扰限值标准增加 1dB。经计算,在高海拔地区无线电干扰值仍在限值标准之内。

22.2.4　可听噪声

图 22-9 给出了输电线路在双极运行方式下,极导线对地高度 18.0m,线路运行电压分别为 800kV 和 825kV 时,正极性导线对地投影外 20m 处可听噪声的横向分布。表 22-7 给出了两种运行电压下,正极性导线对地投影外 20m 处可听噪声的最大值。

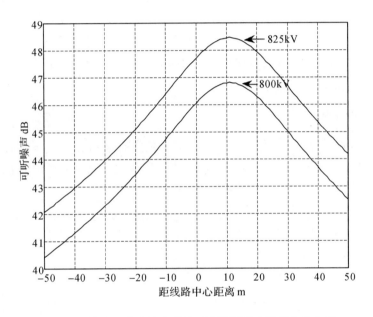

图 22-9　特高压直流输电线路下方可听噪声的横向分布图

表 22-7　特高压直流输电线路下方地面可听噪声的最大值

运行电压	正极导线外 20m 处 AN(dB)
825kV	46.52
800kV	44.87

可见,在 800kV 的运行电压下,海拔 0m,极导线对地高度 18.0m 时,正极性导线对地投影外 20m 处可听噪声小于 45dB 的限值标准,可听噪声值达标。但在 825kV 的运行电压下,可听噪声超过了 45dB 的限值标准,可听噪声值不达标。

为使可听噪声达标,需采取抬高导线对地高度、增加导线截面积、增加导线分裂数等措施来减小线路的可听噪声。计算结果表明:采用 6×LGJ-630/45 的导线,导线对地最小高度需 19.0m(考虑最大弧垂);采用 6×LGJ-720/45 和 7×LGJ-630/45 的导线,导线对地高度 18.0m 时,可听噪声达标。

随着海拔高度的增加,可听噪声也会增加,以海拔 1000m 为基础,海拔高度每增加 1000m,可听噪声限值标准增加 3dB。经计算,如在低海拔地区可听噪声达标,则相同线路在高海拔地区可听噪声仍在限值标准之内。

22.3 特高压直流输电线路电磁环境影响因素分析

22.3.1 极导线对地高度的影响

图 22-10(a)(b)(c)分别给出了双极运行方式下极导线高度分别为 16、18、20m 的地面合成电场、晴天时无线电干扰和可听噪声的横向分布。表 22-8 给出了导线不同对地高度时对应的地面处合成电场最大值,正极性导线外 20m 投影处的无线电干扰和可听噪声值。

表 22-8 不同极导线对地高度地面电磁环境各因素值

极导线对地高度(m)	16	18	20
合成电场最大值(kV/m)	34.73	29.24	25.06
正极导线外 20m 处 RI(dB)	51.58	50.54	49.57
正极导线外 20m 处 AN(dB)	45.58	44.87	44.26

由图 22-10 可见,在距线路中心 30m 以内地面合成电场随极导线对地高度的增加而减小,到 30m 以外就几乎没有影响了。无线电干扰、可听噪声峰值均出现在正极性导线下方,抬高极导线可以减小线路下方的整个区域内的无线电干扰值和可听噪声。因此,抬高极导线对地高度是减小合成电场、无线电干扰和可听噪声的有效措施。

22.3.2 极间距离的影响

图 22-11(a)(b)(c)分别给出了双极运行方式下极间距分别为 21、22、23m 时的地面合成电场、晴天时无线电干扰和可听噪声的横向分布。表 22-9 给出了不同极间距离对应的地面处的合成电场最大值,正极性导线外 20m 投影处的无线电干扰和可听噪声值。

表 22-9 不同极间距对应地面电磁环境各因素值

极导线间距(m)	21	22	23
合成电场最大值(kV/m)	29.24	29.24	29.25
正极导线外 20m 处 RI(dB)	50.86	50.54	50.24
正极导线外 20m 处 AN(dB)	45.32	44.87	44.44

由图 22-11 可见,随着极间距的增加地面合成电场略有增加,但增加幅度较小,而无线电干扰、可听噪声均随极间距的增加而减小。因此在保证所有电磁环境参数不超标的情况下,可适当增加极间距以优化无线电干扰和可听噪声值,但同时也要综合考虑因增加横担长度而增加的经济投入以及线路走廊等问题。

22.3.3 极导线分裂间距的影响

图 22-12(a)(b)(c)分别给出了双极运行方式下极导线分裂间距分别为 0.40、0.45、0.50m 时的地面合成电场、晴天时无线电干扰和可听噪声的横向分布。表 22-10 给出了不同极导线分裂间距对应的地面处的合成电场最大值,正极性导线外 20m 投影处的无线电干扰和可听噪声值。

表 22-10 不同极导线分裂间距对应地面电磁环境各因素值

极导线分裂间距(m)	0.40	0.45	0.50
合成电场最大值(kV/m)	28.71	29.24	29.81
正极导线外 20m 处 RI(dB)	50.35	50.54	50.78
正极导线外 20m 处 AN(dB)	44.60	44.87	45.21

由图 22-12 可见,随着极导线分裂间距的增加,地面合成电场、无线电干扰、可听噪声均稍有增加,

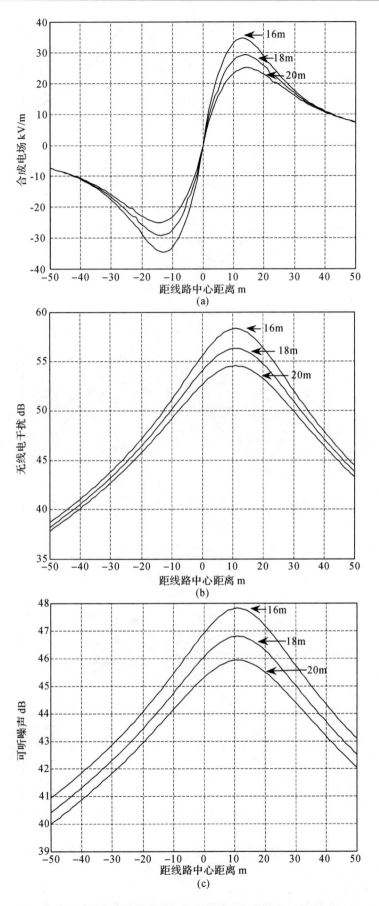

图 22-10　不同极导线对地高度对应地面电磁环境各因素的横向分布

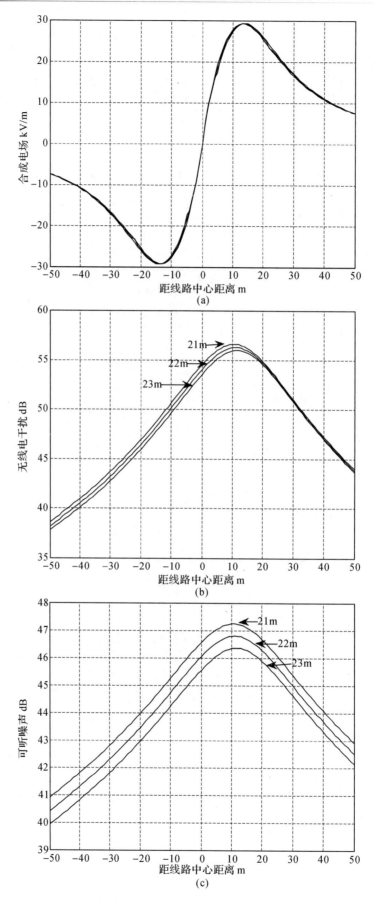

图 22-11　不同极间距对应地面电磁环境各因素的横向分布

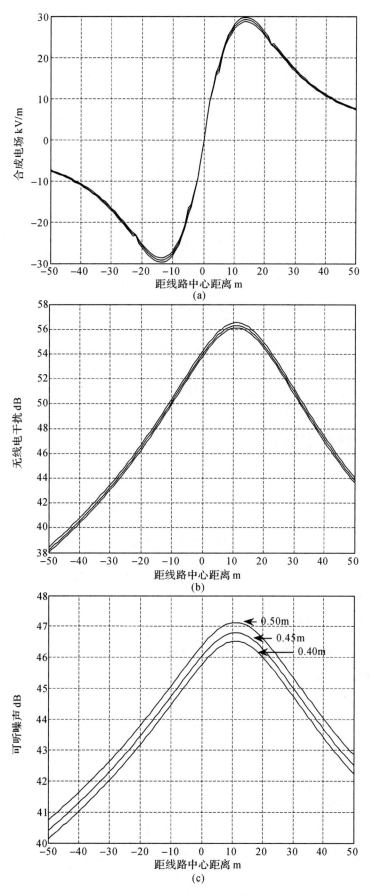

图 22-12 不同导线分裂间距对应地面电磁环境各因素的横向分布

并且可听噪声的增加趋势最为明显。因此适当减小导线分裂间距可以减小地面上方的合成电场、无线电干扰和可听噪声。

22.3.4 极导线分裂数的影响

图 22-13(a)(b)(c)分别给出了双极运行方式下极导线分裂数分别为 6、7、8 时的地面合成电场、晴天时无线电干扰和可听噪声的横向分布。表 22-11 给出了不同极导线分裂数对应的地面处的合成电场最大值，正极性导线外 20m 投影处的无线电干扰和可听噪声值。

表 22-11　不同极导线分裂数对应地面电磁环境各因素值

极导线分裂数	6	7	8
合成电场最大值(kV/m)	29.24	25.34	21.05
正极导线外 20m 处 RI(dB)	50.54	47.21	44.62
正极导线外 20m 处 AN(dB)	44.87	40.60	39.92

由图 22-13，随着极导线分裂数的增加，地面合成电场、无线电干扰和可听噪声均减小。从表 22-11 可以看出，从 6 分裂增加至 8 分裂，合成电场分别减小 3.9kV/m(13.34%)、4.29kV/m(16.93%)；无线电干扰值分别减小 3.33dB(6.59%)、2.59dB(5.49%)；可听噪声分别减小 4.27dB(9.52%)、0.68dB(1.67%)。三项电磁环境因素相比，合成电场随极导线分裂数的增加而减小的幅度更大，而可听噪声当导线分裂数由 6 分裂增加到 7 分裂时，噪声值的减小量也较明显。

因此，增加极导线分裂数可以减小地面上方的合成电场、无线电干扰和可听噪声，但在选择导线分裂数时还应综合考虑线路建设投资和运行损耗。

22.3.5 极导线截面积的影响

图 22-14(a)(b)(c)分别给出了双极运行方式下子导线截面积为 630、720、800mm² 时的地面合成电场、晴天时无线电干扰和可听噪声的横向分布。表 22-12 给出了不同极导线截面积对应的地面处的合成电场最大值，正极性导线外 20m 投影处的无线电干扰和可听噪声值。

表 22-12　不同子导线截面积对应地面电磁环境各因素的最大值

子导线截面积(mm²)	630	720	800
合成电场最大值(kV/m)	29.24	27.03	25.18
正极导线外 20m 处 RI(dB)	50.54	49.84	49.40
正极导线外 20m 处 AN(dB)	44.87	42.43	40.57

由图 22-14，随着子导线截面积增加，地面合成电场、无线电干扰和可听噪声均减小，原因是增加导线截面积可以增大导线的起晕场强。因此，增加导线的截面积可以十分有效地改善电磁环境，但在选择导线截面积时同样也要考虑经济性因素。

22.3.6 海拔高度的影响

图 22-15(a)(b)(c)分别给出了双极运行方式下海拔高度为 0、1000、2000m 时对应的地面合成电场、晴天时无线电干扰和可听噪声的横向分布。表 22-13 给出了不同海拔对应的地面处的合成电场最大值，正极性导线外 20m 投影处的无线电干扰和可听噪声值。

表 22-13　不同海拔高度对应地面的电磁环境各因素值

海拔高度(m)	0	1000	2000
合成电场最大值(kV/m)	29.24	32.42	35.19
正极导线外 20m 处 RI(dB)	50.54	52.19	55.46
正极导线外 20m 处 AN(dB)	44.87	46.52	49.82

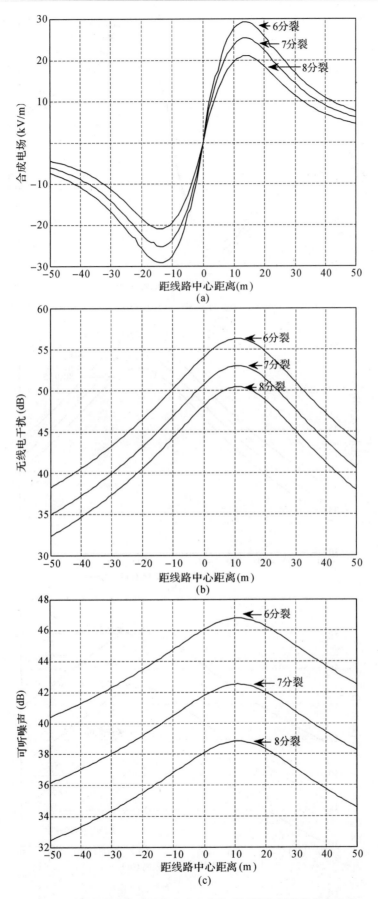

图 22-13　不同极导线分裂数对应地面电磁环境各因素的横向分布

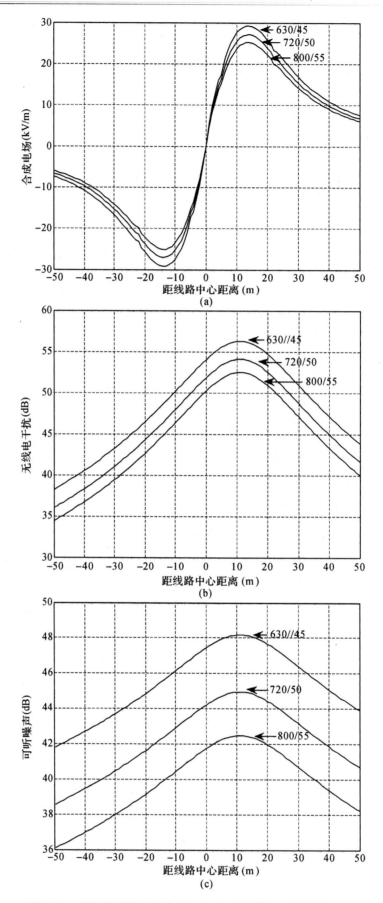

图 22-14　不同子导线截面积对应地面电磁环境各因素的横向分布

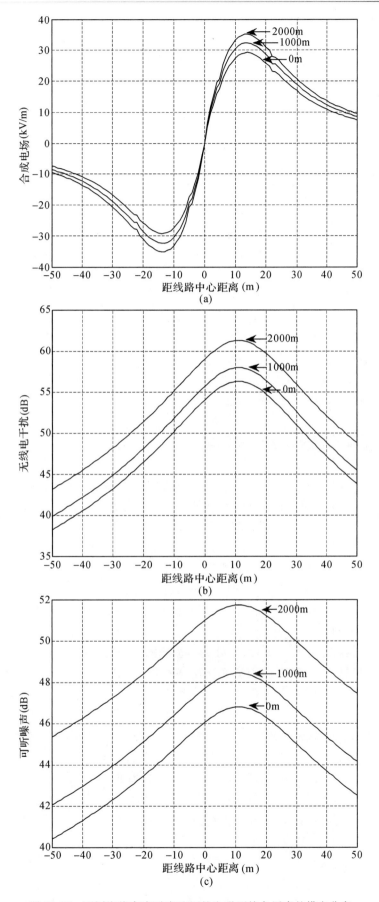

图 22-15 不同海拔高度对应地面的电磁环境各因素的横向分布

可以看出,由于随着海拔高度增加,导线的起晕场强减小,电磁环境也变差,地面合成电场、无线电干扰、可听噪声均增加。

22.4　改善直流输电线路电磁环境的措施

根据上一节对特高压直流输电线路电磁环境影响因素的计算分析,在综合考虑生产、施工、运行经验、经济投入等因素的前提下,合理设计极导线对地高度、极间距,做好导线选型的工作,能够有效改善线路的电磁环境:

（1）适当增加极导线对地高度是降低地面合成电场、无线电干扰和可听噪声的有效措施。

（2）增加极导线极间距时虽可减小无线电干扰和可听噪声,但改善程度甚微,效果不如适当增加导线对地高度显著。

（3）减小极导线分裂间距可减小地面合成电场、无线电干扰和可听噪声,但将受到绝缘配合和电晕损失的限制。

（4）当极导线分裂数增加时,地面合成电场、无线电干扰和可听噪声均能得到显著改善。参考线路运行经验,4分裂和5分裂导线在相同导线布置方式下的地面场强、离子流密度、可听噪声、无线电干扰和电晕损失较大,在高海拔条件下往往不能满足限值要求;6分裂及以上的导线一般可以满足各电磁环境参数限值的要求;另外,由于配套金具的开发、运行经验缺乏等因素,7分裂导线一般不推荐采用。

（5）适当增加单根导线截面积,能够减小地面合成电场、无线电干扰和可听噪声,但导线总截面也不能太大,电流密度不能太低,以避免投资过大。

22.5　特高压直流换流站的电磁环境

特高压直流换流站内设备众多,其电磁环境主要包括地面合成电场、离子流密度、直流磁场、无线电干扰和可听噪声等几个方面。由于特高压直流换流站的设备电压等级更高、设备更加多样,其电磁环境与±500kV高压直流换流站相比有一定区别,必须采取措施对其进行限制,以满足环境保护要求。由于在特高压换流站的电磁环境问题中,换流站的可听噪声最为突出,尤其值得注意,故本书将对其进行重点介绍。对于其他电磁环境指标,主要对其限值进行说明,中国电力行业标准 DL/T 275-2012《±800kV特高压直流换流站电磁环境限值》对各指标的限值进行了规定,分别如下:

对于地面合成电场和离子流密度,标准规定好天气时地面最大合成电场不超过 30kV/m,地面最大离子流密度不超过 $100nA/m^2$。

对于直流磁场,标准规定地面上方 1.5m 处的直流磁感应强度不超过 400mT。

对于无线电干扰,与±500kV高压直流换流站基本相同,需要满足在规定范围内使得 0.5MHz～20MHz 以内的所有频率上的无线电干扰水平不超过 40dB（μV/m）,具体范围参见标准 DL/T 275-2012。

与交流变电站相比,直流换流站的噪声源更多,声功率级更大,其噪声问题更为突出。在一些已建成的±500kV直流换流站中,各种设备产生的噪声导致站址及附近的噪声级超过规定的噪声标准,对周围居民的生活造成了影响,出现被当地居民投诉的现象。因此,可听噪声成为换流站的选址、设计和建设的重要控制条件之一,研究换流站的噪声对改善周边环境,对直流工程规划、建设和运行有重要的参考意义。下面将主要从换流站的噪声源、控制指标和控制措施等方面对特高压换流站的可听噪声问题进行介绍。

22.5.1　换流站的噪声源

换流站内的噪声主要包括电磁噪声、气体动力噪声和机械振动噪声,造成噪声超标的噪声源主要有:换流变压器、电抗器以及电容器。

22.5.1.1 换流变压器噪声

换流变压器是换流站中产生噪声最大的单个设备,产生噪声的主要因素有两个方面:变压器本体噪声及辅助冷却装置噪声。本体噪声包括铁心、绕组等振动产生的噪声;冷却装置噪声包括风扇和油泵噪声。

铁心励磁硅钢片的尺寸会发生微小变化,即硅钢片的磁致伸缩,是以往变压器产生噪声的主要来源。变压器本体噪声的大小直接取决于铁心所用硅钢片磁致伸缩的大小,目前,随着铁芯硅钢片设计技术的提高,其磁致伸缩振动产生的噪声已经大大减小。因此,绕组导线或绕组间电磁力产生的噪声成为目前换流变压器的主要噪声源,绕组产生的噪声功率随变压器负载的增加而增加,无负载与额定负载条件下的噪声声级相差大约 20dB(A),甚至更多。

换流变压器的冷却装置也是噪声的产生源,冷却装置主要有冷却风扇(强油风冷式变压器)、自冷式散热器(强油自冷式变压器)和油泵。冷却风扇运行时产生的噪声主要是由叶片附近产生的气流旋涡引起的;自冷式散热器的噪声,主要是变压器本体的振动分别通过输油管路,传递到散热器以后引起的振动噪声;变压器油泵的噪声主要是由于电动机轴承等部分的摩擦而产生的摩擦噪声。

换流变压器的电磁噪声基频一般为 100Hz,低频噪声因波长较长,有很强的绕射和透射能力,在空气中随距离衰减较慢,对周围环境影响较大。

22.5.1.2 电抗器噪声

电抗器是换流站内的主要噪声源,这里的电抗器主要是指平波电抗器和交流滤波场里的滤波电抗器。

目前,中国特高压直流系统中的平波电抗器基本采用干式空心电抗器,其产生噪声的主要原因是直流电流和谐波电流相互作用引起线圈振动。在额定电流下,干式平波电抗器的平均噪声水平约为 70dB(A),设备向外的噪声辐射主要以中低频噪声为主,其噪声的发声机理、声级强度、频率范围均与换流变压器相同。

交流滤波器场中的电抗器一般也采用干式空心电抗器,其产生噪声的主要原因是交替变化的电磁场使电抗器线圈激发周期性磁致伸缩振动,噪声水平通常在 65~80dB(A),在低频部分有明显峰值,在中、高频部分的峰值则来自其整体结构响应。

22.5.1.3 电容器噪声

除变压器和电抗器外,电容器也是换流站中主要噪声源之一。电容器内部的噪声属于电磁噪声,在交变磁场的作用下,电容器内部电极间产生静电力,使电容器内部的元件产生振动,元件的振动传给外壳使得箱壁振动形成噪声,并从外壳辐射出去,其噪声水平约为 70~90dB(A)。

22.5.2 换流站的噪声控制指标

对于换流站的可听噪声,中国电力行业标准 DL/T 275-2012《±800kV 特高压直流换流站电磁环境限值》进行了规定,标准规定换流站厂界或噪声控制区边界的噪声限值按照 GB 12348-2008《工业企业界环境噪声排放标准》的规定执行,换流站周围民房处的噪声限值按照 GB 3096-2008《声环境质量标准》的规定执行。

根据换流站区域环境噪声昼间测试数据和中国国家标准 GB 3096-2008《声环境质量标准》中的相关规定,换流站围墙外区域环境噪声治理后达到 GB 3096-2008 中规定的夜间限值,即根据不同地区的现场情况,按照标准规定等级制定噪声要求,一级为 45dB,二级为 50dB 等。

采用国家标准 GB 12348-2008《工业企业界环境噪声排放标准》和 GB 3096-2008《声环境质量标准》,换流站边界的控制要求为Ⅱ类。由于换流站设备昼间和夜间发出的噪声声级基本相同,所以换流站的噪声控制值以夜间数据值为准。本书引用案例以场界控制要求为Ⅱ类,即限值为 50dB。

22.5.3 换流站噪声的控制措施

噪声属机械振动,可以在气体、液体和固体中传播,它几乎存在于环境的各个角落,噪声的治理非常困难。声波系统一般由声源、传播途径和接受者三个方面组成,因此,要控制噪声必须从抑制声源噪声、控制传播途径、接受者听力保护这三个方面进行控制。

22.5.3.1　抑制声源噪声

抑制声源噪声是最根本、有效、也是最直接的措施,其主要是通过研制、选择低噪声设备,使得发声体的噪声功率降低。

1)换流变压器

换流变压器铁芯发出的噪声是变压器产生噪声的主要来源,因此,降低铁芯噪音是控制换流变压器噪音的主要方法,本节提出以下几点对换流变压器进行降噪处理:

(1)采用磁致伸缩小的高导磁材料制作铁芯硅钢片,与普通材质的硅钢片相比,优质的硅钢片可使噪声降低 4～5dB(A)。

(2)铁芯低磁通量运行可以降低噪声,磁通密度每降低 0.1T,噪声可降低 2～3dB(A)。值得注意的是,降低磁通密度,铁心截面积、变压器的容量和造价都相应增大,增加了制造成本,因此,一般磁通密度的降低量不能超过标准磁通密度的 10%。

(3)在铁心表面上涂环氧胶或聚酯胶可增加铁心表面张力约束,减少磁致伸缩程度,达到抑制噪声的目的。

(4)在油箱外部加装隔音板,在钢板内放置吸音材料,隔音板能把变压器本体发射的部分噪声反射回去,同时吸收部分噪声,采用这种隔音板可使噪声降低 10～15dB(A)。

(5)利用先进的绕组设计减小阻抗公差来减小绕组噪音,选择新型的低噪声冷却风扇来降低风扇噪声。

(6)减小换流变压器的直流偏磁,降低由此产生的电磁噪声和对设备造成的损害,避免系统安全事故。

2)电抗器

控制干式空心电抗器噪声的关键是限制绕组线圈的振动,可采用以下方法来减小噪声:①调整线圈结构尺寸、间隔棒和机械支撑,以避免发生共振;②采用大导体来增加惯性减小振幅;③选择双层横截面绕组,使线圈重量加倍,这种方法可使电抗器噪声降低约 6dB(A)。

油浸式平波电抗器的可听噪声是由线圈与铁芯振动噪声共同作用产生的,由于油浸式平波电抗器除铁芯以外的其他结构与换流变压器类似,我们可以采取使铁芯柱整体化的方法来降低电抗器铁芯的噪声,其他的控制噪声方法,可参考换流变压器和空心电抗器的降噪方法。

3)电容器

减小电容器表面元件的振动是降低电容器噪声的关键,可以采用如下方法降低电容器的噪声:①通过增加串联电容器元件的数目来减小电容器罐里的电介质应力和振动力;②通过改进机械阻尼来压紧堆栈式电容器元件,提高电容器单元外壳的刚度;③设计电容器时考虑共振频率。

22.5.3.2　控制传播途径

若采用声源处噪声控制措施后,换流站的噪声仍不能达标,应该对噪声的传播途径进行控制。

(1)选择合适的站址,站址位置远离居民区等噪声敏感区,尽量不建在 0 类和 1 类区域;站址确定后还可以采用一些设备的优化布置来控制噪音。

(2)在噪声源确定时,尽量加大噪声源与噪声敏感点间的距离。

(3)同时,对换流变压器、电抗器、电容器等设备装设隔声屏,隔声屏内加吸声材料,在噪声源与噪声敏感点之间种植树木等措施来隔声、吸声。

22.5.3.3　接受者听力保护

在上述的降噪措施实施后,换流站周围的噪声一般能满足规程要求,但是在换流站内,特别是在隔声罩、隔声屏障内噪声比较大,一般大于 90dB(A)。在其中滞留时间较长,对巡视、运行维护人员的影响较大,运行人员巡视检修过程中可采用在耳朵中塞防声棉、防声耳塞、佩戴耳罩和有源消声头盔等防护措施。同时,运行人员应尽量减少在噪声较大区域的停留时间,以减小噪声对运行人员健康的损害。

参考文献

［1］万保权,谢辉春,樊亮,等.特高压变电站的电磁环境及电晕控制措施［J］.高电压技术,2010,36(1):109－115.

［2］陈仁全,王勇,胡强,等.高压变电站工频电磁场测试与评估［J］.重庆科技学院学报(自然科学版),2010,12(3):123－126.

［3］徐禄文,李永明,刘昌盛,等.重庆地区 500kV 变电站内工频电磁场分析［J］.电网技术,2008,32(2):66－70.

［4］杨帆,姚德贵,彭卉,等.高压变电站工频电磁场屏蔽效能测试及分析［J］.高压电器,2010,46(1):85－88.

［5］Q/GDW 304-2009.1000kV 输变电工程电磁环境影响评价技术规范［S］,2009.

［6］赵素丽,史玉柱.设置变电站电磁环境影响防护控制区的必要性探讨［J］.电力环境保护,2008,24(3):51－53

［7］HJ/T 24-1998.500kV 超高压送变电工程电磁环境影响评价技术规范［S］,1998.

［8］GB 3096-2008.声环境质量标准［S］,2008.

［9］GB 12348-2008.工业企业厂界环境噪声排放标准［S］,2008.

［10］Corbellini U, Pelacchi P. Corona losses in HVDC bipolar lines［J］. Power Delivery, IEEE Transactions on. 1996,11(3):1475-1481.

［11］Maruvada P S, Dallaire R D, Heroux P, et al. Corona Studies for Biploar HVDC Transmission at Voltages Between ±600 kV AND ±1200 kV PART 2:Special Biploar Line, Bipolar Cage and Bus Studies［J］. Power Apparatus and Systems, IEEE Transactions on. 1981,PAS-100(3):1462-1471.

第 23 章 ±800kV 与 ±1100kV 特高压直流系统过电压与绝缘配合比较

随着 ±800 特高压直流输电技术的迅速发展,"西电东送"战略的进一步实施与发展,更远距离、更大容量输电的需求也逐渐显现,有必要发展更高电压等级的输电技术。

前面章节已对 ±800kV 特高压直流输电系统操作过电压进行了系统介绍,本章在前述特高压操作过电压研究方法的基础上,基于 PSCAD/EMTDC 仿真软件,依托准东—成都 ±1100kV 特高压直流输电工程和溪洛渡—浙西 ±800kV 特高压直流输电工程,对两端换流站内交流母线、阀厅、直流极线、中性线上的过电压进行仿真分析,最后结合溪洛渡—浙西 ±800kV 特高压直流换流站的内部过电压结果,比较了 ±1100kV 与 ±800kV 特高压直流输电系统的换流站内部过电压,讨论了特高压直流输电系统整流站和逆变站两侧系统的过电压差异。并在此基础上比较了采用不同避雷器布置方案下 ±1100kV 准东换流站关键位置的直流暂态过电压及关键设备的绝缘水平,给出了 ±1100kV 特高压直流输电系统换流站绝缘配合的建议。

在本章的最后,对 ±1100kV 特高压直流输电工程采用双 12 脉动串联和三 12 脉动串联换流单元组合方案的选择问题进行了比较讨论,讨论表明目前采用双 12 脉动串联方式最优。

23.1 系统参数

准东—成都 ±1100kV 特高压直流工程双极额定输送功率为 10450MW。额定电压 ±1100kV,额定电流 4750A。两端换流站每极采用 550kV+550kV 的双 12 脉动换流器串联接线,其接线方式与作比较的溪洛渡—浙西 ±800kV 特高压直流输电工程及已投运的其他五个 ±800kV 特高压直流工程相同。准东—成都 ±1100kV 和溪洛渡—浙西 ±800kV 特高压直流工程两端换流站的基本运行参数如表 23-1 和表 23-2 所示[1]。

表 23-1　准东—成都 ±1100kV 特高压直流工程基本运行参数

参数	准东	成都
额定交流运行电压 U_{acN}/kV	770	525
最大交流运行电压 U_{acmax}/kV	800	550
极端最低交流运行电压 U_{acmin}/kV	713	475
最大直流运行电压 U_{dmax}/kV	1122	1122
最大直流运行电流 I_{dmax}/A	5367	5367
换流器最大理想空载电压 $U_{di0absmax}$/kV	338.0	325.7

表 23-2　溪洛渡—浙西 ±800kV 特高压直流工程基本运行参数

参数	溪洛渡	浙西
额定交流运行电压 U_{acN}/kV	530	510
最大交流运行电压 U_{acmax}/kV	550	550
极端最低交流运行电压 U_{acmin}/kV	475	475
最大直流运行电压 U_{dmax}/kV	809	809
最大直流运行电流 I_{dmax}/A	4687.5	4687.5
换流器最大理想空载电压 $U_{di0absmax}$/kV	238.9	220

准东—成都±1100kV 和溪洛渡—浙西±800kV 特高压直流工程两侧换流变压器具体技术参数见表 23-3 和表 23-4。

表 23-3   准东—成都±1100kV 特高压直流工程换流变压器设计参数

换流站	准东侧	成都侧
额定容量/MVA	542.11	521.59
网侧额定线电压/kV	770	525
阀侧额定线电压/kV	242.11	232.94
分接头 0 档位时短路阻抗/%	24	24
分接头档位数	+35/−5	+25/−5
分接头调节步长/%	0.86	1.25

表 23-4   溪洛渡—浙西±800kV 特高压直流工程换流变压器设计参数

换流站	溪洛渡侧	浙西侧
额定容量/MVA	378.5	358.4
网侧额定线电压/kV	535	510
阀侧额定线电压/kV	171.4	162.2
分接头 0 档位时短路阻抗/%	19	19
分接头档位数	+21/−6	+24/−4
分接头调节步长/%	1.25	1.25

23.2 换流站避雷器布置及参数

23.2.1 换流站避雷器布置

本章在对±1100kV 准东—成都特高压直流工程换流站的过电压研究中,换流站的避雷器布置暂时考虑与溪洛渡—浙西±800kV 特高压直流工程相同的避雷器布置方案,如图 23-1 所示,图中各避雷器的描述如表 23-5 所示。

表 23-5   换流站避雷器描述

避雷器	描述
A	交流母线避雷器
V11/V12/V2/V3	阀避雷器
MH/ML	上/下 12 脉动单元 6 脉动桥避雷器
CBH	换流器高压端避雷器
CBL2	上下 12 脉动换流单元中间母线避雷器
CBN1/ CBN2	平波电抗器阀侧中性母线避雷器
DB1/DB2	直流极线/母线避雷器
DR	平波电抗器并联避雷器
E	中性母线避雷器
EM	金属回线避雷器
EL	接地极引线避雷器

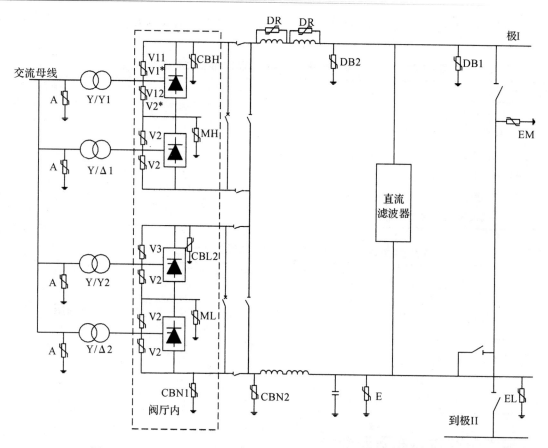

图 23-1 ±1100kV 准东-成都特高压直流输电工程换流站避雷器配置图

注:图中带 * 的 V1、V2 为逆变站阀避雷器;V11、V12 为整流站阀避雷器。

23.2.2 避雷器基本参数

准东—成都±1100kV 和溪洛渡—浙西±800kV 特高压直流换流站的避雷器技术参数如表 23-6 和表 23-7 所示[1-3]。

表 23-6 准东—成都特高压换流站避雷器参数

避雷器	CCOV/kV (准东/成都)	PCOV/kV (准东/成都)	U_{ref}/kV (准东/成都)	容量/MJ (准东/成都)
V11/V1	354/341	410/407	410/407	16.2/14.6
V12	354/—	410/—	410/—	7.2/—
V2	354/341	421/407	421/407	7.5/7.2
V3	354/341	421/407	421/407	7.5/7.2
DB1	1122/1122	—/—	1320/1320	24.5/24.5
DB2	1122/1122	—/—	1320/1320	24.5/24.5
CBH	1234/1209	1288/1261	1505/1474	26.7/26.7
MH	915/902	981/957	1116/1100	20.5/20
CBL2	611/604	685/682	761/737	13.8/13.5
ML	404/404	—/—	493/493	4.5/4.5
CBN1	167/107	222/160	333/333	3.1/3.1
CBN2	167/107	222/160	304/304	21.7/8.5
E	55/55	—/—	304/219	2.8/2.0
EL	20/20	—/—	202/202	5.6/5.6
EM	55/55	—/—	278/219	46.6/36
DR	44/44	—/—	483/483(rms)	3.3/3.3
A	462/318	—/—	576/397	5.0/3.5

注:CCOV—持续运行电压的最高幅值,不包括换相过冲;PCOV—持续运行电压的最高峰值,包括换相过冲;U_{ref}为避雷器额定电压。

表 23-7　溪洛渡—浙西特高压换流站避雷器参数

避雷器	CCOV/kV（溪洛渡/浙西）	PCOV/kV（溪洛渡/浙西）	U_{ref}/kV（溪洛渡/浙西）	容量/MJ（溪洛渡/浙西）
V11/V1	250/238	291/284	291/284	10.5/7.6
V12	250 /—	291 /—	291/—	5.2 /—
V2	250/238	297/284	297/284	5.4/3.8
V3	250/238	297/284	297/284	5.4/3.8
DB1	816/816	—/—	960/960	18.55/18.55
DB2	816/816	—/—	960/960	18.55/18.55
CBH	878/877	915/910	1 070/1 065	19.0/19.0
MH	660/650	725/708	806/821	22.6/14.9
CBL2	443/442	496/478	553/539	10.3/10.1
ML	295/253	—/—	359/362	3.4/3.4
CBN1	123/77	160/112	333/333	3.1/3.1
CBN2	123/77	160/112	304/304	8.7/8.7
E	95/20	—/—	304/219	2.8/2.1
EL	20/20	—/—	202/202	1.9/1.9
EM	95/20	—/—	278/219	34.4/2.1
DR	44/44	—/—	483/483（rms）	3.3/3.3
A	318/318	—/—	398/398	3.5/3.5

23.3　换流站过电压分析比较

23.3.1　交流侧过电压

　　换流站交流母线侧的设备主要由交流母线避雷器 A 保护,避雷器安装在紧靠换流变和每大组交流滤波器母线上。交流系统中发生的各种故障或执行的操作,如交流系统单相接地、三相接地故障清除、投切交流滤波器等,会在交流侧相关设备上产生较高的过电压,其中决定交流母线避雷器 A 的最严酷工况为交流系统三相接地故障。

　　交流母线发生三相接地故障后,交流滤波器组(包括电容器组)中储存的能量经故障点释放,在随后的故障清除过程中,系统电源又通过系统阻抗(一般为感性)向交流滤波器组充电,引起的暂态振荡过程会在交流侧母线上产生过电压。该故障的简化等效示意如图 23-2 所示。

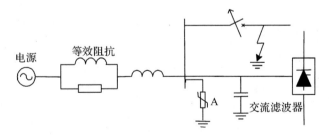

图 23-2　交流三相接地故障清除过电压简化示意图

　　准东—成都±1100kV 和溪洛渡—浙西±800kV 特高压直流工程中该过电压的计算结果如表 23-8 所示,±1100kV 特高压直流工程送端准东换流站,其额定交流电压为 770kV,该故障下交流母线上过电压为 1113kV,避雷器 A 通过的最大能量 2.52MJ;对于受端成都换流站,其额定交流电压为 525kV,交流母线上最大过电压为 760kV,避雷器 A 通过的最大能量为 1.03MJ。对于±800kV 特高压直流工程送端溪洛渡换流站,其额定交流电压为 535kV,交流母线上最大过电压为 758kV,避雷器 A 通过的最大能量为 0.91MJ；对于受端浙西换流站，其额定交流电压为 510kV，交流母线上最大过电压和能量分别为 758kV 和 0.78MJ。

表 23-8　避雷器 A 上过电压计算结果

直流电压等级	避雷器	最大过电压值/kV	通过能量/MJ
±1100kV	整流站 A 避雷器	1113	2.52
	逆变站 A 避雷器	760	1.03
±800kV	整流站 A 避雷器	758	0.91
	逆变站 A 避雷器	758	0.78

根据表中计算结果，有如下分析[3-5]：

1）±1100kV 与 ±800kV 系统中，交流额定电压为 525kV 的成都、535kV 的溪洛渡和 510kV 的浙西换流站交流母线上的过电压幅值基本相同，其过电压与其额定电压等级的比值分别为 760/525＝1.45，758/535＝1.42，758/510＝1.49；交流额定电压为 770kV 的准东换流站，其交流母线上过电压与额定电压的比值为 1113/770＝1.44。可知该过电压幅值与直流电压等级无关，而与其交流系统额定电压成比例。

2）交流额定电压相近的成都、溪洛渡和浙西换流站，通过避雷器 A 中的过电压能量值相近，交流额定电压为 770kV 的准东换流站，通过避雷器 A 中的过电压能量比其他三个换流站大。该过电压能量主要与交流系统电压等级、短路阻抗参数有关。

3）该过电压幅值及能量并不严重，其过电压能量远低于表 23-6 和表 23-7 中所列的避雷器容量。从过电压产生机理上看，该过电压是因故障暂态引起系统内部电压振荡造成的，常规的交流设备设计制造时已将这类振荡过电压情形考虑在内。因此，在符合交流系统设计规程的前提下，该过电压一般不会对换流站设备造成威胁。

23.3.2　阀厅内过电压

根据换流站避雷器布置图 23-1 可知，换流站阀厅内的避雷器主要有：并联在阀两端的阀避雷器 V11/V1、V12/V2 和 V3，换流器母线避雷器 CBH、MH、CBL2、ML 和中性线避雷器 CBN1，其中 CBN1 主要用于防护沿中性母线侵入阀厅的雷电侵入波过电压，故不在本文中讨论。以下根据这些避雷器各自的决定性过电压工况，分别对其进行讨论分析。

晶闸管阀主要由并联在其两端的阀避雷器（V11/V1、V12/V2、V3）来保护，其中根据各自决定性过电压工况可分为 V11/V1、V12 和 V2、V3 三组，分别分析如下：

23.3.2.1　阀避雷器 V11/V1

高压端 Y/Y 换流变与换流阀之间发生接地短路时，需要释放直流线路和直流滤波器上的能量，该能量主要加在上十二脉动换流器最上层阀避雷器 V11/V1 上。该故障也是避雷器 V11/V1 的决定性工况，该工况下 V11/V1 避雷器上的最大过电压及通过的能量计算结果如表 23-9 所示。可见，±1100kV 送端准东换流站阀避雷器 V11 两端最大过电压为 541kV，最大能量为 14.64MJ；受端成都换流站阀避雷器 V1 两端最大过电压为 540kV，最大能量为 14.3MJ。±800kV 送端溪洛渡换流站阀避雷器 V11 两端最大过电压为 379kV，最大能量为 7.49MJ；受端浙西换流站阀避雷器 V1 两端最大过电压为 375kV，最大能量为 6.73MJ。

对表中 ±1100kV 和 ±800kV 特高压直流工程中 V11/V1 上的过电压幅值与能量数据进行比较分析如下[2,6,7]：

1）±1100kV 与 ±800kV 系统中的 V11/V1 两端过电压幅值比值为 541/379＝1.43，540/375＝1.44。而系统额定直流电压比值为 1100/800＝1.375，可知过电压幅值提高的比例比额定电压等级略大。

2）±1100kV 与 ±800kV 系统中的 V11/V1 通过的过电压能量比值为 14.64/7.49＝1.96，

14.3/6.73＝2.12。而系统额定直流电压平方比值为 $1100^2/800^2＝1.89$，可知过电压能量增加的比例比额定电压等级的平方稍大一些。

表 23-9　阀避雷器 V11/V1 上过电压计算结果

直流电压等级	避雷器	最大过电压值/kV	通过能量/MJ
±1100kV	整流站 V11 避雷器	541	14.64
	逆变站 V1 避雷器	540	14.3
±800kV	整流站 V11 避雷器	379	7.49
	逆变站 V1 避雷器	375	6.73

3) 根据本书 16 章直流系统操作过电压中所介绍的该过电压机理，该过电压由直流线路电压与换流变出线电压共同作用构成，故其幅值与直流额定电压及避雷器动作电压有一定关系，其过电压能量来自直流线路分布电容残余电荷能量，该能量值与该过电压具体发展过程直接相关，大约与直流电压平方成正比，并受线路长度的影响。表 23-10 列出了 ±1100kV、±800kV 两个不同电压等级下特高压直流输电工程的几个重要相关参数。可以看出，由于 ±1100kV 系统中 V11/V1 避雷器的 CCOV 与系统额定电压差值为 746kV，±800kV 系统中为 550kV；前者线路长为 2400km，后者线路长 1728km，故特高压直流系统中 V11/V1 两端过电压随电压等级升高增加的比例稍大于电压等级提高的比例，其过电压能量增大的比例也比其电压等级平方提高的比例大一些。

表 23-10　±1100kV 与 ±800kV 特高压直流系统中阀过电压工况比较

直流电压等级/kV	1100	800
阀避雷器的 CCOV(整流侧)/kV	354	250
直流线路长度/km	2400	1728
阀避雷器 CCOV 与直流额定电压等级差值 /kV	746	550
阀避雷器通过的过电压能量/MJ	14.6	7.5

23.3.2.2　阀避雷器 V12/V2

换流站交流系统由于故障、倒闸操作等原因会产生相间操作过电压冲击，该过电压冲击经过换流变绕组传入阀厅，作用在换流阀两端，从而在阀上产生较大过电压。其故障简化示意如图 23-3 所示，来自 A、C 相间的操作冲击波，当冲击波传入阀厅时，假设阀 VT1 和 VT6 处于导通状态，则阀避雷器 $V2_5$ 将承受来自 A、C 相的操作冲击过电压，该故障工况是阀避雷器 V12/V2 的决定性工况。计算结果如表 23-11 所示，可见 ±1100kV 送端准东换流站 V2 两端的最大过电压为 522kV，受端成都站 V2 两端过电压为 521kV。±800kV 送端溪洛渡换流站 V2 两端最大过电压为 376kV，受端浙西站 V2 两端过电压为 375kV。该故障下通过避雷器 V2 的能量均不大。

表 23-11　阀避雷器 V2 两端过电压及能量计算结果

直流电压等级	避雷器	最大过电压值/kV	通过能量/MJ
±1100kV	整流站 V2 避雷器	522	0.43
	逆变站 V2 避雷器	521	0.40
±800kV	整流站 V2 避雷器	376	0.30
	逆变站 V2 避雷器	375	0.30

比较 ±1100kV 与 ±800kV 特高压系统中该过电压可知，其过电压幅值比值为 522/376＝1.39，521/375＝1.39，与系统额定电压比值 1100/800＝1.375 大约相等，故该过电压幅值随电压等级升高基本上成等比例提高。

虽然该避雷器在决定性过电压工况下通过的能量较低，但实际工程中仍采用多柱避雷器并联的方案，如准东站 V12 采用 4 柱并联方案，其吸收过电压能量能力远大于该决定性过电压下的实际能量。原因在于换流阀是特高压直流系统的核心设备，其两端过电压需尽量控制在较低水平，该过电压虽然能量较低但幅值仍较大，且避雷器参考电压已接近其正常运行时的最大电压，不能采用降低参考电压的方

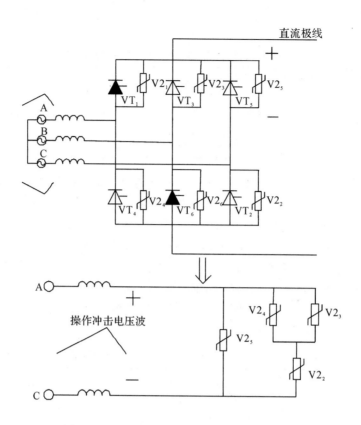

图 23-3　交流系统操作过电压传入阀厅示意图

式来降低过电压水平,故采用多柱避雷器并联的方案来降低通过每柱避雷器的电流,从而降低其两端过电压幅值,以降低换流阀制造成本。

23.3.2.3　阀避雷器 V3

当换流站以双极不平衡方式运行时,如极Ⅰ只投运下 12 脉动换流器,上 12 脉动换流器停运,极Ⅱ则以完整双 12 脉动运行,在换流站极Ⅰ低压端 Y/Y 换流变阀侧发生单相金属性接地故障,会在极Ⅰ的阀避雷器 V3 上产生较大过电压,该故障是避雷器 V3 的决定性工况。该过电压工况与阀避雷器 V11/V1类似,其计算结果如表 23-12 所示。±1100kV 送端准东换流站 V3 两端的最大过电压为 555kV,通过的能量为 6.36MJ;受端成都站 V3 两端过电压为 547kV,通过能量为 5.76MJ。±800kV 送端溪洛渡换流站 V3 两端最大过电压为 385kV,通过的能量为 2.93MJ;受端浙西站 V3 两端过电压为 373kV,通过的能量为 2.84MJ。

表 23-12　阀避雷器 V3 两端过电压及能量计算结果

直流电压等级	避雷器	最大过电压值/kV	通过能量/MJ
±1100kV	整流站 V3 避雷器	555	6.36
	逆变站 V3 避雷器	547	5.76
±800kV	整流站 V3 避雷器	385	2.93
	逆变站 V3 避雷器	373	2.84

比较表中±1100kV 和±800kV 特高压直流工程中 V3 上的过电压幅值与能量,有以下分析:

1) ±1100kV 与±800kV 系统中的 V3 两端过电压幅值比值为 555/385＝1.44,547/373＝1.47,通过的过电压能量比值为 6.36/2.93＝2.17,5.76/2.84＝2.03。系统额定电压及其平方比值分别为 1100/800＝1.38,$1100^2/800^2$＝1.89。与阀避雷器 V11/V1 两端过电压情形类似,该过电压幅值比额定电压等级增加的比例更大,过电压能量比额定电压等级平方增加的比例更大。

2) 此外,由于 V3 所在直流母线处额定电压为系统额定电压的一半,根据其过电压机理,通过该避雷器的过电压能量应为同一换流站中 V11/V1 上通过最大能量的 1/3 到 1/2 之间。由表 23-9 和表 23-12 中计算结果得到，$6.36/14.64=0.434,5.76/14.3=0.403,2.93/7.49=0.391,2.84/6.73=0.422$，可见仿真结果与前述分析相吻合。

23.3.2.4 换流器母线避雷器

如图 23-1 所示，上下 12 脉动换流器中两个 6 脉动桥间母线分别由避雷器 MH 和 ML 直接保护，上下 12 脉动换流器间直流母线由避雷器 CBL2 直接保护，换流器上 12 脉动换流器高压直流母线、穿墙套管等设备由避雷器 CBH 直接保护。当发生全电压起动故障时，会在 DB、CBH、MH、CBL2 和 ML 等避雷器上产生较大过电压，计算结果如表 23-13 所示。

表 23-13 阀厅内换流器母线避雷器的过电压及能量计算结果

直流电压等级	换流站	避雷器	最大过电压值/kV	通过能量/MJ
±1100kV	整流站	CBH	1824	2.43
		MH	1293	0.98
		CBL2	901	0.02
		ML	485	≈0
	逆变站	CBH	1808	2.02
		MH	1337	≈0
		CBL2	894	≈0
		ML	517	≈0
±800kV	整流站	CBH	1350	0.69
		MH	973	≈0
		CBL2	693	≈0
		ML	354	≈0
	逆变站	CBH	1326	0.10
		MH	958	≈0
		CBL2	632	≈0
		ML	385	≈0

比较表中 ±1100kV 和 ±800kV 特高压直流工程中 CBH、MH、CBL2 和 ML 上的过电压幅值比值：整流侧为 $1824/1350=1.35,1293/973=1.33,901/693=1.30,485/354=1.37$；逆变侧的比值为 $1808/1326=1.36,1337/958=1.40,894/632=1.41,517/385=1.34$，可见过电压幅值的比例与电压等级比例相近，该过电压值随电压等级成比例增加。此外，这些过电压能量都不大，而这些避雷器的参考电压已接近其正常运行情况下的最高电压，为尽可能降低安装处的过电压，采用了多柱设计来降低其保护水平，这使得其吸收过电压能量的能力远大于其实际承受的过电压能量。

23.3.3 直流线路侧过电压

换流站直流极线平波电抗器线路侧的开关设备主要由直流极线避雷器 DB1 和直流母线避雷器 DB2 保护，两者共同用于限制直流开关场的雷电和操作冲击引起的过电压。

直流系统正常起动时，逆变站先解锁，整流站后解锁，直流电压和电流受调节系统控制，均以较平缓的斜率上升到额定值，正常情况下不会产生较高的过电压。但如果控制系统发生故障，逆变站尚处于闭锁状态时，整流站以最小触发角解锁，直流系统发生全电压起动。此时，闭锁的逆变站相当于开路状态，全电压波在到达线路末端时发生开路反射，从而在直流线路、直流母线以及相关设备上产生很高的过电压，该故障是 DB1/DB2 避雷器的决定性工况。全电压起动故障下 DB 上的过电压及能量如表 23-14 所示，±1100kV 送端准东换流站 DB 上的最大过电压为 1824kV，通过的能量为 16.03MJ；受端成都站 DB 上的过电压为 1807kV，通过能量为 13.7MJ。±800kV 送端溪洛渡换流站 DB 上的最大过电压为 1350kV，通过的能量为 5.61MJ；受端浙西站 DB 上的最大电压为 1330kV，通过的能量为 4.35MJ。

表 23-14　避雷器 DB 上的过电压与能量计算结果

直流电压等级	避雷器	最大过电压值/kV	通过能量/MJ
±1100kV	整流站 DB 避雷器	1824	16.03
	逆变站 DB 避雷器	1807	13.7
±800kV	整流站 DB 避雷器	1350	5.61
	逆变站 DB 避雷器	1330	4.35

比较表中 ±1100kV 和 ±800kV 特高压直流工程中 DB 上的过电压幅值与能量可得：

1）±1100kV 和 ±800kV 系统中 DB 上过电压比值为 1824/1350＝1.351,1807/1330＝1.359,与系统额定电压基本成比例。

2）根据该过电压产生机理,该电压能量主要来自于直流线路上的充电能量,该充电能量与线路上直流电压及线路长度有关,且释放在 DB 上的能量是由直流线路的最高电压降低到避雷器的保护水平电压过程中释放的能量。该过电压幅值随电压等级成等比例增加,其能量与电压等级平方和线路长度之积成比例。

23.3.4　中性母线过电压

23.3.4.1　中性母线平波电抗器阀侧避雷器

直流系统单极金属回线运行时,功率正送时最高端 Y/Y 换流变阀侧出线套管发生单相接地故障,会在避雷器 CBN2 上产生较大过电压。故障发生后,整个故障极直流电源施加在该避雷器上,随后最底层换流阀关断,但金属回线上储存的能量尚未完全释放,这部分残余能量也通过 CBN2 释放,中性线上的过电压反向。计算结果如表 23-15 所示,±1100kV 送端准东换流站中性母线平波电抗器阀侧最大过电压为 443kV,避雷器 CBN2 通过的能量为 20.76MJ;受端成都站 CBN2 上的最大过电压为 426kV,通过能量为 6.31MJ。±800kV 送端溪洛渡换流站 CBN2 上的最大过电压为 432kV,通过的能量为 7.51MJ;受端浙西站 CBN2 上的最大过电压为 424kV,通过的能量为 2.69MJ。

表 23-15　避雷器 CBN2 两端过电压与能量计算结果

直流电压等级	避雷器	最大过电压值/kV	通过能量/MJ
±1100kV	整流站 CBN2 避雷器	443	20.76
	逆变站 CBN2 避雷器	426	6.31
±800kV	整流站 CBN2 避雷器	432	7.51
	逆变站 CBN2 避雷器	424	2.69

由表中计算结果可以看出[2,8]：

1）±1100kV 和 ±800kV 特高压直流工程中 CBN2 上避雷器两端过电压大致相同,原因在于在这两个电压等级的直流系统中所选取的 CBN2 避雷器的保护水平基本相同。

2）±1100kV 系统中通过 CBN2 的过电压能量要远大于 ±800kV,其比例为 20.76/7.51＝2.76,6.31/2.69＝2.35。该过电压主要是由故障极的两个 12 脉动换流器通过接地故障点形成回路加在 CBN2 两端形成的,其过电压能量与直流电压等级、CBN2 避雷器保护水平相关,并受系统输送容量、线路长度等因素影响。

23.3.4.2　中性母线平波电抗器线路侧避雷器

直流系统单极金属回线运行时,直流极线出口处发生对地短路故障时,会在换流站金属回线上产生较大过电压,是送端换流站金属回线避雷器 EM 的决定性工况。故障发生后,直流微分欠压保护动作,故障极立即移相到 90°以上,整流器进入逆变运行,整流站和逆变站都使直流线路放电,直流电流很快降到零,经过一段去游离时间后再启动直流系统,恢复输送功率。对于受端换流站,由于中性母线始终接地,EL 避雷器始终接入系统中,且 EL 动作电压低于 EM,故受端换流站由避雷器 EL 吸收过电压能量。仿真计算结果如表 23-16 所示,该故障下 ±1100kV 送端准东换流站避雷器 EM 上过电压为

378kV,通过能量为 22.9MJ;受端成都换流站避雷器 EL 上过电压为 279kV,能量很小,仅为 0.56MJ。±800kV 送端准东换流站避雷器 EM 上过电压为 377kV,通过能量为 16.8MJ;受端成都换流站避雷器 EL 上过电压为 260kV,能量很小。

表 23-16　中性线避雷器过电压及能量计算结果

直流电压	避雷器	最大电压/kV	最大能量/MJ
±1100kV	整流站 EM	378	22.9
	逆变站 EL	279	0.56
±800kV	整流站 EM	377	16.8
	逆变站 EL	260	≈0

根据计算结果可知[2,8]:

1) ±1100kV 和 ±800kV 特高压直流工程中 EM 避雷器上过电压分别为 378kV 和 377kV,大致相同,原因是这两个电压等级系统中所选取的 EM 避雷器保护水平相同。

2) ±1100kV 和 ±800kV 特高压直流工程中通过 EM 避雷器能量比值为 22.9/16.8=1.36,该过电压分为两个阶段,第一个阶段是由故障极的两个 12 脉动换流器通过接地故障点所形成的回路加在 EM 两端形成的,第二个阶段是由金属回线分布电感上储存的能量通过 EM 释放造成的。这两个阶段共同形成了避雷器 EM 上的过电压,前一个阶段的过电压能量与系统输送容量有关,后一阶段的过电压能量与线路长度有关,这两个工程的输送功率比值 10450/7500=1.39,线路长度比值 2400/1728=1.39,该能量与系统容量与线路长度均有关。

3) 此外,根据直流系统保护特点,对于线路接地故障,在保护启动后经过一段去游离时间后直流系统将重新启动,如果接地故障属于永久性故障,则相关避雷器会再承受一次该过电压。基于以上情况,在设计 EM 避雷器的最大通流容量时,EM 避雷器通过的最大能量可按该故障下计算值的 2 倍考虑,即对于 ±1100kV 和 ±800kV 工程,避雷器 EM 通过的最大能量分别为 45.8MJ 和 33.6MJ。

4) 对于受端始终接地运行的中性线上的避雷器 EL,其过电压及能量一般都很小。

23.4　±1100kV 特高压直流输电系统绝缘配合

从以往工程经验及 ±800kV 特高压直流工程的实施情况来看,当电压等级达到 ±1100kV 后,设备体积和重量将进一步增大,如 1100kV 穿墙套管长度将达到约 25m,重量接近 18 吨。设备成本与绝缘水平之间将呈现出强烈的非线性关系,±1100kV 特高压设备绝缘水平的微小降低,就可以使设备体积、制造成本、试验成本、运输难度等降低很多,从而取得良好的经济技术效益。

对于 ±1100kV 特高压直流工程,换流站设备的绝缘配合方法与 ±800kV 特高压直流工程基本一致。由于换流站的避雷器布置方案直接影响换流站设备的绝缘水平,因此可以考虑通过优化避雷器的布置来控制 ±1100kV 特高压换流站的设备绝缘水平。另外,换流变的短路阻抗大小也会影响换流站设备的绝缘水平。下面将分别分析换流站避雷器布置方案和换流变短路阻抗对 ±1100kV 特高压换流站设备绝缘水平的影响。

23.4.1　换流站避雷器布置方案

23.4.1.1　±800kV/±1100kV 特高压工程避雷器布置方案

目前,已投运的向家坝—上海 ±800kV 及锦屏—苏南 ±800kV 特高压直流输电工程均采用了图 23-4 的避雷器布置方案。其中,该方案对高端 Y/Y 换流变压器阀侧套管的对地绝缘保护是通过避雷器 MH 和阀避雷器 V12 串联来实现的。

对换流站高端换流变阀侧套管采用 MH+V12 的保护方式,优点是每极每站仅需要 1 台 MH 避雷器,且其额定电压低,避雷器高度低,阀厅内的布置相对简单,占用空间小。缺点是,MH+V12 串联后的保护水平较高,对换流变阀侧套管和绕组的绝缘水平要求就更高[9-11]。考虑到当电压等级达到±1100kV后,绝缘已成为最突出的问题,高端换流变阀侧套管的绝缘水平如果很高,则其设计制造难度很大,成本很高,适当降低绝缘就可带来明显的经济技术效益。因此,对于±1100kV换流站,可在±800kV特高压换流站避雷器布置方案的基础上,考虑在高端换流变阀侧增加A2避雷器,用以直接保护高端换流变阀侧套管,方案如图23-4中虚框所示。该避雷器能够抑制通过换流变传递而来的交流侧过电压,从而降低高端换流变及其阀侧套管的绝缘水平。

采用A2避雷器的优点是其直接并联于高端换流变阀侧与地之间,保护作用明显直观。其次,A2避雷器并非整个工频周期都承受较高水平的电压,而只在其所在相的上层换流阀导通时才承受较高的电压,因此整支避雷器可取较高的荷电率,从而获得较低的保护水平。此外,A2避雷器也有利于降低最高端换流器阀顶处,如高压直流1100kV穿墙套管等设备的绝缘水平。

增加A2避雷器会增加一些投资,每站每极需要新增加3台A2避雷器,会占用阀厅较大空间。但考虑到±1100kV特高压工程的特殊性,避雷器及阀厅投资的略微增加与降低换流变阀侧绝缘水平带来的经济效益相比是微不足道的,因此该方案还是值得考虑的。

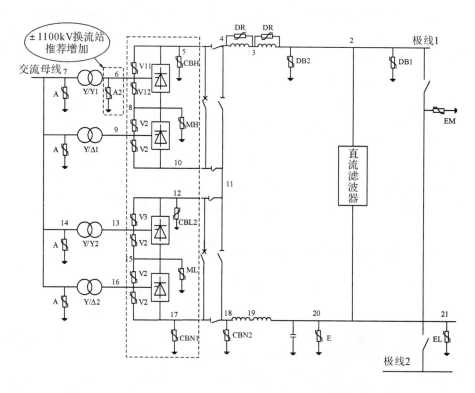

图23-4　±800kV/±1100kV特高压直流输电换流站避雷器布置方案

注:A—交流母线避雷器;A2—最高端Y/Y换流变压器阀侧避雷器;V11/V12/V2/V3—阀避雷器;MH/ML—上/下换流单元6脉动桥避雷器;CBH—换流器高压端避雷器;CBL2—上下12脉动换流单元中间母线避雷器;CBN1/CBN2—换流器低压端避雷器;DB1/DB2—直流极线/母线避雷器;DR—平波电抗器并联避雷器;E—中性母线避雷器;EM—金属回线避雷器;EL—接地极引线避雷器。

23.4.1.2　两种方案的关键设备绝缘水平比较

以准东—成都±1100kV特高压直流工程为依托,对±1100kV特高压换流站采用有A2和无A2两种避雷器配置方案的过电压进行仿真计算,并确定关键设备的绝缘水平,计算结果如表23-17所示。

由表23-17的结果可知,采用无A2的避雷器布置方案时,高端换流变压器阀侧套管的绝缘水平高达2250kV,高压直流1100kV穿墙套管的绝缘水平高达2250kV;而采用有A2的避雷器布置方案时,高端换流变压器阀侧套管的绝缘水平可降低至2100kV,高压直流1100kV穿墙套管的绝缘水平可降低至2150kV。因此,采用有A2避雷器的方案,可以使这两处关键设备(换流变及穿墙套管)的绝缘水平得到有效限制,从而大大降低设备制造难度和经济成本。

表 23-17　准东换流站不同避雷器布置方案下关键位置处设备绝缘水平

位置	避雷器布置方案	保护避雷器	避雷器 SIPL/kV	推荐 SIWL/kV	绝缘裕度/%
直流极线（2）	无 A2 避雷器	max（DB1，DB2）	1859	2150	15.6
	有 A2 避雷器	max（DB1，DB2）	1859	2150	15.6
高端换流变阀侧套管（6）	无 A2 避雷器	V12＋MH	1945	2250	15
	有 A2 避雷器	A2	1819	2100	15.4
直流 1100kV 穿墙套管（5）	无 A2 避雷器	CBH	1946	2250	15.6
	有 A2 避雷器	max（A2，DB2）	1859	2150	15.6

注：SIPL 为操作冲击保护水平；SIWL 为操作冲击绝缘水平。

23.4.2　换流变短路阻抗对设备绝缘水平的影响

在±1100kV 特高压直流工程中，由于换流变容量更大，直流系统故障时阀所承受的最大阀侧短路电流比±800kV 直流系统高，为了限制阀侧短路电流，短路阻抗一般比±800kV 直流系统中大。但是换流变短路阻抗过大，会使换流器消耗的无功功率增大，同时换流变的损耗增大，因此短路阻抗也不能取得太大。此外，短路阻抗的大小还受换流变制造及运输条件的限制，采用换流变就地组装是目前通常采用的降低短路阻抗和解决运输条件限制的方案之一。特高压换流变压器短路阻抗的取值需综合考虑上述因素后确定，±1100kV 特高压直流换流变压器的短路阻抗一般较±800kV 换流变压器大，一般为24%左右，而±800kV 特高压直流工程中一般为 18%～20%[12]。换流变短路阻抗的差异将会对换流站设备的绝缘水平有所影响。

因为，换流变的短路阻抗与换流站的最大理想空载直流电压基本成正比线性关系[13]，结合本书 18.3.3 节避雷器参数计算可知，避雷器的最大理想空载直流电压大小将决定避雷器的持续运行电压（CCOV/PCOV），而避雷器的持续运行电压（CCOV/PCOV）将决定避雷器的保护水平，这样换流变的短路阻抗与避雷器的保护水平基本呈线性关系。考虑一定的安全系数后，通过避雷器的保护水平即可计算得到设备的绝缘水平。因此，换流变的短路阻抗大小将影响避雷器的保护水平，进而影响设备的绝缘水平。对于±1100kV 特高压直流工程，高压端 Y/Y 换流变的绝缘水平已成为制约换流变制造的瓶颈，通过降低换流变的短路阻抗在一定程度上可以降低换流变的绝缘水平。因此，从绝缘配合的角度考虑，对于±1100kV 特高压直流工程，在条件允许的情况下，应尽量降低换流变的短路阻抗。但是，为了限制直流系统故障时阀所承受的最大阀侧短路电流及受运输条件限制，换流变的短路阻抗又不能取得太小。因此，在实际工程中，选取换流变短路阻抗时应综合考虑。

23.4.3　设备绝缘水平

准东换流站交流侧为 750kV 交流系统，按照交流系统相关绝缘配合标准及资料[9,14-19]，换流站750kV 交流母线及设备的雷电冲击和操作冲击绝缘水平分别取为 1950/2100kV（变压器/其他设备）和 1550kV。

根据前文讨论得到的避雷器保护水平及设备绝缘裕度，可得到准东换流站直流侧不同保护位置的绝缘水平，计算结果如表 23-18 所示。

综上，在采用无 A2 避雷器方案时，准东换流站 1100kV 直流极线平波电抗器线路侧设备的雷电冲击绝缘水平和操作冲击绝缘水平按照 20%和 15%的裕度选取，分别为 2594kV 和 2138kV，最终推荐设计值为 2600kV 和 2150kV；直流极线平波电抗器阀侧设备的雷电和操作冲击绝缘水平分别为 2446kV和 2238kV，最终推荐设计值为 2500kV 和 2250kV；高压端 Y/Y 换流变阀侧的雷电和操作冲击绝缘水平取为 2500kV 和 2250kV，与直流极线平波电抗器阀侧设备一致。

表 23-18　准东换流站设备绝缘水平

位置	保护避雷器	LIPL/kV	LIWL/kV	绝缘裕度/%	SIPL/kV	SIWL/kV	绝缘裕度/%
阀间	max(V11,V12,V2,V3)	546	601	10	579	637	10
交流母线	A	1364	2100	54	1105	1550	40
直流母线阀侧	CBH(无 A2 方案)	2038	2446	20	1946	2238	15
	max(A2, DB2)(有 A2 方案)	2038	2446	20	1859	2138	15
直流母线线路侧	max(DB1,DB2)	2162	2594	20	1859	2138	15
极线平抗纵向	DR	900	1080	20	—	—	
高压 12 脉动桥纵向	max(V11,V12)+V2	1079	1295	20	1143	1314	15
高压 YY 换流变阀侧	V12+MH(无 A2 方案)	2037	2444	20	1945	2237	15
	A2(有 A2 方案)	1943	2332	20	1819	2092	15
高压 YY 换流变中点	A +MH	—	—		1797	2067	15
上 12 脉动桥中点	MH	1504	1805	20	1436	1651	15
高压 YD 换流变阀侧	V2+CBL2	1577	1892	20	1563	1797	15
12 脉动桥中点	CBL2	1031	1237	20	984	1132	15
低压 YY 换流变阀侧	V2+ML	1227	1472	20	1230	1415	15
低压 YY 换流变中点	A +ML	—	—		1012	1164	15
下 12 脉动桥中点	ML	681	817	20	651	749	15
低压 YD 换流变阀侧	max(V2+CBN1,V2+CBN2)	1004	1205	20	1011	1163	15
YY 换流变相间	2A′	—	—		722	830	15
YD 换流变相间	√3A′	—	—		625	719	15
中性母线阀侧	max(CBN1,CBN2)	458	550	20	432	497	15
中性母线线路侧	max(E,EL,EM)	478	574	20	380	437	15
接地极线路	EL	336	403	20	303	348	15
金属回线	EM	395	474	20	380	437	15
中性母线平抗	CBN2+E	892	1070	20	—	—	

注：LIWL/SIWL 为雷电/操作冲击绝缘水平。

　　在采用有 A2 避雷器方案时，准东换流站 1100kV 直流极线平波电抗器线路侧设备的雷电冲击绝缘水平和操作冲击绝缘水平按照 20％和 15％的裕度选取，分别为 2594kV 和 2138kV，最终推荐设计值为 2600kV 和 2150kV；直流极线平波电抗器阀侧设备的雷电和操作冲击绝缘水平分别为 2446kV 和 2138kV，最终推荐设计值为 2500kV 和 2150kV；高压端 Y/Y 换流变阀侧的雷电和操作冲击绝缘水平为 2332kV 和 2092kV，最终推荐值取为 2400kV 和 2100kV。可见，平波电抗器阀侧和高压端 Y/Y 换流变阀侧所需的绝缘水平都有一定程度的降低。

23.5　±1100kV 特高压直流系统换流器组合形式探讨

　　对于±1100kV 特高压直流系统，换流器的接线方案主要有两种：每极 2 个 12 脉动换流器串联（双 12 脉动）的接线方案和每极 3 个 12 脉动换流器串联（三 12 脉动）的接线方案。当特高压直流系统电压等级由±800kV 提升到±1100kV 时，如仍采用±800kV 系统的双 12 脉动换流器方案，则换流变的容量与体积都将有所增大，从而导致其制造与运输难度加大。因此，有必要探讨±1100kV 直流输电系统的换流器接线方案。本节分别对采用双 12 脉动和三 12 脉动换流器接线的技术方案进行了分析。

23.5.1　±1100kV 换流器组合形式的讨论

23.5.1.1　双 12 脉动换流器与三 12 脉动换流器的优缺点比较

　　±1100kV 系统采用 550kV+550kV 的双 12 脉动换流器串联的优点如下：

　　● 控制系统与±800kV 系统类似，进行少量修改即可采用；

● 可以利用平波电抗器分置的策略,从而减小直流母线上的谐波电压幅值。

±1100kV 系统采用 550kV＋550kV 的双 12 脉动换流器串联的缺点为:

● 换流变压器的容量与体积比 ±800kV 系统更大,其整体运输已超过当前陆路可运输的极限。该问题可以通过采用现场组装的方案予以解决。

±1100kV 系统采用 367kV＋367kV＋367kV 的三 12 脉动换流器串联的优点如下:

● 换流变压器体积与重量比双 12 脉动换流器接线方式下小,从而换流变压器的运输也相对容易。

而采用三 12 脉动换流器串联的组合方式有众多缺点:

● 由于换流器结构更加复杂,特高压直流系统相应的控制保护系统及可实现的运行方式组合也更加复杂;

● 由于整个换流站需要配备 36 台换流变压器及高中低三种电压等级的换流阀厅,因此换流站需要更多的场地;

● 采用三 12 脉动换流器组合方式下,阀避雷器保护水平相对系统额定电压更低,换流阀耐压水平也相对较双 12 脉动换流器方式下低,因此,换流器在运行中更容易受到运行中各种过电压的威胁;

● 所要求的换流阀避雷器数量和并联柱数比双 12 脉动换流器多得多,对阀避雷器制造、配对以及在换流阀塔上为阀避雷器预留的空间也提出较高的要求;

● 采用三 12 脉动换流变组合方式时所需要的高绝缘水平设备比双 12 脉动所需的设备数量多,且绝缘水平更高。

23.5.1.2　三 12 脉动换流器串联组合方式换流阀避雷器数量和并联柱数要求

三 12 脉动换流器串联的接线方式下,换流阀避雷器的保护水平在 370kV 左右,而双 12 脉动换流器串联的接线方式下换流阀避雷器保护水平在 550kV 左右。前者相对系统额定电压 1100kV 而言比例更低,在换流阀受到严重情况过电压时,避雷器中通过的电流及能量会更大。根据仿真计算,在如图 23-5 所示的最高端换流变阀侧接地短路故障下,上 12 脉动换流器最上层换流阀两端并联的阀避雷器 V11 中流过的电流及能量如表 23-19 所示。

表 23-19　不同换流器组合方式下最上层阀避雷器 V11 上过电压及能量计算结果

组合方式	过电压幅值/kV	避雷器中电流/kA	流过的能量/MJ	阀避雷器最少需要并联柱数
双 12 脉动串联	541	3.61	14.64	8
三 12 脉动串联	365	4.03	16.03	14

由仿真计算结果可以看出,采用三 12 脉动换流器组合方式时,其阀避雷器的保护水平要低于双 12 脉动方式,但阀避雷器 V11 中通过的能量却高于双 12 脉动换流器方式,这就需要更多的阀避雷器并联柱数。以双 12 脉动换流器方式下最上层换流阀阀避雷器采用 8 柱作为参考,采用三 12 脉动换流器至少应采用 14 柱数量的避雷器并联,这对阀避雷器的制造与配对,以及在换流阀塔上为阀避雷器预留的空间也提出较高的要求。

采用三 12 脉动换流器组合方式下,除了最上层阀的阀避雷器所需的并联柱数大幅增加外,第二级即中 12 脉动换流器最上层阀避雷器所需的并联柱数也较多,仿真计算得到如图 23-6 所示的中端 12 脉动换流器 Y/Y 换流变阀侧出线接地短路故障下,中 12 脉动换流器最上层阀避雷器 V3 经受的过电压计算结果如表 23-20 所示。

表 23-20　中 12 脉动换流器最上层阀避雷器 V3 上过电压及能量计算结果

	过电压幅值/kV	避雷器中电流/kA	流过的能量/MJ	阀避雷器最少需要并联柱数
V3 避雷器	357	2.62	9.06	8

根据该计算结果,中 12 脉动换流器最上层阀避雷器至少应配置 8 柱才能满足要求。

综上,可以得出双 12 脉动换流器与三 12 脉动换流器组合方案下,每级 12 脉动换流器最上层阀所需的阀避雷器柱数对比如表 23-21 所示:

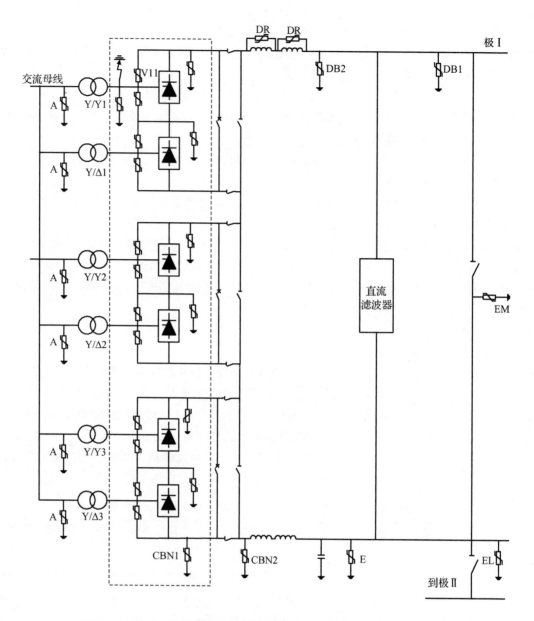

图 23-5　三 12 脉动换流器方式下最高端换流变阀侧出线短路故障示意图

表 23-21　不同阀避雷器保护水平情况下阀避雷器所需并联柱数

组合方式	保护水平	上 12 脉动	中 12 脉动	下 12 脉动
双 12 脉动	550kV 左右	8	—	4
三 12 脉动	370kV 左右	14	8	3

　　由此可以看出，三 12 脉动换流器组合方案下，阀避雷器需要的柱数远多于双 12 脉动换流器方案，配置也远比其复杂。

23.5.1.3　三 12 脉动与双 12 脉动换流器组合方式下所需主要设备对比

　　采用三 12 脉动换流器与双 12 脉动换流器组合方式下所需各种电压水平的换流变及主要设备对比如表 23-22 所示。

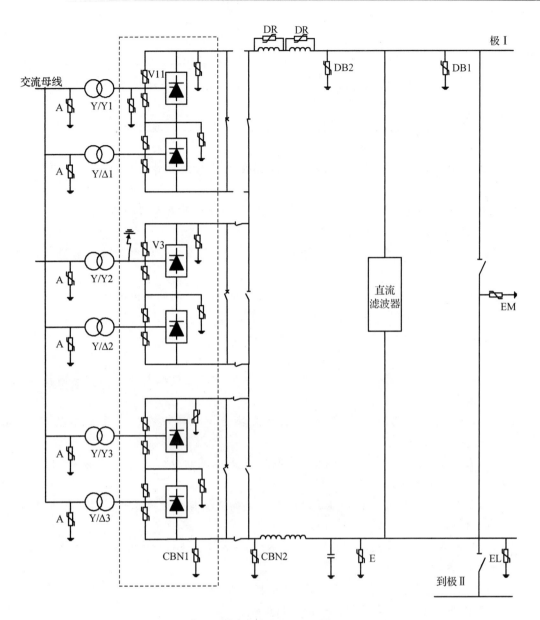

图 23-6　中 12 脉动换流器 Y/Y 换流变阀侧出线短路故障示意图

表 23-22　不同换流器组合方式下所需主要设备数

电压等级	三 12 脉动方案			双 12 脉动方案		
	12 脉动换流器	穿墙套管	换流变	12 脉动换流器	穿墙套管	换流变
367kV	2	4	12	—	—	—
550kV	—	—	—	2	4	12
733kV	2	4	12	—	—	—
1100kV	2	2	12	2	2	12

从表中可以看出,采用三 12 脉动换流变组合方式时所需要的高绝缘水平设备比双 12 脉动所需的设备数量多,且绝缘水平更高。显然,采用三 12 脉动方案在设备和绝缘方面投资要高得多。

23.5.2　±1100kV 特高压直流系统换流器组合方案的选择

通过上述分析可以发现,对于 ±1100kV 系统,采用双 12 脉动换流器串联的组合方案明显优于三 12 脉动换流器串联的组合方案。因此,从上述几方面因素考虑,±1100kV 系统中宜采用双 12 脉动换流器组合方案。

参考文献

[1] 周浩,王东举.±1100kV 特高压直流换流站过电压保护和绝缘配合[J].电网技术,2012,36(9)：1—8.

[2] 王东举,邓旭,周浩,等.±800kV 溪洛渡—浙西直流输电工程换流站直流暂态过电压[J].南方电网技术,2012,6(2)：6—13.

[3] 陈锡磊,周浩,王东举,等.±800kV 浙西特高压直流换流站暂态过电压研究[J].电网技术.2012,36(3)：22—27.

[4] 陈锡磊,田杰,王东举,等.天生桥—广州直流工程控制保护系统改造后的过电压分析[J].电网技术,2011,35(6)：101—106.

[5] 陈锡磊,周浩,王东举,等.溪洛渡—浙西±800kV 特高压直流输电工程浙西换流站绝缘配合[J].电网技术,2012,36(2)：7—12.

[6] 王东举,邓旭,周浩,等.±800kV 特高压直流输电系统换流站换流阀过电压机理和计算条件(英文)[J].高电压技术,2012(12)：3189—3197.

[7] 陈锡磊,周浩,袁士超,等.天生桥—广州直流系统换流阀过电压机制研究[J].电网技术,2012,36(3):88—94.

[8] 袁士超,王东举,陈锡磊,等.天广直流系统中性母线过电压机制研究[J].电网技术,2011,35(5)：216—222.

[9] 聂定珍,马为民,郑劲.±800kV 特高压直流换流站绝缘配合[J].高电压技术,2006(9)：75—79.

[10] 周浩,陈锡磊,陈润辉,等.±800kV 特高压直流换流站绝缘配合方案分析[J].电网技术,2011,35(11)：18—24.

[11] 邓旭,王东举,沈扬,等.±1100kV 特高压换流站直流操作过电压研究[J].电力自动化设备,2014,34(1):141—147,167.

[12] 邓旭,王东举,沈扬,等.±1100kV 准东—四川特高压直流输电工程主回路参数设计[J].电力自动化设备,2014,34(4):133—140.

[13] 周沛洪,何慧雯,戴敏,等.±1100kV 直流换流站避雷器布置、参数和设备绝缘水平的选择[J].高电压技术,2014,40(9):2871—2884.

[14] 聂定珍,袁智勇.±800kV 向家坝—上海直流工程换流站绝缘配合[J].电网技术,2007,31(14)：1—5.

[15] 周沛洪,修木洪,谷定燮,等.±800kV 直流系统过电压保护和绝缘配合研究[J].高电压技术,2006,32(12)：125—132.

[16] Q/GDW 101-2003.750kV 变电所设计暂行技术规定[S],2003.

[17] 黄莹,黎小林,饶宏,等.关于±800kV 直流输电换流阀绝缘裕度的讨论[J].南方电网技术研究,2006,2(6):23—27.

[18] 聂定珍,马为民,李明.锦屏—苏南特高压直流输电工程换流站绝缘配合[J].高电压技术,2010,36(1)：92—97.

[19] 周浩,邓旭,王东举,等.±1100kV 特高压直流换流站过电压与绝缘配合(英文)[J].高电压技术,2013,39(10):2477—2484.

第 24 章　特高压直流保护原理及配置

特高压直流系统主要由两端的换流站和直流线路两部分组成,而站内设备又主要分为交流场设备、阀厅设备和直流场设备三大部分。

特高压直流输电系统运行中,应积极采取措施,尽量避免系统的不正常运行,消除或减少故障发生的可能性,避免对系统或设备的安全产生威胁。一旦系统或设备发生故障或不正常运行情况后,应通过检测故障特征量,快速区分故障类型和故障的严重程度,然后与控制系统相配合,选择最合理的处理策略迅速加以处理。

24.1　特高压直流保护概况

24.1.1　特高压直流保护的基本要求

与交流继电保护相同,特高压直流保护一般也应满足"四性"的基本要求——选择性、速动性、灵敏性、可靠性。

特高压直流保护的"四性"要求是相互制约的整体,通常难以同时满足上述四个要求,某一方面性能的提高经常以牺牲其他性能为代价。因此,在直流保护的设计、配置与整定中,应根据故障类型及其可能造成的危害,抓住"四性"中的重点。鉴于特高压直流输电系统的结构和运行特点及其在电力系统中的特殊地位,"四性"之间的协调应当遵循在保证一次设备安全的基础上,尽量缩小故障范围,减小对交、直流系统冲击的总原则。

与交流保护有所不同的地方在于,直流保护与控制系统的配合特别密切。直流保护必需和控制系统密切配合,才能选择最合理的处理策略。在轻微故障情况下,通常可以通过控制系统的处理,恢复特高压直流系统的正常运行;在严重故障情况下,应该尽快通过控制系统停运故障设备、快速隔离故障点,这样既可以确保发生故障的一次设备的安全,又能使其他健全设备仍然能够保持正常运行,从而将故障和不正常运行情况对整个系统的影响限制到最小范围。

24.1.2　特高压直流保护的动作后果

直流保护系统与直流控制系统的密切配合,可以在最大程度上限制故障和不正常运行情况对直流系统、两端交流系统以及相关设备的危害程度。对于瞬时性的轻微故障或系统一般性的不正常运行情况,直流保护可以仅通过极控、组控或阀控系统的相关操作,使得直流系统继续稳定运行;对于严重故障或永久性故障,直流保护一方面可以通过控制系统快速抑制故障的发展,另一方面还可以直接操作断路器或通过控制触发脉冲迅速作用于换流阀,快速隔离故障设备。

常见的特高压直流保护动作策略如下:

1)告警

告警的动作定值一般较低,用于对设备安全和系统运行具有潜在威胁的情况。利用灯光、音响等方式,提醒运行人员及时采取措施,使设备状态或系统运行恢复到正常状态。

2)移相

阀控系统一旦接收到移相命令,即延时发送下一个触发脉冲,从而增大触发角。在整流侧,通过移相操作可以迅速增加触发角到 90°以上,使其很快由整流状态转变到逆变状态,从而熄灭直流故障电流。在逆变侧,通过增大触发角,使得逆变器运行于最小换相裕度状态,可以限制流过逆变器晶闸管的

611

故障电流。

3）投旁通对

投旁通对一般在逆变侧执行，通过阀控系统保持最后导通的阀的触发脉冲，同时发出与其同一相的另一个阀的触发脉冲，闭锁其他阀的触发脉冲，使换流器两端直流电压迅速下降到0。

投入的旁通对提供了换流器的直流电流旁路回路，一方面隔离了交、直流系统，便于交流侧断路器快速跳闸，同时缩短了直流电流分量流过换流变的时间，；另一方面降低了整个直流系统的回路阻抗，便于整流侧的快速移相及闭锁。当通信系统故障时，逆变侧投入旁通对使得整流侧电压下降，也为整流侧的相关保护动作提供了显著的故障特征量。

4）禁止投旁通对

但在某些特殊故障情况下，投入旁通对不仅不利于清除故障，甚至可能会造成故障扩大，例如逆变侧直流极母线差动保护。因此，在这种情况下需要禁止投入旁通对。

5）故障重启

故障重启主要用于清除直流输电线路、接地极线路等的瞬时性故障。故障重启，首先增大整流器触发角到120°～160°，变为逆变运行状态，使得直流系统储存的能量很快向交流系统释放，直流电流迅速下降到零，直流线路电压也降至极低水平。待短路点去游离消除短路故障后，再逐渐减小整流器触发角，直到直流系统恢复正常运行。

6）降功率/降电流

通过极控系统，使本极功率或电流降到预设值，达到减小设备所承受的过应力，清除瞬时性故障的目的。

7）控制系统切换

切换当前运行的极控系统至备用系统，防止由于极控系统故障造成的继电保护误动作。

8）极平衡

直流输电系统双极平衡运行或者双极不平衡度较小时，流过接地极或站内接地网的电流很小。当发生故障或不正常运行情况时，双极不平衡度较大，可能导致流过接地极或站内接地网的电流过大，从而威胁设备和运行人员安全。此时，可以利用控制系统执行双极平衡操作，以消除或减小这一不平衡电流。

9）换流器闭锁/极闭锁

换流器闭锁，意味着停止向晶闸管提供触发脉冲，之后当直流电流过零时，晶闸管停止导通。除了闭锁触发脉冲外，换流器闭锁还常伴随着移相、投旁通对等操作。换流器闭锁总是保证整流器在逆变器之前闭锁，以防止出现由于逆变侧首先闭锁造成线路末端反射波叠加而形成的过电压。换流器闭锁后，直流系统的能量将通过尚在导通中的换流阀向交流系统释放，此时为了防止交流母线出现过电压，在闭锁故障极的同时一般还会同时退出交流滤波器。

10）隔离故障单元

在某一阀组（极）故障退出运行时，为了不影响健全阀组（极）的正常运行，便于停运阀组（极）的直流设备检修，需要完全隔离故障阀组（极）。

隔离故障阀组时，通过合上故障阀组的旁路开关实现；隔离故障极时，需要断开相应单元的高压母线刀闸和中性母线开关。

11）紧急停运

当交、直流系统发生严重或永久性故障而控制系统的调节达到极限时，直流保护动作向整流站、逆变站发紧急停运命令。其操作要达到两个目的：一是迅速消除故障点的直流电弧；二是断开交流断路器，使换流器与交流系统隔离。

紧急停运命令发出后，两站分别采用移相、闭锁触发脉冲、投旁通对等方式，使直流电流、电压相继降到零，同时断开换流变压器交流进线开关，使交、直流系统相互隔离。紧急停运的同时，一般联动切除交流滤波器，以防止交流母线的过电压。与换流器闭锁相似，整流站必须先于逆变站执行紧急停运操作，以防止行波反射造成的过电压。

在所有保护动作策略以及系统运行命令中,紧急停运的优先级最高。

12)跳交流断路器

换流变压器网侧通过交流断路器与交流系统相连。跳交流断路器,可以在换流变压器阀侧发生短路故障时切断电压源,限制故障回路电流,保护换流变压器和换流阀。跳交流断路器还可以避免换流阀承受不必要的电压应力,尤其在换流阀已经严重过电流情况下这显得更为重要。

13)闭合中性母线接地开关

当接地极线路开路时,需要闭合中性母线接地开关使换流器连接到站内接地网,以避免站内较低电压等级设备因承受高电压而造成损坏。

14)启动断路器失灵保护

向交流断路器/直流开关发送分断命令的同时,一般还发送一个启动断路器失灵保护的命令。若交流断路器/直流开关在预定时间内仍未能有效灭弧,则进行交流断路器/直流开关重合,以保护开关设备安全。

15)禁止直流开关分断

在单极金属回线向单极大地回线方式转换,或单极大地回线向单极金属回线方式的转换时,若经过一定时间,目标通道尚未流过预设电流值,则禁止断开原通道直流开关。否则由于没有续流通道,电弧长时间不能熄灭,有可能损坏直流开关。

24.1.3 特高压直流保护的分区

根据特高压直流输电系统设备特点及其故障特征,可以将特高压直流保护划分为换流器区保护、极区保护、双极区保护、直流线路区保护、直流滤波器区保护和直流开关保护,分区如图 24-1 阴影部分所示。

工程实现时,极区保护、直流线路区保护、双极区保护和直流开关保护应集成在同一装置内,换流器区保护按每十二脉动换流器配置独立的保护装置,直流滤波器保护宜采用独立保护装置。

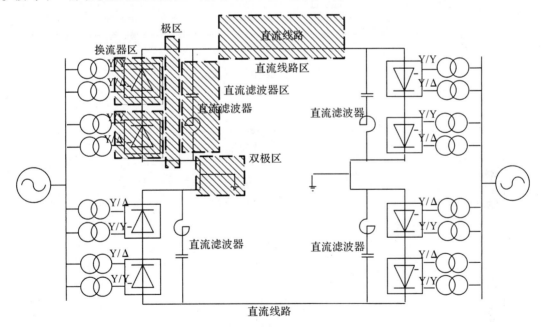

图 24-1 特高压直流保护分区示意图

24.1.4 特高压直流保护的测点

24.1.4.1 特高压直流保护的测点与常规超高压直流保护的测点配置比较

常规超高压直流和特高压直流保护的测点配置如图 24-2、图 24-3 所示,相对常规超高压直流保护

的测点,特高压直流系统中,由于采用双十二脉动换流器串联结构,所以其测点也有一定的区别,主要体现在:

(1)特高压直流系统中,设有旁路开关,并配置旁路开关电流互感器,检测流过旁路开关的直流电流;

(2)特高压直流系统中,在高端和低端阀组之间,设有电压互感器,测量中点电压;

(3)由于采用双十二脉动换流器结构,高端和低端阀组及换流变各有一整套的电压和电流测量设备。

特高压直流故障点分布示意如图 24-4 所示。

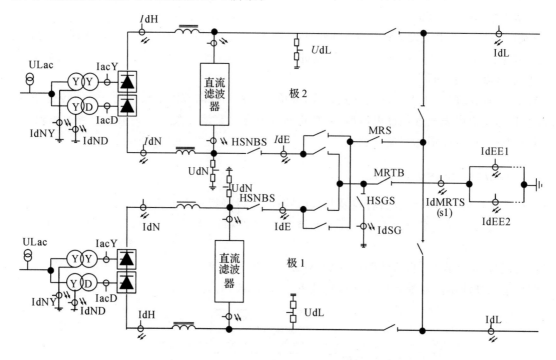

图 24-2　常规超高压直流保护的测点配置示意图

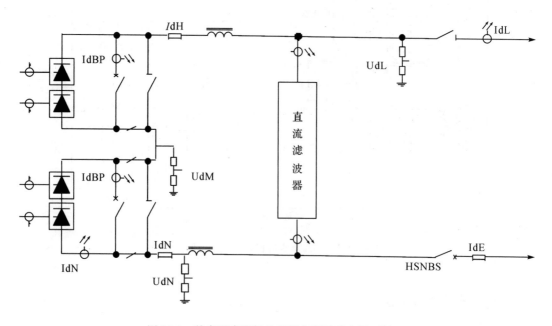

图 24-3　特高压直流保护的测点配置示意图(单极)

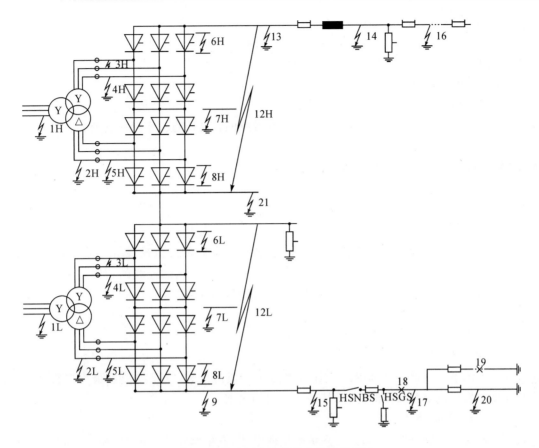

图 24-4　特高压直流故障点分布示意图

24.1.4.2　特高压直流保护的模拟量输入

1)交流电流回路

对于双十二脉动串联接线的特高压直流系统,增加相应数量的换流变阀星侧交流电流和换流变阀角侧交流电流。

(1)阀星侧交流三相电流:I_{acY};

(2)阀角侧交流三相电流:I_{acD}。

2)交流电压回路

对于双十二脉动串联接线的特高压直流系统,增加相应数量的换流变的交流侧电压、换流变阀星侧交流电压和换流变阀角侧交流电压。

(1)交流侧三相电压 U_{AC};

(2)星形换流变阀侧三相电压 U_{VY};

(3)角形换流变阀侧三相电压 U_{VD}。

3)直流电流回路

(1)直流母线电流 I_{dH};

(2)换流器中性线电流 I_{dN};

(3)直流线路电流 I_{dL};

(4)中性母线电流 I_{dE};

(5)接地极电流 I_{dEE1},I_{dEE2};

(6)高速接地开关电流 I_{dSG};

(7)金属回线转换开关电流 I_{dMRTB};

(8)旁路开关电流 I_{dBPS}(双十二脉动串联接线的特高压直流系统中特有);

（9）星形换流变中性点直流电流 I_{dNY}；

（10）角形换流变中性点直流电流 I_{dND}。

4）直流电压回路

（1）直流线路电压 U_{dL}；

（2）直流中性母线电压 U_{dN}；

（3）高、低压阀组连线电压 U_{dM}（双十二脉动串联接线的特高压直流系统中特有）。

24.2 特高压直流保护原理及配置

24.2.1 换流器区保护

换流器区保护的范围应覆盖十二脉动换流器、换流变压器阀侧交流连线等区域。涵盖的故障类型包括：换流器及其桥臂的短路和接地故障；换流变压器阀侧绕组及阀侧连线的相间故障和接地故障；交流系统故障或扰动以及控制系统异常等造成的换相故障和设备异常等。

24.2.1.1 换流器区故障特性

换流器区各类故障的主要特性如下：

1）换流器阀短路故障

阀短路是换流器阀内部或外部绝缘损坏或被短接造成的故障，这是换流器最为严重的故障之一。整流侧和逆变侧发生阀短路故障时，故障特性有一定的区别。

（1）整流器阀短路故障

整流器的阀在阻断状态时，大部分时间承受反向电压，发生阀短路故障时，相当于阀在正反向电压作用下均能导通。

以阀 V1 向阀 V3 换相结束后阀 V1 立即发生反向导通为例来简单说明故障过程，如图 24-5 所示。

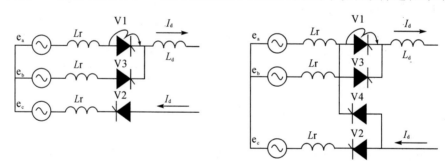

图 24-5　桥臂短路时造成的两相短路和三相短路等值电路图

在 P3 脉冲发出后阀 V3 开始导通，等值电路形成两相短路，由此可算出阀 V3 短路电流，换相结束后阀 V1 反向导通，电流继续按两相短路电流计算往下发展，i3 继续增大，i1 开始向负方向增大。至阀 V4 向阀 V2 换相时形成三相短路，i3 电流按三相短路计算，换相结束后又形成两相短路，在阀 V3 向阀 V5 换相时又形成三相短路，从而交替发生两相短路和三相短路。经分析，i3 在进行到 150°附近时到最大值，i1、i3 及 i5 电流变化如图 24-6，可以看出桥臂短路有如下特征：整流桥发生桥臂短路故障，使得交流侧交替地发生两相短路和三相短路；通过故障阀的电流反向，并剧烈增大，使换流桥阀和换流变压器承受比正常运行时大得多的电流；交流侧电流激增，比正常工作电流大许多倍；换流桥直流母线电压下降。

12 脉动整流器是由两个 6 脉动整流器串联组成，当一个 6 脉动整流器发生阀短路时，交流侧短路电流将使换相电压减小，从而影响到另一个 6 脉动整流器，因此 12 脉动整流器电流将减小，导致直流输送功率降低。

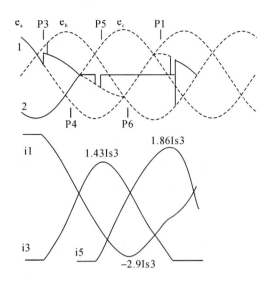

图 24-6　桥臂短路电压波形及电流波形

（2）逆变器阀短路

逆变器阀短路故障与整流器阀短路故障的最大不同在于，其在故障初期会发生复杂的换相失败现象。在故障后期由于控制系统的作用，电流降低，换相失败现象消失。

逆变器的阀在阻断状态，大部分时间是承受着正向电压，当电压过高或电压上升太快时，容易因阀绝缘损坏而发生短路。例如，当逆变器的阀 V1 关断，加上正向电压后发生短路，相当于阀 V1 重新开通，同样与阀 V3 发生倒换相，而在阀 V4 导通时，V1 与 V4 形成直流侧短路，与换相失败过程相同。不同的是，由于阀 V1 短路，双向导通，换相失败将周期性地发生。另外，在直流电流被控制后，阀 V1 与阀 V3 换相时的交流两相短路电流将大于直流电流。

2）换相失败

换相失败是逆变器最常见的故障。当两个桥臂之间换相结束后，刚退出导通的阀在反向电压作用的一段时间内，如果未能恢复阻断能力，或者在反向电压期间换相过程一直未能进行完毕，这两种情况在阀电压转变为正向时被换相的阀都将向原来预定退出导通的阀倒换相，这称之为换相失败。

以阀 V1 对阀 V3 的换相过程为例，过程如图 24-7 所示。若阀 V3 触发时越前角不大或者换相角较大，在过零点后阀 V1 上还有剩余截流子，因此阀 V1 在正向电压作用下不加触发脉冲也会重新导通，使阀 V3 倒换相至阀 V1，到 A 时刻，阀 V3 关断。有时由于触发时越前角过小或换相角过大，甚至到 C6 时刻阀 V1 向阀 V3 换相的过程尚未完成，接着就从阀 V3 倒换相到阀 V1。换相结束后有阀 V1 和阀

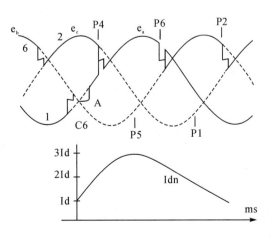

图 24-7　逆变器换相失败过程电压波形及电流波形

V2 导通,若无故障控制,按原来次序触发以后各阀,触发阀 V4 导通形成直流短路。在 P5 时阀 V5 承受反向电压不能开通,到阀 V4 换相至阀 V6 后直流短路消失。若不再产生换相失败则可以自行恢复正常运行。故障过程中逆变器反电压下降历时 240°约 13.3ms,直流短路 120°约 6.7ms。

换相失败主要有以下特征:直流电压下降,直流电流增大。

3)换流桥直流母线短路故障

换流桥直流母线短路是指换出线至直流线路电抗器之间发生的短路故障,该故障同样造成换流变压器桥侧短路,在很多方面与桥臂短路相类似,但直流母线短路六个阀保持单相导电。

以下简单分析换流桥直流母线短路过程,如图 24-8,设换流器运行在理想空载状态,在阀 V1 和阀 V3 阀换相结束后阀 V2 和阀 V3 导通时发生短路,此时交流侧 AC 两相短路,阀 V2 及阀 V3 的电流 i2 和 i3 按两相短路计算,当 ωt=60°时阀 V4 开通,形成交流三相短路,i2 和 i3 按三相短路计算,当 ωt=120°时发 P5 脉冲,但由于直流短路,阀 V5 处于很小的反向电压作用下不能开通,要等 i2=0,阀 V2 关断后阀 V5 才开通,仍形成三相短路,阀 V3 的电流继续按上阶段变化,在 ωt=180°时发 P6 脉冲,但阀 V6 也要等阀 V3 关断后才能导通,而阀 V3 要在 ωt=300°才能关断,实际上阀 V6 是不能开通的,在 ωt=300°时,阀 V3 关断,只剩下阀 V4、阀 V5 导通,转为两相短路。在 ωt=360°时,i4=i5=0,阀桥短路电流均为零,若故障继续存在,整流桥重新转入阀 V2、阀 V3 导通情况下的两相短路状态。

综上,可以分析出换流桥直流母线短路故障的特征:交流侧出现两相短路后出现三相短路;导通的阀电流激增,交流侧电流激增,超过正常运行时电流 2 倍;换流阀保持正向导通状态;直流母线电压下降为零。

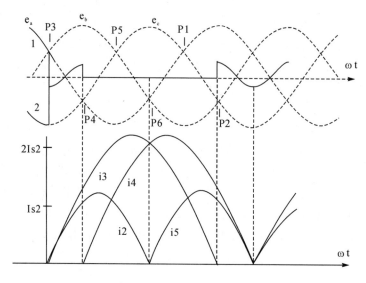

图 24-8 换流桥母线短路电压波形及电流波形

4)逆变器直流出口短路

逆变器直流侧出口短路,其故障点见图 24-4 的 13,直流线路电流增大,与直流线路末端短路类似,但是由于直流平波电抗器的作用,其故障电流上升速度较慢,短路电流较小。当逆变器发生直流侧短路时,流经逆变器阀的电流将很快降到零,对逆变器和换流变压器均不构成威胁。实际上,在逆变器触发脉冲的作用下,当每个阀触发时,仍有瞬时充电电流存在。通常在整流站电流调节器的作用下,故障电流可以得到控制,但是短路不能被清除。

对于 12 脉动逆变器,两个相差 30°的 6 脉动逆变器串联,逆变器直流侧出口短路特征在于换流器直流侧电流增大,交流侧电流减小的现象与 6 脉动逆变器相同。

5)换流器交流侧相间短路

换流器交流侧相间短路,其故障点参见图 24-4 的 3H、3L,直接造成交流系统的两相短路。交流系统将产生两相短路电流,对整流器和逆变器也有所不同。

(1)整流器交流侧相间短路

整流器交流侧相间短路,交流侧形成两相短路电流,使整流器失去两相换相电压,其直流电流和电压以及输送功率将迅速下降。对于 12 脉动整流器,非故障的 6 脉动换流器尽管由于换流变压器电抗的作用,交流电压下降的较少,但其直流电压和电流也下降。

(2)逆变器交流侧相间短路

逆变器交流侧相间短路,由于逆变器失去两相换相电压,以及相位的不正常,逆变器发生换相失败,其直流回路电流升高,交流侧电流降低。另一方面,对于受端交流系统相当于发生了两相短路故障,将产生两相短路电流;在直流故障电流被整流侧电流调节器控制后,每周瞬间交流侧两相短路电流将大于直流侧电流。对于 12 脉动逆变器,非故障的 6 脉动逆变器受到换相电压下降和故障的 6 脉动逆变器发生换相失败使直流电流增加的影响,使其换相角增大,因而也发生换相失败。

6)换流器交流侧相对地短路

对于 6 脉动换流器,换流器交流侧相对地短路故障与阀短路相似。对于 12 脉动换流器,高压端 6 脉动换流器交流侧相对地短路是通过低压端 6 脉动换流器形成回路的,其故障点见图 24-4 的 4H、4L、5H 和 5L。

(1)整流器交流侧相对地短路

整流器交流侧相对地短路,通过站接地网及直流接地极(在站内接地开关闭合时不通过接地极),到达直流中性端,形成相应的阀短路。因此,短路回路电阻相应增加,其短路电流比阀短路略有减小。此时,直流中性端电流基本与交流端相同,但直流另一端电流基本不变。

对于 12 脉动整流器,无论哪个 6 脉动换流器发生单相对地短路,直流中性母线都是短路回路的一部分。由于高压端 6 脉动换流器的交流短路回路需要通过低压端 6 脉动换流器构成,因此交流侧短路电流相对较小。

应该注意的是,在整流器交流侧发生相对地短路期间,二次谐波分量将进入直流侧,如果直流回路的固有频率接近此频率,则可能会引起直流回路的谐振。

(2)逆变器交流侧相对地短路

逆变器交流侧相对地短路,同样通过站接地网及直流接地极(在站内接地开关闭合时不通过接地极),到达直流中性端,形成相应的阀短路。其故障过程与阀短路类似,使逆变器发生换相失败。在故障初期,直流电流增加,交流电流减小。当直流电流被整流侧电流调节器所控制、逆变站换相解除直流短路时,反向电压突然建立,使换流器高压端的直流电流瞬间减小(甚至为零),通过对地短路回路形成的两相短路的交流侧电流和直流中性端电流增加。最后,由相应的保护动作,闭锁换流器,跳开交流侧断路器。

对于 12 脉动逆变器,由于故障的 6 脉动逆变器发生换相失败,直流电流增加,可能使非故障的 6 脉动逆变器也发生换相失败。同样,无论哪个 6 脉动换流器发生单相对地短路,通过大地回路形成的两相短路使交流侧电流和直流中性端电流增加,而换流器另一端的直流电流瞬间由大变小,然后由整流侧电流调节器控制在其整定值上。

7)误开通故障

逆变器阀在阻断期间的大部分时间内承受正向电压,若此时受到过大正向电压的作用,或阀的控制极触发回路发生故障,都可能造成桥阀的误开通故障。逆变器的误开通故障发展过程与一次换相失败相似,只要加以控制能够使其恢复正常。整流器发生误开通的机会较少,即使发生误开通也仅相当于提早开通,对正常运行振动不大。

误开通有以下特征:整流侧发生误开通时直流电压稍有上升;逆变侧发生误开通时直流电压下降,直流电流增加。

8)不开通故障

阀不开通故障是由于触发脉冲丢失,或门极控制回路的故障所引起的,逆变器不开通使先前导通的阀继续导通,与换相失败相似,差别在于不存在倒换相的问题,可以采用控制的方法使其恢复正常。整流器发生不开通,例如阀 V3 在换相时发生不开通故障,使阀 V1 继续导通,整流器直流电压下降,当阀 V4 导通后,直流电压下降到零,一直到阀 V5 开通直流电压才恢复,若采取控制,直流电压将提早恢复。

不开通故障有以下特征:整流器发生不开通时直流电压、直流电流均下降;逆变器发生不开通时直流电压下降,直流电流增加。

24.2.1.2 换流器区保护原理及配置

1)换流器短路保护

(1)主要功能和原理

短路故障一段时间后,换流器交流侧电流上升并大于额定值,而直流侧电流下降且小于额定值,利用该特点可构成短路保护,实现对换流器短路故障的检测,保护换流设备的安全。短路保护理论上可以保护整流器主接线回路几乎所有的故障类型,可以保护逆变器阀短路故障、交流侧相间短路故障和相对地短路故障。

短路保护测量换流变与换流阀交流连接线上的电流 I_{acY} 和 I_{acD}、换流器直流侧电流 I_{dH} 和 I_{dN},正常情况下,这些电流是平衡的,故障时平衡被打破。

(2)保护判据

$$I_{acY} > \mathrm{Min}[I_{dH}, I_{dN}] > \Delta, \; I_{acD} > \mathrm{Min}[I_{dH}, I_{dN}] > \Delta \tag{24-1}$$

式中, I_{acY} 和 I_{acD} 为交流等效电流; Δ 为定值,当交流等效电流之一大于设定值时,过流保护动作。

(3)故障处理策略

保护动作后立即紧急停运、跳交流断路器、隔离故障单元;逆变侧保护动作后禁止投入旁通对。

(4)整定建议

换流器短路保护未采用制动特性时,一般设快速段和慢速段,快速段需躲过区外故障时测量回路的最大不平衡电流,该电流整定值通过仿真试验确定,保护动作时间为 0ms;慢速段仅在逆变侧投入,在躲过系统短路时过负荷情况下的测量误差前提下,通过仿真试验确定,保护延时由阀组性能决定,推荐取 30ms。

2)过流保护

(1)主要功能和原理

检测整流侧和逆变侧短路故障、控制失效或短期过负荷。交流/直流过流保护检测换流器交流侧电流、直流侧电流、换流阀冷却水温度等参数,防止相关换流设备尤其是晶闸管过热损坏。

可能导致换流器过热的故障包括:换流器阀短路;换流器直流侧出口短路;换流器直流侧高压端、换流器中点对地短路;换流器交流侧相间短路和相对地短路;换流阀持续的误开通和不开通故障;换流器过负荷等。

过流保护原理包括:检测换流器交流侧电流 I_{acY} 和 I_{acD},当其中之一大于设定值时,过流保护动作。

(2)保护判据

双十二脉动换流器:

$$\mathrm{Max}[I_{ACY}, I_{ACD}] > \Delta \tag{24-2}$$

式中, Δ 为某一设定值。

可配置为四段,Ⅰ 段为阀组故障的主保护,Ⅱ 段为阀组故障的后备保护,Ⅲ 段与暂时过负荷(3 秒过负荷)能力配合,Ⅳ 段与连续过负荷(2 小时过负荷)能力配合。

(3)故障处理策略

保护动作后切换控制系统、紧急停运、跳交流断路器、隔离故障单元。

(4)整定建议

过流保护是阀短路故障时的后备保护,定值及动作时间需通过仿真计算确定;保护段数应与阀过负荷能力配合,不少于过负荷段数,动作定值不低于 1.1 倍过负荷配合段电流值,延时定值与相应的过负荷能力配合。当换相失败、直流线路故障及交流系统故障时过流保护最高定值段不应该动作。

3)换相失败保护

(1)主要功能和原理

换相失败保护通过对逆变器直流侧电流 I_{dH}/I_{dN}、换流变与换流阀交流连接线上的电流 I_{acY}/I_{acD} 进行差值,实现对换相失败故障的检测与保护。在正常情况和外部故障情况下,均有 $I_{dH}=I_{dN}=I_{acY}=I_{acD}$。换相失败后,处于同一桥臂的两个换流阀构成旁通对,换流阀交流侧相当于开路,交流连接线上的电流下降为零,流过非故障桥和换流器直流侧的电流显著上升。考虑到互感器传变误差的影响,采用 I_{dH} 和 I_{dN} 中的较大者与交流连线上的电流进行差值。

(2)保护判据

星侧:

$$\max(I_{dH},I_{dN})-I_{ACY}>\Delta \ \& \ \max(I_{dH},I_{dN})>I_{ACY}\times k \tag{24-3}$$

角侧:

$$\max(I_{dH},I_{dN})-I_{ACD}>\Delta \ \& \ \max(I_{dH},I_{dN})> I_{ACD}\times k \tag{24-4}$$

持续检测到换相失败,经一定延时(计时原理)或一定次数(计次原理)后换相失败保护动作。

(3)故障处理策略

逆变侧换相失败保护动作后一时限请求极控系统切换,二时限紧急停运、跳交流断路器、隔离故障单元。

(4)整定建议

换相失败保护定值应能可靠躲过最大故障电流时对应的测量误差,动作值及动作延时应确保交流侧单相故障时不误动。

4)组差保护

(1)主要功能和原理

阀组差动保护检测的故障包括:所有能够旁通整个逆变器的换流器直流故障,包括换相失败故障、换流器阀短路、换流器直流侧出口高压端对换流器中点和换流器中点对中性端短路、换流器中点对地短路、换流阀的持续误开通和不开通故障等;直接使逆变器被短接的故障类型,包括逆变器直流侧高压端对地短路、高压端对中性端短路。

当发生这些故障后,逆变器直流侧电流将出现过冲,而由于逆变器被旁通或被短路,其交流连线上的电流很小。根据这一电气特性可形成阀组差动保护的常用判据。

(2)保护判据

$$I_D-I_{ACY}>\Delta, \ I_D-I_{ACD}>\Delta \tag{24-5}$$

式中,I_D 为直流电流,可取 $\mathrm{Max}(I_{dH},I_{dN})$ 或 $\mathrm{Min}(I_{dH},I_{dN})$。保护配置两段,Ⅰ段为阀区故障的保护;Ⅱ段为阀区故障的后备保护,并兼做交流故障的后备保护。

(3)故障处理策略

Ⅰ段动作后立即紧急停运、跳交流断路器、隔离故障单元;Ⅱ段动作后一时限请求极控系统切换,二时限紧急停运、跳交流断路器、隔离故障单元。

(4)整定建议

组差保护定值应能可靠躲过最大故障电流时对应的测量误差,快速段动作延时推荐取 30ms;慢速段动作值及动作延时应确保交流侧单相故障时不误动,动作延时推荐不低于 2.3s。

5)桥差保护

(1)主要功能和原理

反映换流器发生阀持续触发异常和换相失败故障。在正常运行时,流过 Y 桥和 D 桥交流连接线上的电流 I_{ACY} 和 I_{ACD} 是相等的。当发生相关故障时,Y 桥与 D 桥之间因其他支路的引入导致对称特性消失,二者不再相等。桥差保护检测的故障包括:换相失败故障和阀短路故障;换流器直流侧出口高压端、中性端对换流器中点短路;换流器中点对地短路;换流器交流侧相间短路;换流器交流侧相对地短路;换流阀的误开通、不开通故障。

（2）保护判据

$$I_{AC}-I_{ACD}>\Delta, I_{AC}-I_{ACY}>\Delta \tag{24-6}$$

式中，$I_{AC}=\mathrm{Max}(I_{ACY},I_{ACD})$。通常采用两段式，Ⅰ段为高定值段，Ⅱ段为低定值段，并兼做交流故障的后备保护。

（3）故障处理策略

Ⅰ段保护动作后紧急停运、跳交流断路器、隔离故障单元；Ⅱ段保护动作后一时限请求极控系统切换，二时限紧急停运、跳交流断路器、隔离故障单元。

（4）整定建议

桥差保护Ⅰ段保护启动定值应躲过最大故障电流对应的测量误差，可靠系数不低于 $1.3\sim1.5$，同时确保整流侧及逆变侧发生阀误触发时有足够灵敏度，推荐取 0.4 p. u.；动作延时必须满足大负荷下连续换相失败时动作时间不快于极控切换动作时间，推荐取 200ms；Ⅱ段动作延时在交流电压正常时延时定值只需要躲过系统切换时间，在交流电压异常时延时定值需要躲开交流系统近后备保护动作时间，推荐取 2.3s。

6）换流变阀侧中性点偏移保护

（1）主要功能和原理

交流阀侧绕组接地故障监视，主要用于检测换流阀交流侧连线在换流阀闭锁状态下的接地故障。一方面，防止在交流连线接地故障情况下，换流阀解锁后造成换流阀和换流变的过电流；另一方面，也避免换流阀闭锁状态下，换流变压器中性线长期流过较大零序电流，损坏换流变压器。交流阀侧绕组接地故障监视，测量换流阀交流侧连线三相电压的矢量和。换流器解锁后保护自动退出。

（2）保护判据

$$U_{VYa}+U_{VYb}+U_{VYc}>\Delta \text{ 或 } U_{VDa}+U_{VDb}+U_{VDc}>\Delta \tag{24-7}$$

且换流器未解锁。

（3）故障处理策略

保护动作后发出禁止解锁信号，禁止控制系统解锁换流器。

（4）整定建议

动作延时宜不低于 2s。

7）交流低电压保护

（1）主要功能和原理

作为交流侧系统故障的后备保护，交流低电压保护主要用于防止由于长时间交流电压过低引起的直流系统运行异常。其检测一相或多相交流电压，并对其进行一定的处理得到保护用输入电压 U_{AC}，当其小于定值时，保护动作。

交流低电压保护只在某种情况引起交流系统低电压不能恢复时才动作。动作定值需要考虑能够躲开动作延时，需要与交流系统保护、交流系统故障的切除时间等相配合。

（2）保护判据

$$U_{AC}<\Delta \tag{24-8}$$

（3）故障处理策略

保护动作后立即紧急停运、跳交流断路器。

（4）整定建议

电压定值一般可取 $0.3\sim0.5U_n$，动作延时应大于交流系统故障持续时间，与交流系统后备距离Ⅱ段切除故障的时间相配合，推荐取 $3\sim4s$。

8）交流过电压保护

（1）主要功能和原理

交流/直流过电压保护，用于检测交流、直流系统故障或不正常运行导致的换流器过电压，保护换流设备的安全。常见的交流/直流过电压保护有直流过电压保护、交流过电压保护、换流阀电压过应力保护三种。与过流保护相似,由于换流器对不同过电压程度的耐受时间不同,交流/直流过电压保护定值一般也分多段,每段的动作延时和动作策略不同,启动值较小的区段延时较长,启动值较大的区段延时较短。

(2)保护判据

$$U_{AC} > \Delta \tag{24-9}$$

(3)故障处理策略

保护动作后立即紧急停运、跳交流断路器。

(4)整定建议

交流过电压保护定值与动作延时与交流系统设备耐压情况、最后一个断路器跳闸后交流场的过电压水平(仅逆变站)、孤岛方式下过电压控制要求相配合,并与交流系统过电压保护定值相配合,推荐取 1.3p.u.,300ms。

9)直流过电压保护

(1)主要功能和原理

直流过电压保护主要用于检测因直流线路意外断线、逆变器非正常闭锁和控制系统故障引起的过电压情况。保护范围是整个极,包括换流器、直流线路、高压直流母线等。

直流过电压保护可以通过检测直流线路对地电压 U_{dL} 或直流线路对换流器低压侧电压 $U_{dL} - U_{dN}$ 实现。

(2)保护判据

Ⅰ段:

$$|U_{dL} - U_{dM}| > \Delta \text{ 且 } I_{dH} < \Delta \text{ 或 } |U_{dM} - U_{dN}| > \Delta \text{ 且 } I_{dH} < \Delta \tag{24-10}$$

Ⅱ段、Ⅲ段:

$$|U_{dL} - U_{dM}| > \Delta \text{ 或 } |U_{dM} - U_{dN}| > \Delta \tag{24-11}$$

(3)故障处理策略

保护动作后立即紧急停运、跳交流断路器。

(4)整定建议

直流过电压定值需根据具体工程的绝缘配合报告确定,一般取 1.03~1.2p.u.;保护各段的时间定值与系统参数设计提供的设备过电压耐受能力配合。

10)换流变中性点直流饱和保护

(1)主要功能和原理

防止换流变中性点流过较大直流电流对换流变造成热损坏。

(2)保护判据为

$$I_{dNY} > \Delta \text{ 或 } I_{dND} > \Delta \tag{24-12}$$

(3)故障处理策略

告警,可请求控制系统切换。

(4)整定建议

换流变中性点直流饱和保护定值可根据换流变压器耐受能力确定,一般取 10~20A,延时 30~60s 告警。

24.2.2 极区保护

24.2.2.1 极区故障特性

1)高压直流母线或中性直流母线故障

12 脉动整流器直流高压端对地短路,其故障点见图 24-4 的 14,通过站接地网及直流接地极(在站内接地开关闭合时不通过接地极),到达直流中性端,形成 12 脉动换流器直流端短路。短路使直流回路电阻减小,阀及交流侧电流增加;而直流侧极线电流很快下降到零。

12脉动逆变器直流高压端对地短路,直流端直接接地,通过站接地网及直流接地极,形成逆变器直流端短路,其故障过程与逆变器直流侧出口短路类似。故障使直流侧电流增加,而流经逆变器的电流很快下降到零,中性端电流也下降。

12脉动整流器直流中性端对地短路,其故障点见图24-4的15,因中性端一般处于地电位,对换流器正常运行影响不大。但是,短路电阻与接地极电阻并联,重新分配通过中性点的直流电流。

12脉动逆变器直流中性端对地短路,因中性端一般处于地电位,对逆变器正常运行影响不大。但是,由于短路电阻与接地极电阻并联,会重新分配通过中性点的直流电流。

故障特性如下:

(1)高压直流母线对地或对中性直流母线故障时,I_{dH}与I_{dL}表现出不同的变化规律,一个增大,一个减小。而在其他故障情况下,I_{dH}与I_{dL}均同时增大或同时减小,根据这一特征,可对高压直流母线故障与区外故障进行准确区分;

(2)高压直流母线中性直流母线短路时,I_{dN}增大,I_{dE}减小,在其他故障情况下,I_{dN}与I_{dE}同时增大或同时减小。

2)直流线路断线或开路故障

直流系统在运行过程中,输电线路由于受到外力等因素而断开,或因线路倒杆、倒塔、线路覆冰过重等故障情况下发生断线。

直流输电线路的断线会造成直流输电系统开路,直流电流降低到零,随着电流急速降低,整流侧触发角a迅速减小,此时换流变压器的分接头处在高位,所以整流侧电压迅速上冲。

3)接地极开路故障

为了避免直流地电流对站接地网和换流变压器的影响,接地极通常建在离换流站几十公里的地方,因此换流站与接地极之间需要接地极引线进行连接。当接地极引线发生断路故障时,则流过接地极的电流为零,站内因失去参考电位,中性母线电压将会升高。

24.2.2.2 极区保护原理及配置

1)直流低电压保护

(1)主要功能和原理

直流低电压保护一般作为短路保护、阀组差动保护、直流差动保护以及直流线路保护的总后备,通过检测直流线路电压U_{dL}实现,可以检测站间通信故障的同时检测逆变侧因某种原因投旁通对,整流器、逆变器直流侧高压直流母线对地或对中性线短路以及直流线路的对地故障。

(2)保护判据

Ⅰ段:

$$\Delta_2 < |U_{dL}| < \Delta_1 \tag{24-13}$$

Ⅱ段:

$$|U_{dL}| < \Delta \tag{24-14}$$

(3)故障处理策略

Ⅰ段动作后高端阀组($|U_{dL}-U_{dM}| < \Delta$)或低端阀组($|U_{dM}-U_{dN}| > \Delta$)闭锁;Ⅱ段动作后,双阀组闭锁。

(4)整定建议

直流低电压保护动作定值推荐取$0.25\sim0.50$p.u.;根据系统设计情况配置,在站间通讯故障时,逆变侧停运后需要本保护停运整流侧时,整流侧动作时间需躲过交流系统近后备动作时间,保护动作延时与阀旁通过程中的承受电流能力相配合,推荐取1s。若本保护仅作为系统总后备配置时,保护动作时间要大于交流系统远后备保护及交流系统低电压保护动作时间,动作时间不低于4s。

2)50Hz保护

(1)主要功能和原理

50Hz保护根据直流线路电流中的50Hz分量,来检测换相失败故障、换流器阀短路故障、换流器交流侧相对地短路故障、换流阀的误开通和不开通故障,作为发生换相失败和阀触发异常的后备保护。

(2)保护判据

$$I_{dL}50Hz > \Delta \tag{24-15}$$

(3)故障处理策略

保护动作后闭锁换流器。

(4)整定建议

保护定值应确保所有的触发异常情况都能被包含在内,时间定值参考阀触发异常时承受的过应力情况与阀组过应力承受能力配合整定,推荐不低于 1.5s。

3)100Hz 保护

(1)主要功能和原理

直流线路电流中 100Hz 分量产生的最根本原因是换流站交流电压中含有负序分量,100Hz 保护根据直流线路电流中的 100Hz 分量,来检测换流器交流侧相间短路故障、换流器交流侧相对地短路故障,作为交流系统故障时的后备保护。

(2)保护判据

$$I_{dL}100Hz > \Delta \tag{24-16}$$

(3)故障处理策略

保护动作后闭锁换流器。

(4)整定建议

应通过仿真试验模拟交流系统最大工况以及最小工况、直流正常运行的最小电流情况到最大电流情况下,交流系统发生单相金属性接地故障时直流线路电流 100Hz 分量,确定最终的定值,推荐取 0.02 ~0.03p.u.;保护动作延时需要与交流线路保护距离Ⅱ段动作时间相配合,不低于 3s。

4)接地极开路保护

(1)主要功能和原理

当两根接地极引线同时断开,或者单极金属回线运行方式下金属回线断开时,由于失去电位参考点,中性点电位将迅速升高,威胁换流设备的安全。根据中性点电位的显著变化特征,可形成接地极过电压保护以保护换流设备的安全。

(2)保护判据

$$|U_{dN}| > \Delta \tag{24-17}$$

(3)故障处理策略

双极接线方式:保护动作后合高速接地开关,双极平衡运行;

非双极接线方式:保护动作后合高速接地开关,闭锁本极。

(4)整定建议

电压定值与设备耐受水平配合,低于避雷器动作电压,大于金属回线运行时非接地侧的最高电压;动作延时与运行方式转换时接地极暂态过电压持续时间相配合,并校验设备的过电压耐受能力。

5)直流差动保护

(1)主要功能和原理

直流差动保护检测换流器直流侧高压母线和中性线上的电流 I_{dH}、I_{dN}。正常情况下两个电流是相等的,当换流器发生接地故障(包括换流器直流侧高压端接地、中性端接地、换流器中点接地、换流器交流侧单相接地)时,由于接地支路的引入,二者不再相等。通过对 I_{dH}、I_{dN} 进行差值,可形成直流差动保护,保护换流阀的安全。

(2)保护判据

$$|I_{dH} - I_{dN}| > \Delta \tag{24-18}$$

保护配置两段,Ⅰ段为阀区故障的快速主保护,Ⅱ段为高灵敏度后备保护。

（3）故障处理策略

动作后紧急停运、极隔离（或跳中性母线开关）、跳交流断路器，逆变侧Ⅰ段保护动作后禁止投入旁通对。

（4）整定建议

直流差动保护区内故障时故障电流一般较大，启动定值可较大，最终启动定值由仿真试验确认，推荐取值 0.3～0.4p.u.；保护动作时间与直流系统控制特性配合，通过仿真试验确认，快速段时间定值一般不超过 10ms。

6）极母线差动保护

（1）主要功能和原理

极母线差动保护通过检测换流器直流侧出口高压端电流 I_{dH} 和架空线电流 I_{dL} 实现；正常情况下以及高压直流母线区外故障时，这两个电流基本相等；当高压直流母线区内发生对地或对中性直流母线短路时，二者存在很大的差值。

（2）保护判据

$$|I_{dH} - I_{dL}| > \Delta \qquad (24\text{-}19)$$

（3）故障处理策略

保护动作后紧急停运、极隔离（或跳开中性母线开关、拉开直流线路隔离刀闸）、跳交流断路器。

（4）整定建议

保护定值最终应通过仿真试验确认，推荐取值不低于 0.2p.u.；保护动作时间与直流系统控制特性配合，通过仿真试验确认，快速段时间定值推荐取 5ms。

7）中性母线差动保护

（1）主要功能和原理

中性母线差动保护通过检测换流器中性线电流 I_{dN}、中性母线电流 I_{dE} 实现；正常情况下以及中性直流母线区外故障时，这两个电流基本相等；当发生中性直流母线对地短路故障后，对端电流通过故障通道与本端形成回路，接地极引线部分被短路，二者将产生较大的差值。

（2）保护判据

$$|I_{dN} - I_{dE}| > \Delta \qquad (24\text{-}20)$$

通常采用两段式，Ⅰ段为高定值段，Ⅱ段为低定值段。

（3）故障处理策略

保护动作后紧急停运、极隔离（或跳开中性母线开关、拉开直流线路隔离刀闸）、跳交流断路器。

（4）整定建议

保护定值最终应通过仿真试验确认，Ⅱ段动作延时应躲过直流线路故障及直流滤波器内部故障的暂态过程，一般不低于 500ms。

8）直流后备差动保护

（1）主要功能和原理

检测换流器、极母线、极中性母线内的接地故障。直流后备差动保护通过检测架空线电流 I_{dL} 和中性母线电流 I_{dE}，保护换流器、极母线、极中性母线内所有接地故障，一般作为直流场接地总后备差动保护。

（2）保护判据

$$|I_{dL} - I_{dE}| > \Delta \qquad (24\text{-}21)$$

通常采用两段式，Ⅰ段为高定值段，Ⅱ段为低定值段。

（3）故障处理策略

保护动作后紧急停运、极隔离（或跳开中性母线开关、拉开直流线路隔离刀闸）、跳交流断路器。

（4）整定建议

Ⅰ段为快速段，躲过区外故障最大差流或近似按照 2.5～3.5p.u. 额定电流时测量误差整定，最终

由仿真试验确定,与换流器差动保护、极母线差动保护以及中性母线差动保护的配合级差不低于 10ms;
Ⅱ段为慢速段,需要躲过短时过负荷运行工况(可近似按照 1.5p. u.)下的测量误差,并小于系统最小运
行电流,与中性母线差动保护慢速段配合级差不少于 200ms。

24.2.3　双极区保护

24.2.3.1　双极区故障特性

1)接地极线路故障

接地极的接地电阻由接地极引线电阻和接地极电阻共同构成。在正常运行情况下,两个接地极的
接地电阻基本相同,因此两根接地极引线上流过的电流基本相等。当一根接地极引线发生接地短路时,
接地电阻将发生改变,使得两根接地极引线上的电流不再相等。

与接地极母线区短路故障相似,接地极引线短路的故障后果也与双极不平衡度有关,当两极不平衡
程度较大时,将威胁到故障点附近的人畜安全。

单极大地回线方式下,由于两根引线正常运行时各承担 1/2 的额定电流,当其中一根发生故障尤其
是近换流站点故障时,全部的额定电流将主要从故障线路流过并在故障点进入大地,严重影响故障线路
的热稳定性以及故障点附近的人身安全。

2)接地极母线故障

(1)双极双端接地方式下的接地母线区故障

双极双端接地方式下,接地母线区故障如图 24-4 的 17,此时的电流回路如图 24-9 所示。

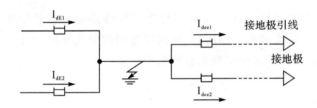

图 24-9　双极运行方式下接地极母线区故障示意图

此时换流站的故障点入地电流叠加总和为 $I_{dE1} + I_{dE2} - I_{dee1} - I_{dee2}$,在正常情况下近似为 0,故障情
况下约等于双极的不平衡电流。故障所造成的后果,主要取决于双极的不平衡度,当两极基本平衡时,
对直流系统的正常运行影响不大,当两极不平衡程度较大时,有可能导致站内接地网过流,且威胁运行
人员的人身安全。

(2)单极大地回线方式下的接地母线区故障

单极大地回线方式下,接地母线区的故障电流回路如图 24-10 所示。

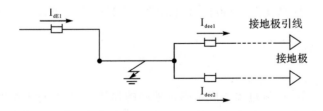

图 24-10　单极大地运行方式下接地极母线区故障示意图

此时换流站的故障点入地电流叠加总和为 $I_{dE1} - I_{dee1} - I_{dee2}$,正常情况下其值近似为 0,故障情况
下,其值大于零,数值约等于单极大地运行的额定直流电流。额定直流电流一般远超过站内入地电流的
允许值,将对换流站的设备和人身安全产生严重威胁。

(3)单极金属回线方式下的接地母线区故障

单极金属回线方式下,在正常情况下,由于两侧换流站只有一侧经站内接地网接地,因此无电流流过 HSGS。

当直流系统内发生接地短路时,故障点与站内接地网形成通路,且由于大地电阻远小于金属线电阻,因此有一定的电流流过 HSGS 以及故障点。

本站的站内接地网和对站的故障接地点将金属回线短路,这将导致两站的站内接地网都流过接近额定值的故障电流,严重威胁系统设备和运行人员人身安全。

(4)接地极引线断线故障

当发生双引线断线时,大地回路断开,不再有电流流过,同时直流系统失去电位参考点,中性点电位将迅速升高,产生过电压,造成设备绝缘损坏。

单极大地运行方式下,故障电气特性相似,但此时单根引线断线,流经健全引线的电流要比双极运行时大得多。此时双极不平衡电流全部经由健全引线入地。

3)金属回线短路故障

金属回线运行方式下,正常运行时由于两端换流站只有一端接地,没有电流回路。在故障情况下,站内接地网与短路点形成电流回路;金属回线接地故障将导致换流站内接地网以及故障点流过较大的电流,威胁设备和人身安全。

24.2.3.2 双极区保护原理及配置

1)接地极母线差动保护

(1)主要功能和原理

接地极母线差动保护利用直流中性母线电流与接地极线路电流的差值实现故障判别。正常运行时,差值为零;接地极母线区发生接地短路后,在站内接地网的分流作用下,这一差值将显著增大。不同运行方式下,接地极母线差动保护的动作判据有所区别。

(2)保护判据

双极运行方式:

$$|I_{dE} - I_{dE\_OP} - (I_{dEE1} + I_{dEE2} + I_{dSG})| > \Delta \tag{24-22}$$

单极金属运行方式:

$$|I_{dE} - I_{dE\_OP} - I_{dSG}| > \Delta \tag{24-23}$$

单极大地运行方式:

$$|I_{dE} - (I_{dEE1} + I_{dEE2} + I_{dSG})| > \Delta \tag{24-24}$$

(3)故障处理策略

双极运行时保护动作后一时限请求极平衡,二时限极闭锁;单极运行时保护动作后极闭锁。

(4)整定建议

双极运行时,请求极平衡延时大于直流线路故障最长的重启时间,极闭锁延时大于请求极平衡操作可以成功的时间,留有至少 1s 的级差;单极运行时保护动作延时应大于直流线路故障最长的重启时间,至少留有 200ms。

2)站内接地网过流保护

(1)主要功能和原理

为防止流入站内接地网的电流过大造成站内接地网的损坏、威胁运行人员的安全,通过检测流过高速接地开关的电流 I_{dSG} 设置站内接地网过流保护,判断站内接地网的过电流情况。

(2)保护判据:

$$|I_{dSG}| > \Delta \tag{24-25}$$

非 MR 运行方式下,保护通常配置两段,Ⅰ段为低定值段,Ⅱ段为高定值段;MR 运行方式下,保护配置一段。

（3）故障处理策略

非 MR 运行方式下，Ⅰ段动作后告警，如双极运行，可起动极平衡；Ⅱ段动作后极闭锁；MR 运行方式下，保护动作后极闭锁。

（4）整定建议

双极运行时，保护第一时限调节双极电流平衡，按照躲过直流线路故障再启动过程持续时间整定；第二时限极闭锁，保护动作时间需要考虑直流线路故障再启动的全过程，与第一时限的动作级差不低于直流控制系统调节双级功率平衡所需时间。

单极大地方式运行时，保护动作时间可以取为双极运行时保护第二时限。

单极金属方式运行时，保护动作时间应与反应金属回线故障的保护功能，如金属回线纵联差动保护、直流线路横差保护的动作时间相配合，级差不低于 300ms。

3）接地系统保护

（1）主要功能和原理

双极运行且站内接地开关临时作为接地点运行时，为保护站内接地网的安全，除了站内接地网过流保护外，还配置了接地系统保护，通过检测双极直流中性母线电流的差值实现。只有在双极运行且高速接地开关合上的工况下，才投入该保护功能。

（2）保护判据

$$|I_{dE} - I_{dE\_OP}| > \Delta \tag{24-26}$$

（3）故障处理策略

保护动作后极闭锁。

（4）整定建议

保护动作定值应小于最小工作电流，且小于接地网能承受的最大直流电流。保护动作定值应大于接地极过流保护的Ⅱ段动作延时。

4）接地极电流不平衡保护

（1）主要功能和原理

正常情况下，两根接地极线路流的电流相同，当其中一根发生接地短路或者断线故障时，两根接地线路上的电流将不再相等，具有一定的差值，通过比较两根接地线路的电流设置了接地极电流不平衡保护。

（2）保护判据

$$|I_{dEE1} - I_{dEE2}| > \Delta \tag{24-27}$$

（3）故障处理策略

双极运行方式下：保护一时限动作后起动极平衡，二时限动作后极闭锁；

单极运行方式下：保护一时限动作后起动重启，二时限动作后极闭锁。

（4）整定建议

双极方式下，保护第一时限调节双极功率平衡，动作延时大于直流线路再启动的全过程所需时间；第二时限极闭锁，Ⅱ段与Ⅰ段的动作级差应大于极控调节极平衡所需时间，不低于 2s。

单极大地方式下，保护第一时限再启动直流，动作延时应大于运行方式转换所需时间；第二时限极闭锁，Ⅱ段与Ⅰ段的动作级差应大于再启动过程所需时间，不低于 2s。

5）接地极过流保护

（1）主要功能和原理

为防止接地极上流入较大电流，根据接地极或接地极线路的耐受能力设置接地极线路过流保护，通过检测接地极线路电流实现。

（2）保护判据

$$|I_{dEE1}| > \Delta \text{ 或 } |I_{dEE2}| > \Delta \tag{24-28}$$

（3）故障处理策略

保护一时限动作后降低电流，二时限动作后极闭锁。

（4）整定建议

定值应根据接地极等设备的过负荷能力整定,动作时间不低于 3s。

6）金属回线横差保护

（1）主要功能和原理

金属回线方式运行时,如果逆变站以外发生接地故障,接地点和金属回线的地电位钳制点（通常设置在逆变侧）间形成电流回路,造成逆变侧双极线路电流间形成差流,通过监测逆变侧双极线路电流间的差流可以检测此类故障。该保护作为后备保护,仅在金属回线运行方式下投入。

（2）保护判据

$$|I_{dL} - I_{dL\_OP}| > \Delta \tag{24-29}$$

（3）故障处理策略

保护动作后极闭锁。

（4）整定建议

作为金属回线运行方式下接地故障的后备保护,动作时间定值不低于 2s。

24.2.4 直流线路区保护

24.2.4.1 直流线路区故障特性

1）直流输电线路接地短路故障

直流线路故障发生后,电压电流剧烈波动,直流控制系统也将迅速动作以消除故障,保护设备安全。依据故障后直流故障电流的特征以及控制系统的动作情况,可将故障过程划分为三个阶段:初始行波阶段、暂态阶段以及稳态阶段。

（1）初始行波阶段为故障发生瞬间开始到控制系统启动之前,此时沿线路分布的电场、磁场相互转换形成故障电流、电压行波;故障电流行波幅值由线路波阻抗以及故障时电压决定,与控制系统无关;本阶段内两侧控制系统尚未对故障做出响应;

（2）暂态阶段为控制系统中的定电流控制开始发挥作用,整流侧和逆变侧的触发角迅速增大,抑制了线路两端向故障点注入的电流,此时整流侧电流明显下降,逆变侧电流持续下降,故障电流由强迫分量和自由分量两部分组成;

（3）稳态阶段中,整流侧以及逆变侧的电流分别被限制于各自的电流参考值上,两侧均为定电流控制,两侧流入控制点的电流方向相反,故障点电流为两者之差,即直流侧与逆变侧间设定的电流裕度值。

2）直流输电线路与交流输电线路碰线

长距离架设的高压直流输电线路不可避免地会在不同地点与不同电压等级的交流输电线路发生交叉跨越,因此在长期运行过程中,有可能发生交直流输电线路碰线的故障。当发生此故障时,由于交流线路与直流线路存在直接接触点,因此在直流输电线路的电流中会出现工频的交流分量。

24.2.4.2 直流线路区保护原理及配置

1）直流线路行波保护

（1）主要功能及原理

行波保护检测直流线路的金属性接地短路故障,原理包括两类:

一种实现方式是以输电线路电压变化率 du/dt、线路电压变化量 ΔU 以及线路电流变化量 ΔI 作为主要判据,对故障行波到达线路末端时引起的末端电气量的剧烈变化进行检测和判别;

另一种实现方式,是基于直流线路上发生对地短路故障时会从故障点向线路两端传播故障行波,通过检测极波的变化实现对直流线路故障的检测;同时,故障时两个接地极母线上的过电压吸收电容器上会分别产生冲击电流,利用该冲击电流以及两极直流电压的变化构成地模波,通过地模波的极性来判断故障极。

（2）保护判据

保护判据 1:

$$dU_{dL}/dt > \Delta 1, \text{且 Delta} U_{dL} > \Delta 2, \text{且 } dI_{dL}/dt > \Delta 3 \tag{24-30}$$

保护判据 2：

$$\text{零模幅值} > \Delta 1, \text{且零模陡度} > \Delta 2, \text{且线模幅值} > \Delta 3 \tag{24-31}$$

（3）故障处理策略

执行直流线路故障重启。

（4）整定建议

行波保护是线路故障的主保护，一般无延时动作出口；定值的确定应通过仿真计算与仿真试验，最终的定值将通过现场试验校核确定。为保证降压运行时保护范围与正常电压运行时基本相同，降压时各定值将自动根据当前电压调整。

2）直流线路电压突变量保护

（1）主要功能和原理

检测直流线路发生金属性接地短路故障，根据直流线路电压设置电压突变量和低电压两个判据：当直流线路发生接地故障时，直流电压快速降到一个较低值，通过电压突变量判据检测；为躲开运行过程中扰动的影响，同时检测低电压水平。

（2）保护判据

$$dU_{dL}/dt > \Delta 1, \text{且 } U_{dL} < \Delta 2 \tag{24-32}$$

（3）故障处理策略

执行直流线路故障重启。

（4）整定建议

定值的确定通过仿真计算与仿真试验，最终的定值将通过现场试验校核确定。为保证降压运行时保护范围与正常电压运行时基本相同，降压时各定值将自动根据当前电压调整。保护动作时间与交流系统主保护清除故障时间相配合，通常不低于 100ms。

3）直流线路低电压保护

（1）主要功能和原理

根据直流线路电压降低水平，检测直流线路高阻接地故障；同时还可以检测无通讯时逆变侧闭锁故障。保护应包含完善的辅助判据，防止区外故障导致保护误动。

（2）保护判据

$$U_{dL} < \Delta \tag{24-33}$$

（3）故障处理策略

有通讯时执行直流线路故障重启；无通讯时紧急停运、跳交流断路器。

（4）整定建议

通讯正常时，保护动作时间要大于最长的通道延时至少 20ms；通讯中断，双极运行时，本站检测到另一极直流电压正常的时间至少 20ms，保护应该大于此时间；本站检测到另一极直流电压低时，保护的动作时间要大于对站交流系统近后备保护动作时间；通讯中断，单极运行时保护的动作时间要大于对站交流系统近后备保护动作时间至少 100ms。降压运行时定值应自动根据当前电压调整。

4）直流线路纵联差动保护

（1）主要功能和原理

根据整流站和逆变站直流线路电流的差值，检测直流线路高阻接地故障，作为行波保护和电压突变量保护的后备。站间通讯故障时保护自动退出。

（2）保护判据

$$|I_{dL} - I_{dL\_OS}| > \Delta \tag{24-34}$$

（3）故障处理策略

执行直流线路故障重启。

（4）整定建议

保护动作延时躲交流系统故障及清除阶段、直流输送功率快速调整、双极或金属回线运行时相邻线故障的暂态过程,站间通讯速度较慢情况下可延长保护动作时间,推荐不低于 500ms。

5）交直流碰线保护

（1）主要功能和原理

根据直流线路电流和直流线路电压中的 50Hz 分量,检测是否发生交直流线路碰线故障。

（2）保护判据

包括两种动作逻辑:

$$I_{dL50Hz} > \Delta 1, 且 I_{dL} > \Delta 2 \text{ 或 } U_{dL50Hz} > \Delta 1, 且 I_{dL50Hz} > \Delta 2 \tag{24-35}$$

（3）故障处理策略

极闭锁。

（4）整定建议

保护定值和延时定值由仿真试验确定,保护动作后推荐无延时出口。

6）金属回线纵差保护

（1）主要功能和原理

金属回线运行方式下,根据金属回线的整流站和逆变站线路电流的差值,检测金属回线发生的接地故障。仅在金属回线运行方式下投入;站间通信异常时保护自动退出。

（2）保护判据

$$|I_{dL\_OP} - I_{dL\_OP\_OS}| > \Delta \tag{24-36}$$

（3）故障处理策略

保护分为两段,Ⅰ段（短延时）动作后起动重启,Ⅱ段（长延时）动作后极闭锁。　　.

（4）整定建议

保护动作时间应躲过交流系统故障的暂态过程,可参考直流线路纵联差动保护的整定。

24.2.5　直流滤波器区保护

24.2.5.1　直流滤波器区故障特性

直流滤波器故障及危害主要体现在以下五个方面。

1）电容元件损坏

电容器一般由若干个电容元件串并联组成。当其中的某些电容元件损坏时,电压应力由剩余的健全电容元件承担。随着电容元件损坏数目的增多,健全电容元件承受的电压应力逐步增加。当损坏数目达到一定值时,有可导致能剩余健全电容元件因承受过大的电压应力而被击穿,甚至引起雪崩,造成整个电容器的损坏。除此之外,电容元件的损坏还将导致电容器参数的改变,降低滤波器的滤波性能。

2）短路故障

直流滤波器的短路故障可以分为三类:直流滤波器主接线对地或对中性直流母线短路;电容器、电抗器、电阻器等器件本体接地短路或对中性直流母线短路;器件内部短接,例如电抗器匝间短路,电容器电容元件之间短路。从故障电气特征来说,器件本体对地或对中性直流母线短路可视为主接线对地或对中性直流母线短路的特例。

当滤波器发生短路故障后,既可能造成器件参数的改变,也可能导致预先设定的谐波通道被改变,使得滤波器无法达到预定的滤波效果。滤波器短路故障甚至还可能导致滤波器个别元器件的过电压或过电流损坏,以及引起直流系统其他部分的过电流。

3）区内、区外故障或不正常运行情况引起的电容器过电压

当换流器输出电压升高或电容元件损坏数量较多时,将造成电容器的过电压。高端电容器在运行中承担了绝大部分的母线电压,运行环境恶劣,较易出现过电压情况。低端电容器仅承担了小部分母线电压,运行环境较高端电容器要好得多,一般不会出现电压情况。

4）区内、区外故障或不正常运行情况引起电抗器、电阻器过热

区内、区外故障或不正常运行情况下，流过电阻器和电抗器谐波电流的含量和幅值有可能超过设计值，导致电阻器和电抗器的发热量超过冷却系统的处理能力。热量不断积聚，经过一段时间后，电抗器和电阻器将过热损坏。电抗器、电阻器的过热程度与谐波电流呈反时限关系，谐波含量越丰富、幅值越大，达到相同过热程度所需的时间越短，反之时间越长。

5）滤波器失谐

滤波器失谐是指滤波器实际谐振频率偏离预期谐振频率的情况，滤波器失谐后将无法达到理想的滤波效果。在下列情况下有可能出现滤波器失谐：交流电网的频率偏差；温度变化、制造工艺误差、元件老化等因素造成器件参数相对于设计值出现偏差；电容元件的损坏导致电容器参数的改变。直流滤波器发生故障后，若不及时进行故障清除或隔离，除了会造成滤波器组成器件以及换流站其他一次设备的损坏，还将造成滤波性能的急剧降低，并有可能进一步导致直流继电保护的误动作，造成直流系统不必要的停运。

24.2.5.2　直流滤波器区保护原理及配置

根据直流滤波器接线的不同，直流滤波器区保护配置略有差别，如图 24-11、图 24-12 所示：

1）差动保护

（1）主要功能和原理

直流滤波器差动保护是直流滤波器的主保护，在直流滤波器内部发生接地短路或对中性线短路故障时可靠动作，通过检测母线侧电流与接地侧电流实现。

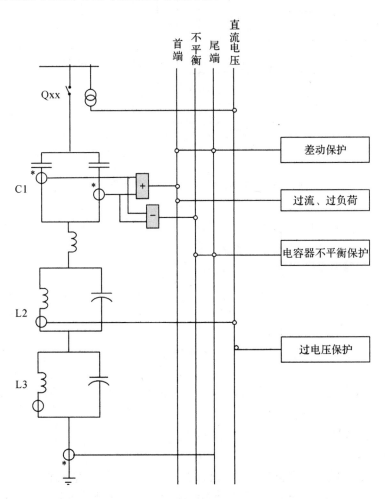

图 24-11　Ⅱ型接线直流滤波器保护配置图

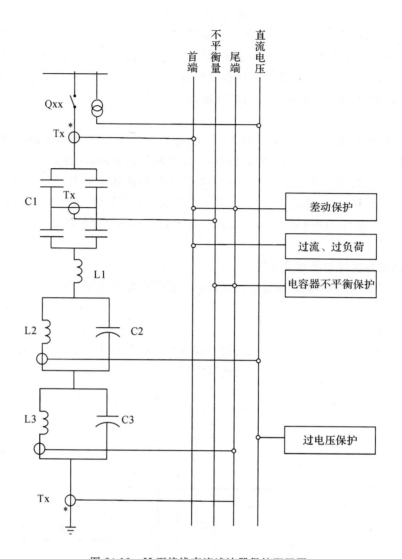

图 24-12 H 型接线直流滤波器保护配置图

保护应具有防止区外故障保护误动的制动特性以及具有防止冲击电流引起保护误动的功能，I_{diff} 为母线侧与接地侧的差流，I_{cdqd} 为差动保护最小动作电流值，I_{res} 为制动电流，采用穿越电流作为制动电流，由于接地故障发生后穿越电流会减小，有助于提高差动保护灵敏度。

（2）保护判据

$$|I_{\text{diff}}| > \max(I_{\text{cdqd}}, K \times I_{\text{res}}) \tag{24-37}$$

（3）故障处理策略

保护动作后，应向极控系统发紧急停运指令并极隔离。

（4）整定建议

I_{cdqd} 应按躲过正常直流滤波器额定负载时的最大不平衡电流整定，保护动作时间应避免测量干扰导致保护误动作，推荐取 15～20ms。

2）过电流（过负荷）保护

（1）主要功能和原理

直流滤波器可对整体配置一段定时限过电流保护和一段反时限过电流保护，采用滤波器首端电流的特征谐波有效值。其中，定电流保护为防止过大电流造成直流滤波器损坏而设置；反时限过电流保护主要作为直流滤波器内部发热的后备保护，防止直流滤波器整体及高端电抗器 L1 承受过高热过应力而损坏。一般设置三段，Ⅰ 段告警，Ⅱ 段、Ⅲ 段跳闸。

（2）保护判据

首先将流过滤波器中的电抗的电流根据各次谐波电流的等效工频系数转换成为等效的工频热效应电流。定时限过电流保护判据：

$$I_{hot} > \Delta \tag{24-38}$$

式中，I_{hot} 为等效的工频热效应电流。

反时限过电流保护曲线根据各次谐波电流的等效工频系数转换成为等效的工频热效应电流，然后根据生产厂家提供电抗器工频流过电流时的过负荷曲线得出。

（3）故障处理策略

保护跳闸段动作后，应发出紧急停运指令和极隔离指令。

（4）整定建议

保护动作定值和时间应根据生产厂家提供一次设备过负荷曲线整定。

3）电容器过电压保护

（1）主要功能和原理

直流滤波器中，高端电容器 C1 承受了全部的直流电压，运行环境较为恶劣。直流滤波器高端电容器过负荷保护的目的与交流滤波器相同，均是为防止过高的极线电压降低电容器绝缘性能，对电容器造成损坏。

根据电容器过负荷程度不同，直流滤波器电容器过负荷保护一般分为告警及跳闸。

（2）保护判据

直流滤波器的高端电容器过负荷保护，一般直接通过直流测量装置测取直流线路电压 U_{dL}，利用直流线路电压与电压—时间特性配合反映电容器过负荷能力。

$$I_{dL} > \Delta \tag{24-39}$$

（3）故障处理策略

保护跳闸段动作后，应发出紧急停运指令和极隔离指令。

（4）整定建议

一般采用反时限特性，根据设备生产厂家提供的电容器可以承受的过压特性曲线进行整定。

4）电容器不平衡保护

（1）主要功能和原理

电容器一般采用Ⅱ型或 H 型接线，当电容器损坏时，不同桥臂的电流将出现差值；Ⅱ型接线中，根据两个桥臂的不平衡电流检测电容器运行状况；H 型接线中，直接测量不平衡电流检测电容器的运行状况。

（2）保护判据

$$\frac{I_{ub}}{I_{tro}} > \Delta \ 且 \ I_{ub} > I_{ubqd} \tag{24-40}$$

式中，I_{ub} 为直流滤波器的不平衡电流；I_{tro} 为直流滤波器的穿越电流，I_{ubqd} 为不平衡起动值。

（3）故障处理策略

保护跳闸段动作后，应能根据直流滤波器首端电流的大小，选择拉开直流滤波器高压侧隔刀或发出紧急停运指令和极隔离指令。

（4）整定建议

电容器不平衡保护的延时需要考虑直流滤波器中电容本身的承受能力，根据电容器参数给出的不同电压下电容器能承受的时间作为延时定值。

24.2.6 直流开关保护

24.2.6.1 直流开关故障特性

直流高速开关的作用是将直流电流快速地从一个电流通路转换到另一个通路，以实现直流系统运行方式的转换,或隔离故障点、保护设备的安全、保证系统健全部分继续运行。在特高压直流系统中,高速直流开关包括高速中性母线开关(HSNBS)、高速接地开关(HSGS)、金属回线转换开关(MRTB)、大地回线转换开关(MRS)和旁路开关(BPS),其中旁路开关(BPS)是特高压直流系统所特有。

1)直流开关的作用

HSNBS 安装于极直流中性母线靠近接地极线路一侧,用于将停运极的中性直流母线与运行极相隔离,以保证正常运行极能够继续稳定运行。

MRS 位于极 1 和极 2 的公共中性线上,用于将电流从单极金属线回路切换至单极大地回路。在切换过程中,首先将 MRTB 合闸,此时将有两个电流通路,阻值较高的金属线回路和阻值较低的大地回路,当达到稳态条件时,流过两者的电流与阻值成反比关系,然后通过 MRS 分闸,将电流全部转移到大地回路之中。

MRTB 位于极 1 和极 2 的公共接地极母线上,用来将电流从单极大地回路切换至单极金属线回路。在切换过程中,首先将 MRS 合闸,形成两个电流通路,阻值较高的金属线回路和阻值较低的大地回路,然后通过 MRTB 分闸,将电流全部转移到金属线回路中。

HSGS 安装于极 1、极 2 的公共接地极母线和站内接地网之间。单极金属回线运行方式下,HSGS 处于常闭状态,主要作用是为直流系统提供电位参考点。双极双端运行方式和单极大地运行方式下,HSGS 均处于常开状态。

BPS 是特高压直流输电系统特有的设备,跨接于换流器,在换流器退出运行时,通过合上 BPS 将换流器短路,在换流器投入运行过程中将电流转移到换流阀中。

2)直流开关失灵和不正常分断

直流开关失灵,是指保护或控制系统动作跳开高速开关后,不能在安全时间内灭弧的故障。电弧不能正常熄灭,造成灭弧室能量逐渐积聚,经过一定时间后,其将超过灭弧室的承受能力,严重时可能导致高速开关的爆炸。因此,故障一旦发生后应立即重合灭弧断路器,以保护高速开关的安全。

直流开关的不正常分断是指高速开关设计条件之外的分断情况。例如,单极大地方式向单极金属回线方式转换期间,应先闭合 MRS,待部分大地回路电流成功转移到金属回线达到一个相对稳定状态之后,再断开 MRTB,将剩余的电流全部转移到金属回路中。这一剩余电流为 MRTB 实际需要开断的电流,MRTB 一般也正是按照这一电流来设计的。但若由于某种原因,造成控制系统发出闭合 MRS 命令后,MRS 未能正确闭合,或者 MRS 虽然闭合但是金属回路中没有电流流过,此时若打开 MRTB,直流系统中的所有能量将无法转移到其他通路,只能继续沿大地回路泄放,极有可能造成 MRTB 的损坏,进而引起其他换流设备的过电压。单极金属回线方式向单极大地回线方式转换时,MRS 面临着同样的问题。

24.2.6.2 直流开关保护原理及配置

1)旁路开关保护

(1)主要功能和原理

检测旁路开关的失灵故障,包括分闸失灵和合闸失灵。

当旁路开关跳开后,如果断路器失灵,无法可靠断开旁路开关,为了避免损坏设备,旁路开关保护(分闸失灵段)动作,应重合开关;收到阀组紧急停运和极紧急停运的信号后,应合上旁路开关,如果断路器失灵,造成无法可靠合上旁路开关,直流电流无法从换流器转移到旁路开关上,旁路开关保护(合闸失灵段)动作后应闭锁本极。

(2)保护判据

Ⅰ段(分失灵):旁路开关在分位同时满足

$$I_{dBPS} > \Delta \tag{24-41}$$

Ⅱ段(合失灵):收到阀组紧急停运和极紧急停运的信号后

$$I_{dBPS} < \Delta \text{ 且 } I_{dH} > \Delta \tag{24-42}$$

（3）故障处理策略

Ⅰ段重合本开关；Ⅱ段出口闭锁本极。

（4）整定建议

定值应可靠躲过测量误差，时间定值与旁路开关（BPS）操作时间配合，操作时间由开关生产厂家提供。

2）中性母线开关保护

（1）主要功能和原理

保护中性母线开关的失灵故障。当中性母线开关跳开后，如果断路器失灵，无法可靠断开直流开关，为了避免损坏设备，高速中性母线开关保护动作，应重合开关。

（2）保护判据

分中性母线开关后

$$I_{dE} > \Delta \qquad (24\text{-}43)$$

（3）故障处理策略

重合中性母线开关。

（4）整定建议

定值应可靠躲过测量误差，时间定值与旁路开关（BPS）操作时间配合，操作时间由开关生产厂家提供。

3）高速接地开关保护

（1）主要功能和原理

保护高速接地开关的失灵故障。当高速接地开关跳开后，如果断路器失灵，无法可靠断开直流开关，为了避免损坏设备，高速接地开关保护动作，应重合开关。

（2）保护判据

分高速接地开关后

$$I_{dSG} > \Delta \qquad (24\text{-}44)$$

（3）故障处理策略

重合高速接地开关。

（4）整定建议

定值应可靠躲过测量误差，时间定值与旁路开关（BPS）操作时间配合，操作时间由开关生产厂家提供。

4）金属回线转换开关保护

（1）主要功能和原理

保护金属回线转换开关的失灵故障。当金属回线转换开关断开后，如果断路器失灵，无法可靠断开直流开关，为了避免损坏设备，保护动作后应重合开关。

顺控操作中，合上大地回线转换开关后，如果 $I_{dL\_OP} < \Delta$，应禁止打开金属回线转换开关，该功能宜在直流站控中实现。

（2）保护判据

金属回线转换开关断开后

$$I_{dEE1} + I_{dEE2} > \Delta \quad 或 \quad I_{dMRTB} > \Delta \qquad (24\text{-}45)$$

（3）故障处理策略

重合金属回线转换开关。

（4）整定建议

定值应可靠躲过测量误差，时间定值与旁路开关（BPS）操作时间配合，操作时间由开关生产厂家提供。

5）大地回线转换开关保护

（1）主要功能和原理

保护大地回线转换开关失灵故障。当大地回线转换开关断开后，如果断路器失灵，无法可靠断开直流开关，为了避免损坏设备，保护动作后应重合开关。

顺控操作中，合上金属回线转换开关后，如果 $I_{\text{dMRTB}}<\Delta$，应禁止打开大地回线转换开关，该功能宜在直流站控中实现。

（2）保护判据

分大地回线转换开关后

$$|I_{\text{dL\_OP}}|>\Delta \tag{24-46}$$

（3）故障处理策略

重合大地回线转换开关。

（4）整定建议

定值应可靠躲过测量误差，时间定值与旁路开关（BPS）操作时间配合，操作时间由开关生产厂家提供。

24.2.7 直流保护配合关系

直流保护总体配合关系如表 24-1 所示。

表 24-1　直流保护总体配置

序号	保护区域	功能名称	保护范围	功能作用
1		换流器短路保护	换流器故障	主保护
2		过流保护	换流器故障	后备保护
3		换相失败保护	换流器故障	后备保护
4		组差保护	换流器故障	后备保护
5		桥差保护	换流器故障	后备保护
6	换流器区保护	换流变阀侧中性点偏移保护	换流器故障	告警监视
7		交流低电压保护	监测交流系统故障	后备保护
8		交流过电压保护	监测交流系统故障	后备保护
9		直流过压保护	直流线路意外断线、逆变器非正常闭锁和控制系统故障引起的过电压情况	主保护
10		换流变中性点直流饱和保护		告警监视
11		直流低电压保护	直流对地故障	后备保护
12		50Hz 保护	换相失败、阀触发异常	后备保护
13		100Hz 保护	交流系统故障	后备保护
14		接地极开路保护	直流系统的接地点断线故障	主保护
15	极区保护	直流差动保护	换流器接地故障	主保护
16		极母线差动保护	直流高压母线接地故障	主保护
17		中性母线差动保护	直流中性母线接地故障	主保护
18		直流后备差动保护	换流器、极母线、极中性母线内的接地故障	后备保护

序号	保护区域	功能名称	保护范围	功能作用
19	双极区保护	接地极母线差动保护	接地极母线区接地故障	主保护
20		站内接地网过流保护	流入站内接地网的电流过大故障	主保护
21		接地系统保护	流入站内接地网的电流过大故障	后备保护
22		接地极电流不平衡保护	接地极线路接地故障	主保护
23		接地极过流保护	接地极线路故障	后备保护
24		金属回线横差保护	金属回线方式下接地故障	后备保护
25	直流线路区保护	行波保护	线路金属性接地故障	主保护
26		电压突变量保护	线路金属性接地故障	主保护
27		直流线路低电压保护	线路高阻接地故障	后备保护
28		直流线路纵联差动保护	线路高阻接地故障	后备保护
29		交直流碰线保护	交直流碰线故障	主保护
30		金属回线纵差保护	金属回线接地故障	主保护
31	直流开关保护	旁路开关保护	旁路开关故障	主保护
32		中性母线开关保护	中性母线开关故障	主保护
33		高速接地开关保护	高速接地开关故障	主保护
34		金属回线转换开关保护	金属回线转换开关故障	主保护
35		大地回线转换开关保护	大地回线转换开关故障	主保护
36	直流滤波器保护	差动保护	直流滤波器接地故障	主保护
37		过电流(过负荷)保护	直流滤波器设备故障	后备保护
38		电容器过电压保护	电容器故障	主保护
39		电容器不平衡保护	电容器故障	主保护

24.3　特高压直流保护与常规直流保护的区别

特高压直流保护与常规直流保护的主要区别包括以下几个方面。

24.3.1　保护装置配置

特高压直流输电系统中,由于采用双十二脉动换流器串联结构,每一组十二脉动换流器可以退出且不影响另一组换流器的正常运行,因此,在特高压直流输电系统中,极保护、直流线路保护以及双极区保护应采用同一装置实现,换流器保护应按阀组配置;而在常规直流输电系统保护中,换流器保护、极保护、直流线路保护以及双极区保护应采用同一装置实现。

24.3.2　保护配置及原理

基于特高压直流输电系统与常规直流输电系统结构基本相同,特高压直流输电系统与常规直流输电系统的极区、双极区、直流线路区以及直流滤波器区的保护配置及原理基本相同;换流器区和直流开关保护也基本类似。但特高压直流会有旁路开关保护,而常规直流一般没有;另外,特高压直流在保护启动闭锁换流器时一般只需闭锁一个故障阀组而非整个极,而常规直流一般是闭锁整个极。两者具体区别如下:

1)配置旁路开关保护

旁路开关是特高压直流输电系统中特有的设备,换流器退出运行时通过合上旁路开关将其短路,同时在换流器投入运行过程中通过断开旁路开关将电流转移到换流阀中。

为了防止换流器退出运行时合旁路开关失败或换流器投入运行时断旁路开关失败,在特高压直流保护中,设置了旁路开关保护,检测旁路开关的失灵故障,包括分闸失灵和合闸失灵。

常规直流保护系统中,由于未配置旁路开关,故未设置旁路开关保护。

2)部分保护原理有所区别

(1)直流过压保护

特高压直流保护中,直流过压保护针对每个换流器配置,通过监测 U_{dL}、U_{dM} 和 U_{dN} 分别实现:

Ⅰ段:

$$|U_{dL}-U_{dM}|>\Delta \text{ 且 } I_{dH}<\Delta \text{ 或 } |U_{dM}-U_{dN}|>\Delta \text{ 且 } I_{dH}<\Delta \tag{24-47}$$

Ⅱ段、Ⅲ段:

$$|U_{dL}-U_{dM}|>\Delta \text{ 或 } |U_{dM}-U_{dN}|>\Delta \tag{24-48}$$

常规直流保护中,直流过压保护针对整个极,通过监测 U_{dL} 或 $U_{dL}-U_{dN}$ 实现:

Ⅰ段:

$$|U_{dL}|>\Delta \text{ 且 } I_{dH}<\Delta \text{ 或 } |U_{dL}-U_{dN}|>\Delta \text{ 且 } I_{dH}<\Delta \tag{24-49}$$

Ⅱ段、Ⅲ段:

$$|U_{dL}|>\Delta \text{ 或 } |U_{dL}-U_{dN}|>\Delta \tag{24-50}$$

(2)直流低电压保护

特高压直流保护中,直流低电压保护动作后,可以同时监测 U_{dM},从而判断故障范围;如果判断仅是高端阀组或低端阀组故障,保护动作后仅闭锁故障阀组,否则闭锁极。

Ⅰ段:

$$\Delta_2<|U_{dL}|<\Delta_1 \tag{24-51}$$

Ⅱ段:

$$|U_{dL}|<\Delta \tag{24-52}$$

Ⅰ段动作后高端阀组($|U_{dL}-U_{dM}|<\Delta$)或低端阀组($|U_{dM}-U_{dN}|>\Delta$)闭锁;Ⅱ段动作后,双阀组闭锁。单十二脉动换流器结构下,保护动作后立即闭锁换流器。

3)部分保护动作后果有所区别

在特高压直流系统换流器区的保护中,换流器短路保护、过流保护、换相失败保护、组差保护、桥差保护、交流低电压保护和交流过电压保护的动作后果是停运相应的阀组,而在常规直流系统中,这些保护的动作后果均为停运相应极。

参考文献

[1] 戴熙杰. 直流输电基础[M]. 北京:水利电力出版社,1990.

[2] 刘振亚. 特高压直流输电技术研究成果专辑(2008年)[M]. 第一版. 北京:中国电力出版社,2008.

[3] 中国南方电网超高压输电公司,华南理工大学电力学院. 高压直流输电系统继电保护原理与技术[M]. 北京:中国电力出版社,2013.

[4] 赵畹君. 高压直流输电工程技术[M]. 北京:中国电力出版社,2004.

[5] 徐政. 交直流电力系统动态行为分析[M]. 北京:机械工业出版社,2004.

[6] 朱声石. 高压电网继电保护原理与技术[M]. 北京:中国电力出版社,1995.

[7] 李兴源. 高压直流输电运行与控制[M]. 北京:中国电力出版社,1988.

[8] 李爱民,蔡泽祥,任达勇,等. 高压直流输电控制与保护对线路故障的动态响应特性分析[J]. 电力系统自动化,2009,33(11):72-75.

[9] 罗海云,傅闯. 关于贵广二回直流线路行波保护中电压变化率整定值的讨论[J]. 南方电网技

术,2008,2(1):14-17.

[10] 王钢,罗健斌,李海锋,等.特高压直流输电线路暂态能量保护[J].电力系统自动化,2010,34
　　　(1):28-31.

四　设计篇

工程设计是工程建设的龙头,对于指导工程具体实施、保证工程铸命周期的安全性、经济性具有关键的重要作用。与超高压输变电工程相比,特高压输变电工程电压等级更高、输送容量更大、输送距离更远、可靠性要求更高,由于特高压输变电工程的重要性和特殊性,对于工程设计的内容和深度也提出了更高的要求。

本篇主要介绍特高压 1000kV 交流变电站、±800kV 换流站以及 1000kV 交流输电线路、±800kV 直流输电线路设计的重点内容和要求。

第 25 章　特高压交流变电站设计

1000kV 晋东南—南阳—荆门特高压交流试验示范工程的成功投运,标志着中国电网发展进入特高压时代。特高压电网的建设,对促进中国电力工业可持续发展、提升电网的技术装备水平、推动国内电工设备制造业的产业升级具有重大影响。设计作为整个工程建设的龙头,无论是消化、利用科研成果,还是指导工程的具体实施,都起着非常重要的作用。本章以特高压变电站电气接线与布置为出发点,论述在站址选择、电气主接线、配电装置选型、总平面布置等方面设计需要着重考虑的内容。

25.1　设计深度要求与主要规程规范

25.1.1　设计深度要求

为了贯彻落实"集团化运作、集约化发展、精益化管理、标准化建设"的要求,规范特高压工程设计工作,适应特高压变电站建设要求,提高特高压变电站建设质量和水平,合理控制造价,结合特高压变电站示范工程设计经验,国网公司已经编制了 Q/GDW 11216-2014《1000kV 变电站初步设计内容深度规定》和 Q/GDW 11217-2014《1000kV 变电站施工图设计内容深度规定》,对设计内容和深度作了规定。

25.1.2　主要规程规范

特高压交流试验示范工程投运后,国家电网公司组织编制了一批特高压变电站的规程、规范,其中与设计相关的主要有:

GB 50697-2011《1000kV 变电站设计规范》

GB/Z 24842-2009《1000kV 特高压交流输变电工程过电压和绝缘配合》

Q/GDW 294-2009《1000kV 变电站设计技术规定(电气部分)》

Q/GDW 286-2009《1000kV 系统电压和无功电力技术导则》

Q/GDW 323-2009《1000kV 环境污区分级标准》

Q/GDW 278-2009《1000kV 变电站接地技术规范》

Q/GDW 304-2009《1000kV 输变电工程电磁环境影响评价技术规范》

Q/GDW 318-2009《1000kV 输变电工程过电压和绝缘配合》

Q/GDW 319-2009《1000kV 交流输电系统过电压和绝缘配合导则》

《国家电网公司输变电工程通用设计 1000kV 变电站分册》(2013 年版)

《国家电网公司输变电工程通用设备 1000kV 变电站分册》(2013 年版)

25.1.3　设计重点与难点问题

目前特高压电压等级输变电工程的技术标准或规程规范仍处在初编阶段,在确定特高压变电站的地面场强、电晕、无线电干扰、可听噪声、电磁环境等控制标准时,适用的技术标准和规程规范较少。

特高压构支架具有拉力大、跨度大、高度高等特点,计算风速的选取、经济弧垂的确定、构支架型式的选择包括梁柱断面形状、主辅材的选择等都是设计的难点。

特高压配电装置间隔宽度、设备支架高度、母线构架高度、进(出)线构架高度、纵向尺寸、配电装置道路规划等需要进行大量计算和优化,而导线拉力、风偏摇摆等方面缺少可以直接用于特高压电压等级的计算公式和数学模型。

25.2　站址选择与总规划布置

25.2.1　站址选择

特高压变电站站址选择是一项政策性和技术性很强的工作,需要多家单位、多个专业协同完成。特高压变电站占地面积大,技术要求高,同时对周边环境影响也大,因而其站址的选择比一般变电站更加困难。特高压变电站的站址选择在以下几个方面需要特别注意:

1)坚持节约用地原则

站址选择时应严格执行国家节约用地的基本国策,尽量利用荒地、劣地,不占或少占农田,保护耕地。特高压变电站一般用地面积在 12 公顷以上,当配电装置采用 HGIS 或 AIS 时变电站的用地面积有时多达 40 公顷,将占用大量的土地资源。

特高压工程配电装置通常均采用了户外 GIS 形式,较好地节约了土地资源。随着特高压工程的不断推进,电气布置不断优化,变电站用地面积在不断减少。

2)注重大件运输、交通问题实施方案

特高压变电站的大型超限设备主要为主变压器及 1000kV 高压电抗器,表 25-1 中列出部分厂家大件资料的运输参数。从表中可以看出,主变压器的单相运输重量及尺寸与 500kV 三相一体变压器相当,对沿途的桥梁道路要求较一般变压器高很多,相应的运输费用也有较大幅度上升。相对变压器而言,特高压电抗器设备受运输条件限制的矛盾并不突出,运输路径主要受主变压器尺寸和重量制约。

表 25-1　大件运输设备参数

序号	设备名称	制造厂家	运输尺寸 长(m)×宽(m)×高(m)	运输重量 (t)
1	主变压器	沈变	11.5×5.11×4.97	397
		保变	11.05×4.95×4.99	388
		西变	8.81×4.59×5.00	346
2	高压电抗器	/	6.6×3.685×4.65	173

3)尽可能减少环境影响

环境影响包括外界对变电站的影响和变电站建设对外界环境的影响两方面。外界对变电站的影响主要有污秽地区的各种污染物,站址选择时应当尽量避免设在严重空气污染地区和严重盐雾地区,如无法避免时,宜选择在污染源的上风侧或采用组合电器、屋内配电装置、防尘涂料等措施。在特高压变电站建设时应特别重视变电站对外界的影响,主要有以下几方面:

(1)噪声污染。变电站的噪声源主要来自导线上电晕产生的可听噪声和电气设备的噪声,中国目前尚未提出变电站可听噪声的限值标准,可参考 750kV 相关标准。在 1000kV 配电装置设计中,可听噪声的限值标准和电晕无线电干扰一样,可规定离变电站围墙处不应超过线路水平(750kV 的控制标准为 60dB(A),相当于中国《工业企业厂界环境噪声排放标准》(GB 12348-2008)的 II 类区)。

(2)外观的影响。特高压变电站占地面积大,站内构支架和站外铁塔高度较其他电压等级明显增加,对人的视觉冲击效果明显。选站时宜尽量远离居民区,避开自然保护区、风景区等,在变电站建设时尽量使变电站、铁塔与周边环境相协调。

(3)水系改变和水污染。特高压变电站的建设,往往会改变原有的水系,站区和被截断的原有地面雨水变为有组织排水,对当地的灌溉可能产生一定影响,同时变电站在运行过程中所排放的废水和污水如果处理不当,也会对当地附近的水质产生一定的影响。在变电站选址时不宜落点在饮用水库的上游,在设计过程中注意对排放的污水和事故油进行严格的处理,达到不污染外界的效果。对站外排水的规划,应与当地原有水系综合考虑,做到不影响周边河道、水渠的排灌能力。

25.2.2　总规划布置

总规划布置,包括围墙内总平面布置和总平面在地形上的布置两部分内容。围墙内总平面布置需要工程组人员全面协调,并结合站址地形地质条件进行充分论证。总平面在地形上的布置以土建专业为主,根据初步确定的总平面布置图,对选定的区域场地进行分析,结合用地面积、道路引接、土石方量、地基处理、拆迁赔偿、站区防洪、环境影响等进行综合反复论证,得出变电站总平面在建设场地上的布置,最终完成变电站总规划布置。

基于特高压变电站用地面积大的特点,对于复杂地形或地质条件下的变电站总规划布置,应充分考虑变电站站址微调对工程带来的影响,如边坡挡墙和站外排水等设计方案,以及竖向布置设计对总用地面积、土石方工程量、地基处理等的影响。前期的规划布置论证得越充分全面,后一阶段的设计反复就越少,工程实施及投资控制也越简单。

25.3　电气主接线

日本和苏联在特高压输变电领域有一定的研究并已成功建成了数条 1000kV 级特高压输变电线路,但目前基本仅作降压运行。日本特高压变电站接线采用双母线四分段接线,苏联采用的是 4/3 断路器接线(枢纽变电站)等接线方式。欧美发达国家在 20 世纪也对特高压作了大量的研究工作,南美国家的 765kV 特高压变电站接线一般采用双断路器接线[1]。

在晋东南—南阳—荆门特高压试验示范工程投产后,国家电网公司在总结试验示范工程经验的基础上,发布了企业标准 Q/GDW 294-2009《1000kV 变电站设计技术规定(电气部分)》,对 1000kV 电气主接线有如下规定:

"1000kV 配电装置的最终接线方式,当线路、变压器等连接元件的总数为 5 回及以上时,宜采用 3/2 断路器接线。

当初期线路、变压器等连接元件较少时,可根据具体的元件总数采用角形接线或其他使用断路器数量较少的简化接线型式,但在布置上应便于过渡到最终接线。

当采用 3/2 断路器接线时,同名回路应配置在不同串内,电源回路与负荷回路宜配对成串。如接线条件限制时,同名回路可接于同一侧母线。"

在具体应用到工程时的接线方案还应结合设备制造能力和电气布置综合考虑。

根据《电力工程电气设计手册》,对于一个半断路器接线,应考虑断路器事故或检修时,一个回路加另一最大回路负荷电流的可能,因此,回路持续工作电流为两个相邻回路正常负荷电流[2]。如按照每回线输送功率为 5000MW 计算,考虑功率因数 0.95 左右,则 1 回线工作电流将达到 3039A。采用一个半断路器接线,其工作电流为 6078A。需考虑选用额定电流为 6300A 的断路器。

在晋东南—南阳—荆门特高压试验示范工程的前期,1000kV 设备的研发情况是:国内各开关厂的 1000kV 断路器额定电流均不超过 4000A。因此,晋东南、荆门 1000kV 变电站 1000kV 侧的主接线方案本期采用双断路器接线,远期根据系统需要提高设备制造能力,采用一个半断路器(断路器额定电流为 6300~8000A)接线。

从设备研发情况来看,河南平高电气(平高)、新东北电气(沈高)、西安电力机械制造公司(西开)等公司已有较成熟额定电流为 6300A 的 1000kV GIS 产品。从设备制造能力发展前景来看,1000kV 采用一个半断路器接线能满足特高压线路载流量要求。

25.4　过电压保护

根据相关科研专题研究报告[3]的结论,1000kV 过电压控制水平如下:

1)1000kV 过电压控制水平

（1）工频暂时过电压

出线断路器变电站侧：1.3p.u.，出线断路器线路侧：1.4p.u.。

（2）变电站 2％操作统计过电压

变电站侧相对地：1.6p.u.，线路侧相对地：1.7p.u.。

变电站侧相间：2.8p.u.，线路侧相间：2.8p.u.。

2）1000kV 过电压保护

（1）工频过电压

1000kV 线路的充电无功功率很大，因此空载线路的电容效应、不对称接地故障和甩负荷等原因都会引起 1000kV 系统的工频暂时过电压。在 1000kV 线路出口安装高压并联电抗器是限制系统工频过电压的有效措施。例如，皖电东送淮南—上海特高压交流示范工程中，在淮南—皖南在双回线路出口各配置一组容量为 $3 \times 240 \mathrm{Mvar}$ 的高抗；皖南—浙北在双回线路出口对角形配置一组容量为 $3 \times 200 \mathrm{Mvar}$ 的高抗；浙北—沪西在双回线路出口对角形配置一组容量为 $3 \times 240 \mathrm{Mvar}$ 的高抗，以满足系统过电压控制的要求。

特高压并联电抗器中性点采用小电抗接地来限制非全相运行时的非全相谐振过电压。

（2）操作过电压

1000kV 操作过电压主要包括关合和单相重合、开断空载线路过电压、切除接地故障过电压。限制这类过电压的最有效措施是在断路器上安装合闸电阻。

例如：在皖电东送淮南—上海特高压交流示范工程中，断路器装设 600Ω 合闸电阻，并且在线路出口加装避雷器以限制 1000kV 线路的操作过电压水平。

（3）雷电过电压

雷电过电压是由相导线遭直接雷击或反击，或是由雷击到靠近线路的地上感应而引起的。利用电磁暂态程序（ATP、EMTP），中国电科院和国网电科院对 1000kV 晋东南变电站、南阳开关站和荆门变电站的防雷保护进行了模拟计算[3]。计算结果表明，变压器侧及线路侧应设置避雷器，母线、串中连线及并联电抗器侧是否装设避雷器，与是否考虑单线运行方式、线路进线段保护角密切相关，1000kV 设备绝缘水平取值也影响避雷器与被保护设备间距离。皖电东送工程的计算结果是：在单线运行方式等严酷条件下，个别有高抗的线路需在线路出口、高抗套管附近各装设一组避雷器才能满足设备绝缘要求。

因此，具体工程中 1000kV 避雷器配置需根据雷电过电压预测，操作过电压计算或模拟试验确定。

（4）潜供电流及其恢复电压

1000kV 线路的相间电容和电感的数值都比较大，为了提高单相重合闸的成功率，必须特别注意重合闸过程中潜供电流和恢复电压的问题。可以采用加装高压并联电抗器中性点小电抗 100％全补偿线路相间电容来限制潜供电流和恢复电压，而日本采取的是在线路上单独安装快速接地开关限制潜供电流和恢复电压。

3）1000kV 避雷器参数

（1）避雷器额定电压选择

系统的暂时过电压决定避雷器的额定电压。避雷器的额定电压 U_r 与最高工作线电压 U_m 的关系是：$U_r = \beta U_m / \sqrt{3}$，$\beta$ 为暂态过电压倍数。按公式计算，变电站母线侧避雷器额定电压为 828kV，变电站线路侧避雷器额定电压为 888kV。由于幅值在 1.3～1.4p.u. 之间的工频过电压持续时间短，额定电压 828kV 的避雷器完全可以承受，而且有足够裕度。因此全线也可以采用单一额定电压为 828kV 的避雷器。

（2）避雷器持续运行电压选择

根据避雷器的选用导则，持续运行电压必须大于或等于其所处工作点所承受的系统持续运行电压，避雷器安装方式为相对地，因此避雷器的持续运行电压取 638kV。

（3）避雷器主要参数

表 25-2　1000kV 系统用避雷器主要技术参数

项　目	变电站侧/线路侧
系统标称电压 kV	1000
系统最高电压 kV	1100
系统暂时过电压 p. u.	1.3
避雷器额定电压 kV	828
避雷器持续运行电压（kV）	≥638
2kA 操作冲击电流残压（kV 峰值）	≤1460
20kA 雷电冲击电流残压（kV 峰值）	≤1620

25.5　最小空气间隙

1000kV 配电装置空气间隙见表 25-3。

表 25-3　1000kV 最小空气间隙表（海拔 1000m）/单位：m

序号	放电电压类型	A_1		A_2
		A_1'	A_1''	
1	工频放电电压	4.20		6.80
2	正极性操作冲击电压波	四分裂导线-地 管母线-地 6.80	均压环-地 7.5	四分裂导线之间：9.2 均压环之间：10.1 管母线之间：11.3
3	正极性雷电冲击电压波	5.00		5.50

注：A_1（A_1'、A_1''）—相对地最小空气间隙，其中 A_1' 为分裂导线至接地部分之间和管型导体至接地部分之间，A_1'' 为均压环至接地部分之间；A_2—相间最小空气间隙。

25.6　电气设备的绝缘水平

按国家标准 GB 311.1-1997《高压输变电设备的绝缘配合》中确定的原则进行绝缘配合，即对雷电冲击一般配合系数取 1.4，对操作冲击一般配合系数取 1.15，1000kV 设备额定绝缘水平如表 25-4。

表 25-4　1000kV 设备额定绝缘水平

设备名称	设备试验电压峰值（kV）			保护水平配合系数	
	雷电冲击耐受电压	操作冲击耐受电压	工频耐受电压	雷电冲击保护水平	操作冲击保护水平
	全波内外绝缘　截波	内外绝缘干、湿	干、湿	kV（峰值）	kV（峰值）
自　耦变压器	2250　　　2400	1800	1100 （5min）	避雷器 20kA 残压：1620 全波配合系数： 2250/1620＝1.39	避雷器 2kA 操作波残压：1460 实际配合系数： 1800/1460＝1.23　1.15
并　联电抗器	2250　　　2400	1800	1100 （5min）	2250/1620＝1.39	1800/1460＝1.23　1.15
电　容式电压互感器	2400　　　——	1800	1100 （5min）	2400/1620＝1.48　1.4	1800/1460＝1.23　1.15

续表

设备名称	设备试验电压峰值(kV)			保护水平配合系数	
	雷电冲击 耐受电压	操作冲击 耐受电压	工频 耐受 电压	雷电冲击 保护水平	操作冲击 保护水平
	全波内外绝缘	截波	内外绝缘 干、湿	干、湿	kV(峰值)	kV(峰值)
开关设备	2400	——	1800	1100 (1min)	2400/1620＝1.48 1.4	1800/1460＝1.23 1.15
开关设备断口间	2400＋900	——	1675 ＋900	1100＋635 (1min)	——	——
支　柱 绝缘子	2400	——	1800	1100 (1min)	2400/1620＝1.48 1.4	1175/898＝1.31 1.15

注:开关设备断口间反向试验电压数值对操作取 1.0 倍的系统最高相对地工频电压峰值;对雷电取 1.0 倍的系统最高相对地工频电压峰值。

25.7　电气主设备选择

电气主设备的选择应满足正常运行、检修、短路和过电压情况下的要求,并考虑远景发展,并按照当地环境条件进行校核。

25.7.1　电气计算

电气主设备选择主要涉及以下计算和校验:
(1)短路电流计算
(2)长期工作条件(电压、电流和机械荷载)
(3)短路稳定条件
(4)绝缘水平

25.7.2　主变压器

1000kV 主变压器是特高压工程的关键设备。晋东南—南阳—荆门特高压试验示范工程中投运主变压器的单相容量为 1000MVA、电压等级 1000kV。

主变压器采用三相或是单相,主要考虑变压器的制造条件、可靠性及运输条件等因素。大型变压器尤其需要考虑其运输的可能性,保证运输尺寸不超过铁路、公路、水路等运输限制尺寸,运输重量不超过桥梁、道路允许的承载能力。1000kV 系统处于起步阶段,主变压器数量少,要求主变压器的可靠性高。由于目前 1000kV 主变压器还没有成熟的产品,一般需要设置备用主变压器,而采用单相变压器时只需设置备用相,因此,采用单相变压器比三相变压器更经济。自耦变压器与同容量的普通变压器相比具有很多优点:消耗材料少,造价低;有功和无功损耗少,效率高;高中压线圈为自耦联系,阻抗小,对改善系统的稳定性有一定作用;可以扩大变压器极限制造容量,便于运输和安装。基于目前国内主变压器制造水平以及运输条件,从试验示范工程到皖电东送工程,交流特高压变压器型式均选择为单相、自耦、无励磁调压变压器,额定容量 1000MVA,电压比为 $\frac{1050}{\sqrt{3}}/\frac{520}{\sqrt{3}}\pm 2\times 2.5\%/110kV$,短路阻抗 $U_{1\text{-}2}\%＝18\%$。

特高压交流变压器的中压线端为 500kV,如果参照 500kV 和 750kV 变压器在中压侧线端的调压方式,在绝缘可靠性和调压开关的选择上,存在较大困难。目前调压开关还没有此电压等级的产品,只能通过 500kV 线圈增加中间抽头方法来接低一级调压开关(如 330kV 等级)或开发新的高电压等级调压开关。但这两种方法对变压器本身来说,调压线圈和调压引线都较难处理,会对变压器绝缘可靠性造成不利影响。如采用外置调压器的方式,由于调压器线圈必然为 500kV 全绝缘结构,绝缘结构也较为复杂,从技术、安全、经济角度来说,都不理想。因此,目前主变压器均采用中性点侧调压方式。主变压器分为主体和调压变两部分,主体油箱外设调压变,内有调压和补偿双器身,正反调压开关。调压部分与主体分开,调压部分有故障时,主体仍可运行。同时,简化了变压器设计,提高了变压器的可靠性,有利于长期安全稳定运行。

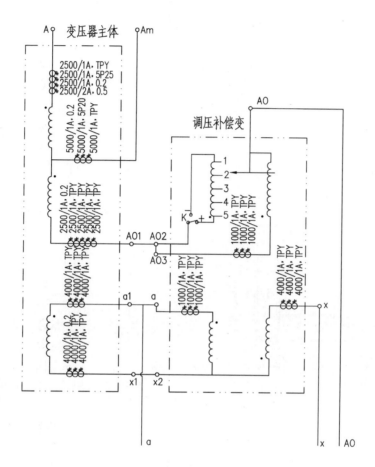

图 25-1 1000kV 主变 A 相接线示意图

为了避免油流带电带来的技术问题,1000kV 变压器冷却方式采用 OFAF(强迫油循环风冷)冷却方式,并可在轻载时适当停运风机和油泵,实现 OFAF/ONAF/ONAN 多种冷却方式的转换,降低辅机损耗。

设计应根据系统和设备情况确定是否装设备用相。也可根据变压器参数、运输条件和系统情况,考虑在一个地区设置 1 台备用相。

为适应规划中特高压变电站大容量输电要求,在以往特高压变电站变压器设计研制经验的基础上,1000kV 主变压器生产厂家经研制,已具备生产 1000kV/1500mVA 单相主变能力。根据对国内 1000kV 主变压器主要生产厂家的调研,包括西安西电变压器有限责任公司(简称西变)、保定天威保变电气股份有限公司(简称保变)和特变电工沈阳变压器集团有限公司(简称沈变),1500MVA 大容量主变外形尺寸如下表:

表 25-5 1500MVA 变压器外形尺寸

序号	厂家	深度(m)	宽度(m)	套管高度(m)
1	西变	17.65	13.04	18.85
2	保变	16.55	12.92	17.73
3	沈变	16.2	15.1	19

对于 1000MVA 大容量变压器,主变进线架构与主变架构之间的距离为 41m,根据 1500MVA 大容量变压器外形尺寸综合考虑,主变进线构架与主变构架之间的距离增加 2m 至 43m。

表 25-6　1000kV 变压器主要参数

序号	电压比	额定容量	联结组标号
1	$\dfrac{\frac{1050}{\sqrt{3}}\Big/\frac{525(520,515)}{\sqrt{3}}}{\pm 4\times 1.25\%(\pm 10\times 0.5\%)/110}$	1000/1000/334	
2	$\dfrac{\frac{1050}{\sqrt{3}}\Big/\frac{525(520,515)}{\sqrt{3}}}{\pm 4\times 1.25\%(\pm 10\times 0.5\%)/110}$	1500/1500/500	Ia0i0

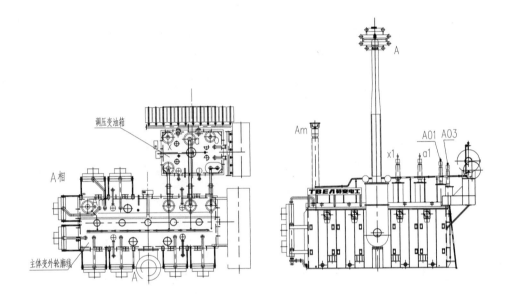

图 25-2　1000kV 变压器 A 相布置示意图

图 25-3　1000kV 主变压器实物图

25.7.3　开关设备

目前 1000kV 电压等级可选的开关设备有 AIS、HGIS 和 GIS 三种,1000kV 电压互感器、避雷器采用独立于 HGIS、GIS 之外的敞开式设备。

开关设备型式的选择应根据工程具体情况,考虑设备制造及供应条件,结合国家相关产业政策确定。晋东南—南阳—荆门试验示范工程经过充分论证,晋东南变电站 1000kV 采用 GIS,南阳开关站、荆门变电站 1000kV 采用 HGIS。南阳开关站 1000kV 曾经考虑采用 AIS,后来从国内设备制造厂生产能力和设备安全运行、工程工期以及节约土地资源等综合考虑,改为 HGIS。皖电东送淮南—上海示范工程的四个特高压变电站 1000kV 均采用 GIS 开关设备。

25.7.4　电压互感器

为了便于调试和试验,户外用独立式 1000kV 电压互感器采用非叠装式 CVT,即电容分压器与电磁单元分离。

25.7.5　特高压并联电抗器

特高压并联电抗器采用单相电抗器,额定电压采用 $1050/\sqrt{3}$ kV,连接方式为星形接线。高压并联电抗器容量选择和线路长度相关,随着线路长度的不同,补偿的容量也不相同。国家电网公司特高压并联电抗器三相容量推荐系列为:1080MVA/960MVA/840MVA/720MVA/600MVA。

由于 1000kV 特高压并联电抗器的容量及损耗远远超过了以往的 500kV 并联电抗器,因此其冷却方式采用自然油循环风冷(ONAF)方式。特高压并联电抗器的中性点绝缘水平按 145kV 等级考虑。

设计应根据系统和设备情况确定是否装设备用相。也可根据电抗器参数、运输条件和系统情况,考虑在一个地区设置 1 台备用相。

25.8　特高压配电装置

25.8.1　特高压配电装置的分类及设计原则

25.8.1.1　特高压配电装置的分类

1000kV 配电装置的主设备方面可以分为常规独立设备方案(AIS)、混合型设备(HGIS)以及气体绝缘金属封闭开关设备(GIS)三种设备型式。考虑目前土地资源越来越紧张,通常采用 GIS 型式且主接线通常采用一个半断路器,下面重点对其进行介绍。

对于一个半断路器接线,采用 GIS 设备的布置方案有三列式布置、一字形布置和单列式布置等三大类布置型式,其中单列式布置又分为典型接线单列式布置、常规斜连线单列式布置、高式斜连线单列式布置[2]。下面就几种布置进行介绍,设计可根据工程实际情况选择布置方案。

(1)三列式布置

三列式布置是一个半断路器接线敞开式配电装置中最典型的一种布置方式,其特点是对主接线的模拟性强,便于运行;整个配电装置的纵向尺寸较大,而宽度相对较小。

(2)一字形布置

一字形布置方式是纵向尺寸最小的一种配电装置型式。其特点是纵向尺寸最小,交叉接线、进出线方向灵活,断路器间分支母线最短。其缺点是:主母线长;横向尺寸长,串间设备不清晰,见图 25-4。

(3)单列式布置

a)典型接线单列式布置

典型接线单列式布置不易于实现交叉接线,适宜于向两侧出线和适应进出线数量相当的接线形式,一个半断路器接线中对于同一串的两个元件只能向不同的方向出线,断路器与母线间的分支母线较长,见图 25-5。

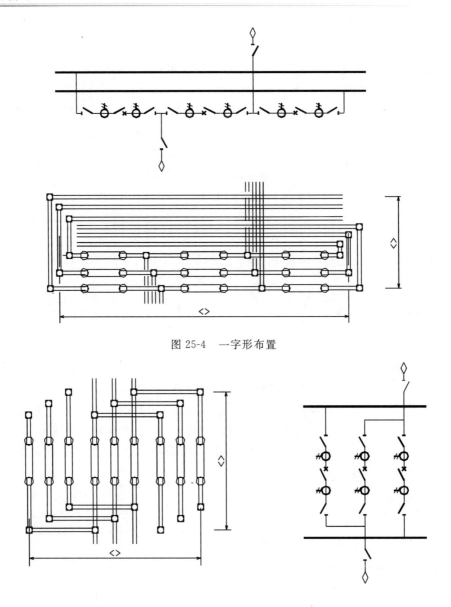

图 25-4　一字形布置

图 25-5　单列式布置

b)常规斜连式单列式布置

常规斜连式单列式布置是在典型接线单列式布置基础上发展而来的,其特点是:易于实现交叉接线,出线方向灵活,但断路器间的分支母线较长,设备造价增加,见图 25-6。

c)高式斜连式单列式布置

高式斜连式单列式布置是在常规斜连式单列式布置基础上演变而来的,其特点与常规斜连式单列式布置相同,易于实现交叉接线出线,方向灵活,但断路器间的分支母线较长,设备造价增加。与常规斜连式相比,高式斜连式布置不同之处在于:由于断路器的斜连分支母线采用高式布置,斜连分支母线不占横向空间,因此,该布置方式的横向尺寸较常规斜连式单列式布置的横向尺寸小;整个 GIS 设备较高,检修维护不方便,当拆除设备时还需要拆除部分斜连分支母线,见图 25-7。

(4)折叠式布置

折叠式布置是"一字型"布置的基础上,因 GIS 横向整体长度受到总平布置限制,可将 GIS 端部断路器折叠布置。此折叠式布置仅在端部间隔适用,虽减少了横线尺寸,但堵死了此端部方向未来扩建的可能性,折叠式布置见图 25-8。

各布置型式主要特点如表 25-7 所示。

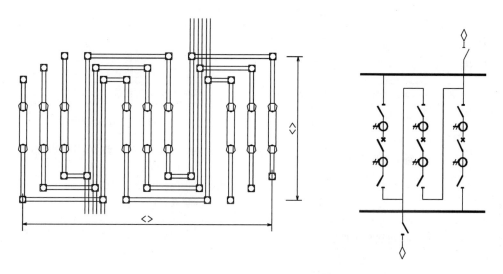

图 25-6　常规斜连式单列式布置

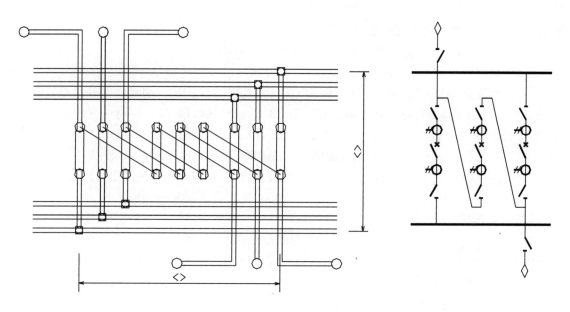

图 25-7　高式斜连式单列式布置

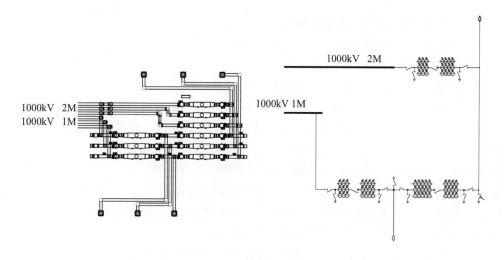

图 25-8　折叠式布置图

表 25-7　GIS 布置型式的特点

布置方式	优　点	缺　点
三列式布置	对主接线的模拟性强,便于运行	整个配电装置的纵向尺寸较大,横向尺寸小,与总平面布置不协调;不便于交叉接线典型单列式
典型单列式布置	串内设备连接的分支母线较短	不易实现交叉接线
常规斜连单列式布置	易于实现交叉接线,进出线方向灵活	串中分支母线长,增加造价
高位斜连单列式布置	易于实现交叉接线,进出线方向灵活	串中分支母较长;整个 GIS 设备较高,检修维护不方便
"一字型"布置(母线分相布置)	纵向尺寸小,交叉接线、进出线方向灵活;串中连接母线较短。	需选用大吨位吊车跨过主母线吊装断路器;主母线较高,抗震性能降低
"一字型"布置(母线集中进线侧布置)	纵向尺寸小,交叉接线、进出线方向灵活;出线分支母线不与主母线交叉	设备吊装、运行人员巡检较不便。
"一字型"布置(母线集中出线侧布置)	纵向尺寸小,交叉接线、进出线方向灵活;设备吊装、运行巡检较方便	出线分支母线与主母线交叉,分支母线较长
折叠式布置	减少了横线尺寸	未来扩建的可能性受限

25.8.1.2　特高压配电装置的设计原则

1000kV 配电装置的设计原则初步可归纳为以下几个方面:

1)尽量压缩占地

敞开式配电装置(AIS)的占地面积,大致与电压等级的平方成正比。例如在主接线形式及进出线回路数相同的情况下,500kV 配电装置的面积约是 220kV 的 4 倍,1000kV 配电装置的占地面积也是 500kV 的 4 倍左右。

在 1000kV 变电站中,仅 1000kV 配电装置的占地面积就达 30~35hm²(AIS 设备,10 回 1000kV 出线),约占全所面积的 70%。所以,在 1000kV 配电装置设计中,如何缩小占地面积就成为一个十分重要的问题。

2)尽量减少静电感应的影响

在 220kV 及以下高压配电装置的最小安全净距都是按绝缘配合的要求来决定的,但在特高压配电装置中,静电感应的影响逐步加大,在设计特高压配电装置时,布置上应充分考虑对静电感应的防护措施。

限制配电装置静电感应的措施主要包括两个方面:

一方面,考虑对人体的防护措施:

(1)登高检修时,在感应电压较高部位,可以考虑穿导电鞋及屏蔽服,以防止检修人员受到静电感应,引起事故;

(2)在设备检修时,可考虑设置活动金属网,将高场强处隔开;

(3)参考苏联的办法,规定各种场强下,允许的停留时间;

(4)划定安全的巡视道及检修攀登路径。

另一方面,在设计特高压配电装置时,布置上应考虑的措施:

(1)要尽量避免电气设备上方出现软导线。对于一个半断路器接线的配电装置,单从静电感应的影响水平来讲,平环式布置要比三列式布置好一些,因为它取消了所有断路器上方的架空软导线,从而大大减少了断路器附近的空间场强。但是,如果从技术经济综合考虑的角度出发,也可以采用改变导线几何参数,如增加导线对地高度,减小导线相间距离,减少导线分裂根数等;

(2)要求每个回路相序相同,避免两个相邻回路相序相反而出现同相区的情况。因为同相区附近电场直接迭加,场强增大,当相邻跨边相异相(ABC-ABC)时,跨间场强较低,靠外侧的那个边相下场强较高。当相邻跨边相同相(ABC-CBA)时,跨间场强明显增大;

(3)为了限制地面场强的数值,导线对地面的安全净距 C 值除满足过电压的要求外,尚需满足静电感应的要求,1000kV 配电装置 C 值为 17.5m;

（4）设置简易的屏蔽措施。在电场强度大于 10kV/m 的设备旁设置简单的屏蔽措施；

（5）串联补偿装置附近区域的地面场强偏高，可考虑用 2m 高的围栅将其环绕，这样使围栅以外的区域处于较低的场强中；

（6）由于高电场下静电感应的感觉界限与低电压下电击感觉的界限不相同，即使感应电流仅 $100\sim200\mu A$，因未完全接触时已有放电，使在接触的瞬间会有明显的针刺感，故设备的放油阀门、分接开关及断路器端子箱等的位置，都应考虑到该处的场强不宜太高，以便于运行人员和检修人员接近；

（7）变电站内汽车的感应电流比较大，大部分超过 $100\mu A$，尤其是在导线边相外比相间更大。因此，从静电感应的角度考虑，车辆最好在相间行使。通常为避免不必要的干扰麻烦及防止手持重物及器具上下车时发生二次事故，在车辆进入变电站时需妥善接地。对于升降检修车，需将车体及工作台接地，以保持与设备同电位。

根据多年来的实际经验，多数国家认为地面场强在 5kV/m 以下为无影响区，认为配电装置允许的电场强度为 $7.0\sim10$kV/m。在场强不超过允许值的配电装置中，不会发生静电感应对人体的病理影响。但是，在大于 5kV/m 的场强中工作时，因有静电感应，甚至火花放电，将有麻电、刺痛和不安感觉，需有防护措施，特别是登高检修时，更应采取措施，否则会引起高空坠落二次事故，后果严重。在设计特高压配电装置时，应充分重视以上列举的各种防护措施，尽量减少静电感应的影响。

3）尽量降低电晕无线电干扰

在特高压配电装置中，为限制电晕无线电干扰，导线采用扩径空芯导线、多分裂导线、大直径铝管和组合式铝管等，都是行之有效的方法。对于电气设备，一般在设备端子处设置有不同形状和数量的均压环或罩，以改善电场分布，并将导体和瓷件表面的场强限制在一定数值内，使它们在一定电压下基本上不发生电晕放电，同时规定设备的无线电干扰允许值。IEC 标准是在 1.1 倍最高工作相电压下，1 兆赫时的无线电干扰电压不大于 $2500\mu V$，并在 1.1 倍最高工作相电压下的晴天夜晚，设备上应没有可见电晕。中国目前的 500kV 和 750kV 电气设备的无线电干扰允许值为不大于 $500\mu V$；加拿大标准协会和美国 AEP 标准规定的无线电干扰允许值为不大于 $2000\mu V$；在 1000kV 的综合干扰水平计算时，对于 1000kV 电气设备的无线电干扰允许值暂按不大于 $2000\mu V$ 考虑。

4）控制噪声

在 1000kV 配电装置设计中，合理选择设备和总平面布置，就能使变电站的噪声得到限制，取得事半功倍的效果。变电站限制噪声的措施有：

（1）合理布置主变压器、电抗器等噪声源，尽量利用建筑物端墙起到隔声作用，使噪声只能绕射不能直射；

（2）噪声源布置在最大风频侧的下风处；

（3）对临近变电站区的环境有防噪声要求时，噪声源不要靠墙布置；

（4）规定 1000kV 设备的噪音水平限值，可参考 750kV 电压等级要求。750kV 设备的噪音水平限值：变压器、电抗器和其他设备的连续性噪音水平为 80dB，SF6 断路器非连续性噪音水平为 110dB。

5）应避免 1000kV 出线交叉跨越

1000kV 架空线路一般离地面高度超过 20m，塔非常高，如美国、俄罗斯和意大利的塔高在 $40\sim60$m，日本的垂直双回塔高达 108m，如果出现出线交叉跨越情况，将是很难实现的。当采用一个半断路器接线方案时，比较行之有效的方法就是采用三列式布置方案。两个相反方向出线的线路按实际地理位置配对成串，在无法配串的情况下，只能采用增加间隔的方法来满足实际出线方向的需要。对于 GIS 方案，配串相对灵活，但也会因为配串的需要增加管道母线的用量，设计中应尽可能优化布置。

6）结构简单、布置清晰

应充分吸取目前国内 330kV～750kV 配电装置布置及结构设计中的成功经验，采用中型单层构架，避免双层构架的出现。

7）应具有良好的运输条件，方便运行和检修

为方便检修和运行，像 500kV 一样设置相间运输道路，使得运输和检修机械可以沿着相间道路到

达每一个单相电气设备的附近作业,是十分便利的方法。由于 1000kV 的 C 值较大,设备支架高度按照保证 C 值考虑时,已经能保证运输设备的载重汽车和升降检修车能安全在相间通过。

25.8.2 最小安全净距 A 值和 B、C、D 值

1000kV 屋外配电装置的最小安全净距不应小于表 25-8 所列数值。

表 25-8　1000kV 屋外配电装置最小安全净距　　　　　　　　　　　　　　　　(m)

符　号	适用范围		安全净距
A_1'	4 分裂导线—地 管母—地		6.80
A_1''	环—地		7.50
A_2	带电导体相间	四分裂导线—四分裂导线	9.20
		均压环—均压环	10.10
		管母—管母	11.30
B_1	(1)带电导体至栅栏 (2)运输设备外轮廓线至带电导体 (3)不同时停电检修的垂直交叉导体之间		8.25
B2	网状遮栏至带电部分之间		7.60
C	带电导体至地面	单根管母	17.50
		四分裂架空导线	19.50
D	(1)不同时停电检修的两平行回路之间水平距离 (2)带电导体至围墙顶部 (3)带电导体至建筑物边缘		9.50

注:表中数据为海拔 1000m 时的安全净距;交叉导体之间需要同时满足 A_2 和 B_1 的要求;当考虑带电作业时,人体活动半径取 0.75m。

屋外配电装置使用软导线时,在海拔高度不高于 1000m 的不同过电压条件下,带电部分至接地部分和不同相带电部分之间的最小安全净距,应根据表 25-9 进行校验,并采用其中最大数值。

表 25-9　使用软导线时,在不同条件下的最小安全净距　　　　　　　　　　(m)

过电压类别	雷电过电压	操作过电压	工频过电压
导线至接地部分(A_1)	5.00	6.80 7.50(环—地)	4.00
导线至导线(A_2)	5.50	9.20 10.10(环—环)	6.80

1)1000kV 屋外配电装置内的静电感应场强水平(离地 1.5m 空间场强),不宜超过 10kV/m,少部分地区可允许达到 15kV/m。

2)在设计中降低静电感应场强可采取如下措施:

(1)减少同相母线交叉与同相转角布置;

(2)减少或避免同相的相邻布置;

(3)控制箱等操作设备宜布置在较低场强区;

(4)必要时可适当加屏蔽线或设备屏蔽环;

(5)提高设备及引线的安装高度。

3)为了不限制检修作业方式,1000kV 屋外配电装置的母线及跨线宜考虑导线上人,其荷重值为:

(1)单相检修作业,作用在导线上的人重、工具重及绝缘绳梯重的总数可按 350kg 设计,且在梁上作业相处考虑人及工具总重为 200kg 的集中荷重。

(2)三相停电检修时,作用在每相导线上的人及工具重可按 200kg 设计,且在梁上也考虑人及工具重为 200kg。

(3)设备连线不允许上人。

4)应对导线挂线施工方法提出要求,并限制其过牵引值,使过牵引力不成为构架结构强度的控制条件。

5)1000kV 屋外敞开式配电装置宜设相间运输通道,并根据电气接线、设备布置和安全距离要求,确定相间距离、设备支架高度和道路转弯半径,以满足运输车辆及检修机械在电气设备带电状态下通行的要求。

25.8.3　特高压配电装置的主要特点

1000kV 配电装置由于其电压高、容量大,其主要特点如下:

(1)内过电压在绝缘配合中起控制作用;

(2)内过电压及静电感应电压对安全净距的确定有重要影响;

(3)必须考虑静电感应对人体危害的防护措施;

(4)要满足电晕和无线电干扰允许标准的要求;

(5)采用扩径空芯导线、多分裂导线,大直径或组合式铝管;

(6)节约用地问题更为突出;

(7)要考虑机械化等便于运行检修的措施;

(8)要限制噪声。

25.8.4　1000kV 配电装置尺寸确定

目前 1100kV GIS 的主要生产厂家为河南平高电气股份有限公司(简称平高)、新东北电气高压开关有限公司(简称新东北)和西安西电开关电气有限公司(简称西开)。平高断路器采用双断口串联、液压操动机构,断路器与合闸电阻设置在同一壳体内。断路器为直线型布置,断路器中心线与串中其他设备的中心线重合。隔离开关采用垂直断口,为电动弹簧操作机构,可装设阻尼电阻,且是否装设投切电阻对 GIS 布置没有影响。母线隔离开关和接地开关设置单独的气室。平高 GIS 每个完整串的长度为74.5m。该方案已在晋东南变电站和淮南变电站中得到应用。新东北断路器有两种型式:双断口串联和四断口串联。其中,双断口断路器与合闸电阻设置在同一壳体内,为直线型布置,关键零部件为进口产品;四断口断路器与合闸电阻分别设置在独立的壳体内,为 π 型布置,产品为完全自主生产。隔离开关采用垂直断口,为电动弹簧操作机构,可装设阻尼电阻。西开断路器采用四断口串联结构、液压操作机构,断路器与合闸电阻分别设置在独立的壳体内,为 π 型布置。隔离开关有两种型式:带阻尼电阻和不带阻尼电阻。皖南变电站中采用的西开 GIS 设备隔离开关未装设投切电阻,而受隔离开关与 CT 连接结构的限制,本体纵向尺寸较大。对于隔离开关带投切电阻的 GIS 设备,西开对 GIS 结构型式进行改进,隔离开关结构可由卧式结构改为立式结构,这样 CT 的连接结构也可由 90°连接转为 0°连接,这样可在增加部分横向尺寸的同时,缩小其纵向尺寸。西开也开展了对于隔离开关不带投切电阻的 GIS 的优化研究,其优化方案同带投切电阻的 GIS 类似。

表 25-10　1500MVA 变压器外形尺寸

	平高	西开 (改进前)	西开 (改进后)	新东北 双断口	新东北 四断口
断路器相间距(m)	2.5	5.5	3.75	2.5	3.7
母线相间距(m)	1.6	1.335	1.335	1.6	1.6
边相断路器至边相母线外廓(m)	16.4	24.0	19.3	16.4	21.3
完整串长(m)	74.5	51	64.5	72	69.4
断路器结构	直线型	π 型	π 型	直线型	π 型

(1)配电装置横向尺寸的确定

配电装置横向尺寸由两个因素确定。一是配电装置间隔宽度、间隔数量。二是一字型布置 GIS 断路器的长度和数量,最终决定了 GIS 设备的总长度尺寸。间隔宽度与间隔数量决定了出线构架的总长度尺寸。两个长度的较大值为整个配电装置场地的控制条件。

(2)配电装置纵向尺寸的确定

从布置上来讲,GIS 纵向尺寸的优化重点为以下两个方面:①进线侧纵向尺寸优化,即进线套管至设备本体距离的优化;②出线侧纵向尺寸优化,即出线套管至设备本体距离的优化。设备本体的纵向尺寸由厂家的结构设计决定。

(3)配电装置典型尺寸

经过上述优化,1000kV 断路器单列式布置方案构架及设备间距尺寸见表 25-11。

表 25-11   1000kV 断路器单列式布置方案构架及设备间距尺寸表

构架型式	构架宽度(m)	相间中心距离(m)	相地中心距离(m)	导线挂点高度(m)
钢管格构式	进线 49	13.2	11.3	41
	出线 51	14.2	11.3	
钢管人字柱式	进线 47	13.2	10.3	41
	出线 49	14.2	10.3	

注:(1)受避雷器均压环尺寸控制,相间距离取 14.2m;受电容式电压互感器均压环尺寸控制,相间距离取 13.2m;
(2)受构架柱截面尺寸控制,采用钢管格构式构架时,相地距离取 11.3m;采用钢管人字柱式构架时,相地距离取 10.3m。

1000kV 断路器双列式布置方案构架及设备间距尺寸见表 25-12。

表 25-12   1000kV 断路器双列式布置方案构架及设备间距尺寸表

构架型式	构架宽度(m)	相间中心距离(m)	相地中心距离(m)	导线挂点高度(m)
门形构架(出线)	51	14.2	11.3	41
π 形构架(进线)	柱间距 14.4,梁宽 26.4	13.2	—	32

1000kV 配电装置纵向尺寸见表 25-13。

表 25-13   1000kV 配电装置纵向尺寸表

序号	项目	布置尺寸(m)
1[a]	GIS 进出线套管间纵向尺寸	49
2[a]	进出线构架纵向尺寸	54
3	主变压器运输道路至电容式电压互感器纵向距离	8
4	电容式电压互感器至进线构架纵向距离	5
5	出线构架至避雷器纵向距离	5
6	避雷器至 1000kV 并联电抗器前道路纵向距离	4
7	1000kV 并联电抗器前道路至电容式电压互感器纵向距离	4.5
8	电容式电压互感器至 1000kV 并联电抗器套管纵向距离	4
9	1000kV 并联电抗器套管至运输道路纵向距离	22.25/20.75

注:a 断路器单列式布置时进出线套管间距按照本表尺寸设置;双列式布置根据设备情况确定,不按此尺寸设计。

25.9   并联补偿装置接线与布置

特高压电网无功电压控制相对 500kV 电网要困难得多。由于特高压输电线路充电功率大约是 500kV 线路的 4～5 倍,传输功率变化时无功波动很大,必须通过调节无功补偿设备来进行电压与无功控制,从而减少输电线路无功传输,降低网损,并保证电压运行于合理水平。特高压系统无功电压控制措施主要有调节变压器分接头以及安装高压电抗器、串联补偿设备,以及低压电容器组、低压电抗器组等。

为限制 1000kV 工频过电压,降低线路轻载时电压水平,1000kV 输电线路需要安装一定比例的高压电抗器。但在线路重载时,如果补偿度过高,高压电抗器对无功平衡产生不利影响,同时还会引起电压水平降低。特高压电网无功电压控制的主要内容是:合理配置线路高压电抗器和低压无功补偿设备,在线路传输功率变化时通过投切低压无功补偿设备使无功保持平衡,同时满足运行电压要求。在无功补偿配置中遵循的原则如下[4]:

(1)低压无功补偿设备用于平衡传输不同有功功率时输电线路上的无功功率,使特高压输电线路端电压在合理的范围内。无功配置应满足分层分区平衡原则,特高压母线电压控制在 1000～1100kV之间。

(2)特高压输电线路充电功率大,空载时线路电压高,低压无功补偿配置应能满足投切空载线路的要求,保证线路两端电压低于 1100kV。

(3)低压无功补偿设备分组容量应满足电压波动要求,投切时引起的中压侧电压波动应不超过额定电压的 2.5%。

(4)低压无功补偿容量应不超过第三绕组容量。

(5)低压无功补偿设备的配置应结合变压器分接头位置调整进行,以保证满足无功平衡要求时,母线电压不越限。

25.9.1　并联补偿装置分类

特高压补偿装置可分为两大类:串联补偿装置和并联补偿装置,串联补偿装置应用较少,目前仅在特高压中线扩建工程中得到应用。并联补偿装置分为并联电容器补偿装置、并联电抗器补偿装置和特高压并联电抗器三类,其中并联电容器补偿装置、并联电抗器补偿装置均采用断路器投切,特高压并联电抗器直接与线路相连。各类补偿装置的分类和功能见表 25-14。

表 25-14　补偿装置的分类与功能

类　型		功　能
串联电容器补偿装置		增强系统稳定性,提高输电能力
并联补偿装置	并联电容器补偿装置	向电网提供可阶梯调节的容性无功,以补偿多余的感性无功, 减少电网有功损耗和提高电压
	并联电抗器补偿装置	向电网提供可阶梯调节的感性无功,补偿电网的剩余容性无功, 保证电压稳定在允许范围内
	特高压并联电抗器	并联于特高压线路上,补偿输电线路的充电功率, 以降低系统的工频过电压水平, 并兼有减少潜供电流,便于系统并网,提高送电可靠性等功能

25.9.2　并联补偿装置分组容量

目前中国 500kV 变电站中低压侧无功补偿装置安装处的母线电压主要为 35kV 和 66kV。并联电容器组的最大分组补偿容量为每组 60～80Mvar,单台电容器容量为 334kvar 或 500kvar,电容器组多采用中性点不接地的双星形接线,也有少量的三星形接线。并联电容器组中的串联电抗器为干式空心电抗器,一般情况下,抑制 5 次及以上谐波,串联电抗率多选取 5%～6%,抑制 3 次谐波串联电抗率多选取 12%～13%。并联电抗器优先选用干式空心电抗器,最大单台容量为 20Mvar。

特高压变电站低压无功补偿设备分组容量影响投切后电压波动。参照《330～500kV 变电站无功补偿装置设计技术规定》的规定,并联电容器组和低压并联电抗器组的分组容量,应满足下列要求:

(1)分组装置在不同组合方式下投切时,不得引起高次谐波谐振和有危害的谐波放大;

(2)投切一组补偿设备所引起的变压器中压侧的母线电压变动值,不宜超过其额定电压的 2.5%;

(3)应与断路器投切电容器组的能力相适应;

(4)不超过单台电容器的爆破容量和熔断器的耐爆能量。

为简化接线和节省投资,宜加大分组容量和减少分组数。特高压变电站暂沿用500kV变电站关于无功补偿设备的相关规定,低压电容器分组容量按单组240Mvar考虑,额定电压120kV;低压电抗器分组容量按单组240Mvar考虑,额定电压105kV。

25.9.3 并联补偿装置设备

25.9.3.1 并联电容器的选择

1)并联电容器额定电压的选择

在特高压网络中,要求并联电容器的最高运行电压为126kV,而标称电压为110kV,两者相差很大,因此在并联电容器额定电压的选择上应留出适当的裕度。若电容器额定电压选择较低,则会造成电容器介质上的电压过高,电容器的性能与寿命将受到不利的影响;若电容器额定电压选择过高,安全裕度取得过大,将导致电容器组输出容量降低,为了满足输出容量的要求,安装容量较多,投资增加。

中国关于并联电容器额定电压的选择,各标准存在一定的差异。主要差异是对于电容器长期运行过电压倍数的规定不同。从技术和经济两方面综合考虑,特高压工程推荐并联电容器组的额定电压按长期运行电压为1.05倍电容器额定电压考虑。系统最高运行电压为126kV,长期运行电压取120kV。这样既能保证电容器在126kV下长期稳定运行,又可以降低投资。

2)并联电容器额定容量的选择

需要说明的是,中国现有标准未规定单台电容器的额定电压、额定容量选取的标准值,在10kV、35kV等级的电容器组中,各制造厂选取的电容器额定电压、额定容量、电容器的串并联台数较一致,而在66kV等级的电容器组中,各制造厂选取的数值存在差异,这主要是因为电容器组的容量越来越大,主变第三绕组的最高运行电压各变电站也不同,为了保证电容器组充分发出无功,各制造厂的计算、取值不同。因此,在特高压工程中,应要求各制造厂提供的电容器为常规、成熟的产品,应尽量选用在10kV、35kV和66kV等级的电容器组中应用的产品。

25.9.3.2 并联电抗器的选择

110kV并联电抗器额定电压105kV,最高运行电压115kV,额定容量为240Mvar。目前110kV并联电抗器的型式共有两种:一种为油浸式、单相、自冷;一种为干式空心电抗器。油浸式电抗器的制造经验较丰富,技术水平较高,生产条件、试验设备均不存在任何问题,但是油浸式电抗器就目前中国的制造工艺水平来说不可避免地会存在渗、漏油的问题,还可能存在局部过热、噪音较大等问题,维护工作量较大。干式空心电抗器符合变电站的无油化发展方向,干式空心电抗器机械强度高、抗短路能力强、维护工作量小,不需严格的防火措施,但是由于此电抗器容量较大,因而损耗的绝对值较大,造成电抗器发热源较大,热平衡问题需要解决,另外对于干式空心电抗器来说,存在树枝状放电、电抗器表面树脂包封开裂等现象。由于干式并联电抗器在工程中使用较多,运行情况良好,对于110kV电压等级的设备来说,采用每相双线圈串联方式使设备制造上不存在较大的困难,因此特高压工程推荐采用干式电抗器。

25.9.4 并联补偿装置布置

25.9.4.1 并联电容器布置

电容器装置有屋外、半露天及屋内三种布置型式。电容器在屋外露天安装,土建工作最小,工期可缩短,安装费用省,特别是通风散热条件好,风和雨水可对电容器进行自然清洗。这种布置的主要缺点是受天气和环境污染的影响大,但目前随着电容器产品质的提高,安装在露天的电容器组年损坏率大大下降。特高压工程电容器组推荐采用屋外布置。

25.9.4.2 并联电抗器布置

1000kV变电站内用的低压空心并联电抗器,单相容量较大,单相重量和体积均较大,为了减少占地面积,设计采用中型布置。另外,为进一步减小占地面积及便于电抗器引出线,三相电抗器按品字型布置。

25.10 站用电接线与布置

25.10.1 主要设计原则

特高压变电站站用电设计原则参照 DL/T 5155-2002《220kV～500kV 变电所所用电设计技术规程》中对 500kV 变电站站用电设计要求:"由主变压器低压侧引接的站用工作变压器台数不宜少于两台,并应装设一台从站外可靠电源引接的专用备用变压器。"

当特高压变电站一期上 2 组主变时,站用工作电源从主变压器低压侧母线(110kV)引接,同时从站外引接 1 路备用电源。当变电站一期仅上 1 组主变时,需要从站外引接 2 路可靠的备用电源,以保证变电站站用电源的可靠性。

25.10.2 站用电接线

特高压变电站 380V 站用电系统接线为单母线分段,二台站用工作变低压侧经自动空气开关分接于 I、II 段母线,站用备用变压器低压侧根据需要可接于 I 段母线或 II 段母线。正常运行时二段母线分列运行,当任一台站用工作变故障或退出运行时,备用站用变投入停运的工作变压器所接入的低压母线。

25.10.3 站用电设备与布置

低压站用变压器户外布置于站区中央位置,紧邻 380V 站用中央配电室。站用变压器相互间采用防火墙分隔。站用变高压侧采用电缆进线,低压侧出口与 380V 中央配电屏之间采用母线桥连接。各就地保护室分别设置低压分屏。

低压配电屏可选用抽出式低压开关柜。低压电气设备的选择按照站用变低压侧短路电流水平。

25.10.4 照明及检修

25.10.4.1 照明电源系统

照明电源系统主要根据运行的需要及事故处理时照明的重要性而定,其电源系统分交流电源和直流电源。交流电源来自站用交流配电屏或分屏,主要供正常照明使用,直流电源由蓄电池供电,主要用于主控通信楼、保护小室、主变场地等重要场所的事故照明。

25.10.4.2 照明方式

建筑物内照明以荧光灯为主,屋外配电装置采用高效金卤灯投光灯,道路照明采用庭院灯。

25.10.4.3 检修系统

根据不同设备的检修需要,设置检修间及备品备件库,同时在主变区、屋外配电装置区设检修箱。

25.11 总平面及竖向布置

25.11.1 总平面布置

特高压变电站总平面包括 1000kV、500kV 配电装置、1000kV 主变压器、1000kV 并联电抗器、低压无功补偿装置等各种设备区,并布置有主控通信楼、电气检修间、综合楼等各种生产生活建(构)筑物,比 500kV 及以下电压等级的变电站要复杂得多,1000kV 变电站的典型总平面布置如图 25-9 所示。首先 1000kV 高压配电装置和 1000kV 主变压器及并联电抗器都具有电压等级高、容量大、结构复杂、尺寸高大、占地面积大等一系列特点,它们产生的电晕无线电干扰、噪声、静电感应水平都比较高,为了检修主要电气设备一般又需要设置大型的检修间及备品备件库等生产建筑物。其次为了补偿大容量 1000kV

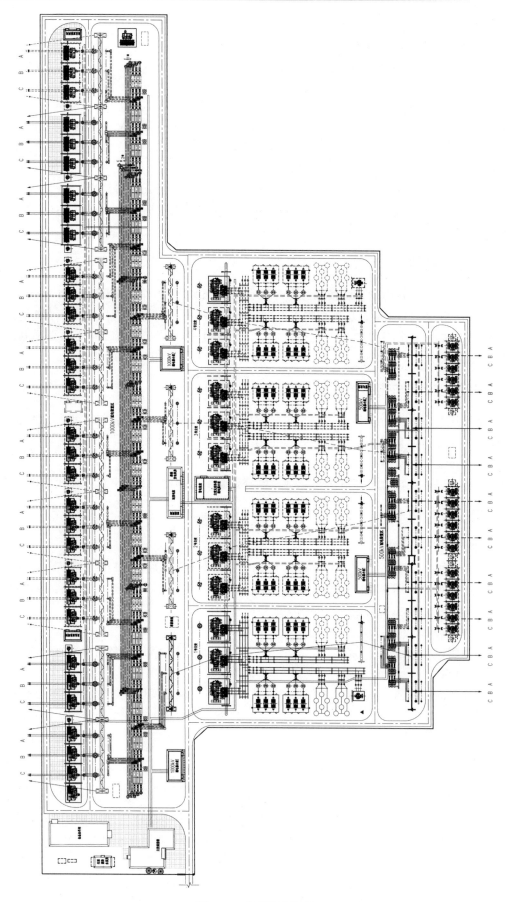

图 25-9　总平面布置图

主变压器的无功功率损耗以及满足电力系统电压质量的需要,又必须设置大容量的无功功率补偿装置。这些都大大地增加了 1000kV 变电站总平面布置的复杂性。另外 1000kV 变电站的运行、检修人员定额也比 500kV 变电站多。

以上各种生产、生活设施组成了 1000kV 变电站的一个整体。1000kV 变电站建(构)筑物布置设计通常遵循如下要求:

(1)功能分区科学合理,生产工艺流程顺捷,运行管理方便;

(2)因地制宜,充分利用站内空间,灵活布置建(构)筑物;

(3)压缩站前区占地面积;

(4)结合站址优化水土保持方案,保护生态环境,促进人与自然和谐发展;

(5)主控通信楼,一般布置于变电站主入口,具有良好的视觉效果,尽量远离高抗和主变噪音源,给运行人员创造舒适的运行环境。一般将主控通信楼与综合楼合并布置为主控综合楼,提高建筑利用率。也可根据运行需要进行分建,或将综合楼布置在围墙外其他区域;

(6)各级保护小室,布置于设备保护的中心位置,以确保二次电缆长度达到最短;

(7)泡沫喷淋间等消防用房,布置在相应设备周边,使泡沫管道距离最短,消防响应时间最快;

(8)站用电室宜布置在全站中心,使服务效率达到最优;

(9)备品备件库因体型高大,满足运输通道要求的前提下宜布置在相对隐蔽位置。

25.11.2 竖向布置

竖向布置设计是利用场地的自然地形,根据工艺要求、交通运输、土方平衡等综合考虑,对场地的地面高程进行竖直方向的规划设计。变电站竖向设计的主要原则有:

(1)场地应满足防洪要求,设计标高必须不低于频率为 1% 的洪水位,当不能满足时应采取相应的防洪措施;

(2)场地无高水位影响时应以站内外土石方挖填总量平衡为原则进行场地标高设计;

(3)当建设场地自然地形坡度较大或在山区复杂地形上建设变电站时,应论证采用台阶布置的可行性。

1000kV 变电站工程站区占地面积大,设计标高的取定直接影响土石方的工程量和地基处理方式,从而影响变电站建设的进度、投资和质量,因此竖向设计非常关键。对建设在山区场地的变电站,一般没有洪水位和内涝水位影响,由于场地地形起伏大,不仅产生巨大的挖填土工程量,而且会形成高边坡和高挡墙等方面的技术难题。对建于该类场地的变电站,更应通过研究选取一种顺应工程地形的、较优的竖向布置型式。

场地采用平坡设计时,设计坡度应根据设备布置、土质条件、排水方式和道路纵坡确定,宜为 0.5%~2%,有可靠排水措施时,可小于 0.5%,局部最大坡度不宜大于 6%,必要时宜有防冲刷措施。当采用台阶布置时,阶梯的高度除与地形有密切关系外,还应充分考虑工艺布置、设备运输、地质稳定及施工方便等因素。

需特别指出的是,1000kV 变电站由于占地面积大,将不可避免地改变区域的原有水系。对山区变电站,建成后往往会与山体围合形成截洪的主体,因此在竖向设计时应与站外排水等专业紧密配合,以取得最佳的经济指标。

25.11.3 变电站道路

道路应根据运输、检修、消防要求,结合总平面布置、竖向布置、站外自然条件和当地发展规划等因素规划设计。

进站道路的平曲线半径、纵坡应满足运输站内大型设备的要求。1000kV 变电站的进站道路采用公路型,路面宽度 6m,转弯半径满足主变运输要求,一般不小于 25m。道路纵坡控制在 8% 以内。当进站道路较长时,可采用设置错车道的方法减少占地指标。站区大门前的进站道路宜设直段,直段长度应根据地形条件确定。

　　站内道路布置除满足运行、检修、设备安装要求外,还应符合安全、消防、节约用地的有关规定。变电站的主干道应布置成环行,满足设备吊装、检修等要求。站内巡视道路应根据运行巡视和操作需要设置,并结合地面电缆沟的布置确定巡视路线。

　　站内主变运输道路宽5.5m,转弯半径25m,高抗运输道路宽度4.5m,转弯半径18m,站内道路采用公路型沥青路面或混凝土路面。

25.12　主要建(构)筑物

25.12.1　变电站建筑

　　根据工艺运行的特点,1000kV变电站建筑物主要由主控通信楼、1000kV继电器室、主变及无功继电器室、500kV继电器室、站用电室等生产建筑和备品备件库、综合楼等辅助建筑以及消防泵房、锅炉房等附属建筑组成。各建筑物宜结合总平面布置进行功能组合,尽量采用联合建筑。

　　建筑设计与常规变电站理念相同。下面着重介绍一下与1000kV变电站电压等级相关的建筑物设计要点。

　　(1)主控通信楼和综合楼

　　目前的1000kV变电站均按运行值班站设计原则进行主控楼房间配置,主控通信楼房间包括产生用房(如主控室、继电器室、通信机房等)、辅助用房(检修间、泵房等)和附属用房(休息室等)。

　　建筑物根据规模和场地大小,可采用单层或二至三层建筑。主控通信楼宜布置在便于运行人员巡视检查、观察户外设备、减少电缆长度、避开噪声影响的地段,并与进站道路形成较好的对景。主控室应有较好的朝向,采暖区主控制室宜面向阳面,炎热地区宜面向夏季盛行风向。

　　对处于山区高填挖方的变电站,主控通信楼和综合楼设计尚应结合场地竖向布置,因地制宜进行建筑设计,力求达到最佳的使用功能和建筑效果,取得良好的经济效益。图25-10、图25-11为某山地变电站主控通信楼和站前区平面竖向布置设计思路。

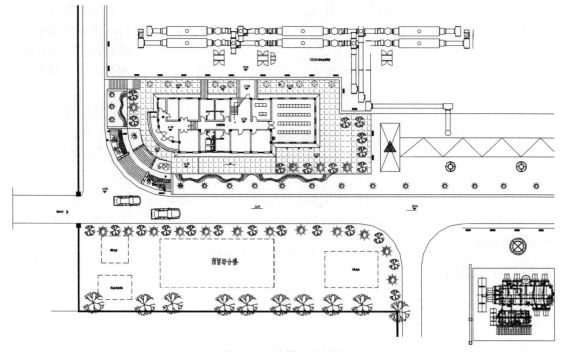

图 25-10　站前区平面图

　　(2)备品备件库

图 25-11　主控楼效果图

1000kV 变电站一般考虑将全部备用设备、备品备件及检修机具存放于站内,根据晋东南变电站的配置,除 110kV 并联电抗器备用线圈外,其他全部备用设备、备品备件及检修机具均在备品备件库内存放。

库内最大物件为 1000kV 套管(约 15m×2m×3m),水平放置。备品备件库尺寸主要考虑 1000kV 套管装卸的要求,使套管运输车可进入库内,并利用库内 2 台 10t 桥吊装卸。其余设备可以车载进入库内,便于装卸。另外,当不单独设计车库时还应考虑大型吊车(约 7m 长×4m 宽×4m 高)等机具的存放。

建筑物大小和尺寸应满足所有备品备件的数量和尺寸,同时应考虑备用设备等的存取。根据总平面布置,备品备件库可采用一座,也可以根据备品备件的尺寸和运输吊装要求分几座布置。在设计前,应根据工艺要求,对存放于站内的全部备用设备、备品备件及检修机具进行论证、收资,结合相应的总平面布置确定。

图 25-12 为某特高压变电站 1000kV 备品备件库平面布置及运输就位图。备品备件库布置在站内东南角,与锅炉房单独设置。由于场地紧张,套管运输车长 20 余米,进库前需要调正方向,所以备品备件库尽量向东侧,以保证车辆进入库内。综合库内设备和机具,考虑运输通道、检修通道和吊装高度等,该工程备品备件库长 36m,宽 15m,屋面板标高为 11.40m,吊车梁下的牛腿顶标高 7.80m。

25.12.2　特高压变电构架

特高压变电构架是特高压变电站重要的构筑物,承受的荷载及自身的高度和跨度相对于其他电压等级均有较大程度的增加。具有其高度跨度大、荷载重的特点,研究 1000kV 变电构架的结构选型、经济根开、荷载组合、风荷载及地震作用、温度影响等是特高压变电站设计的重要课题。

1)国内外特高压构架结构型式

美国、苏联、日本、意大利等国家于 20 世纪 60 年代末 70 年代初,开始研发特高压输变电技术,并先后建成了一些交流特高压输电工程及试验工程。国外特高压变电构架均采用格构式结构,其中日本采用的是角钢结构,其他国家采用的是钢管结构。

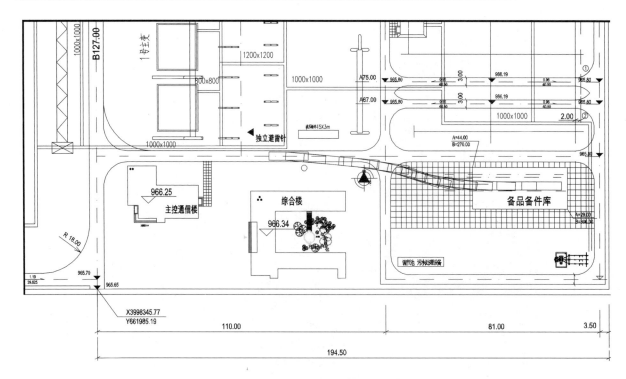

总平面布置图（一）

图 25-12　晋东南 1000kV 备品备件库平面布置及运输就位图

中国于 2005 年开始特高压输变电工程的可行性研究工作，中线特高压试验示范工程中的三个变电站—晋东南 1000kV 变电站、南阳 1000kV 开关站、荆门 1000kV 变电站已于 2009 年 7 月投入运行。试验示范工程 1000kV 配电装置分别采用了 HGIS 或 GIS 方案，设计单位对 1000kV 变电构架做了大量的研究工作，配电装置选用的是格构式钢管构架。

图 25-13　南阳开关站 1000kV 格构式构架

在后续开展的皖电东送等工程中，设计单位借鉴国内外变电构架的成功经验，尤其是试验示范工程的研究成果,结合工程实际,通过合理选型、精心设计,研究出适合工程建设需要的构架形式。设计人员对格构式钢管构架截面尺寸、节点构造等进行了优化,减少了构架的用钢量,压缩了 1000kV 配电装置场地的尺寸。浙北 1000kV 变电站的 1000kV 构架通过论证和真型试验后选用人字柱结构,还有的设计单位就钢管混凝土构架和铝合金材料等进行各种课题研究。

图 25-14 晋东南变电站 1000kV 格构式构架

图 25-15 浙北变电站 1000kV 人字柱构架

2)构架尺寸确定

(1)构架宽度的确定

构架宽度由电气专业的间隔宽度决定,一般进(出)线门型构架的宽度等于间隔宽度。电气确定间隔宽度需要从两方面考虑:一方面从间隔上层架空软导线的电气距离考虑。首先在档距中央软导线发生最大相间摇摆时,相间导线不应放电,其次在进(出)线门型构架内当边相跳线发生最大摇摆时,不应对土建构架柱放电。另一方面从回路内安装在地面上的电气设备考虑,首先电气设备相间距离应满足

669

相间最小电气距离以及在相间运输设备时电气距离的要求,其次布置在门型构架下面以及附近的边相电气设备不应对构架柱放电。

配电装置设计时需要保证两个相邻回路边相电气设备检修距离的要求,由于 1000kV 配电装置两相邻回路边相电气设备中心线距离实际上可能达到 20m 以上,此条件不起控制作用,所以一般在确定 1000kV 配电装置间隔宽度时可以不予考虑。另外在计算相地距离时还应考虑土建构架柱能承受上部荷载时的结构宽度。

在特高压中线试验示范工程中,导线相间距离取 15m,相地距离取 12m(4m 宽格构式构架柱),因此 1000kV 构架宽度采用的是 54m。通过对电气安全距离和构架柱宽度的优化,目前已按 51m 进行设计。当采用钢管人字柱构架或对构架柱截面再进行优化后,构架宽度可进一步压缩。

(2)构架高度的确定

当 1000kV 套管布置在构架的下方时,由于 1000kV 套管是 GIS 设备或高抗设备中最长的安装单元,因此构架高度主要取决 GIS 套管及高抗套管的不带电吊高要求。1000kV GIS 套管长度一般在 15m 左右,其外形尺寸如图 25-16 所示。在计算套管起吊高度时,需要考虑 GIS 基础离地高度、套管升高座高度、套管高度、吊装高程、套管吊绳长度、吊车吊钩及吊绳长度、构架上绝缘子串在垂直方向上的长度等几种因素,然后再考虑 1~2m 裕度,最终得出 1000kV 进出线构架高度。在中线试验示范工程中,出线构架和进线构架高度分别取梁底 45m 和 43m 高,目前工程已经分别优化为 41m 和 38m 高。针对实际工程,可以结合设备布置等进一步优化以降低构架高度,减少构架用钢量。

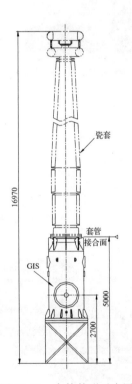

图 25-16　套管外形示意图

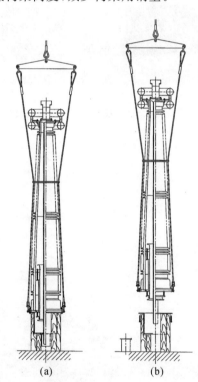

图 25-17　套管起立后拆除保护罩过程示意图

对 1000kV 出线构架还需要满足线路对设备的交叉跨越要求。当终端塔位与出线构架高差过大时,需相应抬高或降低出线架的高度。

主变构架高度除满足主变套管吊装的要求外,还需满足主变耐压试验时安全净距的要求,一般取主变构架高度为 32m。

(3)经济根开选择

1000kV 构架设计中,对构架柱根开的研究十分重要。构架根开的设计需要同时满足承载能力极限状态和正常使用极限状态。一般来说,根开加大则构架柱的主材用钢量会降低,辅材的用钢量会增加,同时电气间隔宽度将相应增加;反之,当根开减少时,构架柱主材的用钢量会增加而辅材的用钢量将减少,构架占地指标相应减少。设计时应对不同根开序列的分析比较,找出一个合理的根开,使构架设计满足承载力和变形要求的前提下经济合理,线形流畅,并满足电气相地距离的要求。

对于矩形格构式的构架柱,弦杆为主要受力杆件,内力较大,其截面尺寸由强度控制,而腹杆为次要受力杆件,其截面尺寸根据刚度要求构造确定,在计算时其强度往往发挥得并不充分。在相同荷载的条件下,经过对格构式构架大量的计算结果表明:根开越大,柱顶位移越小,但对构架平面内的位移影响不大;根开的大小与柱用钢量关系密切,当根开由小变大时,用钢量先由大变小,到一定程度后用钢量反而有所增加,这是因为虽然弦杆受力有所减少,但大部分腹杆由于尺寸增加而必须加大构造截面,总体上造成用钢量增加。

在上述构架设计时,1000kV 构架的安全等级为一级,重要性系数为 1.1,杆件在满足构造要求的前提下,计算出的应力比按不大于 0.9 控制,变形按不大于 H/200(H 为计算变形处离地高度)控制。

当导线挂点高度在 45m 高左右,间隔宽度在 54m 左右的构架柱,平面外的根开在 3～5m 范围变动、平面内的根开在 7～11m 范围变动比较合适。对于具体的工程应结合实际的导线荷载、偏角、风压、电气带电距离等充分论证确定。

(4)荷载及荷载组合

作用在构架上的荷载包括结构本身的自重、各种工况下导线张力、作用于结构上的风压、温度作用以及地震作用等,当构件截面较大时,还应考虑结构覆冰等荷载作用对构件内力的影响。荷载及荷载效应组合可参照《变电构架设计手册》。

导线张力与电气布置、导线型号、弧垂以及引下线、风速、出线塔位置等关系密切,由工艺计算提供,其中不同的电气布置型式使导线档距差别较大,从而对导线张力变化影响也很大。当采用 AIS 设备,对于一个半断路器接线、主变低架垂直架空进线时,1000kV 配电装置纵向尺寸达 120m,作用于构架上的导线张力将在每相 100kN 左右。当采用 GIS 一字型布置时,进线构架导线档距一般在 50m 左右,导线张力在 70kN 以内。因此,选用合适的电气布置,除了能达到节约占地的目的外,还能减少作用在构架上的力,减少工程的用钢量指标,达到良好的经济效益和社会效益。某 1000kV 变电站中 1000kV 构架的导线荷载见表 25-15、表 25-16 及表 25-17。

表 25-15　线路侧导线荷载(单位:kN)

设计工况	覆冰	大风	安装	低温	高温
水平张力	120	120	108	110	100
垂直荷重	56	41.5	55	55	55
侧向风压	6.3	30	6.3	6.3	6.3

表 25-16　地线荷载(单位:kN)

设计工况	覆冰	大风	安装	低温	高温
水平张力	20	20	20	20	20
垂直荷重	4.9	3.3	4.9	3.3	4.9
侧向风压	0.7	2.7	2	2.7	0.7

表 25-17　站内侧导线荷载(单位:kN)

设计工况	覆冰	大风	安装	低温	高温
水平张力	70	66	61.9	20	70
垂直荷重	35.8	32.8	34.27	35.8	35.8
侧向风压	1.5	13.2	1.5	1.5	1.5

(5)风荷载和风振

1000kV 构架挂线点高度为 45m,结合避雷针高度达 70m,一般截面长宽比值在 2.0 以上,基本自振周期在 0.9s 左右,具有柔度大、阻尼小、自振频率低等特点,对风荷载十分敏感,风荷载往往成为其控制结构设计的主要荷载。由于特高压变电站的重要性,在构架设计时将风荷载的重现期由50年提高到100年,即基本风压按百年一遇考虑。

荷载规范指出,高度大于30m且高度与宽度之比值大于1.5、结构基本自振周期T1大于0.25s的高耸结构,由风引起的结构振动比较明显,而且随着结构自振周期的增长而增长,设计中应考虑脉动风压对结构产生的风振影响。风振系数β_z是影响作用于变电构架上的风荷载的一个重要系数。

风振系数β_z可按荷载规范中的规定进行分段计算后再取加权值进行风荷载计算,也可以按分段计算得出的值分段进行风荷载计算,但两者对构架梁柱内力有一定影响。按目前的塔式构架分段进行计算β_z在1.05～2.06之间,加权值为1.5左右,当采用加权值统一进行内力计算时,得出的上段柱及构架梁的内力将比分段计算得出的内力减少6%～8%,明显偏于不安全。因此在示范工程设计时专门对1000kV构架设计风振系数取值进行了研究,明确风振系数取1.65,后续工程基本也采用了该结论。行业标准《架空送电线路杆塔结构设计技术规定》指出,杆塔全高超过60m时,β_z应按《建筑结构荷载规范》采用由下到上逐段增大的数值,但其加权值不应小于1.6。《1000kV变电站设计规范》提出构架风振系数宜采用分段计算,应该说计算过程虽然繁琐,但结果也将更接近实际。

(6)温度作用

为了防止因为温度作用在结构体系内引起过大的作用效应,各规范都根据自己的结构特点规定温度区段的长度,在这个长度之内可以不考虑温度作用对结构的影响。《钢结构设计规范》规定"露天结构温度区段小于120m可不作温度变化作用效应的计算"。《变电站建筑结构设计技术规程》要求"两端设有刚性支撑的连续排架,当其总长超过150m或为连续刚架,当其总长度超过100m时,应考虑温度作用效应的影响"。

比较各规范可以看出结构形式对温度区段长度的影响很大。竖向支承结构水平刚度大的,对横向水平构件约束作用强的,温度效应大,因此温度区段长度规定得较短。对于超过温度区段长度的结构,需要考虑温度作用的影响。

特高压中线试验示范工程对温度应力进行了研究,认为1000kV构架连续二跨布置时,温度作用对构架的整体影响相对较小,故建议二跨连续出线构架,单跨跨度54m时可不考虑温度作用效应;1000kV构架在连续三跨或四跨布置时,温度作用对构架的整体影响相对较大,宜考虑温度作用对构架的整体影响。

某工程采用结构通用软件ANSYS分析不同跨数出线构架温度作用,对连续两跨、三跨及四跨构架分别进行计算,计算模型见图25-18、图25-19及图25-20。

图25-18 两跨模型

比较各工况下柱的最大的内力和顶点位移的计算结果如表25-18。

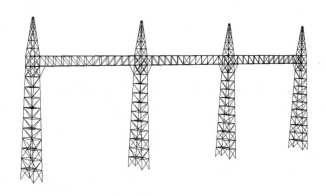

图 25-19　三跨模型

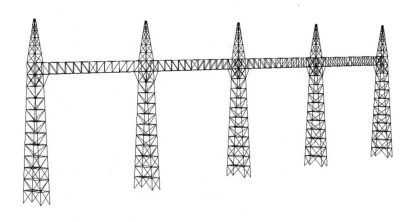

图 25-20　四跨模型

表 25-18　荷载组合下构架柱内力及位移表

构架长度	控制工况	最大内力(kN)		最大位移值 Y (mm)
		柱脚压力值	柱脚拉力值	
二跨	温度作用工况	1710	1416	130.1
	其他控制工况	1960	1680	86.6
三跨	温度作用工况	1914	1675	162.6
	其他控制工况	1980	1750	91.6
四跨	温度作用工况	2120	1910	199.4
	其他控制工况	2027	1765	98.3

　　从上表可以看出,温度作用随构架连续跨数的增加而增加。3 跨及以下时温度应力对承载力不起控制作用,但作为构架正常使用极限状态的控制工况;当四跨联合时,温度作用成为构架设计的控制工况,应力和变形均达到最大值,同时柱顶位移已接近上限,构架用钢量完全由温度作用决定。

　　因此,对 54m 跨的格构式构架,在各种温度工况下连续三跨布置时,杆件内力小于其他控制工况(一般为大风工况),温度应力影响不大,但应按相关的荷载组合进行变形计算,同时在梁柱节点处采取合理的构造方式,减少对梁变形的约束,减轻温度应力对结构的影响。

　　当连续四跨及以上构架布置时,应将连续构架进行分段,使之满足规范限值的要求。但过多的分段设置将增加构架纵向的占地面积,增加了构架柱的数量而加大了用钢量。因此也可以寻求加设滚动支座或设置温度伸缩缝等处理方法,在不增加占地的前提下有效释放温度应力。目前已有设计院完成用于大型变电站构架的滚动支座、滑动支座的理论研究和实验室试验工作,此类经济有效的新结构有待在后续特高压工程中的应用。

（7）地震作用

鉴于特高压变电站的重要性，在站址选择时宜尽量避开高烈度地震区，但随着特高压电网的不断加强，1000kV 变电站将不可避免地建设在 7 度和 8 度地震区。因此，对处于 7 度和 8 度地震区的构架，宜进行抗震分析。

根据以往工程设计经验，由于钢管构架为高耸结构，自振周期较长，地震作用对构架截面设计往往不起控制作用，在《1000kV 特高压设计规范》中也明确构架计算可以不考虑地震作用。在实际工程中，设计人员应结合建设场地的类别等进行分析，以明确是否需要进行抗震分析。

25.12.3　特高压 GIS 设备基础

为贯彻国家节约土地的政策，特高压变电站选用 GIS 设备布置已经成为趋势。基于 GIS 设备的结构特点和连接形式，GIS 设备对地基变形十分敏感，各厂家对土建基础要求各不相同，但均十分严格。在特高压变电站建构筑物基础设计中，GIS 设备基础的设计方案优化一直为设计人员所重视，控制 GIS 设备基础的变形、开裂、埋件平整度、预留端子定位精度等均有必要进一步探索。

目前已建和在建的特高压工程中，1000kV GIS 设备的供应商主要有平高、新东北、西开等，各厂家对基础的要求包括基础承载能力、基础变形、顶面标高、埋件精度、与接地网配合缆沟布置以及满足现场组装和检修等内容。

（1）对基础承载能力要求

设备传至基础的荷载主要包括设备自重、操作力，风荷载和地震引起的基础顶面水平力和垂直力。从不同的厂家资料分析得出，GIS 基础受力的特点为上部荷载均为点荷载、布置分散、且大小不一，最大的受力点断路器单元在 300kN 左右，其余设备单元和母线支撑荷载均较小，串之间荷载分布基本相同。另外，各厂家均要求在基础大板范围考虑 $10 \sim 15 \text{kN/m}^2$ 的活荷载。

（2）对基础变形要求

基础的变形影响到设备元件之间的连接强度，过大的基础变形将增加密封系统的泄漏几率，严重时造成 GIS 故障进而影响电网运行安全。各厂家在上部设备制造设计时，采取了设置伸缩节等来调节基础引起的变形。尽管如此，对土建基础变形的要求依然十分严格，一般仅允许基础变形缝与上部伸缩节设置位置一致。

对基础的变形要求分水平和垂直两个方向。大部分厂家的 1000kV GIS 设备均以一个完整串为单元，在每串之间的母线套管上设置伸缩节以协调基础变形，要求每一单元位于同一块独立大板基础上，各单元之间可以设置伸缩缝。设备对基础变形主要在各独立大板之间、同一大板上埋件之间、大板本体与进出线套管基础之间控制。综合目前厂家技术参数，在 GIS 地基基础设计时，基础和埋件变形限值按表 25-19、表 25-20 控制，能满足工程要求。

表 25-19　GIS 基础变形限值

	水平方向（mm）	垂直方向（mm）
两独立大板基础间	20mm	20mm
基础本体与进出线套管间	4 mm	15mm

表 25-20　大板基础上埋件间变形限值

埋件间距离 d(m)	沉降差（mm）
$d \leqslant 5$	$\leqslant 5$
$d > 5$	$\leqslant 30$ 且 $\leqslant 0.1\%$

（3）设备对场地要求

各厂家均要求 GIS 大板范围内有一定的洁净度，场地地面与设备基础面平齐，可以兼作现场组装和检修场地。以往的工程设计均采用大板式基础，顶面标高满足厂家要求。但基础直接置于露天环境或大体积混凝土等均为土建设计带来一定的麻烦，也为电缆沟布置、GIS 设备地网的施工和接地端子的埋设精度控制等带来一定的难度。

(4)GIS 设备基础结构形式

目前已建成的变电站,采用的基础结构形式有板厚约 2m 的平板式基础。板厚 300mm 左右与地梁结合的筏板式基础。这些基础均为露天结构,受温度影响大。另外,在结构施工时电缆沟、接地铜排以及引上端子等需要一并施工完成。对此,有设计院提出采用支墩式 GIS 基础设计形式,即采用支墩将设备固定并将荷载传至底板,其余场地采用铺砌地坪等建筑地面做法。该设计形式避免了基础直接置于露天环境,有效解决了 GIS 大体积混凝土施工和后期开裂现象,在满足场地组装的同时方便了电缆沟的灵活布置和接地施工以及后期的调整。

图 25-21　平板式筏板基础照片

支墩式 GIS 基础断面见图 25-22。

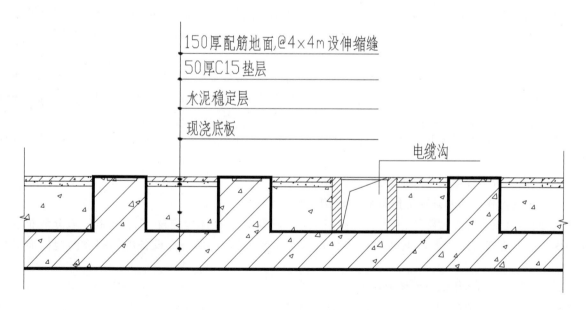

图 25-22　支墩式 GIS 基础断面图

25.13　电气二次接线

25.13.1　主要设计原则

1000kV 变电站二次接线设计应力求安全可靠、技术先进、经济适用、符合国情,并不断总结经验,积极慎重地采用和推广经过鉴定的新技术和新产品。1000kV 变电站采用计算机监控系统,变电站的值班方式为有人值班,由有关调度所实现遥控、遥测、遥信和遥调。计算机监控系统的测控装置和继电保护装置按对象和功能进行下放,布置在就地保护小室。电气二次接线的主要原则如下:

(1)遵循"安全可靠、技术先进、经济合理、符合国情"的原则,选用成熟先进、可靠,具有良好的开放性、扩展性,满足工程需要、抗干扰能力强的计算机监控系统。

(2)变电站采用计算机监控系统,不再另外设置其他常规的控制屏及模拟屏。变电站采用强电一对一控制接线,直流电源额定电压可选用 110V 或 220V。

(3)保护小室设在一次设备相对集中的位置附近,尽量缩短一次设备与二次设备之间控制电缆的长度,综合考虑电缆长度、公用设备数量及运行维护方便等因素。保护小室的环境条件满足继电保护装置和控制装置的安全可靠要求,有良好的电磁屏蔽措施,位置应尽量避开可能产生强电磁场设备。

(4)对具有两组独立跳闸系统的断路器,应由两组蓄电池的直流电源分别供电。保护的两组出口继电器,也应分别接至两组跳闸绕组。

(5)电流互感器、电压互感器的暂态特性应满足继电保护的要求。

(6)电压 250V 以上回路不宜进入控制和保护屏。

25.13.2　计算机监控系统

特高压变电站配置一套技术先进和功能完善的计算机监控系统,承担了运行人员正常控制、监视、信号、测量以及数据统计分析等各方面的功能。变电站控制楼内设独立的控制值班室用于站内 1000kV、500kV、110kV 设备的运行管理。

变电站采用分层分布、开放式计算机监控系统,取消常规的控制与信号屏,间隔层的控制以及继电保护装置按照对象和功能下放布置。采用 DL/T 860(IEC 61850)通信标准,与继电保护设备统一建模、统一组网,共享统一的信息平台。

根据目前国内变电站计算机监控系统应用的实际情况,结合 1000kV 特高压变电站信息量大、测点多、突发事件多以及电磁环境复杂等特点,考虑计算机监控系统技术发展的现状和趋势,在特高压变电站中确定计算机监控系统设计的原则如下:

(1)计算机监控系统为开放式分层分布式网络结构,站级层网络采用双光纤以太网,间隔层设备分散布置。

(2)变电站内的数据统一采集处理,资源共享。

(3)主机、操作员站和远动工作站采用 UNIX 操作系统。

(4)间隔层设备分别按降压、升压二个阶段工程规模配置 I/O 测控装置,根据控制区域分散布置于控制楼以及各电压等级继电器小室;I/O 单元严格按单元配置,可随一次设备电气间隔的检修而退出运行。

(5)计算机监控系统的电气模拟量采集采用交流采样,取消常规变送器。一次设备的状态量等开关量信号采用点对点采集。在非关口点设有一般电能表。在各电量计费关口点设有电能计量关口表,分别接入电能计费系统。

(6)故障录波不占用监控系统网络资源,故障录波信息可单独组网。

(7)设置两台远动数据传输设备,冗余配置,通过光纤以太网同各种测控及保护装置通信,将各测控单元采集的数据送入远动设备数据库中经规约转换后分别上送到不同的调度端。计算机监控主站与远动数据传输设备信息资源共享,不重复采集,节约投资。

(8)计算机监控系统具备防误闭锁功能,设五防工作站,防误操作采用间隔内防误与站级防误相结合的方式。测控单元按间隔配置可实现本间隔内的防误操作,测控单元与站级防误系统互相交换信息就可实现全部防误闭锁功能。

(9)计算机监控系统具有与电力调度数据网的接口,留有电力数据网的接口,软、硬件配置应能支持未来联网的通信技术及通信规约的要求。

(10)配置变电站仿真培训工作站,对变电站的间隔层、变电站层和电气主设备层进行软件模拟。

(11)计算机监控系统网络安全防护应严格按照有关规定要求,设置隔离和防护措施。

(12)考虑采用变电站通信网络和系统标准 DL/T-860(IEC 61850)。

25.13.3　元件保护

25.13.3.1　主变压器保护

1)1000kV 主变压器由主体和调压变压器两部分组成,调压变压器含低压电压补偿。变压器保护包括主体保护、调压变及补偿变保护。

2)主变压器保护采用微机型双重化主、后备保护。主保护除采用 2 套不同原理的差动保护外,还应配置高、中压侧分相差动保护和非电量保护。

3)1000kV 主变压器保护应能在发生变压器绕组及其引出线的相间和接地故障、绕组的匝间短路、外部相间及接地故障引起的过电流和过电压、过激磁、过负荷等故障和异常运行方式,快速、灵敏的切除故障或发出告警信号,能根据投切时励磁涌流特性躲过励磁涌流,并具有防止由于电流互感器饱和、暂态特性不一致引起变压器保护误动的措施。

4)配置高、中压侧分相差动保护,接于主变压器高、中及公共绕组套管电流互感器,优点如下:

(1)不受励磁涌流、过激磁的影响,可采用简单的比率制动的差动保护。

(2)保护装置只需按变压器负荷下电流互感器产生的不平衡电流整定,定值低灵敏度高。

(3)各侧电流互感器均可采用星型接线,无需转角,提高了接地短路故障的灵敏度。

(4)保护分相装设,保护动作后立即知道故障相,缩短事故处理时间。

5)配置过电压保护,当合空变产生谐振过电压时延时跳闸。

25.13.3.2　高压电抗器保护

高压电抗器保护应能在发生电抗器线圈的单相接地和匝间短路、引出线的相间短路和单相接地短路、油面降低、温度升高及冷却系统故障、过负荷等故障和异常运行时快速、灵敏的切除故障或发出告警信号。

(1)并联电抗器主保护应选用微机型电流差动保护装置。

(2)保护装置不应受暂态电流的影响而产生误动作。TA 二次回路故障,保护应能可靠闭锁并发出告警信号。在全相或非全相振荡及振荡过程中线路上发生故障时,电抗器保护装置不应误动。

(3)差动速断保护动作时间≤20ms(1.5 倍定值时),差动保护动作时间≤30ms(2 倍定值时)。动作值应连续可调。保护对整个差动范围内的故障应具有灵敏度。

(4)匝间短路保护:当电抗器发生大于等于 5%匝间短路故障时,匝间短路保护应瞬时动作;断路器非全相运行时,健全相发生匝间短路,保护应正确动作。

(5)过电流保护:由具有定时限或反时限特性的三相电流元件构成,保护动作延时断开 1000kV/500kV 线路断路器。

(6)过负荷保护:采用具有定时限或反时限特性的电流元件,保护动作延时发告警信号。

(7)并联电抗器瓦斯、压力释放等非电量保护:非电量保护包括重瓦斯、轻瓦斯、压力释放、油位低、油温过高等保护。重瓦斯、压力释放、油温过高、线圈温度过高等保护动作通过独立的跳闸出口单元,断开 1000kV/500kV 线路断路器并发信。轻瓦斯、油位低等信号动作发告警信号。非电量保护不启动断路器失灵保护。

(8)中性点电抗器保护采用具有定时限或反时限特性的接地电流保护,保护动作并延时发告警信号。中性点电抗器应装设瓦斯、压力释放等非电量保护。

(9)跳闸出口单元:每套主保护和后备保护设一套出口,非电量保护设一套出口。设置保护跳闸出口连接片。保护能同时提供跳本侧断路器的两组跳闸线圈,以及提供接点跳开线路对侧断路器。

25.13.4 系统保护

25.13.4.1 1000kV 线路保护

每回 1000kV 线路均配置两套全线速动主保护,每套保护配置双 2Mbit/s 光通信接口,通道均采用直达和迂回 2Mbit/s OPGW 光纤通信电路传输。正常时第一套主保护采用点对点直达光纤通信通道,另一套主保护采用迂回光纤通信通道。对同杆双回线路优先考虑采用分相电流差动保护。

每套主保护均具有完整的后备保护功能,主保护与后备保护采用同一套保护装置实现。线路后备保护配置完整的多段式相间和接地距离保护,配置一套定时限或反时限零序方向过流保护以反映高阻接地故障。

在本线全相振荡时保护不应误动,全相振荡或非全相运行时本线再故障,应能可靠切除。保护应能反应较大的接地故障电阻的故障。在由线路分布电容、并联电抗器、变压器(励磁涌流)、高压直流输电设备和串联补偿电容等所产生的稳态、暂态谐波分量和直流分量的影响下,保护装置不应误动或拒动。

分相电流差动保护应适用于线路两侧使用不同变比电流互感器的情况。

保护装置应采用快速动作、功耗小、性能完善,具有成熟运行经验的微机保护,保护采用单相跳闸方式,快速动作的主保护应具有选相功能。每套微机保护同时应具有故障测距、故障录波及事件记录等功能。

25.13.4.2 1000kV 线路过电压保护

1000kV 线路两侧配置双重化的过电压保护及远方跳闸就地判别元件,过电压保护按相装设。远方跳闸就地判别元件的判据应采用综合电流变化量元件、零负序电流元件、有补偿功能的综合电压元件、低功率元件等。过电压保护在系统正常运行或系统暂态过程的干扰下不应误动作,动作时间和整定值应与一次设备过电压保护配合,应能适用于电容式电压互感器。

过电压保护动作后,通过线路主保护的通道发送远跳信号给对侧线路主保护。

两套过电压保护及远方跳闸就地判别元件分别与相应的两套线路保护一起组柜。

每回线的两套保护分别独立成柜,应分别由不同的直流蓄电池组供电。双重化配置的线路主保护、后备保护、过电压保护等的交流电压回路、电流回路、直流电源、开关量输入、跳闸回路、启动远跳和远方信号传输通道均应彼此完全独立没有电气联系;每套保护应具有独立的分相出口,且仅作用于断路器的一组跳闸线圈。

25.13.4.3 1000kV 断路器保护

1000kV 断路器保护按断路器配置,包括断路器失灵保护,与线路相联的断路器设自动重合闸功能,每套断路器保护单独组柜。

断路器失灵保护仅考虑断路器单相拒动的情况,并可检测死区范围的故障。断路器失灵保护的起动回路采用保护单相跳闸出口接点与相电流元件相串联的方式。需考虑在线路末端故障时,相电流元件有足够的灵敏度。

断路器失灵保护起动后,瞬时重跳一次本断路器,再经延时,跳本断路器及相邻断路器三相;同时,线路断路器失灵出口还通过线路主保护的通道向线路对侧发送跳闸信号,母线侧断路器失灵出口还通过母线保护出口跳失灵断路器母线上的相关断路器。

远方跳闸信号输出两组,分别经两套线路主保护的通道传送给对侧线路主保护。

自动重合闸只实现一次重合闸,在任何情况下不应发生多次重合闸。自动重合闸采用单相重合闸方式,但能实现三相重合闸、综合重合闸、重合闸停用几种方式。重合闸启动方式包括保护启动和不对应启动,重合闸装置应分别提供单相和三相跳闸启动。对线路一侧两台断路器的重合闸,应能灵活地选择和确定"先重合断路器"和"后重合断路器",两台断路器的先、后合关系采用时间优先的原则。

25.13.4.4　1000kV 远方跳闸回路

每套线路主保护装置的每个 2M 光通信接口应能收、发一个联跳命令和一个远跳命令,远/联跳通道应可投退。

联跳功能:当线路上发生故障,导致一侧保护动作跳开三相时,保护装置向对侧发远方三相跳闸信号;对侧线路保护收到联跳三相信号后,应避免继续转发联跳三相的信号,为避免保护由于误收信而动作,当线路保护收到联跳三相信号且本侧保护已动作时,再进行断路器三跳。

远跳功能:当线路过电压保护、断路器失灵保护和高压并联电抗器保护等动作后,通过线路主保护的通道发送远跳信号给对侧线路主保护,对侧收到远跳信号且其就地判别元件动作时,才允许进行断路器三跳。

25.13.4.5　1000kV 母线保护

1000kV 每段母线配置 2 套完整、独立的母线差动保护,按远景规模配置,其差动测量元件应为分相式。对一个半断路器主接线方式,均按照单母线的母线保护配置方案考虑,即每段 1000kV 母线配置母线保护 2 套,共 4 套。

母线保护应对 CT 特性无特殊要求,动作正确性不受 CT 饱和影响,抗 CT 饱和能力应能适应 1000kV 系统短路水平的要求;允许各个元件使用不同变比的 CT,可使用 TPY 级次级 P 级次级或 TPY 级与 P 级次级混用的 CT;对一个半断路器接线方式的母线保护,均不设复合电压闭锁。

双重化配置的母线保护安装在各自的柜内,交流电流回路、直流电源、开关量输入、跳闸回路均应彼此完全独立没有电气联系。每套母线保护只作用于断路器的一组跳闸线圈。断路器失灵保护跳母线侧断路器时需通过启动母线保护实现。

25.13.4.6　1000kV 故障录波器

为了分析电力系统事故时的交流电流、电压量及继电保护装置的动作情况,变电站内应配置单独的故障录波器,分别记录 1000kV 线路和主变的电流和电压、保护装置(含高抗保护)动作及保护通道的运行情况等;另外,为了准确记录 1000kV 母线侧各个断路器上在母线区内、外故障时的电流,需录取母线侧断路器电流量以及母线电压量。

对一个半断路器主接线,按继电器小室配置记录线路与主变录波量的故障录波器,全站配置一台 1000kV 母线故障录波器。

故障录波器选用数字式,应包含故障测距和事故分析功能。故障录波器应能单独组网,通过以太网口与继电保护和故障信息管理系统子站通信,录波信息可经子站远传至各级调度部门进行事故分析处理。

25.13.4.7　1000kV 线路故障测距装置

1000kV 线路两侧均配置单独的、采用行波原理的双端故障测距装置,两侧数据交换采用 2M 通道。每个变电站配置一套。

线路故障测距装置应采用数字式,有独立的起动元件,并具有将其记录的信息就地输出并向远方传送的功能。线路故障测距装置应采用高速采集技术、GPS 同步技术、计算机仿真技术、匹配滤波技术和小波技术,实现以双端行波测距为主、辅助以单端行波测距。线路故障测距装置应能通过电力数据网或专线通道方式与调度中心通信。

25.13.5　系统通信

变电站采用光纤通信方式,应具有双光缆路由,组织变电站至相关通信站的各类信息业务通信通道。变电站应至少配置 3 级传输网设备,按需接入国网或区网或省网通信传输网。设备关键板卡冗余配置,与调度、自动化业务有关的业务板卡冗余配置。光纤通信传输干线电路速率为 2.5～10Gbit/s,支线电路速率为 0.607～2.5Gbit/s。光缆类型应采用 OPGW 光缆,光缆纤芯类型以 G.652 光纤为主,光纤芯数一般为 24 芯,对于区网、省网共用光缆时,适当增加光纤芯数。

变电站配置调度电话和行政电话交换设备,分别接入电力系统调度电话交换网和行政电话交换网,用于调度、管理等的话音通信,同时考虑安装电信市话用于与当地市话局的通信。配置综合数据网设备,接入电力系统综合数据网,用于电力生产管理数据通信。

变电站配置两套完整的通信电源系统,系统容量根据具体工程计算配置,所需交流电源由不同所用电母线段的交流电源供电。设置通信机房、通信蓄电池室,机房按照变电站终期规模考虑面积,同时根据实际情况合理布置屏位。建设通信机房动力环境监测系统,实现通信机房、通信电源及蓄电池室环境、动力系统、空调等的遥信、遥控。

25.13.6　调度自动化系统

为适应变电站自动化管理的需要,站内配置一套技术先进、功能完善的计算机监控系统,实现对变电站电气设备运行状态的监控。为避免远动和二次设备的重复配置,站内计算机监控和远动系统合用一套I/O单元,并通过远动数据处理及通信装置与调度端进行通信。

25.13.7　电能量计量计费系统

变电站关口计量点原则上设置为1000kV线路两侧、站外电源高压侧、500kV出线侧、主变中压侧,主变高压侧设为关口考核点。

关口电能计量表技术要求:

(1)精度:有功电度优于0.2S级,无功电度优于1级;

(2)具有双向计量功能;

(3)具有RS485串口输出端;

(4)分辨率设置成1分钟时能存贮7天电能量。

变电站内设立专用的电能量采集处理装置,采集现场的电能量实时数据,通过电力数据网或MODEM拨号程控交换网方式分别向各调度电能量计量主站传送电能量数据,其通信规约为IEC 60870-5-102。

电能量采集处理装置技术要求:

(1)应能接受电能表RS485串口能力,具有对电能量数据自动或人工设置多个时段进行分时累计存储;

(2)应配置足够的通信口,可通过电力调度数据网、电力程控交换网或专线通道,与至少两个主站系统通信,实现电能量数据的传输;

(3)通信应采用DL/T 719或DL/T 645通信规约和TCP/IP网络通信协议;

(4)当存储数据分辨率设置成1分钟及电能量输入达到电能量处理装置允许的最大数量时,电能量处理装置应能存贮14天采集电能量。

25.13.8　操作电源系统及其他

25.13.8.1　直流系统

1)直流系统配置

(1)特高压变电站一般选用2套直流系统,每套系统两套蓄电池三套充电装置,直流电压可选220V或110V。第一套直流系统供电范围为1000kV、主变及无功保护小室及主控楼(包括全站事故逆变器屏),第二套直流系统供电范围为500kV保护小室。

(2)蓄电池:采用阀控式密封铅酸蓄电池,一般组架安装。根据负荷统计及事故放电时间2h,分别选出第一套和第二套直流系统的蓄电池容量。

(3)充电装置:每套直流系统配置3套充电装置,采用高频开关电源,输出电压调节范围198V～260V。

2）直流系统接线

（1）母线接线方式：采用单母线分段接线，蓄电池组分别接于不同母线段，二段直流母线之间设联络刀闸。在二段母线切换过程中允许2组蓄电池短时并列。

（2）充电装置接线：二套充电装置经直流断路器分别接于二段母线，为二组蓄电池充电，并提供经常负荷所需容量。第三套充电装置经切换刀闸分别接于二组蓄电池，当任意一台充电装置故障退出运行，将第三台充电装置投入。

（3）试验放电回路：每组蓄电池设专用的试验放电回路。

（4）直流网络：各保护小室设直流分屏，采用主分屏两级供电，辐射方式。

（5）直流分电屏：分电柜内均采用2段母线接线，2回直流电源来自不同的蓄电池组，经刀闸接入母线。应有防止2组蓄电池并联运行的闭锁。

25.13.8.2　交流不停电电源（UPS）系统

变电站设置一套交流不停电电源系统，为计算机监控系统主机、网络设备、远动工作站、GPS及火灾报警装置等重要负荷提供不间断电源，采用双套主机冗余配置方式，按有关规程容载率考虑60%，常规选2×7.5kVA；每个小室考虑1面UPS屏，为小室中的网络设备、关口电度表、电能采集装置、GPS分屏等重要负荷提供不间断电源，采用双套冗余配置方式。

UPS不自带蓄电池，直流电源由站内直流系统蓄电池供电。

25.13.9　设备状态在线监测系统

为了实现电气设备的状态检修，对电气设备故障进行早期监测、故障诊断，防止扩大事故，变电站设置电气设备在线监测系统1套，包括主变压器及高抗的油在线监测、局放，GIS组合电器的断路器分合闸时间、SF6气体监测、局放，避雷器在线监测等功能。

通过对有关参数、信号的采集和分析，检出内部的初期故障及其发展趋势，维护人员可根据检出的数据进行综合分析，诊断设备的状态，减少损失，避免恶性事故的发生，提高电网的安全经济运行。

参考文献

［1］刘振亚．特高压电网［M］．北京：中国经济出版社，2005．

［2］弋东方．电力工程电气设计手册［M］．北京：水利电力出版社，1989．

［3］GB/Z 24842-2009．1000kV特高压交流输变电工程过电压和绝缘配合［S］，2009．

［4］廖湘凯，林富洪，隋佳音，等．一种改进的1000kV级输电系统无功补偿措施［J］．现代电力，2008，25（6）：45—48．

［5］DL/T 5014-2010．330～500kV变电站无功补偿装置设计技术规定［S］，2010．

［6］DL/T 5155-2002．220kV～500kV变电所所用电设计技术规程［S］，2002．

［7］中南电力设计院．变电构架设计手册［M］．武汉：湖北长江出版集团，2006．

［8］DL/T 5154-2012．架空送电线路杆塔结构设计技术规定［S］，2012．

［9］GB 50009-2012．建筑结构荷载规范［S］，2012．

［10］GB 50697-2011．1000kV变电站设计规范［S］，2011．

［11］GB 50017-2003．钢结构设计规范［S］，2003．

［12］DL/T 5457-2012．变电站建筑结构设计技术规程［S］，2012．

［13］陈海焱，樊玥，陈宏明．皖南特高压变电站1000kV GIS布置型式研究［J］．华东电力，2008，36（7）：59—63．

第 26 章　特高压直流换流站设计

我国能源资源与能源需求呈逆向分布,客观上需要能源的大范围优化配置,在晋陕蒙宁新开发大型煤电基地,在西南水电富集地区开发大型水电基地,向能源匮乏的中东部地区远距离、大容量、低损耗输电,是电力工业发展的必然趋势。此外,着眼于维护国家能源安全,提高能源保障水平,应当积极开展能源合作和跨国输电。随着云广直流、向上直流等特高压直流输电工程的建成投产,我国特高压直流输电建设进入高速发展阶段,目前我国已建成 7 条±800kV 直流输电工程,还有相当数量的±800kV 直流工程和首条±1100kV 直流工程正在进行规划设计,成为世界直流输电的第一大国。本章对特高压直流换流站的工程设计进行了论述。

26.1　站址选择与总平面布置

26.1.1　一般要求

特高压换流站根据规模和布置形式不同,围墙内占地面积一般在 15 公顷到 25 公顷之间,占地面积大,深入负荷中心选址有一定难度。与特高压交流变电站相似,换流站选址也应满足靠近负荷中心、节约用地、贯彻国家方针政策、具备适宜的建站条件等一般要求,对建设场地、线路走廊、地质条件等的要求也大同小异。在换流站站址选择过程中须对总平面布置、大件运输、换流站水源、环境保护等方面进行综合详细的论证,科学合理地确定换流站站址。

26.1.2　总平面布置

换流站站址选择和总平面布置应贯彻合理使用土地和节约集约用地的原则,整个站区规划须综合考虑地理位置、地形地势、地质条件、系统规划、建设规模、供排水条件、对外交通及大件运输等因素,根据工艺要求、出线走廊规划、施工和生活需要,按规划容量,远近结合,统筹规划出线方向、进站道路、给排水路径,实现规则用地,达到与环境和谐的效果。

阀厅、主(辅)控制楼等重要建构筑物以及换流变压器、平波电抗器等重大型设备宜布置在地质条件较好地段。针对不同的站址,总平面布置时还应以此为原则进行,尤其对地形起伏明显、高差大的站址场地,总平面位置的局部调整,对换流站的总占地面积、道路引接、地基处理、站址赔偿等各方面影响较大,在选址阶段对总平面布置进行论证十分重要。

26.1.3　大件运输

换流站站址选择宜邻近已有或规划的铁路、公路、河流交通线,以减少交通运输的投资,加快建设和降低运输成本。

特高压换流站的大件运输设备主要为换流变压器和平波电抗器,根据已建和在建±800kV 换流站大件资料,大件运输设备的参数见表 26-1、表 26-2。

表 26-1　±800kV 换流站大件运输设备参数

序号	设备名称	运输尺寸长(m)×宽(m)×高(m)	运输重量(t)	数量(台)
1	高端换流变压器	13.0×4.0×5.0	≈360	12+2
2	低端换流变压器	10.5×4.0×5.0	≈260	12+2
3	平波电抗器	5.3×5.3×4.5	≈85	12+1

表 26-2　±1100kV 换流站大件运输设备参数

序号	设备名称	运输尺寸长(m)×宽(m)×高(m)	运输重量(t)	数量(台)
1	高端换流变压器	15.5×5.0×6.0	≈550	12+2
2	低端换流变压器	14.0×4.5×5.5	≈460	12+2
3	平波电抗器	6×6×4.6	≈110	12+1

从表中可以看出,特高压换流站大件在运输尺寸和运输重量上较以往的变电站有较大的增加,可以采用运输特种车辆运输或考虑采用分体运输现场组装方式。由于换流站大件数量多、运输时间跨度大,因此,在选择运输方式时应首选水路+公路的方式,以减少对沿途空障清除和桥梁的加固数量,减少立交穿越,减少频繁运输对公路交通形成的影响。在考虑桥梁加固方案和码头租用时也应考虑运输周期带来的影响。

26.1.4　换流站水源

换流站的用水包括生产用水、生活用水、消防用水等几方面。

换流站的运行,需要提供连续不断的生产用水,采用可靠的水源是换流站安全运行的保障。换流站宜采用两路可靠水源供水系统,当仅有一路水源时,宜设置容积不小于 3 天用水量的生产用水储水池。

在站址选择时,首先应综合计算换流站用水需求,然后在拟选站址周边进行深入的水源调查,取得可靠的水源。在水源调查时应注意:

1) 应优先考虑自来水或地下水,当采用上述水源有困难时,可采用地表水作为供水水源,但应充分考虑水源水质、水量变化的影响;

2) 对水厂应进行深入调查,包括提供水厂水源的水库名称及其库容、自来水管网供水能力和水厂规划容量、目前供水范围和供水富裕量、周边规划用水情况等;

3) 调查自来水管网管径、水压等能否满足换流站引接要求,引接距离和需要采取的技术措施;

4) 取得当地自来水公司同意向换流站供水的书面承诺。

需要注意的是,当两个水厂水源来自同一个水库时,尽管有各自独立的管网,但这两个水厂并不能作为换流站两路独立的水源。要求供水水质达到现行的国家标准《生活饮用水卫生标准》。通过综合的技术经济比较后,最后推荐换流站采用的水源及供水方案。

26.1.5　环境影响

环境影响包括外围对换流站的影响和换流站建设对外界环境的影响两方面。

1) 环境对换流站的影响

污秽地区的各种污染物,严重影响换流站电气设备运行的可靠性,其对电气设备危害的程度与污染物的导电性、吸水性、附着力、气象条件、污染物的数量,以及污染源的距离有着密切的关系。如果站址位置污秽较为严重,对直流设备运行有很大影响。对于大爬距设备,直流设备生产厂家现有生产能力有限,采用户外布置设备制造难度大。户内直流场虽然可解决设备外绝缘,降低设备制造难度,但建筑投资较大,运行费用较高,因此站址选择时应当尽量避免设在严重空气污染地区和严重盐雾地区。

2) 换流站对外界的影响

特高压换流站规模大,除了对地方规划带来影响外,建设时应强调换流站噪声控制、区域的水土保持、线路和铁塔与周边环境的协调、换流站水质排放标准等方面的内容。

我国直流输电工程在近年来发展迅速,从葛洲坝至上海的 ±500kV 直流输电工程建成投运以来,先后建设或投运了多个直流输电工程。由于换流站内噪声源较多,且声功率级较高,导致国内已建成的多个高压换流站厂界及周围敏感区域处的声压级较高,部分换流站已对邻近居民生活造成影响。

为避免出现事后进行噪声治理的被动局面,在 ±800kV 换流站的选址和方案设计时,有必要将降噪措施一同考虑。在选址时应尽量远离居民区,同时在总平面设计时合理布置站区建构筑物,充分利用站区建构筑物进行阻挡、吸收噪音,并采取隔声屏障等将噪音降到允许范围,切实做到换流站与环境和谐一致,持续发展。

26.2　电气主接线

换流站的电气主接线应根据换流站的接入系统要求及建设规模确定。换流站电气主接线主要包括换流器单元接线、交/直流开关场接线、交流滤波器及无功补偿设备接线以及站用电接线。典型的电气主接线见图 26-1。

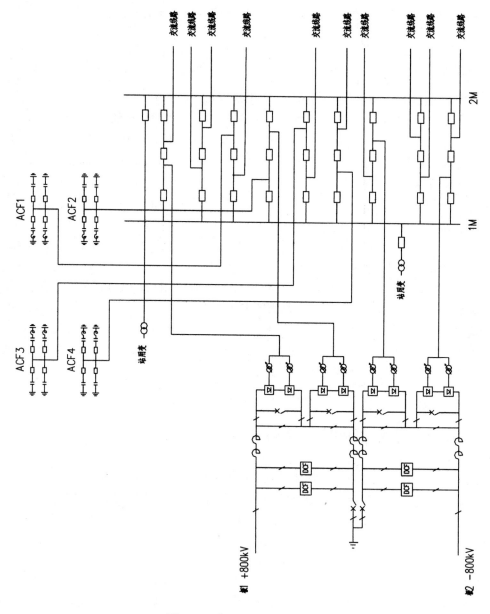

图 26-1　典型的电气主接线图

部分已建和在建的特高压直流工程的主要参数见表 26-3。

表 26-3　部分已建和在建的±800kV 和±1100kV 特高压直流工程的主要参数

项目	单位	云南—广东 ±800kV	向家坝—上海 ±800kV	锦萍—苏南 ±800kV	哈密南—郑州 ±800kV	溪洛渡左岸—浙江金华±800kV	准东—皖南 ±1100kV
额定直流电压	kV	800	800	800	800	800	1100
额定输送功率	MW	5000	6400	7200	8000	8000	12000
额定直流电流	A	3125	4000	4500	5000	5000	5455
主接线		包括 2 个完整单极,每个完整单极每端由 2 个直流电压均为±400kV 的 12 脉动换流器串联组成					
直流双极线路	截面 mm²	6×630	6×720	6×900	6×1000	6×900	6×1250
	距离 km	1373	1907	2090	2210	1680	3305
交流网侧标称电压	kV	500	500	500	500	500	750
交流出线	送端 回	7	10	9	8	8	10
	受端 回	8	7	6	8	10	2/8 注
换流变压器	送端 MVA	(24+4)×250	(24+4)×321	(24+4)×363	(24+4)×405	(24+4)×404	(24+4)×608
	受端 MVA	(24+4)×244	(24+4)×297	(24+4)×341	(24+4)×377	(24+4)×382	(24+4)×587
平波电抗器	单极极线 台	2	2	2	3	3	3
	单极中性线 台	2	2	2	3	3	3
直流滤波器	每极组数 组	2	1	1	1	1	1
	调谐频次	12/24/45	2/12/39	12/24+2/39	12/24+2/39	12/24+2/39	2/12
滤波器和电容器	送端 MVar	11×187(ACF) +7×187(SC)	9×220(ACF) +5×220(SC)	9×215(ACF) +5×215(SC)	12×230(ACF) +5×270(SC)	10×239(ACF) +10×290(SC)	12×305(ACF) +8×380(SC)
	受端 MVar	7×190(ACF) +8×210(SC)	9×260(ACF) +6×260(SC)	8×270(ACF) +8×270(SC)	10×260(ACF) +9×260(SC)	9×287(ACF) +8×287(SC)	12×340(ACF) +9×285(ACF) +5×285(SC)
围墙内占地面积	送端 hm²	22.48	16.91	17.29	24.6	15.896	27.98
	受端 hm²	23.65	15.06	15.83	16.38	15.73	27.701

注:受端换流站采用分层接入方案,低端阀组接入交流 1000kV 系统,高端阀组接入交流 500kV 系统,斜线上为 1000kV 出线数,斜线下为 500kV 出线数。

26.2.1　换流器单元接线

在满足系统要求的前提下,换流器单元的接线应根据晶闸管的制造能力,结合换流变压器的制造水平及运输条件,通过综合技术经济比较后确定。

对于特高压换流站,由于其输送容量巨大,换流变压器的制造和运输限制是制约换流其单元接线的决定性因素。根据目前换流变压器的制造能力,目前特高压换流站均采用每极两个 12 脉动阀组串联接线方式,每极换流器电压按 400kV(550kV)+400kV(550kV)配置。为减少单个 12 脉动换流阀组故障引起直流系统单极停运的概率,提高直流系统的可用率,同时减少对交流系统的冲击,直流开关场的接线应适应一个十二脉动阀组退出后其余的阀组尚能继续运行的要求,每个 12 脉动阀组的直流侧安装旁路开关等设备。

26.2.2　直流开关场接线

26.2.2.1　接线原则

直流开关场接线应具有下列功能:

1)可实现双极、单极大地回线、单极金属回线等基本的运行接线;

2)换流站内任一极或任一换流单元检修时能进行隔离及接地;

3)直流线路任一极检修时能进行隔离及接地;

4)在完整单极或不完整单极金属回路运行方式下,检修直流系统一端或两端接地极及其引线时,能进行隔离及接地;

5）在完整双极，不完整双极运行方式下，检修直流系统一端或两端接地极及其引线时，能进行隔离及接地；

6）双极中的任一极运行时，从大地回路转换到金属回路运行或者相反时，应不中断直流功率输送，且一般不降低直流输送功率；

7）故障极或换流单元的切除和检修不应影响健全极或换流单元的功率输送。

26.2.2.2　接线方式

直流开关场的设备主要包括平波电抗器、直流滤波器、直流测量装置、避雷器、冲击电容器、PLC、开关设备、母线和绝缘子等。在目前直流设备制造能力下，通过对±800kV直流换流站直流场接线方式的分析和比较。为满足上述功能要求，直流场宜采用以下接线。

1）直流开关场采用双极直流带地极线典型接线型式，极线间安装直流滤波器、平波电抗器等设备。平波电抗器分别串接在极母线和中性母线上，并紧靠阀组安装，串接数量视具体工程实际情况和设备制造能力及大件运输限制条件而定。直流滤波器接在平波电抗器后的极线与阀组相连接的中性线上，以滤去直流侧谐波，减少直流输电线路对邻近通信线路的干扰，直流滤波器的接线，应保证任何1组滤波器的投切，不中断和降低直流输电功率，因此，在滤波器高低压侧均配有隔离开关，并且高压侧隔离开关具有在正常运行情况下投切的能力。为方便检修，在滤波器两侧均设有接地刀。

2）为实现系统最基本运行方式——双极和单极运行，除建设两极线外，每极还应建设独立的中性母线。为降低设备绝缘水平，减少投资，双极中性母线应连接并接地。由于单极大地回路方式运行时，其中一部分电流将通过换流变交流侧中性点和交流输电线路返回，如果交直流系统共用一个接地网，则流过变压器的直流电流很大，对变压器将造成损坏，对通信干扰也很大，并且如此大的直流电流流入地中，对地下埋置物腐蚀很大。为减少直流电流对交流系统和换流站设备的影响，在远离换流站的地方设置一个接地电极，将中性母线通过架空线引接至接地电极，并在各种运行方式下，均考虑中性点接地。为避免接地极线路检修或故障时，影响直流输电，在换流站内设有临时接地极，作为双极运行方式和单极金属回路运行方式时接地极的备用。同时为实现单极金属回路运行方式，需将整流侧和逆变侧中性点用中性线连接，并在一侧接地，但考虑到一般工程均为双极线，当单极运行时，另一极的极线可作为中性线用，因此可少建设一条中性线线路，节省投资，这在技术上是可行的，大多数工程也是这样考虑的，有成熟的运行经验。

3）为适应系统多种运行方式之间的转换，在中性母线上装设了相应的高速转换开关。并且，为实现各种运行方式及设备的安全检修，在极母线和中性母线均设置相应的隔离开关和接地开关。

4）为减少高频杂散电流在极线—大地回路及极线—金属回路的影响，在中性线侧装设冲击电容器（C1）。

26.2.2.3　直流融冰接线

在线路穿越重冰区时，直流开关场还需要考虑直流融运行方式，这种方式是通过改变直流系统的接线方式，在直流线路上产生约2倍的额定电流，短时间内使直流线路迅速发热，融化附着在导线表面的冰，减轻线路杆塔的荷载，从而达到电网安全运行的目的。

融冰接线的原理是改变直流侧接线将每极的低端12脉动阀组旁路，将每极的高端12脉动阀组并联，并联点设置在直流场极线的出口处。该接线可实现在直流线路上产生2倍的额定直流电流，同时流过直流场设备的电流不超过额定电流。

融冰接线实现方式如下：

1）由于换流阀为单向导通，为实现两极高端换流阀组的并联，在极2高端换流阀组的旁路回路增加融冰接线使该阀组在融冰时将电压进行翻转。

2）为了给极2高端换流阀组的电流提供通路，在极2极母线线路出口处增加至极2中性母线和至金属回线的融冰回路。

3）融冰接线应设置断口，实现正常运行方式和融冰运行方式之间的切换。

增加融冰接线的直流场接线示意图如图26-2所示，图中虚线表示增加的融冰接线。

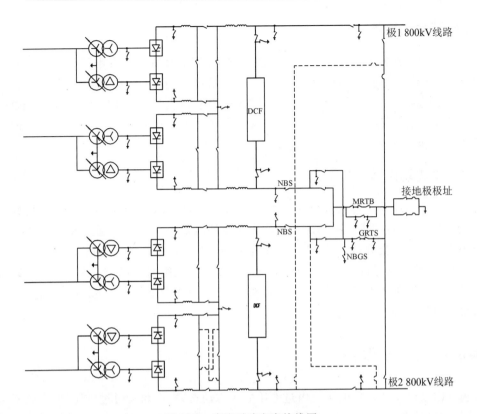

图 26-2　直流融冰方案接线图

融冰运行方式下直流电流流向示意图如图 26-3 所示。图中回路 1 表示极 1 高端阀组通过的电流流向,电流大小为额定直流电流;回路 2 表示极 2 高端阀组通过的电流流向,电流大小为额定直流电流;直流线路的电流,电流大小为 2 倍额定直流电流。

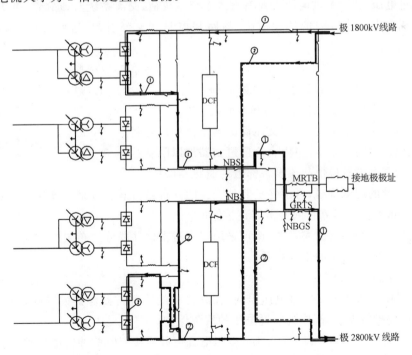

图 26-3　融冰运行方式下直流电流流向示意图

26.2.3 交流开关场接线

交流开关场接线型式根据换流站在电力系统中的地位、换流站交流进出线数量、负荷性质、设备性能参数等条件，综合考虑供电可靠性、运行灵活性、操作检修方便性、便于扩建、投资合理和节省占地等要求，通过经济比较确定。并应符合《220kV～750kV 变电站设计技术规程》DL/T5218 的有关规定。特高压换流站接入交流系统的系统电压均在 500kV 及以上，因此在建和已建的特高压换流站交流开关场接线均采用可靠性高，运行灵活的 3/2 接线方式。

26.2.4 交流滤波器接线

交流滤波器接线除应满足直流系统要求外，还应结合其所接入的交流系统接线及交流滤波器投切对交、直流系统的影响综合考虑。特高压换流站内交流滤波器小组的数量通常在 16～26 个小组，若交流滤波器以小组方式接入交流母线，会造成交流开关场的开关数量众多，同时由于滤波器小组断路器操作频繁，降低交流母线的可靠性。因此，交流滤波器一般采用大组的方式接入换流单元所联接的交流母线。特高压换流站内通常考虑设 4～5 个交流滤波器大组，每个大组下接 4～6 个交流滤波器小组，交流滤波器大组采用单母线接线。

26.3 换流站过电压保护

过电压包括内过电压和外过电压。内过电压要考虑动态、操作和暂时过电压，但一般不考虑谐振过电压，在换流站的设计及运行操作中应尽量避免谐振过电压的产生，如果不能避免，则必须采取一定的措施，如加装选相合闸装置或合闸电阻等。

外过电压主要指交直流线路以及接地极线路的雷击，包括直击雷和绕击雷。考虑平波电抗器对雷电侵入波的阻尼作用，通常线路雷击产生的过电压不会影响平抗阀侧的相关设备。内过电压包括交流侧和直流侧的过电压，交流侧过电压主要有直流系统甩负荷、交流系统对地故障、投切交流滤波器等；直流侧过电压主要由直流系统内的接地故障、短路和控制失灵等引起，这些过电压将传入换流阀或极线上。

过电压保护与绝缘配合的目的就是寻求一种避雷器配置和参数选择方案，保证换流站所有设备（包括避雷器本身）在正常运行，故障期间及故障后的安全，并使得全站的费用最省。

换流站过电压保护和避雷器配置的基本原则：

1）在交流侧产生的过电压，应用交流侧的避雷器加以限制。

2）在直流侧产生的过电压，应由直流侧避雷器加以限制。

3）换流站的重要设备应由与该设备邻近的避雷器保护。

4）换流变压器的阀侧绕组，可由保护其他设备的几种避雷器联合来实现保护。最高电位的换流变压器阀侧绕组可由安装在紧靠它的避雷器直接保护。

5）可采用多柱并联结构的避雷器，也可采用多支避雷器并联分散布置的方式。

6）直流中性母线应装设冲击电容器。

其他过电压保护措施还有：

1）为确保晶闸管阀免遭正向过电压损坏，在阀臂上配置避雷器保护的同时，另为每个晶闸管阀臂装设正向过电压保护触发装置，作为阀过电压的后备保护。

2）在换流变进线断路器装设合闸电阻，以阻尼合空载换流变时的冲击电压、限制合闸涌流。

3）交流滤波器小组断路器上均装设选相合闸装置，以限制合闸涌流，降低投切交流滤波器和电容器操作时对系统的扰动以及避免合闸时交流滤波器低压侧内部元件过载。

国网和南网的 ±800kV 特高换流站直流侧避雷器典型配置分别如图 26-4、图 26-5 所示，±1100kV 特高换流站直流侧避雷器典型配置如图 26-6 所示。交流侧出线、站用变和滤波器大组母线也分别装设了避雷器。

从图 26-4、图 26-5 可以看出，国网±800kV 换流站和南网±800kV 换流站在下十二脉动换流单元和中性母线上的避雷器配置基本相同，主要区别在于上十二脉动换流单元。南网工程最高端换流变阀侧配置了 A2 避雷器，并且对整个上十二脉动换流单元配置了 C2 避雷器，省去了国网工程的 MH 和 CBH 避雷器。两种保护方式都有各自的优缺点，可参考 18.3.2 一节。具体哪种方案更合适，需要具体情况具体分析。

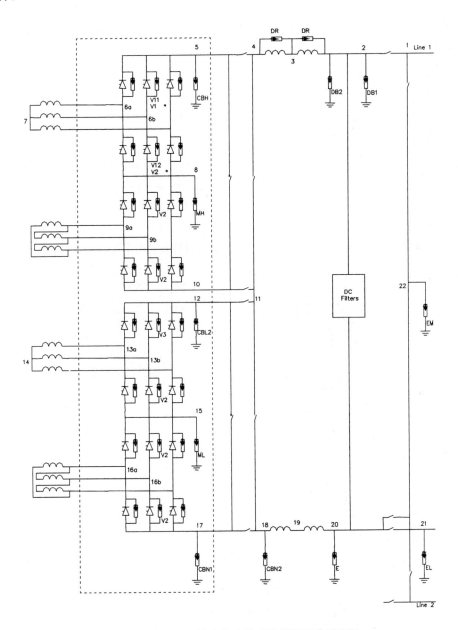

图 26-4 ±800kV 特高换流站避雷器国网典型配置

下面±800kV 换流站以国网奉贤站和南网普洱站为例、±1100kV 换流站以准东站为例进行说明。表 26-4～表 26-6 给出了奉贤、普洱、准东换流站各避雷器的保护水平。

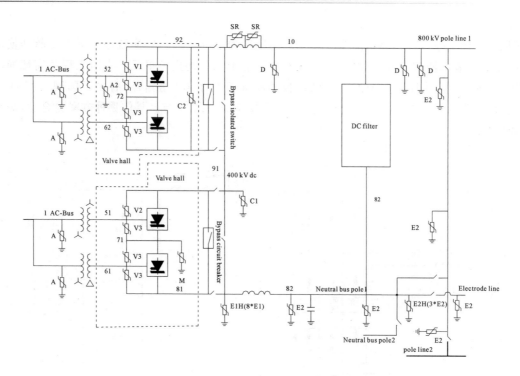

图 26-5　±800kV 特高换流站避雷器南网典型配置

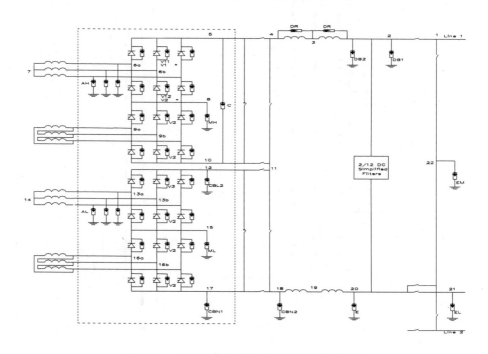

图 26-6　±1100kV 特高换流站避雷器典型配置

表 26-4　±800kV 奉贤换流站避雷器保护水平

避雷器	CCOV(kV)	PCOV(kV)	LIPL(kV)	SIPL(kV)	柱数	能量(MJ)
V1	233.2	278.2	361	386	6	7.5
V2	233.2	278.2	368	386	3	3.7
V3	233.2	278.2	368	386	3	3.7
DB1	824	—	1625	1391	3	13.3
DB2	824	—	1625	1391	3	13.3

避雷器	CCOV(kV)	PCOV(kV)	LIPL(kV)	SIPL(kV)	柱数	能量(MJ)
CBH	859	895	1397	1356	4	19.0
MH	637.7	672.2	1058	1009	4	14.2
CBL2	433.6	468.7	719	685	4	9.7
ML	250	285	495	485	2	3.3
CBN1	77	112	458	—	3	3.1
CBN2	77	112	419	437	6	8.5
E	20	—	345	—	2	2.0
EL	20	—	311	303	6	5.6
EM	20	—	386	341	2	2.0
DR	44	—	900	—	1	3.30
A	550/√3	—	942	761	1	41.0

表 26-5　±800kV 普洱换流站避雷器保护水平

避雷器	MCOV/CCOV(kV)	LIPL(kV)	SIPL(kV)	柱数	能量(MJ)
A	318ac	907	776	1	4.5
A2	885	1344	1344	2	9
V1	245	395	395	8	10
V2	245	395	395	4	5
V3	245	395	395	2	2.6
M	245	500	500	2	3.4
C1	477	791	706	2	4.6
C2	477	791	706	2	4.6
D	816	1579	1328	2	9
E1	52dc+80ac	320	269	4	3.6
E2	52dc	320	269	4	3.6
SR	>40ac	719	641	1	2

表 26-6　±1100kV 准东换流站避雷器保护水平

避雷器	PCOV(kV)	CCOV(kV)	LIPL(kV)	SIPL(kV)	柱数	能量(MJ)
V11	399.3	344.5	520.7/2	534.1	8	21
V12	399.3	344.5	534.1/2	534.1	4	8.5
V2	409.3	344.5	550.6/2	550.6	4	9
V3	409.3	344.5	550.6/2	550.6	4	9
ML	—	400	701.7/2	661.6/0.5	2	5.3
MH	970	906	1536/2	1425/0.2	4	22
CBL2	718	641	1094/2	1026/0.2	4	14.9
AH	1298	1204	1913/2	1820/0.5	4	38.7
AL	718	641	1081/2	1028/0.5	4	21.8
DB1	—	1170	2125/20	1826/1	8	32
DB2	—	1170	2125/10	1826/1	8	32
CBN1	212	165	476/2	/	2	4.4
CBN2	212	165	426/2	448/14	20	60

续表

避雷器	PCOV(kV)	CCOV(kV)	LIPL(kV)	SIPL(kV)	柱数	能量(MJ)
E	—	90	478/5	/	2	4.1
EL	—	20	311/10	303/8	6	8.3
EM	—	90	431/20	398/7	16	110
A	—	462	1380/20	1270(U10kA)	1	
A′				365		
DR	—	50	1276/0.5	—	1	5

注:斜线右侧为该保护水平对应的配合电流。

26.4 设备绝缘水平

电气设备的绝缘水平是通过绝缘配合来确定,即根据系统设备上可能出现的过电压水平,同时考虑相应避雷器的保护水平,从安全运行和技术经济合理性两方面来选择确定。直流换流站绝缘配合方法与交流系统绝缘配合方法相同,采用惯用法进行,即电气设备的雷电冲击耐受电压水平(LIWL)、操作冲击耐受电压水平(SIWL)或陡波前冲击耐受电压水平(SFIWL)通过在避雷器的保护水平的基础上乘以一定的裕度系数来确定。

表 26-7~表 26-9 给出了奉贤、普洱、准东换流站直流侧各点的耐受水平值。

表 26-7 ±800kV 奉贤换流站直流侧各点的耐受水平值

	保护设备	LIPL	LIWL	裕度%	SIPL	SIWL	裕度%
阀桥两侧	max(V1,V2,V3)	368	405	10	386	425	10
交流母线	A	942	1550	64	761	1175	54
直流母线(线路侧)	max(DB1,DB2)	1625	1950	20	1391	1600	15
直流母线(阀侧)	CBH	1397	1800	28	1356	1600	18
极线平抗两端	DR	900	1080	20	—	—	—
跨高压12脉动桥	max(V1+V2)+V2	736	884	20	772	888	15
高端换流变Yy阀侧相对地	V2+MH*	1426	1712	20	1360	1564	15
高端换流变Yy阀侧中性点	A′+MH	—	—	—	1261	1451	15
高端12脉动桥中点母线	MH	1058	1270	20	1009	1161	15
高端换流变Yd阀侧相对地	V2+CBL2	1087	1305	20	1071	1232	15
高端低端两12脉动桥之间中点	CBL2	719	863	20	685	788	15
低端换流变Yy阀侧相对地	V2+ML	863	1036	20	871	1002	15
低端换流变Yy阀侧中性点	A′+ML	—	—	—	737	848	15
低端12脉动桥中点母线	ML	495	594	20	485	558	15
低端换流变Yd阀侧相对地	Max(V2+CBN1,V2+CBN2)	826	996	20	823	947	15
YY阀侧相间	2*A′	—	—	—	504	580	15
YD阀侧相间	√3*A′	—	—	—	436	502	15
中性母线阀侧	Max(CBN1,CBN2)	458	550	20	437	503	15
中性母线线路侧	Max(E,EL,EM)	386	464	20	341	393	15
接地极母线	EL	311	374	20	303	349	15
金属回路母线	EM	386	464	20	341	393	15
中性线平抗两端	CBN2+E	—	764	917	20	—	—

表 26-8 ±800kV 普洱换流站直流侧各点的耐受水平值

	保护设备	LIPL(kV)	LIWL(kV)	裕度(%)	SIPL(kV)	SIWL(kV)	裕度(%)
交流母线	A	907	1550	71	776	1175	51
低端换流变 Yy 阀侧相对地	M+V3	—	1300	—	895	1050	17
低端换流变 Yd 阀侧相对地	V3+E1	—	950	—	641	750	17
低端 12 脉动桥中点母线	M	500	750	50	500	600	20
高端换流变 Yy 阀侧中性点	A2	1344	1800	34	1344	1600	19
高端换流变 Yd 阀侧相对地	C1+V3	—	1550	—	1101	1300	18
高端 12 脉动桥中点母线	C1+V3	—	1550	—	1101	1300	18
中性母线阀侧	E1	320	450	41	269	325	21
中性线平抗线路端	E2	320	450	41	269	325	21
高端低端两 12 脉动桥之间中点	C1	791	1175	49	706	950	35
直流母线(阀侧)	A2	—	1800	—	1344	1600	19
直流母线(线路侧)	D	1579	1950	23	1328	1600	20
低端换流变 Yy 与 Yd 阀侧出线间	A′	—	750	—	473	650	37
低端 12 脉动换流器两 6 脉动换流桥中点之间	2V	—	1175	—	790	950	20
跨低压 12 脉动桥	C1E1	—	1175	—	706	950	35
高端换流变 Yy 与 Yd 阀侧出线间	A′	—	750	—	473	650	37
高端 12 脉动换流器两 6 脉动换流桥中点之间	2V	—	1175	—	790	950	20
跨高压 12 脉动桥	C2	740	1175	59	706	950	35
极线平抗两端	SR	719	1050	46	641	950	48
中性线平抗两端	E1E2	—	450	—	269	375	39
阀	V	395	454	15	395	454	15

表 26-9 ±1100kV 准东换流站直流侧各点的耐受水平值

	保护设备	LIPL	LIWL	裕度%	SIPL	SIWL	裕度%
阀桥两侧	Max(V11/V12/V2/V3)	551	606	10	569	627	10
交流母线(高端)	A	1380	2100	52.2	1142	1550	35.8
直流线路(平抗侧)	max(DB1,DB2)	2125	2550	20	1826	2100	15
单个平抗两端	DR	1276	1532	20	—	—	15
跨高压 12 脉动桥	Max(V1,V2)+V2	1085	1302	20	1122	1290	15
上换流变 Yy 阀侧相对地	AH	1913	2295	20	1820	2093	15
上换流变 Yy 阀侧中性点	A′+MH	—	—	20	1790	2059	15
上 12 脉动桥中点母线	MH	1536	1845	20	1425	1639	15
上换流变 Yd 阀侧相对地	V2+CBL2	1645	1974	20	1596	1835	15
上下两 12 脉动桥之间中点	CBL2	1094	1313	20	1026	1180	15
下换流变 Yy 阀侧相对地	AL	1081	1297	20	1028	1182	15
下换流变 Yy 阀侧中性点	A′+ML	—	—	20	1027	1181	15
下 12 脉动桥中点母线	ML	701.7	842	20	661.6	761	15
下换流变 Yd 阀侧相对地	Max(V2+CBN1,V2+CBN2)	1027	1233	20	1018	1171	15
YY 阀侧相间	2 * A′	—	—	20	730	840	15

续表

	保护设备	LIPL	LIWL	裕度%	SIPL	SIWL	裕度%
YD 阀侧相间	sqrt(3) * A'	—	—	20	632	727	15
阀侧中性母线	Max(CBN1,CBN2)	476	571	20	448	516	15
线侧中性母线	Max(E,EL,EM)	478	574	20	398	458	15
接地级母线	EL	311	373	20	303	348	15
金属回路母线	EM	431	517	20	398	458	15
中性线平抗两端	CBN2＋E	904	1085	20	—	—	15

避雷器的雷电冲击(LIPL)和操作冲击(SIPL)保护水平及其相应的配合电流需通过雷电和操作数字仿真研究,并考虑避雷器的通流容量,内部并联柱数确定。数字仿真计算一般采用避雷器的 $8/20\mu s$ 和 $30/60\mu s$ 的雷电和操作冲击电流特性。

换流站直流侧的污秽水平应根据污秽水平预测的研究结果确定,直流设备的外绝缘设计应根据污秽特征选择合适的伞型结构。高海拔地区换流站的外绝缘设计应考虑海拔对外绝缘闪络特性的影响,并进行适当修正。

26.5　最小空气净距

换流站直流侧空气间隙主要考虑直流、交流、雷电和操作冲击合成电压的作用。由于换流站的设备带电导体多为固定电极,因此空气间隙主要由雷电和操作冲击所决定。设计空气间隙时需要各种换流站真型雷电波、操作波放电电压特性曲线。为了较准确的计算直流侧空气间隙,不仅需要架空软导线、管型硬母线与构架之间的放电特性曲线,而且需要带电电气设备(均压环)与构架之间、管形母线与阀厅钢柱之间的放电特性曲线。

对于雷电冲击而言,其闪络电压与间隙长度呈线性关系,而对于操作冲击而言,闪络电压与间隙长度为非线性关系,随着电压等级的提高,放电电压呈现非线性饱和趋势,在 1600kV 左右为非常明显的拐点位置。由于操作冲击下间隙的饱和特性,所以阀厅内的操作电压下要求的空气间隙远大于由雷电冲击决定的间隙距离,所以取雷电冲击和操作冲击计算值中的较大距离作为该点的最小间隙距离。

通过以上分析可知,空气间隙同换流站的绝缘配合密切相关。因此,首先需要明确换流站的避雷器配置和绝缘配合,确定各点 LIWL 和 SIWL,然后据此和环境条件进行计算。

表 26-10～表 26-13 给出了奉贤、普洱、准东换流站阀厅各点的最小净距取值。表 26-14～表 26-15 给出了奉贤、普洱直流场的最小净距取值。表 26-16 给出了准东换流站户内直流场内各点的最小净距取值。

表 26-10　±800kV 奉贤换流站阀厅最小空气净距

位　置	绝缘水平(kV) SIWL	最小空气净距(mm)
＋800kV 对＋400kV 或 −800kV 对−400kV	950	4216
＋800kV 对高端阀组六脉动中性点或−800kV 对高端阀组六脉动中性点	550	1765
＋400kV 对高端阀组六脉动中性点或−400kV 对高端阀组六脉动中性点	550	1765
＋400kV 对直流中性母线或−400kV 对直流中性母线	950	4216
＋400kV 对低端阀组六脉动中性点或−400kV 对低端阀组六脉动中性点	550	1765
直流中性母线对低端阀组六脉动中性点	550	1765
平抗阀侧＋800kV or −800kV 对地	1600	9327
高端阀组六脉动中性点对地	1300	6722

位　　置	绝缘水平(kV) SIWL	最小空气净距(mm)
＋400kV or −400kV 对地	950	4101
低端阀组六脉动中性点对地	550	1747
平抗阀侧直流中性母线对地	504	1529
高端 Y/y-A/B/C 对地	1600	9327
高端 Y/y-x/y/z 对地	1600	9327
高端 Y/d 相对地	1300	6722
低端 Y/y-A/B/C 对地	1050	4801
低端 Y/y-x/y/z 对地	950	4101
低端 Y/d 相对地	1050	4801
高端 Y/y 阀侧相间	750	2885
高端 Y/y 阀侧相对中性点	350	897
高端 Y/d 阀侧相间	550	1765
高端 Y/y 与 Y/d 阀侧引线间	1050	4956
低端 Y/y 阀侧相间	750	2885
低端 Y/y 阀侧相对中性点	350	897
低端 Y/d 阀侧相间	550	1765
低端 Y/y 与 Y/d 阀侧引线间	1050	4956
高端 Y/y-A/B/C 对＋800kV or −800kV	550	1765
高端 Y/y-A/B/C 对高端阀组六脉动中性点	550	1765
高端 Y/d 对高端阀组六脉动中性点	550	1765
高端 Y/d 对＋400kV or −400kV	550	1765
低端 Y/y-A/B/C 对＋400kV or −400kV	550	1765
低端 Y/y-A/B/C 对低端阀组六脉动中性点	550	1765
低端 Y/d 对低端阀组六脉动中性点	550	1765
低端 Y/d 对直流中性母线	550	1765
高端 Y/y-A/B/C 对＋400kV or −400kV	1050	4956
高端 Y/y-x/y/z 对＋400kV or −400kV	1050	4956
低端 Y/y-A/B/C 对直流中性母线	1050	4956
低端 Y/y-x/y/z 对直流中性母线	1050	4956
上下 12 脉动桥之间	950	4216

表 26-11　±800kV 普洱换流站高端阀厅最小空气净距

				LIWL(kV)	SIWL(kV)	间隙系数	最小空气净距(mm)
52	Y 换流变套管	相对地	环-板	1800	1613	1.2	7026
52-52	Y 换流变套管	相间	环-环	750	568	1.3	1654
52N-52	Y 换流变套管	相间	环-环	550	328	1.3	1213
52N	Y 换流变中性点	相对地	环-板	1675	1446	1.2	5932
52N	Y 换流变中性点	相对地	棒-板	1675	1446	1.15	6289
62	△换流变套管	相对地	环-板	1550	1321	1.2	5166
62	△换流变套管	相间	环-环	750	568	1.3	1654

续表

				LIWL(kV)	SIWL(kV)	间隙系数	最小空气净距 (mm)
52-62	Y换流变套管-△换流变套管	相间	环-环	1175	948	1.3	2901
52-72	Y换流变套管-高端6脉动中性点	相间	环-环	494	474	1.3	1090
52-92	Y换流变套管-800kV母线	相间	环-环	494	474	1.3	1090
52N-92	Y换流变中性点-800kV母线	相间	环-环	950	802	1.3	2302
52-91	Y换流变套管-800kV母线	相间	环-棒	988	948	1.15	3314
52N-91	Y换流变中性点-800kV母线	相间	环-棒	950	802	1.15	2600
62-91	△换流变套管-中性400kV	相间	环-环	494	474	1.3	1090
72	高端6脉动中性点	相对地	棒-板	1550	1321	1.15	5466
92	800kV阀组-地面	相对地	结构体-板	1800	1613	1.2	7026
92	800kV阀组-墙	相对地	结构体-板	1800	1613	1.15	7463
92	800kV母线-地	相对地	棒-板	1800	1613	1.15	7463
92	800kV穿墙套管	相对地	环-板	1800	1613	1.2	7026
91 to 92	800 kV母线-400 kV母线	相间	棒-棒	1175	847	1.3	2592

表 26-12 ±800kV普洱换流站低端阀厅最小空气净距

				LIWL(kV)	SIWL(kV)	间隙系数	最小空气净距(mm)
51	Y换流变套管	相对地	环-板	1300	1074	1.2	3787
51-51	Y换流变套管	相间	环-环	750	568	1.3	1654
51N-51	Y换流变套管	相间	环-环	550	328	1.3	1213
51N	Y换流变中性点	相对地	环-板	1050	928	1.2	3060
51N	Y换流变中性点	相对地	棒-板	1050	928	1.15	3212
61	△换流变套管	相对地	棒-板	950	797	1.2	2466
61	△换流变套管间	相间	环-环	750	568	1.3	1654
51-61	Y换流变套管对△换流变套管	相间	环-环	1175	948	1.3	2901
51-71	Y换流变套管-低端6脉动中性点	相间	环-环	494	474	1.3	1090
51-91	Y换流变套管-400 kV母线	相间	环-环	494	474	1.3	1090
51N-91	Y换流变中性点-400 kV母线	相间	环-环	950	802	1.3	2302
61-81	△换流变套管-中性母线	相间	环-环	494	474	1.3	1090
71	低端6脉动中性点	相对地	棒-板	750	600	1.15	1722
91	400kV阀组对地	相对地	结构体-板	1175	847	1.2	2687
91	400kV母线对地	相对地	棒-板	1175	847	1.15	2813
91	400kV穿墙套管	相对地	环-板	1175	847	1.2	2687
81 to 91	400kV母线对中性母线	相间	棒-棒	1175	847	1.3	2592
81	中性穿墙套管	相对地	环-板	450	323	1.2	1019

表 26-13 ±1100kV准东换流站户内阀厅内各点的最小空气净距

典型间隙	SIWL	间隙系数	最小空气净距/m
极线平抗阀侧(5-0)	2100	1.35	11
阀桥两侧(5-6a/6a-8…)	656	1.3	1.7
12脉动换流桥两侧	1290	1.2	5.3
上换流变Yy阀侧相对地(6a-0)	2100	1.35	11(对地) 1.3×对地=15(对侧墙)

续表

典型间隙	SIWL	间隙系数	最小净距/m
上换流变 Yy 阀侧相间(6a-6b)	840	1.3	2.4
上换流变 Yy 阀侧相对中性点(6a-7)	420	1	1.4
上换流变 Yy 阀侧中性点对地(7-0)	2059	1.35	10.3
Yy 换流变阀侧对 Yd 换流变阀侧(6a-9a、13a-16a)	1290	1.2	5.3
Yy 中性点对 Yd 换流变阀侧(7-9a、14-16a)	1081	1.2	4.0
上 12 脉动 Yy 中性点对 550kV 母线(7-10)	1081	1.35	3.3
上 12 脉动桥中点母线(8-0)	1639	1	12.0
上换流变 Yd 阀侧相对地(9a-0)	1835	1.2	10.4(对地) 1.3×对地=13.6(对侧墙)
上换流变 Yd 阀侧相间(9a-9b)	727	1.3	2.0
上下两 12 脉动桥之间中点(10-0)	1180	1.1	5.3
550kV 母线对下 12 脉动 Yy 换流变中性点(12-14)	420	1	1.4
下换流变 Yy 阀侧相对地(13a-0)	1182	1.2	4.6
下换流变 Yy 阀侧相间(13a-13b)	840	1.3	2.4
下换流变 Yy 阀侧相对中性点(13a-14)	420	1	1.4
下换流变 Yy 阀侧中性点(14-0)	1181	1.2	4.6
下 12 脉动桥中点母线(15-0)	761	1	3.1
下换流变 Yd 阀侧相对地(16a-0)	1158	1.2	4.4(对地) 1.3×对地=5.8(对侧墙)
下换流变 Yd 阀侧相间(16a-16b)	727	1.3	2.0
中性母线平抗阀侧	503	1	1.7

表 26-14　±800kV 奉贤换流站直流场最小空气净距(mm)

间隙特征	导体对平面	导体对设备支架或平行导体	导体对导体
极母线对地	7220	6030	5218
中性母线对地	340	277	245
极母线对极母线	15787	12314	12535
极母线对中性母线	9279	7209	6301
中性线对中性线	1082	882	779

表 26-15　±800kV 普洱换流站直流场最小空气净距(mm)

	LIWL(kV)	SIWL(kV)	间隙系数 k=1.15
10 极母线对中性母线	1950	1600	8000
8-10 极母线对中性母线	—	—	—
91 阀组母线对地	1175	950	3600
8 中性母线对地	450	—	1000

表 26-16　±1100kV 准东换流站户内直流场各点的最小空气净距

典型间隙	SIWL(kV)	间隙系数	最小空气净距/m
±1100kV 主空气间隙	2100	1.25	13.0
±1100kV 空气并联间隙	2100	1.2	15.0
±1100kV 均压环对均压环	2100	1.3	12

续表

典型间隙	SIWL(kV)	间隙系数	最小空气净距/m
±1100kV 均压环对钢结构	2100	1.2	15.0
±1100kV 均压环对支架（含邻近支架）	2100	1.25	13.0
±1100kV 均压环对围栏、护笼和地	2100	1.25	13.0
±1100kV 管母线对地	2100	1.25	13.0
±1100kV 管母线对钢结构	2100	1.2	15.0
±1100kV 管母线对支架（含邻近支架）	2100	1.25	13.0
±1100kV 管母线对护笼	2100	1.25	13.0
平抗对地	2100	1.25	13.0
平抗对钢结构	2100	1.2	15.0
±1100kV 高压电容器 C1 对极母线	2100	1.2	15.0
不考虑检修±1100kV 高压电容器 C1 对 1100kV 均压环	2100	1.2	15.0
半压检修时±1100kV 高压电容器 C1 对 1100kV 带电均压环	1265	1.0	13.2(10.2+3)
半压检修时±1100kV 高压电容器 C1 对 550kV 带电均压环	1200	1.0	12.2(9.2+3)
全压检修时±1100kV 高压电容器 C1 对带电均压环	2100	1.0	33.0
±1100kV 极母线对±550kV 旁通母线	1290	1.0	6.0
两台平抗之间	—	—	13.0
隔离开关断口	2100	由厂家确定	8.0
±1100kV 平抗对均压环	TBD	—	—
±1100kV 套管均压环对墙	2100	1.25	13.0
±1100kV 套管均压环对钢结构	2100	1.2	15.0
±1100kV 套管均压环对地	2100	1.2	15.0
C1 高压电容塔均压环对天花板	2100	1.25	13.0
C1 高压电容塔均压环对结构	2100	1.2	15.0
C1 高压电容塔均压环对地	2100	1.2	15.0
±1100kV 软导线对地	2100	1.0	18.0
±1100kV 导线对钢结构	2100	1.0	18.0
±1100kV 导线对支架（含邻近支架）	2100	1.0	18.0
±1100kV 导线对围栏、护笼	2100	1.0	18.0
均压环对多柱并联设备支架（如隔离开关，RI 电容电抗等）	2100	1.25	13.0
±1100kV 穿墙套管户外侧均压环对人	2100	1.0	28

26.6 电气主设备选择

26.6.1 短路电流计算

26.6.1.1 换流站交流母线短路电流水平

短路电流计算水平年主要选取直流工程双极投产的设计水平年及远景发展水平年，并校核直流工程单极投产的水平年进行最小短路电流。通过对设计水平年短路电流的计算分析，确定换流站交流母线的最小短路水平，并以此为依据进行交流滤波器及电容器组的分组选择；通过远景水平年短路电流的计算分析，确定换流站交流母线的最大短路电流水平，为断路器等设备选择提供参考。

26.6.1.2　直流侧短路电流

对于换流站直流侧短路电流,通常起决定性作用的故障工况包括以下几类:

1）对于晶闸管阀及晶闸管阀桥内部母线:单阀两端短路时产生的短路电流。

2）对于连接换流变压器阀侧套管的母线:换流变压器与晶闸管阀桥之间发生三相短路时产生的短路电流。

3）对于直流穿墙套管和平波电抗器阀侧直流极母线:位于晶闸管阀桥与平波电抗器之间的直流极母线对地短路时产生的短路电流。

4）对于平波电抗器和平波电抗器直流线路侧直流极母线:平波电抗器直流线路侧的极母线对地短路时产生的短路电流。

5）对于中性母线设备及中性母线:换流变压器中性点对地短路时产生的短路电流以及晶闸管阀桥与平波电抗器之间的直流极母线对地短路时产生的短路电流。

26.6.2　换流阀

换流阀是换流器的基本单元设备,是进行换流的关键设备,是换流站的核心设备之一。换流阀系统应能在预定的外部环境及系统条件下,按规定的要求,安全可靠运行,并满足损耗小、安装及维护方便、投资省的要求。安装完成的换流阀见图 26-7。

图 26-7　安装完成的换流阀

1）系统对换流阀的要求

连续运行额定值和过负荷能力应根据系统要求确定。

直流系统长期过负荷能力可按额定输送容量的 1.0～1.05 倍考虑。

根据以往直流工程的经验和目前晶闸管的制造水平以及触发控制系统的性能水平,整流的触发角的额定值一般取 15°,逆变熄弧角的额定值一般取 17°。

2）阀组电压

特高压直流输电系统推荐采用双极、每极双 12 脉动换流阀组串联接线方案,每站共 4 组 12 脉动阀组。上 12 脉动换流阀组和下 12 脉动换流阀组(400kV＋400kV)或(550kV＋550kV)电压组合方案。

3）阀的电气性能及参数选择

(1)阀的电气性能和元件特性

换流阀性能的优劣与晶闸管元件特性直接相关。从换流阀设计的基本要求看,阀的优化是综合考虑技术和经济的复杂问题,其中串联晶闸管元件最少和优选晶闸管元件参数是阀设计的一个重要目标。

云南-广东直流工程,普洱-江门直流工程额定电流 3150A,二者均采用 5 英寸晶闸管,向家坝-上海直流工程额定电流 4000A,锦萍-苏南直流工程额定电流为 4500A,溪洛渡左岸-浙江金华、哈密南-郑州工程直流额定电流 5000A,准东-皖南直流工程额定电流 5455A,锡盟-泰州工程、上海庙-山东工程直流额定电流达到了 6250A,也选用 6 英寸晶闸管换流阀。

（2）阀的耐压性能要求

晶闸管阀应能承受各种不同的过电压,阀的耐压设计应考虑保护裕度,阀和多重阀单元的耐压保护裕度见电气设备的绝缘水平。换流阀的冗余度不宜小于 3%。

（3）阀的电流性能要求

晶闸管阀不仅应能负载额定运行工况、连续过负荷及短时过负荷工况下的直流电流,这是由直流系统正常运行方式所决定的,而且还应具有一定的暂态过电流能力,这是由系统故障条件提出的要求。

（4）阀的损耗特性

换流阀的损耗是高压直流输电系统性能保证值的重要基础,是评价换流阀性能优劣的重要指标。根据直流工程的经验,换流站在额定工况时的损耗约占传输功率的 1% 不到,而阀的损耗则占全站损耗的 25% 左右。尽量降低阀的损耗是晶闸管阀设计的主要任务之一。

晶闸管以及辅助元件的参数确定后,阀的损耗可通过计算得到。损耗主要由直流额定电流、晶闸管的通态电阻、正向压降、恢复电荷、触发角度、以及阻尼电容、阻尼电阻值等决定;在满足正常运行的前提下,阀内各个元件的参数选择应尽量使得损耗降低。

4）阀的热性能

晶闸管元件目前制造水平是正常工作结温不得超过 90℃,冷却系统额定容量选择应满足这一要求。

各种暂态故障电流将决定晶闸管元件的最高允许结温。换流阀承受故障电流的过程,对晶闸管元件来说可以假定为一个绝热过程,冷却系统和散热器基本不起作用,此过程表现为晶闸管结温的急剧上升。评价阀承受故障电流的能力,主要看故障末期结温以及故障切除后马上承受正向工作电压时的最大结温。要求实际最大结温应小于导致永久损坏晶闸管元件的极限结温,并留有一定裕度。目前国际上的制造水平为:

导致永久性损坏的极限结温: 300℃～400℃
承受最严重故障电流后的最高结温: 190℃～250℃

5）阀的触发

世界上已投运的直流输电工程,阀的触发方式主要有光电转换触发和光直接触发两种。

光电转换触发是目前使用最普遍的触发方式,在向上工程中 ABB 和 SIEMENS 公司研制的换流阀均采用光电转换触发方式。

6）阀的控制与保护

采用光电转换触发的晶闸管换流阀,其控制和保护由阀电子设备实现,包括晶闸管控制单元、阀基电子设备和晶闸管元件监测设备。阀控系统则主要负责阀组的运行控制。

换流阀的保护可分为阀内部保护及阀外部保护两个部分。

阀的内部保护措施主要有避雷器保护及正向保护触发（BOD）。BOD 保护用于防止晶闸管元件在没有正常的控制脉冲时承受正向过电压,反向过电压主要由阀避雷器实现。阀的保护还包括冷却系统的控制保护。

阀的外部保护主要由换流站的阀组和极保护区的过电流保护、阀桥差动保护、极差动保护及过电压保护所组成。

7）阀的结构,冷却方式及绝缘方式

换流阀的结构设计与冷却方式和绝缘方式有关。从绝缘方式看,换流阀有空气绝缘、油绝缘和 SF6 绝缘。从冷却方式分,换流阀有水冷却、风冷却、油冷却、氟利昂冷却等。阀的绝缘方式和冷却方式之间的配合主要有 4 种形式。

已建和在建的特高压直流工程中,6 英寸晶闸管换流阀采用空气绝缘水冷却方式,阀塔采用二重阀、悬吊式安装。换流阀塔为分层结构,每层由若干个阀组件构成,各层相串联而形成一个完整的阀塔。

阀塔旁边设阀基电子设备(VBE/VCU),VBE/VCU 与阀塔中的各晶闸管通过光缆相连,发送触发脉冲并监视各晶闸管的工作状况。阀塔配有自上而下的冷却水管,并配备漏水监视和保护装置,通过光缆与VBE/VCU 相连。

8) 换流阀对阀厅的要求

为保证换流阀的安全可靠运行,直流工程换流站的阀厅有如下列要求:

(1)阀厅应为金属全屏蔽,以屏蔽外部的电磁干扰和阀换相运行所产生的干扰。阀厅屏蔽效果(阀厅内外无线电信号测量之差)大于 17dB(10.76~21.MHz)。

(2)阀厅应设置空调系统,控制温度和湿度到规定范围,保证在各种运行条件下阀的绝缘部件不出现冷凝及过热,阀厅正常运行时温度限制在 10℃~50℃,极端温度不超过 60℃。

(3)阀厅内应维持微正压,以防止灰尘进入,保持阀厅内空气洁净。

(4)阀厅应配备先进可靠的防火系统,包括耐火的结构材料,灵敏的火源探测及处理系统和有效的灭火装置。

26.6.3　换流变压器

换流变是换流站内最重要的设备之一,是实现交流电与直流电相互变换的核心设备,与换流阀一起实现交流电与直流电之间的相互转换。安装完成和正在安装的换流变压器见图 26-8。

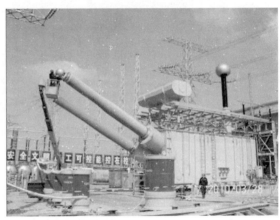

图 26-8　安装完成和正在安装的换流变压器

1) 换流变容量

特高压直流输电系统推荐采用双极、每极双 12 脉动换流阀组串联接线方案,对于每极双 12 脉动换流阀组串联接线。结合特高压直流工程经验,综合考虑设备制造、运输难度,特高压直流工程推荐采用单相双绕组换流变,一般为 24 台,备用 4 台。换流变的容量应根据直流系统额定输送容量及过负荷要求确定。

2) 接线组别

特高压换流站每个 12 脉冲阀组的 6 台单相双绕组变压器,3 台阀侧绕组按星形连接,另 3 台按三角形连接。星形连接 3 台换流变阀侧绕组处于高电位,三角形连接 3 台换流变阀侧绕组处于低电位。

换流变网侧绕组按星形连接,中性点引出。换流变网侧绕组中性点直接接地,单相双绕组的连接组别是 YNy12 和 YNd11。

3) 主参数公差范围要求

换流变压器各绕组、各相和各台之间短路阻抗的差异必须保持很小,否则会引起各个阀的换相时间的差异太大,在交流侧产生较大的非特征谐波,引起设备发热,出现过电压、过电流等问题。根据 IEC 换流变压器标准中的规定,结合换流变压器的特点,每台变压器之间的阻抗公差应在±2% 以内,而主抽头的短路阻抗公差应不超过保证阻抗的±5%,当抽头范围小于 30% 时,通常抽头运行范围的短路阻抗应不超过主抽头阻抗的±5%,其他抽头运行范围内短路阻抗不超过主抽头阻抗的±10%。另外,每台变压器之间的变比公差应控制在±0.5%以内。

4)对直流偏磁的要求

由于触发角不平衡,直流线路流过工频电流,在换流站交流母线上出现正序2次谐波电压,以及在单极大地返回运行期间,由于电流注入接地极,将在换流变压器绕组中产生直流电流。换流变直流偏磁电流承受能力一般按不小于10A(折算到换流变网侧绕组)考虑。

26.6.4 平波电抗器

换流器实现了交、直流的相互转换,同时也产生了谐波并注入直流线路。这些谐波会对邻近的通信线路产生干扰。为了抑制和滤除谐波,在每极上串联了平波电抗器,一般是紧靠阀组高压端安装,在平波电抗器后的极线和中性线间并联了直流滤波器。平波电抗器不仅可抑制谐波,还能有效限制故障和受扰动时直流电流的上升速率和幅值,并能减小直流侧的交流脉动分量,保证在最小直流电流运行工况下电流不间断。安装完成的平波电抗器见图26-9。

图 26-9 安装完成的平波电抗器

平波电抗器最主要的参数是其电感值,平波电抗器电感值应该在同时满足如下条件后进行优化:

1)限制故障电流的上升率的要求;

2)防止直流低负荷时电流间断的要求;

3)平抑直流电流纹波的要求;

4)平波电抗器与直流滤波器的配置间的技术经济比较;

5)平波电抗器的电感值不会与直流滤波器、直流线路、换流变压器、中性点电容器等设备在50Hz、100Hz低频发生谐振。

平波电抗器的型式选择应结合阀组接线,直流场布置来考虑。±500kV直流工程在选用油浸式平波电抗器,最大的好处是油抗靠近阀厅安装,阀侧干式套管直接插入阀厅,取代了水平穿墙套管;垂直套管也采用干式套管,降低发生污闪的概率。特高压换流站设置了旁路回路,平波电抗器不可能直接靠近阀厅安装,选用油抗的最大好处已不存在。干式平抗在价格上有较大优势,其次干式平抗在运行时的可靠性、冗余度更高;干式平抗的主绝缘由支柱绝缘子承担,即使出现匝间绝缘故障,也不易引发主绝缘故障,可及时发现。当一组的一台因发生故障需退出运行时,可以先将其两端短接后重新投入运行,待以后检修时将其更换,减少因更换故障平抗引起的额外停电时间。

在特高压直流工程中,为降低高端阀塔的对地绝缘水平,可考虑将平波电抗器平均分置于极线和中性母线。若选用干式平抗,则更有利于这种接线方式的实现,且不会增加投资。

综上所述,特高压直流工程平波电抗器均按干式考虑,平均分置于极线和中性母线上。

26.6.5　交流滤波器及并联电容器

换流站不论处于整流运行还是逆变运行状态,直流系统都需要从交流系统吸收容性无功,即换流器对于交流系统而言总是一种无功负荷。因此在考虑交流系统可提供的无功能力后,需在换流站配置无功补偿装置。换流站中一般配置交流滤波器及并联电容器作为无功补偿,其中交流滤波器还需抑制谐波分量。安装完成的交流滤波器及并联电容器见图 26-10。

图 26-10　安装完成的交流滤波器及并联电容器

交流滤波器的型式可选用单调谐、双调谐、三调谐、高通和调谐高通型。滤波器各元件额定参数的确定既要考虑换流器产生的谐波电流及电压,也要考虑背景谐波所产生的谐波电流及电压。滤波器高压电容器一般采用双塔布置。

交流滤波器高压电容器采用内熔丝型式,低压电容器采用无熔丝电容器。电容器为不锈钢外壳,非聚氯联苯(PCB)类的浸渍剂,且密封良好,易于安装拆卸。

交流滤波器和并联电容器高压电容器采用支架立式安装,双塔结构。

26.6.6　直流滤波器

换流站直流侧的谐波电压引起交流电流,该交流电流叠加到传输线路的直流电流上,尽管利用平波电抗器进行了抑制,该高频交流电流仍对附近的电话通信系统产生干扰,降低通话质量,低频谐波电流可能通过感应电压危及人体及装置的安全。与换流站极并联连接的直流滤波器是解决这些问题的有效方法。直流滤波器的选择除了滤除谐波以外,还应考虑在直流侧避免发生基频或二倍频的低频谐振。

直流滤波器的型式有无源滤波器和有源滤波器两种方式,特高压直流输电工程,从运行经验及可靠性考虑,均采用运行经验成熟的无源滤波器。安装完成的直流滤波器组见图 26-11。

26.6.7　其他直流设备

在直流系统中,大多数的故障可以通过控制系统在短时间内把故障电流加以限制,一般可把故障电流限制到和额定电流相当的数量级,因此直流断路器需要切断和额定电流数量级相当的故障电流和正常负载电流。

1) 直流旁路断路器

采用直流旁路断路器的目的是将每极的两台串联换流器中的一台投入或退出运行时,不影响该极中另一台换流器的运行。

选用直流旁路断路器时,需考虑以下几方面的因素:

(1) 开断容量:当一个极中的两台串联换流器中的第二台换流器以大电流启动时,将在旁路断路器上产生最大的电流应力;

图 26-11　安装完成的直流滤波器组

（2）合闸容量：合闸电流是断路器动作时的最大短时直流电流；

（3）耐受电压的能力：主要指运行电压、冲击耐受电压及恢复电压；

（4）动作时间：主要的要求是断路器的闭合时间（从开始接到闭合指令到触点接触）不应超过 100ms。

直流旁路断路器分别与每极的每个 12 脉动阀组并联，每站高，低压端各需 2 台。高压端的旁路断路器对地绝缘为直流 800kV，断口间绝缘为直流 400kV；低压端的旁路断路器对地和断口间的绝缘均为直流 400kV；因此，旁路断路器可用交流超高压 SF6 断路器改装而成。

直流旁路断路器在正常状态处于分闸位置：其功能是当某极的 1 个 12 脉动阀组及其附属系统发生故障时，或计划检修时，将此阀组短路并操作与其配套的隔离开关，以保持该极无故障的另 1 个 12 脉动阀组继续运行，不需要闭锁单极，以减少对系统的冲击，维持直流系统较高的能量可用率，同时将故障阀组隔离以便维修。当故障阀组修复工作完成后，断开旁路断路器并操作与其配套的隔离开关使已修复的阀组投入运行。旁路断路器通过控制保护系统的设计确保以上过程按程序自动完成。

2）直流高速开关

为实现直流各种运行方式之间的转换，一般在整流站装设 1 台金属转换回路直流高速开关（MRTB）和 1 台大地转换直流高速开关（GRTS），在整流站和逆变站的每极直流场中性母线安装 2 台直流高速开关（NBS）和 1 台临时接地回路直流高速开关（NBGS）。

MRTB 的作用是将直流运行电流从大地回路向金属回路转换，而 GRTS 的作用是将直流运行电流从金属回路向大地回路转换。通常大地回路的电阻较小，而金属回路的电阻较大，由于在电流转移过程中，大地和金属回路并联运行，因而 MRTB 由于其回路电阻小而需开关较大的直流电流，而 GRTS 因其回路电阻大而需断开较小的电流。

NBS 的作用是当单极计划停运或换流器内发生除了接地故障外的其他故障时，利用 NBS 迅速将已闭锁极与故障极隔离：当正常双极运行时，如果一个极的内部出现接地故障，故障极带旁通对闭锁，利用 NBS 将正常极注入接地故障点的直流电流转换至接地极回路。

NBGS 的作用是当在双极运行方式下接地极检修或故障时，作为接地极的备用。当接地极线路断开时，不平衡电流将使中性母线电压升高，为防止双极闭锁，影响直流输电，利用 NBGS 的合闸来建立中性母线与大地的连接，保证双极继续运行。当接地极线路恢复正常运行时，NBGS 必须能将流经它至换流站接地网的电流转换至接地极线路。另外，当 NBS 无法转换时，NBGS 也能提供临时接地通道，以减少 NBS 的转换电流。

直流电流没有自然过零点，对于电流换相能量吸收要求相对较高的直流工程，要转移直流电流必须采取措施使电流强迫过零,方法有自励(无源)和他励(有源)振荡两种,自励振荡与有源振荡相比可降低工程投资,减少维护工作量和增加系统运行的可靠性,直流开关一般采用自励振荡。采用他励振荡方式的直流高速开关结构如图 26-12。

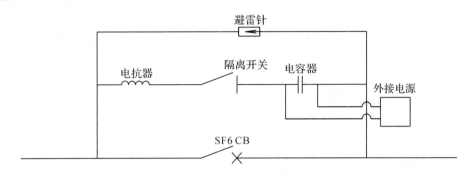

图 26-12　他励振荡方式的直流高速开关结构

3）直流测量装置

直流电流测量装置包括直流极线、中性线、直流滤波器组设置的各种电流互感器。直流电流测量装置均有规定的测量精度,直流电流测量装置要有足够好的暂态响应和频率响应特性,确保在最大误差情况下测量信号仍在控制保护系统功能所要求的精度范围之内。电流测量装置在额定电流下的测量误差不超过 0.5%,3 倍额定电流下的测量误差不超过 1.5%,6 倍额定电流下的测量误差不超过 10%。直流电流测量装置的型式有常规零磁通电流互感器和光电流互感器两种,常规零磁通电流互感器测量元件安装在充油的瓷质绝缘子中,其制造技术成熟,运行经验丰富,但测量信号易受干扰,外形庞大而笨重,对于高压电流测量装置,由于使用大直径绝缘子,闪络事故时有发生,给换流站安全运行带来不利。而光纤式直流电流测量装置具有以下优点:

（1）采用高精度分流器测量直流电流

（2）高电位采用光能电子设备

（3）光纤信号传输系统没有电磁干扰问题

（4）硅橡胶表面有效降低污秽影响

（5）结构轻巧,基础简单

（6）绝缘性能好、安全可靠

（7）体积小、重量轻,节省运输成本和安装时间

（8）环保性好,内部不充油或 SF6 气体

维护成本低,不需维护活动部件、不需换绝缘泊或纸及带电清洗,高压直流电流测量装置推荐选用光电流互感器,而低压电流测量装置可采用光电流互感器或零磁通电流互感器。

直流电压测量装置包括直流极线、中性线设置的各种电压互感器,为控制保护系统提供信号。按其原理可分为直流电流互感器原理型和电阻分压器加直流放大器原理型两种。高压直流电压测量装置多采用后一种原理的测量装置,且为满足时间响应的要求,改为阻容性分压器。直流电压测量装置内电阻应具有足够的热稳定性,在环境温度的 50℃ 变化范围内测量精度变化不应超过 0.5%,当被测电压在零和最大稳态直流电压之间变化时,直流电压测量装置测量精度应为额定直流电压的 ±1%,该精度是对 PT 所连的控制保护系统入口信号而言的。直流 PT 的测量范围应足够大以便测量直至 1.5p.u. 直流电压值,精度必须保持在额定直流电压的 ±10%;直流 PT 应有好的暂态响应和频率响应特性,以确保即使在最大公差时所测得的电压值仍然处于控制保护系统所要求的精度之内。输出信号的质量应足够好以确保对于不同水平的被测直流电压(正、负两种极性),即从 0.1p.u 到 1.5p.u. 范围内,输出信号都可用并能满足对应这一测量范围的精度要求。

26.6.8　穿墙套管

±800kV 穿墙套管由于电压等级的升高,研制难度将进一步加大;±800kV 穿墙套管主要的关键技术是提高防止非均匀淋雨闪络的能力。国内外运行经验表明,干式硅橡胶合成穿墙套管不仅有效地解决了穿墙套管的非均匀淋雨闪络和污闪,而且还消除了瓷套管破裂过对临近设备可能造成的危害及漏油可能引发阀厅大火,是穿墙套管发展的主要方向。

特高压直流工程由于设置的阀组旁路开关回路,并且采用干式平波电抗器,因此推荐采用干式合成套管作为穿墙套管,由于硅橡胶表面的憎水性及憎水性的恢复特性,能有效防止不均匀湿闪事故的发生,无需在运行中采取辅助措施,而且硅橡胶伞裙护套的表面清洗周期也可大大延长,极大减轻了运行人员的工作量。穿墙套管一般按水平倾斜 5°安装。安装完成的穿墙套管见图 26-13。

图 26-13　安装完成的穿墙套管

26.7　竖向布置设计

26.7.1　主要任务及设计原则

直流换流站竖向布置设计的任务和原则与交流变电站基本相同,也是利用场地的自然地形,对场地的地面高程进行竖直方向的规划设计,确定各功能区域的设计标高,使之满足工艺和使用要求。同时基于换流站站区占地面积大,设计标高的取定直接影响土石方的工程量和地基处理方式,从而影响工程建设的进度、投资和工程质量。

场地竖向布置设计应满足 DL/T5056《变电所总布置技术规程》中的相关条款,一般可分为平坡式布置或阶梯式布置两种。主要设计原则包括:

1)换流站竖向设计中首先要满足防洪要求,设计场地标高须高于频率为 1%的洪水位,当站址标高不能满足上述要求时,站区应采取可靠的防洪措施;

2)站区竖向布置应合理利用地形,对工艺要求、交通运输、土方平衡、噪声治理、排水路径等因素综合考虑,因地制宜确定竖向布置形式。当采用土方平衡会增加工程难度和费用时,可以不要求土方平衡,但应就近落实弃土场地或满足要求的取土点。

3)各功能区域宜顺应等高线布置,便于竖向分区域采用放坡或阶梯布置。

26.7.2　平坡式布置及坡度选择

场地设计坡度应根据设备布置、土质条件、排水方式和道路纵坡确定,宜为 0.5%～2%,有可靠排水措施时,可小于 0.5%。局部最大坡度不宜大于 6%,必要时宜有防冲刷措施。屋外配电装置平行于母线方向的场地设计坡度不宜大于 1%。当工艺有要求时还应满足工艺的其他要求。

26.7.3　阶梯式布置

站区自然地形坡度在 5%～8% 以上且原地形有明显的坡度走向时,站区竖向布置宜结合站址地形地貌、工艺流程、交通组织、噪声控制和地基处理等因素,通过不同区块标高组合和土方计算,对采用阶梯式布置的可行性进行详细论证后,推荐最佳的竖向布置形式。在论证阶梯式布置时应充分考虑站内噪声源的传播方向与站外自然地形之间的关系,避免节约了部分土方费用而增加大量的噪声治理费用。

阶梯的高度除与地形有密切关系外,还必须充分考虑工艺布置的可行和安全,便于运输,岩土地质的稳定性以及施工方便等因素,以达到既减少土石方量,又便于安全运行之目的。每个阶梯的高度不宜过大,一般以 2～3m 为宜。当站区面积较大时,可根据站内道路纵向坡度不大于 6% 为限制,适当加大台阶的高度。

26.7.4　建构筑物竖向布置

根据已建特高压换流站工程实践,规定站区内重要建筑物如阀厅、控制楼、阀外冷设备间室内地坪均高于换流变运输场坪 0.45m,运输场坪高于场地 0.1m。继电器室、综合楼、GIS 室室内地坪高于室外地面 0.45m。备品备件库、综合消防泵房等建筑物室内地坪均高于室外地面 0.30m。站内道路中心标高高于场地标高 0.1m。

26.8　特高压换流站配电装置

电气总平面布置应结合站址地形、交直流出线方向以及配电装置型式等条件进线综合设计,尽可能做到工艺流程畅顺,技术先进,运行、施工、维护、检修、扩建方便以及经济优化等。并应尽量遵循以下的设计原则:

1) 进出线走廊满足城市规划的要求
2) 换流变、平抗的布置应尽量远离民房
3) 交直流滤波器的布置应远离民房和综合楼
4) 减少民房拆迁
5) 节约占地。对复杂的地形应做到扬长避短、因地制宜,尽量减少站区土石方工程量,做到站址土方平衡;尽量减少站区地基处理工程量。
6) 进所道路方便、合理
7) 尽量减小站区噪声污染,降低对周边环境的影响
8) 尽量不堵死扩建

26.8.1　换流区域布置

换流站内阀厅(阀)与换流变压器的安全运行是保障直流输电、发挥效益的关键。同时阀厅(阀)与换流变压器的投资占了换流站建设总投资的绝大部分,因此该区域的布置应优先考虑保证换流变及阀厅(阀)的安全运行,其次也要兼顾投资。

已建和在建特高压换流站阀桥接线采用每极 2 组 12 脉动阀组串联的接线型式,每个 12 脉动阀组安装在一个阀厅内,每极设高、低端二个阀厅,全站共设置 4 个阀厅。典型的换流区域布置见图 26-14。部分特高压直流工程换流区域的尺寸见表 26-17。

表 26-17　部分特高压直流工程换流区域的尺寸

项目	穗东	奉贤	复龙	同里	裕隆	金华	双龙
长×宽(米)	298×129.5	290×116	298×116	292×127	292×125	280×127	280×126

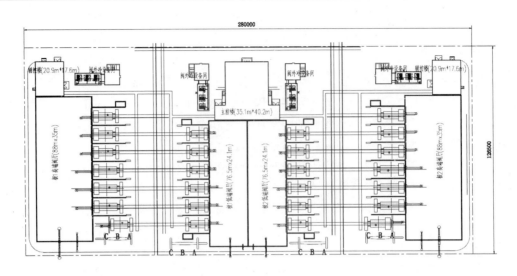

图 26-14 典型的换流区域布置图

26.8.1.1 阀厅的布置

特高压换流站全站共有 4 个阀厅,阀厅的布置决定了换流区的布置,根据阀塔型式的不同阀厅可有多种布置型式。对于二重阀塔,换流变均一字型紧靠阀厅布置,高、低端阀厅可以面对面布置或一字排开布置。对于四重阀塔,每个阀厅的 6 台换流变可以分成 2 组布置于阀厅两侧也可以一字型布置于阀厅同一侧,但布置于阀厅同一侧将大大加大阀厅内接线难度,给电气安全带来隐患,同时阀厅长度受换流变布置的制约,阀厅体量大大增大,给建筑、结构、暖通等专业的设计带来困难,不考虑采用。针对二重阀塔和四重阀塔 3 种不同方案布置特点对比详见表 26-18。

表 26-18 阀厅 3 种布置型式特点对比表

序号	比较内容	阀厅间布置型式		
		方案一(见图 26-15)	方案二(见图 26-16)	方案三(见图 26-17)
1	适用性	适用于双重阀、单相双绕组换流变压器	适用于双重阀、单相双绕组换流变压器	适用于四重阀、单相双绕组换流变压器
2	布置方式	每极的高、低端阀厅面对面布置,2 个低端阀厅背靠背布置;每个阀厅对应的 6 台换流变一字型紧靠阀厅布置。	全站 4 个阀厅一字型排开布置,24 台换流变一字型排开布置在阀厅的同一侧,紧靠阀厅布置。	全站 4 个阀厅面对面分散布置;每个阀厅对应的 6 台换流变分成 2 组布置于阀厅两侧,一侧为 Y/Y 型式的 3 台,另一侧为 Y/D 型式的 3 台。
3	主控楼设置	设置 1 个主控楼和 2 个辅助设备间	设置 1 个主控楼和 2 个辅助设备间	设置 2 个主控楼(1 主 1 辅)和 2 个辅助设备间
4	汇流母线设置	组装场地上空无跨线,布置美观,换流变汇流接线简单。汇流母线跨度长,拉力大	换流变组装场地上空有多跨汇流线,换流变汇流接线较复杂。汇流母线的跨度短,拉力小。	每 6 台换流变的汇流通过架设在换流变上空的高跨导线连接至交流场,换流变汇流接线较复杂。汇流母线的跨度较短,拉力较小。
5	阀厅内接线	直流穿墙套管从阀厅同侧引出,每个阀厅的低压阀塔远离穿墙套管且阀塔出线与穿墙套管方向垂直,阀塔出线需绕阀厅走线。	阀厅内接线简单,接线布置方式成熟	阀厅内接线简单,阀厅面积小,但高度增加

序号	比较内容	阀厅间布置型式		
		方案一(见图 26-15)	方案二(见图 26-16)	方案三(见图 26-17)
6	阀厅尺寸	阀厅面积较大,高度低	阀厅面积较小,高度低	阀厅面积小,高度增加
7	备用变更换	换流变本体有时需转向	换流变本体不需转向	换流变本体有时需转向
8	噪声	噪声向直流场和交流场传播	噪声向交流场及其两侧传播,噪声大,噪声覆盖范围广,治理困难。	噪声向直流场、交流场和两侧传播
10	与直流场的配合	直流场横向尺寸小	直流场横向尺寸较大	直流场横向尺寸大
11	与交流场的配合	换流变进串更加顺畅,汇流母线至交流 GIS 进线的角度适宜	换流变进串引线角度较大,汇流母线跨度大,接线复杂	在交流场需设置汇流母线,接线复杂
12	换流变组装	允许换流变背靠背组装并留有其他换流变运输距离。全站 24 台换流变可同时组装	换流变组装相互影响小,全站 24 台换流变可同时组装	仅考虑 1 台换流变组装时其他换流变可运输通过,不允许背靠背布置的换流变同时组装

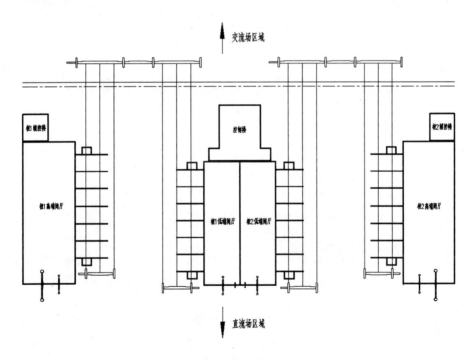

图 26-15　方案一阀厅布置图

以上三个方案,在换流变组装、检修方面虽有差别,但均能满足要求。根据布置的不同,各方案在换流变噪声传播方向上有较大差别,结合站址地形特点和周围居民分布情况,控制换流站噪声向西、向北传播对居民影响较小。总体上,方案一布置整齐美观,汇流连线简单,占地小,但换流变更换备用相时部分需转向,汇流母线构架拉力大。方案二布置与我国目前已运行的±500kV 换流站布置格局和习惯一致,阀厅内接线简单,换流变更换方便,但换流变组装场地上方引线较多,影响视觉效果,交流侧的噪声遮挡效果较差。方案三为四重阀方案,阀厅区域占地较小,接线清晰,但需增加专门的汇流区域,综合占

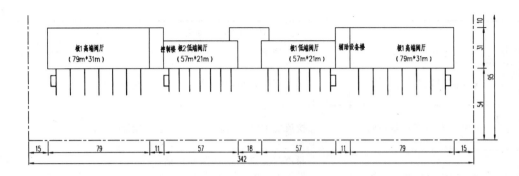

图 26-16　方案二阀厅布置图

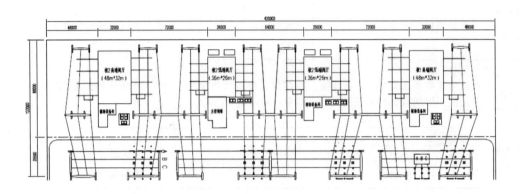

图 26-17　方案三阀厅布置图

地较大。

综上所述,阀厅间的 3 种不同布置方式各有优缺点,其中方案一和方案二从占地面积来看基本相当,在特高压工程中均有采用。方案三在降低噪声、节约占地等方面存在明显劣势,尚未在特高压直流工程中采用。

26.8.1.2　阀厅尺寸的确定

我国已建成的特高压直流工程阀塔均采用悬吊式安装方式,与支撑式阀塔相比,悬吊式阀塔通过悬吊绝缘子串悬挂于阀厅钢梁上,有效地解决了阀塔的抗震问题,避免了柱式绝缘子因安装不良而受应力的危险,同时在一定程度上降低了阀厅高度。

阀厅尺寸与阀本体尺寸、阀厅内空气间隙、换流变的布置型式、换流变宽度,换流变阀侧套管长度等因素有关。

阀厅内阀塔等主设备尺寸和电气安全距离要求是影响阀厅尺寸的最主要和直接因素。对于低端阀厅,由于换流变阀侧套管间空气间隙较小,阀厅的尺寸主要由换流变本体及其风扇宽度决定或由交流侧相间空气间隙决定。

换流变与阀厅布置关系不同,阀厅尺寸也将有较大差异。较为合理经济的布置方式为:对应二重阀方案,每个阀厅对应的 6 台换流变一字排开布置于阀厅同一侧,紧靠阀厅布置;对应四重阀方案,每个阀厅对应的 6 台换流变按接线组别分为 2 组分别布置于阀厅的两侧,紧靠阀厅布置。

伸入阀厅的换流变阀侧套管的布置有水平布置和上下布置两种,ABB 系列的换流变通常采用水平布置,西门子系列的换流变通常采用上下布置。套管布置方式可能会对阀厅尺寸造成影响,具体工程中可通过间隙计算进行分析。

图 26-18、图 26-19 中标注了决定阀厅外围尺寸的关键尺寸,表 26-19 列出了决定阀厅外围尺寸的关键尺寸及其影响因素:

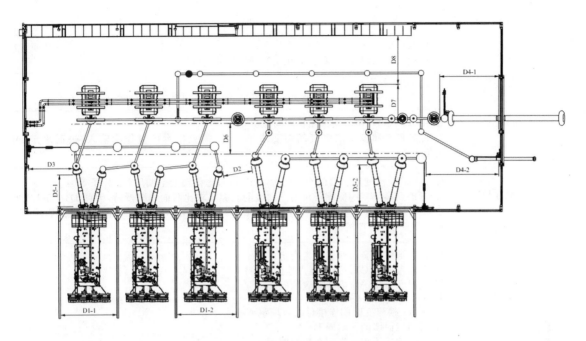

图 26-18 决定阀厅长、宽度的关键尺寸

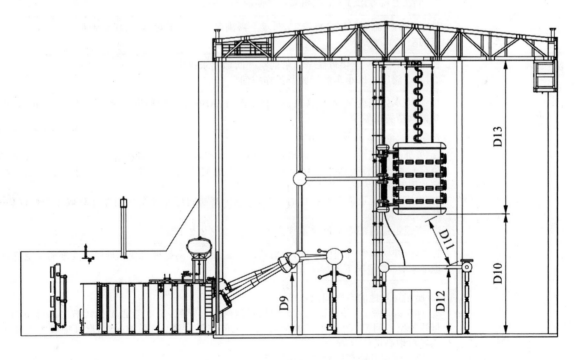

图 26-19 决定阀厅高度的关键尺寸

表 26-19　决定阀厅外围尺寸的关键尺寸及其影响因素

关键尺寸	对阀厅外围尺寸的影响	备　注
D1-1		1. 由换流变尾部风扇宽度决定； 2. 由换流变网侧相对地/相对相空气间隙决定
D1-2		1. 同 D1-1 的影响； 2. 当影响因素是换流变尾部风扇时，还需由 D2 决定是否换流变需要偏心
D2		1. 由 Yy 和 Yd 换流变阀侧相间间隙决定； 2. 此处极 1 和极 2 的空气间隙要求不一样，需要按大的值作为输入，进而决定 D1-2 的值
D3	阀厅长度	1. 由 Yd 换流变对侧墙的空气间隙决定，应考虑侧墙上空调风管. 柱子等因素； 2. 考虑到换流变阀侧端子对第三面墙的间隙要求比两面墙要严苛，因此 D3/D5-1/D9 三个间隙中至少有一个需比其他两个间隙大 20%～30%，以此消除第三面墙的影响，一般情况下靠增大 D3 解决
D4-1		1. 由直流穿墙套管对墙距离决定； 2. 同时考虑光 CT. 避雷器占地的影响； 3. 该尺寸适用于背靠背布置的阀厅
D4-2		1. 由 Yy 换流变阀侧连接母线对墙距离决定； 2. 对第三面墙的影响同 D3； 3. 该尺寸适用于一字型布置的阀厅
D5-1		1. 由 Yd 换流变厂家自行确定，布置上需满足阀侧端子对钢柱、压型钢板、地刀等零电位点的空气间隙要求； 2. 布置上需考虑 Yd 不同相间空气间隙的影响
D5-2		1. 由 Yy 换流变厂家自行确定，布置上需满足阀侧端子对钢柱、压型钢板、地刀等零电位点的空气间隙要求
D6		1. 由 Yd 或 Yy 连接母线至阀塔的空气间隙要求决定； 2. 考虑阀厅检修小车的行驶及操作空间
D7	阀厅宽度	1. 阀塔本体宽度，一般来说许继、中电普瑞、ABB 型式的阀塔宽度差异不大，Siemens 形式的阀塔宽度较窄
D8		1. 由 Y 侧阀组对巡视走道的空气间隙决定； 2. 该处间隙既需要考核由阀塔顶部均压罩对巡视走道的间隙（由 12 脉动中点绝缘水平决定），也要考核阀塔中部区域对巡视走道的间隙（由 Yy 换流变阀侧对地绝缘水平决定），取其中较大的值作为控制因素； 3. 由于巡视走道涉及对人员的安全，800kV 高端阀厅此处空气间隙计算取 5 个标偏（一般取 2 个标偏） 4. 巡视走道内部净空尺寸不宜大于 0.9m 宽×2.2m 高
D9		1. 换流变对地空气间隙要求，一般情况下需要通过调整换流变基础的高度来满足空气间隙要求；一般情况下不影响阀厅高度；
D10	阀厅高度	1. 换流阀对地的空气间隙要求； 2. 针对高端阀厅，该处既要考虑阀塔对地的空气间隙，还要考虑 Y 侧阀塔底部对 400kV 母线的空气间隙（D11）和 400kV 母线对地的空气间隙（D12）的影响，取其中较大者作为阀塔对地高度的取值； 3. 兼顾阀厅升降车的行驶及操作空间
D11		1. 高端阀厅 Y 侧阀塔底部对 400kV 母线的空气间隙
12		1. 400kV 母线对地的空气间隙
D13		1. 阀塔本体高度，各换流阀差异不大，Siemens 型式的换流阀本体高度较高

　　经对换流阀和换流变压器制造厂收资，对于 ±800kV 换流站高压阀厅 86.2×33.5m，低压阀厅 76.5×23.1m 可适用于目前所有厂家设备的布置。部分特高压直流工程阀厅尺寸见表 26-20。

表 26-20 部分特高压直流工程阀厅尺寸

	穗东	奉贤	复龙	同里	裕隆	金华	双龙
高压阀厅 长×宽(米)	81.5×31.6	79.7×32.8	80×32.8	86.2×33.05	86.2×35	86.2×33.5	86.2×33.5
低压阀厅 长×宽(米)	61×20.8	63.1×23.1	70.5×23.1	76.5×23.1	76.5×23.1	76.5×23.1	76.5×23.1

26.8.1.3 换流变压器的布置

换流变压器与阀厅的连接有紧靠布置和分开布置 2 种。为有效减少换流站占地,节约土地资源,换流变压器采用紧靠阀厅的布置方式:每个阀厅对应的 6 台换流变压器一字布置于阀厅一侧,中间用防火墙隔开,换流变压器直流侧的 12 支套管一起插入阀厅,在阀厅内部完成 Y、△ 连接。换流变套管插入阀厅布置方案的优点在于:

1) 可利用阀厅内良好的运行环境来减小换流变套管的爬距;
2) 防止换流变套管的不均匀湿闪;
3) 每极可省掉 12 支单独的穿墙套管;
4) 减小换流变区域占地。

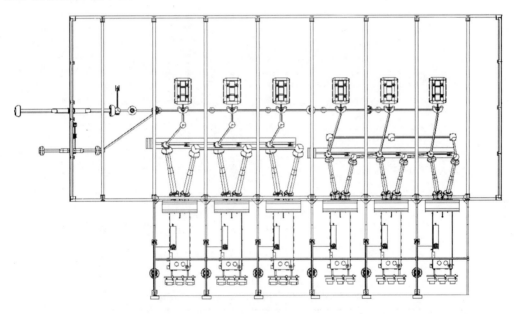

图 26-20 高压阀厅换流变的布置图

高、低压备用换流变可考虑布置在直流场户外部分的空地上或交流 PLC 区域的空地上,4 台备用换流变套管方向尽量保持与邻近的工作变方向一致,以利于就近备用相的更换。该布置特点主要如下:

1) 备用换流变离工作变距离近,更换时换流变移动距离短;
2) 若备用换流变套管朝向与工作变垂直,则换流变更换时均需转向,加大了工作量。

26.8.1.4 换流变组装场地的确定

换流变组装场地的确定与阀厅间的布置方式有密切关系,采用不同的布置型式,换流变组装场地的要求及其尺寸各不相同。换流变组装场地需要综合考虑换流变运输、组装方式、检修占地以及施工组织的需要,按照以下原则确定:

1) 在换流站正常运行时,所有的备用换流变压器能顺利搬运;
2) 故障换流变压器退出运行的临时放置位置不影响备用换流变压器进入组装场地;
3) 在安装阶段,一台换流变压器在组装时,不考虑其他换流变压器运输通道。

面对面阀厅布置(即方案一)的换流变组装场地尺寸按下图确定:

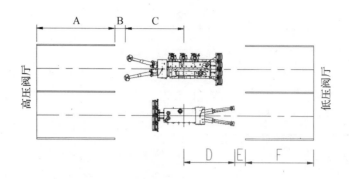

图 26-21　面对面阀厅组装场地尺寸确定示意图

　　图中 A 值为高端换流变压器防火墙长度,B 值为高端(YY)换流变压器套管与防火墙的安全距离,一般取 1m~1.5m,C 值为高端换流变套管到器身中心的距离,D 值为低端(YY)换流变压器套管到器身中心的距离,E 值为低端(YY)换流变压器套管与防火墙的安全距离,一般取 1m~1.5m,F 值为低端换流变压器防火墙长度。

　　一字形阀厅布置(即方案二)的换流变组装场地尺寸按下图确定:

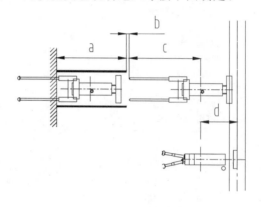

图 26-22　一字形阀厅组装场地尺寸确定示意图

　　图中 A 值为高端换流变压器防火墙长度,B 值为高端(YY)换流变压器套管与防火墙的安全距离,一般取 1m~1.5m,C 值为高端换流变套管到器身中心的距离,D 值为换流变压器散热器到器身中心的距离的最大值。

表 26-21　部分特高压直流工程换流变组装场地的尺寸

项目	穗东	奉贤	复龙	同里	裕隆	金华	双龙
宽度(米)	85.1	77	81.3	77	80.1	75	73.5

26.8.2　直流场布置

　　直流开关场的布置有户内和户外两种。具体型式的选择主要取决于换流站站址区域的污秽状况和直流设备的制造能力。户内布置可以解决因站址地区污秽严重,造成直流设备爬距增加的问题,也可以解决因雨水造成电极形状破坏而需增大电极间放电距离的问题,但户内场建筑投资大,运行费用高。目前,国内已建和在建的±800kV 特高压换流站均为户外布置,正在规划设计的±1100kV 特高压换流站采用户内布置。

26.8.2.1　户外直流场

　　户外直流开关场采用典型的低式管母布置方式,基本上按极对称布置。直流中性点设备布置在直流场的中央,直流极线和直流中性线上设备间布置直流滤波器组(布置中按无源滤波器考虑),滤波器四周用围拦围起。考虑到 800kV 直流滤波器高压电容器数量较多,故推荐双塔或三塔布置,安装方式既可支持式,也可悬吊式安装。平波电抗器按干式绝缘考虑,分别串接于极母线和中性母线上,采用支撑式安装。为降低设备安装高度,极线平波电抗器和直流滤波器高压电容器均采用低位布置,周围设安全围栏。户外开关场与阀厅的连接由户外穿墙套管完成。直流场两侧设有直流极线引线塔,与站外直流线路相连。中央设有接地极线塔,将接地极线路引出站外。

受阀厅、换流变区域横向尺寸的控制,户外直流场布置场地较为宽敞。通过适当调整设备相对位置,可在一定程度上减小户外直流场纵向尺寸。典型的户外直流场见图 26-23。部分±800kV 特高压换流站户外直流场的尺寸见表 26-22。

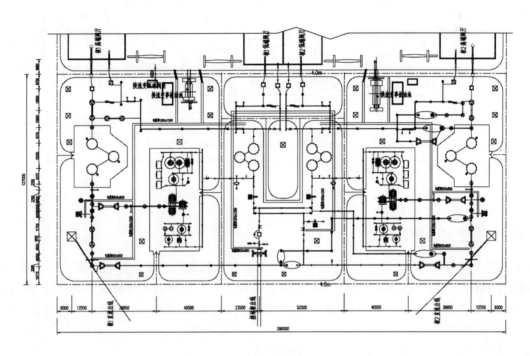

图 26-23　典型的户外直流场

表 26-22　部分±800kV 特高压换流站户外直流场尺寸

	穗东	奉贤	复龙	同里	裕隆	武义	双龙
长×宽(米)	299×132.5	290×130	298×134.5	292×130	292×148	280×127	280×130

26.8.2.2　户内直流场

户内直流场的设计原则在于尽量压缩直流场建筑面积和高度,力求户内直流场结构简单且接线清晰,保证良好的运行环境以降低设备爬距,减小设备制造难度。故户内直流场采用将极线设备及部分中间母线设备按户内布置,中性母线及直流滤波器低压部分回路按户外布置的方式。户内布置的设备包括极线隔离开关、平波电抗器、直流分压器、光纤电流互感器、避雷器、冲击电容器以及高端阀组旁路开关、直流滤波器高压电容器塔等。整个直流场基本按极对称布置,户内场建筑采用"L"形,尽量压缩直流场纵向尺寸。户内场建筑紧挨阀厅建筑布置,通过户内穿墙套管与阀厅连接,直流滤波器电容器 C1 低压出线通过穿墙套管与滤波器低压部分设备连接,极母线通过户外穿墙套管与户外直流线路连接。极 1、2 户内场建筑物之间布置直流滤波器低压设备、低端阀组旁路设备及中性线设备。准东户内直流场布置见图 26-24。

26.8.2.3　直流融冰方案

为配合直流融冰的接线方案,直流场需增加部分管母线。为了不影响直流场设备的布置和占地,增加的管母线在高度上与其他直流场设备区分开,并应确保足够的空气净距。

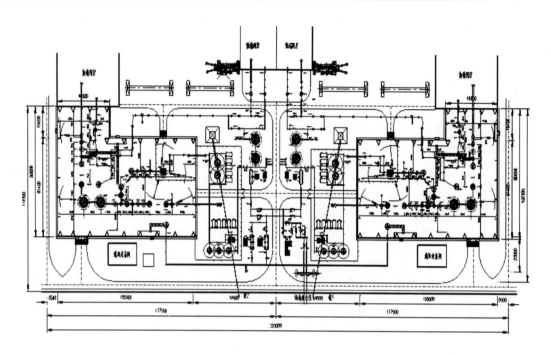

图 26-24　准东户内直流场布置

26.8.3　交流滤波器场地布置

交流滤波器组是换流站中重要的组成部分。交流滤波器场地约占整个特高压换流站场地的 1/4～1/3 左右。为降低设备投资,提高接线可靠性并满足系统无功投切和电压控制要求,特高压换流站内交流滤波器小组和并联电容器小组采用分成大组接入交流配电装置,该接线方案具有可靠性高、滤波器投切灵活、满足谐波标准和系统要求、既能保持双极运行,又能在单极运行时方便的切除与另一极对应的滤波器组,且便于两极间的相互备用,适应性好的特点。

26.8.3.1　交流滤波器大组的布置方式

目前特高压换流站交流滤波场的布置由若干个大组排列而成,主要有三种,"一"字形布置、"田"字形布置和改进"田"字形布置。

1)"一"字形布置

"一"字形布置的特点是,大组中各并列小组布置在母线的同一侧。500kV 交流滤波场"一"字形布置的典型平面布置图见图 26-25,断面图见图 26-26。

500kV 配电装置设备间设置相间道路,交流滤波器及并联电容器小组围栏前后设置检修、搬运、巡视道路。

目前国家电网公司 ±500kV 换流站、±660kV 换流站以及南方电网公司 ±800kV 换流站广泛使用该型式的交流滤波场布置方案。"一"字形布置的优点为维护较为便利,布置便利,在大组内小组数量为奇数是仍能很好地适应总平面布置。缺点是滤波器布置在母线的同侧,而随滤波器调谐的不同滤波器的围栏尺寸有较大差异,会造成土地利用率较低,占地面积较大。

2)"田"字形布置

"田"字形布置的特点是,大组中 4 个小组布置在分居大组汇流母线的两侧,构成一个"田"字。500kV 交流滤波场"田"字形布置的典型平面图见图 26-27,断面图见图 26-28。其特点为:

(1)由于交流滤波器组和并联电容器组围栏纵向尺寸不同,"一"字形布置由于大组同列布置,大组纵向尺寸由交流滤波器组的围栏尺寸决定,不能缩减。"田"字形将交流滤波器组和并联电容器组分列布置,并联电容器组列的纵向尺寸有所减少,从而压缩了整体尺寸。

(2)由于母线两侧均要接交流滤波器组或并联电容器组,故取消原有的单柱垂直开启式隔离开关,

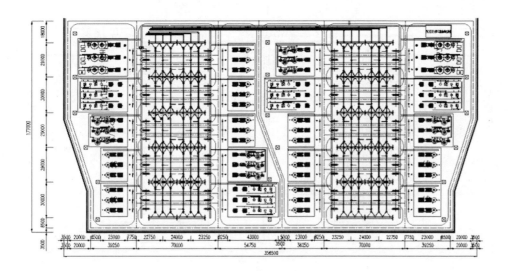

图 26-25　"一"字形布置的典型平面布置图

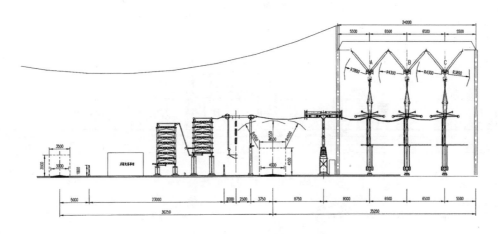

图 26-26　"一"字形布置的典型断面图

改用双柱单接地水平开启式隔离开关,可取消原有的单独的母线接地开关,将其用每大组内的其中一小组的双柱隔离开关的母线侧接地开关替代。将每组母线下的电容式电压互感器同时用于母线引下的过渡接线,从而节省了支持绝缘子数量。母线也相应地改用软母线。

(3) 虽然将垂直开启式隔离开关更改为双柱单接地水平开启式隔离开关,增加了单个小组的纵向尺寸,但由于母线为两个小组共用,可节省 1 组母线的宽度,结合 GIL 管道母线引接方案,总体上整个交流滤波器场的横向尺寸大大减少,且不增加纵向的宽度。当换流站大组数量较多时,优势明显。

(4) 滤波器小组数为偶数时,"田"字形布置比相同规模的"一"字形布置占地面积可减少约 14% 左右,但当滤波器小组数为奇数时,"田"字形布置由于大组母线的限制,造成占地面积较大,土地利用率较低。

向上线和锦苏线±800kV 换流站均采用此方案。

3) 改进"田"字形

改进"田"字形布置在"田"字形布置和"一"字形布置基础上优化而来,其整体布置方式类似"田"字形布置,大组中 4 个小组布置在分居大组汇流母线的两侧,构成一个"田"字,所不同的是改进"田"字形布置采用 2 条汇流母线;汇流母线类似"一"字形布置,"一"字形布置的汇流母线直接连接滤波器小组,而改进"田"字形布置的汇流母线引入 500kV 敞开式配电装置中的高架横穿概念,通过高跨从 GIS 套管引接,然后通过低层跨线引接至滤波器小组。交流滤波场采用改进"田"字形布置的典型平面图见图 26-29,断面图见图 26-30。

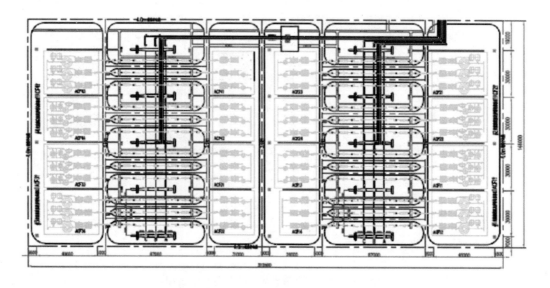

图 26-27 "田"字形布置的典型平面图

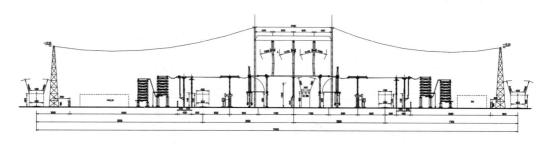

图 26-28 "田"字形布置的典型断面图

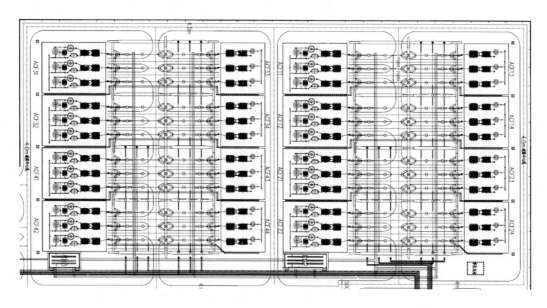

图 26-29 改进"田"字形布置的典型平面图

500kV 交流滤波器改进"田"字形布置双层母线高度根据以下方法确定：

● 下层母线高度

500kV 断路器顶端与下层母线管母的净距校核暂按 D 值考虑。

图中，$H \geqslant HT + B1 + R/2 + \Delta R$

式中：H——管母中心线高度（mm）

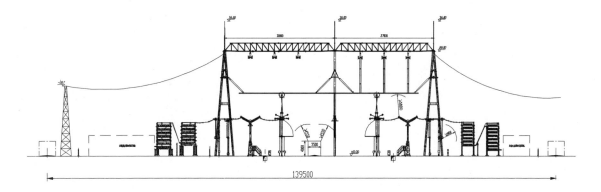

图 26-30　改进"田"字形布置的典型断面图

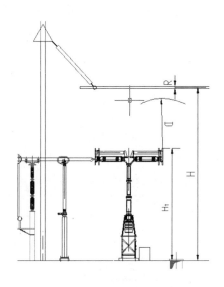

图 26-31　下层母线高度校验图

HT—500kV 断路器顶端高度(mm),参照以往工程:HT=10500mm

D—平行的不同时停电检修的无遮栏带电部分之间,取 D=5800mm

R—管母直径,R=250mm

ΔR—管母挠度,大容量或重要配电装置,跨中挠度允许值一般小于 D/2,ΔR=D/2

H≥10500+5800+125+125=16550。

考虑一定安全裕度,管母中心线高度取 16.8m。

需要提出的是,此种校验方式未考虑单个小组停电,断路器拆卸或抽出灭弧室检修的情况,此种工况下需调用吊机进行吊装,根据安规要求,管母高度需提高 7~8 米左右。经运行单位确认,滤波场断路器拆卸检修情况出现几率较低,断路器检修多安排在全站大修期间,或考虑交流滤波器大组停电。

● 上层跨线构架高度确定

上层构架的高度确定原则:下层滤波器小组管母带电体对高层跨线引下线需满足 B1 值。

根据上图所示,边相滤波器小组管母线带电体(V 型串均压环)到高层跨线跳线处,高层跨线梁距管母线最小可取 9.3m。考虑一定安全裕度和配电装置常规尺寸,高层跨线梁距管母线取 11.2m,高层跨线梁高度取 28m。

改进"田"字形布置在交流滤波器小组和并联电容器小组之间设置一检修道路,引接局部相间道路至交流滤波器和并联电容器小组围栏前,便于完成小组设备的检修、搬运和巡视。其优点有:

(1)滤波器大组 GIL 管道母线长度相比"一"字和"田"字布置均有所减少。

(2)滤波小组的隔离开关采用垂直开启式,一字形布置,可大幅压缩围栏与隔离开关之间的区域,2

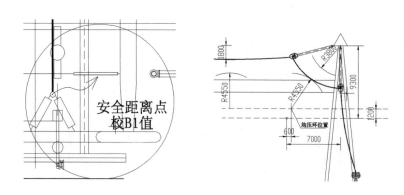

图 26-32　上层跨线梁高度校验图

个小组之间设置一条检修道路,配合采用局部相间道路来满足滤波小组的运行、检修和维护要求,从而可进一步取消围栏前的专用检修道路,压缩 2 小组滤波器之间的尺寸。

（3）通过构架上设置避雷线柱解决交流滤波场的防雷问题,可以节省"田"字形布置中中间的一排避雷线柱。

（4）通过合理引接上、下层母线,该布置方式可对于交流滤波器大组内奇数小组及偶数小组的组合均可以适用。

溪洛渡左岸-浙江金华和哈密南-郑州直流工程±800kV 换流站均采用此方案。

4）交流滤波器场地布置尺寸

表 26-23　部分特高压换流站滤波场布置尺寸

	穗东	奉贤	复龙	同里	裕隆	金华	双龙
占地面积	135 * 380.5	145 * 309	2 * 146 * 180	146 * 311	148 * 356	141 * 279	173.5 * 288
方案	一字形	田字形	田字形	田字形	田字形	改进田字形	改进田字形
规模	15 小组	15 小组	14 小组	16 小组	14 小组	17 小组(注)	20 小组

注:第 17 小组特殊布置,占地面积未包含第 17 小组。

26.8.3.2　交流滤波器小组围栏内尺寸的确定

交流滤波场围栏内主要由电容器塔,电抗器,电流互感器,避雷器等设备组成。围栏内尺寸主要确定主要考虑各设备的安装,检修,巡视,并满足规程的空气间隙要求。

对于 500kV 交流滤波器小组,电容器高压侧塔顶部按 500kV 电压等级校核,底部按 330kV 电压等级校核,电容器低压侧塔低部至电抗器高压侧接线端子按 110kV 电压等级校核,其余设备均可按 35kV 电压等级校核。小组围栏宽一般为 28 米,根据滤波特性不同,围栏长度差异较大,现有的工程尺寸范围为 25～43 米之间。

对于 750kV 交流滤波器小组,电容器高压侧塔顶部按 750kV 电压等级校核,底部按 330kV 电压等级校核,电容器低压侧塔低部至电抗器高压侧接线端子按 150kV 电压等级校核,其余设备均可按 35kV 电压等级校核。小组围栏宽一般为 36.5 米,根据滤波特性不同,围栏长度差异较大,现有的工程尺寸范围为 21.5～45 米之间。

对于 1000kV 交流滤波器小组,电容器高压侧塔顶部按 1000kV 电压等级校核,底部按 500kV 电压等级校核,电容器低压侧塔低部至电抗器高压侧接线端子按 220kV 电压等级校核,其余设备均可按 35kV 电压等级校核。小组围栏宽一般为 50 米,根据滤波特性不同,围栏长度差异较大,现有的工程尺寸范围为 28～50 米之间。

26.8.4　交流配电装置布置

交流配电装置的布置与常规±500kV 换流站基本相同,电气接线同样采用一个半断路器方式,只是串数有所增加。由于特高压工程占地面积已经很大,综合考虑节省占地,减少土方工程量,方便换流变进线,提高运行可靠性等多方面因素,交流配电装置通常采用户内(外)GIS布置。

26.8.5 电气总平面布置总结

特高压换流站电气总平面布置总体布局上与常规500kV换流站相似,均体现"直流开关场—换流区域(阀厅、换流变)—交流配电装置"的工艺特点。

以奉贤换流站为例,500kV交流配电装置采用户内GIS,布置在站区东侧,本期及远景出线向东出线后折向北;换流变压器和阀厅、控制楼布置在站区中部;800kV户外直流场布置在站区西侧,向西出线;4大组交流滤波器采用"田"字型集中布置在站区的北侧,通过GIS管道引接进串;交流保护采用下放布置;备班楼、综合消防泵房、车库等布置于站区东南侧;进站道路从站区南面进站。

每极设高、低端阀厅各1个,全站共有4个阀厅、1个控制楼和2个辅助设备间,同极的高、低端阀厅采用面对面布置,两个低端阀厅背靠背布置;阀塔采用悬吊式双重阀,每个阀厅内悬吊有6个双重阀塔;换流变采用单相双绕组型式,与阀厅紧靠布置,阀侧套管直接插入阀厅;主控制楼布置在低端阀厅侧面朝向500kV交流场,2个辅助设备间分别布置在高端阀厅的侧面。

全站布置方正、紧凑,呈标准矩形,占地较小,换流站内分区明确,布局合理。围墙内占地约15.06公顷。

图 26-33 特高压换流站航拍图

26.9 换流站建筑物

26.9.1 主要建构筑物

特高压直流换流站站内建筑物主要包括阀厅、控制楼、继电器室等主要生产建筑物,以及综合水泵房、取水泵房、综合楼、检修备品库、车库、警卫传达室等辅助(附属)生产建筑物。当直流场或GIS采用户内布置时,主要生产建筑物还包括户内直流场和户内GIS室。当换流站附近设置有运行人员休息场所时,站内综合楼可以简化为办公楼进行设计。

直流换流站与交流变电站最大的区别是建筑单体数量多、建筑功能复杂、结构形式多样。若采用户外直流场和户内GIS室,整个换流站建筑面积一般在27000m²左右,因此建筑在换流站设计中占很大比重,换流站主要建筑物及功能要求如下。

26.9.2 阀厅

根据工艺要求,阀厅应确保优良的密闭性能,所有孔隙均应封堵密实,以维持阀厅内部微正压,防止外部灰尘渗入,保证其内部的空气洁净度。

阀厅采取六面体电磁屏蔽措施,以防止电磁波干扰的影响。

每极阀厅零米层出入口不应少于两个:一个出入口直通室外,另一个出入口与控制楼连通。阀厅至少有一个出入口作为搬运通道,其净空尺寸应满足阀厅最大设备的搬运以及换流阀安装检修用升降机的出入要求。阀厅出入口的门均采用电磁屏蔽,向室外方向或控制楼方向开启。

阀厅内的适当位置应设巡视走道,该走道应能通至阀塔上部屋架区域,并与控制楼连通,以满足运行人员的巡视要求。阀厅巡视走道与控制楼之间门采用电磁屏蔽门,并向控制楼方向开启。

阀厅与控制楼之间的适当位置(一般在控制楼二层或三层)应设电磁屏蔽防火观察窗,以便于运行人员在控制楼内对阀厅电气设备运行状况进行观察。

阀厅外墙不应设置采光窗,当工艺要求设置消防百叶窗或事故排烟风机时,应采取必要的电磁屏蔽和防渗漏措施,并在风口处加设启闭装置以保证阀厅在正常运行时处于密闭状态。

当阀厅与换流变压器、平波电抗器之间的间距不满足防火规范要求时,其墙体应满足4小时耐火极限的要求。阀厅钢屋架可不涂防火涂料。

阀厅围护材料和门应具有良好的密闭、保温、隔热、隔音性能。阀厅地坪面层应采用耐磨、不起尘、易清洁的建筑饰面材料。

阀厅采用混合结构。阀厅的基础采用柱下钢筋混凝土独立承台基础,承台之间设钢筋混凝土联系梁以使基础共同承受由风载和地震引起的水平剪力。阀厅和换流变防火墙以及换流变下采用钢筋混凝土桩筏基础。

26.9.3 控制楼和辅助设备楼

为便于工艺设备和管线的联系及运行巡视的需要,控制楼与阀厅采用联合布置的形式。

控制楼可以为二到三层建筑。一层布置阀冷却设备室、极辅助设备室、400V配电间、通信机房等设备房间,二层布置主控制室、设备室、会议室、办公室等办公用房。

控制楼内设置吊物孔,当采用三层布置且主控制室位于第三层时,可设置客货两用电梯。控制楼内部空间有裕度的情况下,可在首层适当位置预留安装检修用升降机停放位置。

为防止电磁波干扰的影响,控制楼应采取电磁屏蔽措施。

控制楼内交通组织如走道、楼梯、出入口等的设置应满足现行国家《建筑设计防火规范》的相关要求。主出入口应结合站区总平面布置综合考虑,便于与站内主道路相衔接。

控制楼可根据工艺要求设置电缆沟或地下电缆夹层。当采用地下电缆夹层布置方式时,应综合考虑建筑防火、疏散、通风、排烟、防排水等技术措施。控制楼围护材料和门窗应具有良好的保温、隔热、隔音性能。

主控制室的布置应尽量降低噪声的影响,同时具备良好的朝向、自然通风和天然采光条件。主控制室的设备布置及照明设计应避免屏面产生眩光。

每极高端阀厅旁设置辅助设备楼,辅助设备楼内设置400V配电间,阀冷却设备室以及通往阀厅巡视走道的楼梯间。辅助设备楼外立面应与主控制楼相一致,以保持全站建筑风格的统一。

26.9.4 户内直流场

户内直流场如平抗采用支撑方案,直流滤波器采用双塔全置户内方案。

结构形式为单层钢结构,维护结构为复合压型钢板。

26.9.5　GIS室

GIS室根据电气工艺布置。单层钢结构房屋,外墙1.2m以上采用单层镀铝锌高强度彩色压型钢板为围护结构,1.2m以下均采用墙体涂料,屋面做法同阀厅。GIS房屋采用柱下钢筋混凝土独立承台基础,承台之间采用钢筋混凝土联系梁。

26.9.6　其他建筑物

继电器室,警卫室、车库、35kV配电室、备品备件库、综合泵房、消防泵房、工业补水设备间均为单层建筑。

26.9.7　结构型式

阀厅主体结构采用钢-混凝土框排架混合结构或钢筋混凝土框排架结构体系,其中阀厅与换流变之间的防火墙采用钢筋混凝土框架+填充墙结构。

阀厅屋面采用钢结构有檩屋盖体系,屋面围护结构采用复合压型钢板轻型屋面,在受台风影响的地区,屋面围护结构也可采用以压型钢板为底模的钢—混凝土组合结构。阀厅屋盖结构体系的布置,应保证结构的整体刚度和稳定性;节点设计应考虑构造简单、施工方便。

控制楼主体结构采用钢筋混凝土框架结构,楼(屋)面应采用现浇钢筋混凝土板,围护结构采用砌块填充墙。

换流变压器之间防火墙采用现浇钢筋混凝土框架+填充墙结构,防火墙钢筋混凝土框架保护层厚度除满足混凝土结构设计规范的要求外,尚应符合国家现行防火规范的有关要求。

户内GIS室(若有)优先采用轻型钢结构,当跨度较小时也可采用钢筋混凝土结构,围护结构与主体结构相适应。

26.10　站用电接线与布置

站用电系统作为换流站的辅助系统,是保证换流站安全可靠运行的重要保证。与±500kV换流站相比,±800kV换流站生产系统(包括交流开关场、直流开关场及交直流滤波器等)和辅助生产系统(包括冷却系统和空调系统等)更为复杂,站用电所需容量更大。因此,站用电系统的合理设计显得尤为重要。

特高压换流站站用电源一般设置三回独立站用电源,其中站内站用电源应不少于1回,以保证站用电源的可靠性,并兼顾经济性。在站外站用电源的选取上,由于站电源的可靠性直接影响到换流站的安全可靠运行,故在条件许可的情况下,应考虑站外电源的上级电源尽可能来自不同的供电分区,不允许来自同一个变电站。同时特高压换流站用电负荷容量较大,站外电源应考虑采用35kV或110kV电压等级,采用专线供电。站内站用电源优先考虑从交流配电装置串内引接和从交流滤波器母线引接的方案,以充分利用站内场地;当上述位置不具备引接条件,可考虑从交流配电装置母线引接或从交流滤波器大组母线的引线上T接的引接方式。

高压站用电系统一般采用单母线分段接线。全站设两个工作段和一个备用段,每段由1台高压站用变压器供电,工作段与备用段间设置联络开关,两台工作变压器和一台专用的备用变压器实现明备用,进线开关和联络开关设自动投入装置,高压工作变压器之间不考虑并列运行,每台变压器的容量应按全站负荷要求确定。

低压站用系统宜采用单母线分段接线,按换流单元设置。对应每个阀组应设置两台低压变压器,两台变压器分别从两个高压工作母线段上引接,两台变压器互为备用。

26.11　电气二次接线

26.11.1　交直流系统控制和保护

26.11.1.1　主要设计思想

1）换流站按有人值班设计，交、直流系统合建一个统一平台的计算机监控系统，实现全站所有系统和设备的数据采集和处理、监视和控制、记录等功能，为运行人员提供良好的操作界面和数据统计分析等应用功能；

2）计算机监控系统采用站控层、控制层和就地层三层结构，控制层和就地层设备完全双重化配置。

3）根据±800kV特高压直流换流站中每个极的每个换流单元能够实现自动投退的工程特点，直流控制保护系统在设备配置、控制策略、保护分区上应保持各个换流单元的控制保护设备和功能的相对独立性；

4）高压直流保护与控制系统分开独立，双重化或多重化配置，在功能和组屏上两个极的保护系统完全独立，每个极两个换流单元的保护系统也完全独立。

5）高压直流控制保护系统既能适用整流运行，也能适用逆变运行。

6）交流开关场控制层设备与就地层设备集成在一起按串组屏，集中布置于就地继电器室内；交流滤波器组的控制设备按大组配置、控制与保护设备相互独立、交流滤波器的保护装置按照滤波器大组双重化配置。站用电源系统控制层设备与就地层设备集成在一起组屏，布置于就地的继电器室。控制与保护设备相互独立。

7）直流控制保护系统能够满足本工程融冰和阻冰方案的技术要求。

26.11.1.2　计算机监控系统

换流站内交、直流系统合建一个统一平台的计算机监控系统，实现全站所有系统和设备的数据采集和处理、监视和控制、记录等功能，为运行人员提供良好的操作界面和数据统计分析等应用功能。

1）系统结构

采用模块化、分层分布式网络结构，整个系统由站控层、控制层以及就地层（分布式数据采集系统I/O接口设备）三层构成，站控层与控制层设备之间通过双光纤以太网连接，控制层和就地层设备之间通过光纤或大容量的高速现场总线连接。典型的换流站计算机监控系统的配置见图26-25。

2）系统功能

（1）控制方式

换流站的控制方式按分层控制的要求进行设计，且在任何情况下，系统只能有一个控制位置的操作控制方式起作用。可以包括以下控制方式：远方调度中心控制方式，换流站运行控制室的运行人员控制方式，监控系统控制层设备屏上的就地控制方式和就地层设备控制方式在设备本体或附近的二次系统控制盘上进行现场手动或电动操作。

（2）操作功能

正常运行中，运行人员通过操作员站实现对站内所有控制操作对象设备的实时操作功能，并具备全站设备的操作联锁功能。

（3）顺序控制、调节和联锁功能

监控系统根据高压直流系统运行方式的转换以及控制模式的切换要求实现自动顺序控制、调节和联锁功能。

（4）SCADA系统的监视功能

包括系统主接线以及UHVDC系统运行接线方式的单线图，高压直流系统的监测信号，交流系统的监测信号，设备状态信号，事件顺序、中央报警记录和趋势记录。

（5）数据采集和处理功能

监控系统对高压直流场、交流场以及站内所有辅助系统的一次和二次设备实现实时数据采集和处理功能,就地数据采集及控制系统采用分层、模块化结构,分为控制系统和控制接口两层,从 I/O 采样单元、传送数据总线、主设备到控制出口按完全双重化原则配置。

(6) 站间 SCADA 系统通信功能

通过 SCADA 系统冗余配置的网桥实现与对侧换流站 SCADA 系统之间的通信。

(7) 其他功能

主要包括事件追忆功能、报表生成及打印输出、管理功能、运行人员模拟培训以及系统仿真功能等。

3) 系统设备配置

(1) 站控层

配置高性能的、实时的站控系统,为运行人员提供站级的控制、监视、测量和管理等功能,同时通过站控系统的网络接口设备接入电力数据通信网,实现电网调度自动化功能。

站控层设备布置在主控制楼的运行控制室和站控制保护设备室,站控系统配置所有必需的工作站以及打印机等设备,运行人员可在工程师站上对监控系统进行功能组态,通过操作员站的显示器和键盘,完成站内交、直流设备正常的控制、开关的分/合及投切操作,以及设备运行状态的监视、测量、记录并处理各种信息;以主控站工作时,也可控制对侧站相关设备的操作。

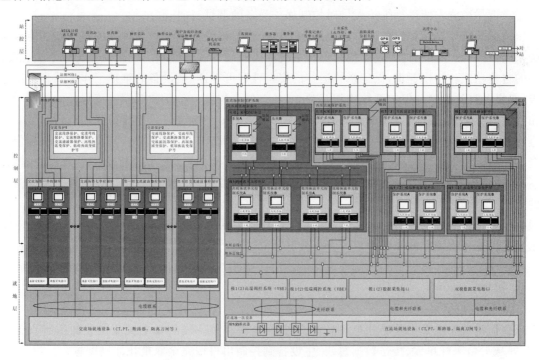

图 26-34 典型的换流站计算机监控系统的配置

(2) 控制层

控制层设备实现控制区域内设备的就地站控制、顺序/调节控制以及联锁、合闸同期等功能,双重化配置。

控制层设备经双光纤以太 LAN 网与站控层设备通信,通过高速现场总线或双光纤以太 LAN 网与就地层设备交换数据。

直流开关场的控制层设备与高压直流控制系统集成在一起,极、双极的控制系统均独立配置,每个极的控制层设备在功能和组屏上按极、换流单元分别配置,控制与保护主机分开。

阀冷却控制设备按阀组配置,与就地层设备集成在一起组屏,双重化配置,安装在相应的阀冷却室。

交流开关场控制层设备双重化按控制区域就近布置就地继电器室内,与就地层设备集成在一起组屏。

（3）就地层

就地层设备实现与一次设备的连接接口,其采样模块将采集到的现场信号进行滤波、隔离、A/D转换、标度变换等初步处理后,经高速现场总线或双光纤以太LAN网将数据传送至各相关控制区域的控制系统,同时,就地层设备接收各相关控制系统的控制命令,实现对控制对象的实时控制或调节功能。

就地层设备采用分层、模块化结构,从I/O采样单元、传送数据总线、主设备到控制出口按完全双重化原则配置,采用分布式布置,就近安装在主回路设备附近的二次设备房间。

就地层设备在功能和组屏原则上按双极、极、换流单元(阀和换流变压器)分别配置,以适应每个极单极运行或1/2单极运行方式的要求,便于不同运行方式下的设备操作、管理和维护。

交流开关场就地层设备双重化按控制区域就近布置就地继电器室内,与控制层设备集成在一起组屏。

26.11.1.3 高压直流控制和保护系统

±800kV特高压直流换流站的控制保护系统的设计原则与±500kV常规直流换流站工程没有本质的区别,±800kV特高压直流换流站每个极由两个串联的换流单元组成、每个换流单元配置独立的旁通断路器和隔离开关实现该换流单元的自动投退功能,因此在控制策略、保护分区以及设备的配置上应尽可能保持各个换流单元的控制保护设备和功能的相对独立性,在满足各种运行方式下的技术性能和功能要求下尽可能方便运行维护人员对控制保护设备的调试、操作和维护。

高压换流站直流控制和保护设备应采用基于微处理器以及数字信号处理器的各标准功能模块。控制系统采用分层、分布式结构。直流控制保护系统的所有硬件和软件均为完全双重化或多重化配置,具有完善的自检功能和切换逻辑,保证系统运行的安全性和可靠性,使设备的维护工作量减到最小。

极、双极各自的控制和保护系统均相互独立,各极的高端换流单元和低端换流单元的控制和保护系统亦相互独立。某极或某一换流单元的故障或检修不影响另一极或另一换流单元的运行。

直流输电保护系统与控制系统关系密切,它们之间的紧密配合才能快速抑制故障发展、确保系统设备安全、避免扰动、迅速恢复系统,控制保护系统在最短的时间内,以最小的扰动将故障元件隔离出去,提高运行稳定性。在三—常、三—广直流输电工程中,直流控制和直流保护系统在硬件上是作为一体化设计的,统一组屏。

根据我国电网系统的管理模式和运行习惯,要求直流控制系统和保护系统分开独立,在三-沪直流输电工程中尝试了直流控制和保护主计算机分开独立,但仍然安装在一面柜中,通过统一的数据采集单元实现与一次设备的接口。±800kV换流站的控制保护系统控制和保护系统分开独立,按不同的设计原则配置、组屏。

1）高压直流控制系统

高压直流控制系统采用分层分布式配置原则,两个极和每一极的每个换流单元的控制设备配置完全独立,并从I/O采样单元、传送数据总线、主设备到控制出口按完全双重化原则配置。

直流输电系统的基本控制模式拟包括:双极功率控制模式、极功率独立控制模式、应急极电流控制模式、同步极电流控制模式、紧急功率回降/提升控制模式、极全压/降压运行控制模式、极功率倒送控制模式、极线路空载加压试验控制模式、无功功率控制模式、低负荷无功优化控制模式、融冰控制模式和阻冰控制模式等。

±800kV特高压换流站直流控制系统的控制层设备在功能上按双极、极、阀组(换流单元)配置。双极与各极的控制层设备、每个极的控制层设备和每极的高、低端阀组的控制设备物理上均完全独立。高压直流系统控制层根据特高压直流系统阀组串联的特点,分为双极控制层、极控制层、换流器控制层,并在双极和极控制层之间、极控制层和换流器控制层之间配置专用控制网络。

双极控制层实现双极的联闭锁、双极功率控制、双极功率转移控制、两极间电流平衡控制、双极的无功控制等功能。极控制层实现极的起/停、极的解/闭锁、协调极的功率/电流控制、极的电压/触发角控制、极的顺序控制与联锁、分接头控制、故障处理控制、极的站间通讯与极间通讯等功能。换流单元控制层实现换流单元阀组的触发控制、产生阀组触发脉冲、换流单元阀组的起/停、解/闭锁、换流单元阀组的投入/退出、换流单元层的顺序控制与联锁、阀组过负荷监视等功能。

2）特高压直流保护

（1）特高压直流保护配置原则

特高压直流保护按保护区域设置，每一个保护区与相邻保护的保护区重叠，无保护死区。

每个保护区域的保护应至少为双重化配置。

在设备配置上尽可能简化各功能区域保护设备之间的接口关系，易于维护，既保证可靠性，又保证安全性。

两个极的保护完全独立配置，故障极的保护在双极运行中不影响另一极的正常运行。

每个极的换流单元保护完全独立配置，任一个换流单元的元件故障不影响该极另一个换流单元的正常运行。

（2）特高压直流保护的分区

根据保护区域以及功能要求，特高压直流保护一般的分为：高端换流变交流引线保护区（极 1、极 2）、低端换流变交流引线保护区（极 1、极 2）、高端换流变压器保护区（极 1、极 2）、低端换流变压器保护区（极 1、极 2）、高端换流器保护区（极 1、极 2）、低端换流器保护区（极 1、极 2）、直流线路保护区（极 1、极 2）、极直流母线保护区（极 1、极 2）、直流滤波器保护区（极 1、极 2）、双极开关场保护区和直流接地极线路保护区等。

（3）特高压直流保护的配置方案

为了提高特高压直流保护系统的安全性和可靠性，每一个设备或保护区都至少配置 2 套以上的独立保护，每套独立的保护均为性能完善的保护，尽量使用不同的原理、测量器件、通道和电源。在不能使用不同原理的场合，保护电路就应按多重化配置，以保证在任一主保护拒动时能将设备安全停运，当主保护未能检出故障时，后备保护能检出故障。两个极和每极的两个换流单元的直流保护配置相互完全独立。

根据各保护区域故障影响范围配置保护功能，简化各功能区域保护设备之间的接口关系，便于维护人员对各区域设备（包括一次、二次设备）的检修、调试，尽可能减少区域故障的影响范围。

（4）直流线路故障定位系统

直流线路故障定位装置是一个独立的设备，安装在直流线路的两端。它探测直流线路瞬时和永久性故障，计算确定故障发生的位置。

故障定位装置接收公共的校时信号，不设专用的卫星时钟接收器。直流线路故障定位装置配置独立的站间通信通道，以实现直流线路的准确定位。

（5）直流暂态故障录波系统

直流暂态故障录波系统布置在站设备室。它包括若干个数据采集单元。用于录波高压直流系统所有电压互感器和电流互感器的二次测量，同时也包括换流变交流侧的电流，该系统通过布置在运行人员控制室的故障录波分析主站与站内计算机监控系统进行通信。该主站为高压直流故障录波和交流故障录波所共有。

26.11.1.4　交流元件保护

交流元件保护包括换流变压器保护、交流滤波器组保护、站用变压器保护、备用站用变保护等。其中换流变压器保护列入直流控制保护系统；交流滤波器保护用于保护交流滤波器组引线区域及各小组设备，包括交流引线保护以及滤波器小组保护；其他的元件保护与交流站类似。

26.11.1.5　阀冷控制保护系统

阀冷却控制保护系统是双重化配置，就近布置于阀冷却设备室内。主要实现水泵的控制（包括冷却水泵、补给水泵、二次循环泵、喷淋水泵等各种泵的控制）和温度控制（主要包括了冷却风扇、并联电动阀门、电气加热器等的控制）。

对阀冷却系统的各主要环节的温度、流速、水位、导电率、压力、设备状态等参数进行实时监测，所有的报警信号均传送至站控系统，以更新报警信号表。

在保护功能上主要包括温度保护、流速保护、泄漏保护、压力保护、水位保护、导电率保护等。

26.11.1.6　控制楼、就地继电器室

根据电气总平面布置,两个高端阀厅独立布置,两个低端阀厅背靠背布置,主控制楼布置在两个低压阀厅处。两个极的低端阀组的控制保护设备以及阀冷却、辅助电源等辅助设备布置在控制楼内,两个低端阀厅巡视通道直接与主控制楼相连,运行维护方便。两个极的高端阀组的控制保护设备以及阀冷却、辅助电源等辅助设备布置两个辅控楼内。设置就地继电器室,布置交流设备的控制保护设备,与交流站类似。

26.11.1.7　辅助系统

1) 直流电源系统

可采用 110V 或 220V 直流工作电压。蓄电池组事故放电时间按两小时考虑。

在正常操作条件下,两套蓄电池和两个充电器均带一部分设备负荷,蓄电池和充电器容量按带供电范围内全部设备负荷的要求选择。

根据特高压直流换流站各阀组相对独立的特点,全站一般配置 6～7 套直流电源系统。其中,4 组阀组各配置 1 套直流电源系统,双极的控制保护设备和站公用设备配置 1 套站用直流电源系统,交流场控制保护设备配置 1～2 套直流电源系统。

2) 交流不停电电源系统

全站配置两套交流不停电电源系统(UPS),互为备用,为 SCADA 系统的工作站、打印机、远动设备以及站内故障录波器、电能计费关口表等重要的负荷提供高质量的可靠的交流电源。

交流不停电电源系统与站公用设备蓄电池系统相连,不设专用的蓄电池。

3) 站内通信

站内电话通信系统用于站内的调度和生产管理通信,站内电话通信系统与系统调度通信系统合用交换机。

4) 智能辅助控制系统

为了保证换流站安全运行,便于运行维护管理全站统一配置 1 套智能辅助控制系统,综合实现图像监控、火灾报警、技防、照明、环境监测等系统的智能联动控制。站内运行人员和远方调度通过智能辅助控制系统的统一管理平台和人机交互界面,对站内各子系统进行集中监测和管理,实现变电站对各子系统所要求的功能。

5) 变压器油气绝缘在线监测系统

监测分析系统可对油中溶解气体,至少包括氢气 H_2、乙炔 C_2H_2、乙烯 C_2H_4、甲烷 CH_4、乙烷 C_2H_6、一氧化碳 CO、二氧化碳 CO_2 等 7 种气体,以及微水 H_2O 进行实时在线和连续监测。

监测分析系统包括在线检测绝缘油中气体含量和色谱分析诊断两部分,系统为运行维护提供决策信息,确定设备是否继续运行或需要检修维护等。

26.11.1.8　抗电磁干扰二次设计

换流站的交/直流开关场高电压的电磁环境将对二次回路产生严重的干扰,而二次回路均为数字式设备,大量采用了电子元件,并且将就地控制及数据采样设备下放到就地开关场的继电器室内或一次设备附近,因此,二次设备抗电磁干扰就更为突出。在二次回路的设计需采取有效的抗干扰措施:

1) 二次设备的软、硬件在制造、设计上应具备较强的抗干扰能力,采取如光电隔离、变压器耦合电磁隔离等措施,在雷击过电压、一次回路操作、开关场故障及其他强干扰作用下,在二次回路操作干扰下,装置包括测量元件、逻辑控制元件,均不误动作;涉及高压配电装置的电缆应采用辐射状敷设,尽量避免与高压导线并行敷设;二次回路电缆采用屏蔽电缆,屏蔽层良好接地;

2) 就地继电器室和主、辅控楼及其各功能房间均采取屏蔽措施;

3) 数据采样设备与一次设备之间的接口采用双层屏蔽控制电缆;

4) 直流控制保护系统、计算机监控系统等设备之间的通信均采用光纤设备;

5) 测控屏及保护屏内装设截面不小于 $100mm^2$ 的专用接地铜排,各接地铜排与继电器室的接地网

紧密相连,继电器室接地网与主接地网通过 1 点、4 根截面不小于 50mm^2 的铜缆相连;

6) 开关场至继电保护室的电缆沟内沿电缆敷设方向敷设截面至少 100mm^2 铜排。

26.11.2　交流系统保护和安全自动装置

1) 500kV 交流系统保护

换流站的交流部分一般为 500kV,其交流系统保护的配置方案与一般 500kV 交流变电所大体相同,但要考虑换流站的电流和电压中的高次谐波分量对交流系统保护的影响。换流站的交流保护应具有抗谐波干扰的能力,系统正常或故障情况下换流变操作时所产生的谐波电流和电压不应造成交流系统保护的误动或拒动,暂态情况下的过渡过程和电磁干扰也不应影响交流系统保护的正常运行。

2) 安全自动装置

换流站内安稳装置一般按以下原则考虑:配置两套安全稳定控制装置,每套安稳装置独立组柜。每套安稳装置对应于对侧换流站、相关变电站等方向,即每套安稳装置经一个 2M 直达通道与对侧换流站中的安稳装置通信,同时还通过专用光纤芯与相关变电站中的安稳装置进行通信。同时,需在通信机房中装设一面通信接口屏,含有两套 2M 光电转换装置。每套安稳装置还应具有至本换流站直流控制系统的通信接口。

26.11.3　调度自动化

1) 调度管理关系和远动信息传输原则

根据特高压直流输电工程的性质,参考三峡输变电工程及全国联网工程的调度管理原则,换流站的直流系统设备(包括直流联络线路)、交流系统设备(包括交流滤波器设备)、对特高压电网安全性有重要影响的交流设备(如安全自动装置)等应由国(南)网调中心直接调度管辖。

换流站应直接向国(南)网调中心(包括备调中心)传送其所需的远动信息,并接受国(南)网调中心下达对直流输电系统的控制命令。同时考虑为满足网调、省(市)调对换流站的监视,换流站还应将有关远动信息同时送往所在区域网调、对侧区域网调和所在地市级调度。

2) 远动系统方案

(1) 远动信息的采集

远动信息的采集原则上根据《电力系统调度自动化设计技术规程》确定,同时满足电网统一调度、分级管理、独立核算的运行管理要求。换流站内应配置 1 套计算机监控(SCADA)系统,统一实现换流站当地监控功能和远动功能。SCADA 系统的操作系统必须采用 UNIX 和 LINUX,同时支持 DL/T-860 (IEC61850)系列标准的通信协议。

换流站的远动信息的采集将由 SCADA 系统的数据采集设备来完成。为避免设备的重复配置,换流站的远动信息与站内自动化信息的采集由计算机监控系统的数据采集 I/O 单元统一完成。

(2) 远动设备配置方案

远动系统应由相应的数据采集及通信装置(或远动工作站)、数据网接入设备(包括安全防护设备),以及 MODEM 装置等组成。考虑到特高压直流工程的特殊性,建议远动工作站采用冗余配置,保证远动系统的可靠性。

该两台远动工作站采用高速以太网络口与站内监控系统局域网连接,直接从 I/O 单元中获取各级调度中心所需的远动信息。从电网调度中心下达的各种控制和调节命令应由远动工作站直接下达给间隔级的 I/O 单元。

远动工作站应能实现点对点远动通道和数据网络的远动信息传输方式。

配置必要的电力专用纵向加密认证装置,以确保换流站远动信息传输的安全。

3) 电能计量

换流站内应配置一套电能计量系统,包括计量电能表、电能量数据采集终端装置等,用于采集电能表的数据和向调度中心传送相应关口点的电能量数据。计量关口点的设置和计量设备的配置原则根据电网公司规定执行。

4）GPS 时间同步

换流站内宜只建设一个时间同步系统，即全站统一 GPS 时间同步系统。所有需要时间同步的二次系统设备的时间同步信号都纳入该系统统一考虑，一般单个设备不再单独配备 GPS 同步标准时钟。

换流站配置的全站统一 GPS 时间同步系统主要用于实现变电所内的计算机监控系统、保护装置、故障录波器等设备的时间同步和信号统一，提供满足这些设备需要的各种时间同步信号接口。

5）二次系统安全防护的要求

为贯彻执行国家经贸委〔2002〕第 30 号令《电网和电厂计算机监控系统及调度自动化数据网络安全防护的规定》及国家电力监管委员会第 5 号令《电力二次系统安全防护规定》，依据《全国电力二次系统安全防护方案》，确定换流站的二次系统安全防护方案。

换流站的二次系统安全防护主要是"纵向防护"，主要内容是在换流站与调度中心之间设置必要的安全隔离措施。

26.11.4 系统通信

信息传输对通道的要求主要包括直流控制保护系统、调度自动化信息、调度电话、行政通信、综合数据网、交流继电保护等对通道的要求。系统通信配置和通道组织需要根据实际工程进行分析。换流站本体通信设备配置一般如下：

1）系统调度交换机

换流站内设置一台调度程控交换机，并配置调度台和数字录音系统，该交换机同时兼作所内通信使用。

2）综合数据通信网

换流站内配置综合数据网接入设备 1 套，接入地市级调度节点。

3）卫星通信系统

随着电力系统的发展，电力系统通信的容灾正成为各级部门关心的一个问题。由于卫星通信具有应用不受地形、地域限制；不易受自然灾害和人为破坏影响；使用灵活、移动方便；投资小、运行维护费用低的特点，虽然传输时延较长，但基本可以满足事故情况下话音、视频信息、数据信息的传输。卫星通信与光缆通信作为两种完全独立路由的通信方式，可以很好地成为事故情况下的应急通信方式，故可考虑在换流站内配置 1 套卫星通信地面接收设备。

4）通信电源

在换流站内配置 2 套-48V/200A（包括冗余整流模块）通信电源，每套电源配置 1 组蓄电池。

5）通信机房动力环境监测系统

在无人值班的情况下，为使通信运行维护部门能实时地掌握通信设备的运行状态以及通信站的动力环境等状况，南汇换流站考虑建立通信机房动力环境监测系统。可在换流站内配置一套通信机房动力环境监测系统。

6）通信机房

换流站内可设置系统通信机房，考虑安装光通信设备、交换机、综合数据网设备、各类配线架、保护接口柜等，机房面积约为 $80m^2$。除此之外，换流站内可设置独立的电源室，安装通信电源和蓄电池。

参考文献

[1] GB/T 50789-2012. ±800kV 直流换流站设计规范[S], 2012.

[2] DL/T 5223-2005. 高压直流换流站设计技术规定[S], 2005.

[3] DL/T 5056-2007. 变电站总布置设计技术规程[S], 2007.

[4] GB 50016-2006. 建筑设计防火规范[S], 2006.

［5］卢敬军，乐党救.±800kV 特高压直流换流站交流滤波器场地布置优化［J］.电力建设，2010，31(1)：26-33.

［6］中国电力企业联合会.±800kV 直流换流站设计规范.北京：中国计划出版社，2012.

［7］向家坝-上海±800kV 直流输电工程绝缘配合报告.

［8］糯扎渡电站送电广东±800kV 直流输电工程绝缘配合报告.

第 27 章　特高压交流线路设计

特高压线路作为大功率、远距离输送电能的主干通道，与常规超高压输电线路相比，具有可靠性要求高、电压等级高、输送容量大、导线截面大、绝缘要求高、杆塔高度高、杆塔荷载大等特点[1]，因此对于特高压线路工程设计也提出了更高的要求。

工程设计前期阶段开展的各项专题技术研究、试验和专项评估将为后续的工程设计提供关键的指导和支撑。另外，由于特高压线路工程重要性高、杆塔荷载大、走廊宽、环评要求严，工程初步设计和施工图设计的内容和深度要求也要高于超高压线路工程。路径方案和设计气象条件的确定是特高压线路工程设计的基础，导线选型、绝缘配置、金具选择、杆塔设计、基础选型、通道清理和环保措施等是作好工程设计的关键环节。

目前 1000kV 特高压交流输电线路主要采用单回路和同塔双回路两种形式。国内第一条建成投运的特高压交流线路——晋东南—南阳—荆门 1000kV 线路（简称中线特高压）全线采用单回路设计；2013 年建成投运的淮南—皖南—浙北—沪西 1000kV 特高压交流线路（简称皖电东送）全线采用同塔双回路设计；2014 年投运的浙北—福州 1000kV 特高压交流线路则采用了单回路和双回路相结合的形式，该工程山区段线路以单回路为主，走廊受限制地区则采用了同塔双回路的形式。

以下文中所述特高压线路，如非特别指明，均针对 1000kV 特高压交流线路和 ±800kV 特高压直流线路。本章将围绕 1000kV 特高压交流线路工程设计展开讨论。

图 27-1　晋东南—南阳—荆门 1000kV 特高压交流单回输电线路

27.1　设计的依据

特高压输电线路工程设计应严格遵照适用于送电线路设计的有关法律法规、强制性标准、行业技术标准及设计规程规范等最新有效版本执行，合理吸收结合工程开展的各项关键技术研究成果，积极借鉴已建、投运的线路工程中积累的成功经验和合理化建议。

图 27-2　淮南—皖南—浙北—沪西 1000kV 特高压交流线路双回输电线路

27.2　线路路径

　　线路路径的考虑基本上与超高压线路相类似,但特高压线路在经过山区或覆冰地区时更需要加以特殊考虑。

　　1)多回特高压线路平行经过山区时宜适当增加平行间距,尽量避免两回特高压线路在一个山体的同侧边坡上走线。

　　2)首先,应尽量避开严重覆冰地段,并应根据不同冰区来限制线路的耐张段长度,轻冰区线路耐张段长度不宜大于 10km、中冰区不宜大于 5km、重冰区不宜大于 3km,当耐张段长度较长时应考虑防串倒措施。在高差或档距相差悬殊的山区或重冰区等运行条件较差的地段,耐张段长度应较上述要求适当缩短。

27.3　设计气象条件

27.3.1　选择原则

　　对风、冰等主要气象要素进行数理统计分析,并结合路径沿线实地调查情况确定。一般情况下,还应参考《建筑结构荷载规范》中的风压值以及附近已有线路的设计运行经验。

　　基本风速和设计冰厚是特高压线路设计的主要气象条件,基本要求如下:

　　1)重现期按 100 年一遇;

　　2)基本风速取离地 10m 高处(大跨越取离历年大风季节平均最低水位 10m 高)10 分钟平均大风值;

　　3)基本风速不宜低于 27m/s,必要时还需按稀有风速条件进行验算。

27.3.2　基本风速

　　1)风速数理统计方法

　　确定基本风速时,应以当地气象台站 10min 时距平均的年最大风速为样本,工程设计中推荐采用的极值 I 型概率分布(Gumbel)对样本进行概率推算。

　　2)风仪高度的订正

　　各气象台(站)测量最大风速的风仪高度不尽相同,同一台站不同年代的仪高亦不一致,故应将各气象站的历年最大风风速订正为距地 10m 高处的风速。

3)设计基本风速的取值

由于气象台站一般靠近城区,风速偏小。通常线路与气象台站还有一定距离,气象台站的记录不可能完全覆盖全线的大风,为了保证特高压输电线路的安全性,一般应在统计风速的基础上,综合考虑《建筑结构荷载规范》风压取值、沿线气象调查资料,适当增加一定的安全裕度之后,选用为工程实际取用的设计基本风速。《建筑结构荷载规范》对最小基本风压值也作了规定,基本风压按式 $W = V^2/1600$ 可换算为基本风速。

对于山区输电线路,宜采用统计分析和对比观测等方法,由邻近地区气象台、站的气象资料推算山区的最大基本风速,并结合实际运行经验确定。一般说来如无可靠资料,可将附近平原地区的统计值提高 10% 选用。

对于输电线路中需要跨越重要通航河流或宽阔水面的大跨越段(一般指跨越档距在 1000 米以上、跨越塔高在 100 米以上的区段),若发生事故,影响面广、修复困难。为确保大跨越的安全运行,设计标准应予提高。根据国内以往大跨越的设计运行经验,如当地无可靠资料,宜将附近陆上输电线路的风速统计值换算到跨越处历年大风季节平均最低水位以上 10m 处,并增加 10%,分析水面影响再增加 10% 后选用[2]。

4)导线张力、荷载计算用设计风速

架空送电线路计算导线的张力和荷载时,采用的设计风速应取导线平均高度处的风速值。为此须对离地 10m 高的基本风速按式(27-1)进行换算,为

$$V_H = V_{10}\left(\frac{Z_H}{10}\right)^\alpha \tag{27-1}$$

式中,V_{10} 为离地 10m 高处的基本风速,m/s;Z_H 为导线平均对地高度,m;V_H 为对应平均对地高度处的导线线条风速,m/s;α 为与地面粗糙度有关的系数,如 B 类地区 $\alpha = 0.16$。

如位于 B 类地区的 1000kV 特高压交流线路,其设计基本风速采用 27m/s,若下相导线平均高度取 30 米,则相应的导线平均高度处线条风速 $V_{30} = 27 \times (30/10)^{0.16} = 32.1$ m/s。

27.3.3　设计覆冰

电线覆冰大小主要受大气条件、地形因素、线路特性等三者的综合影响而形成。电线覆冰按其冻结性质,可分为雨凇、雾凇、混合凇、覆雪四种,对架空线危害最大的是混合凇和雨凇。

鉴于特高压线路工程沿线大部分的地区气象台(站)尚缺乏完善、系统的电线结冰观测记录,覆冰资料不完备。因此,设计冰厚的选取主要靠调查沿线地区电力线、通信线及自然物上的覆冰等情况,并结合已建电力线路设计冰厚值与运行经验来综合确定。

按覆冰厚度的不同,设计冰区可划分轻冰区、中冰区和重冰区,覆冰厚度在 10mm 及以下为轻冰区,大于 10mm 小于 20mm 为中冰区,20mm 及以上为重冰区。

重冰区线路的特点:一是运行环境恶劣、覆冰严重,成为控制线路各部件强度的主要荷载条件;二是具有较特殊的静、动态特性(如不均匀覆冰、脱冰跳跃、覆冰绝缘子串闪络等),对杆塔的纵向抗扭强度,塔头布置、导线、金具、绝缘等都有相应的特殊要求;三是运行维护困难,一旦发生事故,由于海拔较高、地形陡峭、天气状况恶劣,往往事故停电时间较长。因此,须对重冰线路加以特别考虑。

重冰区的路径选择应遵循"避重就轻"的原则,即把"避开严重覆冰地段"作为一个首要条件来考虑。路径选择的基本原则:①避开调查确定的覆冰严重地段和污秽严重地区;②要求线路尽量沿起伏不大的地形走线,档距不宜太大,同时要求尽量均匀,避免出现相邻档距相差悬殊的情况;③线路走径应避开垭口、风道和湖泊、水库等容易覆冰地带;④重冰线路应注意限制使用档距和相应的高差,大档距宜采用孤立档,原则上使用档距不超过 800 米;⑤鉴于重冰线路荷重大,在运行中还会出现较严重的冰凌过载情况,要求路径选择时控制线路转角角度不宜大于 40°。

根据对多年来输电线路覆冰灾害情况的调查,特别是 2008 年初电网冰灾情况调查分析,在同样环境条件下,输电线路地线上的覆冰厚度普遍比导线大。为此设计规程规定,对于覆冰地区线路,地线设

计冰厚取值应较导线增加 5mm,其主要目的是增加铁塔地线支架的机械强度。

在无可靠资料的情况下,大跨越线路的设计冰厚应较附近一般输电线路增加 5mm。

27.4　交流线路导地线选型

特高压线路架线工程投资在工程本体投资中占比较大,一般在 40%～50%左右,再加上导线方案变化引起的杆塔和基础工程量的变化,其对整个工程的造价影响极大。在导线选型时,应综合考虑的因素主要有:电压降、经济电流密度、允许载流量、电磁环境影响、必要的机械强度、年费用及经济性等。工程设计中,导线的选择和论证应不断总结和利用已取得的经验、成果,并结合工程实际情况,综合考虑加工制造、施工运维等因素,推荐出满足技术要求而且经济合理的导线截面和分裂形式。

为将更多的新技术、新材料、新工艺应用到电网建设中,体现节能环保的要求,特高压线路设计时,还应结合工程实际条件积极开展节能型导线的应用研究。

27.4.1　导线选择的主要参数

在正常输送功率下,1000kV 线路导线选择主要决定于电晕条件,以及由电晕效应派生的无线电干扰和可听噪声,其中无线电干扰和可听噪声是导线最小截面选择的主要控制条件[2]。

27.4.1.1　常用的导线型号

在进行导线型号的选取时,首先应立足于国内已有成熟制造经验的导线型式,几种常用的大截面导线型号及特性如下表 27-1 所示。

表 27-1　常用导线型号及特性

导线型号	绞线结构 铝股×单丝/钢股×单丝(mm)	总截面 (mm²)	导线外径 (mm)	钢铝截面比
JL/G2A-900/75	84×3.69/7×3.69	975.00	40.60	0.082
LGJ-800/55	45×4.80/7×3.20	870.60	38.40	0.069
ACSR-720/50	45×4.53/7×3.02	775.24	36.23	0.069
LGJ-630/45	48×4.12/7×3.20	666.55	33.60	0.069
LGJ-500/45	48×3.60/7×2.80	531.68	30.00	0.088

27.4.1.2　导线电流密度

在输电线路设计中,各国均根据各个时期的导线价格、电能成本及线路工程特点等因素分析确定,提出了一个最为经济的导线单位截面的输送电流,称之为经济电流密度。中国架空输电线路主要采用钢芯铝绞线,当最大负荷利用小时数在 5000 小时以上时,以铝为导电材料的经济电流密度取 0.9A/mm²,特高压线路工程设计中也取此电流密度作为导线初选的参考值。

27.4.1.3　导线最高允许温度

导线最高允许温度是控制导线载流量的主要因素,主要根据导线经过长期运行后的强度损失和连接金具的发热情况决定,工作温度越高、高温持续时间越长,导线的强度损失越大。

中国《设计规范》规定:在验算导线允许载流量时,钢芯铝绞线和钢芯铝合金绞线宜采用 70℃,必要时可采用+80℃,大跨越宜采用 90℃。但根据国外的运行经验和研究数据,其采用的允许温度更高,钢芯铝绞线可采用 150℃,主要考虑导线接头的氧化和连接金具的发热情况。

27.4.1.4　导线表面电场强度

导线表面电场强度是导线选择的最基本条件,导线表面电场强度过高将会引起导线全面电晕,不但电晕损耗急剧增加,而且会带来其他电磁环境方面的问题,所以特高压线路必须限制导线表面电场强度。

导线表面最大工作场强取决于最高运行电压、子导线直径、相导线分裂方式及相间距离等,其计算方法较多,工程设计可采用计算精度较高的逐次镜像法进行计算。导线表面电场强度不应大于全面电晕临界电场强度的 80%～85%,以避免导线出现全面电晕。

采用皮克(peek)公式计算的各种导线临界电场强度结果如表 27-2 所示。

表 27-2　导线的临界电场强度 E_0(海拔 1000m 以下)

导线型号	直　径 (mm)	临界电场强度 E_0(kV/cm)	
		最大值	有效值
JL/G2A-900/75	40.69	28.22	19.95
LGJ-800/55	38.40	28.36	20.05
ACSR-720/50	36.23	28.51	20.16
LGJ-630/45	33.60	28.71	20.30
LGJ-500/45	30.00	29.02	20.52

27.4.1.5　无线电干扰

输电线路的无线电干扰主要是由导线、绝缘子或线路金具等的电晕放电产生,《设计规范》对 1000kV 架空输电线路的无线电干扰限值作了如下规定:"海拔 500m 及以下地区,在距离边相导线地面投影外侧 20m,对地 2m 高度处,且频率为 0.5MHz 时,无线电干扰设计控制值应不大于 58dB(μV/m)"[2],上述值是按湿导线计算的,按此控制,可以满足在好天气条件下,因导线电晕产生的无线电干扰不大于 55dB(μV/m)的限值要求。

国家环境保护总局对皖电东送 1000kV 输变电工程环境影响报告书的批复中,要求该 1000kV 输电线路的无线电干扰限值按"在距边相导线投影 20m 处,测试频率为 0.5MHz 时的晴天条件下不大于 55dB(μV/m)控制"。

工程设计中,对于海拔超过 500 米的线路,其无线电干扰限值应进行高海拔修正。修正因数为:以 500m 海拔为基准,海拔高度每增加 300m,无线电干扰限值增加 1dB。

特高压输电线路的无线电干扰值除与分裂导线形式(子导线直径和分裂间距)有关外,还与相导线的空间布置有关。当同塔双回特高压线路采用逆相序布置时,导线悬垂串采用"I"串或"V"串时的无线电干扰值将有所差异,会影响到导线的选型结果。为满足无线电干扰水平不大于 55dB 的限值要求,采用 I 串布置,导线最小截面可选 $8\times630\text{mm}^2$,其无线电干扰水平为 54.88dB;采用 V 串布置后,两回线路边相导线水平间距减小,导线最小截面须选 $8\times720\text{mm}^2$,其无线电干扰水平为 54.65dB,无线电干扰水平已经成为导线选择的控制条件。从降低投资和减小无线电干扰方面而言,也可考虑采用扩径导线。扩径导线在铝截面基本不变的情况下,通过增大导线直径,减小无线电干扰值,同时导线张力较同直径的导线张力大大减小,能节约线路投资。

27.4.1.6　可听噪声

从超高压发展到特高压,随着电压的升高和导线分裂根数的增加,输电线路导线电晕引起的噪声问题越显得突出,必须重点关注,其限值标准将直接影响子导线截面和分裂方式的选取。

国际上特高压线路的可听噪声设计目标值,基本上在 50～58dB(A)之间,大多数为 53dB(A),其实际运行的超高压输电线路可听噪声也大都控制在该范围内。

特高压线路路径主要是农业地区,为中国环境噪声限制标准的 1 类地区,参考该标准,特高压输电线路的可听噪声不宜超过 55dB(A)。

《设计规范》要求"海拔 500m 及以下地区,距线路边相导线投影外 20m 处、湿导线的可听噪声设计控制值不应大于 55dB(A)"[2]。考虑到 1000kV 交流输电线路也会经过经济较发达、人口密集的区域,为尽可能减小线路通过时对环境带来的不利影响,并兼顾工程建设的经济性,工程设计中按湿导线条件下的可听噪声不大于 55dB(A)控制比较合适。对于人烟稀少的高海拔地区,其噪声限值应进行高海拔修正,以 500m 海拔为起点,海拔高度每增加 300m 可听噪声限值增加 1dB(A)。

国际上有许多国家的研究机构对超高压和特高压输电线路的可听噪声进行过深入的研究,提出了各自的预测公式,但由于各自的实验环境和条件不同,其预测公式的计算结果也存在差异。目前工程设计中较常用的是美国 BPA 电力公司根据实验研究结果推荐的可听噪声计算预测公式。

27.4.2　导线截面和分裂方式

27.4.2.1　导线截面的选择

特高压交流线路每回线路输送容量一般在 $5000\sim6500\mathrm{MW}$ 之间,由此算得的每相电流为 $3040\sim3950\mathrm{A}$(功率因素 0.95),按照前述的电流密度的参考值 $0.9\mathrm{A/mm^2}$ 计算,所需导线载流截面为 $3380\sim4390\mathrm{mm^2}$,该值可以作为导线截面选择的基础条件。

27.4.2.2　导线分裂根数

根据国内外特高压线路的导线研究和工程应用情况,为解决电晕问题,在特高压线路中一般都需要增加分裂导线根数和导线截面,目前国内已建成投运和在建的特高压交流线路均采用了八分裂方式。工程设计时一般按照以经济电流密度 $0.9\mathrm{A/mm^2}$ 初算的总载流截面要求,组成多种导线分裂形式组合进行电气和机械性能的计算,典型的分裂型式如表 27-3 所示。

表 27-3　典型的相导线分裂型式和截面

序号	导线型号分裂型式	总铝截面($\mathrm{mm^2}$)	电流密度($\mathrm{A/mm^2}$)
1	$6\times$JL/G2A-900/75	5411	$0.56\sim0.73$
2	$8\times$LGJ-500/45	3976	$0.76\sim0.99$
3	$8\times$LGJ-630/45	4988	$0.61\sim0.79$
4	$8\times$ACSR-720/50	5801	$0.52\sim0.68$

27.4.2.3　导线分裂间距

导线分裂间距的选取要考虑分裂导线的次档距振荡和电气性能两个方面的特性。次档距振荡是由迎风侧子导线的尾流所诱发的背风侧子导线不稳定振动现象,研究认为当分裂间距(S)与子导线直径(d)之比 $S/d>16\sim18$ 时,可以避免出现次档距振荡;从电气方面看,有一个最佳分裂间距,在此分裂间距时,子导线的表面电场强度最小,现将两者的计算结果列于表 27-4。

表 27-4　导线分裂间距值

分裂根数	子导线标称截面($\mathrm{mm^2}$)	限制次档距振荡的分裂间距 S(mm)	满足电气特性的分裂间距 S(mm)	采用值 S(mm)	实际 S/d
6	$800\sim900$	$540-650$	$335-390$	400、450	$10-13.1$
8	$500\sim720$	$430-610$	<235	400	$10.4-14.9$
10	$300\sim400$	$380-430$	$240-250$	375	$13.9-15.6$

由上表可以看出,限制次档距振荡要求的分裂间距与最佳电气性能要求的分裂间距是不一致的,中国 500kV 交、直流超高压线路采用得 S/d 的比值为 $15\sim18.7$,但对于特高压线路,由于分裂数较多,电气要求又比较苛刻,因此布置上要比 500kV 线路困难得多。从国外经验看,美国 $345\sim750$kV 线路无论导线截面大小均采用 18 英寸,即 457mm 的分裂间距,推算得分裂间距与子导线直径的比值为 $9.57\sim16.9$,其 S/d 值的变化范围较大,最小值比中国采用的数值小。特高压线路的 S/d 值一般为 $10\sim17$ 左右[1],中国已建成的晋东南—南阳—荆门 1000kV 单回特高压交流线路的 S/d 值为 13.3,皖电东送 1000kV 双回特高压交流线路的 S/d 值为 11.9。

从国内外特高压线路已采用或推荐采用的分裂导线的结构情况来看,特高压线路由于分裂根数的增加,在采用大截面导线时,很难保证 $S/d>16\sim18$。为此,工程设计中一般按 S/d 值不小于 10 控制。如采用八分裂 630$\mathrm{mm^2}$ 或 500$\mathrm{mm^2}$ 截面导线时,导线分裂间距均可采用 400mm。

27.4.3　双回路导线相序布置

27.4.3.1　对导线表面电场强度的影响

同塔双回特高压线路导线相序排列对其表面电场强度有影响,逆相序排列的导线表面场强较大,其 E_{m}(表面电场强度)$/E_0$(临界起晕场强)值也较同相序排列的大。海拔 1000 米以下,采用"I"串的垂直排列同塔双回路导线表面最大电场强度计算值如表 27-5 所示。

表 27-5　同塔双回路导线表面最大电场强度 E_m(kV/cm)

导线结构	分裂间距 (mm)	E_0 (kV/cm)	逆相序布置			同相序布置		
			AC 相	BB 相	CA 相	AA 相	BB 相	CC 相
8×LGJ−500/45	400	20.52	16.80	16.93	16.92	14.78	16.93	16.02
8×LGJ−630/45	400	20.30	15.28	15.39	15.34	13.32	15.26	14.42
8×ACSR−720/50	400	20.16	14.40	14.51	14.47	12.78	14.65	13.80

从上表可以看出,各导线方案在逆相序时的表面电场强度较同相序排列方式略大,但其 E_m/E_0 比值均可控制在 0.83 以下,可以满足不发生全面电晕的要求。

27.4.3.2　对双回路雷击跳闸的影响

逆相序排列对防止雷电反击避免两回路同时跳闸有利,能使作用到绝缘子串上由雷电造成的电压和系统工作电压相叠加,可以造成一回线路首先闪络而起到分流和降低接地电阻及塔身压降、以及事故相分流对正常相感应耦合,从而降低正常相绝缘子串上的耐受的电压,以达到另一回线路不会同时跳闸保证线路安全送电的目的。从防止雷电反击引起双回路同时跳闸的角度考虑,建议同塔双回路采用逆相序布置。

27.4.3.3　对导线最小对地距离的影响

通过不同相序排列情况下对地距离的计算分析,同塔双回特高压输电线路同相序布置时要求的最小对地距离比逆相序布置时大。地面最大场强取 10kV/m 时,对于采用"I"串的双回塔,同相序布置时的导线最小对地距离需比逆相序大 3～4m。从最小对地距离方面考虑,工程中不建议采用同相序布置。

27.4.3.4　对线路走廊宽度的影响

同塔双回路导线相序排列对线路走廊宽度有一定影响,同相序排列的走廊宽度较逆相序大。以采用 8×630mm² 截面导线、"I"串布置的同塔双回路为例,不同相序排列方式下,4kV/m 地面电场强度控制的线路走廊宽度计算值如表 27-6 所示。

表 27-6　4kV/m 电场强度控制的双回路走廊宽度(m)

塔型 / 对地高度	双回塔 I 串(逆相序)	双回塔 I 串(同相序)
18～28m	73～66	74～71
28～30m	66～62	71～70
30～32m	62～56	70～68
32～34m	56～44	68～66
34～36m	——	66～64

27.4.3.5　导线不同相序排列的电磁环境要求

导线采用不同相序排列,线路的电气性能将不同。采用逆相序排列的导线无线电干扰和可听噪声水平均较同相序排列的大,如表 27-7 和表 27-8 所示;在满足电磁环境要求方面,导线采用逆相序布置较同相序布置的条件差。

表 27-7　同塔双回路不同导线排列方式的无线电干扰计算结果(dB(μV/m))

导线结构	分裂间距 (mm)	I串逆相序布置	I串同相序布置	V串逆相序布置	V串同相序布置
8×LGJ-500/45	400	56.29	53.14	57.74	52.18
8×LGJ-630/45	400	54.88	51.17	55.03	50.29
8×ACSR-720/50	400	53.07	50.28	53.15	49.74

表 27-8　同塔双回路不同导线排列方式的可听噪声计算结果(dB(A))

导线结构	分裂间距 (mm)	Ⅰ串逆相序 布置	Ⅰ串同相序 布置	Ⅴ串逆相序 布置	Ⅴ串同相序 布置
8×LGJ-500/45	400	56.84	54.36	56.14	51.31
8×LGJ-630/45	400	54.64	52.20	54.01	49.18
8×ACSR-720/50	400	53.38	50.94	52.87	47.92

对于特高压交流同塔双回路而言,如果采用同相序排列,导线选择 8×LGJ-500/45 均能满足线路输送容量、经济电流密度、电磁环境等要求,但会带来线路地面场强和最小对地高度较逆相序高、走廊宽度较大,若线路经过经济发达地区,将引起房屋拆迁量相应增加。虽然逆相序排列对防止雷电反击线路双回路跳闸事故有利,但 1000kV 特高压线路绝缘水平较高,计算线路的耐雷水平较高,雷电反击出现故障的概率极小,雷击跳闸故障一般由雷电绕击导线所致。

当线路采用逆相序布置时,导线需选择 8×LGJ-630/45 才能满足电磁环境限值的要求,这样与 8×LGJ-500/45 导线相比较便增加了铁塔荷载,但是由于采用 8×LGJ-630/45 导线的铁塔平均呼高较 8×LGJ-500/45 导线低 4m 左右,线路走廊宽度小 2m 左右,其总体投资是否更经济,还有必要结合具体的工程实际进行详细的比较。

27.4.4　扩径导线的运用

中国目前研制的扩径导线主要有三种型式:圆铝线疏绕型、型线支撑型和型线疏绕型,结构形式如图 27-3 所示。

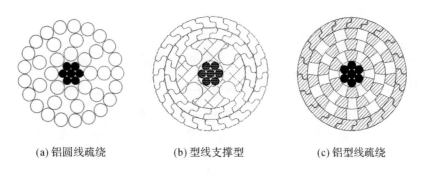

(a) 铝圆线疏绕　　　　(b) 型线支撑型　　　　(c) 铝型线疏绕

图 27-3　疏绕(抽股)型扩径导线的典型结构图

目前工程中使用的扩径导线以疏绕(抽股)结构的圆线扩径导线为主,导线规格从 310 扩 400 到 630 扩 720(截面)均有实际制造和施工经验。近年来开始对扩径导线进行结构优化,研制出型线疏绕(抽股)的结构。型线支撑型扩径导线则采用高密度聚乙烯支撑,由于成本较高,在工程中没有进行实际应用。

疏绕工艺圆线扩径导线结构相对简单,对设备和工艺要求相对较低,经济性优于支撑型扩径导线和型线疏绕式扩径导线,且有一定的运行经验积累。目前国内主流导线厂家均能生产圆线疏绕式扩径导线,能够满足特高压工程批量应用的要求。皖电东送特高压工程中对圆线疏绕式扩径导线进行了专项研究,并已在变电所进线档、耐张塔跳线中设计使用,浙北—福州 1000kV 线路选择在地形条件和施工条件相对较好双回路区段约 100km 线路采用了 JLK/G1A-530(630)/45 型圆线疏绕扩径导线(530 扩 630)。

圆线疏绕型扩径导线易出现支撑层滑移、外层铝线凹陷,在施工展放过程中容易出现"叠丝"、"跳股"等现象,因此,需要制造企业保证工艺,同时在张力放线过程中严格控制牵引张力和速度。

27.4.5　地线和 OPGW 光缆选型

地线(含光纤复合架空地线,也称 OPGW 光缆)选型是特高压工程设计中的一项重要内容,地线是特高压输电线路防雷的第一道屏障，而OPGW光缆在承担防雷任务的同时，还承担着特高压输电线路信息系统中"神经中枢"的角色，均需要具有很高的运行可靠性。

27.4.5.1　地线选型

特高压工程的地线应满足以下基本要求：①具有优良的机械性能和良好的电气性能；②具有良好的耐振性能和耐腐蚀性能；③地线选型应满足短路电流热容量要求外，还应按电晕起晕条件进行校验；④OPGW光缆还应具有优良的光通信功能，以及足够的耐雷击性能。

27.4.5.2　地线的最小直径

对于特高压交流线路地线的最小截面，《设计规范》要求"地线（含光纤复合架空地线）除应满足短路电流热容量要求外，应按电晕起晕条件进行校验，地线表面静电场强与起晕场强之比不宜大于0.8"[2]。

特高压交流线路额定电压为1000kV，最高运行电压为1100kV，如采用同塔双回路架设，根据杆塔尺寸，地线和导线在档距中央的平均距离大约在16~20m左右，地线处于导线的强电场环境中，地线表面场强过高将会引起地线的全面电晕，不但电晕损耗急剧增加，而且会带来其他很多问题。工程设计时根据地线表面静电场强E_m与起晕电场强度E_0的比值来确定地线最小直径。

表27-9为特高压交流双回路采用几种常用地线E_m和E_0，表面粗糙系数按0.82计算。

表27-9　双回路直线塔与耐张塔塔头处各种海拔下的E_m/E_0

地线型号		JLB20A-170	JLB20A-185	JLB20A-210	JLB20A-240
直径（mm）		17	17.5	18.75	20
海拔（m）	空气相对密度		E_0（kV/m）		
0	1	32.93	32.81	32.54	32.3
500	0.955	32.12	32	31.73	31.49
1000	0.908	31.25	31.14	30.87	30.63
塔型			E_m（kV/m）		
直线塔		22.05	21.50	20.22	19.11
耐张塔		28.89	28.16	26.81	25.04

由计算结果可以看出，由于直线塔塔头处地线挂点与导线挂点垂直距离大（一般在15m以上），其E_m/E_0的最大值0.71，小于规范要求的0.8；而耐张塔塔头的地线支架高度低，一般在12.5m左右，其E_m/E_0最大值已达到0.9。

通过加大导地线垂直距离可以减小地线表面最大场强，从而减小E_m/E_0值，一般工程设计中按0.75限值从严控制。对以上4种地线进行计算，满足$E_m/E_0<0.75$限值要求的地线支架高度如下图27-4所示：

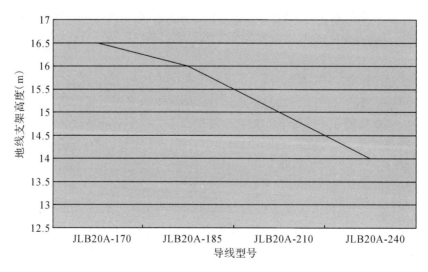

图27-4　各种地线满足E_m/E_0限值要求的地线支架高度

27.4.5.3 OPGW 选型

光纤复合架空地线（OPGW）是用于高压输电系统通信的新型结构的地线，具有普通架空地线和光纤通信的双重功能。OPGW 光缆从光纤所处的位置来分主要有层绞式、铠装式、中心束管式三种，其中不锈钢管层绞式结构是近年来广泛采用的结构，具有结构紧凑简单、允许放置的光纤数量比较多，光单元分布均匀性也较好，整缆余长充足的优点，同时层绞式结构与普通地线相同，与普通地线的匹配性好，因此目前国内 90% 的 OPGW 均为该种结构产品。

OPGW 作为特高压线路地线，必须满足地线选型的要求；作为架空地线，OPGW 首要作用就是要尽量让击到输电线路上的雷落到自身上以达到保护导线的作用，因此 OPGW 遭受雷击并不可避免；然而 OPGW 另外担负着系统通信和保护信号传递的重要功能，一旦光纤通道受损必然危及系统安全运行，这就要求 OPGW 要有较强的抗雷击能力。通过计算分析和以往设计经验，提高 OPGW 的抗雷击能力应优先选用全铝包钢结构产品，另外外层单丝直径应不小于 3.0mm；同时 OPGW 必须与另一根地线机械性能匹配，弧垂特性尽可能接近。

27.5 交流线路绝缘配合设计

特高压线路绝缘配合设计主要依据相关规范，参考工程前期开展的相关科研课题的研究成果，借鉴科研单位的最新试验成果，进行线路外绝缘水平的配合设计并确定相应的空气间隙。主要工作包括：

（1）根据现场污秽调查情况，结合运行经验及沿线各省最新污区分布图，综合分析环境、气象、工业污染及线路途经地区的输变电设备运行情况，确定工程的污区划分；

（2）对比不同型式绝缘子的绝缘性能、机电性能、耐气候性能等，确定选用绝缘子的型式；

（3）结合线路的杆塔规划及导地线选型相关结论确定绝缘子强度配置方案，确定绝缘子串的片数；

（4）提出工程所需的杆塔工频、操作、雷电和带电作业空气间隙推荐值及工频、操作过电压下相间距离取值。

27.5.1 绝缘子型式选择

特高压线路输送容量大、电压等级高，外绝缘水平要求高，同时特高压输电线路导线分裂数增加，对地高度增加，导致外荷载水平大大提高，对绝缘子的机械强度和电气性能提出了更高的要求。

27.5.1.1 各类绝缘子特性

架空送电线路普遍采用的是瓷质盘型绝缘子、钢化玻璃盘型绝缘子、棒式合成绝缘子等三种主要的绝缘子型式，现在具有不可击穿结构和中大爬距的棒式瓷绝缘子也已开始在 500kV 线路上挂网运行。

瓷质盘型、玻璃盘型和棒式复合绝缘子各有优缺点，其机电性能及运行状况评价对比如表 27-10 所示：

表 27-10 瓷质、玻璃和复合绝缘子技术性能对比简表

序号	项目	瓷质盘型绝缘子	玻璃盘型绝缘子	复合绝缘子
1	结构工艺	较复杂	较复杂	简单
2	单件重量	较轻	比瓷轻	重（整支）
3	爬距可变性	不易改变	不易改变	易调整
4	防撞击性能	较好	好	差，不可踩踏、攀爬
5	自爆率	不自爆	有自爆	不自爆
6	耐电压击穿性	可击穿	可击穿	不可击穿
7	憎水性	差	差	好
8	耐污闪电压值	较低	较低	高

序号	项目	瓷质盘型绝缘子	玻璃盘型绝缘子	复合绝缘子
9	场强分布	不均匀	较均匀	不均匀
10	抗老化性能	一般	较好	差
11	抗拉强度	一般	较好	一般
12	耐振动疲劳性能	一般	好	一般
13	热稳定性	较好	较好	一般
14	抗冰害性能	较好	较好	覆冰后易发生冰闪
15	抗雷击性能	差	较好	差
16	漏电蚀损性能	一般	较好	较差
17	防风沙性能	好	较好	沙漠区不宜用
18	防鼠咬鸟啄	好	好	差
19	成串组装	片数多,组装较复杂	片数多,组装较复杂	整支,组装较容易
20	包装运输	单件重量轻,包装运输方式灵活	单件重量轻,包装运输方式灵活	整支长度约10米左右,山区运输较困难
21	运行判断	测零	自测	—
22	寿命周期	较长	长	较短

27.5.1.2　绝缘子耐污闪性能比较

各型绝缘子的耐污闪性能与伞裙结构、爬电距离等有关。国内科研试验部门对不同型式绝缘子进行了大量的人工污闪试验,其中常压下对不同瓷和玻璃盘型绝缘子的人工污闪试验结果表明,在同样结构高度情况下的三伞型悬式绝缘子,单片爬距越大其耐污闪性能越好。

对于爬距相差不大的双伞型瓷绝缘子(爬距485mm)和普通型瓷绝缘子(爬距505mm)以及玻璃绝缘子(爬距485mm),三种盘型绝缘子的50%闪络电压相差不大,双伞型瓷绝缘子的耐污闪性能略好,普通型绝缘子稍差。

针对不同伞型结构的复合绝缘子的交流污秽试验结果表明,一大二小伞型复合绝缘子的耐污闪能力优于一大一小伞型的复合绝缘子。

在同样的结构高度下,复合绝缘子的耐污闪电压最高,其次是三伞型盘型绝缘子,钟罩型结构以及棒形瓷绝缘子,则相差不多。

27.5.1.3　绝缘子强度选择

双联及多联绝缘子串应验算断一联后的机械强度,其荷载及安全系数按断联情况考虑。

工程设计中需根据所采用的导线实际荷载条件进行计算,一般导线悬垂绝缘子串的主要组合型式有:单联300kN、单联420kN、单联550kN、双联300kN、双联420kN、双联550kN、三联420kN、三联550kN;导线耐张绝缘子串的主要组合型式有:四联420kN、三联550kN或双联760kN。

线路设计时,应综合考虑各绝缘子的技术特性、机械强度要求,以及线路沿线的具体污秽情况和成串的经济性,选择合适的绝缘子。

合成绝缘子由于其优异的耐污闪能力,可以大大缩短绝缘子串长度,减小杆塔尺寸,降低工程造价,且大吨位合成绝缘子的价格比瓷质或玻璃绝缘子的价格低,使用合成绝缘子更加经济。为避免由于合成绝缘子脆断可能造成的事故,可采用双串并联的方式加以解决,在技术上也是可行的。

27.5.1.4　推荐选型意见

盘形绝缘子主要优点是机械强度高、长串"柔性"好、单元件重量轻、易于运输与施工以及造型多样易于选择使用。由于盘形绝缘子属可击穿型绝缘子,绝缘件要求电气强度高。瓷绝缘子出现劣化元件后检测工作量大,一旦未及时检出可能在雷击或污闪时断串;玻璃绝缘子存在"自爆"现象,重污秽导致的表面泄漏电流可能加重"自爆率",但自爆有利于线路维护和防止掉线事故的发生。

复合绝缘子主要优点是其不可击穿型结构、较好的自清洗功能以及爬距系数大（爬距与绝缘长度之比），在相同环境中积污较盘形绝缘子低，可获得较高的污闪电压，如爬距选择适当可有更长的清扫周期。复合绝缘子的拉伸强度与重量之比高，具有优良的耐污闪特性，但存在界面内击穿和芯棒"脆断"的可能，而且有机复合材料的使用寿命和端部连接件的长期可靠性尚未取得共识。

从以上叙述可以看出，对于不同材料结构的线路绝缘子，从其材质与使用特性看，瓷、玻璃和复合绝缘子各有优点，又各有不足。对于特高压 1000kV 线路，三种材质的绝缘子都能满足其正常运行的需要。

综上所述，交流 1000kV 输电线路绝缘子的选型建议如下：

（1）普通盘型绝缘子单片绝缘子的 50%闪络电压较低，而且随着海拔的升高，其污闪电压的降低程度最大。由于其下表面有棱的绝缘子，在干旱少雨的环境自洁性差，易积污，不易清扫，仅建议在清洁区选用。

（2）双伞型绝缘子的污闪电压较高，随着海拔的升高污闪电压的降低也不显著，这说明该种绝缘子在高海拔地区的耐污闪性能较好，而且这种形状的绝缘子在中国已大量使用，并且积累了丰富的运行经验，运行表明，此种形状的绝缘子自清洗效果好，积污少，运行效果明显好于标准型和钟罩型绝缘子。建议在污秽一般地区采用此种绝缘子。

（3）三伞型绝缘子不仅平均每片的闪络电压最高，而且随着海拔升高污闪电压的降低并不显著。从不同形状不同材质的绝缘子的污闪试验结果可以看出，这种绝缘子的性能最好。建议在中等污秽地区合理选用此种绝缘子。

（4）对于中等以上的重污秽地区，建议采用复合绝缘子。复合绝缘子的耐污闪性能好，而且随着海拔的升高，其污闪电压的降低也小。

27.5.2　绝缘子串片数的选择

输电线路的绝缘配合，应使线路在工频电压、操作过电压、雷电过电压等各种条件下安全可靠地运行。

特高压线路绝缘子串长按照耐受工频运行电压的条件确定，大量的试验证明绝缘子的交流耐压特性，不论污秽的类型（粉尘污秽、工业污秽和海盐污秽）、污秽的程度（轻污秽、重污秽和超重污秽）以及绝缘子种类，均与串长成正比。操作冲击电压下的污秽耐压特性，也近似与串长成正比。

27.5.2.1　按工频电压选择绝缘子片数

按工频电压确定绝缘子串片数有两种方法，即爬电比距法和污耐压法。

1）爬电比距法

由爬电距离来决定绝缘子的串长，这种方法首先根据输电线路所经地区的污秽情况，盐密和灰密的测量值，以及已有输电线路的运行经验，确定污秽等级和对应的爬电比距，再根据所选绝缘子的爬电距离计算所需绝缘子的片数。

由工频电压爬电距离要求的线路每串绝缘子片数应符合下式要求：

$$N \geqslant \frac{\lambda U_m}{K_e L_0} \tag{27-2}$$

式中，N 为每串绝缘子片数；U_m 为系统额定电压，kV；L_0 为每片悬式绝缘子的几何爬电距离，cm；λ 为爬电比距，cm/kV；K_e 为绝缘子爬电距离的有效系数，指在相同的自然条件下，在相同的积污时间内被试绝缘子与基准绝缘子沿单位泄漏距离的污闪电压之比，其值应由试验确定。

此种方法简单易行，可操作性强，在工程设计中被广泛采用，并且经过很多工程实际的考验，是一种可被接受的工程设计方法，其关键是确定不同形状绝缘子的爬电距离有效系数 K_e。如无准确的试验数据时，建议"在轻污区普通型、双伞和三伞绝缘子的有效系数 K_e 取值为 1.0；防污钟罩型绝缘子的有效系数 K_e 取值为 0.9；中等及以上污秽区普通型盘型、双伞和三伞型绝缘子的有效系数 K_e 取值为 0.95；防污钟罩型绝缘子的有效系数 K_e 取值为 0.85"[2]。

2)污耐压法

污耐压法是根据试验得到绝缘子在不同污秽程度下的污秽耐受电压,使选定的绝缘子串的污秽耐受电压大于该线路的最大工作电压。该方法和实际绝缘子的污耐受能力直接联系在一起,是一种较好的绝缘子串长的确定方法。

工程中采用污耐压法设计的步骤如下:

(1)确定现场污秽度 SPS(盐密 ESDD/灰密 NSDD);

(2)将现场污秽度 SPS 校正到附盐密度 SDD;

(3)确定单片绝缘子最大耐受电压 U_{max};

(4)确定线路工程污秽设计目标电压值 U_M,可按 1.1 倍最高运行相电压取值;

(5)计算绝缘子串片数 N,$N=U_M/U_{max}$;

(6)按工作电压性质(长期工作电压、工频过电压、操作过电压)进行片数校核。

27.5.2.2 按操作过电压选择绝缘子片数

操作过电压要求的线路绝缘子串正极性操作冲击电压波 50%放电电压 $U_{50\%}$ 应符合下式要求:

$$U_{50\%} \geqslant K_1 \cdot U_s \tag{27-3}$$

式中,U_s 为线路相对地统计操作过电压,kV;K_1 为线路绝缘子串操作过电压统计配合系数,取 1.25。

假定 1000kV 输电线路统计操作过电压倍数取 1.7p.u.,系统最高运行电压取 1100kV,正极性操作冲击电压波 50%放电电压 $U_{50\%}$ 为:$U_{50\%} \geqslant 1.25 \times 1.7 \times \sqrt{2} \times 1100/\sqrt{3} = 1909$(kV)。

考虑 2 片零值绝缘子后,操作电压要求的 1000kV 交流输电线路绝缘子串片数在 0 级、I 级污秽区绝缘子串片数分别 34 片和 44 片(以钟罩型 300kN 绝缘子计算),而当污秽等级大于等于 II 时,操作过电压对绝缘子串片数的选择已不起作用,绝缘子串片数由工频电压决定。

27.5.2.3 按雷电过电压要求校核绝缘子片数

一般来说,雷电过电压与运行电压无直接关系,在超高压系统中,由于输电线路本身的外绝缘水平很高,对外绝缘设计而言,雷电过电压不起决定作用。但在雷电过电压下,绝缘子串仍应满足一定的耐雷水平。经计算,1000kV 同塔双回输电线路单回跳闸反击耐雷水平一般在 208kA~250kA,双回跳闸反击耐雷水平一般在 220kA~281kA,出现这种雷电流的概率很小(数量级 0.1% 及以下),因此,1000kV 输电线路发生雷电反击闪络概率极低。

雷击线路绕击跳闸率按照电气几何模型(EGM)分析计算,在 III 级污秽区、海拔 1000m 以下时,按绝缘子串片数为 54 片计算同塔双回线路绕击跳闸率看,杆塔接地电阻为 10Ω 采用负保护角后,单回线的雷电绕击跳闸率远低于 1000kV 输电线路工程预期的雷电跳闸率 0.1 次/100km·a。雷电过电压对绝缘子串片数的选择仍不起控制作用。

27.5.3 塔头空气间隙

超高压架空输电线路外绝缘水平主要取决于架空输电线路的工频电压、操作过电压和雷电过电压。对输电线路而言,绝缘子串长的确定、空气间隙选择,是塔头尺寸确定及塔头结构设计的基础,直接影响线路工程造价和运行可靠性。对于 1000kV 等级的特高压输电线路,由于运行电压的提高,外绝缘水平一般由工频电压和操作过电压控制。

27.5.3.1 塔头最小间隙

风偏后导线对杆塔构件的最小空气间隙,应分别满足工频电压、操作过电压及雷电过电压的要求。

1)工频电压、操作过电压要求的最小空气间隙,首先考虑多间隙并联对放电电压的影响,计算标准气象条件下的工频电压、操作过电压,再进行高海拔修正得出不同海拔要求的工频电压、操作过电压值,然后查取空气间隙放电特性曲线,确定最小空气间隙。

表 27-11　1000kV 单回路导线与杆塔构件的最小间隙(m)

海拔高度(m)		500	1000	1500
工频电压		2.7	2.9	3.1
操作过电压	边相 I 串	5.6	6.0	6.4
	中相 V 串(对塔身)	6.7	7.2	7.7
	中相 V 串(对上横担)	7.9	8.0	8.1

表 27-12　1000kV 双回路导线与杆塔构件的最小间隙(m)

海拔高度(m)	500	1000	1500
工频电压	2.7	2.9	3.1
操作过电压	6.0	6.2	6.4
雷电过电压	6.7	7.1	7.6

2)雷电过电压间隙是根据可以接受的线路绕击跳闸率来确定的

特高压单回线路的边相为悬垂串时,雷电冲击下的空气间隙距离对杆塔塔头尺寸不起控制作用。主要是大风工况下工频电压要求的间隙距离要求值起控制作用。

特高压单回线路的中相为 V 型串,对杆塔的空气间隙距离主要由操作冲击下的间隙距离要求值起控制作用。特高压单回线路中相导线受雷电绕击的可能性很小,即使有绕击,其雷电流幅值也很小,不会导致线路绝缘闪络,造成绕击跳闸的概率几乎为零。所以,对于特高压单回线路,可以不规定雷电冲击下的空气间隙距离要求值。

对于特高压同塔双回线路,导线对其下横担的距离大小对线路雷电冲击绝缘水平和雷击跳闸率有明显影响。雷电冲击下的空气间隙距离要求值可能大于由操作过电压确定的间隙距离,需研究确定。

在选择 1000kV 同塔双回线路绝缘水平时,宜结合操作冲击对杆塔空气间隙距离的要求来选择雷电冲击下的空气间隙距离。1000kV 同塔双回线路在操作冲击下发生绝缘闪络的概率是非常小的,在雷电冲击下发生绝缘闪络的概率相对要大得多。而引起特高压同塔双回线路雷击跳闸的主要原因是绕击。增大最小间隙距离可以明显降低线路的绕击跳闸率。当然,减小地线保护角也可以减小线路雷击跳闸率。

为了减小线路雷击跳闸率,适当增加线路杆塔雷电冲击下的最小空气间隙距离是合适的,尤其是对于山区线路。

27.5.4　防雷保护和接地设计

特高压线路的雷电性能特点包括:线路的绝缘水平很高,雷击地线或塔顶发生反击闪络的可能性很低;线路杆塔较高,较易发生绕击[3]。

为提高特高压线路耐雷性能,工程设计主要从以下几个方面着手:

(1)架设两根地线

特高压线路均应架设两根地线。当其中一根采用 OPGW 复合光缆时,为提高 OPGW 的耐雷性能,尽可能采用更大直径的外层绞丝,通过增大外层绞丝截面,可以相对减少 OPGW 雷击断股的概率。

(2)减小地线保护角,以提高绕击耐雷水平。如浙北—福州 1000kV 线路,沿线 90% 为山地地形,为满足线路耐雷水平要求,双回路地线对外侧子导线的保护角要求平地不大于负 4°,丘陵、山地不大于负 6°;单回路地线对外侧子导线的保护角要求不大于负 6°;地线对耐张塔跳线的保护角均要求小于 0°。

(3)降低铁塔使用高度。

(4)降低铁塔接地电阻。每基杆塔均接地,对于一般线路应将杆塔工频接地电阻限制在 30Ω 以下,接地体通常采用 Φ10～12 镀锌圆钢。对于土壤电阻率较高的山区,可以采用物理型降阻剂或降阻模块进一步降低接地电阻。

鉴于铜覆钢材料具有优良的耐腐蚀性能,免更换,运行维护费用低,可以考虑在高腐蚀和接地体更换困难的平地、水塘、绿化带和部分交通困难的高山大岭地区采用。

(5)档距中央,导线与地线间距离在15℃、无风时,应满足不小于按下式计算的值:

$$S=0.015L+\sqrt{2}U_m/\sqrt{3}/500+2 \tag{27-4}$$

式中,S 为导线与地线在档距中央的距离,m;L 为档距,m;U_m 为系统最高电压,kV。

(6)合理选择山区线路路径

线路在山区走线时,由于地面坡度对绕击跳闸率影响较大,应在选线时尽量避免线路连续在山坡走线,同时避免连续杆塔的接地电阻偏大。

(7)改进塔型设计

在杆塔设计时,一般将地线保护角和导地线水平位移结合起来考虑塔头布置。对于山丘地形占大部分的线路工程,为增强线路的耐雷水平,在杆塔设计时,应尽量减小地线防雷保护角。另外,导线布置方式对雷电性能的影响也很大,对于同塔双回线路,垂直排列鼓型塔的雷电性能劣于伞型塔,前者的地线防雷保护角需较后者减小 3°～4°。

(8)安装线路避雷器

对于雷害高发地区的线路,为更好降低雷击跳闸率,可根据工程沿线落雷密度调查研究中确定的易击区以及大高差、大档距、临近水体等易遭雷击的塔位,有针对性地加装线路避雷器。线路避雷器一般加装在下山坡侧的双回路塔中相或下相、单回路塔边相导线横担处。安装线路避雷器时,应注意根据导线实际挂点高度来调节避雷器支架的安装高度。

(9)其他措施

根据中国超高压线路的运行经验,在雷电易击点,适当采用安装侧针、耦合地线、旁路地线等措施可以提高耐雷水平。

27.6　交流线路绝缘子串和金具设计

1000kV 线路由于输送容量大、电压等级高,电晕问题显得突出,受电磁环境限值控制,相导线一般采用 8 分裂,子导线截面为 500mm²、630mm² 或 720mm²。

由于导线分裂根数多,子导线截面大,绝缘子串承受的导线荷载较大,同时,导线金具串同样面临因电压高而引起的电晕问题,为此特高压线路采用的绝缘子金具串应有足够的机械强度和良好的电气性能以保证线路安全运行。

27.6.1　基本原则

特高压线路绝缘子串的配置首先需满足机械强度要求,机械强度主要由线路正常情况下的最大荷载控制,其次充分考虑各种串型组合的经济性,确保绝缘子串型设计的安全可靠和经济合理。

在保证绝缘子串型设计的安全性和经济性前提下,尽量采用联数较少的串型。运行经验及试验研究结果表明,当采用双联或者多联绝缘子串时,相对于单联绝缘子串其绝缘性能有所降低,绝缘子串本身出现故障的概率也越大、安装和运行维护工作量越大、绝缘子串自身的荷载也大幅增加。因此在满足机械强度要求和金具、绝缘子型式允许的情况下,应尽可能选用联数少的串型。

绝缘子串和金具应采取良好的均压和防电晕措施。与铁塔横担连接的第一个金具应转动灵活且受力合理,其机械强度应高于串内其他金具至少一个等级。绝缘子串与横担联接的第一个金具受力较复杂,大量的运行经验证明如果第一个联塔金具不够灵活,不但本身易受磨损,还将引起相邻的金具受到损坏,乃至整串破坏。因此在选择第一个金具时,应从强度、材料、型式三方面考虑。

27.6.2　安全系数

绝缘子机械强度的安全系数,不应小于表 27-13 所列的数值,双联及多联绝缘子串验算断一联后的机械强度,其荷载及安全系数按断联情况考虑。

表 27-13　绝缘子机械强度安全系数

情　况	最大使用荷载		常年荷载	验算荷载	断线	断联
	盘型绝缘子	棒型绝缘子				
安全系数	2.7	3.0	4.0	1.8	1.8	1.5

注:常年荷载是指年平均气温条件下绝缘子所受的荷载,验算荷载是验算条件下绝缘子所承受的荷载;断线、断联的气象条件是无风、有冰、−5℃。

金具机械强度的安全系数应满足:最大使用荷载情况下不小于 2.5,断线、断联情况不小于 1.5。

27.6.3　导线悬垂绝缘子串

国内外输电线路工程广泛使用的导线悬垂串主要有Ⅰ型串和Ⅴ型串两种型式。早期的工程以采用Ⅰ型串为主,该串型结构简单、受力合理。Ⅴ型串的使用能够抑制导线悬垂串的风偏摆动,从而可以减小塔头尺寸,起到了压缩走廊宽度、减少房屋拆迁的效果,在民房密集的走廊拥挤地区得到广泛采用;另一方面,采用Ⅴ型串结构,运行中的绝缘子始终处于约 45°左右的倾斜状态,有利于绝缘子在雨淋情况下的自我清洁,同时对于重覆冰地区线路,还有利于抑制相邻绝缘子伞裙间冰凌的形成,有利于线路防冰闪。

工程设计中需要结合杆塔的型式、线路走廊情况、地形和冰区条件来综合考虑,选用合适的串型结构。一般 1000kV 线路单回路直线塔(酒杯型塔或猫头型塔)中相导线都采用Ⅴ型串、边相导线采用Ⅰ型串;重冰区单回直线塔(酒杯型塔)三相导线均采用Ⅴ型串;同塔双回线路直线塔可以采用Ⅰ型串,也可采用Ⅴ型串。

对于 1000kV 交流双回输电线路而言,与Ⅰ型串相比,使用Ⅴ型串时,尽管其铁塔横担加长,但由于Ⅴ型串对导线的偏移有限制作用,导线相间距离可减小 6m 左右,整个线路走廊宽度要小些,这样可以减少房屋拆迁,减少通道树木砍伐等;从电晕、无线电干扰和可听噪声的角度,线路导线采用Ⅰ串布置时 $8 \times 630mm^2$ 及以上截面导线可满足电磁环境限值要求;导线采用Ⅴ串布置时,边导线间距离被压缩,按照在人口密集地区从严控制可听噪声指标的要求,需采用 $8 \times 720mm^2$ 及以上截面的导线,或者将上下导线层间距加大约 2 米而不加大导线截面。

常规的Ⅰ型悬垂绝缘子串和Ⅴ型悬垂串分别如图 27-5 和图 27-6 所示:

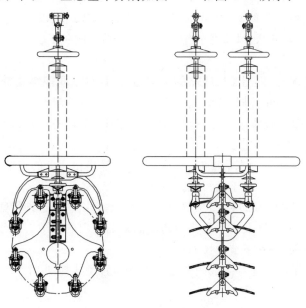

图 27-5　1000kV 线路Ⅰ型双联悬垂布置示意图

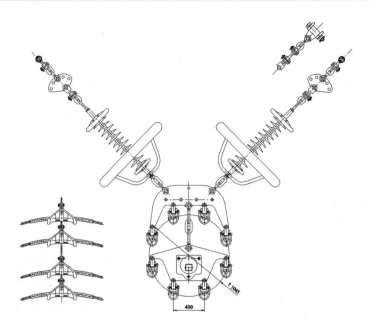

图 27-6　1000kV 线路 V 型悬垂串布置示意图

27.6.4　导线耐张绝缘子串

输电线路采用的耐张绝缘子串组合方式是根据导线设计条件、气象条件、施工安装及运行维护等几方面进行技术经济比较来确定。在一般情况下采用双联耐张绝缘子串的组合方式是比较理想的，它不仅结构简单、运行安全可靠性高，而且施工安装及运行维护都很方便。但是随着每相导线总截面的不断增大，以及绝缘子的制造水平及供销状况的变化，选用多联组合的耐张串的经济性更加突出。300kN～550kN 强度等级绝缘子制造工艺成熟、运行经验丰富，在特高压线路中广泛采用，随着绝缘子制造技术的发展，760kN 绝缘子制造工艺已日渐成熟，并已在国内特高压线路工程中试点采用。

1000kV 线路导线截面主要有为 $8 \times 500 mm^2$ 和 $8 \times 630 mm^2$，采用的耐张串组合方式也应从二联、三联、四联及六联等几种组合方式中进行优选，进而选择最佳的耐张串组合方式，同时也应对耐张串的横担挂点数量、联塔金具型式及耐张串与八分裂导线的连接方式等问题进行研究讨论。

由多联绝缘子串通过各种金具零件组装而成的耐张串，必须满足以下 5 项基本要求：

1）在正常运行情况下，包括冰、风荷载的作用下，各联绝缘子的张力分配相等，在有差异时亦满足规定的安全系数要求；

2）在断线或断联的情况下，仍能保持线路的正常运行，且剩余联能承受冲击荷载而不受到损伤；同时剩余各联的张力分配尽可能相等同，或者满足规定的安全系数要求；

3）由于导线或绝缘子的长度存在误差或出现短暂变化时，引起各联张力分配产生的差异，耐张串有调整或自恢复的可能性；

4）当导线产生跳跃或舞动等动态情况时，各连接点（含铁塔横担上的连接点）应耐磨损和耐疲劳；

5）便于施工安装及紧线作业，便于运行维护及检修作业。

多联耐张串要满足上述的 1）、2）和 3）项的要求，主要是利用联板这种特殊的部件来实现，并通过有关试验验证，通过精心设计的三联及四联耐张串均能满足前 3 项的要求。关于第 4）项要求主要与横担上挂点数量及联塔金具有关，将在下节中说明。

工程设计中通常采用的几种主要导线耐张绝缘子串布置型式如图 27-7～图 27-9 所示。

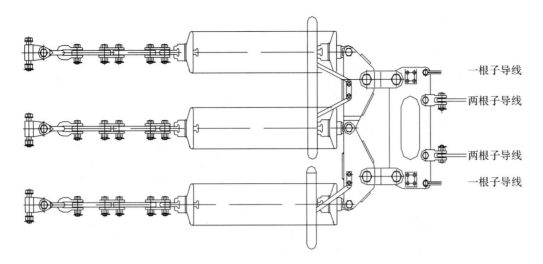

图 27-7　三联耐张串(3×550kN)水平布置示意图

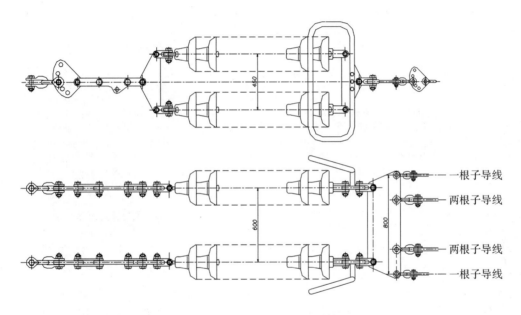

图 27-8　四联耐张串(4×420kN)立体布置示意图

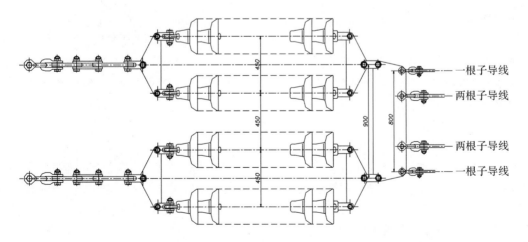

图 27-9　四联耐张串(4×420kN)水平布置示意图

27.6.5　耐张塔跳线金具串

在特高压线路中,随着导线耐张绝缘子串的长度增加,引流跳线的长度、弧垂和风偏摇摆都随之增大,跳线成为了耐张塔塔头设计的控制因素,若采用通常的软跳线形式必然造成塔头尺寸的增大。

刚性引流跳线是国外超高压、特高压线路中普遍采用的一种跳线形式,目前在国内也逐步被大量采用,1000kV交流线路耐张塔引流跳线均采用刚性跳线的型式。刚性跳线常用的有两种型式,分别是鼠笼式与铝管式刚性跳线,这两种刚性跳线型式可以通过适当的配重来限制风偏角,从而达到压缩耐张塔头尺寸的目的。另外,两种刚性跳线对耐张塔高度的影响基本相当,可以说,选择何种刚性跳线型式主要取决于两者之间的技术、经济性。

表 27-14　鼠笼式刚性跳线与铝管式刚性跳线技术性能比较表

项目	鼠笼式刚性跳线	铝管式刚性跳线
连接型式	钢管分段采用法兰连接	组装式管型母线
长度调节	方便	需要提供每基耐张塔所用铝管长度,如果要调节长度,需要重新加工铝管
运输	方便	不方便
机械性能	机械强度高,基本没有挠度	机械强度相对较低,挠度大
电气性能	整个跳线系统除耐张线夹外没有接头,电气性能良好	除耐张线夹外在四变一线夹处增加接头共 16 个,过流易受影响
配重	钢管本身较重,需要增加配重少,配重方式简单	铝管较轻,需要增加配重多,配重方式复杂
电晕情况	整个跳线系统没有场强集中点,电晕情况良好	在四变一线夹处电场集中,容易产生电晕
吊装	较方便	方便
零部件	较少	较为复杂
外观	导线在支撑架上固定情况不理想,有花边	整洁美观

综合考虑技术、安装、运输以及经济因素,1000kV线路耐张塔引流跳线采用鼠笼式刚性跳线及铝管式刚性跳线均可满足工程应用要求。相比而言,鼠笼式刚性跳线导线支架可以将多节钢管用法兰连接,安装运输方便,相比铝管式刚性跳线减少了导线的电气连接点。根据工程的实际情况来看,铝管式刚性跳线在四变一线夹处,由于采用压接方式,表面不光滑,电晕情况不理想。另外,采用鼠笼式刚性跳线比采用铝管式刚性跳线每相导线可节约约 1 万元,采用鼠笼式刚性跳线有一定经济性。

1000kV 皖电东送特高压交流工程采用了鼠笼式刚性跳线,通过在跳线下侧(三档绕跳中段)增加了一个跳线支撑装置的型式,将跳线固定于支撑架上,支撑架通过跳线绝缘子串悬挂于铁塔横担上,支撑架上根据需要可加重锤片。鼠笼式刚性跳线可以有效减少跳线风偏和弧垂,压缩杆塔结构尺寸,其与耐张串的组合效果见图 27-10。

27.6.6　主要金具

输电线路上的金具主要有线夹(悬垂线夹、耐张线夹)、联结金具(挂板、联板等)、保护金具(间隔棒、防振锤、均压环等)和接续金具(接续管等)。金具是关系到线路安全运行的重要部件,其虽然在线路建设中所占成本很小,但很关键,一个金具部件的失效和损坏就将导致整条线路故障。随着线路电压等级的升高,线路金具的可靠性要求更大。

图 27-10　1000kV 线路耐张塔鼠笼式刚性跳线组合效果图

27.6.6.1　基本要求

特高压输电线路金具除满足国家标准、行业标准和相关规范外,在设计中还应该针对 1000kV 线路所提出的特殊要求,同时兼顾金具的运输、安装、检修、更换的方便性,总结起来有以下几个方面的问题。

1)可靠性高,满足 1000kV 输电线路的安全稳定运行要求;

2)结构合理,包括金具与绝缘子、导线或金具连接结构,以及金具自身的结构;

3)金具的材料应便于加工制造和适用于批量生产;

4)金具应采用防电晕设计,限制电晕的影响,并满足晴夜在 1.1 倍最高运行相电压下不产生可见电晕,无线电干扰水平不大于 $1000\mu V$[3];

5)金具的互换性要强,便于线路的维护。

27.6.6.2　联塔金具

联塔金具是将悬垂或耐张绝缘子串联接到铁塔横担上的一个金具,是决定特高压线路安全运行的重要因素。除要求有足够的机械强度以外,更需要它能灵活地转动、耐磨损等。

目前特高压工程中普遍采用的 GD 挂板和耳轴挂板作为耐张串和悬垂串的联塔金具,能够保证各个方向转动灵活。GD 型的联塔金具的缺点是它需要在铁塔组装时就要将它们提前安装好,挂点处理使铁塔横担结构变得较为复杂,制造安装较不方便。

联塔金具的强度等级一般要比串内其他连接金具强度高。联塔金具应整体采用整体锻造方式加工。

27.6.6.3　八分裂悬垂联板

中国 1000kV 特高压输电线路子导线采用八分裂形式。悬垂联板采用整体式还是分体组合式需要根据工程的具体情况而定。

整体连板型式稳定性好,金具零件少,结构简单,但是整体联板重量较重,一般在 135～180kg,搬运不是很方便,尤其在山区;分体组合连板型式连接部件多,单件重量轻,便于制造、运输和安装,也可使悬垂线夹摆动更为灵活。

由图 27-11 可以看出,八分裂悬垂联板采用两个联板的组合形式。从防电晕角度看,下联板处于分裂导线形成的环形区域内部,电位梯度为零,不产生可见电晕。组合联板中,上两根子导线风偏摆动角会受到限制,悬垂线夹的转动角度最大为 25°,其他导线的风偏摆动基本不受限制。

27.6.6.4　悬垂线夹

悬垂线夹是输电线路关键金具之一,悬垂线夹对于导线来说是个支点,要承受由导线上传递过来的

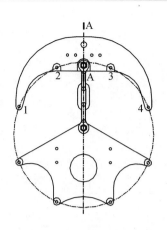

图 27-11　1000kV 线路组合式悬垂联板示意图

全部负荷,容易造成损伤[1],其性能直接影响着架空线路的使用寿命和线路损耗。对于特高压输电线路,线夹机械强度可靠性和防晕性能的要求更高。

在特高压线路中,由于电压的增高,金具的电晕问题将上升为主要问题,线夹须采取防晕设计。

由于悬垂线夹制造工艺比较复杂,强度等级按照以往超高压线路设计经验,一般为 2~4 个,建议悬垂线夹强度等级按照 80kN、100kN、120kN、150kN 来分级。大垂直档距时,一般需要加装预绞式护线条,因此 100kN 以上悬垂线夹要满足加装预绞式护线条的要求。

悬垂线夹其他要求:

(1)悬垂线夹设计除考虑正常的张拉应力外,在线夹出口(包括线夹内)处还应考虑对导线的弯曲应力和挤压应力,单侧出口角一般在 0°~25° 之间[4];

(2)船体线槽的曲率半径应不小于导线直径的 8~10 倍,线夹与导线的接触部分应保持光滑;

(3)悬垂线夹应能灵活转动,其摆角不小于±30°;

(4)悬垂线夹与被安装导线间应有充分的接触面,以减少由故障电流引起的损伤;

(5)当导线铝钢截面比大于 11 时,悬垂线夹握力应不小于导线计算拉断力的 24%。

线夹的材料一般均采用铝合金,以往的悬垂线夹加工基本采用铸造工艺,随着工艺和设备的改进,在近期建设的几个特高压工程中开始推广采用铝合金锻造线夹。该线夹选用先进的固态模锻工艺,具有重量轻,机械强度高,防电晕和节能效果尤为明显。

27.6.6.5　间隔棒

特高压线路中一般采用阻尼间隔棒,一是起间隔作用,使一相导线中各根子导线之间保持适当的间距;另一方面通过自身的阻尼特性,降低微风振动和次档距振荡对导线带来的危害[1]。

特高压线路对间隔棒的特殊要求:

(1)良好的力学性能保证可靠的机械强度。要求间隔棒能足够承受由于短路电流引起的向心力,在发生最大短路电流时,能够支撑子导线间的间距,防止互相碰击。除此之外,还要求线夹有足够的强度,并对导线有足够的握着力。

(2)防电晕要求高。要求间隔棒要有防电晕设计,尤其是线夹暴露在导线分裂圆外,更容易起电晕,在设计时必须足够重视。

(3)良好的阻尼性能。阻尼间隔棒就是利用橡胶元件的弹性来获得所需要的刚度,以便能在保持分裂导线几何尺寸的同时,使其有充分的活动性。阻尼性能是研究设计阻尼间隔棒的关键参数,与橡胶元件材料的阻尼系数有关,但消振效果更与间隔棒的结构、使用状态有着密切关系,应予以充分考虑。

(4)良好的耐疲劳性能。在线路长时间运行后,如果间隔棒不能耐受疲劳振动,可能会造成间隔棒脱落,或者在振动过程中损伤导线,对线路安全运行造成危害。

1000kV 交流线路八分裂导线采用的间隔棒组装型式如图 27-12 所示。

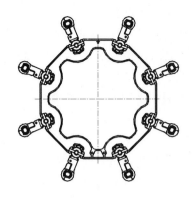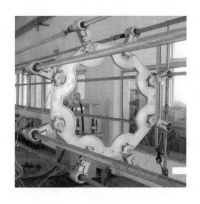

图 27-12　1000kV 线路八分裂导线采用的间隔棒组装型式

27.7　交流线路导线换位设计

电力系统三相电压平衡状况是电能质量的重要指标之一,由于输电线路三相参数的不对称,将使三相电压、电流与正序量之间存在或多或少的偏差,导致三相不平衡,从而对电力系统设备带来诸多不利影响。输电线路中电压和电流的不平衡度的大小主要取决于导线阻抗和导纳的负序与正序以及零序与正序耦合程度,输电线路的平衡性越差,序间耦合系数就越大,相应的不平衡度也就越大。

而导线相间的耦合系数与三相导线的布置有着直接的关系,目前,特高压交流单回输电线路导线的布置基本分为水平排列和三角排列两种,三相导线的三角排列平衡性要好于水平排列;双回路一般采用垂直排列。

通过改变三相导线间的位置关系(即换位),减小相间耦合系数,是当前解决长距离超高压输电线路电力系统不平衡度最有效的办法。所以为确保电力系统的安全稳定,在长距离特高压输电线路中,必需要设计好导线的换位距离及换位方式。

27.7.1　导线换位设计主要工作内容

直流线路无需进行导线换位,交流线路进行导线换位设计的主要工作内容包括:

1)确定输电线路不平衡度的限值要求;

2)根据实际线路长度、拟选用的导线布置方式及塔头尺寸,计算线路电气不平衡度;

3)分析影响线路不平衡度的各种因素;

4)根据线路不平衡度,确定特高压线路的换位长度;

5)线路换位方式的技术经济分析,推荐适宜的特高压线路换位方式和换位塔形式。

27.7.2　不平衡度限值的确定

电力系统的三相电压的平衡状况是衡量电能质量的主要指标。根据《电能质量三相电压允许不平衡度》的规定"电力系统公共连接点正常电压不平衡度允许值为 2%,短时不得超过 4%"。国家标准未对输电线路提出相应指标,公共连接点定义为电力系统中一个以上用户的连接处,作为系统组成的输电线路其自身所产生的不平衡度也应该理解为必须低于 2%。

因此,一般工程设计中均将 2% 作为输电线路电气不平衡度的限值。

27.7.3　输电线路不平衡度计算

27.7.3.1　不平衡度计算方法

工程设计应用中比较实用的方法为三相潮流程序仿真方法。计算思路是:假定线路送端功率、电压和电流对称且不随时间变化,对线路受端电压和电流波形数据进行处理,得到各相基波分量的幅值及相

753

位,然后通过相—序变换提取出各序分量,从而计算出线路的不平衡度。

按照一端供电的开式电力网络计算模型建模,架空线路用π型等值电路来模拟,等效负载阻抗值则根据传输功率、传输电压和功率因数来计算。一般采用国际上通用的电力系统分析软件 EMTP-ATP 对架空线路的不平衡度进行计算分析。

由于《电能质量三相电压允许不平衡度》对不平衡度的限值要求为电压不平衡度,因此一般工程设计中的计算结果均为电压不平衡度。

27.7.3.2 计算条件

计算需要的参数包括:系统参数(额定电压、输送功率、功率因素等),导地线参数(导线型号、分裂根数、分裂间距等),杆塔形式(单双回路、塔头尺寸、导地线空间距离等),其他参数(导地线平均高度、土壤电阻率等)。

1000kV 单回路主要采用三相水平排列的酒杯塔和三角排列的猫头塔两种型式,双回路则采用三相垂直排列的伞形塔,典型的塔头结构尺寸见图 27-13。

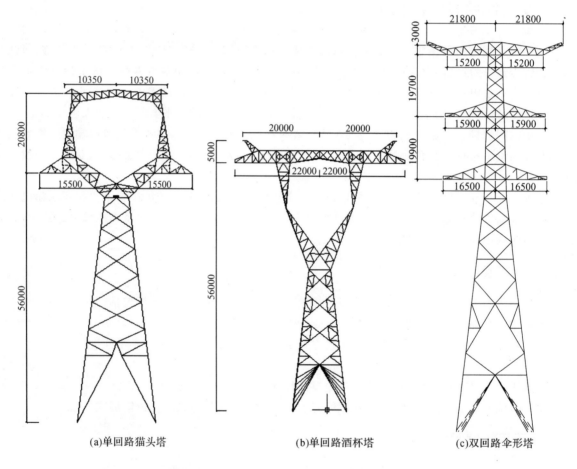

(a)单回路猫头塔 (b)单回路酒杯塔 (c)双回路伞形塔

图 27-13　典型的 1000kV 单双回路塔头结构尺寸

27.7.3.3 不换位线路不平衡度分析

输电线路不平衡度随着线路长度的增加而增大,这是因为不平衡电容电流随着线路长度的增加而增大。

1)单回路不平衡度

计算表明,单回路的导线排列方式对线路不平衡度的影响较大,三相导线水平排列的不平衡度大约是三角排列的 2 倍左右。一般情况下,采用水平排列的单回 1000kV 线路在长度达到 130 公里时不平衡度就超过了 2%。

2)双回路不平衡度

在相同条件下,同塔双回送电线路在同相序运行方式下的不平衡度最大,其次为异相序排列方式,逆相序排列的线路不平衡度最小。对同相序排列线路,超过 100 公里就需要换位;对于采用异相序排列的线路,超过 160 公里就需要换位;对于逆相序排列的线路,超过 300 公里以上才需要换位。

这是因为,同塔双回线路间存在电场和磁场耦合,两回路间相互干扰,同相序运行方式下,两回路间的干扰是相互加强的,由此引起的不平衡度增加;而在逆相序和异相序排列方式下,两回间的干扰是相互削弱的,双回线路的不平衡度较小。

实际工程中往往会根据工程地形、线路走廊、防雷等多种因素而采用不同导线排列方式塔型的组合使用,因此需要针对具体工程进行计算,以确定是否需要换位以及推荐合理换位长度。

27.7.4　换位方式选择

导线换位方式主要有直线换位和耐张换位两种。

直线换位塔在换位点导线改变了排列方式,将使换位塔的导线悬垂绝缘子串产生偏离。对特高压线路,由于绝缘子串较长,直线换位塔受绝缘子串偏移的影响,对导线间隙影响较大。此外,由于直线塔在导线换位过程中,会出现导线交叉的问题,在导线出现覆冰不均及不均匀脱冰情况下,易造成相间放电。因此,直线塔换位受使用条件限制较多,特高压交流单线路一般情况下不推荐采用直线换位的方式。

耐张换位则是将相导线换位的交叉点控制在耐张换位塔上。以一基耐张换位塔,可以只实现两相导线的一次交叉,也可以实现三相导线的两次交叉。常用的耐张换位形式有小构架耐张塔换位型式、自身式耐张换位以及分相换位。

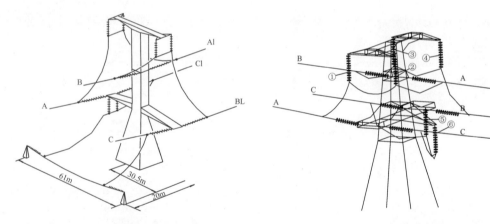

图 27-14　小构架耐张换位塔示意图　　　　图 27-15　自身式耐张换位塔示意图

对于耐张塔换位,小构架耐张塔换位塔间隙容易满足,性能可靠,但因会受到山区段地形的限制。而自身式换位塔,不会受到地形的限制,并可利用转角点,既保证了转角塔的使用条件,又兼顾了换位。但因在塔身上导线绕跳较多,增加了导线间隙的计算难度和施工难度,因此一般情况下推荐:在平丘地带使用小构架耐张换位塔,在山区使用自身式耐张换位塔。

27.8　特高压线路杆塔设计

杆塔是支撑架空输电线路导地线并使它们之间以及其与大地之间的距离在各种可能的大气环境条件下,符合电气绝缘安全和电磁环境限制的构筑物。根据功能和用途的不同,杆塔可分为直线杆塔、转角杆塔、终端杆塔、换位杆塔和跨越杆塔。

杆塔工程费用约占特高压输电线路本体投资的 30%~50% 左右,为此特高压线路的杆塔结构形式、荷载规划、杆塔尺寸、使用档距和塔高的确定,对控制特高压输电线路的工程投资至关重要。

27.8.1 杆塔形式及特点

特高压线路杆塔形式的选择首先应满足线路大功率电力输送、电气间隙安全、结构高可靠度的要求，除了考虑杆塔结构本身的技术经济合理性外，还应综合考虑线路走廊资源、通道清理、导线空间布置对外界的电磁环境影响、线路防雷、防风偏、防污闪、防冰闪、防盗等特性以及杆塔材料的采购加工、施工安装和建成后的运行维护等诸多因素。

目前特高压线路杆塔形式主要有单回路和双回路两种，随着特高压线路建设逐渐深入到经济高度发达、走廊资源稀缺的东部沿海地区，还将出现特高压线路与超高压线路同塔多回架设情况，如淮南—南京—上海特高压交流线路将研究 1000kV 与 500kV 同塔四回路建设方案。

27.8.1.1 单回路铁塔型式

在外形结构上，单回路直线塔一般分为两种类型。第一种型式为拉线塔，主要有拉 V 塔、拉门塔和拉猫塔等；第二种型式为自立式铁塔，一般采用三相导线水平排列的酒杯塔和三角排列的猫头塔[1]。单回路耐张转角塔则基本以三角排列的干字型塔为主。

拉线塔结构型式简单，单基杆塔耗材少，工程造价低。但拉线塔占地范围较大，无论是在山区还是平原地区使用都且易受限制，因此一般在中国特高压输电线路工程中较少采用。

广泛采用的单回路塔型主要有酒杯塔和猫头塔（如图 27-16 所示）。两种塔型各有优缺点，酒杯塔的三相导线呈水平排列，横担长度比猫头塔要长，因而线路所占的走廊较宽；而猫头塔三相导线呈三角排列，中相导线要抬高近 20 米，导致铁塔的负荷增加，塔重要比水平排列重 5%～10%。为此，需针对工程具体情况选择酒杯塔或猫头塔。一般来说走廊要求不严、拆迁量不大的山区线路，为了降低工程造价，宜采用酒杯塔，而平丘地区走廊相对拥挤，拆迁量较大，宜采用猫头塔。

(a) 酒杯型直线塔　　　　　　　　　　　　　(b) 猫头型直线塔

图 27-16　已建成投运的中线特高压 1000kV 单回输电线路

综合考虑线路走廊宽度对民房拆迁的影响、塔材指标等因素，工程设计中推荐的单回路酒杯塔和猫头塔一般采用中相 V 串、边相 I 串的悬垂绝缘子串布置型式。

针对山区线路经过坡度较大区域，铁塔使用高度易受上山坡侧边导线对地距离控制，而下山坡侧导线对地距离高，容易受到雷电绕击的情况，可以考虑采用"下"字型新型边坡直线塔，与酒杯塔相比降低了下山坡侧导线对地高度，减小了雷电绕击概率。该种塔型已在浙北—福州特高压交流线路的局部区段进行了应用。两者对比如图 27-17 所示。

对于单回路耐张转角塔，大多选用的是干字型塔。这种塔型由于结构简单，受力清晰，占用线路走廊也窄，而且施工安装和检修也较方便，在国内外各级电压等级线路工程中大量使用，积累了丰富的运行经验。

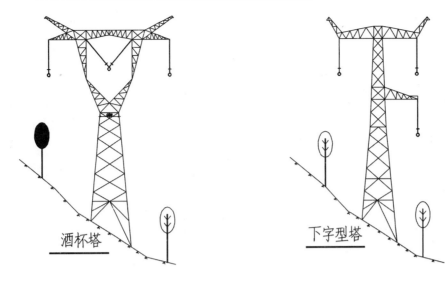

图 27-17　酒杯塔与下字型塔对比

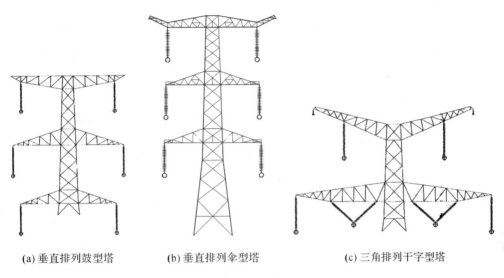

(a) 垂直排列鼓型塔　　　　(b) 垂直排列伞型塔　　　　(c) 三角排列干字型塔

图 27-18　双回路塔头布置型式

27.8.1.2　双回路铁塔型式

1000kV 双回路塔头形状按回路布置方式主要可分为垂直布置和三角形布置。与垂直布置方式相比,采用三角形布置可降低塔高约 20m,但是走廊宽度约需增加 40m,经初步估算,无论在经济效益指标还是在社会效益、环境效益等方面,三角布置都不具有优势,因此工程中一般不推荐采用。

目前采用三相导线垂直布置的杆塔型式主要有鼓型(中相横担最长)和伞形(下相横担最长)两种,均可以满足Ⅰ型悬垂绝缘子串和Ⅴ型串的使用要求。Ⅰ型绝缘子串具有结构简单,施工、运行方便的优点,而且直线塔横担长度较短;Ⅴ型绝缘子串对导线的风偏有抑制作用,其走廊宽度要小于Ⅰ型串直线塔,为此可以减少房屋拆迁、树木砍伐等,但其导线横担长,杆塔层间距增大,因此铁塔单基重量较重。对于 1000kV 特高压输电线路,采用Ⅴ型绝缘子串时,两回线路相间距离减小,压缩了线路走廊,但为了满足无线电干扰和可听噪声等电磁环境要求,需要更换大截面导线,或者加大线间距离和提高对地距离,在这种情况下工程总体投资将会增加较多。具体采用何种型式,需根据工程所在区域的情况,经综合技术经济比较后确定。1000kV 皖电东送、浙北—福州特高压交流线路工程双回路均采用了垂直排列伞形布置直线塔,导线绝缘子串采用Ⅰ型串。

27.8.1.3　杆塔结构特点

特高压杆塔结构是一种由几何体组成的格构式组合,构筑几何体的基本元素是构件。杆塔结构优化设计的目的是通过合理的构件布置方案选择,使得构件在满足强度、稳定及变形的基础上得到充分利用,满足杆塔结构外形美观、受力均衡、造价经济的要求。

根据特高压线路杆塔的受力特点,双回路杆塔一般按照钢管塔设计,单回路杆塔一般按照角钢塔设计。随着大规格角钢(肢宽220mm、250mm,甚至300mm)的应用,双回路杆塔也可按照角钢塔设计,但是较钢管塔相比,塔重一般比钢管塔重30%以上,因此,经济性还需进一步优化。双回路钢管塔塔身主、斜材和横担主材一般采用钢管,其余斜材和辅助材可根据结构布置合理采用角钢或钢管。

双回路杆塔采用钢管后焊接工作量将大大加大,采用钢管塔结构应充分考虑原材料供应、制造产能、加工工艺等国内现状,也需要吸收国外钢管塔结构的一些先进的设计理念和成熟的构造型式。

钢管塔设计采用梁—杆模型进行计算,即将主材作为梁单元,斜材及其他杆件作为杆单元建模。如采用杆系模型进行钢管塔设计,应对主材预留10%~15%的设计裕度,以反映杆端弯矩对主材强度的影响。

角钢塔设计采用杆系模型进行计算,即所有杆件只承受轴力,不考虑杆端弯矩。对于单肢角钢塔(含大规格角钢),按常规方法进行计算选材;对组合角钢塔的主材,预留5%~10%的设计裕度,以反映分肢受力不均对主材稳定性的影响。

27.8.2 杆塔荷载及组合

特高压线路工程影响杆塔和基础指标的主要因素在于作用于其上的荷载。因此,合理的杆塔荷载及组合原则对降低线路的工程投资,保证线路的长期安全稳定运行至关重要。

27.8.2.1 结构重要性系数及荷载重现期

特高压线路相对于500kV输电线路的输送容量提高了数倍,对整个电网的安全稳定运行的影响也大幅提高。杆塔结构作为输电线路的直接支撑结构,其安全可靠性直接关系到整个线路的安全性。考虑到特高压线路的重要性,线路设计荷载重现期取100年,杆塔结构安全等级取一级,结构重要性系数取1.1。

27.8.2.2 杆塔荷载

杆塔承受的荷载一般分解为水平荷载、纵向荷载和垂直荷载三种。水平荷载是指沿横担方向的荷载,主要来于导、地线的风荷载,塔身风荷载及线条张力在横担方向的分量。纵向荷载是指垂直于横担方向的荷载,主要为导地线不平衡张力。垂直荷载是指垂直于地面的荷载,主要为线条和杆塔结构自重。

风荷载的大小与风压、风压高度变化系数、结构体型系数、风荷载调整系数及挡风面积相关,现行输电线路规程对风荷载的计算方法与《建筑结构荷载规范》基本相同。

纵向荷载包括倒塔、断线、断串、不均匀覆冰或脱冰、相邻档风速不均匀或风向不对称等情况下产生的线条不平衡张力。

27.8.2.3 荷载组合

杆塔的基本荷载组合分为正常运行工况、不均匀覆冰工况、断线工况、安装工况及验算工况五类。正常运行工况主要考虑基本风速、最大覆冰和最低气温三种情况,保障线路运行期间能承受设计条件下的各种气象荷载;不均匀覆冰情况针对10mm及以上冰区的线路,根据覆冰厚度的不同,考虑铁塔能承受所有导地线有不均匀冰荷载时产生的弯矩、扭矩或弯扭组合荷载;断线工况需按不同的杆塔类别、回路数和导线分裂数选定断线的数量和断线张力的大小,保证杆塔纵向的刚度;安装工况考虑杆塔可能发生的各种安装情况,保证杆塔在安装作业时有必要的强度,确保施工安全;验算工况一般指对可能出现地震、稀有大风、稀有覆冰情况进行验算,避免出现上述情况时对输电线路造成毁灭性破坏。

各类荷载工况的可变荷载组合系数按表27-15取值。

表 27-15 可变荷载组合系数

正常运行工况	断线工况	安装工况	不均匀覆冰工况	验算工况
1.0	0.9	0.9	0.9	0.75

27.8.3　杆塔的材料

27.8.3.1　构件断面选择

对于杆塔构件断面的选择,主要有角钢和钢管两种。1000kV 线路单回路塔杆件的最大内力约为 5000kN、双回路塔杆件的最大内力约为 14000kN,角钢可以满足单回路铁塔的要求,对于荷载较大的双回路跨越塔和耐张转角塔,采用钢管更具有优势。角钢和钢管两种断面形式各自具有优缺点,如表 27-16所示。

表 27-16　角钢自立塔与钢管自立塔的优缺点

塔型		角钢自立塔	钢管自立塔
主要优缺点	1	单件重量轻,加工、运输及安装方便	单件重量大,加工、运输及安装困难
	2	全螺栓结构,焊接工作量少,加工周期短	法兰连接,焊接工作量较大,加工周期长
	3	体型系数较大,辅助杆件多,挡风面积大,导致风荷载较大,耗钢量较大	体型系数较小,辅助杆件少,风荷载较角钢自立塔要小,整塔耗钢量比角钢自立塔省
	4	连接段数很多,整体刚度差,采用包角钢连接,塔顶的位移较大	连接段数较少,整体刚度大,采用法兰盘连接,塔顶的位移较小
	5	基础作用力大	风荷载较角钢自立塔要小,基础作用力较小

与钢管自立塔相比,角钢自立塔具有加工、运输及安装方便的优势,同时加工周期也较短;缺点是耗钢量较大。角钢自立塔耗钢量大但单价低,而钢管自立塔虽然耗钢量低但单价高,二者相比总体费用基本相当。

选择何种断面形式应结合具体工程情况确定,综合考虑荷载大小及施工运输条件,确保安全可靠的前提下,兼顾经济性和可实施性。

27.8.3.2　材质的选择

中国输电线路铁塔的设计和加工,长期以来基本采用 Q235 和 Q345 两种钢材,屈服强度分别为 235MPa 和 345MPa,这是由国内钢材的发展特点所决定的。Q235 和 Q345 钢材具有强度稳定性好、离散度低的优点,其缺点是屈服强度低。与国外输电线路较发达的国家相比,中国输电铁塔结构所用钢材的材质单一、强度值偏低、材质的可选择余地小,从而造成铁塔耗钢指标偏高。随着特高压线路工程建设的深入和 Q420、Q460 等高强钢在 500kV、750kV 电压等级输电线路中的应用(据统计,自 2006 年以来,输电线路杆塔已采用 Q420 高强钢接近 40 万吨),高强钢的应用已积累了一定经验。

材质的选择应根据其受力性能和构件受力需要确定,Q420 和 Q460 高强钢管由于具有较高的强度,当杆塔结构受力较大的主材采用高强钢管时,可在一定程度上节省塔材,具有一定的经济性。设计中一般对长细比较小的主材和受强度控制的构件采用高强钢,对钢管杆塔,材质的选择还需考虑材料的焊接性能。

27.8.3.3　高强度大规格角钢的应用

随着电网工程建设的迅速发展,在特高压、多回路输电线路工程中铁塔的外负荷越来越大,以往工程中普遍采用的材料材质、规格已很难满足承载力的需要。常规角钢规格一般局限在∠200×24 以下,铁塔负荷大时大部分采用双拼、四拼组合角钢构件。

特高压单回路采用 8 分裂大截面导线,荷载大,且塔头尺寸大,杆塔使用高度高,角钢塔主材荷载大幅增加,需采用大规格角钢或常规组合角钢(双拼或四拼)才能满足承载要求。大规格高强度角钢可改变组合角钢的不合理截面形式,大幅减少双拼和四拼铁塔的加工量和焊接工作量,降低铁塔钢耗指标,使铁塔组立的施工量和施工难度大大减轻,有利于造价控制。采用高强度大规格角钢铁塔内力重分布能力更强,从而使整塔具有更好的超载能力。

通过对大规格角钢承载力的分析表明,单根大规格角钢可替代绝大部分双拼普通规格组合角钢构件,双拼组合大角钢构件可以替代绝大部分四拼普通规格组合角钢构件;面积相当的情况下,单根大规格角钢比双拼普通规格角钢的临界计算长度小,双拼大规格角钢比四拼普通规格角钢的临界长细比大[5]。

特高压线路铁塔采用大规格角钢设计可使塔重降低,另外考虑大规格角钢塔的填板和螺栓数量可大幅减少,可节省加工、组装费用,对控制铁塔的综合造价有积极作用。

27.8.4 杆塔结构优化设计

杆塔结构的优化设计主要遵循以下原则:①以确保铁塔的强度、稳定、刚度及安全、可靠运行为前提条件;②构件的布置合理、结构形式简洁、传力路线直接、简短、清晰;③降低铁塔钢材耗量,使铁塔造价经济合理;④兼顾杆塔的节约环保性、降低杆塔施工难度、增强杆塔运行期间的可维护性。

在此基础上,杆塔结构设计时一般针对塔头布置、塔身坡度、主材节间及腹杆布置、塔身断面形状、横隔面布置、节点设计、长短腿设计等方面进行优化。

27.8.4.1 塔头布置

在满足电气间隙的基础上对塔头布置进行优化,不仅可以使塔型更美观,而且对降低杆塔重量也是至关重要的。设计中应尽量使塔头结构紧凑,主材传力简洁,节点受力可靠,外形美观。

27.8.4.2 塔身布置

塔身坡度及根开的选择对铁塔重量的影响较大,它直接影响塔身主材、斜材的规格以及基础作用力。

铁塔设计中,应在给定荷载条件下,对塔身坡度和根开进行了多方案组合优化,通过对各种组合铁塔计算重量及基础作用力的比较,在保证铁塔具有足够强度和刚度的条件下,优化出铁塔的最佳坡度。

27.8.4.3 主材节间及腹杆布置

塔身腹杆的布置与塔身节间的调整应同时考虑,设计时可先确定主材的合理计算长度,使主材的强度、稳定达到最佳受力状态,在此基础上确定主材的节间长度,然后布置塔身腹杆,再根据塔身腹杆的布置情况,合理优化塔身节间,最终得到最佳的主材节间及腹杆布置方式。

构件规格的选取不仅与其所承担的内力有关,还与构件长度有关,内力不变的情况下(塔身坡度确定后),规格与构件的长度成正比,合理的确定主材计算长度后才能更好地布置主材节间。

腹杆的布置主要遵循以下原则:①使主、斜材受力分配合理,塔身布材均匀协调,传力路线清晰,结构布置简洁;②合理控制腹杆的水平角,使腹杆受力均匀;③优化斜材长度、坡度,筛选大交叉、小交叉、比较平行轴、最小轴等多种布置方案,降低塔重;④通过优化塔身隔面间交叉腹杆数量及在隔面处设置K形腹杆等形式避免腹杆出现同时受压。

27.8.4.4 塔身断面形状

根据横向水平荷载与纵向水平荷载大小的比值,通常直线塔断面形状有矩形和方形两种。矩形断面的塔身风荷载较小,当纵向荷载较小时,使用正面根开大、侧面根开小的矩形截面塔,杆塔重量可以相对较小。方形塔的整体刚度要好于矩形塔,特别是在大档距负荷条件下,矩形塔显得纵向刚度薄弱;对全方位塔,方形塔长短腿与塔身的连接要比矩形塔简单,加工、施工均要方便。

27.8.4.5 横隔面布置

杆塔设计中,常需设置横隔面,且隔面必须是几何不变体。一般在杆塔塔身坡度变更的断面处、直接受扭力的断面处和塔顶及塔腿顶部断面处应设置横隔面;而且在同一塔身坡度范围内,横隔面设置的距离,一般不大于平均宽度的5倍,也不宜大于4个主材分段[6]。横隔面的型式通过以往工程的经验积累和不断优化,许多已经成为了典型隔面型式,图27-19给出了常用的几种隔面型式。

杆塔结构布置过程中,应合理设置横隔面,防止杆塔传力出现混乱。横隔面的几何形状应综合考虑断面尺寸和荷载大小,对钢管塔或角钢塔头部或塔身断面较小时,主要采用图27-19(a)、(b)、(c)及(d)型式,对于塔身截面尺寸较大的部位(如塔腿顶面处)则主要采用图27-19(e)、(f)及(g)型式。较大的横隔面在布置时应尽量减小构件的计算长度,从而减小构件规格,降低横隔面重量。

27.8.4.6 节点设计

节点的设计应使连接紧凑,具有足够的刚度,同时在满足构造要求的前提下尽量简化,避免次应力

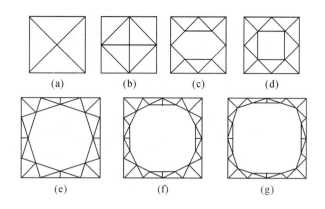

图 27-19　杆塔中常用的隔面型式

的产生,降低塔重。

节点是钢管塔设计的重要工作,是杆塔加工中焊接工作量最大的部分,是控制加工效率的主要环节。传统钢管塔采用的相贯节点,焊接工作量大,在皖电东送工程设计中大量采用插板(钢管杆塔横担主材与塔身连接宜采用"十"字型插板)连接,较大幅度地降低了焊接工作量,避免了相贯线切割,提高了加工效率。对插板采用标准化设计,还可节省大量的管头设计,提高了设计效率和质量,也使插板的批量生产成为可能,有利于工程的质量控制。

27.8.4.7　长短腿配置

特高压工程建设对环境保护和水土保持提出了更高的要求,位于山地地形的线路均要求采取铁塔长短腿+高低基础的配置方式,尽可能利用地形,以减少基面开挖。结合长短腿对塔重的影响,从经济角度出发,需要统计并确定工程沿线塔位的地形最大坡度的平均值,铁塔长短腿控制级差按对角线与平均最大地形坡度一致来控制。一般,根据不同呼称高铁塔长短腿最大级差规划为 6.0~15m,基本级差为 1.5m,最大腿长宜控制在 20.0m 以内。个别地形坡度较陡的塔位,一方面采用高低基础来调节,另一方面也可根据铁塔的使用情况来进行验算,提高长短腿级差的使用范围,从而实现经济和环保设计的目的。

27.8.5　杆塔结构设计需要注意的问题

27.8.5.1　杆端弯矩对双回路钢管塔的影响

特高压输电铁塔,由于焊接的连续性、节点板刚性连接等原因的影响,桁架杆件在节点处受到很大的嵌固作用,在一定程度上限制了杆件间夹角的变化,造成杆件弯曲,形成了杆端弯矩,使得构件及节点局部应力的不均匀、杆件和节点易发生破坏。

计算表明,在各工况作用下,双回路塔下横担以下的主材弯矩均比较大,特别是塔腿、靠近塔腿的主材、变坡处和下横担主材节点处,并且大部分杆件最大弯矩发生在端部。

在浙北—福州特高压线路工程中,针对典型双回路钢管塔采用多尺度模型进行仿真分析,结果表明:对于钢管塔的大部分构件,由于杆端弯矩产生的应力占全部应力的 15% 左右,可充分利用钢管优良的塑性性能来抵抗杆端弯矩的不利影响;当杆端弯矩产生的应力超过 15% 时,应考虑杆端弯矩的影响,避免出现塑性过度发展,在实际操作中,可通过预留适当的裕度来考虑[7]。考虑杆端弯矩后,钢管塔主材的受力为拉弯或压弯,计算时需要同时考虑轴力和弯矩对杆件受力的影响。

27.8.5.2　山地线路钢管塔材运输

根据皖电东送、浙北—福州等线路工程在山地区段采用双回路钢管塔的施工情况,山地线路钢管塔材的运输是设计需要重点关注的问题。

对于山前平地塔位,角钢和钢管塔材均采用大卡车进行运输,主要采用汽车吊卸;山区地形坡度小于 30° 且具备修路条件的塔位,可采取修路使用履带车运输的方式。

图 27-20 采用履带式运输车运输塔材

对于山区地形坡度大于 30°或不具备修路条件的塔位,则采取索道运输。角钢运输可采用简易索道,而钢管运输需要采用重型索道。

图 27-21 山区线路采用索道运输钢管

为便于山区线路塔材的运输和安装,原则上需要控制钢管塔材单件重量不超过 3.5 吨且长度不超过 9 米;角钢塔材单根构件重量在 1 吨以内且长度不超过 12 米。

参考文献

[1] 周浩,余宇红.我国发展特高压输电中一些重要问题的讨论[J].电网技术,2005,29(12):1—9.

[2] GB 50665-2011. 1000kV 架空输电线路设计规范[S],2011.

[3] GB/Z 24842-2009. 1000kV 特高压及交流输变电工程过电压和绝缘配合[S],2009.

[4] GB/T 24834-2009. 1000kV 交流架空输电线路金具技术规范[S],2009.

[5] DL/T 5154-2012.架空送电线路杆塔结构设计技术规定[S],2012.

[6] 中国电力工程顾问集团中南电力设计院.浙北—福州特高压交流线路工程单回路角钢塔设计深化研究专题报告[R],2013.

[7] 中国电力工程顾问集团东北电力设计院.浙北—福州特高压交流线路工程双回路杆塔型式优化及结构设计研究专题报告[R],2013.

[8] 中国电力工程顾问集团东北电力设计院.浙北—福州特高压交流线路工程新型基础型式优化设计及基础环保措施研究专题报告[R],2013.

[9] Q/DG 1-A007-2008.特高压架空输电线路工程勘测技术规定[S],2008.

第 28 章 特高压直流线路设计

目前我国特高压直流输电有 ±800kV 和 ±1100kV 两种电压等级,以实现远距离、大功率电能输送,输电线路采用双极单回路架空型式。已建成投运的有云南—广州、向家坝—上海、锦屏—苏南、哈密南—郑州、溪洛渡—浙西等 ±800kV 特高压直流工程,而采用 ±1100kV 电压等级的特高压直流输电项目也已经完成科研论证,并依托准东—华东(皖南)工程开展工程设计和建设准备工作。

特高压直流线路工程设计在线路路径方案选择、设计气象条件确定等方面的原则要求与特高压交流线路是一致的,本章将重点针对特高压直流线路工程设计中的导线选型、绝缘配置、杆塔与基础设计等与特高压交流线路设计存在差异的主要环节展开讨论。

图 28-1 运行中的 ±800kV 向家坝—上海特高压直流线路

28.1 直流线路导地线选择

导线是输电线路最主要的部件之一,特高压直流线路架线工程一般占本体投资的 30% 左右。导线选型及分裂结构的确定是特高压直流线路设计的关键环节,它对线路的输送容量、传输性能、环境问题(包括电场效应、无线电干扰及可听噪声等)、线路走廊宽度、房屋拆迁范围以及输电线路的技术经济指标都有很大的影响。同时导线方案直接影响到线路杆塔和基础工程量,关系到整个线路工程的建设费用以及建成后的技术特性和运行成本。

28.1.1 导线选择的主要原则

导线选择需从电气特性、机械特性和经济性三个方面进行综合分析,选出满足技术要求而且经济合理的导线截面和分裂型式。首先需满足输送电能的要求,同时能保证安全可靠地运行,满足环境保护的要求,并且在经济上是合理的。

在电气特性方面,特高压线路由于电压的升高,由导线电晕引起的各种问题,特别是环境问题(无线电干扰、可听噪声等)较为突出,电晕效应往往成为导线选择的重要控制因素。

28.1.2 导线截面和分裂型式

对于特高压直流线路,经济电流密度已不再是确定导线截面的决定因素,导线的选择主要决定于电晕条件以及电晕派生效应即无线电干扰和可听噪声。为确定导线选型,一般先根据系统输送容量选择几种规格导线截面进行技术经济比较分析,再从电气性能上考虑导线表面电位梯度、无线电干扰、可听噪声等关键因素,保证其对环境的影响控制在允许的范围内[1-2]。导线分裂结构主要由导线的电晕特性和其对导线本身的机械特性(包括振动、舞动、覆冰)、金具及杆塔的影响来确定。

特高压直流线路采用大截面导线和多分裂结构来解决输送容量和电晕问题,6分裂及以上的大截面导线方案一般可以满足电气性能的要求。国内早期建设的特高压直流线路均采用6分裂导线方式,随着额定输送功率增大,部分新建的特高压直流线路开始采用8分裂大截面导线,如±800kV锡盟—泰州直流线路采用$8 \times 1250 mm^2$ 截面导线,输送功率10000MW;±1100kV准东—华东直流线路也采用$8 \times 1250 mm^2$ 截面导线,输送功率12000MW。工程设计时,导线分裂根数和子导线截面的选取还需综合考虑基建投资、生产制造、施工装备、运行费用等因素。

我国已建和部分在建的特高压直流输电工程导线组合情况如表28-1所示。

表 28-1　我国特高压直流输电工程导线组合表

工程名称	电压等级	输送功率（MW）	额定电流（A）	导线型号	分裂根数	输电距离（km）
云南—广东	±800kV	5000	3125	LGJ-630/45	6	1412
向家坝—上海	±800kV	6400	4000	ACSR-720/50	6	1891
锦屏—苏南	±800kV	7200	4500	JL/G3A-900/40	6	2058
溪洛渡—浙西	±800kV	8000	5000	JL/G3A-900/40	6	1669
哈密南—郑州	±800kV	8000	5000	JL/G3A-1000/45	6	2210
酒泉—湖南	±800kV	8000	5000	JL1/G3A-1250/70	6	2387
灵州—绍兴	±800kV	8000	5000	JL1/G3A-1250/70	6	1720
山西—江苏	±800kV	8000	5000	JL1/G3A-1250/70	6	1100
锡盟—泰州	±800kV	10000	6250	JL1/G3A-1250/70	8	1619
上海庙—山东	±800kV	10000	6250	JL1/G3A-1250/70	8	1228
准东—华东	±1100kV	12000	6000	JL1/G3A-1250/70	8	3330

28.1.3 导线主要电气性能

28.1.3.1 导线传输效率

特高压直流输电距离长,±800kV线路长度均在1000公里以上,±1100kV已超过3000公里,若导线截面过小,则线路电压降很大,使线路传输效率降低,通常认为线路传输效率低于93%是不经济的。±1100kV准东—华东线路全长约3330公里,当额定电流达到6000A后,若采用$8 \times JL/G3A-900/40$ 或$10 \times JL/G2A-720/50$ 导线方案,其电压降分别为83.7kV和82.5kV,传输效率分别为92.4%和92.5%,均低于93%;当采用$8 \times JL1/G3A-1250/70$ 导线方案时,其电压降为59.3kV,传输效率为94.6%,符合导线传输效率的要求。

28.1.3.2 导线过负荷温度

导线选择应保证特高压线路过负荷时的安全运行,根据GB50790-2013《±800kV直流架空输电线路设计规范》(以下简称《直流线路设计规范》)规定,导线的最大允许电流应考虑10%过负荷情况下的电流,即1.1倍额定电流,过负荷时导线的温度应满足导线允许温度的要求。

额定输送功率为8000MW的±800kV直流线路采用$6 \times JL1/G3A-1250/70$ 导线时,过负荷温度为

64.5℃;输送功率为 12000MW 的±1100kV 直流线路采用 8×JL1/G3A-1250/70 导线时,过负荷温度为 58.2℃,均未超过钢芯铝绞线的最高允许温度 70℃。计算时,环境气温取最高气温月的最高平均气温,一般线路计算风速取 0.5m/s,太阳辐射功率密度取 1000W/m²。

28.1.3.3　电能损失

直流线路的电能损失包括电阻电能损耗和电晕电能损耗,电阻损耗占主要部分,电晕损耗约为电阻损耗的 3.0%～10.0%,但由于其存在时间长,故也不能忽视其影响。输送功率为 8000MW 的±800kV 直流线路不同导线方案下的电阻功率损耗及电晕功率损耗计算结果如表 28-2 所示。

表 28-2　±800kV 线路不同导线方案电阻和电晕功率损耗

导线组合	子导线直径 (mm)	极导线直流电阻 (Ω/km)	电阻功率损耗 (kW/km)	电晕损失(kW/km)		
				海拔 0m	海拔 1000m	海拔 2000m
6×JL1/G3A-1250/70	47.35	0.00382	102.866	5.255	5.575	5.910
6×JL/G3A-1000/45	42.10	0.00482	131.935	5.681	6.713	7.958
6×JL/G3A-900/40	39.90	0.00532	147.595	6.112	7.220	8.555
6×JL/G1A-800/55	38.40	0.00591	164.885	6.450	7.616	9.023
6×ACSR-720/50	36.20	0.00664	186.405	6.996	8.258	9.779

由表 28-2 可以看出,极导线直流电阻越大,电阻功率损耗越大;相同的分裂型式下,随着子导线直径增加,电晕损耗随之减小;海拔越高,电晕损失也越大。增加导线截面及分裂数,对于降低线路电能损耗,提高能源利用率十分有利,但是过分地增加导线截面及分裂根数对工程投资增加的影响十分显著,因此必须合理选择。

28.1.3.4　导线表面电场强度

当直流线路导线表面的电场强度超过了空气电气击穿强度时,将产生局部放电便形成电晕。导线表面电场强度过高,将会导致导线发生全面电晕,引起电晕损耗急剧增加,并产生更为严重的电磁环境问题。因此,在特高压直流线路设计中必须对导线表面电场强度进行有效控制。

1)导线起始电晕电场强度

一般认为直流线路导线起晕场强和交流线路起晕场强的峰值相同,可以将皮克(peek)公式转换为直流形式[3]。

$$E_0 = 30m\delta(1 + \frac{0.301}{\sqrt{\delta r}}) \tag{28-1}$$

式中,m 为导线表面粗糙系数,晴天和雨天条件下的导线表面粗糙系数值分别为 0.49 和 0.38;δ 为相对空气密度;r 为子导线半径,cm。

直流线路工程中常规选用的几种导线起始电晕电场强度计算见表 28-3。

表 28-3　导线起始电晕电场强度 E_0(kV/cm)计算结果

导线型号	直径 (mm)	起晕场强 E_0(kV/cm)(晴天/雨天)		
		海拔 0m	海拔 1000m	海拔 2000m
JL1/G3A-1250/70	47.35	17.72/13.71	16.09/12.59	14.71/11.50
JL/G3A-1000/45	42.10	17.75/13.77	16.26/12.62	14.88/11.54
JL/G3A-900/40	39.90	17.81/13.81	16.32/12.66	14.94/11.58
JL/G1A-800/55	38.40	17.89/13.88	16.40/12.72	15.02/11.64
ACSR-720/50	36.20	17.99/13.95	16.50/12.79	15.10/11.71

2)导线表面最大电场强度

导线表面电场强度决定于运行电压、子导线直径、导线分裂根数、分裂间距、极导线对地高度以及极间距离等因素,工程设计中可采用逐次镜像法进行计算。

±800kV 直流线路采用不同导线组合方案时(极间距取 20 米),其表面平均最大电场强度计算见表 28-4。

表 28-4　导线表面平均最大电场强度

导线型号及分裂数	分裂间距 (cm)	子导线直径 (mm)	导线表面最大电场强度(kV/cm)	
			导线高度 18m	导线高度 23m
6×JL1/G3A-1250/70	50	47.35	18.282	18.221
6×JL/G3A-1000/45	50	42.10	19.310	19.307
6×JL/G3A-900/40	45	39.90	20.386	20.102
6×JL/G1A-800/55	45	38.40	21.288	20.993
6×ACSR-720/50	45	36.20	22.299	21.991
8×ACSR-720/50	40	36.20	18.345	18.076

由表 28-4 可见,所有极导线方案的表面最大电场强度均大于起始电晕电场强度 E_0,即在大部分时间内,导线均处于电晕状态。对导线表面场强影响较大的是子导线分裂根数和子导线直径,而极间距离、极导线高度和导线分裂间距对其影响相对较小。

28.1.3.5　合成场强和离子流密度

直流线路合成场强和离子流的存在会对线路附近居民的生产生活带来一定程度的影响,其强度大小关系到线路附近居民的人身安全问题,为此,须将合成场强和离子流密度限定在一定的范围内。《直流线路设计规范》规定:直流线路下方最大地面合成场强限值为 30kV/m,邻近民房的最大合成场强限值为 25kV/m(晴天),最大离子流密度限值为晴天不超过 100nA/m²,雨天不超过 80nA/m²。直流线路下雨天时的合成电场比晴天大,因此,在确定导线最小对地高度时,须考虑雨天情况。

地面合成场强的计算一般采用解析法,计算的直流线路下方合成场强和离子流密度的结果见表 28-5。

表 28-5　合成场强和离子流密度计算结果(海拔 0m,晴天)

电压等级	导线组合	合成场强 (kV/m)	离子流密度 (nA/m²)	备注
±800kV	6×JL1/G3A-1250/70	17.16	14.4	
±800kV	6×JL/G3A-1000/45	18.92	23.09	极间距 20m,导线
±800kV	6×JL/G3A-900/40	20.88	29.63	高度 18m
±800kV	6×JL/G1A-800/55	22.73	37.28	
±1100kV	8×JL1/G3A-1250/70	20.60	11.84	极间距 26m,导线
±1100kV	8×JL/G3A-1000/45	22.03	15.5	高度 25m

由表 28-5 可以看出,直流输电线路下方空间场强的大小,不仅与所加电压有关,还与导线的布置形式、几何位置及其尺寸等因素有关,可以通过调整导线对地高度、极间距离、分裂导线结构尺寸以及极导线的布置方式等来降低线路下的电场强度。在这几种方式中,适当增加导线对地高度最为有效。海拔高度对合成场强和离子流密度的影响较大,根据研究,合成电场强度随海拔高度每升高 1000m 增加约 4～5kV/m,离子流密度随海拔高度每升高 1000m 增加约 10～26nA/m²。

此外,根据中国电科院在北京特高压直流试验基地进行的电磁环境真型试验,发现地面合成电场还与空气质量和湿度有关。地面合成电场理论计算结果与空气质量较好且中等湿度下的试验结果比较吻合;在空气质量差,导线吸灰较重的情况下,地面合成电场会增大;在北方导线吸灰且空气干燥情况下,地面合成电场更大[7]。在北方气候条件下,相对于南方气候地区,可采用适当增加导线对地高度来抵消合成场强增加的影响。

28.1.3.6　无线电干扰

直流线路的无线电干扰主要是由导线、绝缘子或线路金具等的电晕放电产生,其频率基本在 30MHz 以内。同时,电晕放电会因天气的变化而产生强弱变化,晴天或雨天,甚至季节不同都会对电晕放电产生明显影响。坏天气条件下的无线电干扰水平低于好天气,这是直流线路不同于交流线路的最大特点。

《直流线路设计规范》推荐采用经验公式(28-2)进行双极直流线路晴天无线电干扰(平均值)的计算,并应满足在"海拔 1000 米及以下地区,距直流架空输电线路正极性导线对地投影外 20m 处,80% 时间,80% 置信度,0.5MHz 频率的无线电干扰不应超过 58dB(μV/m)"的限值要求。

$$E = 38 + 1.6(g_{max} - 24) + 46\log r + 5\log n + 33\log\frac{20}{D} + \Delta E_w + \Delta E_f \tag{28-2}$$

式中,E 为距离正极性导线 D 处的无线电干扰场强,dB(μV/m);g_{max} 为导线表面最大场强,kV/cm;r 为子导线半径,cm;n 为分裂导线根数;D 为距正极性导线的距离(适用于 $D<100$m);ΔE_w 为气象修正项;ΔE_f 为干扰频率修正项。

上式中前 5 项计算得到的干扰值是指在基准频率 0.5MHz 下,距正极性导线 D 处晴天的干扰值。要得到其他频率和其他气象条件下的干扰值,应增加后面两项计算内容。其中,气象修正项 ΔE_w 在夏季和冬季分别取 3dB 和 -3dB,春季和秋季取 0;干扰频率修正项可由下式计算:

$$\Delta E_f = 5[1 - 2(\log 10 f)^2] \tag{28-3}$$

式中,f 为测量频率,MHz,频率适应范围为 $0.15\sim3.0$MHz。

对于海拔超过 1000m 的线路,须进行海拔修正,以 1000m 为基准,海拔每升高 300m,无线电干扰场强增加 1dB。

28.1.3.7　可听噪声

直流线路上由于导线电晕所产生的可听噪声强度取决于导线的几何特性、运行电压、对地距离和天气条件,须与无线电干扰一起加以考虑,并且在许多情况下它对导线选择起着控制作用[1]。与电场、磁场、无线电干扰不同,可听噪声是一种人们从听觉上可以直接感受到的现象,所以更容易成为投诉的焦点问题。对直流线路可听噪声的限制,必须与当地的环境噪声限制保持一致。

直流输电线路的可听噪声在雨天较晴天反而有所减小,因此晴天的可听噪声是设计直流线路时首先要考虑的条件[4]。《直流线路设计规范》推荐了 2 种可听噪声的计算公式,工程较多采用的是公式(28-4),可听噪声的限值应满足"在海拔 1000 米及以下地区,距直流架空输电线路正极性导线对地投影外 20m 处,电晕可听噪声不应超过 45dB(A),高海拔且人烟稀少地区应控制在 50dB(A) 以下"的要求。

$$P_{dB} = 56.9 + 124\log\frac{g_{max}}{25} + 25\log\frac{d}{4.45} + 18\log\frac{n}{2} - 10\log R_p - 0.02R_p + K_n \tag{28-4}$$

式中,P_{dB} 为输电线路的可听噪声,dB(A);g_{max} 为导线表面最大场强,kV/cm;d 为子导线直径,cm;n 为分裂导线根数;R_p 为距正极性导线的距离,m;K_n 为修正项,当 $n\geq3$ 时,$K_n=0$;当 $n=2$ 时,$K_n=2.6$;当 $n=1$ 时,$K_n=7.5$。

对于海拔超过 1000m 的线路,须进行海拔修正,以 1000m 为基准,海拔每升高 300m,可听噪声限值增加 1dB。

直流线路的可听噪声随极间距离的增大逐渐减小,平均变化陡度约为 -0.60dB/m;随导线平均高度增加而降低,平均变化陡度约为 -0.2dB/m。因此,为降低可听噪声,可采取加大极间距离和提高导线平均高度等措施。

28.1.4　地线型式选择

对于特高压直流线路,由于地线上的感应电荷较大,有可能在地线上产生很大的表面电场强度,当其超过起始电晕电场强度时,地线亦会产生电晕损失、无线电干扰和可听噪声干扰等。因此,地线(包括光纤复合架空地线)除应满足短路电流热容量要求外,还应按电晕起晕条件进行校验,这主要取决于地线直径的大小[1]。一般情况下,地线表面最大场强与起晕场强之比不应大于 0.8,地线表面场强不宜超过 18kV/cm。

鉴于铝包钢绞线具有机械强度高、抗腐蚀性能好等优点,一般直流线路地线均采用铝包钢绞线。

为满足上述要求,±800kV 直流线路地线选用 150mm² 截面铝包钢绞线及以上规格,±1100kV 直流线路地线选用 240mm² 截面铝包钢绞线及以上规格。

28.2　直流线路绝缘配合设计

直流与交流绝缘配合设计的不同主要表现在两个方面:其一,同样污秽时,直流条件下绝缘子的污闪电压低于交流条件下绝缘子污闪电压的 15％～20％;其二,由于单向电场的影响,直流绝缘子的表面积污远高于交流绝缘子,平均高出 1 倍[7]。

绝缘配合设计的主要工作内容是通过污秽调查确定工程沿线污区划分和污秽等级,选择合适的绝缘子型式,确定绝缘子串的片数和空气间隙,保证线路能在工作电压、操作过电压和雷电过电压等各种工况下安全可靠运行。科学合理的绝缘配置能节省工程投资,并降低污闪事故率。

28.2.1　污秽调查及污区划分

通过对线路沿线的污秽调查,准确划分全线污秽等级,确定各级污区范围,是直流线路绝缘配置合理的重要前提。

直流线路工程沿线污区划分主要原则依据如下:

1)科研试验单位针对具体工程所作的"沿线污秽测量和调研报告"是污区划分的重要依据。

2)根据工程沿线各省最新电力系统污区分布图,并充分考虑大气条件和环境污秽的发展态势,结合现场调查的情况,进行污区的划分。线路污区等级的确定应具有前瞻性。

3)结合特高压线路具体情况,按照"运行经验、污湿特征、现场等值附盐密度"三要素来确定。当三者不一致时,应以运行经验为主。

4)对既没有运行经验又没有盐密测量值的地区,可结合各省最新污区分布图的定级并考虑直交积污比来确定沿线污秽等级。

按我国直流线路的设计惯例,一般将污秽分级为轻污区、中污区和重污区,其等值盐密分别取 0.05mg/cm²、0.08mg/cm² 和 0.15mg/cm²。

28.2.2　绝缘子型式

直流线路绝缘子的串长主要取决于工作电压下整串绝缘子的污闪特性。目前,世界上投运的数十条直流高压线路中,瓷质、钢化玻璃和复合绝缘子三类绝缘子均有采用,以往工程应用较多的是钢化玻璃和瓷质绝缘子,近年来复合绝缘子开始在工程中广泛应用。

28.2.2.1　各类绝缘子特性

1)瓷与玻璃盘型绝缘子

盘型绝缘子根据伞形结构不同,有钟罩型、双伞型和三伞型几种型式,如图 28-2 所示。双伞和三伞型绝缘子比较适用于内陆工业污秽和粉尘性污秽地区。以三伞型绝缘子为例,其污耐压虽然比钟罩型低 5％,但它的造型具有较好的空气动力特性,用于中、重污区其积污量较钟罩型可减少约 1/3。典型的直流线路盘型悬式绝缘子的特性参数如表 28-6 所示。

特高压直流线路导线耐张绝缘子串主要采用盘型瓷或玻璃绝缘子,随着材料和制造工艺的不断提高,强度等级为 760kN、840kN 的大吨位直流绝缘子已开始应用于工程中。

2)棒式复合绝缘子

随着线路沿线环境污秽程度不断加剧,具有优良耐污性能的复合绝缘子被广泛用于各电压等级的线路上。复合绝缘子能承受很高的击穿电压,属不击穿性绝缘子,但存在芯棒"脆断"的可能。复合绝缘子的工频闪络电压高于瓷和玻璃绝缘子,但雷电冲击 50％放电电压较盘型绝缘子串略低。试验表明,直流复合绝缘子的 50％污闪电压与其结构高度呈线性关系，即随着结构高度的增加，其 50％污闪电压成比例增大。

表 28-6　典型的直流线路盘型悬式绝缘子的特性参数一览表

材质	产品型号	伞型	结构高度（mm）	爬电距离（mm）	盘径（mm）	额定机械破坏负荷（kN）
电瓷	CA-756EZ	钟罩	195	635	400	300
	XZWP-300	双伞	195	525	365	300
	CA-776EZ	三伞	195	670	400	300
玻璃	FC300P	钟罩	195	700	380	300

(a) 300kN钟罩型瓷绝缘子CA-756EZ

(b) 300kN双伞型瓷绝缘子XZWP-300

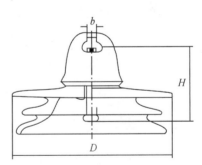

(c) 300kN三伞型瓷绝缘子CA-776EZ

(d) 300kN钟罩型玻璃绝缘子FC300P

图 28-2　典型的直流线路盘型悬式绝缘子外形图

另外,由于复合绝缘子整支长度较长,一般±800kV线路在9.6～11.8m左右,±1100kV线路在12.3～16.6m左右,其长度决定于不同的污秽等级和海拔高度。特高压工程中,特别是用于山区线路工程,整支绝缘子结构高度的增加给复合绝缘子的加工、运输、安装都带来了困难。

复合绝缘子主要用于特高压直流线路的悬垂绝缘子串和跳线绝缘子串中,重污秽地区采用该型绝缘子具有显著的技术和经济优势。典型的直流复合绝缘子外形结构如图28-3所示。

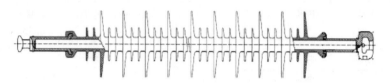

图 28-3　特高压直流复合绝缘子外形结构示意图

28.2.2.2　绝缘子串型式及污闪特性比较

直流线路悬垂绝缘子串主要有I型串、V型串和Y型串,耐张绝缘子串一般均为水平多联串。

为研究不同串型布置方式下的直流污闪特性,中国电科院进行了大量的试验。试验表明,在相同污秽条件下,不考虑积污特性,绝缘子串的布置型式(I、V及水平布置)对其污闪性能基本无影响。考虑积污特性后,V型布置的绝缘子的积污约为I型串的70%～80%,因此V型串的污闪性能优于I型串,与水平布置串相当。

对于Y型串布置形式,中国电科院也对其进行了污闪特性的试验,Y型串V部每联28片绝缘子,I部为双联2×13片绝缘子。试品布置及试验结果如图28-4所示。

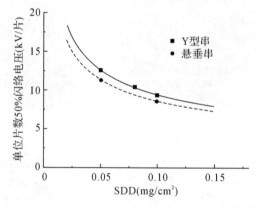

(a) 人工污秽试品布置图　　　　　　　　(b) Y型串闪络电压与试验盐密的关系

图 28-4　Y型绝缘子串直流污闪特性试验

与单串绝缘子数量相同的I型悬垂串相比,Y型串的闪络电压和I型串的闪络电压相差在9%之内,考虑到污闪试验的分散性,可以认为,在相同污秽、同样串长条件下,悬垂串和Y型串的50%污秽闪络特性曲线相近。需要注意的是,对于Y型串绝缘子,由于其2/3串长采用V型串布置,其积污性能也将好于悬垂I型串绝缘子。综合考虑积污和污闪特性,Y型串的污闪特性还是优于悬垂串的污闪特性。

另外,双联绝缘子串污闪电压较单联有所降低,为尽量减小影响,应尽可能增大多联绝缘子串的联间距,一般不小于650mm,覆冰严重地区的线路,联间距还应适当增大。

28.2.3　绝缘子串片数选择

直流输电线路的绝缘子片数选择主要取决于工作电压下的污秽耐压特性。因此,一般是根据污秽性能选择绝缘子片数,再校核计算操作及雷电冲击特性。

从理论上讲,按自然积污的闪络特性选择绝缘子片数较合适,然而这对于实际工程而言是难以做到的。所以,目前工程设计中确定绝缘子片数通常有两种方法,即按人工污秽的闪络特性选择绝缘子(也称污耐压法)和根据运行经验按泄漏比距选择绝缘子(也称泄漏比距法)。前者比较直观,但必须有适用的统一的测量方法所测得的盐密值,而且还与污秽成分、污秽均匀比等因素有关,对特高压直流线路,原则上要用此法[1];后者按绝缘子几何泄漏距离计算,该方法在理论上虽不够严密(未考虑绝缘子造型的差异对泄漏距离有效性的影响),但简单易行。

28.2.3.1 绝缘设计的线性关系

根据各国所做的直流污秽绝缘子试验结果,美国试验表明,在 80 片以内绝缘子串的污闪电压和串长基本呈线性关系;意大利试验表明在串长 12m 以内也是线性关系;日本试验认为绝缘子串长达到 14m 时,其污闪电压与串长的线性关系依然成立;我国特高压直流线路的绝缘子串长也在十几米的范围内,因此绝缘子串污闪电压与串长的线性关系基本成立[5]。

28.2.3.2 按运行电压选择绝缘子片数

由于恒定电场的吸尘作用和直流电弧的不易熄灭,在相同污秽程度下,绝缘子的直流污闪电压比交流污闪电压的有效值低。因此,相同电压下,直流线路采用的绝缘子片数较交流多,其绝缘水平主要决定于绝缘子串的直流污秽放电特性。

1)按污耐压法选择绝缘子片数

在特高压直流工程的建设中,科研试验单位开展了大量绝缘子耐压试验,得出了不同型式绝缘子在各种污秽条件下的污耐压值,在绝缘子片数选择过程中考虑了污秽物成分修正、不同气候条件和绝缘子型式的积污均匀性修正、灰密修正等。

根据不同污区划分,以绝缘子下表面盐密值为基准,《直流线路设计规范》中按污耐压法选择 ±800kV 线路绝缘子片数的计算过程见表 28-7。

表 28-7 按绝缘子下表面盐密值选择±800kV 线路绝缘子片数

污秽等级	轻污区	中污区	重污区
盐密(下表面)(mg/m²)	0.05	0.08	0.15
绝缘子上下表面积污比	1:5	1:8	1:10
灰密 H_1(mg/cm²)	0.30	0.48	0.90
线路最高运行电压(kV)	816		
绝缘子串要求的耐受电压 $V_{耐}$(kV)	816/(1-3×0.07)=1033		
试验提供的单片 $U_{50\%}$(kV)（灰密 H_2=0.1mg/cm²)	15.0	12.8	10.7
灰密修正系数 $K_1=(H_1/H_2)^{-0.12}$	0.88	0.83	0.77
灰密校正后 $U'_{50\%}=K_1×U_{50\%}$(kV)	13.14	10.60	8.22
上下表面积污比校核系数 $K_2=1-0.38\lg(T/B)$	1.266	1.343	1.380
积污比校正后 $U''_{50\%}=K_2×U'_{50\%}$(kV)	16.64	14.24	11.34
要求绝缘片数($V_{耐}/U''_{50\%}$)	62	73	91

2)按爬电比距法选择绝缘子片数

《直流线路设计规范》给出了导线对地电压情况下绝缘子爬电比距与等值盐密关系的对数拟合表达式如下:

$$L=6.2606+0.8891×\ln(ESDD) \tag{28-5}$$

式中,L 为要求的爬电比距,cm/kV;ESDD 为直流等值盐密 mg/cm²。

试验表明,在内陆地区同一环境条件下,直流线路绝缘子串积污比(等值盐密)是交流线路的2.0倍左右,按式(28-5)计算出直流线路爬电比距应满足表28-8要求。

表28-8　推算的直流线路要求的爬电比距表

交流等值盐密 (mg/cm²)	等效直流等值盐密 (mg/cm²)	推算的直流线路要求 爬电比距 cm/kV
0.03	0.06	3.76
0.05	0.10	4.21
0.08	0.16	4.63
0.15	0.30	5.19

3)已建直流工程绝缘子片数选择情况

对于±800kV特高压直流线路,在轻、中冰区的悬垂串均采用复合绝缘子,重冰区悬垂串采用盘形绝缘子,耐张串一般采用盘形绝缘子。在绝缘子片数选择时取直流污耐压法推荐的片数和爬电比距法推荐的最大片数之小者。

以海拔1000m及以下地区为例,已建和在建的几个±800kV直流线路悬垂串绝缘子片数选择情况如表28-9所示。

表28-9　悬垂绝缘子串绝缘子片数结果表(钟罩型V串)

污秽等级 绝缘子型号	轻污区 (0.5mg/cm²)	中污区 (0.8mg/cm²)	重污区 (0.15mg/cm²)	工程项目
CA-745EZ(210kN)	63	77	88	锦苏线
CA-756EZ(300kN)	56	70	81	锦苏线
CA-765EZ(400kN)	61	74	81	锦苏线
CA-765EZ(400kN)	65	79	86	宁东—浙江线南方地区
CA-765EZ(400kN)	71	86	98	宁东—浙江线北方地区

28.2.3.3　耐张串的绝缘子片数

运行经验表明,由于耐张绝缘子串受力比悬垂绝缘子串大,容易产生零值绝缘子,因而通常使耐张绝缘子片数比同级悬垂串绝缘子片数增加1~2片。由于绝缘子串水平布置自清洗能力较好,在同一污区,其污耐区值明显高于悬垂串。从经济上考虑,耐张串的绝缘子片数在悬垂串片数的基础上不再考虑增加,而且不必采用大爬距防污型绝缘子。国内外超、特高压交直流线路耐张绝缘子串均采用盘式瓷或玻璃绝缘子,在同等污秽和海拔高度条件下,建议耐张串与悬垂串取相同的绝缘子片数,绝缘配置留有裕度。

表28-10为±800kV灵州—绍兴直流线路耐张绝缘子片数配置表,考虑了气候特征的差异化设计原则进行片数设计,表28-11为±1100kV准东—华东直流线路耐张绝缘子片数配置表。

表28-10　±800kV线路不同海拔耐张绝缘子串基本片数

污秽等级	绝缘子型式	每联绝缘子片数		
		1000m 海拔	2000m 海拔	2500m 海拔
轻污区 (0.05mg/cm²)	550kN(钟罩)	60/56	64/59	66/61
	550kN(三伞)	44/41	45/43	46/44
中污区 (0.08mg/cm²)	550kN(钟罩)	74/67	79/72	81/74
	550kN(三伞)	55/51	57/53	59/54
重污区 (0.15mg/cm²)	550kN(钟罩)	85/74	90/79	93/82
	550kN(三伞)	73/64	76/67	78/68

注:"/"左侧为考虑北方气候特征的片数,右侧为考虑南方气候特征的片数。

表 28-11 ±1100kV 线路海拔 1000m 耐张绝缘子串基本片数

污秽等级	绝缘子型式	每联绝缘子片数
轻污区 (0.05mg/cm²)	550kN(钟罩)	87/81
	550kN(三伞)	80/72
	840kN(钟罩)	77/70
中污区 (0.08mg/cm²)	550kN(钟罩)	103/92
	550kN(三伞)	98/79
	840kN(钟罩)	85/78
重污区 (0.15mg/cm²)	550kN(钟罩)	113/102
	550kN(三伞)	103/95
	840kN(钟罩)	92/90

注:"/"左侧为考虑北方气候特征的片数,右侧为考虑南方气候特征的片数。

28.2.3.4 复合绝缘子的选择

国内外污闪试验结果证实:同等污秽,即便在亲水性状态下,复合绝缘子污闪电压仍比瓷和玻璃绝缘子高 50% 以上。因此,同样运行电压下,复合绝缘子爬距仅需要瓷和玻璃绝缘子爬距的 2/3 即可,工程设计中一般按复合绝缘子爬距按盘型绝缘子爬距的 3/4 以上取值。

采用污耐压法设计复合绝缘子配置方案,同样需要像瓷绝缘子那样进行污秽成分校正、污秽不均匀分布校正。另外,参考中国电科院"±800kV 直流绝缘子污秽放电特性及高海拔放电系数研究"报告的结论,线路绝缘子海拔修正系数为:海拔每升高 1000m,复合绝缘子应补偿 6.4%。

±800kV 直流线路工程采用的复合绝缘子长度及爬距配置如表 28-12 所示。

±1100kV 准东—华东直流线路工程采用的复合绝缘子长度及爬距配置如表 28-13 所示。

表 28-12 ±800kV 直流复合绝缘子基本绝缘配置

污区 海拔(m)	轻污区(0.05mg/cm²)	中污区(0.08mg/cm²)	重污区(0.15mg/cm²)
	合成绝缘子串长度(m)/爬距(m)		
1000m	9.6/36.96	9.6/36.96	10.6/40.81
1500m	9.6/36.96	10.6/40.81	11.0/42.35
2000m	10.6/40.81	10.6/40.81	11.8/45.43

表 28-13 ±1100kV 直流复合绝缘子基本绝缘配置

污区 海拔(m)	轻污区(0.05mg/cm²)	中污区(0.08mg/cm²)	重污区(0.15mg/cm²)
	合成绝缘子串长度(m)/爬距(m)		
1000m	12.30/50.43	12.30/50.43	13.90/56.99
1500m	12.30/50.43	13.90/56.99	15.40/63.14
2000m	13.90//56.99	15.40/63.14	16.60/68.06

28.2.3.5 按过电压条件校核

直流线路绝缘子片数及串长是按运行电压污秽条件决定的,还须按过电压条件加以校核,目前国内 ±800kV 直流线路操作过电压水平计算结果在 1.6～1.8 p.u.[1],±1100kV 准东—华东线路操作过电压水平计算值小于 1.6 p.u.。

直流线路污秽绝缘子的操作冲击闪络电压随污秽程度的增加而降低,根据美国 EPRI 试验验证,在同一污秽条件下,同型号绝缘子的直流操作耐压为直流耐压的 2.2～2.3 倍。又根据大量试验研究证明,当预加直流电压时,其 50% 操作冲击电压是 50% 污闪运行电压的 1.7～2.3 倍。因此,操作过电压对绝缘子片数的选择不起控制作用。

由于污秽原因,直流线路的绝缘子较交流 1000kV 线路片数更多且串长更长,其在雷电冲击电压下的绝缘裕度较大,反击雷电流超过 200kA,雷电过电压对绝缘子片数的选择不起控制作用。

28.2.4 塔头空气间隙

对输电线路而言,塔头各种空气间隙的确定是塔头尺寸确定及塔头结构设计的基础。风偏后导线对杆塔构件的空气间隙应分别满足工作电压、操作过电压及雷电过电压的要求[1]。

28.2.4.1 不同过电压对空气间隙的影响

特高压直流线路的过电压最大值通常出现在线路中点发生单极接地故障时非故障极线路的中点处,线路过电压水平沿着线路中点到两侧换流站方向呈下降趋势,但略有起伏。

通过电磁暂态计算,得出线路沿线过电压分布曲线,从过电压水平分析,列出不同操作过电压倍数所对应的空气间隙,空气间隙值随操作过电压倍数的增大而增大,该间隙值还与线路所处的海拔高度有关。

对于特高压直流线路运行而言,由于直流换流阀动作很快,重新启动的时间极短,基本不影响线路连续运行,故塔头间隙设计不考虑雷电过电压影响,控制塔头尺寸的间隙均为操作过电压间隙。

28.2.4.2 塔头空气间隙

特高压直流线路直线塔均采用 V 型绝缘子串,工作电压及雷电过电压对塔头空气间隙不起控制作用,而操作过电压直接影响塔头规划设计。在工程设计中,需要结合具体的工程实际进行分析计算,特别是操作过电压倍数及间隙取值需要依据科研试验单位的研究成果确定。表 28-14 所列为国内已建的几条 ±800kV 直流线路空气间隙取值及与《直流线路设计规范》的对比情况,表 28-15 所列为 ±1100kV 准东—华东直流线路空气间隙建议取值。

表 28-14　±800kV 直流线路塔头空气间隙(m)

海　拔	500	1000	2000	3000	备　注
工作电压	2.10	2.30	2.50	——	《直流线路设计规范》
	2.10	2.30	2.50	2.85	向上线、锦苏线
	2.10	2.30	2.50	——	溪浙线、哈郑线
	2.55	2.70	3.05	——	云广线
操作过电压	1.6 p.u.	4.90	5.30	5.90	——	《直流线路设计规范》
	1.6 p.u.	5.30	5.70	6.40	7.10	锦苏线
	1.6 p.u.	4.90	5.30	5.90	——	溪浙线、哈郑线
	1.7 p.u.	5.50	6.30	6.90	——	向上线
	1.7 p.u.	5.50	5.55	6.20	——	云广线

表 28-15　±1100kV 直流线路塔头空气间隙建议值(m)

海拔(m)	1000	2000	3000
工作过电压间隙值(m)	3.2	3.7	4.2
操作过电压为 1.5p.u. 间隙值 S(m)	8.1	8.7	9.2
操作过电压为 1.58p.u. 间隙值 S(m)	8.9	9.5	9.9

28.3　直流线路绝缘子串和金具设计

28.3.1　导线绝缘子串

28.3.1.1　导线悬垂绝缘子串

Ⅰ型串和Ⅴ型串是特高压线路普遍采用的悬垂串型式,直流线路采用Ⅴ型串后导线极间距离减小,可有效减小走廊宽度、降低铁塔的耗钢量。

±800kV直流线路杆塔尺寸大,占用的线路走廊宽,房屋拆迁量大,采用小走廊宽度的塔型也是必要的。与Ⅰ型串相比,采用Ⅴ型绝缘子串的直线塔,导线极间距离可以减小8米左右,如图28-5所示。

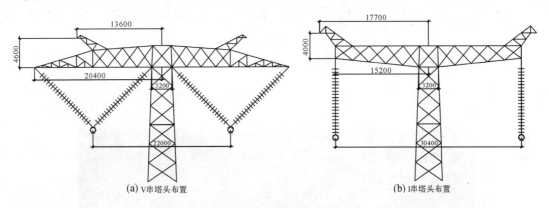

(a) Ⅴ串塔头布置　　　　　　　　　　　(b) Ⅰ串塔头布置

图 28-5　±800kV特高压直流线路Ⅰ型串与Ⅴ型串塔头比较

Ⅴ型绝缘子串对导线的偏移有限制作用,尽管其导线横担比Ⅰ型串塔导线横担要长,但Ⅴ型串塔导线点对塔身的水平距离比Ⅰ型串塔要小,故其导线荷载对塔身的扭矩比Ⅰ型串塔要小。因此采用Ⅴ型串较Ⅰ型串不仅可以压缩走廊宽度,减少房屋拆迁和树木砍伐,降低工程造价,而且Ⅴ型串塔的单基钢材重量指标可降低7%～9%。

按相同的绝缘配置,±800kV直流线路Ⅴ型串的悬垂长度较Ⅰ型串短约4米,意味着在相同的使用档距下,Ⅴ型串直线塔较Ⅰ型串可以降低杆塔定位高度4米,直线塔平均可以再减少塔重约2吨。另一方面,由于同等串长条件下,Ⅴ型串布置可以有效提高绝缘子串的污闪电压,这对于线路安全运行提供了良好的技术保障。因此,从加强绝缘的角度考虑,采用Ⅴ型串布置具有明显的优势。鉴于此,国内已建和在建的特高压直流线路直线塔均采用了Ⅴ型悬垂串。

悬垂Ⅴ型绝缘子串两肢之间的夹角取值对铁塔塔头的设计有重大影响,根据大量国内外研究和设计资料,Ⅴ型串夹角基本处在70°～120°之间,工程设计中Ⅴ串夹角取值按Ⅴ串迎风肢风偏增大角(即受压肢受压角)不超过5°～10°控制。

国内直流线路导线悬垂串大量采用了复合绝缘子(重冰区线路除外),复合绝缘子端部通常的连接方式是球—碗结构。通过对已建超高压线路的运行调查,目前国内已发生了多起复合绝缘子导线侧球头碗头脱落事故。为有效防范类似问题,从向上直流工程开始,将复合绝缘子上的球头碗头联结结构,改进成了环—环联结形式,从而较好地解决了导线Ⅴ型复合绝缘子串球头脱落的问题。采用环—环连接的复合绝缘子Ⅴ型串组装示意如图28-6所示。

28.3.1.2　导线耐张绝缘子串

特高压线路均采用多分裂、大截面导线,这对导线耐张串的机械强度要求更高。特高压直流线路一般采用六分裂或八分裂导线,子导线截面从630mm²到1250mm²,为此用于耐张串的绝缘子一般采用多联550kN、760kN和840kN盘式绝缘子。以6×JL/G3A-900/40导线为例,可采用3联550kN或双联760kN绝缘子,6×JL1/G3A-1250/70导线可采用4联550kN绝缘子,8×JL1/G3A-1250/70导线可采用6联550kN或4联840kN绝缘子。典型的六分裂导线三联耐张串组装效果如图28-7所示。

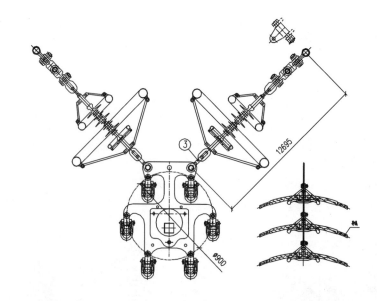

图 28-6　±800kV 特高压直流线路单联 V 型悬垂串组装图

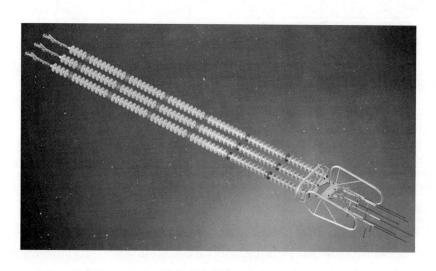

图 28-7　±800kV 特高压直流线路三联耐张串组装效果图

28.3.1.3　多联绝缘子联间距

多联绝缘子串的联间距离由绝缘子串场强分布、污闪电压和机械性能决定,以保证绝缘子串电气强度和联间绝缘子在运行工况下不接触、不碰撞。

电气性能方面,根据科研单位对高海拔地区直流双联绝缘子串的污耐压试验结果分析,双串并联会增加整串闪络几率。在重覆冰情况下,较小的联间距会导致冰雪填充绝缘子联间的间隙,桥接绝缘子,降低绝缘子的覆冰耐压值。

机械性能方面,由于特高压线路绝缘子串的长度较长,在考虑联间距时除需考虑绝缘子盘径外,还需考虑受风荷载作用引起的绝缘子串偏移量,以保证并行两联间的绝缘子不发生碰撞。

直流线路导线悬垂绝缘子串及耐张绝缘子串可采用 650mm 的基本联间距离。当遇有重冰区线路时,宜适当加大多联绝缘子联间距,在锦苏线、溪浙线等直流工程的重冰区线路中,悬垂串和耐张串分别采用 800mm 和 1000mm 的联间距。

28.3.2　主要金具选择

28.3.2.1　联塔金具

架空线路上常用的联塔金具有 UB 挂板、U 型挂环、耳轴挂板和 GD 挂板等。在以往工程中发生过与铁塔连接的 UB 板和 U 型挂环磨损、断裂的事故,考虑到特高压线路的重要性,为避免此类问题,联塔金具建议不再采用 UB 挂板、U 型挂环,推荐采用耳轴挂板和 GD 挂板,分别如图 28-8 和图 28-9 所示,以保证各个方向转动灵活。

图 28-8 悬垂串联塔金具—耳轴挂板

图 28-9 耐张串联塔金具—GD 挂板

联塔金具的上部与塔连接处,考虑磨损等因素,联塔端强度应比实际使用强度高一级,并高于串内其他金具强度。联塔金具要求采用整体锻造方式加工,从机械性能上提供充分保证。

28.3.2.2 悬垂联板

悬垂串中的联板有整体联板和组合联板两种型式。国内 ±800kV 线路大部分为六分裂导线,基本都采用了整体式联板,从设计、制造和施工安装看来,在山区线路中使用没有问题,六分裂整体式联板结构如图 28-10 所示。±1100kV 线路采用八分裂大截面导线,导线分裂数和荷载增加较多,这对八分裂悬垂联板的制造也提出了更高要求,如采用整体式联板的结构设计,其单件重量将在 300kg 以上,需要充分考虑安装和山地运输条件。

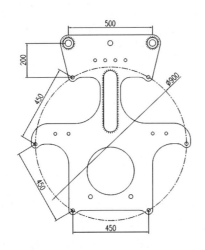

图 28-10 直流线路六分裂整体式悬垂联板

28.4 直流线路导线对地距离

28.4.1 导线对地最小距离

直流输电线路导线对地面和交叉跨越物的距离是线路工程设计的关键参数,既要考虑正常的绝缘水平以满足大容量输送基本要求,还要考虑静电场强、合成场强、离子流密度等因素的影响。直流线路设计中采用的各种对地及交叉跨越距离值,按其取值原则,可分为三大类:

1）由电场强度决定的距离

特高压直流架空输电线下地面处电场强度、离子流密度控制值如表 28-16 所示。

表 28-16　合成电场强度和离子流密度限值

场所	合成电场强度（kV/m）		离子流密度（nA/m²）	
	晴天	雨天	晴天	雨天
居民区	25	30	80	100
一般非居民区	30	36	100	150
人烟稀少的非农业耕作地区	35	42	150	180

随着海拔增加，导线起晕场强会降低，在电压、导线和线路结构尺寸相同的条件下，地面合成场强、离子流密度会增加，为了控制地面合成电场、离子流密度，极导线高度也需适当增加。在相同极间距情况下，海拔每增加 1000m，对地距离增加 6%。

2）由电气绝缘强度决定的距离

此类距离是指操作过电压的放电间隙决定的距离。

3）由其他因素决定的距离

此类距离主要是为避免输电线路与其他部门设施之间的影响，在现行线路设计规程中，其取值大多与电压等级无关，采用相关部门根据沿用的习惯相互认可的值。

1000m 海拔下，采用 V 型悬垂绝缘子串的 ±800kV 和 ±1100kV 特高压直流导线对地距离可参考表 28-17 取值。

表 28-17　导线对地距离取值（m）

线路经过地区	±800kV	±1100kV	计算条件
居民区	21.0（南方） 23.0＊（北方）	30.0（南方） 32.0（北方）	导线最大弧垂时
非居民区	18.0（南方） 20.0（北方）	26.0（南方） 28.0（北方）	导线最大弧垂时
交通困难地区	15.5	21	导线最大弧垂时
步行能到达的山坡	13.0	15.5	导线最大风偏时
步行不能到达的山坡、峭壁、岩石的净空距离	11.0	13.5	导线最大风偏时

28.4.2　导线对地距离与环境气候的关系

我国北方与南方空气质量和湿度存在较大差别，将对直流线路的地面合成电场产生明显影响，目前无法靠计算准确预测。科研单位结合哈密南—郑州、灵州—绍兴 ±800kV 直流线路工程开展的专题研究认为：对于横跨南北地区的线路工程，气候差异大，当线路经过非居民区和居民区时，极导线最小对地高度应进行环境气候修正。

中国电力科学研究院利用 $6 \times 720mm^2$ 和 $6 \times 900mm^2$ 导线，在不同对地高度和不同天气环境下进行的 ±800kV 直流线路电磁环境全电压试验，给出了在南北方建设 ±800kV 直流线路导线最小对地距离环境气候的修正建议值：在北方的一般地区，非居民区、居民区的极导线最小对地高度较南方的一般地区分别增加 11.1% 和 9.5%；在吸灰严重地区，非居民区、居民区的极导线最小对地高度较南方的一般地区分别增加 18.5% 和 19.3%。

28.5　直流线路杆塔设计

28.5.1　直流线路杆塔型式

目前已建和在建的特高压直流线路均为双极单回架设。但随着特高压直流输电工程建设的不断增多,线路进入经济发达、民房密集、通道资源十分紧张的东部沿海地区,特高压直流采用同塔双回的建设方案也将付诸实施。2011 年建成投产的葛沪直流综合改造项目 ±500kV 荆门—枫泾线路就采用了同塔双回路的型式,如图 28-11 所示,该线路的建设也为特高压直流线路采用同塔双回提供了借鉴和参考。

图 28-11　已建成投运的 ±500kV 荆门—枫泾双回直流线路

从目前国内外超高压、特高压直流输电线路的塔型使用情况来看,杆塔主要采用铁塔。根据结构形式和受力特点,铁塔可分为拉线铁塔、自立铁塔两种基本型式,如图 28-12 所示。

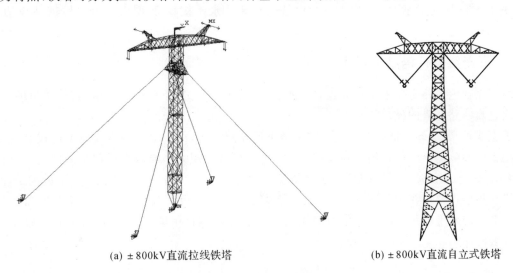

(a) ±800kV 直流拉线铁塔　　　　　　　　(b) ±800kV 直流自立式铁塔

图 28-12　±800kV 直流杆塔塔型

拉线塔单基指标较轻,可以节省钢材,工程造价低。该塔型在力学分析、加工制造、立塔架线等方面都有成熟的技术经验。但拉线塔占地范围较大,且易受地形限制。自立塔具有占地小、刚性好、适用地形广泛等优点。国内建成的第一条 ±500kV 葛沪直流线路就大量采用了接线式铁塔,目前该线路已退出运行。

国内绝大部分的±500kV及以上直流线路均采用了自立式铁塔,根据功能的不同,又分为直线塔、悬垂转角塔和耐张转角塔。

单回路直流线路一般采用两极导线水平布置的T字型,直线铁塔根据导线悬垂绝缘子型式的不同又分为全I型串、V型串等型式。在走廊拥挤、通道清理费用高昂的经济发达地区,也可采用两极导线垂直排列的杆塔型式,如F型塔和垂直排列酒杯塔,如图28-13所示。

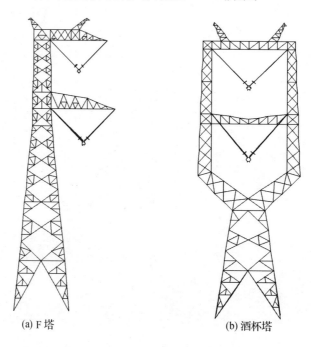

(a) F塔　　　　　　　　(b) 酒杯塔

图28-13　特高压直流线路导线垂直排列塔型

针对山区线路经过坡度较大区域,铁塔使用高度易受上山坡侧边导线对地距离控制,而下山坡侧导线对地距离高,容易受到雷电绕击的情况,可以考虑采用"Z"字型新型边坡直线塔,与常规"T"型塔相比降低了下山坡侧导线对地高度,减小了雷电绕击概率。水平横担T型塔与阶梯横担Z型边坡塔如图28-14所示。

28.5.2　直流线路杆塔结构特点

目前直流输电线路主要采用双极自立式铁塔,如图28-12(b),下面分直线塔、直线转角塔和耐张塔分别介绍直流线路杆塔的设计特点。

对于直线塔来说,导线的挂线方式决定了塔头尺寸的大小,由于单回路直流输电塔仅有两极,极间距的大小直接影响输电塔的耗钢量和线路的走廊宽度。极间距大小与塔重近似呈线性关系,极间距每增加5%,塔重增加约3%。尽可能减小极间距是水平排列直流线路控制铁塔技术指标的关键。

直线转角塔主要用在小角度改变线路走向的塔位,通常转角度数小于20°,同耐张转角塔相比,由于挂线串对纵向不平衡张力的释放作用,基础混凝土及铁塔钢材用量均较小,具有明显的优越性。直线转角塔一般使用L串,如图28-15所示。

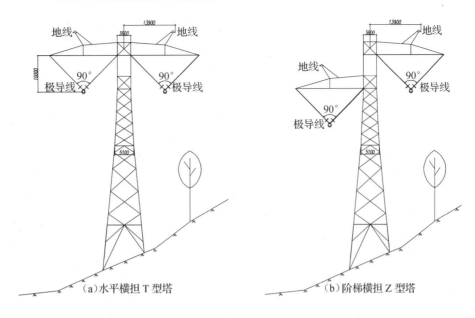

图 28-14　水平横担 T 型塔与阶梯横担 Z 型边坡塔对比

图 28-15　L 串直线转角塔

图 28-16　干字型耐张塔型式

干字型耐张塔是双极直流耐张塔的最常用型式。由于 ±800kV 直流耐张塔耐张串长度长,跳线长度可达 40m 以上,常用的软跳线或"I 串"硬跳线方式因跳线弧垂和风偏,势必造成铁塔加高和横担加长,经济性较差。为此,耐张塔跳线串的挂线方式采用 V 型串,如图 28-16 所示。

28.5.3　杆塔荷载及组合

各类杆塔均应按线路的正常运行情况(包括基本风速和最大覆冰)、不均匀冰荷载情况、断线情况和安装情况的荷载进行计算,必要时验算各种可能出现的稀有情况。鉴于特高压输电工程的重要性,杆塔结构重要性系数 γ_0 除安装工况取 1.0 外,其他工况均取 1.1。

28.5.4　直流线路杆塔材料

输电线路杆塔主材主要采用角钢和钢管,角钢材质多选用 Q235B、Q345B 和 Q420B,钢管材质多选用 Q235B 和 Q345B。钢管塔与角钢塔相比,由于钢管构件风载体型系数小,可降低塔身风荷载,从而节省塔材和降低杆塔的基础作用力,同时钢管构件截面为双轴对称截面,具有抗弯刚度大、抗过载能力强等优势。但钢管塔加工难度相对较高,焊接工作量大,生产周期长,且单件重量高,山区线路运输组装困难。

直流输电塔由于仅有双极导线,杆塔主材荷载相对交流特高压线路有明显减少,采用大规格角钢或常规组合角钢即可满足承载要求,考虑到角钢塔加工、施工的优势,直流输电线路杆塔推荐采用角钢塔。

大规格角钢主要针对常规角钢而言,常规等边角钢的肢宽最大为 200mm,大规格角钢则达到 220mm 和 250mm,壁厚 16~30mm,大规格角钢截面抗弯刚度较常规角钢有较大提高。塔身主材的承截力主要受构件截面面积控制,如果两种构件截面面积和长细比相当,则这两种构件承截力基本一致。除双肢组合角钢 L200×24 以外,其他规格均能找到截面面积相当的大规格角钢。采用大规格角钢主材,避免了组合角钢主材的连接填板,同时不必考虑组合角钢主材承截力折减的问题,大规格角钢塔塔重较常规组合角钢塔轻约 5%~7%,角钢截面型式如图 28-17 所示。

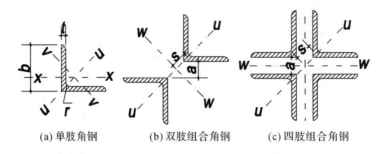

(a) 单肢角钢 (b) 双肢组合角钢 (c) 四肢组合角钢

图 28-17 角钢截面型式

28.5.5 杆塔设计需要注意的问题

28.5.5.1 大规格角钢减孔数

对受拉强度控制的角钢构件,由于螺栓开孔对截面的削弱,截面强度验算时必须考虑减孔数的影响。大规格角钢可根据需要开双排或三排螺栓,相应的锯齿形破坏截面如图 28-18 和图 28-19 所示,角钢的减孔数应取各破坏截面计算减孔数的最大值。

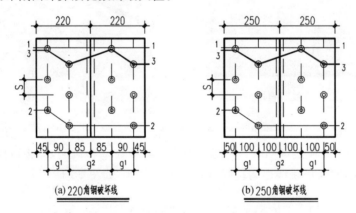

(a) 220角钢破坏线 (b) 250角钢破坏线

图 28-18 大规格角钢开双排螺孔

按等效面积原则进行试算[6],大规格角钢开双排孔时,减孔数取为 2.6,开三排孔时,减孔数取为 3.7,可见开三排孔时,杆件截面削弱比较严重,对拉杆应避免采用。

28.5.5.2 组合角钢主材受压稳定承载力分析

以往对图 28-17(b)、(c)所示的双肢和四肢组合截面进行受压稳定承载力计算时,当填板间距小于 $40i(i$ 为单角钢最小轴回转半径),且主材每两个侧向支撑点间填板数量不少于 2 时,均按实腹式构件计算稳定承载力。但上述规定只适用于填板与组合角钢构件相互焊接或铆接的情况,对于普通螺栓连接的角钢塔主材,由于螺栓连接的滑动将导致分肢受力不均,使得主材无法达到实腹杆的承载力,这一点已被真型塔试验所证实[7]。

参考《钢结构设计规范》中对于格构式构件长细比的计算公式,建议组合角钢构件稳定承载力计算时考虑组合长细比的影响,计算公式如下:

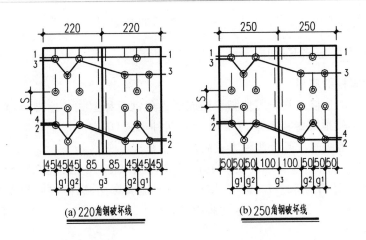

图 28-19　大规格角钢开三排螺孔

$$双肢组合角钢：\quad \lambda = \sqrt{\lambda_w^2 + \lambda_v^2} \qquad\qquad (28-6)$$

$$四肢组合角钢：\quad \lambda = \sqrt{\lambda_w^2 + \lambda_x^2} \qquad\qquad (28-7)$$

式中，λ_w 为整长构件对 w 轴的长细比；λ_v 与 λ_x 分别为单角钢对最小轴和平行轴的长细比；计算长度取填板边缘螺栓间距。

28.5.5.3　直流输电塔几何非线性分析

目前对输电杆塔的计算多采用线性设计方法，即计算结构内力时不考虑杆塔变形的影响。直流输电塔两极间距大，相应杆塔横担较长，且外荷载集中施加在杆塔顶部，是否需要考虑几何变形对构件内力的影响是需要重点审视的问题。

通过对多个塔型的几何非线性分析，并与线性计算结果对比发现，按照《直流线路设计规范》的构造要求，杆塔的抗弯与抗扭刚度均较好，能够满足抵抗变形的要求。与线性计算结果相比，考虑几何非线性后，横担主材与塔身主材的截面应力比变化不大，均小于 5%，可以忽略非线性效应的影响。但横隔面在线性计算时的非受力辅助材，在非线性计算时成为受力材；塔身斜材，尤其是变坡下斜材，非线性计算时会出现构件内力增大和交叉斜材同时受压两种情况，导致斜材无法对塔身主材形成有效支撑，杆塔设计时应引起足够重视。

28.6　直流线路基础设计

28.6.1　常用的基础型式

目前，直流线路杆塔常用的基础型式有开挖回填基础、原状土基础、岩石基础、桩基础和其他新型基础等。

大开挖回填类基础主要有柔性板式扩展基础、刚性基础和联合式基础。目前输电线路工程中常用的开挖回填土类基础主要有刚性基础和柔性板式扩展基础两种。

原状土基础主要有掏挖基础、桩基础和岩石基础三大类。由于减少了对原状土的扰动，能充分发挥地基土的承载性能，可较大幅度地节约基础材料和施工费用，因此在输电线路工程中得到广泛的应用。

岩石基础适用于覆盖层较浅，岩石风化程度较低、完整性较好的塔位。这类基础充分发挥了岩石的力学性能，从而极大降低了基础材料的耗用量，特别是在运输困难的高山地区更具有明显的经济性。岩石基础有岩石锚杆基础和岩石嵌固基础等主要型式。

桩基础是一种深基础，主要用于地质条件较差、基础作用力较大的情况。目前输电线路铁塔采用的桩基础主要是钻孔灌注桩基础和人工挖孔桩基础。另外微型桩（俗称树根桩）是一种新型桩基型式。由于其承载效率更高，在相同荷载和地质条件下，直线塔微型桩基础较软土地基中常用的灌注桩基础节省造价约 20%,转角塔节省造价约 35%[8],是一种值得推广的基础型式。

28.6.2 基础设计中应注意的问题

28.6.2.1 高强地脚螺栓的应用

直流输电塔与基础的连接通常采用地脚螺栓或插入角钢两种型式。地脚螺栓连接具有施工简便、可维护性好等优点。常用地脚螺栓数量为 4 颗、8 颗两种形式,随着杆塔上拔荷载的增大,可以通过增加地脚螺栓数量和提高地脚螺栓等级两种方式满足承载要求。

目前输电线路铁塔常用的地脚螺栓材质有以下几种:1)Q235B 级地脚螺栓,螺栓规格为 M24~M72,单根螺栓承载力设计值为 50.77~518.1kN;2)35♯ 地脚螺栓,螺栓规格为 M30~M72,单根螺栓承载力设计值为 96.65~615.25kN;3)45♯ 地脚螺栓,螺栓规格为 M30~M72,单根螺栓承载力设计值为 109.37~696.2kN。

直流输电塔的最大上拔力已超过 6000kN,虽然增加地脚螺栓数量可提供更高承载能力,但是 12 枚及 16 枚地脚螺栓布置形式复杂,材料用量大且安装难度较大,使用高强度地脚螺栓可避免上述问题。

42CrMo 材质的高强地脚螺栓抗拉设计强度为 300N/mm²,螺栓规格为 M30~M72,单根螺栓承载力设计值为 190.8~971.4kN。采用 8M72 即可满足直流塔上拔承载要求,目前在直流塔设计中已得到广泛应用。

28.6.2.2 掏挖基础与人工挖孔桩基础上拔承载力计算

掏挖式基础抗拔承载力采用剪切法[9]进行计算,该法适用于基础深宽比 H/D 小于 4 的情况,满足刚性短桩的假定。而人工挖孔桩基础一般采用《建筑桩基技术规范》(JGJ94-2008)进行设计。两种方法区别较大,随着荷载的增大,基础埋深及相应的深宽比也越来越大,此时基础逐渐表现出弹性桩的特性。当 $al>2.5$ 时,基础与土共同作用的极限破坏模式不能简单地套用浅基础在极限荷载作用下土体破坏的可能模式,其设计思想已朝与破坏模式和桩体工作性状相关的方向发展。

对不同深宽比情况(计算时取底径相同,埋深不同)采用 Plaxis 专业岩土有限元软件进行了计算,上拔荷载作用下计算结果如图 28-20 所示。由图示结果可知,随着深宽比的增加,土体位移的影响范围逐渐缩小,由倒圆锥台的形式逐渐变为竖直圆柱滑移面的形式,再变成局部破坏模式,临界深宽比在 H/D=4 附近。对深宽比 H/D>4 的情况,传统刚性短桩承载力的设计方法已不能满足实际工程设计的需要。

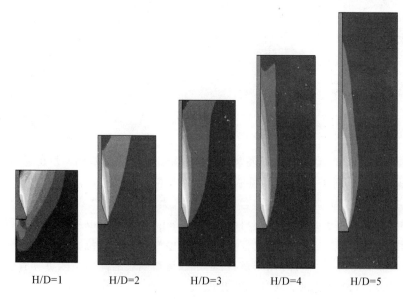

| H/D=1 | H/D=2 | H/D=3 | H/D=4 | H/D=5 |

图 28-20　不同深宽比基础上拔计算比较

模型试验结果表明,在饱和(或非饱和)粉土地基中,基础埋深的增加会导致基础极限上拔承载力迅速增大。深宽比 H/D=1～3 时,《架空送电线路基础设计技术规定》(DL/5 5219-2005)推荐的计算方法是适用的;但当深宽比 H/D=5 时,破坏模式与《建筑桩基设计规范》(JGJ94-2008)假定的破坏模式相似,可参考桩基设计方法进行计算。

28.6.2.3　岩石锚杆基础上拔承载力计算

输电线路采用的岩石锚杆基础多为全长粘结非预应力锚杆,具有构造简单、施工方便等优点。它可以用光圆钢筋或变形钢筋作为锚杆杆体,用强度不低于 25Mpa 的砂浆灌注于岩层的钻孔中,砂浆与杆体共同形成锚固体锚固于岩石内。全长粘结型锚杆承受上拔力时,破坏模式可能有四种:

1)锚杆杆体被拉断;

2)杆体与砂浆间握裹力不够,杆体被拔出;

3)锚固体与岩层间粘结摩阻力不够,被整体拔出;

4)岩石抗剪承载力不足,沿倒锥体破裂面发生破坏。

经过计算发现,通常都是第 3 种模式起控制作用,该破坏模式的计算涉及锚杆有效锚固深度的选取。但目前对锚杆的有效锚固深度如何取值没有统一定论,《基础规定》[3]中又无明确的参考值,这对设计造成了一定的困难。

大量的试验研究表明,岩石锚杆在 15～20 倍锚固体直径深度以下已基本没有锚固力分布,只有在锚杆顶部周围的岩体出现破坏后,锚固力才会向深部延伸。这种应力传递较浅现象主要是由于锚杆杆体、砂浆及岩层三者的弹性特征值不一致造成的。

当锚杆受拉后,锚固力并非沿锚固深度均匀分布,而是在靠近承台底的锚固端出现应力集中;随着应力不断增加,从靠近承台底锚固端开始,锚固体与岩层间的粘结逐渐脱开,锚固应力沿界面向深部发展;随着锚固应力降低,锚杆抗拔力并不与锚固深度成正比,而出现破坏。由此可见,一味地增加锚固深度并不能很好地起到增大锚杆抗拔力的作用。

因此,为了保证锚杆锚固的安全可靠,使理论计算的结果与锚固应力状况基本一致,并保证达到设计要求的安全度,计算采用的锚固深度不应大于 15～20 倍锚固体直径,当计算锚固深度超过上限值时,应采取改善锚固段岩体质量(如采用固结灌浆处理),扩大锚固体直径等技术措施来解决。同时锚固深度也不应小于下限值 3.0m,以防由于岩体局部强度降低或存在不利组合结构面时,锚固深度过浅而使锚杆被拔出。

28.6.3　特殊地质条件的基础处理措施

特高压直流线路输送距离长,区域跨度大,线路基础具有分散、独立、复杂、运输困难等特点。工程沿线难免会出现不良地质地段,如湿陷性黄土地区、地基液化、盐渍土、采空区、风积沙地质、戈壁滩、岩溶地质、膨胀土、滑坡、崩塌、冲沟等,作好该类地质条件下的线路基础处理对确保工程安全施工和可靠运行非常关键。

当线路经过湿陷性黄土地区时,塔位应尽量避免立于在湿陷性黄土地基上,如无法避免,应尽可能远离水浇地、有汇水的地区,并且避开冲沟、落水洞等地方,使塔位处于无汇水或者排水顺畅的地方,如还无法避免,应进行地基处理措施。湿陷性黄土产生下沉的诱因是受水浸湿,因此处理措施以防水为主,做好塔位排水,使地基土不受水侵蚀。当防水处理不能满足要求时,可采用相应的地基处理措施,一般采用灰土垫层。

当线路经过地震烈度 7 度及以上的地区,且场地为饱和沙土和饱和粉土时,须考虑地基液化的可能性,并应采取必要的稳定地基或基础的抗震措施。当可液化土层或软弱土层厚度不大,且距地面较浅时,可将其全部或部分挖除,回填人工压密的材料,如粗砂、砾石、碎石、矿渣、灰土、黏性土或其他性能稳定无侵蚀性的材料;对于厚度较大且埋藏较深的液化土层,一般采用钻孔灌注桩的方法来消除液化土层对基础的影响。

输电线路基础的材料为钢筋混凝土,位于盐渍土地区的铁塔基础,盐溶液会通过混凝土材料的孔隙或毛细作用的渗透浸入混凝土基础中,有害离子使钢筋产生电化学腐蚀,由于铁锈体积增大,使混凝土内应力增加,所以产生顺主钢筋方向的纵向裂纹,造成结构破坏。在盐渍土腐蚀地区基础混凝土等级需相应提高,对基础做好防腐保护。存在强腐蚀性且液化的塔位,基础需选用裹体灌注桩,一般采用防水的土工材料将桩体包裹,使桩体材料与桩周围土和水隔绝,起到防止腐蚀作用。

位于风积沙区域的直流线路,考虑到沙漠风积沙地质条件的特殊性,沙土较为松散,不宜采用原状土类基础,推荐采用开挖类基础,常用的有装配式基础、刚性台阶基础和柔性扩展基础等。对于可能发生风蚀的塔位,还需采用草方格、砾石覆盖或砾石网格等固沙措施。

对于膨胀土,主要考虑基础埋深大于大气影响急剧层深度即可,同时做好排水设施,对塔基外围的截、排水沟沟底采取防渗处理,防止施工和运行期间的雨水、地表水等浸入地基,消除膨胀土的影响。

28.6.4 基础的机械化施工

随着特高压线路工程的大规模建设,基础施工机械作业的使用将越来越普遍,与传统人工作业方式相比,其在施工效率、安全性等方面的优势日趋突显。采用机械化施工的基础设计,关键是设计方案与施工装备的紧密结合,不能脱离现有设备的施工能力进行基础设计,需重点关注塔位交通和场地作业条件以及设计与施工、施工装备与施工工艺之间的有机衔接。

工程设计中应注意通过对基础施工机械的调研,提出不同的地质、地形条件可采用的施工机械,如地形平缓、交通便捷的平丘地段的掏挖基础或挖孔桩基础可采用中型旋挖钻机或机械洛阳铲成孔,大开挖基础可采用挖掘机开挖基坑,位于山地的岩石锚杆基础可选用轻便钻机进行锚杆钻孔施工。

参考文献

[1] 中国电力企业联合会. GB 50790-2013.《±800kV直流架空输电线路设计规范》[S],2013.

[2] 高压直流架空送电线路技术导则. DL/T 436-2005.《高压直流架空送电线路技术导则》[S],2005.

[3] 中国电力工程顾问集团西南电力设计院.《灵州—绍兴±800kV特高压直流输电线路工程一般线路初步设计说明书》[Z],2013年6月.

[4] 江苏省电力设计院等.《准东—华东±1100kV特高压直流输电线路工程导地线选型专题研究报告》[Z],2016年1月.

[5] 湖南省电力设计院等.《准东—华东±1100kV特高压直流输电线路工程绝缘配合与空气间隙专题研究报告》[Z],2016年1月.

[6] 西南电力设计院等. DL/T 5154-2012.《架空送电线路杆塔结构设计技术规定》[S],2012.

[7] 郭勇、沈建国等,输电塔组合角钢构件稳定性分析[J],钢结构,2012,27(1):11-16.

[8] 中国电力工程顾问集团西北电力设计院.《溪洛渡—浙西±800kV特高压直流输电线路工程基础型式选择和设计优化研究专题报告》[R],2012年2月.

[9] 东北电力设计院等. DL/5 5219-2005.《架空送电线路基础设计技术规定》[S],2005.

学术名词索引